AutoCAD
室内设计从基础到高级进阶

邢帅教育　主　编
刘海琨　贾俊钢　吕　林　翟　斌　刘小艳　曾　威　副主编

清華大学出版社
北　京

内 容 简 介

本书以 AutoCAD 2017 为写作版本，以室内设计为主线，对 AutoCAD 进行了全面的讲解，本书分为 AutoCAD 软件操作和实例应用两个部分，软件操作部分主要讲解了室内设计相关的基本知识、图形的绘制与编辑、图层的创建与图案的填充、图块及外部参照的使用、文字注释与尺寸标注的方法以及图形的打印和发布等知识。实例应用部分则通过大量的实例绘制，让读者对 AutoCAD 的应用更加熟练，主要包括室内家具、家电的绘制、两居室室内设计方案、三居室室内设计方案、复式楼室内设计方案、办公空间设计方案以及餐厅空间设计方案。

全书内容全面，结构合理，是 AutoCAD 室内设计从业人员必不可少的一本实用技术参考书。同时也可以作为相关专业的教学用书。

图书在版编目(CIP)数据

AutoCAD 室内设计从基础到高级进阶 / 邢帅教育主编. —北京： 清华大学出版社，2017
（逆袭之路）
ISBN 978-7-302-46755-7

Ⅰ. ①A… Ⅱ. ①邢… Ⅲ. ①室内装饰设计—计算机辅助设计—AutoCAD 软件 Ⅳ. ①TU238.2-39

中国版本图书馆 CIP 数据核字(2017)第 048612 号

责任编辑： 袁金敏
封面设计： 刘新新
责任校对： 徐俊伟
责任印制： 宋　林

出版发行： 清华大学出版社
网　　址： http://www.tup.com.cn，　http://www.wqbook.com
地　　址： 北京清华大学学研大厦 A 座　　**邮　　编：** 100084
社 总 机： 010-62770175　　**邮　　购：** 010-62786544
投稿与读者服务： 010-62776969, c-service@tup.tsinghua.edu.cn
质量反馈： 010-62772015, zhiliang@tup.tsinghua.edu.cn
印 刷 者： 清华大学印刷厂
装 订 者： 三河市新茂装订有限公司
经　　销： 全国新华书店
开　　本： 188mm×260mm　　**印　　张：** 28.75　　**字　　数：** 718 千字
版　　次： 2017 年 6 月第 1 版　　**印　　次：** 2017 年 6 月第 1 次印刷
印　　数： 1～4000
定　　价： 69.00 元

产品编号：073172-01

前　言

随着生活水平的不断提高，人们对住房的要求也随之提升，同时，伴随着房地产业的发展，也带动了室内装潢业的发展，这就要求从事室内设计与装潢的人员对 AutoCAD 有一定程度的掌握。本书结合室内装潢业的特点与大量的施工案例，对 AutoCAD 2017 进行了全方位的讲解，帮助广大读者快速掌握 AutoCAD 2017 软件，进而把学到的知识应用到实际工作中。

AutoCAD 2017 简介

AutoCAD 软件是全球领先的图形设计软件，它可以帮助各行各业以及各种规模的公司推动设计创新，以前所未有的方式进行创意设计。其最新版本为 AutoCAD 2017，与旧版本相比，增加了很多新功能，如用户交互命令行增强、阵列增强功能、光栅图像及外部参照等。

本书特色

（1）基础知识全面：本书全面介绍了 AutoCAD 2017 在室内设计中的基础操作知识，内容全面、重点突出。紧扣“基础”与“实用”两大基点，系统地讲解了 AutoCAD 2017 软件的基本功能和使用技巧。

（2）案例实用性强：本书采用实际装潢的整套案例，将作者的制作思路和制图经验完全展示在读者面前，具有非常高的实用价值。案例围绕家庭、办公和商业展开，集实用性、代表性于一体。实例以“制作思路 + 主要命令及工具 + 具体步骤”的讲解形式，通过实战演练的方式进行实例实训，提高读者的应用能力，使读者可以快速上手。

（3）超值多媒体光盘：为了帮助读者有效地提高学习效率，本书配套光盘收录了全部案例的源文件，并精心录制了多媒体教学视频，使得读者甚至可以脱离书本进行学习，实现了真正多媒体教学。

内容纲要

	章　节	内　容
软件基础部分	第 1 章	主要介绍室内设计相关的基本知识，使读者对室内设计有基本的认识
	第 2～8 章	主要讲解 AutoCAD 2017 软件的操作方法。读者可以通过对这些章节的学习掌握图形的绘制与编辑、图层的创建与图案的填充、图块及外部参照的使用、文字注释与尺寸标注的方法及图形的打印和发布等知识
	第 9～11 章	主要讲解室内装潢设计常用的图块的绘制，包括室内家具、家电等。对图块的合理使用可以有效地提高制图效率
实例运用部分	第 12～16 章	主要讲解几个整体设计方案，包括两居室室内设计方案、三居室室内设计方案、复式楼内设计方案、办公空间设计方案和餐厅空间设计方案

适用读者对象

（1）各大院校从事室内设计相关专业的师生；

（2）室内设计相关专业的工程技术人员；

（3）AutoCAD 培训班的学员；

（4）对 AutoCAD 绘图有着浓厚兴趣的读者。

本书作者

本书由邢帅教育主编，参与编写的老师有张丽、尼春雨、任海峰、胡文华、尚峰、蒋燕燕、张阳、李凤云、李晓楠、吴巧格、唐龙、王雪丽、张旭等。尽管我们在本书的创作过程中力求完美、精益求精，但难免有不足和疏漏之处，恳请广大读者予以指正。如果读者在阅读本书时遇到什么问题，也可随时与我们联系，本书答疑 QQ 群：343687270。

编　者

2017 年 3 月

目　录

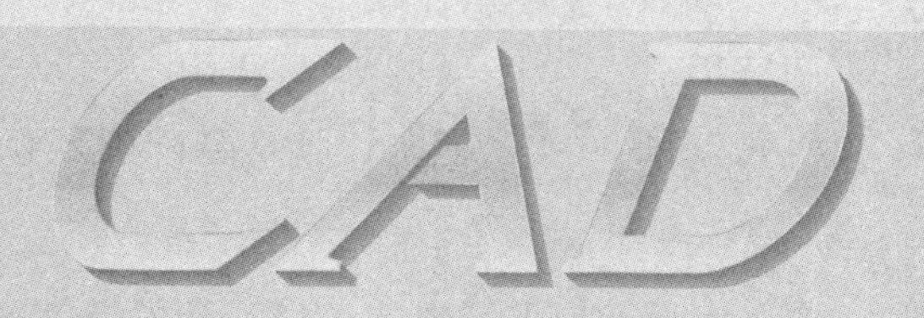

第1章 室内设计概述

所谓室内设计，是指将人们的环境意识与审美意识相结合，从建筑内部把握空间的一项活动。具体地说，室内设计就是根据室内的使用性质和所处的环境，运用物质材料、工艺技术及艺术手段，创造出功能合理、舒适美观、符合人的生理和心理需求的内部空间；赋予使用者以愉悦的，便于生活、工作、学习的理想生活与工作环境。

本章学习要点：

- 室内设计的风格
- 室内设计的内容
- 室内设计的要求
- 室内各功能区的装潢设计
- 室内设计的制图要求和规范
- 室内装潢设计的工作流程

1.1 室内设计风格概述

室内设计风格的形成是基于不同的时代思潮和地区特点，通过创作构思和表现，逐渐发展成为具有代表性的室内设计形式。室内设计风格大体分为传统风格、现代风格、后现代风格、自然风格和混合型风格等类型。

1. 传统风格

传统风格是指具有历史文化特色的室内风格，即通常所说的中式风格、新古典风格、欧式风格、伊斯兰风格和地中海风格等。同一种传统风格在不同时期、不同地区，其特点也不完全相同，如欧式风格分为哥特风格、巴洛克风格和古典主义风格等。图 1-1 所示为采用地中海风格设计的客厅效果。

图 1-1　地中海风格示例

2. 现代风格

现代风格起源于 1919 年成立的鲍豪斯（Bauhaus）学派，该学派强调突破旧传统，创造新建筑，重视功能和空间的组织，注意发挥结构构成本身的形式美，提倡造型简洁，反对多余装饰，崇尚合理的构成工艺，尊重材料的性能，讲究材料自身的质地和色彩的配置效果，发展了非传统的以功能布局为依据的不对称的构图手法。鲍豪斯学派重视实际的工艺制作操作，强调设计与工业生产相联系。

图 1-2 所示为采用现代风格设计的卧室效果。

3. 后现代风格

后现代主义一词最早出现在西班牙作家德·奥尼斯《西班牙与西班牙语类诗选》一书中，用来描述现代主义内部发生的逆动，特别有一种对现代主义纯理性的逆反心理，即为后现代风格。图 1-3 所示为采用后现代风格设计的客厅效果。

图 1-2 现代风格示例

图 1-3 后现代风格示例

4. 自然风格

自然风格倡导“回归自然”，美学上推崇“自然美”，认为只有崇尚自然、结合自然，才能在当今高科技、高节奏的社会生活中，使人们能取得心理和生理上的平衡，因此，室内多用木料、织物、石材等天然材料，显示材料的纹理，清新淡雅。此外，由于宗旨和手法的类同，也可把田园风格归入自然风格。田园风格在室内环境中力求表现悠闲、舒畅、自然的田园生活情趣，也常运用天然木、石、藤、竹等材质质朴的纹理，巧妙用于设置室内绿化，创造自然、简朴、高雅的氛围。图 1-4 所示为采用田园风格设计的客厅效果。

5. 混合型风格

近年来，建筑设计和室内设计在总体上呈现多元化、兼容并蓄的状况。室内设计和布置中既趋于现代、实用，又吸取了传统的特征，在装潢与陈设上融古今中西风格于一体。例如，传统的屏风、摆设和茶几，配以现代风格的墙面及门窗装修、新型的沙发；欧式古典的琉璃灯具和壁面装饰，配以东方传统的家具和埃及的陈设。混合型风格虽然在设计中不拘一格，运用多种体例，但设计中仍需匠心独具，深入推敲形体、色彩、材质等方面的总体视觉效果。图 1-5 所示为采用混合型风格设计的客厅效果。

图 1-4 田园风格示例

图 1-5 混合型风格示例

1.2 室内设计的内容

现代室内设计既是一门实用艺术，也是一门综合性科学。随着社会生活水平的提高和科技的进步，对室内设计的要求越来越高。对于从事室内设计的人员来说，应该尽可能地熟悉有关室内设计的基本内容，了解与室内设计项目关系密切、影响较大的环境因素，在设计时尽可能考虑到各种影响因素，同时，也能与有关工种的专业人员相互协调、密切配合，来有效提高室内设计的内在质量。

1.2.1 室内空间设计

室内空间设计是在建筑提供的室内空间基础上对其进行重新组织，对室内空间加以分析及配置，并应用人体工程学的尺度对室内加以合理安排。进行空间设计时，首先要对原有建筑设计的意图充分理解，对建筑物的总体布局、功能分析、人流动向以及结构体系等深入了解，对室内空间和平面布置予以完善、调整或再创造。

现代室内空间的比例往往借助抬高/降低顶棚和地面，或采用隔墙、家具、绿化、水面等的分隔来改变，从而满足不同的功能需求，或组织成开、合、断续等空间形式，并通过色彩、光照和质感的协调或对比，取得不同的环境氛围。图 1-6 所示为某酒店大厅空间设计效果。

图 1-6 空间设计示例

1.2.2 室内装饰设计

室内装饰设计主要是对建筑内部空间的六大界面，按照一定的设计要求，进行二次处理，也就是对通常所说的天花板、墙面、地面进行处理，以及分割空间的实体、半实体等内部界面的处理。在条件允许的情况下也可以对建筑界面本身进行处理。图 1-7 所示为某客厅的装饰设计效果。

图 1-7 装饰设计示例

1.2.3 室内家具与陈设设计

家具、陈设、灯具和绿化等室内设计的内容，相对可以脱离固定界面而布置于室内空间中，在室内环境中突出其适用性和观赏性，这在室内设计风格中起着重要的作用。

1. 家具设计

家具包括固定家具和可移动家具。家具不仅可以创造方便舒适的生活和工作条件，而且可以分隔空间，为室内增添情趣。家具的设计除了考虑舒适、耐用等功能外，还要考虑造型、色彩、材料和质感等因素，以及对室内空间的整体艺术效果的影响。许多建筑师在进行建筑设计的同时，还从事家具设计，使家具成为室内空间的有机组成部分。

随着社会分工的细化和生活水平的提高，专业的家具设计师已经出现。除特殊情况外，室内设计师大多选用定型的成品家具。图 1-8 所示为某书房的家具设计效果。

2. 陈设设计

室内陈设设计主要是对室内家具、设备、装饰织物、陈设艺术品、照明灯具和绿化等方面进行设计处理，其目的是使人们在室内环境工作、生活、休息时心情愉快、舒畅。

室内陈设设计包括两大类：一类是生活中必不可少的日用品，如家具、日用器具和家用电器等；另一类是为观赏而陈设的艺术品，如字画、工艺品、古玩和盆景等。

做好室内陈设设计是室内装修的点睛之笔，其前提是了解各种陈设品的不同功能及房屋主人的爱好和生活习惯，这样才能做到恰到好处地选择、组织日用品和艺术品。图 1-9 所示为别墅室内一角的陈设设计效果。

图 1-8　家具设计示例

图 1-9　陈设设计示例

1.2.4 室内照明设计

光照是人们对外界视觉感受的前提。光照不仅能满足正常的工作生活环境的采光、照明需求，还能有效烘托室内环境气氛。室内光照是指室内环境的天然采光和人工照明。人工照明设计包括功能照明和美学照明两方面：前者是合理布置光源，可采用均布或局部照射的方法，使室内各部位获得应有的亮度；后者则是利用灯具造型、色光、投射方位和光影取得预期的艺术效果。图 1-10 所示为某卧室的照明设计效果。

图 1-10　照明设计示例

1.3　室内设计的要求

1.3.1　满足功能和使用要求

室内设计是以创造良好的室内空间环境为宗旨，把满足人们在室内进行生产、生活、工作、休息的要求置于首位。所以，在室内设计时要充分考虑使用功能的要求，使室内环境合理化、舒适化、科学化；要根据人们的活动规律处理好空间关系、空间尺寸和空间比例；合理配置陈设与家具，妥善解决室内通风、采光与照明，注意室内色调的总体效果。

1.3.2　满足精神和审美要求

室内设计在考虑使用功能要求的同时，还必须考虑精神功能的要求。室内设计的精神是要影响人们的情感，乃至影响人们的意志和行动，所以要研究人们的认识特征和规律，研究人的情感与意志，研究人和环境的相互作用。设计者要运用各种理论和手段去冲击影响人的情感，使其升华达到预期的设计效果。室内环境如能突出地表明某种构思和意境，那么，它将会产生强烈的艺术感染力，更好地发挥其在精神功能方面的作用。

1.3.3　满足创新要求

建筑空间的创新和结构造型的创新有着密切联系，二者要协调统一，充分考虑结构造型中美的形象，把艺术和技术融合在一起，这就要求室内设计者必须具备必要的结构类型知识，熟悉和掌握结构体系的性能、特点。现代室内装饰设计，它置身于现代科学技术的范畴之中，要使室内设计更好地满足精神功能的要求，就必须最大限度地利用现代科学技术的最新成果。

1.3.4 满足地区特点与民族风格要求

由于人们所处的地区、地理气候条件的差异，各民族生活习惯与文化传统的不同，在建筑风格上确实存在很大的差别。我国是多民族的国家，各民族在地区特点、民族性格、风俗习惯及文化传统等因素方面的差异，使得室内装饰设计也有所不同。设计中要体现出各自的风格和特点。

1.3.5 满足安全和方便要求

施工是设计的最终实现，因此，室内设计一定要具有可行性，力求施工方便，易于操作，还应注意节能、节材、方便耐用等问题，也要为再次调整和更新留有余地，符合可持续发展的要求。

此外，当人的较低层次的需求得到满足后，就会表现出对更高层次需求的追求。人的安全需求可以说是仅次于吃饭、睡觉等位于第三位的基本需求，它包括个人私生活不受侵犯、个人财产和人身安全不被侵害等。所以，在室外环境中，空间领域的划分和空间组合的处理显得更为重要。

1.4 室内各功能区域的装潢设计

住宅空间包括基本空间（如玄关、储藏室、外卫）、公共空间（包括客厅、休闲室、棋牌室等）、私密空间（如卧房、书房、内卫等）和家务空间（包括厨房、洗衣房等）。由于人们使用空间的复杂性，所以这些空间并不能刻板定义，并且有些空间是可以进行多功能使用的。

1.4.1 客厅的设计

客厅的主要功能是家庭会客、看电视、听音乐和家庭成员聚谈等。它是家庭居住环境中最大的生活空间，也是家庭成员的主要活动场所。图 1-11 所示为某客厅的装潢预览效果。

图 1-11 客厅的效果示例

客厅是家居活动中使用最频繁的一个区域，因此，如何扮靓这部分空间显得尤其关键。通常客厅设计有如下几点基本要求。

- 空间的宽敞化：客厅的设计中，宽敞很重要，不管空间是大还是小，在室内设计中都需要注意这一点。
- 空间的最高化：客厅是家居中最主要的公

共活动空间，不管是否做人工吊顶，都必须确保空间的高度。

- 景观的最佳化：在室内设计中，必须确保从任何角度看到的客厅都具有美感，这也包括主要视点向外看到的室外风景的最佳化。
- 照明的最亮化：客厅应是整个居室光线最亮的地方，当然这个亮不是绝对的，而是相对的。
- 材质的通用化：在客厅装修中，必须确保所采用的装修材质，尤其是地面材质能适用于绝大部分或者全部家庭成员。例如，在客厅铺设太光滑的砖材，可能给老人和小孩带来不便。
- 交通的最优化：客厅的布局应是最为顺畅的，无论是侧边通过式的客厅还是中间横穿式的客厅，都应确保进入客厅或通过客厅时顺畅。
- 家具的适用化：客厅使用的家具，应考虑家庭成员活动的适用性，这里最主要的考虑是老人和小孩的使用问题。

1.4.2　餐厅的设计

餐厅是用餐的场所，位置应靠近厨房。餐厅可以采用单独的房间，也可以与厨房组成餐厨一体的形式，还可以在起居室中以轻质隔断或家具分割成相对独立的用餐空间。餐厅中，餐桌、餐椅是必不可少的。此外，还应配以餐饮柜，用以存放部分餐具、酒、饮料和餐巾纸等辅助用品。在设计餐厅时，还应充分利用分隔柜、角柜，将上述功能设施容纳进就餐空间。图 1-12 所示为某餐厅的装潢预览效果。

图 1-12　餐厅的效果示例

餐厅的设置方式主要有三种：厨房兼餐室，客厅兼餐室，独立餐室。餐厅内部家具主要是餐桌、餐椅和餐饮柜等，它们的摆放与布置必须为人在室内的活动留出合理的空间。

（1）餐桌尺寸的确定

方桌：760 mm × 760 mm 的方桌和 1 070 mm × 760 mm 的长方形餐桌是常用的尺寸。如果椅子可伸入桌底，即便是很小的角落，也可以放一张六座位的餐桌，用餐时，只需把餐桌拉出一些就可以了。760 mm 的餐桌宽度是标准尺寸，至少也不宜小于 700 mm；否则，对坐时会因餐桌太窄而互相碰脚。餐桌的脚最好是缩在中间，如果四只脚安排在四角，就很不方便。桌高一般为 710 mm，配 415 mm 高度的座椅。桌面稍低些，就餐时，可对餐桌上的食品看得清楚些。

圆桌：如果客厅、餐厅的家具都是方形或长方形的，圆桌面直径可从 150 mm 递增。一般中小型住宅，如使用直径 1 200 mm 的餐桌稍显大时，可定做一张直径为 1 140 mm 的圆桌，这样同样可坐 8～9 人，但看起来空间较宽敞；如用直径 900 mm 以上的餐桌，虽可坐多人，但不宜摆放过多的固定椅子；如用直径为 1 200 mm 的餐桌，放 8 张椅子就很拥挤，则可放 4～6 张椅子。在人多时，可使用折椅，折椅可在储物室收藏。

开合桌：开合桌又称伸展式餐桌，可由一张 900 mm 的方桌或直径 1 050 mm 的圆桌变形成 1 350～1 700 mm 的长桌或椭圆桌（有各种尺寸），比较适合中小型家庭平时和客人多时使用。

（2）餐椅尺寸的确定

餐椅太高或太低，用餐时都会感到不舒服，餐椅太高，会令人腰酸脚疼（许多进口餐椅的高度是 480 mm），也不宜坐沙发吃饭。餐椅高度以 410 mm 左右为宜。餐椅座位及靠背要平直或有 2°～3° 的斜度，坐垫约 20 mm 厚，连底板约 25 mm 厚。有些餐椅配有 50 mm 软垫，下面还有蛇形弹弓。

1.4.3 卧室的设计

卧室是供人睡眠、进行私密活动及储藏物品的场所。人的一生约有 1/3 的时间是在睡眠中度过的，可见卧室对人的重要性。一个设计完美的卧室，不但要使居住者身心愉悦，同时也要能成为居住者寻找自我发展、进行自我平衡的地方。因此，在设计时，一定要根据居住者的爱好、卧室所必需的私密性以及住房的面积、居住者的经济条件来综合考虑，使设计更加完美。图 1-13 所示为某卧室的装潢预览效果。

图 1-13 卧室的效果示例

卧室设计的原则：

- 在卧室的设计上，追求的是功能与形式的完美统一，以及优雅独特、简洁明快的设计风格。在卧室设计的审美上，设计师要追求时尚而不浮躁，庄重典雅，同时不乏轻松浪漫的感觉。
- 利用材料的多元化应用、几何造型的有机融入、线条节奏和韵律的充分展现、灯光造型的立体化应用等表现手法，营造温馨柔和、独具浪漫主义情怀的卧室空间。
- 床头背景墙是卧室设计中的重头戏。设计上更多运用了点、线、面等要素形式美的基本原则，使造型和谐统一而富于变化。
- 窗帘帷幔往往最具柔情主义。轻柔的摇曳，徐徐而动的娇羞，优雅的配色似如歌的行板，浪漫温馨。
- 卧室的灯光更是点睛之笔，筒灯斑斑宛若星光点点，多角度的设计使灯光的立体造型更加丰富多彩。
- 卧室应根据主人的年龄、个性和爱好设计。
- 卧室地面宜用木地板、地毯或陶瓷地砖等材料。
- 卧室的前面宜用墙纸壁布或者乳胶漆，颜色花纹应根据主人的年龄、个人喜好来选择。

➢ 卧室的顶面装饰，宜用乳胶漆、墙纸（布）或者局部吊顶。
➢ 人工照明应考虑整体与局部照明，卧室的照明光线宜柔和。
➢ 卧室应通风良好，对原有建筑通风不良的应适当改进。卧室的空调器送风口不宜布置在正对人长时间停留的地方。

1.4.4　书房的设计

书房又称家庭工作室，是作为阅读、书写及业余学习、研究、工作的空间。特别是从事文教、科技、艺术工作者必备的活动空间。书房是为个人而设的私人天地，最能体现居住者习惯、个性、爱好、品位和专长的场所。功能上要求创造静态空间，以幽雅、宁静为原则。同时要提供主人书写、阅读、创作、研究、书刊资料储存及兼有会客交流的条件。当今社会已是信息时代，因此，一些必要的辅助设备，如电脑、传真机等也应容纳在书房中，以满足人们更广泛的使用要求。图 1-14 所示为某书房的装潢预览效果。

图 1-14　书房的效果示例

书房布置一般需保持相对的独立性。书房空间组织形式应包括以下几个部分：

（1）有书刊、资料、文化用具等物品存放功能的储物区，这是书房中不可缺少的重要组成部分，一般以书橱为代表。

（2）有会客、交流和商讨等功能的接待交流区。这一区域因书房的功能不同而有所区别，同时又受到书房面积的影响。这一区域主要由客椅或沙发组成。

（3）有阅读、书写和创作等功能的工作区。这是书房中心区，应该处在相对稳定且采光较好的位置。这一区域主要由书桌、工作台（架）等组成。

1.4.5　厨房的设计

厨房设计是指将橱柜、厨具和各种厨用家电按其形状、尺寸及使用要求进行合理布局，巧妙搭配，实现厨房用具一体化。它依照家庭成员的身高、色彩偏好、文化修养、烹饪习惯及厨房空间结构、照明，结合人体工程学、人体工效学、工程材料学和装饰艺术原理进行科学合理的设计，使科学和艺术的和谐统一在厨房中体现得淋漓尽致。图 1-15 所示为某厨房的装潢预览效果。

图 1-15　厨房的效果示例

厨房设计的原则：

- 厨房的设计应从人体工学原理出发，考虑减轻操作者劳动强度，方便使用。
- 厨房设计时，应合理布置灶具、脱排油烟机、热水器等设备，必须充分考虑这些设备的安装、维修及使用安全。
- 厨房的装饰材料应色彩素雅、光洁、易于清洗。
- 厨房的地面，宜用地砖、花岗岩等防滑、防水、易于清洗的材料。
- 厨房的顶面、墙面宜选择防火、抗热、易清洁的材料。
- 厨房的装饰设计不应影响厨房的采光、照明及通风。在进行厨房装饰设计时，严禁移动煤气表，煤气管道不得作暗管，同时，应考虑抄表方便。

1.4.6 卫生间的设计

现代生活中，卫生间不仅是方便、洗尽身上尘垢的地方，也是调剂身心、放松神经的场所。因此，无论在空间布置上，还是设备材料、色彩、灯光等设计方面，都不应忽视，应使之发挥最佳效果。图 1-16 所示为某卫生间的装潢预览效果。

卫生间中，洗浴部分应与厕所部分分开，如不能分开，也应在布置上有明显的划分，并尽可能用隔帘等隔开。浴缸及便池附近应设置尺度适宜的扶手，以方便老弱及病人使用。如空间允许，洗脸梳妆部分应单独设置。

图 1-16　卫生间的效果示例

卫生间设计的原则：

- 卫生间设计应综合考虑盥洗、洗澡、厕所三种功能的使用。
- 卫生间的装潢设计不应影响卫生间的采光和通风效果，电线和电器设备的选用与设置应符合电器安全规程与规定。
- 地面应采用防水、耐脏、防滑的地砖、花岗岩等材料。
- 墙面应采用光洁素雅的瓷砖，顶棚宜用塑料板材、玻璃或半透明板材等吊板，亦可用防水涂料装潢。
- 卫生间的浴具应有冷热水龙头。浴缸或淋浴宜用活动隔断分隔。
- 卫生间的地坪应向排水口倾斜。
- 卫生洁具的选用应与整体布置协调。

1.5 室内设计的制图要求和规范

作为一名优秀的室内设计师，掌握一定的制图知识是必要的。因为只有通过规范的制图，才能最大限度地将设计理念表达完整。下面总结出了一些制图知识，供读者参考。

1.5.1　图纸幅面

图幅就是图面的大小。根据国家规范，按图面长和宽的大小确定图幅的等级，常用的图幅有 A0、A1、A2、A3 和 A4。绘图时应优先采用表 1-1 中规定的基本幅面。

表 1-1　图幅尺寸　　单位：mm

<table>
<tr><th>幅面代号</th><th>A0</th><th>A1</th><th>A2</th><th>A3</th><th>A4</th></tr>
<tr><td>$B \times L$</td><td>841×1189</td><td>594×841</td><td>420×594</td><td>297×420</td><td>210×297</td></tr>
<tr><td>c</td><td colspan="3">10</td><td colspan="2">5</td></tr>
<tr><td>a</td><td colspan="5">25</td></tr>
</table>

表 1-1 中：B、L 分别表示图样的短边和长边，a 和 c 分别为有/无装订边时图框线到图幅边缘之间的距离。

在图纸上，图框线必须用粗实线画出，其格式分为不留装订边和留有装订边两种，如图 1-17 和图 1-18 所示。但同一产品的图样只能采用同一种格式，图样必须画在图框内。

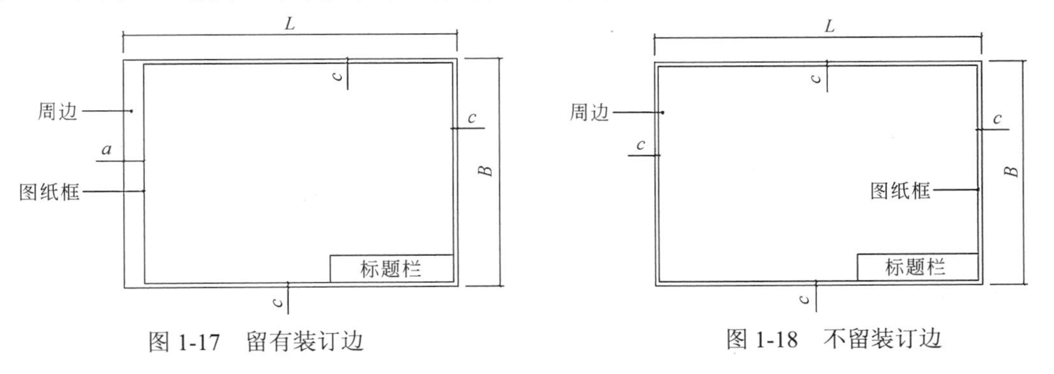

图 1-17　留有装订边　　图 1-18　不留装订边

1.5.2　常用的绘图比例

比例是指图样中的图形与所表示的实体相应要素的线性尺寸之比。比例应用阿拉伯数字表示，宜写在图名的右侧，字高应比图名高小一号或两号。通常优先选用表 1-2 中的比例。

表 1-2　绘图比例

常用比例	1:1，1:2，1:5，1:25，1:50，1:100，1:200，1:500，1:1 000，1:2 000，1:5 000，1:10 000
可用比例	1:3，1:15，1:60，1:150，1:300，1:400，1:600，1:1 500，1:2 500，1:3 000，1:4 000，1:6 000

1.5.3　尺寸的规范标注

在图样中，除了按比例正确画出物体的图形外，还必须标出完整的实际尺寸。施工时应以图样上所注的尺寸为依据，而与所绘图形的准确度无关，更不得从图形上量取尺寸作为施工的依据。

图样上的尺寸单位，除了另有说明外，均以毫米（mm）为单位。一个完整的尺寸一般包括尺寸线、尺寸界线、尺寸起止符号、尺寸数字四部分，如图 1-19 所示。

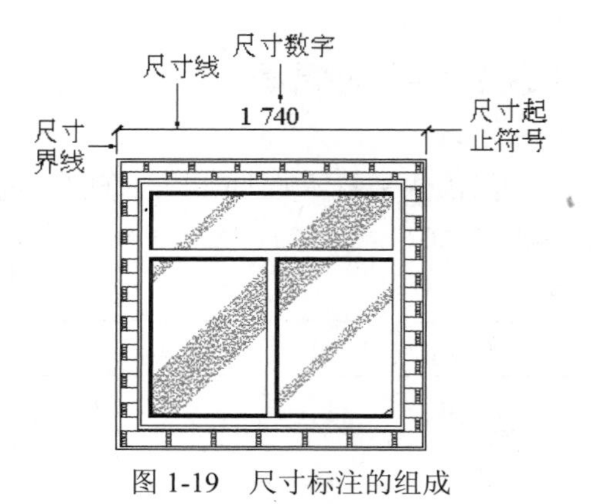

图 1-19 尺寸标注的组成

尺寸标注各部分的含义如下。

- 尺寸线：用细实线绘制，不得用其他图线代替。尺寸线必须与所注尺寸的方向平行，但在圆弧上标注半径尺寸时，尺寸线应通过圆心。
- 尺寸界线：一般用细实线绘制，且与尺寸线垂直，末端约超出尺寸线外 2 mm。在某些情况下，允许以轮廓线及中心线为尺寸界线。
- 尺寸起止符号：一般采用与尺寸界线成顺时针倾斜 45° 的中粗短线或细实线表示，长度宜为 2mm～3 mm。在某些情况下，如标注圆弧半径时，可用箭头作为起止符号。
- 尺寸数字：徒手书写的尺寸数字不得小于 2.5 号，注写尺寸数字时应在尺寸线的上方。

1.5.4 文字说明

在一幅完整的图样中，用图线方式表现得不充分或无法用图线表示的地方，需要用文字说明，例如材料名称、构配件名称、构造做法、统计表及图名等。

文字说明是图样内容的重要组成部分，制图规范对文字标注中的字体、字的大小、字体字号搭配方面作了具体规定。

- 一般原则：字体端正，排列整齐，清晰准确，美观大方，避免过于个性化的文字标注。
- 字体：一般标注推荐采用仿宋字，标题可用楷体、隶书和黑体等字体。
- 字的大小：标注的文字高度要适中，同一类型的文字采用同一大小的字，较大的字用于概括性说明内容，较小的字用于较细致的说明内容等。

1.6 室内装潢设计的工作流程

如何设计出较为理想的室内效果，每个人心中都会有许多的设计构想，而要实现这些构想，就必须按照一定的流程进行。

1. 设计准备阶段

第一，明确设计任务和客户要求，例如，使用性质、功能特点、设计规模、等级标准和总造价，根据任务的使用性质创造的室内环境氛围、文化内涵或艺术风格等；第二，熟悉设计有关规范和定额标准，收集必要的资料和信息，例如收集原始户型图纸，并对户型进行现场尺寸勘测；第三，绘制简单设计草图，并与客户交流设计理念，例如明确设计风格、各空间的布局及其使用功能等；第四，沟通完成后，签订装修合同，明确设计期限并制定设计计划进度安排，考虑各有关工种的配合与协调。

2. 方案设计阶段

在设计准备阶段的基础上，进一步收集、分析、运用与设计任务有关的资料与信息，构思立意，进行初步方案设计，深入设计，进行方案的分析与比较；确定初步设计方案，提供设计施工图纸。通常要提供的设计图纸包括以下几项：

（1）平面布置图

绘制平面布置图时，常用的比例为 1∶50 和 1∶100。在平面图中，需表现出当前户型各空间中的家具摆放位置，如图 1-20 所示。

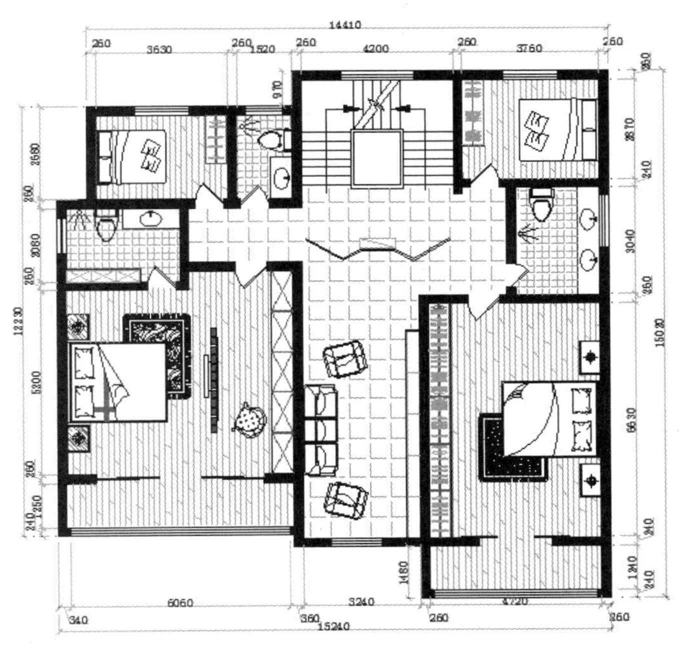

图 1-20　平面布置图

（2）立面布置图

绘制立面图时，常用的比例为 1∶20 和 1∶50。在立面图中，需根据平面图中家具的摆设，绘制出这些家具的立面效果，它表明了室内的标高，吊顶装修的尺寸及梯次造型的相互关系尺寸，墙面装饰的式样及材料、位置尺寸，墙面与门、窗、隔断的高度尺寸，墙与顶、地的衔接方式等，如图 1-21 所示。

（3）顶棚布置图

绘制顶棚布置图时，常用的比例为 1∶50 和 1∶100。在顶棚图中，需要表现出各空间顶面造型效果以及灯具摆放的位置。顶棚布置图反映了室内空间组合的标高关系和尺寸等信息，其内容主要包括各种装饰图形、灯具、说明文字、尺寸和标高。有时为了更详细地表示某处的构造和做法，还需要绘制该处的剖面详图，如图 1-22 所示。

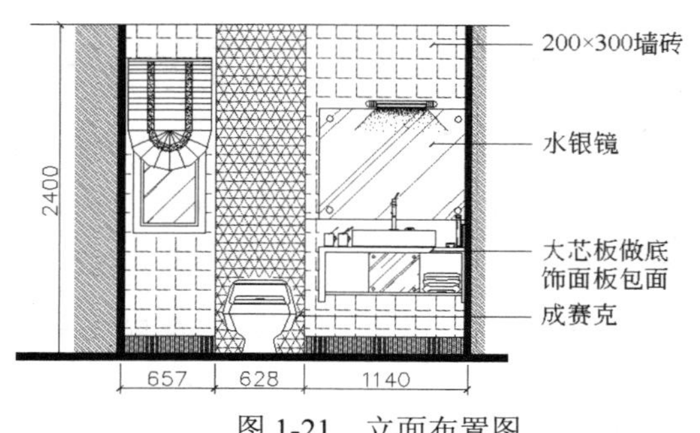

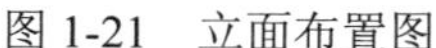

图 1-21　立面布置图

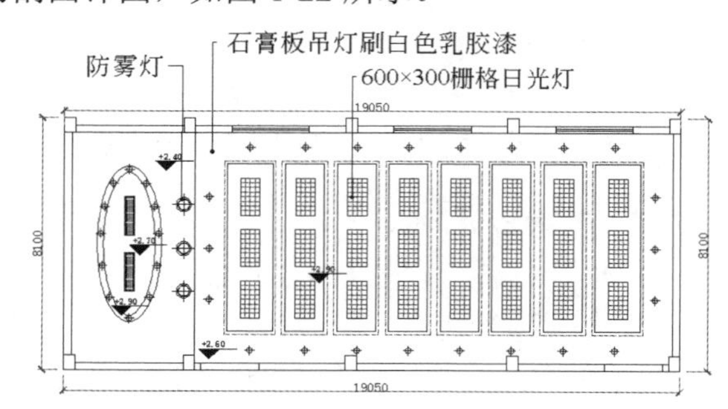

图 1-22　顶棚布置图

（4）结构详图

在结构图中，需根据所设计的装饰墙或家具，绘制出其安装工艺，可让施工人员按照该工艺进行施工，如图 1-23 所示。

（5）水、电布置图

水路布置图所需表现的是冷、热水管的走向，如图 1-24 所示。电路图则需表现各空间电线、插座及开关的走向，如图 1-25 所示。

（6）室内效果图

根据所设计的背景墙，并参照其平面、立面图，绘制出三维立体效果图。通常每个空间至少绘制一张效果图。

（7）施工预算

当一整套施工图纸完成后，需对整个工程做出大概预算，该预算包含了所有的材料费及人工费。

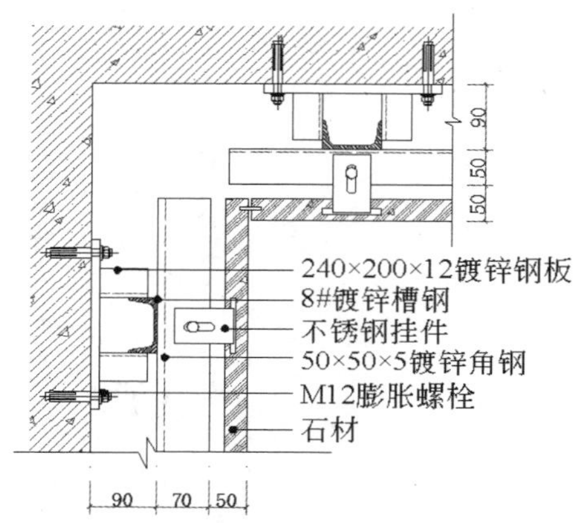

图 1-23　结构详图

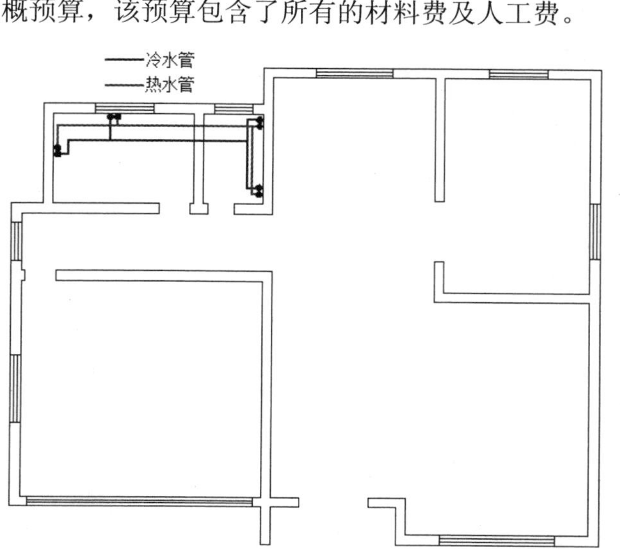

图 1-24　水路布置图

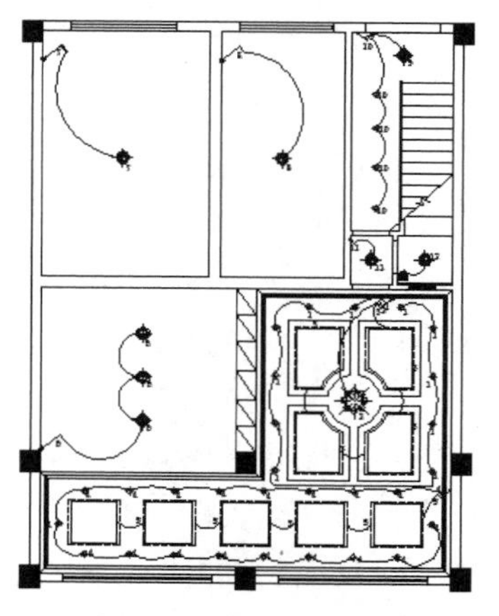

图 1-25　电路布置图

3. 设计实施阶段

该阶段也是工程的施工阶段。室内工程在施工前，设计师应向施工单位进行设计意图说明及图纸的技术交底。工程施工期间需按图纸要求核对施工实况，有时还需根据现场实况提出对图纸的局部修改或补充。施工结束时，会同质检部门和建设单位进行工程验收。

为了使设计取得预期效果，室内设计人员必须抓好设计各阶段的环节，重视设计、施工、材料和设备等各个方面，并熟悉、重视与原建筑物的建筑设计、设施设计的衔接，同时还须协调好与建设单位和施工单位之间的相互关系，在设计意图和构思方面取得沟通与共识，以期取得理想的设计工程成果。

第 2 章 AutoCAD 的基本操作

随着计算机知识的不断普及和提高，AutoCAD 技术的使用也得到了快速普及，其发展非常迅速，已深入到国民经济的各行各业，成为国际上广为流行的绘图工具。AutoCAD 具有良好的用户界面，通过交互菜单或命令行方式便可以进行各种操作。利用 AutoCAD 软件不仅可以设计出各种尺寸的图纸，而且能在很大程度上提高工作效率。

本章学习要点：

- AutoCAD 用户界面
- 设置绘图环境
- 管理图形文件
- 控制图形的显示
- 调用 AutoCAD 命令的方法
- 精确绘制图形

2.1 AutoCAD 用户界面

中文版 AutoCAD 2017 为用户提供了“二维草图与注释”“三维基础”“三维建模”和“AutoCAD 经典”四种工作空间界面。其中，“二维草图与注释”界面适用于绘制简单的二维图形；“三维建模”界面适用于创建三维模型；“AutoCAD 经典”界面保留了以往各版本的 AutoCAD 界面。下面分别介绍如何选择工作界面，以及“二维草图与注释”工作界面的各组成部分。

2.1.1 AutoCAD 的工作界面

安装并启动中文版 AutoCAD 2017 软件后，进入“二维草图与注释”工作界面。该界面主要由菜单栏、功能区选项板、快速访问工具栏、标题栏、绘图窗口、命令提示行和状态栏等组成，如图 2-1 所示。

下面介绍中文版 AutoCAD 2017 界面的主要组成部分。

1. 标题栏

标题栏位于中文版 AutoCAD 2017 工作界面的最上方，由“菜单浏览器”“快速访问工具栏”“当前文档标题”“搜索栏”“帮助”以及窗口控制按钮等组成。

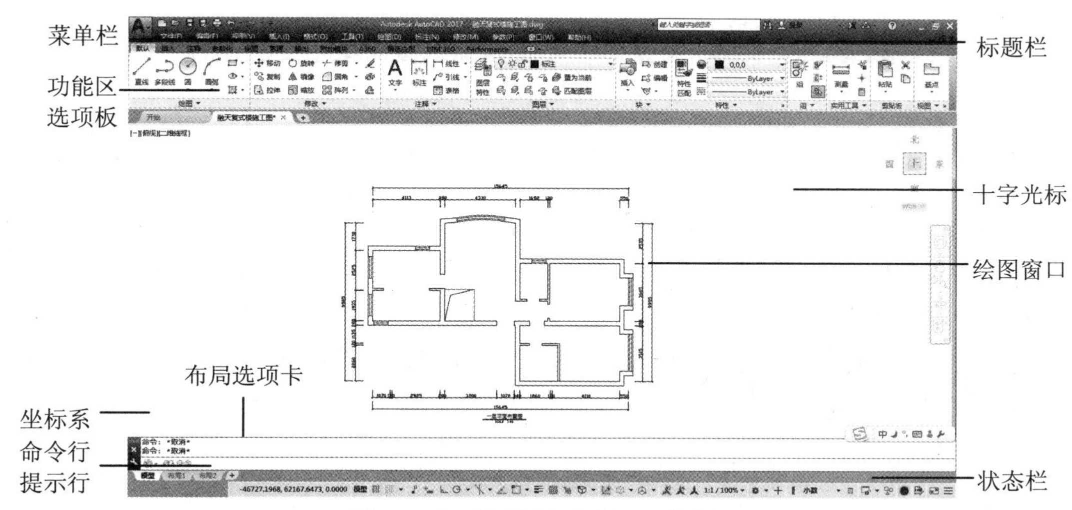

图 2-1　“二维草图与注释”工作空间

1）菜单浏览器

单击“菜单浏览器”按钮，在弹出的下拉菜单列表中包含了新建、打开、保存等命令，用户可根据需要选择相应的操作，如图 2-2 所示。

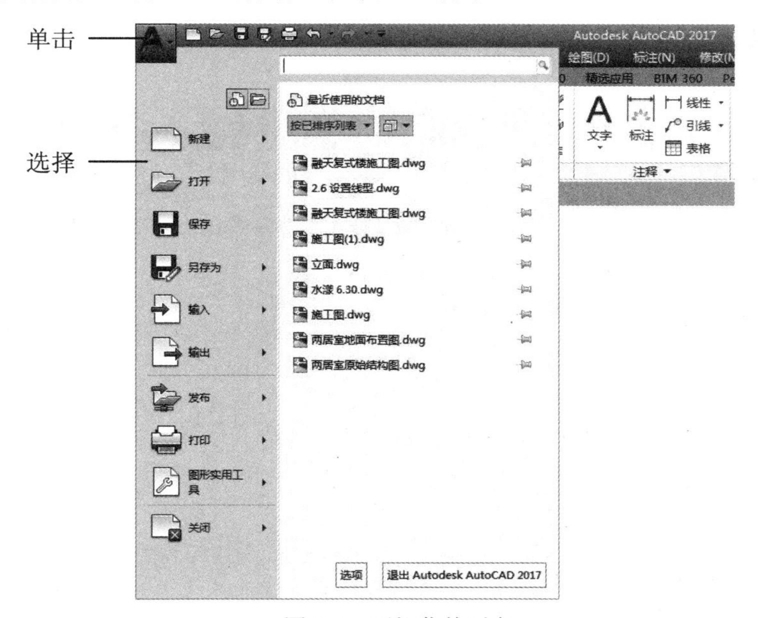

图 2-2　下拉菜单列表

2）快速访问工具栏

中文版 AutoCAD 2017 的快速访问工具栏中包含多个常用的快捷按钮，方便用户快速操作。默认状态下，快速访问工具栏显示的按钮有新建、打开、保存、另存为、Cloud 选项、打印、放弃、重做、工作空间及扩展按钮，如图 2-3 所示。在该版本中，用户可以对快速访问工具栏中的命令按钮进行自定义。

图 2-3　快速访问工具栏

3）窗口控制按钮

与 Windows 标准窗口相同，在标题栏的右侧有三个控制按钮，分别用来控制软件窗口的最小化、最大化/还原和关闭。此外，用户也可以在标题栏上右击，在弹出的快捷菜单中选择相应的命令，完成最小化窗口、最大化窗口、还原窗口、移动窗口和关闭软件等操作，如图 2-4 所示。

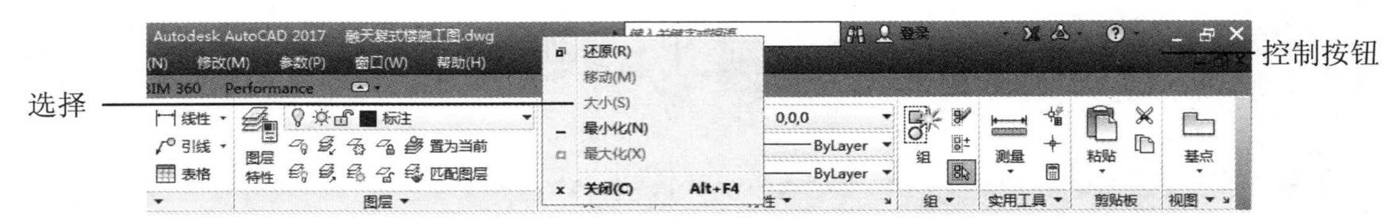

图 2-4　窗口控制按钮

2. 菜单栏

菜单栏位于标题栏的下方，其中包含文件、编辑、视图、插入、格式、工具、绘图、标注、修改、参数、窗口和帮助等多个主菜单。每个主菜单又包含数目不等的子菜单，有些子菜单下还包含下一级子菜单。这些菜单中囊括 AutoCAD 几乎所有的操作命令，如图 2-5 所示。

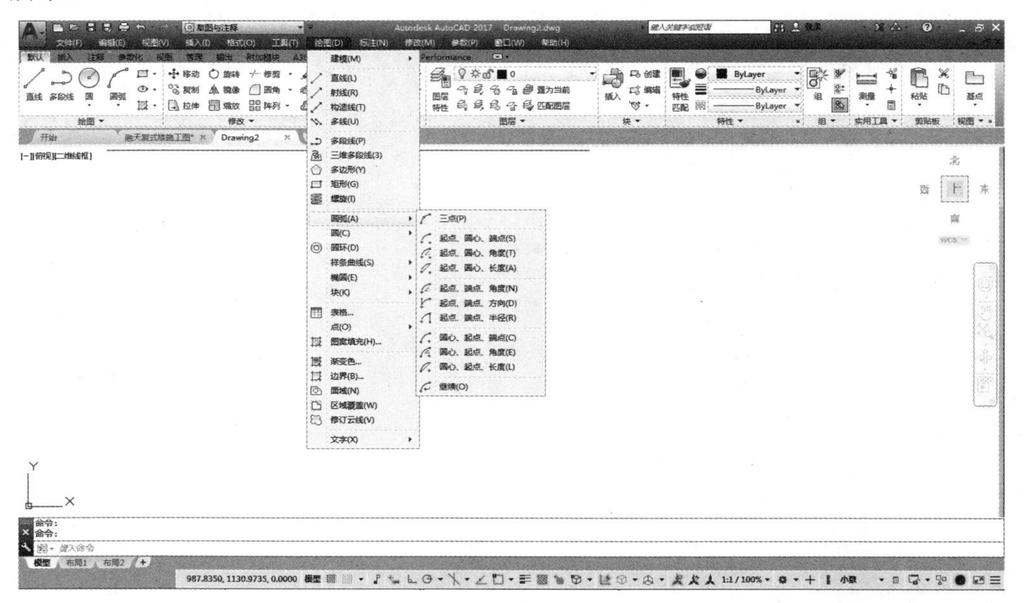

图 2-5　主菜单栏下的子菜单

在默认情况下，工作界面中是不显示菜单栏的。若要显示菜单栏，可以在快速访问工具栏中单击“自定义快速访问工具栏”按钮，在弹出的快捷菜单中选择“显示菜单栏”命令即可，如图 2-6 所示。

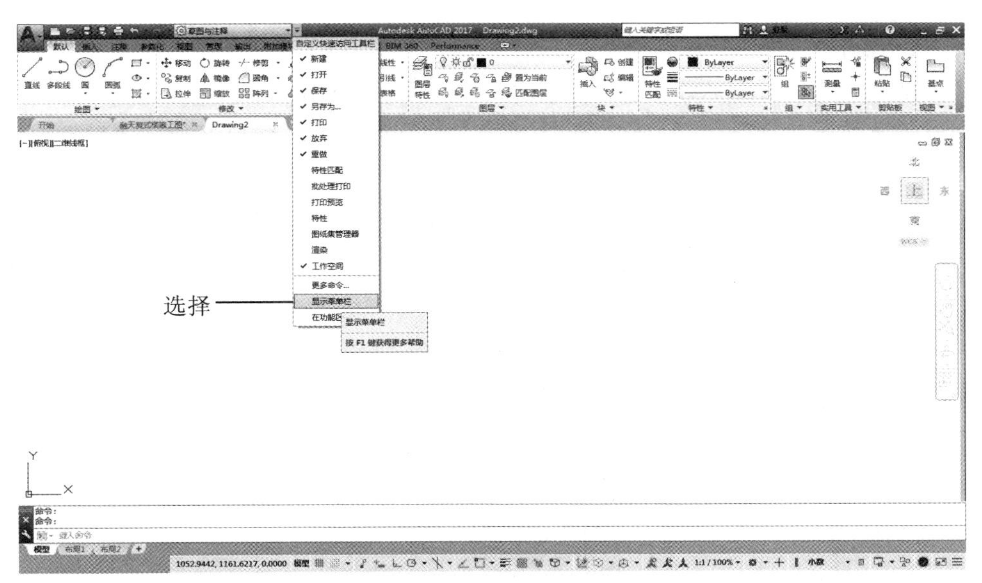

图 2-6 选择“显示菜单栏”命令

3. 功能区选项板

功能区选项板是一个特殊的面板，位于标题栏下方，绘图窗口的上方，用于显示与基于任务的工作空间关联的按钮和控件。功能区选项板包含功能区选项卡和功能区面板，其中，每个选项卡中包含若干个面板，每个面板中又包含了许多命令按钮，如图 2-7 所示。

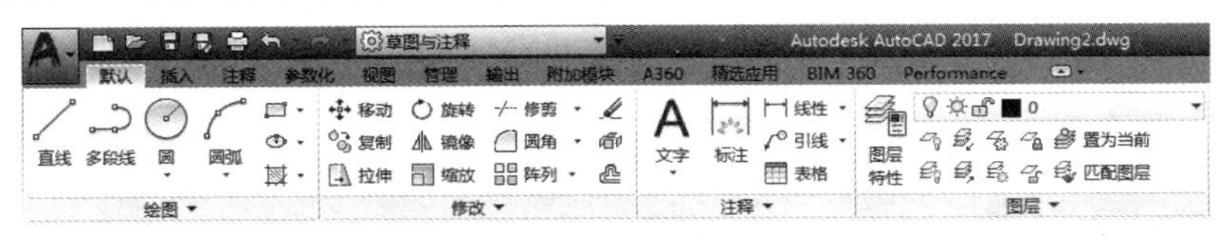

图 2-7 功能区选项板

如果用户需要改变功能区选项板的状态，可在选项卡上右击，在弹出的快捷菜单中选择“浮动”命令，即可将选项板设置为浮动状态，如图 2-8 所示。

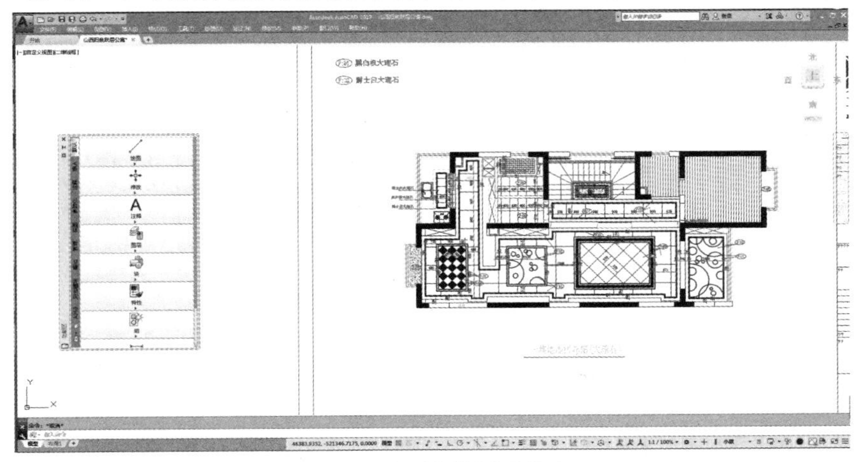

图 2-8 选项卡的浮动状态

4. 绘图窗口

绘图窗口位于中文版 AutoCAD 2017 工作界面的正中间，是用户进行绘图的工作区域，所有绘图结果（如绘制的图形、输入的文本以及尺寸标注等）都将反映在这个区域中。一个图形文件对应一个绘图窗口，每个绘图窗口都由标题栏、滚动条、控制按钮、布局选项卡、坐标系和十字光标等元素组成，如图 2-9 所示。

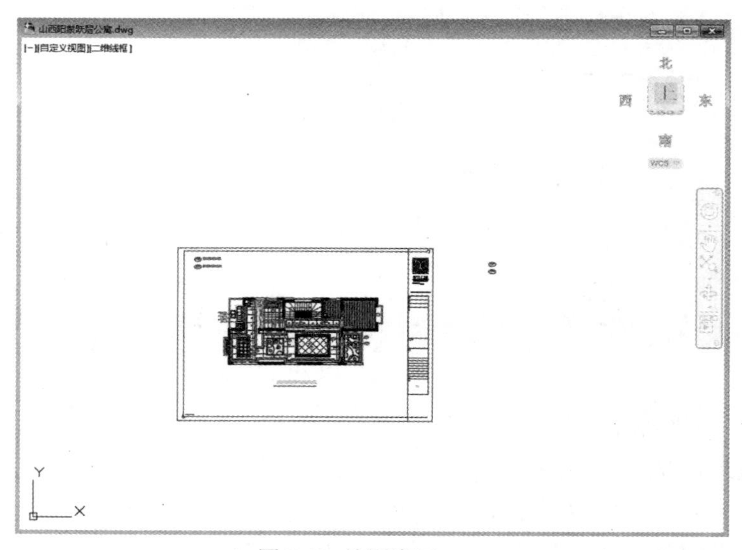

图 2-9　绘图窗口

用户可根据需要利用鼠标中键或单击状态栏中的“缩放”命令来控制图形的显示，也可以关闭周围的各工具栏，以增大绘图空间。若图纸较大，则可以采用全屏模式查看图纸。

5. 命令行和文本窗口

命令行位于绘图区的下方，用于显示用户输入的命令，并显示 AutoCAD 的提示信息，如图 2-10 所示。默认情况下，该窗口中仅显示 3 行文字，用户可以通过鼠标拖动命令行，使其处于浮动状态来改变命令行的位置，也可通过拖动命令行的边框，来改变命令行的大小。

在中文版 AutoCAD 2017 中，按 F2 键可打开 AutoCAD 文本窗口，如图 2-11 所示。该窗口是放大的命令行，其显示的提示信息与命令行显示的完全相同，当用户需要查询大量信息时，使用该窗口将非常方便。

图 2-10　命令行窗口

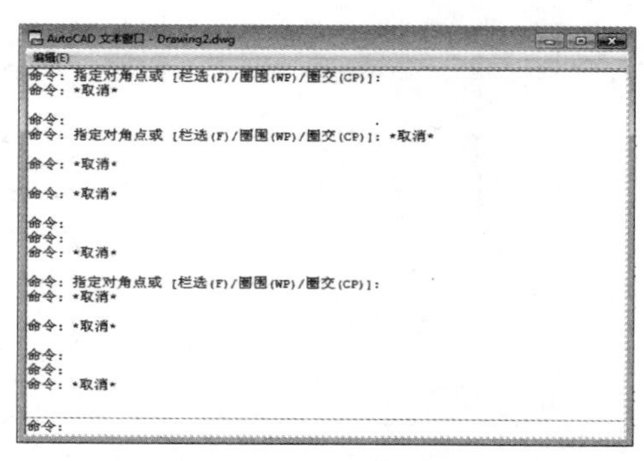

图 2-11　文本窗口

6. **状态栏**

状态栏用于显示 AutoCAD 当前的状态，主要显示的有当前光标的坐标值、控制绘图的辅助功能按钮（如“捕捉模式”“栅格显示”“正交模式”等）、控制图形状态的功能按钮（如“注释比例”“注释可见性”和“自动缩放”）以及控制工具栏和窗口状态的“锁定”按钮等，如图 2-12 所示。

图 2-12　状态栏

2.1.2　工作空间的切换

工作空间是由分组组织的菜单、工具栏、选项板和功能区控制面板组成的集合，使用户可以在专门的、面向任务的绘图环境中工作。在中文版 AutoCAD 2017 中，用户可以在“二维草图与注释”“三维基础”“三维建模”和“AutoCAD 经典”四种工作空间模式间切换，切换工作空间的方法主要有以下三种。

- 单击快速访问工具栏中的“工作空间”按钮，在弹出的菜单下拉列表中选择相应的命令即可切换空间模式。如选择“草图与注释”命令，即可进入二维草图与注释工作界面，如图 2-13 所示。

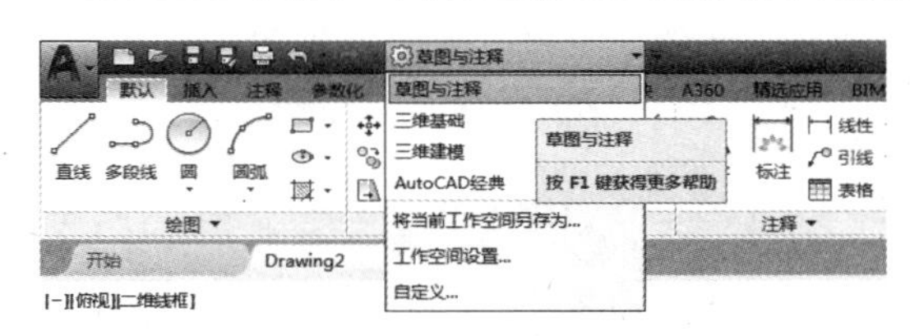

图 2-13　“二维草图与注释”工作界面

- 单击状态栏中的“切换工作空间”按钮，在弹出的菜单中选择相应的命令即可切换空间模式。如选择“三维建模”命令，即可进入三维建模工作界面，如图 2-14 所示。
- 在菜单栏中单击“工具”|“工作空间”子菜单中的命令，如单击“AutoCAD 经典”命令，即可进入 AutoCAD 经典工作界面，如图 2-15 所示。

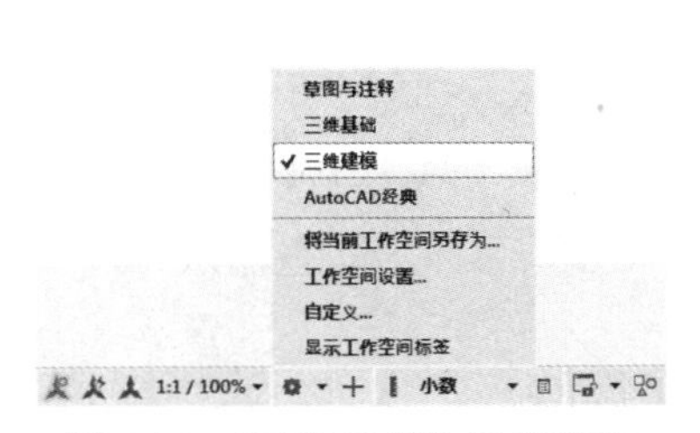

图 2-14　“三维建模”工作界面

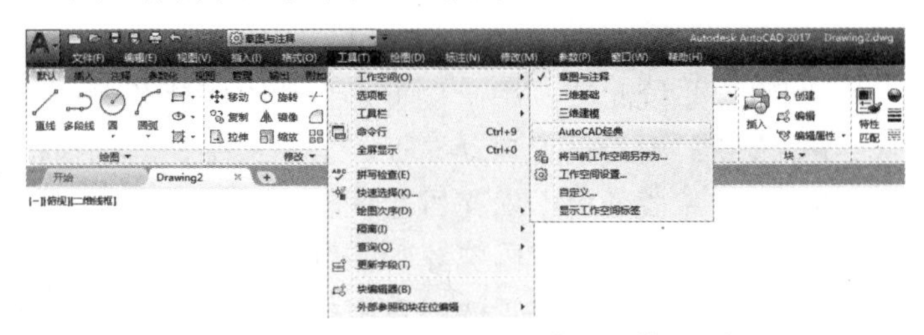

图 2-15　“AutoCAD 经典”工作界面

2.2　设置绘图环境

在 AutoCAD 中，用户通常都是在系统默认的工作环境下进行绘图操作的，但由于个人的使用习惯不同，用户可根据自己的需求对绘图单位、绘图界限和参数选项等进行必要设置，从而提高绘图效率。所以，在设计图纸之前，往往需要先设置绘图环境。

2.2.1 设置参数选项

在菜单栏中单击“工具”|“选项”命令或在绘图区中右击，在弹出的快捷菜单中选择“选项”命令，即可打开“选项”对话框，如图 2-16 所示。

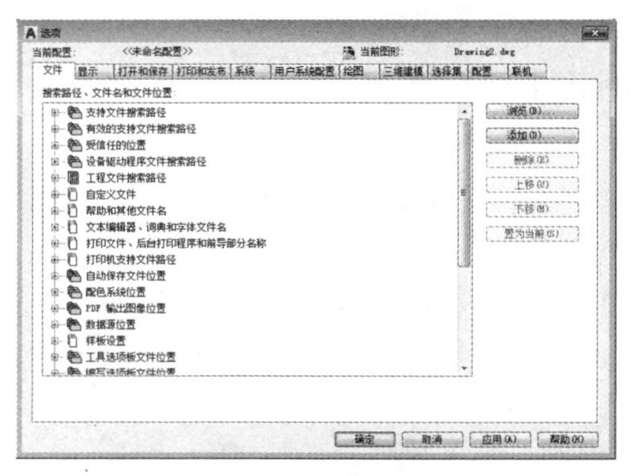

图 2-16 “选项”对话框

该对话框包含了 11 个选项卡，各选项卡具体的设置内容如下。

- 文件：用于确定 AutoCAD 搜索文件路径、文件名和文件位置的一些设置。
- 显示：用于设置窗口元素、布局元素、显示精度、显示性能、十字光标大小和参照编辑的褪色度等。
- 打开和保存：用于设置是否自动保存文件，以及自动保存文件的时间间隔、文件保存类型等，是否维护日志，以及是否加载外部参照等。
- 打印和发布：用于设置 AutoCAD 的输出及打印设备等。
- 系统：用于设置当前图形性能，设置定点设备，信息中心设置和安全选项设置、数据库连接选项设置。
- 用户系统配置：用于设置是否使用快捷菜单和对象的排序方式。
- 绘图：用于设置自动捕捉、自动追踪、自动捕捉标记框颜色和大小及靶框大小。
- 三维建模：用于对三维绘图模式下的三维十字光标、UCS 图标、动态输入、视口中显示工具，三维对象和三维导航等选项进行设置。
- 选择集：用于设置选择及模式、拾取框大小以及夹点大小等。
- 配置：用于实现新建系统配置文件、重命名系统配置文件及删除系统配置文件等操作。
- 联机：用于使用 AutoCAD 360 联机工作的选项，并提供对存储在 Cloud 账户的设计文档的访问。

以上各选项卡中的参数，用户在绘制图形时都会采用其默认设置，但有时为了工作需要，也可以对其进行修改，从而提高绘图效率。下面以设置绘图区的背景颜色、十字光标的大小以及图形的显示精度为例进行介绍。

1. 更改绘图区颜色

在中文版 AutoCAD 2017 软件中，绘图区的背景色默认为黑色，用户可根据自己的需要更换颜色。

更改绘图区颜色的具体操作方法如下。

（1）单击“工具”|“选项”命令，选择“显示”选项卡，在该选项卡的“窗口元素”选项组中单击“颜色”按钮，如图 2-17 所示。

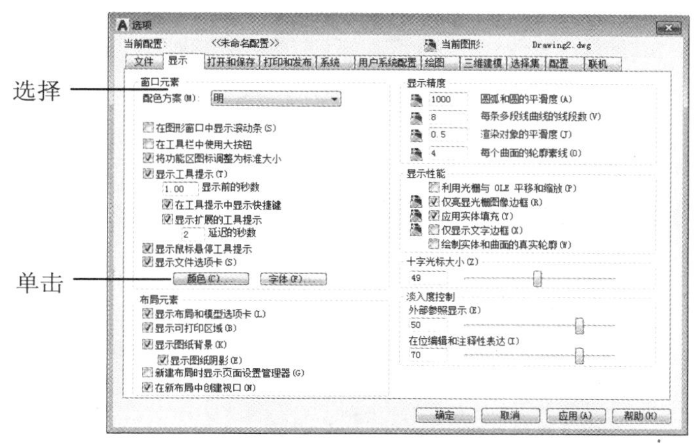

图 2-17 “显示”选项卡

（2）打开“图形窗口颜色”对话框，在该选项卡的“颜色”下拉列表框中选择需要的颜色，这里选择“白色”，单击“应用并关闭”按钮，返回“图形窗口颜色”对话框，单击“确定”按钮，即可完成绘图区颜色的更改，如图 2-18 所示。

（3）如果在“颜色”下拉列表框中没有所需要的颜色，可选择该列表中的“选择颜色”选项，在打开的“选择颜色”对话框中，选择所需颜色即可，如图 2-19 所示。

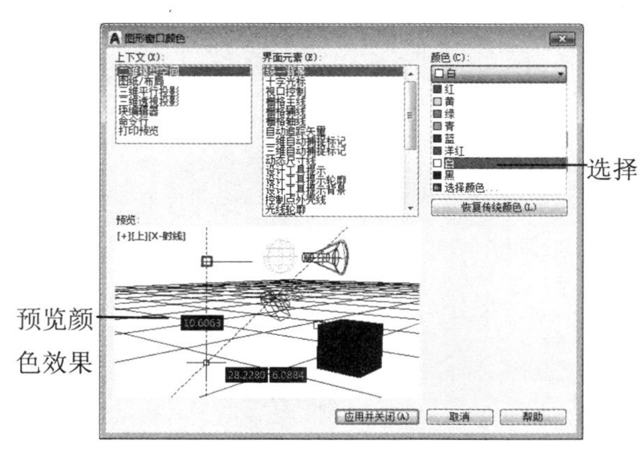

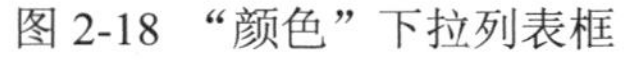

图 2-18 “颜色”下拉列表框

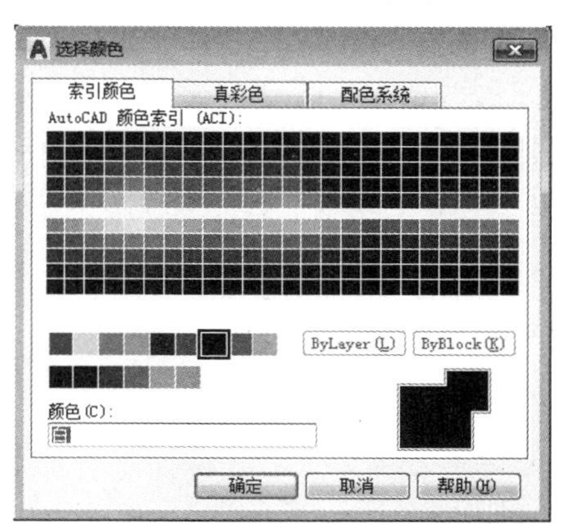

图 2-19 “选择颜色”对话框

2. 更改十字光标的大小

默认情况下，十字光标的尺寸为 5%，有效值的范围为全屏幕的 1%～100%。当设置其尺寸为 100%时，十字光标的尺寸可延伸至屏幕边缘。

更改十字光标尺寸的具体操作方法如下。

（1）在“显示”选项卡的“十字光标大小”选项组中，直接在文本框中输入光标大小值，或者拖动滑块改变值的大小。这里输入“50”，重新设置十字光标的大小，如图 2-20 所示。

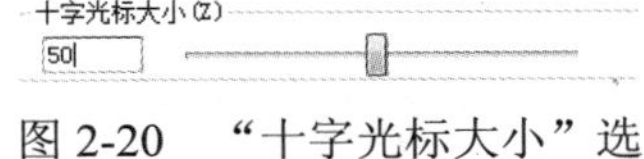

图 2-20 “十字光标大小”选项组

（2）设置好十字光标的大小后，单击“确定”按钮，即可完成十字光标大小的设置，如图 2-21 所示。

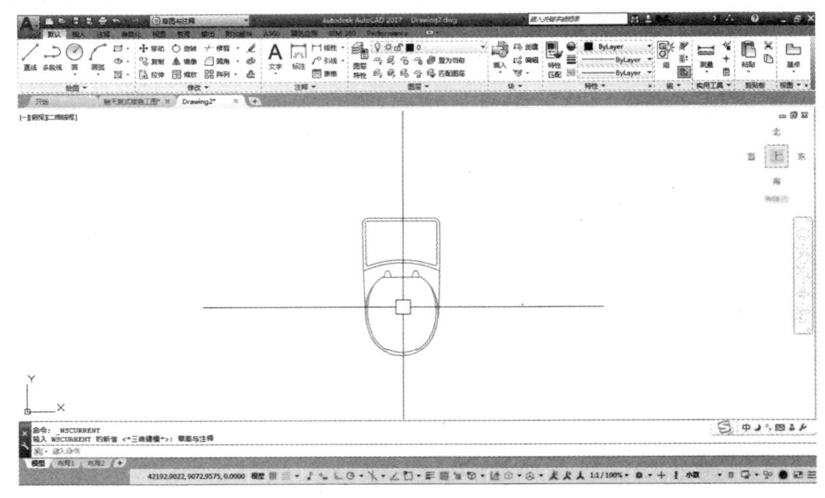

图 2-21 光标设置效果

3. 更改图形的显示精度

用户常常会遇到在打开某一图纸文件时，发现所绘制的圆已成多边形，而绘制的弧线则变成多条直线组成的线段，这是图形显示精度的问题。用户只需更改精度数值，即可恢复原图形，数值越大，其精度越平滑；数值越小，其平滑度越低。

下面以设置圆弧和圆的平滑度为例，介绍更改显示精度的具体操作方法。

（1）在“常用”选项卡中，单击“绘图”面板中的“圆心，半径”按钮，绘制一个任意大小的圆，如图 2-22 所示。

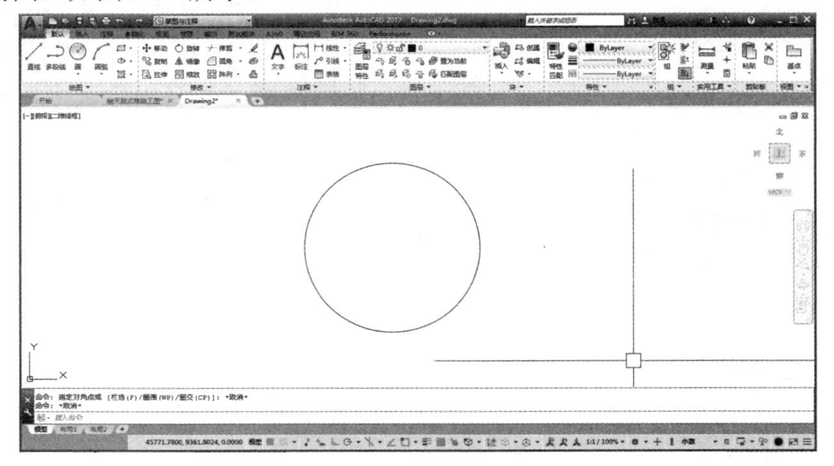

图 2-22 绘制圆

（2）在绘图区中右击，在弹出的快捷菜单中选择“选项”命令，打开“选项”对话框；在其“显示”选项卡的“显示精度”选项组的第 1 个文本框中输入 10，如图 2-23 所示。

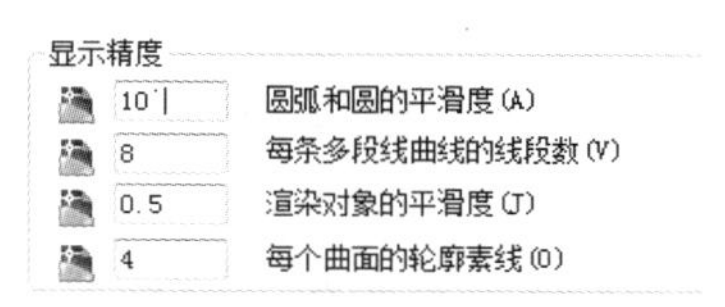

图 2-23　“显示精度”选项组

（3）单击“确定”按钮，此时圆将变为多边形，如图 2-24 所示。若设置“平滑度”值为 10 000，则多边形将重新变为圆。

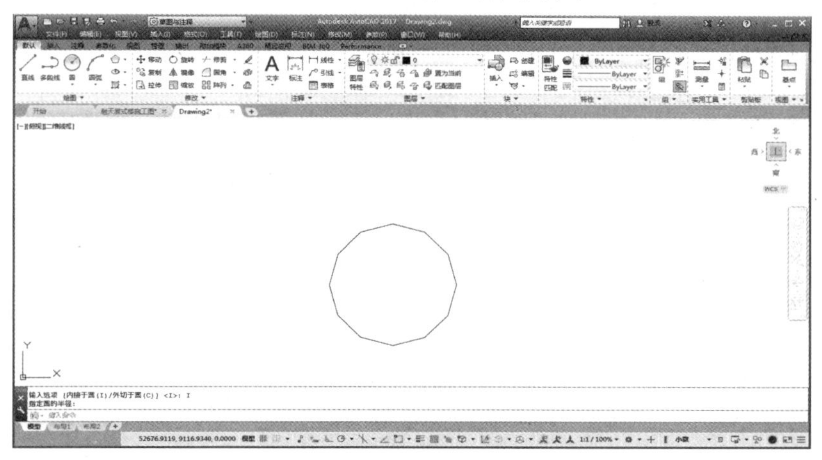

图 2-24　圆变为多边形

2.2.2　设置图形单位

在设计图纸之前，首先应设置图形的单位，例如将绘图比例设置为 1∶1，则所有图形都将以真实的大小来绘制。图形单位的设置主要包括设置长度和角度的类型、精度以及角度的起始方向等。

在菜单栏中单击“格式”|“单位”命令，打开“图形单位”对话框，如图 2-25 所示。

图 2-25　“图形单位”对话框

在该对话框中，主要包括“长度”“角度”“插入时的缩放单位”和“光源”四个选项组。

- 长度：该选项组用于设置图形的长度单位类型和精度。在“类型”下拉列表框中，可以选择长度单位类型；在“精度”下拉列表框中，可以选择长度单位的精度，即小数的位数。
- 角度：该选项组用于设置图形的角度单位类型和精度。在“类型”下拉列表框中，可以选择角度单位类型；在“精度”下拉列表框中，可以选择角度单位的精度；“顺时针”复选框用来控制角度方向的正负。
- 插入时的缩放单位：在该选项组中，用户可在“用于缩放插入内容的单位”下拉列表框中选择用于缩放插入内容的单位。
- 光源：在该选项组中，用户可在“用于指定光源强度的单位”下拉列表框中选择用于指定光源强度的单位，控制当前图形中光度控制光源的强度测量单位。

2.2.3 设置图形界限

图形界限是 AutoCAD 绘图空间中的一个假想的矩形绘图区域，相当于选择的图纸大小。设置图形界限主要是为图形确定一个图纸的边界，可以避免所绘制的图形超出该边界。工程图样一般采用 5 种比较固定的图纸规格，分别为 A0（1189mm×841mm）、A1（841mm×594mm）、A2（594mm×420mm）、A3（420mm×297mm）、A4（297mm×210mm）。

在中文版 AutoCAD 2017 中，调用“图形界限”命令通常有以下两种方法。

- 命令行：输入 LIMITS 命令并按回车键。
- 菜单栏：单击“格式”| “图形界限”命令。

使用以上任意一种方法调出该命令后，命令行将显示“指定左下角点或 [开(ON)/关(OFF)] <0.0000,0.0000>:”提示信息。其中，“开”或“关”选项用于决定是否可以在图形界限之外指定一点，如果选择“开”选项，则打开图形界限；如果选择“关”选项，则不使用图形界限功能。

下面以设置绘图界限为 A3 图纸区域为例，介绍设置图形界限的具体操作方法。

（1）开始前要确认当前输入法为默认的英文输入法。

（2）单击“格式”|“图形界限”命令，根据命令提示进行操作，即可完成图形界限的设置。命令行选项如下。

```
命令: '_limits                                          (调用图形界限命令)
重新设置模型空间界限:
指定左下角点或 [开(ON)/关(OFF)] <0.0000,0.0000>:↙     (按回车键接受默认值)
指定右上角点 <420.0000,297.0000>:↙                      (按回车键接受默认值，完成图形界限
                                                          的设置)
```

（3）在命令行中依次输入 Z＋空格、A＋空格，然后单击状态栏上的“栅格”按钮▦，即可充分显示出图形界限。

2.3 管理图形文件

在使用 AutoCAD 绘图前，首先要了解图形文件的基本操作，如新建图形文件、打开图形文件、保存图形文件及关闭图形文件等，这些操作和 Windows 应用程序大体相同。用户既可以执行菜单命令，也可以单击工具栏上的相应按钮，还可以使用快捷键，或者在命令行输入相应的命令来完成这些操作。

2.3.1 新建和打开图形文件

在 AutoCAD 中，新建图形文件和打开现有文件进行编辑是最常用的管理图形文件的操作。其中，使用“新建”工具，可创建多个类型的图形文件；使用“打开”工具不仅可

以打开多种类型文件，而且图形文件还不受时间和版本的限制。

1. 新建图形

启动中文版 AutoCAD 2017 软件后，系统将自动新建一个名为 Drawing1 的图形文件。根据需要用户也可以新建图形文件，以完成更多的绘图操作。在中文版 AutoCAD 2017 中，调用“新建图形”命令通常有以下四种方法。

➢ 命令行：输入 NEW 命令并按回车键确认。
➢ 菜单浏览器：单击按钮，在弹出的菜单中选择“新建”命令。
➢ 快速访问工具栏：单击“新建”按钮。
➢ 键盘：按 Ctrl + N 组合键。

使用以上任意一种方法调出该命令后，都将打开“选择样板”对话框，如图 2-26 所示。

在“选择样板”对话框中，若要创建默认样板的图形文件，单击“打开”按钮即可；也可以在样板列表框中选择其他样板图形文件，在该对话框右侧的“预览”栏预览所选择样板的样式，然后选择合适的样板，单击“打开”按钮，即可创建新图形。

> **小提示：**如果用户不想选择样板，则可单击“打开”按钮右侧的下拉按钮，在弹出的菜单中选择“无样板打开–英制（I）”或“无样板打开–公制（M）”命令，即可新建一个无样板的新图形文件。

2. 打开图形

在 AutoCAD 中，可以使用多种方法打开图形文件，通常使用以下四种方法。

➢ 命令行：输入 OPEN 命令并按回车键。
➢ 菜单浏览器：单击按钮，在弹出的菜单中选择“打开”命令。
➢ 快速访问工具栏：单击“打开”按钮。
➢ 键盘：按 Ctrl + O 组合键。

使用以上任意一种方法调出该命令后，都将打开“选择文件”对话框。在该对话框中选择需要打开的文件，在右侧的“预览”区中可以查看所选择的文件图像，然后单击“打开”按钮，即可打开图形文件，如图 2-27 所示。

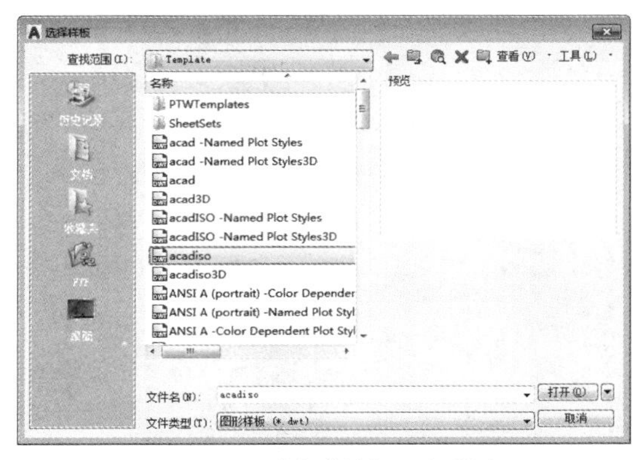

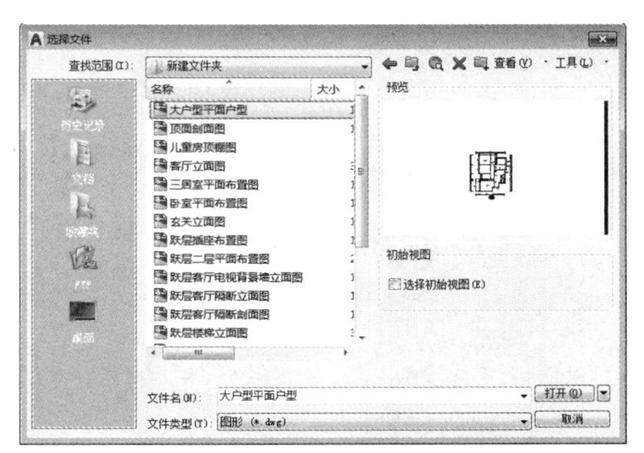

图 2-26 “选择样板”对话框

图 2-27 “选择文件”对话框

此外，用户也可以单击“打开”按钮右侧的下拉按钮，在下拉菜单中将显示“打开”“以只读方式打开”“局部打开”和“以只读方式局部打开”四种不同的打开方式。当选择以“打开”和“局部打开”方式来打开图形文件时，可以对打开的图形进行编辑；选择“以只读方式打开”和“以只读方式局部打开”方式打开图形文件时，则无法对打开的图形进行编辑。

2.3.2 保存文件

无论是新建的图形文件还是原有的图形文件，一般情况下都需要通过保存操作才能将所做的修改以实体文件形式保存在磁盘中。

绘制过程中或绘图结束时都要保存图形文件，以免出现意外情况，丢失当前所做的重要工作。保存文件的方法主要有以下两种。

1）常规保存法

在中文版 AutoCAD 2017 中，使用“保存”工具可以对图形文件进行保存，调用该命令通常有以下四种方法。

- 命令行：输入 SAVE 命令并按回车键。
- 菜单浏览器：单击按钮，在弹出的菜单中单击“保存”命令。
- 快速访问工具栏：单击“保存”按钮。
- 键盘：按 Ctrl + S 组合键。

使用以上任意一种方法调出该命令后，如果当前图形文件已经命名，则文件直接以原文件名保存；如果当前文件是第一次保存，将打开“图形另存为”对话框，如图 2-28 所示。

在“图形另存为”对话框中的“文件名”列表框中输入文件名，并在“文件类型”下拉列表框中选择所需要的一种文件类型，单击“保存”按钮即可。

2）间隔保存法

上一种方法需要在操作过程中及时单击“保存”按钮进行保存，若在设计过程中忘记保存，出现意外情况时会导致图形丢失，将会给整个设计工作带来不必要的麻烦，这时可采用间隔一定时间让计算机自动保存图形的方法来保存完成的工作。

在菜单栏中单击“工具”|“选项”命令，打开“选项”对话框，并切换至“打开和保存”选项卡，在“文件安全措施”选项组中设置自动保存间隔时间，单击“确定”按钮即可，如图 2-29 所示。

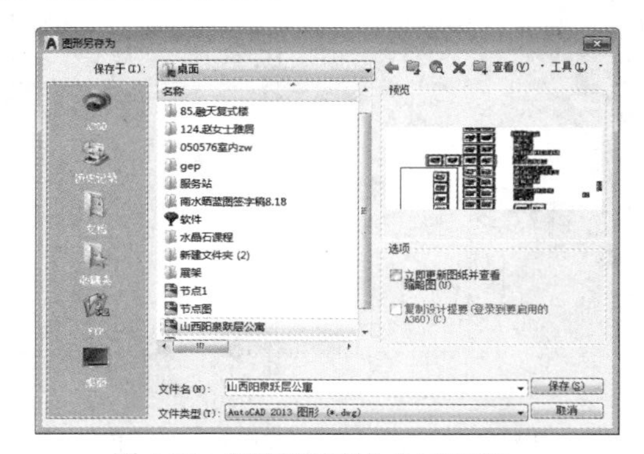

图 2-28 “图形另存为”对话框

图 2-29 “选项”对话框

2.3.3　输出和关闭图形文件

1. 输出图形文件

用户要将 AutoCAD 图形对象保存为其他需要的文件格式以供其他软件调用时，只需将对象以指定的文件格式输出即可。

在菜单栏中单击“文件”|“输出”命令，打开“输出数据”对话框，在该对话框中确定要输出的文件名和文件类型，单击“保存”按钮即可，如图 2-30 所示。

图 2-30 “输出数据”对话框

2. 关闭图形文件

在中文版 AutoCAD 2017 中，使用“关闭”工具，可以关闭当前图形文件。调用该命令通常有以下四种方法。

- 命令行：输入 CLOSE 命令并按回车键。
- 菜单栏：单击“文件”|“关闭”命令或直接单击“关闭”按钮。
- 菜单浏览器：单击按钮，在弹出的菜单中选择“关闭”命令。
- 键盘：按 Ctrl + S 组合键。

如果当前图形文件尚未作修改，可以直接将当前文件关闭；如果保存后又修改过图形文件，则系统将打开提示对话框，提示是否保存文件或放弃已作的修改。

2.4　控制图形的显示

对于一个较为复杂的图形来说，在观察整幅图形时往往无法对其局部细节进行查看和操作，而当在屏幕上显示一个细部时又看不到其他部分。为解决这类问题，AutoCAD 提供了缩放、平移和视口等命令来显示和观看整体绘制的图形。

2.4.1　缩放图形

使用“缩放”工具可以将图形放大或缩小显示，以便观察和绘制图形。该工具并不改变图形的实际位置和尺寸，只是改变视图的比例。在中文版 AutoCAD 2017 中，调用“缩放”命令通常有以下三种方法。

- 命令行：输入 ZOOM 命令并按回车键。
- 菜单栏：单击“视图”|“缩放”子菜单中的命令，如图 2-31 所示。
- 功能区：选择“视图”选项卡，单击“二维导航”面板　“范围”下拉表中的相应的按钮，如图 2-32 所示。

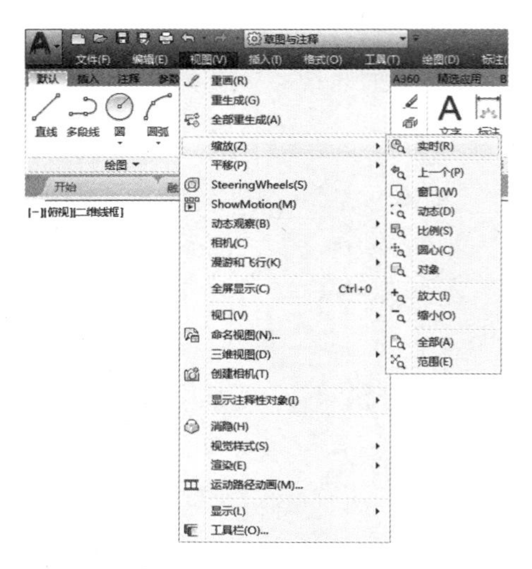

图 2-31 “缩放”子菜单中的命令

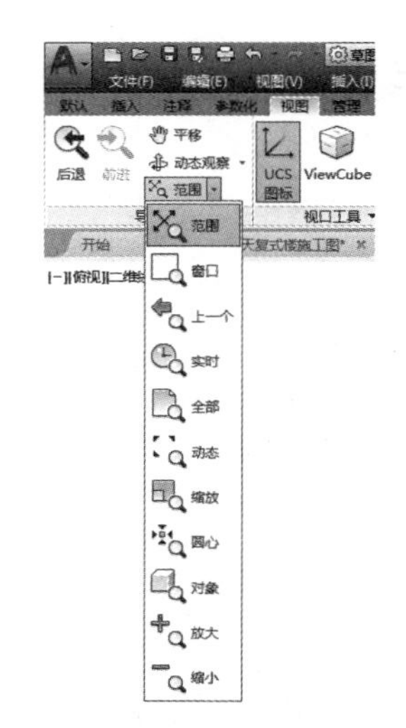

图 2-32 “范围”下拉列表中的各种缩放按钮

AutoCAD 提供了 11 种缩放图形的命令，选择相应的命令，即可执行对应的缩放操作。下面介绍其中常用的“窗口”和“实时”缩放命令的使用方法。

1. 窗口缩放

单击“视图”|“缩放”|“窗口”命令，通过指定两个对角点拉出一个矩形框，来指定放大图形的区域。该矩形框的中心是新的显示中心，AutoCAD 将尽可能地将该矩形区域内的图形放大以充满整个绘图窗口，如图 2-33、图 2-34 所示。

命令行选项如下。

```
命令: '_zoom                                        (调用窗口命令)
指定窗口的角点，输入比例因子 (nX 或 nXP)，或者
[全部(A)/中心(C)/动态(D)/范围(E)/上一个(P)/比例(S)/窗口(W)/对象(O)] <实时>: _w
指定第一个角点: 指定对角点:                         (依次单击点A和点B,完成图形的缩放操作)
```

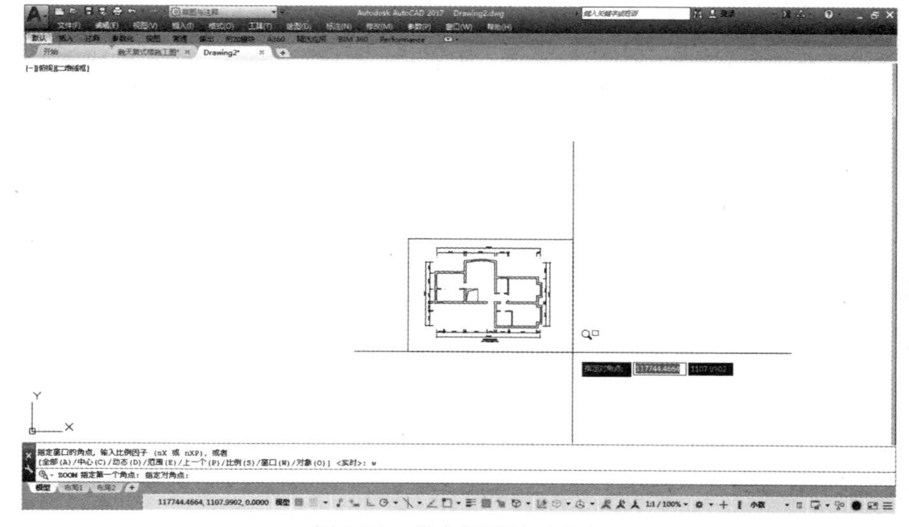

图 2-33 指定矩形的对角点

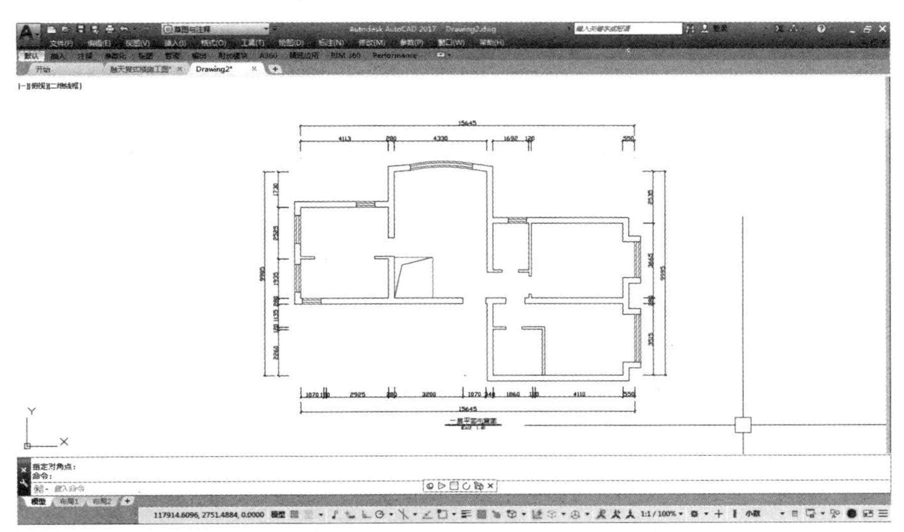

图 2-34　在窗口中放大图形的效果

2. 实时缩放

单击“视图”|“缩放”|“窗口”命令，此时光标将变成放大镜形状，按住鼠标左键，向上移动光标可放大图形，向下移动光标可缩小图形，松开鼠标按键即可获得图形的缩放效果，如图 2-35、图 2-36 所示。

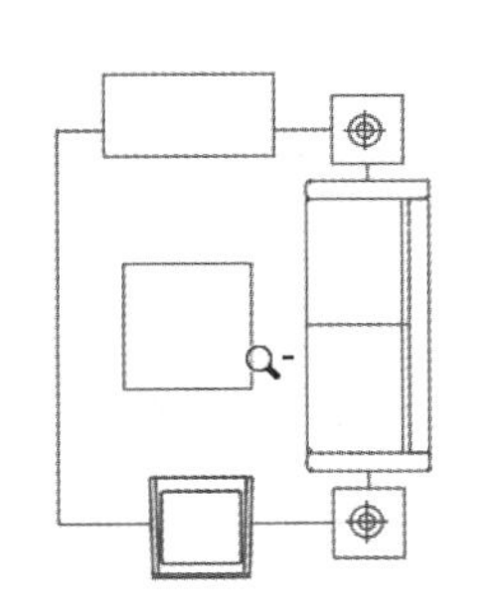

图 2-35　实时缩小的图形效果

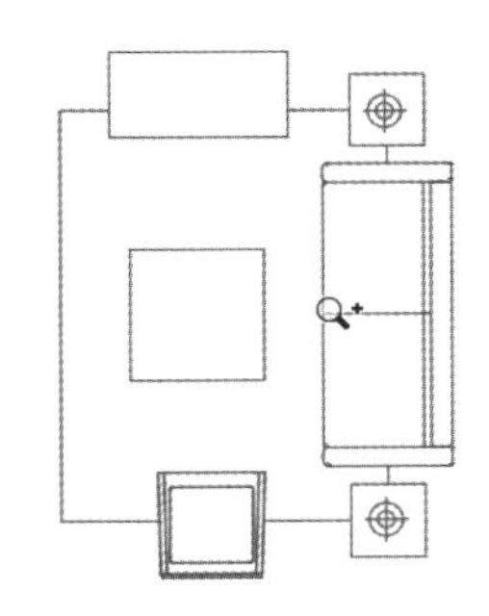

图 2-36　实时放大的图形效果

命令行选项如下。

```
命令: '_zoom                                        （调用实时命令）
指定窗口的角点，输入比例因子 (nX 或 nXP)，或者
[全部(A)/中心(C)/动态(D)/范围(E)/上一个(P)/比例(S)/窗口(W)/对象(O)] <实时>:
（向上或向下移动光标）
按 Esc 或 Enter 键退出，或右击显示快捷菜单。
```

2.4.2　平移图形

和缩放视图不同，使用“平移”命令平移视图时，不改变视图的显示比例，只改变显示范围。在中文版 AutoCAD 2017 中，调用“平移”命令通常有以下两种方法。

➢ 命令行：输入 PAN 命令并按回车键。

➢ 功能区：选择“视图”选项卡，单击“二维导航”面板中的“平移”按钮。

使用以上任意一种方法调出“平移”命令后，此时光标将变成小手形状，按住鼠标左键后向不同方向移动光标，释放鼠标按键并按 Esc 键即可获得平移后的图形显示效果，如图 2-37、图 2-38 所示。

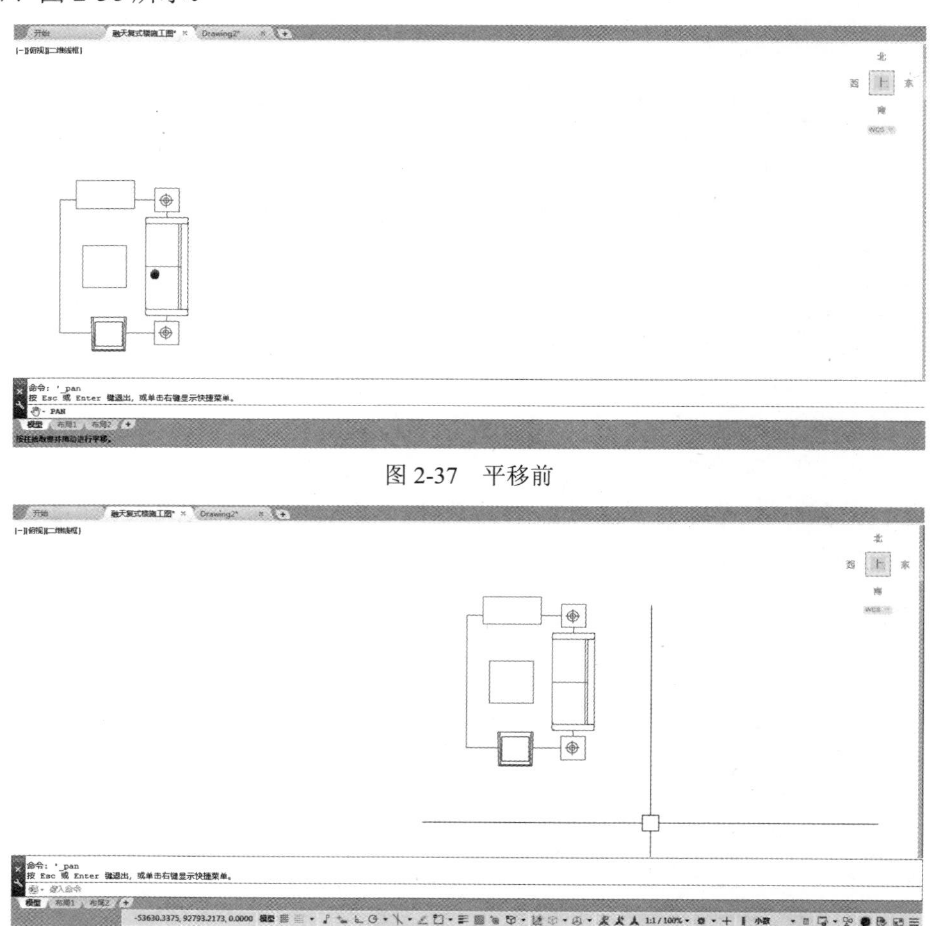

图 2-37　平移前

图 2-38　平移后

> **小提示：**除了使用以上两种方法平移视图外，用户还可通过在菜单栏中单击“视图”|“平移”子菜单中的命令来实现图形的平移操作。

2.4.3　平铺视口

在绘制图形过程中，一般是在一个单视口中进行工作。用户可根据自己的需要将绘图区域划分成几个部分，使绘图窗口中出现多视口，这些视口称为平铺视口。利用平铺视口可以方便地编辑局部放大的图形，以便观察到图形修改后的整体效果。在中文版 AutoCAD 2017 中，创建平铺视口通常使用以下两种方法。

➢ 菜单栏：单击“视图”|“视口”子菜单中的命令。

➢ 功能区：选择“视图”选项卡，单击“模型视口”面板“视口配置”下拉表中的相应按钮。

使用以上任意一种方法，即可将绘图区域拆分成一个或多个相邻的矩形视图。下面以在模型空间中创建三个视口为例，介绍使用视口控制图形显示的具体操作方法。

（1）单击“文件”|“打开”命令，在打开的“选择文件”对话框中选择需要打开的文件，这里选择“复式楼施工图.dwg”图形文件，然后单击“打开”按钮，即可打开该图形文件，如图 2-39 所示。

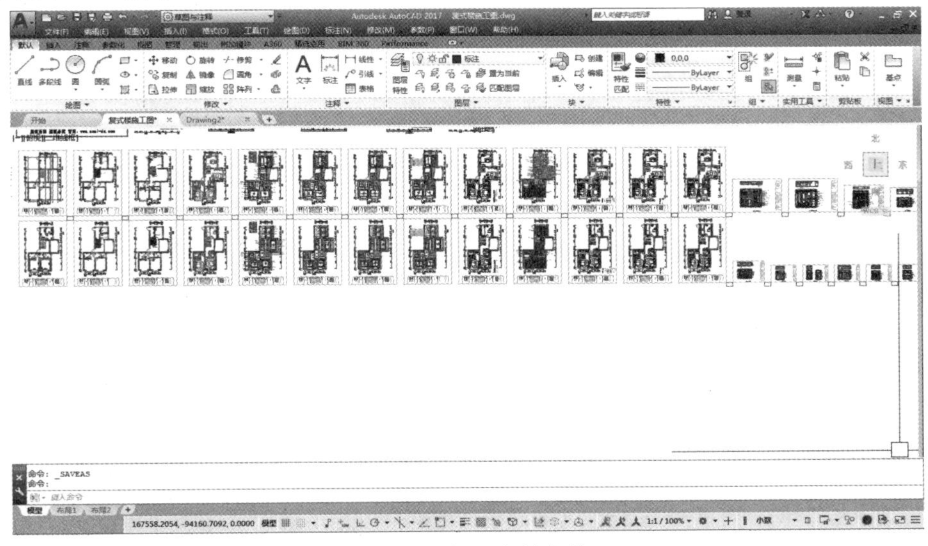

图 2-39　打开素材文件

（2）单击“视图”|“模型视口”|“视口配置”下拉列表中的“三个：右”按钮，即可将图形窗口划分为三个相对独立的视口，如图 2-40 所示。

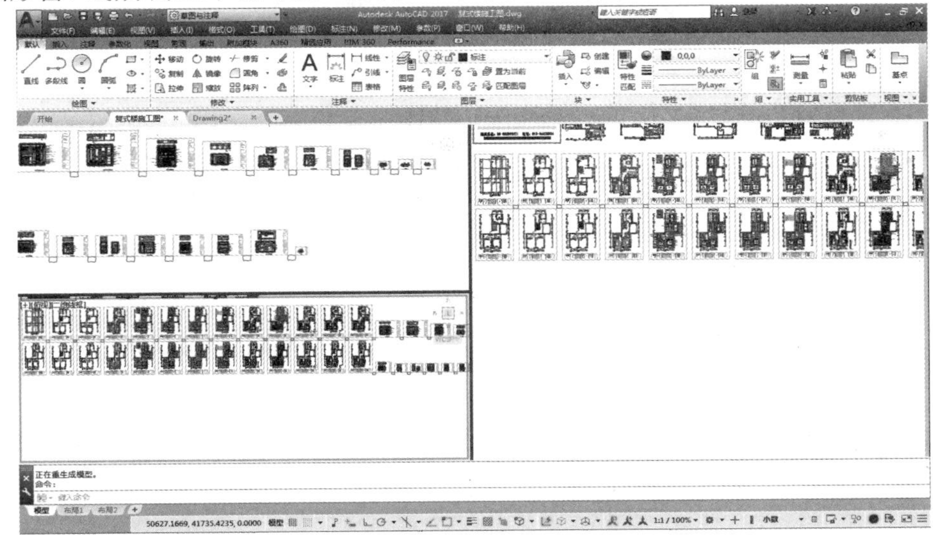

图 2-40　创建三个视口

（3）单击右侧的视口，将该视口设置为当前视口，此时视口边框变为粗黑色，然后执行“实时缩放”和“平移”命令，调整该视口中图形的显示大小，将其只显示一层平面布置图，如图 2-41 所示。

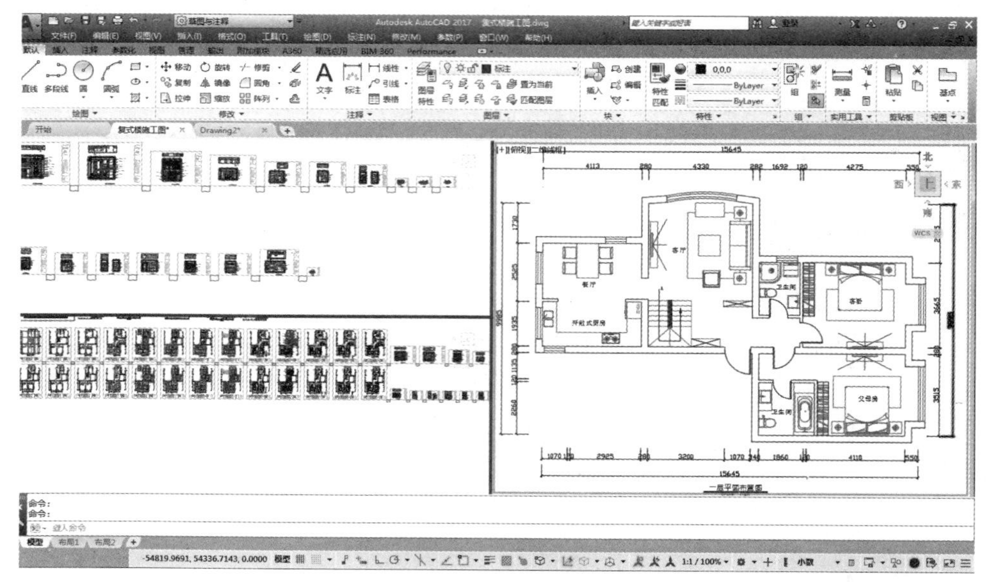

图 2-41 调整右侧视口

（4）分别单击左侧上面和下面的视口，然后重复步骤（3），调整这两个视口中图形的显示大小，将其分别只显示一层原始结构图和一层顶面布置图，如图 2-42 所示。

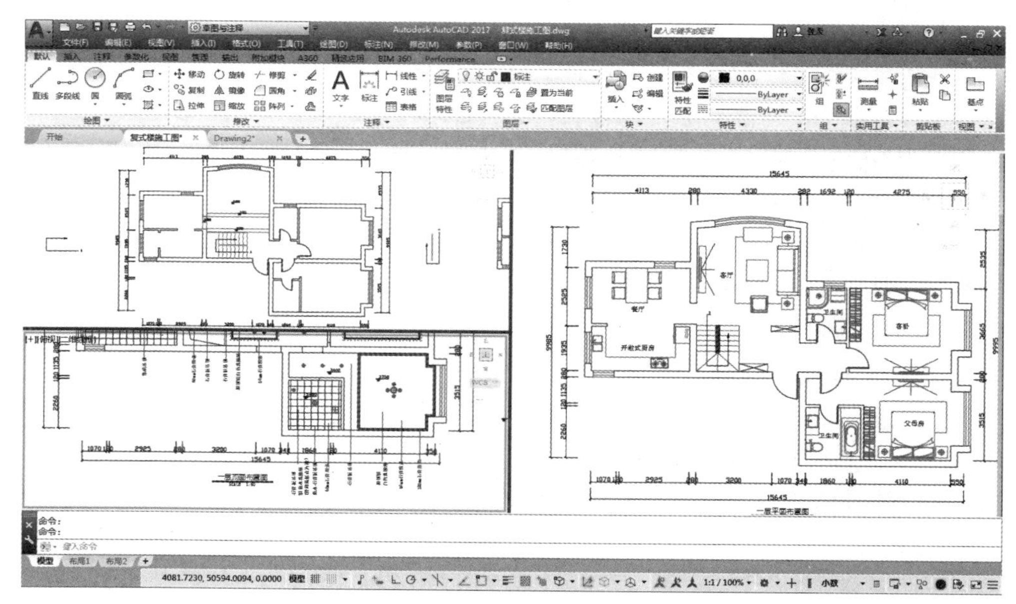

图 2-42 视口显示的图形效果

（5）如果要恢复单个视口显示，单击“视口配置”下拉列表中的“单个”按钮即可。

2.5　调用 AutoCAD 命令的方法

命令是绘制与编辑图形的核心。在 AutoCAD 中，菜单命令、面板按钮和系统变量大都是相互对应的。可以通过选择某一菜单命令，或单击面板中的按钮，或在命令行中输入命令和系统变量来执行相应的命令。

2.5.1　使用鼠标操作

在绘图区中，鼠标指针通常显示为“十”字线形式。当鼠标指针移至菜单选项、面板或对话框内时，它会变成一个箭头。无论鼠标指针是“十”字线形还是箭头形式，当单击或者按动鼠标键时，都会执行相应的命令或动作。在 AutoCAD 中，鼠标键是按照下述规定定义的。

- 拾取键：按下鼠标左键，用于指定屏幕上的点，也可以用来选择 Windows 对象、AutoCAD 对象、面板按钮和菜单命令等。
- 回车键：指鼠标右键，相当于按 Enter 键，用于结束当前使用的命令，此时系统将根据当前绘图状态弹出不同的快捷菜单。
- 弹出键：当使用 Shift 键和鼠标右键组合时，系统将弹出一个快捷菜单，用于设置捕捉点的方法。对于三键鼠标，弹出按钮通常是鼠标的中间键。

2.5.2　使用键盘输入

在中文版 AutoCAD 2017 中，大部分的绘图、编辑功能都需要通过键盘输入来完成。通过键盘可以输入命令和系统变量。此外，键盘还是输入文本对象、数值参数、点的坐标或进行参数选择的唯一方法。

2.5.3　使用命令行

在中文版 AutoCAD 2017 中，默认情况下命令行是一个可固定的窗口，可以在当前命令提示下输入命令、参数等内容。对于大多数命令，命令行中可以显示执行完成的两条命令提示（也称命令历史），而对于一些输出命令，例如，LIST、MASSPROP 或 TIME 命令，则需要在放大的命令行或 AutoCAD 文本窗口中显示。

在命令行窗口中右击，在弹出的快捷菜单中，用户可以选择最近使用过的命令、复制选择的文字或全部历史命令、粘贴文字以及打开“选项”对话框。右击 按钮，用户可以选择最近使用过的命令，如图 2-43 所示。

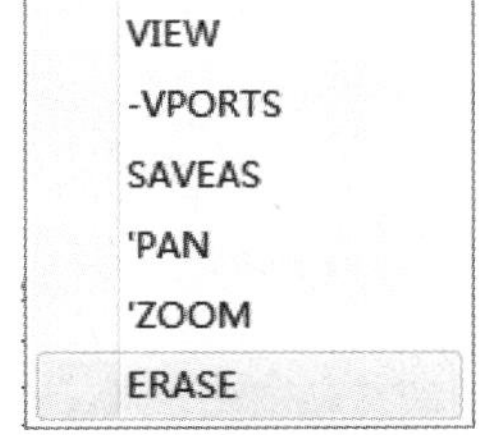

图 2-43　命令行快捷菜单

2.5.4 使用菜单栏

菜单栏几乎包含了 AutoCAD 中全部的功能和命令。使用菜单栏执行命令时，只需单击菜单栏中的主菜单，在弹出的子菜单中选择要执行的命令即可。例如，单击“绘图”|“圆”|“圆心，半径”命令，根据命令提示进行操作即可绘制出圆，如图 2-44 所示。

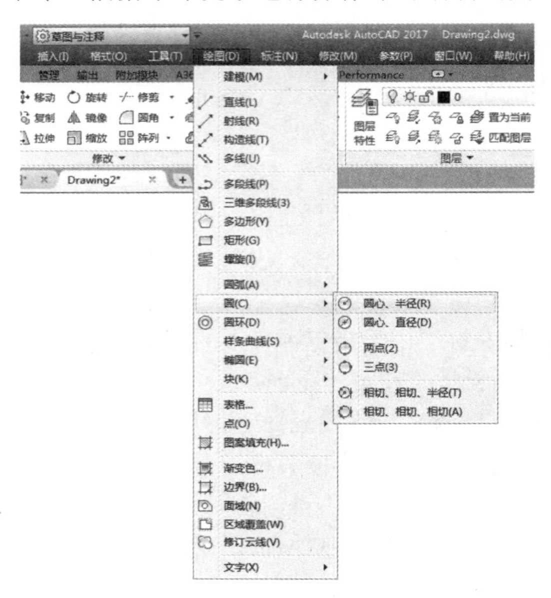

图 2-44 使用菜单栏执行“圆”命令

2.5.5 使用功能区

大多数命令都可以在功能区中相应的面板中找到与其对应的图标按钮，用鼠标单击这些命令按钮即可快速执行 AutoCAD 命令。例如，单击“绘图”面板中的“椭圆”按钮，在弹出的下拉菜单中单击“圆心”按钮，根据命令提示进行操作即可绘制出椭圆，如图 2-45 所示。

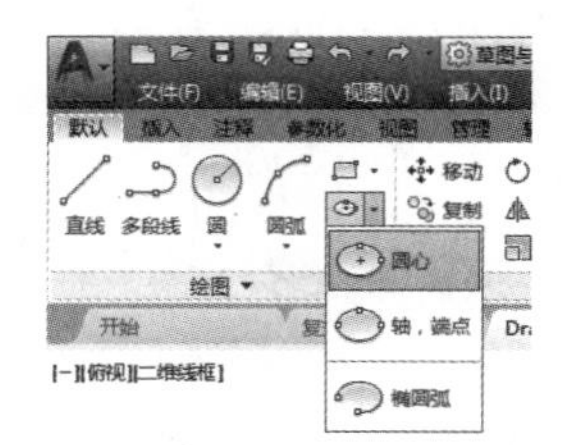

图 2-45 使用功能区面板中的“椭圆”命令

2.6 精确绘制图形

在绘制图形时，尽管可以通过移动光标来指定点的位置，但却很难准确指定一点的位置，而精度不高，就不能满足工程制图的要求。因此，需要通过使用 AutoCAD 提供的捕捉、栅格、正交、对象捕捉、自动追踪功能以及坐标输入等方式来精确定位点的位置。

2.6.1　栅格

栅格是显示某些标定位置的小点，起坐标纸的作用，可以为用户提供直观的距离和位置参照。在中文版 AutoCAD 2017 中，显示或隐藏栅格，通常使用以下两种方法。

➢ 状态栏：单击“栅格显示”按钮▦。

➢ 键盘：按 F7 键或 Ctrl+G 组合键。

单击“工具”|“绘图设置”命令，在打开的“草图设置”对话框中，选择“捕捉和栅格”选项卡，在该选项卡中选中或取消“启用栅格”复选框，也可以控制栅格是否显示，如图 2-46 所示。

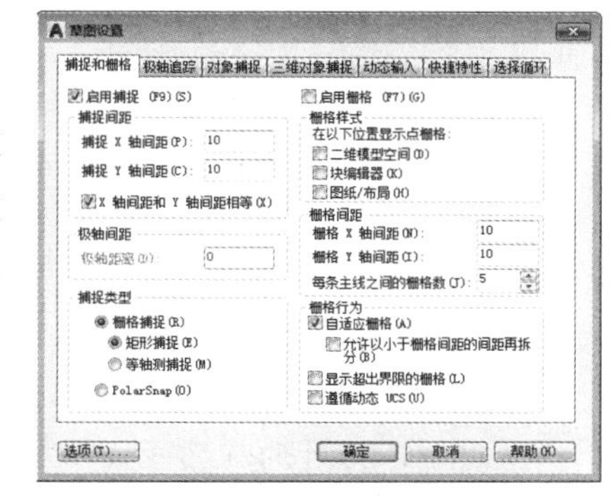

图 2-46　使用“启用栅格”复选框

在“栅格间距”选项组中，可以设置栅格点在 X 轴方向（水平）和 Y 轴方向（垂直）上的距离。此外，在命令行中输入 GRID 命令并按回车键，也可以设置栅格的间距和控制栅格是否显示。

命令行选项如下。

```
命令: GRID↙                （输入命令并按回车键）
指定栅格间距(X) 或 [开(ON)/关(OFF)/捕捉(S)/主(M)/自适应(D)/界限(L)/跟随(F)/纵横向间距(A)] <10.0000>:
```

命令行中各主要提示的含义如下。

➢ 指定栅格间距：设置栅格增量。

➢ 开：打开栅格功能。

➢ 关：关闭栅格功能。

➢ 捕捉：设置显示栅格间距等于捕捉间距。

➢ 纵横向间距：设置显示栅格的水平及垂直间距，用于设定不规则的栅格。

2.6.2　捕捉

启用捕捉功能后，在绘图区内即设置了不可见的参考栅格，捕捉命令用于设置鼠标指针在栅格间移动的间距。“捕捉”分为“栅格捕捉”和“极轴捕捉”两类。在中文版 AutoCAD 2017 中，打开或关闭捕捉功能，通常使用以下两种方法。

➢ 状态栏：单击“捕捉模式”按钮▦。

➢ 键盘：按 F9 键。

在“捕捉和栅格”选项卡中，选中或取消“启用捕捉”复选框，也可以控制捕捉功能的开关，如图 2-47 所示。

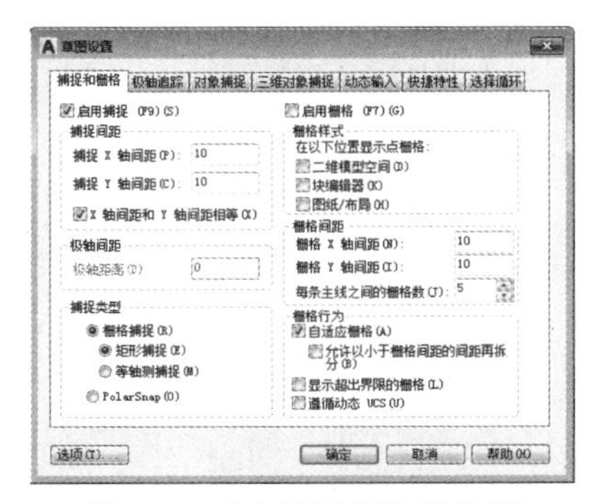

图 2-47　“启用捕捉”复选框

在“栅格间距”选项组中，可以设置栅格点在X轴方向（水平）和Y轴方向（垂直）上的距离；在“捕捉类型”选项组中，可选择“栅格捕捉”和“极轴捕捉”两种类型。其中，“栅格捕捉”又分为“矩形捕捉”和“等轴测捕捉”两种样式。选择“栅格捕捉”时，鼠标指针只能在栅格方向上精确移动；选择“极轴捕捉”时，鼠标指针可以在极轴方向上精确移动。此外，在命令行中输入SNAP命令并按回车键，也可以设置捕捉的间距和控制捕捉的开关。

命令行选项如下。

```
命令：SNAP↙            （输入命令并按回车键）
指定捕捉间距或 [打开(ON)/关闭(OFF)/纵横向间距(A)/传统(L)/样式(S)/类型(T)]
<10.0000>:
```

命令行中各主要提示的含义如下。

- 指定捕捉间距：设置捕捉增量。
- 打开：打开捕捉功能。
- 关闭：关闭捕捉功能。
- 纵横向间距：设置的水平及垂直间距，用于设置不规则的捕捉。
- 样式：提示选定标准捕捉或等轴测捕捉。其中“标准”样式是指通常的捕捉格式；“等轴测”样式用于进行等轴测图形的绘制。
- 类型：用于设置捕捉类型（极轴和栅格）。

2.6.3 正交

正交功能主要用于控制是否以正交方式绘图。在正交模式下可以方便地绘制出与当前X轴或Y轴相平行的线段。在中文版AutoCAD 2017中，打开或关闭正交功能，通常使用以下两种方法。

- 状态栏：单击“正交模式”按钮∟。
- 键盘：按F8键或Ctrl + L组合键。

正交功能打开以后，系统将只能绘制出水平或垂直的直线。方便的是，由于正交功能已经限制了直线的方向，所以要绘制一定长度的直线时，不再需要输入完整的相对坐标，只需在命令行中直接输入长度值即可。

2.6.4 对象捕捉

在工程制图中，使用对象捕捉可以快速、准确地确定一些特殊点，如圆心、中点、端点、交点及象限点等。在中文版AutoCAD 2017中，打开或关闭对象捕捉功能，通常使用以下两种方法。

- 状态栏：单击“对象捕捉”按钮□。

➢ 键盘：按 F3 键。

在“草图设置”对话框的“对象捕捉”选项卡中，选中或取消“启用对象捕捉”复选框，也可以控制对象捕捉功能的开关，如图 2-48 所示。

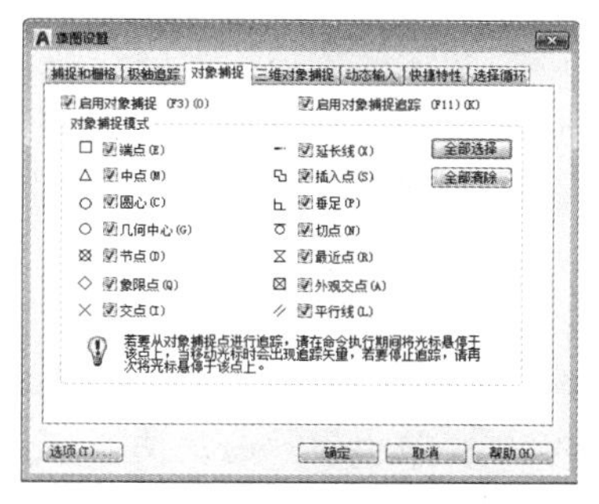

图 2-48 “对象捕捉”选项卡

在该选项卡的“对象捕捉模式”选项组中，列出了 13 种对象捕捉点和对应的捕捉标记。需要捕捉哪些对象捕捉点，就选中这些点前面的复选框。设置完毕后，单击“确定”按钮关闭对话框即可。对象捕捉点的名称及含义如表 2-1 所示。

表 2-1　对象捕捉点的名称及含义

标记	名　称	含　义
□	端点	捕捉直线或圆弧的端点
△	中点	捕捉直线或圆弧的中间点
○	圆心	捕捉圆、椭圆或圆弧、椭圆弧的中心点
⊠	节点	捕捉点对象，包括尺寸的定义点
◇	象限点	捕捉位于圆、椭圆或圆弧上 0°、90°、180°和 270°处的点
×	交点	捕捉两条直线段或弧段相交处的点
-··	延长线	捕捉直线延长线上的点
⧉	插入点	捕捉图块、标注对象或外部参照的插入点
⊾	垂足	捕捉从已知直线的垂线的垂足
○̄	切点	捕捉圆、圆弧及其他曲线的切点
⧖	最近点	捕捉处在直线、弧段、椭圆或样条线上，而且距离光标最近的特征点
⊠	外观交点	捕捉两个对象的外观的交点
⫽	平行线	捕捉与指定直线平行线上的点

2.6.5　自动追踪

在 AutoCAD 中，自动追踪功能可按指定角度绘制对象，或者绘制与其他对象有特定关系的对象。自动追踪功能分极轴追踪和对象捕捉追踪两种，是非常有用的辅助绘图工具。

极轴追踪是按事先给定的角度增量来追踪特征点，而对象捕捉追踪则按与对象的某种特定关系来追踪。这种特定的关系确定了一个未知角度，也就是说，如果事先知道要追踪的方向（角度），则使用极轴追踪；如果事先不知道具体的追踪方向（角度），但知道与其他对象的某种关系（如相交），则用对象捕捉追踪。极轴追踪和对象捕捉追踪可以同时使用。

1. 极轴追踪

极轴追踪功能可以在系统要求指定一个点时，按预先设置的角度增量显示一条无限延伸的辅助线（这是一条虚线），这时就可以沿辅助线追踪得到光标点。在中文版 AutoCAD 2017 中，打开或关闭极轴追踪功能，通常使用以下两种方法。

➢ 状态栏：单击“极轴追踪”按钮。

➢ 键盘：按 F10 键。

在“草图设置”对话框中的“极轴追踪”选项卡中，选中或取消“启用极轴追踪”复选框，也可以打开或关闭极轴追踪功能，如图 2-49 所示。

“极轴角设置”选项中，可以设置极轴角度。在“增量角”下拉列表框中可以选择系统预设定的角度。如果该下拉列表框中的角度不能满足需要，可通过选中“附加角”复选框，单击“新建”按钮，以在“附加角”列表框中显示增加的角度。

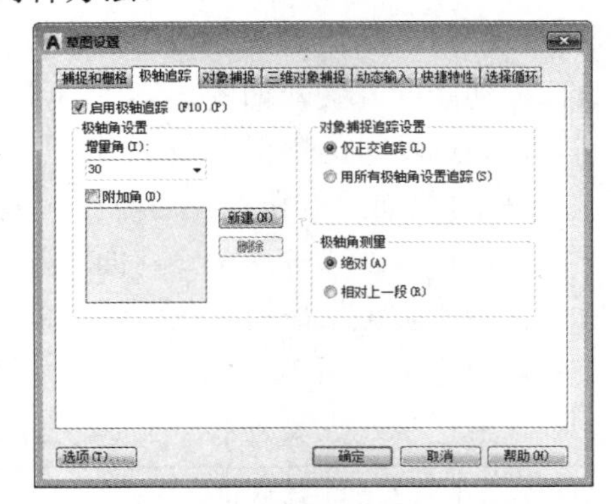

图 2-49 “极轴追踪”选项卡

2. 对象捕捉追踪

对象捕捉追踪是指当系统自动捕捉到图形中的一个特征点后，再以这个点为基点，沿设置的极坐标角度增量追踪另一点，并在追踪方向上显示一条辅助线，让用户可以在该辅助线上定位点。欲使用对象捕捉追踪功能时，必须打开对象捕捉功能，并捕捉一个几何点作为追踪参照点。

在中文版 AutoCAD 2017 中，打开或关闭对象捕捉追踪功能，通常使用以下两种方法。

➢ 状态栏：单击“对象捕捉追踪”按钮。

➢ 键盘：按 F11 键。

在如图 2-48 所示的“对象捕捉”选项卡中选中“启用对象捕捉追踪”复选框，也可以打开或关闭对象捕捉追踪功能。在如图 2-49 所示的“极轴追踪”选项卡中，可以设置对象捕捉功能。各对象捕捉追踪选项的含义如下。

➢ 仅正交追踪：选择该单选按钮，可在启用对象捕捉追踪时，只显示获取的对象捕捉点的正交（水平或垂直）对象捕捉追踪路径。

➢ 用所有极轴角设置追踪：选择该单选按钮，可以将极轴追踪设置应用到对象捕捉追踪。使用对象捕捉追踪功能时，光标将从获取的对象捕捉点起，沿极轴对齐角度进行追踪。

➢ 绝对：选择该单选按钮，可以基于当前用户坐标系确定极轴追踪角度。

➢ 相对上一段：选择该单选按钮，可以基于最后绘制的线段来确定极轴追踪的角度。

小提示：对象追踪功能必须与对象捕捉功能同时工作，即在追踪对象捕捉到点之前，必须先打开对象捕捉功能。

2.6.6 动态输入

为方便绘图，可以使用动态输入功能在指针位置处显示标注输入和命令提示等信息。

在中文版 AutoCAD 2017 中，打开或关闭动态输入功能，通常有以下两种方法。

➢ 状态栏：单击“动态输入”按钮。

➢ 键盘：按 F12 键。

单击“工具”|“绘图设置”命令，在打开的“草图设置”对话框中，选择“动态输入”选项卡，如图 2-50 所示。

动态输入由指针输入、标注输入和动态提示三个组件组成，在该选项卡中，用户可以分别对其进行设置。

1. 指针输入

选中或取消“启用指针输入”复选框，可以打开或关闭“指针输入”功能。在“指针输入”选项组中单击“设置”按钮，可打开“指针输入设置”对话框，在此对话框中可以设置指针的格式和可见性，如图 2-51 所示。

图 2-50　“动态输入”选项卡

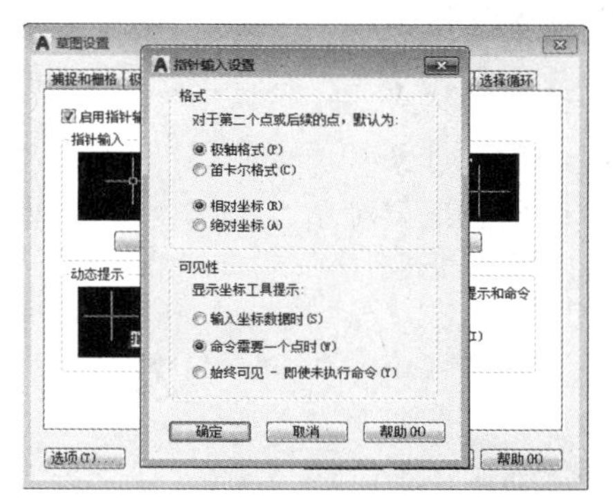

图 2-51　“指针输入设置”对话框

2. 标注输入

选中或取消“可能时启用标注输入”复选框，可以打开或关闭“标注输入”功能。在“标注输入”选项组中单击“设置”按钮，可打开“标注输入的设置”对话框，在此对话框中可以设置标注的可见性，如图 2-52 所示。

3. 动态提示

在“动态提示”选项组中，选中“在十字光标附近显示命令提示和命令输入”复选框，可以在光标附近显示命令提示，如图 2-53 所示。

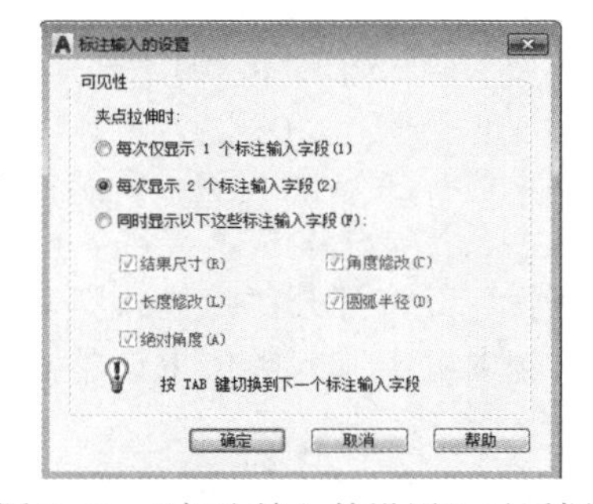

图 2-52　“标注输入的设置”对话框

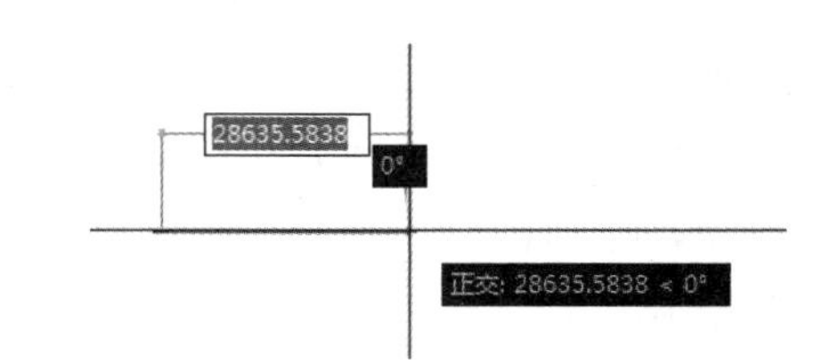

图 2-53　显示命令提示

第3章　绘制二维图形

图形都是由一些基本图形单元组成的，如点、直线、圆、椭圆、圆弧和多段线等。在AutoCAD中提供了强大的图形绘制功能，只有熟练掌握这些绘制工具的使用方法和技巧，才能够更好地绘制出想要的图形。本章介绍一些二维图形的绘制工具。

本章学习要点：

- 设置点样式
- 绘制点对象
- 绘制直线型对象
- 绘制和编辑多线
- 绘制矩形和正多边形
- 绘制曲线对象

3.1　绘制点对象

在AutoCAD中，点对象不仅是组成图形的最基本元素，还可用作捕捉和偏移对象的节点或参照点。用户不仅可以使用多种方法创建点对象，还可以设置点的大小和显示样式。

3.1.1　设置点样式

默认情况下，点对象在绘图区仅显示为一个小圆点，因此很难被看见。执行“点样式”命令，可以调整点的外观形状，也可以调整点的尺寸，以便根据用户的需要，使点显示在图形中。在中文版AutoCAD 2017中，调出“点样式”命令通常有以下两种方法。

- 命令行：输入DDPTYPE命令并按回车键。
- 菜单栏：单击“格式”|“点样式”命令。

下面介绍设置点样式的具体操作方法。

（1）使用以上任意一种方法调出“点样式”命令后，都将打开“点样式”对话框。在该对话框中，选择需要的点样式，然后在“点大小”文本框中输入数值来调整点的大小，如图3-1所示。

（2）单击“确定”按钮，保存设置并关闭该对话框，返回至绘图窗口，即可查看设置好的点样式，如图 3-2 所示。

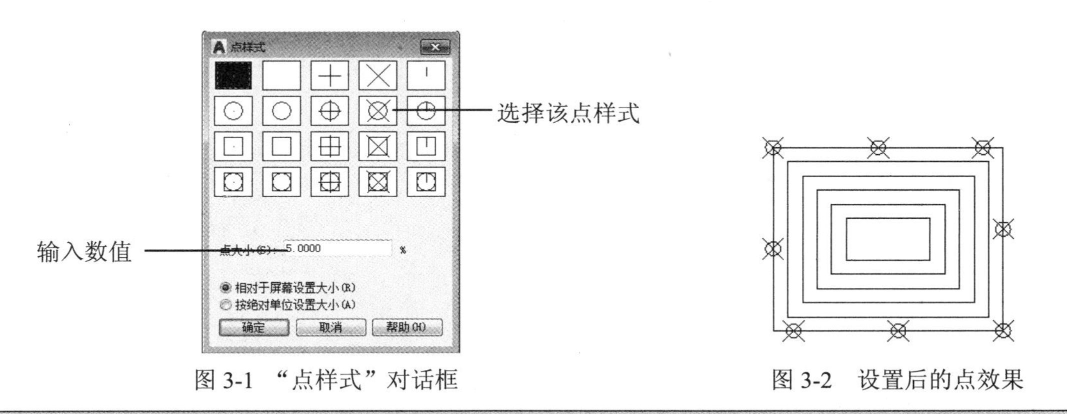

图 3-1　“点样式”对话框　　图 3-2　设置后的点效果

小提示：设置点的大小的方式有相对于屏幕设置和按绝对单位设置两种。前者是按屏幕尺寸的百分比设置点的显示大小，当执行显示缩放命令时，显示出的点的大小不改变；后者是按实际单位设置点的显示大小，当执行显示缩放时，显示出的点的大小随之改变。

3.1.2　绘制单点

使用“单点”工具，通过在绘图区中单击或输入点的坐标值指定点，即可绘制单点。在中文版 AutoCAD 2017 中，调用“单点”命令通常有以下两种方法。

➢ 命令行：输入 POINT 命令并按回车键。

➢ 菜单栏：单击“绘图”|“点”|“单点”命令。

下面以餐桌图形的圆心为例，介绍绘制单点的具体操作方法。

（1）使用以上任意一种方法调出“单点”命令，根据命令提示，捕捉餐桌的圆心，如图 3-3 所示。

（2）单击确定点的位置，完成单点的绘制，效果如图 3-4 所示。

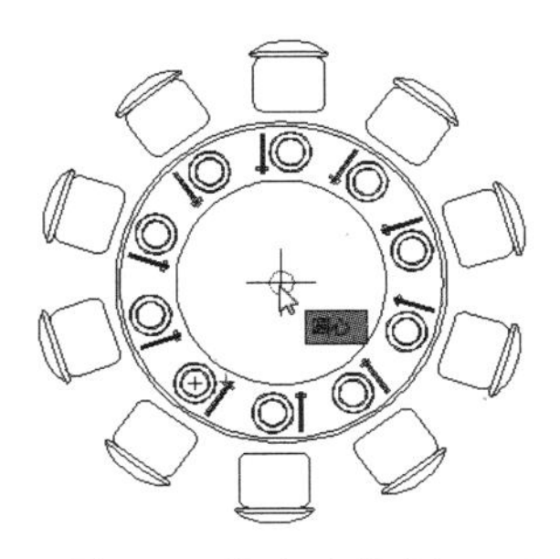

图 3-3　指定点位置

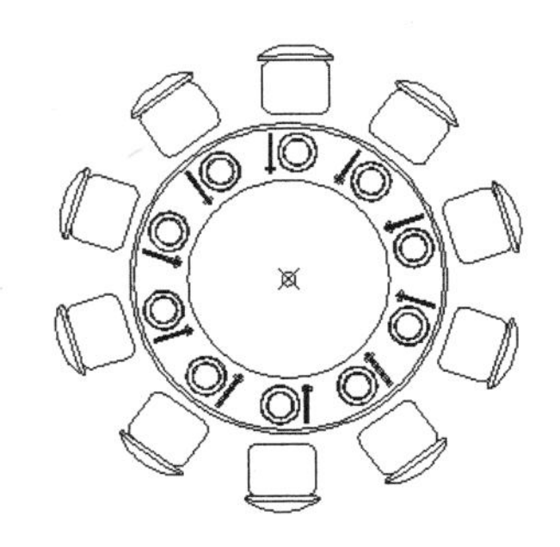

图 3-4　单点效果

3.1.3　绘制多点

使用“多点”工具，在绘图区中一次绘制多个点，可以在很大程度上提高绘图效率。

在中文版 AutoCAD 2017 中，调用“多点”命令通常有以下两种方法。

➢ 菜单栏：单击“绘图”|“点”|“多点”命令。

➢ 功能区：选择“常用”选项卡，多击“绘图”面板中的“多点”按钮 。

下面以盘子图形的圆心为例，介绍绘制多点的具体操作方法。

（1）使用以上任意一种方法调出“多点”命令，根据命令提示，依次捕捉四个盘子的圆心并单击，如图 3-5 所示。

（2）按 Esc 键结束指定点操作，完成多点的绘制，效果如图 3-6 所示。

图 3-5 指定点位置

图 3-6 多点效果

3.1.4 绘制定数等分点

使用“定数等分”工具，可以将所选对象按指定的数目平均分成长度相等的几份。这个操作并不将对象实际等分为单独的对象，它仅仅是标明定数等分的位置，以便将它们作为几何参考点。在中文版 AutoCAD 2017 中，调用“定数等分”命令通常有以下三种方法。

➢ 命令行：输入 DIVIDE 命令并按回车键。

➢ 菜单栏：单击“绘图”|“点”|“定数等分”命令。

➢ 功能区：选择“常用”选项卡，单击“绘图”面板中的“定数等分”按钮。

下面以线段为例，介绍绘制定数等分点的具体操作方法。

（1）使用以上任意一种方法调出“定数等分”命令，根据命令提示，选取图形最上面的线段作为要等分的对象，如图 3-7 所示。

（2）输入要等分的线段数目如 5，并按回车键，即可完成定数等分点的绘制，效果如图 3-8 所示。

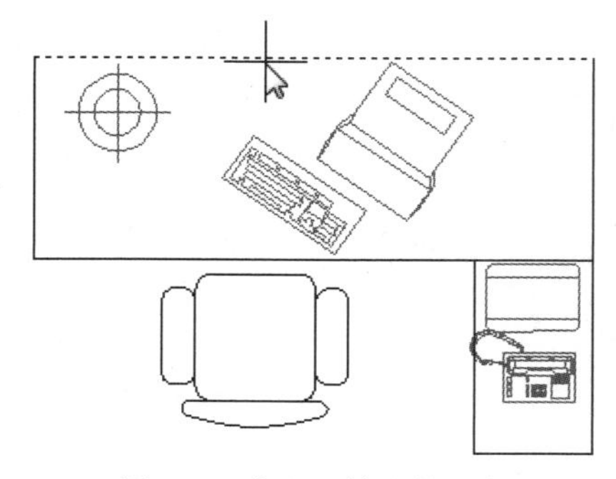

图 3-7 选取要等分的对象

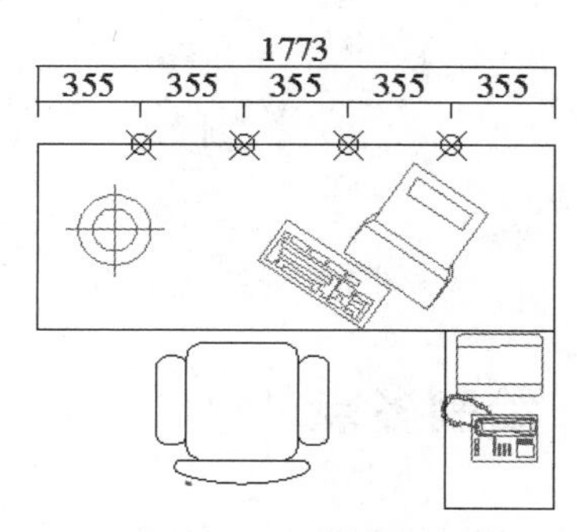

图 3-8 定数等分点效果

小提示：在执行“定数等分”命令时，每次只能对一个对象进行等分操作，而不能对一组对象进行等分操作。

3.1.5　绘制定距等分点

使用“定距等分”工具，可以从选定对象的某一个端点开始，按照指定的长度开始划分，等分对象的最后一段可能要比指定的间隔短。该操作需指定的是每条线段的长度。在中文版 AutoCAD 2017 中，调用“定距等分”命令通常有以下三种方法。

- 命令行：输入 MEASURE 命令并按回车键。
- 菜单栏：单击“绘图”|“点”|“定距等分”命令。
- 功能区：选择“常用”选项卡，单击“绘图”面板中的“测量”按钮。

下面介绍绘制定距等分点的具体操作方法。

（1）使用以上任意一种方法调出“定数等分”命令，根据命令提示，选取图形最左面的线段作为要等分的对象，如图 3-9 所示。

（2）输入要分成的线段长度如 300，并按回车键，即可完成定距等分点的绘制，效果如图 3-10 所示。

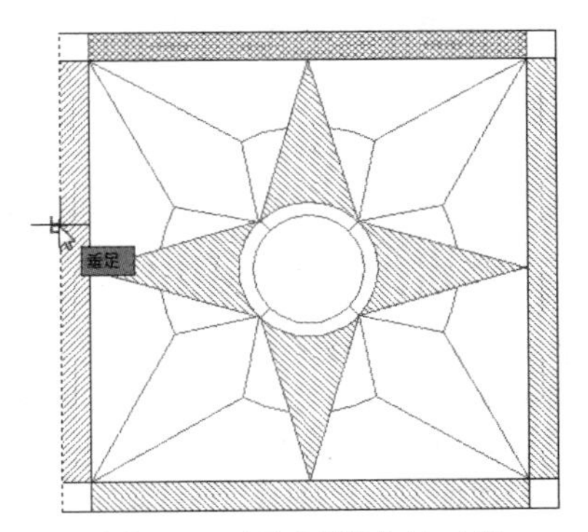

图 3-9　选取要等分的对象

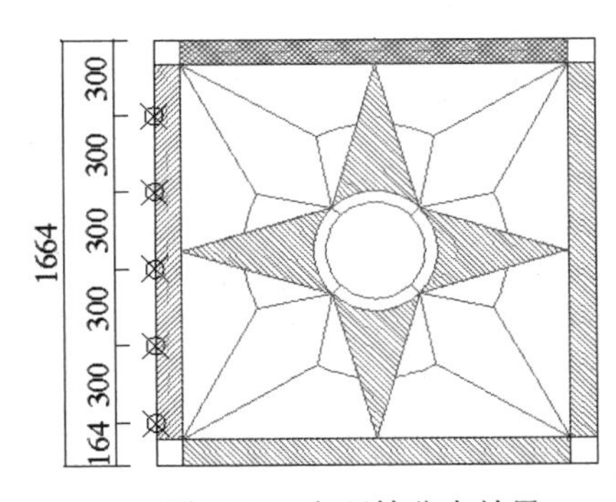

图 3-10　定距等分点效果

3.2　绘制直线型对象

线是图形中的一类基本图形对象。在 AutoCAD 中，根据用途不同，可以将线分类为直线、射线、构造线、多线和多段线。下面介绍一些简单的线性对象在建筑绘图中的应用。

3.2.1　绘制直线

直线是各种绘图中最常用、最简单的一类图形对象，既可以是一条线段，也可以是一系列相连的线段，但每条线段都是独立的对象。使用“直线”工具，在绘图区指定直线的起点和终点即可绘制一条直线。在中文版 AutoCAD 2017 中，调用“直线”命令通常有以下三种方法。

- 命令行：输入 LINE 命令并按回车键。
- 菜单栏：单击“绘图”|“直线”命令。
- 功能区：选择“常用”选项卡，单击“绘图”面板中的“直线”按钮。

使用以上任意一种方法调出“直线”命令后，用户可以使用对象捕捉功能在绘图区捕捉点来指定直线的起点和终点，即可绘制直线；也可以在指定起点后，通过输入相对坐标值或利用极轴追踪、正交等功能确定好方向后，输入距离值来确定终点。

下面介绍绘制直线的具体操作方法。

（1）在状态栏中单击“正交模式”按钮，开启正交模式功能。

（2）单击“绘图”|“直线”命令，根据命令提示进行操作，即可绘制出踏步的横截面图，如图 3-11 所示。

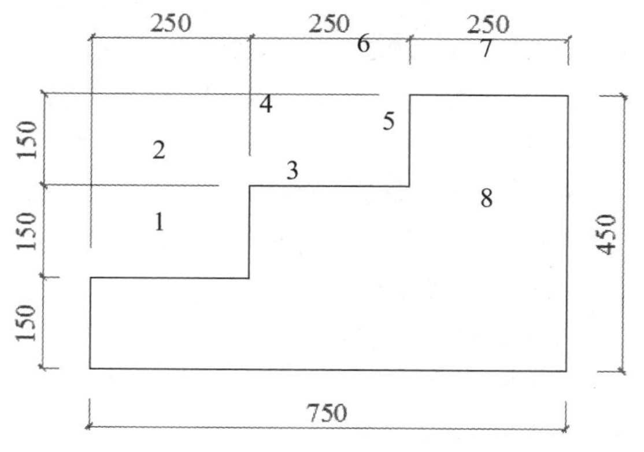

图 3-11 直线的应用

命令行选项如下。

```
命令：_line                                      （调用直线命令）
指定第一个点：                                    （在绘图区任意位置单击鼠标左键，确定指定点 1）
指定下一点或 [放弃(U)]： 150↙                    （沿 Y 轴方向输入距离值，按回车键确定点 2）
指定下一点或 [放弃(U)]： 250↙                    （沿 X 轴方向输入距离值，按回车键确定点 3）
指定下一点或 [闭合(C)/放弃(U)]： 150↙            （沿 Y 轴方向输入距离值，按回车键确定点 4）
指定下一点或 [闭合(C)/放弃(U)]： 250↙            （沿 X 轴方向输入距离值，按回车键确定点 5）
指定下一点或 [闭合(C)/放弃(U)]： 150↙            （沿 Y 轴方向输入距离值，按回车键确定点 6）
指定下一点或 [闭合(C)/放弃(U)]： 250↙            （沿 X 轴方向输入距离值，按回车键确定点 7）
指定下一点或 [闭合(C)/放弃(U)]： 450↙            （沿 Y 轴方向输入距离值，按回车键确定点 8）
指定下一点或 [闭合(C)/放弃(U)]：                  （捕捉点起始点 1 并单击）
指定下一点或 [闭合(C)/放弃(U)]： ↙               （按回车键结束操作，完成直线的绘制）
```

3.2.2 绘制射线

射线是只有起点和方向但没有终点的直线，即射线为一端固定，另一端无限延伸的直线。使用“射线”工具，指定射线的起点和通过点即可绘制一条射线。“射线”工具经常用于绘制标高的参考辅助线以及角的平分线。在中文版 AutoCAD 2017 中，调用“射线”命令通常有以下三种方法。

- 命令行：输入 RAY 命令并按回车键。
- 菜单栏：单击“绘图”|“射线”命令。
- 功能区：选择“常用”选项卡，单击“绘图”面板中的“射线”按钮。

下面介绍绘制射线的具体操作方法。

（1）在状态栏中单击“正交模式”按钮，开启正交模式功能。

（2）在命令行中输入 RAY 命令并按回车键，根据命令提示进行操作，即可绘制出标高辅助线，如图 3-12 所示。

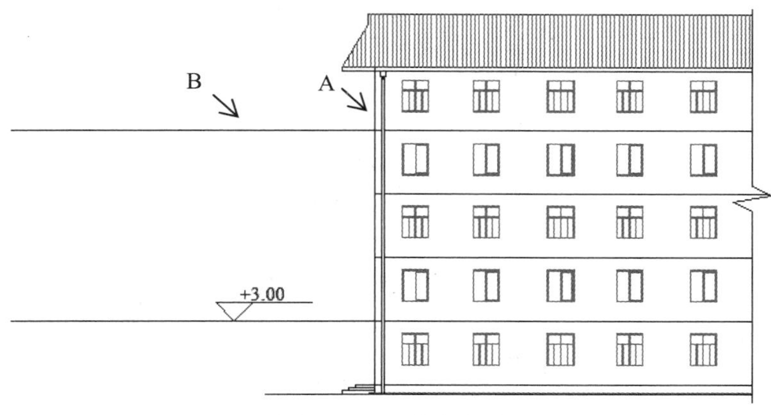

图 3-12　绘制射线效果

命令行选项如下。

```
命令: _ray                    （调用射线命令）
指定起点:                     （捕捉点 A 并单击）
指定通过点:                   （捕捉点 B 并单击）
指定通过点: ↙                 （按回车键结束操作，完成射线的绘制）
```

3.2.3　绘制构造线

构造线是由两点确定的两端无限长的直线，常作为辅助线来使用。使用“构造线”工具，可以通过在绘图区指定两点绘制任意方向的构造线，也可以绘制出水平、垂直、具有指定倾斜角度、二等分或偏移（平行于选定的直线）的构造线。在中文版 AutoCAD 2017 中，调用“构造线”命令通常有以下三种方法。

- 命令行：输入 XLINE 命令并按回车键。
- 菜单栏：单击“绘图”|“构造线”命令。
- 功能区：选择“常用”选项板，单击“绘图”面板中的“构造线”按钮⤢。

下面介绍绘制具有倾斜角度的构造线的具体操作方法。

（1）按 F8 键开启正交模式功能，单击“常用”|“绘图”|“构造线”命令，在命令行中输入 A，并按空格键。

（2）输入角度如 150°，然后捕捉地平线左端点 C 并单击，按回车键即可获得构造线效果，如图 3-13 所示。

命令行选项如下。

```
命令: _xline                  （调用构造线命令）
```

```
指定点或 [水平(H)/垂直(V)/角度(A)/二等分(B)/偏移(O)]: A↙    (选择角度选项)
输入构造线的角度 (0) 或 [参照(R)]: 150↙
指定通过点:
指定通过点: ↙
```

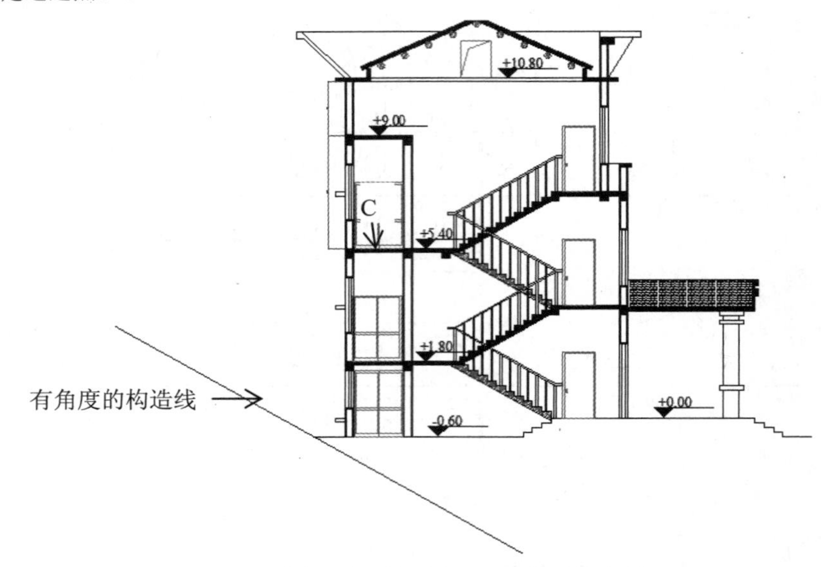

图 3-13　绘制成一定角度的构造线

3.2.4　绘制多段线

多段线是由等宽或不等宽的直线或圆弧等多条线段构成的特殊线段，可作为单一对象使用，并作为整体对象来编辑。在中文版 AutoCAD 2017 中，绘制多段线的命令为 PLINE，调用该命令有如下三种方法。

- 命令行：输入 PLINE 命令并按回车键。
- 菜单栏：单击“绘图”|“多段线”命令。
- 功能区：选择“常用”选项卡，单击“绘图”面板中的“多段线”按钮。

以使用“多段线”命令绘制如图 3-14 所示的多段线为例，来介绍绘制多段线的具体操作方法。

（1）按 F8 键开启正交模式功能，然后在菜单栏中单击“绘图”|“多段线”命令。

（2）根据命令行提示进行操作，即可获得如图 3-14 所示的多段线。

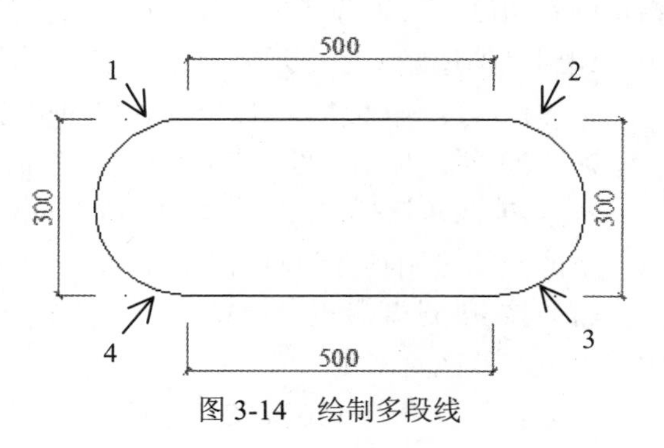

图 3-14　绘制多段线

命令行选项如下。

```
命令: _pline                    (调用多段线命令)
指定起点:                       (在绘图区中任意位置单击，确定点 1)
```

```
当前线宽为 0.0000
指定下一个点或 [圆弧(A)/半宽(H)/长度(L)/放弃(U)/宽度(W)]: L↙          (选择长度选项)
指定直线的长度: 500↙                              (输入长度值，按回车键确定点 2)
指定下一点或 [圆弧(A)/闭合(C)/半宽(H)/长度(L)/放弃(U)/宽度(W)]: A↙   (选择角度选项)
指定圆弧的端点或[角度(A)/圆心(CE)/闭合(CL)/方向(D)/半宽(H)/直线(L)/半径(R)/第二
个点(S)/放弃(U)/宽度(W)]: 300↙                    (输入数值，按回车键确定点 3)
指定圆弧的端点或[角度(A)/圆心(CE)/闭合(CL)/方向(D)/半宽(H)/直线(L)/半径(R)/第二个点
(S)/放弃(U)/宽度(W)]: L↙                                    (选择长度选项)
指定下一点或 [圆弧(A)/闭合(C)/半宽(H)/长度(L)/放弃(U)/宽度(W)]: 500↙ (输入数值，
                                                      按回车键确定点 4)
指定下一点或 [圆弧(A)/闭合(C)/半宽(H)/长度(L)/放弃(U)/宽度(W)]: A↙   (选择角度选项)
指定圆弧的端点或[角度(A)/圆心(CE)/闭合(CL)/方向(D)/半宽(H)/直线(L)/半径(R)/第二
个点(S)/放弃(U)/宽度(W)]:                              (捕捉点 1 并单击)
指定圆弧的端点或[角度(A)/圆心(CE)/闭合(CL)/方向(D)/半宽(H)/直线(L)/半径(R)/第二
个点(S)/放弃(U)/宽度(W)]: ↙              (按回车键结束操作，完成多段线的绘制)
```

用户可以整体设置多段线的宽度，也可以在不同的线段中设置不同的线宽，还可以为多段线中的某一段线段设置不同线宽的始末端点。

3.2.5 绘制多线

多线是一种由多条平行线组成的组合图形对象，常用于绘制墙体和窗户。使用“多线”工具，在绘图区依次指定多个点确定多线路径后，沿路径将显示多条平行线。在中文版 AutoCAD 2017 中，调用“多线”命令通常有以下两种方法。

➢ 命令行：输入 MLINE 命令并按回车键。

➢ 菜单栏：单击“绘图”|“多线”命令。

下面以绘制墙体轮廓线为例，介绍绘制和编辑多线的具体操作方法。

(1) 单击“文件”|“打开”命令，在打开的“选择文件”对话框中，选择需要的文件。这里选择“平面布置图”素材文件，如图 3-15 所示。

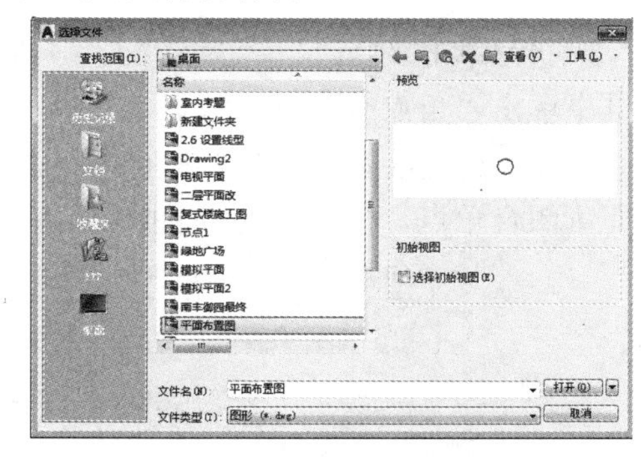

图 3-15 “选择文件”对话框

(2) 单击“打开”按钮，即可打开“平面布置图”素材文件，如图 3-16 所示。

(3) 单击“绘图”|“多线”命令，根据命令行提示，首先设置多线的对正类型、比例和样式，然后在轴线上依次指定多线的起点、通过点和终点，即可绘制出墙体轮廓线，如图 3-17 所示。

命令行选项如下。

```
命令: _mline                                  (调用多线命令)
当前设置: 对正 = 上, 比例 = 20.00, 样式 = STANDARD
指定起点或 [对正(J)/比例(S)/样式(ST)]:  S↙      (选择比例选项)
```

```
输入多线比例 <20.00>: 240↙                                  (设置多线比例为 240，即墙宽为 240)
当前设置：对正 = 上，比例 = 240.00，样式 = STANDARD
指定起点或 [对正(J)/比例(S)/样式(ST)]: J↙                   (选择对正选项)
输入对正类型 [上(T)/无(Z)/下(B)] <上>: Z↙                    (选择无选项)
指定起点或 [对正(J)/比例(S)/样式(ST)]:                      (捕捉 A 点并单击)
指定下一点:                                                 (捕捉 B 点并单击)
指定下一点或 [放弃(U)]:                                     (捕捉 C 点并单击)
指定下一点或 [闭合(C)/放弃(U)]:                             (捕捉 D 点并单击)
指定下一点或 [闭合(C)/放弃(U)]:                             (捕捉 E 点并单击)
指定下一点或 [闭合(C)/放弃(U)]:                             (捕捉 F 点并单击)
指定下一点或 [闭合(C)/放弃(U)]:                             (捕捉 G 点并单击)
指定下一点或 [闭合(C)/放弃(U)]:                             (捕捉 H 点并单击)
指定下一点或 [闭合(C)/放弃(U)]:                             (捕捉 I 点并单击)
指定下一点或 [闭合(C)/放弃(U)]:                             (捕捉 J 点并单击)
指定下一点或 [闭合(C)/放弃(U)]:                             (捕捉 K 点并单击)
指定下一点或 [闭合(C)/放弃(U)]:                             (捕捉 L 点并单击)
指定下一点或 [闭合(C)/放弃(U)]:                             (捕捉 A 点并单击)
指定下一点或 [闭合(C)/放弃(U)]: *取消*                      (按 Esc 键退出操作，完成多线的绘制)
```

图 3-16 打开素材文件

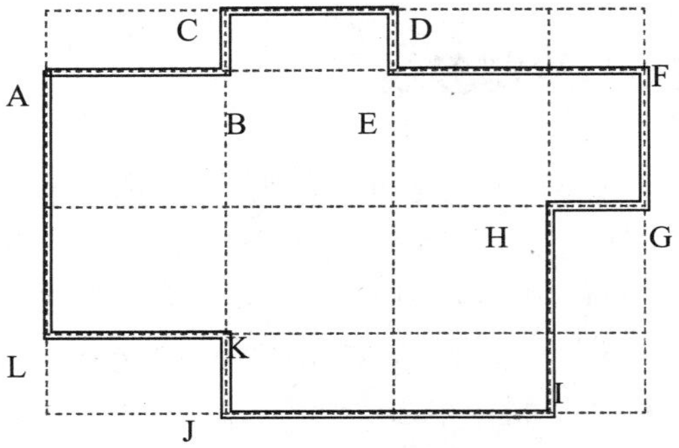

图 3-17 多线效果

(4) 单击“修改”|“对象”|“多线”命令，打开“多线编辑工具”对话框，在该对话框中单击“角点结合”按钮，如图 3-18 所示。

(5) 返回绘图区，在多线的起点 A 处，依次选取要编辑的第一条和第二条多线，单击即可闭合角点，按 Esc 键结束操作，完成多段线的编辑，如图 3-19 所示。

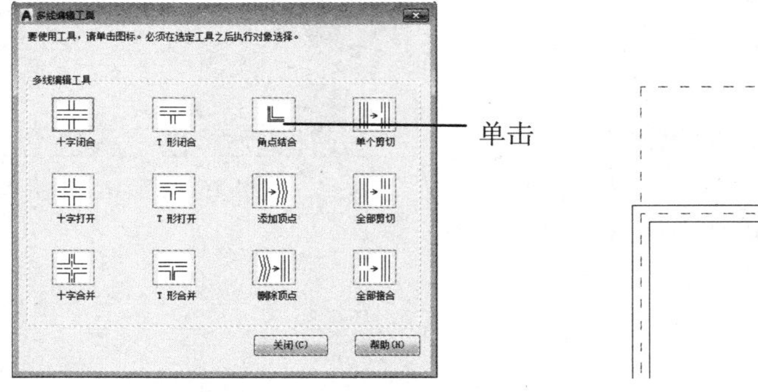

图 3-18 选择“角点结合”工具

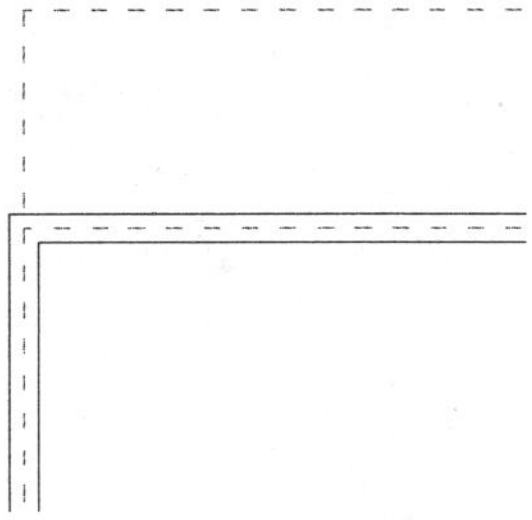

图 3-19 编辑多线

3.3　绘制多边形对象

在 AutoCAD 中，矩形及多边形的各边构成一个单独的对象。二者在绘制复杂图形时比较常用。

3.3.1　绘制矩形

矩形是最常用的几何图形。使用“矩形”工具，可以通过指定矩形的两个对角点来创建矩形，也可以通过指定矩形面积和长度或宽度来创建矩形。在中文版 AutoCAD 2017 中，调用“矩形”命令通常有以下三种方法。

- 命令行：输入 RECTANG 命令并按回车键。
- 菜单栏：单击“绘图” | “矩形”命令。
- 功能区：选择“常用”选项卡，单击“绘图”面板中的“矩形”按钮。

下面以使用角点方式绘制矩形为例，介绍绘制矩形的具体操作方法。

（1）单击“矩形”命令，此时命令行将显示“指定第一个角点或 [倒角(C)/标高(E)/圆角(F)/厚度(T)/宽度(W)]:”的提示信息。

（2）根据提示进行操作，即可绘制出长度为 1 000，宽度为 500 的矩形，如图 3-20 所示。

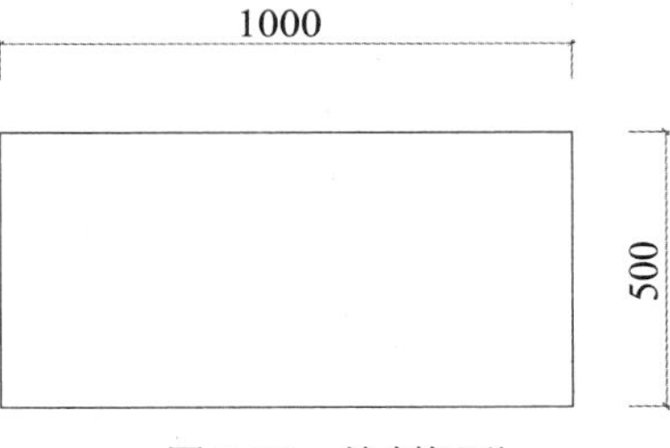

图 3-20　绘制矩形

命令行选项如下。

```
命令: _rectang                                                    (调用矩形命令)
指定第一个角点或 [倒角(C)/标高(E)/圆角(F)/厚度(T)/宽度(W6)]        (在绘图区任意位置单击)
指定另一个角点或 [面积(A)/尺寸(D)/旋转(R)]:  D↙                  (选择尺寸选项)
指定矩形的长度 <10.0000>:  1000↙                                  (输入长度值并按回车键)
指定矩形的宽度 <10.0000>:  500↙                                   (输入宽度值并按回车键)
指定另一个角点或 [面积(A)/尺寸(D)/旋转(R)]:                      (在绘图区单击，完成矩形的绘制)
```

3.3.2　绘制正多边形

正多边形是具有三条或三条以上的长度相等的线段首尾相接形成的闭合图形，其边数是 3～1024，默认情况下，正多边形的边数为 4。使用“多边形”工具，可以通过与假想的圆内接或外切的方法绘制正多边形，也可以通过指定正多边形某一边端点的方法来绘制正多边形，在中文版 AutoCAD 2017 中，调用该命令通常有以下三种方法。

- 命令行：输入 POLYGON 命令并按回车键。
- 菜单栏：单击“绘图” | “多边形”命令。
- 功能区：选择“常用”选项卡，单击“绘图”面板中的“多边形”按钮。

下面介绍绘制正多边形时常用的三种方法。

1. 绘制内接于圆的正多边形

单击“多边形”命令，指定正多边形的中心点位置和外接圆的半径，即可绘制出正多边形，如图 3-21 所示。输入的半径值是多边形的中心点至多边形任意端点间的距离，整个多边形位于一个虚构的圆中。

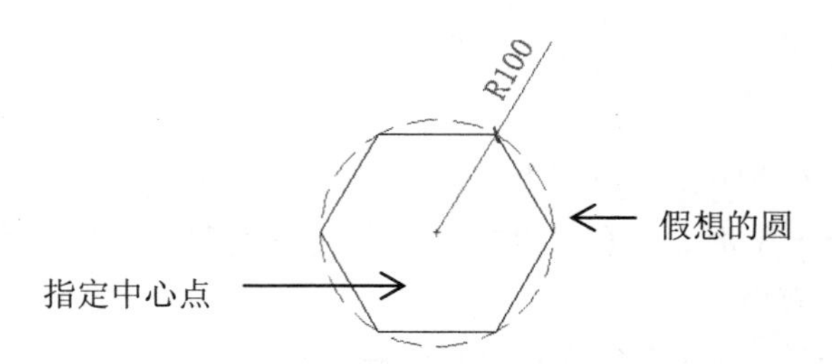

图 3-21 内接于圆的正六边形效果

命令行选项如下。

```
命令：_polygon                                      （输入多边形命令并按回车键）
输入侧面数 <4>：6↙                                  （输入数值并按回车键，指定多边形的边数）
指定正多边形的中心点或 [边(E)]：                      （在绘图区任意位置单击）
输入选项 [内接于圆(I)/外切于圆(C)] <I>：↙             （按回车键，选择默认的内接于圆选项）
指定圆的半径：100↙                                  （输入半径值并按回车键，完成正六边形的绘制）
```

2. 绘制外切于圆的正多边形

单击“多边形”命令，指定正多边形的中心点位置和内切圆的半径，即可绘制出正多边形，如图 3-22 所示。所输入的半径值是多边形的中心点至多边线中点的垂直距离。

命令行选项如下。

```
命令： POLYGON↙                                     （输入多边形命令并按回车键）
输入侧面数 <4>：5↙                                  （输入数值并按回车键，指定多边形的边数）
指定正多边形的中心点或 [边(E)]：                      （在绘图区任意位置单击）
输入选项 [内接于圆(I)/外切于圆(C)] <I>：C↙            （选择外切于圆选项，按回车键）
指定圆的半径： 100↙                                 （输入半径值并按回车键，完成正五边形的绘制）
```

3. 用边长方式绘制正多边形

单击“多边形”命令，通过输入长度数值或指定两个端点来确定正多边形的一条边，即可绘制所需的多边形。图 3-23 所示为绘制的正八边形。

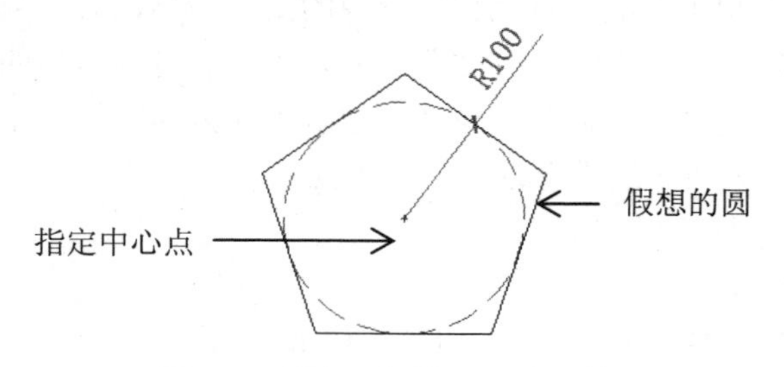

图 3-22 外切于圆的正五边形效果

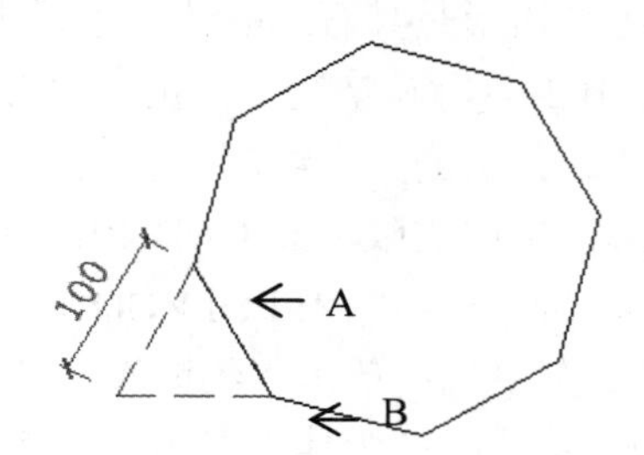

图 3-23 用边长方式绘制正八边形效果

命令行选项如下。

```
命令： POLYGON↙                                  （输入多边形命令并按回车键）
输入侧面数 <4>： 8↙                              （输入数值并按回车键，指定多边形的边数）
指定正多边形的中心点或 [边(E)]： E ↙              （选择边选项）
指定边的第一个端点：指定边的第二个端点：          （依次单击等边三角形的 A、B 两个端点，完
                                                  成正八边形的绘制）
```

3.4　绘制曲线对象

曲线是图形中的一类基本图形对象。在 AutoCAD 中，根据用途的不同，可以将曲线分类为圆、圆弧、椭圆、椭圆弧和样条曲线。下面介绍曲线对象在建筑绘图中的应用。

3.4.1　绘制和编辑样条曲线

样条曲线是由一系列控制点定义的可以任意弯曲的光滑曲线，该曲线经常在建筑图中用于表示地形地貌等特征。

1. 绘制样条曲线

使用“样条曲线”工具，可以通过指定一系列的点来创建样条曲线，也可以封闭样条曲线，使起点和端点重合。在中文版 AutoCAD 2017 中，绘制样条曲线的命令为 SPLINE，调用该命令有如下三种方法。

- 命令行：输入 SPLINE 命令并按回车键。
- 菜单栏：单击“绘图”|“样条曲线”子菜单中的命令。
- 功能区：选择“常用”选项卡，单击“绘图”面板中的“样条曲线拟合”按钮或“样条曲线控制点”按钮。

下面介绍利用“拟合点”方式绘制样条曲线的具体操作方法。

（1）在命令行中输入 SPLINE 命令并按回车键，然后输入 M 并按回车键，输入 F 并按回车键。

（2）根据命令行提示指定一系列的点，即可绘制出样条曲线，效果如图 3-24 所示。

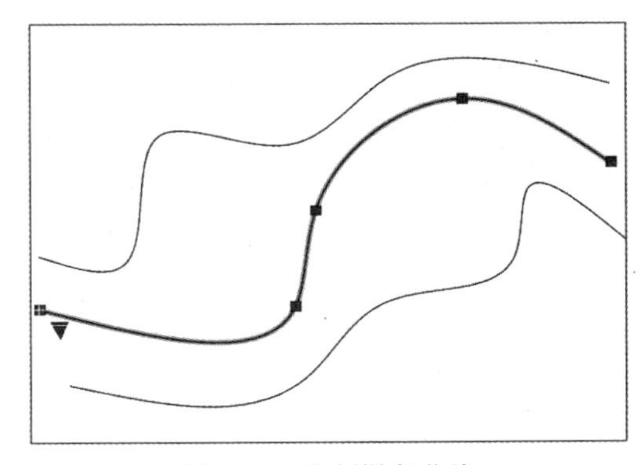

图 3-24　绘制样条曲线

2. 编辑样条曲线

选择要编辑的样条曲线后，用户可以通过调整样条曲线上的控制点来调整曲线形状，也可以使用“编辑样条曲线”工具，选择相应的选项对曲线进行编辑。在中文版 AutoCAD 2017

中，调用“编辑样条曲线”命令通常有以下三种方法。

➢ 命令行：输入 SPLINEDIT 命令并按回车键。
➢ 菜单栏：单击“修改”|“对象”|“样条曲线”命令。
➢ 功能区：选择“常用”选项卡，单击“修改”面板中的“编辑样条曲线”按钮。

下面介绍使用“编辑样条曲线”工具编辑样条曲线的具体操作方法。

（1）单击“编辑样条曲线”命令，选取要编辑的样条曲线后，此时命令行将显示“输入选项[拟合数据(F)/闭合(C)/移动顶点(M)/优化(R)/反转(E)/转换为多段线(P)/放弃(U)]:”的提示信息。

（2）根据提示在命令行中输入 P 并按回车键，然后输入精度值为 1，按回车键，即可将样条曲线转换为多段线，效果如图 3-25 所示。

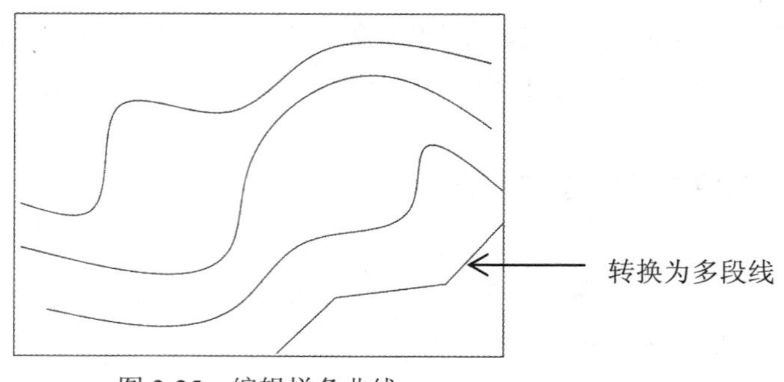

图 3-25　编辑样条曲线

3.4.2　绘制圆和圆弧

在 AutoCAD 中，圆和圆弧是一类重要的几何元素，在设计过程中被广泛使用。下面将分别介绍绘制圆和圆弧方法。

1. 绘制圆

圆是作图过程中经常要遇到的基本图形。在中文版 AutoCAD 2017 中，调用“圆”命令通常有以下三种方法。

➢ 命令行：输入 CIRCLE 命令并按回车键。
➢ 菜单栏：单击“绘图”|“圆”子菜单中的命令。
➢ 功能区：选择“常用”选项卡，在“绘图”面板中的“圆”下拉列表中选择相应的按钮。

AutoCAD 提供了六种绘制圆的方法，下面将介绍其中常用的三种绘制圆的方法。

1）以圆心、半径方式绘制圆

单击“绘图”面板中的“圆心、半径”按钮，指定圆的圆心，然后输入圆的半径，即可绘制出圆，如图 3-26 所示。

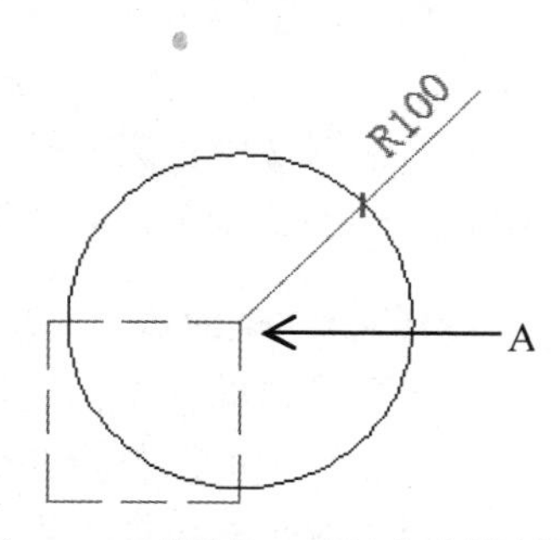

图 3-26　以圆心、半径方式绘制圆

命令行选项如下。

```
命令：_circle                                          （调用圆心、半径命令）
指定圆的圆心或 [三点(3P)/两点(2P)/切点、切点、半径(T)]：  （捕捉矩形的端点 A 并单击）
指定圆的半径或 [直径(D)] <100.0000>：100↙              （输入数值并按回车键，完成圆的绘制）
```

2）以三点方式绘制圆

单击“绘图”面板中的“三点”按钮，依次指定圆周上的三个点，即可绘制出圆，如图 3-27 所示。

命令行选项如下。

```
命令：_circle                                          （调用三点命令）
指定圆的圆心或 [三点(3P)/两点(2P)/切点、切点、半径(T)]：_3p 指定圆上的第一个点：
                                              （捕捉矩形的端点 A 并单击）
指定圆上的第二个点：                            （捕捉矩形的端点 B 并单击）
指定圆上的第三个点：                            （捕捉矩形的端点 C 并单击，完成圆的绘制）
```

3）以相切，相切，半径方式绘制圆

单击“绘图”面板中的“相切，相切，半径”按钮，依次指定与圆相切两个对象上的点，并且输入圆的半径值，即可绘制出圆，如图 3-28 所示。

命令行选项如下。

```
命令：_circle                                          （调用相切，相切，半径命令）
指定圆的圆心或 [三点(3P)/两点(2P)/切点、切点、半径(T)]：_ttr
指定对象与圆的第一个切点：                      （捕捉小圆上的端点 A 并单击）
指定对象与圆的第二个切点：                      （捕捉小圆上的端点 B 并单击）
指定圆的半径 <200.0000>：100↙                   （输入半径值并回车键，完成圆的绘制）
```

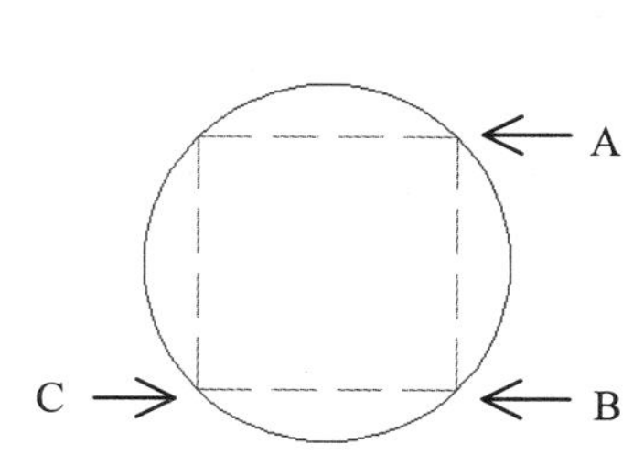

图 3-27　以三点方式绘制圆

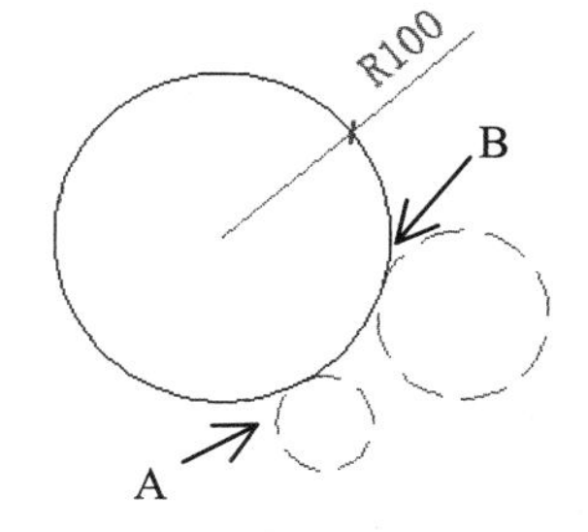

图 3-28　以相切，相切，半径方式绘制圆

2. 绘制圆弧

使用“圆弧”与“圆”命令相比，控制上要相对难一些，除了要确定圆心和半径外，还需确定起始角和终止角才能完全定义圆弧。在中文版 AutoCAD 2017 中，调用“圆弧”命令通常有以下三种方法。

- 命令行：输入 ARC 命令并按回车键。
- 菜单栏：单击“绘图”|“圆弧”命令中的子命令。
- 功能区：选择“常用”选项卡，在“绘图”面板中的“圆弧”下拉列表中选择相应的命令选项。

AutoCAD 提供了 11 种绘制圆弧的方法，下面介绍绘制圆弧时常用的三种方法。

1）以三点方式绘制圆弧

单击“绘图”|“圆弧”|“三点”命令，依次指定圆弧上的三点，即可绘制出一段圆弧。其中第一点和第三点分别是圆弧上的起点和端点，且第二点可以确定圆弧的位置，如图 3-29 所示。

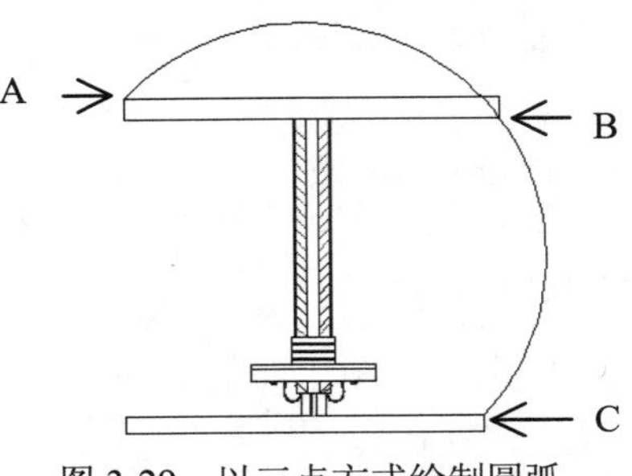

图 3-29 以三点方式绘制圆弧

命令行选项如下。

```
命令: _arc                                          (调用三点命令)
指定圆弧的起点或 [圆心(C)]:                          (捕捉端点 A 并单击)
指定圆弧的第二个点或 [圆心(C)/端点(E)]:              (捕捉端点 B 并单击)
指定圆弧的端点:                                      (捕捉端点 C 并单击，完成圆弧的绘制)
```

2）以起点，圆心，端点方式绘制圆弧

单击“绘图”|“圆弧”|“起点，圆心，端点”命令，然后依次指定圆弧的起点、圆心和端点，即可绘制出一段圆弧，如图 3-30 所示。

命令行选项如下。

```
命令: _arc                                                    (调用起点，圆心，端点命令)
指定圆弧的起点或 [圆心(C)]:                                    (捕捉端点 A 并单击)
指定圆弧的第二个点或 [圆心(C)/端点(E)]: _c 指定圆弧的圆心: (捕捉端点 B 并单击)
指定圆弧的端点或 [角度(A)/弦长(L)]:                     (捕捉端点 C 并单击，完成圆弧的绘制)
```

3）以起点，端点，半径方式绘制圆弧

单击“绘图”|“圆弧”|“起点，端点，半径”命令，然后依次指定圆弧上的起点和端点，并输入圆弧的半径值，即可绘制出一段圆弧，如图 3-31 所示。

命令行选项如下。

```
命令: _arc                                              (调用起点，端点，半径命令)
指定圆弧的起点或 [圆心(C)]:                              (捕捉端点 A 并单击)
指定圆弧的第二个点或 [圆心(C)/端点(E)]: _e
指定圆弧的端点:                                          (捕捉端点 B 并单击)
指定圆弧的圆心或 [角度(A)/方向(D)/半径(R)]: _r 指定圆弧的半径: 300↙
                                                  (捕捉端点 A 并单击，完成圆弧的绘制)
```

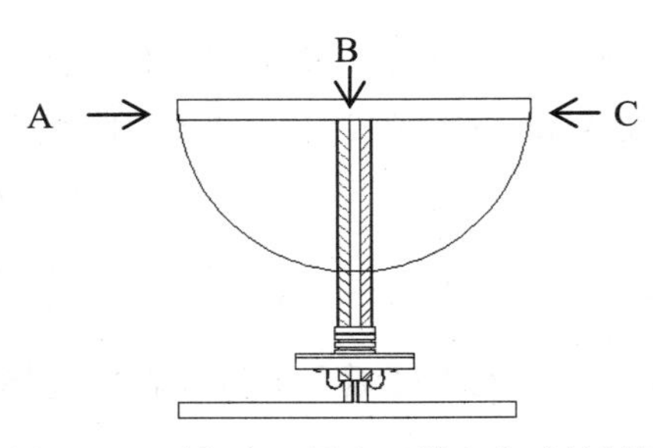

图 3-30 以起点，圆心，端点方式绘制圆弧

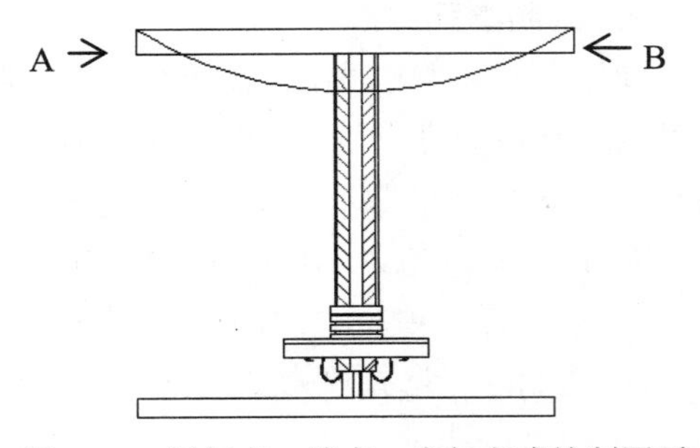

图 3-31 以起点，端点，半径方式绘制圆弧

> **小提示：** 绘制圆弧时，要尽可能利用原有条件和图形，而不是通过计算得到起点、端点和圆心等位置，否则绘制的圆弧可能因小数的取舍而精度不够。

3.4.3　绘制椭圆和椭圆弧

椭圆曲线是指 X、Y 轴方向对应的圆弧直径有差异所形成的曲线。如果直径完全相同则形成规则的圆轮廓线，因此可以说圆是椭圆的特殊形式，而椭圆弧则是椭圆的一部分。

1. 绘制椭圆

椭圆是指平面上到定点距离与到定直线间距离之比为常数的所有点的集合，其形状主要由长轴、短轴和椭圆中心这三个参数确定。在中文版 AutoCAD 2017 中，调用“椭圆”命令通常有以下三种方法。

- 在命令行：输入 ELLIPSE 命令并按回车键。
- 在菜单栏：单击“绘图”|“椭圆”子菜单中的相应命令。
- 在功能区：选择“常用”选项卡，单击“绘图”面板“椭圆”下拉列表中的相应按钮。

AutoCAD 提供了两种绘制椭圆的方法，下面介绍这两种绘制椭圆的方法。

1）以圆心方式绘制椭圆

单击“绘图”|“椭圆”|“圆心”命令，然后依次指定椭圆的圆心、长半轴的端点以及短半轴的长度，即可绘制出椭圆，如图 3-32 所示。

命令行选项如下。

```
命令: _ellipse                                    (调用圆心命令)
指定椭圆的轴端点或 [圆弧(A)/中心点(C)]: _c
指定椭圆的中心点:                                 (捕捉吊灯中心点 A 并单击)
指定轴的端点:                                     (捕捉矩形边上的中心点 B 并单击)
指定另一条半轴长度或 [旋转(R)]: 800↙              (输入长度值并按回车键，完成椭圆的绘制)
```

2）以轴，端点方式绘制椭圆

单击“绘图”|“椭圆”|“轴，端点”命令，然后依次指定椭圆一轴的两个端点，并输入另一半轴的长度值，即可绘制出椭圆，如图 3-33 所示。

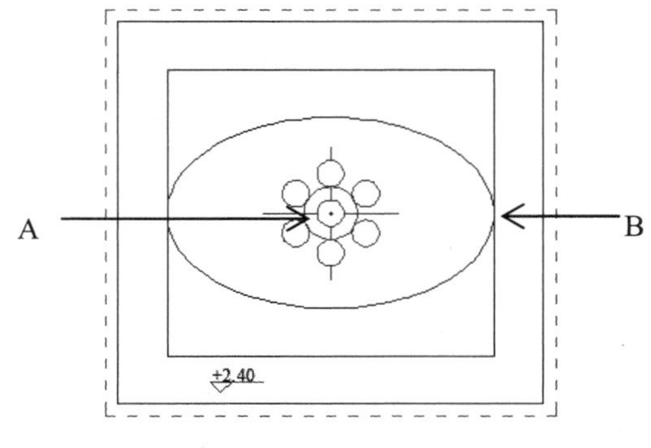

图 3-32　以圆心方式绘制椭圆

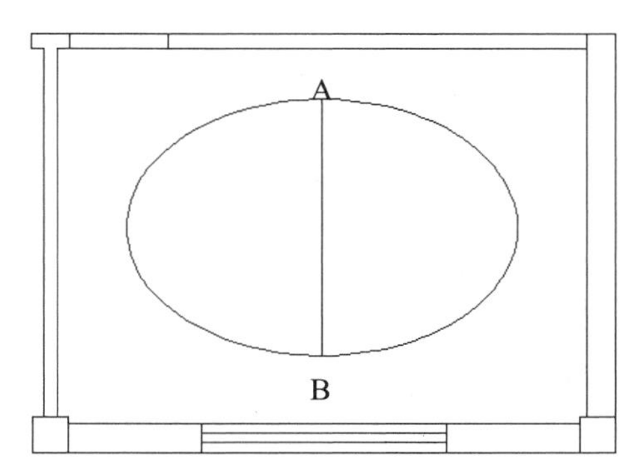

图 3-33　以轴，端点方式绘制椭圆

命令行选项如下。

```
命令: _ellipse                                       (调用轴，端点命令)
指定椭圆的轴端点或 [圆弧(A)/中心点(C)]:              (捕捉直线上端点 A 并单击)
指定轴的另一个端点:                                  (捕捉直线下端点 B 并单击)
指定另一条半轴长度或 [旋转(R)]: 100↙                 (输入长度值并按回车键，完成椭圆的绘制)
```

2. 绘制椭圆弧

椭圆弧是椭圆的部分弧线。使用“椭圆弧”工具，通过指定圆弧的起始角和终止角，即可绘制椭圆弧。在指定椭圆弧终止角时，可以通过在命令行输入数值，也可以直接在图形中指定位置点定义终止角，还可以通过参数来确定椭圆弧的另一端点。在中文版 AutoCAD 2017 中，调用“椭圆弧”命令通常有以下三种方法。

➢ 在命令行：输入 ELLIPSE 命令并按回车键，根据提示输入 A 并按回车键。

➢ 在菜单栏：单击“绘图”|“椭圆”|“椭圆弧”命令。

➢ 在功能区：选择“常用”选项卡，单击“绘图”面板中的“椭圆弧”按钮。

下面介绍绘制椭圆弧的具体操作方法。

（1）单击“椭圆弧”命令，依次捕捉点 A 和点 B 并按回车键，然后输入另一条半轴的长度值比如 600 mm。

（2）按空格键输入起始角度 0°，终止角度 120°，再次按回车键，即可绘制椭圆弧，效果如图 3-34 所示。

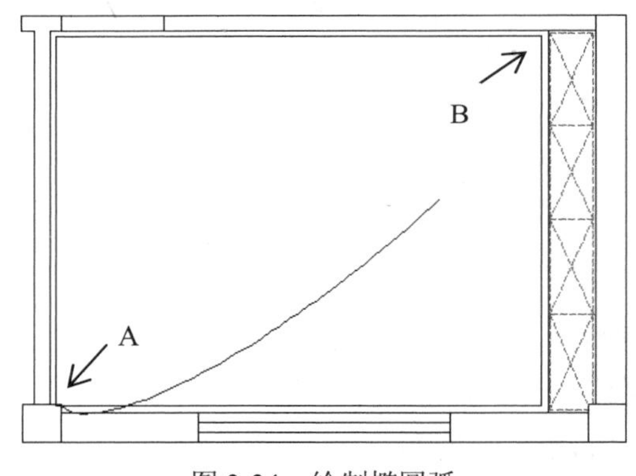

图 3-34 绘制椭圆弧

小提示：绘制椭圆弧时，指定的第一个端点即定义了基准点，椭圆弧的角度从该点按逆时针计算。

3.4.4 绘制圆环

圆环是由同一圆心、不同直径的两个同心圆组成的封闭环状区域，主要用于三维建模中创建管道时的模型截面，也可以用作室内或室外的装饰性图案。使用“圆环”工具，并指定好圆环的圆心、内直径和外直径，即可以绘制出圆环。在中文版 AutoCAD 2017 中，调用该命令通常有以下三种方法。

➢ 命令行：输入 DONUT 命令并按回车键。
➢ 菜单栏：单击“绘图”|“圆环”命令。
➢ 功能区：选择“常用”选项卡，单击“绘图”面板中的“圆环”按钮◎。

下面介绍绘制圆环的具体操作方法。

(1)单击“圆环”命令，输入圆环的内径如 100 mm，按回车键，输入圆环外径如 150 mm。

(2) 按回车键，在绘图区任意位置单击，指定圆环的中心点，即可获得圆环效果，如图 3-35 所示。

控制圆环内部填充的可见性的操作步骤如下。

(1)在绘制圆环之前，可在命令行中输入 FILL 命令，此时命令行将显示“输入模式 [开(ON)/关(OFF)] <开>:”的提示信息，默认的 ON 模式表示绘制的圆环填充部分为显示。

(2) 选择 OFF 模式，则表示绘制的圆环不填充，效果如图 3-36 所示。

图 3-35　绘制圆环

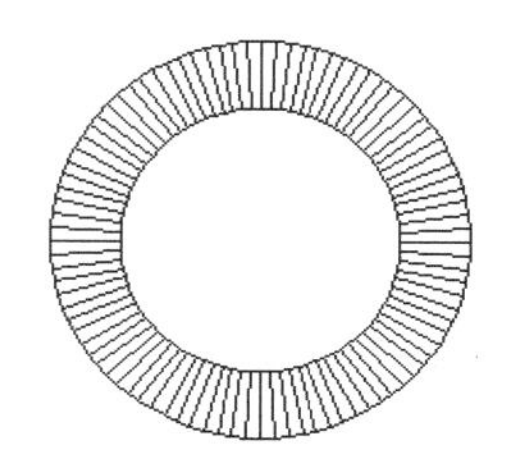

图 3-36　控制圆环内部填充的显示

3.5　动手操作——绘制床头柜

床头柜是卧房家具中的小角色，它一左一右，心甘情愿地衬托着卧床，就连它的名字也是因补充床的功能而产生。一直以来，床头柜因为它的功用而存在，例如收纳一些日常用品，放置床头灯等。

本练习将以绘制床头柜为例，介绍二维建筑图形绘制技术的实际应用，其具体操作方法如下。

(1) 单击“直线”命令，绘制一个长 500 mm、宽 500 mm 的矩形作为床头柜的柜体，如图 3-37 所示。

(2) 单击“矩形”命令，捕捉矩形左上角端点，绘制一个长 500 mm、宽 40 mm 的矩形，如图 3-38 所示。

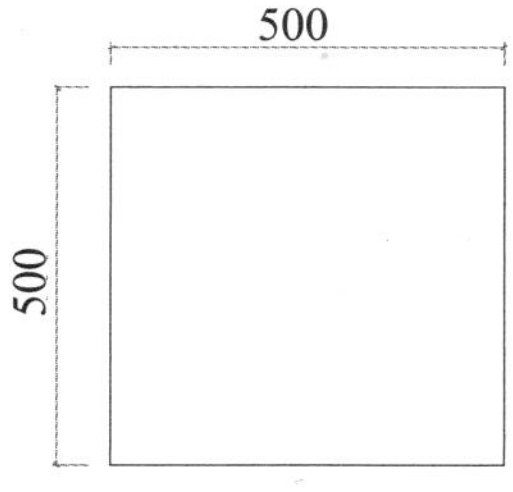

图 3-37　绘制床头柜柜体

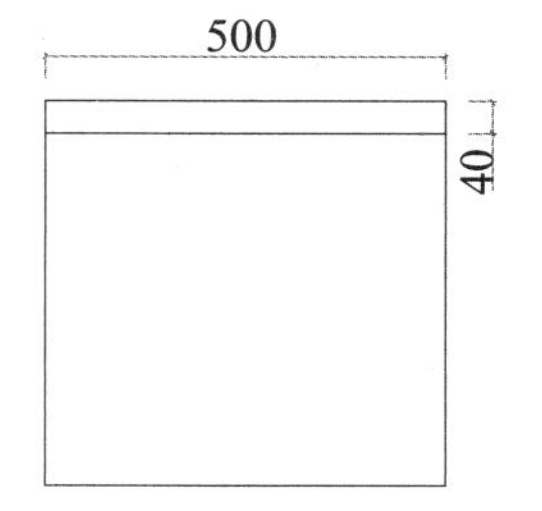

图 3-38　绘制矩形

命令行选项如下。

```
命令: _rectang                                              (调用矩形命令)
指定第一个角点或 [倒角(C)/标高(E)/圆角(F)/厚度(T)/宽度(W)]   (捕捉矩形左上角端点并单击)
指定另一个角点或 [面积(A)/尺寸(D)/旋转(R)]: D↙              (选择尺寸选项)
指定矩形的长度 <10.0000>: 500↙                              (输入长度值并按回车键)
指定矩形的宽度 <10.0000>: 40↙                               (输入宽度值并按回车键)
指定另一个角点或 [面积(A)/尺寸(D)/旋转(R)]:                  (在矩形内单击,完成矩形的绘制)
```

(3)再次单击“矩形”命令，分别捕捉端点 A 和端点 B，按照与步骤（2）相同的操作方法，绘制出两个尺寸相同的矩形，其长度为 20 mm、宽度为 460 mm，效果如图 3-39 所示。

(4)继续单击“矩形”命令，捕捉端点 C，绘制一个长 460 mm、宽 200 mm 的矩形作为抽屉面板，然后捕捉刚绘制好的矩形左下角端点 D，绘制出相同尺寸的矩形作为第二个抽屉面板，效果如图 3-40 所示。

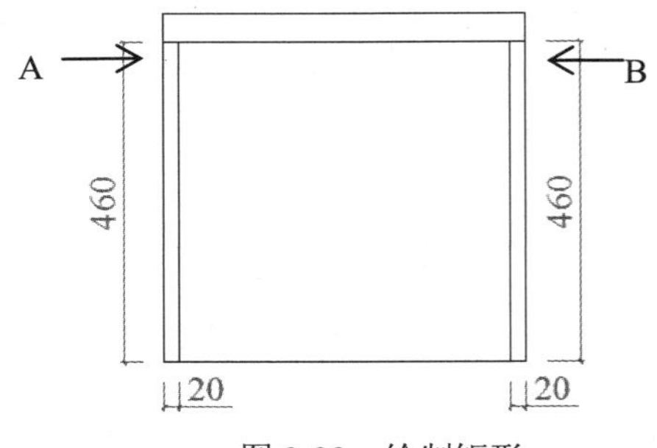

图 3-39 绘制矩形

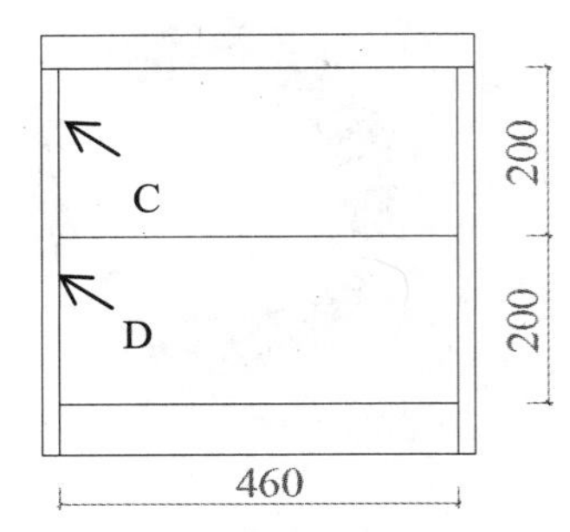

图 3-40 绘制抽屉面板

(5)单击“圆心，半径”命令，在第一个抽屉面板中合适的位置单击，指定圆的圆心，然后输入圆的半径值为 20 mm，按回车键即可绘制出圆，此作为抽屉把手。继续单击“圆心，半径”命令，捕捉刚绘制好的圆的圆心并向下移动光标，指定第二个圆的圆心位置，如图 3-41 所示。

(6)单击确定圆心位置，然后输入半径值并按回车键，即可绘制出另一个半径为 20 mm 的圆。至此，床头柜绘制完毕，效果如图 3-42 所示。

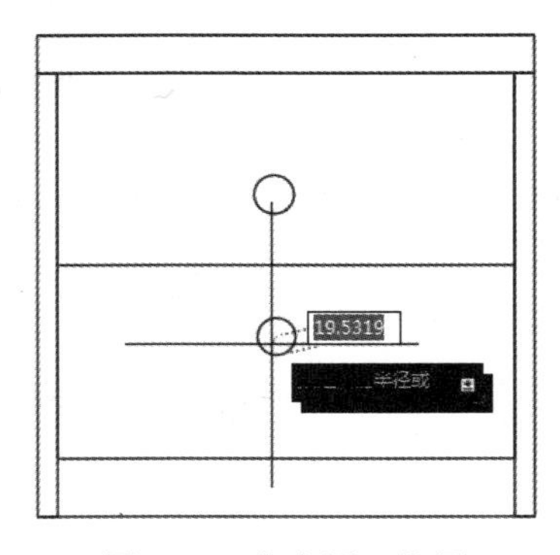

图 3-41 指定圆心位置

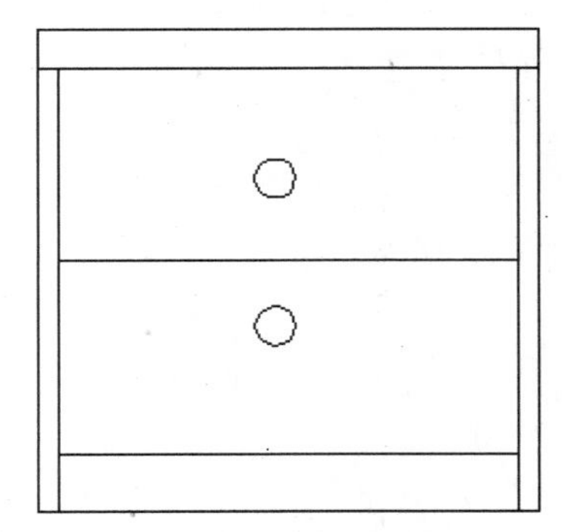
图 3-42 床头柜效果

3.6　上机练习——绘制双人床

一张好床能使人拥有舒适的睡眠。床的种类有平板床、四柱床、双层床和沙发床等。

参照效果：

绘制一个尺寸为 1800mm×2000mm 的双人床，效果如图 3-43 所示。

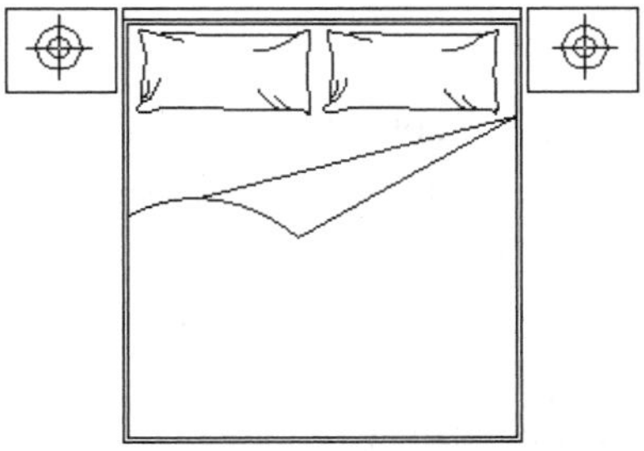

图 3-43　双人床效果图

主要步骤：

（1）执行“矩形”命令，绘制一个长 1800mm、宽 2000mm 的矩形作为床板，执行“偏移”命令将其向内偏移 20 mm。

（2）执行“矩形”命令，绘制一个长 1800mm、宽 500mm 的矩形作为床的靠背，执行“插入”命令，插入“枕头”图块，并将其放置在图形中合适的位置，再执行“复制”命令，复制枕头图块。

（3）打开“极轴追踪”功能，将增量角设置为 15，执行“直线”“三点圆弧”和“修剪”命令绘制出床单。

（4）执行“矩形”命令，绘制一个长 500 mm、宽 400 mm 的矩形作为床头柜，执行“圆”和“直线”命令绘制出台灯图形，再执行“镜像”命令，在床的另一侧镜像复制出一个床头柜。

第 4 章　编辑二维图形

在 AutoCAD 中，单纯地使用绘图命令或绘图工具只能绘制一些基本图形对象。要绘制复杂的图形，必须借助图形的编辑命令。中文版 AutoCAD 2017 提供了众多的图形编辑命令，如复制、移动、旋转、偏移、镜像、阵列、拉伸及修剪等，使用这些命令，可以修改已有图形或通过已有图形创建出新的复杂图形。

本章学习要点：

- ➢ 选择图形对象
- ➢ 改变图形对象状态
- ➢ 创建图形对象副本
- ➢ 编辑图形对象
- ➢ 倒角和圆角对象
- ➢ 使用夹点编辑图形

4.1　选择图形对象

选择图形对象是整个绘图工作的基础。在对图形对象进行编辑前，首先要选择编辑对象，然后才能进行编辑。在 AutoCAD 软件中，选中对象时，该对象显示虚线框；若选择多个对象，则构成选择集。

4.1.1　选择图形对象的基础

在选择图形对象前，通过设置选择集各选项，用户可以根据个人使用习惯对拾取框、夹点显示和选择视觉效果等选项进行设置，从而提高选择对象时的准确性和速度，进而提高绘图效率和精确度。

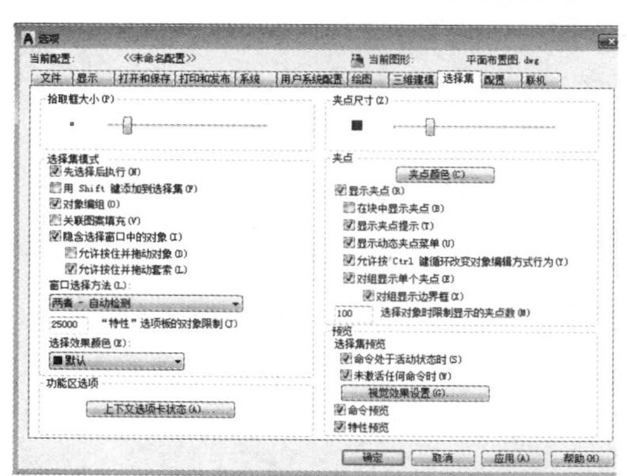

图 4-1　“选项”对话框

在菜单栏中单击“工具”|“选项”命令，在打开的“选项”对话框中选择“选择集”选项卡，如图 4-1 所示。

在“选择集”选项卡的“拾取框大小”选项组中可以指定拾取框的大小，在该选项组下方的“选择集模式”选项组中包括 6 个选项，这 6 个选项主要用于定义选择集命令之间的先后执行顺序、选择集的添加方式以及在定义与组或填充对象有关选择集时的各种设置。在“夹点尺寸”选项组中可以设置夹点的大小和夹点的显示模式。

4.1.2　选择对象的方法

要编辑一个图形，必须首先选取待编辑的对象，只有这样，执行的编辑操作才会有效。在 AutoCAD 中，选择对象的方法很多，若要查看选择对象有哪些方法，可以在命令行中输入 SELECT 命令并按回车键。

命令行选项如下。

```
命令: SELECT↙                                  (输入命令并按回车键)
选择对象: ? ↙                                  (输入问号并按回车键，显示所有选择方式)
*无效选择*
需要点或窗口(W)/上一个(L)/窗交(C)/框(BOX)/全部(ALL)/栏选(F)/圈围(WP)/圈交(CP)/编组(G)/添加(A)/删除(R)/多个(M)/前一个(P)/放弃(U)/自动(AU)/单个(SI)/子对象(SU)/对象(O)
```

根据上面的提示，输入其中的大写字母并按回车键，即可以指定选择对象的方式。下面介绍几种常用的对象选取方法。

1. 直接选取对象

该方法又称点取对象，是最简单、最常用的一种选取方法。在选取对象时，将光标或者拾取框移动到对象上，单击即可选取该对象。如果需要选取多个图形对象，可以逐个单击选取这些对象。在中文版 AutoCAD 2017 中，直接选取对象有以下两种情况。

- 未执行任何命令时选择对象，可以直接单击要选择的对象，此时，对象上将显示若干蓝色的小方框（即夹点），如图 4-2 所示。
- 执行选择对象的命令时，鼠标指针变为小方框，在对象上单击即可选择，此时，对象将显示虚线框，如图 4-3 所示。

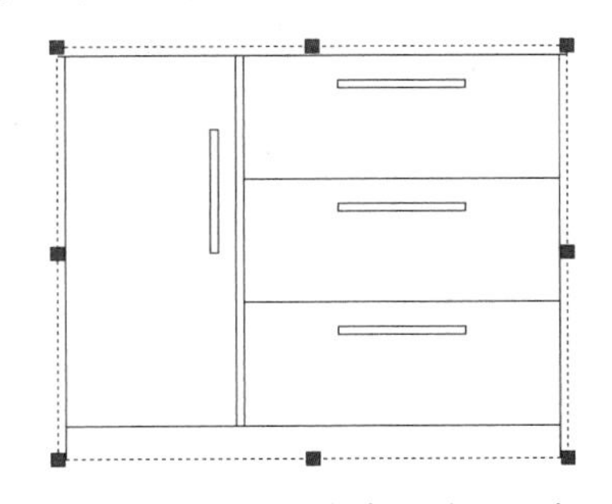

图 4-2　未执行命令时选取对象

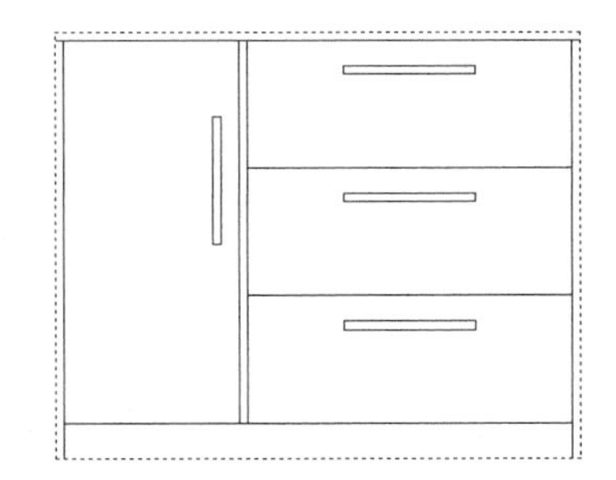

图 4-3　执行命令时选取对象

2. 窗口选取

该方法是通过指定对角点绘制一个矩形区域的方法来选择对象。利用该方法选取对象时，从左往右拉出选择框，位于矩形窗口内的全部对象将被选中，不在窗口内或者只有部分在窗口内的对象将不能被选中。

使用窗口方法选取时，在绘图区域指定第一个对角点，然后向右侧移动光标，选取区域将以实线矩形框显示，再次单击确定第二个对角点后，即可完成窗口选取，如图 4-4 所示。

3. 交叉窗口选取

使用交叉窗口选择对象，与用窗口选择对象的方式类似，不同的是，利用该方法选取对象时，从右往左拉出选择框，只要对象有部分位于窗口内，就会被选中。

交叉选取时在图形的右侧确定第一点后，向左边移动鼠标，选取区域将显示为一个虚线矩形框，再确定第二点，即可完成交叉窗口选取，如图 4-5 所示。

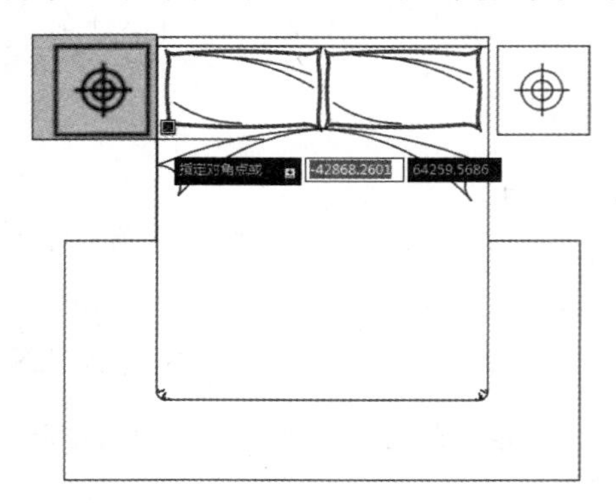

图 4-4　使用窗口方法选择对象

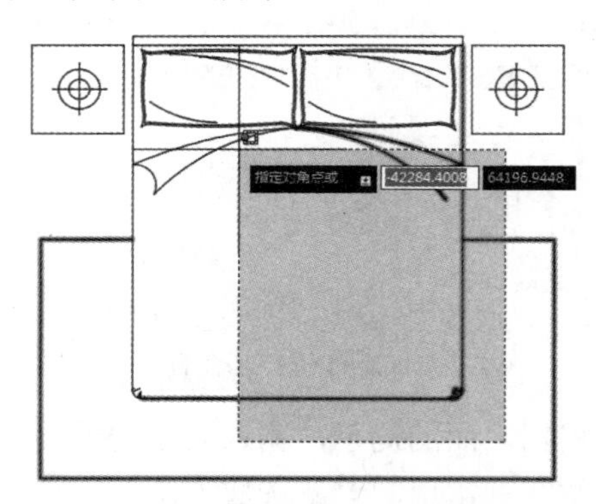

图 4-5　使用交叉窗口方法选择对象

4. 不规则窗口选取

不规则窗口选取方法是以指定若干点的方式定义不规则形状的区域来选取对象，包括圈围和圈交两种方式。圈围多边形窗口方式是只选择完全包含在内的对象，而圈交多边形窗口方式则可以选择包含在内或相交的对象。

在命令行中输入 SELECT 命令，按回车键后输入“?”，然后根据命令行提示输入 WP 或 CP，在绘图区利用指定点的方式，绘制出用于选取对象的多边形区域，按回车键确认，即可完成对象的选取。图 4-6 所示为采用圈围方式选择对象。

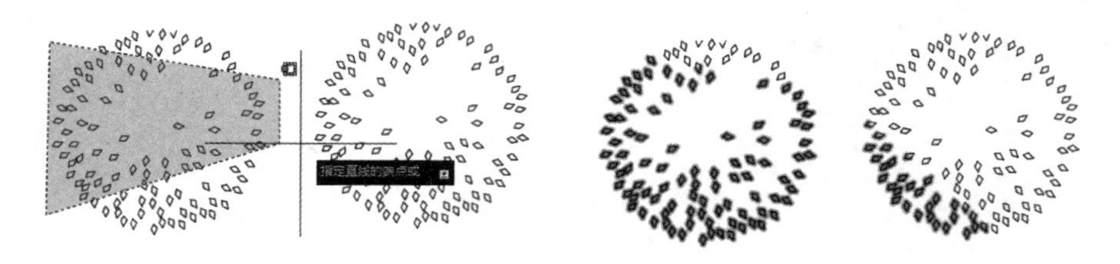

图 4-6　使用圈围方式选择对象

5. 栏选选取

使用该选取方法能够以画链的方式选择对象，所绘制的线链可以由一段或多段直线组成，所有与其相交的对象均会被选中。该方法与不规则窗口选取方法比较相似，不同的是该选取方法所绘的线链并不需要闭合。

根据命令行提示，输入字母 F 并按回车键，然后在需要选择的对象处绘制出链，按回车键即可完成对象的选取，如图 4-7 所示。

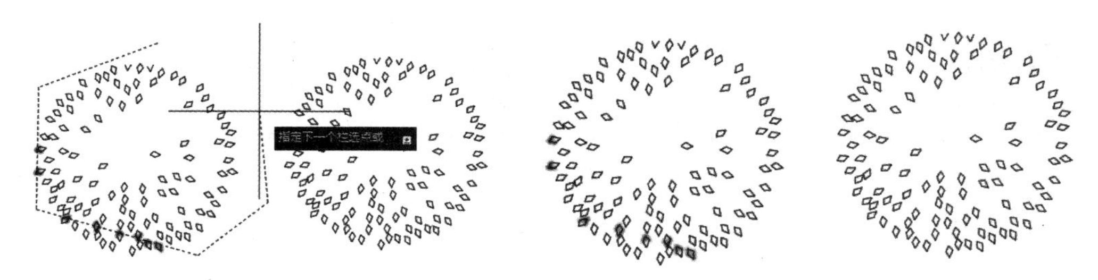

图 4-7　使用栏选方法选择对象

6. 选取

快速选取可以根据对象的图层、线型、颜色、图案填充等特性和类型创建选择集，从而准确快速地从复杂图形中选择满足某种特性的图形对象。

单击菜单栏中的“工具”|“快速选择”命令，打开“快速选择”对话框，如图 4-8 所示。在该对话框中指定对象应用范围和对象类型后，单击“确定”按钮，即可完成对该类型对象的选择。

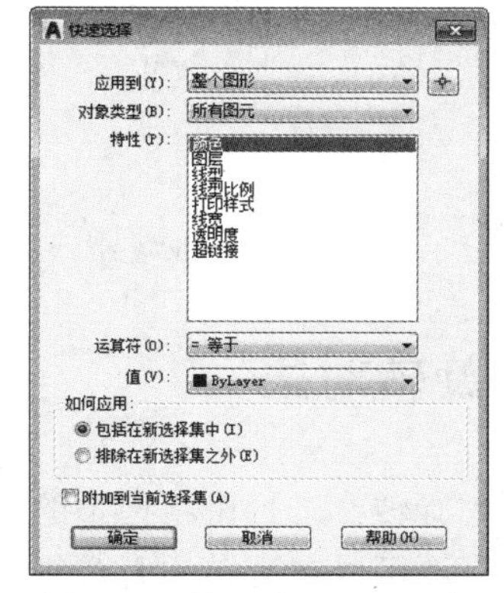

图 4-8　“快速选择”对话框

4.2　改变对象状态

在绘图过程中，需要经常调整图形对象的位置和摆放次序，对图形对象进行移动、旋转、缩放、拉伸及拉长等操作。

4.2.1　移动对象

在绘制图形时，如果图形的位置不能满足要求，可使用“移动”工具将图形对象移动到适当位置。移动对象仅仅是位置的平移，而不改变对象的大小和方向。要精确地移动对象，可以使用“对象捕捉”功能辅助移动操作。在中文版 AutoCAD 2017 中，调用“移动”命令有以下三种方法。

- 命令行：输入 MOVE 命令并按回车键。
- 菜单栏：单击“修改”|“移动”命令。
- 功能区：选择“常用”选项卡，单击“修改”面板中的“移动”按钮✥。

使用以上任意一种方法调出该命令后，根据命令行提示，选取要移动的图形对象，并指定基点，然后选取目标点或输入相对坐标来确定目标点，即可完成移动操作。

下面使用“移动”命令，将台灯图形移动到茶几台面上，命令行选项如下。

```
命令：MOVE↙                                 （调用移动命令）
```

```
选择对象：找到 6 个                              （选取台灯图形）
选择对象：↙                                      （按回车键结束选择对象）
指定基点或 [位移(D)] <位移>:                     （捕捉台灯圆心为移动基点）
指定第二个点或 <使用第一个点作为位移>:           （指定桌面圆心为目标点，释放鼠标按键完成移动操作）
```

图 4-9、图 4-10 所示为台灯移动前后的效果对比。

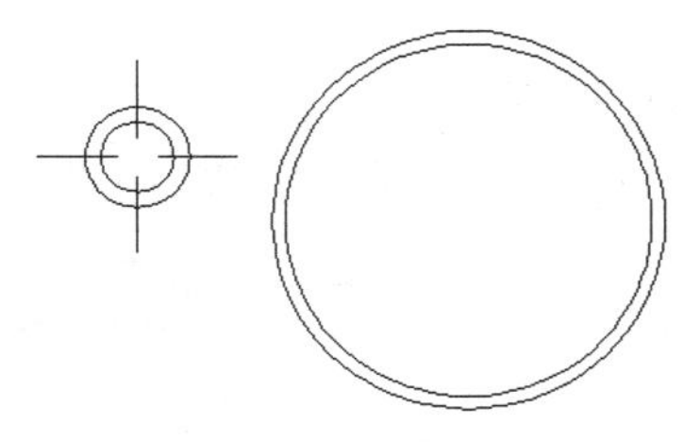

图 4-9　移动前

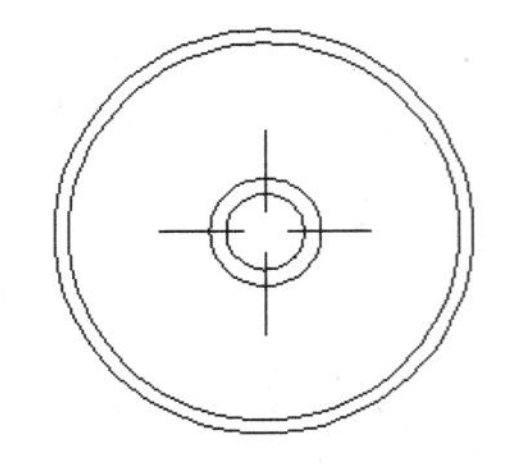

图 4-10　移动后

4.2.2　旋转对象

使用“旋转”工具可将指定的对象绕指定的中心点旋转。除了将对象调整一定角度之外，该工具还可以在旋转的同时复制对象，也就是说是集旋转和复制操作于一体。在中文版 AutoCAD 2017 中，调用“旋转”命令有以下三种方法。

- 命令行：输入 ROTATE 命令并按回车键。
- 菜单栏：单击“修改”|“旋转”命令。
- 功能区：选择“常用”选项卡，单击“修改”面板中的“旋转”按钮。

使用以上任意一种方法调出该命令后，选取要旋转的对象并指定基点，然后输入指定的角度值，所选对象将绕指定的基点进行旋转，且该旋转方式不保留源对象。

下面使用“旋转”命令，将椅子图进行 30° 旋转，命令行选项如下。

```
命令:ROTATE↙                                     （调用旋转命令）
UCS 当前的正角方向:  ANGDIR=逆时针  ANGBASE=0    （系统显示当前 UCS 坐标）
选择对象：指定对角点：找到 1 个                  （选取椅子图形为旋转对象）
选择对象：↙                                      （按回车键结束选择对象）
指定基点:                                        （捕捉坐垫边线中心点作为旋转参考点）
指定旋转角度，或 [复制(C)/参照(R)] <0>:  30↙    （输入旋转角度值，按回车键完成旋转操作）
```

图 4-11、图 4-12 所示为椅子旋转前后的效果对比。

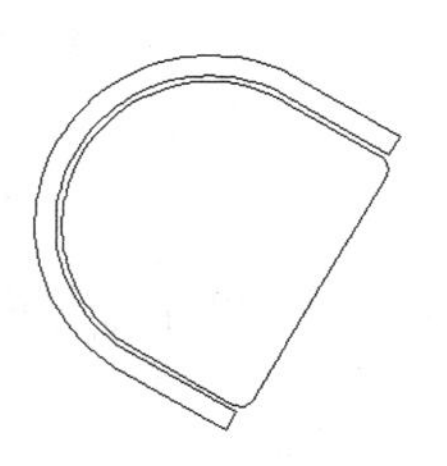

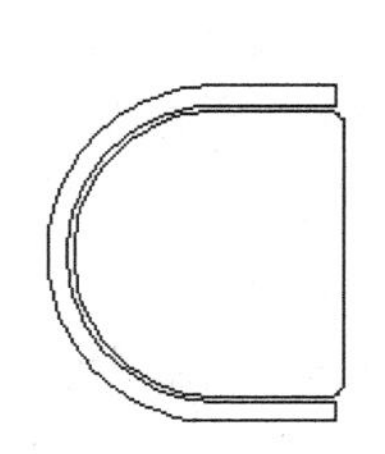

图 4-11　旋转前

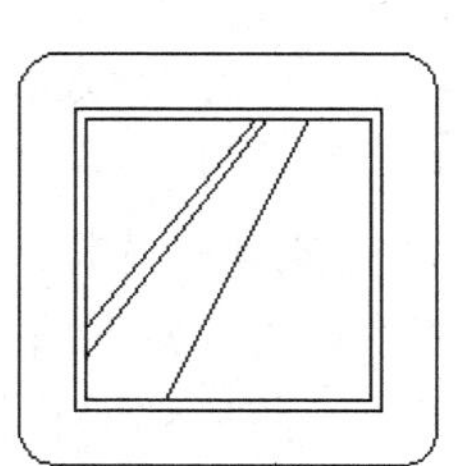

图 4-12　旋转后

4.2.3　缩放对象

使用“缩放”工具可以将所选择的图形对象按指定比例相对于基点进行放大或缩小。当输入的比例因子值大于 1 时将放大对象；比例因子值介于 0 和 1 之间时将缩小对象。在中文版 AutoCAD 2017 中，调用“缩放”命令有以下三种方法。

- 命令行：输入 SCALE 命令并按回车键。
- 菜单栏：单击“修改”|“缩放”命令。
- 功能区：选择“常用”选项卡，单击“修改”面板中的“缩放”按钮。

使用以上任意一种方法调出该命令后，根据命令行提示，选择要缩放的图形对象，指定基点并输入比例因子，即可进行缩放操作。

下面使用“缩放”命令，将餐桌组合进行放大，命令行选项如下。

```
命令：SCALE↙                                    （调用旋转命令）
选择对象：指定对角点：找到 113 个                （选取餐桌组合为要缩放的对象）
选择对象：↙                                      （按回车键结束选择对象）
指定基点：                                        （捕捉餐桌圆心作为基点）
指定比例因子或 [复制(C)/参照(R)]：1.8↙          （输入比例因子值，按回车键完成操作）
```

图 4-13、图 4-14 所示为餐桌组合缩放前后的效果对比。

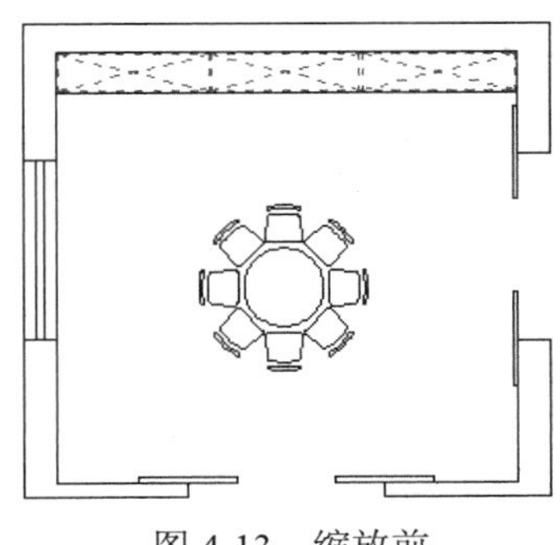
图 4-13　缩放前

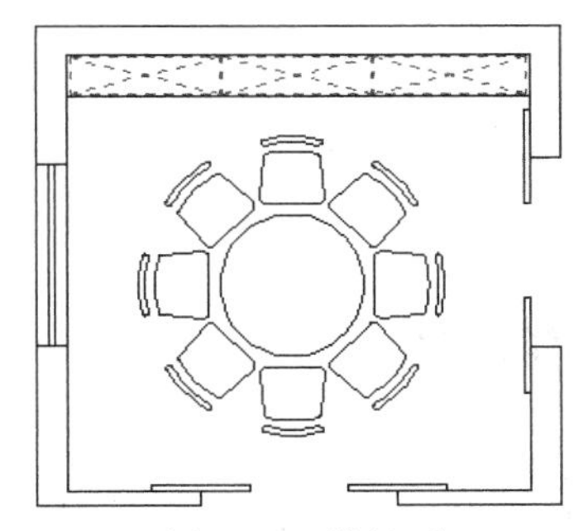
图 4-14　缩放后

4.2.4　拉伸对象

使用“拉伸”工具可以拉伸或压缩图形对象，拉伸时图形的选择部分将被移动。如果选择部分与原图形相连接，那么拉伸后的图形保持与原图形的连接关系。在中文版 AutoCAD 2017 中，调用“拉伸”通常命令有以下三种方法。

- 命令行：输入 STRETCH 命令并按回车键。
- 菜单栏：单击“修改”|“拉伸”命令。
- 功能区：选择“常用”选项卡，单击“修改”面板中的“拉伸”按钮。

使用以上任意一种方法，调出该命令后，根据命令行提示，使用交叉窗口方法或交叉多边形方法选择图形中的一部分并将其拉伸、移动或变形，其余部分保持不变。

下面使用“拉伸”命令，对衣柜图形进行拉伸，命令行选项如下。

```
命令：STRETCH↙                                        （调用拉伸命令）
以交叉窗口或交叉多边形选择要拉伸的对象...
选择对象：指定对角点：找到 6 个                       （交叉框选右侧柜体）
选择对象：↙                                          （按回车键结束选择对象）
指定基点或 [位移(D)] <位移>：                         （捕捉拾取柜体的端点）
指定第二个点或 <使用第一个点作为位移>： 500↙          （水平向右移动光标，并在命令行中输入拉伸
                                                       距离值，按回车键完成拉伸操作）
```

图 4-15、图 4-16 所示为衣柜拉伸前后的效果对比。

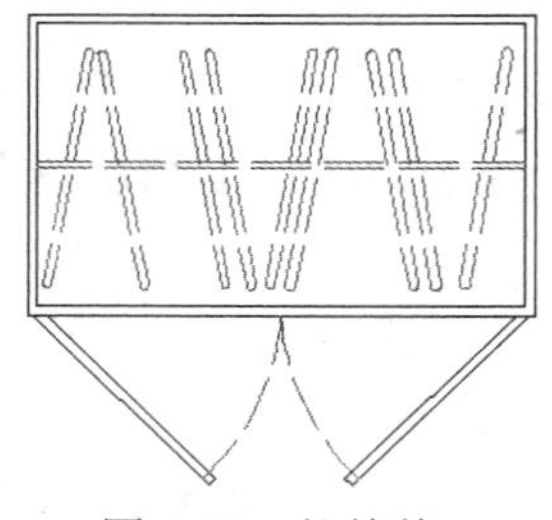

图 4-15 拉伸前

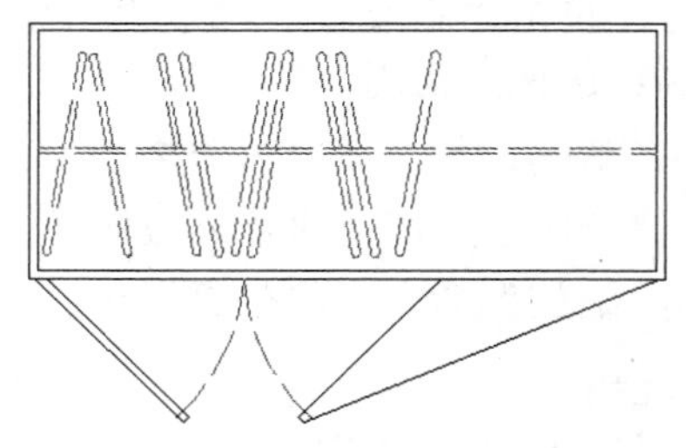

图 4-16 拉伸后

4.3 创建对象副本

在绘图中，经常会使用一些相同或类似的图形，如果逐一重复绘制图形，工作效率会很低。在手工绘图时没有办法解决这个问题，但在 AutoCAD 中，通过执行复制、镜像、偏移和矩形阵列命令，解决这类问题就会变得非常容易。

4.3.1 复制对象

使用“复制”工具可以将任意复杂的图形复制到图中的任意位置。复制对象与移动对象的区别是：复制对象操作在移动对象的同时，源对象还能保留。在中文版 AutoCAD 2017 中，调用“复制”命令通常有以下三种方法。

- 命令行：输入 COPY 命令并按回车键。
- 菜单栏：单击“修改”|“复制”命令。
- 功能区：选择“常用”选项卡，单击“修改”面板中的“复制”按钮。

使用以上任意一种方法调出该命令后，根据命令行提示，选取复制对象，指定基点，然后指定第二点为复制的目标点，系统将按这两点确定的位移矢量复制对象。该位移矢量决定了副本相对于源对象的距离和方向。

下面使用“复制”命令，对床头柜图形进行移动复制操作，命令行选项如下。

```
命令：COPY↙                                  （调用复制命令）
选择对象：指定对角点：找到 40 个             （选择床头柜图形）
选择对象：↙                                  （按回车键结束选择对象）
当前设置： 复制模式 = 多个                    （系统当前提示）
指定基点或 [位移(D)/模式(O)] <位移>：         （拾取床头柜左上角点作为移动基点）
```

```
指定第二个点或 [阵列(A)] <使用第一个点作为位移>:   （指定目标点）
指定第二个点或 [阵列(A)/退出(E)/放弃(U)] <退出>:↙（按回车键完成复制操作）
```

图 4-17、图 4-18 所示为床头柜图形复制前后的效果对比。

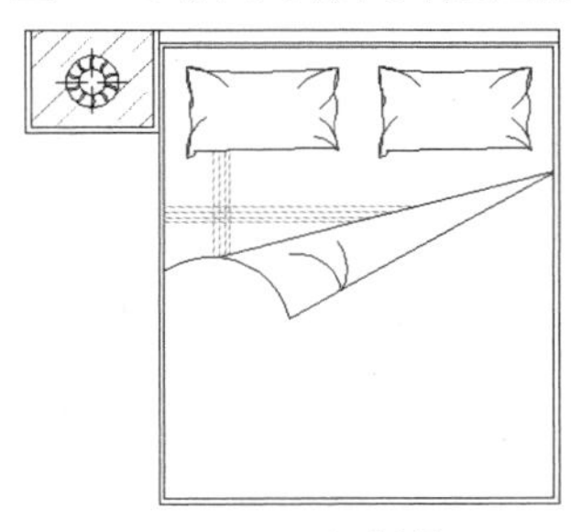

图 4-17　复制前

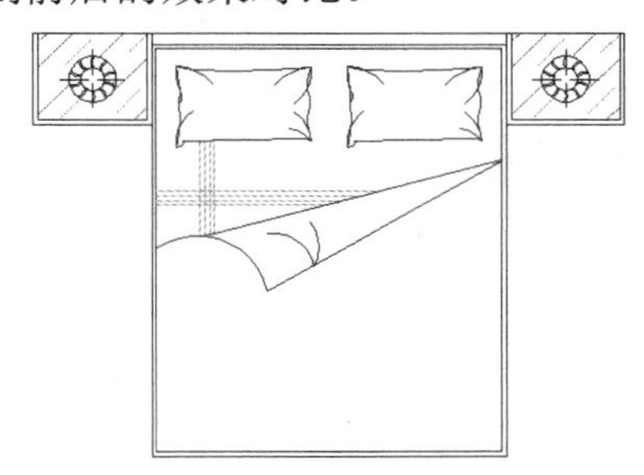

图 4-18　复制后

小提示： 执行“复制”操作时，系统默认的复制模式是多次复制，此时根据命令行提示输入 O，可将复制模式设置为单个。

4.3.2　镜像对象

使用“镜像”工具可将指定对象按指定的镜像线进行镜像，该功能经常用于绘制对称图形。在中文版 AutoCAD 2017 中，调用“镜像”命令通常有以下三种方法。

- 命令行：输入 MIRROR 命令并按回车键。
- 菜单栏：单击“修改”|“镜像”命令。
- 功能区：选择“常用”选项卡，单击“修改”面板中的“镜像”按钮。

使用以上任意一种方法调出该命令后，选取要镜像的对象，指定镜像中心线的两个端点，按回车键即可完成镜像操作。

下面使用“镜像”命令，对梳妆台图形的桌腿部分进行镜像复制，命令行选项如下。

```
命令: MIRROR↙                                (调用镜像命令)
选择对象: 指定对角点: 找到 13 个               (选择梳妆台桌腿图形)
选择对象: ↙                                  (按回车键结束选择对象)
指定镜像线的第一点: 指定镜像线的第二点:         (捕捉梳妆台桌面中心点为镜像线的第一点，垂直
                                              向下移动光标，单击)
要删除源对象吗? [是(Y)/否(N)] <N>:↙           (按回车键不删除源对象，并结束镜像命令)
```

图 4-19、图 4-20 所示为梳妆台图形的桌腿部分镜像前后的效果对比。

图 4-19　镜像前

图 4-20　镜像后

小提示：如果镜像对象是文字，可以通过系统变量 MIRRTEXT 来控制镜像的方向。当 MIRRTEXT 的值为 1 时，镜像后的文字反转 180°；当 MIRRTEXT 的值为 0 时，镜像出来的文字不颠倒，即文字的方向不产生镜像效果。注意，系统变量必须在调用命令前进行设置。

4.3.3 偏移对象

使用“偏移”工具可以创建一个选定对象的等距曲线对象，即创建一个与选定对象类似的新对象，并将偏移的对象放置在离源对象有一定距离位置上，同时保留源对象。在中文版 AutoCAD 2017 中，调用“偏移”命令通常有以下三种方法。

- 命令行：输入 OFFSET 命令并按回车键。
- 菜单栏：单击“修改”|“偏移”命令。
- 功能区：选择“常用”选项卡，单击“修改”面板中的“偏移”按钮。

执行以上任意一种方法调出该命令后，便可以通过指定偏移距离或指定偏移通过的点来偏移所选取的对象。

下面使用“偏移”命令，将会议桌图形向里偏移 700 mm，命令行选项如下。

```
命令：OFFSET↙                                                   （调用偏移命令）
当前设置：删除源=否  图层=源  OFFSETGAPTYPE=0                    （系统显示相关信息）
指定偏移距离或 [通过(T)/删除(E)/图层(L)] <通过>: 700↙            （输入偏移距离值）
选择要偏移的对象，或 [退出(E)/放弃(U)] <退出>:                    （选择会议桌图形）
指定要偏移的那一侧上的点，或 [退出(E)/多个(M)/放弃(U)] <退出>:↙  （在会议桌图形内指定
                                                                  偏移方向并单击）
选择要偏移的对象，或 [退出(E)/放弃(U)] <退出>: *取消*             （按 Esc 键结束操作）
```

图 4-21、图 4-22 所示为会议桌图形偏移前后的效果对比。

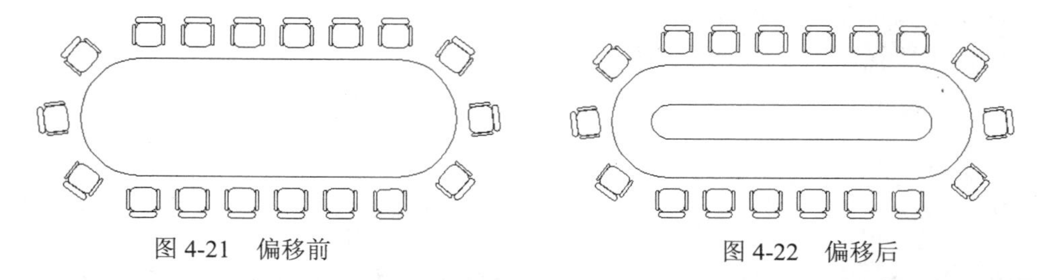

图 4-21　偏移前　　图 4-22　偏移后

小提示：执行“偏移”命令复制对象时，复制结果不一定与原对象完全相同。例如，在对圆弧进行偏移后，新圆弧与原来的圆弧具有同样的包含角，但新圆弧的弧度会发生变化；在对圆或椭圆进行偏移后，新圆或椭圆与原来的圆或椭圆有同样的圆心，但新圆半径或新椭圆的轴长要发生变化。对直线线段、构造线、射线进行偏移时，是平行复制。

4.3.4 阵列对象

使用“阵列”工具可以创建按指定方式排列的多个对象副本。当用户遇到一些有规则

分布的图形时，就可以使用“阵列”命令来解决。在命令行中输入 ARRAY 命令并按回车键，选取要阵列的对象，按回车键，命令行将显示“选择对象: 输入阵列类型 [矩形(R)/路径(PA)/极轴(PO)] <矩形>:”的提示信息。由此可见，阵列方式主要有矩形阵列、路径阵列和环形（极轴）阵列三种。

1. 矩形阵列

使用“矩形阵列”工具可创建沿指定方向均匀排列的相同对象。通过该阵列方式可将选定的对象按指定的行数、行间距、列数和列间距进行多重复制。如果设置了“阵列角度”选项，则可创建倾斜的矩形阵列。在中文版 AutoCAD 2017 中，调用“矩形阵列”命令通常有以下两种方法。

- 菜单栏：单击“修改”|“阵列”|“矩形阵列”命令。
- 功能区：选择“常用”选项卡，单击“修改”面板中的“矩形阵列”按钮器。

下面使用“矩形阵列”命令，对坐垫图形中的凹纹进行阵列复制，命令行选项如下。

```
命令: ARRAYRECT↙                                              (调用矩形阵列命令)
选择对象: 找到 1 个                                            (选择要阵列的对象)
选择对象: ↙                                                   (按回车键结束选择)
类型 = 矩形  关联 = 是                                         (系统显示相关信息)
选择夹点以编辑阵列或 [关联(AS)/基点(B)/计数(COU)/间距(S)/列数(COL)/行数(R)/层数
(L)/退出(X)] <退出>: COL↙                                     (选择列数选项)
输入列数数或 [表达式(E)] <4>:↙                                 (按回车键选择默认阵列数值)
指定列数之间的距离或 [总计(T)/表达式(E)] <88.4137>: 120↙      (输入列数之间的距离值)
选择夹点以编辑阵列或 [关联(AS)/基点(B)/计数(COU)/间距(S)/列数(COL)/行数(R)/层数
(L)/退出(X)] <退出>: R↙                                       (选择行数选项)
输入行数数或 [表达式(E)] <3>: 4↙                               (输入阵列行数值)
指定行数之间的距离或 [总计(T)/表达式(E)] <90.1564>: 120↙(输入行数之间的距离值)
指定行数之间的标高增量或 [表达式(E)] <0.0000>:↙                (按回车键选择默认数值)
选择夹点以编辑阵列或 [关联(AS)/基点(B)/计数(COU)/间距(S)/列数(COL)/行数(R)/层数
(L)/退出(X)]<退出>:↙                                          (按回车键结束矩形阵列操作)
```

图 4-23、图 4-24 所示为坐垫图形中的凹纹阵列前后的效果对比。

图 4-23　阵列前　　图 4-24　阵列后

2. 环形阵列

使用“环形阵列”工具可使图形呈环形排列，通过该阵列方式复制对象时需要设定有关参数，其中包括中心点、方法、项目总数和填充角度等。在中文版 AutoCAD 2017 中，调用“环形阵列”命令通常有以下两种方法。

- 菜单栏：单击“修改”|“阵列”|“环形阵列”命令。
- 功能区：选择“常用”选项卡，单击“修改”面板中的“环形阵列”按钮。

下面使用“环形阵列”命令，对餐椅图形进行阵列复制，命令行选项如下。

```
命令：ARRAYPOLAR↙                                (调用环形阵列命令)
选择对象：找到 1 个                              (选择要阵列的对象)
选择对象：↙                                      (按回车键结束选择)
类型 = 极轴  关联 = 是
指定阵列的中心点或 [基点(B)/旋转轴(A)]:           (捕捉餐桌圆心作为阵列的中心点)
选择夹点以编辑阵列或 [关联(AS)/基点(B)/项目(I)/项目间角度(A)/填充角度(F)/行(ROW)/层
(L)/旋转项目(ROT)/退出(X)] <退出>: I↙            (选择项目选项)
输入阵列中的项目数或 [表达式(E)] <6>: 10↙         (输入阵列数目值)
选择夹点以编辑阵列或 [关联(AS)/基点(B)/项目(I)/项目间角度(A)/填充角度(F)/行(ROW)/层
(L)/旋转项目(ROT)/退出(X)] <退出>:↙      (按回车键结束环形阵列操作)
```

图 4-25、图 4-26 所示为餐椅图形阵列复制前后的效果对比。

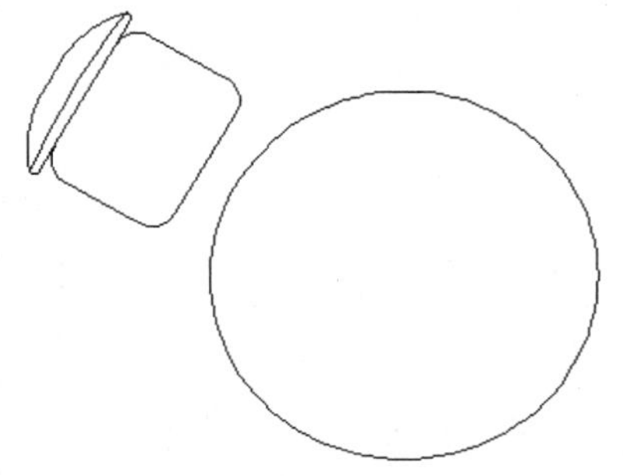

图 4-25 阵列前

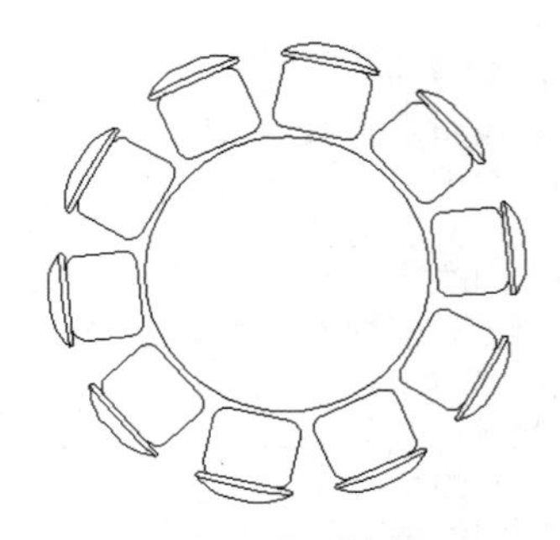

图 4-26 阵列后

3. 路径阵列

使用“路径阵列”工具可将图形按照所指定的路径进行阵列复制。路径对象可以是曲线、弧线、折线等所有开放型线段。在中文版 AutoCAD 2017 中，调用“路径阵列”命令通常有以下两种方法。

- 菜单栏：单击“修改”|“阵列”|“路径阵列”命令。
- 功能区：选择“常用”选项卡，单击“修改”面板中的“路径阵列”按钮。

使用以上任意一种方法调出该命令后，根据命令行提示，选中需要阵列的对象和阵列路径，并输入阵列数值，即可完成路径阵列复制操作。

下面使用“路径阵列”命令，将花儿图形进行阵列复制，命令行选项如下。

```
命令：ARRAYPATH ↙                          (调用路径阵列命令)
选择对象：找到 1 个                        (选择花儿图形)
选择对象：↙                                (按回车键结束选择)
类型 = 路径  关联 = 是
选择路径曲线：指定对角点：                 (选择路径曲线)
选择夹点以编辑阵列或 [关联(AS)/方法(M)/基点(B)/切向(T)/项目(I)/行(R)/层(L)/对齐
```

```
项目(A)/Z 方向(Z)/退出(X)] <退出>: ↙                    (按回车键结束路径阵列操作)
```

图 4-27、图 4-28 所示为花儿图形阵列前后的效果对比。

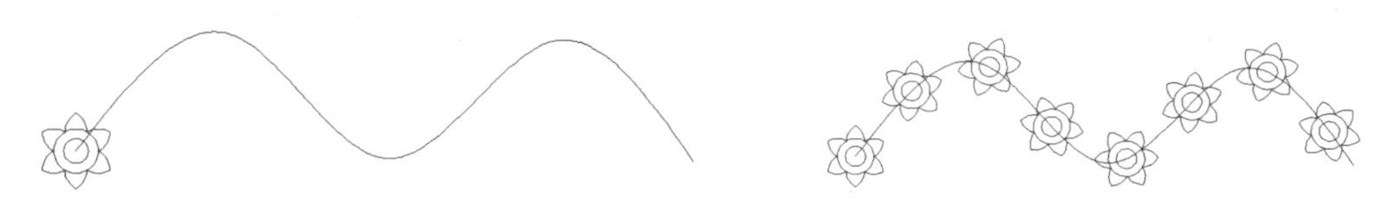

图 4-27　阵列前　　　　图 4-28　阵列后

4.4　修剪、延伸和删除对象

在建筑制图过程中，使用修剪和延伸工具可以缩短或拉长对象，以与其他对象的边相接，也可以使用删除工具删除掉图形中的多余对象。

4.4.1　修剪对象

使用“修剪”工具可以指定对象为修剪边界，将超出修剪边界的部分删除。修剪边可以同时作为被修剪边执行修剪操作。执行修剪操作的前提是：修剪对象必须与修剪边界相交。在中文版 AutoCAD 2017 中，调用“修剪”命令通常有以下三种方法。

- 命令行：输入 TRIM 命令并按回车键。
- 菜单栏：单击“修改”|“修剪”命令。
- 功能区：选择“常用”选项卡，单击“修改”面板中的“修剪”按钮-/--。

使用以上任意一种方法调出该命令后，选取修剪边界，按回车键确认边界，依次单击选取要删除的多余图元，即可将之删除。

下面使用“修剪”命令，将图形中多余的踏步线修剪掉，命令行选项如下。

```
命令: TRIM↙                                          (调用修剪命令)
当前设置:投影=UCS，边=无
选择剪切边...
选择对象或 <全部选择>:  指定对角点: 找到 4 个          (选择楼梯扶手图形)
选择对象: ↙                                          (按回车键结束选择)
选择要修剪的对象，或按住 Shift 键选择要延伸的对象，或[栏选(F)/窗交(C)/投影(P)/边
(E)/删除(R)/放弃(U)]:  指定对角点:                    (选择多余的踏步线)
选择要修剪的对象，或按住 Shift 键选择要延伸的对象，或[栏选(F)/窗交(C)/投影(P)/边
(E)/删除(R)/放弃(U)]:                                 (按回车键结束操作)
```

图 4-29、图 4-30 所示为踏步线修剪前后的效果对比。

在进行修剪操作时，可以先选取修剪边界，也可以先选取被修剪的对象。如图 4-31 所示，框选所有楼梯图形，按回车键，再选取多余的踏步线，然后单击即可删除多余图元，效果如图 4-30 所示。

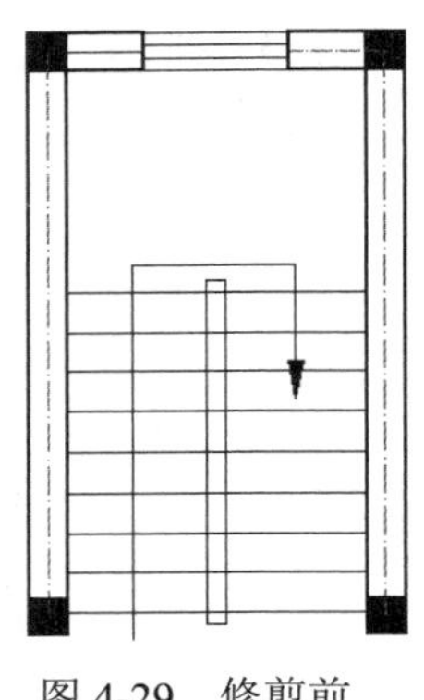
图 4-29 修剪前

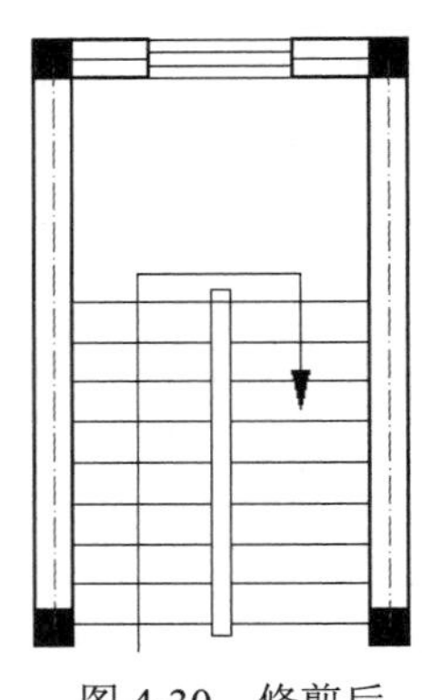
图 4-30 修剪后

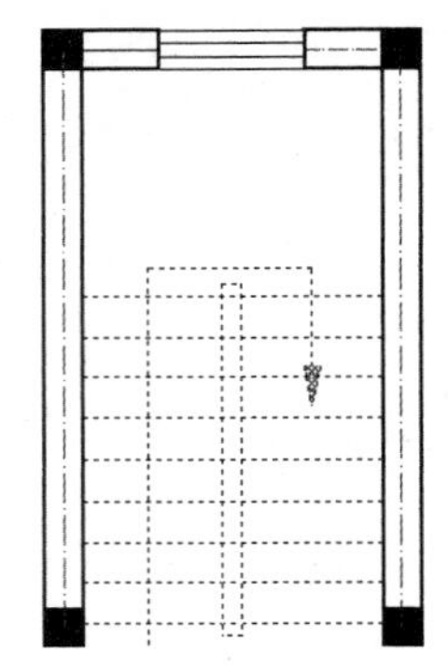
图 4-31 框选所有楼梯图形

4.4.2 延伸对象

使用“延伸”工具可将指定的对象延伸到选定的边界，被延伸的对象包括圆弧、椭圆弧、直线、开放的二维多段线、三维多段线和射线。在中文版 AutoCAD 2017 中，调用“延伸”命令通常有以下三种方法。

- 命令行：输入 EXTEND 命令并按回车键。
- 菜单栏：单击“修改”|“延伸”命令。
- 功能区：选择“常用”选项卡，单击“修改”面板中的“延伸”按钮--/。

使用以上任意一种方法调出该命令后，选取延伸边界，按回车键选取要延伸的对象，系统将自动将该对象延伸至指定的边界上。

下面使用“延伸”命令，对直线进行延伸，命令行选项如下。

```
命令: EXTEND↙                                  (调用延伸命令)
当前设置:投影=UCS，边=无
选择边界的边...
选择对象或 <全部选择>:  找到 1 个               (选择外圆为延伸边界)
选择对象: ↙                                    (按回车键结束选择对象)
选择要延伸的对象，或按住 Shift 键选择要修剪的对象，或[栏选(F)/窗交(C)/投影(P)/边
(E)/放弃(U)]:  指定对角点:                      (选择直线作为延伸对象)
选择要延伸的对象，或按住 Shift 键选择要修剪的对象，或[栏选(F)/窗交(C)/投影(P)/边
(E)/放弃(U)]: ↙                                (按回车键结束操作)
```

图 4-32、图 4-33 所示为直线延伸前后的效果对比。

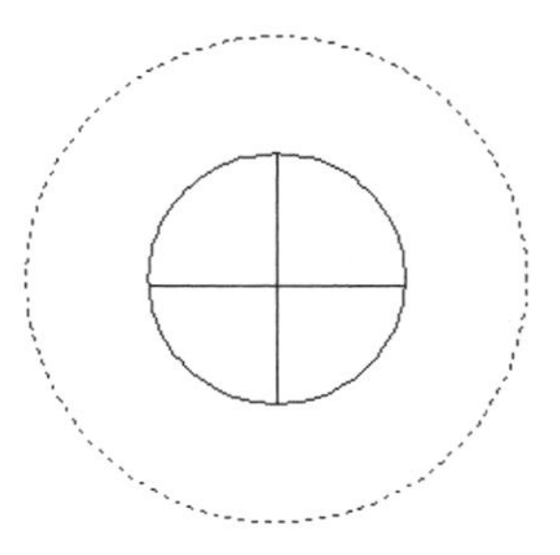
图 4-32 选择延伸边界

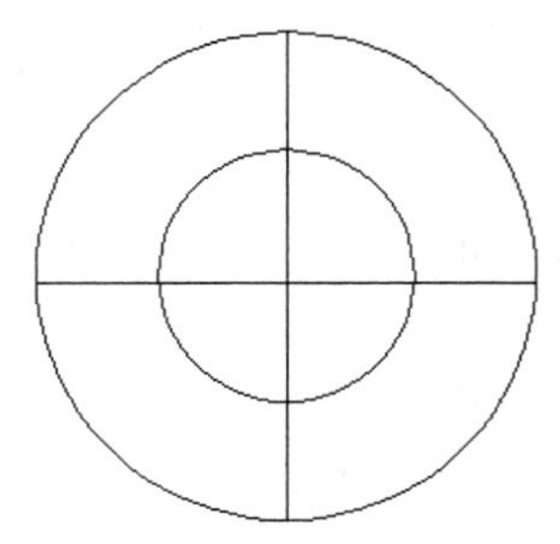
图 4-33 延伸效果

4.4.3　删除对象

使用“删除”工具可删除选中的对象。在中文版 AutoCAD 2017 中，调用“删除”命令通常有以下三种方法。

- 命令行：输入 ERASE 命令并按回车键。
- 菜单栏：单击“修改”|“删除”命令。
- 功能区：选择“常用”选项卡，单击“修改”面板中的“删除”按钮。

使用以上任意一种方法调出该命令后，根据命令行提示，选择要删除的对象，按回车键即可删除图形对象。

下面使用“删除”命令，将椅子图形中的一条边删除，命令行选项如下。

```
命令：ERASE↙                    （调用延伸命令）
选择对象：找到 1 个              （选择要删除的对象）
选择对象：↙                      （按回车键删除对象）
```

图 4-34、图 4-35 所示为椅子图形中的一条边删除前后的效果对比。

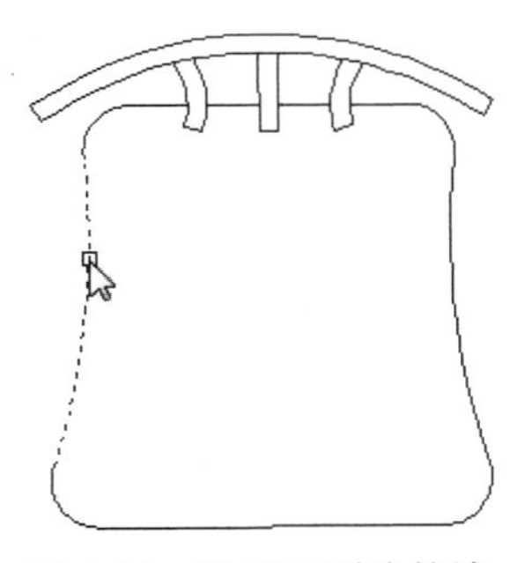

图 4-34　选择要删除的边

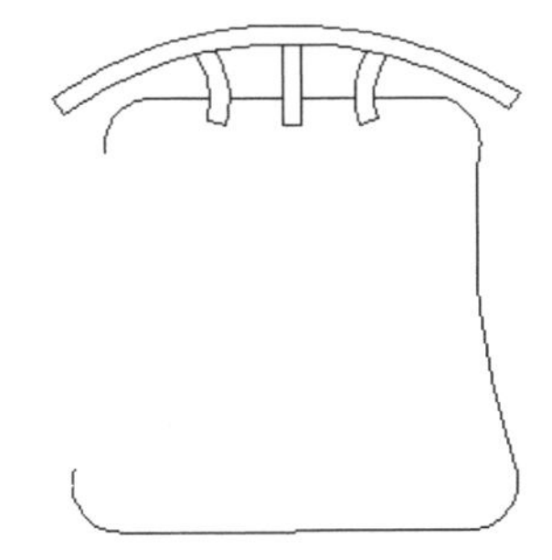

图 4-35　删除效果

4.5　打断、合并和分解对象

在 AutoCAD 2017 中，可以使用打断、合并、分解工具编辑图形，使其在总体形状不变的情况下对局部进行编辑。

4.5.1　打断对象

打断操作有打断和打断于点两种类型，其中打断相当于修剪操作，就是将两个断点间的线段删除；而打断于点则相当于分割操作，将一个图元分为两部分。

1. 打断

使用“打断”工具可以将已有的线条分离为两段。可打断的对象包括直线、圆和椭圆等。在绘制建筑墙体之前，经常利用该工具打断轴线以预留出门窗洞。在中文版 AutoCAD

2017 中，调用“打断”命令通常有以下三种方法。

➢ 命令行：输入 BREAK 命令并按回车键。
➢ 菜单栏：单击“修改”|“打断”命令。
➢ 功能区：选择“常用”选项卡，单击“修改”面板中的“打断”按钮。

使用以上任意一种方法调出该命令后，选取欲打断的对象，系统会以选取对象时的选取点作为第一个打断点，然后指定另一打断点，即可去除两点之间的线段。

下面使用“打断”命令，将墙体图形的某一线段打断，命令行选项如下。

```
命令：BREAK↙                                  （调用打断命令）
选择对象：                                     （选择要打断的对象）
指定第二个打断点 或 [第一点(F)]：              （指定第二个打断点并单击即可打断对象）
```

图 4-36、图 4-37 所示为墙体图形打断前后的效果对比。

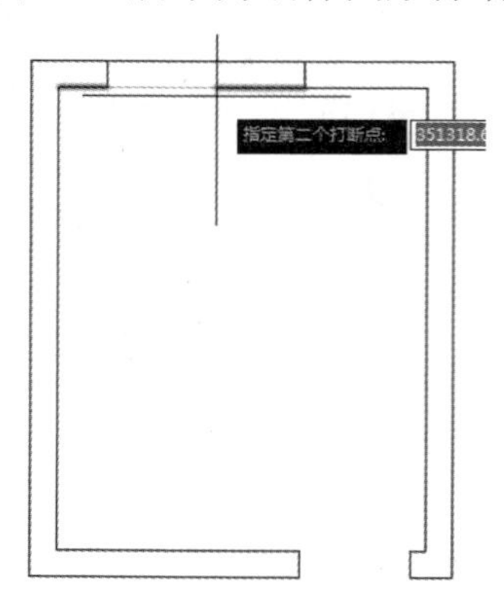

图 4-36　指定第二个打断点

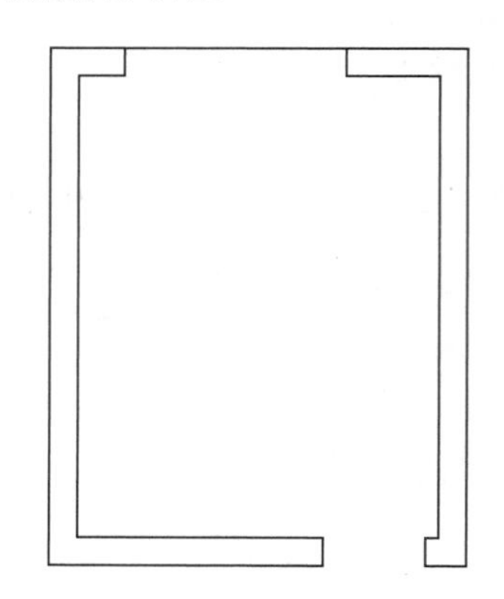

图 4-37　打断效果

> **小提示：**在选取要打断的对象后，如果不想使用默认选取的点为第一打断点，则可在命令行中输入 F，重新定位第一点，然后再定位第二点。

2. 打断于点

使用“打断于点”工具可将线段在某一点处断开，使之分离成两条独立的线段，但线段之间没有间隙。一条线段在执行过该命令后，从外观上看不出变化，但当选取该对象时，可发现该对象已经被打断为两部分。

在功能区选项板中选择“常用”选项卡，然后单击“修改”面板中的“打断于点”按钮，选取欲打断的对象，再指定打断点的位置，即可将该对象分割为两个对象。

下面使用“打断于点”命令，将墙体图形的某一线段打断，命令行选项如下。

```
命令：_break                                   （调用打断于点命令）
选择对象：                                     （选择要打断的对象）
指定第二个打断点 或 [第一点(F)]：_f            （系统自动选择“第一点”选项，表示需重新指定打断点）
指定第一个打断点：                             （在对象上要打断的位置单击）
指定第二个打断点：@                            （系统自动输入@符号，表示第二个打断点与第一个打断点为同一点，然后系统将对象无缝断开，并退出打断命令）
```

图 4-38、图 4-39 所示为墙体打断前后的效果对比。

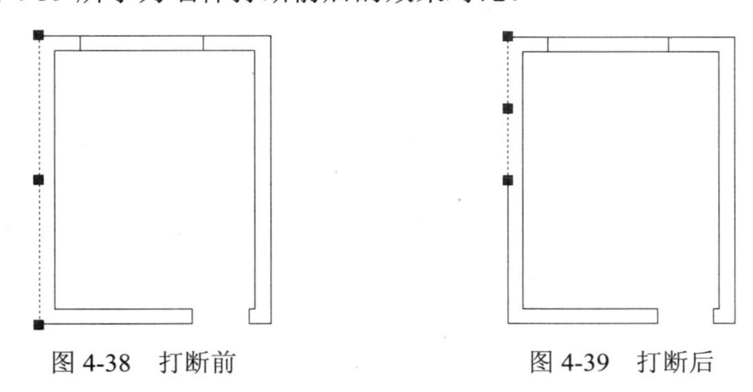

图 4-38　打断前　　图 4-39　打断后

4.5.2　合并对象

如果需要连接某一连续图形上的两个部分，或者将某段圆弧闭合为整圆，可以使用“合并”工具来完成。在中文版 AutoCAD 2017 中，调用“合并”命令通常有以下三种方法。

- 命令行：输入 JOIN 命令并按回车键。
- 菜单栏：单击“修改”|“合并”命令。
- 功能区：选择“常用”选项卡，单击“修改”面板中的“合并”按钮 。

执行以上任意一种方法，调出该命令后，根据命令行提示，选择要合并的源对象，然后选择要合并到源对象的图形对象，按回车键，即可将选择的对象合并。

下面使用“合并”命令，将圆弧合并为圆，命令行选项如下。

```
命令：JOIN↙                                            （调用合并命令）
选择源对象或要一次合并的多个对象：找到 1 个               （选择圆弧图形）
选择要合并的对象：↙                                    （按回车键结束选择）
选择圆弧，以合并到源或进行 [闭合(L)]： L↙              （选择“闭合”选项并按回车键）
已将圆弧转换为圆
```

图 4-40、图 4-41 所示为圆弧合并前后的效果对比。

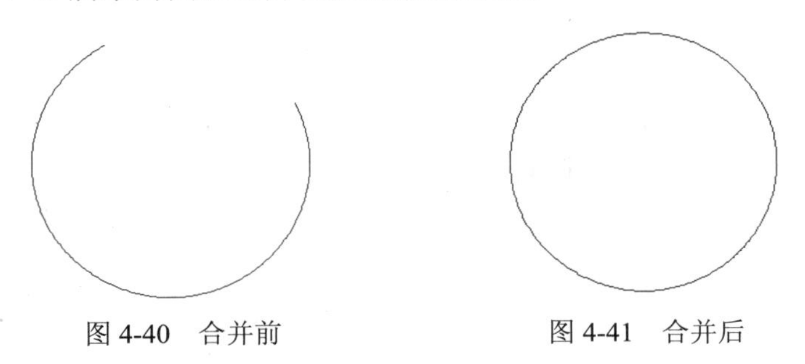

图 4-40　合并前　　图 4-41　合并后

4.5.3　分解对象

对于由矩形、多段线、块等由多个对象组成的组合对象，如果需要编辑其中的单个成员，就需要先将其分解。在中文版 AutoCAD 2017 中，调用“分解”命令有以下三种方法。

- 命令行：输入 EXPLODE 命令并按回车键。
- 菜单栏：单击“修改”|“分解”命令。
- 功能区：选择“常用”选项卡，单击“修改”面板中的“分解”按钮。

下面使用“分解”命令，对沙发图块进行分解，命令行选项如下。

```
命令：EXPLODE↙                    （调用分解命令）
选择对象：找到 1 个                （选择沙发图块）
选择对象：↙                        （按回车键结束对象的选择，选择的对象即被分解）
```

图 4-42、图 4-43 所示为沙发图块分解前后的效果对比。

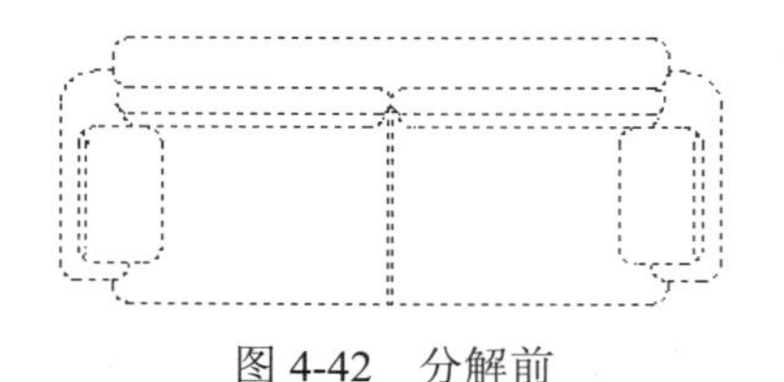

图 4-42　分解前

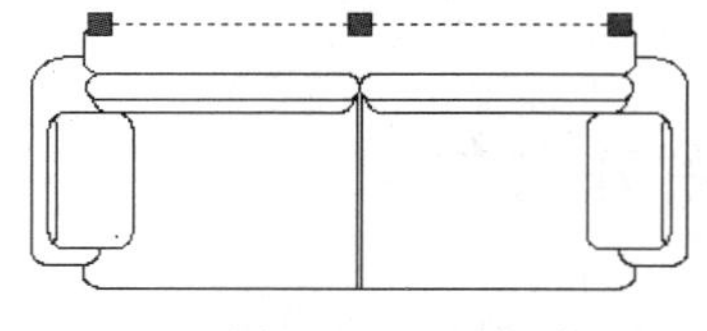

图 4-43　分解后

4.6 倒角和圆角对象

在 AutoCAD 中绘制一些带有倒角或圆角的图形时，可以使用“倒角”与“圆角”工具快速对绘制好的图形进行倒角或圆角处理。

4.6.1 倒角对象

使用“倒角”工具可以将两条相交的直线用倾斜角边连接起来。“倒角”命令只能对直线、多段线等对象进行倒角，而不能对圆弧、椭圆弧等弧线对象进行倒角。在中文版 AutoCAD 2017 中，调用“倒角”命令通常有以下三种方法。

- 命令行：输入 CHAMFER 命令并按回车键。
- 菜单栏：单击“修改”|“倒角”命令。
- 功能区：选择“常用”选项卡，单击“修改”面板中的“倒角”按钮。

使用以上任意一种方法调出该命令后，在命令行中输入 D，可以设置两倒角距离，即分别指定所添加平角连接线段的两端点相对于倒角对象交点处的长度尺寸；如果在命令行中输入 A，则可以设置倒角距离和倒角角度，即先指定第一个对象的倒角长度，然后指定倒角线与该对象所形成的角度。

下面使用“倒角”命令，对椅子坐垫图形进行倒角处理，命令行选项如下：

```
命令：CHAMFER↙                                        （调用倒角命令）
（“修剪”模式）当前倒角距离 1 = 0.0000，距离 2 = 0.0000
选择第一条直线或 [放弃(U)/多段线(P)/距离(D)/角度(A)/修剪(T)/方式(E)/多个(M)]：
D↙                                                    （选择距离选项）
指定 第一个 倒角距离 <0.0000>：50↙                    （输入第一个倒角距离值）
```

```
指定 第二个 倒角距离 <50.0000>: 50↙  （输入第二个倒角距离值）
选择第一个直线或 [放弃(U)/多段线(P)/距离(D)/角度(A)/修剪(T)/方式(E)/多个(M)]:
                                       （选择第一个倒角对象）
选择第二条直线，或按住 Shift 键选择直线以应用角点或 [距离(D)/角度(A)/方法(M)]:
                                       （选择第二个倒角对象，完成倒角操作）
命令: CHAMFER↙                          （继续执行倒角命令，对坐垫其他三个角进行倒角操作）
（“修剪”模式）当前倒角距离 1 = 50.0000，距离 2 = 50.0000
选择第一条直线或 [放弃(U)/多段线(P)/距离(D)/角度(A)/修剪(T)/方式(E)/多个(M)]:
选择第二条直线或按住 Shift 键选择直线以应用角点或 [距离(D)/角度(A)/方法(M)]:
```

图 4-44、图 4-45 所示为椅子坐垫图形倒角前后的效果对比。

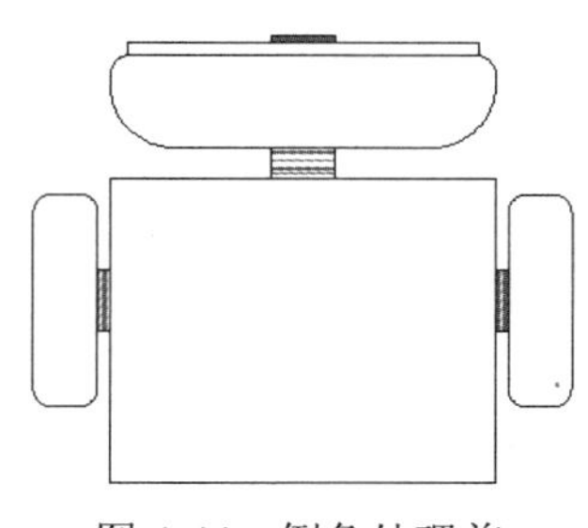

图 4-44　倒角处理前

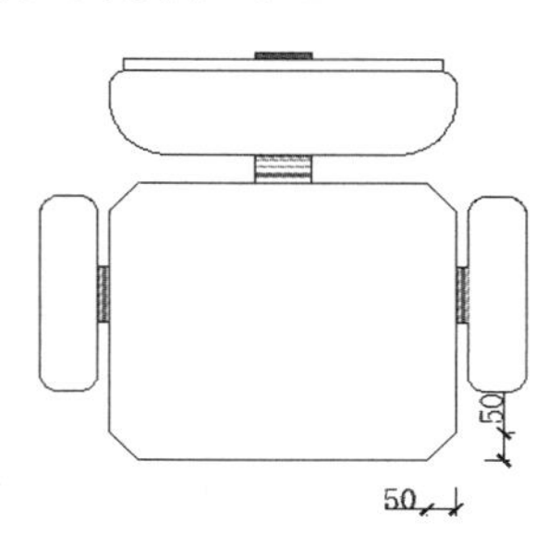

图 4-45　倒角处理后

小提示： 在倒角时，倒角距离或角度不能太大，否则当前操作会无效。当两个倒角距离值均为 0 时，将延伸两条直线使之相交，不产生倒角。此外，如果两条直线平行或发散，则不能进行倒角。

4.6.2　圆角对象

使用“圆角”工具，可以通过一个指定半径的圆弧将两个对象光滑地连接起来，圆弧半径可以自由指定。在中文版 AutoCAD 2017 中，调用“圆角”命令通常有以下三种方法。

- 命令行：输入 FILLET 命令并按回车键。
- 菜单栏：单击“修改”|“圆角”命令。
- 功能区：选择“常用”选项卡，单击“修改”面板中的“圆角”按钮。

使用以上任意一种方法调出该命令后，在命令行中输入 R，按空格键，输入圆角半径值，再按空格键，然后根据命令行提示，选取要进行圆角处理的对象，即可绘制出圆角。

下面使用“圆角”命令，对椅子坐垫图形进行圆角处理，命令行选项如下：

```
命令: FILLET↙                                              （调用倒角命令）
当前设置: 模式 = 修剪，半径 = 0.0000
选择第一个对象或 [放弃(U)/多段线(P)/半径(R)/修剪(T)/多个(M)]: R↙ （选择半径选项）
指定圆角半径 <0.0000>: 50↙                                  （输入圆角半径值）
选择第一个对象或 [放弃(U)/多段线(P)/半径(R)/修剪(T)/多个(M)]:     （选择第一个圆角对象）
选择第二个对象，或按住 Shift 键选择对象以应用角点或 [半径(R)]:   （选择第二个圆角对象）
命令: FILLET↙                  （继续执行圆角命令，对坐垫图形的其他三个角进行圆角操作）
当前设置: 模式 = 修剪，半径 = 50.0000
选择第一个对象或 [放弃(U)/多段线(P)/半径(R)/修剪(T)/多个(M)]:
```

选择第二个对象或按住 Shift 键选择对象以应用角点或 [半径(R)]:

图 4-46、图 4-47 所示为椅子坐垫图形圆角处理前后的效果对比。

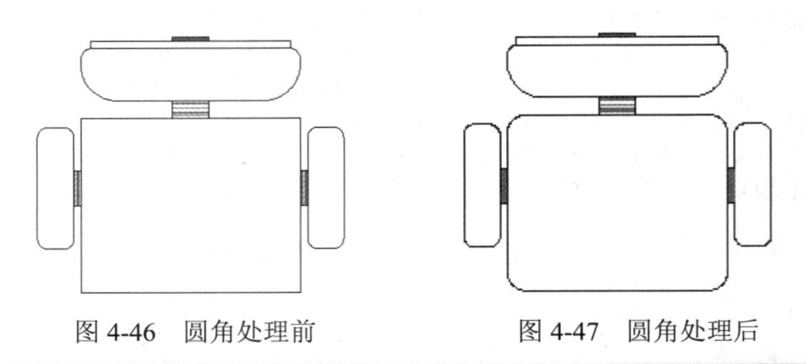

图 4-46　圆角处理前　　图 4-47　圆角处理后

小提示：在 AutoCAD 2017 中，允许对两条平行线进行倒圆角处理，圆角半径为两条平行线距离的一半。

4.7 使用夹点编辑对象

当选择图形对象时，对象上将显示出若干小方框，这些小方框用来标记被选中对象的夹点。夹点就是对象上的控制点，利用夹点可以编辑图形的大小、位置、方向等属性。

4.7.1 认识与设置夹点

所谓夹点，指的是图形对象上的一些特征点，如端点、顶点、中点、中心点等，图形的位置和形状通常是由夹点的位置决定的。在 AutoCAD 中，夹点是一种集成的编辑模式，提供了一种方便、快捷的操作途径。在未执行任何命令的情况下选取对象时，对象上将显示若干蓝色的小方框（即夹点），用户可以根据个人的喜好和需要改变夹点的大小和颜色。

在绘图区中右击，在弹出的快捷菜单中单击“选项”命令，在打开的“选项”对话框中选择“选择集”选项卡。在该选项卡的“夹点尺寸”选项组中可设置夹点的大小和颜色，如图 4-48 所示。

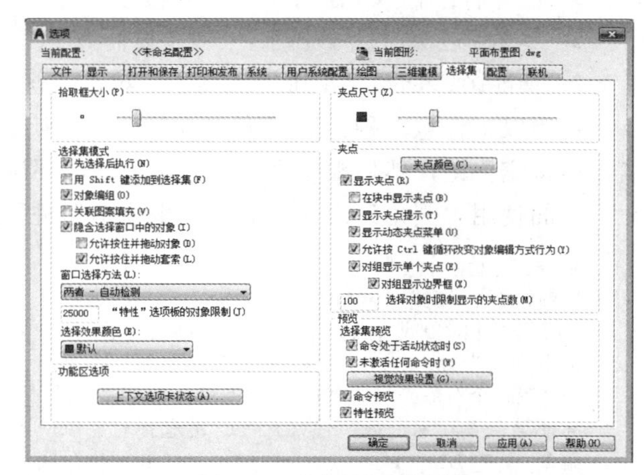

图 4-48 “选项”对话框

对不同的图形对象进行夹点操作时，图形对象特征点的位置和数量是不同的。每类图形对象都有自身的夹点特征，如表 4-1 所示。

表 4-1　AutoCAD 中常见对象的夹点特征

对 象 类 型	夹 点 特 征
直线	两个端点和中点
多段线	直线段的两端点、圆弧段的中点和两端点
构造线	控制点和线上的邻近两点
射线	起点和射线上的一个点
多线	控制线上的两个端点
圆弧	两个端点和中点
圆	四个象限点和圆心
椭圆	四个顶点和中心点
椭圆弧	端点、中点和中心点
区域覆盖	各个顶点
文字	插入点和第二个对齐点
段落文字	各个顶点
属性	插入点
形	插入点
三维网格	网格上的各顶点
三维面	周边顶点
线性标注、对齐标注	尺寸线和尺寸界线的端点、尺寸文字的中心点
角度标注	尺寸线端点和指定尺寸标注弧的端点、尺寸文字的中心点
半径标注、直径标注	半径或直径标注的端点、尺寸文字的中心点
坐标标注	被标注点、引出线端点和尺寸文字的中心点

4.7.2　使用夹点拉伸对象

选取对象后将会显示其夹点，单击其中任意一个夹点，即可以进入拉伸编辑状态。此时系统将默认所选夹点作为拉伸基点，然后输入数值或者在绘图区指定拉伸位置，即可完成图形的拉伸操作。按 Esc 键可退出夹点操作模式。

下面以洗手池图形为例，介绍使用夹点拉伸对象的具体操作方法。

单击洗手池中任意一个夹点后拖曳鼠标，捕捉水管的中点作为拉伸位置，单击即可完成夹点拉伸操作，如图 4-49、图 4-50 所示。

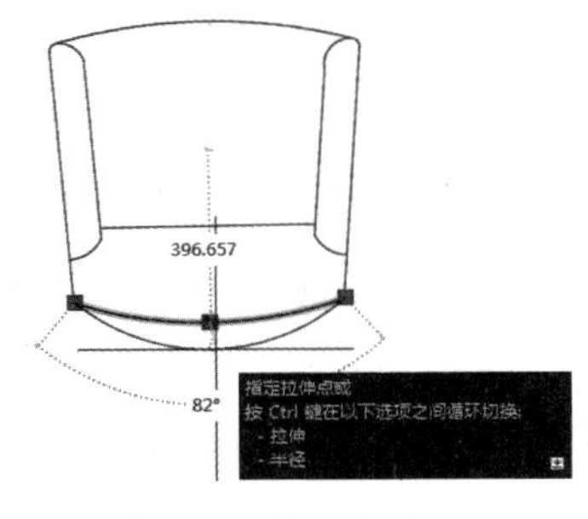

图 4-49　单击夹点

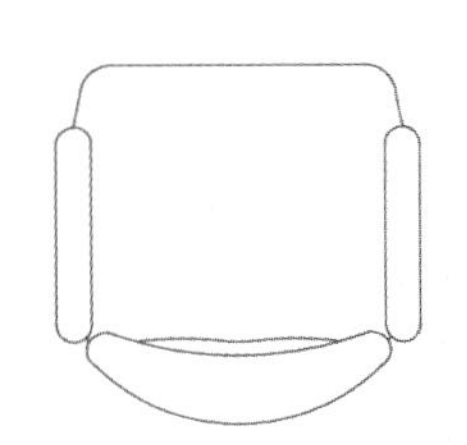

图 4-50　拉伸后的效果

小提示： 当指定的夹点是文字、块参照、直线中点、圆心和点对象上的夹点时，拉伸对象操作将变为移动对象，这在移动块参照和调整标注过程中是十分快捷和简便的方法。

4.8 动手操作——绘制衣柜

衣柜是存放衣物的柜式家具，一般分为单门、双门和嵌入式等，是常用的家具之一。衣柜由柜体、门板（推拉门或者平开门）、五金件（领带夹、抽屉、拉篮、挂衣杆、层板扣、裤架、镜子等）组成。

下面以绘制整体衣柜为例，介绍二维建筑图形编辑技术的实际应用，其具体操作方法如下。

（1）单击“矩形”命令，绘制一个长 1600 mm、宽 2000 mm 的矩形，作为衣柜柜体。单击“分解”命令，将矩形分解，如图 4-51 所示。

（2）单击“偏移”命令，将矩形的上下两条边线分别向内偏移 40 mm、15 mm 和 10 mm，左右两条边线分别向内偏移 20 mm、10 mm 和 40 mm，如图 4-52 所示。

图 4-51 绘制柜体　　图 4-52 偏移线段

（3）单击“修剪”命令，将多余的线条删除，如图 4-53 所示。

（4）单击“三点圆弧”命令，绘制出三条弧线，并将其放置在柜体角的合适位置，如图 4-54 所示。

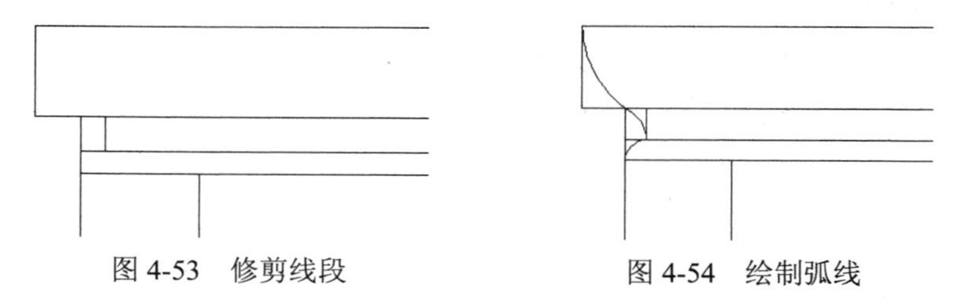

图 4-53 修剪线段　　图 4-54 绘制弧线

（5）单击“镜像”命令，对弧线进行镜像复制，然后单击“修剪”命令，将多余的线条删除，如图 4-55 所示。

（6）单击“矩形”命令，绘制一个长 480 mm、宽 1 870 mm 的矩形，作为柜门，并其放置到柜体合适位置，如图 4-56 所示。

图 4-55　修剪线段

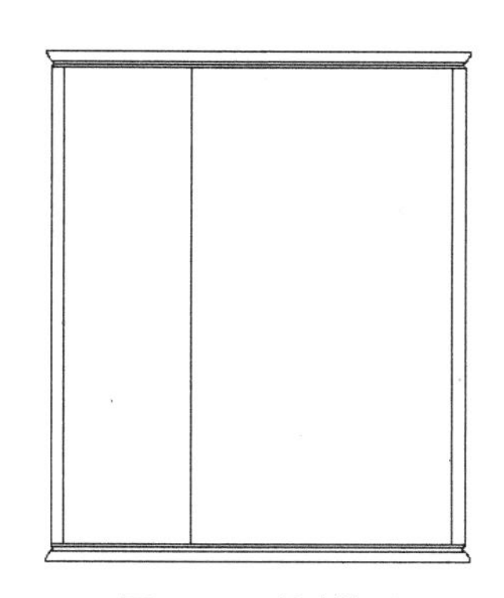

图 4-56　绘制柜门

（7）单击“矩形”命令，绘制一个长 380 mm、宽 860 mm 的矩形，并其放置到柜门合适位置，结果如图 4-57 所示。

（8）单击“镜像”命令，选取刚绘制好的矩形后，指定柜门右边线的中点为镜像第一点，向右移动光标指定镜像第二点，将其镜像复制，如图 4-58 所示。

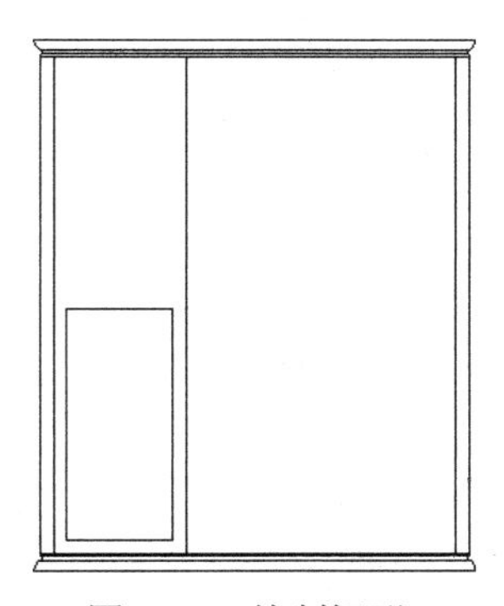

图 4-57　绘制矩形

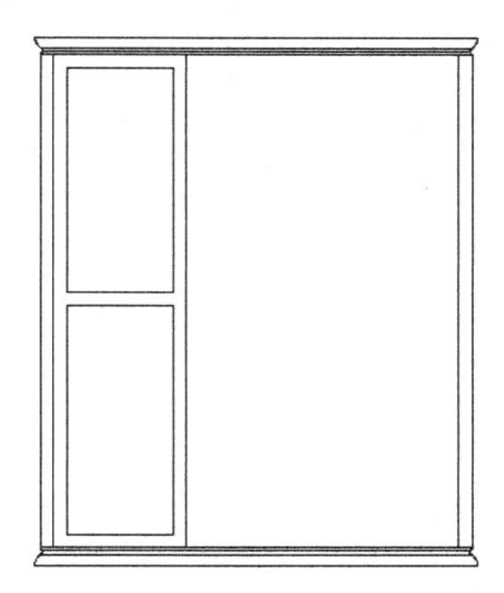

图 4-58　镜像复制

（9）单击“矩形阵列”命令，设置阵列行数为 1，列数为 3，列间距为 490，将大小矩形进行阵列复制，结果如图 4-59 所示。

（10）单击“矩形”命令，绘制一个长 20 mm、宽 300 mm 的矩形，作为柜门把手，然后单击“镜像”命令，对其进行镜像复制，结果如图 4-60 所示。

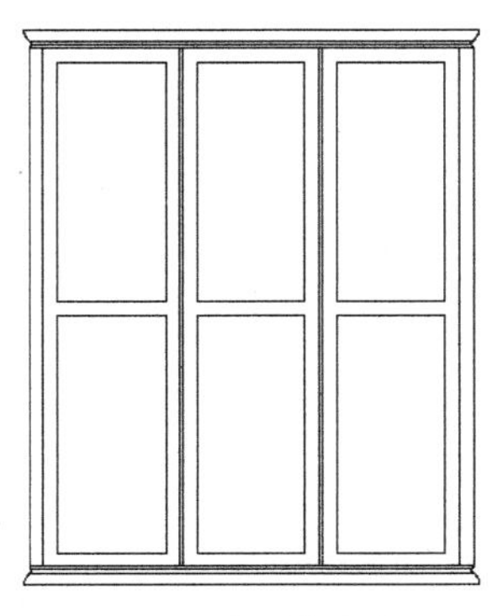

图 4-59　阵列大小矩形

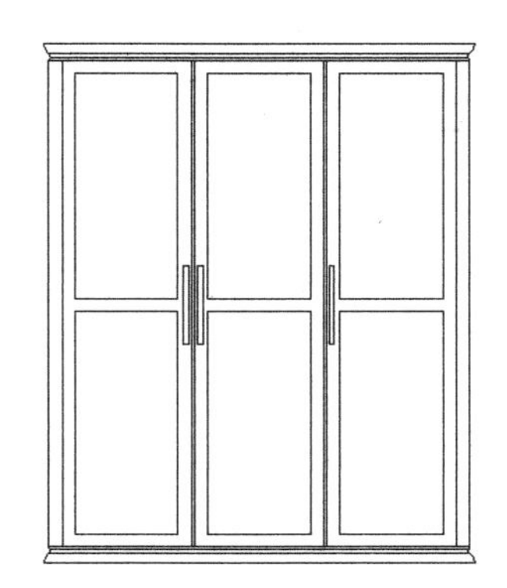

图 4-60　完成衣柜图形

4.9 上机练习——绘制饮水机

饮水机，顾名思义就是解决人们饮水问题而诞生的家用产品，因提升了人们的饮水质量和生活品位而备受人们喜爱。最初的饮水机是人们饮用桶装水的家用产品，分为立式和台式两大类。为了满足国人的饮水习惯，饮水机的功能又实现了加热与制冷效果。

参照效果：

绘制一个尺寸为 310mm×970mm 的饮水机，效果如图 4-61 所示。

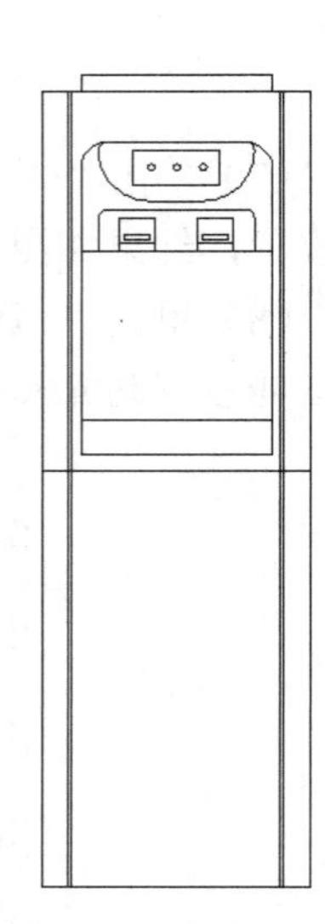

图 4-61 饮水机效果图

主要步骤：

（1）单击“矩形”命令，绘制一个长 310 mm、宽 970 mm 的矩形作为饮水机机身轮廓，然后将其分解。单击“偏移”命令，分别将矩形的左右边线依次向内偏移 30 mm、65 mm、10 mm 和 20 mm，将其下边线依次向上偏移 500 mm、20 mm、40 mm、200 mm、130 mm 和 60 mm。

（2）单击“修剪”命令，修剪掉多余的线条，单击“圆角”命令，设置圆角半径为 30mm，将图形的某个部分进行倒圆角处理。

（3）单击“矩形”命令，绘制长为 180 mm，宽分别为 50 mm、70 mm 的两个矩形，并将其放置到合适位置。单击“圆角”命令，设置圆角半径为 10 mm，分别将大小矩形上面两个角进行倒圆角处理，再设置圆角半径为 50 mm，将大矩形的下面两个角进行倒圆角。

（4）单击“直线”命令，绘制一个长 40 mm、宽 40 mm 的矩形作为水嘴。单击“偏移”命令，将矩形的下边线依次向上偏移 10 mm、5 mm 和 5 mm，将矩形的左右边线分别向内偏移 5 mm，然后修剪掉多余的线条，并将水嘴放置到合适位置。

（5）单击“镜像”命令，将水嘴图形进行镜像复制。单击“矩形”命令，绘制一个长 100 mm、宽 40 mm 的矩形，并将其放置到水嘴上方合适位置处。最后执行“圆心，半径”和“复制”命令，在刚绘制好的矩形内绘制半径为 4 mm 的 3 个小圆作为指示灯。本练习完成。

第 5 章　图层、图案填充与图形信息

在 AutoCAD 中，图层是用来控制对象线型、线宽和颜色等属性的有效工具，合理而有规律地使用图层，可以有效提高绘图的效率和准确性，并能提高图形的可读性。图案填充主要用来表达图形中部分或全部的结构特征，从而更清晰、准确地查看某区域的材料和结构形状，这种区域表达方式主要用于绘制立、剖、详图中。测量是间接表达图形组成的一种方式，可对图形中各点、线段之间的距离和交角等特性进行详细查询，从而准确提取这些区域的数据信息。

本章学习要点：

- 创建与管理图层
- 设置图层
- 控制图层状态
- 设置图案填充
- 设置渐变色填充
- 查询图形数据信息

5.1　创建与管理图层

在一个复杂的设计图中，有多种不同类型的图形对象。为了方便区分和管理这些图形对象，可以通过创建多个图层，将特性相似的对象绘制在同一个图层中的方法，来有效地管理不同类型的对象。

5.1.1　图层的特点

在 AutoCAD 中，图层是一个重要的组织和管理图形对象的工具，用于控制图形对象的线型、线宽和颜色等属性。中文版 AutoCAD 2017 允许在图纸中定义若干个图层，每个图层上的图形具有相对独立的属性。这就像在一张透明的纸上绘制图形，将多张这样的纸叠放在一起，就形成了一幅完整的图形。图层具有以下特点。

- 在一幅图纸中可指定任意数量的图层。系统对图层数没有限制，对每一图层上的对象同样没有任何限制。
- 每个图层有一个名称，用以与其他的图层进行区别。当开始绘制新图时，AutoCAD 自动创建名称为“0”的图层，这是 AutoCAD 默认的图层，其余图层需由用户自行定义。

- 一般情况下，同一图层上的对象应该具有相同的线型、颜色，但是根据绘图需要，用户也可以设置其为不同的线型、颜色。
- 虽然 AutoCAD 允许创建多个图层，但只能在当前图层上绘制图形。
- 各图层具有相同的坐标系、绘图界限以及显示的缩放倍数。用户可以对位于不同图层上的对象进行编辑。
- 用户可以对各图层进行打开、关闭、冻结、解冻、锁定与解锁等操作，以决定各图层的可见性与可操作性。

小提示：每个图形文件都包含默认的“0”图层，该图层不能删除，也不能重新命名。“0”图层能够确保每个图形文件中至少包括一个图层，并且提供与块中的控制颜色相关的特殊图层。

5.1.2 创建新图层

默认情况下，AutoCAD 会自动创建一个名称为“0”的图层，该图层不可重命名。用户可以根据需要来创建新的图层，然后再更改其图层名。图层的创建需要在“图层特性管理器”对话框中完成，在中文版 AutoCAD 2017 中，打开该对话框通常有以下三种方法。

- 命令行：输入 LAYER 命令并按回车键。
- 菜单栏中：单击“格式”|“图层”命令。
- 功能区：选择“常用”选项卡，单击“图层”面板上的“图层特性”按钮。

使用以上任意一种方法，都可以打开“图层特性管理器”对话框，用户可以在此对话框中进行图层的基本操作和管理，如图 5-1 所示。

在“图层特性管理器”对话框中，单击“新建图层”按钮，即可添加一个名称为“图层 1”的新图层。此时“图层 1”为选中状态，用户可以直接在文本框中输入新的图层名（如轴线），如图 5-2 所示，按 Enter 键，即可完成新图层的创建。

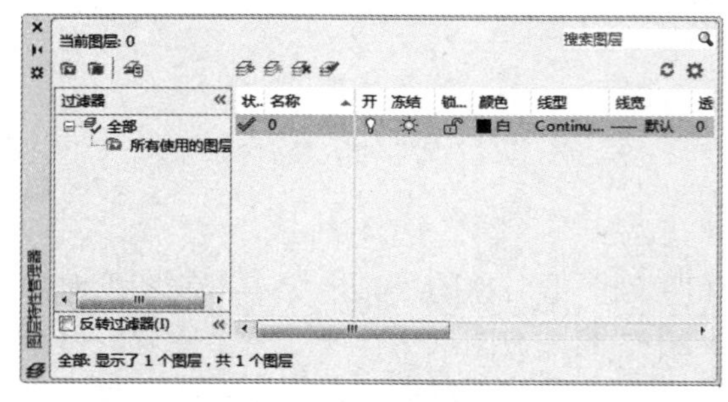

图 5-1 “图层特性管理器”对话框

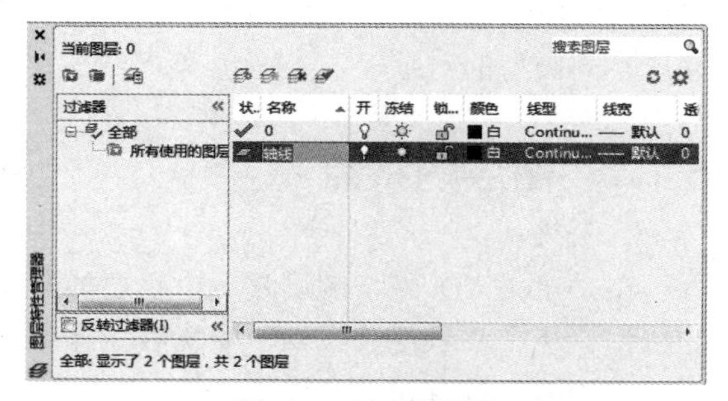

图 5-2 创建新图层

小提示：默认情况下，新建图层与当前图层的特性相同。在为创建的图层重命名时，图层的名称中不能包含通配字符（*和？）和空格，也不能与其他图层重名。

5.1.3　管理图层

在 AutoCAD 中，使用“图层特性管理器”对话框不仅可以创建图层，还可以对创建好的图层进行管理。在实际绘图时，当图层很多时，使用图层过滤功能可以快速查找图层。中文版 AutoCAD 2017 为用户提供了两个用于过滤图层的按钮，分别是“新建特性过滤器”按钮和“新建组过滤器”按钮。

1. 新建特性过滤器

在中文版 AutoCAD 2017 中，图层过滤功能简化了图层操作，使用新建特性过滤器可以根据图层的一个或多个特性创建图层过滤器。

在“图层特性管理器”对话框中，单击“新建特性过滤器”按钮，可打开“图层过滤器特性”对话框。在该对话框的“过滤器名称”文本框中输入过滤器的名称，在“过滤器定义”列表中，可以设置过滤条件，包括图层名称、颜色和状态等，单击“确定”按钮，即可完成特性过滤器的创建。

图 5-3 所示是一个保持“过滤器名称”为默认值且设置被过滤的图层颜色为“绿色”的图层过滤器。

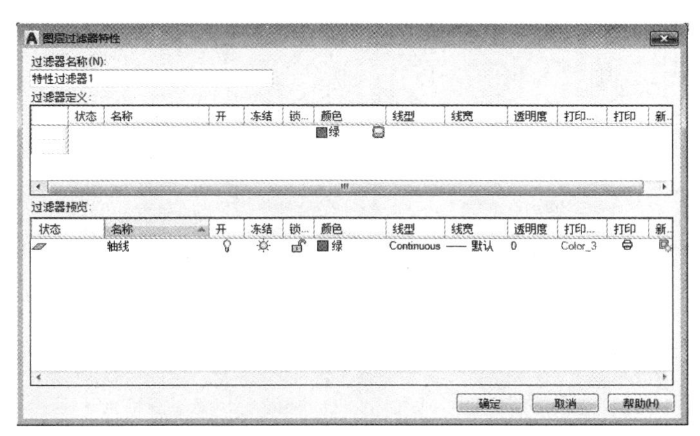

图 5-3　“图层过滤器特性”对话框

2. 新建组过滤器

在中文版 AutoCAD 2017 中，还可以通过单击“新建组过滤器”按钮，在“图层特性管理器”对话框左侧过滤器树列表中新建一个“组过滤器 1”(也可以根据需要命名组过滤器)。在过滤器树中单击“所有使用的图层”节点或其他过滤器，显示对应的图层信息，然后将需要分组过滤的图层拖动到创建的“组过滤器 1”中即可，如图 5-4 所示。

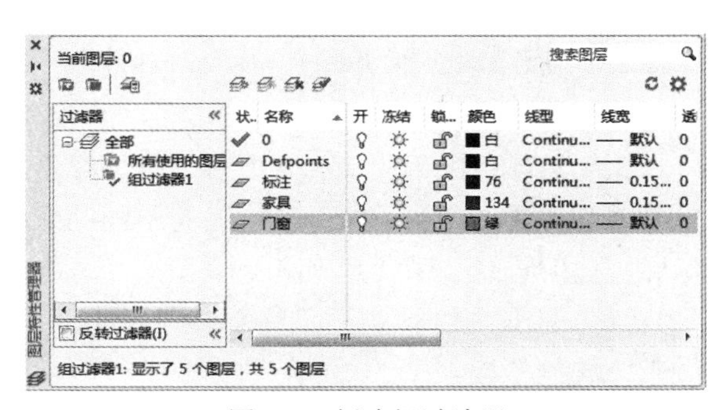

图 5-4　创建组过滤器

5.2 设置图层

使用图层绘制图形时，首先要对图层的各项特性（如层名、颜色、线型、线宽和打印样式等）进行设置。利用“图层特性管理器”对话框对图层的这些特性进行设置后，该图层上的所有图形对象的特性就会随之改变。

5.2.1 设置图层名称

每个图层有一个名称，以与其他图层进行区别。如果用户对已经命名好的图层名称不满意，可以重新命名该图层，其具体设置方法如下。

（1）在“图层特性管理器”对话框中，选中需要重命名的图层，如“轴线”图层，如图 5-5 所示。

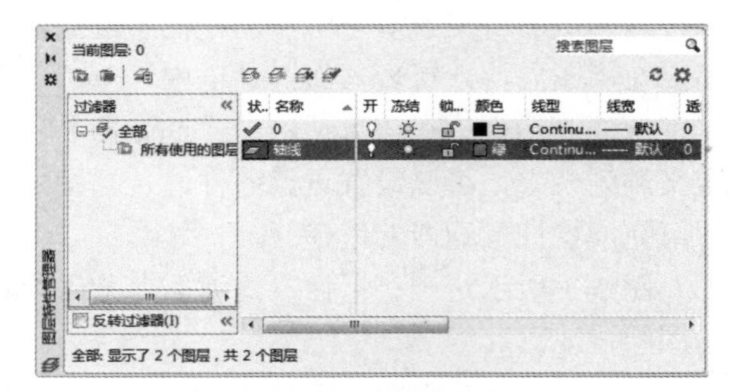

图 5-5　选中要重命名的图层

（2）将鼠标指针放置到该图层的“名称”栏处，右击，在弹出的下拉菜单中选择“重命名图层”选项，也可以按 F2 键，使图层名称处于编辑状态，如图 5-6 所示。

（3）输入新名称如“墙体”，按回车键即可完成重命名操作，效果如图 5-7 所示。

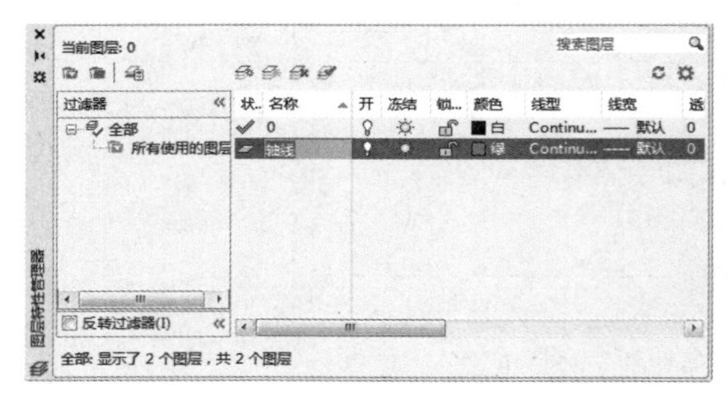

图 5-6　使图层处于编辑状态

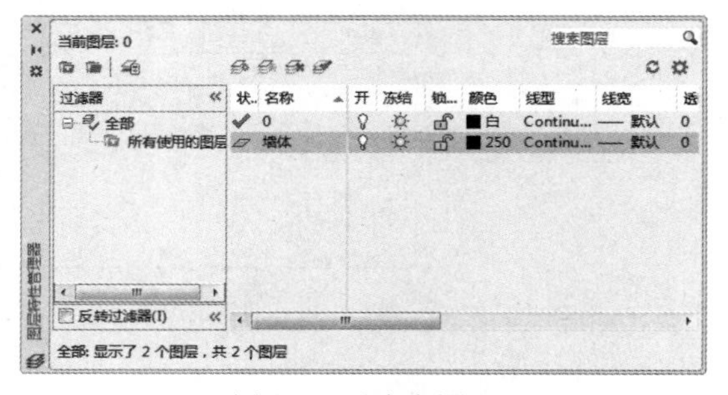

图 5-7　重命名图层

5.2.2 设置图层颜色

图层的颜色实际上就是图层中图形的颜色。每个图层都可以设置颜色，不同的图层可以设置为相同的颜色，也可以设置为不同的颜色，使用颜色可以方便区分各图层上的对象。图层颜色的具体设置方法如下。

（1）单击“格式”|“图层”命令，打开“图层特性管理器”对话框，单击“轴线“图层的“颜色”选项中的色块，如图 5-8 所示。

（2）打开“选择颜色”对话框，在该对话框中选择需要的颜色，如图 5-9 所示。

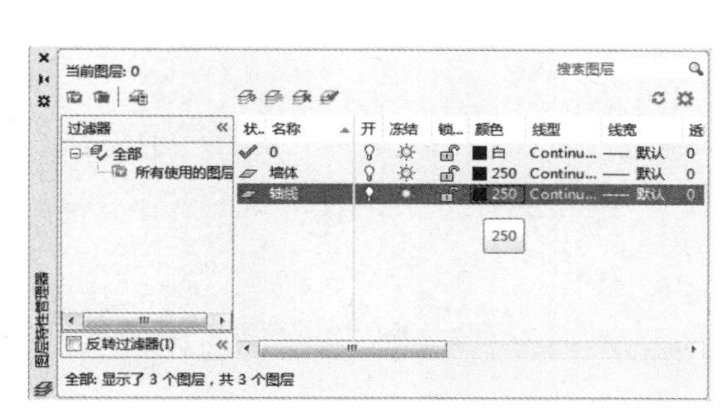

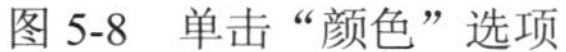

图 5-8　单击“颜色”选项

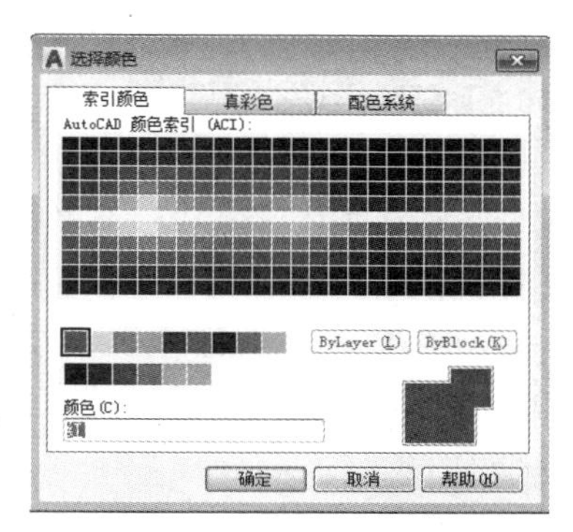

图 5-9　“选择颜色”对话框

（3）单击“确定”按钮，即可将“轴线”图层的颜色更换为所选颜色，效果如图 5-10 所示。

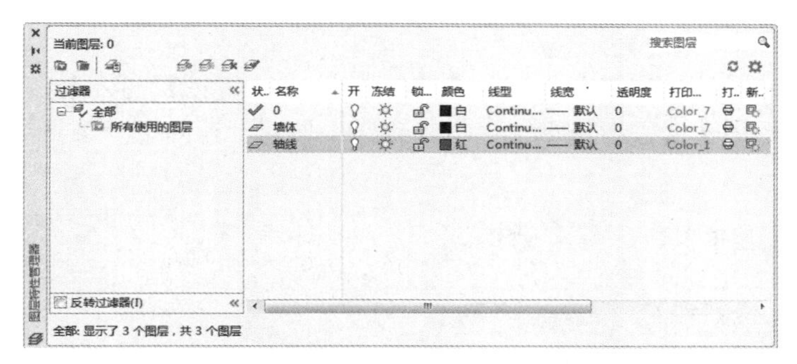

图 5-10　“轴线”图层颜色发生变化

在中文版 AutoCAD 2017 中增强了颜色设置功能，用户能更方便地设置图层颜色或从 AutoCAD 颜色索引中拾取颜色，即在常用选项卡中单击“特性”面板中的“对象颜色”选项，在弹出的下拉列表中，选择相应的颜色，如图 5-11 所示。

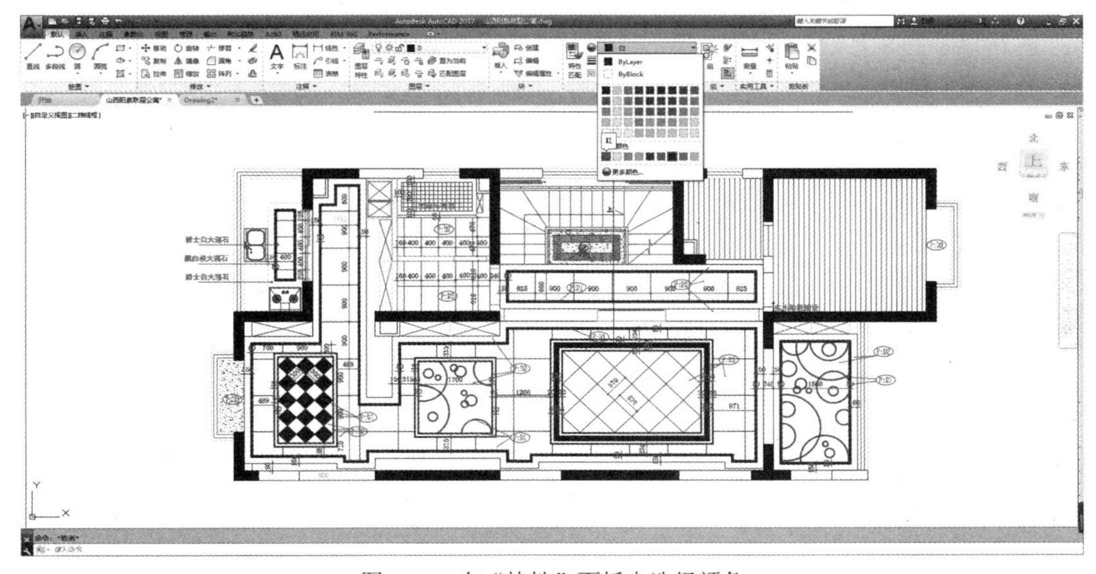

图 5-11　在“特性”面板中选择颜色

5.2.3 设置图层线型

线型是图形基本元素中线条的组成和显示方式。在中文版 AutoCAD 2017 中，默认图层线型为 Continuous 线型，而在制图过程中每条线型的用途各不相同，所以用户需要根据制图要求进行线型的更换，其具体设置步骤如下。

（1）在“图层特性管理器”对话框中，单击“轴线”图层中的“线型”选项，如图 5-12 所示。

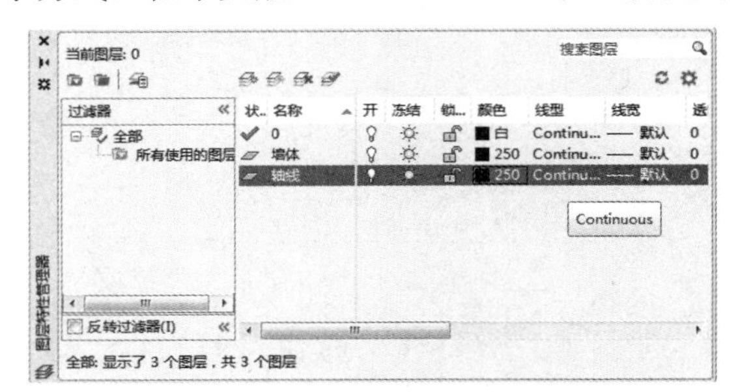

图 5-12 单击“线型”选项

（2）在打开的“选择线型”对话框中选择需要的线型，如图 5-13 所示。

（3）如果当前对话框中没有所需要的线型，可单击“加载”按钮，在打开的“加载或重载线型”对话框中选择需要线型，单击“确定”按钮，返回至“选择线型”对话框，如图 5-14 所示。

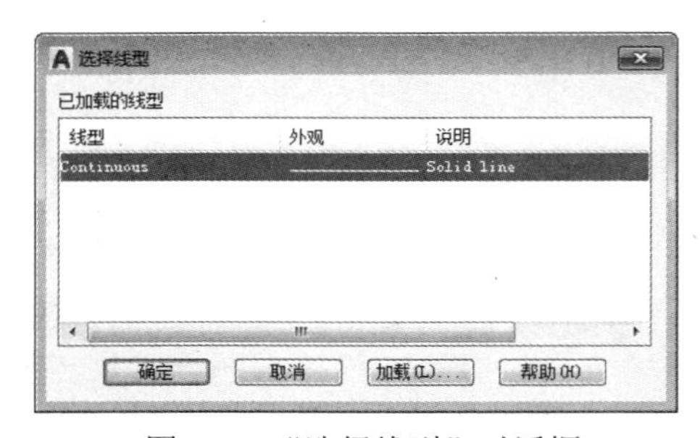

图 5-13 “选择线型”对话框

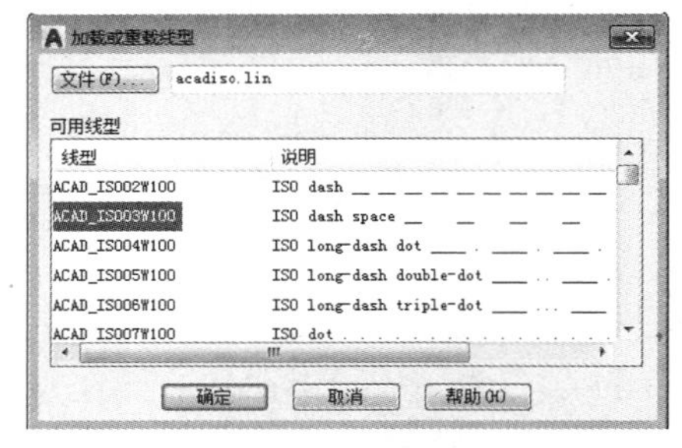

图 5-14 “加载或重载线型”对话框

在“选择线型”对话框选择新加载的线型，单击“确定”按钮即可完成图层线型的更改，如图 5-15 所示。

除了上述方法外，用户还可以在菜单栏中通过单击“格式”|“线型”命令，打开“线型管理器”对话框，在“线型”列表框中选择线型进行修改，如图 5-16 所示。

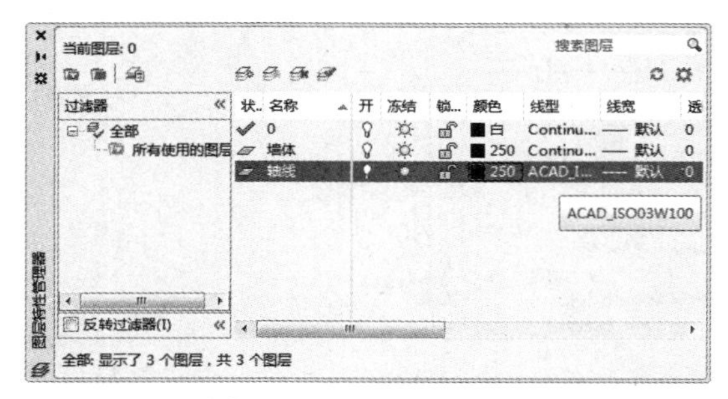

图 5-15 更改后的线型

图 5-16 “线型管理器”对话框

小提示：在绘制图形的过程中，经常遇到细点画线或虚线间距太小或太大的情况，此时可采用修改线型比例的方法改变其外观。单击“显示细节”按钮，然后选择需要修改的线型，即可在下方的“详细信息”选项组中设置线型的全局比例因子和当前对象的缩放比例。

5.2.4　设置图层线宽

不同的线型其宽度是不同的，通过设置图层的线宽，可以进一步区分图形中的对象，其具体设置方法如下。

（1）在“图层特性管理器”对话框中，单击“墙体”图层中的“线宽”选项，在打开的“线宽”对话框中选择合适的线宽选项，如图 5-17 所示。

（2）单击“确定”按钮，即可将原有的线宽更换为所选的线宽，效果如图 5-18 所示。

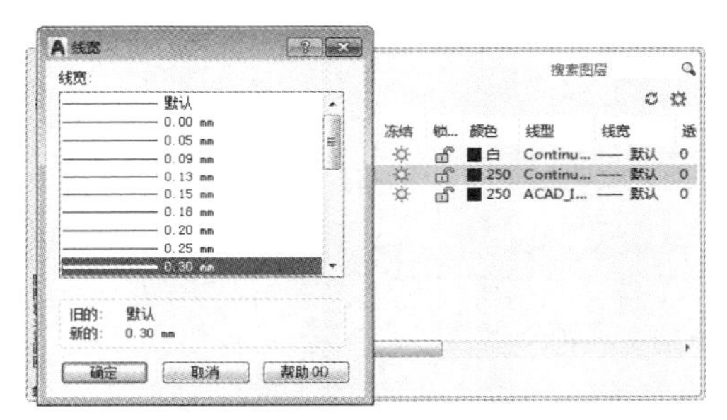

图 5-17　选择合适的线宽选项

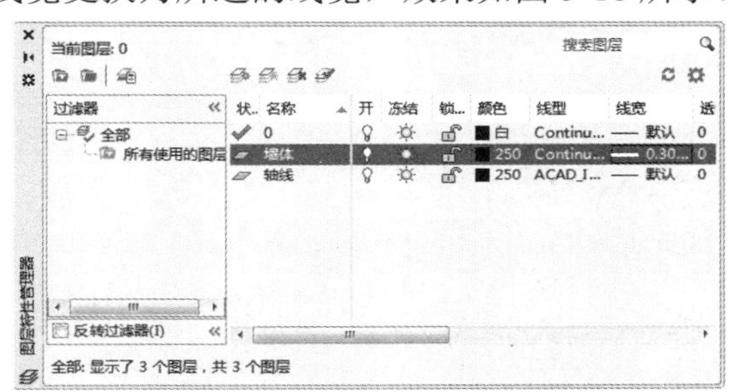

图 5-18　“墙体”图层线宽选项改变

5.3　控制图层状态

在“图层特性管理器”面板中，其图层状态包括图层的打开/关闭、冻结/解冻、锁定/解锁等。同样，在“图层”工具栏中，用户也可以通过设置相关选项来管理各图层的特性。

5.3.1　打开/关闭图层

在绘制复杂图形时，由于过多的线条会干扰设计者的工作，因此需要将某些图层暂时隐藏起来，这就需要用到打开或关闭图层，具体操作方法如下。

（1）在快速工具栏中单击“打开”命令，打开“平面布置图”素材文件，如图 5-19 所示。

（2）单击“格式”|“图层”命令，在打开的“图层特性管理器”对话框中，选择填充图层，然后单击“开”选项中的小灯泡图标💡，如图 5-20 所示。

（3）灯泡的颜色由蓝色变为黄色，此时图中所有填充图形将被隐藏，如图 5-21 所示。

除了上述方法外，用户也可以在“常用”选项卡 “图层”面板中的“图层”列表窗口中选择一个图层，然后单击“开/关图层”图标💡来关闭该图层，如图 5-22 所示。

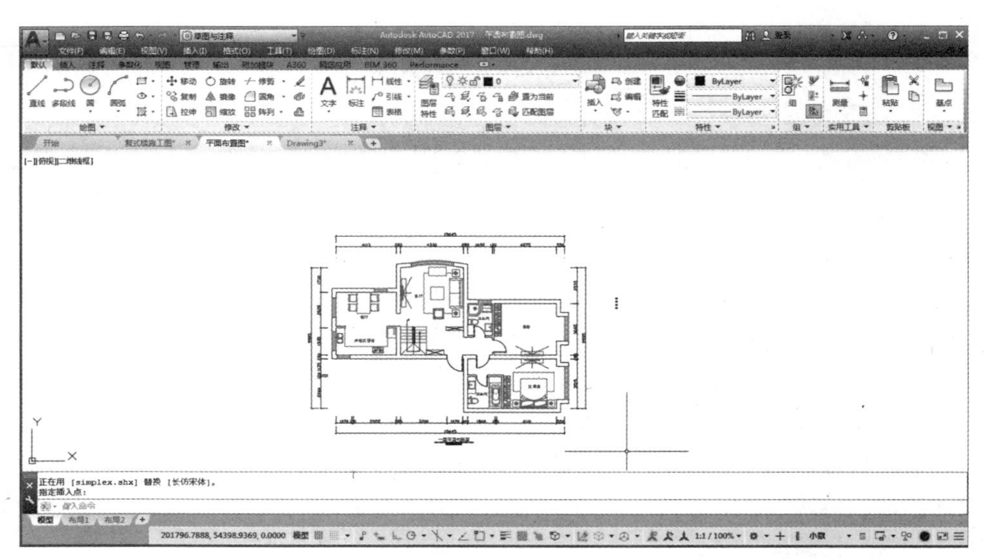

图 5-19　打开素材文件

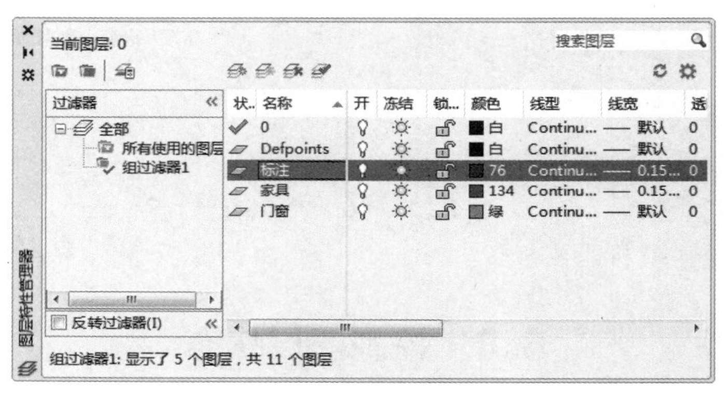

图 5-20　单击“开”选项

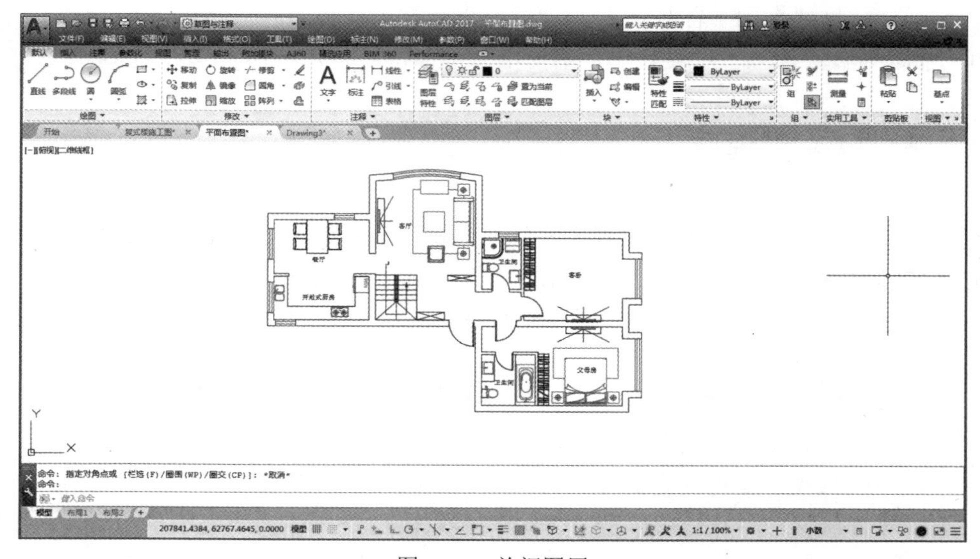

图 5-21　关闭图层

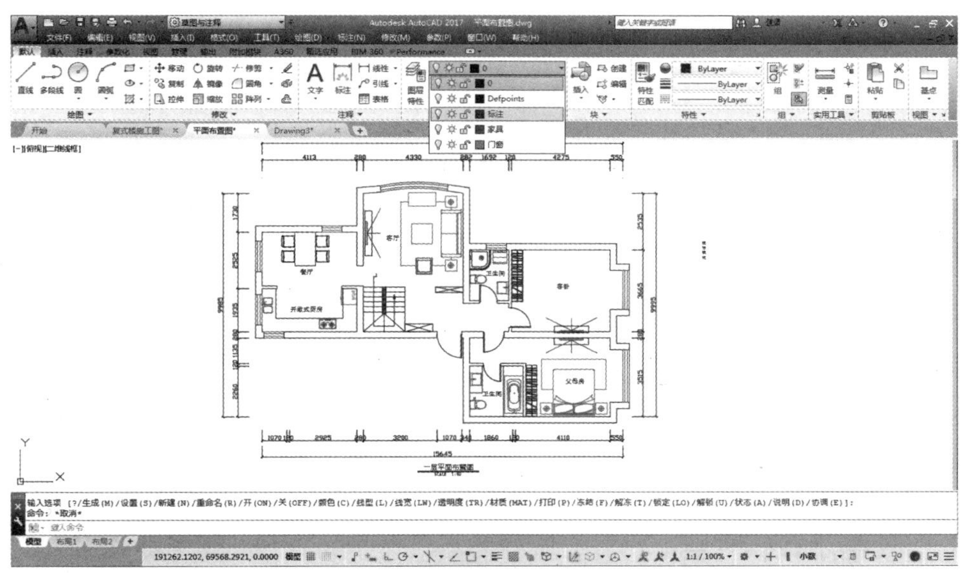

图 5-22　打开/关闭图层

小提示： 若想将关闭的图层重新打开，只需在“图层特性管理器”对话框中，再次单击该图层中的“开”选项，被隐藏的图形即会显示出来。若该图层被设置为当前图层，则不能对该图层进行打开/关闭操作。

5.3.2　锁定/解锁图层

在绘制过程中，通过锁定图层可以防止指定图层上的对象被选中或修改。锁定或解锁图层的方法与打开或关闭图层的方法类似，具体操作方法如下。

（1）打开“平面布置图”素材文件，单击“格式”|“图层”命令，打开“图层特性管理器”对话框，如图 5-23 所示。

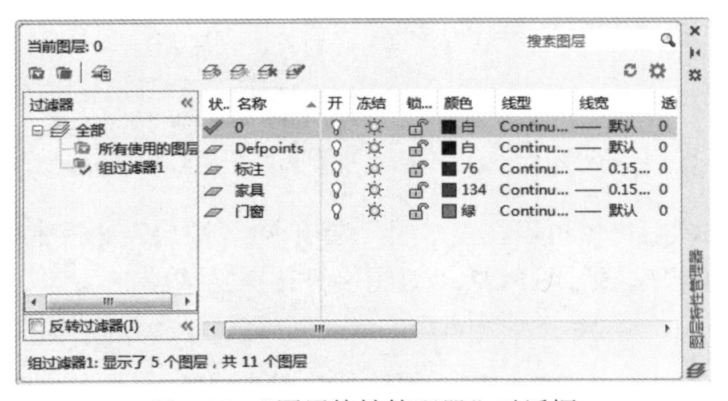

图 5-23　“图层特性管理器”对话框

（2）选择“家具”图层，单击“锁定”选项中的小锁图标，该小锁由黄色开状态变为蓝色锁状态，此时该图层中的图形对象被锁定；再次单击小锁图标，即可将锁定的图层解锁，如图 5-24 所示。

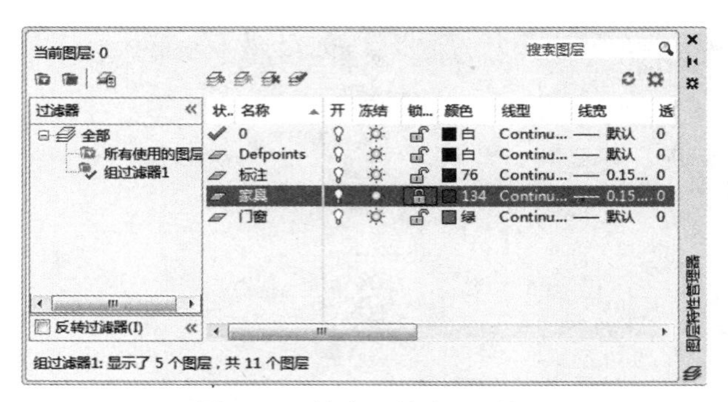

图 5-24　单击“锁定”图标

除了上述方法外，用户也可以在“常用”选项卡 “图层”面板中的“图层”列表窗口中，通过单击“锁定/解锁层”图标，对图层进行锁定或解锁操作。

5.3.3　冻结/解冻图层

在绘制过程中，冻结图层后该层中的对象不会遮盖其他层的对象，比打开和关闭图层需要更多的时间。冻结或解冻图层的方法也与打开或关闭图层的方法类似，具体操作方法如下。

（1）打开“室内平面布置图”素材文件，然后在打开的“图层特性管理器”对话框中，选择“家具”图层，单击“冻结”选项中的小太阳图标，如图 5-25 所示。

（2）“冻结”图标由小太阳变为雪花，此时该图层对应的图形对象被冻结，再次单击该图标，即可将冻结的图层解冻，如图 5-26 所示。

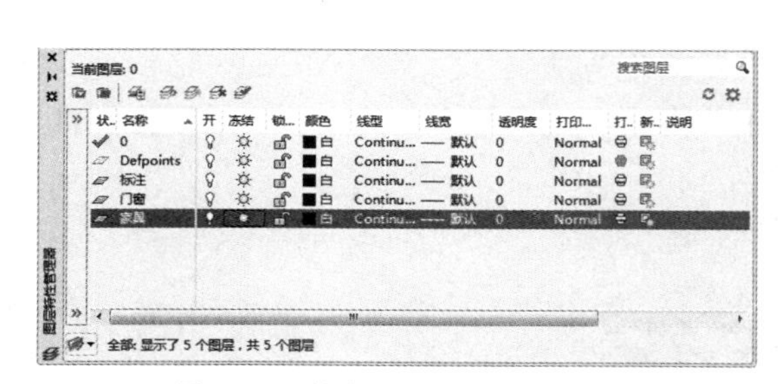

图 5-25　单击“冻结”图标

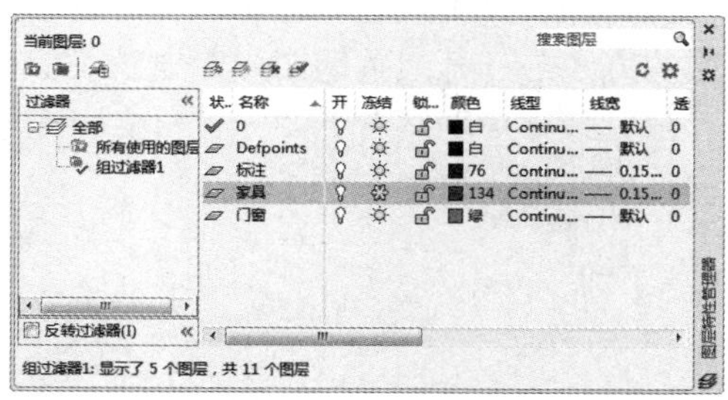

图 5-26　冻结图层

除了上述方法外，用户也可以在“常用”选项卡 “图层”面板中的“图层”列表窗口中，通过单击“冻结/解冻层”图标，对图层进行冻结或解冻。

5.4　填充图形

在绘制二维建筑图形时，为了区分图形材质，通常需要使用一些图案对封闭的图形区域进行填充，例如在建筑物立面图上填充砖块图案、在地面上填充土壤及植物图案等。

5.4.1　设置图案填充

在建筑绘图中，经常要将某种特定的图案填充到一个封闭的区域内，如表现表面的装饰纹理、颜色及地面的填充材质等，这就是图案填充。在中文版 AutoCAD 2017 中，调用“图案填充”命令通常有以下三种方法。

➢ 命令行：输入 BHATCH 命令并按回车键。

➢ 菜单栏：单击“绘图”|“图案填充”命令。

➢ 功能区：选择“常用”选项卡，在“绘图”面板中单击“图案填充”按钮。

使用以上任意一种方法调出该命令后，都将打开“图案填充创建”选项卡，如图 5-27 所示。

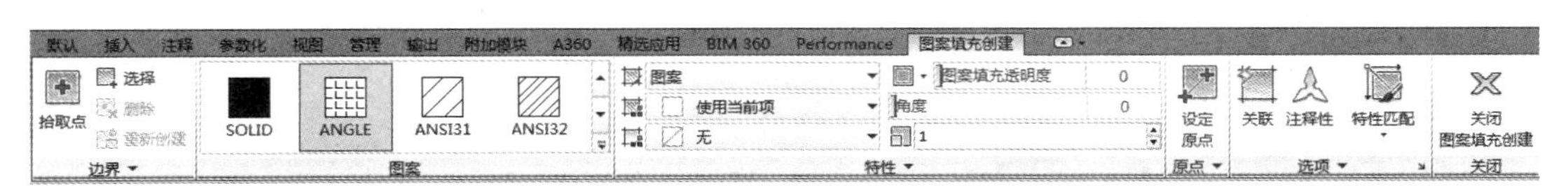

图 5-27　“图案填充创建”选项卡

该选项卡主要由 6 个功能面板组成，每个面板包含用途不同的按钮和控件，用户可以直接在该选项卡中设置填充的图案样式、图案类型、图案比例和角度、拾取点等选项。

1. “边界”面板

该功能面板主要用于选择填充区域的边界，也可以通过对边界的删除或重新创建等操作来直接改变区域填充的效果，其常用选项功能说明如下。

1）拾取点

创建填充区域时，单击“拾取点”按钮，可在要填充的区域内指定任意一点，系统将以拾取点形式高亮显示该填充区域边界，如图 5-28、图 5-29 所示。如果在拾取点后不能形成封闭边界，则系统会显示错误提示信息。

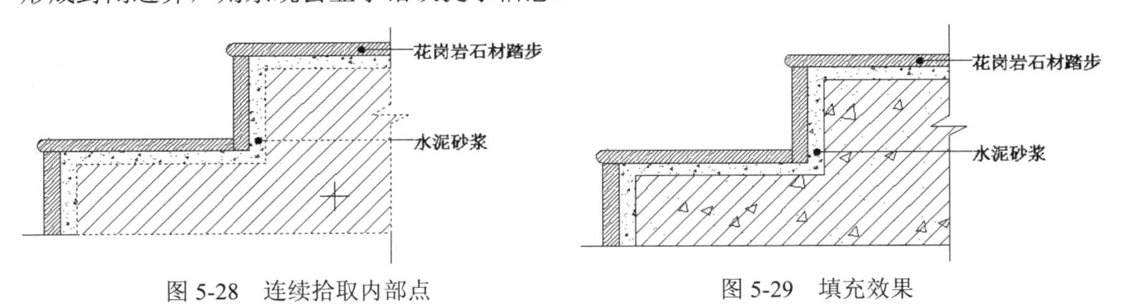

图 5-28　连续拾取内部点　　图 5-29　填充效果

2）选择

该定义边界方式不同于拾取点方式，区别在于其利用“选择对象”方式选取边界时，各边界线必须首尾相连，否则会显示错误提示信息。单击“选择”按钮，切换至绘图区，可以通过选取填充区域的边界线来决定填充区域，如图 5-30、图 5-31 所示。

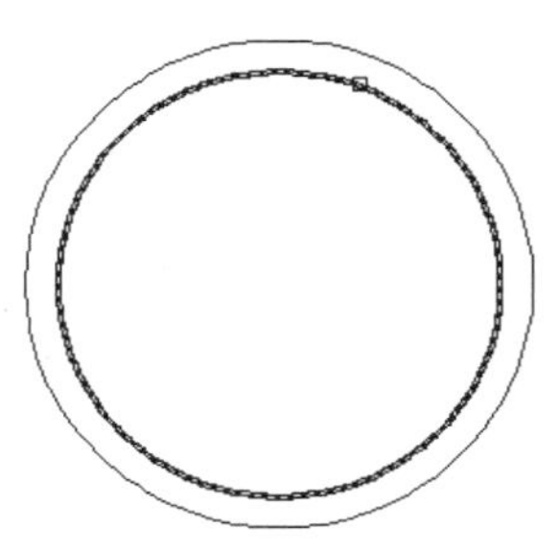
图 5-30 选择封闭区域对象

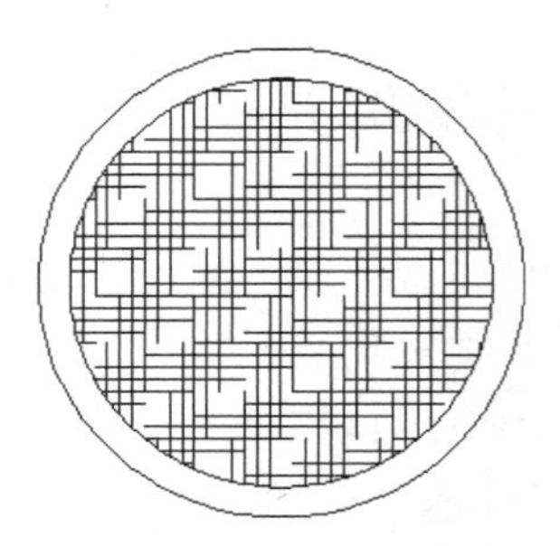
图 5-31 图案填充效果

3）删除边界

删除边界是重新定义边界的一种方式，前提是已经利用“拾取点”或“选择对象”方式定义过边界。单击“删除边界”按钮，可以取消系统自动选取或用户选取的边界，从而形成新的填充区域。

小提示：单击“重新创建边界”按钮，可重新定义图案填充边界。单击“选择边界对象”按钮，将切换到绘图窗口，已定义的填充边界将高亮显示，用来查看已定义的填充边界。

2.“图案”面板

该功能面板显示所有预定义和自定义图案的预览图像，用户可以直接在该面板中选择需要的图案进行填充，如图 5-32 所示。

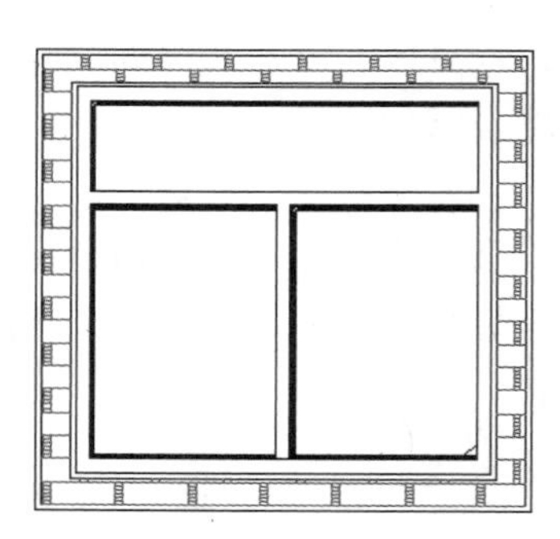
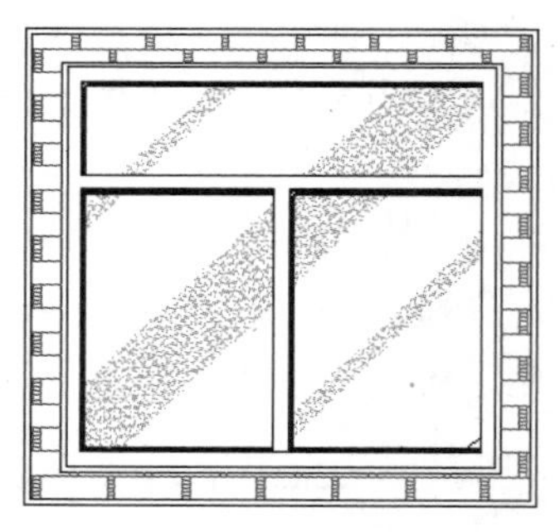
图 5-32 填充图案前后的效果对比图

3.“特性”面板

执行图案填充的第 1 步是定义填充图案类型，用户可在该功能面板中设置图案填充类型、比例和角度等，其常用选项功能说明如下。

1）图案填充类型

该选项用于指定是创建实体填充、渐变填充、预定义填充图案，还是创建用户定义的填充图案。当选择“预定义”选项时，可以使用系统提供的图案样式；选择“用户定义”选项，则需要定义由一组平行线或者相互垂直的两组平行线组成的图案；选择“自定义”选项，可以使用事先定义的合适图案。

2）图案角度和比例

角度用于指定图案填充或填充的角度（相对于当前 UCS 的 X 轴），有效值为 0～359；

而比例则用于放大或缩小预定义或自定义的填充图案，只有将“图案填充类型”设定为“图案”，此选项才可用。

设置填充角度和比例与图案类型选择相关联。当选择图案类型为“预定义”类型时，“角度”和“比例”文本框处于激活状态。通过设置填充角度和图案比例值可改变填充效果，如图 5-33、图 5-34 所示。

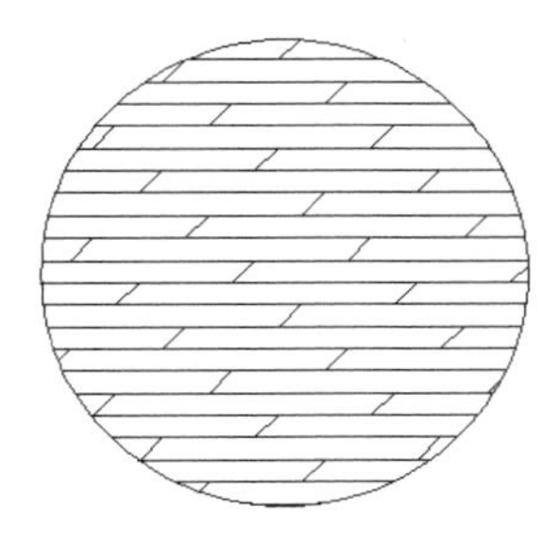

图 5-33　角度为 0，比例为 1

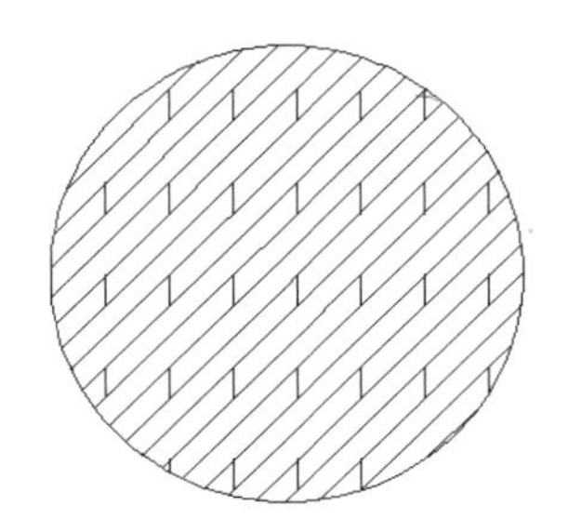

图 5-34　角度为 30，比例为 1

3）图案间距

间距用于指定用户定义图案中的直线间距，仅当“图案填充类型”设定为“用户定义”时，此选项才可用。

当用户选择“用户定义”选项时，“比例”选项变为“间距”选项，通过设置角度和平行线之间的间距可改变填充效果，如图 5-35 所示。设置间距时，如果启用“双向”选项功能，则可以使用垂直的两组平行线填充图案，如图 5-36 所示。

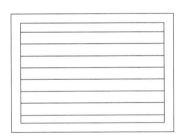

图 5-35　角度为 0，间距为 300

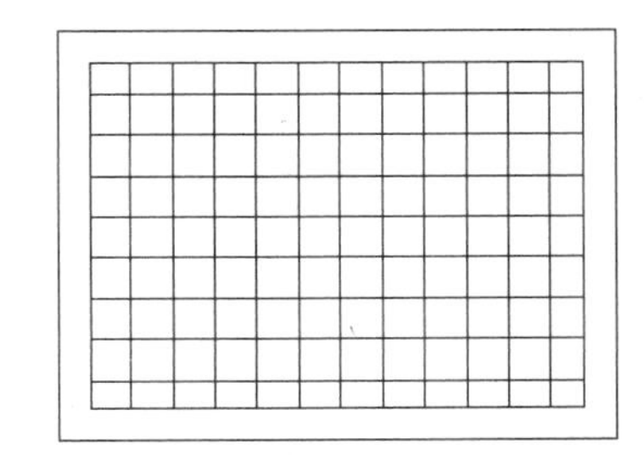

图 5-36　启用“双向”选项功能后的效果

4.“原点”面板

该功能面板用于控制填充图案生成的起始位置。在创建填充图案时（如砖块图案），需要与图案填充边界上的一点对齐，默认情况下，所有图案填充原点都对应于当前的 UCS 原点“原点”面板常用选项的功能说明如下。

1）设定原点

单击该按钮，可在绘图窗口中直接指定新的图案填充原点。

2）左下、右下、左上、右上和中心

分别单击这些按钮，可以将图案填充原点设定在图案填充边界矩形范围的左下角、右下角、左上角、右上角和中心点上，如图 5-37 所示。

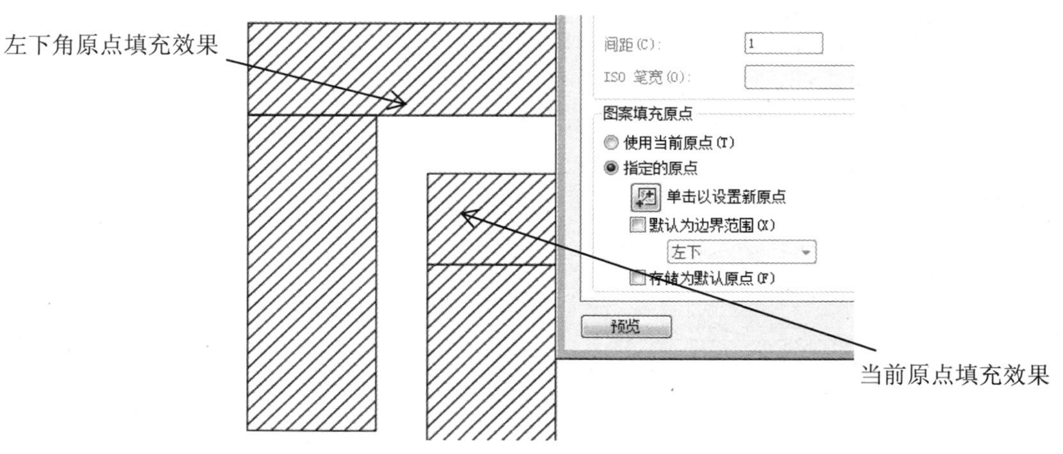

图 5-37 指定图案填充原点

3）使用当前原点

单击该按钮，可以使用当前 UCS 的原点（0，0）作为图案填充的原点。

4）存储为默认原点

单击该按钮，可将指定的点存储为默认的图案填充原点。

5. “选项”面板

该功能面板主要用于设置图案填充的一些附属功能，它的设置间接影响图案填充的效果。

1）关联

单击该按钮，关联图案填充随边界的更改而自动更新，而非关联的图案填充则不会随边界的更改而自动更新，如图 5-38、图 5-39 所示。

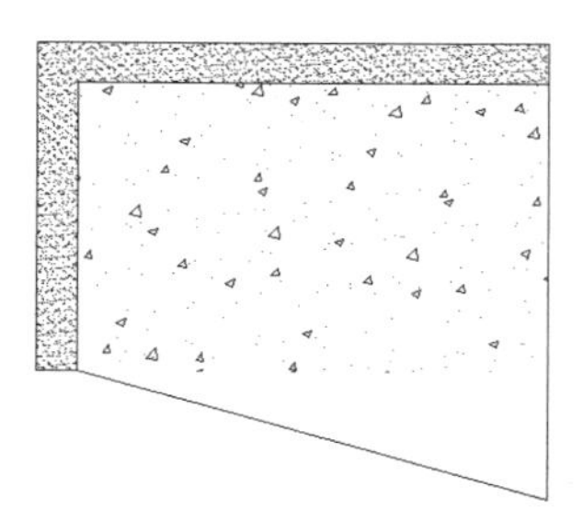

图 5-38 非关联图案填充效果

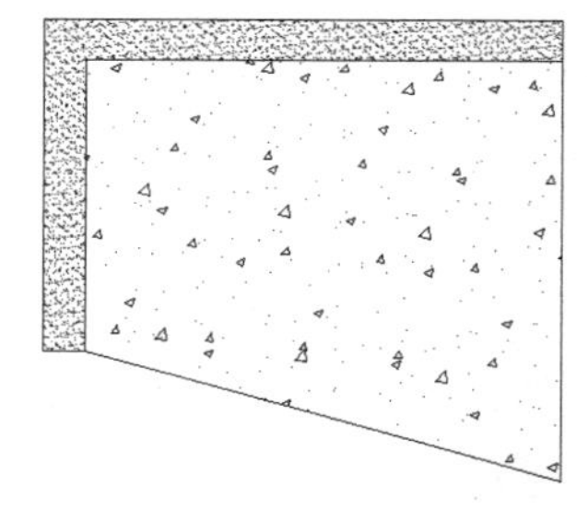

图 5-39 关联图案填充效果

2）注释性

单击该按钮，可以将图案定义为可注释对象。

3）特性匹配

单击“特性匹配”下拉按钮，在展开的下拉列表中包含以下两个功能按钮。

- 使用当前原点：单击该按钮，可使用选定图案填充对象（除图案填充原点外）设定图案填充的特性。
- 用源图案填充的原点：单击该按钮，可使用选定图案填充对象（包括图案填充原点）设定图案填充的特性。

4）允许间隙

在“允许间隙”选项中可设置允许的间隙大小。用户可以将一个几乎封闭的区域作为一个闭合的填充边界，默认值为 0，这时对象是完整封闭的区域。

5）创建独立的图案填充

单击该按钮，可以创建独立的图案填充效果，这种填充效果不随边界的修改而自动更新图案。

6）孤岛

孤岛检测选项可以将最外层边界内的封闭区域对象检测为孤岛。使用此选项检测对象的方式取决于用户选择的孤岛检测方法。单击“外部孤岛检测”下拉按钮，在展开的下拉列表中包含以下 4 个功能按钮。

- 普通孤岛检测：单击该按钮，将从最外边界向里填充图案，遇到与之相交的内部边界时断开填充图案，遇到下一个内部边界时继续填充，如图 5-40 所示。
- 外部孤岛检测：单击该按钮，系统将从最外边界向里填充图案，遇到与之相交的内部边界时断开填充图案，不再继续向里填充，如图 5-41 所示。
- 忽略孤岛检测：单击该按钮，系统将忽略边界内部的所有孤岛对象，所有内部结构都将被填充图案所覆盖，如图 5-42 所示。
- 无孤岛检测：单击该按钮，则关闭孤岛检测功能。

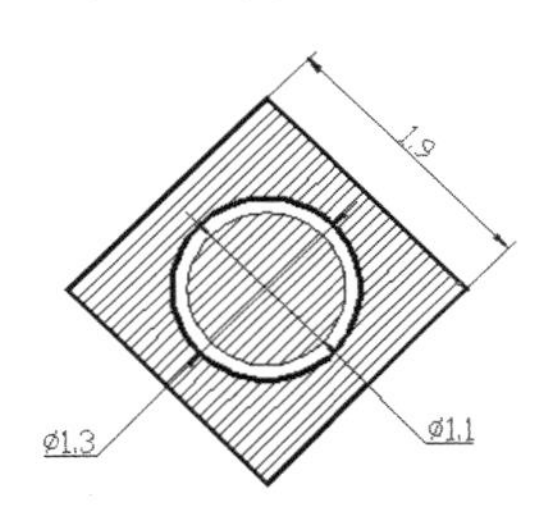

图 5-40　普通孤岛检测填充效果

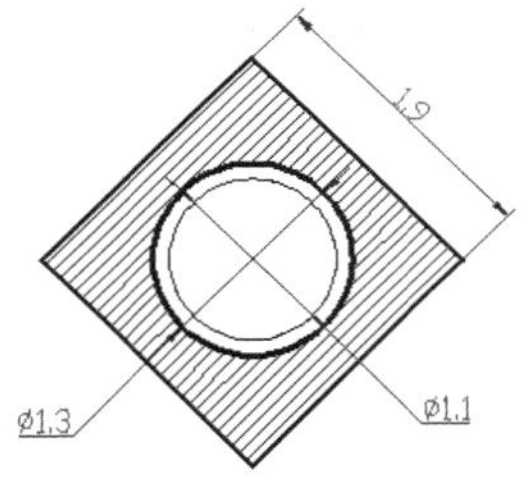

图 5-41　外部孤岛检测填充效果

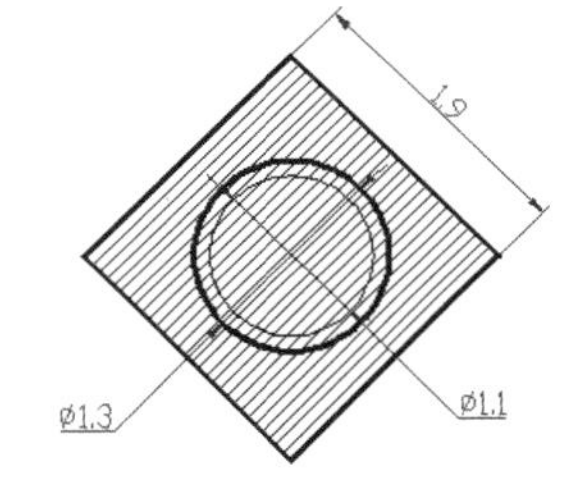

图 5-42　忽略孤岛检测填充效果

7）绘图次序

单击“至于边界之后”下拉按钮，在展开的下拉列表中包括 5 个功能按钮，即不指定、后置、前置、置于边界之后及置于边界之前，这些按钮用于指定图案填充的绘图顺序。

6.“关闭”面板

单击“关闭图案填充创建”按钮即可退出 HATCH 并关闭上下文选项卡。用户也可以按 Enter 键或 Esc 键退出 HATCH。

下面以填充书房地面为例，介绍图案填充及编辑图案填充的具体操作方法。

（1）在菜单栏中单击“文件”|“打开”命令，打开“卧室平面图”素材文件，如图 5-43 所示。

（2）在“常用”选项卡中单击“绘图”面板中的“图案填充”命令，打开“图案填充创建”选项卡，在“图案”面板中选择合适的图案，如图 5-44 所示。

（3）返回至绘图区中，拾取书房空间内部点，按回车键，完成图案填充操作，效果如图 5-45 所示。

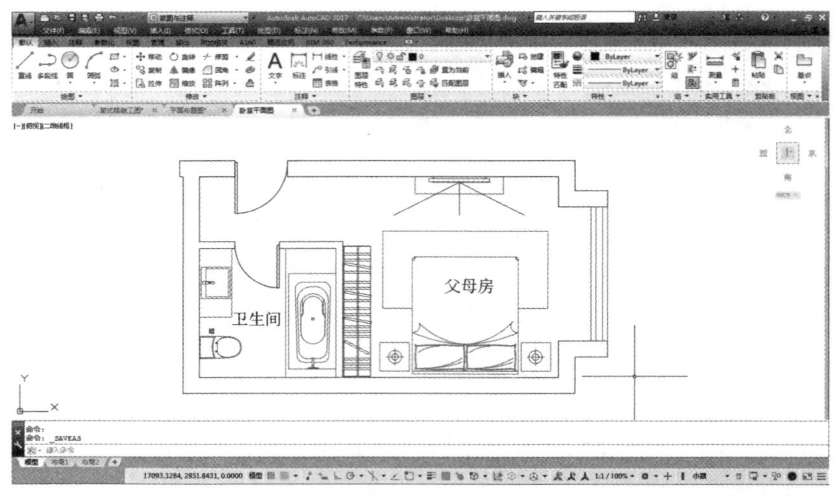

图 5-43　打开素材文件

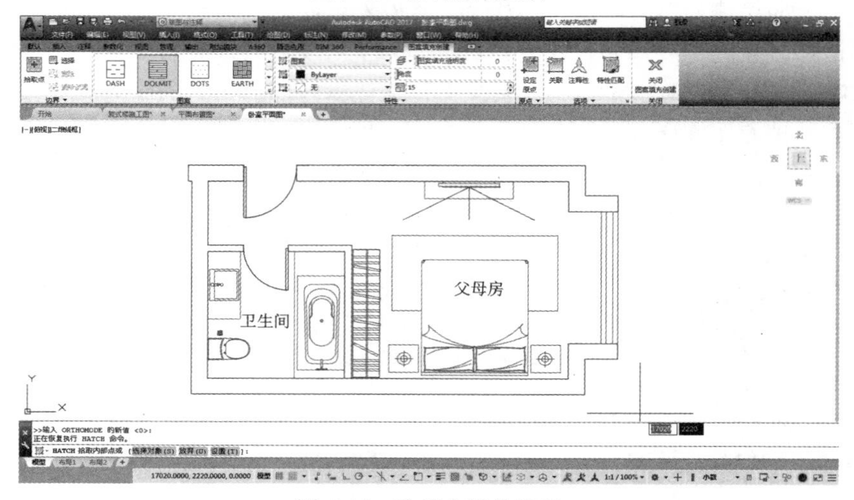

图 5-44　选择合适的图案

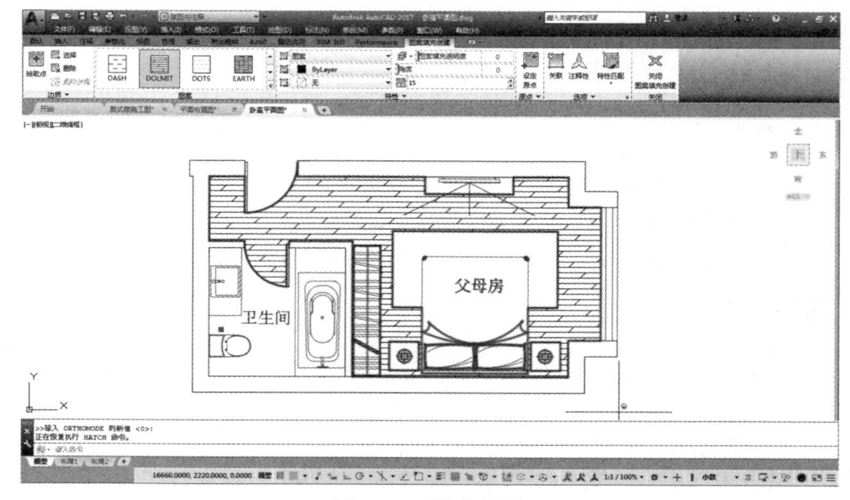

图 5-45　填充效果

（4）若对填充好的图案不满意，可直接在填充好的图案上单击，打开“图案填充编辑器”选项卡，在该选项卡的“特性”面板中设置，如设置填充图案比例为 40，按回车键预览修改效果，如图 5-46 所示。

（5）若对修改效果不满意，可在“特性”面板中重新设置填充图案的比例，这次设置比例值为 20，按回车键预览效果，满意后按 Esc 键退出编辑操作。图案填充最终效果如图 5-47 所示。

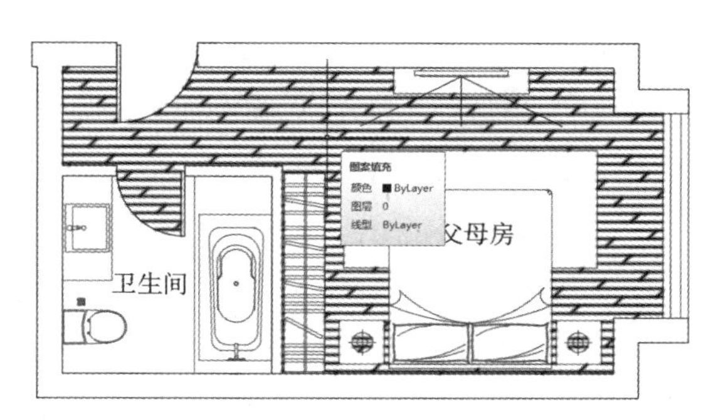

图 5-46　预览修改后的效果

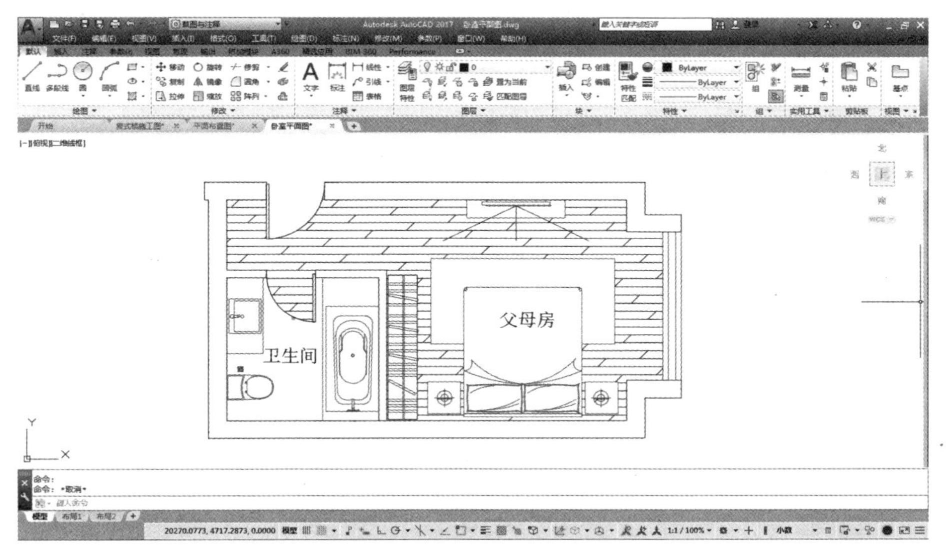

图 5-47　图案填充的最终效果

5.4.2　设置渐变色填充

为满足装潢、美工等图纸类型的需要，AutoCAD 软件在图案填充的基础上增加了渐变色图案填充功能，利用该功能可以对封闭区域进行渐变色填充，以形成比较好的颜色修饰效果。在中文版 AutoCAD 2017 中，调用“渐变色填充”命令有以下三种方法。

- 命令行：输入 GRADIENT 命令并按回车键。
- 菜单栏：单击“绘图”|“渐变色”命令。
- 功能区：选择“常用”选项卡，单击“绘图”面板中的“渐变色”按钮。

使用以上任意一种方法调出该命令后，将打开“图案填充创建”选项卡，在该选项卡中可以通过设置颜色类型、填充样式及方向，以获得多彩的渐变色填充效果。该选项卡中除了“特性”面板中相应的选项设置方法有所改变，其他各功能选项的设置方法与图案填充的选项完全相同，本小节将具体介绍渐变色填充的设置方法。

小提示：用户也可以通过执行 BHATCH 命令，在打开的“图案填充创建”选项卡中，单击“特性”面板中的“图案填充类型”下拉按钮，并在其下拉列表中选择“渐变色”类型，将“图案填充”选项卡切换至“渐变色”选项卡。

1. 单色设置

单色填充是指从较深着色到较浅色调平滑过渡的单色填充。下面以填充“油烟机立面图”为例，介绍单色渐变色填充的具体操作方法。

（1）打开“油烟机”素材文件，单击“渐变色”命令，打开“图案填充创建”选项卡，如图 5-48 所示。

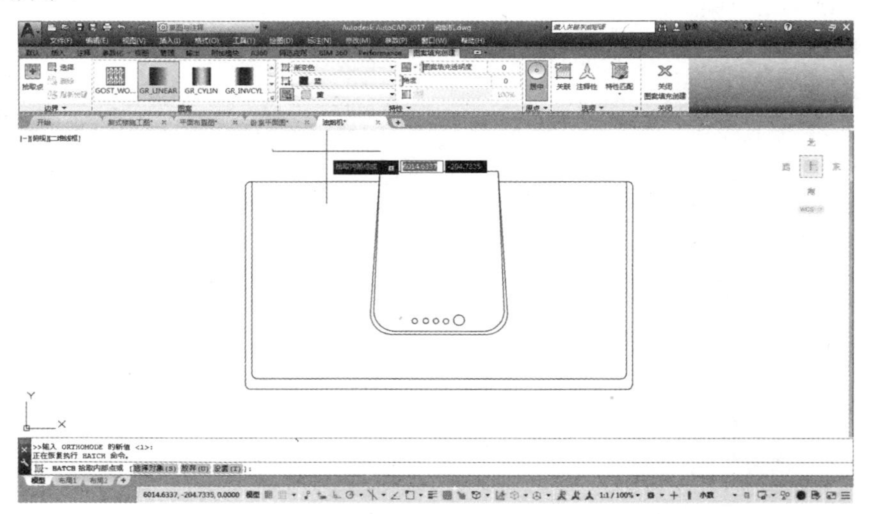

图 5-48 “图案填充创建”选项卡

（2）在“特性”面板中关闭“渐变色 2”选项，单击“渐变色 1”下拉按钮，在其下拉列表中选择一种合适的颜色进行填充，如图 5-49 所示。

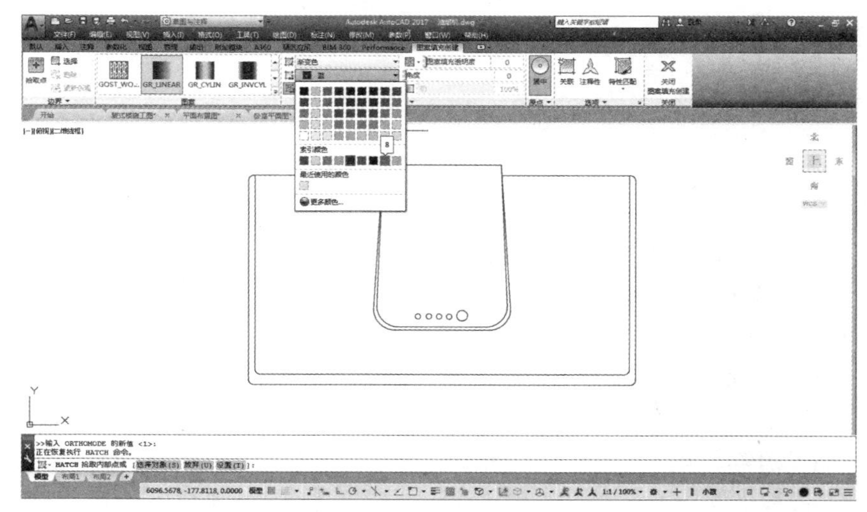

图 5-49 选择合适的颜色

如果此列表中没有用户需要的颜色，可以选择“选择颜色”选项，在打开的“选择颜色”对话框中，选择合适的颜色类型，单击“确定”按钮返回至绘图窗口，如图 5-50 所示。

（3）在“图案填充创建”选项卡的“图案”面板中选择合适的图案，如图 5-51 所示。

（4）连续拾取油烟机空间内部点，按回车键即可完成渐变色的填充，效果如图 5-52 所示。

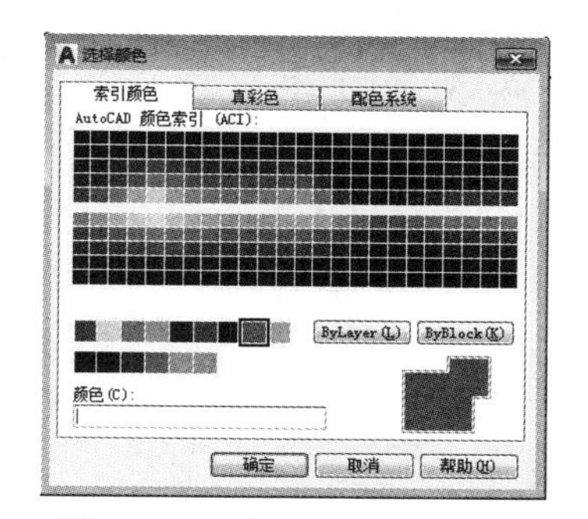

图 5-50　“选择颜色”对话框

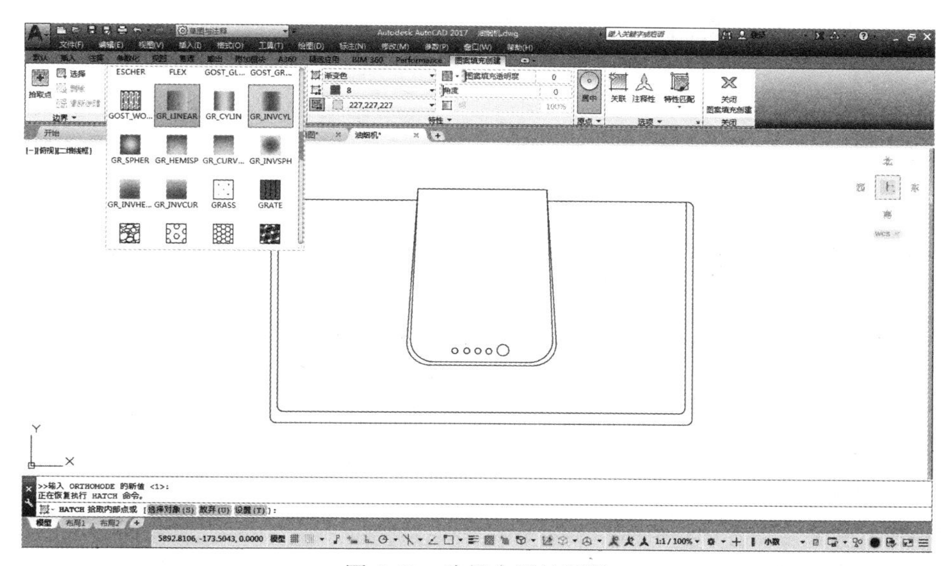

图 5-51　选择合适的图案

2. 双色设置

双色填充是指由两种颜色平滑过渡形成的渐变填充。其设置方法与单色渐变色填充设置方法类似，不同的是双色填充需要在“特性”面板中启用“颜色 2”选项，并且用户可以分别在“颜色 1”和“颜色 2”选项中选择合适的填充颜色对图形进行渐变色填充。双色填充效果如图 5-53 所示。

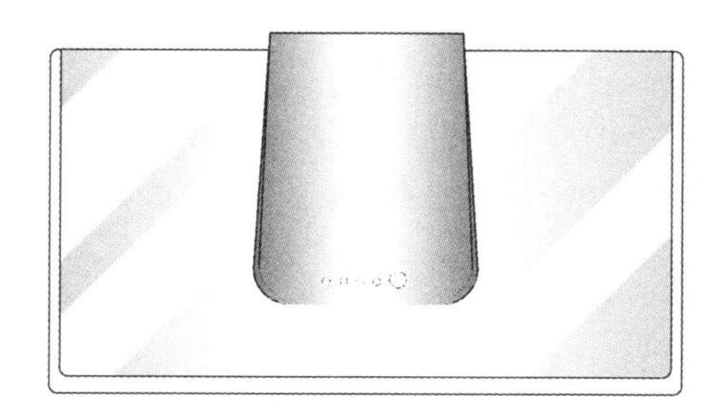
图 5-52　单色填充效果

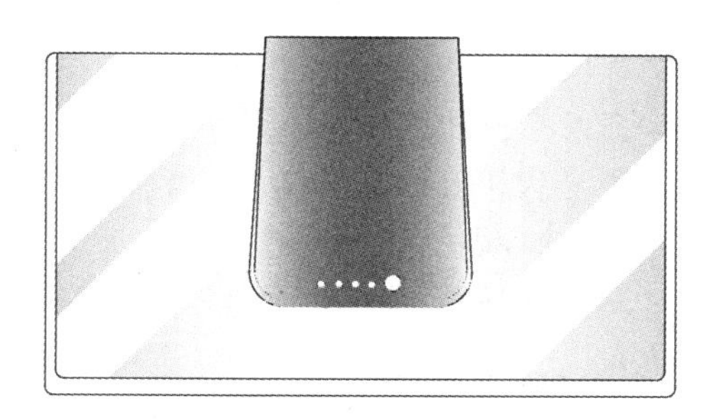
图 5-53　双色填充效果

5.4.3 自定义图案文件

在 AutoCAD 绘图中，“图案填充”命令的使用较为频繁。AutoCAD 自带的图案库虽然样式丰富，但有时仍不能满足需要，这时用户可以自定义图案来进行填充。

单击“工具”|“选项”命令，打开“选项”对话框，选择“文件”选项卡，单击“支持文件搜索路径”前的⊞按钮，展开子菜单，以查看 AutoCAD 的图案文件路径，如图 5-54 所示。

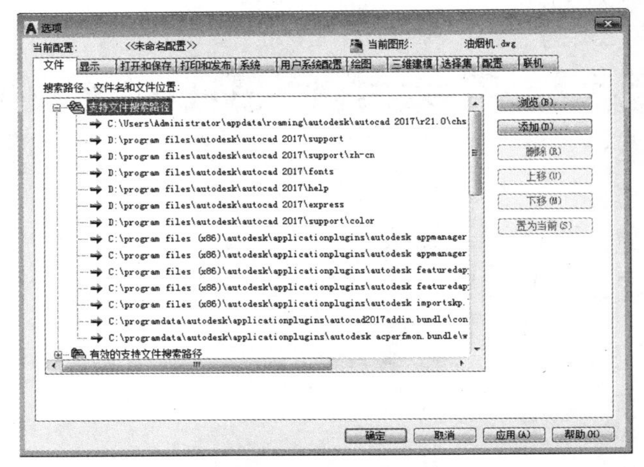

图 5-54 “选项”对话框

在“我的电脑”中按路径找到第一行或者第二行的“support”文件夹并打开，把要添加的填充图案文件复制到这个文件夹里，或者在“文件”选项卡中单击“添加”按钮，添加保存填充图案文件的路径。这样在填充时就会多一个自定义填充图案的选项卡，选择其中的填充图案即可用来进行填充。

5.5 查看图形信息

在创建图形时，系统不仅在屏幕上显现该图形，同时还会建立关于该对象的一组数据，并将其保存到图形数据库中。这些数据不仅包括对象的层、颜色和线型等信息，而且还包含对象的 X、Y、Z 坐标值等属性，如圆心或直线端点坐标等。

在绘图操作或管理图形文件时，经常需要从各种图形对象获取各种信息，通过查询对象，便可从其数据中获取大量有用的信息。在中文版 AutoCAD 2017 中，调用“查询命令”通常有以下两种方法。

- 菜单栏：单击“工具”|“查询”菜单中的子命令。
- 功能区：选择“常用”选项卡，单击“实用工具”面板中的“测量”下拉按钮 ▾，在其下拉列表中选择相应的子命令。

5.5.1　查询距离和角度

在绘制、编辑和查看建筑图形时，可以通过 AutoCAD 提供的距离和角度功能对指定线性对象进行测量，以获得必要的图形信息。

1. 测量距离

测量距离是指测量两点之间的距离，适用于二维和三维空间距离的测量。测量距离的具体操作方法如下。

（1）单击“工具”|“查询”|“距离”命令，在绘图区中选取对象的两个点，即可查看该对象的距离值，如图 5-55 所示。

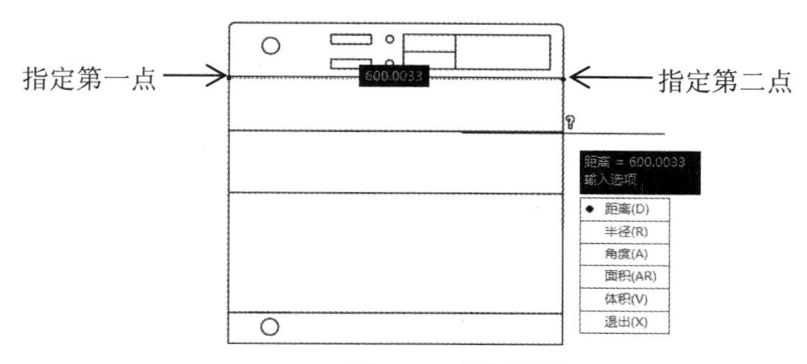

图 5-55　测量距离

（2）按 Esc 键即可完成测量距离操作。此时系统将在命令行或 AutoCAD 文本窗口中显示这两点之间的距离值，命令行选项如下。

```
命令: _MEASUREGEOM
输入选项 [距离(D)/半径(R)/角度(A)/面积(AR)/体积(V)] <距离>: _distance
指定第一点:
指定第二个点或 [多个点(M)]:
距离 = 24758.9706, XY 平面中的倾角 = 0,   与 XY 平面的夹角 = 0
X 增量 = 24758.9706,   Y 增量 = 0.0000,   Z 增量 = 0.0000
输入选项 [距离(D)/半径(R)/角度(A)/面积(AR)/体积(V)/退出(X)] <距离>: *取消*
```

2. 测量角度

“角度”工具测量是指定的圆弧、圆、直线或顶点的角度。测量角度包括两种方式，如果测量两点虚构线在 XY 平面内的夹角，则适用于二维和三维空间测量；如果测量两点虚构线与 XY 平面的夹角，则仅适用于三维空间。测量角度的具体操作方法如下。

（1）单击“工具”|“查询”|“角度”命令。在绘图区中选取两条直线作为角度参照线，即可查看到该对象的角度值，如图 5-56 所示。

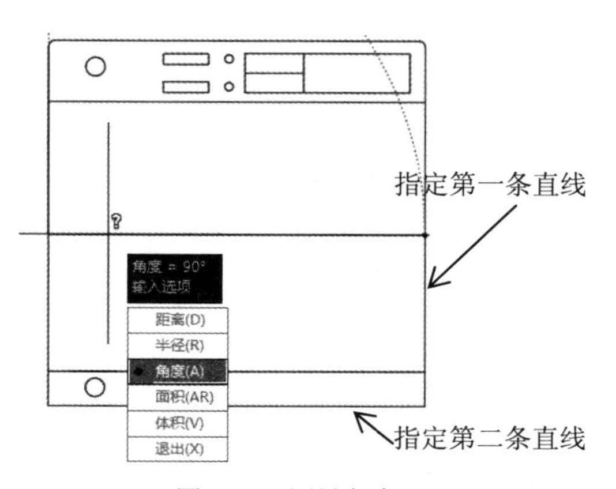

图 5-56　测量角度

（2）按 Esc 键完成测量角度操作。此时系统将在命令行或 AutoCAD 文本窗口中显示这两点之间的角度值，命令行选项如下。

```
命令: _MEASUREGEOM
输入选项 [距离(D)/半径(R)/角度(A)/面积(AR)/体积(V)] <距离>: _angle
选择圆弧、圆、直线或 <指定顶点>:
选择第二条直线:
角度 = 45°
输入选项 [距离(D)/半径(R)/角度(A)/面积(AR)/体积(V)/退出(X)] <角度>: *取消*
```

5.5.2 查询半径

在中文版 AutoCAD 2017 中新增了半径测量功能，在绘制、编辑和查看图形时，使用该功能可显示选定的弧或圆的半径。测量半径的具体操作方法如下。

（1）单击“工具”|“查询”|“半径”命令，在绘图区中选择“地拼图块”图形中最外边的圆，单击即可查看到该对象的圆心点、半径和直径提示信息，如图 5-57 所示。

（2）按 Esc 键完成测量半径操作。此时系统将在命令行或 AutoCAD 文本窗口中显示出该圆的半径和直径值，命令行选项如下：

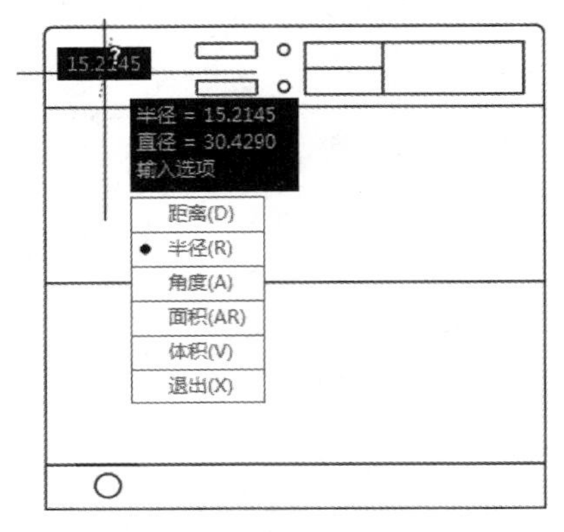

图 5-57 测量半径

```
命令: _MEASUREGEOM
输入选项 [距离(D)/半径(R)/角度(A)/面积(AR)/体积(V)] <距离>: _radius
选择圆弧或圆:
半径 = 13577.5000
直径 = 27155.0000
输入选项 [距离(D)/半径(R)/角度(A)/面积(AR)/体积(V)/退出(X)] <半径>: *取消*
```

5.5.3 查询面积、周长和体积

确定图形的面积、周长和体积操作是为了方便设计者了解图形信息。对于确定的对象面积和周长，如果对象为圆、矩形或封闭的多线段等图形，可以直接选取对象的测量面积和周长；如果对象为线段、圆弧等元素组成的封闭图形，则可以通过选取点来测量（多点之间以直线连接，且最后一点和第一点形成封闭图形）。

1. 测量面积与周长

单击“面积”命令，可以求若干个点为顶点的多边形区域，或由指定对象所围成区域的面积与周长，还可以进行面积的加、减运算。测量面积的具体操作方法如下。

（1）在“测量”下拉列表中单击“面积”命令，在绘图区中依次选取封闭图形的顶点，按 Enter 键后，即可显示出所选取图形的面积和周长测量结果，如图 5-58 所示。

（2）按 Esc 键结束操作。此时系统将在命令行或 AutoCAD 文本窗口中显示该对象的面积和周长值。

命令行选项如下。

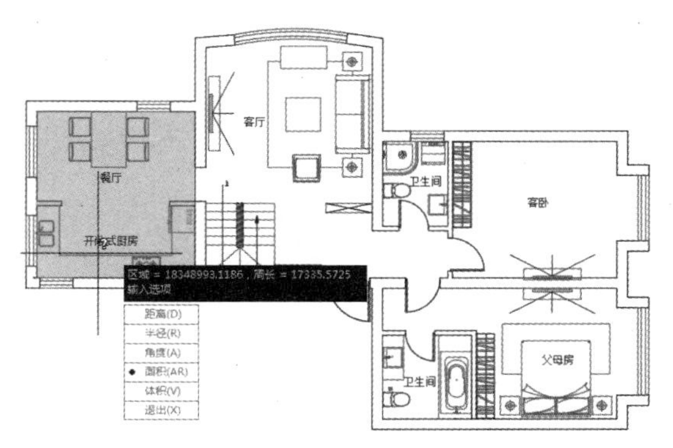

图 5-58　确定对象的面积和周长

```
命令: _MEASUREGEOM
输入选项 [距离(D)/半径(R)/角度(A)/面积(AR)/体积(V)] <距离>: _4area
指定第一个角点或 [对象(O)/增加面积(A)/减少面积(S)/退出(X)] <对象(O)>:
指定下一个点或 [圆弧(A)/长度(L)/放弃(U)]:
指定下一个点或 [圆弧(A)/长度(L)/放弃(U)]:
指定下一个点或 [圆弧(A)/长度(L)/放弃(U)/总计(T)] <总计>:
指定下一个点或 [圆弧(A)/长度(L)/放弃(U)/总计(T)] <总计>:
指定下一个点或 [圆弧(A)/长度(L)/放弃(U)/总计(T)] <总计>:
指定下一个点或 [圆弧(A)/长度(L)/放弃(U)/总计(T)] <总计>:
指定下一个点或 [圆弧(A)/长度(L)/放弃(U)/总计(T)] <总计>:
区域 = 33992400.0000, 周长 = 23960.0000
输入选项 [距离(D)/半径(R)/角度(A)/面积(AR)/体积(V)/退出(X)] <面积>: *取消*
```

2. 测量体积

单击“体积”命令，选取需测量对象的面积和高度，即可显示该三维实体对象的体积。“体积”命令仅适用于三维空间。测量体积的具体操作方法如下。

（1）将 AutoCAD 空间设置为“三维建模”空间模式，单击“常用”|“建模”|“长方体”命令，绘制一个长方体。在菜单栏中单击“工具”|“查询”|“体积”命令，在绘图区中依次选取所测量对象的各个边界点，如图 5-59 所示。

（2）按回车键并指定所测量对象的高度端点，即可显示该对象的体积测量结果，如图 5-60 所示。

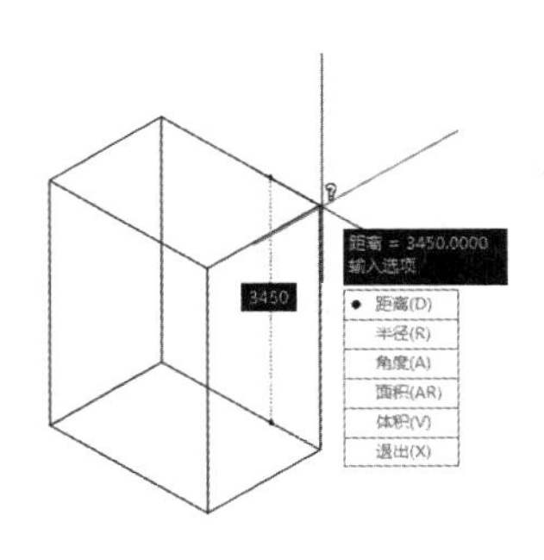

图 5-59　选取面积图

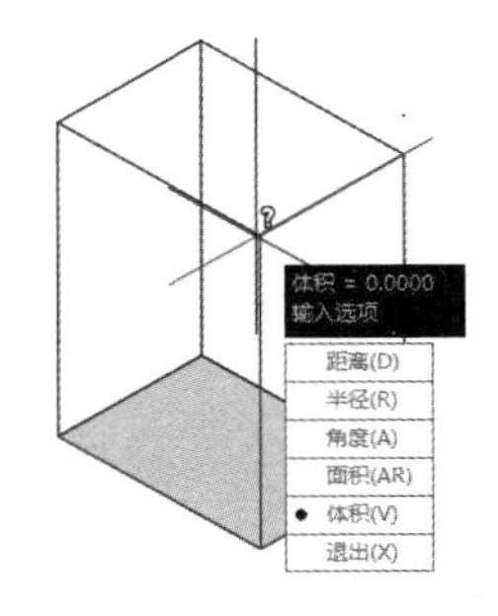

图 5-60　获取对象体积信息

（3）按 Esc 键结束操作。此时系统将在命令行或 AutoCAD 文本窗口中显示该对象的体积值。

命令行选项如下。

```
命令: _MEASUREGEOM
输入选项 [距离(D)/半径(R)/角度(A)/面积(AR)/体积(V)] <距离>: _volume
指定第一个角点或 [对象(O)/增加体积(A)/减去体积(S)/退出(X)] <对象(O)>:
指定下一个点或 [圆弧(A)/长度(L)/放弃(U)]:
指定下一个点或 [圆弧(A)/长度(L)/放弃(U)]:
指定下一个点或 [圆弧(A)/长度(L)/放弃(U)/总计(T)] <总计>:
指定下一个点或 [圆弧(A)/长度(L)/放弃(U)/总计(T)] <总计>:
指定下一个点或 [圆弧(A)/长度(L)/放弃(U)/总计(T)] <总计>:
指定高度:
体积 = 11505.6480
输入选项 [距离(D)/半径(R)/角度(A)/面积(AR)/体积(V)/退出(X)] <体积>: *取消*
```

5.5.4 查询质量特性

单击“面域/质量特性”命令，可以计算并显示面域或实体的质量特性。在中文版 AutoCAD 2017 中，调用“面域/质量特性”命令有以下两种方法。

➢ 在命令行中输入 MASSPROP 命令并按回车键。

➢ 在菜单栏中单击“工具”|“查询”|“面域/质量特性”命令。

使用以上任意一种方法调出该命令后，选取要查询的图形对象，按回车即可查询出该对象的面域或质量特性。具体操作方法如下。

（1）打开“床头柜.dwg”素材文件，在命令行中输入 MASSPROP 命令并按回车键，根据命令行提示，通过指定角点选择床头柜实例，如图 5-61 所示。

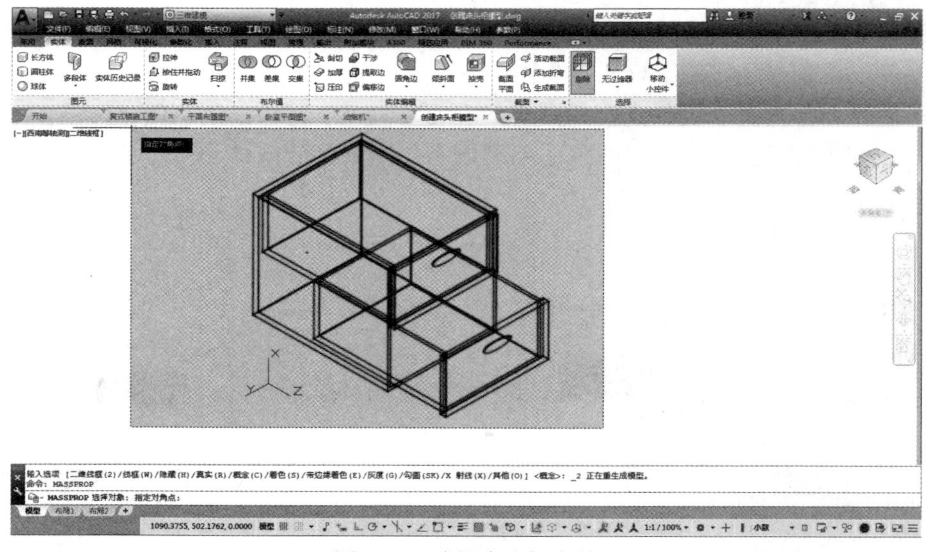

图 5-61　选择床头柜实体

（2）选择对象完成后，按回车键，弹出 AutoCAD 文本窗口，显示实体的质量特性，如图 5-62 所示。

（3）继续按回车键，显示其余特性，如图 5-63 所示。

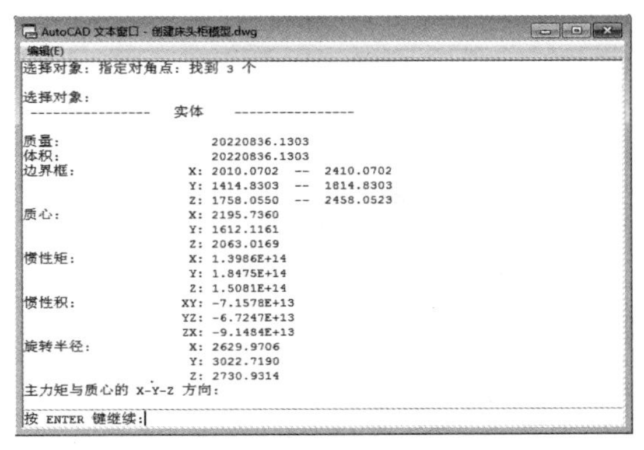

图 5-62　“文本窗口”显示质量特性

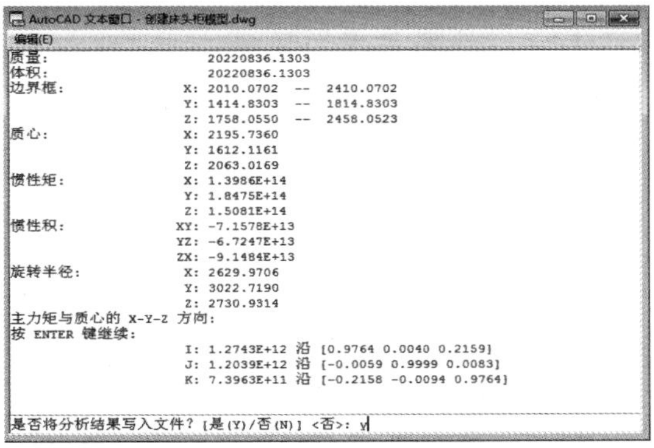

图 5-63　显示其余信息

（4）输入字母 Y 并按回车键，打开“创建质量与面积特性文件”对话框，单击“保存”按钮，将信息保存成文件，如图 5-64 所示。

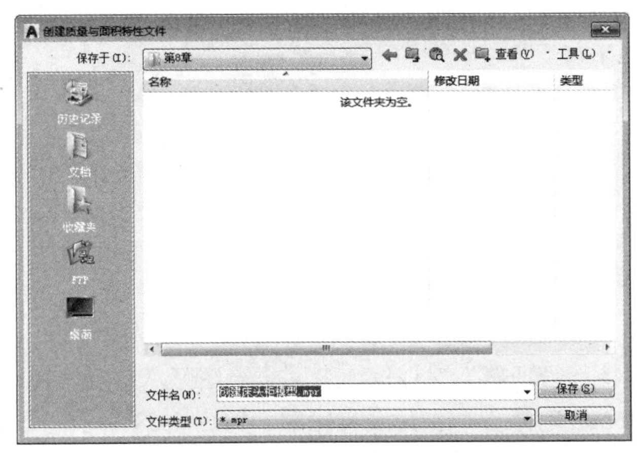

图 5-64　“创建质量与面积特性文件”对话框

5.6　动手操作——绘制时尚餐桌餐椅组合

餐桌的选择可根据居室的面积和整体风格来进行。餐桌的形状对家居的氛围有一定影响，长方形的餐桌更适用于较大型的聚会；而圆形餐桌令人感觉更有民主气氛；不规则桌面，如像一个“逗号”形状的，则更适合两人小天地使用，显得温馨自然；另有可折叠样式的，使用起来比固定式的更灵活。

下面以绘制时尚餐桌餐椅为例，介绍创建图层和填充图形的实际应用，具体操作方法如下。

（1）执行“格式”|“图层”命令，打开“图层特性管理器”对话框，在该对话框中单击“新建”按钮，创建“图层 1”。此时“图层 1”为选中状态，在“名称”栏输入“餐桌”，如图 5-65 所示。

（2）按回车键完成图层的创建，其余特性不变。继续单击“新建”按钮，创建出“填充”图层，如图 5-66 所示。

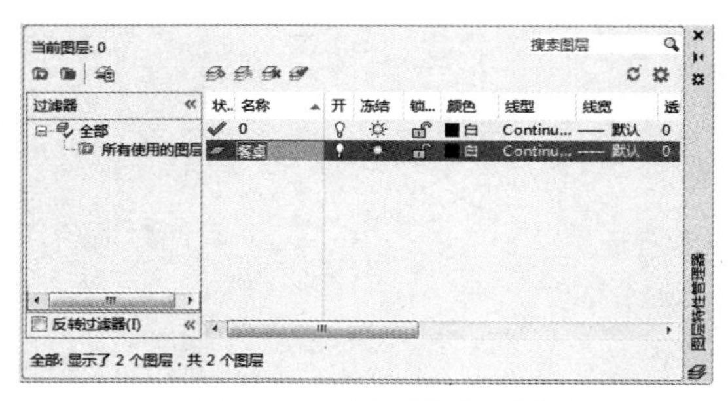

图 5-65　创建“餐桌”图层

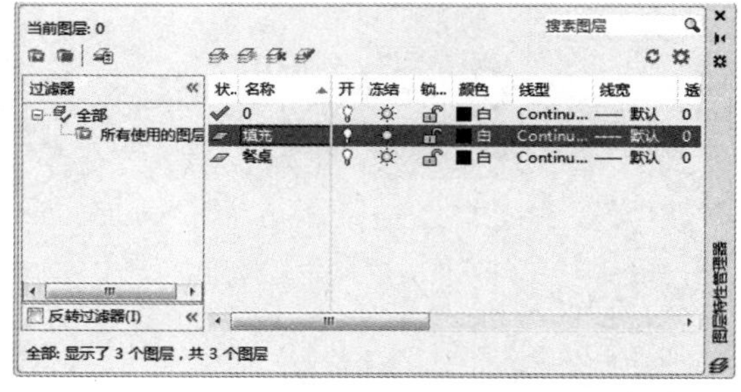

图 5-66　创建“填充”图层

（3）选中“餐桌”图层，单击“置为当前”按钮，将该图层设置为当前工作图层，然后单击“关闭”按钮，如图 5-67 所示。

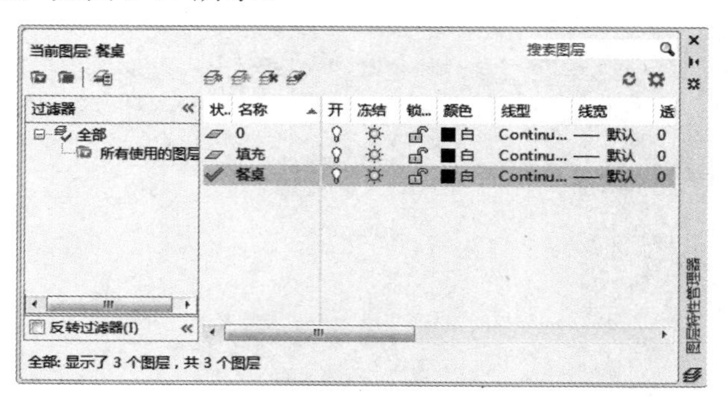

图 5-67　设置当前图层

（4）关闭“图层特性管理器”对话框，返回至绘图区，单击“矩形”命令，绘制一个长 1 500 mm、宽 800 mm 的矩形，作为餐桌轮廓，如图 5-68 所示。

（5）单击“圆角”命令，设置圆角半径为 50 mm，将矩形的四个角进行圆角处理，然后单击“偏移”命令，设置偏移距离为 20 mm，将矩形向内偏移，结果如图 5-69 所示。

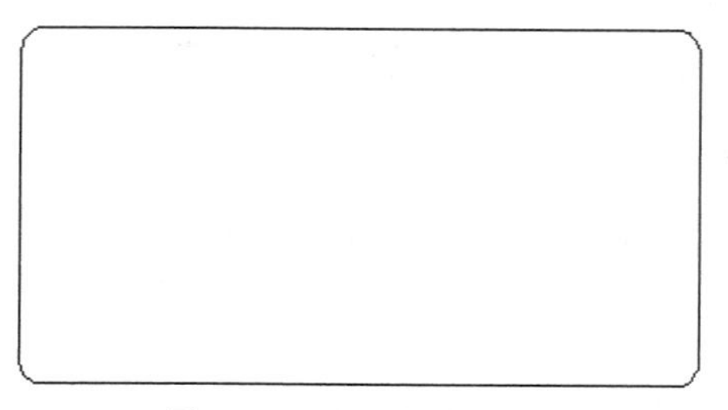

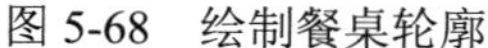

图 5-68　绘制餐桌轮廓

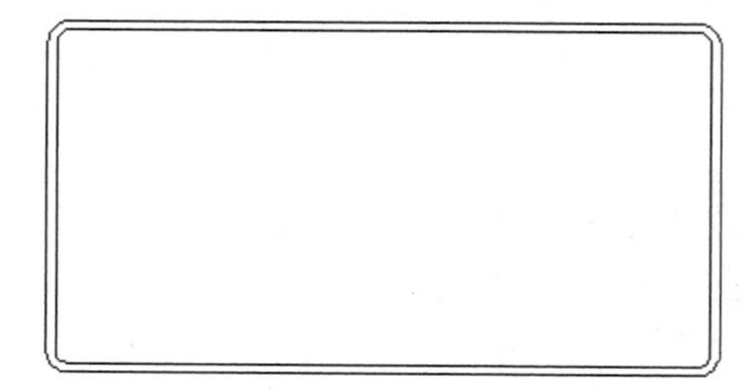

图 5-69　偏移矩形

（6）单击“矩形”命令，绘制一个长 450 mm、宽 360 mm 的矩形，作为餐椅坐垫的轮廓。单击“圆角”命令，设置其圆角半径为 50 mm，将矩形的四个角进行圆角处理，如图 5-70 所示。

（7）单击“矩形”命令，绘制一个长 490 mm、宽 25 mm 的矩形，作为餐椅靠背。单击“分解”命令，将矩形进行分解，再单击“偏移”命令，将矩形上边的线段依次向上偏移 10 mm、65 mm，绘制出辅助线，结果如图 5-71 所示。

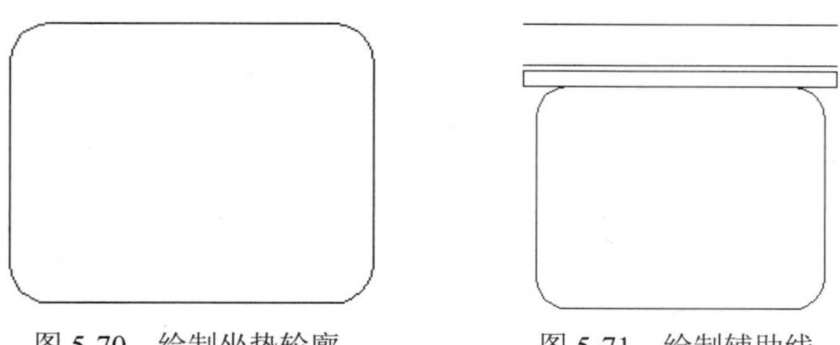

图 5-70　绘制坐垫轮廓　　　　图 5-71　绘制辅助线

（8）单击“三点圆弧”命令，依次捕捉矩形上边线段的左端点、直线的中点、线段的右端点，绘制出两条弧线，如图 5-72 所示。

（9）删除辅助线和多余的线条，单击“圆角”命令，设置圆角半径为 20 mm，将矩形下边的两个角进行圆角处理，如图 5-73 所示。

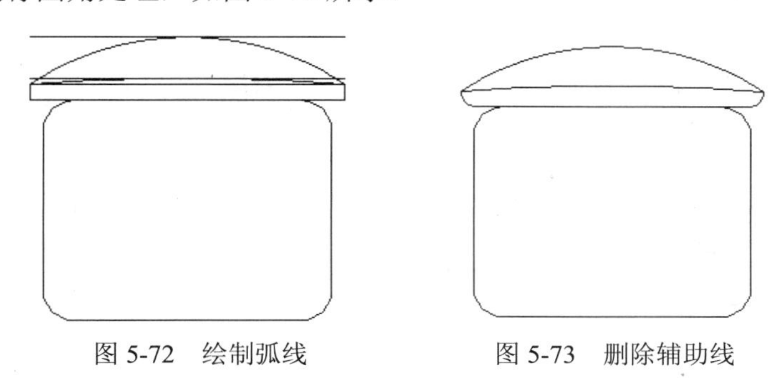

图 5-72　绘制弧线　　　　图 5-73　删除辅助线

（10）单击“复制”命令，复制出两把椅子，并将其放置到餐桌旁的合适位置，单击“镜像”命令，以餐桌左边线中心点为镜像点，将其镜像复制，结果如图 5-74 所示。

（11）继续单击“复制”命令，复制出一把椅子，然后单击“旋转”命令，将该餐椅进行 90° 旋转，并将其放置到餐桌左侧，再单击“镜像”命令，在餐桌的右侧镜像复制出一把椅子，结果如图 5-75 所示。

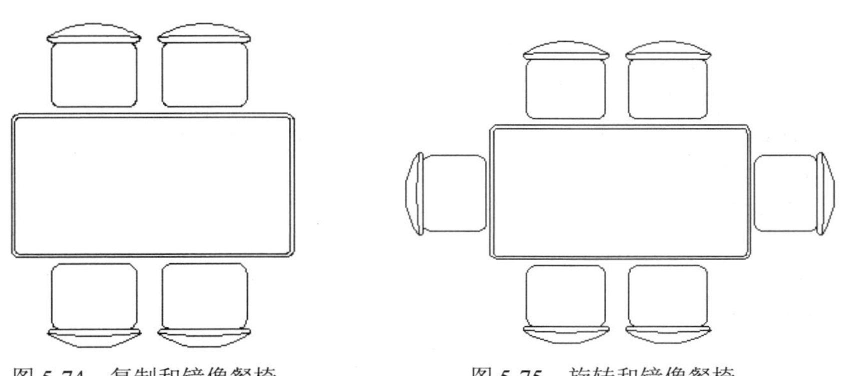

图 5-74　复制和镜像餐椅　　　　图 5-75　旋转和镜像餐椅

（12）单击“矩形”命令，绘制一个长 1 500 mm、宽 580 mm 的矩形，作为餐桌布。单击“分解”命令，将该矩形分解，单击“偏移”命令，将矩形上下边线分别向内偏移 40 mm，单击“修剪”命令，将多余的线条删除，结果如图 5-76 所示。

（13）单击“图案填充”命令，为餐桌布添加合适图案，并设置好比例和角度，最后将多余的线段删除。餐桌餐椅组合的最终绘制效果如图 5-77 所示。

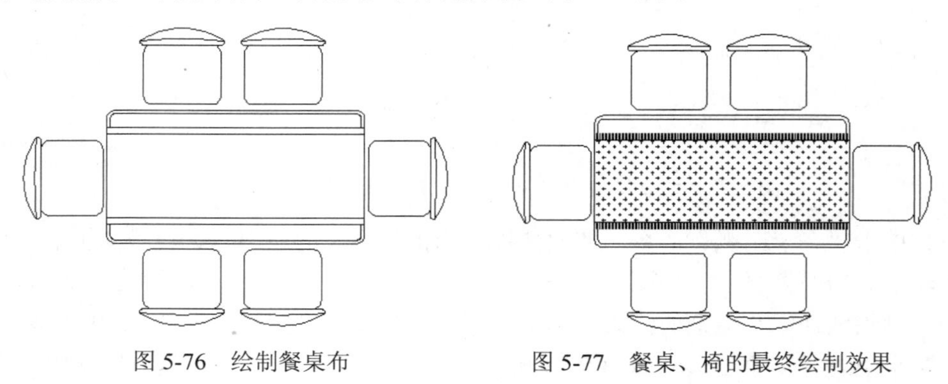

图 5-76　绘制餐桌布　　　　图 5-77　餐桌、椅的最终绘制效果

5.7　上机练习——绘制电视背景墙

电视背景墙是居室背景墙装饰的重点之一，在背景墙设计中占有重要地位。电视背景墙设计通常是为了弥补家居空间电视区背景墙的空旷感，同时起到修饰作用。

 **参照效果：**

电视背景墙立面图效果如图 5-78 所示。

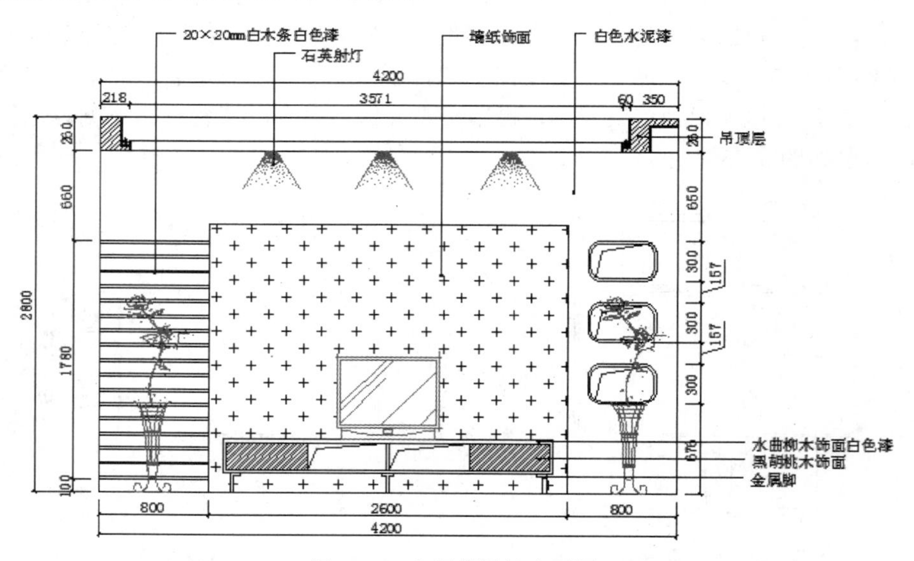

图 5-78　电视背景墙立面图

主要步骤：

（1）单击“直线”命令，绘制长 4200 mm、宽 2800 mm 的矩形作为客厅立面轮廓；然

后单击“偏移”命令，将矩形上边线向下偏移 260 mm 作为吊顶层，再将该线段依次向上偏移 10 mm、30 mm、10 mm、30 mm、120 mm、10 mm；接着将矩形右边线依次向左偏移 200 mm、220 mm，将矩形左边线向右偏移 220 mm，然后设置偏移距离分别为 10 mm、140 mm、10 mm、60 mm、10 mm，将偏移 220 mm 的两条线段依次向左和向右进行偏移。

（2）单击“修剪”命令，修剪顶面造型，然后单击“图案填充”命令，填充顶面，接着单击“圆心，半径”命令，绘制半径分别为 124 mm 和 144 mm 的两个同心圆，再单击“直线”命令，通过圆心绘制两条互相垂直的线段，最后单击“镜像”命令，镜像复制出筒灯。

（3）单击“偏移”命令，将矩形下边线向上偏移 2000 mm，再设置偏移距 800 mm，将左边和右边线段分别向内进行偏移，接着修剪掉多余的线段。单击“矩形”命令，在图形最下边线段的 100 mm 处，绘制尺寸为 800mm×20mm 的矩形，单击“矩形阵列”命令，设置列数为 1，行数为 20，行间距为 90，将矩形进行阵列复制。

（4）单击“矩形”命令，绘制尺寸为 500mm×300mm 的矩形。单击“圆角”命令，设置圆角半径为 100 mm，将该矩形进行圆角处理，再单击“直线”命令，在矩形内绘制直线，单击“偏移”命令，将倒圆角后的矩形向内偏移 20 mm，最后单击“复制”命令，复制矩形。

（5）单击“插入”|“块”命令，插入电视柜、射灯、电视机和花盆等模型。单击“图案填充”命令，填充背景墙；单击“多重引线”命令，为图形添加材料标注；最后单击“线性标注”命令，为图形进行尺寸标注。

□□□□□□□□□□□□

第 6 章　图块、外部参照及设计中心

在用 AutoCAD 2017 绘制图形时，如果图形中有大量相同或相似的内容，或者所绘制的图形与已有的图形文件相同，可以把需要重复绘制的图形创建成块（也称为图块），并根据需要为块创建属性，指定块的名称、用途及设计等信息，以便在需要时直接将块插入到图形中，从而提高绘图效率。本章将介绍图块、外部参照及设计中心的相关内容。

本章学习要点：

- 了解图块的概述及特点
- 创建和插入图块
- 创建和编辑属性图块
- 创建动态块
- 了解外部参照的应用
- 了解 AutoCAD 设计中心的应用

6.1　图块的概述及特点

在绘制建筑图形时，常常需要大量重复绘制门、窗等相同或相似的构件。在中文版 AutoCAD 2017 中，用户可以将重复利用的对象组合在一起，形成一个块对象，并指定相应的名称将其保存，积累形成自己的图形库，以后需要用到相同的元素时可以随时插入到图形中而不必重新绘制。

6.1.1　图块的概述

图块是一个或多个对象组成的对象集合，常参与绘制复杂、重复的图形。一旦对象组合成块，就可以根据绘制需要将这组对象插入到图中的任意指定位置，而且还可以按不同的比例和旋转角度插入。

在 AutoCAD 中，每个对象都具有诸如颜色、线型、线宽和图层等特性。当生成块时，可把处于不同图层上的具有不同颜色、线型和线宽的对象定义为块，使块中的对象仍保持原来的图层和特性信息。如果该块被插入其他图形中，这些特性也会随之插入，但是，根据块中对象属性的不同，系统将进行不同的处理。

6.1.2　图块的特点

在 AutoCAD 中，通过创建图块可以提高绘图速度、节省存储空间、便于修改图形并能够为其添加属性。

➢ 提高绘图速度：在用中文版 AutoCAD 2017 绘制图形时，常常要绘制一些重复出现的图形。将需要重复出现的图形创建的图块，当再次需要用到时就可以将之插入到绘制的图形中，这样就把绘图变成了拼图，从而简化大量重复的工作，提高绘图速度。
➢ 节省存储空间：中文版 AutoCAD 2017 会保存绘图中每一个对象的相关信息，如对象的类型、位置、图层、线型及颜色等，这些信息需要占用存储空间。如果一幅图中包含有大量相同的图形，那么，把相同的图形事先定义成块来使用，将节省大量存储空间。
➢ 便于修改图形：建筑工程图纸往往需要多次修改。例如，在建筑设计中要修改标高符号的尺寸，若每一个标高符号都一一修改，既费时又不方便，但如果原来的标高符号是通过插入块的方法绘制的，则只要简单地对块进行再定义，就可对图中的所有标高进行修改。
➢ 可以添加属性：有些块还要求有文字信息来进一步解释其用途。中文版 AutoCAD 2017 允许用户为块创建这些文字属性，并可在插入块时指定是否显示这些属性。此外，还可以从绘图中提取这些信息并将其传送到数据库中。

6.2　创建和插入图块

在 AutoCAD 中，图块分为内部图块和外部图块两种。通过创建图块，用户可以将一个或多个图形对象定义为一个图块，并将图块作为单个对象插入到当前图形中的指定位置上，而且在插入时可以指定不同的缩放系数和旋转角度。

6.2.1　创建内部块

内部图块是随定义它的图形文件一起保存的，存储在图形文件内部，因此，只能在该图形文件中调用，而不能在其他图形文件中调用。在中文版 AutoCAD 2017 中，调用“创建内部图块”的命令通常有以下三种方法。

➢ 命令行：输 BLOCK 命令并按回车键。
➢ 菜单栏：单击“绘图”|“块”|“创建”命令。
➢ 功能区：选择“常用”选项卡，单击“块”面板中的“创建块”按钮。

使用以上任意一种方法调出该命令后，都将打开“块定义”对话框，如图 6-1 所示。

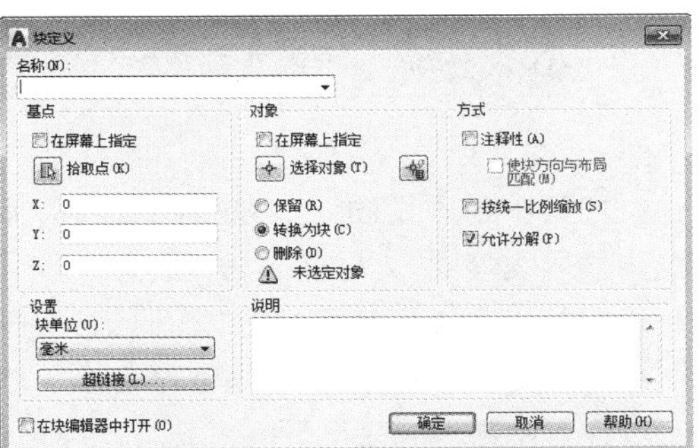

图 6-1　“块定义”对话框

在“块定义”对话框中，各主要选项组含义如下。

- 名称：该选项组用于指定块的名称。用户可以在下拉列表框中输入图块的名称，最多可以包含 255 个字符，其中包括字母、数字、空格等。当图形中包含多个图块时，可以在下拉列表框中选择已有的图块。
- 基点：该选项组用于指定图块的插入基点。系统默认图块的插入基点值为（0,0,0），用户可直接在 X、Y 和 Z 数值框中输入坐标相对应的数值，也可以单击“拾取点”按钮，切换到绘图区中指定基点。
- 对象：该选项组用于指定新图块中要包含的对象，以及创建块之后如何处理这些对象，如是否保留选定的对象，或者将其转换成图块实例等。
- 设置：该选项组用于指定图块的设置。
- 方式：该选项组中可以设置插入后的图块是否允许被分解、是否按统一比例缩放等。
- 在块编辑器中打开：选中该复选框，则当创建图块后，可在块编辑器窗口中进行“参数”“参数集”等选项的设置。
- 说明：该选项组用于指定图块的文字说明，在该文本框中，可以输入说明当前图块的内容。

下面以创建“双人床”图块为例，介绍创建内部图块的具体操作方法。

（1）在命令行中输入 OPEN 命令并按回车键，打开“双人床椅.dwg”素材文件，如图 6-2 所示。

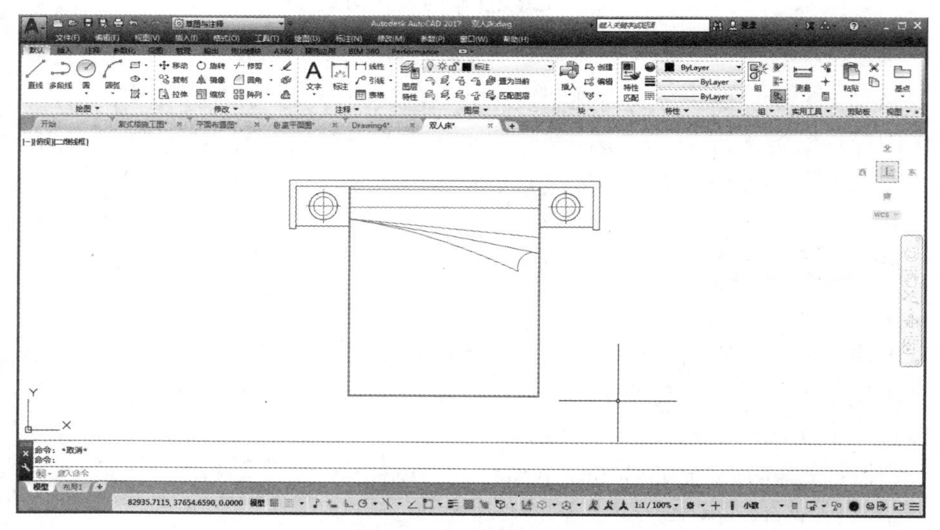

图 6-2　打开素材文件

（2）单击“绘图”|“块”|“创建”命令，打开“块定义”对话框，并在“名称”文本框中输入文字“双人床”，如图 6-3 所示。

（3）单击“选择对象”按钮，切换到绘图区，选择双人床图形，按回车键确认并返回至“块定义”对话框，此时“名称”选项后面将显示所选的图形，如图 6-4 所示。

（4）单击“拾取点”按钮，切换到绘图区，捕捉双人床的某一端点作为图块的基点，如图 6-5 所示。

（5）返回至“块定义”对话框，单击“确定”按钮，即可完成双人床图块的创建。选择绘图区中的双人床图形，可预览到图块为夹点显示状态，如图 6-6 所示。

图 6-3 “块定义”对话框

图 6-4 显示所选的图形

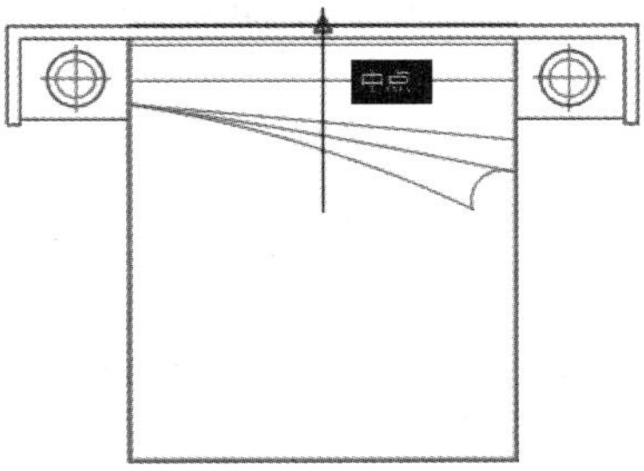

图 6-5 捕捉基点

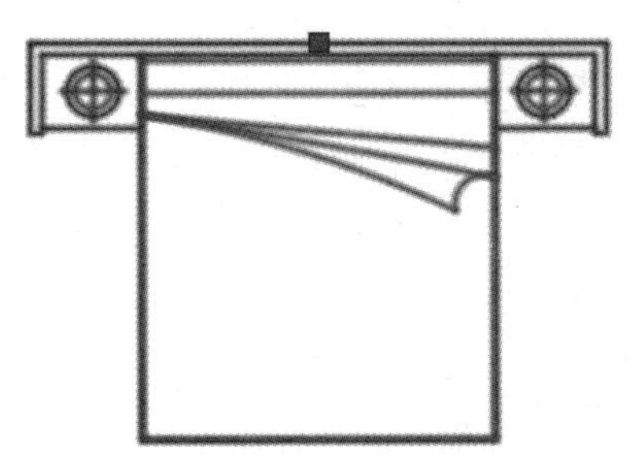

图 6-6 完成图块的创建

小提示： 在“块定义”对话框中选中“在块编辑器中打开”复选框，再单击“确定”按钮后，可以在块编辑器中打开当前定义的块。

6.2.2 创建外部块

外部图块是以文件的形式保存在本地磁盘中，用户可根据绘图的需要，随时将外部图块调用到其他图形文件中。在中文版 AutoCAD 2017 中，调用“创建外部图块”的命令有以下两种方法。

- 命令行：输 WBLOCK 命令并按回车键。
- 功能区：选择“插入”选项卡，单击“块定义”面板中的“写块”按钮。

使用以上任意一种方法调出该命令后，都将打开“写块”对话框，如图 6-7 所示。

该对话框提供了三种指定源文件的方式。如果选择“块”单选按钮，表示选择新文件由块创建，此时在右侧下拉列表框中指定块，并在“目标”选项组中指定一个图形名称及其具体位置即可；如果选择“整个图形”单选按钮，则表示系统将使用当前的全部图形创建一个新的图形文件；如果选择“对象”单选按钮，则选择一个或多个对象以输出到新的图形中。

下面以创建“餐桌组合”图块为例，介绍创建外部图块的具体操作方法。

（1）打开“餐桌组合.dwg”素材文件后，在命令行中输入 WBLOCK 命令并按回车键，打开“写块”对话框，单击“选择对象”按钮，在绘图区中框选餐桌组合图形，如图 6-8 所示。

图 6-7 “写块”对话框

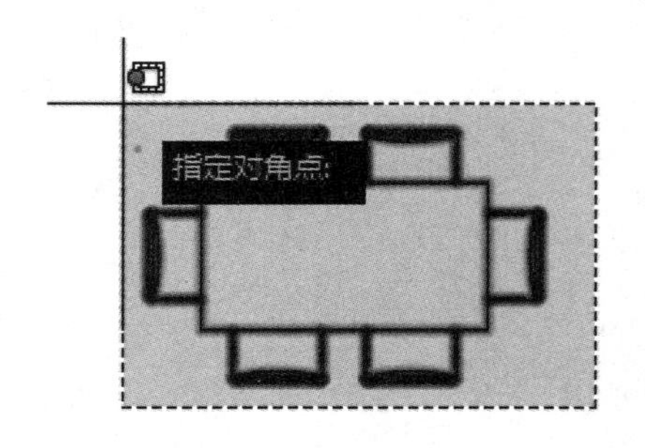

图 6-8 框选图形对象

（2）按回车键确认并返回至“写块”对话框，然后在“基点”选项组中，单击“拾取点”按钮，如图 6-9 所示。

（3）在绘图区中捕捉餐桌组合图形的某一端点作为图块基点，完成基点的捕捉操作，返回对话框，如图 6-10 所示。

图 6-9 单击“拾取点”按钮

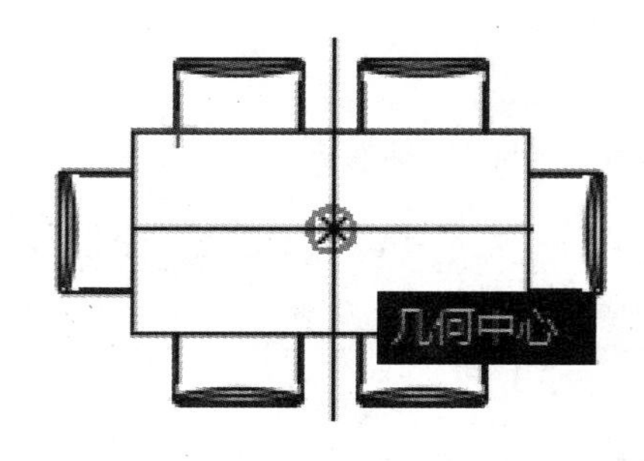

图 6-10 捕捉基点

（4）单击“文件名和路径”下拉列表右侧的按钮，打开“浏览图形文件”对话框，并指定其保存的位置与名称，如图 6-11 所示。

（5）单击“保存”按钮，返回“写块”对话框，单击“确定”按钮，即可完成外部图块的创建，如图 6-12 所示。

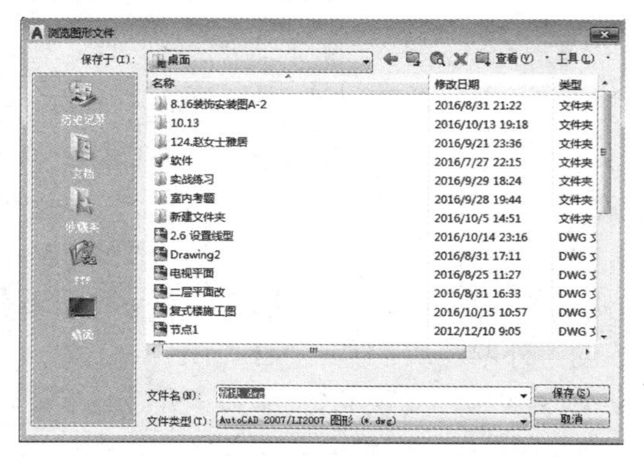

图 6-11 “浏览图形文件”对话框

图 6-12 单击“确定”按钮完成外部图块的创建

6.2.3　插入图块

每个图形文件都有一个称之为“块定义表”的不可见数据区域，在图形中插入块时，需要参照其中的块的关联信息。在中文版 AutoCAD 2017 中，插入图块的命令有以下三种方法。

➢ 命令行：输入 INSERT 命令并按回车键。

➢ 菜单栏：单击“插入”|“块”命令。

➢ 功能区：选择“插入”选项卡，单击“块”面板中的“插入”按钮。

下面以插入“餐桌组合”图块为例，介绍插入图块的具体操作方法。

（1）单击“插入”命令，打开“插入”对话框，单击“浏览”按钮，如图 6-13 所示。

（2）在打开的“选择图形文件”对话框中，选择“餐桌组合”图块文件，单击“打开”按钮，如图 6-14 所示。

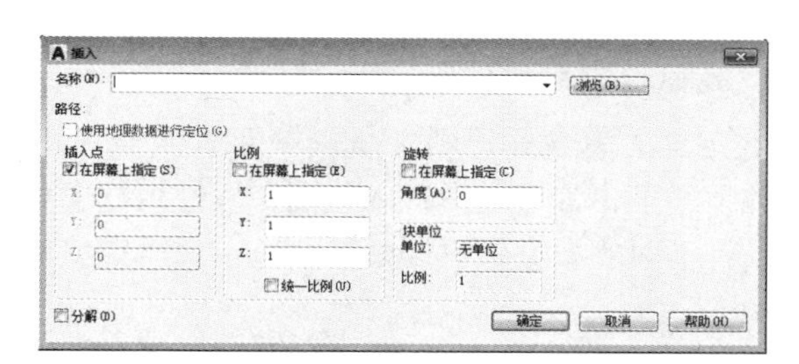

图 6-13　“插入”对话框

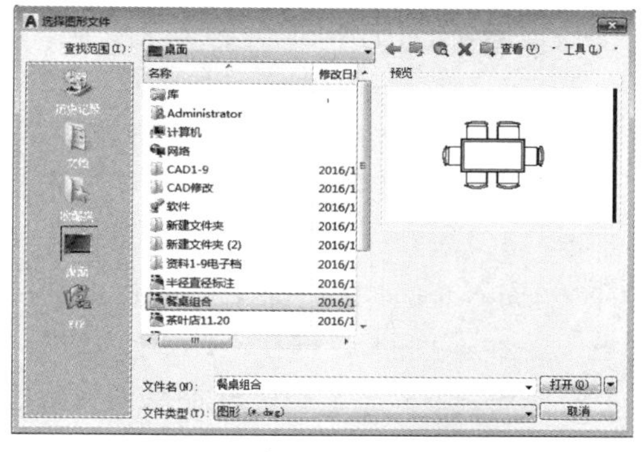

图 6-14　选择外部图块文件

（3）返回“插入”对话框，单击“确定”按钮，根据命令行提示，在绘图区中指定插入点，即可完成图块的插入操作，如图 6-15 所示。

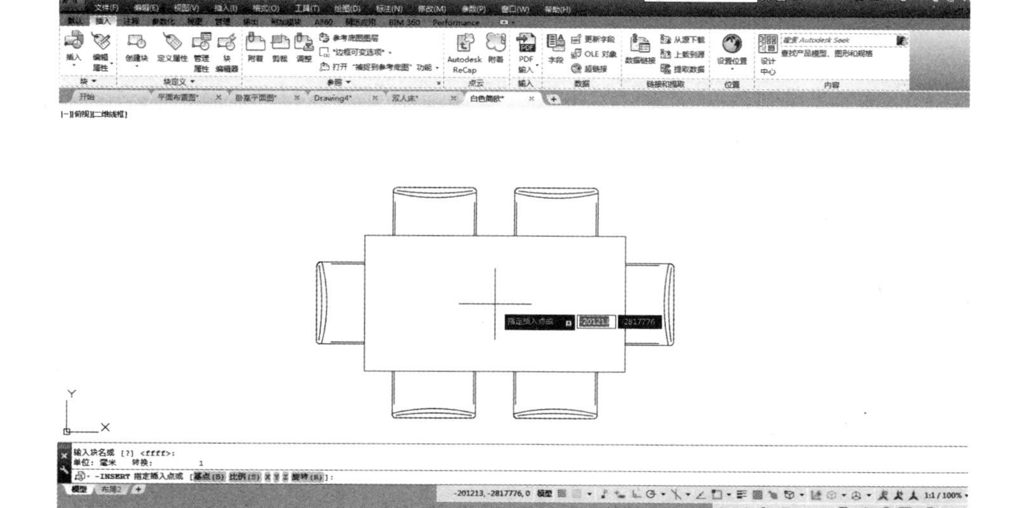

图 6-15　指定插入基点

小提示： 在设置插入参数时，如果在“旋转”选项组中选用“在屏幕上指定”复选框，或直接设置旋转角度，即可将块在绘图区内旋转放置。

6.3 创建和编辑属性图块

在中文版 AutoCAD 2017 中，用户除了可以创建普通的图块外，还可以创建带有附加信息的图块，这些信息被称为属性。属性值可以是可变的，也可以是不可变的。在插入一个带有属性的块时，AutoCAD 把固定的属性值也随块添加到图形中，并提示输入哪些可变的属性值。属性图块有如下特点。

- 块属性由属性标记名和属性值两部分组成。如可以把 Name 定义为属性标记名，而具体的姓名 Mat 就是其属性值，即属性。
- 定义块前，应先定义块的每个属性，即规定每个属性的标记名、属性提示、属性默认值、属性的显示格式（可见或不可见）及属性在图中的位置等。一旦定义了属性，该属性将以其标记名在图中显示出来，并保存有关的信息。
- 定义块时，应包括图形对象和表示属性定义的属性标记名。
- 插入有属性的块时，系统将提示用户输入需要的属性值。插入块后，属性用它的值表示，同一个块在不同点插入时，可以有不同的属性值。如果属性值在属性定义时规定为常量，系统将不再询问它的属性值。
- 插入块后，用户可以改变属性的显示可见性，对属性作修改，把属性单独提取出来写入文件，以供统计、制表使用，还可以与其他高级语言或数据库进行数据通信。

6.3.1 创建属性块

在建筑制图的过程中，建立属性块对提高绘图速度有很大帮助，如图名标注、高程标注及图框中的标题栏标注等均可采用属性块。在中文版 AutoCAD 2017 中，调用“定义属性”命令有以下三种方法。

- 命令行：输 ATTDEF 命令并按回车键。
- 菜单栏：单击“绘图”|“块”|“定义属性”命令。
- 功能区：选择“插入”选项卡，单击“块定义”面板中的“定义属性”按钮。

使用以上任意一种方法调出该命令后，都将打开“属性定义”对话框，如图 6-16 所示。

图 6-16 “属性定义”对话框

该对话框中的各主要选项说明如下。

- 模式：该选项组用于设置属性的模式。其中“不可见”复选框用于确定插入块后是否显示其属性值；“固定”复选框用于设置属性是否为固定值，当为固定值时，插入块后该属性值不再发生变化；“验证”复选框用于验证所输入块的属性值是否正确；“预设”复选框用于确定是否将属性值直接预置成默认值。

- 属性：该选项组用于定义块的属性。其中“标记”文本框用于输入属性的标记；“提示”文本框用于输入插入块时系统显示的提示信息；“默认”文本框用于输入属性的默认值。
- 插入点：该选项组用于设置属性值的插入点，即属性文字排列的参照点。可以直接在 X、Y、Z 数值框中输入点的坐标，也可以单击“拾取点”按钮，在绘图窗口中拾取一点作为插入点。
- 在上一个属性定义下对齐：选择该复选框表示该属性将继承前一次定义的属性的部分参数，如插入点、对齐方式、字体、字高及旋转角度等。该复选框仅在当前图形文件中已有属性设置时有效。
- 文字设置：该选项组主要用来定义属性文字的对齐方式、文字样式和高度，以及是否旋转文字等参数。

下面以创建“标高”属性图块为例，介绍创建和插入属性块的具体操作方法。

（1）启用“极轴追踪”功能，并设置增量角为 45°，单击“直线”命令，在绘图区中绘制一个标高符号，如图 6-17 所示。

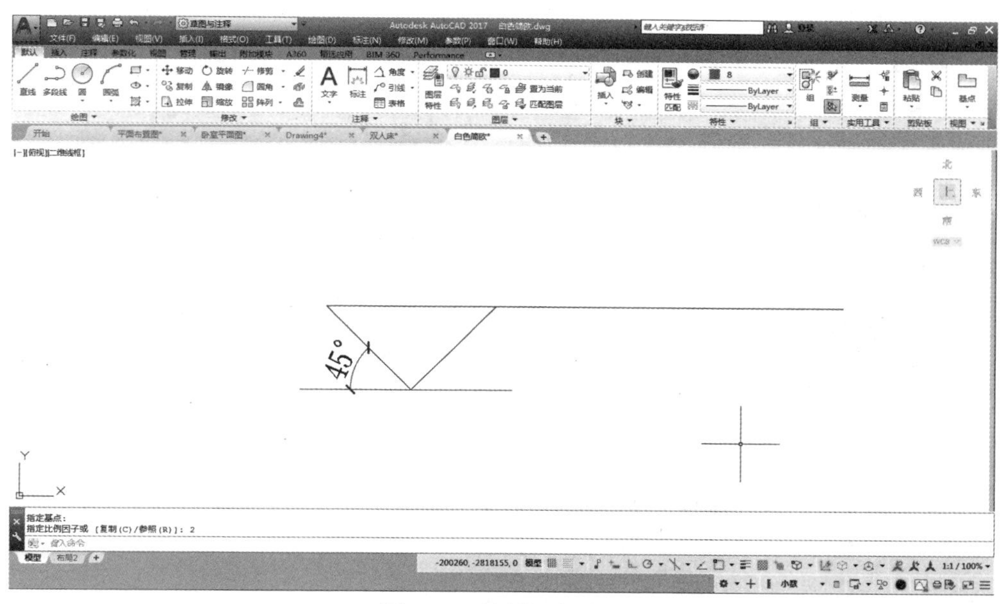

图 6-17　绘制标高符号

（2）单击“定义属性”命令，打开“属性定义”对话框，并设置好属性的标记名和属性提示参数，如图 6-18 所示。

（3）单击“确定”按钮，切换到绘图区中，根据命令行提示指定基点，单击后即可插入属性标记，如图 6-19 所示。

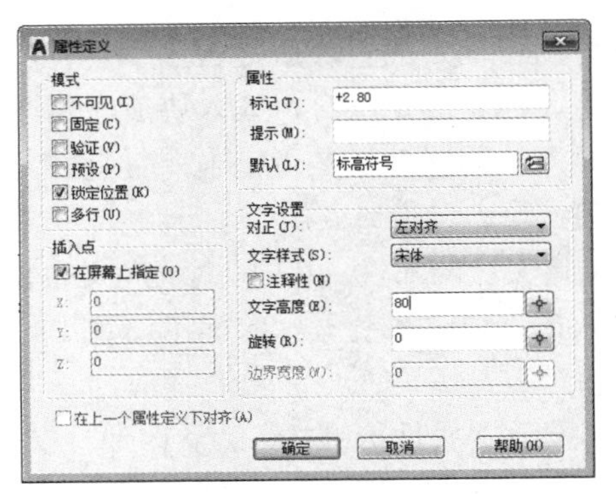

图 6-18 “属性定义”对话框

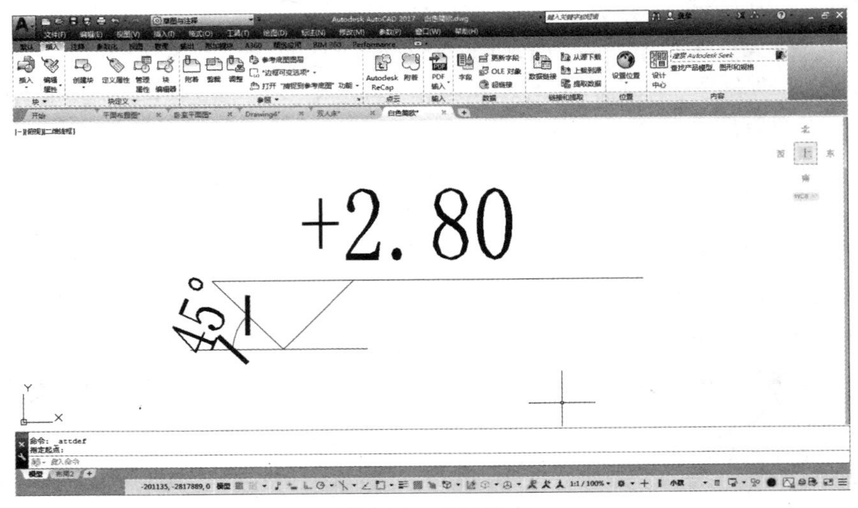

图 6-19 指定基点

（4）单击“写块”命令，打开“写块”对话框，单击“选择对象”按钮，在绘图区中选择标高图形，如图 6-20 所示。

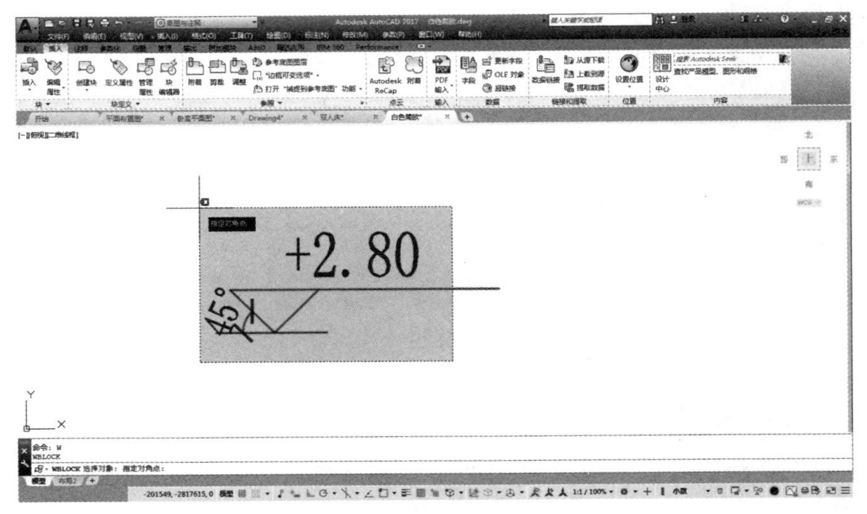

图 6-20 选择标高图形

（5）按回车键返回 “写块”对话框，指定插入基点、文件名和路径（具体操作步骤可参考 6.2.2 小节创建外部图块中的操作），单击“确定”按钮，即可完成属性图块的创建，如图 6-21 所示。

（6）单击“插入”命令，打开“插入”对话框，单击“浏览”按钮，选择刚才创建的“标高符号”属性块，如图 6-22 所示。

图 6-21 “写块”对话框

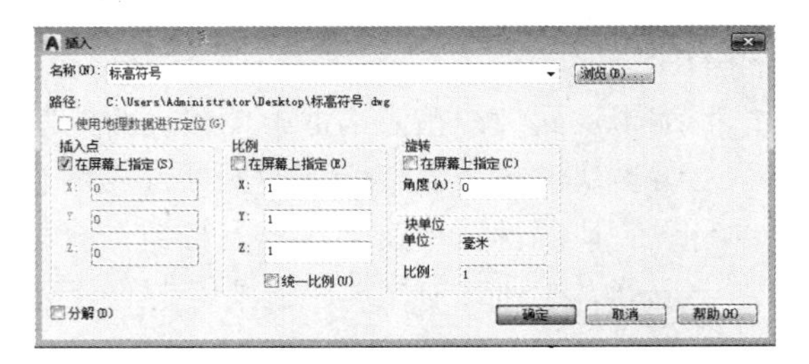

图 6-22 “插入”对话框

（7）单击“确定”按钮，根据命令行提示，指定好插入基点并输入属性值+2.40，按回车键，即可插入“标高符号”属性块，如图 6-23 所示。

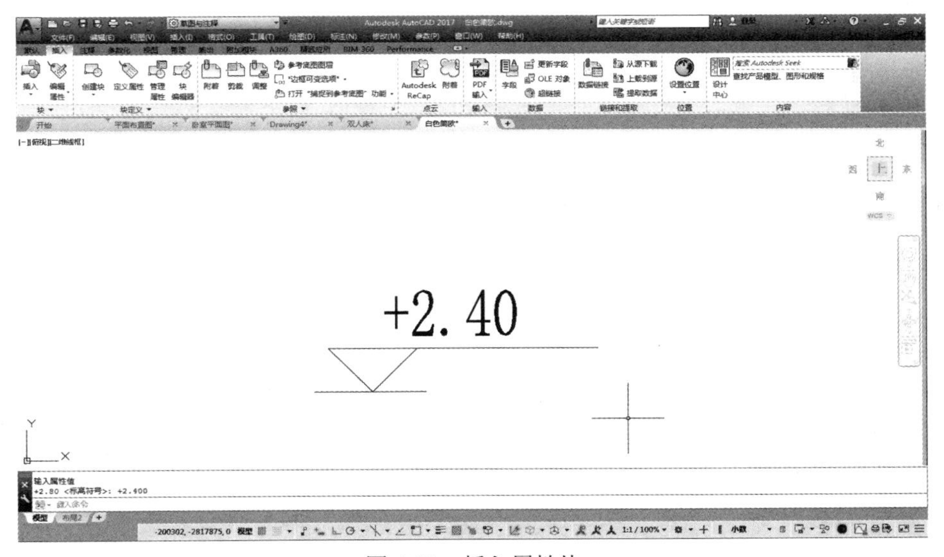

图 6-23　插入属性块

6.3.2　编辑块属性

对于带有属性的块，可以提取其属性信息，并将这些信息保存到一个单独的文件中。当插入带属性的图块时，属性（如名称和数据）将作为一种特殊的文本对象也一同被插入。此时即可使用“块属性管理器”工具编辑之前定义的块属性，然后使用“增强属性编辑管理器”工具将属性标记赋予新值，使之符合相似图形对象的设置要求。

1. 块属性管理器

在编辑图块的属性定义时，可以使用“块属性管理器”对话框重新设置属性定义结构、文字特性和图形特性等属性。单击“插入”|“块定义”|“管理属性”按钮，即可打开“块属性管理器”对话框，如图 6-24 所示。

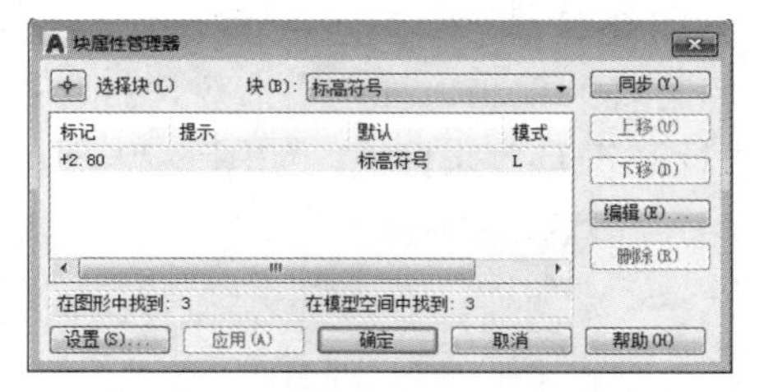

图 6-24 “块属性管理器”对话框

在“块属性管理器”对话框中，用户可以进行以下操作。

- ➢ 编辑块属性：在对话框中单击“编辑”按钮，即可在打开的“编辑属性”对话框中编辑块的各个显示标记的属性、文字选项和对象特性，如图 6-25 所示。
- ➢ 设置块属性：单击“设置”按钮，会打开 “块属性设置”对话框，用户可以通过选择“在列表中显示”选项组中的复选框来设置“块属性管理器”对话框中的属性显示内容，如图 6-26 所示。

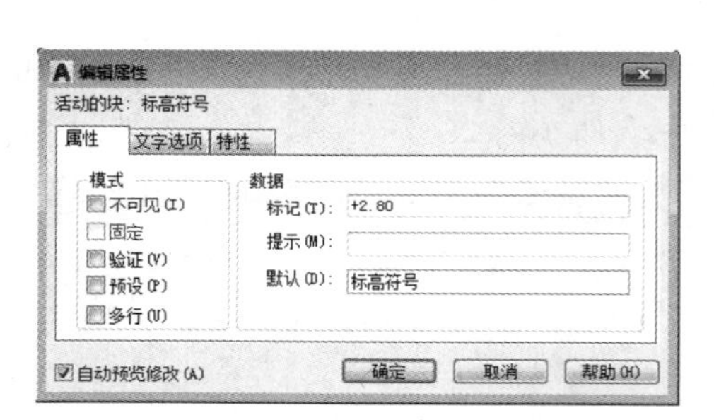

图 6-25 “编辑属性”对话框

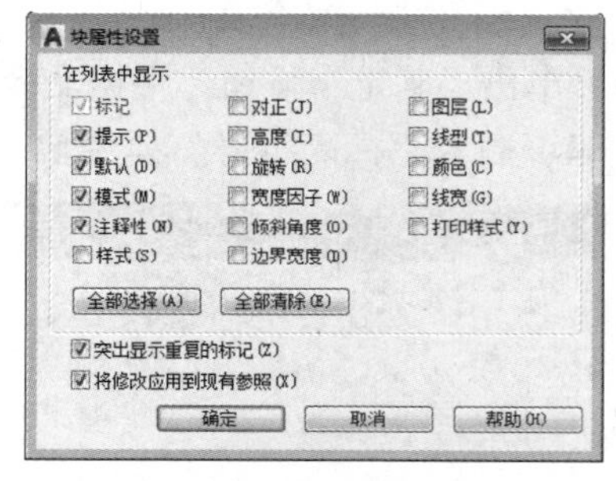

图 6-26 设置块属性显示内容

2. 增强属性编辑器

“增强属性编辑器”对话框主要用于编辑块中定义的标记和值属性，与“块属性管理器”对话框的设置方法基本相同。单击“插入”|“块定义”|“编辑单个属性”命令，然后选取属性块，或直接双击属性块，都将打开“增强属性编辑器”对话框，如图 6-27 所示。

“增强属性编辑器”对话框中的三个选项卡的含义如下。

- ➢ 属性：该选项卡显示了块中每个属性的标记、提示和值。在列表框中选择某一属性后，对应的“值”数值框中将显示出该属性的属性值，用户可以在此修改属性值。
- ➢ 文字选项：该选项卡用于修改文字的格式。从中还可以设置文字样式、对齐方式、高度、旋转角度及宽度比例等，如图 6-28 所示。
- ➢ 特性：该选项卡用于修改属性文字的图层、线宽、线型、颜色及打印样式等，如图 6-29 所示。

编辑块属性还有一种方法，即执行 ATTEDIT 命令，并选择需要编辑的对象后，系统将打开“编辑属性”对话框，在此也可以编辑块的属性值，如图 6-30 所示。

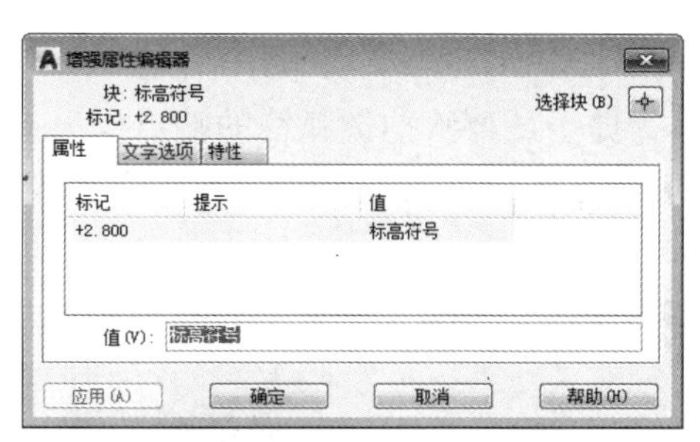

图 6-27 “增强属性编辑器”对话框

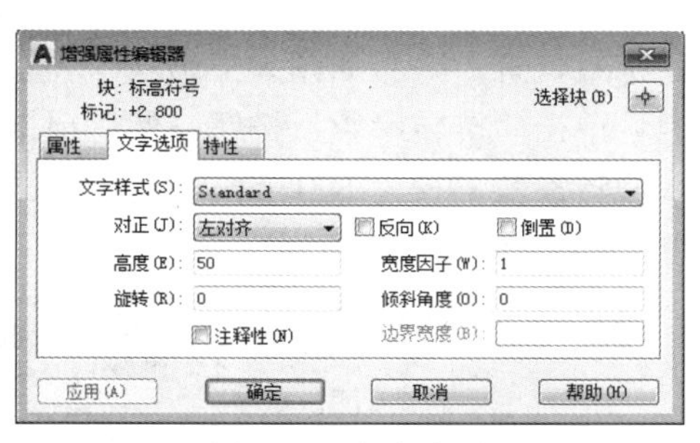

图 6-28　文字选项

图 6-29　特性设置

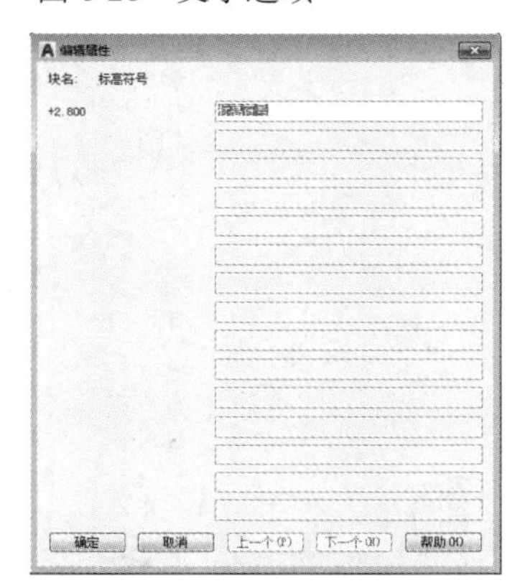

图 6-30 “编辑属性”对话框

6.4　创建动态块

动态块是指使用块编辑器向新的或现有的块定义中添加动态行为，如添加参数（长度、角度）和动作（移动、拉伸）等。将图块转换为动态块后，可直接通过移动动态块夹点来调整图块的大小和角度，以避免频繁输入参数和调用命令（如缩放、旋转等），使图块的调整操作变得更自如、轻松。

下面以将“门（009）”图块转换为动态块为例，介绍创建动态块的具体操作方法。

1. 添加动态块参数

添加动态块参数的具体操作方法如下。

（1）单击“插入”命令，在绘图区中插入“门（009）”图块，双击该图块，打开“编辑块定义”对话框，并在列表框中选择“门（009）”选项，如图 6-31 所示。

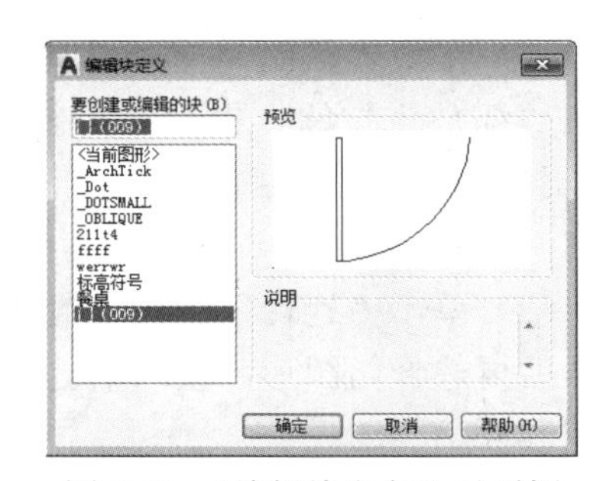

图 6-31 “编辑块定义”对话框

（2）单击“确定”按钮，进入块编辑器，在“编写选项板”中选择“参数”选项卡，如图 6-32 所示。

（3）单击“线性”按钮，依次捕捉矩形的右上角端点和弧线端点，然后拖动鼠标将其向下移动，单击指定好标签位置，效果如图 6-33 所示。

（4）单击“旋转参数”按钮，然后根据命令行提示，再次捕捉弧线的端点作为基点，并输入旋转参数半径为 500 mm，指定默认旋转角度为 0°，按回车键即可完成“旋转参数”的设置，结果如图 6-34 所示。

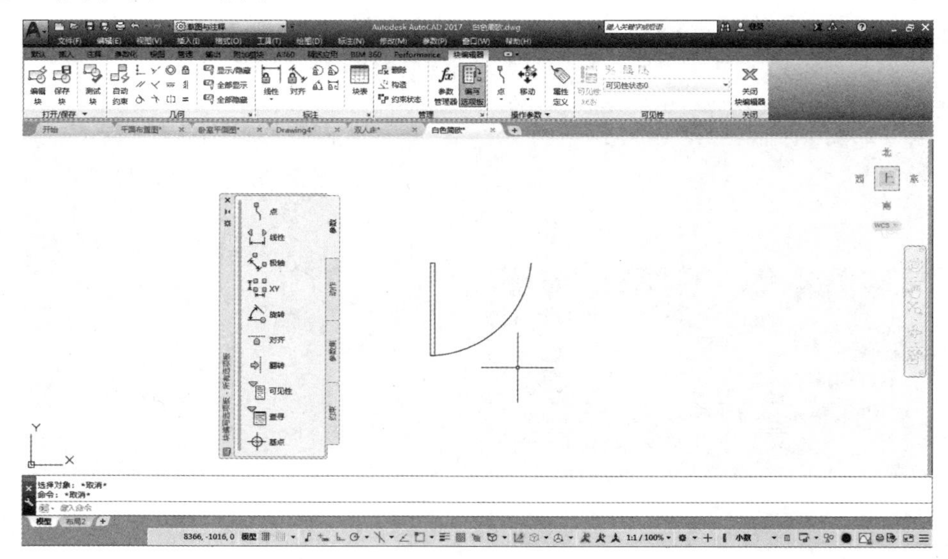

图 6-32　动态图块操作区域

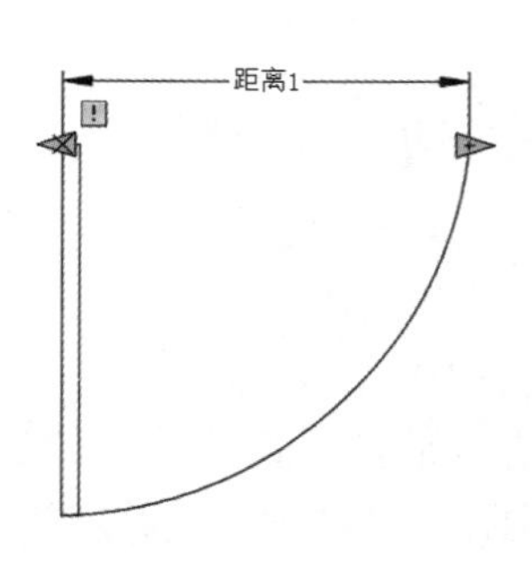

图 6-33　添加线性参数

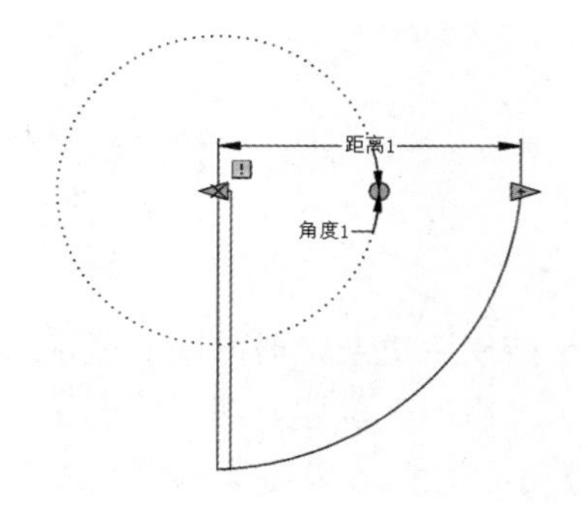

图 6-34　添加旋转参数

2. 添加动作

添加动作的具体操作方法如下。

（1）在块“编写选项板”中选择“动作”选项卡，单击“缩放”按钮，根据命令行提示，选择线性参数后再选择门图形，按回车键即可添加缩放动作，结果如图 6-35 所示。

（2）单击“旋转”按钮，根据命令行提示，选择旋转参数后再选择门图形，按回车键即可添加旋转动作，结果如图 6-36 所示。

（3）在“块编辑器”选项卡中，单击“关闭”|“关

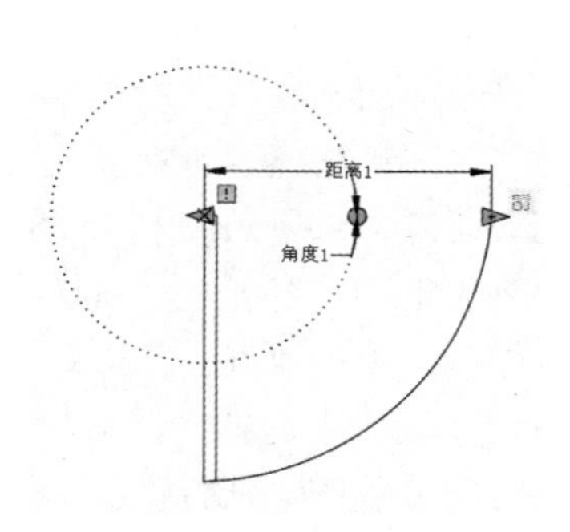

图 6-35　设置缩放动作图

闭编辑器”按钮，打开“块-未保存更改”对话框，单击“将更改保存到门（009）（S）”按钮，如图 6-37 所示。

（4）返回至绘图区中并选择“门（009）”图块，在其下方将出现两个箭头和一个圆点图标。拖曳箭头可对门图形进行缩放，拖曳圆点可对门图形进行旋转，如图 6-38、图 6-39 所示。

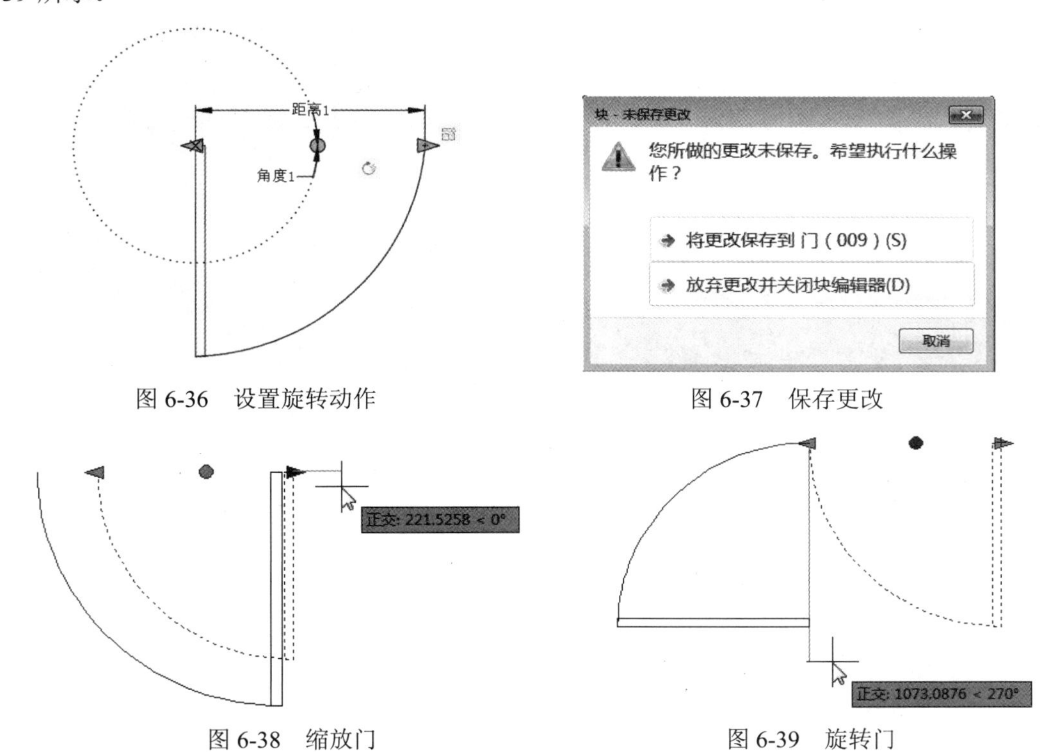

图 6-36　设置旋转动作

图 6-37　保存更改

图 6-38　缩放门

图 6-39　旋转门

6.5 外部参照

外部参照是指一幅图形对另一幅图形的引用。在绘制图形时，如果一个图形文件需要参照其他图形或图像来绘制，而又不希望占用太多存储空间，这时就可以使用 AutoCAD 的外部参照功能。虽然外部参照与图块有相似之处，但并不完全相同。

6.5.1 附着外部参照

在中文版 AutoCAD 2017 中，要使用外部参照图形，首先要将外部的图形附着至当前操作环境中，这些图形对象允许是 DWG、DWF、DGN、PDF 格式以及图像文件。调用“附着”命令有以下三种方法。

> 命令行：输入 ATTACH 命令并按回车键。
> 菜单栏：单击“文件”|“附着”命令。
> 功能区：选择“插入”选项卡，单击“参照”面板中的“附着”按钮。

使用以上任意一种方法调出该命令后，打开“选择参照文件”对话框，在该对话框中选中要附着的参照文件，如图 6-40 所示。

单击“打开”按钮，打开“附着外部参照”对话框，如图 6-41 所示，在该对话框中，可以将图形文件以外部参照的形式插入到当前图形中。

图 6-40 “选择参照文件”对话框

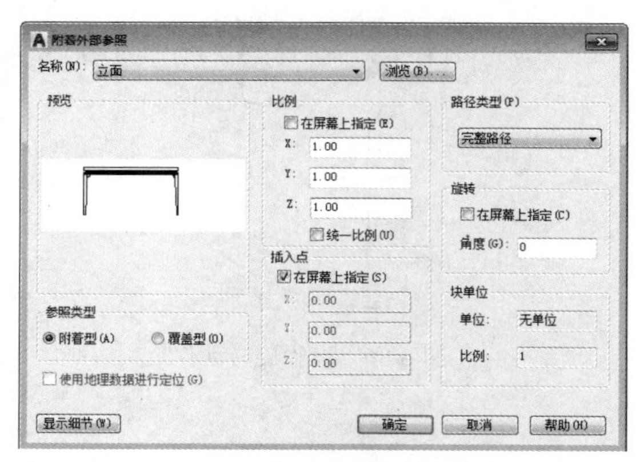

图 6-41 “附着外部参照”对话框

6.5.2 编辑外部参照

在中文版 AutoCAD 2017 中，可以使用在位参照编辑的方法来修改当前图形中的外部参照对象，或者重定义当前图形中的块定义，块和外部参照对象都被视为参照对象。调用“编辑参照”命令通常有如下两种方法。

> 命令行：输入 REFEDIT 命令并按回车键。
> 功能区：选择“插入”选项卡，单击“参照”面板中的“编辑参照”按钮。

使用以上任意一种方法调出该命令后，单击选择外部参照图形，可打开“参照编辑”对话框，如图 6-42 所示。用户还可以直接在外部参照图形上右击，在弹出的下拉菜单中选择“在位编辑外部参照”命令，也可以打开“编辑参照”对话框。

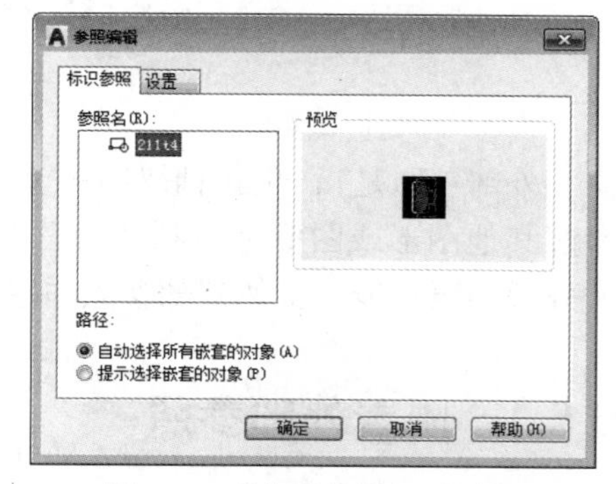

图 6-42 “参照编辑”对话框

在该对话框中的“参照名”列表框中，选中要编辑的参照图形，单击“确定”按钮进入编辑窗口，即可对外部参照图形进行修改。完成修改后在“插入”选项卡中临时出现的“编辑参照”面板中单击“保存修改”按钮，即可保存对外部参照图形的修改，如图 6-43 所示。

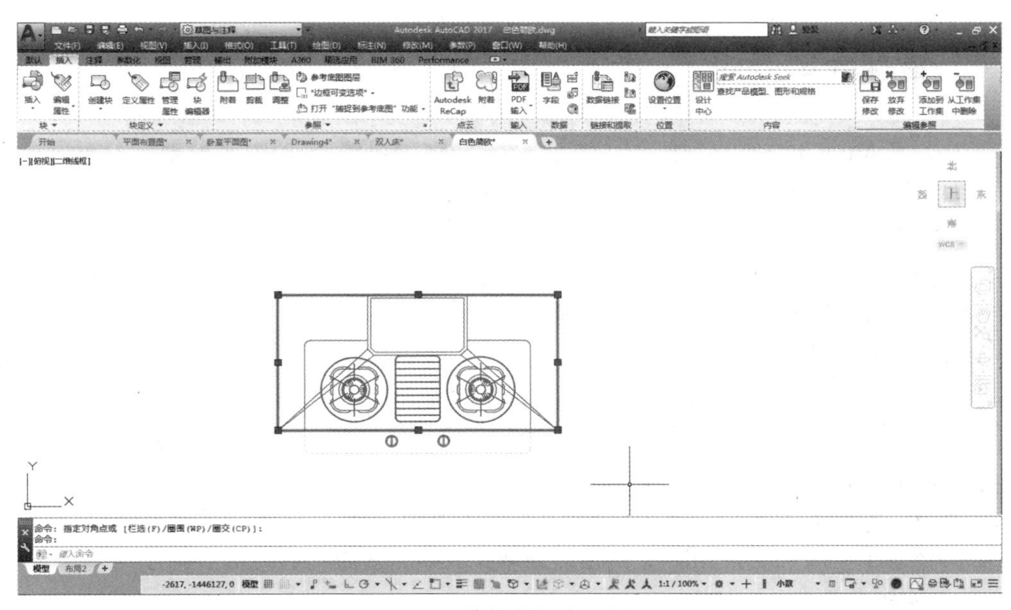

图 6-43　编辑外部参照图形

6.5.3　剪裁外部参照

在中文版 AutoCAD 2017 中，用户可以定义外部参照或图块的剪裁边界。调用“剪裁”命令有如下三种方法。

- 命令行：输入 CLIP 命令并按回车键。
- 菜单栏：单击“修改”|“剪裁”|“外部参照”命令。
- 功能区：选择“插入”选项卡，单击“参照”面板中的“剪裁”按钮。

使用以上任意一种方法调出该命令后，选中要修剪的外部参照图形，根据命令行提示，按两次回车键，并在命令行中输入字母 P，选择多边形选项对图形进行裁剪。裁剪前后的效果对比如图 6-44 所示。

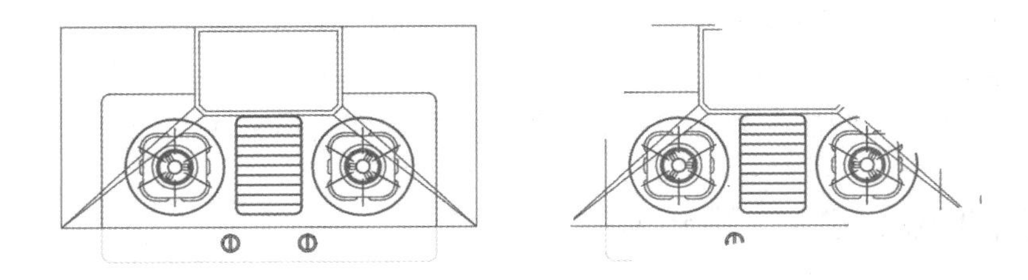

图 6-44　剪裁外部参照图形

小提示： 设置剪裁边界后，使用系统变量 XCLIPFRAME 可控制是否显示剪裁边界。当 XCLIPFRAM 值为 1 时，表示显示；当 XCLIPFRAM 值为 0 时，表示不显示。

6.5.4 管理外部参照

在中文版 AutoCAD 2017 中，用户可以在“外部参照”面板中对外部参照对象进行编辑和管理。调用“外部参照”命令通常有如下三种方法。

- 命令行：输入 XREF 命令并按回车键。
- 菜单栏：单击“插入”|“外部参照”命令。
- 功能区：选择“插入”选项卡，单击“参照”面板中的“外部参照”按钮。

使用以上任意一种方法都将打开“外部参照”选项板，如图 6-45 所示。

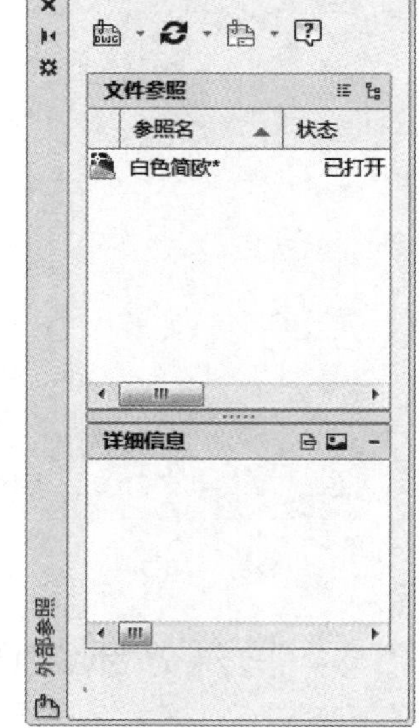

图 6-45 “外部参照”选项板

该选项板中各主要选项的含义如下。

- 附着：单击按钮，可添加不同格式的外部参照文件。
- 文件参照：该列表框用于显示当前图形中各外部参照文件的名称。
- 详细信息：该区域用于显示选择的外部参照文件的参照名称、文件大小、加载状态和参照类型等信息。
- 列表图：单击按钮，将列表框以列表的形式显示。
- 树状图：单击按钮，将列表框以树的形式显示。

当附着多个外部参照对象时，在“文件参照”列表框中的外部文件上右击，将弹出一个快捷菜单，在其中可以对外部参照对象进行打印、附着、卸载和重载等操作。

6.6 AutoCAD 设计中心

AutoCAD 设计中心是一个直观高效的管理工具，其风格与 Windows 资源管理器类似。利用设计中心，用户不仅可以浏览、查找、预览和管理 AutoCAD 图形、图块、外部参照及光栅图形等不同的资源文件，还可以通过简单的拖放操作，将位于本计算机、局域网或 Internet 上的图块、图层、外部参照等内容插入到当前图形文件中。

6.6.1 启动 AutoCAD 设计中心

AutoCAD 设计中心（AutoCAD DESIGNCENTER，简称 ADC）是一个直观且高效的设计工具。在中文版 AutoCAD 2017 中，调出“设计中心”选项的方法有如下三种。

- 命令行：输入 OPTIONS 命令并按回车键。
- 菜单栏：单击“工具”|“选项板”|“设计中心”命令。
- 功能区：选择“视图”选项卡，单击“选项板”面板中的“设计中心”按钮。

使用以上任意一种方法都将打开“设计中心”选项板，如图 6-46 所示。

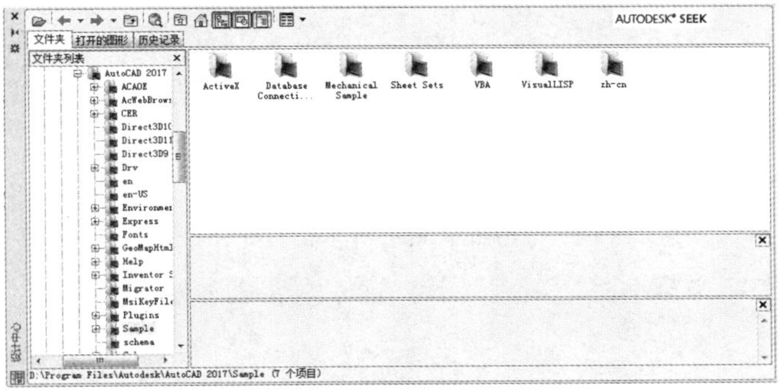

图 6-46 “设计中心”选项板

使用 AutoCAD 设计中心可以完成如下工作。

- 创建对频繁访问的图形、文件夹和 Web 站点的快捷方式。
- 根据不同的查询条件在本地计算机和网络查找图形文件，找到后可以将其直接加载到绘图区或设计中心。
- 浏览不同的图形文件，包括当前打开的图形和 Web 站点上的图形库。
- 查看块、图层和其他图形文件的定义并将这些图形定义插入到当前图形文件中。
- 通过控制显示方式来控制设计中心控制板的显示效果，还可以在控制面板中显示与图形文件相关的描述信息和预览图像。

6.6.2 AutoCAD 设计中心的窗口组成

AutoCAD 设计中心的外观与 Windows 资源管理器类似，左边是树状图，右边是内容区域，上边是工具栏，下边是文件路径。该窗口可以处于悬浮状态，也可以居于 AutoCAD 绘图区的左右两侧，还可以自动隐藏，成为单独的标题条。此外，“设计中心”选项卡由三个子选项卡和若干个按钮组成。

树状文件列表显示用户计算机和网络驱动器上的文件与文件夹的层次结构、打开图形文件的资源列表、自定义内容及上次访问过的文件的历史记录。选择树状图中的项目以便在内容区域中显示其内容。

- 文件夹：该选项卡显示设计中心的资源，包括显示计算机或网络驱动器中的文件和文件夹的层次结构。可将设计中心内容设置为本计算机、本地计算机或网络信息。
- 打开的图形：该选项卡显示当前已打开的所有图形，并在右方的列表框中显示图形中的块、图层、线型、文字样式、标注样式和打印样式。
- 历史记录：在该选项卡中显示最近在设计中心打开的文件列表，双击列表中的某个图形文件，可以在“文件夹”选项卡的树状图中定位此图形文件，并将其内容加载到内容区域中。

在选项板最上方一行是工具栏，排列了多个按钮图标，可执行刷新、切换、搜索、浏览和说明等操作。

6.6.3 查找（搜索）图形文件

AutoCAD 设计中心为用户提供了一个与 Windows 资源管理器类似的直观且有效的工具，其功能包括浏览、查找、管理、利用和共享 AutoCAD 图形。

在“设计中心”选项板中，单击“搜索”按钮，将打开“搜索”对话框，如图 6-47 所示。在该对话框中，可以快速查找诸如图形、块、图层及尺寸样式等图形内容。

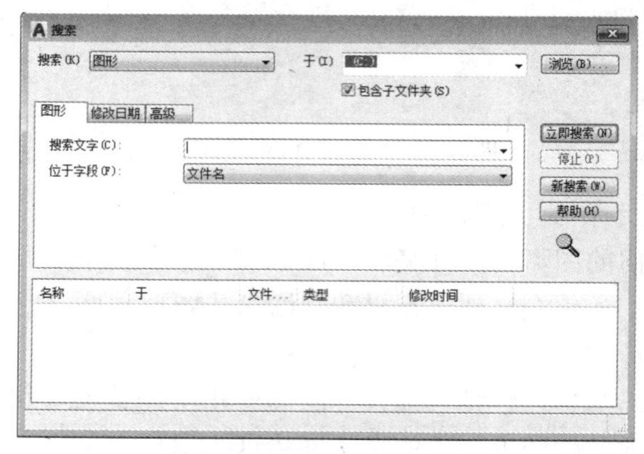

图 6-47 “搜索”对话框

6.6.4 打开和复制图形文件

通过 AutoCAD 2017 中的设计中心，用户可以很方便地打开图形及在图形之间复制图层、图块、线型、文字样式、标注样式和用户定义等内容。

1. 打开图形文件

在内容区选中要打开的图形文件，将其从 AutoCAD 设计中心中拖放到绘图区域的空白处，或者在内容区的图形文件图标上右击，从快捷键菜单中选择“在应用程序窗口中打开”命令，均可打开图形，如图 6-48 所示。但是，用户千万不能把图形从 AutoCAD 设计中心拖到另一个打开的图形上。

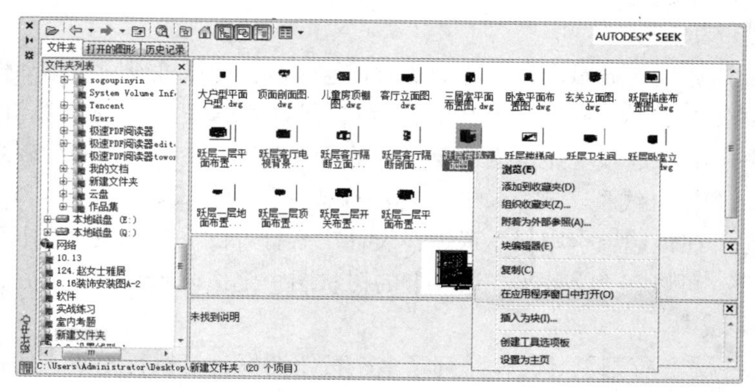

图 6-48 打开图形文件

2. 复制对象

用户在绘制图形之前，应规划好绘图环境，包括设置图层、文字样式、标注样式等。如果已有的图形对象中的图层、文字样式、标注样式等符合当前图形的要求，就可以通过设计中心将其图层、文字样式、标注样式等复制到当前图形中，具体操作方法如下。

在“打开的图形”选项卡中选择要进行复制的已有图形文件中的“图层”选项，此时在右边的内容区中可以看到该图形文件中的所有图层，然后单击选中要复制的图层对象，将其拖曳到当前视图的空白位置，即可将已有图形文件中的图层复制到当前图形中，如图 6-49 所示。

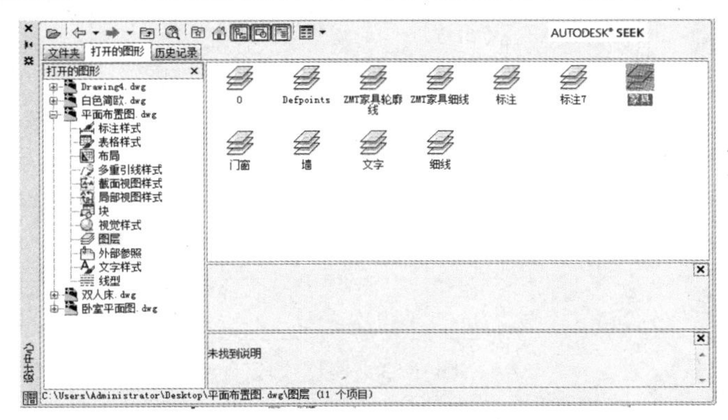

图 6-49　复制图层对象

6.7　动手操作——绘制一居室原始图

所谓的一居室就是只有一间卧室，如一室一厅。如果是单元房应理解为：一室、一厅、一厨、一卫。

下面以绘制一居室原始图为例，介绍创建图层、绘制图形及插入图块的方法，具体操作方法如下。

（1）在图层面板中单击“图层特性”按钮，打开“图层特性管理器”对话框，在该对话框中单击“新建”按钮，创建一个名称为“中轴线”的图层，并设置合适的颜色与线型，如图 6-50 所示。

（2）按回车键完成“中轴线”图层的创建。继续单击“新建”按钮，创建出“墙体”和“门窗”图层，并设置相应颜色、线型和线宽，如图 6-51 所示。

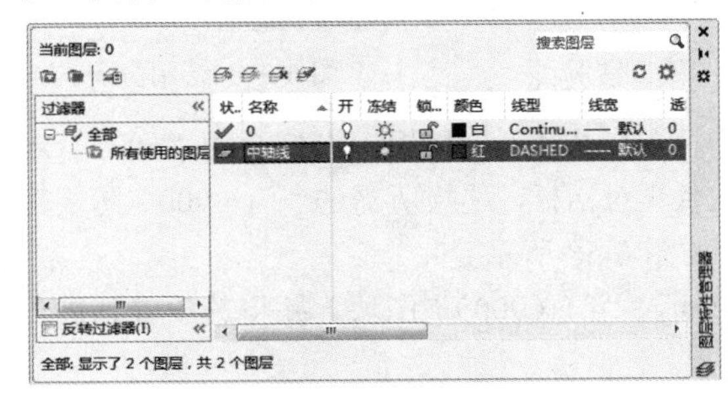

图 6-50　创建“中轴线”图层

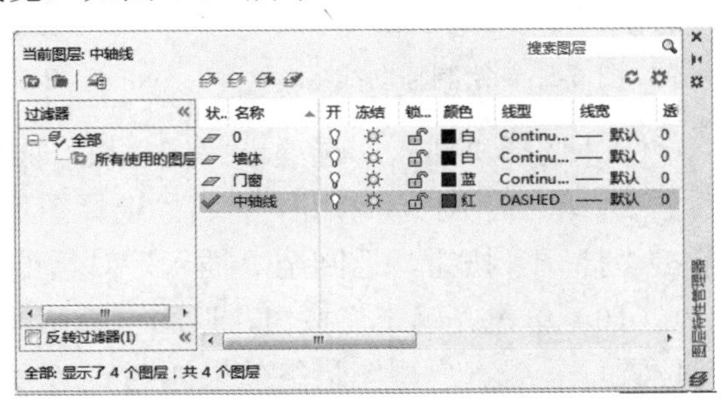

图 6-51　创建其他图层

（3）双击“中轴线”图层，将其设置为当前工作图层，单击“关闭”按钮返回至绘图区。单击“直线”命令，绘制一个长 7000 mm、宽 8900 mm 的矩形，如图 6-52 所示。

（4）单击“偏移”命令，将矩形的左边线依次向右偏移 1900 mm、1700 mm，将下边线依次向上偏移 1550 mm、4 200 mm、1350 mm、1300 mm，效果如图 6-53 所示。

（5）单击“多线”命令，设置对正类型为无，比例为 240，沿轴线绘制出墙体轮廓。单击“分解”命令，将绘制的所有多线进行分解，效果如图 6-54 所示。

图 6-52　绘制矩形

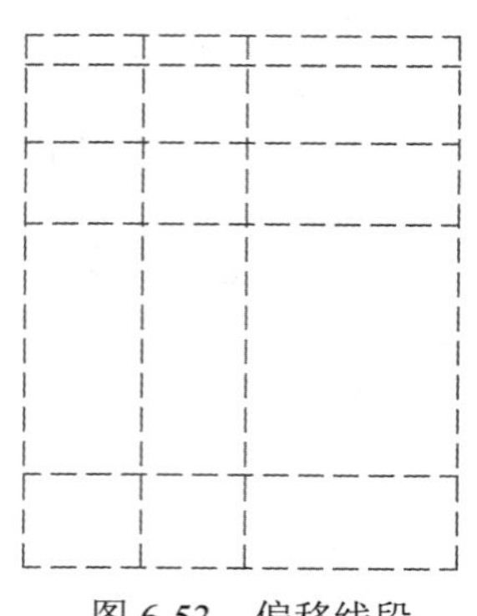

图 6-53　偏移线段

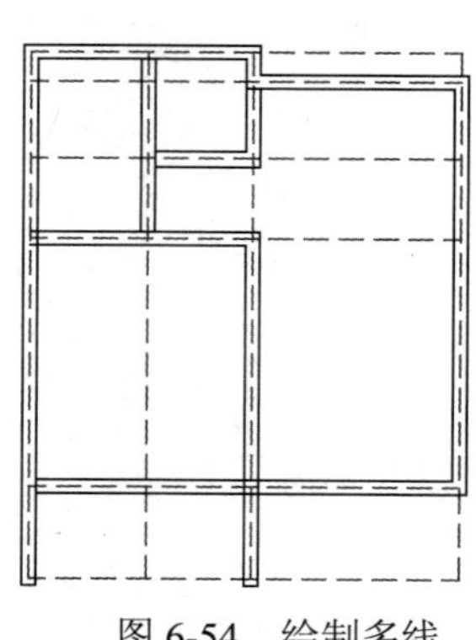

图 6-54　绘制多线

（6）单击“直线”命令，绘制多条辅助线。单击“偏移”命令，将绘制好的辅助线进行偏移，预留出门洞和窗洞，效果如图 6-55 所示。

（7）将当前视图切换至“门窗”图层，单击“修剪”命令，修剪出门、窗洞，单击“直线”命令，连接窗洞，如图 6-56 所示。

（8）单击“偏移”命令，设置偏移距离为 80 mm，将连接线段进行偏移，绘制出窗户，效果如图 6-57 所示。

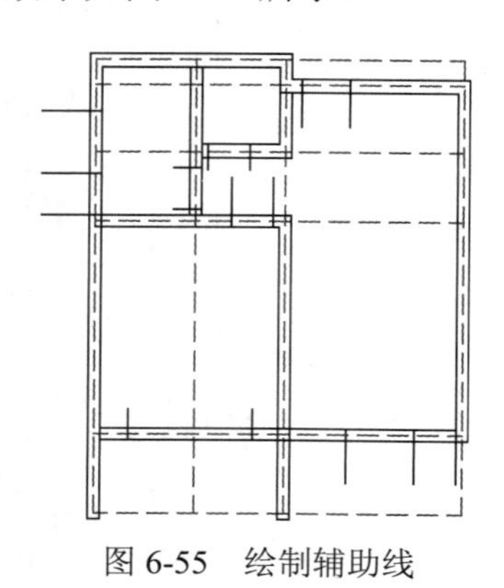

图 6-55　绘制辅助线

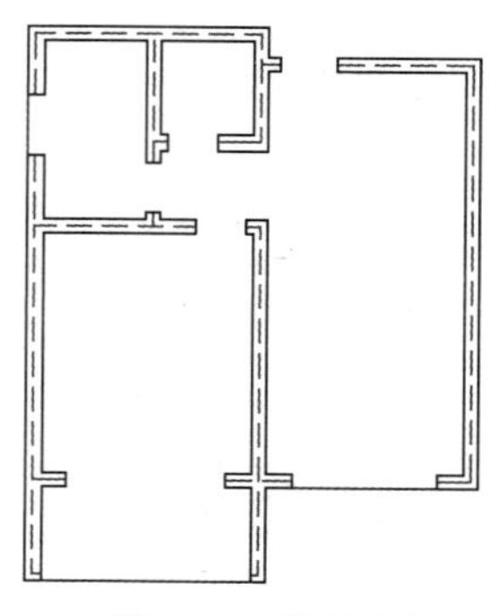

图 6-56　连接窗洞

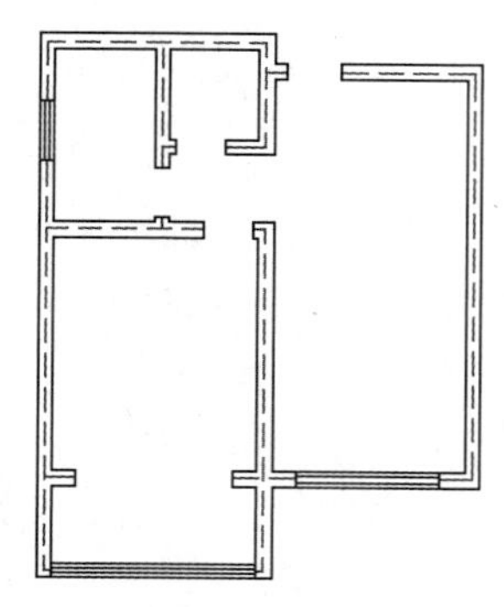

图 6-57　绘制窗户

（9）选择“插入”选项卡，在“块”面板中单击“插入”按钮。在打开的“插入”对话框中，单击“浏览”按钮，打开“选择图形文件”对话框，选择所需的“门（900）图块”，单击“打开”按钮，返回至“插入”对话框，如图 6-58 所示。

（10）单击“确定”按钮，返回至绘图区，插入“门（900）”图块，并将其放置到进户门位置，一居室户型图最终效果如图 6-59 所示。

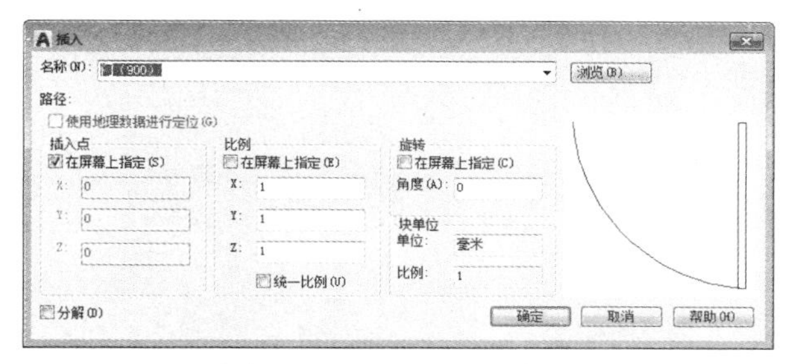

图 6-58　“插入”对话框

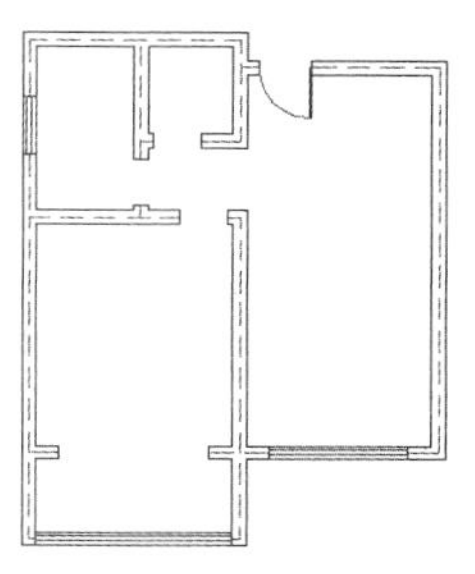

图 6-59　最终效果

6.8　上机练习——绘制一居室平面布置图

平面布置图一般指用平面的方式展现空间的布置和安排，分公共空间平面布置，室内平面布置，绿化平面布置等。平面布置图在工程上一般是指建筑物布置方案的一种简明图解形式，用以表示建筑物、构筑物、设施、设备等的相对平面位置。

参照效果：

一居室平面布置图，效果如图 6-60 所示。

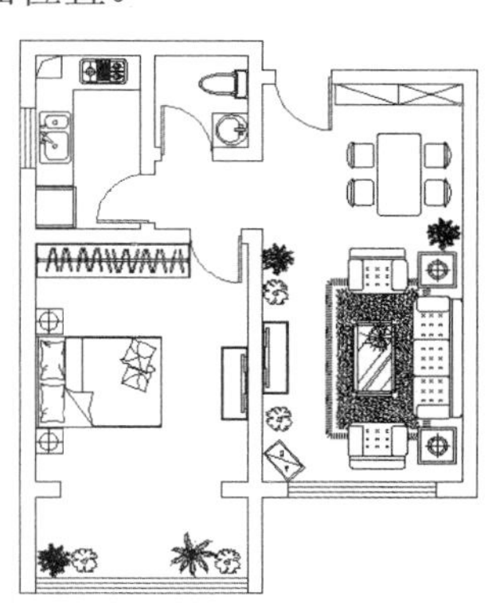

图 6-60　一居室平面布置图

主要步骤：

（1）打开“一居室原始户型图”图形文件，将其另存为“一居室平面布置图”图形文件。关闭“中轴线”图层，并将所有的注释文字删除。单击“格式”|“图层”命令，在打开的“图层特性管理器”对话框中，创建一个名称为“家具”的图层。

（2）绘制厨房平面，单击“偏移”命令，从墙边依次向内偏移 600 mm，单击“修剪”命令绘制橱柜台面，接着执行“矩形”和“直线”命令，绘制出尺寸为 420mm×390 mm 的烟道图形，最后单击“插入”|“块”命令，导入洗菜盆、煤气灶和冰箱模型。

（3）绘制卫生间，单击“偏移”命令，从墙边依次向内偏移 550 mm，单击“修剪”命令绘制洗手台台面，最后单击“插入”|“块”命令，导入马桶和洗手盆模型。

（4）执行“矩形”和“偏移”命令，绘制尺寸为 2460mm×600 mm 的矩形作为衣柜外框，单击“插入”|“块”命令，导入衣架模型，再将其分解，接着执行“拉伸”和“复制”命令绘制衣架。使用同样的方法导入双人床、电视柜、植物模型。

（5）绘制餐厅和客厅，执行“直线”和“偏移”命令，绘制鞋柜和酒柜。单击“插入”|“块”命令，导入餐桌、组合沙发、电视柜、植物模型。单击“矩形”命令绘制 800mm×40 mm 的矩形，单击“圆”命令绘制半径为 800 mm 的圆，单击“修剪”命令修剪造型，绘制出房门。执行“复制”和“旋转”命令，为每间房添加房门。

第 7 章　文字、表格与图形标注

在建筑设计中，总有一些无法用图形说明的内容和信息，如填充材质的性质、设计图纸的设计人员、图纸比例等，这时就需要在图形中添加必要的文字来说明。在完成施工图纸的绘制后，必须准确、详尽、完整而清晰地标注出各部分的实际尺寸，有了尺寸的图纸才能作为施工的依据。

在中文版 AutoCAD 2017 中，使用表格功能可以创建不同类型的表格，还可以在其他软件中复制表格，以简化制图步骤。

本章学习要点：

- ➢ 设置文字样式
- ➢ 设置表格样式
- ➢ 插入与编辑表格
- ➢ 新建与编辑尺寸标注样式
- ➢ 创建各类尺寸标注的方法
- ➢ 创建与管理多重引线标注样式

7.1 文　　字

AutoCAD 图形中的所有文字都应具有与之相关联的文字样式。在进行文字标注之前，应先对文字样式（如样式名、字体、字体的高度、效果等）进行设置，从而方便、快捷地对图形对象进行标注，得到统一、标准、美观的标注文字。

7.1.1　设置文字样式

文字样式是对同一类文字的格式设置的集合，包括文字的字体、字体样式、大小、高度、效果等。在设置文字注释和尺寸标注时，AutoCAD 通常使用当前的文字样式，用户也可以根据具体要求重新创建并设置文字样式。在中文版 AutoCAD 2017 中，调用“文字样式”命令通常有以下三种方法。

- ➢ 命令行：输入 STYLE 命令并按回车键。
- ➢ 菜单栏：单击“格式”|“文字样式”命令。
- ➢ 功能区：选择“常用”选项卡，单击“注释”面板中的“文字样式”按钮，

使用以上任意一种方法都可以打开“文字样式”对话框，如图 7-1 所示。

利用“文字样式”对话框可以修改或创建文字样式，以及设置文字的当前样式，该对

话框中主要各主要选项的含义如下。

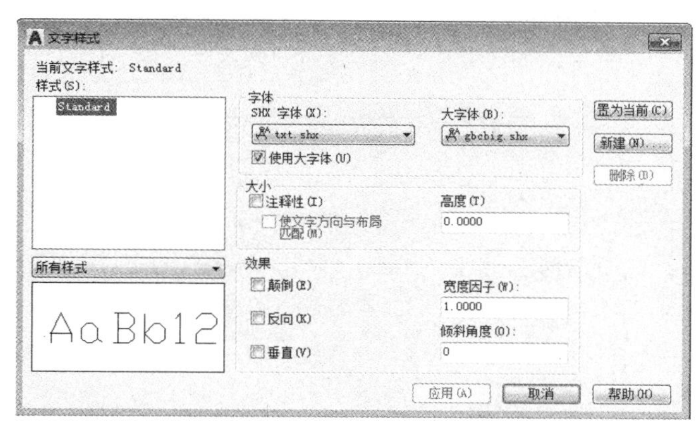

图 7-1　“文字样式”对话框

- 样式：该列表框显示了当前图形文件中所有定义的文字样式，默认文字样式为 Standard。
- 字体：该选项组用于设置文字样式使用的字体和字高等属性。其中“字体名”下拉列表框（图 7-1 中按所选字体显示为“SHX 字体”）用于选择字体；“字体样式”下拉列表框用于选择字体格式，如斜体、粗体和常规字体等；“高度”文本框用于设置文字的高度。选中“使用大字体”复选框，则“字体样式”下拉列表框变为“大字体”下拉列表框，用于选择大写字体文件。
- 大小：该选项组可以设置文字的高度。如果将文字的高度设为 0，在使用 TEXT 命令标注文字时，命令行将显示“指定高度：”提示，要求指定文字的高度。如果在“高度”文本框中输入了文字高度，AutoCAD 将按此高度标注文字，而不再提示指定高度。
- 效果：该选项组可以设置文字的颠倒、反向、垂直等显示效果。在“宽度因子”文本框中可以设置文字字符的高度和宽度之比；在“倾斜角度”文本框中可以设置文字的倾斜角度，角度为 0° 时不倾斜，角度为正值时向右倾斜，为负值时向左倾斜。
- 新建：单击该按钮将打开“新建文字样式”对话框，在其“样式名”文本框中输入新建文字样式名称后，单击“确定”按钮可以创建新的文字样式。新建的文字样式将显示在“样式”列表框中。
- 删除：单击该按钮可以删除某一已有的文字样式，但无法删除已在使用的文字样式、当前文字样式和默认的文字样式。

下面以建立“黑体字”文字样式为例，介绍创建并设置文字样式的操作方法。

（1）单击“格式”|“文字样式”命令，在打开的“文字样式”对话框中，单击“新建”按钮，打开“新建文字样式”对话框，在“样式名”文本框中输入“黑体字”，如图 7-2 所示。

（2）单击“确定”按钮，返回“文字样式”对话框，单击“字体名”下拉文本框的小箭头，弹出字体列表，选择“黑体”选项并单击，即可将字体设置为“黑体”，如图 7-3 所示。

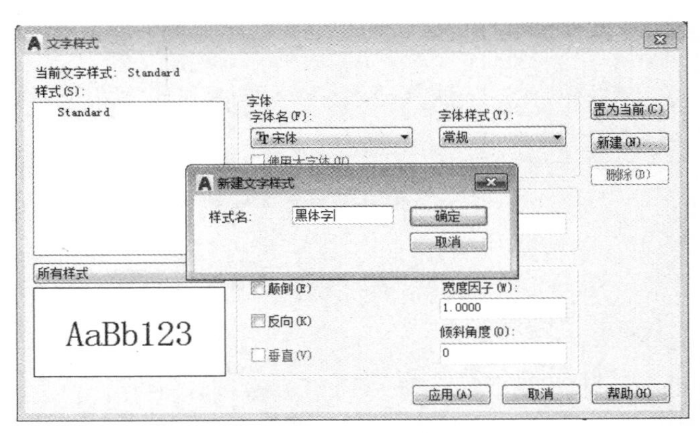

图 7-2 设置样式名

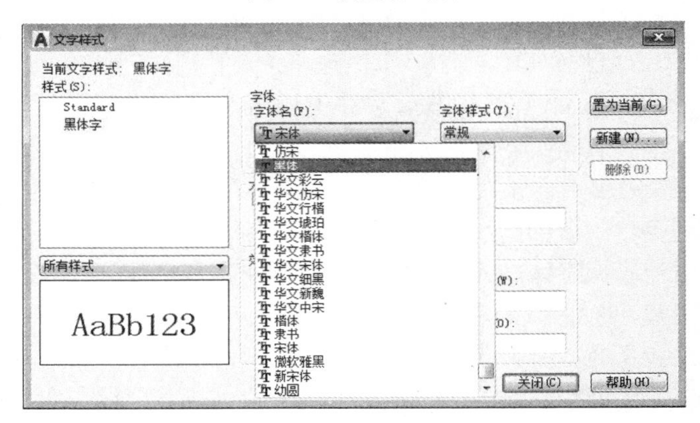

图 7-3 设置字体

（3）在“大小”选项组中设置“高度”值为 200，依次单击“应用”和“关闭”按钮，完成“黑体字”文字样式的创建与设置，如图 7-4 所示。

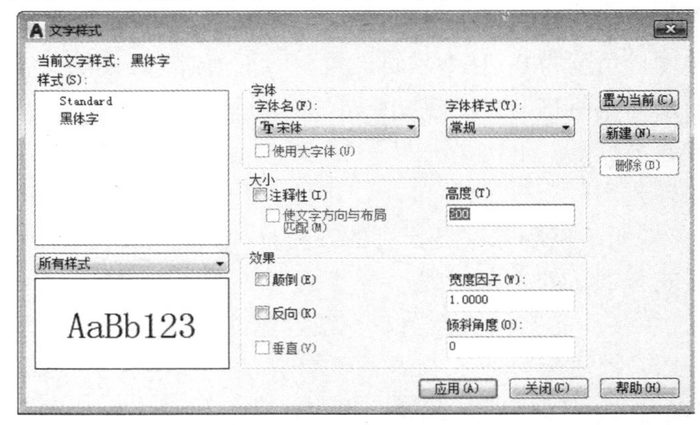

图 7-4 完成文字样式的创建

7.1.2 单行文本输入

单行文本主要用于创建不需要使用多种字体的简短内容（如标签）。使用“单行文字”命令并不是每次只能输入一行文字，而是输入的文字，系统将每一行视为单独的一个实体对象来处理。

在中文版 AutoCAD 2017 中，调用“单行文字”命令通常有以下三种方法。

➢ 命令行：输入 TEXT 命令并按回车键。

➢ 菜单栏：单击“绘图”|“文字”|“单行文字”命令。

➢ 功能区：选择“注释”选项卡，单击“文字”面板中的“单行文字”按钮A|。

使用以上任意一种方法调出该命令后，根据命令行提示进行操作，即可创建多个单行文字对象。具体操作步骤如下。

（1）按 Ctrl + O 组合键打开“三居室平面布置图.dwg”素材文件，单击菜单栏中的“格式”|“文字样式”命令，如图 7-5 所示。

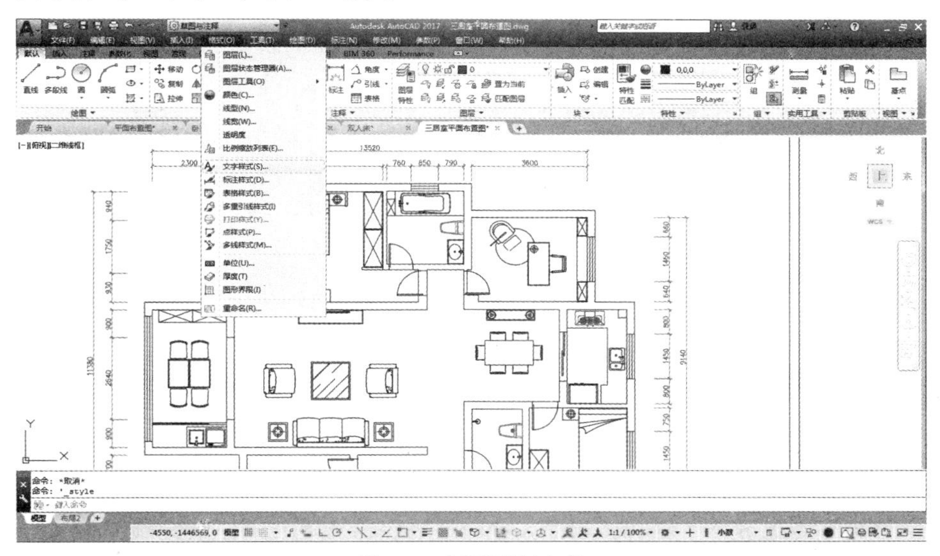

图 7-5 打开素材文件

（2）打开“文字样式”对话框，单击“新建”按钮，打开“新建文字样式”对话框，在“样式名”文本框中输入“说明”，如图 7-6 所示。

（3）单击“确定”按钮，即可创建新的文字样式。新建的文字样式将显示在“样式”列表框中，然后设置该样式文字的字体为黑体，高度为 300，如图 7-7 所示。

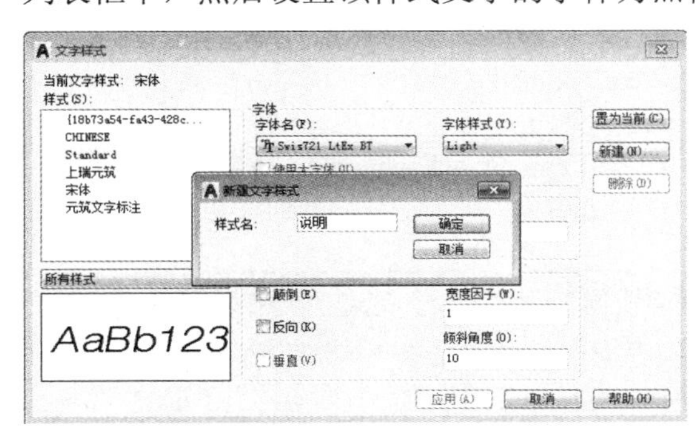

图 7-6 “新建文字样式”对话框

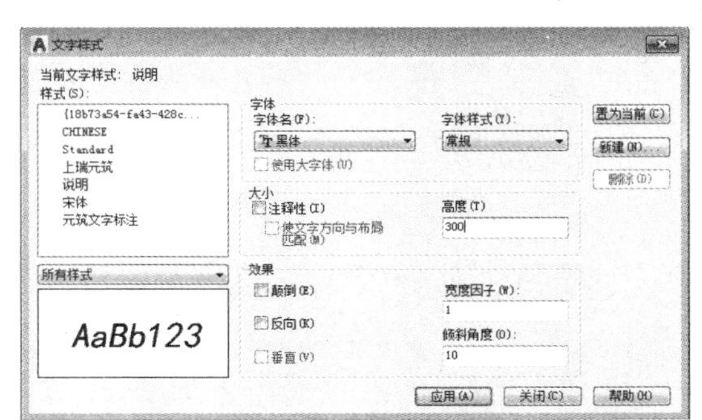

图 7-7 创建新的文字样式

（4）单击“置为当前”按钮，将该样式设置为当前样式，单击“关闭”按钮退出操作。单击“注释”|“文字”|“单行文字”按钮A，如图 7-8 所示。

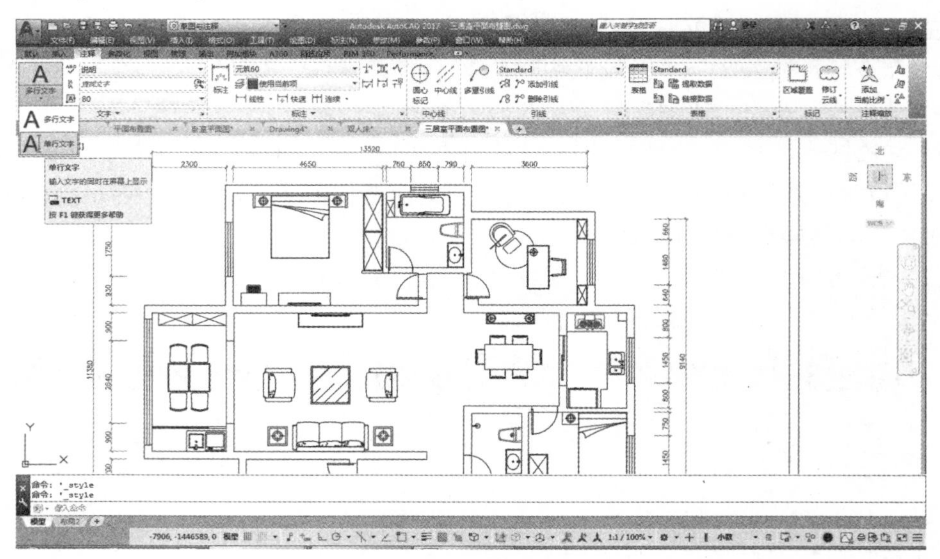

图 7-8　选择“单行文字”命令

（5）根据命令行提示，单击指定好文字的起点位置，按回车键选择默认角度，然后输入文字内容，之后，按两次回车键即可退出文字输入状态。输入文字后的效果如图 7-9 所示。

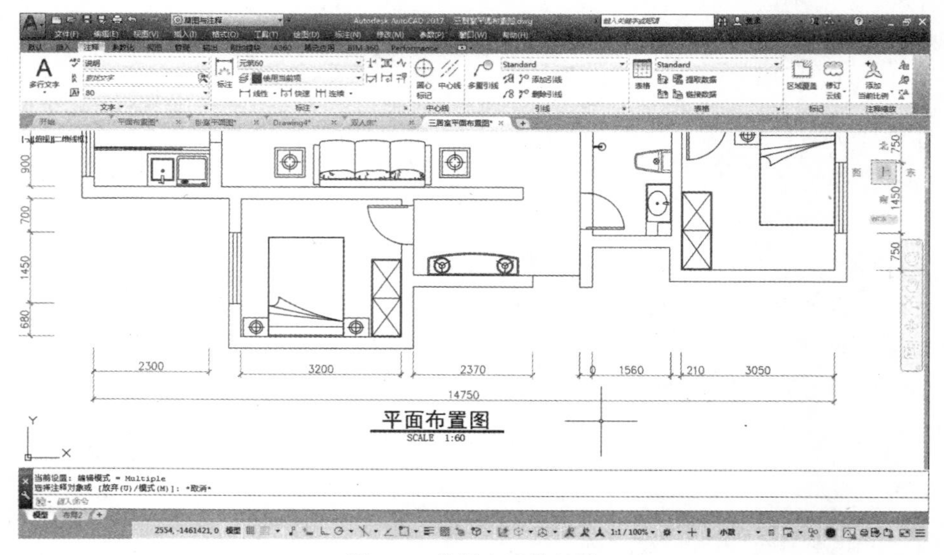

图 7-9　单行文字的效果

> **小提示：** 在输入文字的过程中，可以随时改变文字的位置。如果在输入文字的过程中想改变后面输入的文字位置，可先将光标移到新位置并按拾取键，原标注行结束，当标志出现在新确定的位置后即可在此继续输入文字。在标注文字时，不论采用哪种文字排列方式，输入时屏幕上显示的文字都是按左对齐的方式排列，直到结束“单行文字”命令结束后，才按指定的排列方式重新生成。

7.1.3　多行文本输入

多行文本主要用于输入内部格式比较复杂的文字说明（如工程图的设计说明）。多行文字可以包含任意多个文本行和文本段落，并可以对其中的部分文字设置不同的文字格式。整个多行文字作为一个对象处理，其中的每一行不再为单独的对象。

在中文版 AutoCAD 2017 中，调用“多行文字”命令通常有如下三种方法。

➢ 命令行：输入 MTEXT 命令并按回车键。

➢ 菜单栏：单击“绘图”|“文字”|“多行文字”命令。

➢ 功能区：选择“注释”选项卡，单击“文字”面板中的“多行文字”命令 A。

使用以上任意一种方法调出该命令后，根据命令行提示进行操作，即可创建出多行文字对象。具体操作步骤如下。

（1）单击“多行文字”命令，此时，在命令行中将显示当前文字样式和当前文字高度，在绘图区中单击指定第一角点后，向右下角拖曳鼠标，以创建一个多行文字输入框，如图 7-10 所示。

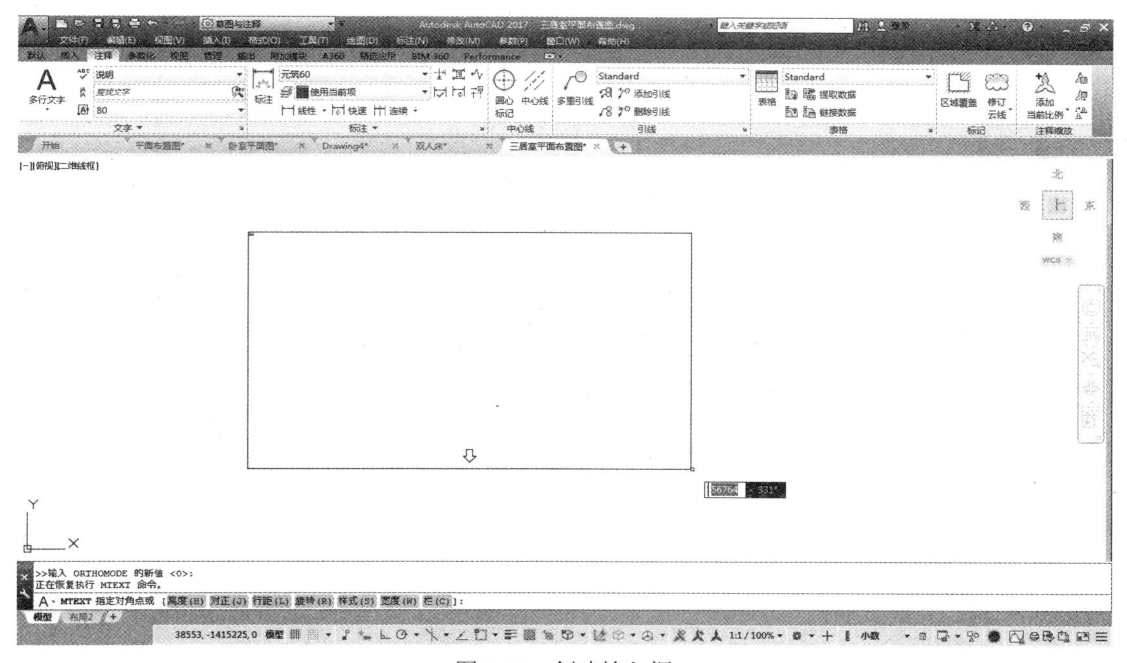

图 7-10　创建输入框

（2）单击确定多行文字输入框的右下角点，进入多行文字编辑器窗口，如图 7-11 所示。

（3）在多行文字输入框内输入室内设计原则等文字内容，效果如图 7-12 所示。

（4）选中标题文字，在“文字编辑器”选项卡中单击“段落”|“居中”按钮，即可将标题设置为居中，效果如图 7-13 所示。

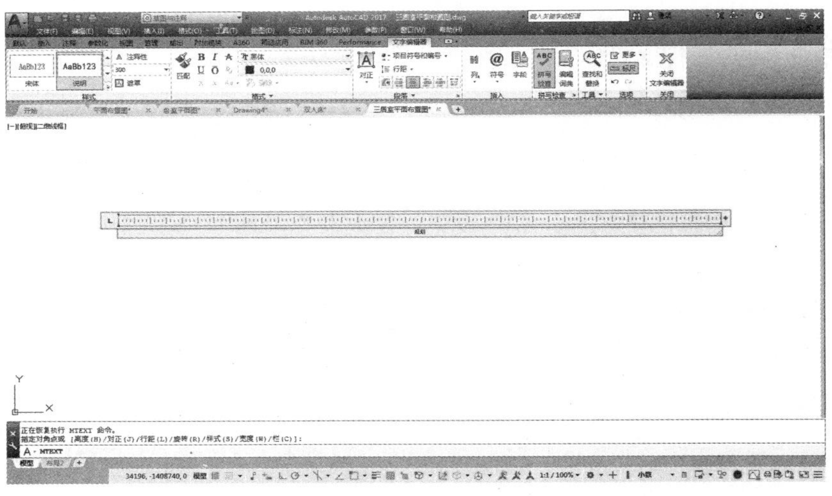

图 7-11　文字编辑器窗口

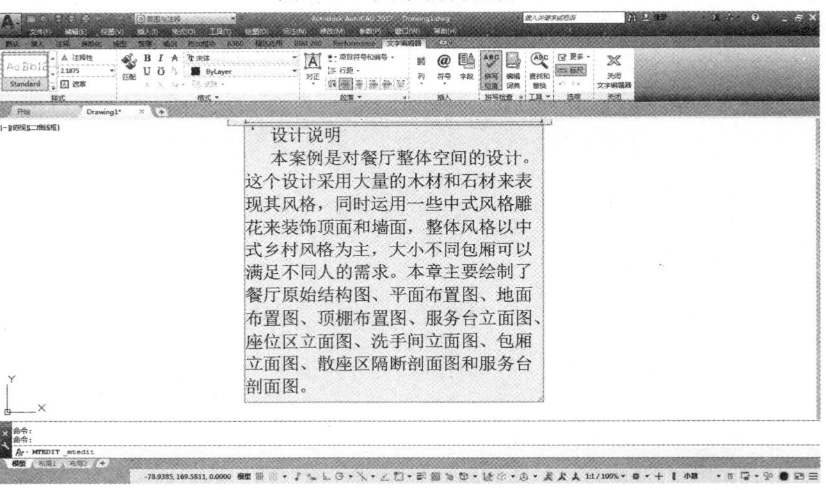

图 7-12　输入文字内容

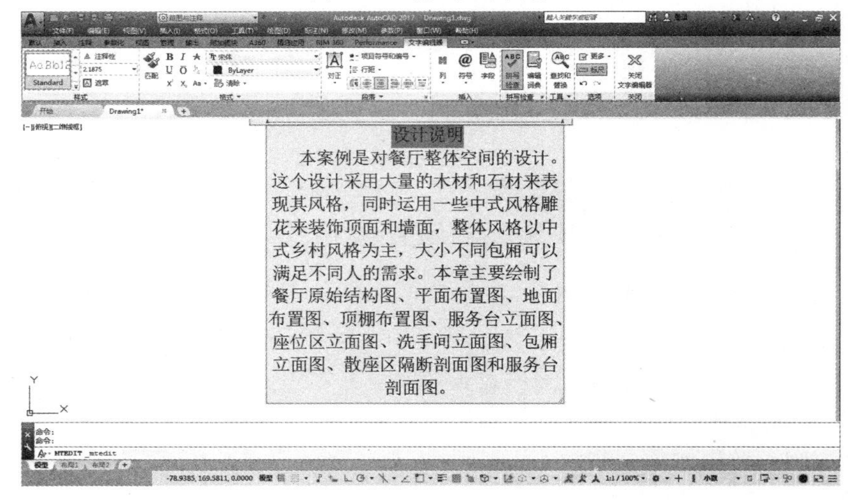

图 7-13　设置标题居中

（5）选中内容文字，在“样式”面板中设置文字的高度为 200，即可改变所选多行文字的高度，效果如图 7-14 所示。

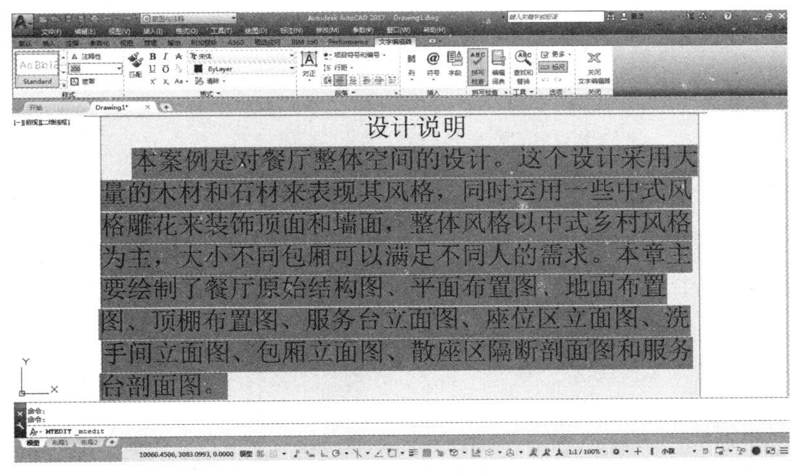

图 7-14　设置文字高度

（6）选中所有段落文字，在“段落”面板中设置行距为 1.5X，单击“关闭文字编辑器”按钮，完成多行文本的创建。最终的多行文本效果如图 7-15 所示。

设计说明
本案例是对餐厅整体空间的设计。这个设计采用大
量的木材和石材来表现其风格，同时运用一些中式风
格雕花来装饰顶面和墙面，整体风格以中式乡村风格
为主，大小不同包厢可以满足不同人的需求。本章主
要绘制了餐厅原始结构图、平面布置图、地面布置
图、顶棚布置图、服务台立面图、座位区立面图、洗
手间立面图、包厢立面图、散座区隔断剖面图和服务
台剖面图。

图 7-15　多行文本的效果

7.2 表　格

表格使用行和列以一种简洁清晰的形式提供信息，常用于一些组件图形的说明中。表格样式控制一个表格的外观，用于确保使用标准的字体、颜色、文本、高度和行距。用户可以使用默认的表格样式，也可以根据需要自定义表格样式。

7.2.1 设置表格样式

在创建文字前应先设置文字样式，同样，在创建表格之前，应先设置表格样式。通过管理表格样式，可使表格样式更符合行业的需要。

在中文版 AutoCAD 2017 中，调用“表格样式”命令有以下三种方法。

- 命令行：输入 TABLESTYLE 命令并按回车键。
- 菜单栏：单击“格式”|“表格样式”命令。
- 功能区：选择“常用”选项卡，单击“注释”面板的“表格样式”按钮。

使用以上任意一种方法都可以打开“表格样式”对话框，如图 7-16 所示。利用该对话框可以创建或修改表格样式，并设置表格的当前样式。下面介绍创建并设置表格样式的具体操作方法。

1. 创建表格样式

（1）单击菜单栏中的“格式”|“表格样式”命令，打开“表格样式”对话框，单击“新建”按钮，打开“创建新的表格样式”对话框，如图 7-17 所示。

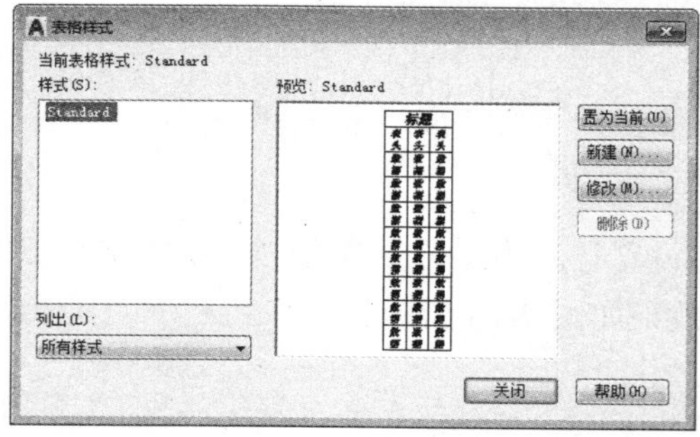

图 7-16 “表格样式”对话框

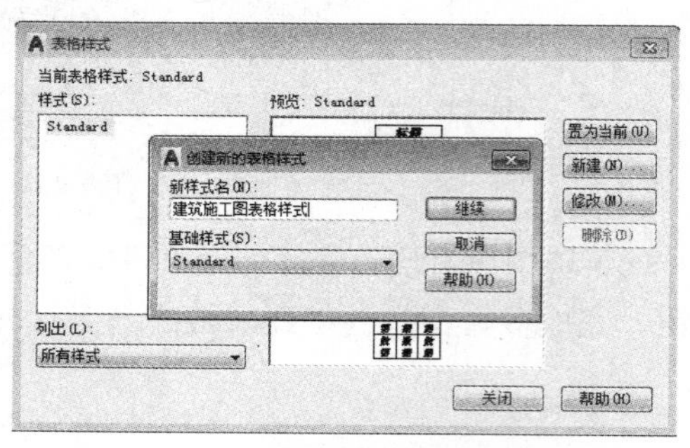

图 7-17 “创建新的表格样式”对话框

（2）在“创建新的表格样式”对话框中输入新的表格样式名，单击“继续”按钮，打开“新建表格样式”对话框，如图 7-18 所示。

（3）在“单元样式”下拉列表框中选择需要设置的选项，如标题、数据、表头所对应的文字、边框等，如图 7-19 所示。

（4）单击“确定”按钮，返回“表格样式”对话框，单击“关闭”按钮，完成表格样式的创建，如图 7-20 所示。

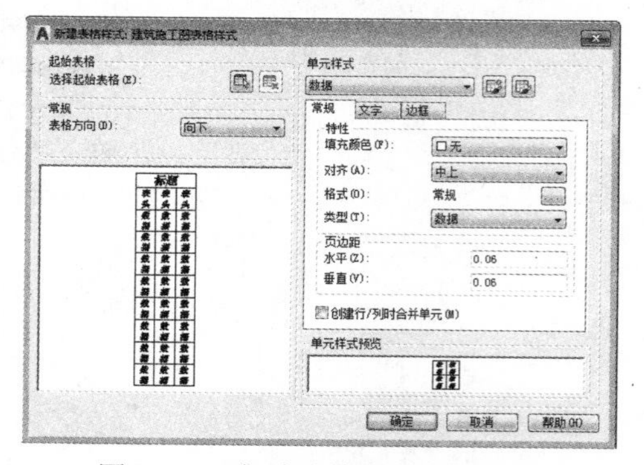

图 7-18 “新建表格样式”对话框

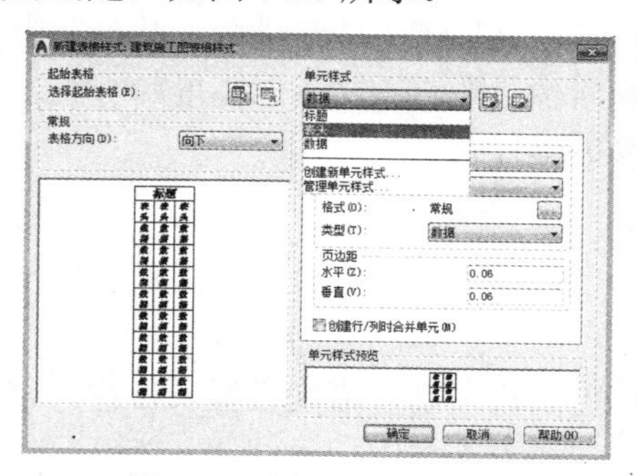

图 7-19 设置“单元样式”

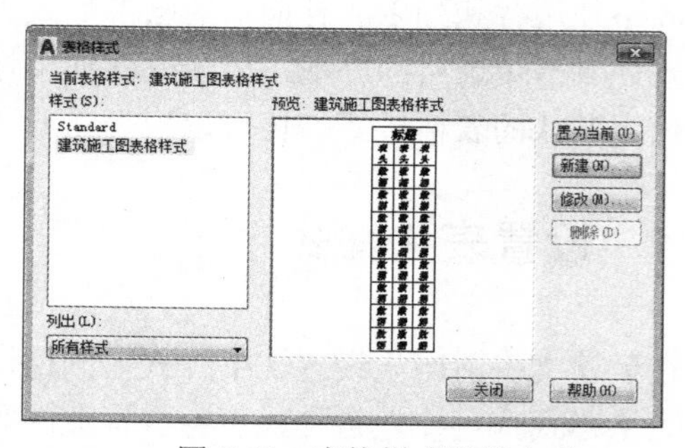

图 7-20 表格样式设置完成

2. 设置表格样式

"新建表格样式"对话框中，在"单元样式"下拉列表框中包含"数据""标题"和"表头"三个选项，分别用于设置表格的数据、标题和表头所对应的样式，而通过设置下面的"常规""文字"和"边框"三个选项卡中的参数，完成表格样式的定义。

（1）"常规"选项卡

在"常规"选项卡中，可以设置表格的填充颜色、对齐方向、格式、类型及页边距等特性。该选项卡中各主要选项的说明如下。

➢ 填充颜色：用于设置表格的背景填充颜色，如图 7-21 所示。

➢ 对齐：用于设置表格单元中的文字对齐方式，如图 7-22 所示。

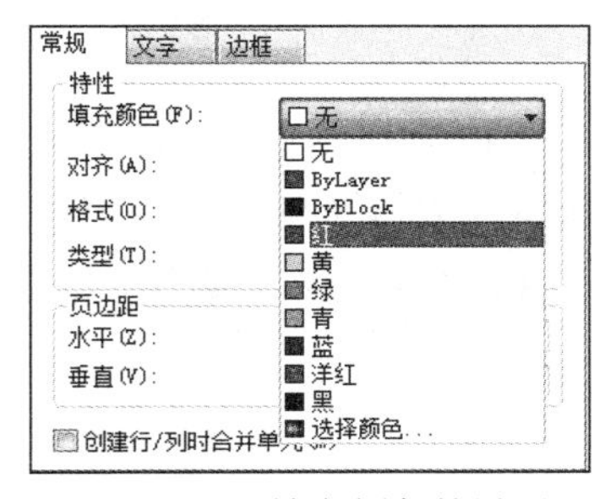

图 7-21　填充颜色的设置

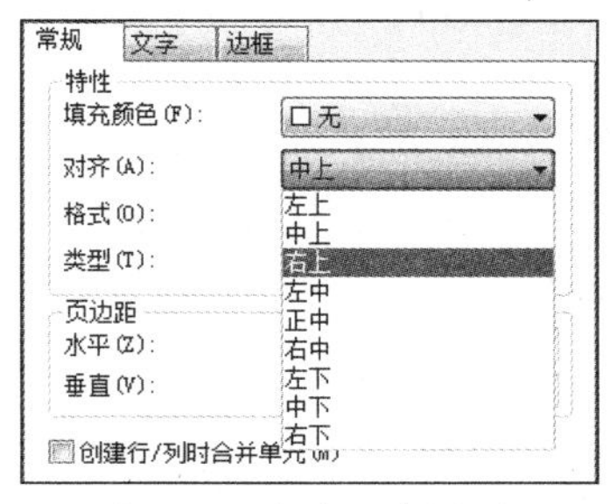

图 7-22　文字对齐设置

➢ 格式：单击其右侧的[...]按钮，可打开"表格单元格式"对话框，如图 7-23 所示，用于设置表格单元格的数据格式。

➢ 类型：用于设置是数据类型还是标签类型，如图 7-24 所示。

➢ 页边距：用于设置表格单元中的内容距边线的水平和垂直距离。

图 7-23　表格单元格设置

（2）"文字"选项卡

在"文字"选项卡中，可以设置表格单元中的文字样式、高度、颜色和角度等特性，如图 7-25 所示。该选项卡中各主要选项的功能说明如下。

➢ 文字样式：用于选择可以使用的文字样式。单击其右侧的[...]按钮，可以直接在打开的"文字样式"对话框中创建新的文字样式。

➢ 文字高度：用于设置表格单元中文字的高度。

➢ 文字颜色：用于设置表格单元中文字的颜色。

➢ 文字角度：用于设置表格单元中文字的倾斜角度。

（3）"边框"选项卡

在"边框"选项卡中，可以对表格的边框进行设置，共包含 8 个边框设置按钮。设置表格边框后，还可以对边框的线宽、线型和颜色进行设置。此外，选中"双线"复选框，还可以再设置边框线双线之间的间距，如图 7-26 所示。

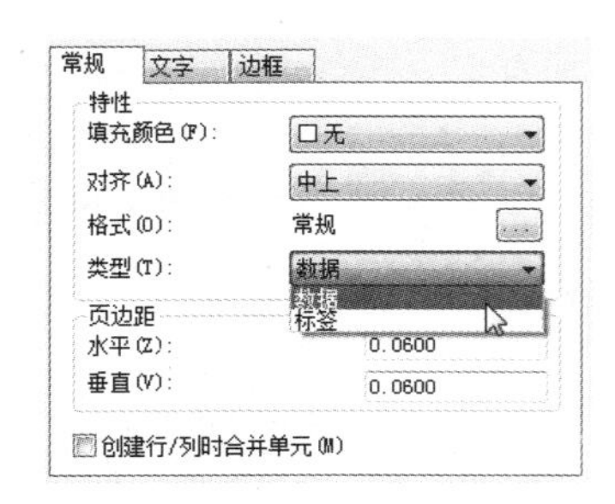

图 7-24 表格类型设置

图 7-25 “文字”选项卡

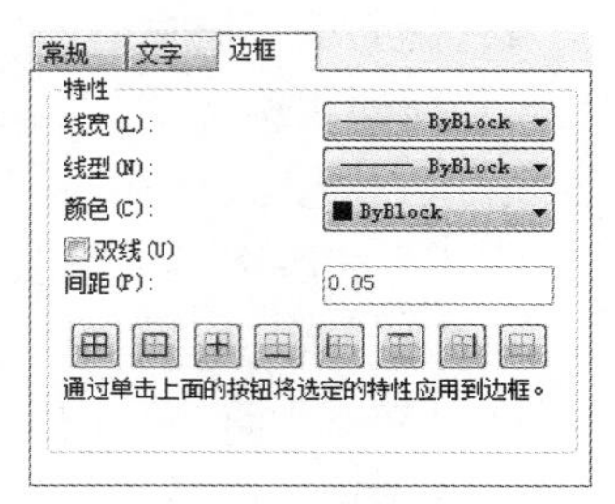

图 7-26 “边框”选项卡

7.2.2 插入表格

在中文版 AutoCAD 2017 中，使用表格功能可以创建不同类型的表格，还可以从 Microsoft Excel 中直接复制表格，并将其作为 AutoCAD 表格对象粘贴到图形中，也可以从外部直接导入表格对象。此外，还可以输出来自 AutoCAD 的表格数据，输出的表格数据可在 Microsoft Excel 或其他应用程序中使用。

1. 直接插入表格

在设置好表格样式后，用户可以使用“表格”工具创建表格，而不需要用单独的直线绘制表格。在中文版 AutoCAD 2017 中，调用“表格”命令通常有以下三种方法。

➢ 命令行：输入 TABLE 命令并按回车键。
➢ 菜单栏：单击“绘图”|“表格”命令。
➢ 功能区：选择“注释”选项卡，单击“表格”面板中的“表格”按钮。

使用以上任意一种方法都将打开“插入表格”对话框，如图 7-27 所示。

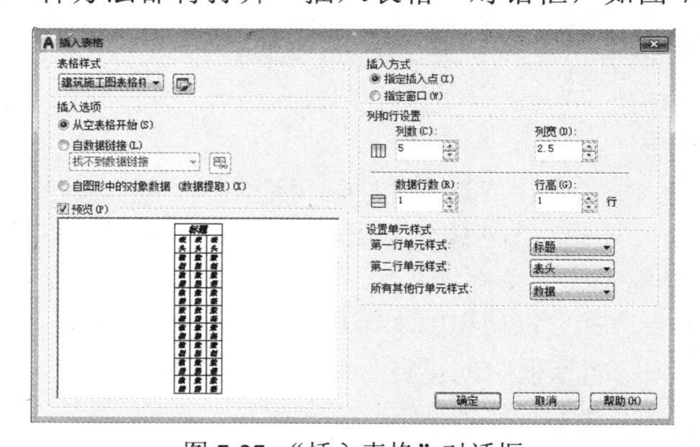

图 7-27 “插入表格”对话框

“插入表格”对话框可用于选择表格样式，以及设置表格的有关参数。该对话框中各选项的含义如下。

➢ 表格样式：该下拉列表框用于选择需要的表格样式。
➢ 插入选项：该选项组用于确定如何为表格填写数据。
➢ 预览：用于预览表格的样式。

➢ 插入方式：该选项组用于设置将表格插入到图形时的插入方式。

➢ 列和行设置：该选项组用于设置表格中的行数、列数及行高和列宽。

➢ 设置单元样式：该选项组分别可设置第一行、第二行和其他行的单元样式。

通过“插入表格”对话框确定表格数据后，单击“确定”按钮，根据提示确定表格的位置，即可将表格插入到图形中。具体操作步骤如下。

（1）单击“表格”命令，打开“插入表格”对话框，在“列和行设置”选项组中进行设置，如设置列数为 5，数据行数为 6，如图 7-28 所示。

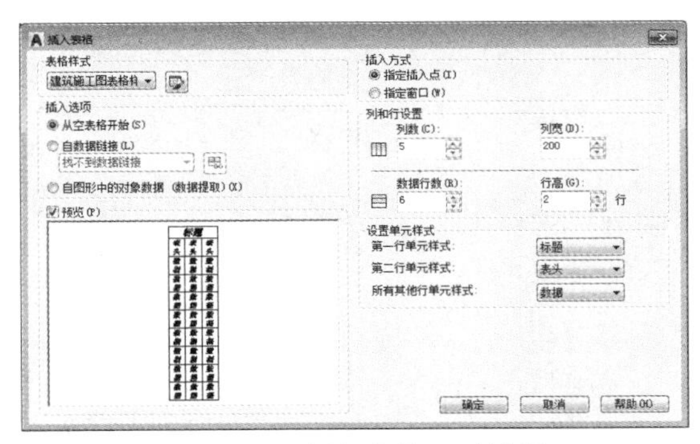

图 7-28 “插入表格”对话框

（2）单击“确定”按钮，根据命令行提示在绘图窗口适当的位置单击，指定插入点，进入标题单元格的编辑状态，输入标题文字即可，如图 7-29 所示。

（3）按回车键，进入表头单元格的编辑状态，输入表头文字，效果如图 7-30 所示。

	A	B	C	D	E
1	材 料 表				
2					
3					
4					
5					
6					
7					
8					

图 7-29 输入标题文字

	A	B	C	D	E
1	材 料 表				
2	名称	型号	数量	备注	
3					
4					
5					
6					
7					
8					

图 7-30 输入表头文字

（4）再次按回车键，可继续在数据单元格中输入文字，效果如图 7-31 所示。

（5）分别选中表格中多余的行和列，进入表格编辑器窗口，分别单击“删除行”和“删除列”按钮，将多余的单元格删除，在空白区域单击，即可结束操作。删除多余行和列后的效果如图 7-32 所示。

材 料 表				
名称	型号	数量	备注	
射灯	1*200W	10		
草坪灯	1*50W	8		
庭院灯	1*60W	25		
地理灯	1*70W	5		

图 7-31 输入数据文字

材 料 表			
名称	型号	数量	备注
射灯	1*200W	10	
草坪灯	1*50W	8	
庭院灯	1*60W	25	
地理灯	1*70W	5	

图 7-32 完成插入表格

2. 调用外部表格

在中文版 AutoCAD 2017 中，可以从 Microsoft Excel 中直接复制表格，并将其作为 AutoCAD 表格对象粘贴到图形中，也可以从外部直接导入表格对象。下面以直接从外部调用名称为“会议费用开支表”的 Microsoft Excel 表格为例，介绍调用外部表格的方法和技巧，其具体操作方法如下。

（1）单击“表格”命令，打开“插入表格”对话框，选中“自数据链接”单选按钮，然后单击其下拉列表框右侧的▦按钮，如图 7-33 所示。

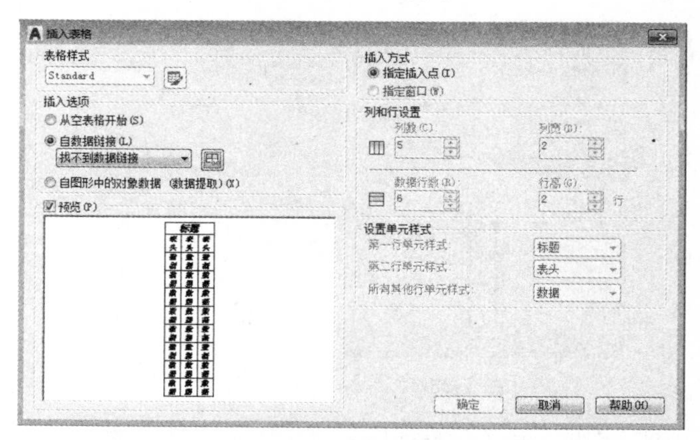

图 7-33　选中“自数据链接”单选按钮

（2）在打开的“选择数据链接”对话框中单击“创建新的 Excel 数据链接”选项，打开“输入数据链接名称”对话框，并输入数据链接的名称，如“会议费用开支表”，如图 7-34 所示。

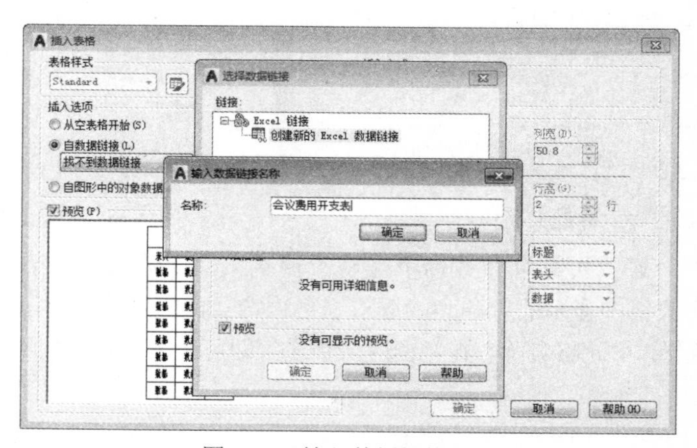

图 7-34　输入数据链接名称

（3）单击“确定”按钮，打开“新建 Excel 数据链接：费用开支表”对话框，如图 7-35 所示。

（4）单击“浏览文件”按钮▭，打开“另存为”对话框，选择“会议费用开支表”文件，如图 7-36 所示。

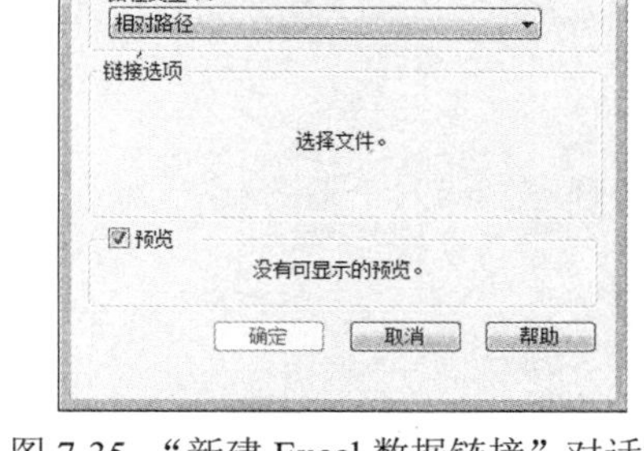

图 7-35 “新建 Excel 数据链接”对话框　　图 7-36 选择文件

（5）单击“打开”按钮，返回“新建 Excel 数据链接：会议费用开支表”对话框，可预览表格效果，如图 7-37 所示。

（6）依次单击“确定”按钮，根据命令行提示，在绘图窗口的适当位置单击，指定插入点，完成外部表格的调用，如图 7-38 所示。

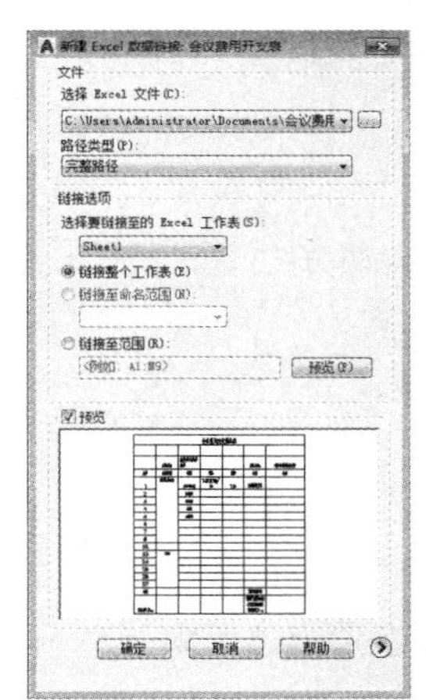

图 7-37 打开文件链接

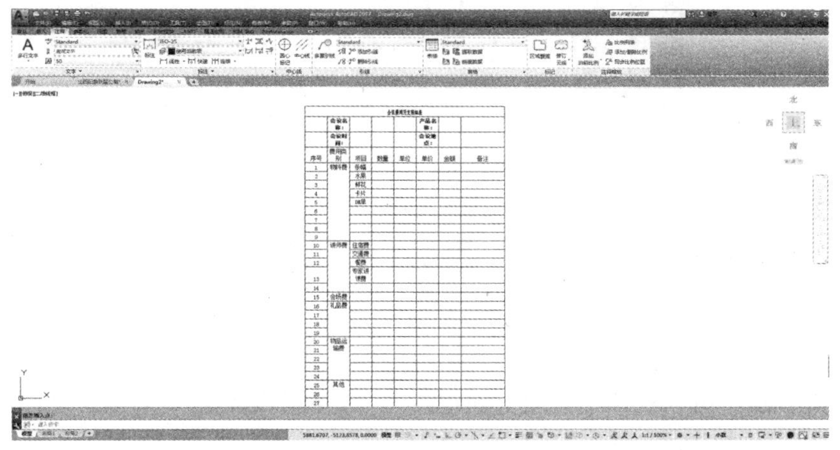

图 7-38 完成外部表格调用

7.2.3 编辑表格

当创建完表格后，用户可根据需要修改表格的内容或格式。AutoCAD 提供了多种编辑表格的方式，其中包括夹点编辑方式和选项板编辑方式等。

1. 夹点编辑方式

通常情况下，使用“表格”工具插入的表格都要进行必要的调整，才能使其符合表格定义的要求，此时便可以通过拖动夹点或选择表格右键快捷菜单中的相应选项，来对表格进行整体编辑操作。在需要编辑的表格上单击任意表格线即可选中该表格，同时表格上将出现编辑夹点，此时通过拖动夹点即可对该表格进行编辑操作，如图 7-39 所示。

2. 选项板编辑方式

在表格上单击任意表格线选中表格，右击，在弹出的下拉菜单中单击“特性”命令，打开“特性”选项板，即可在该选项板中更改单元宽度、单元高度、文字高度、文字颜色等内容，如图 7-40 所示。

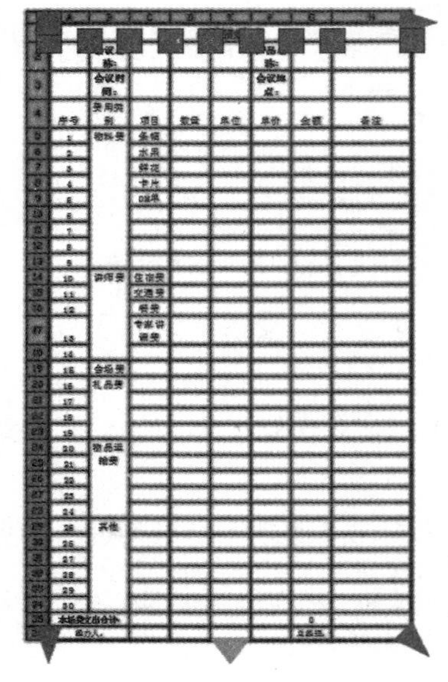

图 7-39　选中表格时显示出各夹点

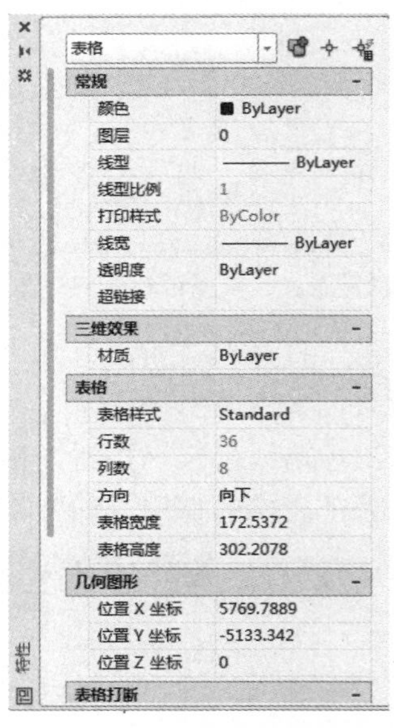

图 7-40　选项板编辑方式

7.3　尺寸标注的规则

中文版 AutoCAD 2017 为用户提供了完整的尺寸标注命令，提供了多种设置标注格式的方法，可以在各个方向上创建标注。在对图形进行尺寸标注之前，首先应该了解尺寸标注的组成元素和规则等内容。

7.3.1　尺寸标注的组成元素

一个完整的尺寸标注通常是由尺寸线、尺寸界线、箭头和标注文字四个要素组成，如图 7-41 所示。

尺寸标注基本要素的作用与含义如下。

- 尺寸线：通常与所标注的对象平行，一端或两端带有终端号，如箭头或斜线，角度标注的尺寸线是弧线。
- 尺寸界线：也称为投影线，通常利用尺寸界线将标尺线引出被标注对象之外，有时也用对象的轮廓线或中心线代替尺寸界线。
- 箭头：位于尺寸线两端，用于表示尺寸线的起始位置。可为箭头设置不同的尺寸大小和样式。

➢ 标注文字：用于指示测量的字符串，一般位于尺寸线上方或中断处。标注文字可以反映基本尺寸，也可以包含前缀、后缀和公差，还可以按极限尺寸形式标注。

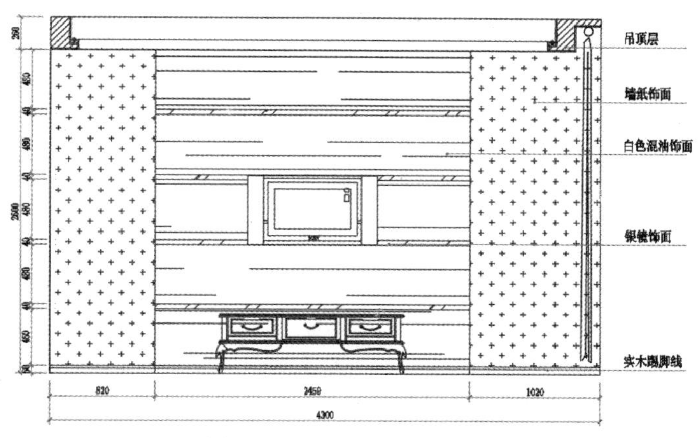

图 7-41　尺寸标注基本要素

7.3.2　尺寸标注的规则

在中文版 AutoCAD 2017 中，对绘制的图形进行尺寸标注时，应遵循以下五个规则。

➢ 图样上所标注的尺寸数为图形的真实大小，与绘图比例和绘图的准确度无关。

➢ 图形中的尺寸以系统默认值 mm 为单位时，不需要计算单位代号或名称，如果采用其他单位，则必须注明相应计量的代号或名称，如“度”的符号“°”和英寸“″”等。

➢ 图样上所标注的尺寸数值应为图形完工的实际尺寸，否则需要另外说明。

➢ 图像中的每个尺寸一般只标注一次，并标注在最能清晰表现该图形结构特征的视图上。

➢ 尺寸的配置要合理，功能尺寸应该直接标注，尽量避免在不可见的轮廓线上标注尺寸，数字之间不允许有任何图线穿过，必要时可以将图线断开。

7.4　尺寸标注

尺寸用来确定建筑物的大小，是施工图中一项重要的内容。在设计建筑施工图纸时，必须准确、详尽、完整而清晰地标注出各部分的实际尺寸，有尺寸标注的图纸才能作为施工的依据。AutoCAD 提供了多种方式的尺寸标注及编辑方法，而标注的数据是由系统测量自动获得的，这使得尺寸标注工作能够既迅速又准确。

7.4.1　新建尺寸标注样式

标注样式可以控制尺寸标注的格式和外观，建立和强制执行图形的绘图标准，这样做有利于对标注格式和用途进行修改。在中文版 AutoCAD 2017 中，通过“标注样式管理器”对话框可创建与设置标注样式，调出该对话框有以下三种方法。

- 命令行：输入 DIMSTYLE 命令并按回车键。
- 菜单栏：单击“格式”|“标注样式”命令。
- 功能区：选择“注释”选项卡，单击“标注”面板中的“标注，标注样式”按钮。

使用以上任意一种方法都可以打开“标注样式管理器”对话框。下面介绍创建标注样式的具体操作方法。

（1）在菜单栏中单击“格式”|“标注样式”命令，如图 7-42 所示。

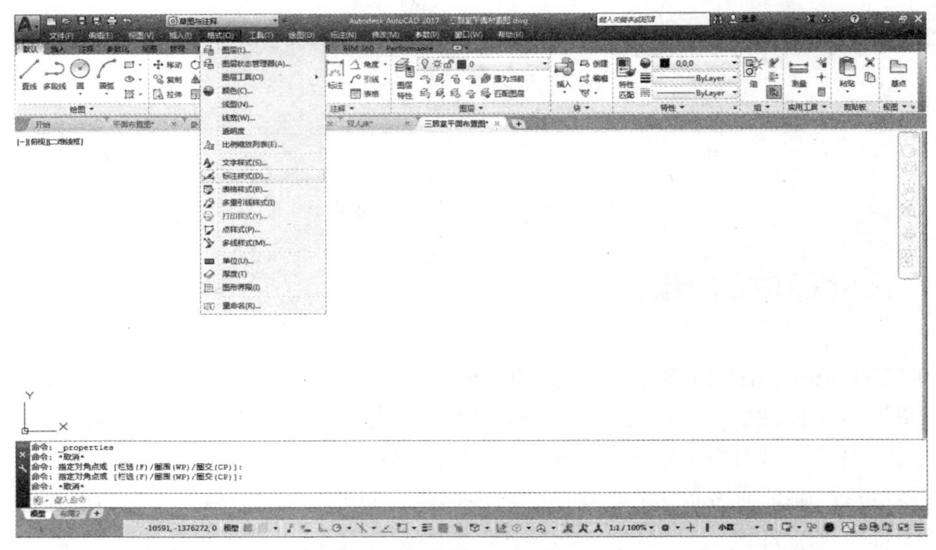

图 7-42 选择“标注样式”

（2）打开“标注样式管理器”对话框，单击“新建”按钮，如图 7-43 所示。

（3）打开“创建新标注样式”对话框，在“新样式名”文本框中输入样式名称，单击“继续”按钮，如图 7-44 所示。

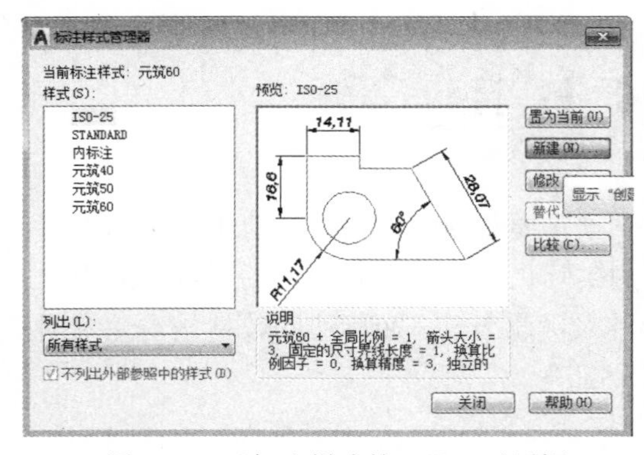

图 7-43 “标注样式管理器”对话框

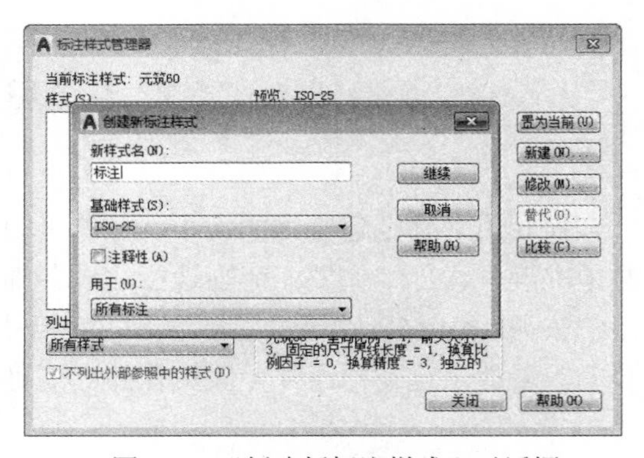

图 7-44 “创建新标注样式”对话框

（4）打开“新建标注样式”对话框，设置标注样式线、箭头和符号、文字等，单击“确定”按钮，如图 7-45 所示。

（5）返回“标注样式管理器”对话框，在“样式”列表框中将显示新建的标注样式，单击“关闭”按钮，即可完成新标注样式的创建操作，如图 7-46 所示。

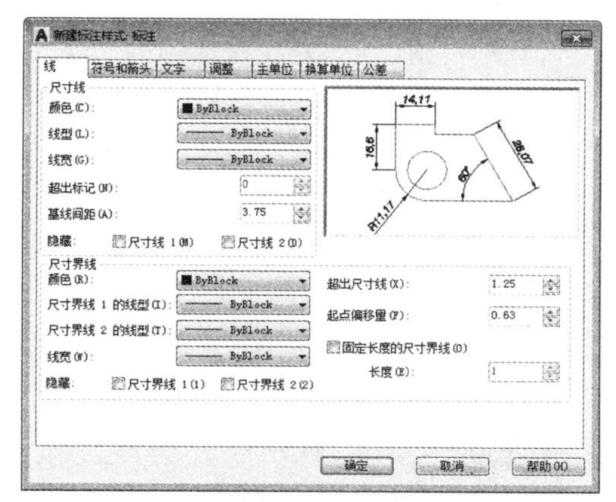

图 7-45　“新建标注样式”对话框

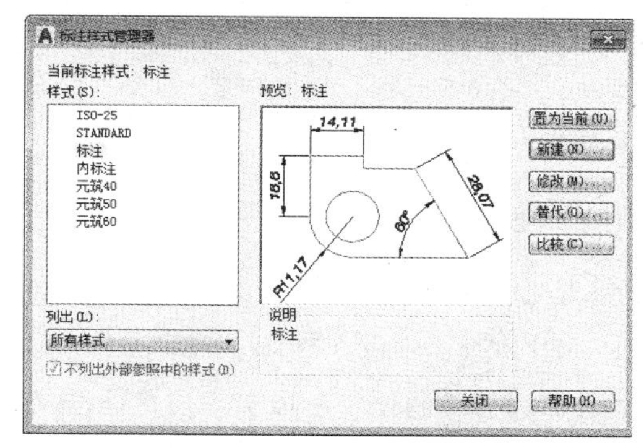

图 7-46　创建标注样式完成

7.4.2　修改尺寸标注样式

在中文版 AutoCAD 2017 中，如果用户对新建的标注样式不满意，可通过“标注样式管理器”对话框对尺寸标注样式进行修改。下面介绍修改尺寸标注样式的具体操作方法。

（1）在命令行中输入 DIMSTYLE 命令并按回车键，打开“标注样式管理器”对话框，在“样式”列表框中选择上一小节新建的标注样式，单击“修改”按钮，如图 7-47 所示。

（2）打开“修改标注样式：标注”对话框，选择“线”选项卡，设置尺寸线和尺寸界线的格式和位置，如图 7-48 所示。

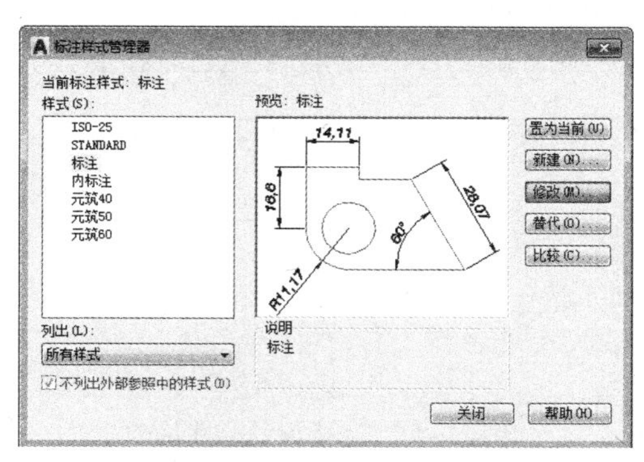

图 7-47　“标注样式管理器”对话框

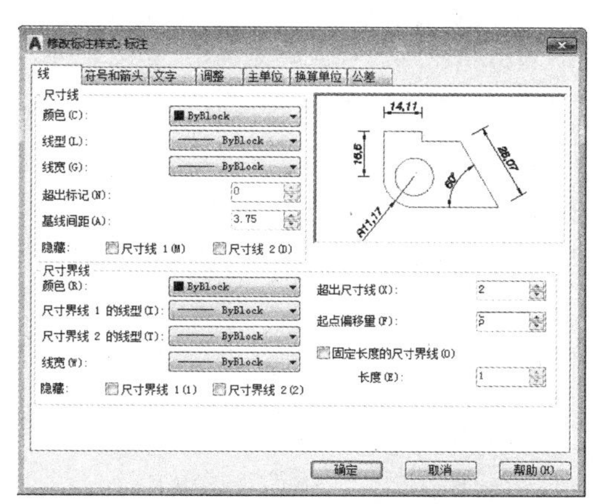

图 7-48　“修改标注样式：标注”对话框

（3）选择“符号和箭头”选项卡，设置箭头、圆心标记、弧长符号和半径标注折弯的格式与位置，如图 7-49 所示。

（4）选择“文字”选项卡，设置标注文字的外观、位置及对齐方式，如图 7-50 所示。

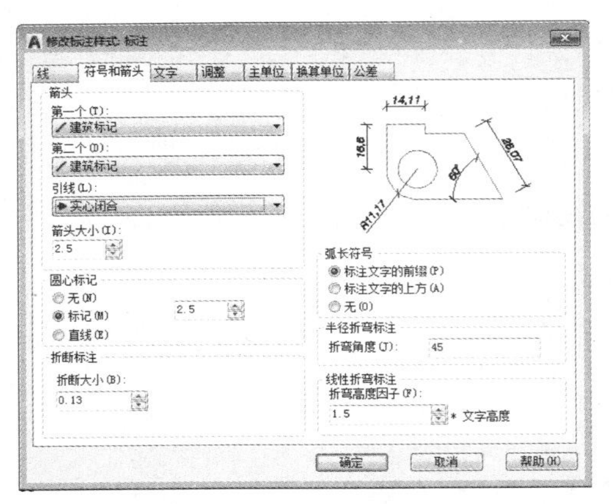

图 7-49 “符号和箭头”选项卡

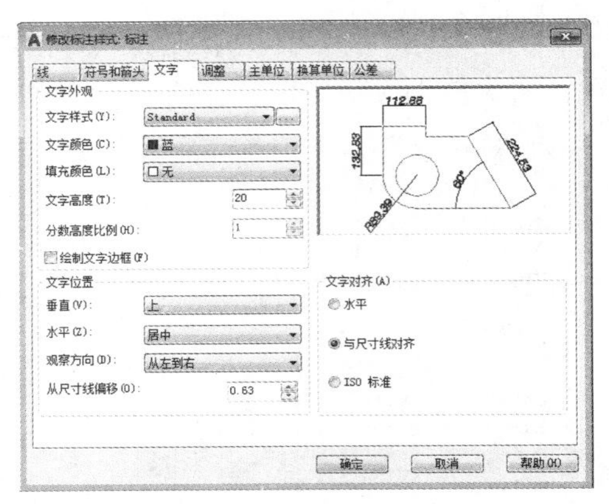

图 7-50 “文字”选项卡

（5）选择“调整”选项卡，设置标注文字、尺寸线、尺寸箭头的位置，如图 7-51 所示。

（6）选择“主单位”选项卡，设置主标注单位的格式和精度，以及标注文字的前缀和后缀，如图 7-52 所示。

（7）用户还可根据需要对“换算单位”和“公差”选项卡中的参数进行修改。完成设置后，单击“确定”按钮返回 “标注样式管理器”对话框，单击“置为当前”按钮，再单击“关闭”按钮，即可完成标注样式的修改操作，如图 7-53 所示。

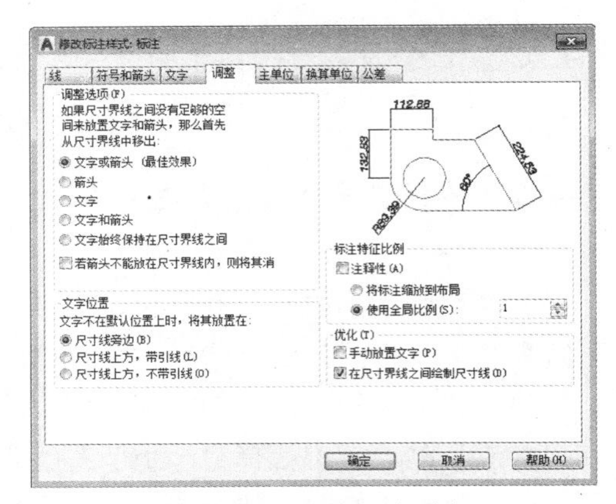

图 7-51 “调整”选项卡

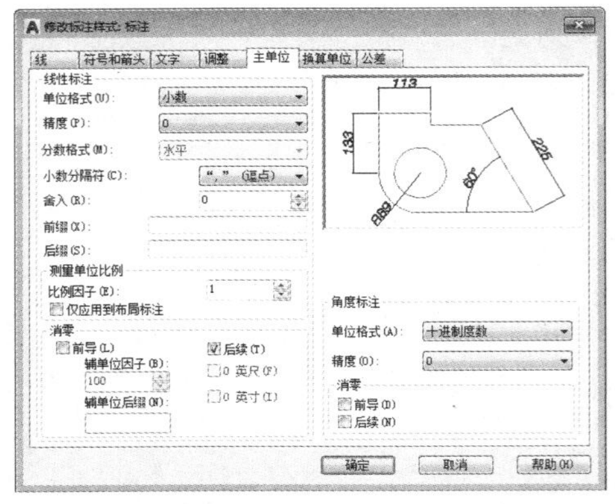

图 7-52 “主单位”选项卡

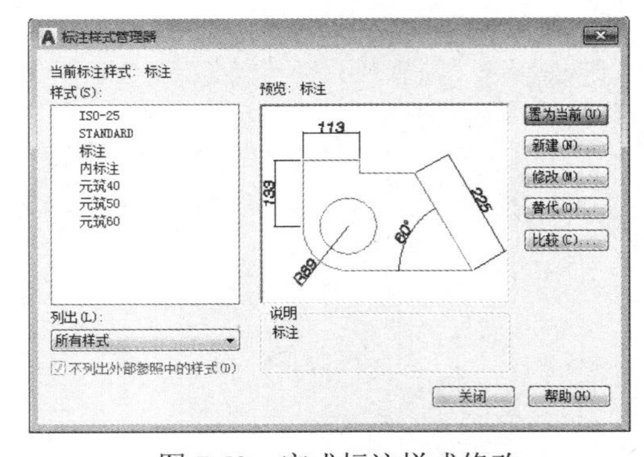

图 7-53 完成标注样式修改

7.4.3 编辑尺寸标注

在 AutoCAD 中，通过常用的编辑命令及夹点可以对已标注对象的文字、位置及样式等内容进行修改，而不必删除所标注的尺寸对象再重新进行标注。

1. 编辑尺寸标注

执行 DIMEDIT 命令，根据提示信息“输入标注编辑类型 [默认(H)/新建(N)/旋转(R)/倾斜(O)] <默认>:”选择相应的选项，即可对尺寸标注进行修改。当尺寸界线与图形的其他要素冲突时，“倾斜”选项将很有用处。

在中文版 AutoCAD 2017 中，调用“倾斜”命令有以下两种方法。

- 菜单栏：单击“标注”|“倾斜”命令。
- 功能区：选择“注释”选项卡，单击“标注”面板中的“倾斜”按钮。

使用以上任意一种方法调出该命令后，选择要编辑的尺寸对象，按回车键输入旋转角度，再按回车键即可完成尺寸对象的倾斜操作。

下面使用“倾斜”命令，对“卫生间平面布置图”中的尺寸标注进行修改，命令行选项如下。

```
命令: DIMEDIT↙                                                          (调用倾斜命令)
输入标注编辑类型 [默认(H)/新建(N)/旋转(R)/倾斜(O)] <默认>: _o          (选择标注编辑类型)
选择对象: 找到 1 个                                                     (选择要编辑的尺寸对象)
选择对象: ↙                                                             (按回车键结束选择对象)
输入倾斜角度 (按 ENTER 表示无): 30↙                                     (输入倾斜角度并按回车键)
```

尺寸标注修改前后的效果对比如图 7-54、图 7-55 所示。

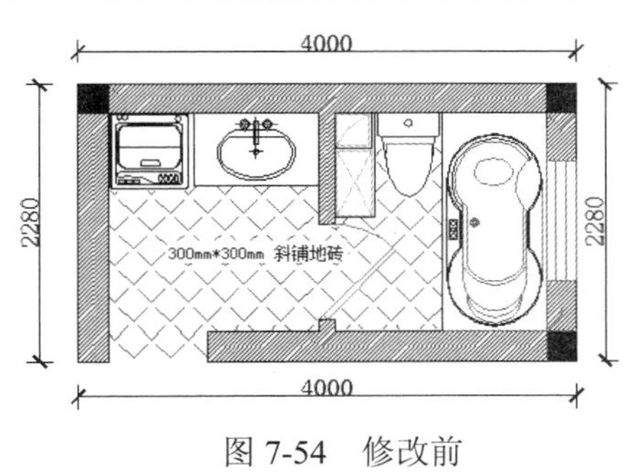

图 7-54　修改前

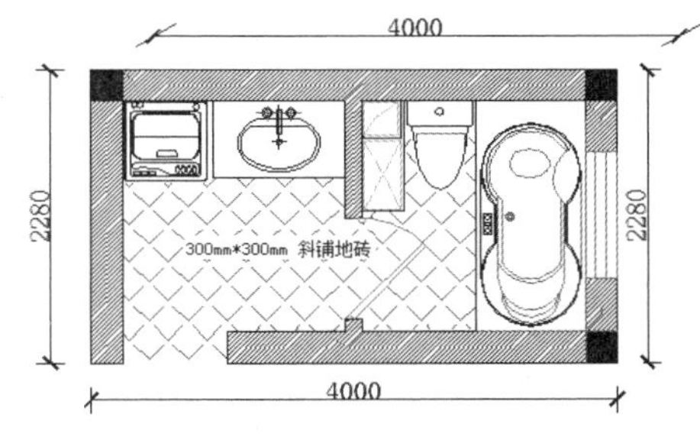

图 7-55　修改后

除了上述方法以外，用户还可使用夹点编辑的方式修改尺寸标注，以快速地修改尺寸标注。选中尺寸标注对象，显示尺寸标注的夹点，单击夹点并移动，即可改变标注尺寸，如图 7-56、图 7-57 所示。

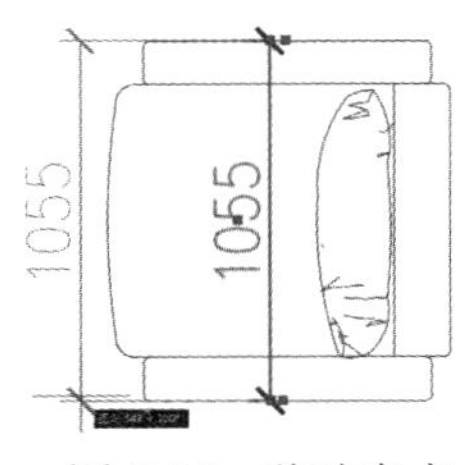

图 7-56　移动夹点

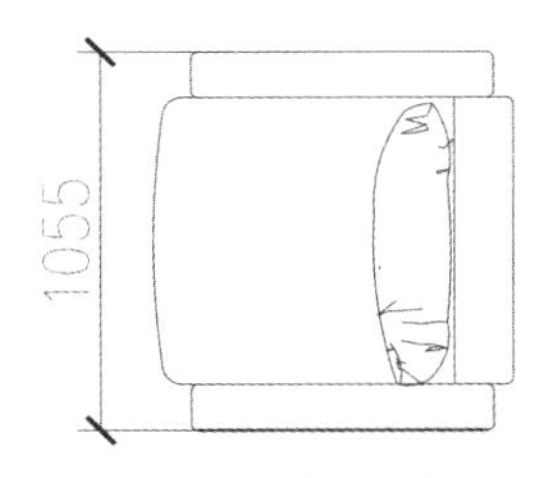

图 7-57　修改效果

2. 编辑标注文字

使用“编辑标注文字”功能可以对所选尺寸标注的文字位置进行重新放置。执行 DIMTEDIT 命令，根据提示信息“指定标注文字的新位置或[左(L)/右(R)/中心(C)/默认(H)/

角度(A)]: ”选择相应的选项，即可对文字的位置或旋转角度进行调整。

下面使用“右对齐”方式，将“隔断立面图”中标注文字的位置进行修改，命令行选项如下。

```
命令: DIMTEDIT↙                                                        (调用右对齐命令)
选择标注:                                                              (选择要编辑的尺寸对象)
为标注文字指定新位置或 [左对齐(L)/右对齐(R)/居中(C)/默认(H)/角度(A)]: R↙ (选择右对齐方式)
```

标注文字修改前后的效果对比如图 7-58、图 7-59 所示。

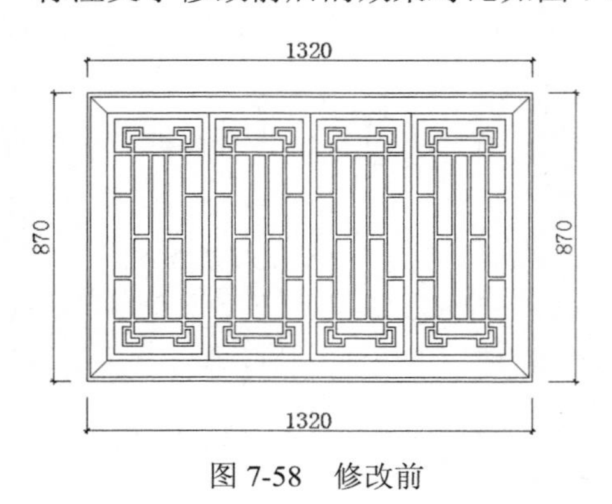

图 7-58　修改前

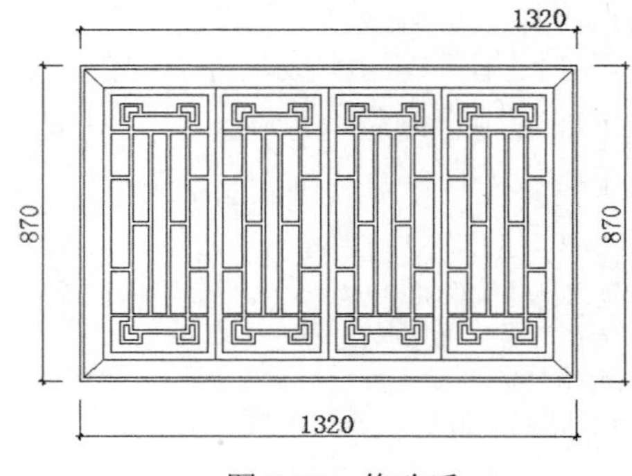

图 7-59　修改后

除了上述方法，用户也可以在菜单栏中通过单击“标注”|“对齐文字”子菜单中的命令，或单击“标注”面板中相应的按钮，来调整文字的显示方式。

7.5　工程图及各类尺寸标注

中文版 AutoCAD 2017 提供了十几种标注工具以标注图形对象，分别位于“标注”菜单或“标注”工具栏中，使用它们可以对标注进行角度、直径、半径、线性、对齐、连续、圆心及基线等的操作，如图 7-60 所示。

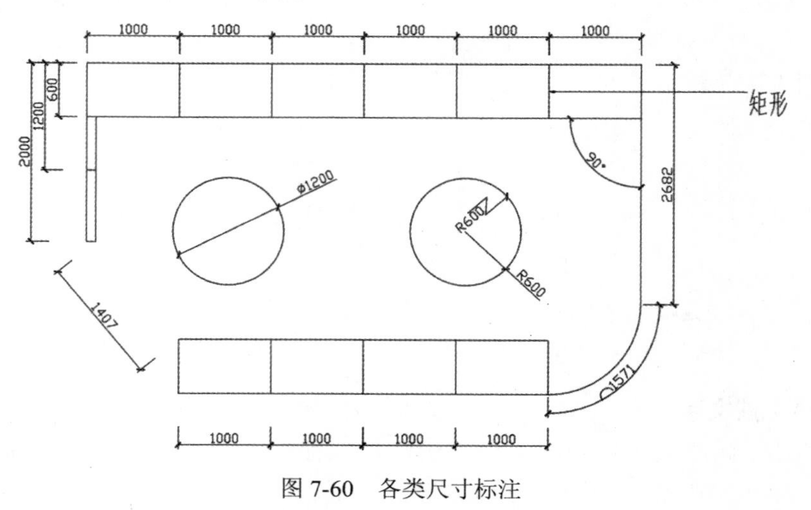

图 7-60　各类尺寸标注

7.5.1　线性标注

线性标注是指标注图形对象在水平方向、垂直方向或倾斜方向上的尺寸。在中文版 AutoCAD 2017 中，调用“线性标注”命令通常使用以下三种方法。

- 命令行：输入 DLI 或 DLIMLIN 并按回车键。
- 菜单栏：单击“标注”|“线性”命令。
- 功能区：选择“注释”选项卡，单击“标注”面板中的“线性”按钮。

使用以上任意一种方法调出该命令后，根据命令行提示对图形进行标注即可。下面使用“线性标注”命令，对“窗户”图形进行标注，命令行选项如下。

```
命令: _dimlinear                                   (调用线性标注命令)
指定第一个尺寸界线原点或 <选择对象>:                 (捕捉窗户图形左上角的端点)
指定第二条尺寸界线原点:                              (捕捉窗户图形左下角的端点)
指定尺寸线位置或 [多行文字(M)/文字(T)/角度(A)/水平(H)/垂直(V)/旋转(R)]:
                                                   (移动光标确定尺寸线位置，完成线性标注)
标注文字 =900                                       (获得距离值)
```

线性标注步骤及效果如图 7-61、图 7-62 所示。

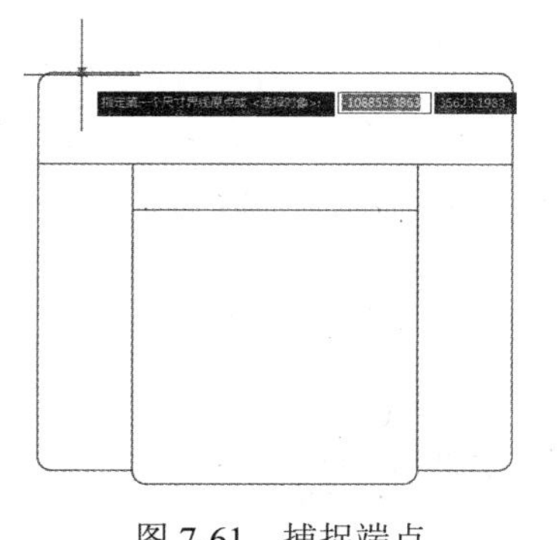

图 7-61　捕捉端点

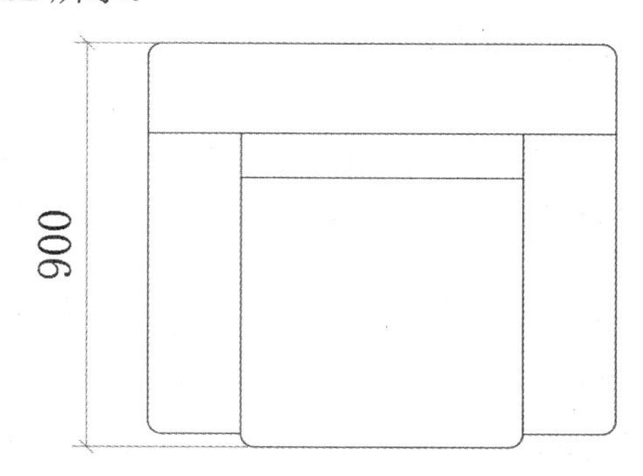

图 7-62　线性标注效果

7.5.2　对齐标注

对齐标注是指尺寸线平行于尺寸界线原点连成的直线所作的标准。在对直线段进行标注时，如果该直线的倾斜角度未知，那么使用线性标注的方法无法得到准确地测量结果，这时可以使用对齐标注来标注。在中文版 AutoCAD 2017 中，调用“对齐标注”命令通常有以下三种方法。

- 命令行：输入 DIMALIGNED 并按回车键。
- 菜单栏：单击“标注”|“对齐”命令。
- 功能区：选择“注释”选项卡，单击“标注”面板中的“对齐”按钮。

使用以上任意一种方法调出该命令后，根据命令行提示对图形进行标注即可。下面使用“对齐标注”命令，对“衣柜平面图”中的衣柜门图形进行标注，命令行选项如下。

```
命令: _dimaligned                                    (调用对齐标注命令)
指定第一个尺寸界线原点或 <选择对象>: ↙                  (按回车键)
选择标注对象:                                         (选择衣柜门图形作为标注对象)
指定尺寸线位置或
[多行文字(M)/文字(T)/角度(A)]:                         (移动光标确定尺寸线位置，完成对齐标注)
标注文字 = 508                                        (获得距离值)
```

对齐标注步骤及效果如图 7-63、图 7-64 所示。

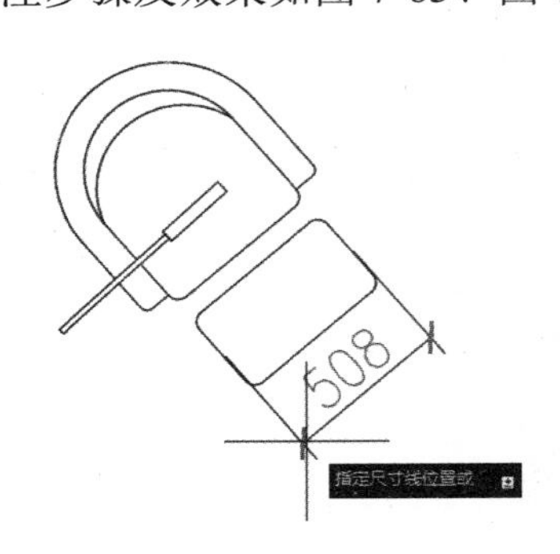

图 7-63　选择标注对象

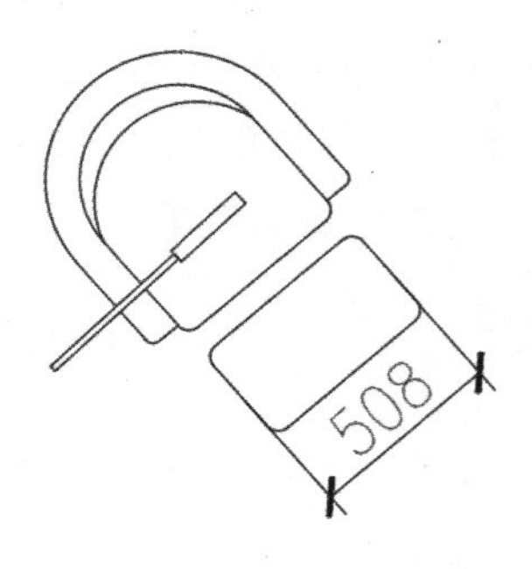

图 7-64　对齐标注效果

7.5.3　半径标注

半径标注是指标注圆或圆弧的半径尺寸，并显示前面带有一个半径符号的标注文字。在中文版 AutoCAD 2017 中，调用“直径标注”命令通常有以下三种方法。

- 命令行：输入 DIMRADIUS 并按回车键。
- 菜单栏：单击“标注”|“半径”命令。
- 功能区：选择“注释”选项卡，单击“标注”面板中的“半径”按钮。

使用以上任意一种方法调出该命令后，根据命令行提示对图形进行标注即可。下面使用“半径标注”命令，对台灯图形进行标注，命令行选项如下。

```
命令: _dimradius                                      (调用半径标注命令)
选择圆弧或圆:                                          (选择要标注的圆)
标注文字 = 50
指定尺寸线位置或 [多行文字(M)/文字(T)/角度(A)]:          (移动光标确定尺寸线位置，完成半径标注)
```

半径标注步骤及效果如图 7-65、图 7-66 所示。

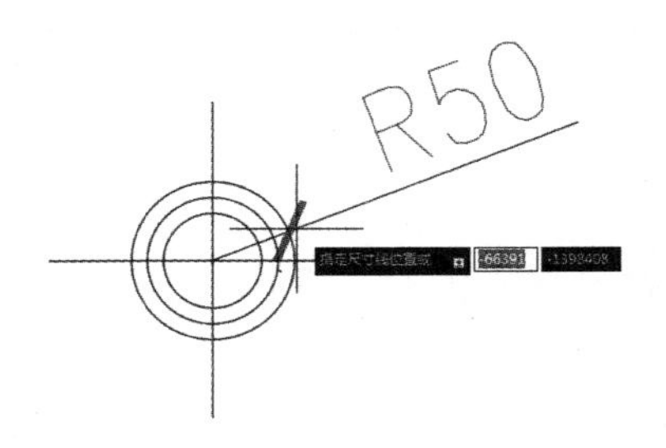

图 7-65　选择圆

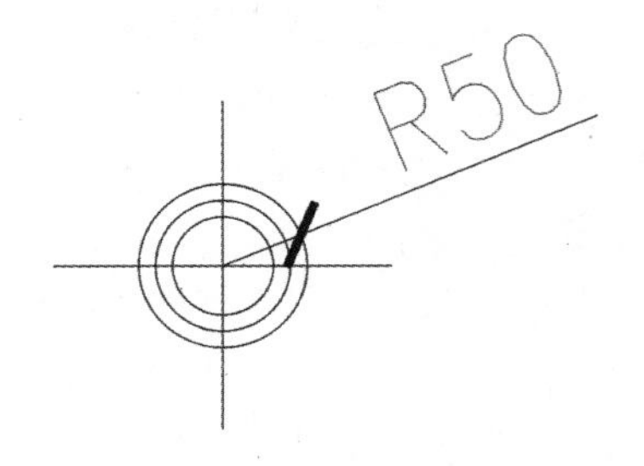

图 7-66　半径标注效果

7.5.4　直径标注

直径标注是指用于测量选定圆或圆弧的直径，并显示前面带有直径符号的标注文字。在中文版 AutoCAD 2017 中，调用“直径标注”命令通常有以下三种方法。

- 命令行：输入 DIMDIAMETER 并按回车键。
- 菜单栏：单击“标注”|“直径”命令。
- 功能区：选择“注释”选项卡，单击“标注”面板中的“直径”按钮。

使用以上任意一种方法调出该命令后，根据命令行提示对图形进行标注即可。下面使用“直径标注”命令，对台灯图形进行标注，命令行选项如下。

```
命令: _dimdiameter                                  （调用直径标注命令）
选择圆弧或圆:                                        （选择要标注的圆）
标注文字 = 100
指定尺寸线位置或 [多行文字(M)/文字(T)/角度(A)]: （移动光标确定尺寸线位置，完成直径标注）
```

直径标注步骤及效果如图 7-67、图 7-68 所示。

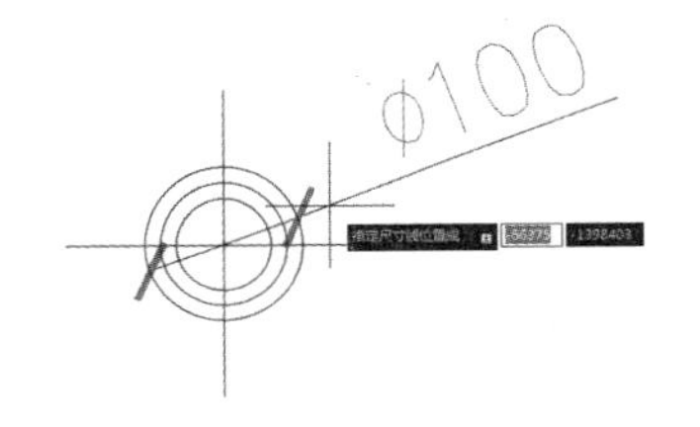

图 7-67　选择圆弧

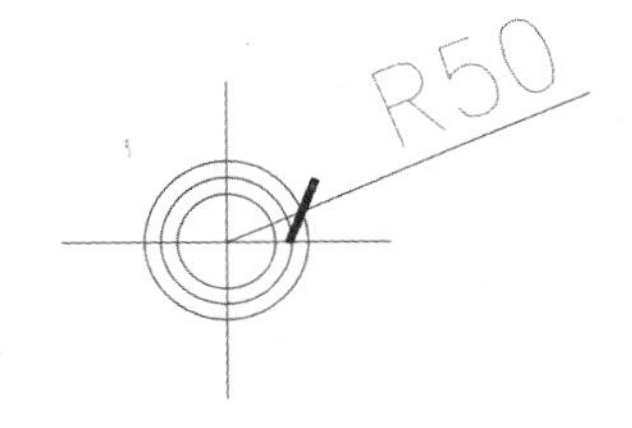

图 7-68　直径标注

7.5.5　弧长标注

弧长标注用于测量圆弧或多段线弧上的距离，弧长标注的典型用法包括测量围绕凸轮的距离或表示电缆的长度。在中文版 AutoCAD 2017 中，调用“弧长标注”命令通常有以下三种方法。

- 命令行：输入 DIMARC 并按回车键。
- 菜单栏：单击“标注”|“弧长”命令。
- 功能区：选择“注释”选项卡，单击“标注”面板中的“弧长”按钮。

使用以上任意一种方法调出该命令后，根据命令行提示对图形进行标注即可。下面使用“弧长标注”命令，对休闲椅图形进行标注，命令行选项如下。

```
命令: _dimarc                                       （调用弧长标注命令）
选择弧线段或多段线圆弧段:                            （选择要标注的圆弧）
指定弧长标注位置或 [多行文字(M)/文字(T)/角度(A)/部分(P)/引线(L)]:
                                                    （移动光标确定尺寸线位置，完成直径标注）
标注文字 = 1076
```

弧长标注步骤及效果如图 7-69、图 7-70 所示。

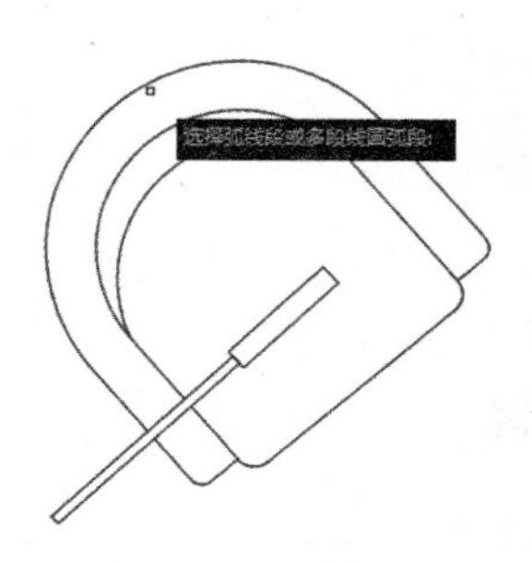

图 7-69 选择圆弧

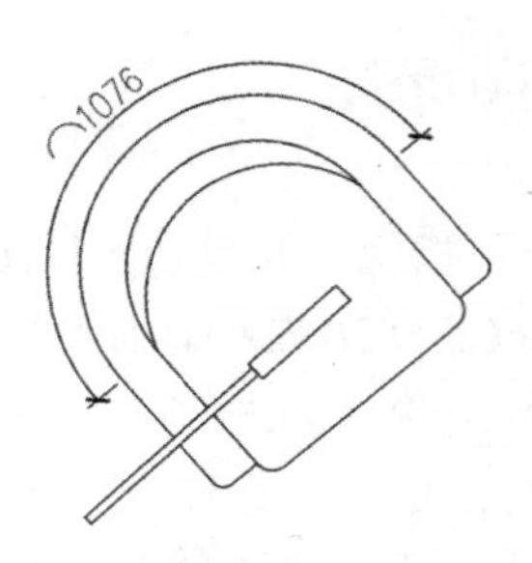

图 7-70 弧长标注

7.5.6 坐标标注

坐标标注指的是标注指定点的坐标，用于测量原点（称为基准）到特征点（例如部件上的一个孔）的垂直距离。坐标标注由 X 或 Y 值和引线组成。X 基准坐标标注沿 X 轴测量特征点与基准点的距离。Y 基准坐标标注沿 Y 轴测量的距离。在中文版 AutoCAD 2017 中，调用“坐标标注”命令通常有以下三种方法。

- 命令行：输入 DIMORDINATE 并按回车键。
- 菜单栏：单击“标注”|“坐标”命令。
- 功能区：选择“注释”选项卡，单击“标注”面板中的“坐标”按钮。

使用以上任意一种方法调出该命令后，根据命令行提示对图形进行标注即可。下面使用“坐标标注”命令，对图形进行标注，命令行选项如下。

```
命令: _dimordinate                                  （调用坐标标注命令）
指定点坐标:                                         （指定点坐标）
指定引线端点或 [X 基准(X)/Y 基准(Y)/多行文字(M)/文字(T)/角度(A)]:
                                                    （移动光标确定引线端点，完成坐标标注）
标注文字 = 1456078
```

坐标标注的步骤及效果如图 7-71、图 7-72 所示。

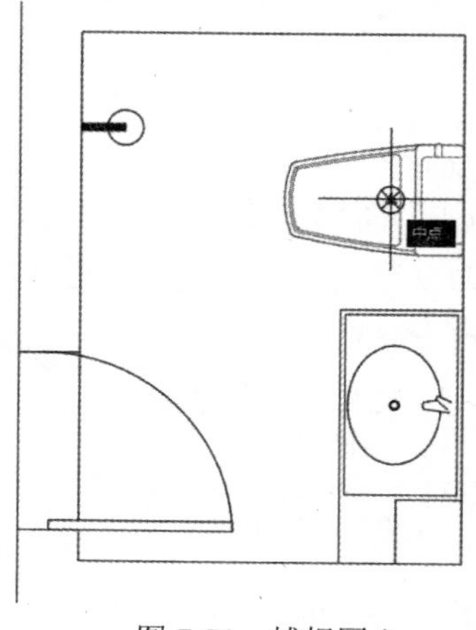

图 7-71 捕捉圆心

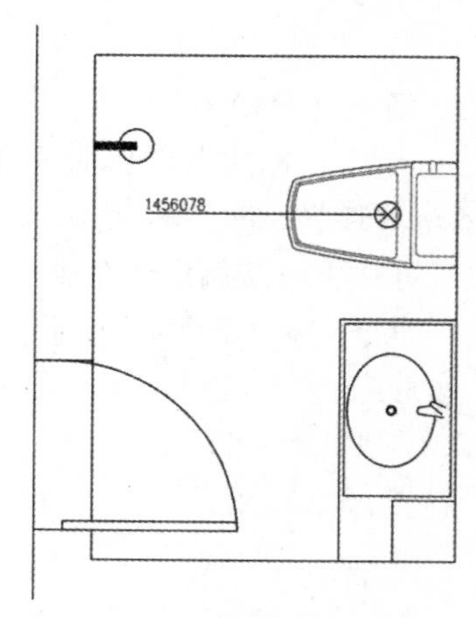

图 7-72 坐标标注效果

7.5.7 角度标注

角度标注是指对两条直线或三个点之间的角度进行标注。在中文版 AutoCAD 2017 中，调用“角度标注”命令通常有以下三种方法。

- 命令行：输入 DIMANGULAR 并按回车键。
- 菜单栏：单击“标注”|“角度”命令。
- 功能区：选择“注释”选项卡，单击“标注”面板中的“角度”按钮△。

使用以上任意一种方法，调出该命令，根据命令行提示，对需要加角度标注的图形对象进行标注。下面使用“角度标注”命令，对图形进行标注，命令行选项如下。

```
命令: _dimangular                              (调用角度标注命令)
选择圆弧、圆、直线或 <指定顶点>:                (选择圆弧图形)
指定标注弧线位置或 [多行文字(M)/文字(T)/角度(A)/象限点
(Q)]:                       (移动光标确定弧线位置，完成坐标标注)
标注文字 = 180
```

图 7-73 选择圆弧

角度标注的步骤及效果如图 7-73、图 7-74 所示。

使用“角度标注”工具不仅可以测量圆弧的角度，还可以测量圆和两条直线间的角度，如图 7-75、图 7-76 所示。

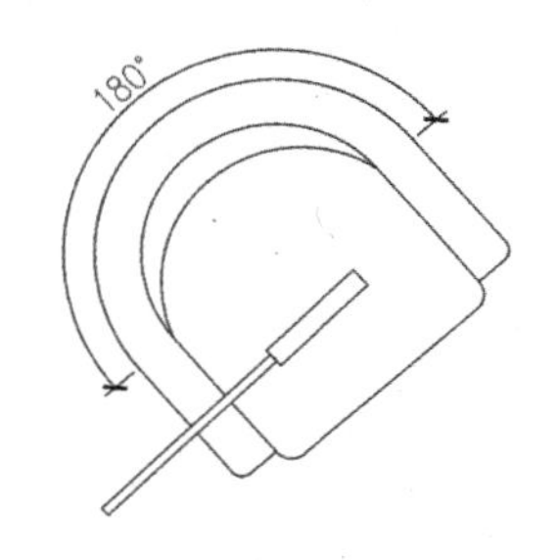

图 7-74 角度标注

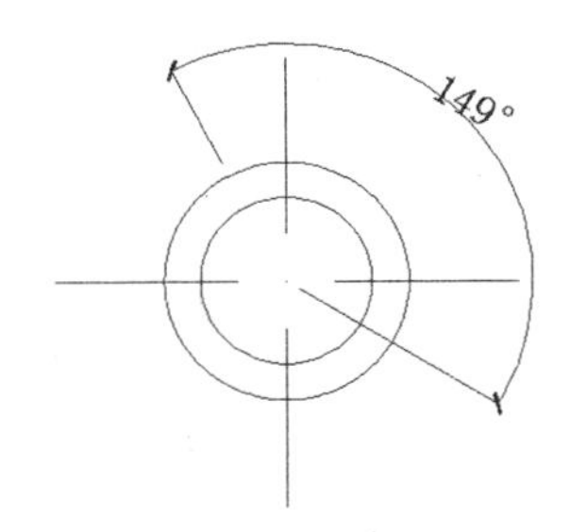

图 7-75 测量圆的角度

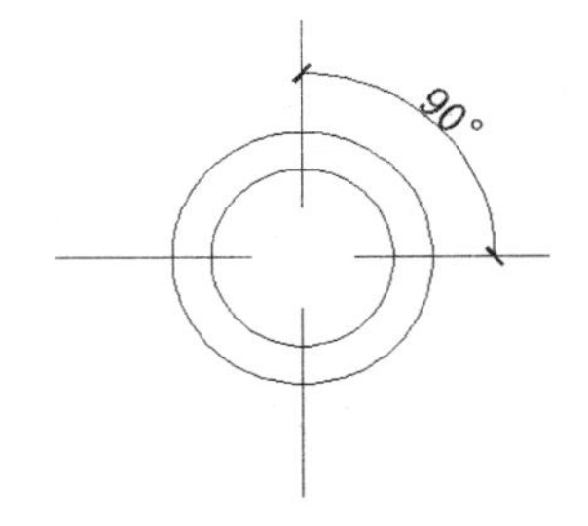

图 7-76 测量直线间的角度

7.5.8 基线标注

基线标注是指从一个标注或选定标注的基线来创建线性、角度或坐标标注。在中文版 AutoCAD 2017 中，调用“基线标注”命令通常有以下三种方法。

- 命令行：输入 DIMBASELINE 并按回车键。
- 菜单栏：单击“标注”|“基线”命令。
- 功能区：选择“注释”选项卡，单击“标注”面板中的“基线”按钮。

在创建基线标注之前，必须创建线性、对齐或角度标注。使用以上任意一种方法，调出该命令后，根据命令行提示，将需要加基线标注的图形对象进行标注。

下面使用“基线标注”命令，对书房平面图进行标注，具体将操作方法如下。

（1）单击“打开”命令，打开“卧室平面图.dwg”素材文件，单击“标注”|“线性”命令，对图形文件进行标注，如图 7-77 所示。

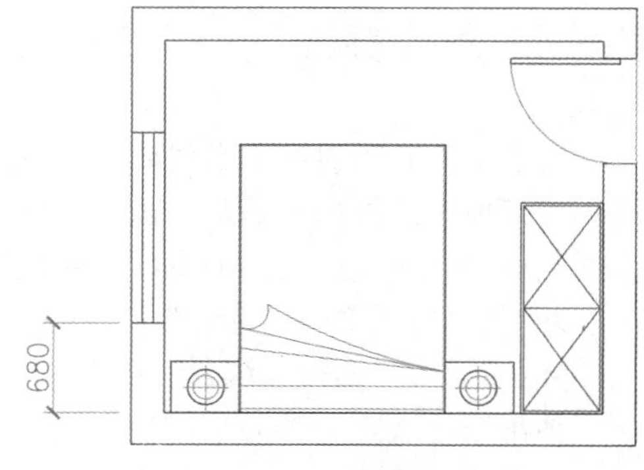

图 7-77 创建线性标注

（2）单击“标注”|“基线”命令。默认情况下，系统自动将上一个创建的线性标注的原点用作新基线标注的第一尺寸延伸线的原点，并提示用户指定第二条延伸线的原点，单击确定原点，如图 7-78 所示。

（3）继续捕捉选择第二条尺寸延伸线的原点，单击确定原点，即可连续创建更多的基线标注，如图 7-79 所示。按 Esc 键即，退出基线标注操作。

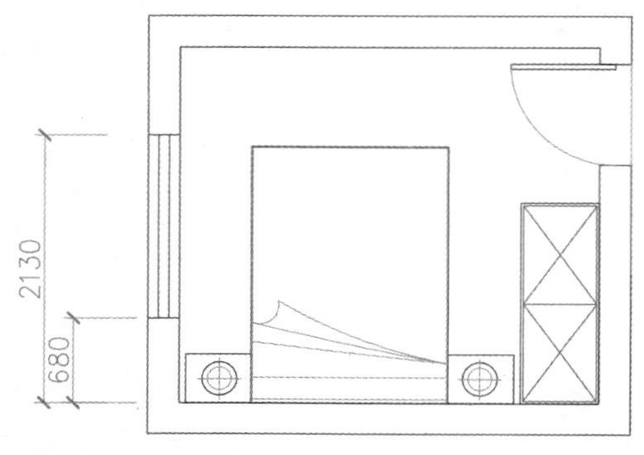

图 7-78 选择基线标注

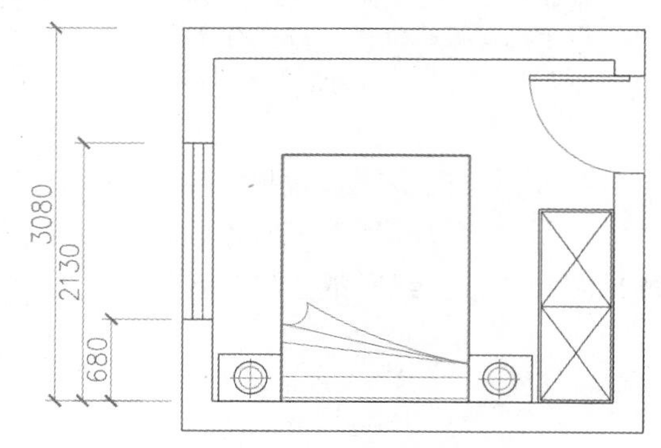

图 7-79 创建基线标注

（4）如果用户不想使用系统默认的原点，可单击“基线”命令后，按回车键，再选择线性标注为基线标注。此时选取线性标注时的点将作为新基线标注的第一条延伸线的原点，同时，系统会提示用户指定第二条延伸线的原点，如图 7-80 所示。

（5）单击确定第二条延长线原点，按回车键完成基本标注。按照与上面相同的操作方法，继续创建更多的基线标注，最后按两次回车键即可结束命令操作，如图 7-81 所示。

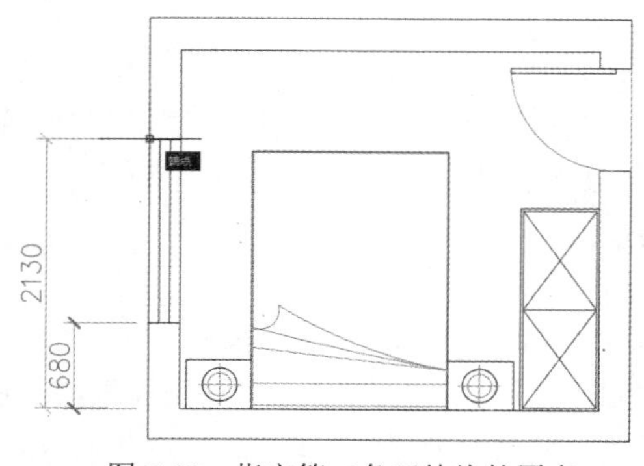

图 7-80 指定第二条延伸线的原点

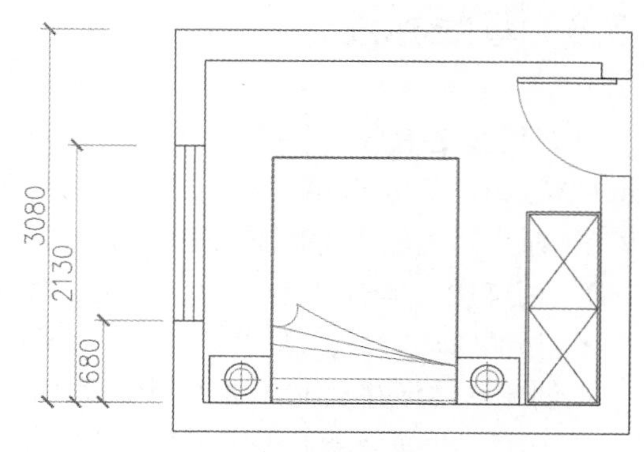

图 7-81 创建基线标注

7.5.9　连续标注

连续标注是指可以创建一系列连续的线性、对齐、角度或坐标标注。用户可以创建一系列端对端放置的标注，每个连续标注都从前一个标注的第二个尺寸界线处开始。 在中文版 AutoCAD 2017 中，调用“连续标注”命令通常有以下三种方法。

➢ 命令行：输入 DIMCONTINUE 并按回车键。

➢ 菜单栏：单击“标注”|“连续”命令。

➢ 功能区：选择“注释”选项卡，单击“标注”面板中的“连续”按钮。

在创建连续标注之前，也必须创建线性、对齐或角度标注。其创建方法和创建“基线标注”的方法类似，不同之处是单击“线性”命令后，在默认情况下，系统会自动将上一个创建的线性标注的第二条尺寸延伸线的原点用作新基线标注的第一尺寸延伸线的原点。

下面使用“连续标注”命令，对办公室平面图进行标注，具体将操作方法如下。

（1）单击“打开”命令，打开“餐厅立面图.dwg”素材文件，单击“标注”|“线性”命令，对图形进行标注，如图 7-82 所示。

（2）在“标注”面板上单击“连续”命令，选择已标注好的线性标注，并指定第二条尺寸界线原点，如图 7-83 所示。

（3）继续指定第二条尺寸界线原点，依次完成所有标注，两次按回车键结束标注操作。连续标注的效果如图 7-84 所示。

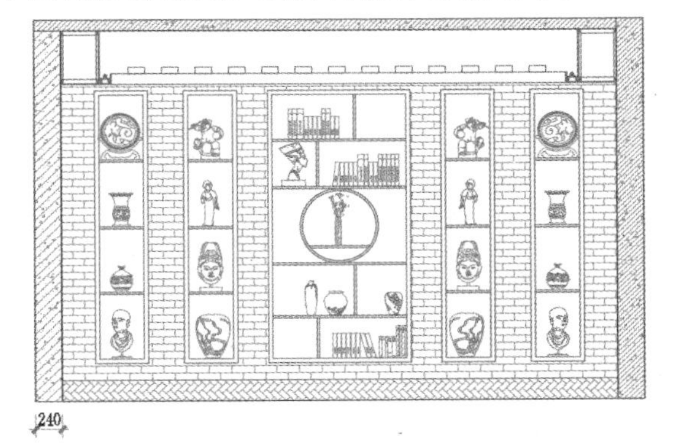

图 7-82　线性标注

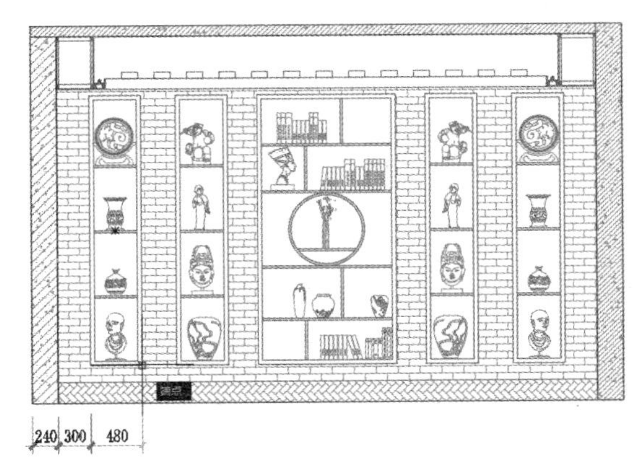

图 7-83　指定界线原点

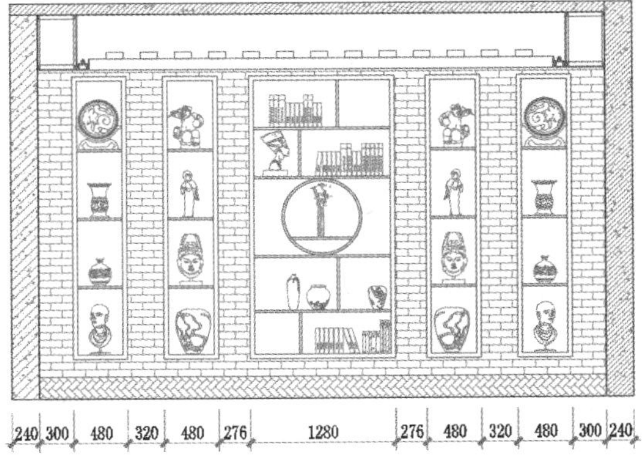

图 7-84　连续标注效果

7.5.10　快速标注

使用快速标注可以快速创建成组的基线、连续、阶梯和坐标标注，可以快速标注多个圆、圆弧及编辑现有标注的布局。在中文版 AutoCAD 2017 中，调用“线性标注”命令通常有以下三种方法。

- 命令行：输入 QDIM 并按回车键。
- 菜单栏：单击“标注”|“快速”命令。
- 功能区：选择“注释”选项卡，单击“标注”面板中的“快速”按钮。

下面使用“快速标注”命令，对厨房平面图进行标注，具体将操作方法如下。

（1）单击“打开”命令，打开“三居室平面布置图.dwg”素材文件，单击“标注”|“快速”命令，如图 7-85 所示。

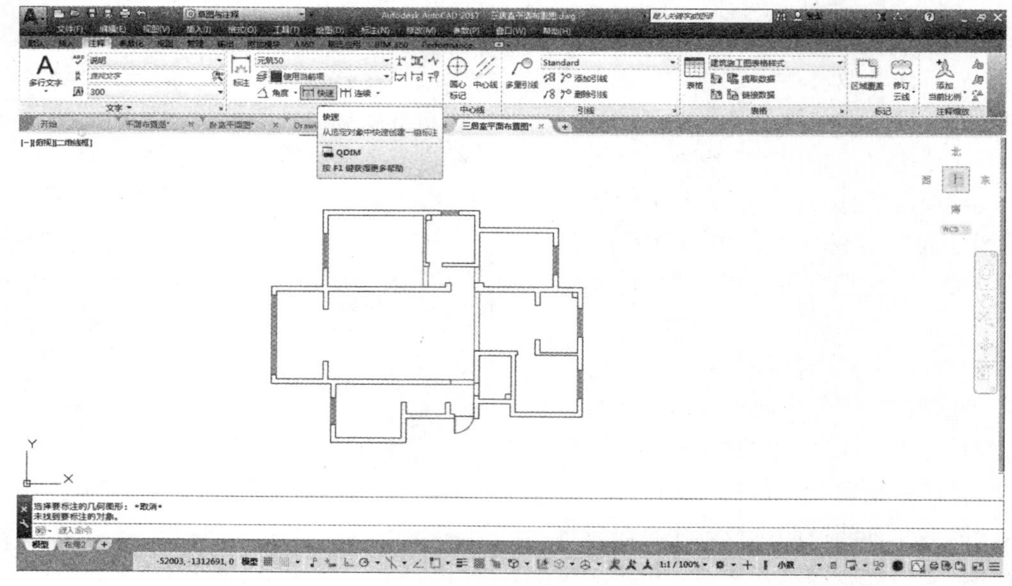

图 7-85 单击“快速”命令

（2）移动鼠标指针至图形右下角处，单击并向左边拖曳，选中需要快速标注的图形，如图 7-86 所示。

（3）单击并按回车键确认，拖曳鼠标确定尺寸线的位置，单击即可完成快速标注，如图 7-87 所示。

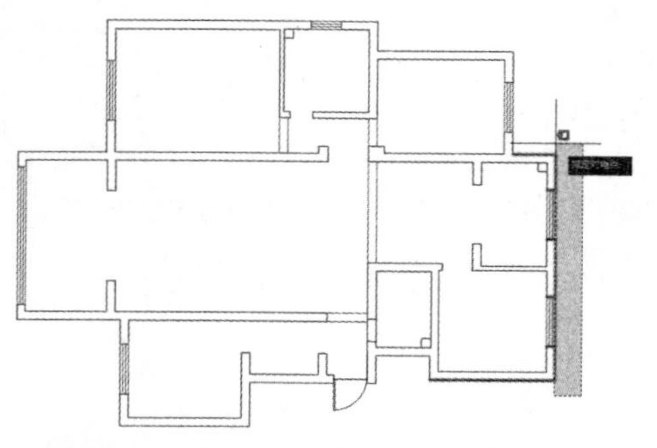

图 7-86 选中需要快速标注的图形

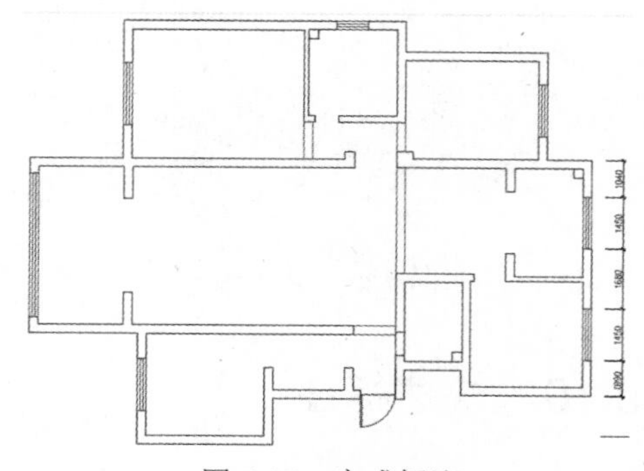

图 7-87 完成标注

7.5.11　圆心标记

圆心标记就是对圆心做出记号。在中文版 AutoCAD 2017 中，调用“圆心标记”命令通常有以下三种方法。

➢ 命令行：输入 DIMCENTER 并按回车键。

➢ 菜单栏：单击“标注”|“圆心标记”命令。

➢ 功能区：选择“注释”选项卡，单击“标注”面板中的“圆心标记”按钮⊕。

下面使用“圆心标记”命令，对餐桌平面图进行标记，具体将操作方法如下。

（1）单击“打开”命令，打开“餐桌平面图.dwg”素材文件，单击“标注”|“圆心标记”命令，如图 7-88 所示。

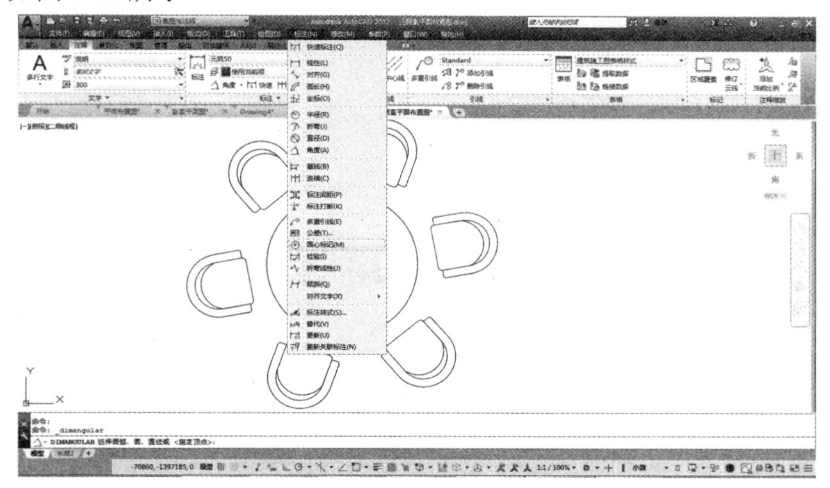

图 7-88　打开素材文件

（2）此时命令行将显示出“选择圆弧或圆:”的提示信息，将鼠标指针移至餐桌图形的内圆处，如图 7-89 所示。

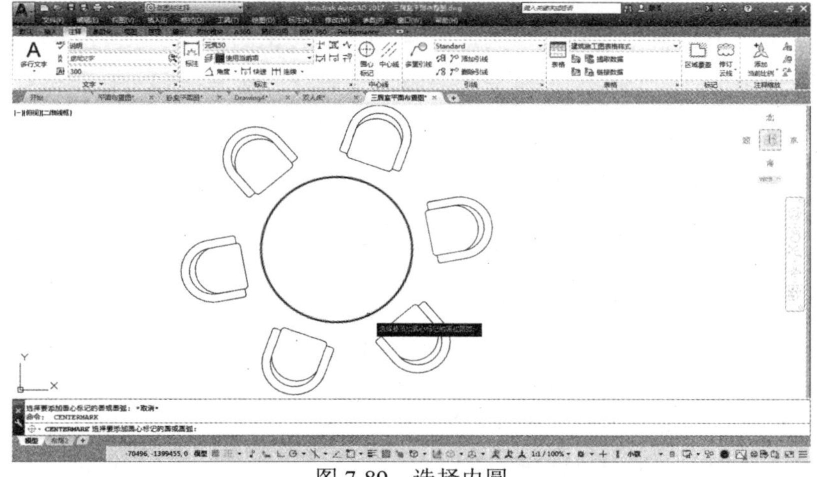

图 7-89　选择内圆

（3）单击即可完成“圆心标记”的操作。圆心标记的效果如图 7-90 所示。

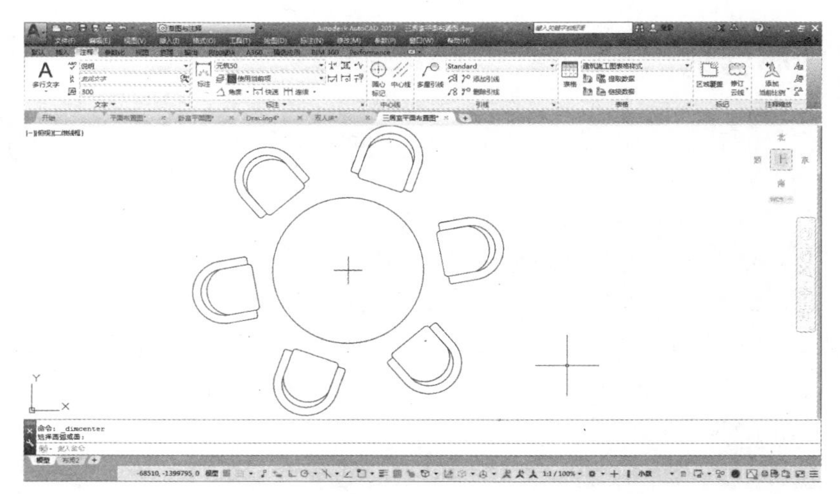

图 7-90　圆心标记效果

小提示：在“标注样式管理器”对话框中选择“符号和箭头”选项卡后，可在“圆心标记”选项组中设置标记组件的大小。

7.6　多重引线标注

多重引线标注由带箭头或不带箭头的直线或样条曲线（又称引线）、一条短水平线（又称基线），以及处于引线末端的文字或块组成，主要用于建筑立面图、剖面图和详图的引出标注。使用“多重引线”工具可以方便地添加和管理所需的引出线，并可通过修改多重引线的样式，对引线的格式、类型以及内容进行编辑。

7.6.1　多重引线标注样式

多重引线样式可用来指定基线、引线、箭头和注释内容格式。用户可以使用默认多重引线样式，也可根据自己的需求创建新的多重引线样式。在中文版 AutoCAD 2017 中，通过“标注样式管理器”对话框可创建并设置多重引线样式，调出该对话框有以下三种方法。

- 命令行：输入 MLEADERSTYLE 命令并按回车键。
- 菜单栏：单击“格式”|“多重引线样式”命令。
- 功能区：选择“注释”选项卡，单击“引线”面板中的“多重引线样式管理器”按钮 ↘。

使用以上任意一种方法都可以打开“多重引线样式管理器”对话框，该对话框与“标注样式管理器”对话框的设置方法类似。

下面介绍创建并设置多重引线样式的具体操作方法。

（1）在命令行中输入 MLEADERSTYLE 命令并按回车键，打开“多重引线样式管理器”对话框，单击“新建”按钮，如图 7-91 所示。

（2）打开“创建新多重引线样式”对话框，在“新样式名”文本框中输入“圆点”为样式名称，并选择“注释性”复选框，单击“继续”按钮，如图 7-92 所示。

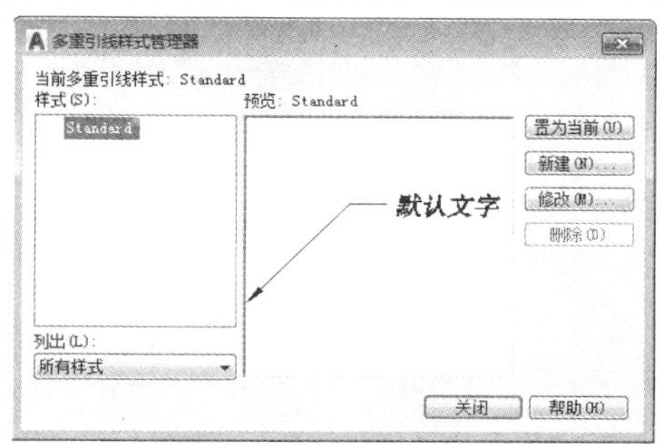

图 7-91　“多重引线样式管理器”对话框

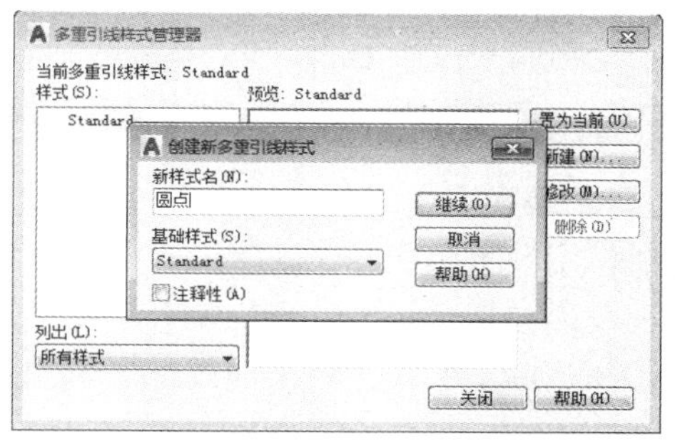

图 7-92　设置新样式名

（3）打开“修改多重引线样式：圆点”对话框，选择“引线格式”选项卡，设置箭头符号为“点”，大小为 3，其他参数设置如图 7-93 所示。

（4）选择“引线结构”选项卡，设置引线的段数、引线每一段的倾斜角度及引线的显示属性，如图 7-94 所示。

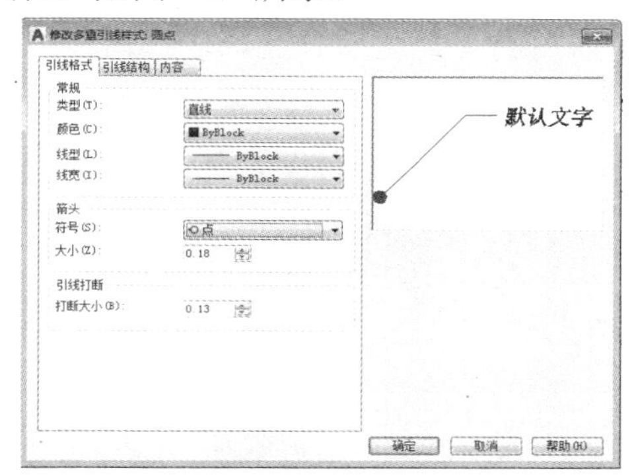

图 7-93　“引线格式”选项卡

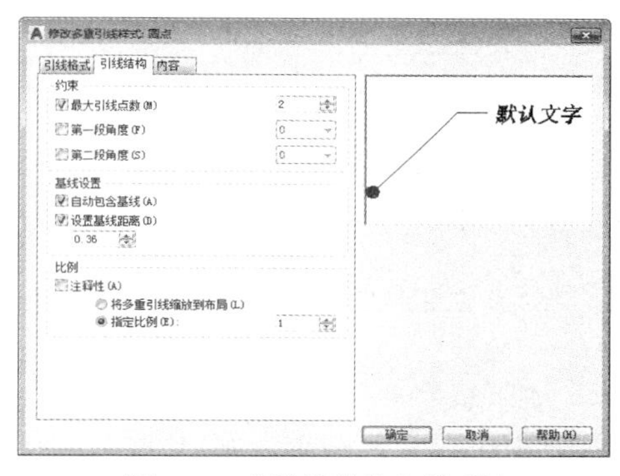

图 7-94　“引线结构”选项卡

（5）选择“内容”选项卡，设置引线标注的文字属性，完成参数设置后，单击“确定”按钮，如图 7-95 所示。

（6）返回“多重引线样式管理器”对话框，在“样式”列表框中将显示新建的标注样式，单击“关闭”按钮，“圆点”引线样式创建完成，如图 7-96 所示。

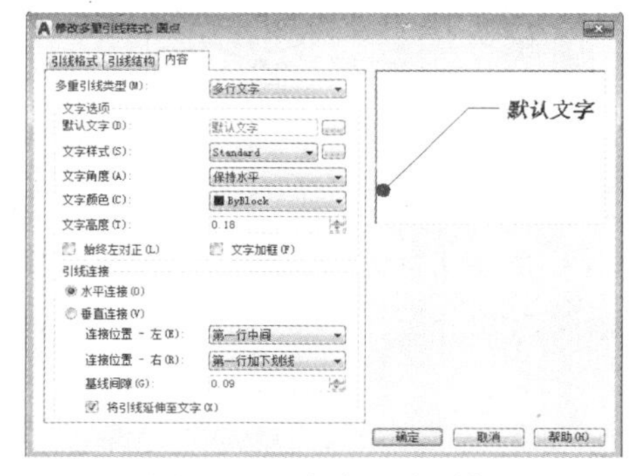

图 7-95　“内容”选项卡

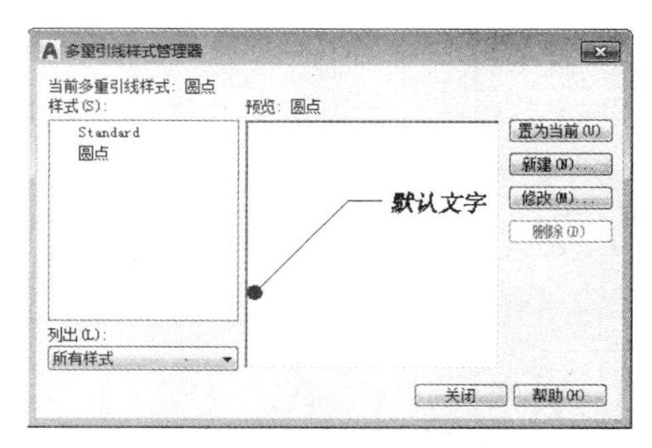

图 7-96　创建“圆点”引线样式

7.6.2 管理多重引线标注

多重引线对象可包含多条引线，因此一个注释可以指向图形中的多个对象。利用“引线”面板中的相应按钮，用户可以对多对多重引线进行创建、添加或删除等操作。

1. 创建多重引线

要使用多重引线标注现有的对象，可单击“引线”面板中的“多重引线”按钮，然后依次在图形中指定引线箭头位置、基线位置并添加标注文字，之后系统将按照当前多重引线样式创建多重引线，结果如图 7-97、图 7-98 所示。

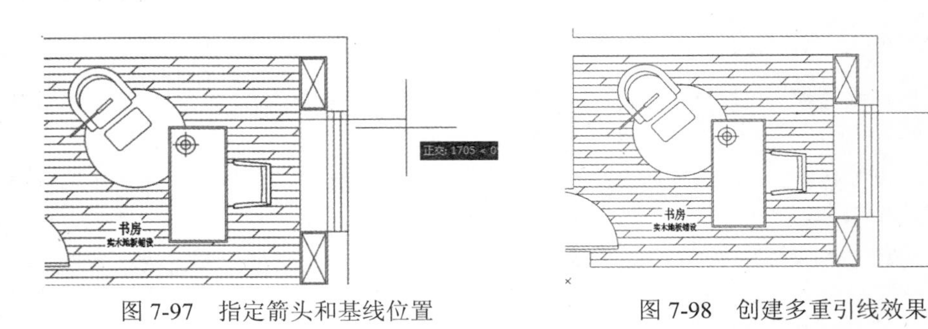

图 7-97 指定箭头和基线位置　　图 7-98 创建多重引线效果

> **小提示**：如果多重引线的样式为注释性样式，则无论文字样式或公差是否设置为注释性，其关联的文字或公差都将为注释性。此外与注释性引线一起使用的块必须为注释性块，而与注释性多重引线一起使用的块可以为非注释性块。

2. 添加或删除多重引线

若要为已建立的多重引线对象中添加引线，可单击“引线”面板中的“添加引线”按钮，依次选取需要添加引线的多重引线和需要引出标注的图形对象后，再按回车键即可完成多重引线的添加，结果如图 7-99、图 7-100 所示。

图 7-99 指定引线箭头位置

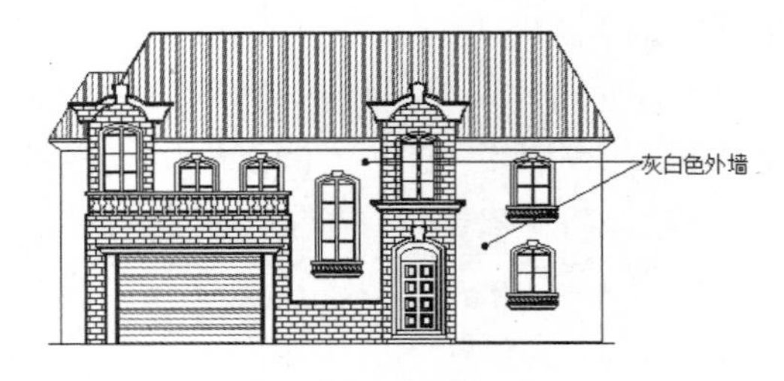

图 7-100 多重引线效果

如果创建的多重引线不符合设计需要，可将该引线删除。单击“删除引线”按钮，并在图中选取需删除引线的多重引线，然后选取多余的引线并按回车键，即可完成删除引线的操作。

7.7　动手操作——为户型图添加标注

在绘制建筑施工图纸时，必须准确、详尽、完整而清晰地标注出各部分的实际尺寸，有了尺寸的图纸才能作为施工的依据。

下面为第 6 章绘制的“一居室原始户型图”创建与设置尺寸标注样式以及为图形添加尺寸标注。具体操作方法如下。

（1）按 Ctrl + O 组合键，打开“一居室原始户型图.dwg”素材文件，如图 7-101 所示，选择“注释”选项卡。

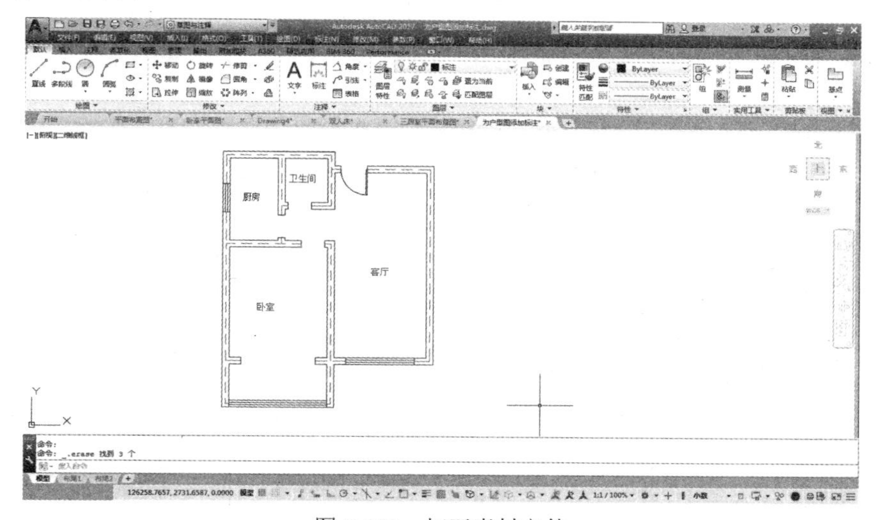

图 7-101　打开素材文件

（2）在命令行中输入 DIMSTYLE 命令并按回车键，打开“标注样式管理器”对话框，单击“新建”按钮，如图 7-102 所示。

（3）打开“创建新标注样式”对话框，在“新样式名”文本框中输入“平面图标注样式”，单击“继续”按钮，如图 7-103 所示。

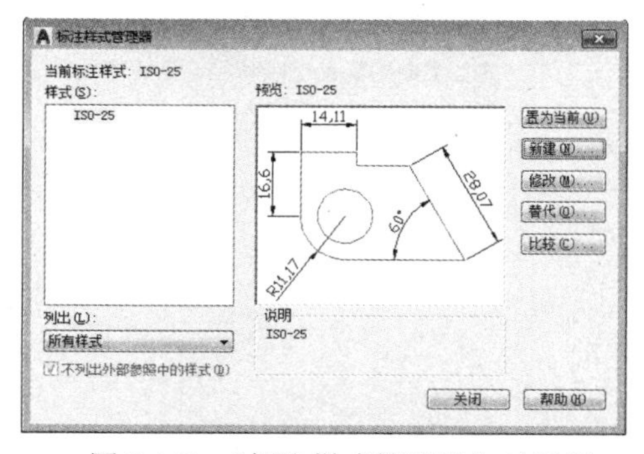

图 7-102　“标注样式管理器”对话框

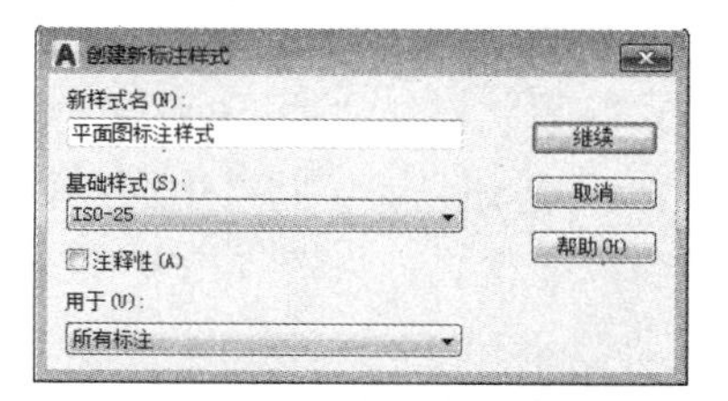

图 7-103　“创建新标注样式”对话框

（4）打开“平面图标注样式”对话框，选择“线”选项卡，并在“尺寸界线”选项组中设置“超出尺寸线”值为 20，“起点偏移量”值为 200，如图 7-104 所示。

（5）选择“符号和箭头”选项卡，在“箭头”选项组中设置第一和第二条尺寸箭头为“建筑标记”类型，“箭头大小”值为 20，如图 7-105 所示。

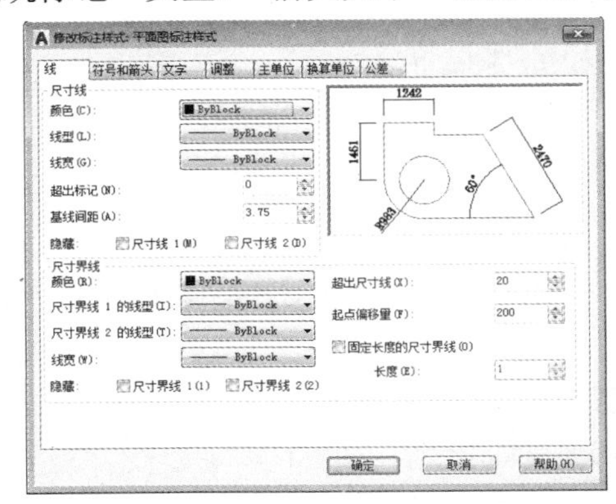

图 7-104　设置“线”选项卡选项

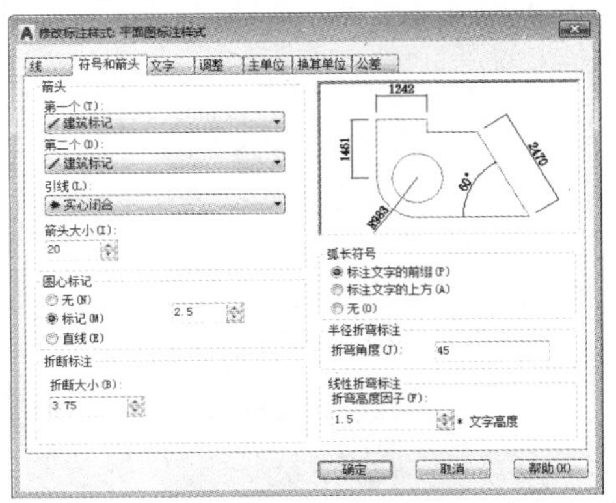

图 7-105　设置“符号和箭头”选项卡选项

（6）选择“文字”选项卡，在“文字外观”选项组中设置“文字高度”值为 200，在“文字位置”选项组中将“从尺寸线偏移”值设置为 50，如图 7-106 所示。

（7）选择“调整”选项卡，在“文字位置”选项组中选择“尺寸线上方，带引线”单选按钮，如图 7-107 所示。

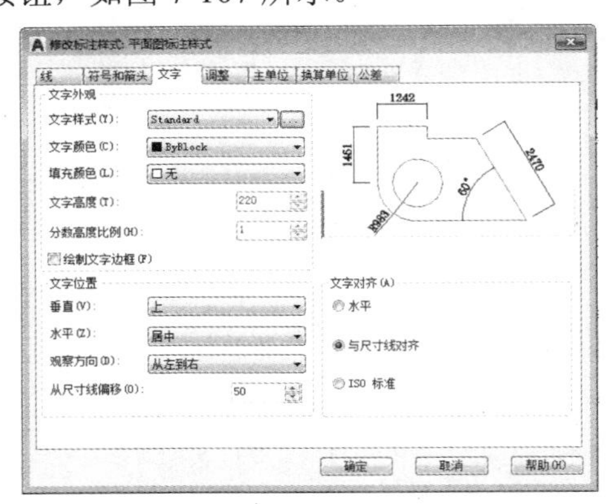

图 7-106　设置“文字”选项卡选项

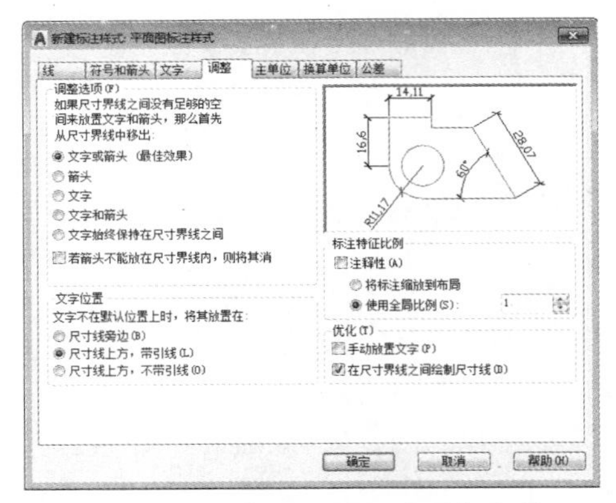

图 7-107　设置“调整”选项卡选项

（8）选择“主单位”选项卡，在“线性标注”选项组中，设置“精度”值为 0，单击“确定”按钮，如图 7-108 所示。

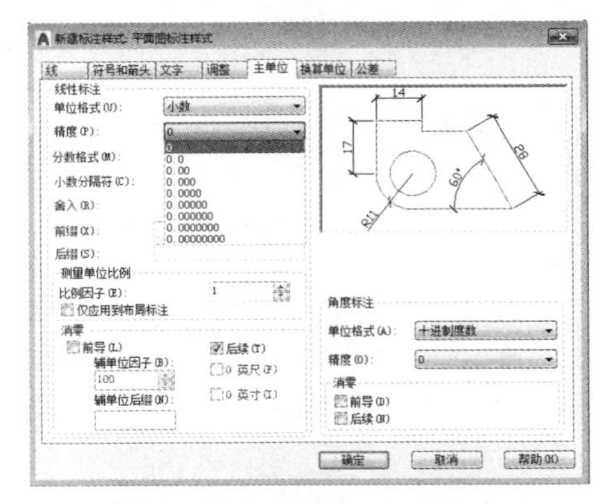

图 7-108　设置“主单位”选项卡选项

（9）返回“标注样式管理器”对话框，单击“置为当前”按钮，即可将“平面图标注样式”设置为当前标注样式，如图 7-109 所示，单击“关闭”按钮。

（10）返回至绘图窗口，利用“图层特性管理器”对话框新建一个“标注”图层，并将其设置为当前工作图层。在“标注”面板中单击“线性”标注按钮，捕捉要进行标注的两个端点，然后向上移动光标并单击，指定尺寸线位置，即可获得线性标注效果，如图 7-110 所示。

（11）单击“连续”按钮，系统自动将创建的上一个线性标注的第二条尺寸延伸线的原点用作新基线标注的第一尺寸界线的原点，依次指定第二条尺寸界线原点，按两次回车键即可获得连续标注效果，如图 7-111 所示。

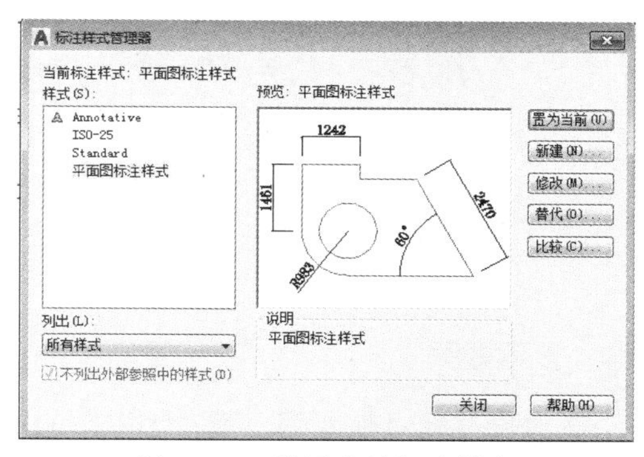

图 7-109　设置当前标注样式

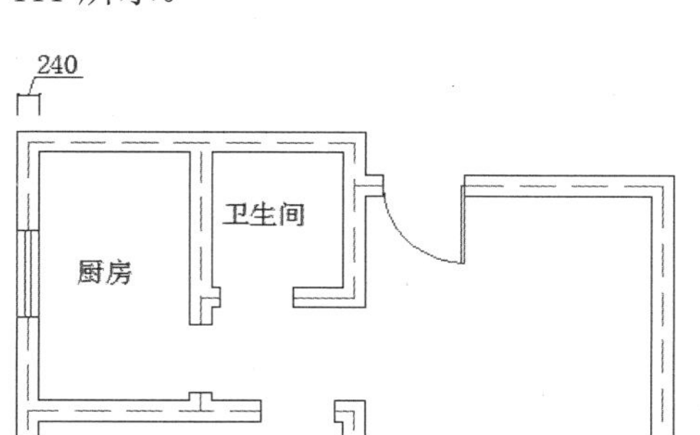

图 7-110　添加线性标注

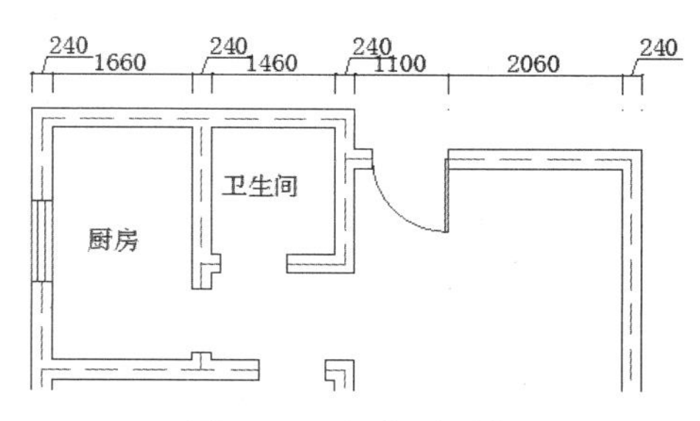

图 7-111　添加连续标注

（12）继续单击“线性”和“连续”按钮，按照以上相同的操作方法，对图形的其他部分进行标注，效果如图 7-112 所示。

（13）继续单击“线性”按钮，指定第一、第二尺寸界线的原点，为图形中所有的门洞进行标注，完成户型的尺寸标注。最终效果如图 7-113 所示。

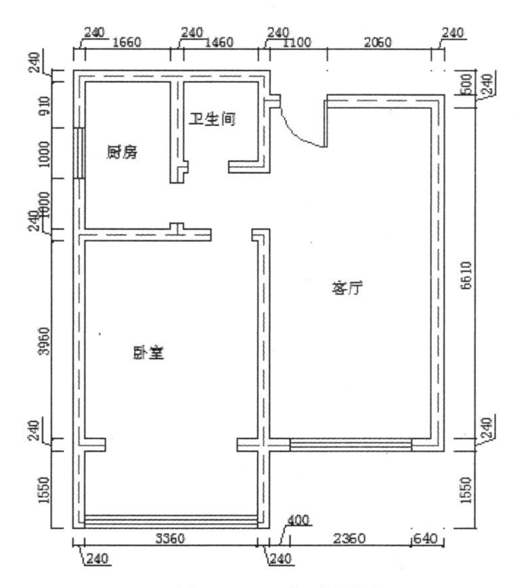

图 7-112　标注图形

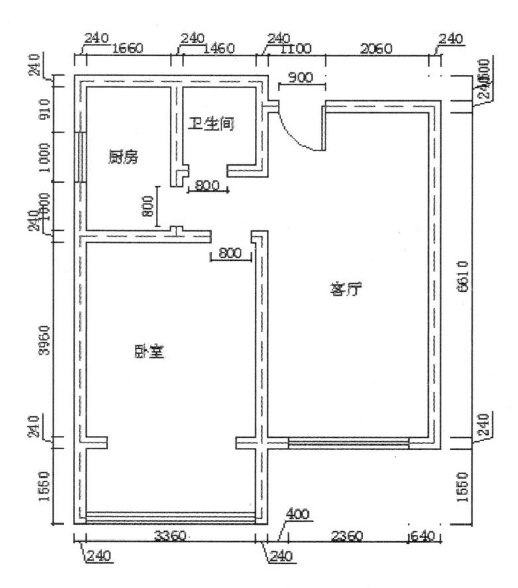

图 7-113　添加标注最终效果

7.8 上机练习——绘制董事长办公室平面图

董事长是公司董事会的领导，其职责具有组织、协调、代表的性质。在设计董事长室时，要充分考虑主人的喜好、性别、性格、年龄及文化等因素的影响。

参照效果：

董事长办公室平面图，效果如图 7-114 所示。

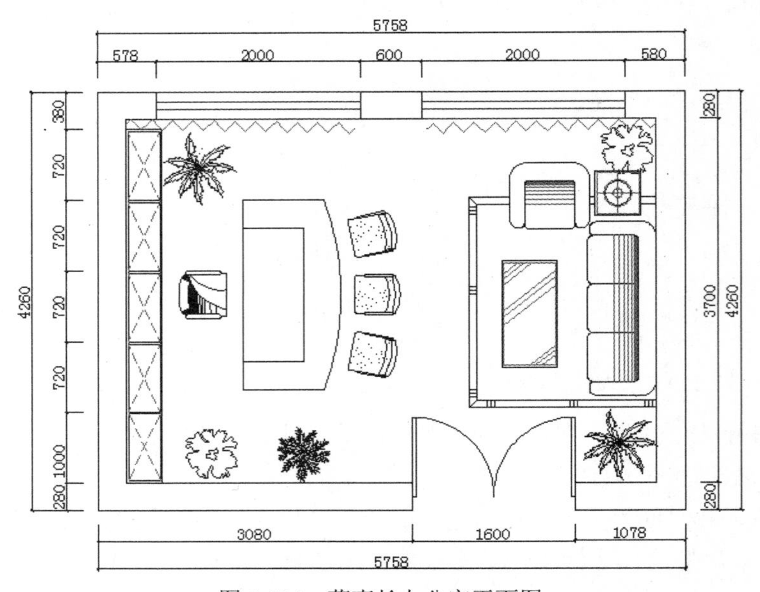

图 7-114 董事长办公室平面图

（1）单击“格式”|“图层”命令，依次创建出墙体、门窗、标注、家具等图层，并设置合适的颜色和线型。双击“墙体”图层，将其设置为当前图层。单击“矩形”命令，绘制长 5198 mm、宽 3700 mm 的矩形，单击“偏移”命令，将其向外偏移 280 mm。

（2）执行“直线”“偏移”和“修剪”命令，绘制出门洞和窗洞，将“家具”图层设置为当前图层，执行“直线”和“偏移”命令，绘制窗户图形，接着执行“矩形”“直线”“圆”和“修剪”命令，绘制大小为 1600 mm 的双扇平开门图形。

（3）执行“矩形”“偏移”“分解”和“直线”命令，绘制出书柜。单击“插入”|“块”命令，导入组合沙发、组合办公桌、植物、窗帘模型。

（4）将“标注”图层设置为当前图层，执行“线性标注”和“连续标注”命令，对图形进行尺寸标注，完成董事长办公室平面图的绘制。

第 8 章　图形的打印与发布

图形的输出是整个设计过程的最后一步，即将设计的成果输出到图纸上。AutoCAD 不仅提供了强大的布局、打印和输出工具，还提供了丰富的打印样式表，以帮助用户得到期望的打印效果。此外，为适应互联网的快速发展，使用户能够快速有效地共享设计信息，中文版 AutoCAD 2017 强化了其 Internet 功能。用户可以创建 Web 格式的文件，以及将图形发布到 Web 页。

本章学习要点：

- 创建布局
- 常规打印设置
- 页面设置
- 设置打印样式
- 打印输出图形
- 发布图形文件

8.1　模型空间和布局空间

在 AutoCAD 中，要将绘制好的图形进行打印、输出和发布，首先要确定各视图分布效果，以便获得好的打印发布效果。模型空间和布局空间是 AutoCAD 中两个不同的工作空间，用户可在模型空间中设计图形，然后在布局空间中模拟显示图纸页面，这样可以便于后续直接进行图纸输出，以获得详尽、准确、有效的图形输出效果。

8.1.1　模型空间和布局空间

为便于图形的绘制和输出，中文版 AutoCAD 2017 提供了两个工作空间，即模型空间和布局空间，输出图形可以在模型空间输出，也可以在布局空间输出。下面分别对这两个工作空间进行简要介绍。

- 模型空间：是完成绘图和设计工作的工作空间。在模型空间中，用户可以按 1:1 的比例直接绘制、编辑二维或三维图形，以及进行必要的尺寸标注和文字说明。在模型空间中，用户可以创建多个不重叠的平铺视口，以展示图形不同方位的视图。
- 布局空间：是专门用于打印输出图纸时对图形的排列和编辑的空间，相当于图纸空间环境。在布局空间也可以绘制二维图形或三维图形。图纸空间主要用于创建最终的打印布局，而非用于绘图和设计工作。

在中文版 AutoCAD 2017 中，从模型空间切换至布局空间，可使用以下两种方法。

（1）在绘图窗口的左下角单击“布局 1”或“布局 2”选项卡，即可切换到布局空间，如图 8-1 所示。

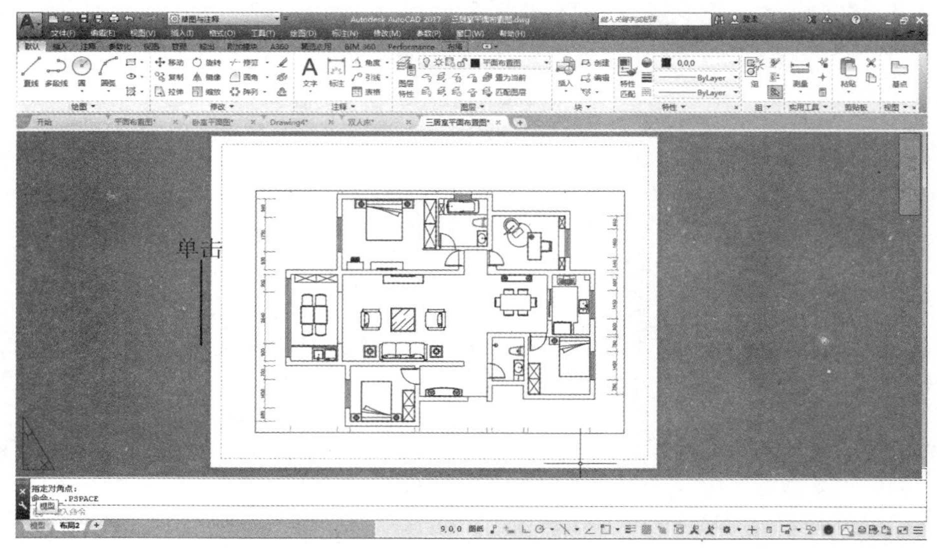

图 8-1　进入“布局 1”空间

（2）单击状态栏中的“快速查看布局”按钮，在显示的快速预览窗口中选择“布局 1”或“布局 2”，即可进入布局空间，如图 8-2 所示。

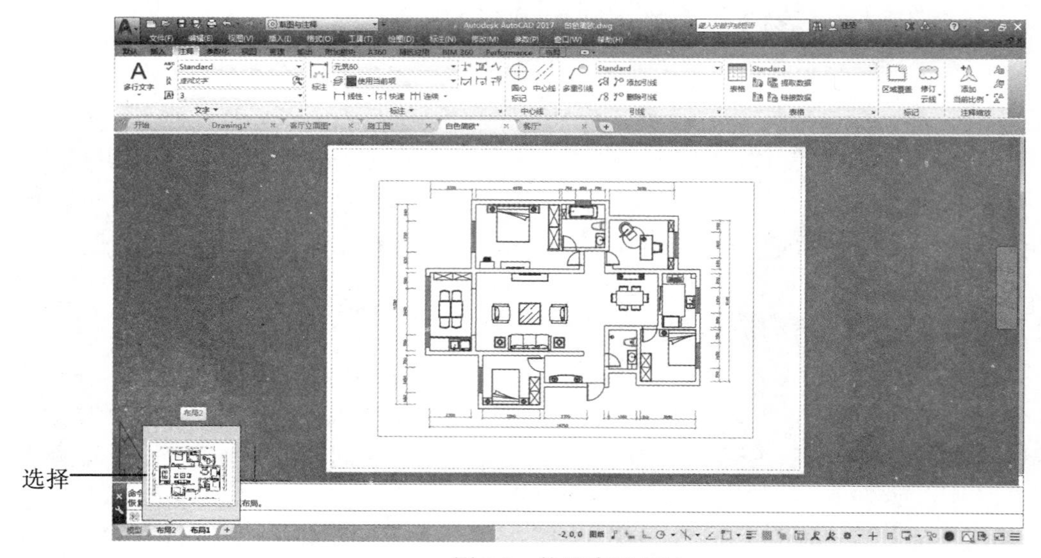

图 8-2　快速查看布局

8.1.2　创建布局

在建立新图形时，AutoCAD 会自动建立一个“模型”选项卡和两个“布局”选项卡。

其中，“模型”选项卡用来在模型空间中建立和编辑图形，该选项卡不能删除，也不能重命名；“布局”选项卡用来编辑打印图形的图纸，其个数没有限制，且可以重命名。创建布局有三种方法：新建布局、来自样板，及利用向导，下面将分别进行介绍。

1. 新建布局

在中文版 AutoCAD 2017 中，用户可使用 “新建布局”命令来创建布局，调用该命令通常有以下五种方法。

- 命令行：输入 LAYOUT 命令并按回车键，根据提示，输入 N 命令并按回车键。
- 菜单栏：单击“插入”|“布局”|“新建布局”命令并按回车键。
- 功能区：选择“布局”选项卡，单击“布局”面板中的“新建布局”按钮。
- 状态栏：右击“快速查看布局”按钮，在弹出的快捷菜单中选择“新建布局”命令。
- 绘图区：在左下角的“模型”“布局 1”“布局 2”三个选项卡上右击，在弹出的快捷菜单中选择“新建布局”命令。

使用以上任意一种方法调出该命令后，指定新布局名称并按回车键，即可创建新布局。

2. 利用向导创建新布局

布局向导用于引导用户创建一个新布局，每个向导页面都将提示用户为正在创建的新布局指定不同的版面和打印设置。在中文版 AutoCAD 2017 中，调用布局向导命令通常有以下两种方法。

- 命令行：输入 LAYOUTWIZARD 命令并按回车键。
- 菜单栏：单击“工具”|“向导”|“创建布局”命令或“插入”|“布局”|“创建布局向导”命令。

利用向导创建布局的具体操作方法如下。

（1）单击“文件”|“打开”命令，打开“选择文件”对话框，利用该对话框打开“三居室平面布置图.dwg”素材文件，如图 8-3 所示。

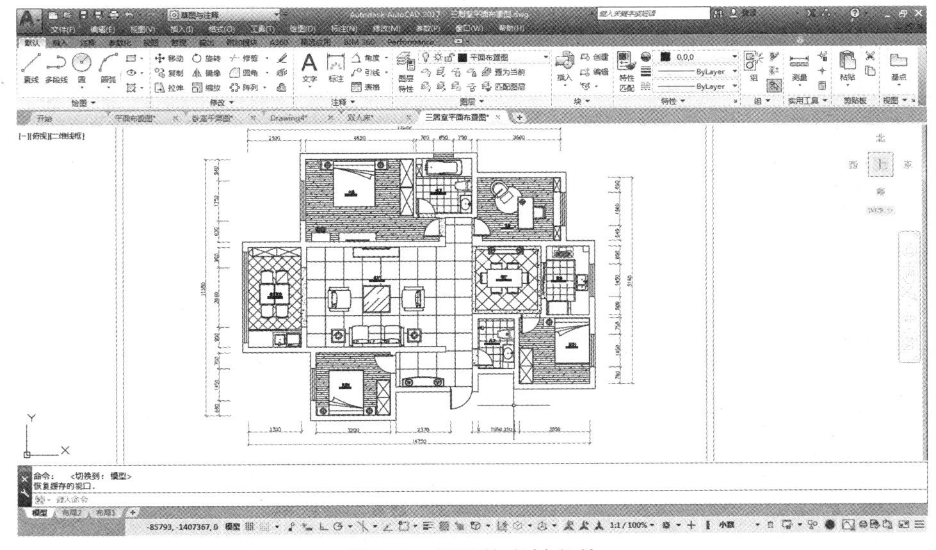

图 8-3 打开的素材文件

（2）单击“工具”|“向导”|“创建布局”命令，打开“创建布局-开始”对话框，在此可以输入新的布局名称，也可以使用默认的名称，如图 8-4 所示。

（3）单击“下一步”按钮，打开“创建布局-打印机”对话框，用户可以为新布局选择配置的绘图仪，如图 8-5 所示。

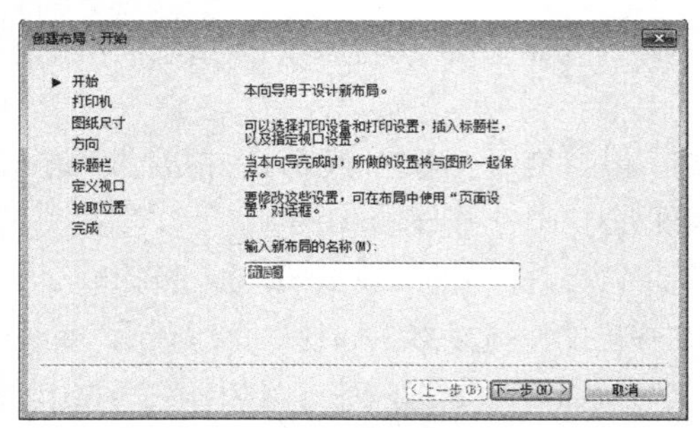

图 8-4　指定新布局名称

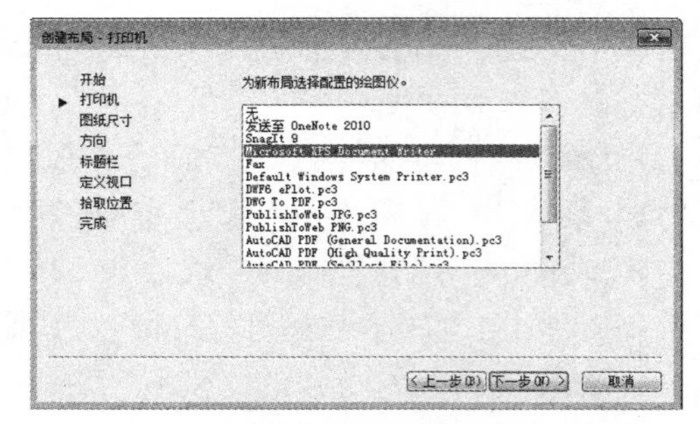

图 8-5　选择配置的绘图仪

（4）单击“下一步”按钮，打开“创建布局-图纸尺寸”对话框，用户可以选择布局的图纸尺寸，如图 8-6 所示。

（5）单击“下一步”按钮，打开“创建布局-方向”对话框，用户可以选择图形在图纸上的打印方向，如图 8-7 所示。

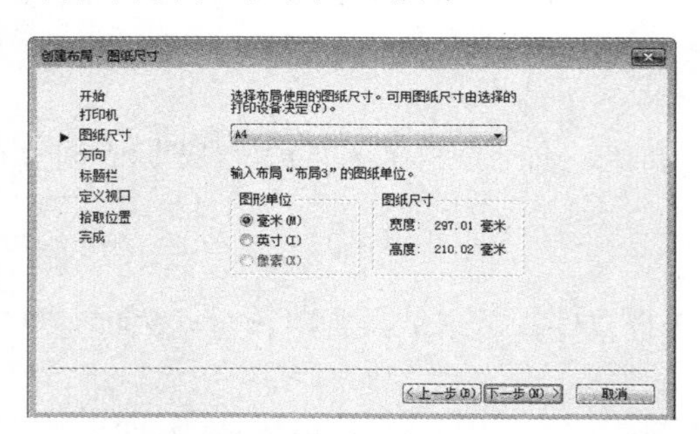

图 8-6　设置图纸尺寸

图 8-7　设置图纸方向

（6）单击“下一步”按钮，打开“创建布局-标题栏”对话框，用户可以为布局添加标题栏及设置标题栏的类型，如图 8-8 所示。

（7）单击“下一步”按钮，打开“创建布局-定义视口”对话框，用户可以为布局添加视口，如图 8-9 所示。

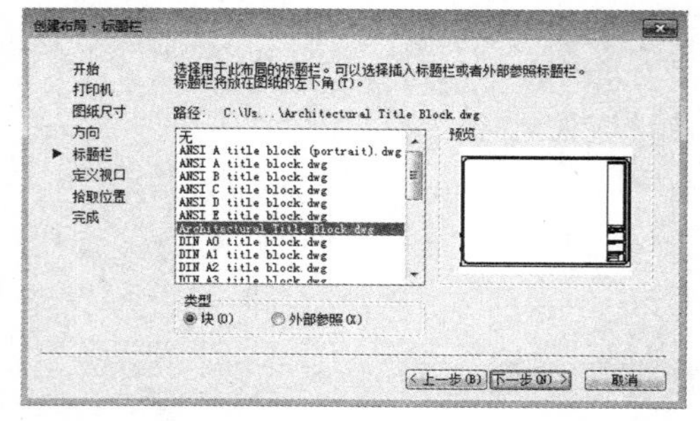

图 8-8　设置布局标题栏

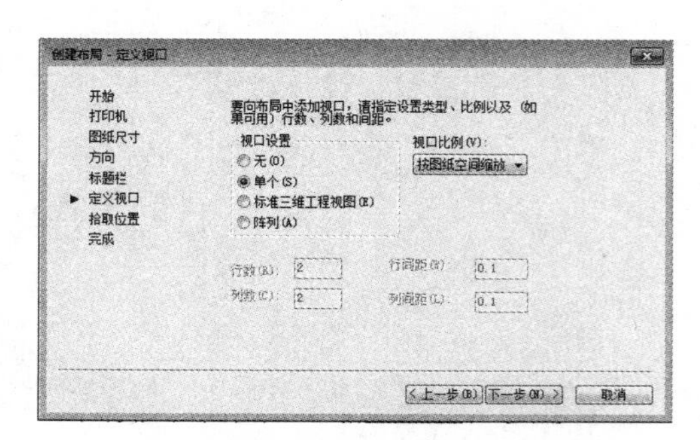

图 8-9　为布局添加视口

（8）单击“下一步”按钮，打开“创建布局-拾取位置”对话框，单击“选择位置”按钮可进入绘图区选择视口位置，如图 8-10 所示。

（9）确定视口的大小和位置后，将直接打开“创建布局-完成”对话框，单击“完成”按钮即可创建新的布局，如图 8-11 所示。

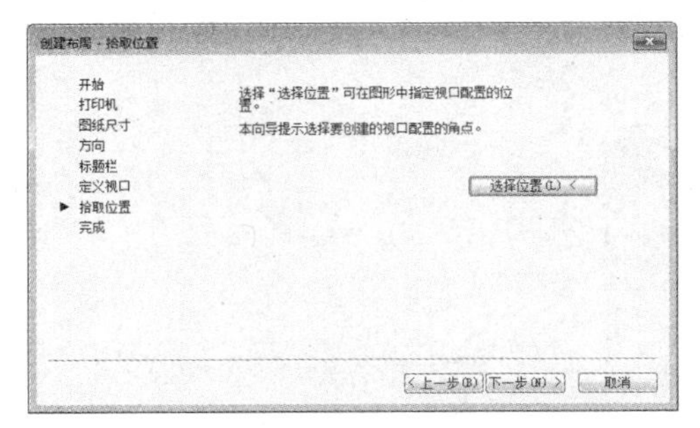

图 8-10　选择视口位置

图 8-11　完成新布局创建

（10）预览创建的新布局，调用标题栏的大小和位置，然后在视口中双击，即可在视口中调整图形的显示大小和位置，结果如图 8-12 所示。

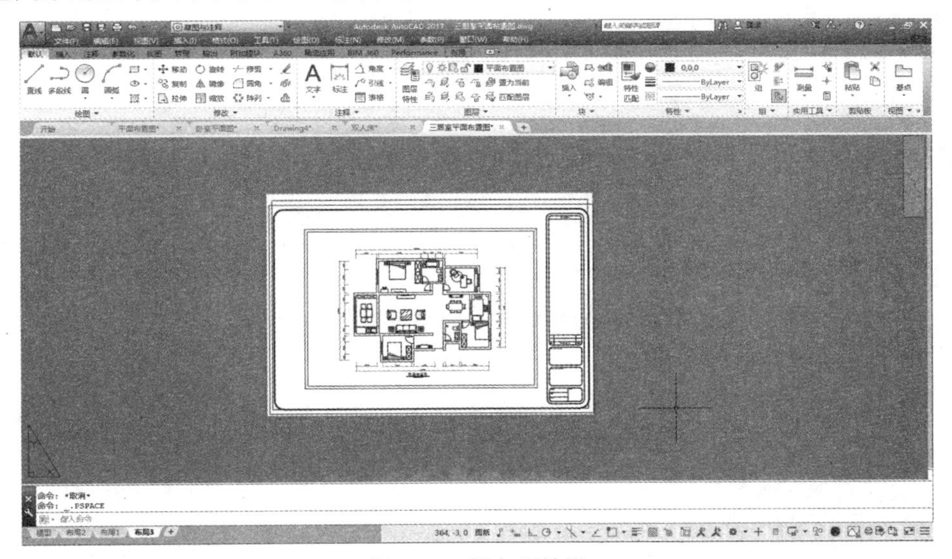

图 8-12　新布局效果

3. 利用样板创建布局

使用样板创建布局，对于在设计中遵循某种通用标准进行绘图和打印的用户非常有意义。在中文版 AutoCAD 2017 中，调用样板布局命令通常有以下五种方法。

- 命令行：输入 LAYOUT 命令并按回车键，根据行命令提示，输入 T 命令并按回车键。
- 菜单栏：单击“插入”|“布局”|“来自样板的布局”命令。
- 功能区：选择“布局”选项卡，单击“布局”面板中的“从样板”按钮。
- 状态栏：右击“快速查看布局”按钮，在弹出的快捷菜单中选择“来自样板”命令。
- 绘图区：在左下角的“模型”“布局 1”“布局 2”三个选项卡上右击，在弹出的快捷菜单中选择“来自样板”命令。

利用样板创建布局的具体操作方法如下。

（1）使用以上任意一种方法调出“样板布局”命令后，都将打开“从文件选择样板”对话框，如图 8-13 所示。

（2）选择合适的模板，单击“打开”按钮，打开“插入布局”对话框，如图 8-14 所示。

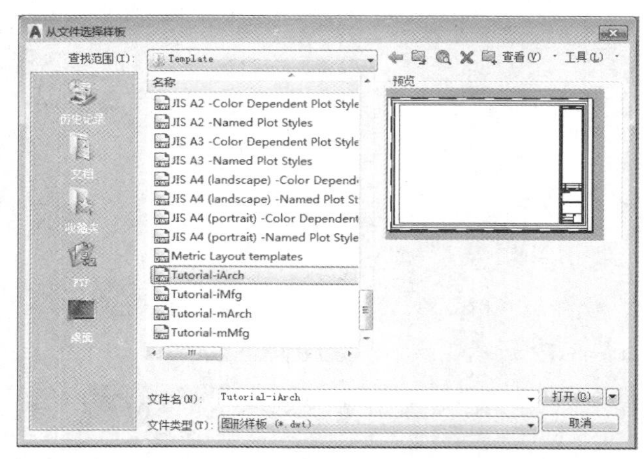

图 8-13 “从文件选择样板”对话框

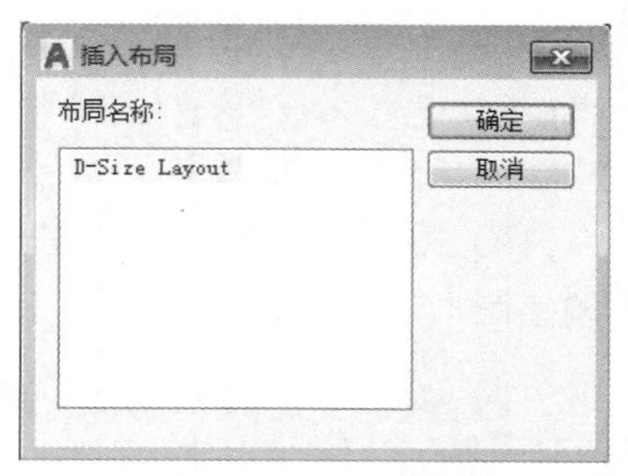

图 8-14 “插入布局”对话框

（3）单击“确定”按钮，即可通过样板创建布局，效果如图 8-15 所示。

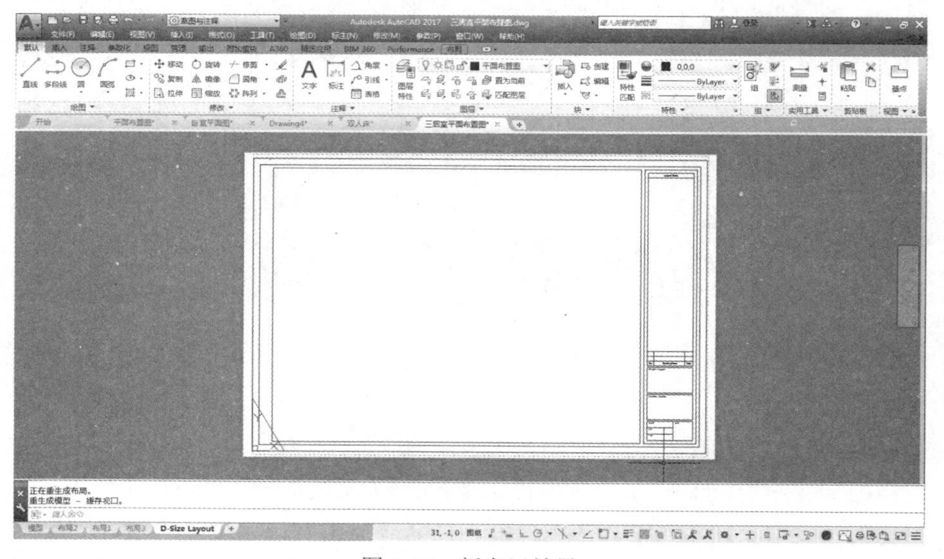

图 8-15 新布局效果

小提示： 在中文版 AutoCAD 2017 中，要删除、新建、重命名、移动或复制布局，可使用 LAYOUT 命令，或将鼠标指针置于布局标签上右击，在弹出的快捷菜单中选择相应的命令即可实现。

8.2 设置视口

视口相当于照相机的相框，可以把不同角度的模型放入相框以方便将来不同的打印要求。与模型空间一样，用户可以在布局空间创建多个视口，以便显示模型的不同视图。在布局空间中创建视口时，可以确定视口的大小，并且可以将其定位于布局空间的任意位置，因此，布局空间的视口通常被称为浮动视口。

8.2.1 创建视口

视口是 AutoCAD 界面上用于显示图形的一个区域，在 AutoCAD 中，用户可以建立并操作平铺和浮动这两种类型的视口。平铺视口是在模式空间中建立和管理的，而浮动视口是在布局空间中建立和管理的。当新建布局后，系统将自动创建一个浮动视口，如果该视口不符合要求，用户可以将其删除，然后根据需要重新创建多个不同形状的浮动视口。

下面以使用“新建视口”命令在“布局 1”空间中创建两个视口为例，介绍创建视口的具体操作方法。

（1）单击“文件”|“打开”命令，打开“三居室平面图.dwg”素材文件，在绘图窗口的左下角单击“布局 1”选项卡，切换到“布局 1”空间，如图 8-16 所示。

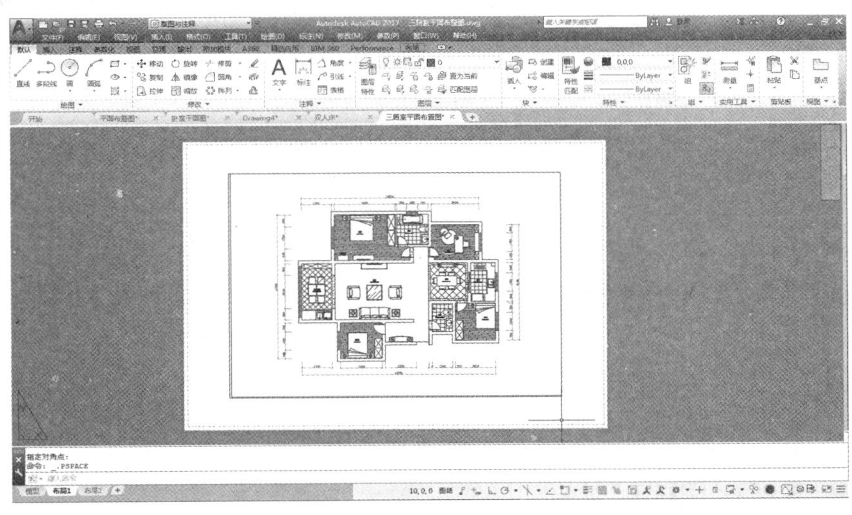

图 8-16　切换至布局空间

（2）选中系统自动创建的浮动视口，在命令行中输入 ERASE 命令并按回车键，将其删除，如图 8-17 所示。

（3）单击“视图”|“视口”|“新建视口”命令，打开“视口”对话框，在“标准视口”列表框中选择“两个：垂直”选项，如图 8-18 所示。

（4）单击“确定”按钮，返回至“布局 1”窗口，根据命令行提示，指定视口的对角点位置，单击即可创建两个水平视口，如图 8-19 所示。

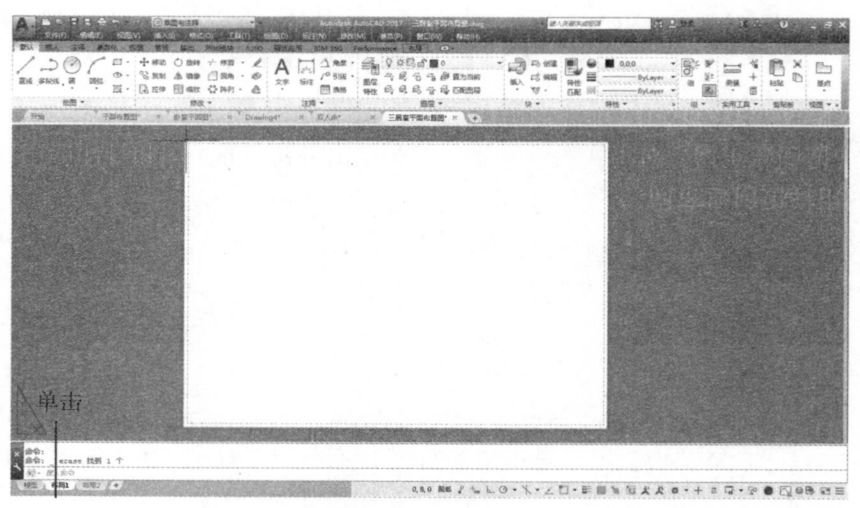

图 8-17 删除原有视口

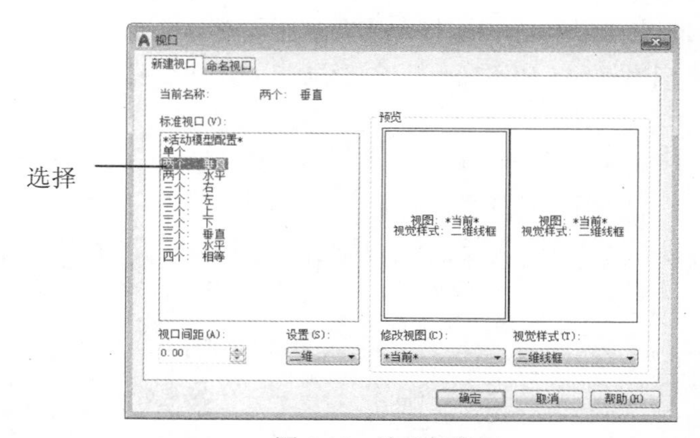

图 8-18 选择标准视口

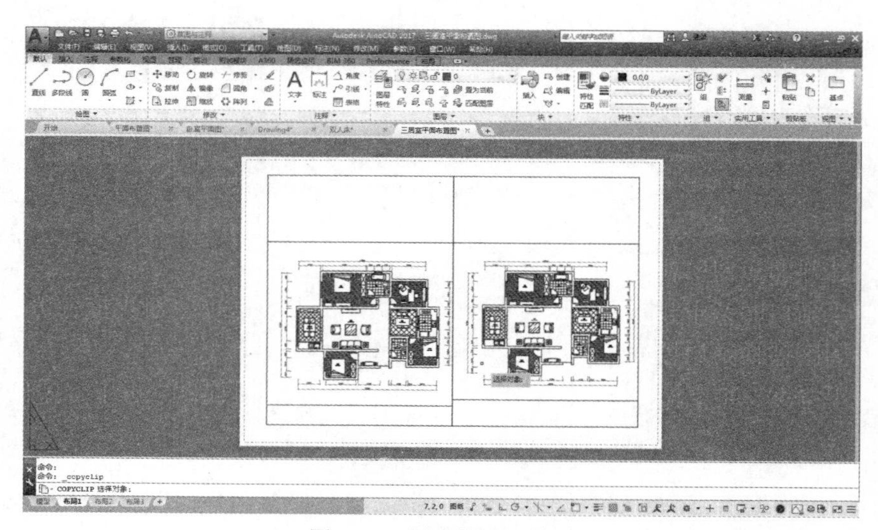

图 8-19 创建的视口效果

8.2.2　调整视口

创建好的浮动视口可以通过移动、复制等命令进行调整、复制，还可以通过编辑视口的夹点来调整视口的大小、形状。在布局空间中，要使一个视口成为当前视口并对视口中的图形进行编辑操作，双击激活该视口即可。如果需要将整个布局空间变为激活状态，只需双击浮动视口边界外图纸上的任意地方即可，此时，可对整个视口进行缩放或平移等编辑操作。

下面通过调整刚创建好的两个垂直视口，介绍调整视口的具体操作方法。

（1）在右侧的视口内双击，激活该视口，此时视口边框变粗，如图 8-20 所示。

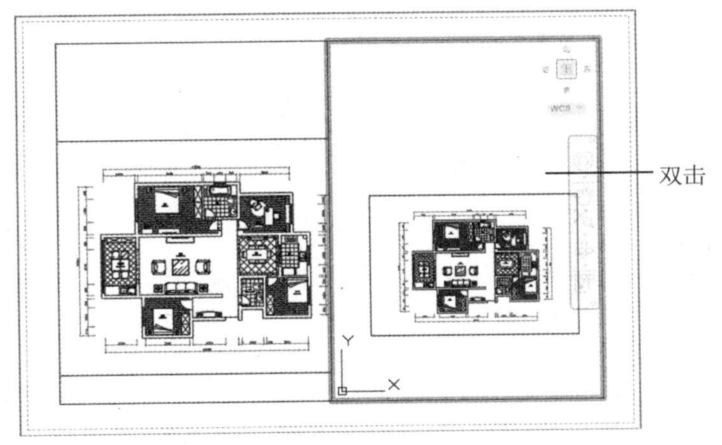

图 8-20　激活要调整的视口

（2）单击“实时缩放”命令，调整视口中图形的显示大小（即放大剖面图），单击“平移”命令，将其放置在合适位置，结果如图 8-21 所示。

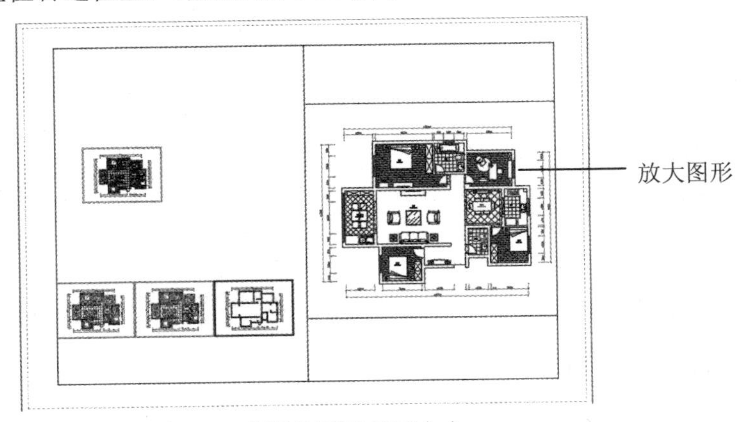

图 8-21　调整图形的显示大小

（3）在视口边界线外双击，结束图形调整操作。单击右侧视口的边界线，激活夹点，通过夹点调整视口的大小，如图 8-22 所示。

（4）重复步骤（3）的操作，调整左侧视口的大小，然后在左侧的视口内双击，重复步骤（2）的操作，调整左侧视口中图形的显示大小。最终的调整效果如图 8-23 所示。

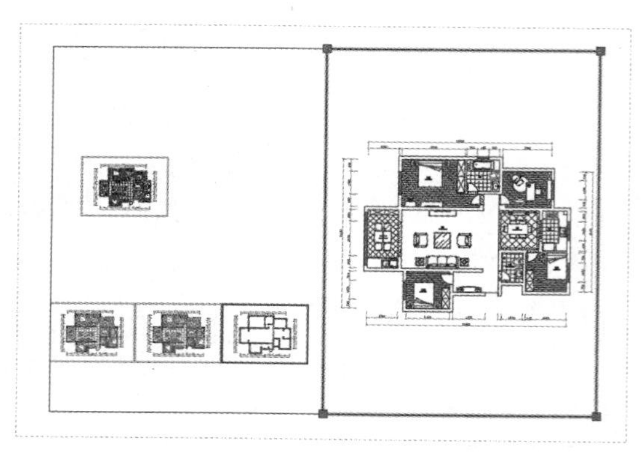

图 8-22 调整视口大小

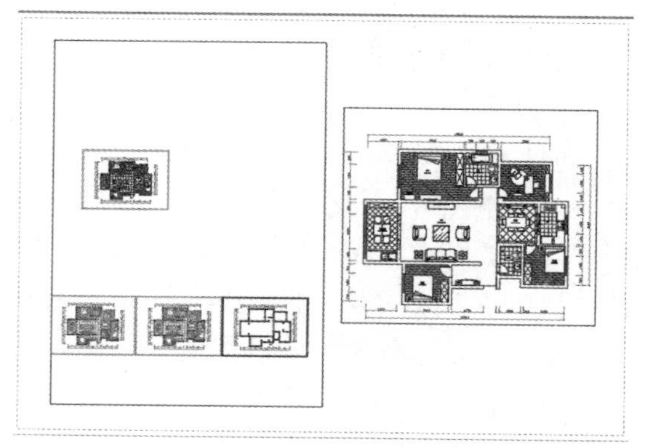

图 8-23 视口调整最终效果

8.3 打印输出图形

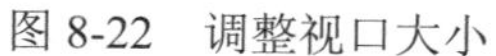

图形的打印输出是绘图工作的重要组成部分，当创建完图形后，通常要将图形打印到图纸上，或生成一份电子图纸，以便从互联网上进行访问。打印图形可以包含图形的单一视图，或者更为复杂的视图排列。根据不同的需要，可以打印一个或多个视口，或设置选项以决定打印的内容和图像在图纸上的布置方式。

8.3.1 页面设置

页面设置是输出图形准备过程中的最后一个步骤。页面设置主要包括图纸尺寸、图形方向、打印区域和打印比例等。无论是在模型空间还是在布局空间中打印图形，都需要利用“页面设置管理器”对话框对页面进行设置，设置的方法是完全相同的。在中文版AutoCAD 2017 中，该对话框可以通过以下三种方法调出。

- 命令行：输入 PAGESETUP 命令并按回车键。
- 菜单栏：单击“文件”|“页面设置管理器”命令。
- 功能区：选择“布局”选项卡，单击“布局”面板中的“页面设置管理器”按钮。

使用以上任意一种方法都将打开“页面设置管理器”对话框，在该对话框中，用户可以对页面进行修改、新建和输入等操作。

下面以设置别墅立面图“布局 1”空间的页面为例，介绍页面设置的具体操作方法。

（1）单击“打开”命令，打开“三居室平面布置图.dwg”素材文件，在绘图窗口的左下角单击“布局 1”选项卡，切换至“布局 1”空间，如图 8-24 所示。

（2）单击“文件”|“页面设置管理器”命令，打开“页面设置管理器”对话框，如图 8-25 所示。

（3）在“页面设置管理器”对话框中单击“新建”按钮，在打开的“新建页面设置”对话框中可输入新建页面的名称和指定页面的基础样式，如图 8-26 所示。

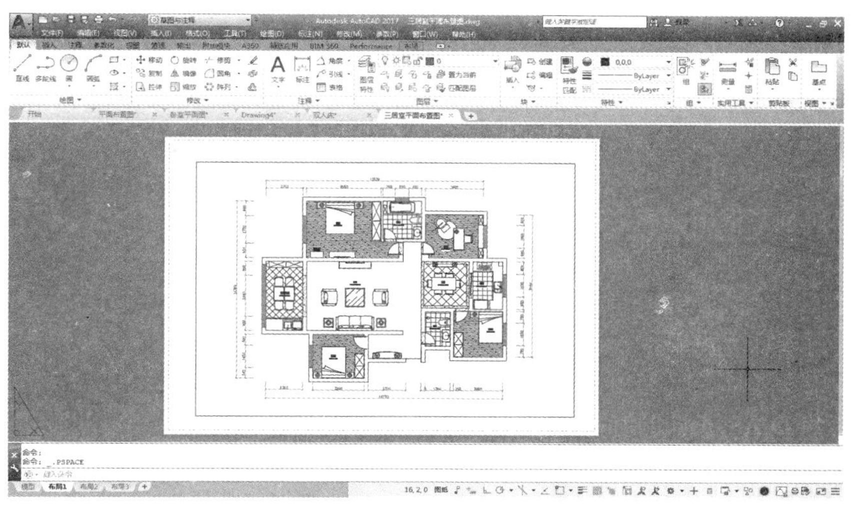

图 8-24　打开素材文件

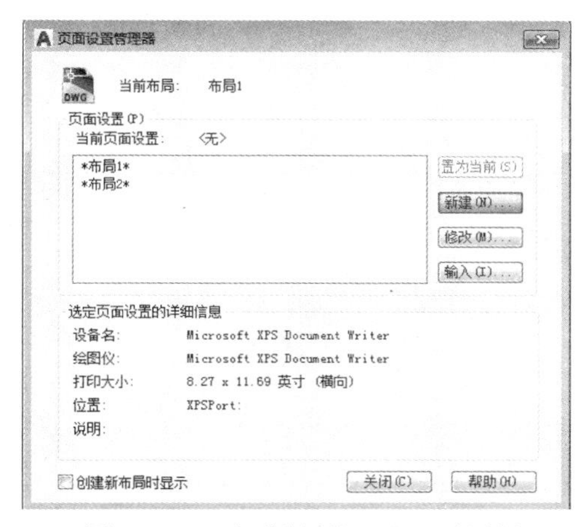

图 8-25　“页面设置管理器”对话框

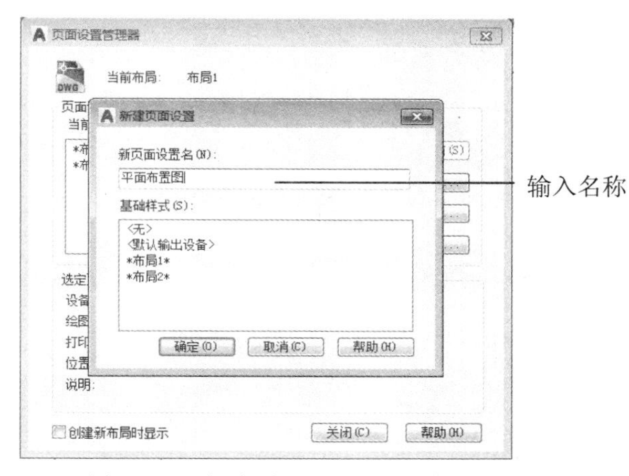

图 8-26　“新建页面设置”对话框

（4）单击“确定”按钮，打开“页面设置”对话框，在该对话框的“打印机/绘图仪”选项组中，选择用于打印当前图纸的打印机，如图 8-27 所示。

图 8-27　选择打印设备

（5）在“图纸尺寸”下拉列表中选择 A3 类图纸，并可以通过对话框中的预览窗口进行预览，然后在“打印样式表”下拉列表框中选择合适的打印样式，如图 8-28 所示。

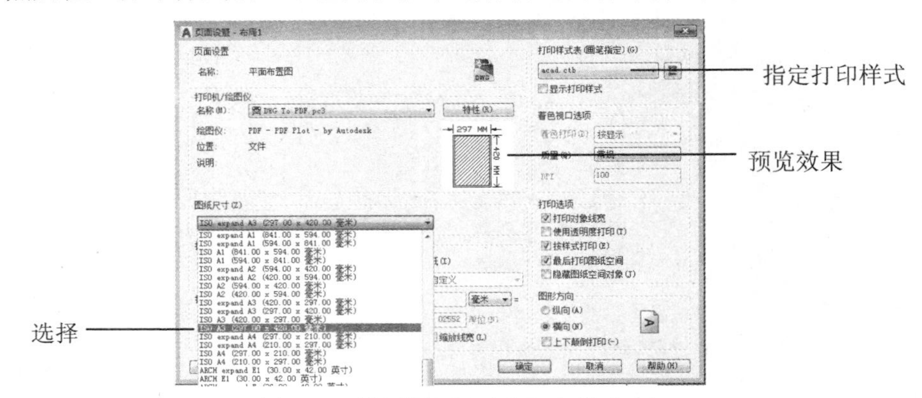

图 8-28　设置图纸尺寸和打印样式

（6）在“打印范围”下拉列表框中选择“显示”选项，在“打印偏移”选项组中选择“居中打印”复选框，如图 8-29 所示。

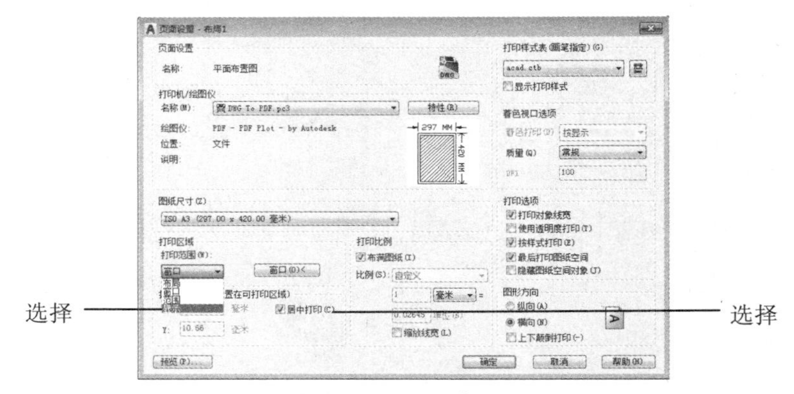

图 8-29　设置居中打印

（7）其他参数可根据需要进行设置。设置完成后，单击“确定”按钮，返回 “页面设置管理器”对话框，在“页面设置”列表框中选择前面创建的页面布局，单击“置为当前”按钮，再单击“关闭”按钮，关闭对话框，完成页面设置操作，如图 8-30 所示。

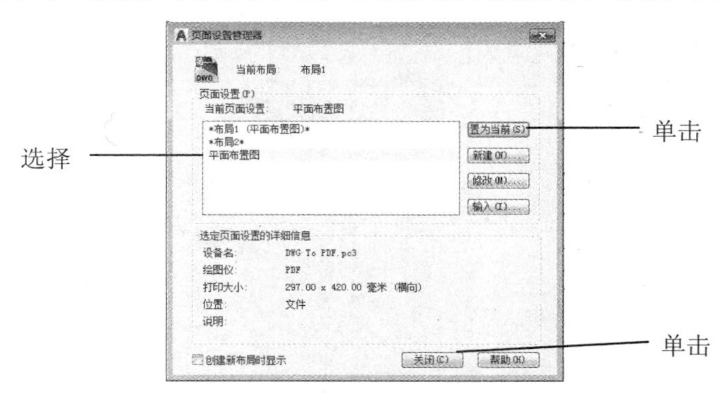

图 8-30　完成页面设置

8.3.2　设置打印样式

使用打印样式可以多方面控制对象的打印方式，打印样式也属于对象的一种特性，它用于修改打印图形的外观。用户可以设置打印样式来替代对象原有的颜色、线型和线宽特性。打印样式分为颜色相关和命名两种模式，颜色相关打印样式表以“.ctb”为文件扩展名保存，而命名打印样式表以“.stb”为文件扩展名保存，均保存在 CAD 系统主目录中的“plotstyles”子文件夹中。

1. 创建打印样式表

打印样式表用于定义打印样式，根据打印样式的不同模式，打印样式表也分为颜色相关打印样式表和命名打印样式表。为了适合当前图形打印效果，通常在进行打印操作前进行页面设置和添加打印样式表。在中文版 AutoCAD 2017 中，利用“添加打印样式表”向导对话框，可添加颜色相关打印样式表或命名打印样式表。

下面以创建颜色相关打印样式表为例，介绍创建打印样式表的具体操作方法。

（1）在菜单栏中单击“工具”|“向导”|“添加打印样式表”命令，打开“添加打印样式表”对话框，如图 8-31 所示。

（2）单击“下一步”按钮，打开“添加打印样式表-开始”对话框，保持“创建新打印样式表”单选项为选择状态，如图 8-32 所示。

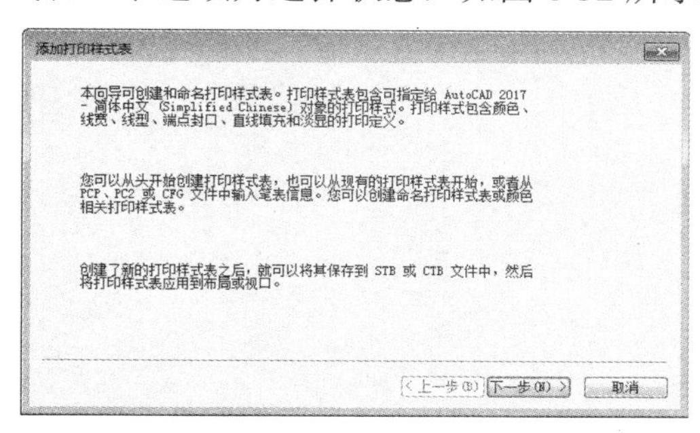

图 8-31　“添加打印样式表”对话框

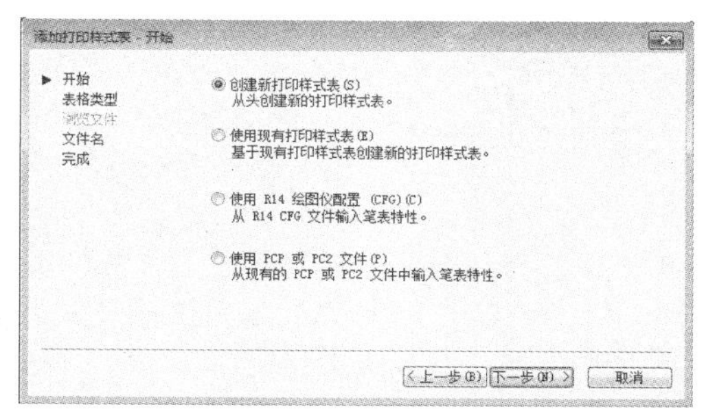

图 8-32　“添加打印样式表-开始”对话框

（3）单击“下一步”按钮，打开“添加打印样式表-选择打印样式表”对话框，再选择“颜色相关打印样式表”单选按钮，如图 8-33 所示。

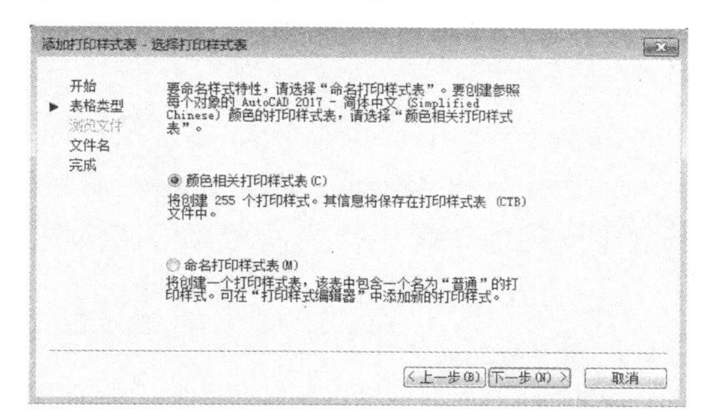

图 8-33　“添加打印样式表-选择打印样式表”对话框

（4）单击“下一步”按钮，打开“添加打印样式表-文件名”对话框，在“文件名”文本框中输入“平面图颜色打印样式”，如图 8-34 所示。

（5）单击“下一步”按钮，打开“添加打印样式表-完成”对话框，单击“完成”按钮，即可创建出名为“平面图颜色打印样式”的打印样式表，如图 8-35 所示。

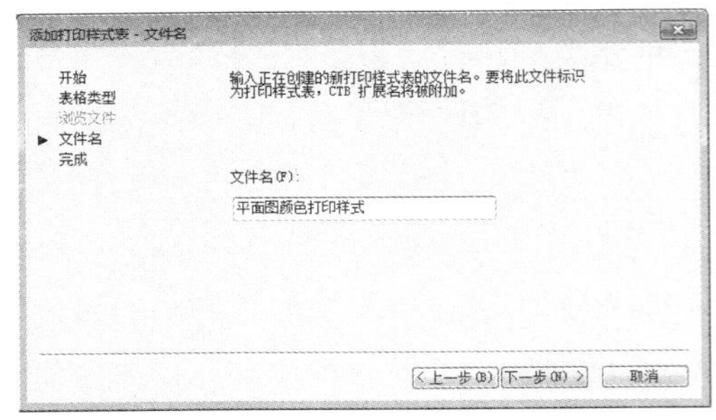

图 8-34 “添加打印样式表-文件名”对话框

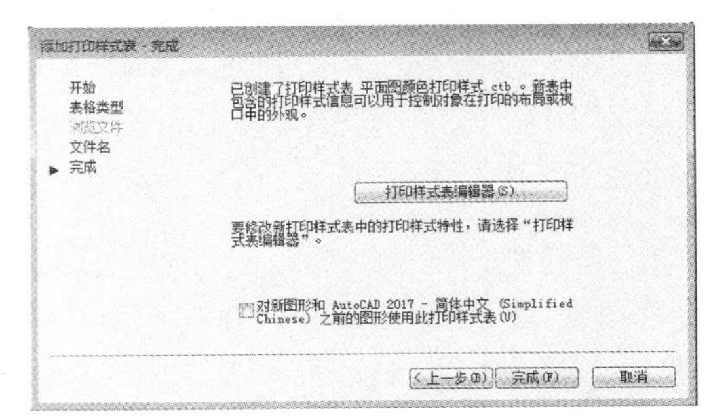

图 8-35 完成打印样式表的创建

2. 管理打印样式表

在中文版 AutoCAD 2017 中，利用“打印样式表编辑器”对话框，可以管理打印样式表。单击“文件”|“打印样式管理器”命令，即可打开打印样式对话框，如图 8-36 所示。

在该对话框中将显示之前添加的打印样式表文件（如“平面图颜色打印样式”），可双击该文件，然后在打开的“打印样式表编辑器”对话框中进行打印颜色、线宽、打印样式和填充样式等参数的设置，如图 8-37 所示。

图 8-36 打印样式对话框

图 8-37 “打印样式表编辑器”对话框

3. 应用打印样式表

每个 AutoCAD 的图形对象及图层都具有打印样式特性，其打印样式的特性与所使用的打印样式模式相关。如果工作在颜色相关模式下，打印样式由对象或图层颜色确定，所以不能修改对象或图层的打印样式；如果工作在命名打印样式模式下，则可以随时修改对象或图层的打印样式。

颜色相关打印样式是以对象的颜色为基础的，用颜色来控制笔号、线型和线宽等参数。通过使用颜色相关打印样式来控制对象的打印方式，确保所有颜色相同的对象以相同的方式打印。应用打印样式表的具体操作方法如下。

（1）单击“工具”|“选项”命令，打开“选项”对话框，选择“打印和发布”选项卡，如图 8-38 所示。

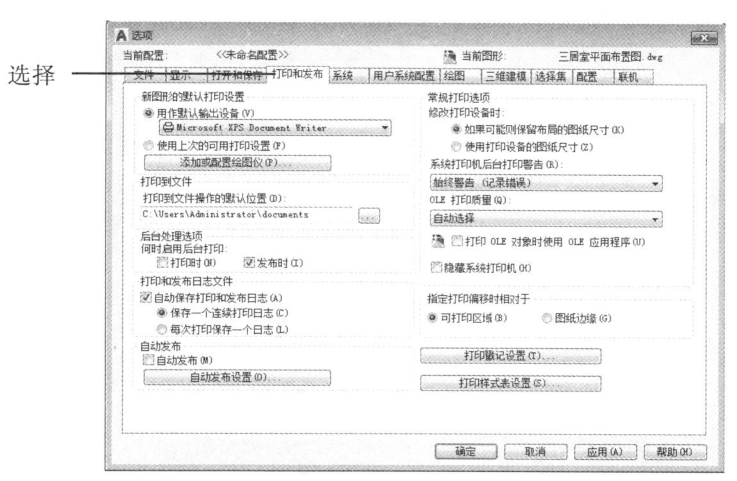

图 8-38　“选项”对话框

（2）单击“打印样式表设置”按钮，打开“打印样式表设置”对话框，在此可以选择新建图形使用的打印样式模式。图 8-39 和图 8-40 所示分别显示了选择颜色相关模式和命名模式两种情况下的“打印样式表设置”对话框。其中，在命名模式下还可进一步设置“0”图层和新建对象的缺省打印样式。

图 8-39　选择颜色相关打印样式模式

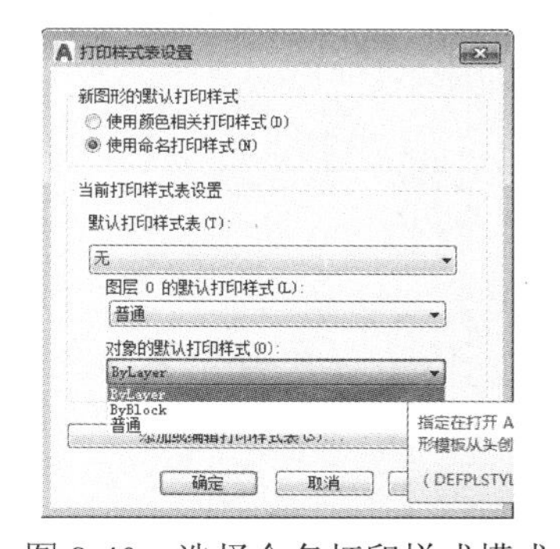

图 8-40　选择命名打印样式模式

8.3.3　打印预览

在打印输出图形之前，一般都需要对该图形进行打印预览，以便检查图形的输出设置是否正确，如图形是否都在有效的输出区域内等。在中文版 AutoCAD 2017 中，调用“打印预览”命令通常使用以下三种方法。

- 命令行：输入 PREVIEW 命令并按回车键。
- 菜单栏：单击“文件”|“打印预览”命令。
- 功能区：选择“输出”选项卡，单击“打印”面板中的“预览”按钮。

使用以上任意一种方法，都可以进入预览窗口，预览图形的输出效果如图 8-41 所示。

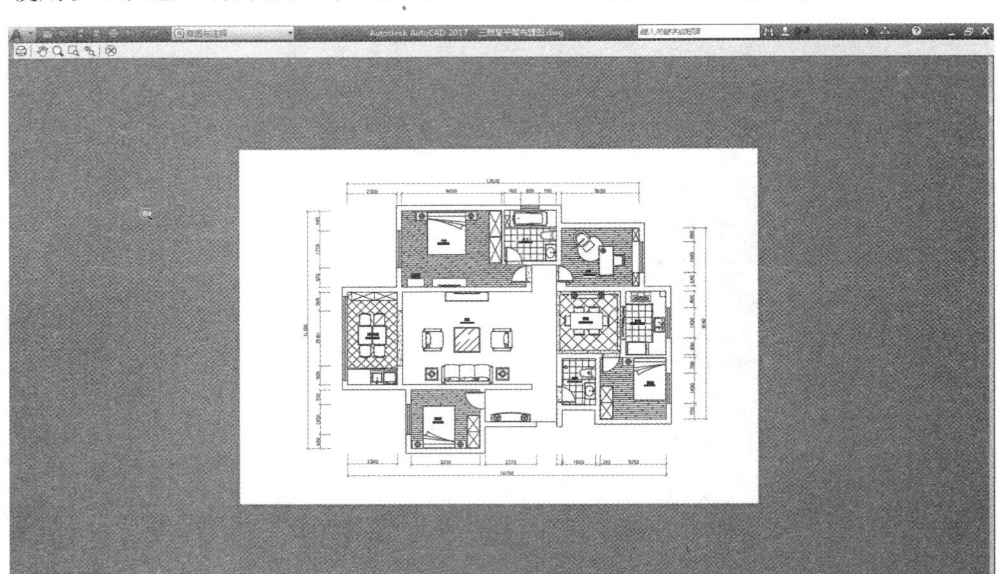

图 8-41　预览输出效果

8.3.4　打印输出

在模型空间或布局空间中，使用“打印”命令可以将绘制好的图形进行打印输出。在中文版 AutoCAD 2017 中，调用该命令通常有以下三种方法。

- 命令行：在命令行中输入 PLOT 命令并按回车键。
- 菜单栏：单击“文件”|“打印”命令。
- 功能区：选择“输出”选项卡，单击“打印”面板中的“打印”按钮。

使用以上任意一种方法都将打开“打印”对话框，该对话框中的内容与“页面设置”对话框中的基本相同，可以设置打印设备、图纸尺寸、打印方向、打印区域、打印比例和打印偏移等参数。

下面以在“模型”空间中打印输出“三居室平面布置图”为例，介绍设置打印输出参数的具体操作方法。

（1）单击“文件”|“打开”命令，打开“三居室平面布置图.dwg”素材文件，如图 8-42 所示。

（2）单击“文件”|“打印”命令，打开“打印-模型”对话框，在“打印机/绘图仪”选项组中选择合适的打印机，然后在“图纸尺寸”下拉列表中选择 A3 横向图纸尺寸，如图 8-43 所示。

（3）在“打印区域”选项组的“打印范围”下拉列表框中选择“窗口”选项，返回至绘图区选择要打印的图形，如图 8-44 所示。

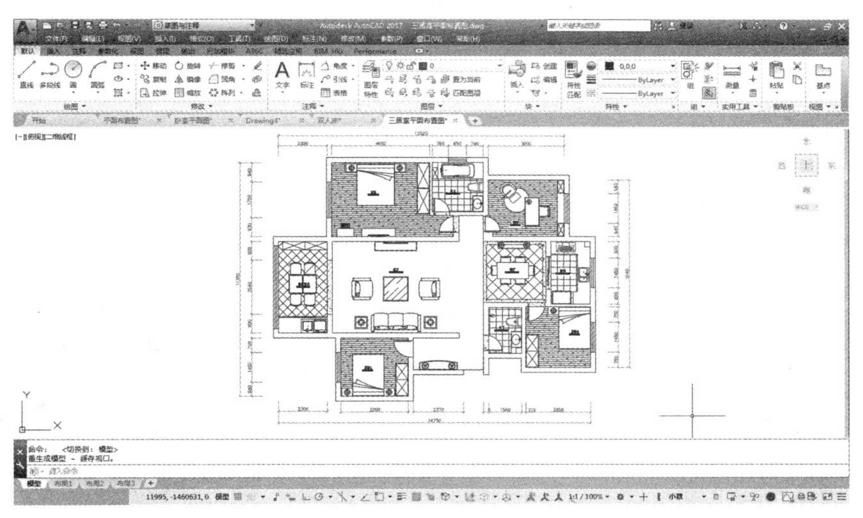

图 8-42　打开素材文件

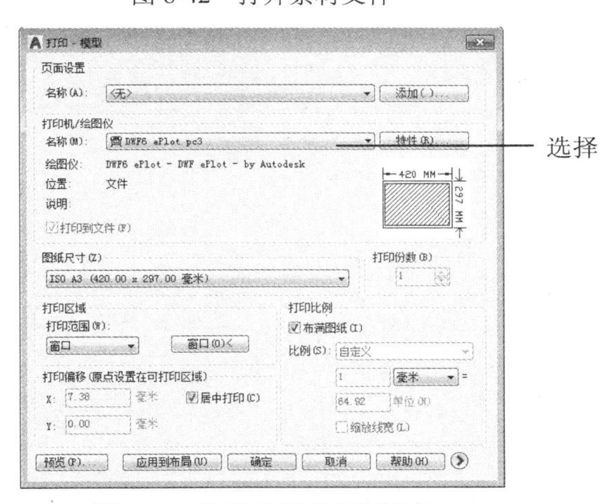

图 8-43　选择合适的打印设备

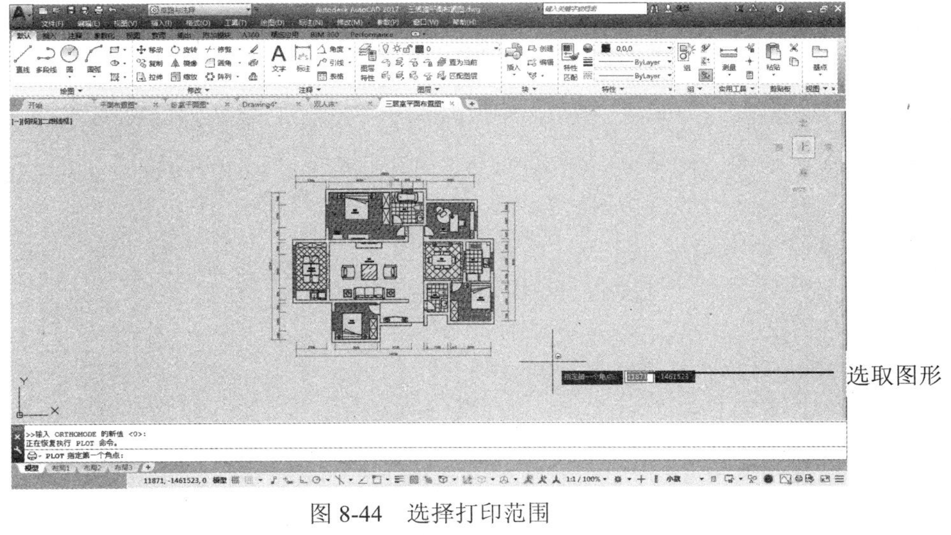

图 8-44　选择打印范围

（4）在“打印偏移”选项组中勾选“居中打印”复选框，在“打印比例”选项组中勾选“布满图纸”复选框，单击“预览”按钮，进入预览窗口以预览图形。然后单击“打印”按钮，即可进行打印操作，如图 8-45 所示。

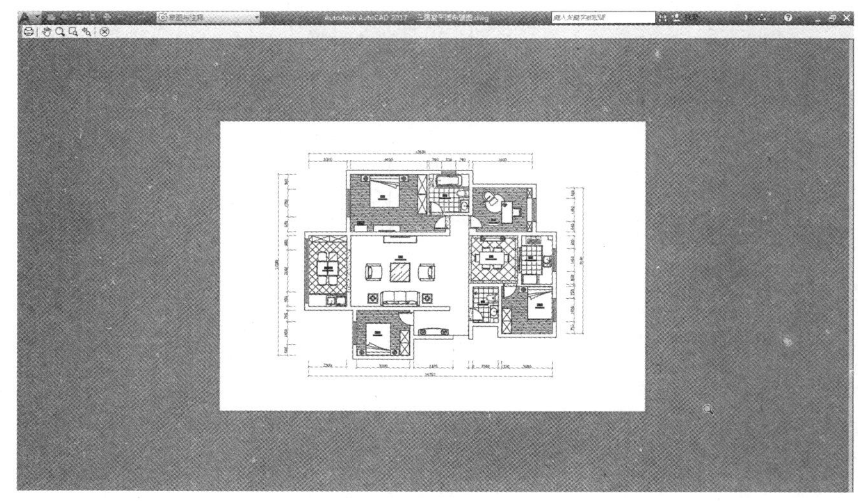

图 8-45 预览窗口

8.3.5 发布 DWF 文件

在中文版 AutoCAD 2017 中，用户可以发布 DWF 文件。DWF 文件支持图形文件的实时移动和缩放，并支持控制图层、命名视图和嵌入链接显示效果。利用“发布”对话框，可以将图形集发布为 DWF、DWFx 或 PDF 文件，也可以将其发送到页面设置中命名的绘图仪，以供硬拷贝输出或用作打印文件。

下面以将“组合沙发”图形发布为 DWF 文件为例，介绍发布 DWF 文件的具体操作方法。

（1）单击“文件”|“打开”命令，打开“组合沙发.dwg”素材文件，单击“文件”|“发布”命令，如图 8-46 所示。

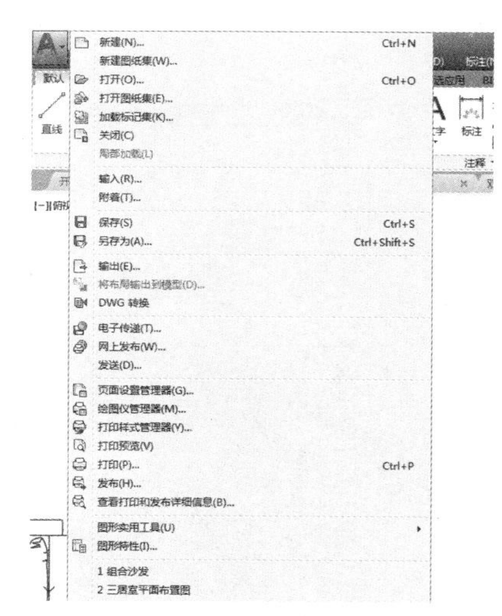

图 8-46 单击“发布”命令

（2）打开“发布”对话框，在此可以使用相关的功能按钮，对列表框中的图纸进行删除、添加和排序操作，如图 8-47 所示。

（3）在“发布为”下拉列表框中，选择发布的 DWF、DWFx 等文件格式，这里选择的是 DWF 文件格式，如图 8-48 所示。

（4）单击“发布选项”按钮，打开“发布选项”对话框。在该对话框中可以设置文件默认的输出位置以及一些常规 DWF 选项等参数，如图 8-49 所示。

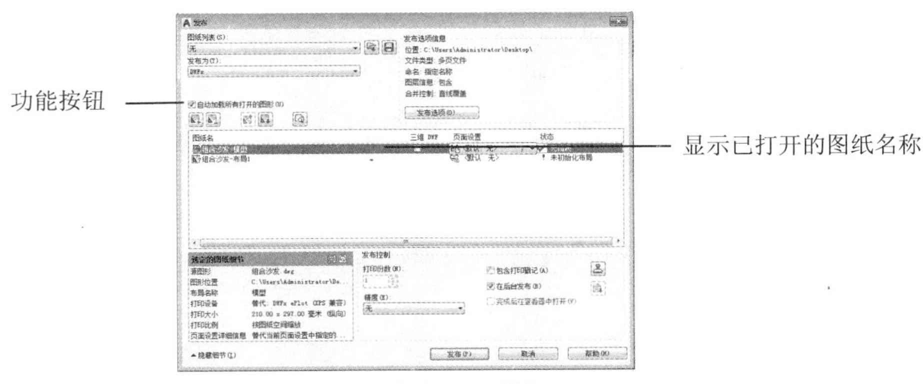

图 8-47　“发布”对话框

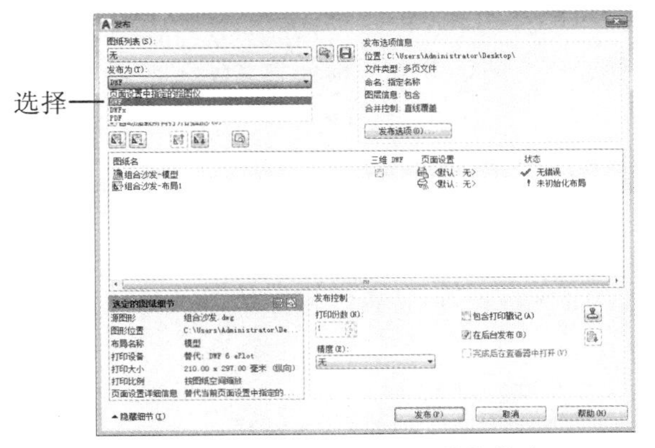

图 8-48　指定要发布文件的格式

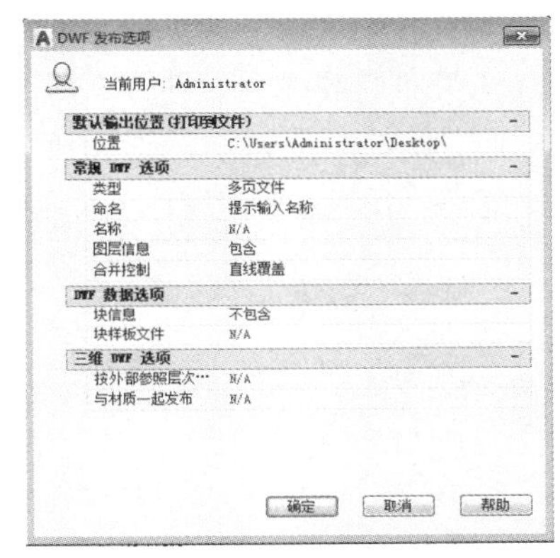

图 8-49　“发布选项”对话框

（5）设置好参数后，单击“确定”按钮，返回“发布”对话框。单击“保存图纸列表”按钮，在打开的“列表另存为”对话框的“文件名”文本框中输入文件名称，如图 8-50 所示。

（6）单击“保存”按钮，返回“发布”对话框。单击“发布”按钮，打开“指定 DWF 文件”对话框，指定好保存路径后，单击“选择”按钮，即可进行发布，如图 8-51 所示。

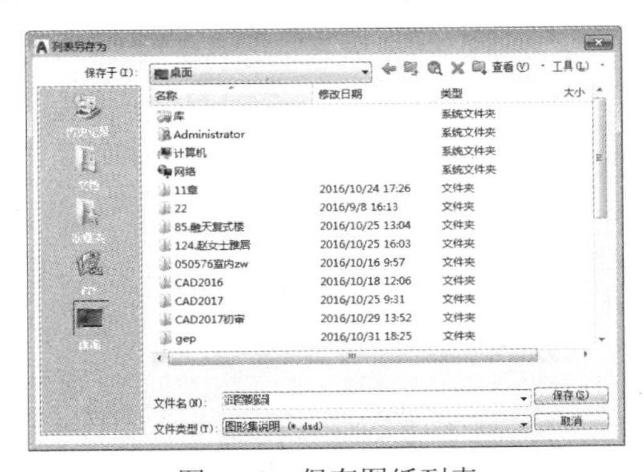

图 8-50　保存图纸列表

图 8-51　保存并发布

小提示： 单击“发布”按钮后，开始创建电子图形集，此时在状态栏中将显示发布过程图标，完成图形发布后状态栏将显示“完成打印和发布作业，未发现错误或警告”提示信息，以确认已经发布成功。

第 9 章　室内家具图块设计 I

家具是生活、工作中必不可少的用具，是室内设计的一个重要组成部分。在进行家具设计时首先要考虑使用功能，即满足人们生活和工作的需要；其次要满足人们的兴趣爱好及审美观等更高的要求。家具有很多种分类，如根据基本形式来分，可以分为椅凳类、床榻类、几案类和橱柜类等。本章将介绍各种沙发、几案、桌台和椅凳的绘制方法。

9.1　沙发类家具的绘制

沙发是英语单词“sofa”的音译，是整体舒适，装有软垫的座椅，是居家和办公场所必不可少的家具之一。

沙发有很多种，可以按照特征、用料和风格等进行分类。

按照特征分为：普通沙发、低背沙发和高背沙发（又称航空式座椅）。

按照用料分为：皮革沙发、木艺沙发和布艺沙发等。

按照风格分为：美式沙发、日式沙发、中式沙发和欧式沙发。

沙发的基本功能是满足人们坐得舒服、减少疲劳，因此在沙发设计中，要符合人体的尺度，考虑人体的生理特点，使人有舒服、安宁的感觉。

沙发是从高度、深度和宽度等方面进行设计的。

1. 高度

高度是指沙发的最高处与地面的垂直距离，与坐高不同，坐高是指沙发的坐面与地面的距离，即坐高=地面到坐位表面的距离。

欧美大款沙发坐高的高度为 430mm～470 mm，亚洲人由于身材的原因，坐高的高度基本上为 400mm～450 mm。沙发总的高度要结合整个沙发的款式，根据款式制定高度，不应随意更改。

2. 深度

深度是指包括靠背在内的沙发从前往后的最大距离，也就是通常意义上的宽度。坐深是指除了靠背以外的深度，即坐深＝深度－靠背的厚度。

一般沙发深度为 800mm～1000 mm，坐深为 550mm～700 mm，但有的人喜欢较深的沙发，因为坐下去会感觉很放松。沙发的深度不能太大，一是受款式约束；二是深度太大，人体难以靠在沙发靠背上；三是担心沙发边缘卡在小腿中间部分，影响舒适度。

3. 宽度

宽度是指沙发两个扶手外围的最大距离，也就是沙发的长度。坐宽则是指两个扶手之间的距离，即坐宽 = 宽度 − 两个扶手的宽度。单人、双人、三人沙发设计是根据宽度和坐宽来决定的。

因为沙发风格及样式的多变，所以没有一个绝对的尺寸标准，而只有常规的一般尺寸。沙发的扶手一般高 560mm～600 mm。

单人式沙发：宽度为 800mm～950 mm，深度为 850mm～900 mm，坐高为 350mm～420 mm，背高为 700mm～900 mm；

双人式沙发：宽度为 1260mm～1500 mm，深度为 800mm～900 mm；

三人式沙发：宽度为 1750mm～1960 mm，深度为 800mm～900 mm；

四人式沙发：宽度为 2320mm～2520 mm，深度为 800mm～900 mm。

9.1.1　绘制单人沙发

单人沙发适用于单人房间或是书房摆放。单人沙发可分为双扶单人沙发、单扶单人沙发和无扶单人沙发。双扶单人沙发是指两侧带扶手的单人沙发，办公用较多，民用较少，有用于配套沙发里的。单扶单人沙发是指一侧带有扶手的单人沙发，只适用于固定客厅摆放，也属于配套沙发里常见的一种。无扶单人沙发非常大众化，摆放在任意客厅、书房都适合。

1. 平面图

绘制单人沙发平面图的具体操作步骤如下。

（1）执行“矩形”命令，绘制长 560 mm、宽 140 mm 的矩形作为沙发靠背，如图 9-1 所示。

（2）执行“圆角”命令，设置圆角半径为 40 mm，对沙发靠背的四个角进行圆角处理，如图 9-2 所示。

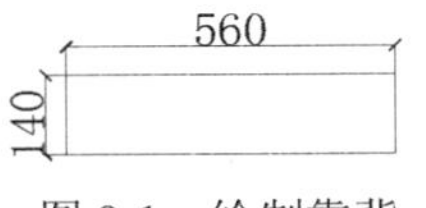

图 9-1　绘制靠背

图 9-2　对靠背进行圆角处理

（3）执行“矩形”命令，绘制长 140 mm、宽 550 mm 的矩形作为沙发扶手，如图 9-3 所示。

（4）执行“圆角”命令，设置圆角半径分别为 40 mm、100 mm，对沙发扶手进行圆角处理，如图 9-4 所示。

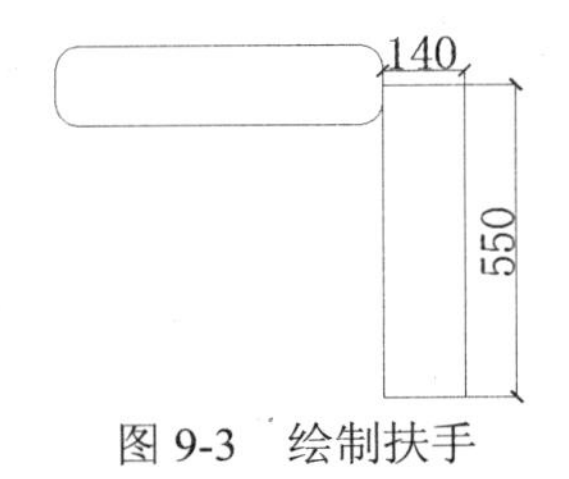

图 9-3　绘制扶手

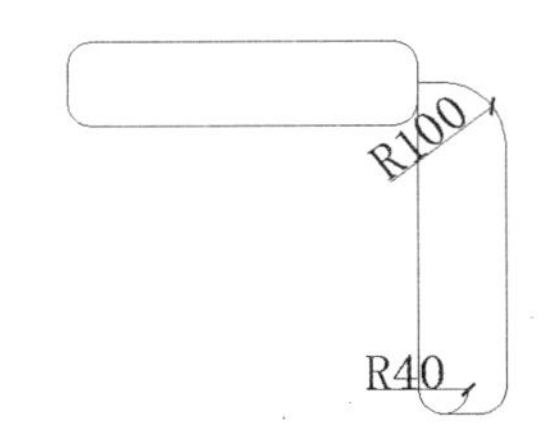

图 9-4　对扶手进行圆角处理

（5）执行“镜像”命令，选择沙发扶手图形，以靠背中心为镜像点进行镜像操作，如图 9-5 所示。

（6）执行“矩形”命令，绘制长 560 mm、宽 500 mm 的矩形作为沙发底座，如图 9-6 所示。

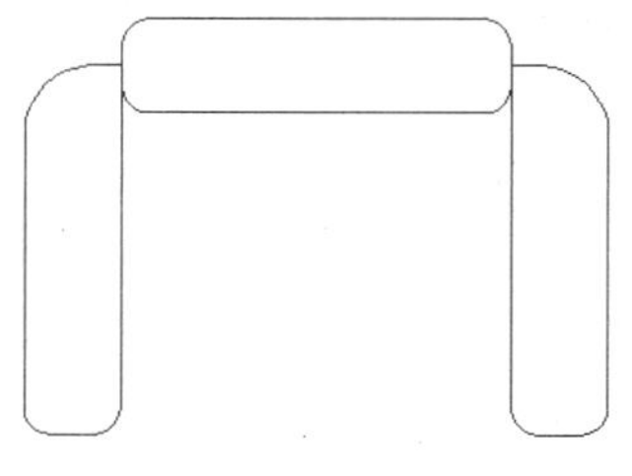
图 9-5　镜像扶手图形

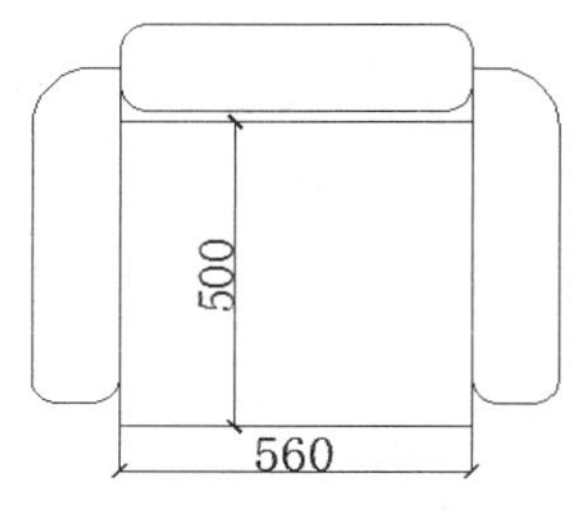

图 9-6　绘制底座

（7）执行“圆角”命令，设置圆角半径为 40 mm，对沙发底座图形进行圆角处理，如图 9-7 所示。

（8）执行“矩形”命令，绘制长 510 mm、宽 450 mm 的矩形作为沙发垫，并执行“圆角”命令，设置圆角半径为 40 mm，对沙发垫图形进行圆角处理，如图 9-8 所示。单人沙发平面图绘制完毕，保存文件即可。

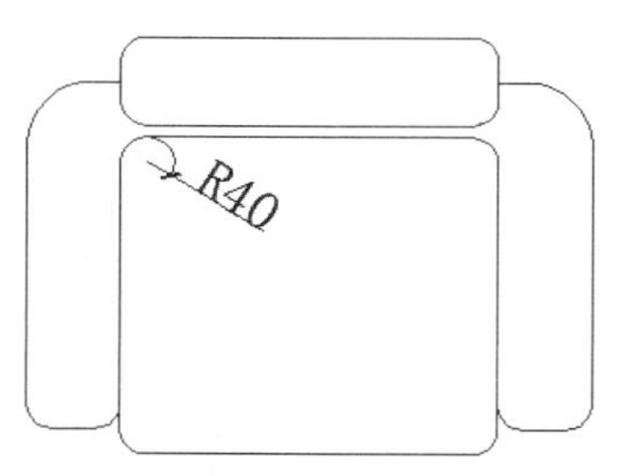

图 9-7　对底座进行圆角处理

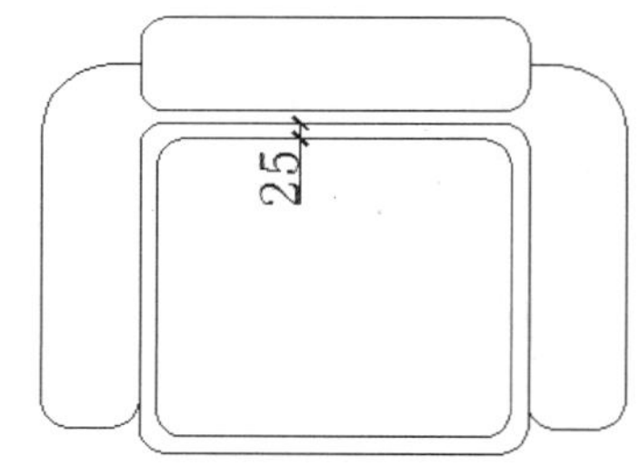

图 9-8　绘制沙发垫

2. 立面图

绘制单人沙发立面图的具体操作步骤如下。

（1）执行“矩形”命令，绘制长 560 mm、宽 525 mm 的矩形作为沙发靠背，如图 9-9 所示。

（2）执行“圆角”命令，设置圆角半径为 40 mm，对沙发靠背顶端两个角进行圆角处理，如图 9-10 所示。

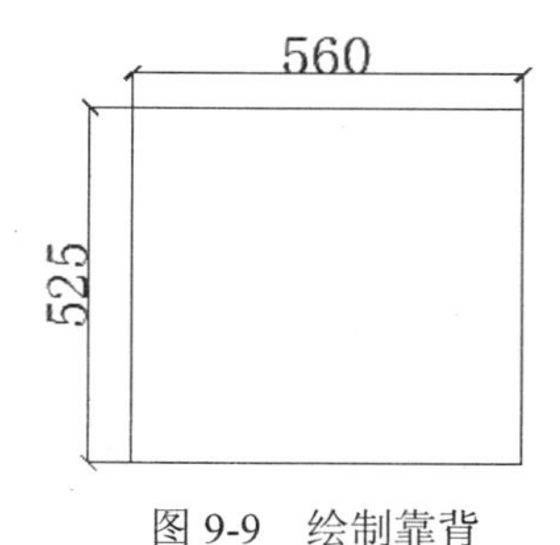

图 9-9　绘制靠背

图 9-10　对靠背进行圆角处理

（3）执行“矩形”命令，绘制长 140 mm、宽 400 mm 的矩形作为沙发扶手，如图 9-11 所示。

（4）执行“圆角”命令，设置圆角半径为 40 mm，对沙发扶手图形进行圆角处理，如图 9-12 所示。

（5）执行“镜像”命令，选择沙发扶手图形，以靠背中点为镜像点进行镜像，如图 9-13 所示。

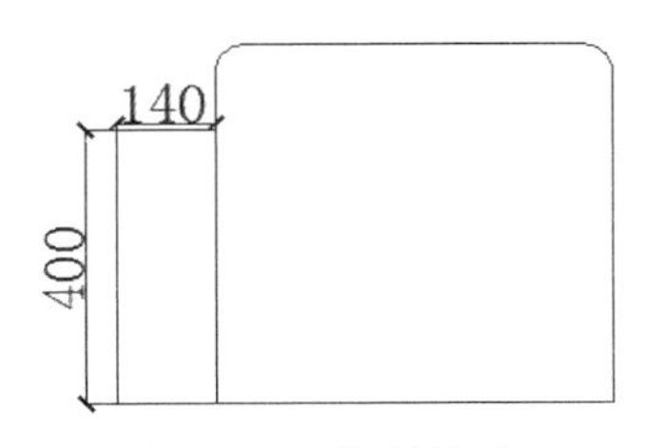

图 9-11　绘制扶手

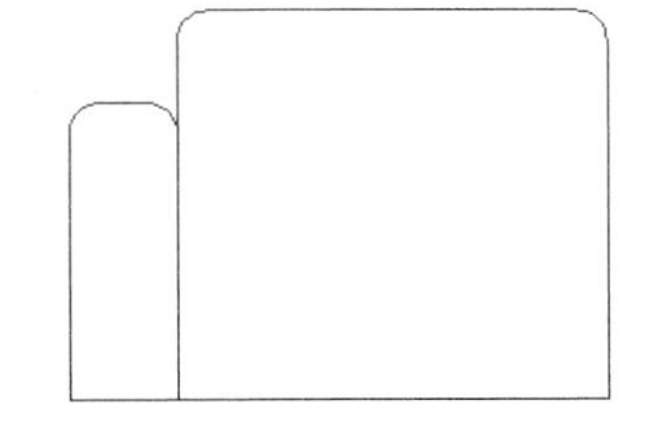

图 9-12　对扶手图形进行圆角处理

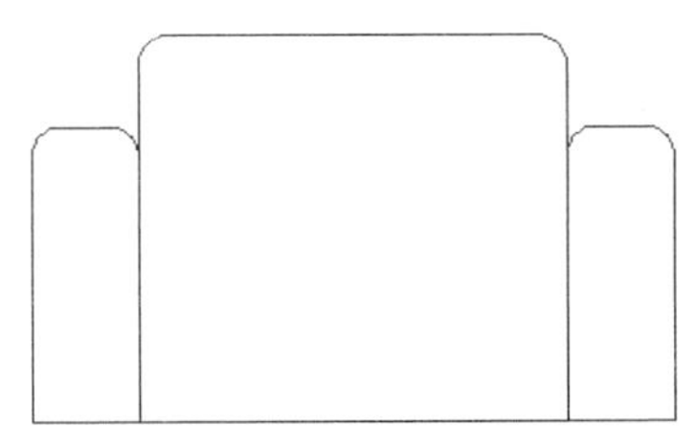

图 9-13　镜像扶手图形

（6）执行“矩形”命令，绘制长 560 mm、宽 50 mm 的矩形作为沙发底座，如图 9-14 所示。

（7）依次执行“矩形”和“圆角”命令，绘制长 510 mm、宽 80 mm 的矩形作为坐垫，并设置圆角半径为 40 mm，对沙发坐垫图形进行圆角处理，如图 9-15 所示。单人沙发立面图绘制完毕，保存文件即可。

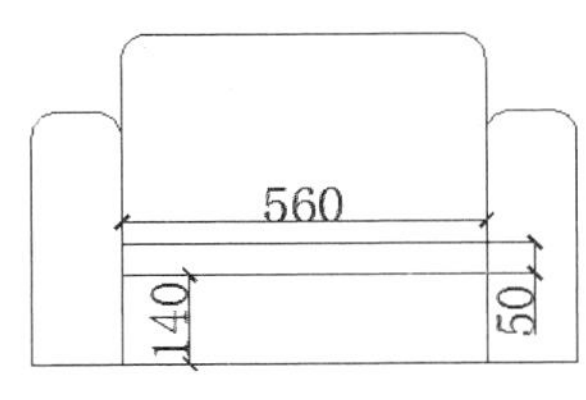

图 9-14　绘制底座

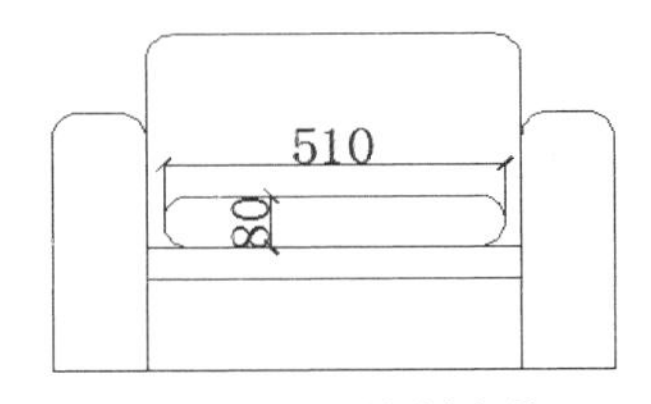

图 9-15　绘制坐垫

9.1.2　绘制双人沙发

双人沙发并不是说只可以坐两个人的沙发，通常双人沙发是可以坐 3～4 个人的。适用于客厅的双人沙发尺寸一般为 1500 mm～2100 mm。

1. 平面图

绘制双人沙发平面图的具体操作步骤如下。

（1）执行“矩形”命令，绘制长 1500 mm、宽 150 mm 的矩形作为沙发靠背，如图 9-16 所示。

（2）执行“圆角”命令，设置圆角半径为 150 mm，对靠背图形进行圆角处理，如图 9-17 所示。

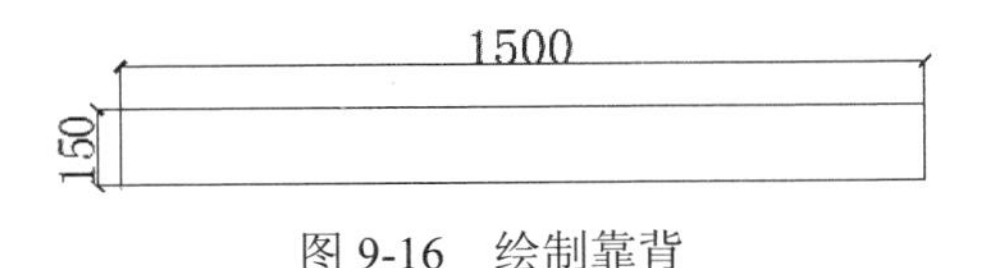

图 9-16　绘制靠背

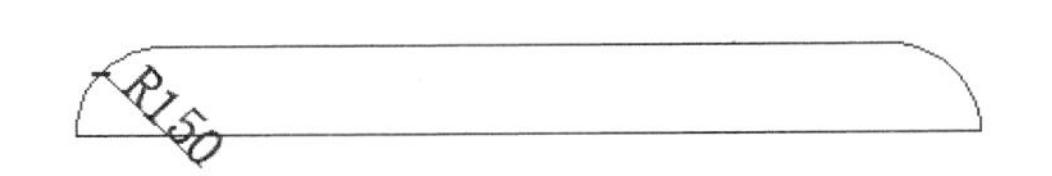

图 9-17　对靠背图形进行圆角处理

（3）依次执行“圆弧”和“直线”命令，在图中绘制沙发扶手，如图 9-18 所示。

（4）执行“镜像”命令，选择沙发扶手，以靠背中点为镜像点进行镜像操作，如图 9-19 所示。

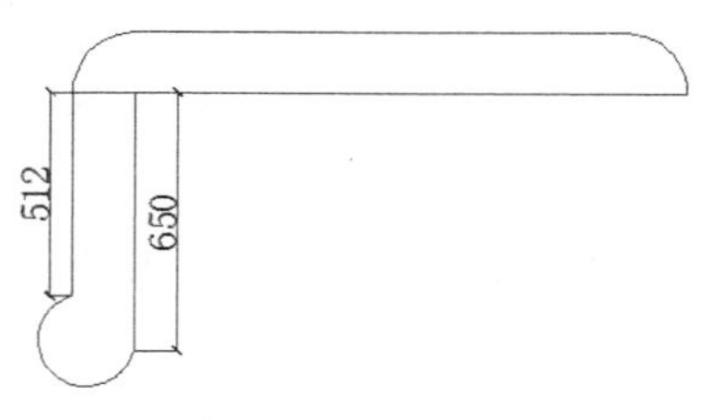

图 9-18　绘制扶手

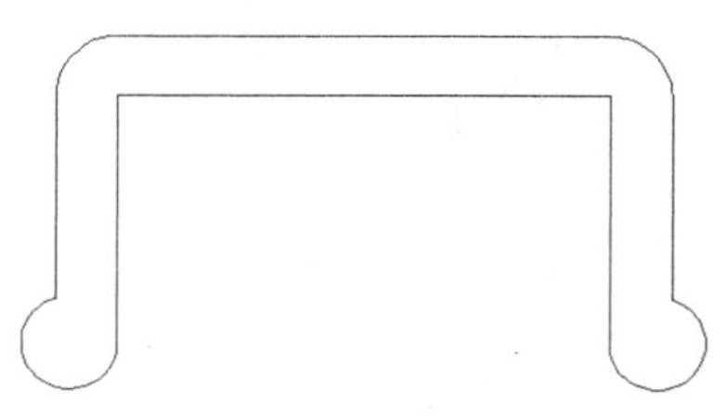
图 9-19　镜像扶手

（5）依次执行“直线”和“圆弧”命令，绘制宽度为 600 mm 的沙发坐垫，如图 9-20 所示。

（6）执行“图案填充”命令，选择填充图案“AR-CONC”，设置填充图案比例为 1，对沙发坐垫图形进行填充，如图 9-21 所示。双人沙发平面图绘制完毕，保存文件即可。

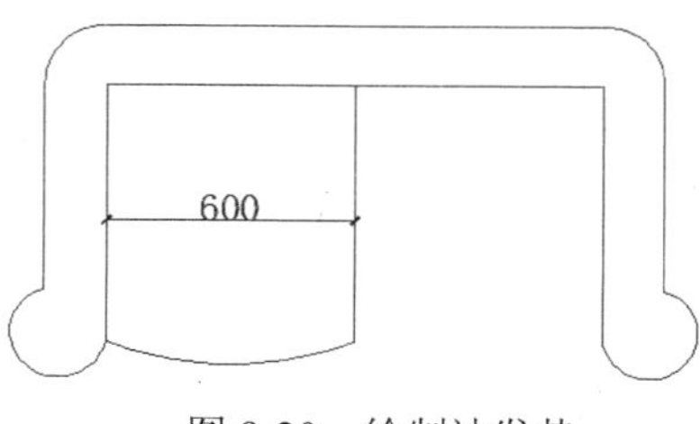

图 9-20　绘制沙发垫

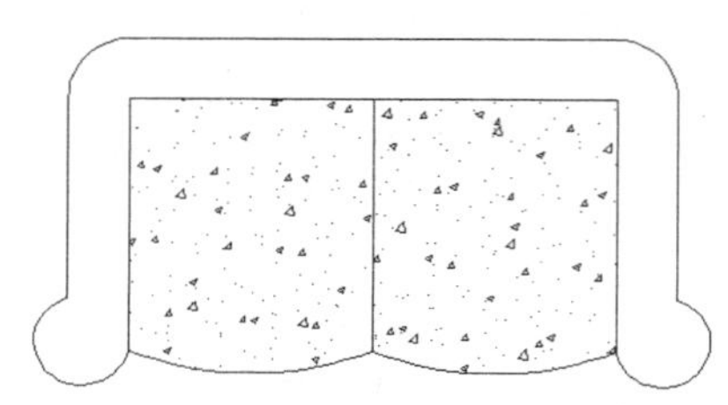
图 9-21　填充坐垫图形

2. 立面图

绘制双人沙发立面图的具体操作步骤如下。

（1）执行“矩形”命令，绘制长 1500 mm、宽 160 mm 的矩形，作为沙发底座，如图 9-22 所示。

（2）执行“圆角”命令，设置圆角半径为 20 mm，对沙发底座图形进行圆角处理，如图 9-23 所示。

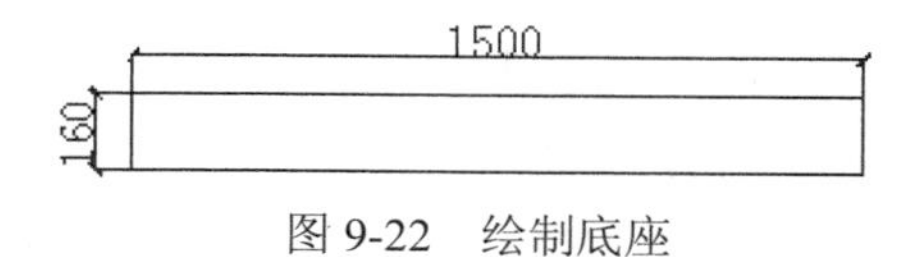

图 9-22　绘制底座

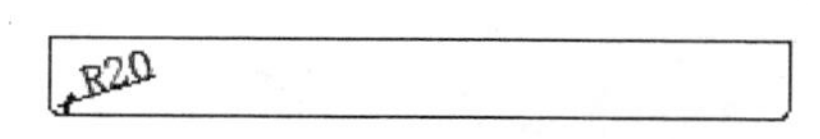

图 9-23　对底座图形进行圆角处理

（3）依次执行“直线”和“圆弧”命令，绘制沙发扶手，如图 9-24 所示。

（4）执行“镜像”命令，选择沙发扶手图形，以底座中心点为镜像点进行镜像，如图 9-25 所示。

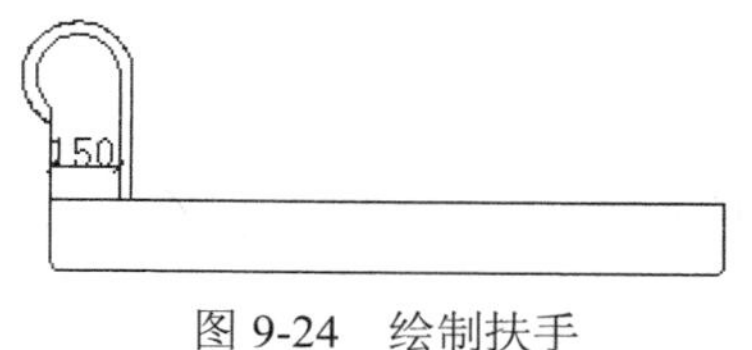

图 9-24　绘制扶手

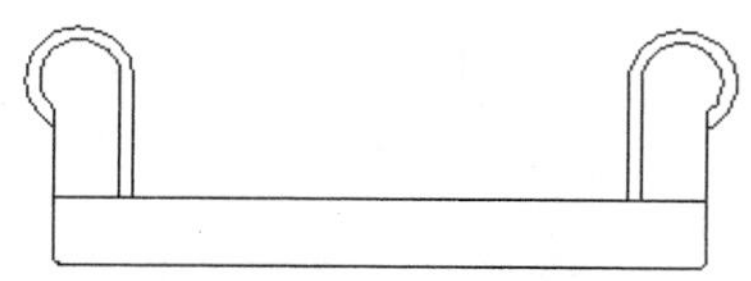
图 9-25　镜像扶手图形

（5）执行“圆弧”命令，在图中绘制沙发靠背，如图 9-26 所示。

（6）执行“圆弧”命令，在沙发底座上绘制沙发坐垫，如图 9-27 所示。

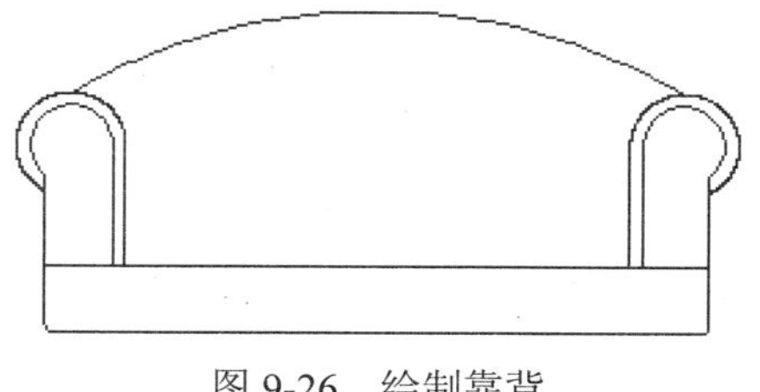

图 9-26　绘制靠背

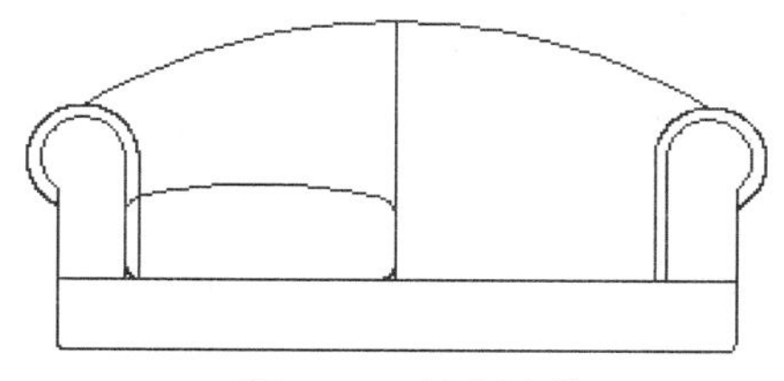

图 9-27　绘制坐垫

（7）执行“镜像”命令，选择沙发坐垫，以坐垫中心点为镜像点进行镜像，然后执行“修剪”命令，修剪多余的线段，如图 9-28 所示。

（8）执行“图案填充”命令，选择填充图案“AR-CONC”，填充图案比例为 1，对沙发坐垫图形进行填充，如图 9-29 所示。双人沙发立面图绘制完毕，保存文件即可。

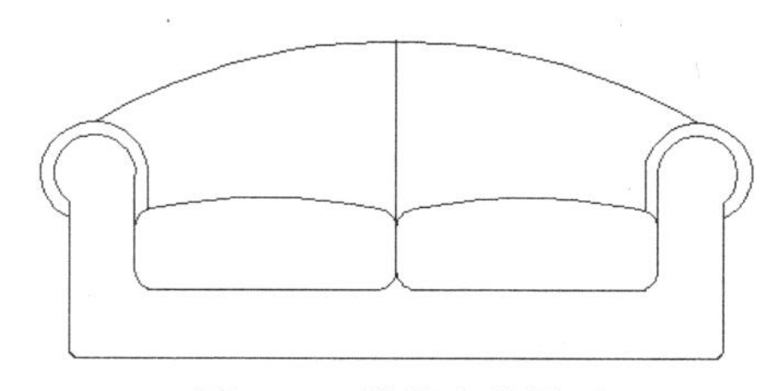

图 9-28　镜像坐垫图形

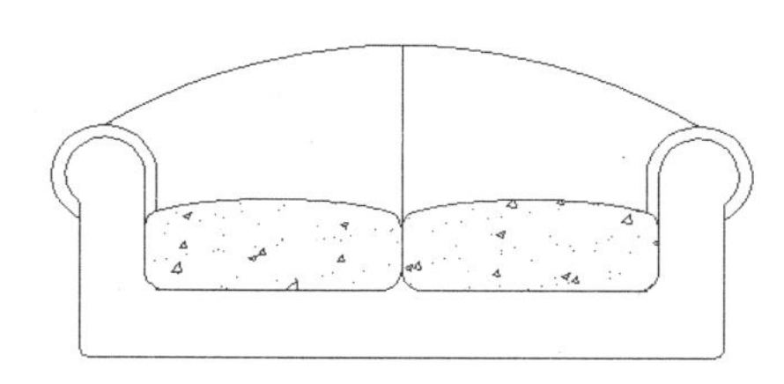

图 9-29　填充坐垫图形

9.1.3　绘制组合沙发

沙发是许多家庭必需的家具。一般有低背沙发、高背沙发和介于前两者之间的普通沙发。按用料分主要有皮沙发、面料沙发、实木沙发、布艺沙发和藤艺沙发。本案例绘制一套组合沙发。

1. 平面图

绘制转角沙发平面图的具体操作步骤如下。

（1）执行“直线”命令，绘制长 2240 mm、宽 850 mm 的矩形，作为转角沙发底座。执行“偏移”命令，将直线向内偏移 120 mm，如图 9-30 所示。

（2）执行“偏移”命令，将直线依次向下偏移 50 mm、40 mm，绘制靠背。执行“修剪”命令，修剪直线，执行“直线”命令，以中心点为起点向下绘制直线，如图 9-31 所示。

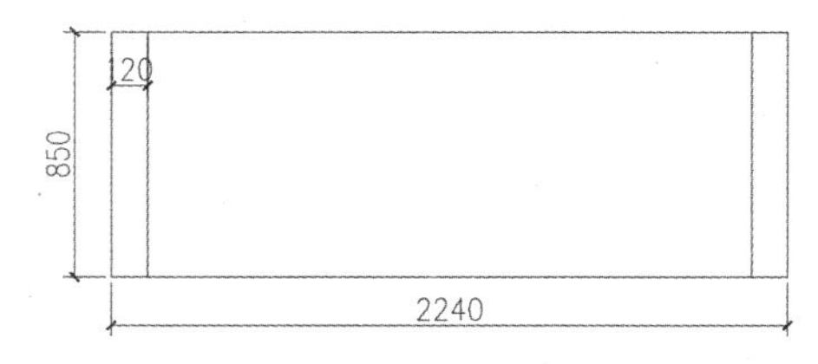

图 9-30　绘制沙发底座图形

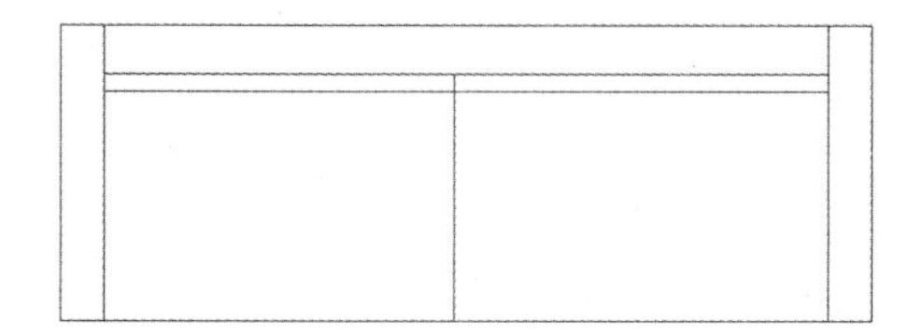

图 9-31　绘制靠背

（3）执行“圆角”命令，设置圆角半径为 30 mm，对沙发图形进行圆角处理，如图 9-32 所示。

（4）执行“圆”命令，绘制半径为 300 mm 的圆形茶几，执行“偏移”命令，将圆形依次向内偏移 180 mm、50 mm，执行“直线”命令，在圆内绘制直线。执行“镜像”命令，将绘制好的茶几图形进行复制，如图 9-33 所示。

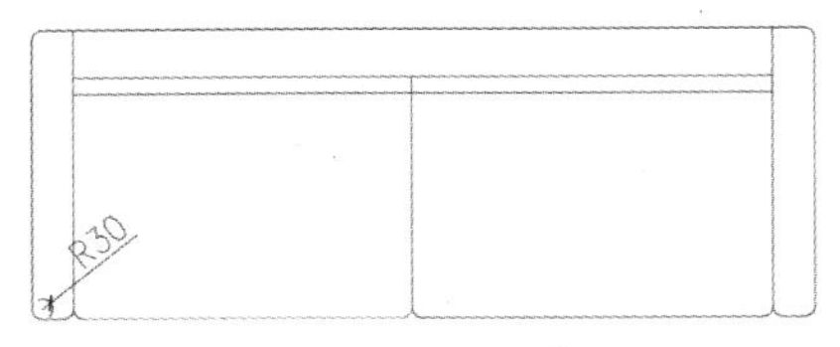

图 9-32　对沙发图形进行圆角处理

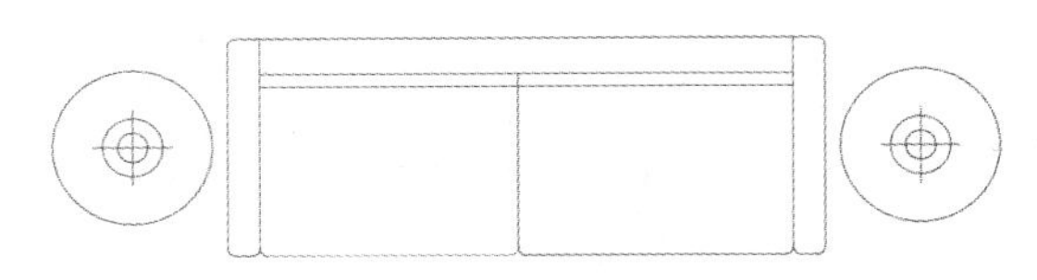

图 9-33　绘制茶几

（5）执行“矩形”命令，绘制长 3000 mm、宽 3000 mm 的矩形地毯，执行“修剪”命令，修剪地毯，如图 9-34 所示。

（6）执行“矩形”命令，分别绘制长 600 mm、宽 1500 mm 的沙发凳，以及长 900mm、宽 900mm 的茶几，如图 9-35 所示。

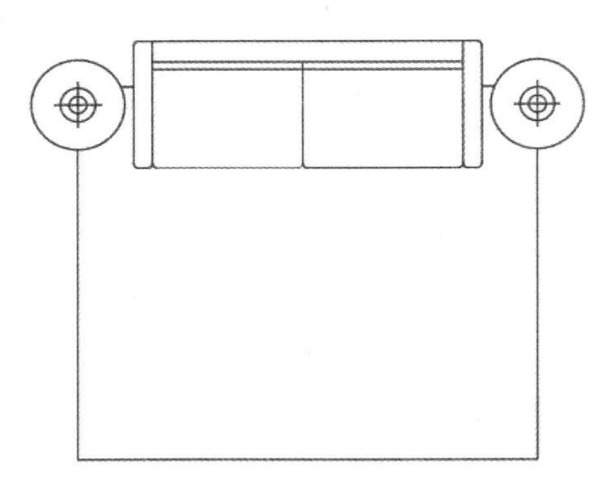

图 9-34　绘制地毯

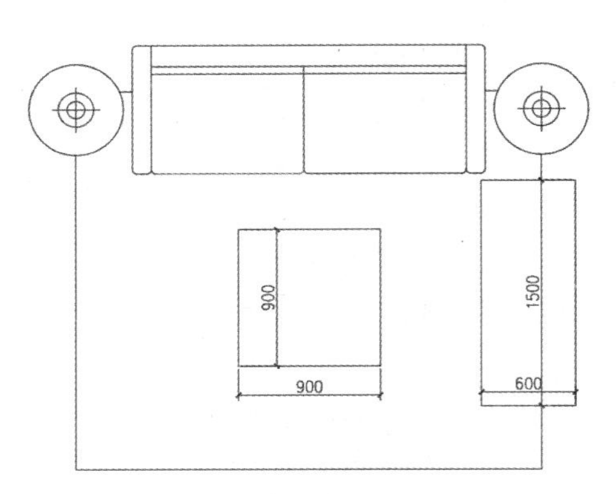

图 9-35　绘制沙发和茶几

（7）执行“直线”命令，绘制单人沙发，并执行“偏移”命令，将直线向内依次偏移 50 mm，最后执行“修剪”命令，修剪成单人沙发图形，如图 9-36 所示。

（8）执行“矩形”命令，绘制长 520 mm、宽 560 mm 的矩形作为沙发坐垫，再执行“圆角”命令，设置圆角半径为 20 mm，对矩形进行圆角处理，如图 9-37 所示。

图 9-36　绘制单人沙发

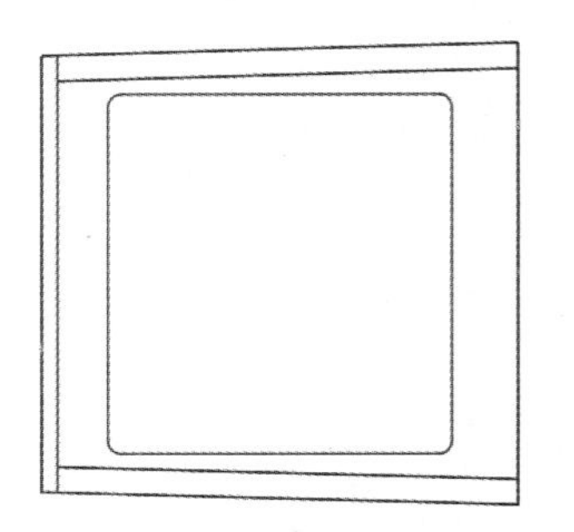

图 9-37　绘制单人沙发坐垫

（9）执行“图案填充”命令，选择填充图案“AR-SAND”，填充图案比例为 2，对地毯进行填充，如图 9-38 所示。组合沙发平面图绘制完毕，保存文件即可。

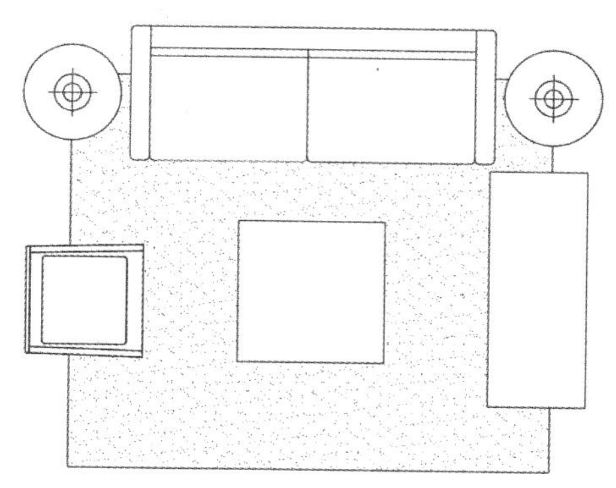

图 9-38 组合沙发平面图

2. 正立面图

绘制组合沙发正立面图的具体操作步骤如下。

（1）执行“直线”命令，绘制沙发正立面，执行“偏移”“修剪”命令，修剪沙发底座，如图 9-39 所示。

（2）执行“圆角”命令，设置圆角半径为 60 mm，对靠背顶端两个角进行圆角处理，如图 9-40 所示。

图 9-39 绘制沙发正立面

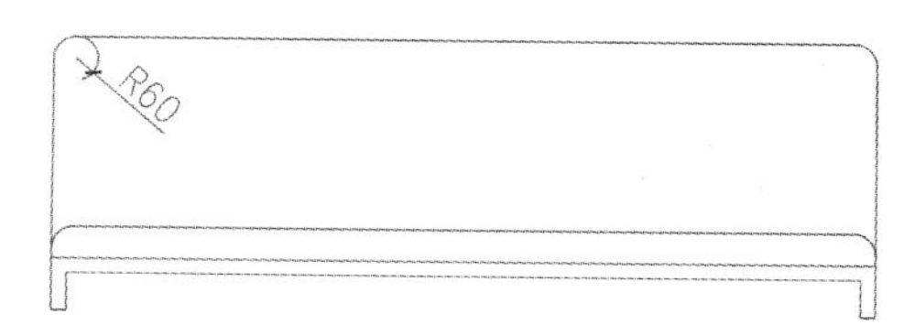

图 9-40 对靠背图形进行圆角处理

（3）执行“偏移”“修剪”命令，绘制沙发扶手，执行“圆角”命令，对扶手图形进行圆角处理，如图 9-41 所示。

（4）执行“矩形”命令，绘制圆角半径为 50 mm 的矩形坐垫，执行“复制”命令，依次复制坐垫，如图 9-42 所示。

图 9-41 绘制扶手

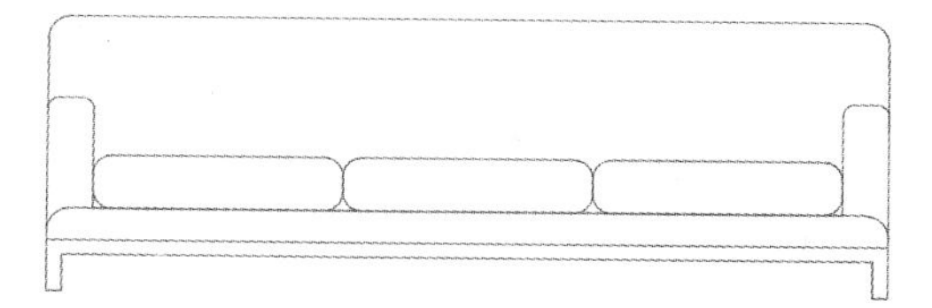

图 9-42 绘制坐垫

（5）执行“直线”和“偏移”命令，绘制茶几，执行“修剪”命令，修剪茶几图形，如图 9-43 所示。

（6）执行“直线”命令，绘制台灯底座，执行“偏移”命令，偏移直线造型，如图 9-44 所示。

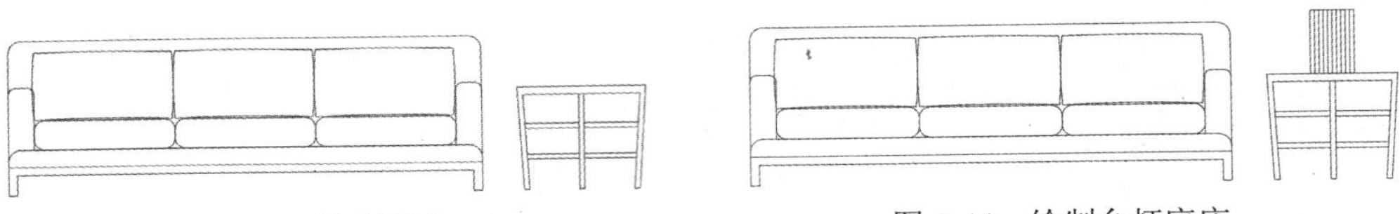

图 9-43　绘制茶几　　　　图 9-44　绘制台灯底座

（7）依次执行“直线”和“修剪”命令，绘制台灯灯罩，执行“复制”命令，复制茶几台灯，如图 9-45 所示。

（8）依次执行“直线”和“圆弧”命令，绘制沙发侧立面，执行“修剪”命令，修剪沙发侧面图形，如图 9-46 所示。

图 9-45　绘制台灯　　　　图 9-46　绘制沙发侧面

（9）执行“直线”和“偏移”命令，绘制茶几，执行“修剪”命令，修剪茶几图形，如图 9-47 所示。

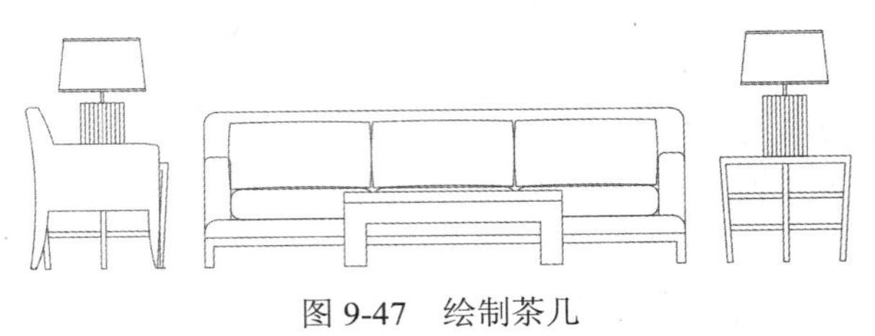

图 9-47　绘制茶几

3. 侧立面图

绘制组合沙发侧立面图的具体操作步骤如下。

（1）执行“直线”命令，绘制沙发主体侧面，执行“偏移”命令，将下方直线向上偏移 25 mm，如图 9-48 所示。

（2）执行“圆角”命令，绘制圆角半径为 60 mm，对沙发侧面进行圆角处理，如图 9-49 所示。

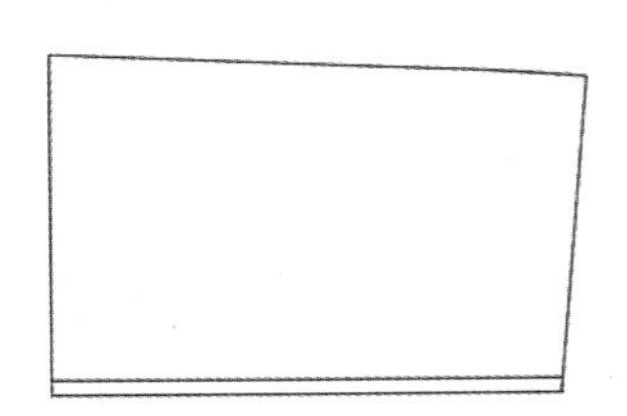

图 9-48　绘制沙发侧面

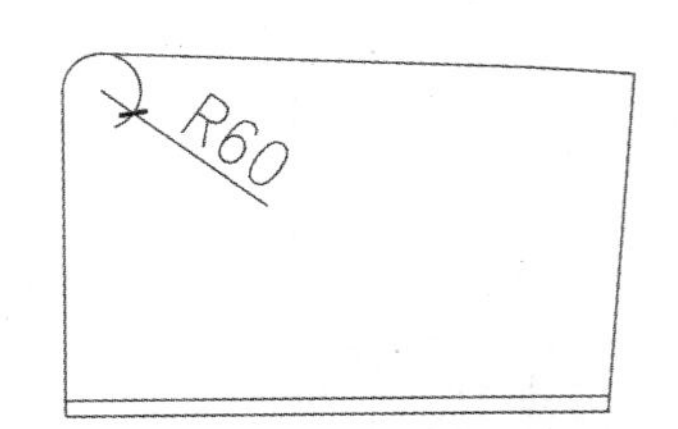

图 9-49　对侧面图形进行圆角处理

（3）执行“矩形”命令，绘制长 40 mm、宽 120 mm 的矩形作为沙发底座，执行“复制”命令，绘制另一条沙发腿，如图 9-50 所示。

（4）执行“偏移”和“修剪”命令，向下偏移并绘制出沙发底座，如图 9-51 所示。

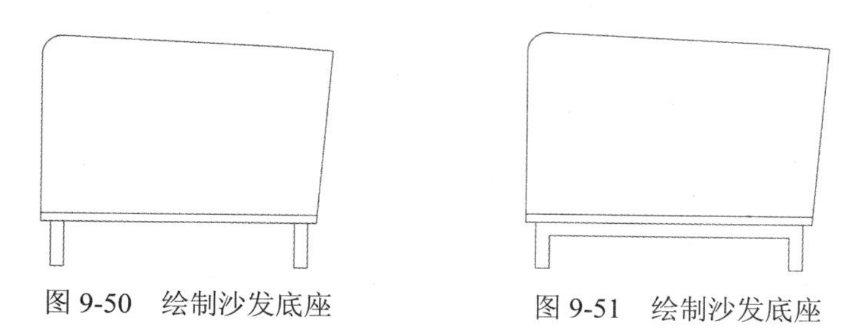

图 9-50　绘制沙发底座　　图 9-51　绘制沙发底座

（5）执行“直线”和“偏移”命令，绘制沙发靠背，执行“修剪”命令，修剪靠背图形，如图 9-52 所示。

（6）执行“圆角”命令，分别绘制圆角半径为 50 mm、30 mm，对靠背图形进行圆角处理，如图 9-53 所示。

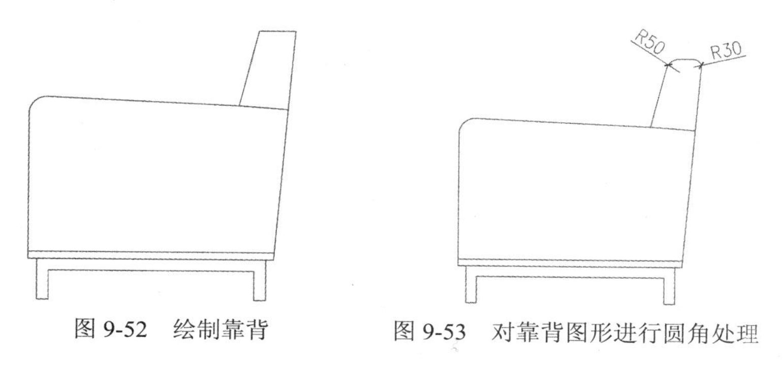

图 9-52　绘制靠背　　图 9-53　对靠背图形进行圆角处理

（7）依次执行“直线”和“偏移”命令，绘制沙发坐垫侧面，如图 9-54 所示。

（8）执行“圆角”命令，绘制圆角半径为 30 mm，对坐垫图形进行圆角处理，如图 9-55 所示。

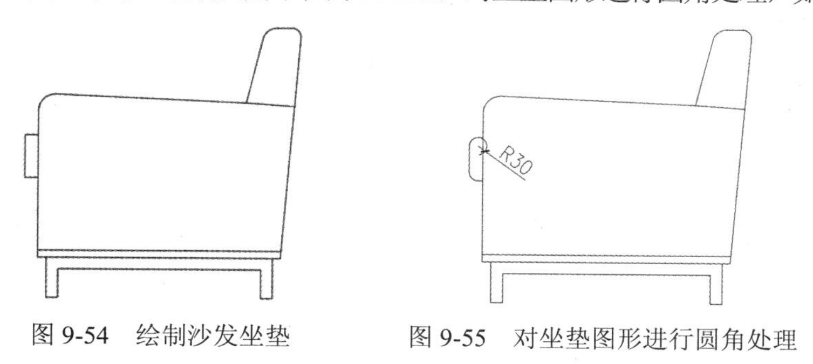

图 9-54　绘制沙发坐垫　　图 9-55　对坐垫图形进行圆角处理

9.2　几案的绘制

几案样式多种多样，各有各的用途，在室内布置中，和其他的家具一起，扮演着重要角色。由于几和案在形式和用途上没有明确的界限，人们又常常把几案并称。

从种类上分，案的种类有食案、书案、奏案和毡案等，是古代人们吃饭、读书写字使用的家具，几又可分为花几、炕几和茶几、案头几等。

茶几一般分为方形和矩形两种，其高度与扶手椅的扶手相同。通常情况下是两把椅子或沙发中间放置一个茶几，用以放杯盘、茶具和水果盘等，故名茶几。本节介绍茶几和案桌的绘制方法。

9.2.1 绘制茶几

茶几一般放在客厅沙发的位置，主要用来放置茶杯和泡茶用具、酒杯、水果、水果刀、烟灰缸和花等。

1. 平面图

绘制茶几平面图的具体操作步骤如下。

（1）执行“圆心”命令，绘制如图 9-56 所示尺寸的椭圆，作为茶几台面。

（2）执行“偏移”命令，选择绘制好的图形，将其向外偏移 20 mm，如图 9-57 所示。

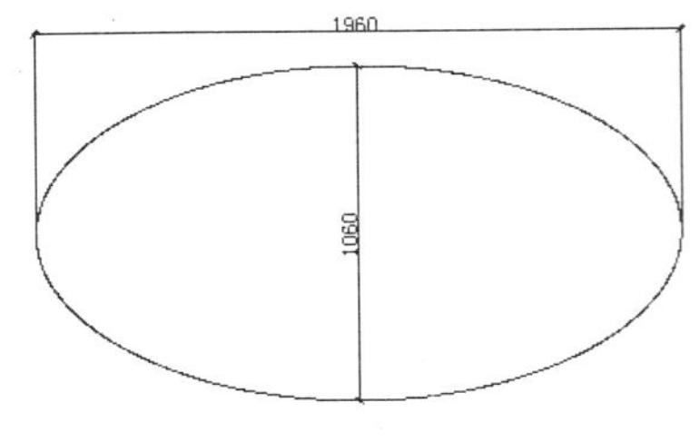

图 9-56 绘制台面

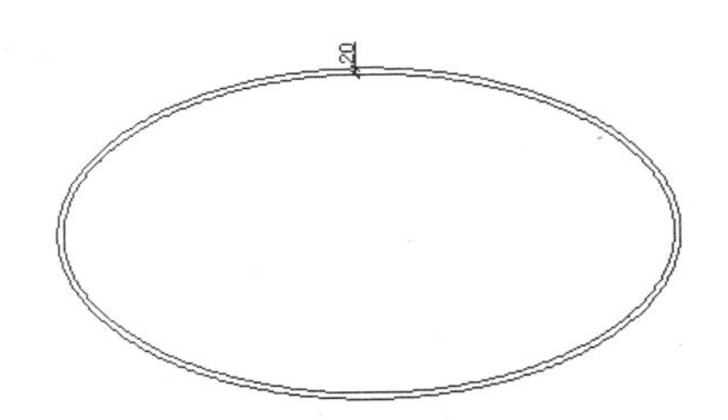

图 9-57 偏移台面图形

（3）执行“矩形”命令，绘制长宽均为 360 mm 的矩形，作为底部支撑柱，如图 9-58 所示。

（4）执行“偏移”命令，选择支撑柱图形，将其向内依次偏移 50 mm、50 mm，如图 9-59 所示。

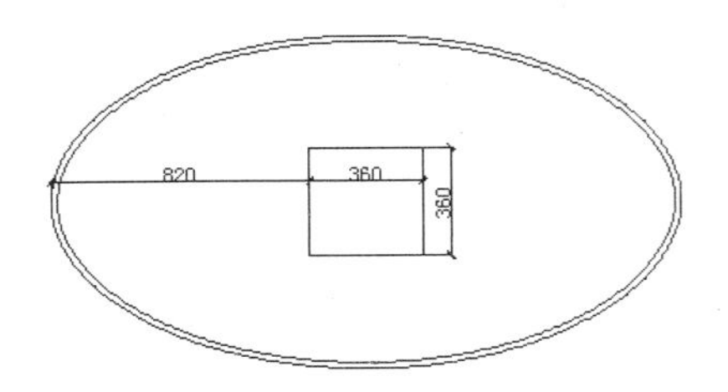

图 9-58 绘制支撑柱

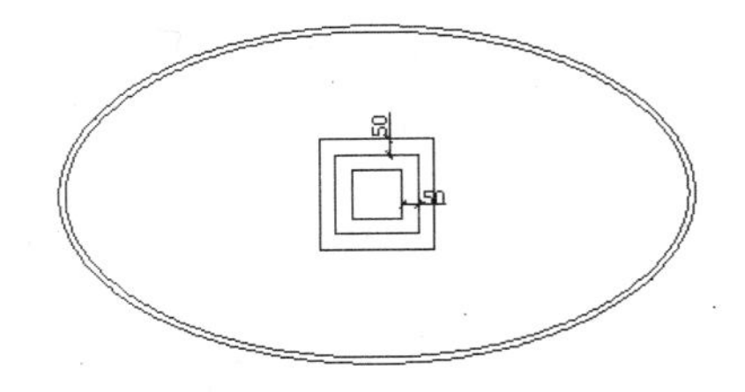

图 9-59 偏移矩形

（5）执行“圆心”命令，绘制如图 9-60 所示大小的茶几台面。

（6）执行“偏移”命令，将绘制好的图形向外偏移 20 mm，如图 9-61 所示。

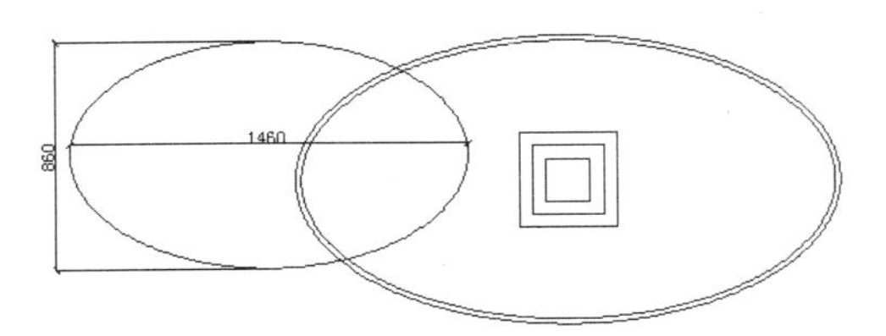

图 9-60 绘制台面

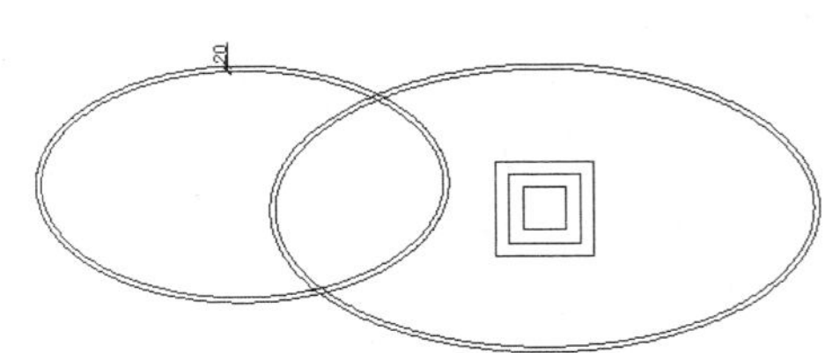

图 9-61 偏移圆形

（7）执行“矩形”命令，在图中绘制长 360 mm、宽 360 mm 的矩形，执行“偏移”命令，将矩形向内依次偏移 50 mm、50 mm，如图 9-62 所示。

（8）依次执行“圆心”和“偏移”命令，在图左侧继续绘制台面，如图 9-63 所示。

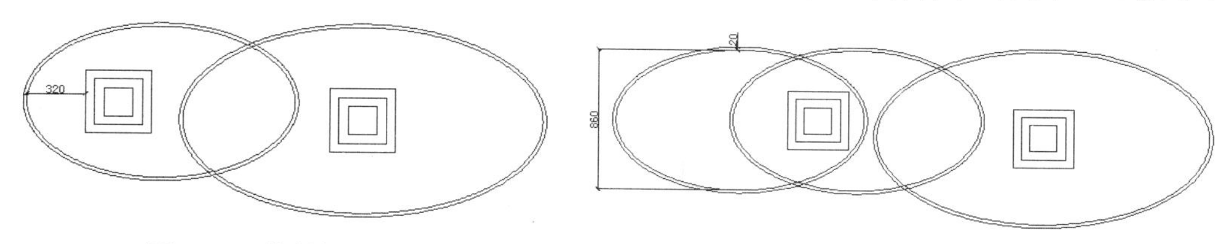

图 9-62　绘制矩形　　图 9-63　继续绘制台面

（9）依次执行“矩形”和“偏移”命令，在左侧台面内绘制支撑柱，并将其向内依次偏移 50 mm、50 mm，如图 9-64 所示。

（10）执行“修剪”命令，选择绘制好的图形，修剪掉多余的线段，如图 9-65 所示。

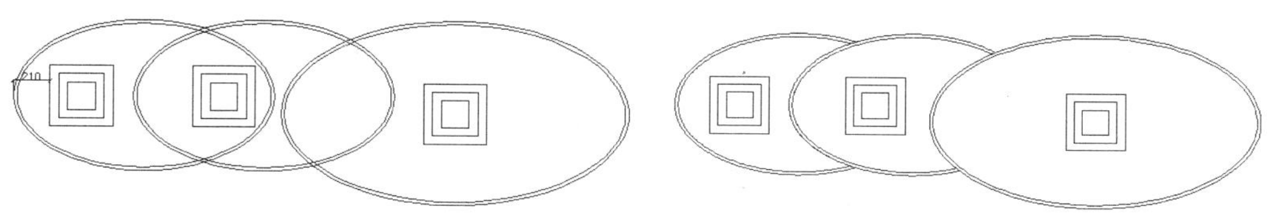

图 9-64　绘制支撑柱　　图 9-65　修剪线段

（11）执行“镜像”命令，将绘制好的台面进行镜像操作，如图 9-66 所示。至此，茶几平面绘制完毕，保存文件即可。

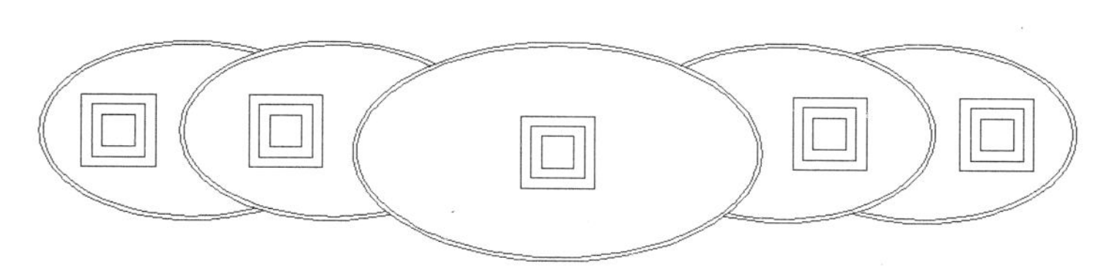

图 9-66　镜像台面

2. 正立面图

绘制茶几正立面图的具体操作步骤如下。

（1）依次执行“圆弧”和“直线”命令，绘制长 5074 mm、宽 60 mm 的台面轮廓，如图 9-67 所示。

图 9-67　绘制台面

（2）执行“直线”命令，在台面位置绘制吸铁板，如图 9-68 所示。

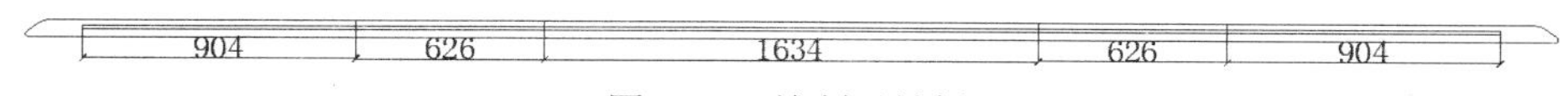

图 9-68　绘制吸铁板

（3）执行“直线”命令，绘制宽为 530 mm 的支撑柱，如图 9-69 所示。

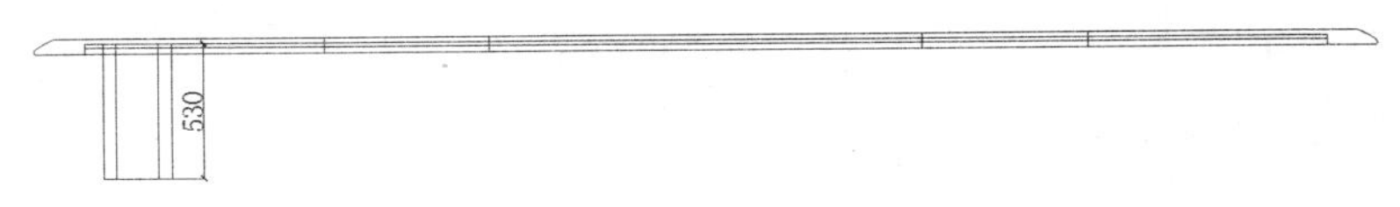

图 9-69 绘制支撑柱

（4）执行“矩形”命令，绘制长 360 mm、宽 100 mm 的矩形作为底座，如图 9-70 所示。

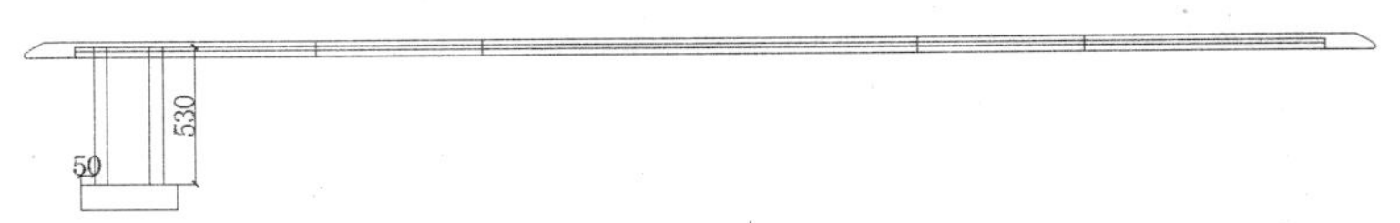

图 9-70 绘制底座

（5）执行“复制”命令，选择支撑柱图形，将其向右依次进行复制，如图 9-71 所示。

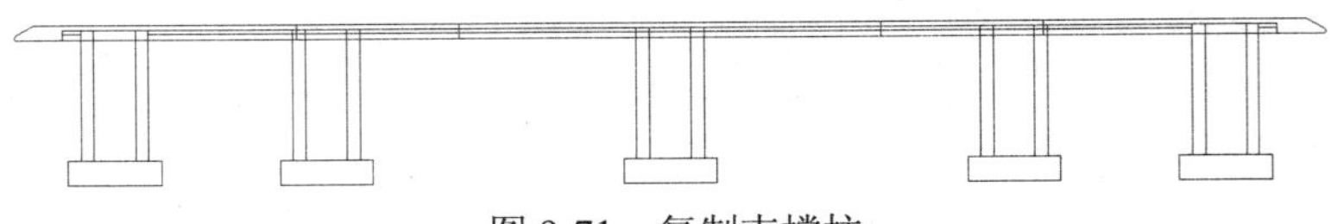

图 9-71 复制支撑柱

（6）执行“图案填充”命令，选择填充图案“AR-CONC”，设置图案填充颜色为颜色 8，对支撑柱进行填充，如图 9-72 所示。茶几正立面图绘制完毕，保存文件即可。

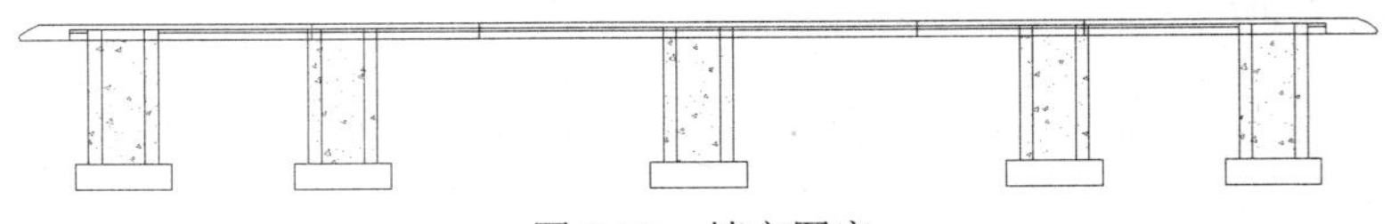

图 9-72 填充图案

3. 剖面图

绘制茶几剖面图的具体操作步骤如下。

（1）依次执行“圆弧”和“直线”命令，绘制茶几台面剖面轮廓，如图 9-73 所示。

（2）执行“直线”命令，在剖面轮廓中绘制厚台边，如图 9-74 所示。

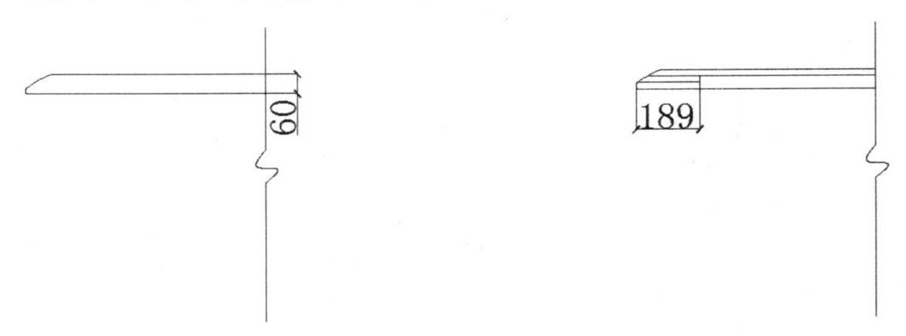

图 9-73 绘制剖面轮廓　　图 9-74 绘制厚台边

（3）执行“直线”命令，在图中绘制厚铁板，如图 9-75 所示。

（4）执行“插入”｜“块”命令，将角铁图形调入图中厚铁板所在的位置，如图 9-76 所示。

（5）依次执行“直线”和“矩形”命令，绘制支撑柱和长 360 mm、宽 100 mm 的茶几底座，如图 9-77 所示。

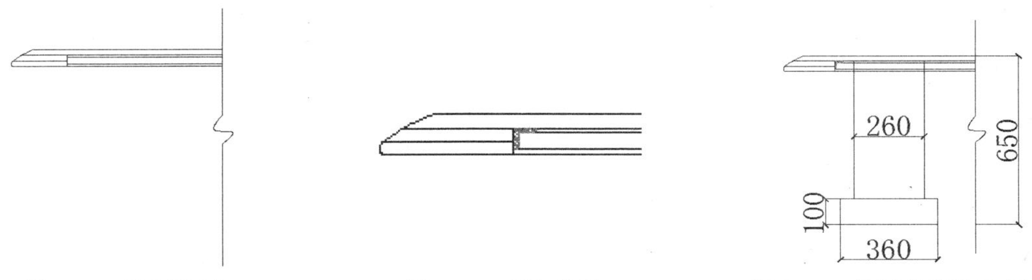

图 9-75　绘制铁板　　图 9-76　插入角铁　　图 9-77　绘制支撑柱和底座

（6）执行“直线”命令，在支撑柱内绘制茶几支柱，如图 9-78 所示。

（7）执行“矩形”命令，绘制长 100 mm、宽 6 mm 的矩形作为铁板，如图 9-79 所示。

（8）执行“图案填充”命令，选择填充图案“USER”，设置图案填充颜色为颜色 8，填充图案间距为 10，对支柱进行填充；选择填充图案“STEEL”，设置图案填充颜色为颜色 8，填充图案比例为 3，对茶几底座进行填充，如图 9-80 所示。茶几剖面图绘制完毕，保存文件即可。

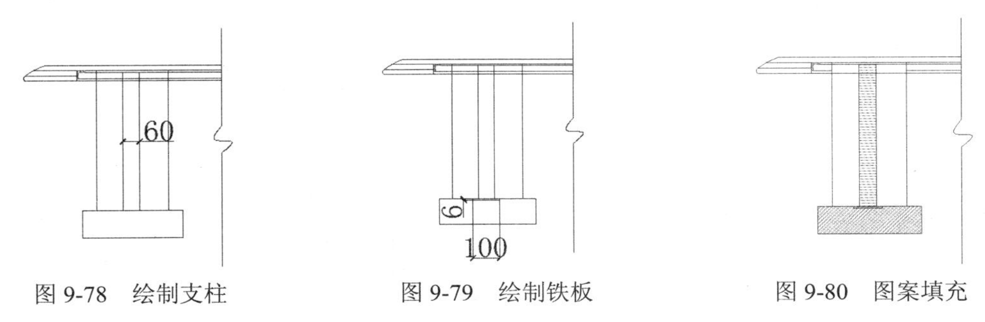

图 9-78　绘制支柱　　图 9-79　绘制铁板　　图 9-80　图案填充

9.2.2　绘制圆几

圆几是茶几的一种，只是形状上是圆形的。若空间不大，可以放圆形的茶几，柔和的造型，可让空间显得轻松而没有局促感。

1. 平面图

下面绘制圆几的平面图，具体操作步骤如下。

（1）执行“圆心，半径”命令，绘制半径分别为 93 mm、150 mm 的同心圆，作为底部造型，如图 9-81 所示。

（2）执行“矩形”命令，绘制边长均为 360 mm 的矩形作为吸铁板，如图 9-82 所示。

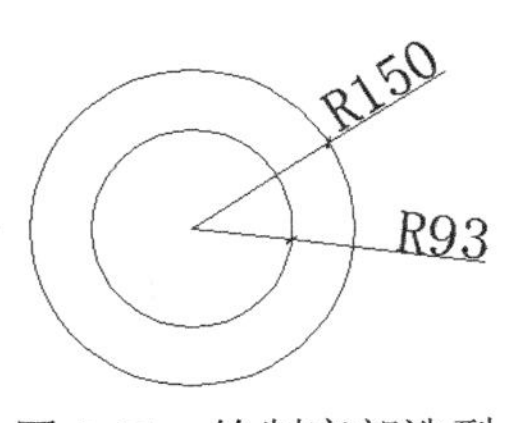

图 9-81　绘制底部造型

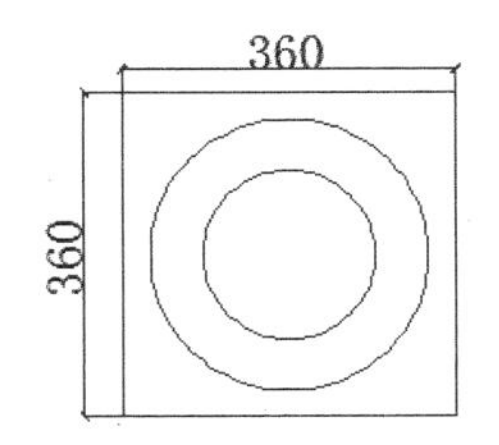

图 9-82　绘制吸铁板

（3）执行“圆心，半径”命令，绘制半径为 380 mm 的圆，放在底部造型中心位置，并将圆内的图形设为虚线，如图 9-83 所示。

（4）执行“偏移”命令，将绘制的圆向外偏移 20 mm，作为玻璃台边，如图 9-84 所示。圆几平面图绘制完毕，保存文件即可。

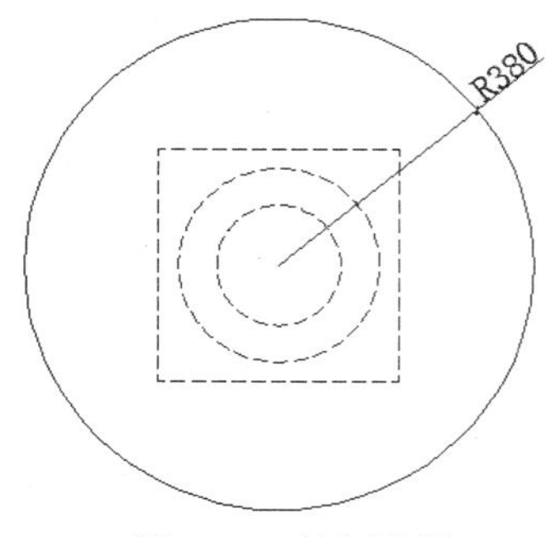

图 9-83　绘制外框

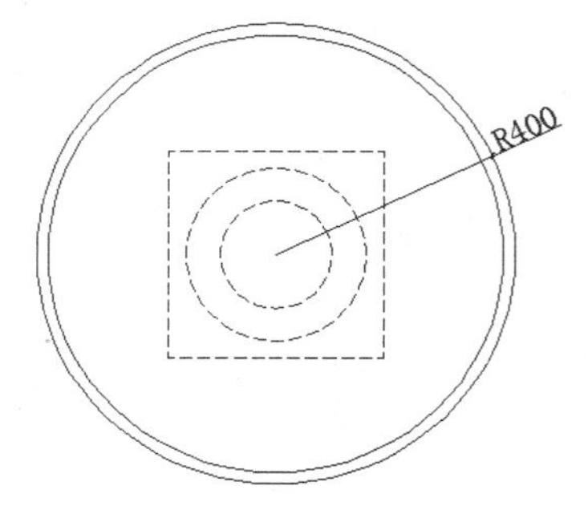

图 9-84　绘制玻璃台边

2. 正立面图

绘制圆几正立面图的具体操作步骤如下。

（1）依次执行“圆弧”和“直线”命令，按照实际尺寸绘制圆几台面，如图 9-85 所示。

（2）执行“直线”命令，绘制圆几玻璃台面内部厚铁板，如图 9-86 所示。

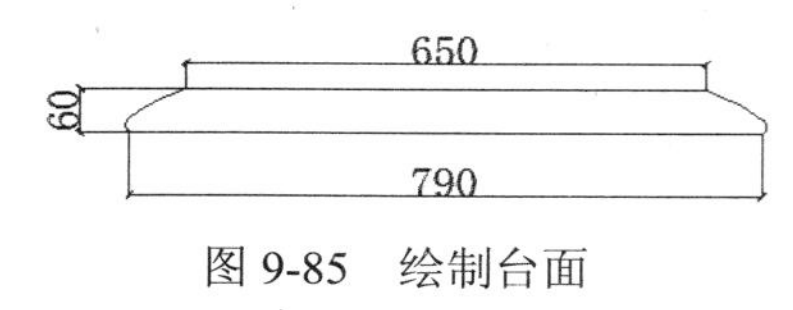

图 9-85　绘制台面

图 9-86　绘制铁板

（3）依次执行“直线”和“圆弧”命令，绘制圆几外部圆球造型，如图 9-87 所示。

（4）执行“直线”命令，将线型设为“ZIGZAG”，继续绘制圆几外部轮廓，并将玻璃台面内部结构设置为虚线，如图 9-88 所示。

（5）执行“矩形”命令，绘制长 360 mm、宽 100 mm 的矩形，作为圆几底座，如图 9-89 所示。

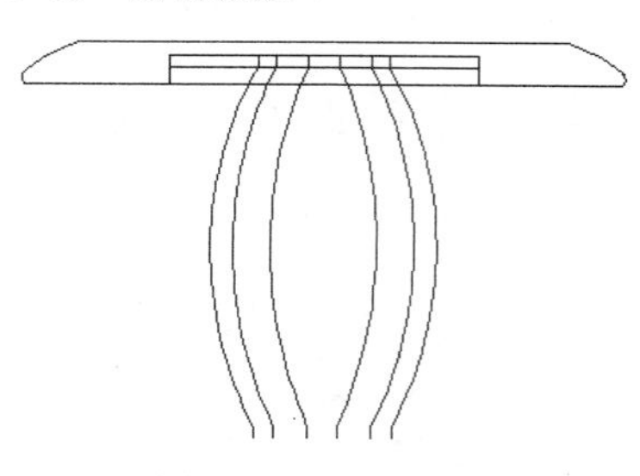

图 9-87　绘制造型

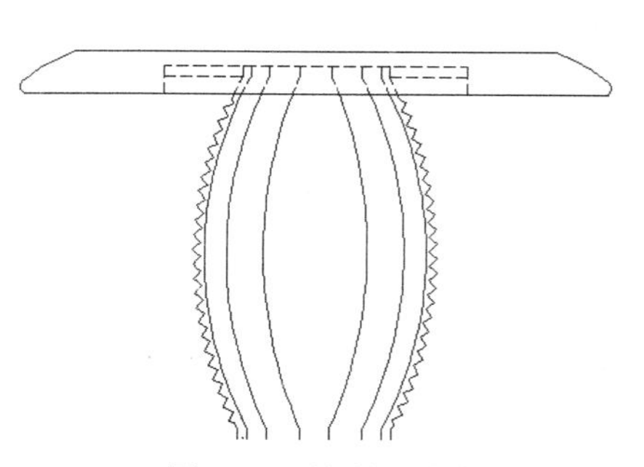

图 9-88　绘制外轮廓

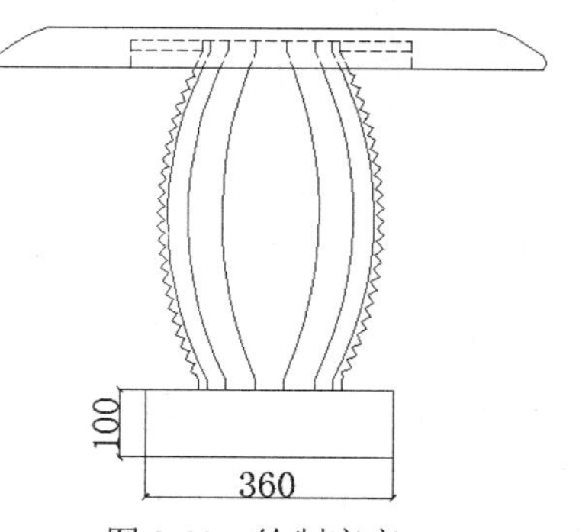

图 9-89　绘制底座

（6）执行“倒角”命令，设置倒角角度为 45°，对圆几底座进行倒角操作，如图 9-90 所示。

（7）执行“图案填充”命令，选择填充图案“AR-CONC”，设置图案填充比例为 0.5，对外部造型进行填充；选择填充图案“AR-RROOF”，设置图案填充比例为 1，对圆几底座进行填充，如图 9-91 所示。圆几正立面图绘制完毕，保存文件即可。

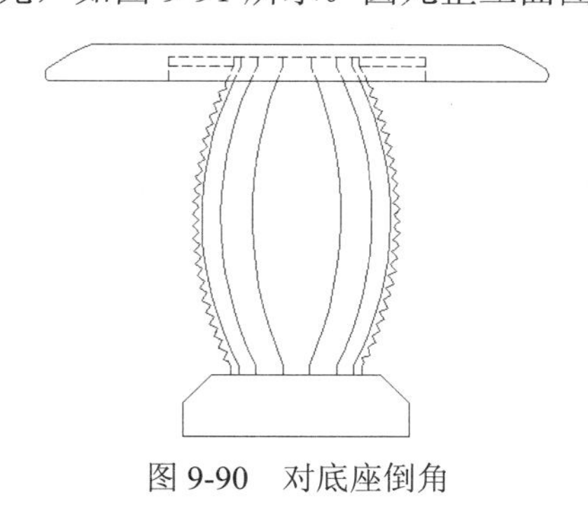

图 9-90　对底座倒角

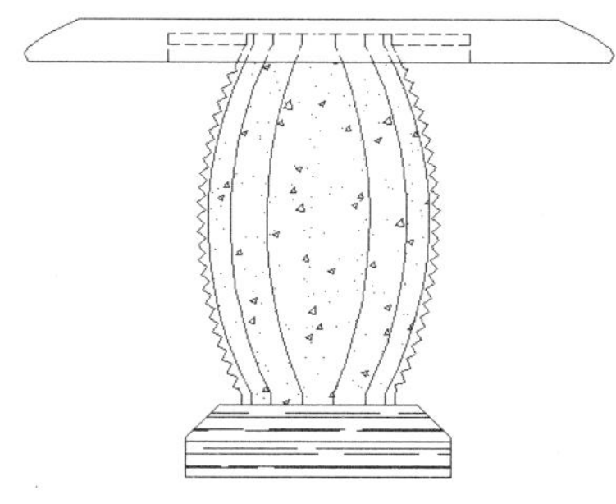

图 9-91　图案填充

3. 剖面图

绘制圆几剖面图的具体操作步骤如下。

（1）执行“复制”命令，复制并粘贴圆几正立面图，删除多余部分，如图 9-92 所示。

（2）执行“偏移”命令，选择玻璃台面顶部线段，将其向下依次偏移 20 mm、20 mm，并执行“修剪”命令，修剪多余线段，如图 9-93 所示。

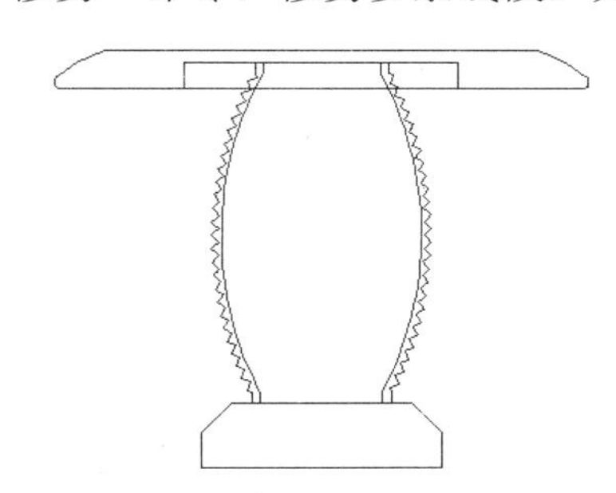

图 9-92　复制图形并删除多余部分

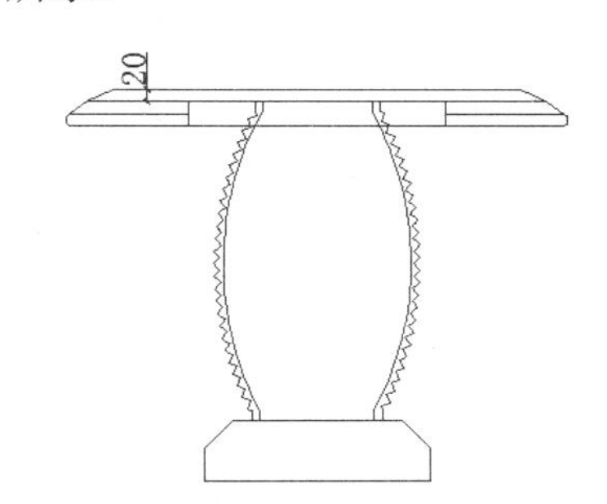

图 9-93　偏移并修剪线段

（3）执行“直线”命令，绘制玻璃台面下的厚铁板，再执行“插入”|“块”命令，将铁角图形调入铁板左右两侧适当位置，如图 9-94 所示。

（4）执行“直线”命令，在圆球造型内绘制宽度为 60 mm 的钢管支柱，如图 9-95 所示。

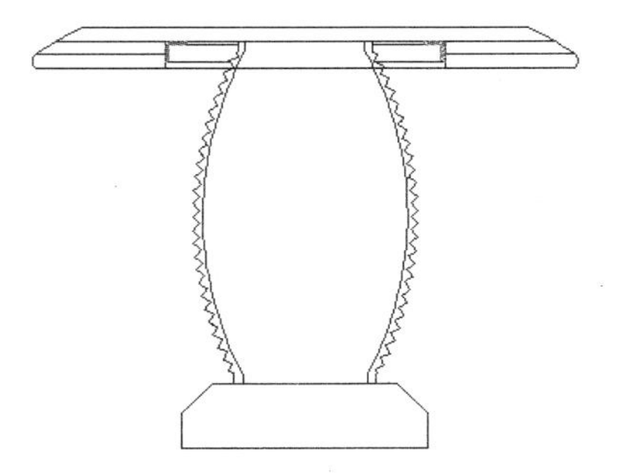

图 9-94　插入铁角图形

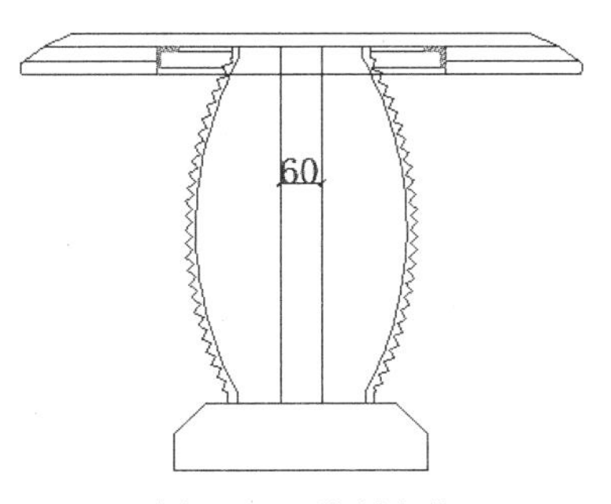

图 9-95　绘制支柱

（5）执行“矩形”命令，绘制长 100 mm、宽 3 mm 的矩形，作为铁板以连接钢管支柱，如图 9-96 所示。

（6）执行“图案填充”命令，选择填充图案“ANSI31”，设置图案填充比例分别为 5、1、3，分别对钢管支柱、铁板和底座进行填充，如图 9-97 所示。圆几剖面图绘制完毕，保存文件即可。

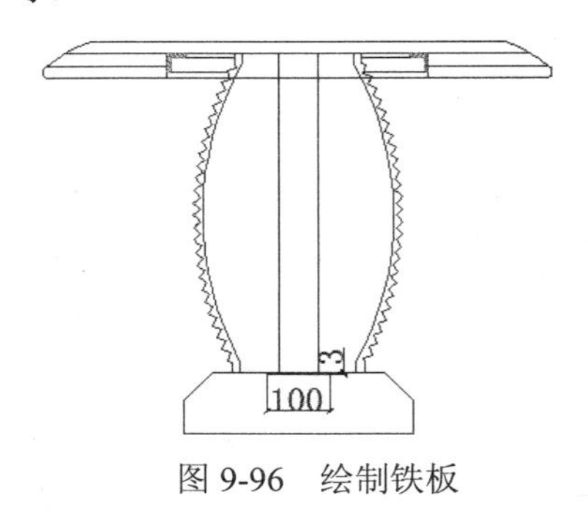

图 9-96　绘制铁板

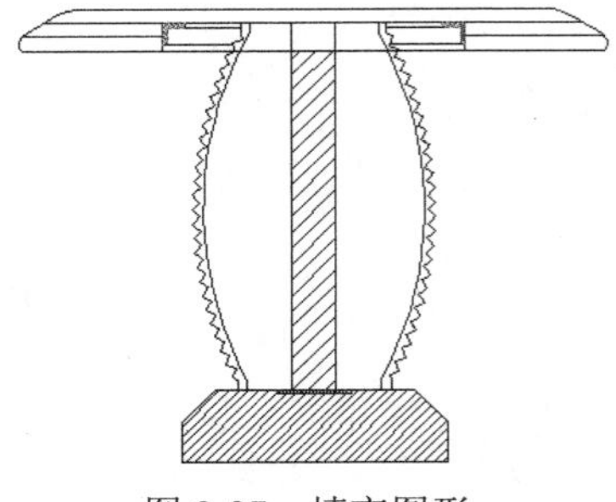

图 9-97　填充图形

9.2.3　绘制装饰柜

所谓装饰柜，顾名思义就是用作装饰的柜子。装饰柜一般放在玄关、客厅、餐厅处，装饰柜上会放置一些装饰品，无疑是室内一道亮丽的风景线。

1. 平面图

案桌是装饰柜的一种，绘制案桌平面图的具体操作步骤如下。

（1）执行“矩形”命令，绘制长 1200 mm、宽 400 mm 的矩形作为案桌桌面，如图 9-98 所示。

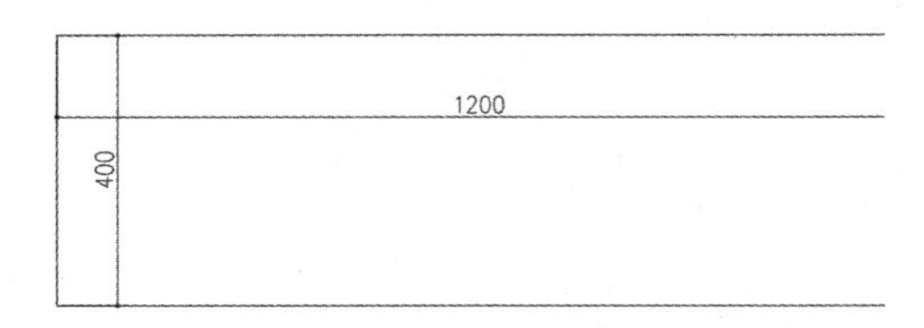

图 9-98　绘制桌面

（2）执行“偏移”命令，选择矩形桌面，将其向内偏移 20 mm，如图 9-99 所示。

（3）执行“圆角”命令，设置圆角半径为 30 mm，对外矩形轮廓进行圆角处理，如图 9-100 所示。案桌平面图绘制完毕，保存文件即可。

图 9-99　偏移矩形

图 9-100　对桌面图形进行圆角处理

2. 立面图

绘制案桌立面图的具体操作步骤如下。

（1）依次执行“直线”“偏移”“矩形”命令，绘制案桌的立面桌面，如图 9-101 所示。

（2）执行“矩形”命令，在桌面位置绘制长 1200 mm、宽 400 mm 的柜体，如图 9-102 所示。

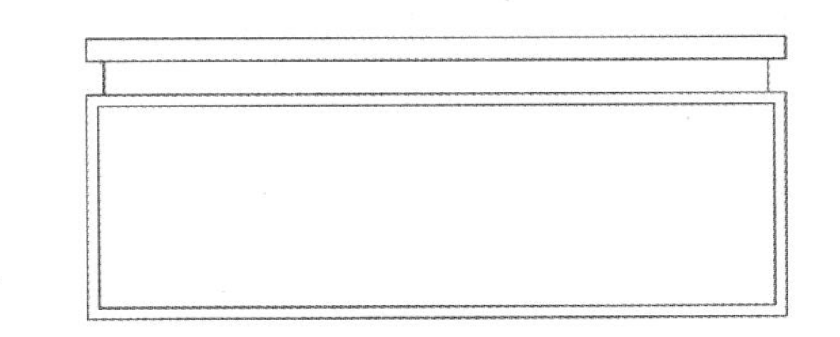

图 9-101　绘制桌面

图 9-102　绘制柜体

（3）执行“分解”命令，分解矩形；执行“定数等分”命令，将直线等分成 7 份；执行“直线”命令，连接直线，如图 9-103 所示。

（4）执行“直线”命令，在柜体位置绘制直线造型，如图 9-104 所示。

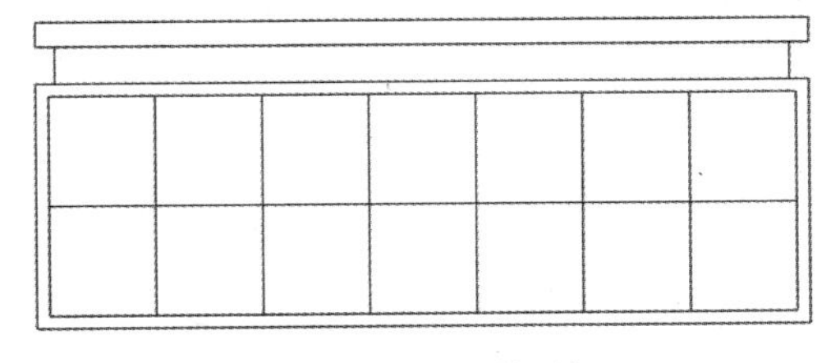

图 9-103　绘制柜体

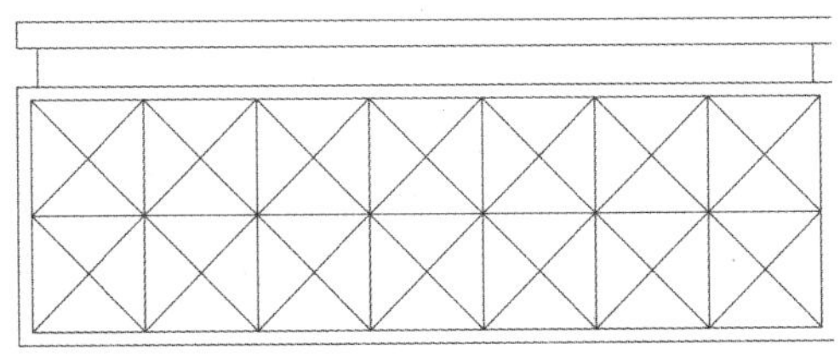

图 9-104　绘制柜体造型

（5）执行“直线”命令，绘制柜子腿，如图 9-105 所示。案桌立面图绘制完毕，保存文件即可。

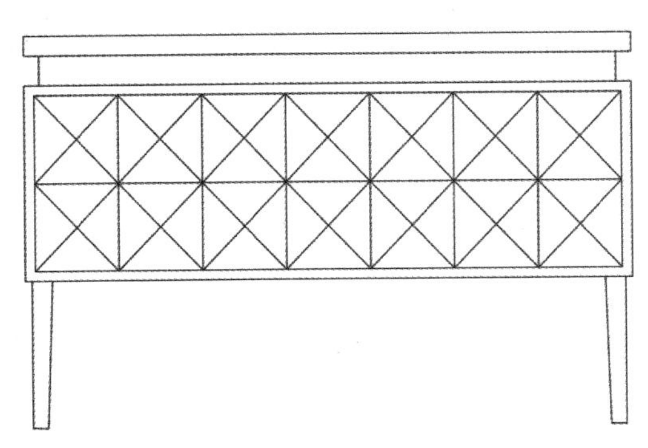

图 9-105　绘制柜子腿

9.3　桌台类家具的绘制

桌台类家具与人们的工作、学习、生活密切相关，都是由支架与工作面构成的。工作面是指作业时活动的平面，其高度决定人工作时身体的舒适程度，也就是说，工作面的高度影响作业效率。

桌台家具在使用上可分为桌与台两类，桌类是指坐姿时使用的家具，如写字桌、餐桌等，台是立姿时使用时的家具，如讲台、接待台等。

为了保证人的双腿在使用桌台类家具时能有足够的活动空间，国家标准规定桌台类家具的高度尺寸有 700 mm、720 mm、740 mm、760 mm 等规格，规定桌台面下的空间高度不小于 580 mm，空间宽度不小于 520 mm。

9.3.1 绘制写字台

写字台是办公用品，其台前应有一个比较宽阔的空间。同时，写字台距离门较远，可以避免他人从门直接窥视和来自门外的噪音。

1. 平面图

绘制写字台平面图的具体操作步骤如下。

（1）在菜单栏中将线型设为虚线，颜色设为红色，执行“直线”命令，在绘图区中绘制长 610 mm、宽 1170 mm 的矩形作为写字台平面轴线轮廓，如图 9-106 所示。

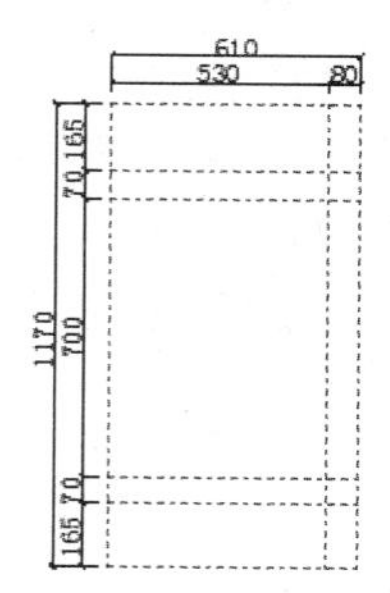

图 9-106　绘制平面轴线轮廓

（2）执行“多线”命令，设置多线比例为 30，对正类型为无，在轴线位置绘制写字台轮廓，如图 9-107 所示。

（3）将轴线隐藏，执行“分解”命令，对多线进行分解。使用夹点编辑多线，并执行“修剪”命令，修剪多余的线段，将写字台绘制完整，如图 9-108 所示。

（4）依次执行“圆心，半径”和“直线”命令，绘制半径分别为 50 mm、100 mm 的同心圆，并在同心圆位置绘制交叉直线作为台灯示意图，如图 9-109 所示。

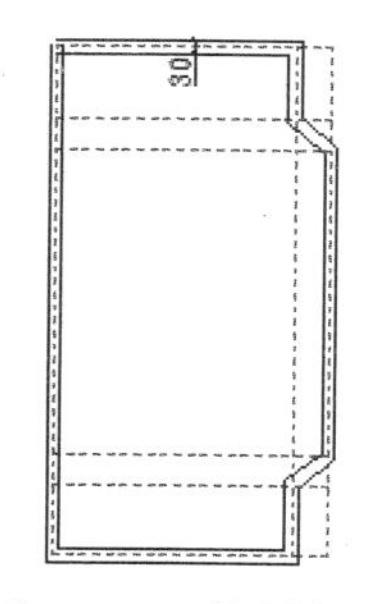

图 9-107　绘制多线

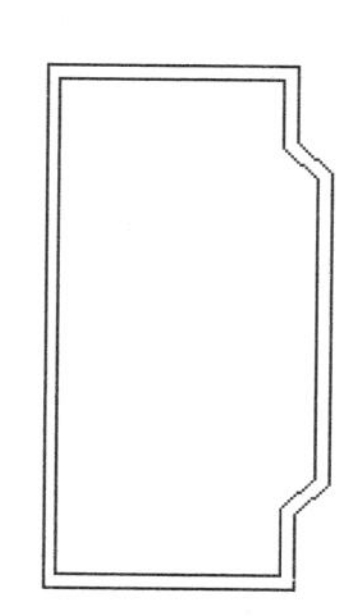
图 9-108　整理图形

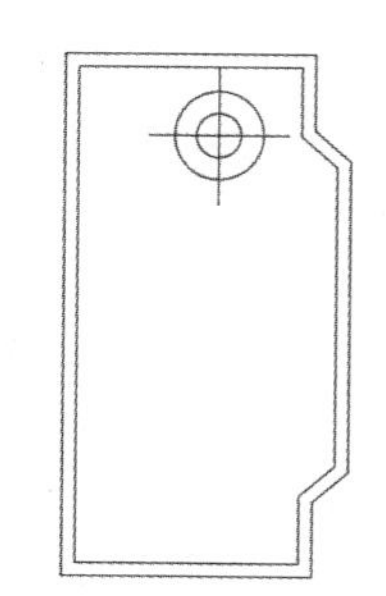
图 9-109　绘制台灯

2. 立面图

绘制写字台立面图的具体操作步骤如下。

（1）执行“矩形”命令，绘制长 1200 mm、宽 45 mm 的矩形写字台桌面，如图 9-110 所示。

（2）执行“直线”和“偏移”命令，绘制写字台立面，执行“修剪”命令，修剪立面，如图 9-111 所示。

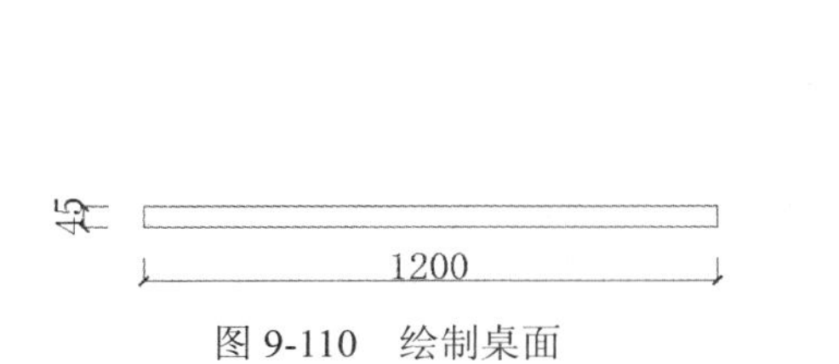

图 9-110　绘制桌面

图 9-111　绘制橱柜轮廓

（3）执行“偏移”命令，将台面依次向下偏移 50 mm、150 mm 绘制抽屉，执行“修剪”命令，修剪抽屉图形，如图 9-112 所示。

（4）执行“定数等分”命令，设置等分数量为 3，执行“直线”命令，连接等分点，如图 9-113 所示。

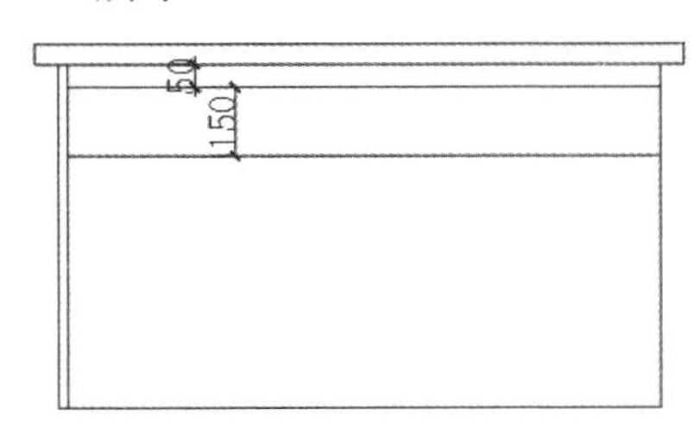

图 9-112　偏移线段

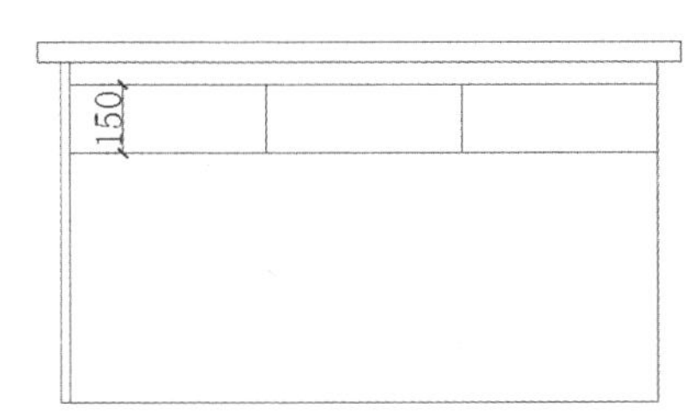

图 9-113　连接等分点

（5）执行“偏移”命令，偏移直线，绘制柜体。执行“修剪“命令，修剪出柜体立面，如图 9-114 所示。

（6）执行“矩形”命令，分别绘制抽屉和柜门把手，如图 9-115 所示。写字台立面图绘制完毕，保存文件即可。

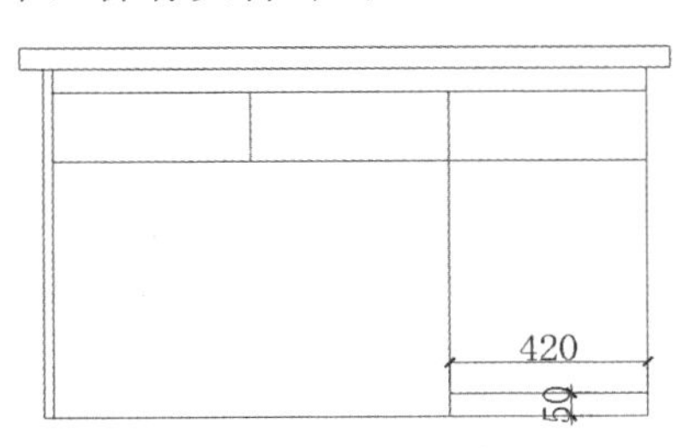

图 9-114　镜像橱柜

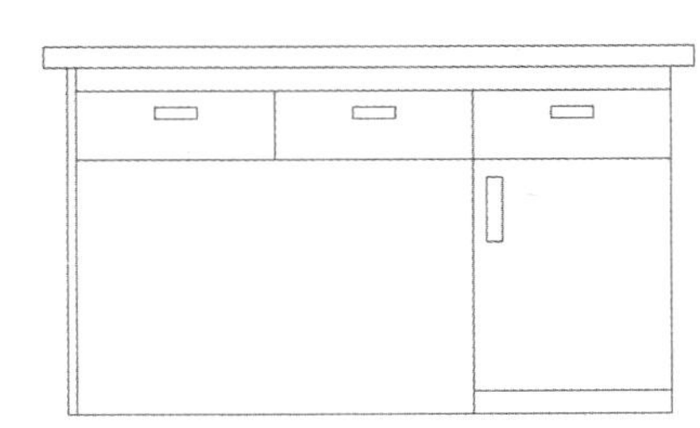

图 9- 115　绘制把手

9.3.2　绘制电脑桌

电脑桌是用来放置电脑的桌台类家具，是很重要的办公及生活用品。现代的电脑桌款式多样，材质多样，随着社会和科技的进步，电脑桌的款式设计将会日新月异。

1. 平面图

绘制电脑桌平面图的具体操作步骤如下。

（1）执行“矩形”命令，绘制长 1 200 mm、宽 600 mm 的矩形作为桌面，如图 9-116 所示。

（2）执行“矩形”命令，绘制长 70 mm、宽 55 mm 的矩形作为电脑线洞轮廓，如图 9-117 所示。

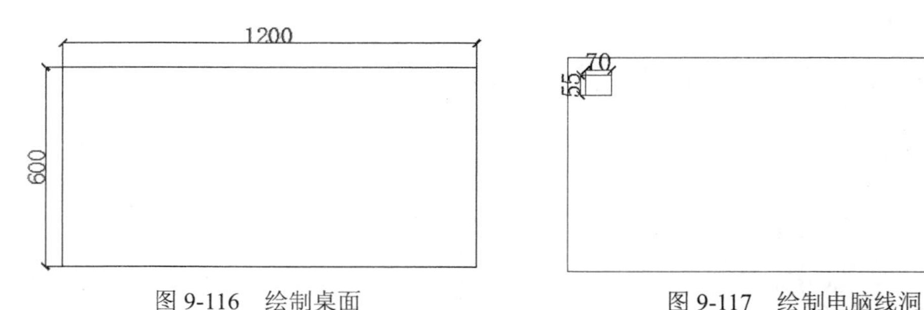

图 9-116　绘制桌面　　　　图 9-117　绘制电脑线洞

（3）执行“圆心，半径”命令，绘制半径为 23 mm 的圆，作为电脑线洞，如图 9-118 所示。

（4）依次执行“圆弧”和“直线”命令，在电脑线洞处绘制线孔盖，如图 9-119 所示。电脑桌平面图绘制完毕，保存文件即可。

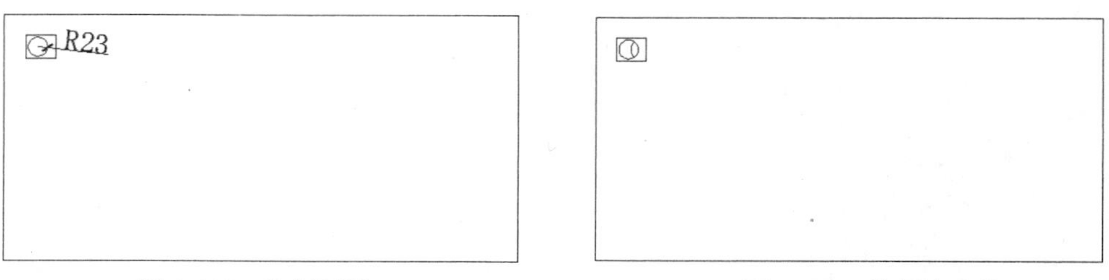

图 9-118　绘制圆形　　　　图 9-119　绘制线孔盖

2. 立面图

绘制电脑桌立面图的具体操作步骤如下。

（1）执行“矩形”命令，绘制长 1 200 mm、宽 30 mm 的矩形作为桌面，如图 9-120 所示。

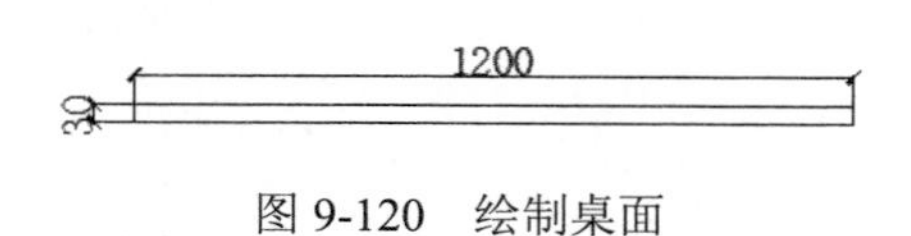

图 9-120　绘制桌面

（2）执行“矩形”命令，绘制长 20 mm、宽 720 mm 的矩形作为桌腿，如图 9-121 所示。

（3）执行“镜像”命令，选择绘制好的桌腿，将其以桌面中心为镜像点进行镜像，如图 9-122 所示。

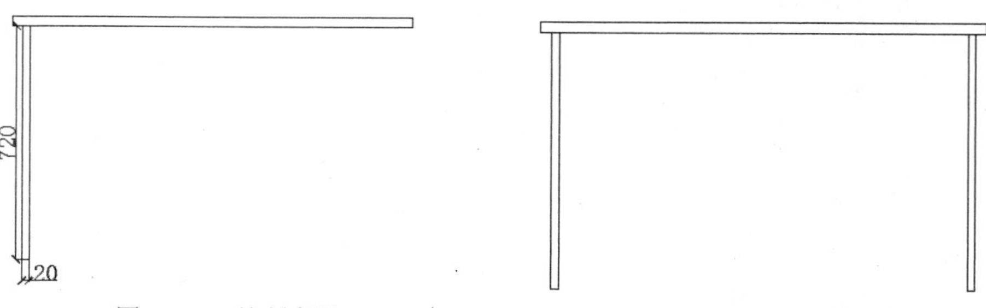

图 9-121　绘制桌腿　　　　图 9-122　镜像桌腿图形

（4）执行“矩形”命令，绘制长 400 mm、宽 720 mm 的矩形作为橱柜，如图 9-123 所示。

（5）执行“分解”命令，将橱柜图形进行分解。执行“偏移”命令，将橱柜顶部线段向下依次偏移 80 mm、187 mm、187 mm、187 mm，如图 9-124 所示。

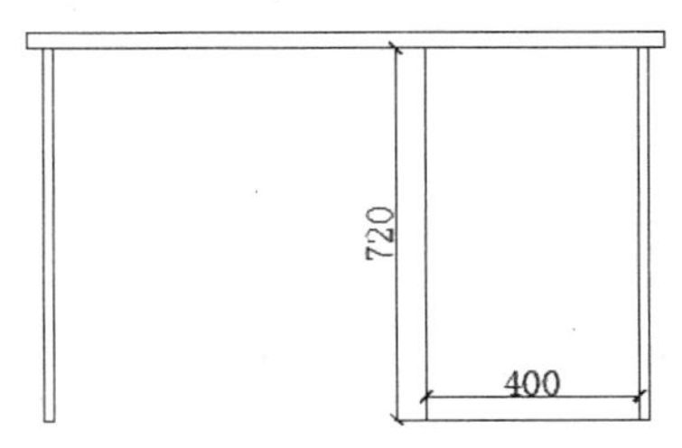

图 9-123　绘制橱柜轮廓

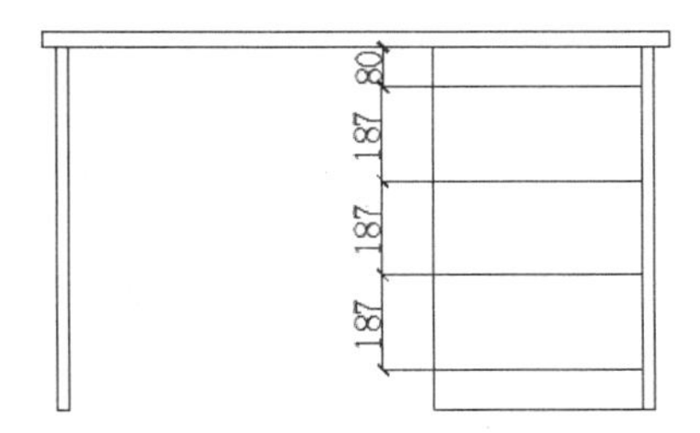

图 9-124　偏移线段

（6）执行“矩形”命令，绘制长 120 mm、宽 35 mm 的矩形作为拉手，并执行“复制”命令，将拉手向下依次复制，如图 9-125 所示。

（7）执行“矩形”命令，绘制长 700 mm、宽 35 mm 的矩形作为放键盘的垫板，如图 9-126 所示。

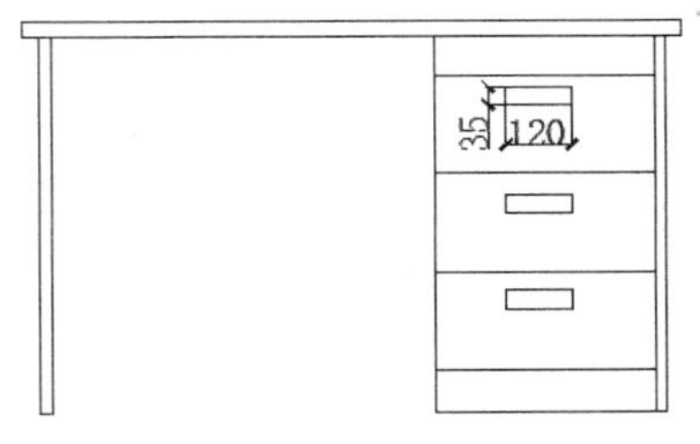

图 9-125　绘制拉手

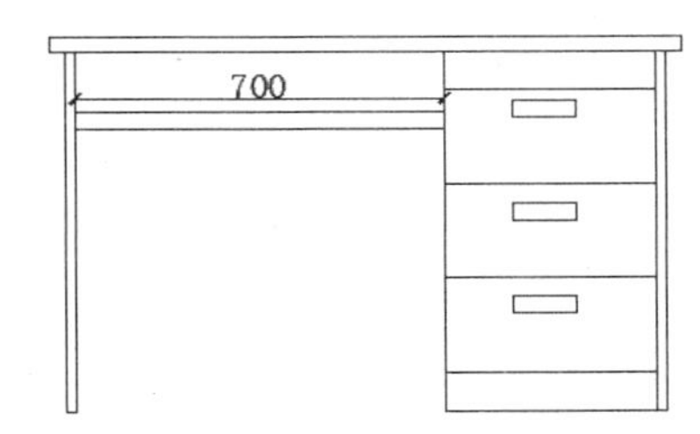

图 9-126　绘制垫板

（8）采用同样的方法，分别绘制长 250 mm、宽 20 mm 和长 20 mm、宽 355 mm 的两个矩形，放在桌腿的位置，如图 9-127 所示。

（9）依次执行“直线”和“矩形”命令，在主机位置绘制隔板图形，如图 9-128 所示。电脑桌立面图绘制完毕，保存文件即可。

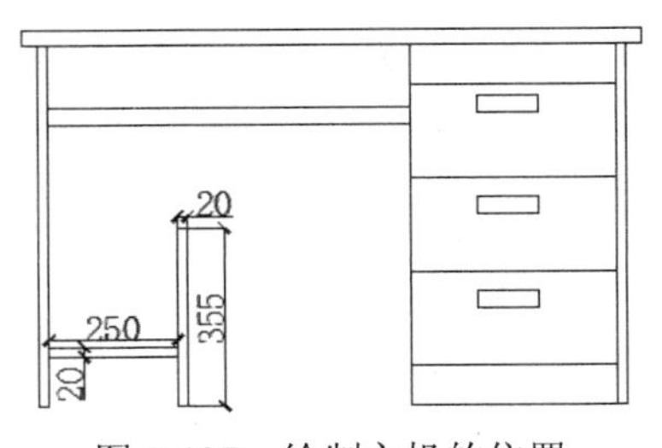

图 9-127　绘制主机的位置

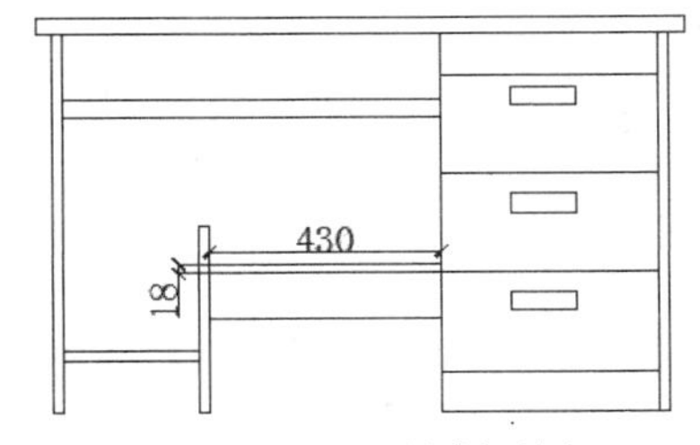

图 9-128　绘制隔板

9.3.3　绘制圆形餐桌

圆形餐桌一般适合人较多时使用，桌面尺寸以人均占周长进行设计，一般人均占桌周长为 550mm～580 mm，较舒适的长度为 600mm～750 mm。在一般中小型住宅中，可使用直径 1140 mm 的圆桌，最多可坐 9 个人，看起来空间较宽敞。

1. 平面图

绘制圆形餐桌平面图的具体操作步骤如下。

（1）执行“圆心，半径”命令，绘制半径分别为 500 mm、400 mm 的同心圆，如图 9-129 所示。

（2）执行“定数等分”命令，选择半径为 500 mm 的圆，将其等分为 10 份。执行“直线”命令，用直线连接等分点与圆心，如图 9-130 所示。

（3）执行“圆弧”命令，在等分后的每个扇形框中绘制圆弧图形，如图 9-131 所示。

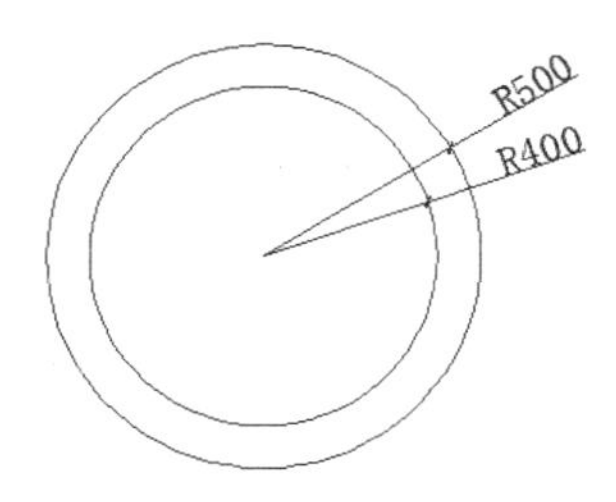

图 9-129　绘制同心圆

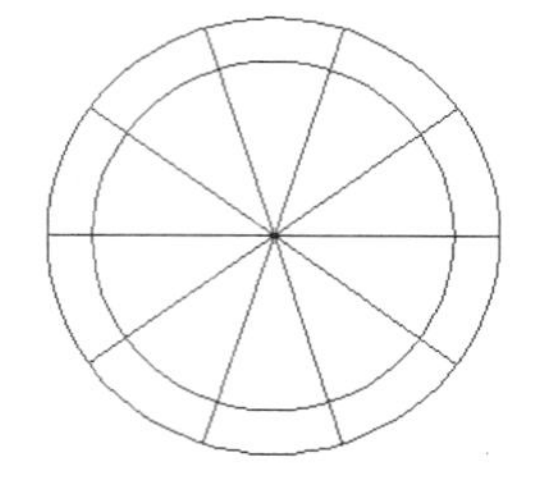

图 9-130　定数等分图形

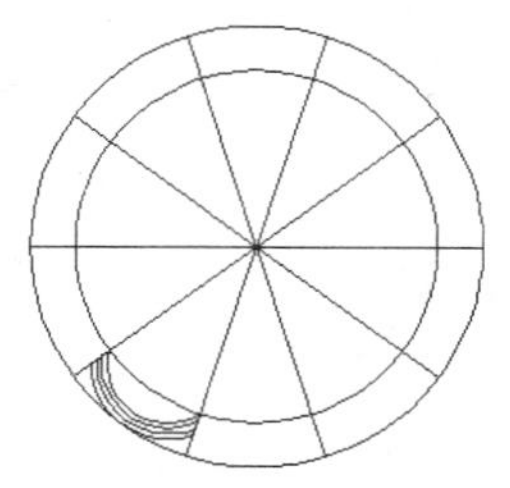

图 9-131　绘制圆弧

（4）执行“镜像”命令，选择圆弧图形，将其镜像到每个扇形框中，如图 9-132 所示。

（5）执行“圆心，半径”命令，绘制半径分别为 250 mm、200 mm 的同心圆，如图 9-133 所示。

（6）执行“圆弧”命令，在如图 9-134 所示的位置绘制圆弧图形。

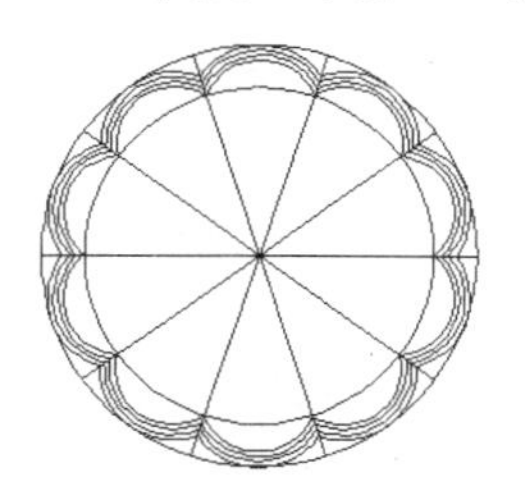

图 9-132　镜像圆弧

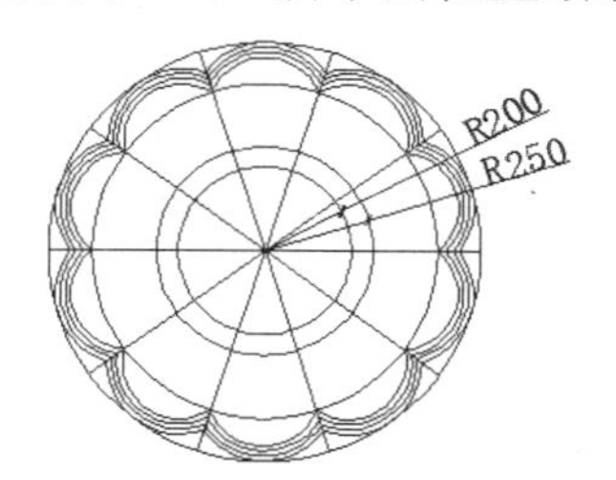

图 9-133　绘制圆

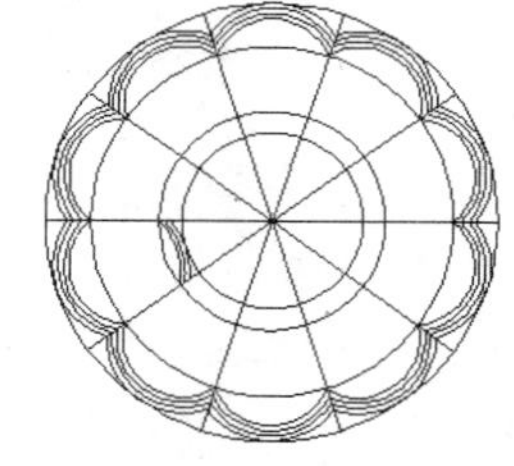

图 9-134　绘制圆弧

（7）执行“镜像”命令，将绘制好的圆弧图形进行镜像，如图 9-135 所示。

（8）执行“圆心，半径”命令，绘制半径分别为 160 mm、120 mm 的同心圆，如图 9-136 所示。

（9）执行“圆弧”命令，在刚绘制好的两圆之间绘制圆弧图形，如图 9-137 所示。

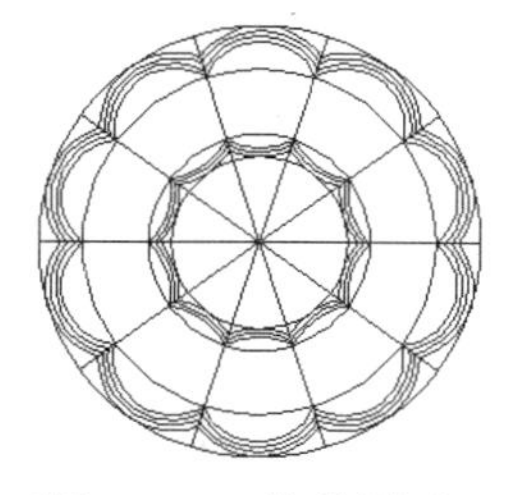

图 9-135　镜像图形

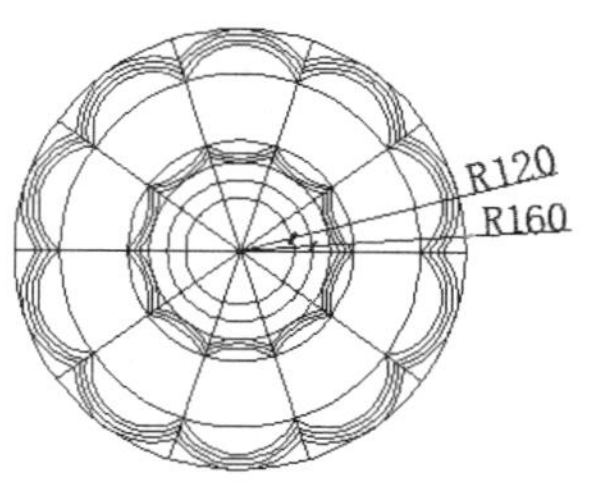

图 9-136　绘制同心圆

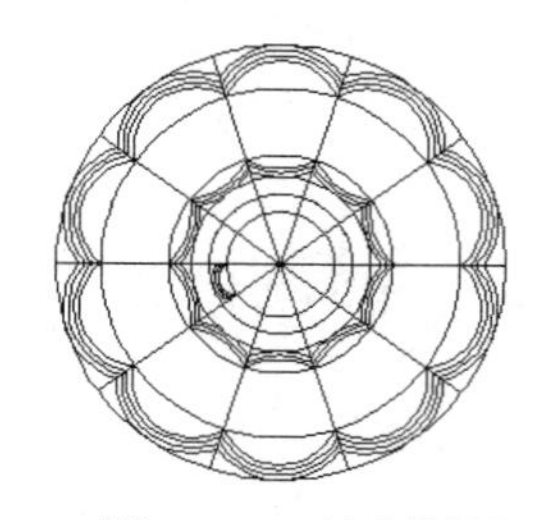

图 9-137　绘制圆弧

（10）执行“镜像”命令，将圆弧图形分别镜像到如图 9-138 所示位置。

（11）执行“修剪”命令，选择绘制好的图形，将多余线段修剪掉，如图 9-139 所示。

（12）执行“圆心，半径”命令，绘制半径分别为 27 mm、29 mm 的圆，如图 9-140 所示。圆形餐桌平面图绘制完毕，保存文件即可。

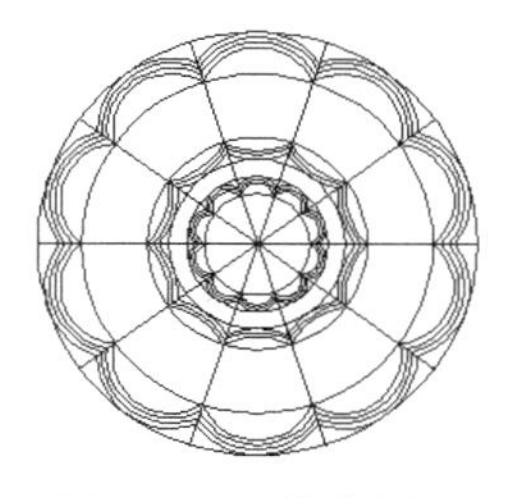

图 9-138 镜像图形

图 9-139 修剪线段

图 9-140 绘制圆

2. 立面图

绘制圆形餐桌立面图的具体操作步骤如下。

（1）依次执行“矩形”和“直线”命令，绘制长 1000 mm、宽 26 mm 的矩形作为桌面，并在台面内绘制如图 9-141 所示的直线。

（2）执行“矩形”命令，绘制长 500 mm、宽 50 mm 的矩形，作为桌子底盘，如图 9-142 所示。

（3）依次执行“圆弧”和“直线”命令，在底盘位置绘制支柱图形顶端部分，如图 9-143 所示。

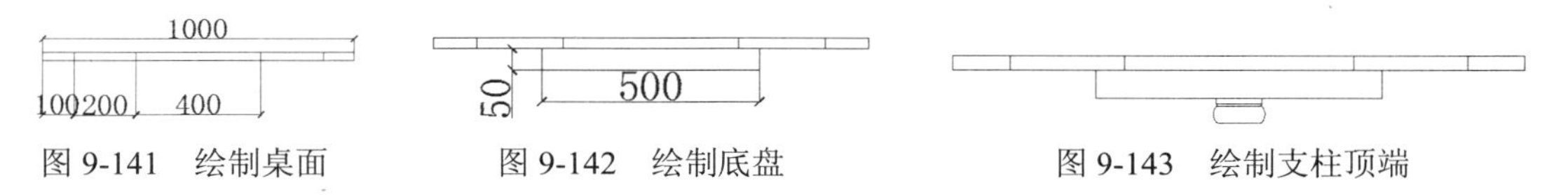

图 9-141 绘制桌面　　图 9-142 绘制底盘　　图 9-143 绘制支柱顶端

（4）依次执行“圆弧”和“直线”命令，在支柱顶端部分继续绘制支柱，如图 9-144 所示。

（5）依次执行“直线”和“圆弧”命令，在图中支柱位置绘制支撑脚，再执行“修剪”命令，修剪掉多余线段，如图 9-145 所示。圆形餐桌立面图绘制完毕，保存文件即可。

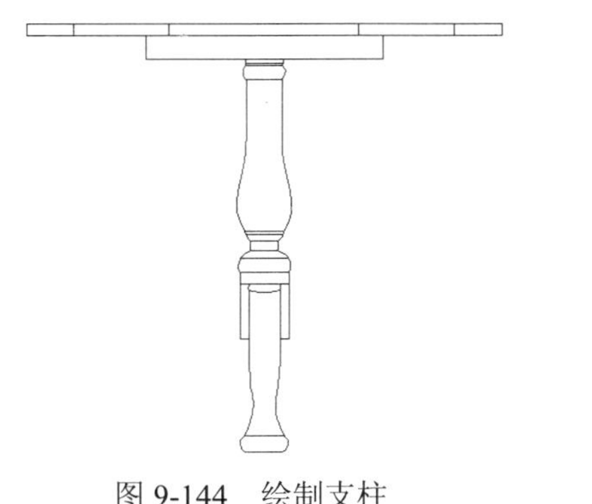

图 9-144 绘制支柱

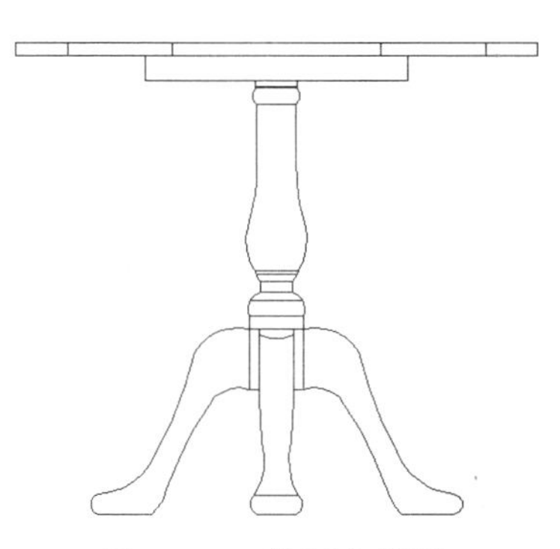

图 9-145 绘制支撑脚

9.3.4 绘制长方形餐桌

长方形餐桌采用的是线条设计，十分利落。本小节绘制的这款长方形餐桌采用圆弧桌边设计，没有尖锐的棱角，更加有效地避免了碰撞对身体带来的伤害，也使得这一款长方形餐桌更加时尚美观。

1. 平面图

绘制长方形餐桌平面图的具体操作步骤如下。

（1）执行“矩形”命令，绘制长 1500 mm、宽 600 mm 的矩形，作为长方形餐桌桌面，如图 9-146 所示。

（2）执行“分解”命令，分解长方形，执行“圆弧”|“起点、端点、半径”命令，绘制圆弧，如图 9-147 所示。

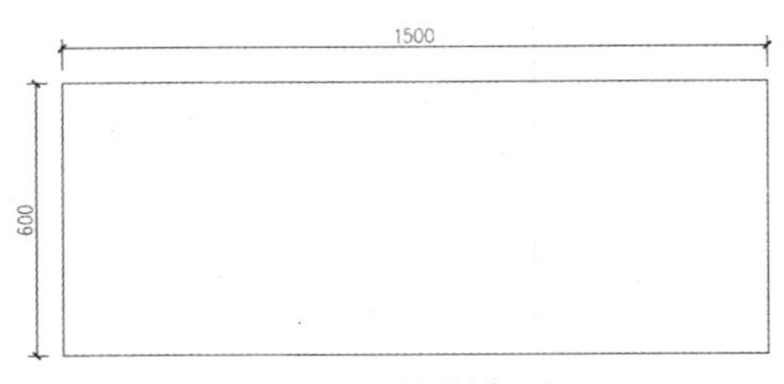

图 9-146　绘制桌面

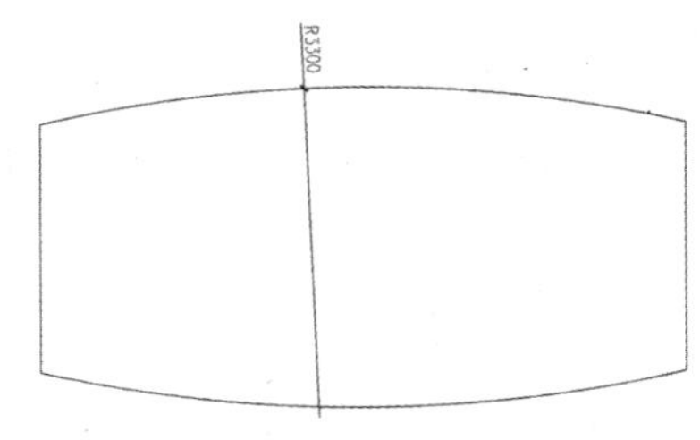

图 9-147　绘制圆弧

（3）执行“偏移”命令，选择长方形桌面，将其向内偏移 40 mm，如图 9-148 所示。

（4）执行“修剪”命令，修剪餐桌轮廓直线，如图 9-149 所示。

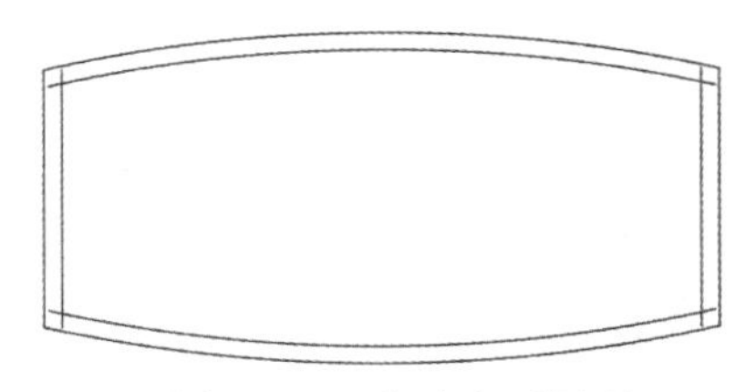
图 9-148　偏移桌面图形

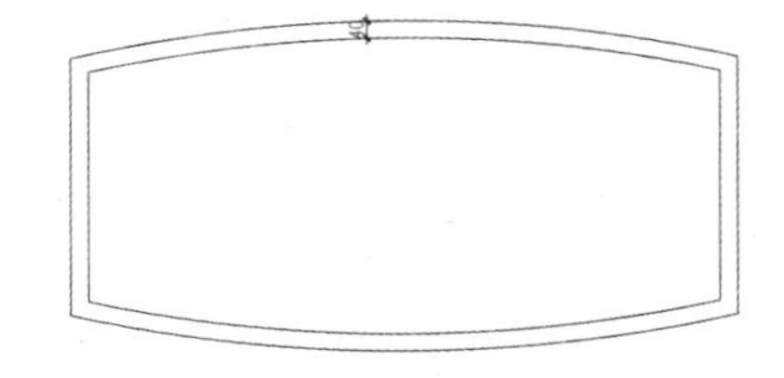
图 9-149　修剪轮廓

（5）执行“直线”命令，绘制装饰植物平面，如图 9-150 所示。

（6）执行“图案填充”命令，选择填充图案“AR-RROOF”，设置图案填充颜色为颜色 253，填充图案角度为 45，图案填充比例为 20，对桌面进行填充，如图 9-151 所示。长方形餐桌平面图绘制完毕，保存文件即可。

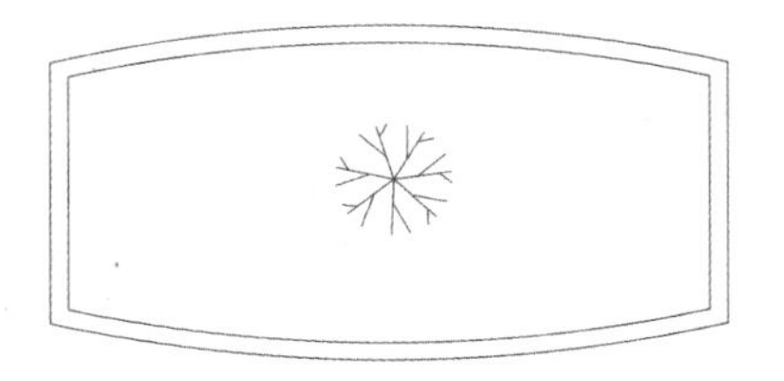
图 9-150　镜像图形

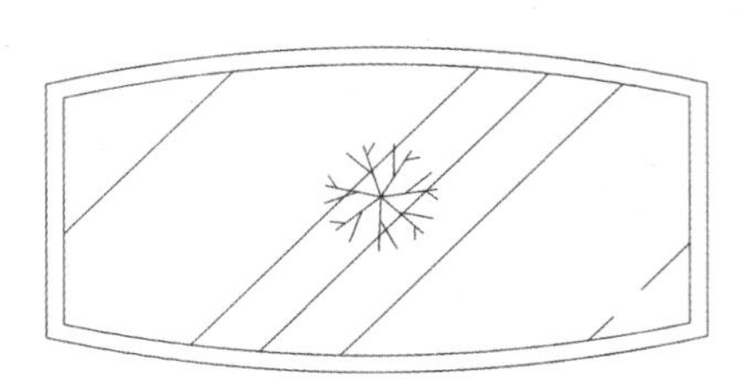
图 9-151　填充图案

2. 立面图

绘制长方形餐桌立面图的具体操作步骤如下。

（1）执行“矩形”命令，绘制长 1500 mm、宽 40 mm 的矩形作为桌面，如图 9-152 所示。

（2）执行“矩形”命令，绘制长 60 mm、宽 20 mm 的矩形立面，如图 9-153 所示。

图 9-152　绘制桌面

图 9-153　绘制矩形

（3）执行“复制”命令依次向下复制矩形，绘制餐桌立面造型，如图 9-154 所示。

（4）执行“直线”命令，连接餐桌造型，如图 9-155 所示。

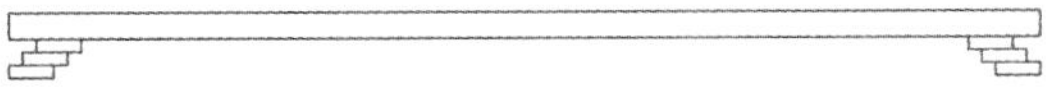

图 9-154　绘制餐桌立面造型

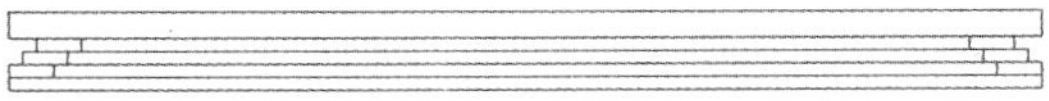

图 9-155　绘制餐桌造型

（5）执行“直线”“倒角”命令，绘制桌腿图形，执行“镜像”命令，以桌面中心为镜像点进行镜像，如图 9-156 所示。

（6）执行“直线”命令，绘制桌角造型，执行“镜像”命令，以桌面中心为镜像点进行镜像，如图 9-157 所示。长方形餐桌立面图绘制完毕，保存文件即可。

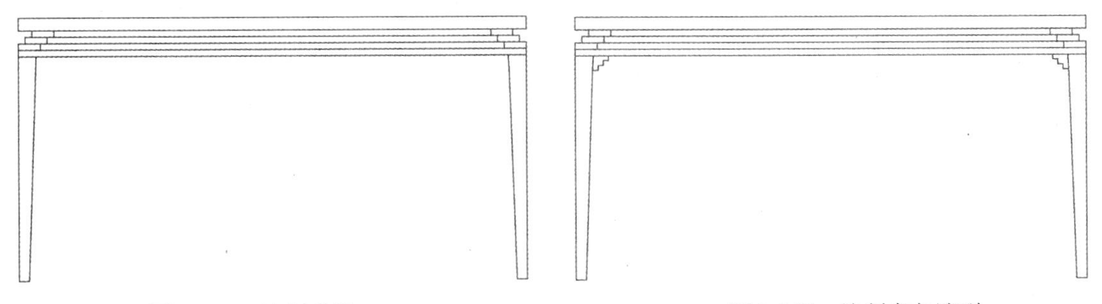

图 9-156　绘制桌腿

图 9-157　绘制桌角造型

9.4　椅凳类家具的绘制

椅凳类家具的主要功能是供人们休息，是人们日常生活中最常用的家具之一。椅凳类包括坐墩、长凳和椅子等。

椅凳类家具是传统的家具之一。其中，椅子是一种有靠背，有的还有扶手的坐具，按照材料可分为实木椅、曲木椅和塑料椅等，按照使用场合分为西餐椅、酒吧椅和办公椅等。凳子是由坐面和腿支架两部分构成，其坐面大多为方形和圆形，造型简单，使用方便。

椅凳类家具的常见尺寸参见表 9-1（单位为 mm）。

表 9-1　椅凳类家具常见尺寸　　（单位：mm）

类别	凳		靠　背　椅			扶　手　椅		
图例								
参数	较小	一般	较小	一般	较大	较小	一般	较大
H	420	440	790	800	829	790	800	820
H_1			430	440	450	430	440	450
H_2			405	415	425	405	415	425
H_3						630	640	650
H_4			3920	390	400	390	390	400
W	300	340	420	435	450	530	540	560
W_1						450	460	480
W_2			390	405	420	420	450	450
D	265	280	520	525	545	540	555	560
D_1			415	420	440	425	435	450
∠A			3°25′	3°20′	5°15′	3°22′	3°18′	3°12′
∠B			97°	97°	98°	97°	98°	100°

9.4.1　绘制转椅

转椅是办公椅中的一种，是一种坐着可以转动的椅子。转椅一般分为半转椅和全转椅两种。半转椅就是能够正面及左、右各旋转 90° 使用的椅子；全转椅是指能够 360° 旋转使用的椅子，通常由头枕、背、椅坐、扶手、支撑杆（气杆）、转轴、五爪和爪轮子组成。转椅上半部分与一般椅子的式样并无多大差异，只有坐面下设有一种称为“独梃腿”的转轴部分，故人体在坐靠时可随意左右转动。

1. 平面图

绘制转椅平面图的具体操作步骤如下。

（1）执行“圆弧”命令，根据实际尺寸绘制转椅靠背，如图 9-158 所示。

图 9-158　绘制靠背

（2）执行“矩形”命令，绘制长 40 mm、宽 457 mm 的矩形，作为转椅扶手，如图 9-159 所示。

（3）执行“圆角”命令，设置圆角半径为 20 mm，对扶手图形进行圆角处理，如图 9-160 所示。

（4）执行“镜像”命令，选择扶手以靠背中心点为镜像点进行镜像，如图 9-161 所示。

（5）执行“圆弧”命令，在扶手间绘制转椅坐面，如图 9-162 所示。转椅平面图绘制完毕，保存文件即可。

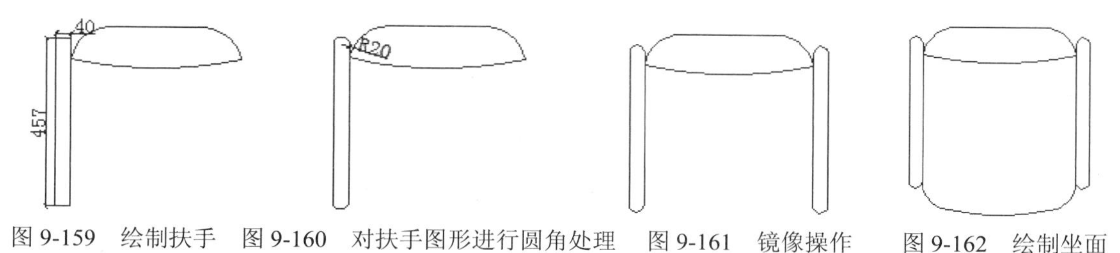

图 9-159　绘制扶手　图 9-160　对扶手图形进行圆角处理　图 9-161　镜像操作　图 9-162　绘制坐面

2. 正立面图

绘制转椅正立面图的具体操作步骤如下。

（1）执行“多段线”命令，根据实际尺寸绘制转椅靠背，如图 9-163 所示。

（2）执行“矩形”命令，绘制长 40 mm、宽 290 mm 的矩形作为扶手，如图 9-164 所示。

（3）执行“圆角”命令，设置圆角半径为 20 mm，对扶手图形进行圆角处理，如图 9-165 所示。

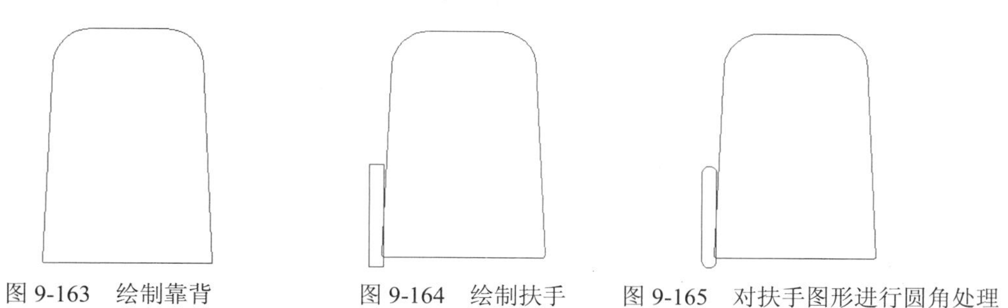

图 9-163　绘制靠背　图 9-164　绘制扶手　图 9-165　对扶手图形进行圆角处理

（4）执行“镜像”命令，将扶手以靠背中心为镜像点进行镜像，如图 9-166 所示。

（5）依次执行“直线”和“矩形”命令，绘制转椅坐面，然后执行“修剪”命令，修剪多余线段，如图 9-167 所示。

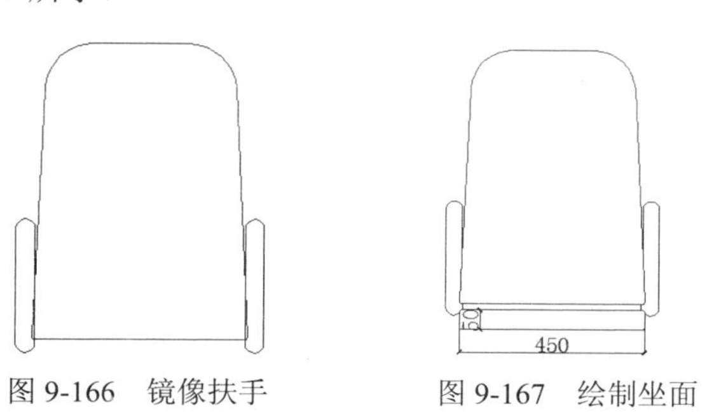

图 9-166　镜像扶手　图 9-167　绘制坐面

（6）执行“直线”命令，在底盘位置绘制长 60 mm、宽 290 mm 的支撑杆，如图 9-168 所示。

（7）执行“圆弧”命令，在支撑杆上绘制升降气杆，执行“修剪”命令，修剪多余线段，如图 9-169 所示。

（8）执行“矩形”命令，绘制长 460 mm、宽 40 mm 的矩形作为椅脚，执行“圆角”命令，设置圆角半径为 18 mm，对其进行圆角处理，如图 9-170 所示。

（9）执行“圆弧”命令，在椅脚位置绘制转椅脚轮，如图 9-171 所示。转椅正立面图绘制完毕，保存文件即可。

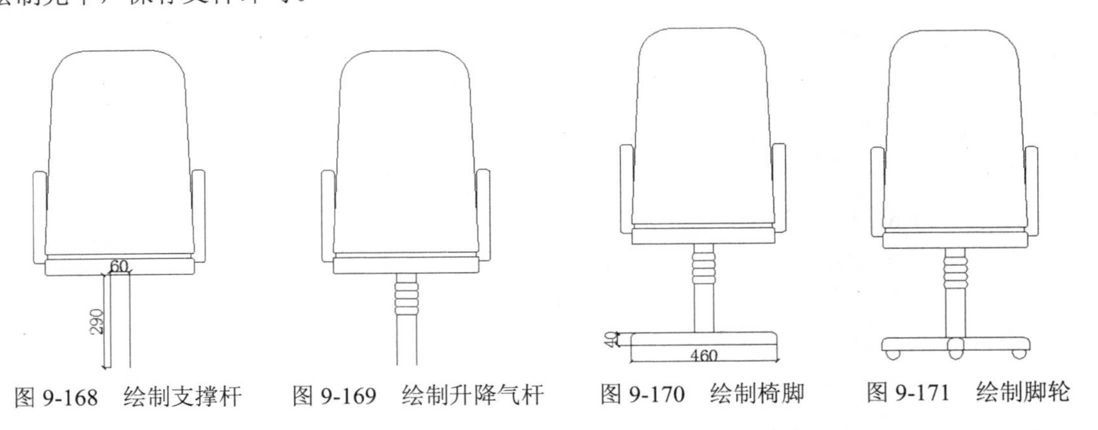

图 9-168　绘制支撑杆　　图 9-169　绘制升降气杆　　图 9-170　绘制椅脚　　图 9-171　绘制脚轮

3. 侧立面图

绘制转椅侧立面图的具体操作步骤如下。

（1）执行“圆弧”命令，根据实际尺寸绘制转椅靠背，如图 9-172 所示。

（2）依次执行“直线”和“圆弧”命令，绘制转椅扶手，如图 9-173 所示。

（3）执行“直线”和“圆弧”命令，绘制扶手下的支撑杆，如图 9-174 所示。

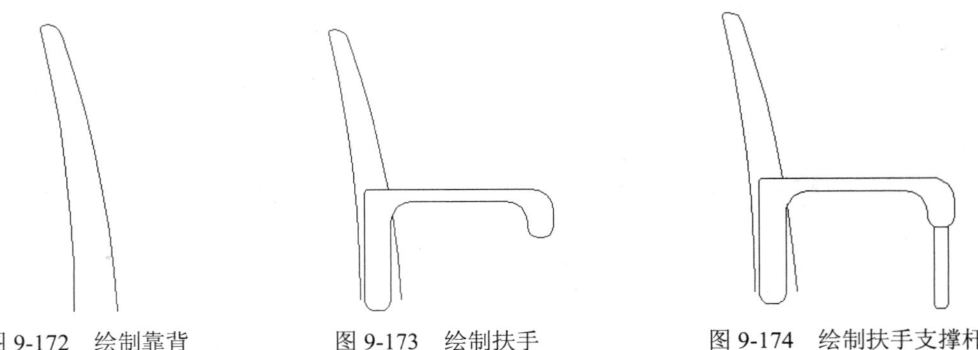
图 9-172　绘制靠背　　图 9-173　绘制扶手　　图 9-174　绘制扶手支撑杆

（4）执行“矩形”命令，分别绘制长 432 mm、宽 16 mm 和长 572 mm、宽 53 mm 的矩形作为转椅坐面，依次执行“圆角”和“修剪”命令，设置圆角半径分别为 5 mm、11 mm、42 mm，对坐面进行圆角和修剪操作，如图 9-175 所示。

（5）执行“直线”命令，绘制长 40 mm、宽 305 mm 的支撑杆，如图 9-176 所示。

（6）执行“圆弧”命令，绘制转椅升降气杆，如图 9-177 所示。

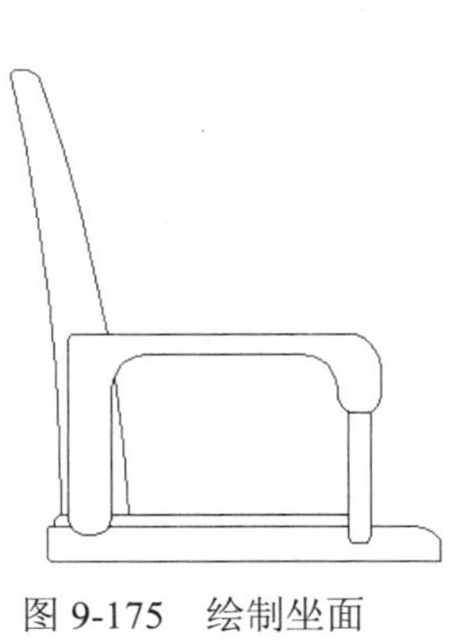

图 9-175　绘制坐面

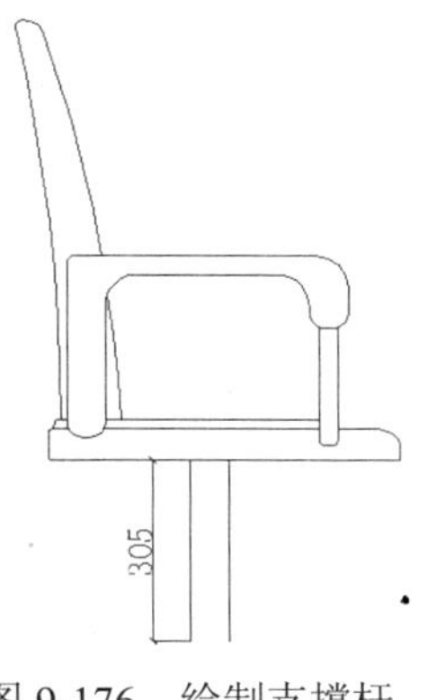

图 9-176　绘制支撑杆

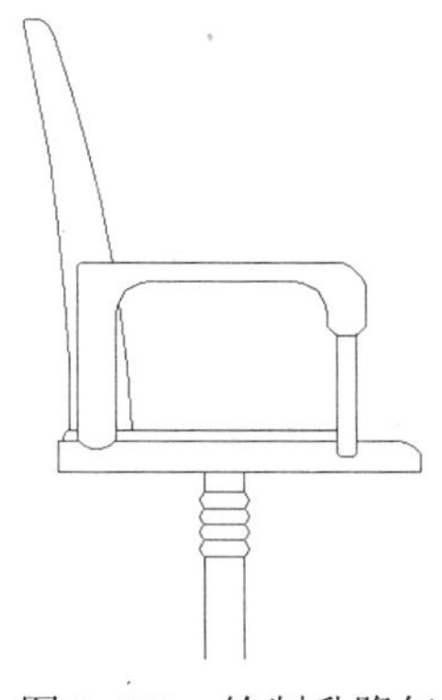

图 9-177　绘制升降气杆

（7）执行“矩形”命令，绘制长 483 mm、宽 42 mm 的矩形，作为转椅的椅脚，执行“圆角”命令，设置圆角半径为 19 mm，对其进行圆角处理，如图 9-178 所示。

（8）执行“圆弧”命令，在椅脚位置绘制转椅脚轮，如图 9-179 所示。转椅侧立面图绘制完毕，保存文件即可。

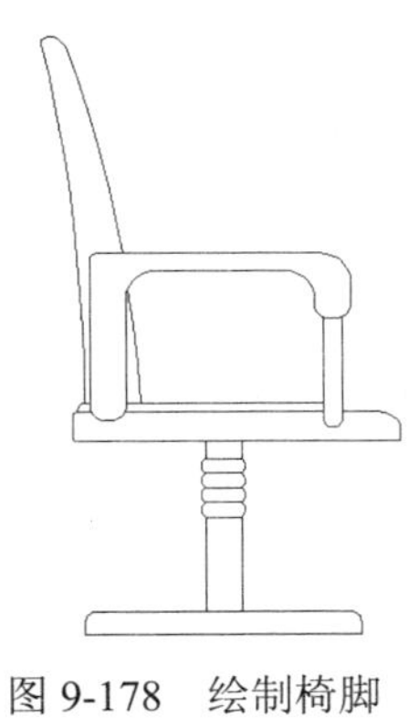

图 9-178　绘制椅脚

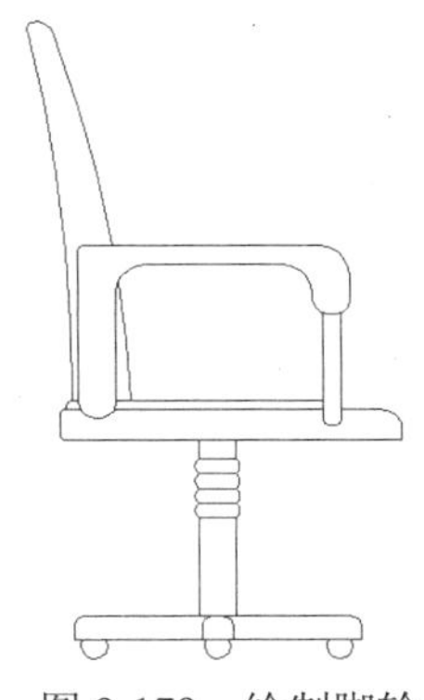

图 9-179　绘制脚轮

9.4.2　绘制餐椅

餐椅是专供就餐用的椅子，按材质分为实木椅、钢木椅、曲木椅、铝合金椅、金属椅、藤椅、塑料椅、玻璃钢椅、亚克力椅和板式椅等。

1. 平面图

绘制餐椅平面图的具体操作步骤如下。

（1）执行“直线”命令，绘制上边长 328 mm、下边长 400 mm、腰 312 mm 的等腰梯形作为餐椅坐垫平面；执行“圆角”命令，设置圆角半径为 50 mm，对餐椅坐垫图形底部的两个角进行圆角处理，如图 9-180 所示。

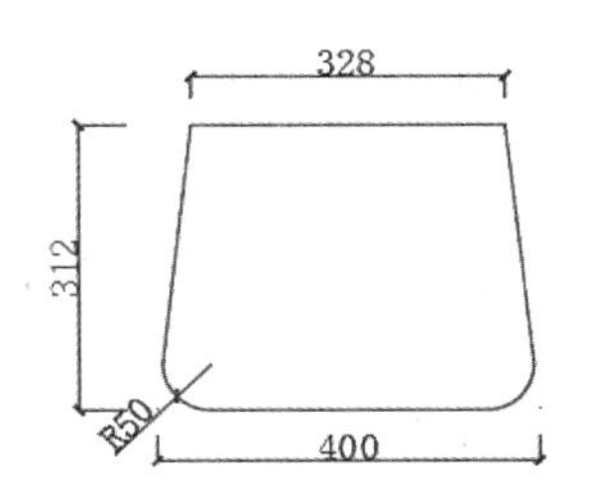

图 9-180　对梯形进行圆角处理

（2）执行“偏移”命令，将餐椅坐垫轮廓依次向内偏移 33 mm、7 mm，如图 9-181 所示。

（3）执行“圆弧”|“三点”命令，在距离餐椅坐垫 110 mm、60 mm 处绘制圆弧线段作为餐椅靠背轮廓；执行“偏移”命令，设置偏移距离为 27 mm，将靠背轮廓线向内偏移，并使用夹点编辑线段，如图 9-182 所示。

（4）执行“直线”命令，在圆弧图形下合适的位置绘制直线作为靠背支撑杆，执行“圆弧”|“三点”命令，将餐椅靠背图形绘制完整；并执行“修剪”命令，修剪多余的线段，如图 9-183 所示。

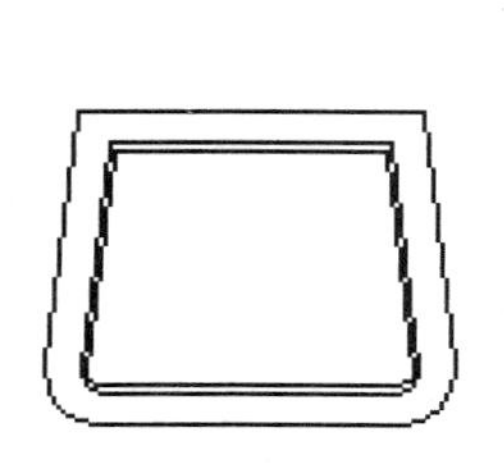

图 9-181　绘制坐垫

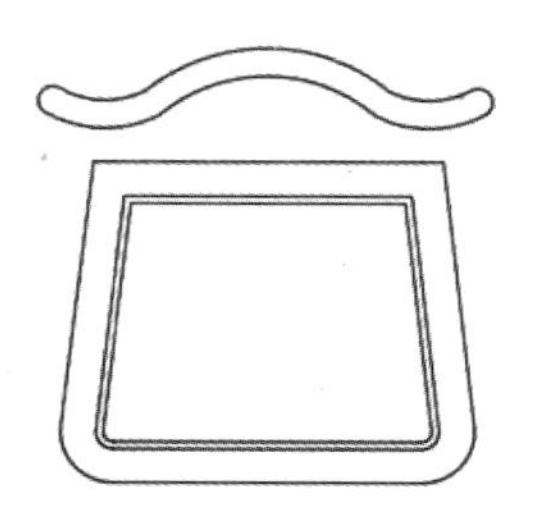

图 9-182　偏移轮廓线

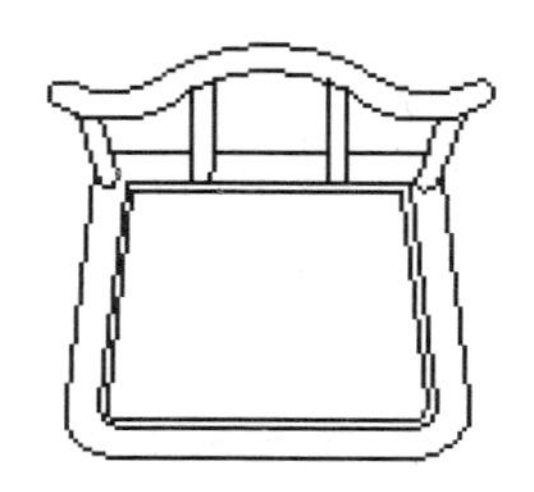

图 9-183　绘制靠背轮廓

2. 正立面图

绘制餐椅正立面图的具体操作步骤如下。

（1）依次执行“圆弧”和“直线”命令，根据实际尺寸绘制餐椅靠背轮廓，如图 9-184 所示。

（2）执行“偏移”命令，将靠背轮廓向内偏移 30 mm 绘制靠背内轮廓，如图 9-185 所示。

图 9-184　绘制靠背

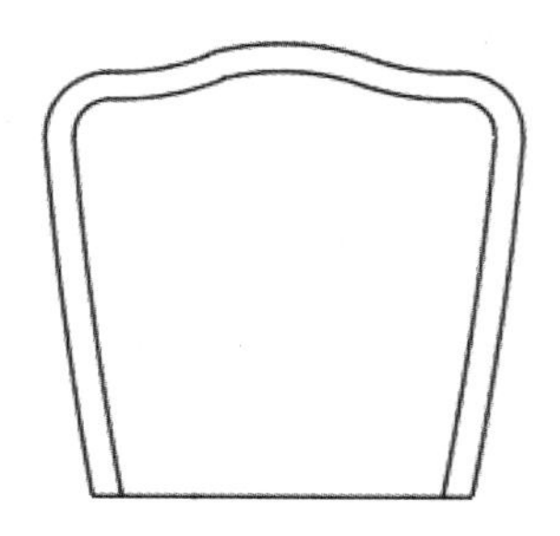

图 9-185　绘制内轮廓

（3）依次执行“直线”和“偏移”命令，在靠背位置绘制餐椅靠背，如图 9-186 所示。

（4）依次执行“直线”和“圆弧”命令，绘制餐椅的坐面，如图 9-187 所示。

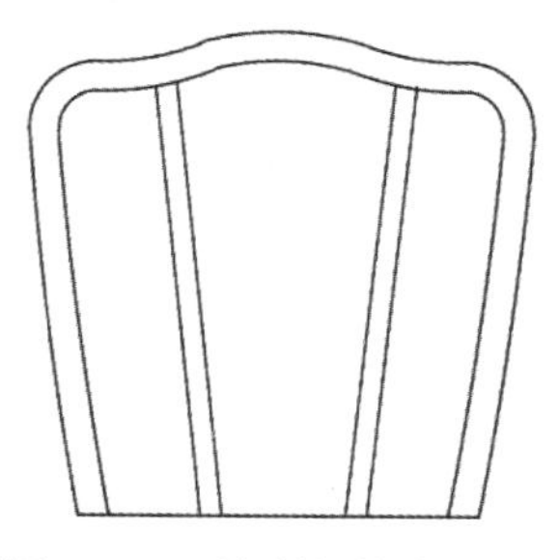

图 9-186　绘制餐椅靠背

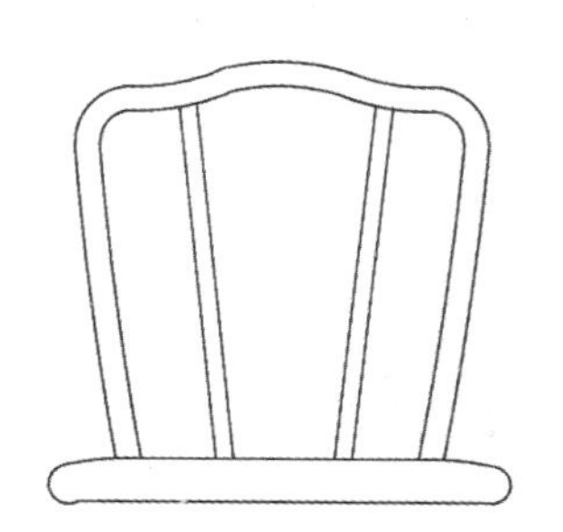

图 9-187　绘制餐椅坐面

（5）依次执行“直线”和“圆弧”命令，绘制餐椅坐面下的立面造型，如图 9-188 所示。

（6）执行“圆弧”命令，在图中绘制好的椅腿位置继续绘制后面的椅腿，如图 9-189 所示。

（7）执行“直线”命令，绘制餐椅的椅腿支撑杆，执行“修剪”命令，修剪多余线段，如图 9-190 所示。餐椅正立面图绘制完毕，保存文件即可。

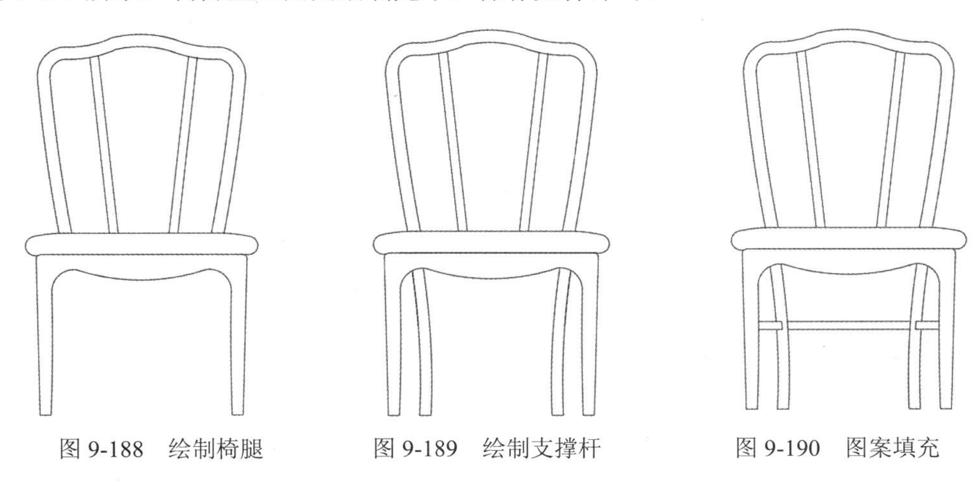

图 9-188　绘制椅腿　　图 9-189　绘制支撑杆　　图 9-190　图案填充

3. 侧立面图

绘制餐椅侧立面图的具体操作步骤如下。

（1）执行“圆弧”命令，根据实际尺寸绘制餐椅的支撑背和侧面椅腿造型，如图 9-191 所示。

（2）执行“圆弧”命令，在支撑背位置绘制出靠背，如图 9-192 所示。

（3）依次执行“直线”和“圆弧”命令，绘制餐椅的坐面，如图 9-193 所示。

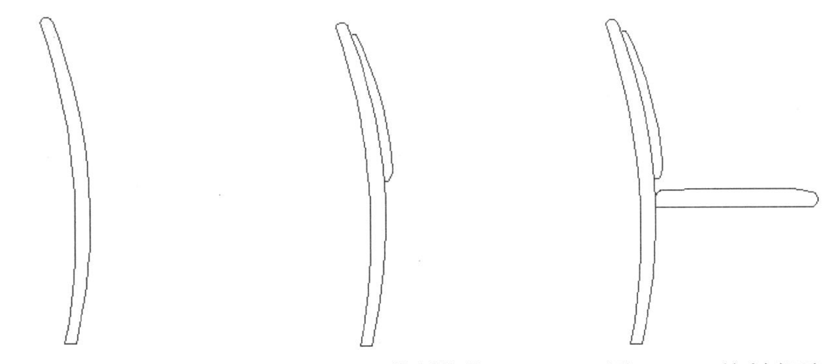

图 9-191　绘制支撑背和椅腿　　图 9-192　绘制靠背　　图 9-193　绘制坐面

（4）依次执行“圆弧”和“直线”命令，绘制坐面下的立面造型和椅腿，如图 9-194 所示。

（5）执行“直线”命令，在椅腿之间绘制支撑杆，如图 9-195 所示。

（6）执行“图案填充”命令，选择填充图案“AR-CONC”，设置图案填充颜色为颜色

8，图案填充比例为 0.5，对餐椅坐面和靠背进行填充，如图 9-196 所示。餐椅侧立面图绘制完毕，保存文件即可。

图 9-194　绘制椅腿　　图 9-195　绘制支撑杆　　图 9-196　填充坐面和靠背

9.4.3　绘制靠背椅

靠背椅是指没有扶手的椅子，由于其搭脑与靠背的变化，常常又有许多样式，也有不同的称呼。

1. 平面图

绘制靠背椅平面图的具体操作步骤如下。

（1）执行“圆弧”命令，根据实际尺寸绘制椅子靠背，如图 9-197 所示。

（2）执行“偏移”命令，选择第二条弧线，将其向内依次偏移 10 mm、8 mm，如图 9-198 所示。

图 9-197　绘制靠背　　图 9-198　偏移线段

（3）执行“圆弧”命令，继续绘制椅子靠背形状，将其绘制完整，如图 9-199 所示。

（4）执行“圆弧”命令，绘制椅子靠背上的花纹，如图 9-200 所示。

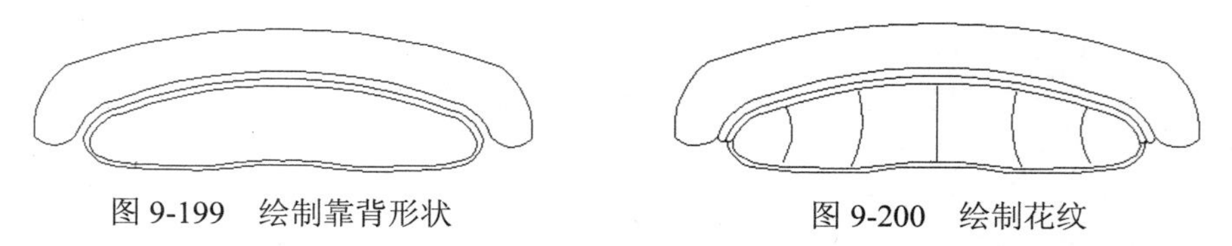

图 9-199　绘制靠背形状　　图 9-200　绘制花纹

（5）依次执行“直线”和“圆弧”命令，在靠背左边绘制椅子装饰造型，并执行“镜像”命令，选择左边的装饰造型，将其镜像到靠背右边，如图 9-201 所示。

（6）执行“圆弧”命令，在靠背的位置绘制如图 9-202 所示的坐面。靠背椅平面图绘制完成，保存文件即可。

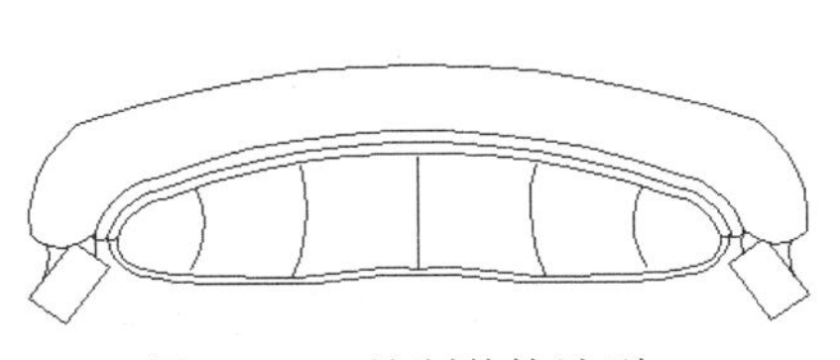

图 9-201　绘制装饰造型

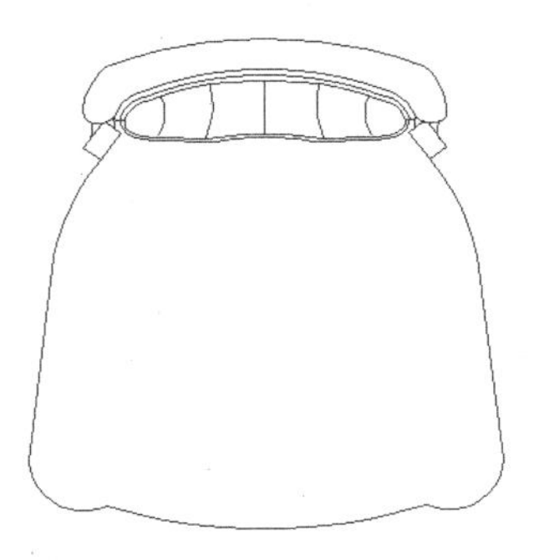

图 9-202　绘制坐面

2. 正立面图

绘制靠背椅正立面图的具体操作步骤如下。

（1）执行“圆心”命令，根据实际尺寸绘制靠背内轮廓，如图 9-203 所示。

（2）执行“偏移”命令，将靠背内轮廓向外依次偏移 30 mm、15 mm、8 mm，如图 9-204 所示。

（3）依次执行“直线”和“圆弧”命令，在内轮廓中绘制靠背花纹，如图 9-205 所示。

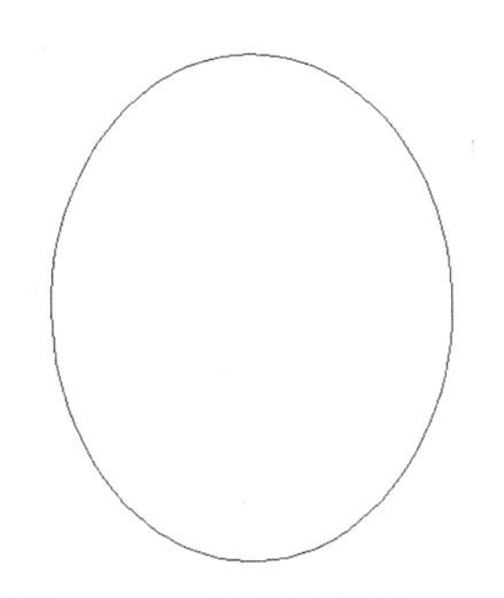

图 9-203　绘制内轮廓

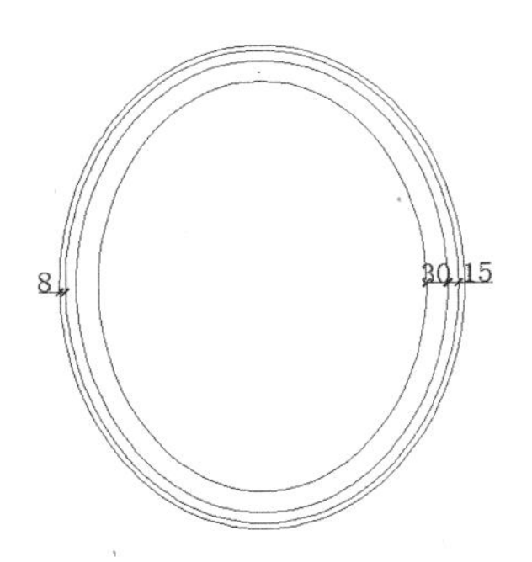

图 9-204　偏移轮廓

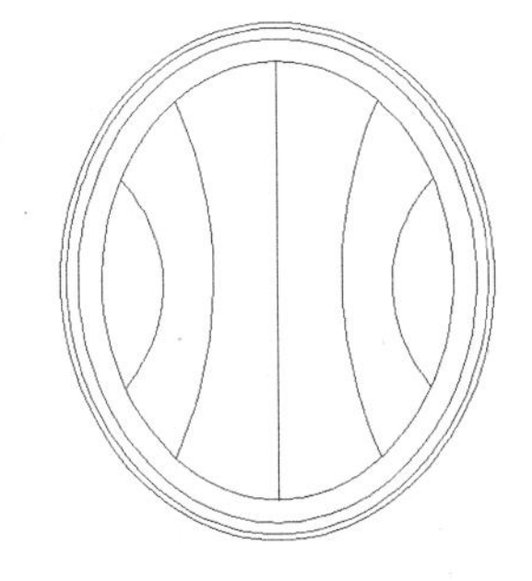

图 9-205　绘制花纹

（4）执行“圆弧”命令，在靠背左边位置绘制装饰造型，如图 9-206 所示。

（5）执行“镜像”命令，选择装饰造型，以靠背中点为镜像点进行镜像，如图 9-207 所示。

（6）执行“圆弧”命令，在靠背下面绘制椅子坐面轮廓，如图 9-208 所示。

图 9-206　绘制装饰造型

图 9-207　镜像造型

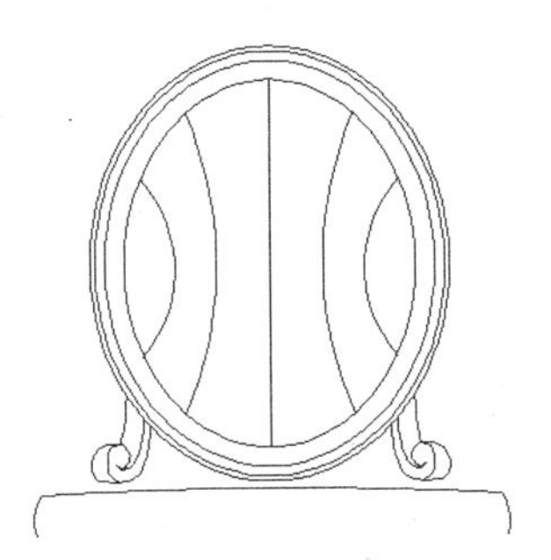

图 9-208　绘制坐面

（7）执行“矩形”命令，绘制长 730 mm、宽 20 mm 的矩形，作为椅子坐面，如图 9-209 所示。

（8）执行“圆弧”命令，在矩形位置绘制靠背椅的椅子腿和坐面的立面造型，如图 9-210 所示。

（9）执行“圆弧”命令，绘制靠背椅后面被遮挡的椅腿，如图 9-211 所示。

（10）执行“镜像”命令，选择刚绘制好的椅腿，将其进行镜像，再执行“修剪”命令，修剪掉多余的线段，如图 9-212 所示。靠背椅正立面图绘制完毕，保存文件即可。

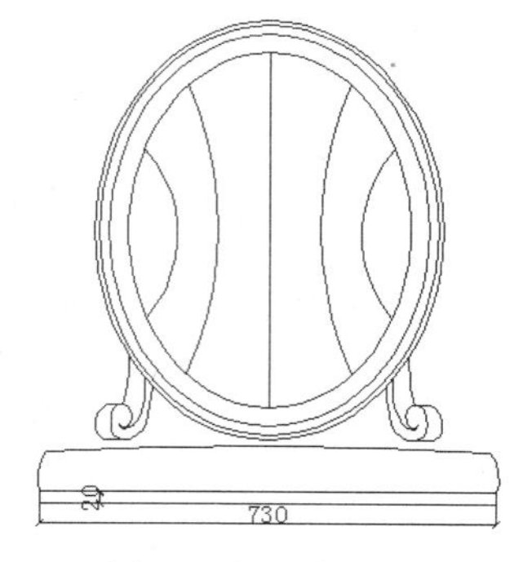

图 9-209 绘制矩形

图 9-210 绘制椅腿

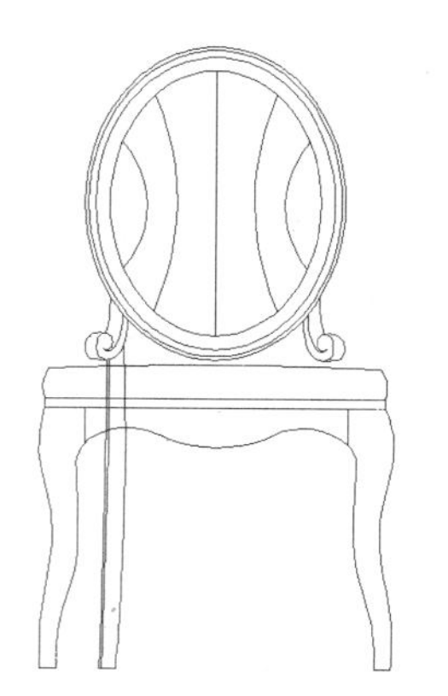
图 9-211 继续绘制椅腿

图 9-212 镜像椅腿

3. 侧立面图

绘制靠背椅侧立面图的具体操作步骤如下。

（1）执行“圆弧”命令，根据实际尺寸绘制靠背椅侧立面的靠背，如图 9-213 所示。

（2）执行“圆弧”命令，在靠背位置绘制椅腿，如图 9-214 所示。

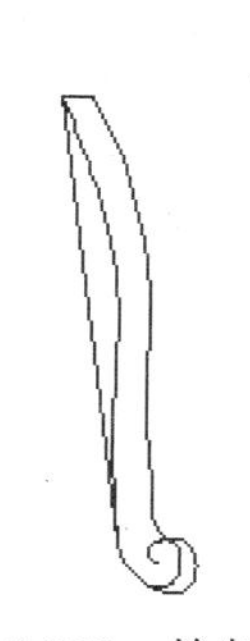
图 9-213 绘制靠背

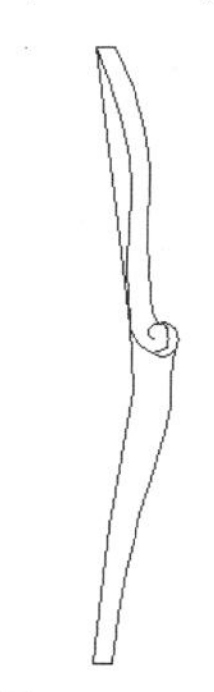
图 9-214 绘制椅腿

（3）依次执行“直线”和“圆弧”命令，绘制长 620 mm 的靠背椅坐面，如图 9-215 所示。

（4）执行“直线”命令，绘制出长 540 mm、宽 65 mm 的坐面厚度造型，如图 9-216 所示。

（5）执行“圆弧”命令，绘制靠背椅右边的椅腿，如图 9-217 所示。靠背椅侧立面图绘制完毕，保存文件即可。

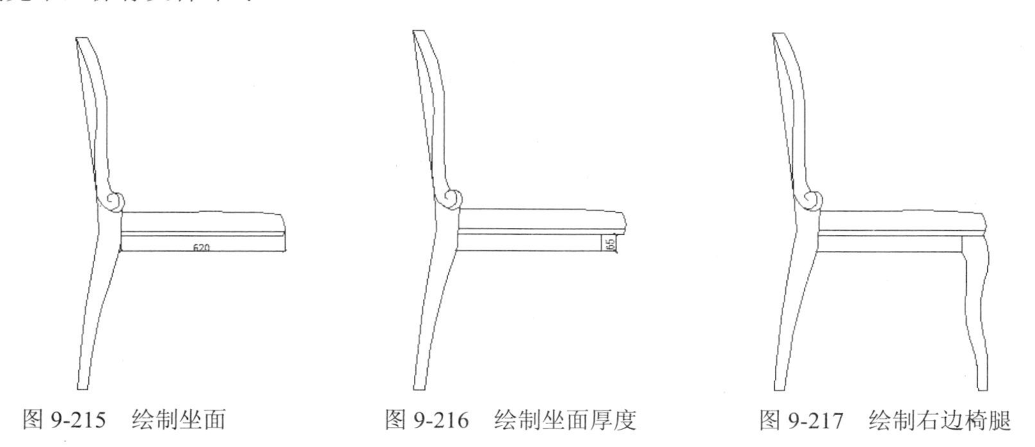

图 9-215　绘制坐面　　图 9-216　绘制坐面厚度　　图 9-217　绘制右边椅腿

第10章 室内家具图块设计Ⅱ

在第9章我们通过几个实例介绍了沙发、几案、椅凳和桌台等家具的绘制方法。本章继续介绍各种床类、橱柜类和其他家具的绘制方法。

10.1 绘制床类家具

床是家具中最重要的物品，是供人睡眠休息的主要卧具，人的一生有1/3的时间在床上度过。设计床的基本要求是使人躺在床上感到舒适，能尽快地进入睡眠，达到消除疲劳、恢复体力和补充精力的目的。

床作为一种日常生活中最重要的家具，主要包括床架和床垫两部分，床垫应坚固，可以承托人的身体。人的睡眠质量除了与床垫的软硬度有关外，往往还与床的大小有关。

1. 床长

床的长度应该以较高的人体作为标准进行设计。国家标准规定，成人用床的床面净长为1920 mm，适应大部分人的身高需要。

2. 床宽

试验表明700mm～1300 mm的床宽最适合单人床使用，使得睡眠状况良好。

3. 床高

考虑到人的穿衣、穿鞋动作和坐卧功能，一般床高在400mm～500 mm之间。国家标准规定，双层床的底床铺面离地面高度不大于420 mm，两层之间净高不小于950 mm。

床类家具的常见尺寸参见表10-1（单位为mm）。

表10-1 床类家具的常见尺寸 （单位：mm）

规格	双人床			单人床		
	长	宽	高	长	宽	高
大	2000	1500	480	2000	1000	480
中	1920	1350	440	1920	900	440
小	1850	1250	420	1850	800	420

10.1.1　绘制儿童床

对于现代家庭来讲，孩子无疑是家庭中的核心。给孩子一个舒适、温暖的儿童床，让孩子在空气新鲜、阳光充足、健康的环境中成长，也是对孩子疼爱的一种体现。本节介绍儿童床的绘制方法，包括平面图和立面图。

1. 平面图

绘制儿童床平面图的具体操作步骤如下。

（1）执行“矩形”命令，绘制长 1200 mm、宽 2000 mm 的矩形，作为儿童床的轮廓，如图 10-1 所示。

（2）执行“圆角”命令，设置圆角半径为 60 mm，对矩形进行圆角处理，如图 10-2 所示。

（3）执行“偏移”命令，设置偏移距离为 30 mm，选择儿童床轮廓，将其向内偏移，如图 10-3 所示。

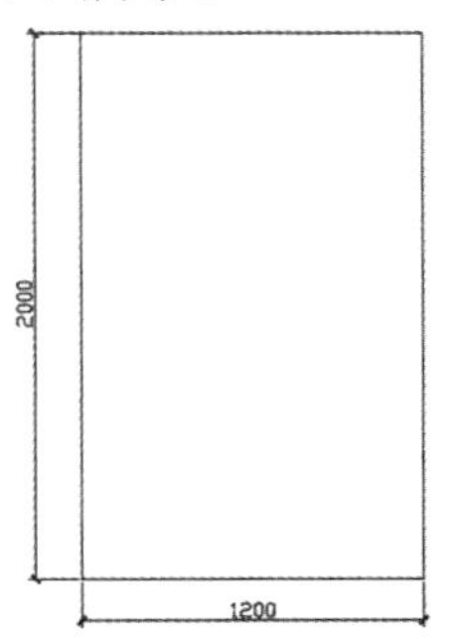

图 10-1　绘制儿童床轮廓

图 10-2　对矩形进行圆角处理

图 10-3　偏移床轮廓

（4）执行“直线”命令，在床头位置绘制枕头，如图 10-4 所示。

（5）执行“圆弧”命令，绘制枕头褶皱纹理，如图 10-5 所示。

（6）执行“直线”和“圆弧”命令，在床上绘制被子，如图 10-6 所示。

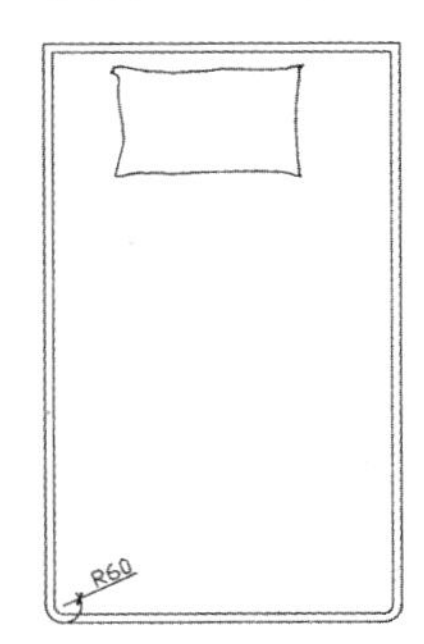

图 10-4　绘制枕头

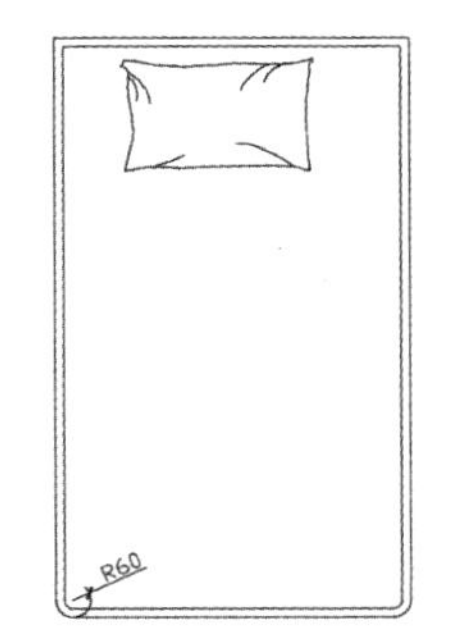

图 10-5　对枕头进行圆角

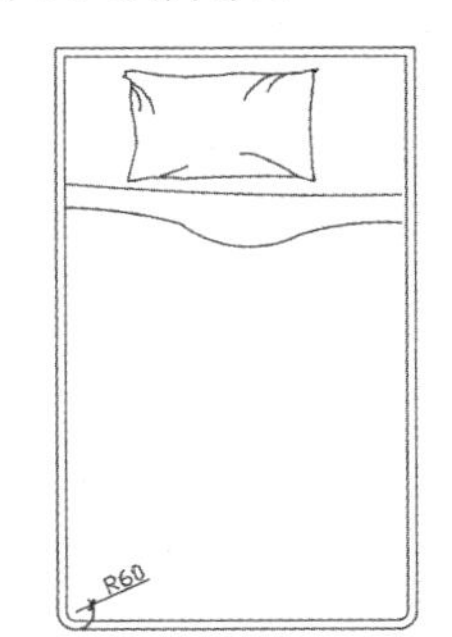

图 10-6　绘制被子

（7）执行“直线”命令，在被子上绘制一条直线，如图 10-7 所示。

（8）执行“偏移”命令，设置偏移尺寸为 60mm，偏移直线，再执行“修剪”命令，修剪直线，如图 10-8 所示。

（9）执行“图案填充”命令，选择填充图案“GRASS”，设置填充图案比例为 3，对被子进行填充，如图 10-9 所示。

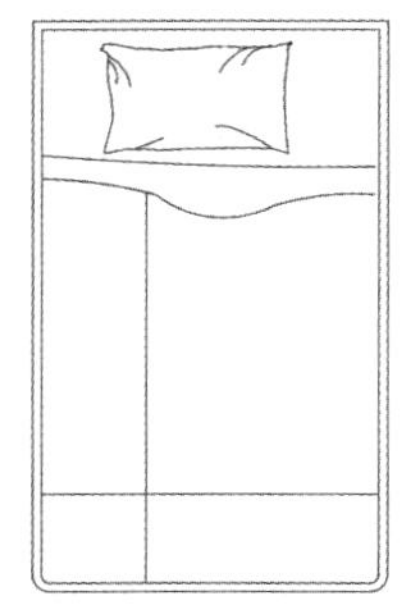
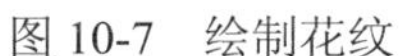

图 10-7　绘制花纹

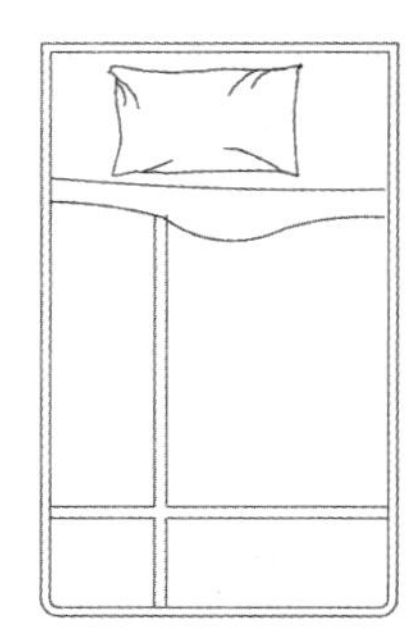

图 10-8　复制被子花纹

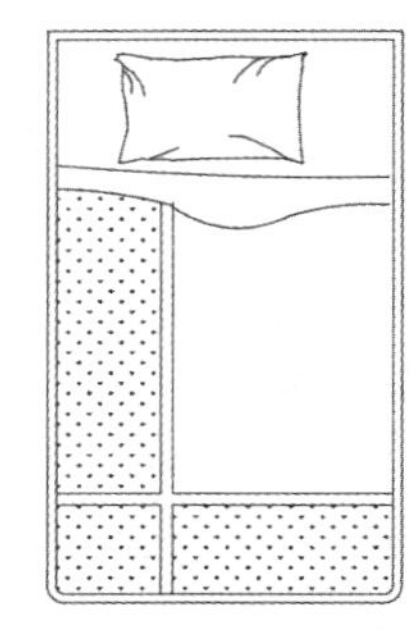

图 10-9　填充被子图形

（10）执行“图案填充”命令，选择填充图案“CROSS”，设置填充图案比例为 2，对被子进行填充，如图 10-10 所示。

（11）执行“矩形”命令，绘制长 450 mm、宽 450 mm 的矩形，作为床头柜轮廓，如图 10-11 所示。

（12）执行“偏移”命令，将床头柜轮廓向内偏移 30 mm，如图 10-12 所示。

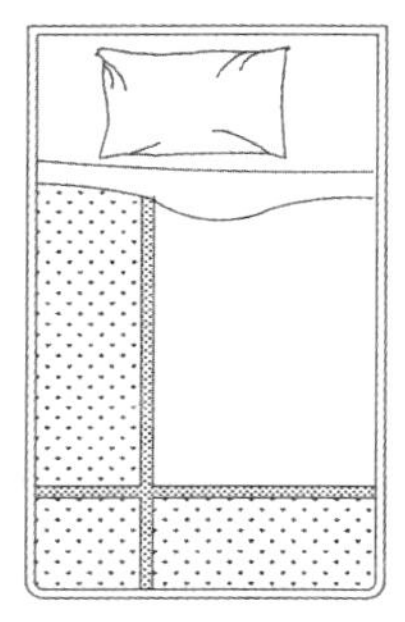

图 10-10　对被子花纹进行填充

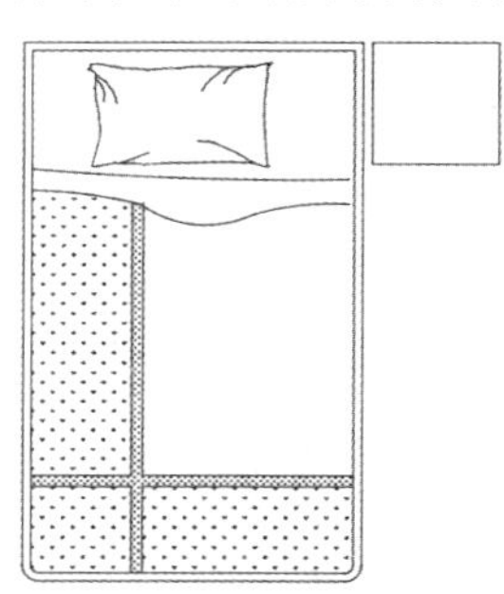

图 10-11　绘制床头柜

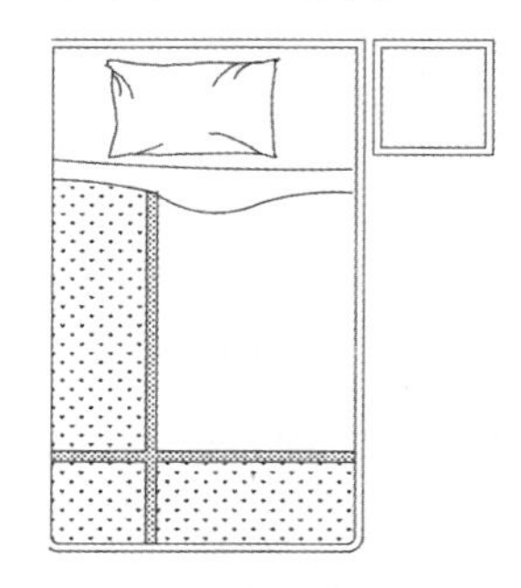

图 10-12　偏移床头柜轮廓

（13）执行“直线”和“圆心，半径”命令，绘制半径为 80 mm 的圆和交叉直线作为床头灯，如图 10-13 所示。

（14）执行“圆弧”命令，绘制抱枕，再执行“复制”命令，复制抱枕，如图 10-14 所示。儿童床平面图绘制完毕，保存文件即可。

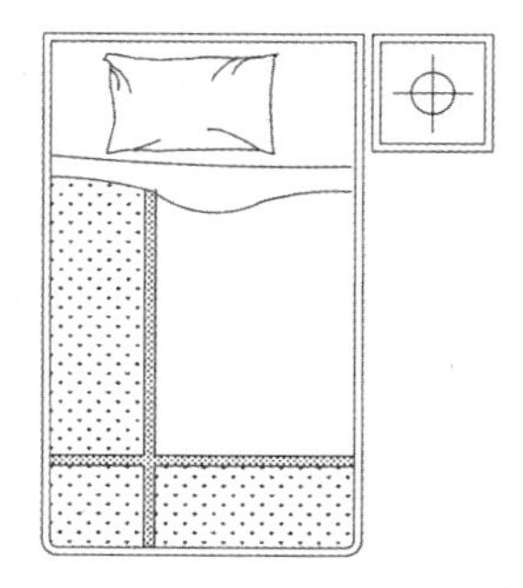

图 10-13　绘制床头灯

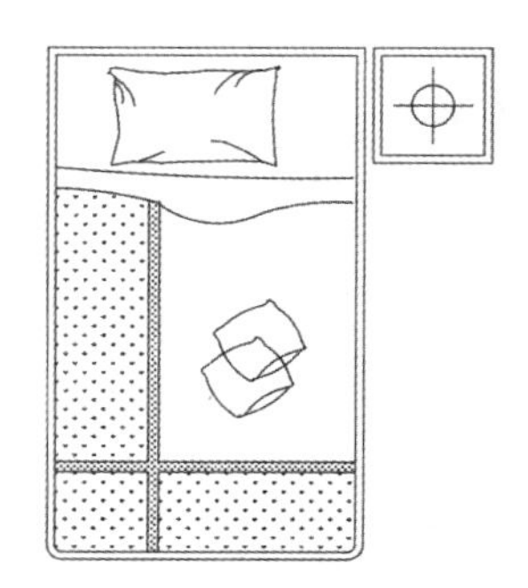

图 10-14　绘制抱枕

2. 立面图

绘制儿童床立面图的具体操作步骤如下。

（1）执行“矩形”命令，绘制长 1200 mm、宽 450 mm 的矩形，作为儿童床的立面轮廓，如图 10-15 所示。

（2）执行“圆角”命令，设置圆角半径为 50 mm，对立面轮廓图形进行圆角处理，如图 10-16 所示。

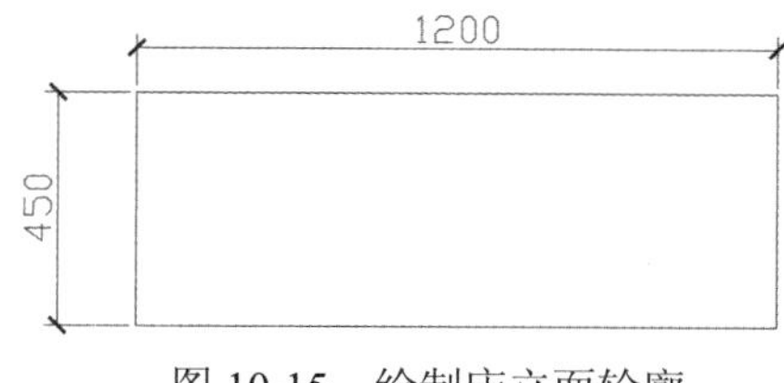

图 10-15　绘制床立面轮廓

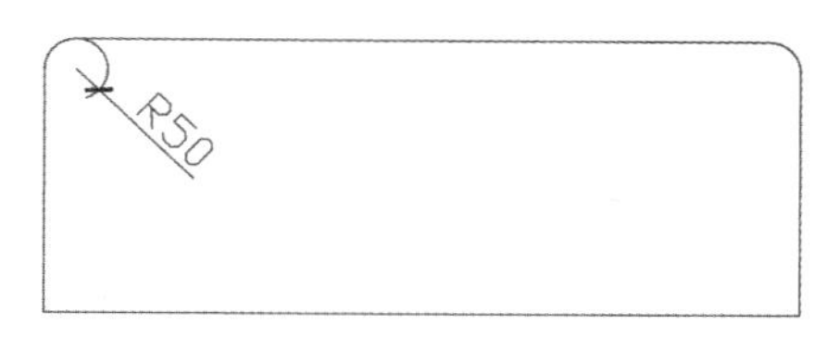

图 10-16　对轮廓图形进行圆角处理

（3）执行“直线”和“圆角”命令，在床立面轮廓的位置绘制床靠背，如图 10-17 所示。

（4）执行“偏移”命令，将床靠背向内偏移 60 mm，并执行“圆角”命令，将轮廓图形进行圆角处理，如图 10-18 所示。

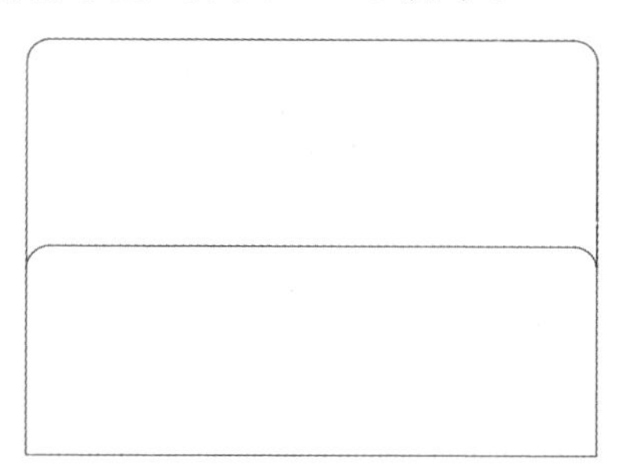

图 10-17　绘制床靠背

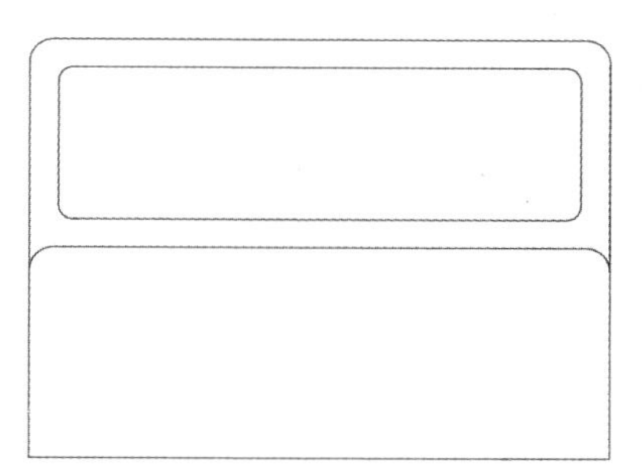

图 10-18　偏移床靠背轮廓

（5）依次执行“圆弧”“修剪”命令，在床头位置绘制枕头，如图 10-19 所示。

（6）执行“直线”命令，绘制床单褶皱效果，如图 10-20 所示。

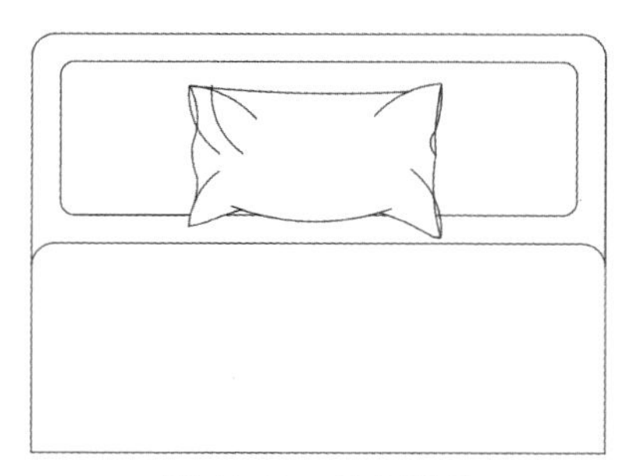

图 10-19　绘制枕头

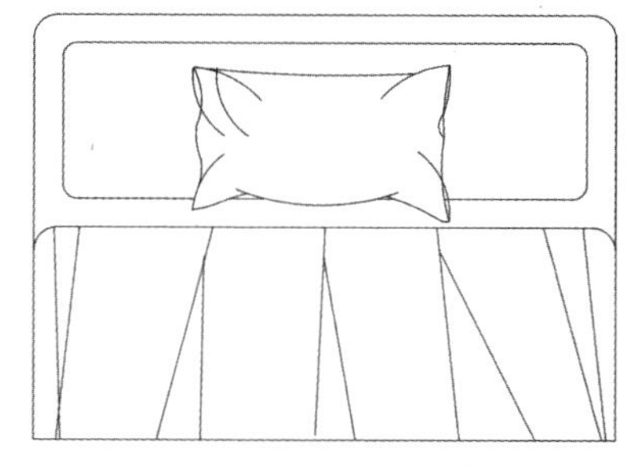

图 10-20　绘制床单

（7）执行“图案填充”命令，选择填充图案“CROSS”，设置填充图案比例 5，对靠背进行填充，如图 10-21 所示。

（8）执行“直线”命令，绘制床头柜轮廓，如图 10-22 所示。

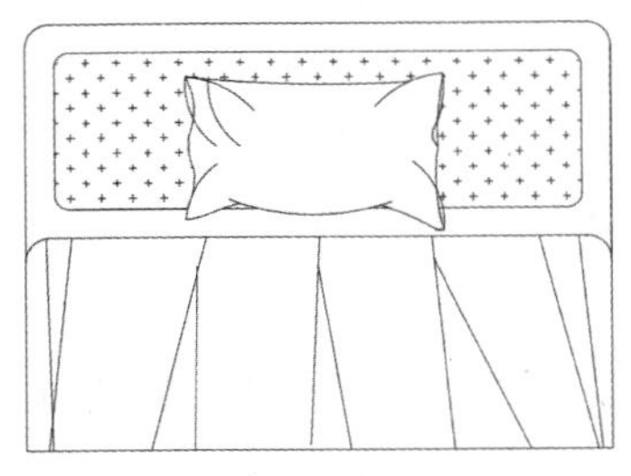
图 10-21　填充靠背

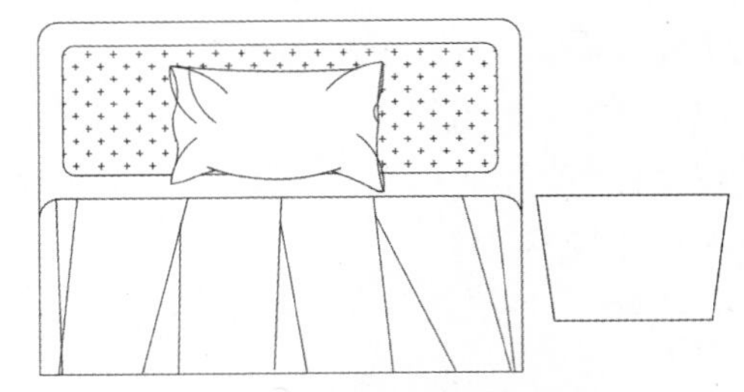
图 10-22　绘制床头柜轮廓

（9）执行“矩形”命令，绘制床头柜抽屉，如图 10-23 所示。

（10）执行“矩形”命令，绘制抽屉，再执行“圆”命令，绘制抽屉拉手，如图 10-24 所示。

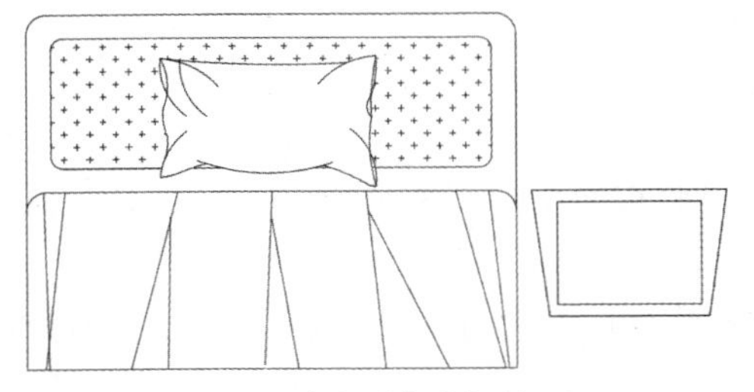
图 10-23　绘制床头柜抽屉

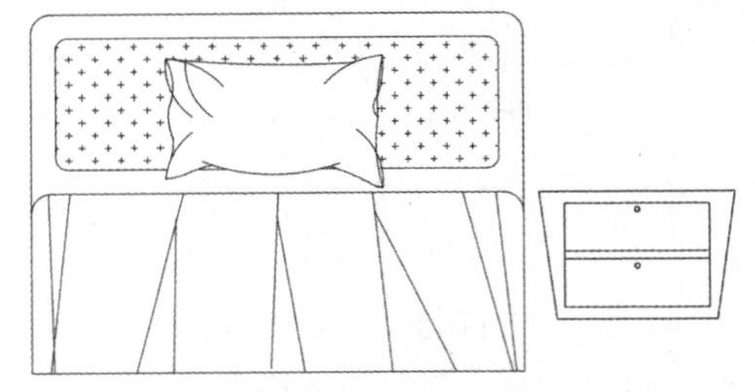
图 10-24　绘制抽屉拉手

（11）执行“直线”“修剪”命令，在床头柜位置绘制床头柜腿，如图 10-25 所示。

（12）执行“圆弧”命令，在床头柜的底部绘制床头柜底座，如图 10-26 所示。

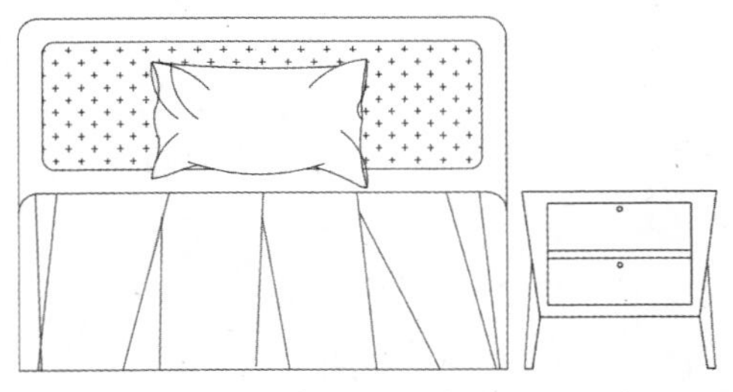
图 10-25　绘制床头柜腿

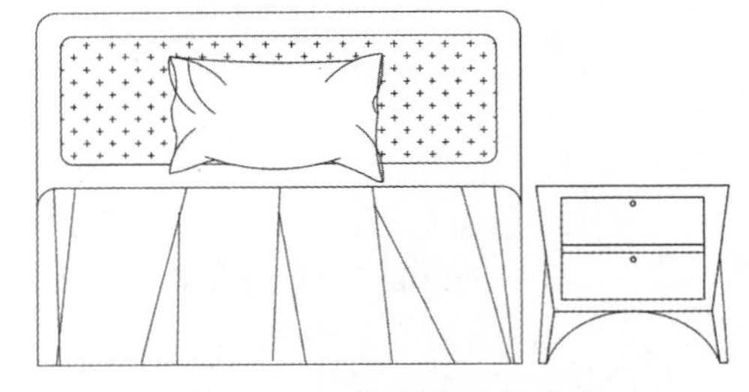
图 10-26　绘制床头柜底座

（13）依次执行“直线”和“矩形”命令，绘制床头灯，如图 10-27 所示。

（14）执行“图案填充”命令，选择填充图案“AR-RROOF”，设置填充图案比例 3，填充角度为 45°，对台灯进行填充，如图 10-28 所示。儿童床立面图绘制完毕，保存文件即可。

图 10-27　绘制床头灯

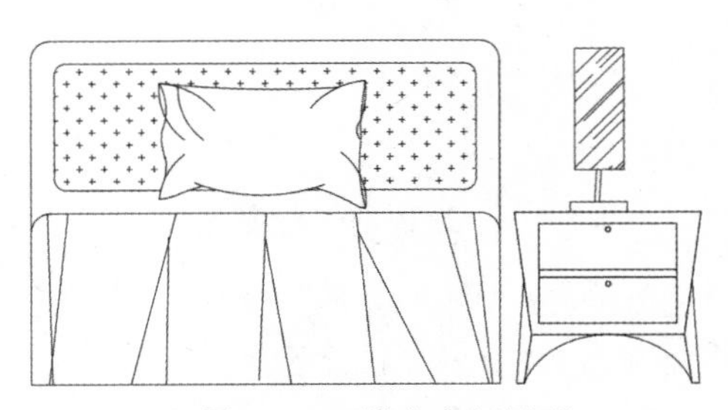
图 10-28　填充台灯图形

10.1.2　绘制双人床

双人床比一般可以容纳两个人甚至更多的人使用。现代的双人床，长可达 1800mm～2200 mm，宽可达 1500mm～1800 mm。如果卧室空间许可的话，床应该越大越好。

绘制双人床的具体操作步骤如下。

（1）执行“矩形”命令，绘制一个长 1500 mm、宽 500 mm 的长方形作为床轮廓，如图 10-29 所示。

（2）执行“圆弧”命令，在距离床轮廓 502 mm 的位置绘制圆弧图形作为床靠背，然后执行“偏移”命令，将绘制好的圆弧向内偏移 50 mm，如图 10-30 所示。

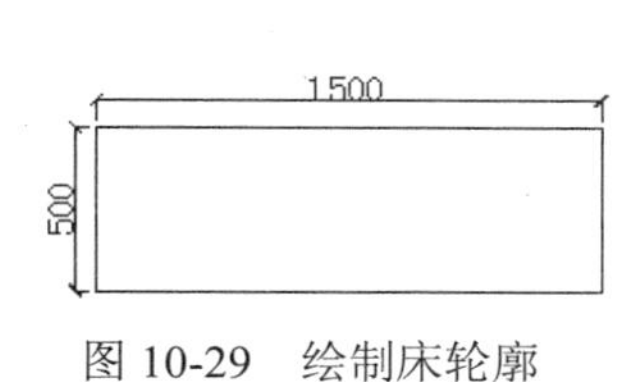

图 10-29　绘制床轮廓

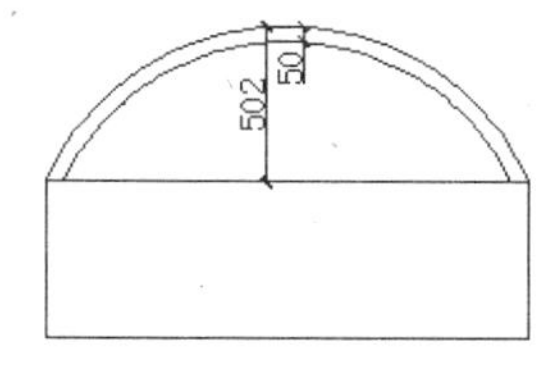

图 10-30　绘制靠背

（3）依次执行“直线”和“圆弧”命令，根据实际情况在床轮廓位置绘制床单轮廓，如图 10-31 所示。

（4）执行“修剪”命令，选择绘制好的床单轮廓，修剪多余的线段，如图 10-32 所示。

（5）依次执行“直线”和“圆弧”命令，在床靠背位置绘制辅助线，然后绘制床靠背上的花纹图案，如图 10-33 所示。

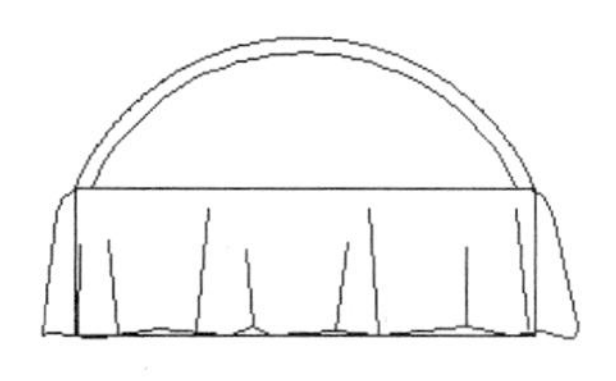
图 10-31　绘制床单轮廓

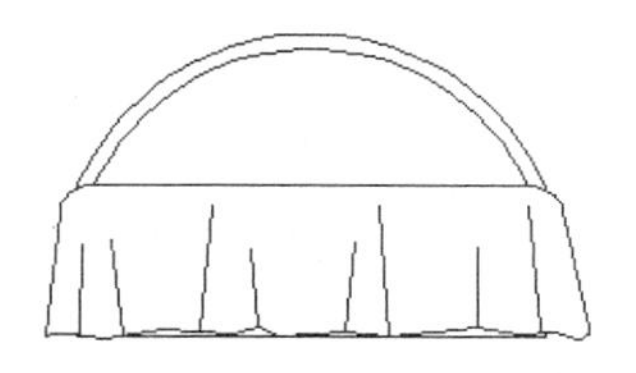
图 10-32　修剪线段

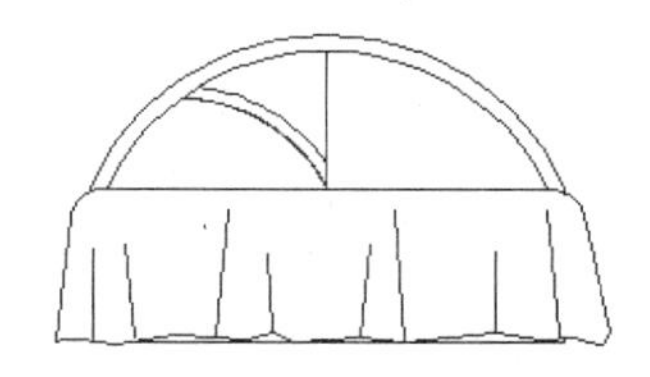
图 10-33　绘制花纹

（6）执行“镜像”命令，选择绘制好的图案，以辅助线为镜像点进行镜像，然后执行“修剪”命令，修剪多余的线段并删除辅助线，如图 10-34 所示。

（7）执行“图案填充”命令，选择填充图案“GRASS”和“ESHER”，设置填充图案比例均为 2，对床靠背图形进行填充，如图 10-35 所示。

（8）执行“矩形”命令，绘制一个长、宽均为 500 mm 的矩形作为床头柜，执行“分解”命令，将矩形进行分解，如图 10-36 所示。

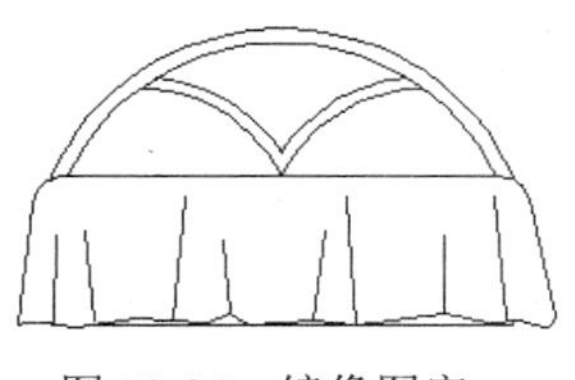
图 10-34　镜像图案

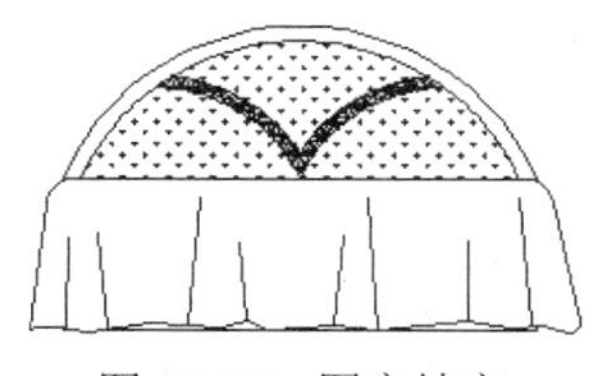
图 10-35　图案填充

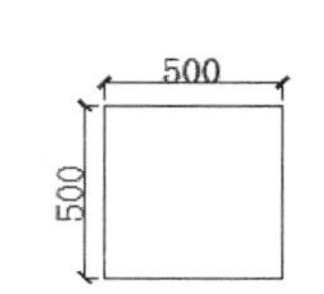

图 10-36　绘制床头柜

（9）执行“分解”命令，分解矩形，再执行“偏移”命令，将矩形的上边线向下依次偏移 40 mm，左右两侧边线分别向内偏移 40 mm，再执行“修剪”命令，修剪掉多余的线段，如图 10-37 所示。

（10）执行“偏移”命令，将矩形上边线向下依次偏移 180 mm，如图 10-38 所示。

（11）执行“圆心，半径”命令，绘制半径为 18 mm 的圆作为床头柜拉手，并放在床边合适的位置，如图 10-39 所示。

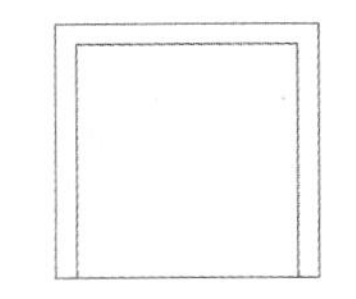

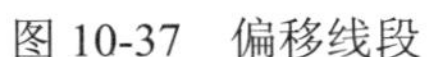

图 10-37　偏移线段

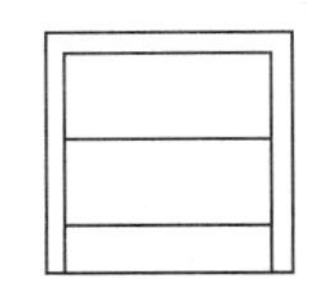

图 10-38　偏移线段

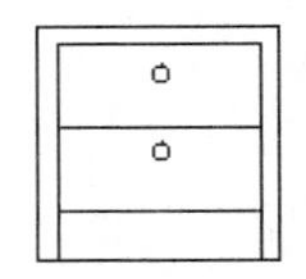

图 10-39　绘制拉手

（12）执行“插入”|“块”命令，插入台灯图块，并放置在床头柜合适的位置，如图 10-40 所示。

（13）执行“镜像”命令，以床靠背的中点为镜像点，将绘制好的床头柜进行镜像，如图 10-41 所示。双人床绘制完毕，保存文件即可。

图 10-40　插入台灯图块

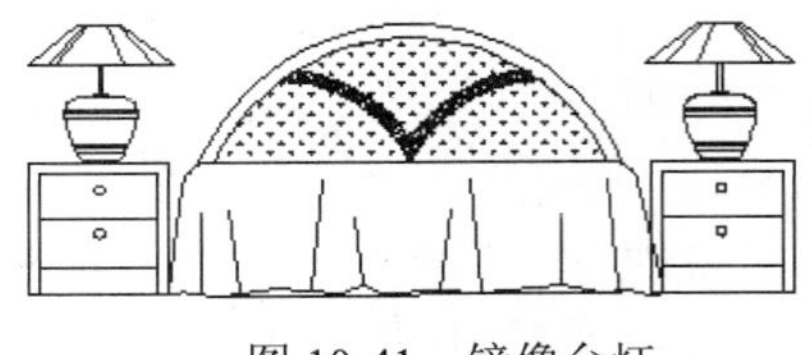

图 10-41　镜像台灯

10.1.3　绘制四柱床

四柱床最初是为了让贵族们保有隐私，所以在床铺四周加挂帘幔以达到遮掩效果，后来发展为根据柱子的材质和雕刻工艺来展示主人的财富。也许是因为它体积大，稳重豪华，所以并不适合普通小居室。不过，它那优雅浪漫的气质，却依旧让人迷恋。

绘制某一款四柱床的具体操作步骤如下。

（1）执行“矩形”命令，绘制长 2091 mm、宽 60 mm 的矩形作为床柱顶层，如图 10-42 所示。

（2）执行“矩形”命令，绘制长 55 mm、宽 2088 mm 的矩形作为床柱，如图 10-43 所示。

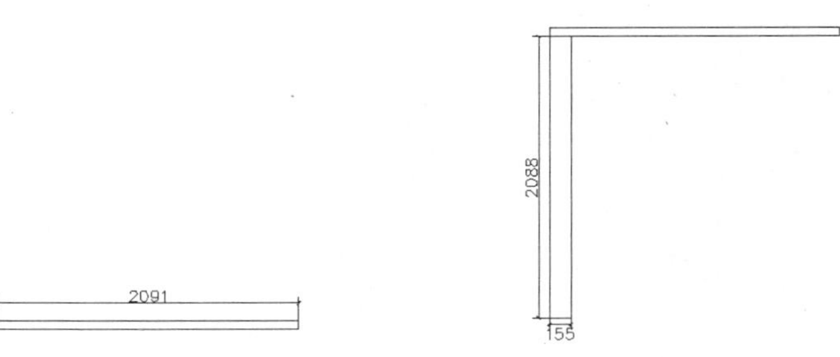

图 10-42　绘制床柱顶层

图 10-43　绘制床柱

（3）执行“分解”命令，将床柱图形进行分解，执行“偏移”命令，将其左右两边和底部线段分别向内偏移 15 mm，如图 10-44 所示。

（4）执行“图案填充”命令，选择填充图案“ESCHER”，设置图案填充颜色为颜色 253，设置填充图案比例为 150，对床柱和床柱顶层进行填充，如图 10-45 所示。

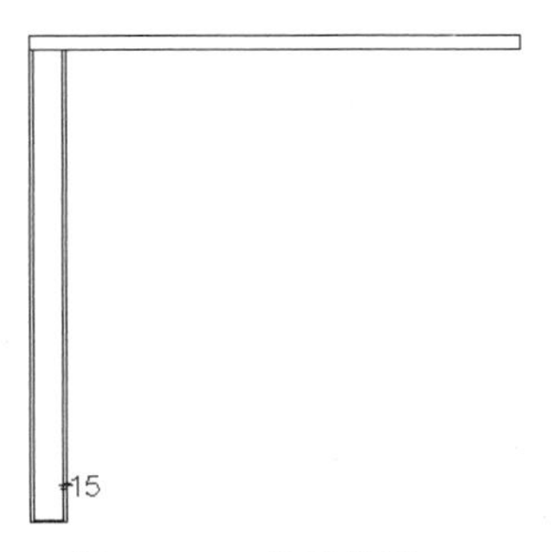

图 10-44　偏移线段

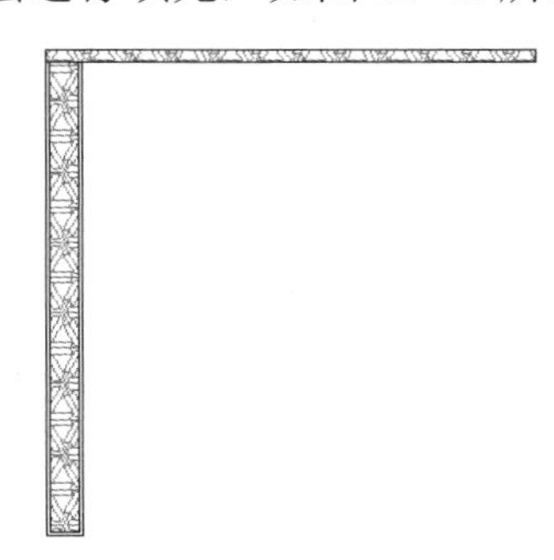

图 10-45　填充床柱和床顶层

（5）执行“镜像”命令，以床柱顶层中心点为镜像点，将床柱进行镜像操作，如图 10-46 所示。

（6）执行“圆弧”命令，在两床柱上方绘制圆弧，执行“偏移”命令，将圆弧向下偏移 20 mm，如图 10-47 所示。

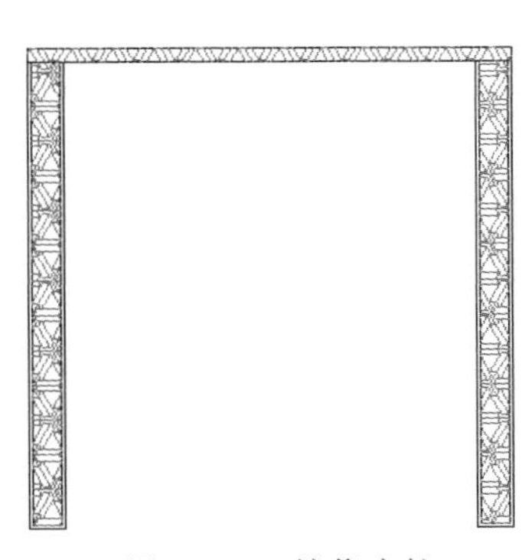

图 10-46　镜像床柱

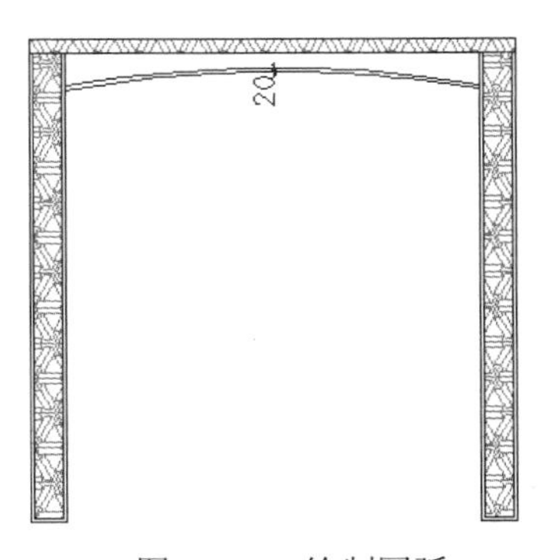

图 10-47　绘制圆弧

（7）执行“圆弧”命令，绘制床靠背造型中间的形状，如图 10-48 所示。

（8）采用同样的方法，继续绘制床靠背形状，如图 10-49 所示。

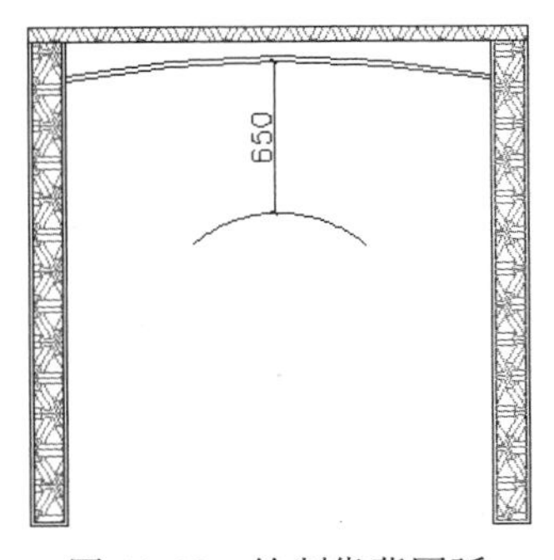

图 10-48　绘制靠背圆弧

图 10-49　继续绘制靠背

（9）执行“偏移”命令，将床靠背形状向内偏移 20 mm，执行“修剪”命令，修剪多余的线段，如图 10-50 所示。

（10）依次执行“多段线”和“直线”命令，在床靠背位置绘制枕头，如图 10-51 所示。

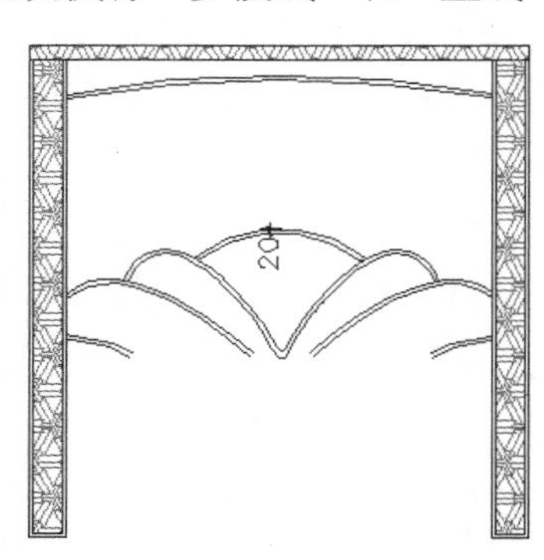

图 10-50　偏移靠背

图 10-51　绘制枕头

（11）执行“复制”命令，选择绘制好的枕头，将其复制到右边，如图 10-52 所示。

（12）依次执行“直线”和“圆弧”命令，在枕头下方的位置绘制床的轮廓，如图 10-53 所示。

图 10-52　复制枕头

图 10-53　绘制床轮廓

（13）执行“多段线”命令，在床下方的位置绘制床单花纹，如图 10-54 所示。

（14）依次执行“圆弧”和“直线”命令，在床下方绘制出床单褶皱效果，如图 10-55 所示。

图 10-54　绘制床单花纹

图 10-55　绘制床单褶皱

（15）执行“圆弧”命令，在床靠背位置绘制圆弧，以便填充图案，如图 10-56 所示。

（16）执行“图案填充”命令，选择填充图案“ANSI37”，设置填充图案比例为 100，对床靠背的圆弧部分进行填充，如图 10-57 所示。

图 10-56　绘制圆弧

图 10-57　填充圆弧区域

（17）执行“图案填充”命令，选择填充图案“AR-CONC”，设置填充图案比例为 20，对床靠背进行填充，如图 10-58 所示。

（18）采用同样的方法，选择填充图案“CROSS”，设置填充图案比例为 50，对床单和枕头进行填充，如图 10-59 所示。四柱床绘制完毕，保存文件即可。

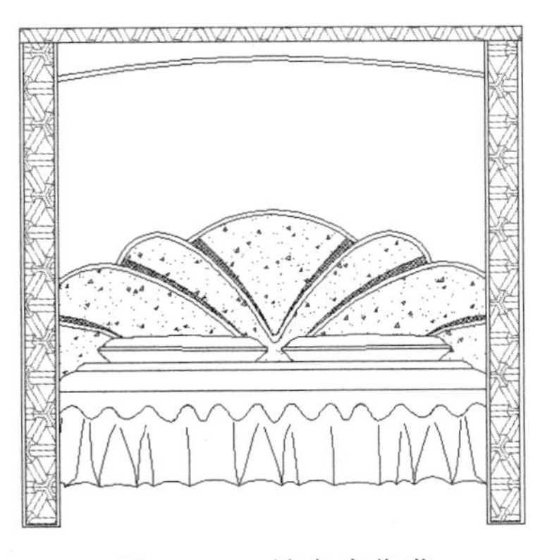
图 10-58　填充床靠背

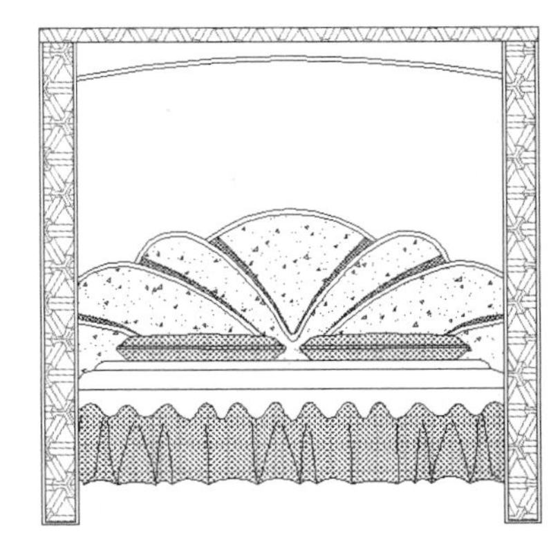
图 10-59　填充床单和枕头

10.2　绘制橱柜类家具

橱柜类家具是具有收藏贵重物品、整理日常生活杂物和放置书本、杂志等功用的家具。根据名称的不同，可分为柜类和架类两种，柜类主要分为衣柜、书柜、陈列柜、酒柜等；架类主要有书架、食品架、陈列架、衣帽架等。

橱柜类家具与人们的生活密切相关。橱柜类家具可以分为框架构成和板式构成，目前大多数的橱柜都是由板式构成的。本节通过电视柜、书柜、酒柜和衣橱的绘制来介绍此类家具的绘制过程。

10.2.1 绘制电视柜

电视柜是家具中的一个种类，因人们不满足把电视机随意摆放而产生的家具，也称为视听柜。电视柜按结构一般分为地柜式、组合式和板架结构等几种类型，按材质可分为钢木结构、玻璃/钢管结构、大理石结构及板式结构。随着时代的发展，越来越多的新材料、新工艺用在了电视柜的制造设计上，体现了其在家具装饰和实用上的重要性。

绘制电视柜的具体操作步骤如下。

（1）执行“矩形”命令，绘制长 3900 mm、宽 500 mm 的矩形作为电视柜轮廓，如图 10-60 所示。

（2）执行“分解”命令，将矩形进行分解，再执行“偏移”命令将矩形左边线向右依次偏移 800 mm、500 mm、500 mm、500 mm、800 mm，如图 10-61 所示。

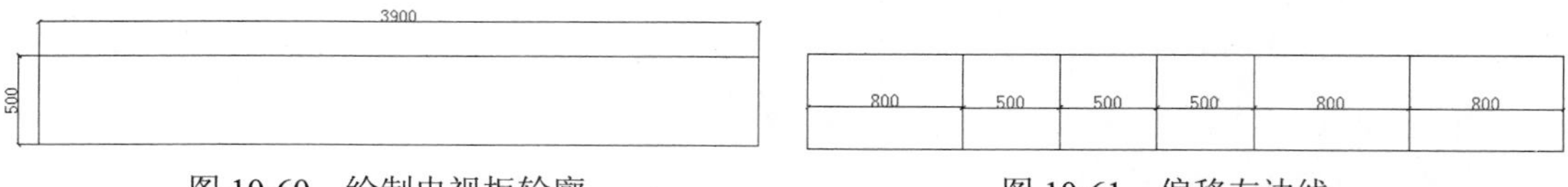

图 10-60　绘制电视柜轮廓　　图 10-61　偏移左边线

（3）执行“偏移”命令，将矩形顶部线段向下依次偏移 170 mm、35 mm，然后执行“修剪”命令，修剪多余的线段，如图 10-62 所示。

（4）执行“矩形”命令，绘制长 3800 mm、宽 80 mm 的矩形，作为电视柜底座，如图 10-63 所示。

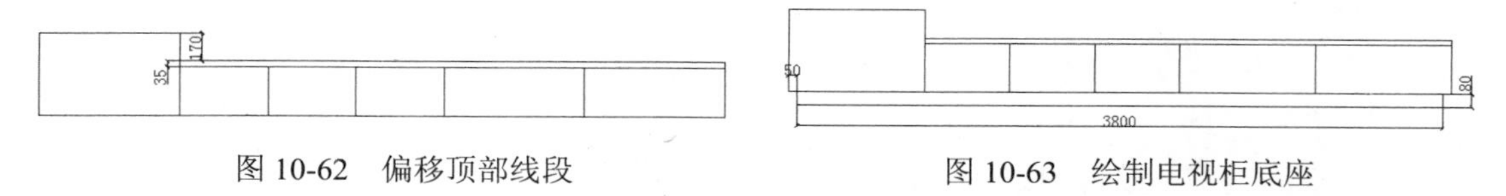

图 10-62　偏移顶部线段　　图 10-63　绘制电视柜底座

（5）执行“矩形”命令，绘制长 1550 mm、宽 20 mm 的电视柜隔板，如图 10-64 所示。

（6）继续执行“矩形”命令，在隔板下面绘制支撑杆，并在右边位置绘制长 800 mm、宽 595 mm 的橱柜，如图 10-65 所示。

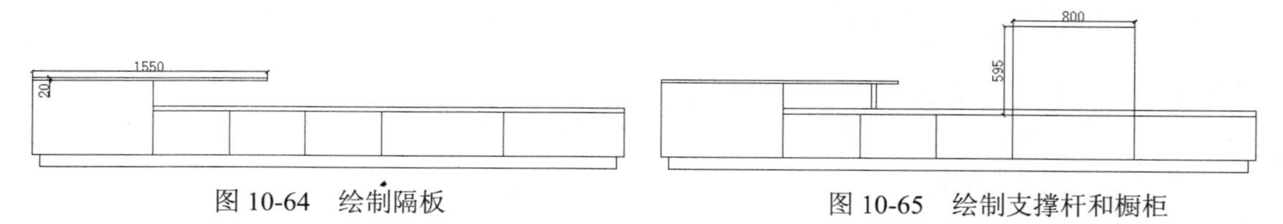

图 10-64　绘制隔板　　图 10-65　绘制支撑杆和橱柜

（7）执行“分解”命令，将矩形分解，然后将矩形顶部线段向下偏移 80 mm，左边线向右依次偏移 390 mm、10 mm、10 mm，如图 10-66 所示。

（8）执行“矩形”命令，在橱柜左边绘制长 1200 mm、宽 20 mm 的隔板，如图 10-67 所示。

（9）执行“直线”命令，在刚绘制好的隔板下面绘制支撑杆，如图 10-68 所示。

（10）执行“矩形”命令，在图左边位置绘制长 620 mm、宽 2200 mm 的矩形，如图 10-69 所示。

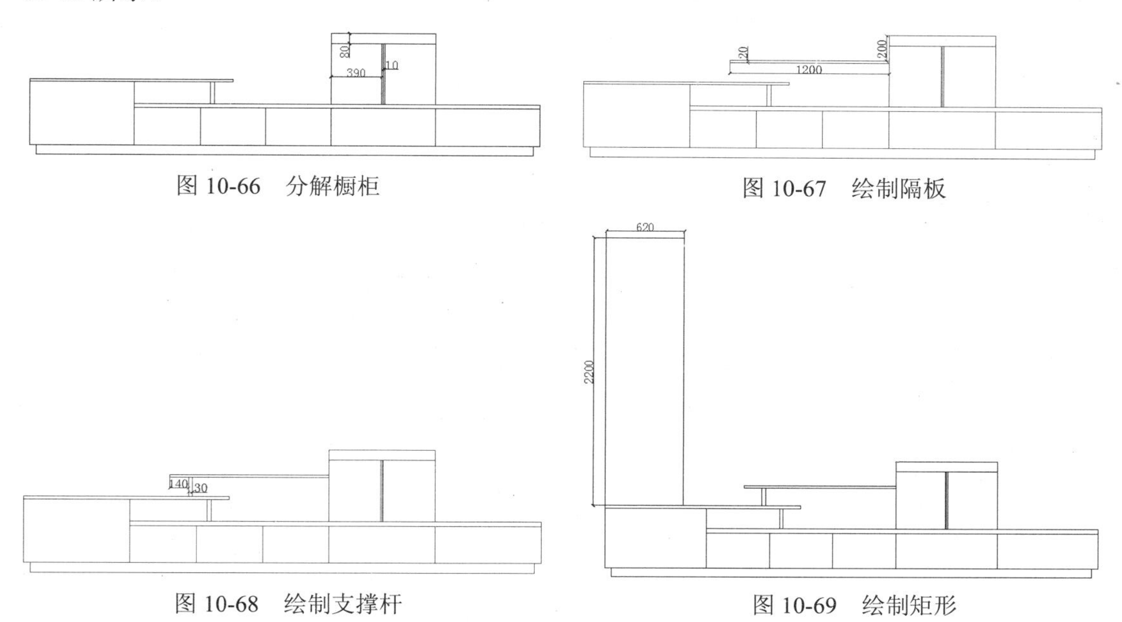

图 10-66　分解橱柜

图 10-67　绘制隔板

图 10-68　绘制支撑杆

图 10-69　绘制矩形

（11）执行“分解”命令，将矩形分解，然后执行“偏移”命令，将矩形左右两侧边线分别向内偏移 20 mm，将顶部线段向下依次偏移 400 mm、830 mm、200 mm，如图 10-70 所示。

（12）执行“直线”命令，在绘制好的矩形位置绘制斜线，执行“修剪”命令，修剪多余的线段，如图 10-71 所示。

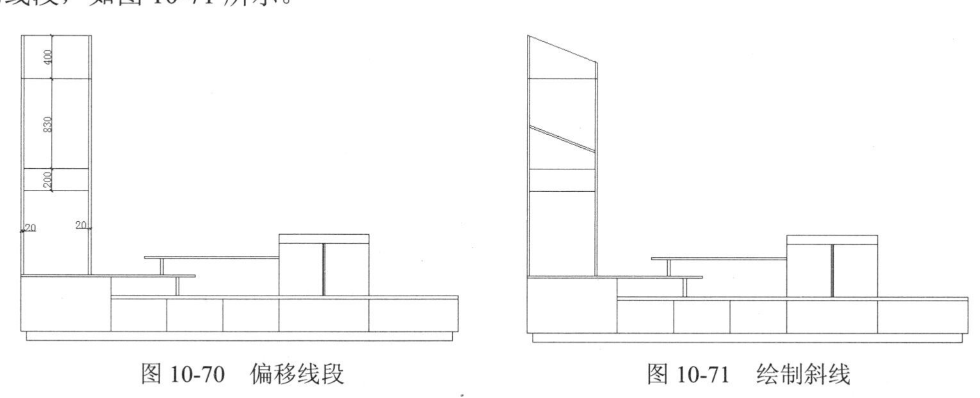

图 10-70　偏移线段

图 10-71　绘制斜线

（13）执行“矩形”命令，在图左边位置绘制长 1200 mm、宽 20 mm 的隔板，如图 10-72 所示。

（14）执行“矩形”命令，继续绘制长 425 mm、宽 20 mm 的隔板，如图 10-73 所示。

（15）在图右边位置，执行“矩形”命令，绘制长 20 mm、宽 1815 mm 的支撑杆，如图 10-74 所示。

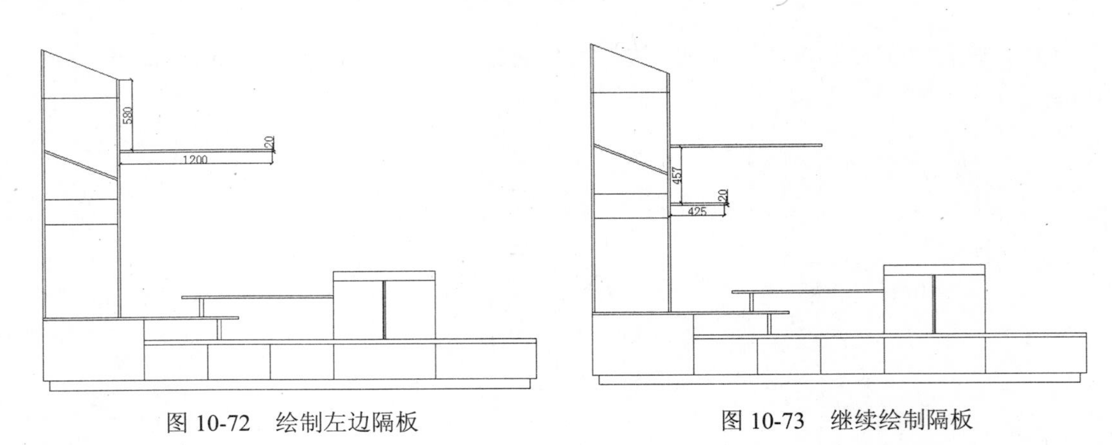

图 10-72　绘制左边隔板　　　　图 10-73　继续绘制隔板

（16）执行“矩形”命令，在支撑杆的顶部绘制长 735 mm、宽 20 mm 的隔板，如图 10-75 所示。

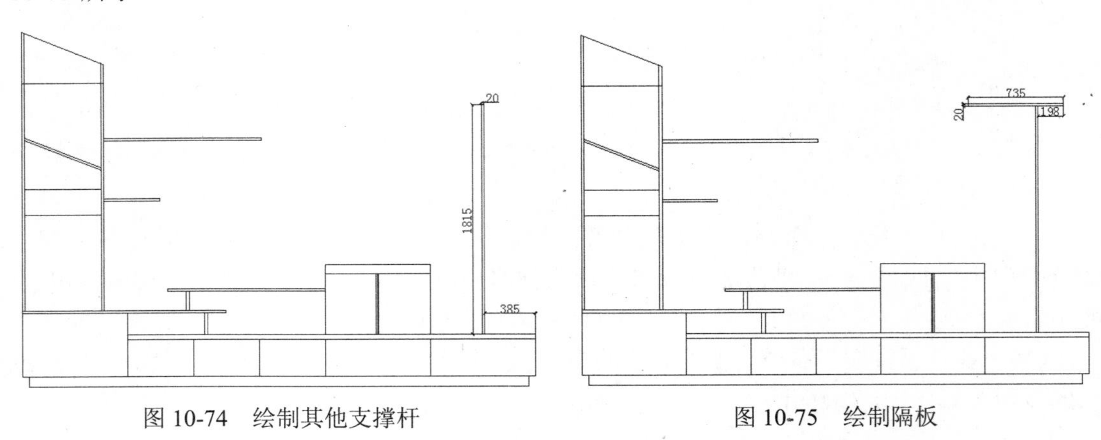

图 10-74　绘制其他支撑杆　　　　图 10-75　绘制隔板

（17）执行“矩形”命令，在支撑杆的中间位置绘制长 395 mm、宽 20 mm 的隔板，如图 10-76 所示。

（18）采用同样的方法，继续在支撑杆位置绘制隔板，然后执行“修剪”命令，修剪多余的线段，如图 10-77 所示。

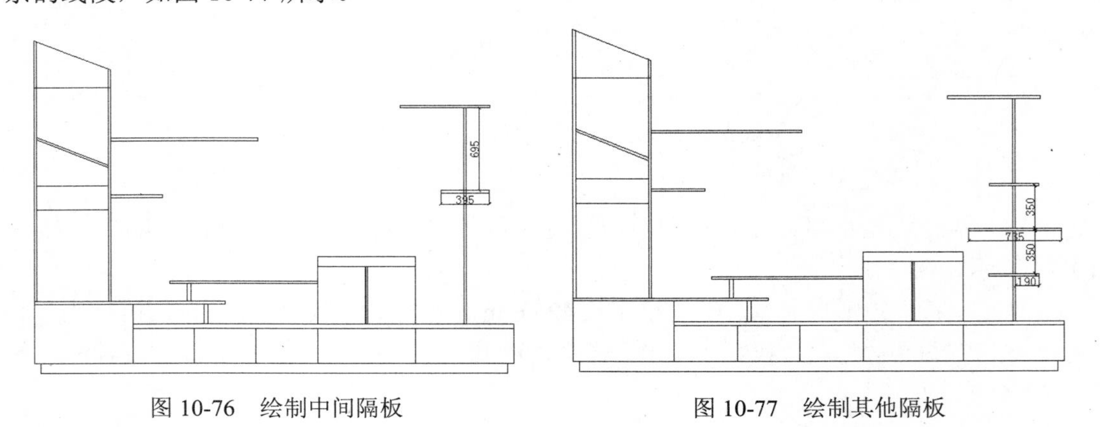

图 10-76　绘制中间隔板　　　　图 10-77　绘制其他隔板

（19）执行“图案填充”命令，选择填充图案“PLASTI”，设置填充图案比例为 20，图案填充角度为 90°，对电视柜隔板进行填充，如图 10-78 所示。电视柜绘制完毕。

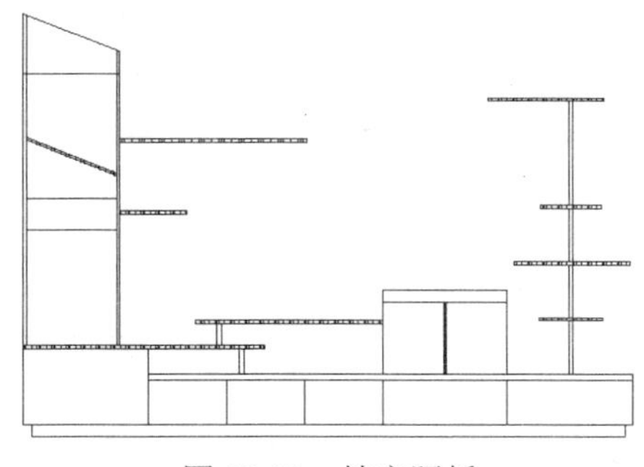

图 10-78　填充隔板

10.2.2　绘制书柜

书柜是书房中的主要家具之一，是专门用来存放书籍、报刊和杂志等的柜子。市场上常见的书柜有一字形、L 形和 U 形，书房面积较小的家庭比较适合一字形的书柜，面积适中的家庭可以选择 L 形书柜，面积较大的家庭可以选择 U 形书柜。

绘制某一款书柜的具体操作步骤如下。

（1）执行“矩形”命令，绘制长 3340 mm、宽 2450 mm 的矩形，作为书柜立面轮廓，如图 10-79 所示。

（2）执行“分解”命令，将矩形分解，再执行“偏移”命令，将矩形左边线向右依次偏移 60 mm、300 mm、60 mm、500 mm、495 mm、5 mm、500 mm、5 mm、495 mm、500 mm、60 mm、300 mm，如图 10-80 所示。

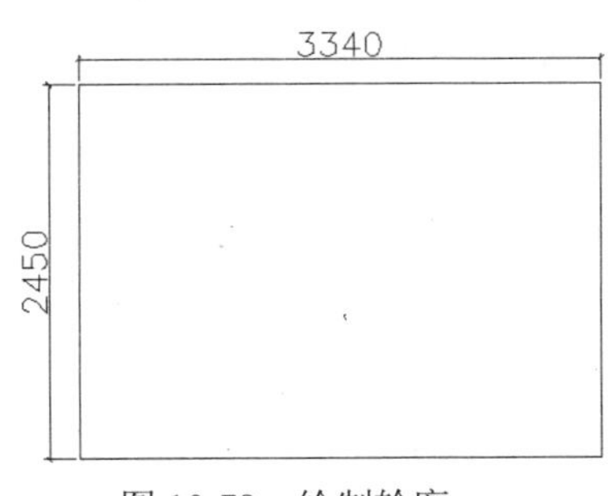

图 10-79　绘制轮廓

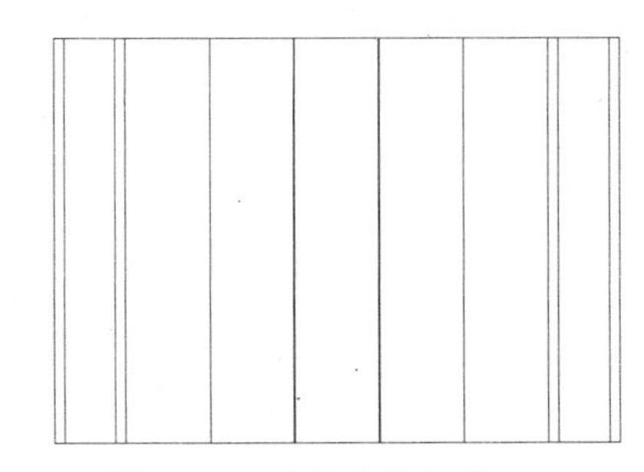

图 10-80　偏移左边线段

（3）执行“偏移”命令，将矩形顶部线段向下依次偏移 100 mm、5 mm、95 mm、100 mm、1 300 mm、19 mm、181 mm、40 mm、20 mm，如图 10-81 所示。

（4）执行“修剪”命令，选择偏移后的线段，修剪掉多余的线段，如图 10-82 所示。

（5）执行“矩形”命令，在左边第三个方格中绘制长 375 mm、宽 1575 mm 的矩形，作为玻璃外框，如图 10-83 所示。

（6）执行“复制”命令，将绘制好的矩形复制到右边第三个方格中，如图 10-84 所示。

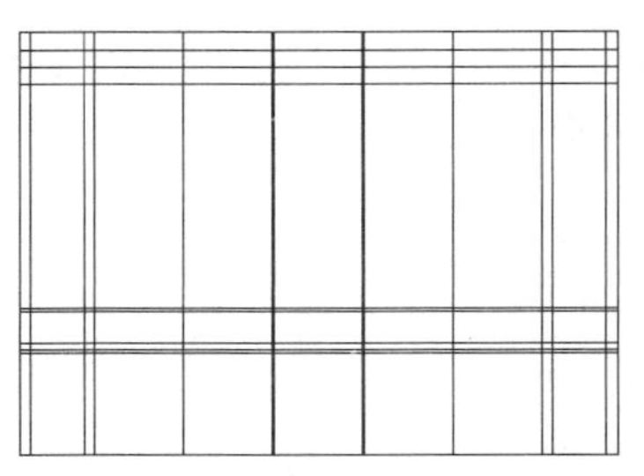

图 10-81　偏移顶部线段

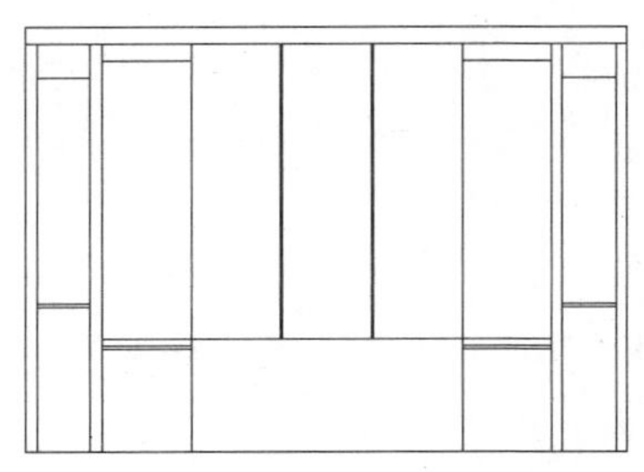

图 10-82　修剪多余的线段

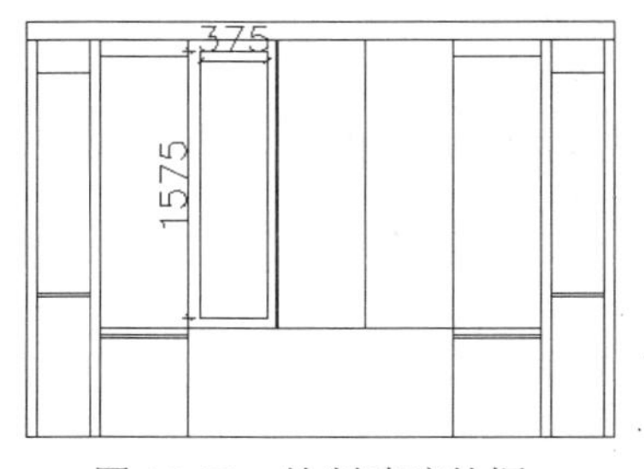

图 10-83　绘制玻璃外框

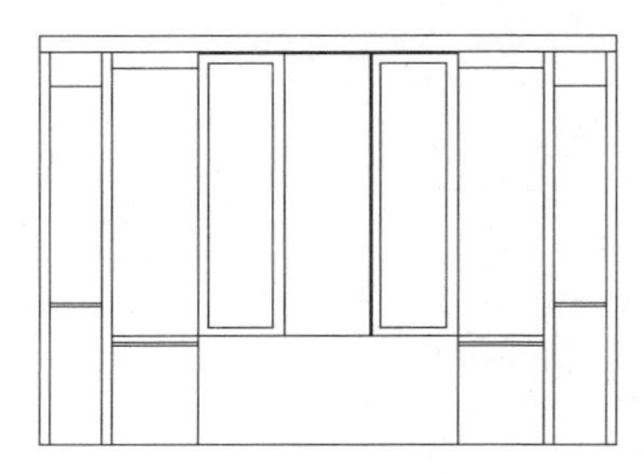

图 10-84　复制图形

（7）执行“矩形”命令，在图中心的方格中绘制长 430 mm、宽 1575 mm 的玻璃外框，如图 10-85 所示。

（8）执行“矩形”命令，在左边第三个方格玻璃外框中绘制长 210 mm、宽 1545 mm 的矩形作为玻璃内框，如图 10-86 所示。

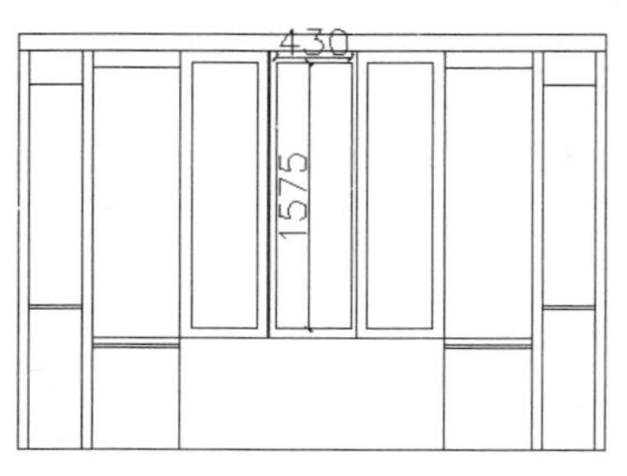

图 10-85　继续绘制外框

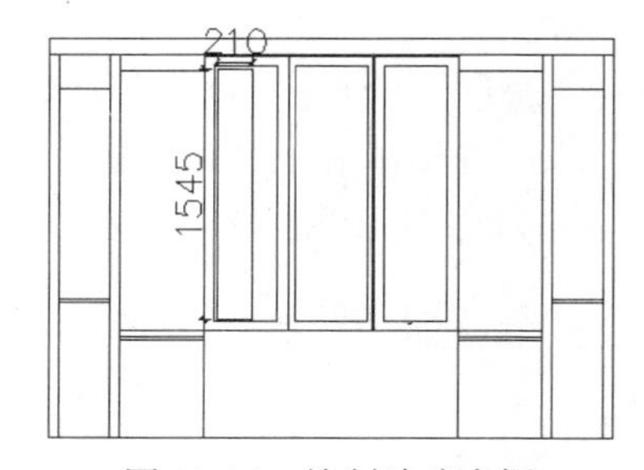

图 10-86　绘制玻璃内框

（9）采用同样的方法，在左边第三个方格玻璃外框中绘制长 120 mm、宽 1545 mm 的矩形作为玻璃内框，如图 10-87 所示。

（10）执行“复制”命令，将绘制好的玻璃内框复制到图 10-88 所示的图形位置。

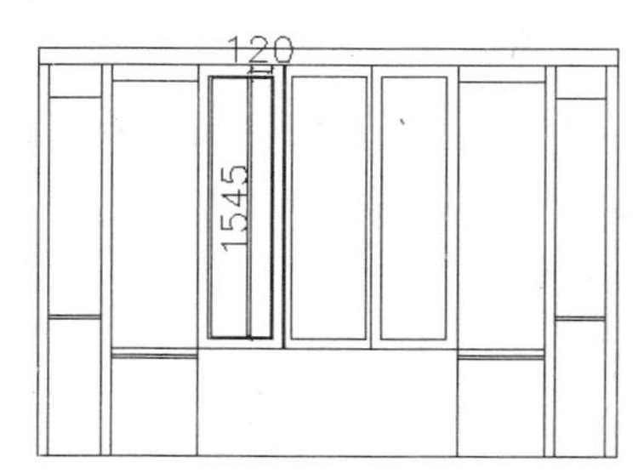

图 10-87　继续绘制内框

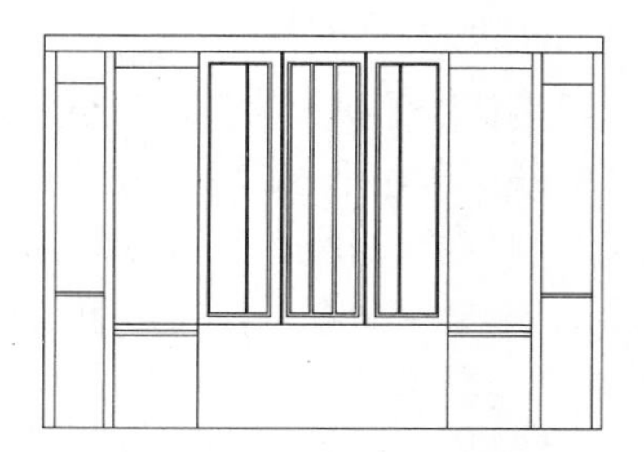

图 10-88　复制内框图形

（11）执行“直线”命令，在绘制好的玻璃内框中绘制隔板，如图 10-89 所示。

（12）执行“矩形”命令，在玻璃框下方位置绘制长 745 mm、宽 200 mm 的矩形作为抽屉，如图 10-90 所示。

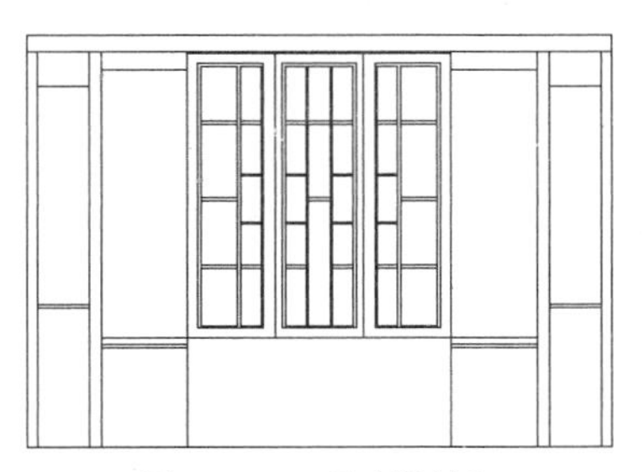
图 10-89　绘制隔板

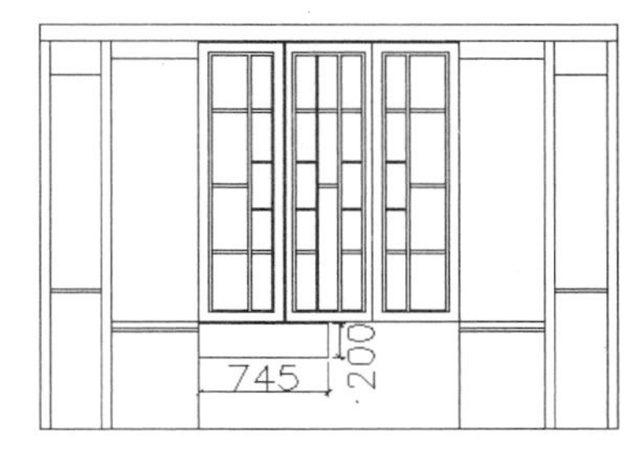

图 10-90　绘制抽屉

（13）执行“复制”命令，选择绘制好的矩形进行复制，如图 10-91 所示。

（14）执行“矩形”命令，在图左、右两边下方的方格中绘制长 290 mm、宽 821 mm 的矩形作为橱柜，如图 10-92 所示。

图 10-91　复制抽屉

图 10-92　绘制橱柜

（15）执行“矩形”命令，在绘制好的橱柜中绘制长 20 mm、宽 120 mm 的矩形作为把手，再执行“圆角”命令，设置圆角半径为 10mm，对其进行圆角处理，如图 10-93 所示。

（16）执行“复制”命令，选择绘制好的把手图形进行复制，如图 10-94 所示。

图 10-93　绘制把手

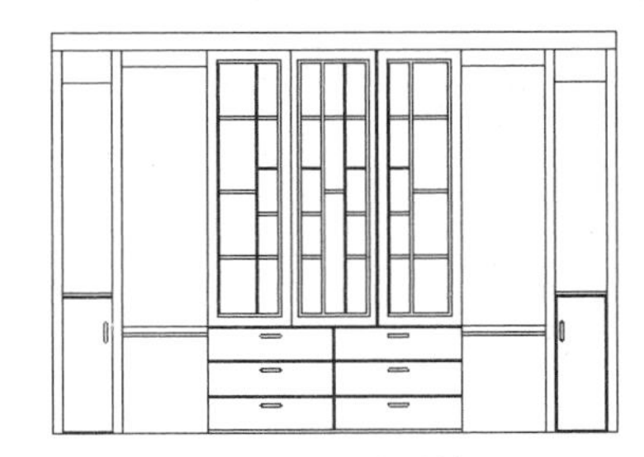
图 10-94　复制把手

（17）执行“直线”命令，在左右橱柜的上方绘制隔板，如图 10-95 所示。

（18）依次执行“矩形”和“直线”命令，在图 10-96 所示的位置绘制射灯。

（19）依次执行“多段线”和“矩形”命令，在左边橱柜上方的隔板上绘制书本，如图 10-97 所示。

（20）执行“复制”命令，选择绘制好的书本，将之复制到其他隔板处，如图 10-98 所示。

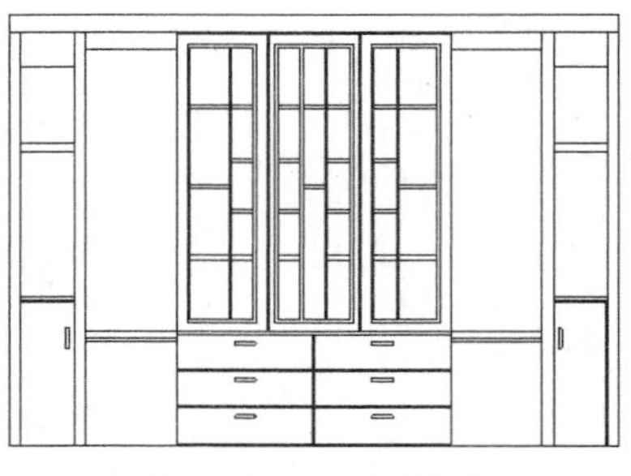
图 10-95 绘制隔板

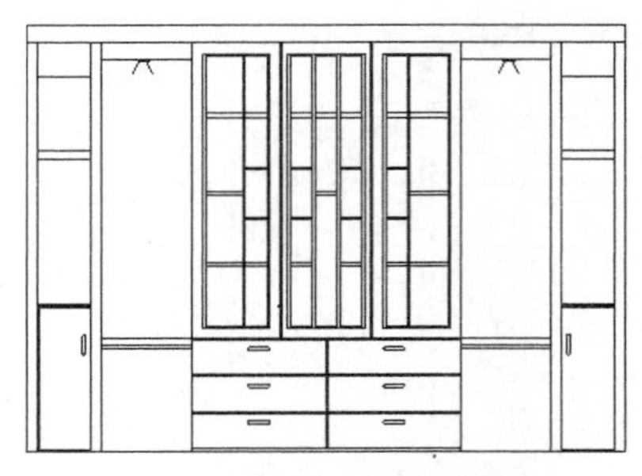
图 10-96 绘制射灯

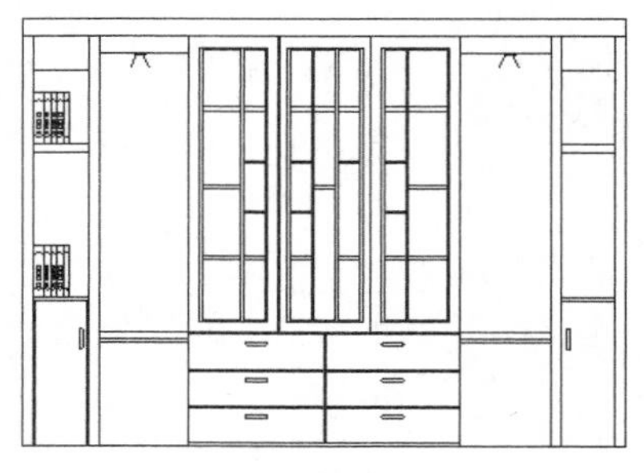
图 10-97 绘制书本

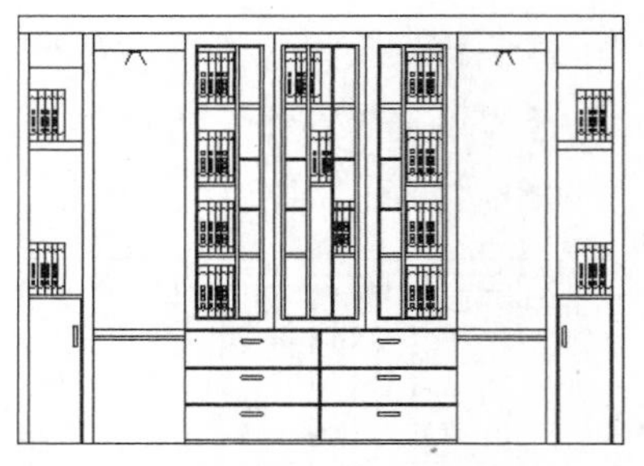
图 10-98 复制书本

（21）执行“插入”|“块”命令，将植物图块插入图 10-99 所示的位置。

（22）执行“图案填充”命令，选择填充图案“AR-RROOF”，设置图案填充角度为 45°，填充图案比例为 230，对玻璃进行填充，如图 10-100 所示。书柜绘制完毕。

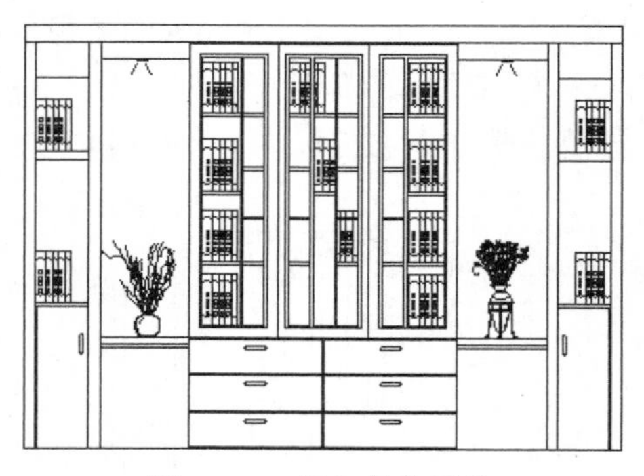
图 10-99 插入植物图块

图 10-100 填充玻璃图形

10.2.3 绘制酒柜

酒柜是专用于酒类储存及展示的柜子。绘制酒柜的具体操作步骤如下。

（1）执行“矩形”命令，绘制长 4175 mm、宽 1050 mm 的矩形作为墙体轮廓，如图 10-101 所示。

（2）依次执行“分解”和“偏移”命令，将矩形分解且将矩形上下两边线向内偏移 150 mm，左右两边线向内偏移 100 mm，然后执行“修剪”命令，修剪掉多余的线段，如图 10-102 所示。

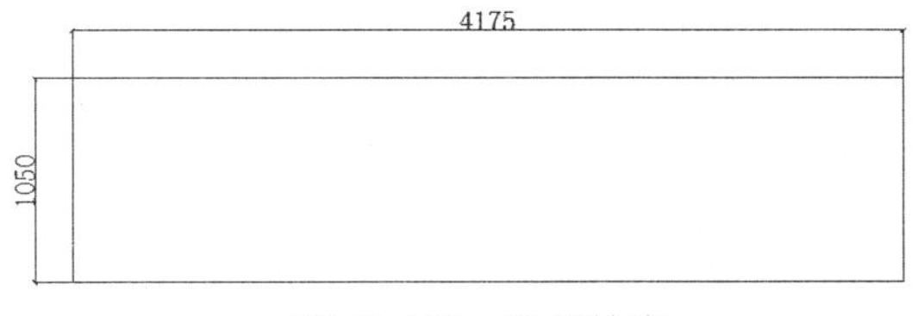

图 10-101　绘制轮廓

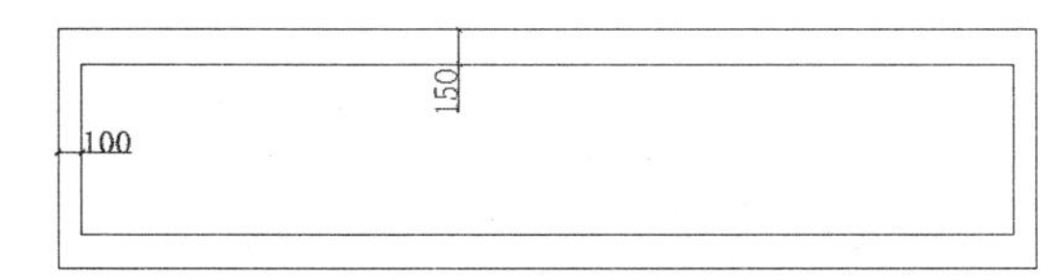

图 10-102　偏移轮廓

（3）执行“图案填充”命令，选择填充图案“AR-BRELM”，对内轮廓进行填充，如图 10-103 所示。

（4）执行“图案填充”命令，选择填充图案“AR-SAND”，设置填充图案比例为 3，对墙体轮廓进行填充，如图 10-104 所示。

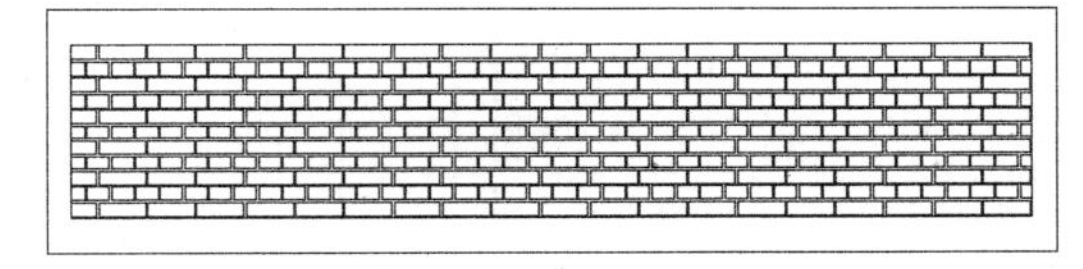

图 10-103　填充内轮廓

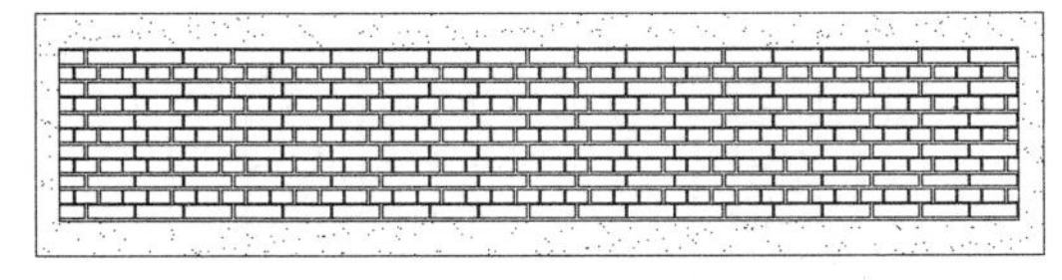

图 10-104　填充墙体

（5）执行“矩形”命令，绘制长 2 410 mm、宽 1650 mm 的矩形作为酒柜轮廓，如图 10-105 所示。

（6）执行“分解”命令，将矩形分解，依次执行“偏移”和“修剪”命令，将矩形顶部线段向下偏移 90 mm，左右两边线段向内分别偏移 40 mm，如图 10-106 所示。

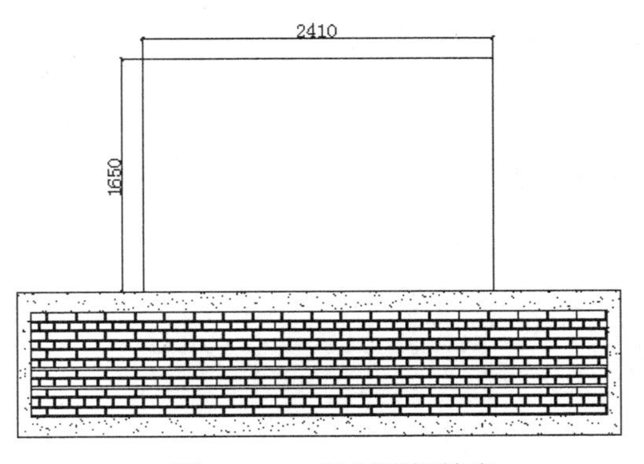

图 10-105　绘制酒柜轮廓

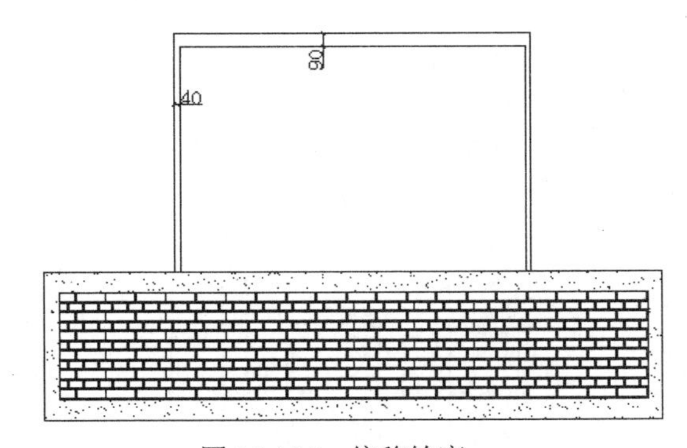

图 10-106　偏移轮廓

（7）执行“偏移”命令，选择顶部偏移 90 mm 的线段，将其向下依次偏移 450 mm、15 mm、350 mm、15 mm、350 mm、15 mm、350 mm，如图 10-107 所示。

（8）执行“偏移”命令，选择左边偏移 40 mm 的线段，将其向右依次偏移 300 mm、15 mm、150 mm、15 mm、300 mm、15 mm、150 mm、15 mm、410 mm、15 mm、150 mm、15 mm、300 mm、15 mm、150 mm、15 mm，如图 10-108 所示。

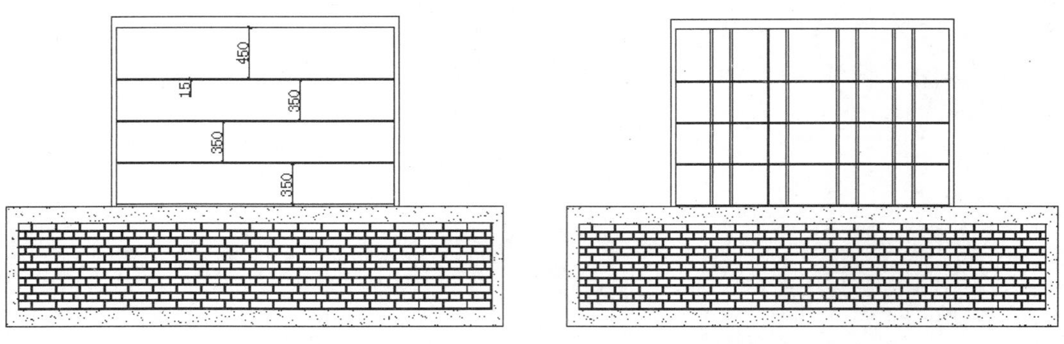

图 10-107　偏移顶部线段　　　　图 10-108　偏移左边线段

（9）执行“圆心，半径”命令，在左上角第一个方格中绘制同心圆作为酒瓶底，如图 10-109 所示。

（10）执行“复制”命令，选择绘制好的酒瓶底，将其复制到酒柜中的其他位置，如图 10-110 所示。

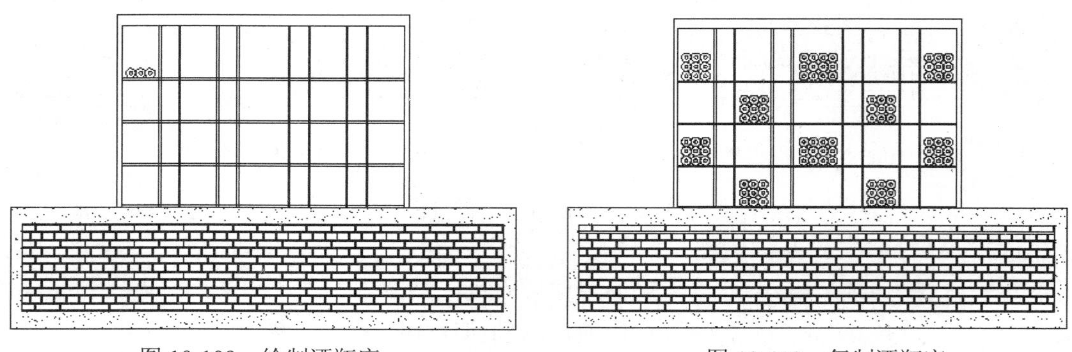

图 10-109　绘制酒瓶底　　　　图 10-110　复制酒瓶底

（11）依次执行“直线”和“圆弧”命令，在左上角第二个方格位置，绘制立着的酒瓶，如图 10-111 所示。

（12）执行“复制”命令，将立着的酒瓶复制到酒柜中的其他位置，如图 10-112 所示。酒柜绘制完毕。

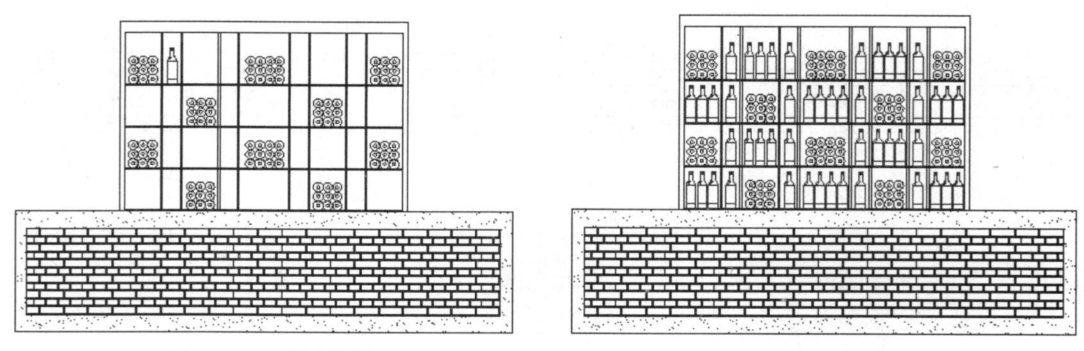

图 10-111　绘制酒瓶　　　　图 10-112　复制酒瓶

10.2.4　绘制衣橱

衣橱即放置衣服的家具。衣橱的设计风格有现代式、田园式、古朴式和欧洲式，现代式主要以时尚的颜色为主，以时尚主题为中心；田园式主要以碎花为主题，以刷漆的方式展现田园的效果；古朴式主要是江南风，以清朝样式的衣柜为中心，加以现代的格调；欧洲式主要以白色为主，展示欧洲风情的皇室风范。

绘制某款衣橱的具体操作步骤如下。

（1）执行“矩形”命令，绘制长 2000 mm、宽 2400 mm 的矩形作为衣橱立面轮廓，如图 10-113 所示。

（2）执行“分解”命令，将矩形分解，执行“偏移”命令将矩形底部线段向上依次偏移 50 mm、100 mm，绘制柜子踢脚部分，如图 10-114 所示。

（3）执行“偏移”命令，将柜子边框分别向内偏移 20 mm，绘制柜子边框，如图 10-115 所示。

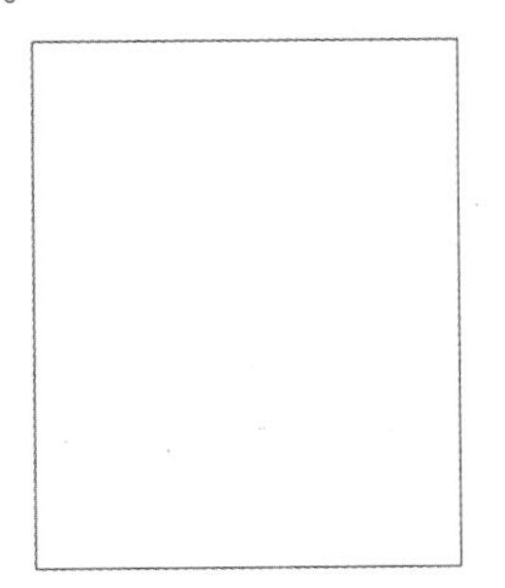

图 10-113　绘制衣橱轮廓

图 10-114　偏移踢脚

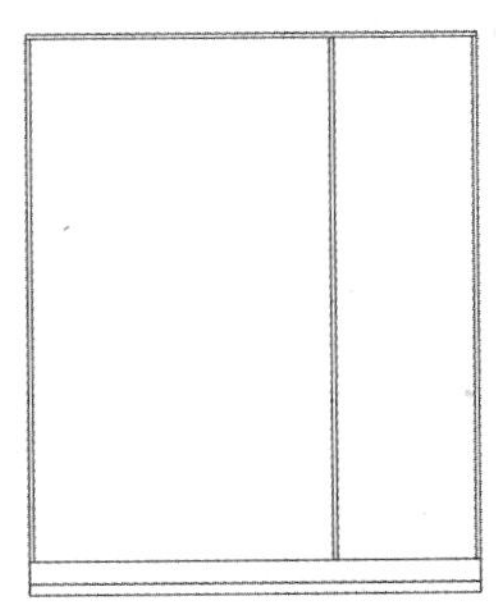

图 10-115　偏移线段

（4）执行“偏移”命令，将柜子顶边分别向下偏移 20 mm，绘制柜子层板，再执行“修剪”命令，修剪柜子层板，如图 10-116 所示。

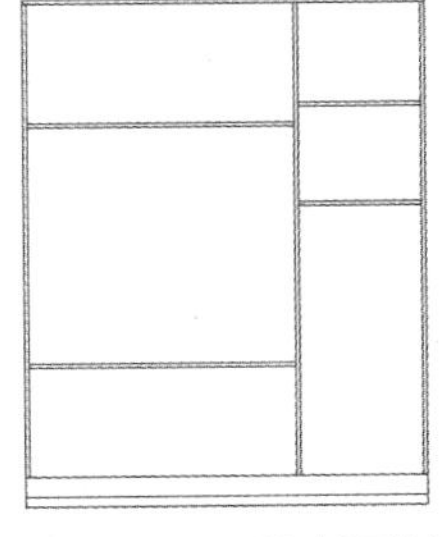

图 10-116　绘制层板

（5）执行“直线”“矩形”命令，绘制挂衣杆，如图 10-117 所示。

（6）执行“偏移”“矩形”命令，绘制抽屉，如图 10-118 所示。

（7）执行“插入”|“块”命令，选择衣服模型，导入衣服模型，如图 10-119 所示。衣橱绘制完毕。

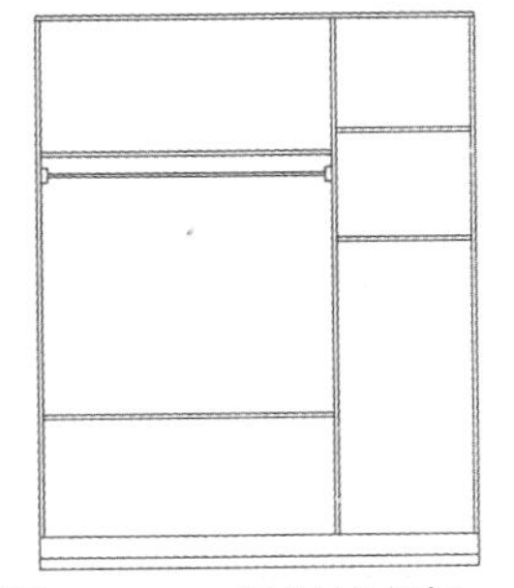

图 10-117　绘制挂衣杆

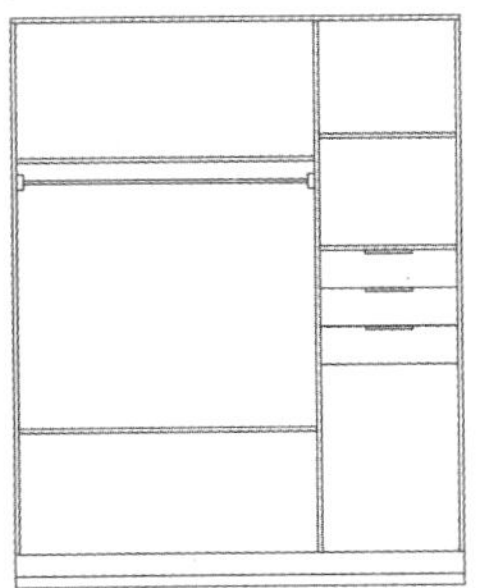

图 10-118　绘制抽屉

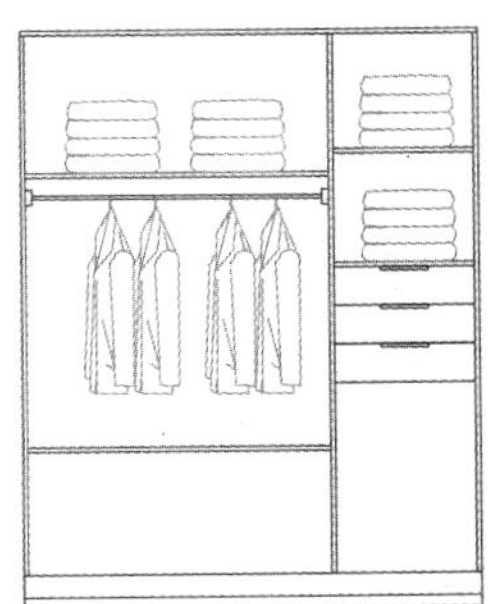

图 10-119　导入模型

10.3 其　他

室内家具的种类还有很多，如灯具、植物和装饰物等，这些都与人们的生活息息相关，例如灯具，它可以为我们提供光明。下面介绍植物、装饰画、吊灯等室内家具的绘制方法。

10.3.1 绘制植物

植物在居室中起到“画龙点睛”的作用，既可以抚慰人们忙碌一天的心，也可以起到装饰效果。不同大小、类型的植物，为居室增添了大自然的气息。

绘制植物的具体操作步骤如下。

（1）执行“矩形”命令，绘制长 422 mm、宽 25 mm 的矩形作为花盆顶部，如图 10-120 所示。

（2）执行“直线”命令，在花盆顶部下方绘制花盆底部，如图 10-121 所示。

图 10-120　绘制花盆顶部　　　图 10-121　绘制花盆底部

（3）执行“图案填充”命令，选择填充图案“AR-CONC”，设置填充图案比例为 0.5，图案填充角度为 90°，对花盆进行填充，如图 10-122 所示。

（4）执行“直线”命令，在花盆顶部位置绘制植物枝干，如图 10-123 所示。

（5）执行“直线”命令，继续绘制其他植物枝干，如图 10-124 所示。

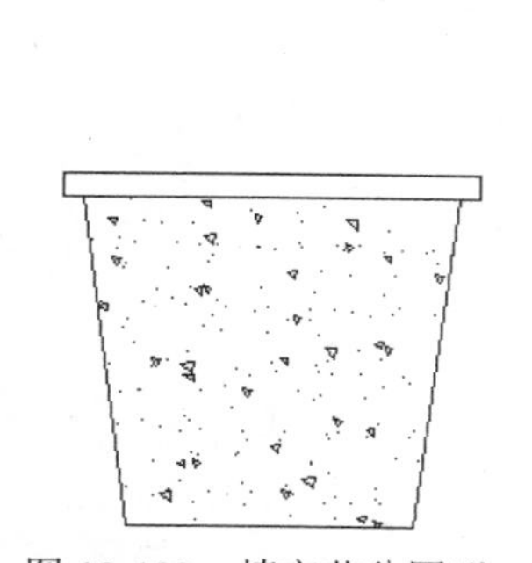

图 10-122　填充花盆图形

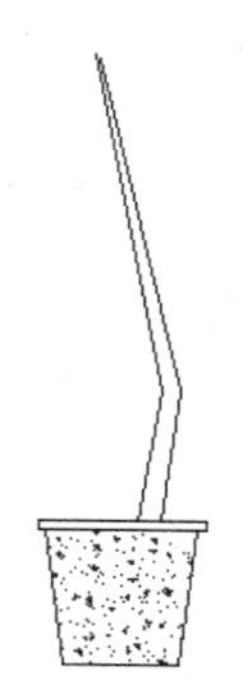

图 10-123　绘制枝干

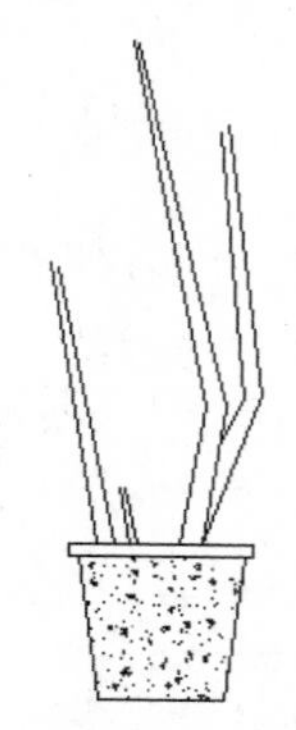

图 10-124　绘制其他枝干

（6）执行“多段线”命令，在枝干的上方绘制植物叶子，如图 10-125 所示。

（7）执行“复制”命令，选择绘制好的叶子，将其复制在其他枝干上，执行“修剪”命令，修剪多余的线段，如图 10-126 所示。植物绘制完毕。

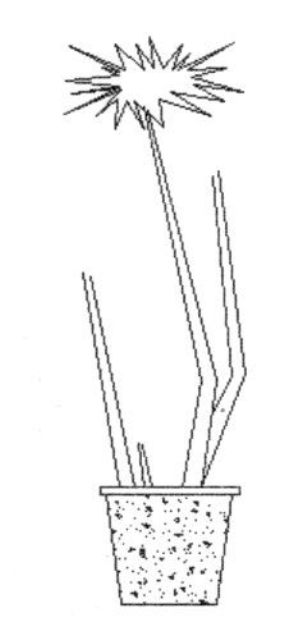

图 10-125　绘制叶子

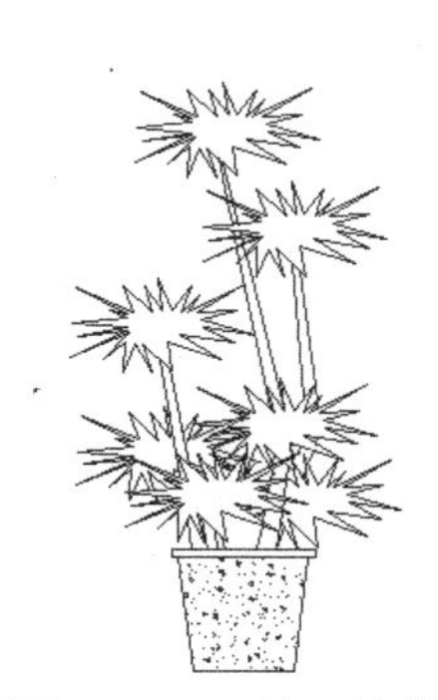

图 10-126　整理植物图形

10.3.2　绘制装饰画

装饰画并不强调很高的艺术性，但非常讲究与环境的协调及美化效果。装饰画分为具象题材、意象题材、抽象题材和综合题材等，为居室营造一种文化氛围。

绘制装饰画的具体操作步骤如下。

（1）执行“矩形”命令，绘制长 700 mm、宽 550 mm 的矩形作为装饰画的外框，如图 10-127 所示。

（2）执行“偏移”命令，将装饰画外框向内偏移 20 mm，如图 10-128 所示。

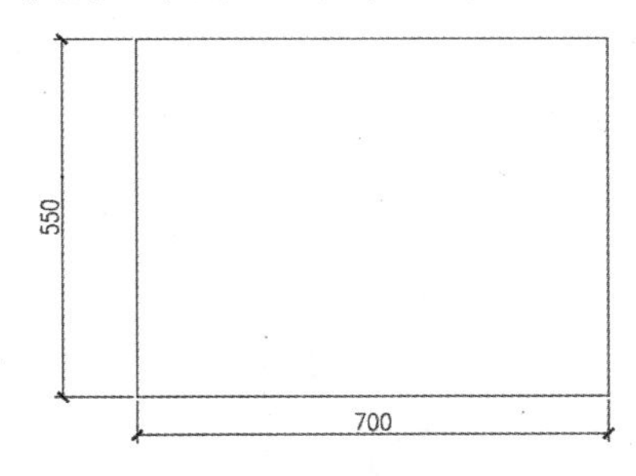

图 10-127　绘制装饰画外框

图 10-128　偏移外框

（3）执行“偏移”命令，将装饰画内框向内偏移 50 mm 作为内部画框，如图 10-129 所示。

（4）执行“偏移”命令，将装饰画内框向内偏移 15mm，如图 10-130 所示。

（5）执行“多段线”命令，在内框合适的位置绘制图案，如图 10-131 所示。装饰画绘制完毕。

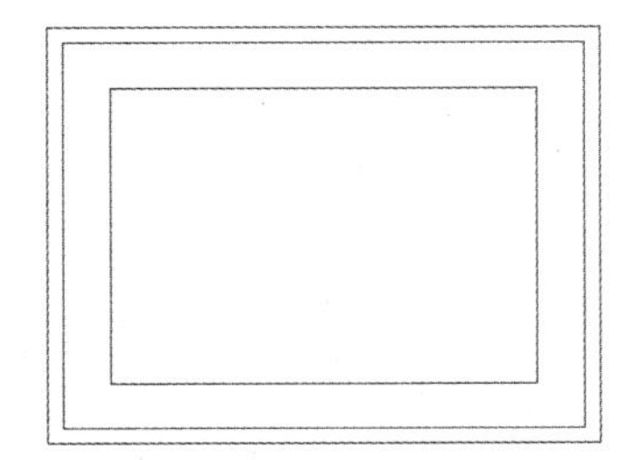

图 10-129　绘制内框

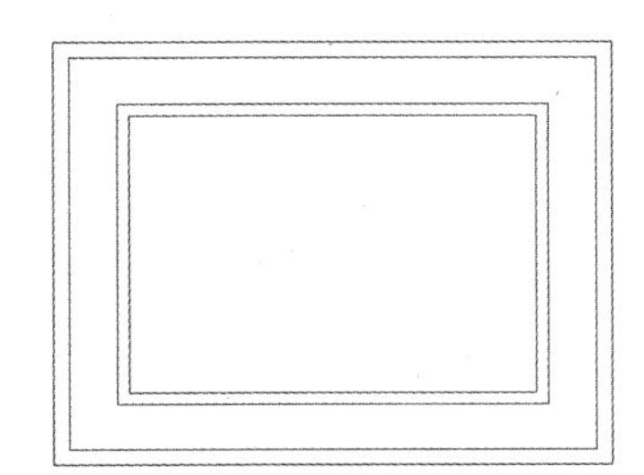

图 10-130　偏移内框图形

图 10-131　绘制图案

10.3.3 绘制吊灯

吊灯适合于客厅且花样繁多，常用的有欧式烛台吊灯、中式吊灯、水晶吊灯、羊皮纸吊灯、时尚吊灯、锥形罩花灯、尖扁罩花灯、玉兰罩花灯和橄榄吊灯等。吊灯的安装高度，其最低点应离地面不小于 2 200 mm。

绘制吊灯的具体操作步骤如下。

（1）依次执行“直线”和“圆弧”命令，绘制吊灯的灯顶部分和吊杆，如图 10-132 所示。

（2）执行“矩形”“圆角”命令，绘制吊杆连接件，执行“椭圆”“偏移”命令，绘制吊杆椭圆形连接件，如图 10-133 所示。

（3）执行“直线”“偏移”命令，绘制吊灯连接杆，执行“椭圆”“偏移”命令，绘制吊灯弧形吊杆，如图 10-134 所示。

（4）执行“圆”“偏移”命令，绘制灯罩顶面圆形，执行“直线”命令，连接圆形，如图 10-135 所示。

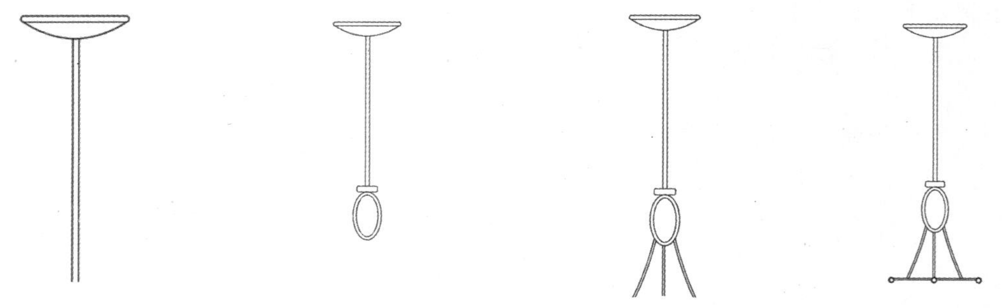

图 10-132 绘制灯杆　图 10-133 绘制灯杆连接件　图 10-134 绘制连接杆　图 10-135 绘制灯罩顶面

（5）执行“圆弧”命令，在灯杆下方绘制吊灯的灯罩，如图 10-136 所示。

（6）执行“直线”“圆”命令，绘制吊灯吊件，如图 10-137 所示。

（7）执行“复制”命令，将绘制好的灯罩图形进行复制，执行“修剪”命令，修剪掉多余的线段，如图 10-138 所示。

（8）执行“圆弧”“偏移”命令，绘制灯具连接杆，如图 10-139 所示。吊灯图形绘制完毕。

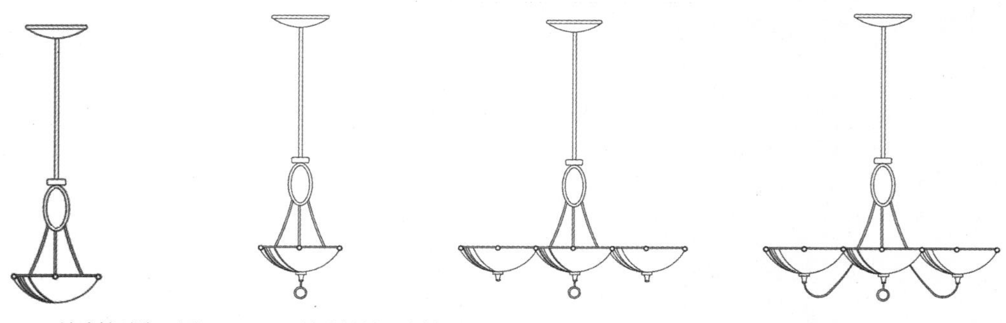

图 10-136 绘制灯罩　图 10-137 绘制吊灯吊件　图 10-138 复制灯罩　图 10-139 绘制连接杆

10.3.4　绘制坐便器

坐便器是大小便用的有盖的桶。目前市场上的坐便器根据冲水原理分为直冲式和虹吸式两类。

绘制某款坐便器的具体操作步骤如下。

（1）执行“矩形”命令，绘制一个长 450 mm、宽 37 mm 的长方形作为坐便器水箱盖，如图 10-140 所示。

（2）执行“圆弧”|“三点”命令，在坐便器水箱盖左边合适的位置绘制圆弧，作为水箱左轮廓，如图 10-141 所示。

（3）执行“镜像”命令，选择绘制好的圆弧对象，根据命令行提示，指定水箱盖的中点为镜像线第一点，垂直于水箱盖为镜像线第二点，对其进行镜像，如图 10-142 所示。

（4）执行“矩形”命令，绘制长 450 mm、宽 20 mm 的矩形作为坐便器盖，放置在水箱轮廓中心位置，如图 10-143 所示。

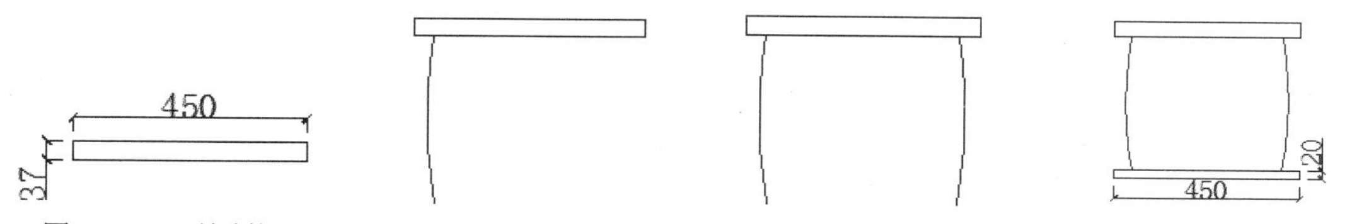

图 10-140　绘制矩形　　图 10-141　绘制圆弧　　图 10-142　镜像圆弧　　图 10-143　绘制坐便器盖

（5）执行“圆角”命令，设置圆角半径为 10 mm，对矩形的两个顶角进行圆角处理，如图 10-144 所示。

（6）执行“矩形”命令，绘制长 50 mm、宽 5 mm 的矩形作为坐便器盖的按钮，并放置在坐便器盖的中心位置，如图 10-145 所示。

（7）执行“直线”命令，在坐便器盖中心位置绘制梯形，将坐便器盖绘制完整，如图 10-146 所示。

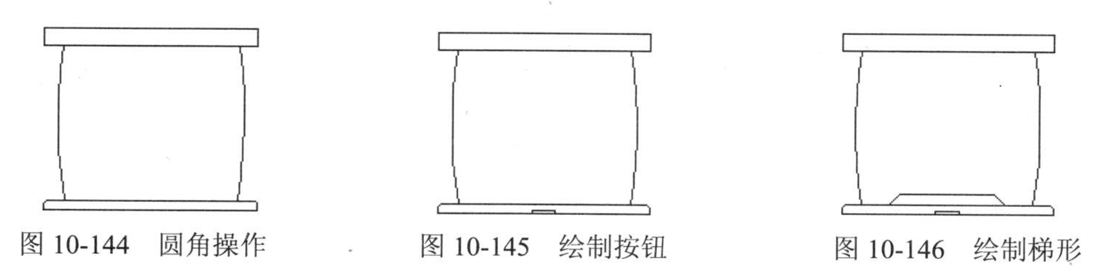

图 10-144　圆角操作　　图 10-145　绘制按钮　　图 10-146　绘制梯形

（8）执行“圆弧”|“三点”命令，在坐便器盖下方绘制圆弧作为下水箱，如图 10-147 所示。

（9）执行“镜像”命令，选择绘制好的圆弧图形，以坐便器盖中心为镜像点进行镜像，如图 10-148 所示。

（10）执行“矩形”命令，绘制长 220 mm、宽 22 mm 的矩形作为坐便器底座，如图 10-149 所示。

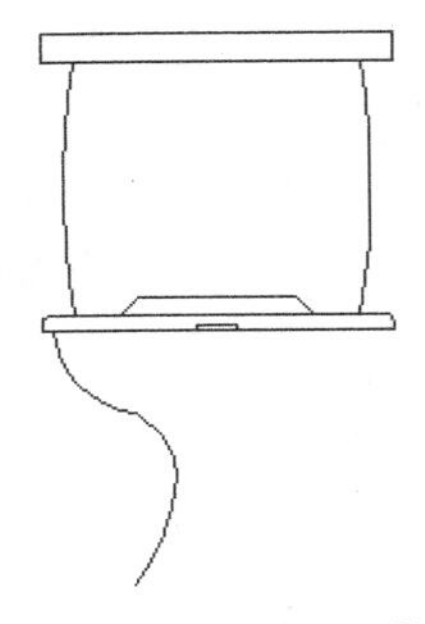
图 10-147　绘制下水箱

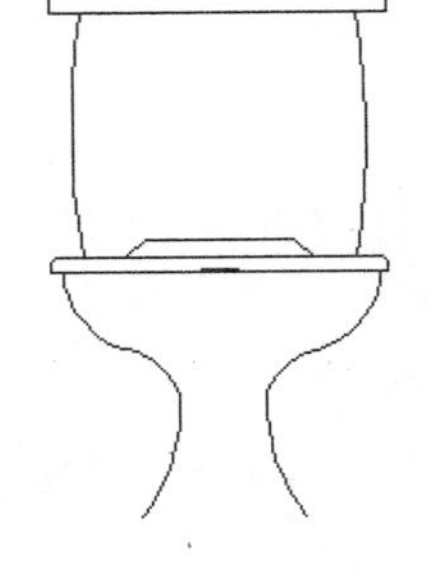
图 10-148　镜像圆弧图形

图 10-149　绘制底座

（11）执行“圆弧”|“三点”命令，在水箱位置绘制圆弧作为花纹，再执行“偏移”命令，设置偏移距离为 10 mm，将圆弧进行偏移，如图 10-150 所示。

（12）执行“镜像”命令，选择两个圆弧图形，以水箱盖中心为镜像点进行镜像，如图 10-151 所示。

（13）执行“圆心，半径”命令，绘制半径分别为 22 mm、14 mm 的两个同心圆，将其放在水箱左上角位置作为冲水把手，如图 10-152 所示。

（14）执行“直线”命令，在同心圆位置绘制直线，将冲手把手绘制完整，再执行“修剪”命令，修剪掉多余的线段，如图 10-153 所示。坐便器绘制完毕。

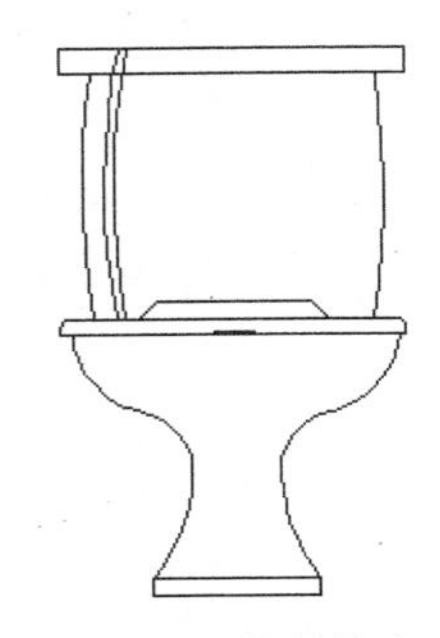

图 10-150　绘制花纹

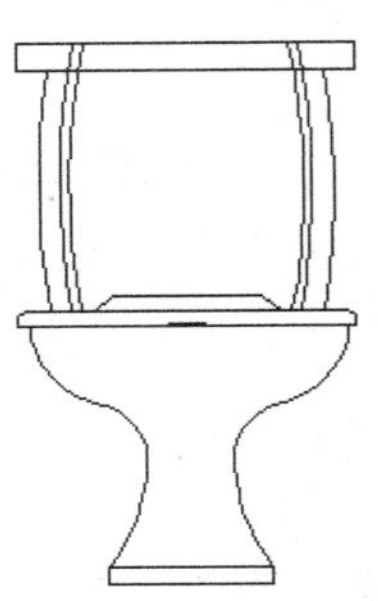

图 10-151　镜像圆弧

图 10-152　绘制同心圆

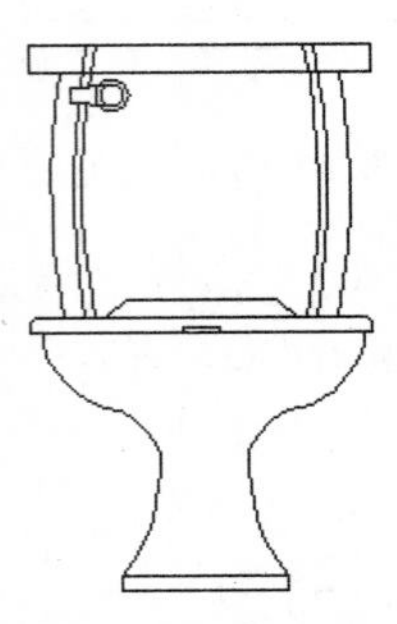
图 10-153　绘制冲水把手

10.3.5　绘制洗脸池

洗脸池又称为洗脸台、洗手池，装有可调节冷热水的双联水龙头，也可以是两个带有明显冷、热水标志的单联水龙头。

绘制某款洗脸池的具体操作步骤如下。

（1）执行“直线”“圆弧”命令，根据实际测量尺寸，绘制洗脸池立面轮廓，如图 10-154 所示。

（2）执行“圆角”命令，设置圆角半径为 20 mm，绘制洗脸池圆角，如图 10-155 所示。

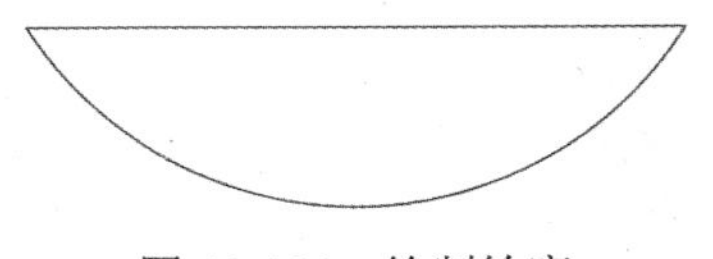
图 10-154　绘制轮廓

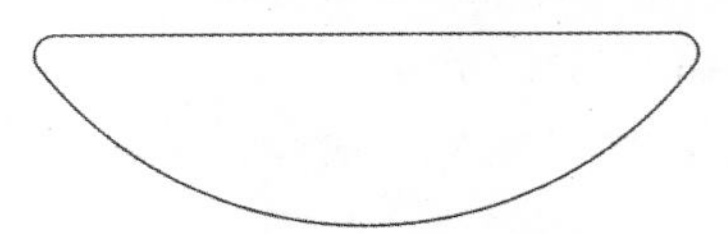
图 10-155　绘制成圆角

（3）执行“圆弧”命令，在顶面位置绘制圆弧，作为洗脸池水龙头的轮廓，如图 10-156 所示。

（4）依次执行“圆弧”“直线”命令，完善水龙头喷头造型，如图 10-157 所示。

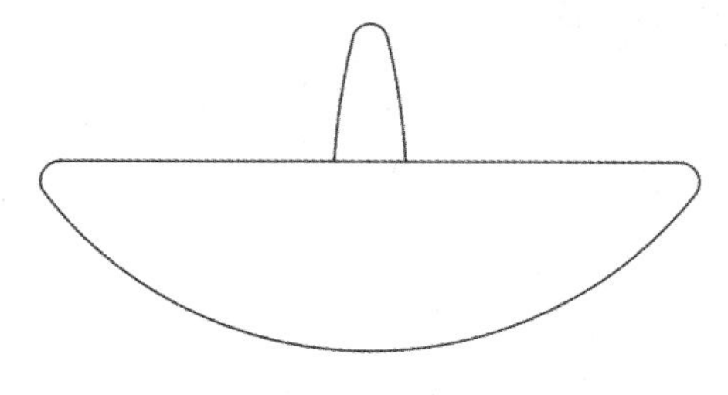

图 10-156　绘制水龙头

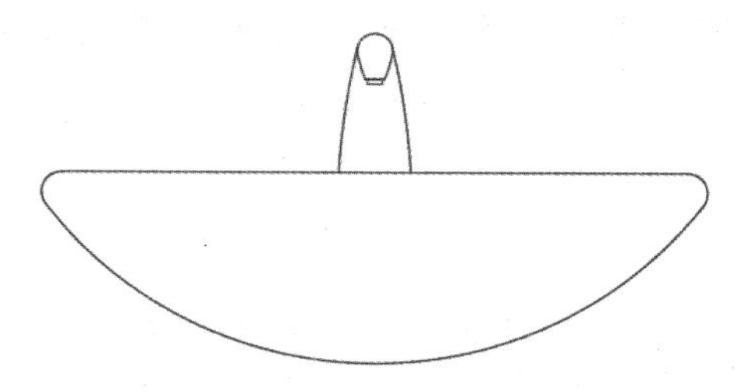

图 10-157　绘制水龙头喷头

（5）执行“直线”命令，在洗脸池顶面图绘制水龙头开关，如图 10-158 所示。

（6）执行“镜像”命令，在水平方向上镜像复制水龙头开关，如图 10-159 所示。

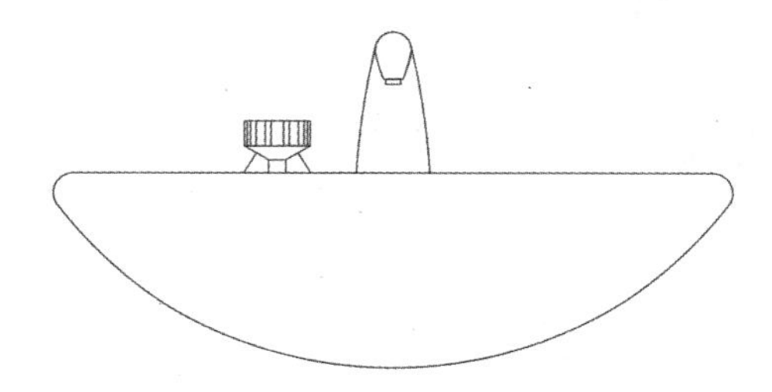

图 10-158　绘制水龙头开关

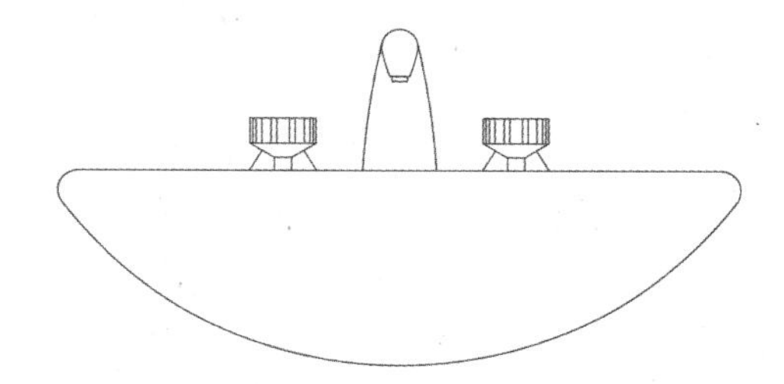

图 10-159　镜像复制水龙头开关

（7）依次执行“直线”“偏移”命令，绘制洗脸池下水管，如图 10-160 所示。

（8）依次执行“偏移”“延伸”命令，绘制洗脸池柱子，如图 10-161 所示。

（9）依次执行“直线”“圆”命令，绘制洗脸池的上水阀门，如图 10-162 所示。

（10）执行“镜像”命令，在水平方向镜像复制阀门，如图 10-163 所示。洗脸池绘制完毕。

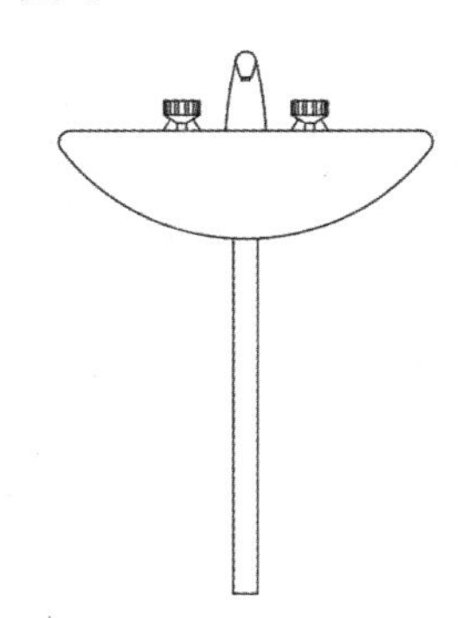

图 10-160　绘制下水管

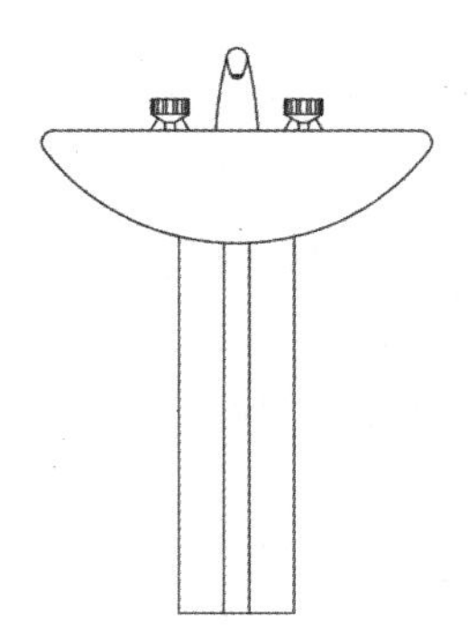

图 10-161　绘制台柱

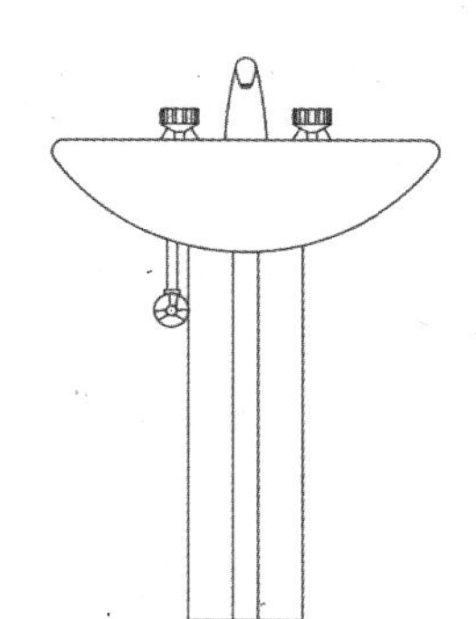

图 10-162　绘制阀门

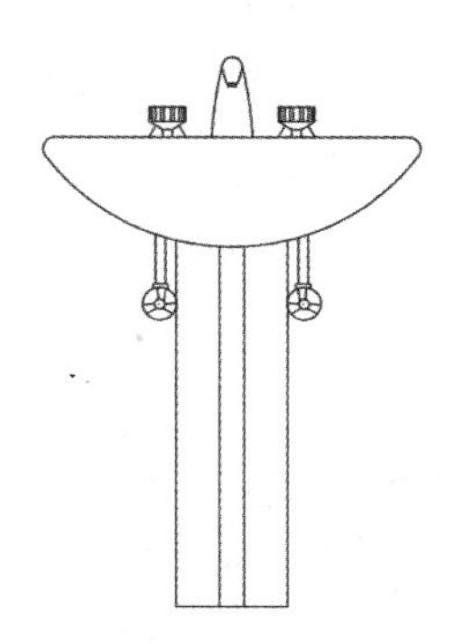

图 10-163　镜像复制阀门

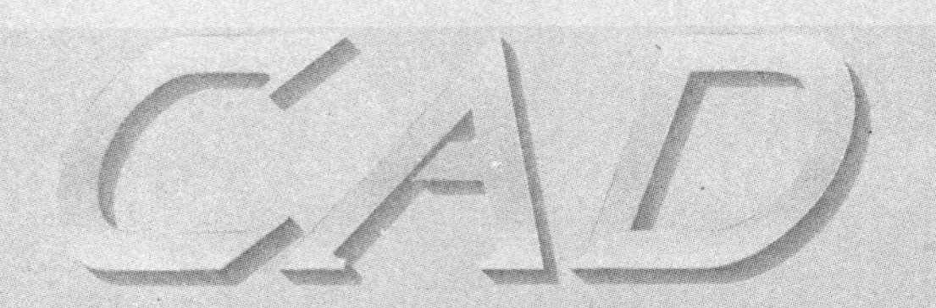

第 11 章　家用电器的绘制

家电为人类创造了更为舒适、优美，更有利于身心健康的生活和工作环境，使人们从繁重、琐碎、费时的家务劳动中解放出来。家电已成为现代家庭生活的必需品。本章通过一些实例，介绍常见家用电器的绘制方法。

11.1　绘制电视机

电视机是人们生活中必不可少的家电，由黑白到彩色、模拟到数字、球面到平面，电视机发生了巨大的改变。现在的电视机款式很多，分类的方式也很多，如按色彩、尺寸、屏幕、显像管、3D 效果等进行分类。目前主流的电视机为 LED 液晶电视，尺寸基本上在 32 寸以上。

制作思路：

1．执行“矩形”“分解”和“圆角”命令，绘制电视机轮廓。

2．执行“矩形”“偏移”和“直线”命令，绘制显示屏。

3．执行“圆心，半径”“圆弧”命令，绘制开关按钮。

4．执行“图案填充”命令，选择合适的填充图案，对电视机两侧和显示屏进行填充。

主要命令及工具：“偏移”和“图案填充”等操作命令。

源文件及视频位置：光盘:\第 11 章\

绘制电视机的具体操作步骤如下。

（1）执行“矩形”命令，绘制长 1500 mm、宽 850 mm 的矩形作为电视机外轮廓，如图 11-1 所示。

（2）执行“分解”命令，将矩形分解，再执行“偏移”命令，将矩形左右两边线段分别向内偏移 170mm，如图 11-2 所示。

（3）执行“矩形”命令，在电视机左右两边分别绘制矩形，再执行“偏移”命令，将矩形向内偏移 20mm，如图 11-3 所示。

（4）执行“偏移”命令，将矩形上下两边线段分别向内偏移 20mm、30 mm，再执行“修剪”命令，修剪偏移的直线，如图 11-4 所示。

（5）执行“矩形”命令，绘制矩形作为显示屏框，如图 11-5 所示。

（6）执行“圆角”命令，设置圆角半径为 20 mm，对矩形进行圆角处理，如图 11-6 所示。

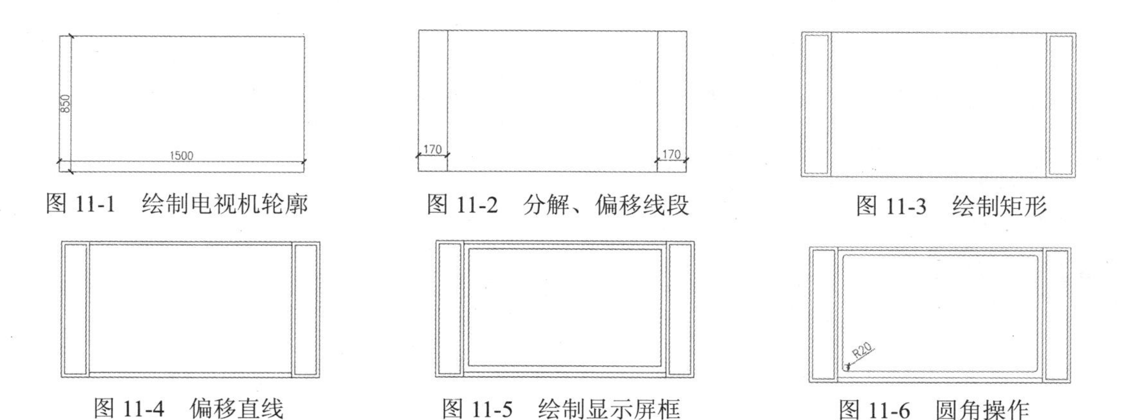

图 11-1　绘制电视机轮廓　　图 11-2　分解、偏移线段　　图 11-3　绘制矩形

图 11-4　偏移直线　　图 11-5　绘制显示屏框　　图 11-6　圆角操作

（7）执行“多行文字”命令，绘制电视机品牌名称，如图 11-7 所示。

（8）执行“圆”命令，绘制电视机圆形按钮，如图 11-8 所示。

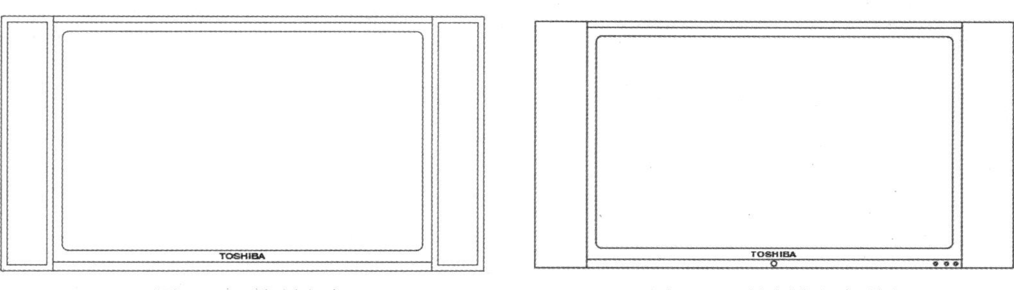

图 11-7　绘制文字　　图 11-8　绘制电视机按钮

（9）执行“图案填充”命令，选择填充图案“ANSI37”，设置图案填充颜色为颜色 8，填充图案比例为 5，对电视机两侧进行填充，如图 11-9 所示。

（10）执行“图案填充”命令，选择填充图案“AR-RROOF”，填充图案比例为 20，图案填充角度为 45°，对显示屏进行填充，如图 11-10 所示。电视机绘制完毕。

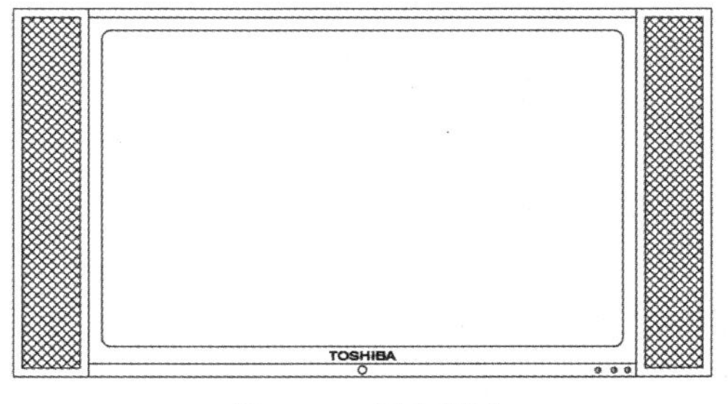

图 11-9　图案填充

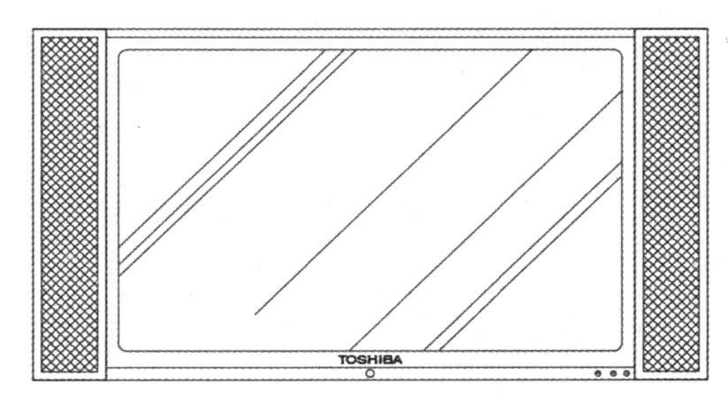

图 11-10　图案填充

11.2 绘制冰箱

冰箱是现代生活中不可缺少的电器，可以用来储存食物，延长食物的保鲜期。目前冰箱款式也是新颖多样的。本案例将介绍一款冰箱的绘制过程。

> 制作思路：
> 1. 执行“矩形”“分解”和“直线”命令，绘制冰箱外轮廓和底座。
> 2. 执行“直线”“偏移”和“镜像”命令，绘制冰箱拉手，并修剪多余的线段。
> 3. 执行“圆心，半径”命令，绘制冰箱的品牌标志。
> 主要命令及工具：“矩形”“圆弧”和“镜像”等操作命令。
> 源文件及视频位置：光盘:\第 11 章\

绘制冰箱的具体操作步骤如下。

（1）执行“矩形”命令，绘制长 700 mm、宽 1750 mm 的矩形，作为冰箱轮廓，如图 11-11 所示。

（2）执行“分解”命令，将矩形分解，执行“偏移”命令，将矩形顶部线段向下依次偏移 50 mm、1170 mm，将底部线段向上依次偏移 30 mm、470 mm，如图 11-12 所示。

（3）执行“直线”命令，在图中的合适位置绘制冰箱底座，如图 11-13 所示。

（4）依次执行“直线”和“修剪”命令，在图中绘制冰箱拉手轮廓，并修剪掉多余的线段，如图 11-14 所示。

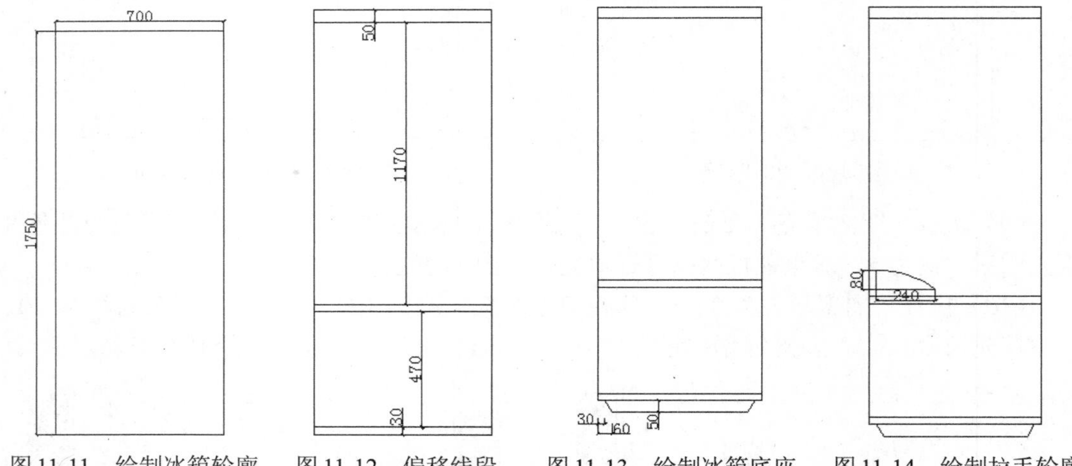

图 11-11　绘制冰箱轮廓　图 11-12　偏移线段　图 11-13　绘制冰箱底座　图 11-14　绘制拉手轮廓

（5）执行“偏移”命令，将冰箱拉手的圆弧部分分别向内偏移 10 mm、10 mm，执行“修剪”命令，修剪掉多余的线段，如图 11-15 所示。

（6）执行“镜像”命令，将冰箱拉手进行镜像，并将其放在合适的位置，如图 11-16 所示。

（7）执行“直线”命令，在冰箱拉手下方的位置绘制直线，用以连接冰箱上下两部分，如图 11-17 所示。

（8）执行“圆心，半径”命令，在冰箱合适的位置绘制椭圆作为品牌标识，然后执行“偏移”命令，将椭圆向内偏移 10mm，如图 11-18 所示。冰箱绘制完毕。

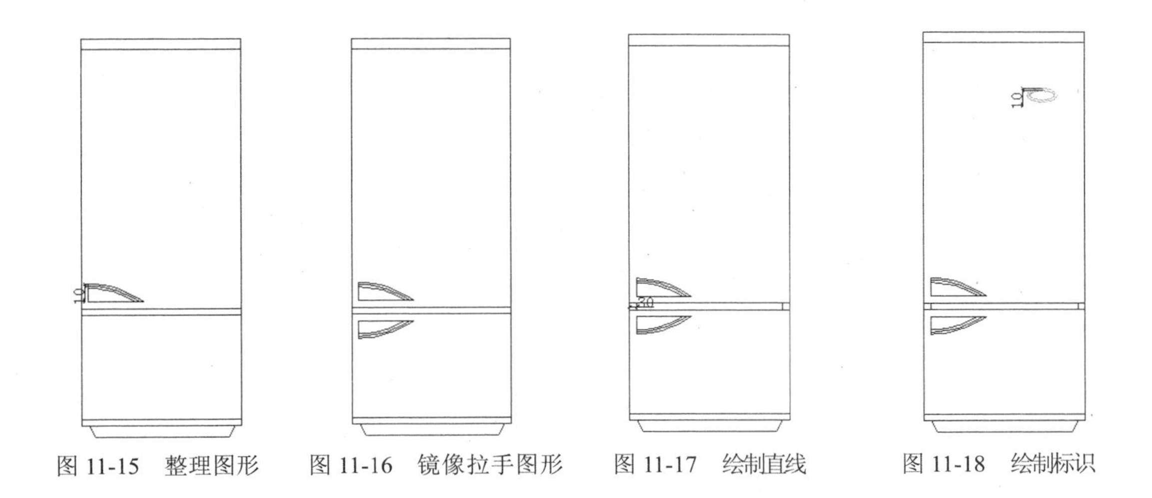

图 11-15　整理图形　　图 11-16　镜像拉手图形　　图 11-17　绘制直线　　图 11-18　绘制标识

11.3　绘制洗衣机

洗衣机是代替人们洗衣服的家电，利用电能产生机械作用来洗涤衣物，按照形式可分为波轮式洗衣机、滚筒式洗衣机、搅拌式洗衣机。本节将介绍绘制一款滚筒式洗衣机的过程。

> 制作思路：
> 1．执行“矩形”“分解”命令，绘制洗衣机轮廓，并对其进行圆角处理。
> 2．执行“矩形”和“圆角”命令，绘制洗衣机功能区域。
> 3．执行“圆心，半径”“偏移”命令，绘制洗衣机脱水桶盖和开关按钮。
> 4．执行“图案填充”命令，选择合适的填充图案，对洗衣机进行填充。
> 主要命令及工具：“圆角”“偏移”和“图案填充”等操作命令。
> 源文件及视频位置：光盘:\第 11 章\

绘制洗衣机的具体操作步骤如下。

（1）执行“矩形”命令，绘制长 600 mm、宽 850 mm 的矩形作为洗衣机外轮廓，如图 11-19 所示。

（2）执行“分解”命令，将矩形分解，再执行“偏移”命令，将矩形顶部线段向下偏移 180 mm，将底部线段向上偏移 60 mm，如图 11-20 所示。

（3）执行“圆角”命令，设置圆角半径为 50 mm，对矩形顶部的两个角进行圆角处理，如图 11-21 所示。

（4）执行“圆心，半径”命令，绘制半径分别 100 mm、110 mm 的两个同心圆作为洗衣机滚筒，如图 11-22 所示。

（5）执行“直线”命令，以圆心为中心点绘制复辅助直线，如图 11-23 所示。

（6）执行“圆弧”|“起点，圆心，半径”命令，绘制半径为 230 mm 的圆弧作为洗衣机滚筒外框，如图 11-24 所示。

（7）执行“直线”命令，以圆弧端点为起点绘制直线，如图 11-25 所示。

（8）执行“图案填充”命令，选择填充图案“AR-RROOF”，设置填充图案比例为 3，图案填充角度为 45°，对洗衣机滚筒图形进行填充，如图 11-26 所示。

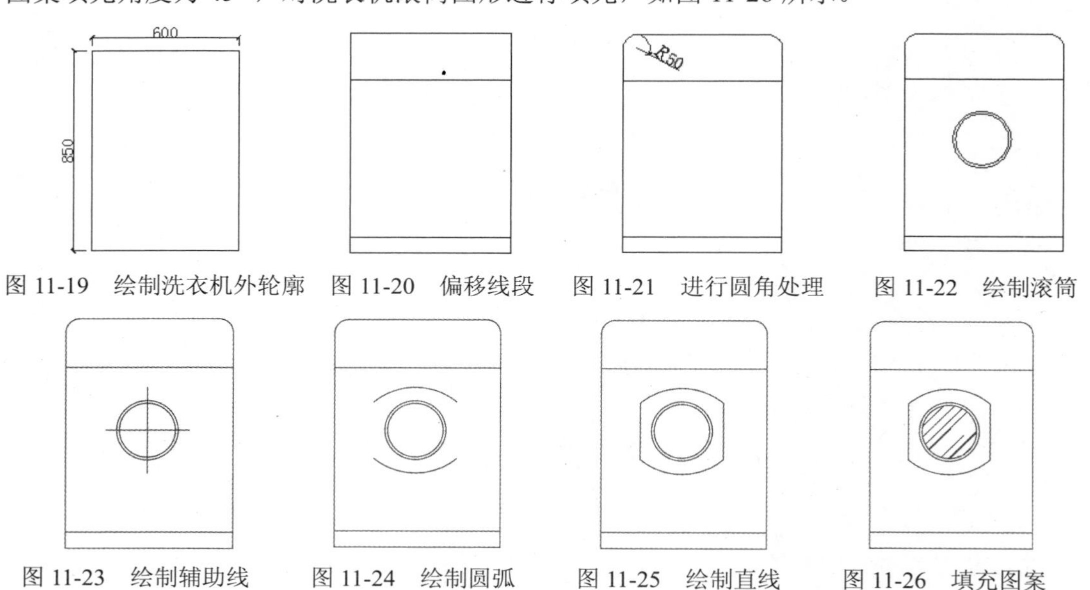

图 11-19　绘制洗衣机外轮廓　图 11-20　偏移线段　图 11-21　进行圆角处理　图 11-22　绘制滚筒

图 11-23　绘制辅助线　图 11-24　绘制圆弧　图 11-25　绘制直线　图 11-26　填充图案

（9）执行“矩形”命令，绘制显示窗口，再执行“圆弧”命令绘制圆弧，如图 11-27 所示。

（10）执行“圆”命令，绘制状态灯，再执行“复制”命令进行复制，如图 11-28 所示。

（11）依次执行“矩形”“圆弧”“圆心，半径”“圆心”命令，在洗衣机顶部位置绘制操作面板和开关符号，如图 11-29 所示。

（12）执行“矩形”命令，绘制长 40 mm，宽 200 mm 矩形拉手，如图 11-30 所示。洗衣机绘制完毕。

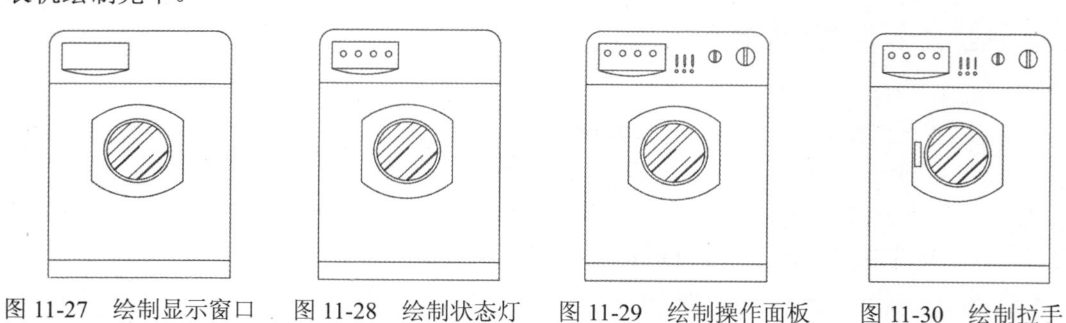

图 11-27　绘制显示窗口　图 11-28　绘制状态灯　图 11-29　绘制操作面板　图 11-30　绘制拉手

11.4　绘制油烟机

油烟机是家庭厨房为吸净烹调时所产生的油烟等的电器，现在的油烟机除了具有吸走油烟的功能外，还具备了融合现代厨房格局装饰的概念。本节介绍绘制一款油烟机的过程。

制作思路：

1．执行“矩形”“直线”和“圆角”命令，绘制油烟机的外部轮廓。

2．执行“圆角”和“直线”命令，对轮廓进行圆角并绘制装饰纹路。

3．执行“图案填充”命令，选择合适的填充图案，对油烟机进行填充。

主要命令及工具：“矩形”“圆角”和“偏移”等操作命令。

源文件及视频位置：光盘:\第 11 章\

绘制油烟机的具体操作步骤如下。

（1）执行“矩形”命令，绘制一个长 720 mm、宽 400 mm 的矩形作为油烟机的轮廓，如图 11-31 所示。

（2）执行“分解”命令，将矩形分解，再执行“偏移”命令，将矩形的左右两边线向内偏移 12 mm，底部线段向内偏移 20 mm，如图 11-32 所示。

（3）执行“修剪”命令，修剪掉多余的线段，然后执行“圆角”命令，设置圆角半径为 10 mm，对轮廓进行圆角处理，如图 11-33 所示。

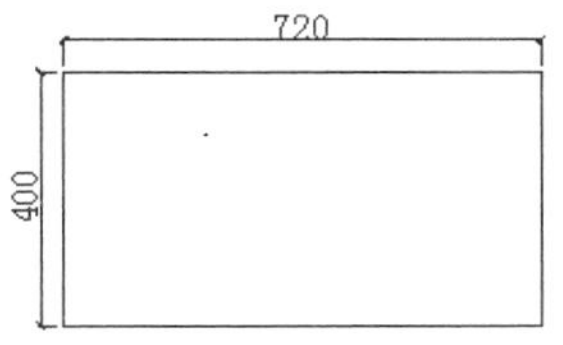

图 11-31　绘制油烟机轮廓

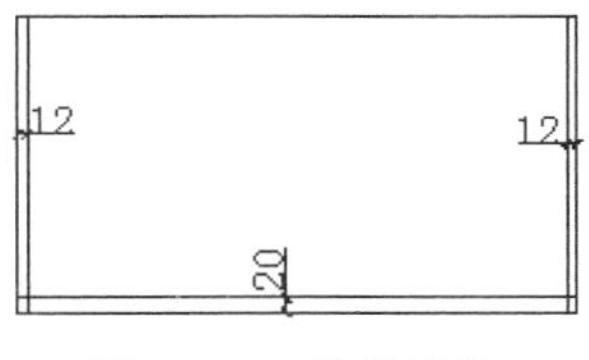

图 11-32　偏移线段

图 11-33　修剪并进行圆角处理

（4）执行“直线”命令，在上下轮廓中点绘制辅助线，在距离顶部轮廓线 20 mm 处绘制上边长 220 mm、下边长 260 mm、高 315 mm 的等腰梯形；在距离下边长为 6 mm 的位置绘制长 246 mm 的直线，并用斜线进行连接，如图 11-34 所示。

（5）执行“圆角”命令，设置圆角半径为 40 mm，对油烟机控制面板进行圆角处理，如图 11-35 所示。

（6）执行“圆心，半径”命令，在控制面板底部绘制几个半径不等的小圆作为控制按钮，如图 11-36 所示。

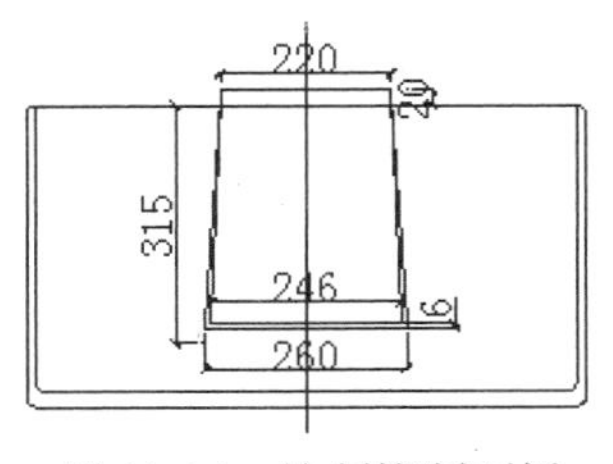

图 11-34　绘制控制面板

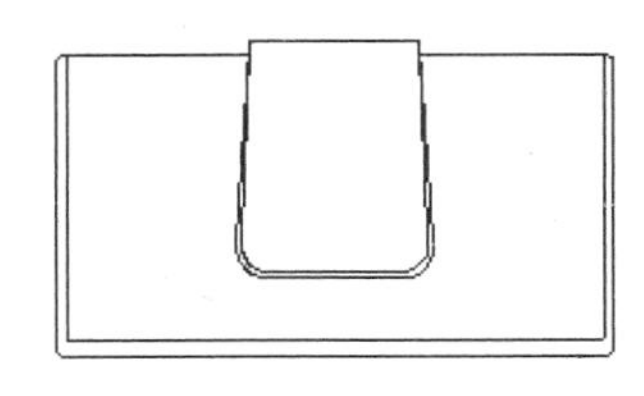

图 11-35　进行圆角处理

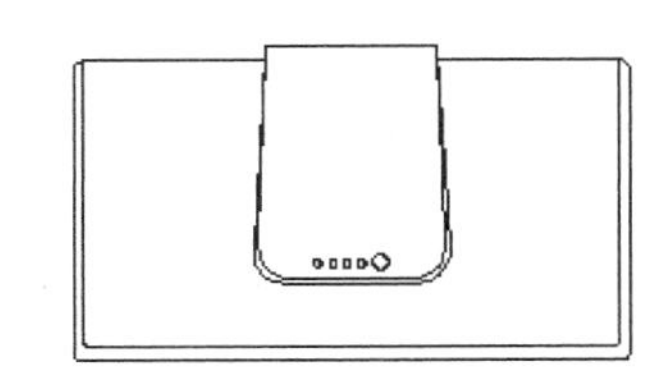

图 11-36　绘制控制按钮

（7）执行“图案填充”命令，在“图案”面板中选择图案填充类型为“渐变色”，渐变色名称为“GR-INVCYL”，设置渐变色 1 为白，渐变色 2 为 176，渐变明暗为 70%，如图 11-37 所示。

（8）执行“图案填充”命令，选择填充图案“AR-RROOF”，设置图案填充角度为 45°，填充图案比例为 8，对油烟机轮廓进行填充。绘制好的图形如图 11-38 所示。

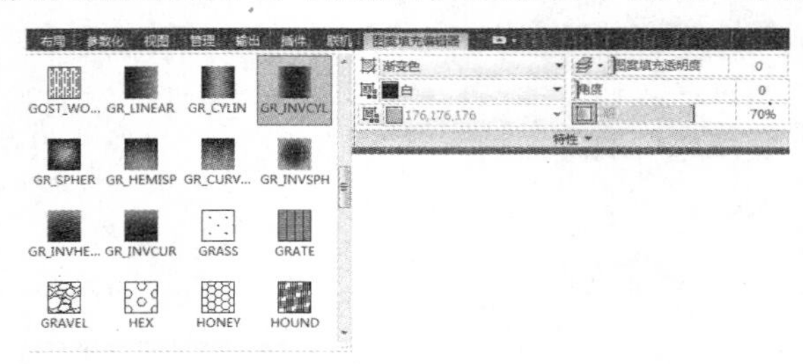

图 11-37　设置图案填充参数

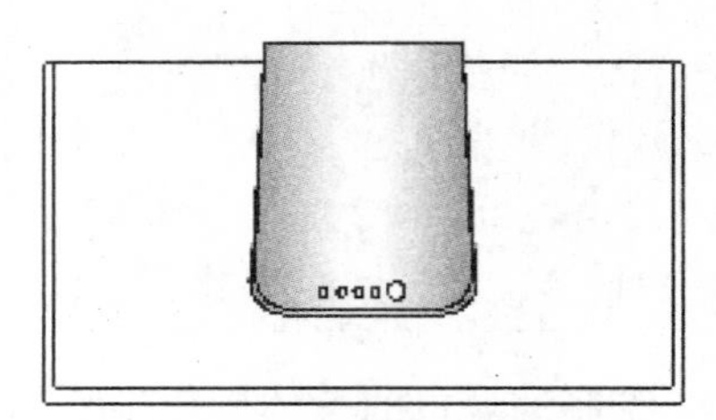
图 11-38　填充控制面板

11.5　绘制饮水机

饮水机是由水箱和水桶构成，可以分为台式和立式机型，按习惯称台式的为普及型饮水机，立式的为豪华型饮水机。本节介绍绘制一款台式饮水机的过程。

制作思路：

1．执行“矩形”和“圆角”命令，绘制饮水机水箱轮廓。
2．执行“圆角”“偏移”和“直线”命令，绘制饮水机杯托。
3．执行“直线”“圆角”和“矩形”命令，绘制出水嘴，并将进行复制。
4．执行“圆心，半径”和“多段线”命令，绘制饮水机水桶和标识。
5．执行“图案填充”命令，选择合适的填充图案，对饮水机进行填充。

主要命令及工具：“矩形”“偏移”和“多段线”等操作命令。

源文件及视频位置：光盘:\第 11 章\

绘制饮水机的具体操作步骤如下。

（1）执行“矩形”命令，绘制一个长 300 mm、宽 900 mm 的长方形作为饮水机轮廓，如图 11-39 所示。

（2）执行“矩形”命令，依次绘制长 280 mm、宽 395 mm，长 248 mm、宽 50 mm 和长 240 mm、宽 335 mm 的 3 个长方形，由下往上放置在合适的位置，如图 11-40 所示。

（3）执行“分解”命令，将长 280 mm、宽 395 mm 的矩形分解，然后执行“偏移”命令，将矩形边线从左向右依次偏移 85、10、90、10，如图 11-41 所示。

（4）执行“图案填充”命令，选择填充图案“PLAST1”，设置图案填充角度为 90°，填充图案比例为 5，对水槽图形进行填充，如图 11-42 所示。

（5）执行“矩形”命令，依次绘制长 28 mm、宽 25 mm，长 38 mm、宽 45 mm 和长 20 mm、宽 35 mm 的 3 个矩形，将其组合放在一起作为热水开关，如图 11-43 所示。

（6）执行“图案填充”命令，选择填充图案“PLAST1”，设置图案填充角度为 90°，填充图案比例为 2，对热水开关图形进行填充，然后执行“复制”命令，选择绘制好的热水开关，将其复制为冷水开关，如图 11-44 所示。

（7）执行“圆角”命令，设置圆角半径为 50 mm，对饮水机外轮廓的两个顶角和出水开关外轮廓的两个顶角进行圆角处理，如图 11-45 所示。

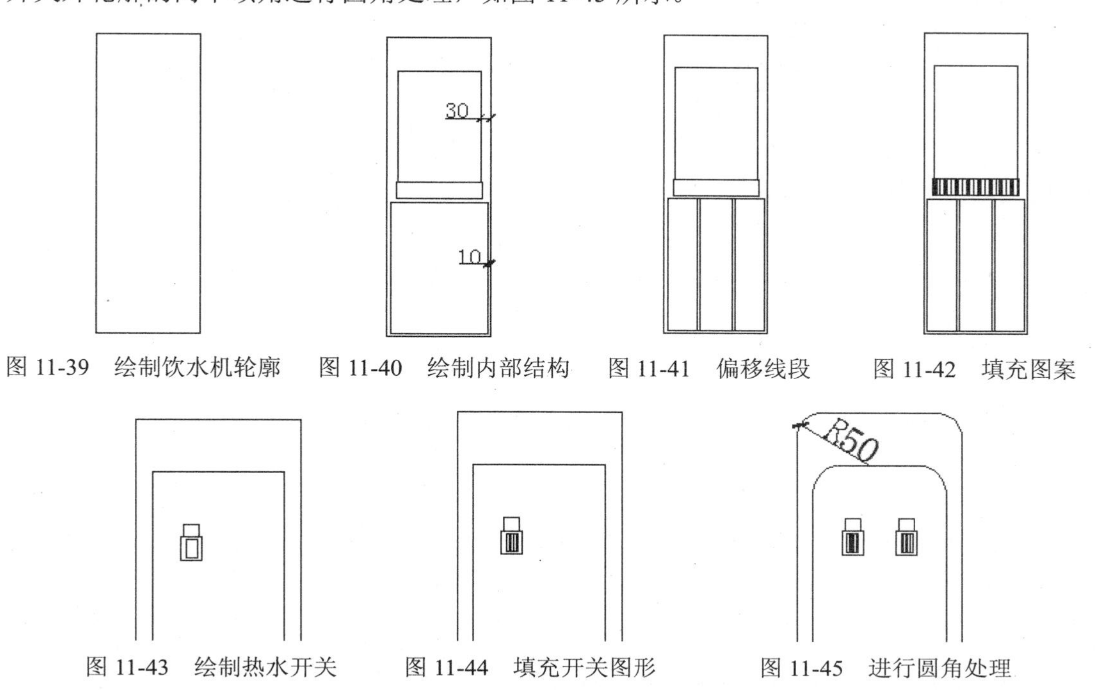

图 11-39　绘制饮水机轮廓　图 11-40　绘制内部结构　图 11-41　偏移线段　图 11-42　填充图案

图 11-43　绘制热水开关　图 11-44　填充开关图形　图 11-45　进行圆角处理

（8）执行“矩形”和“直线”命令，依次绘制长 260 mm、宽 68 mm，长 260 mm、宽 45 mm，长 250 mm、宽 8 mm，长 250 mm、宽 25 mm 和长 250 mm、宽 55 mm 的 5 个矩形，将其放在一起并用直线连接作为水桶，如图 11-46 所示。

（9）执行“圆角”命令，分别设置圆角半径为 50 mm、15 mm、10 mm、6 mm，对矩形进行圆角处理，如图 11-47 所示。

（10）依次执行“圆弧”和“镜像”命令，在水桶底部绘制圆弧图形，再以水桶顶部中心为镜像点进行镜像，然后执行“修剪”命令，修剪多余的线段，将水桶绘制完整，如图 11-48 所示。

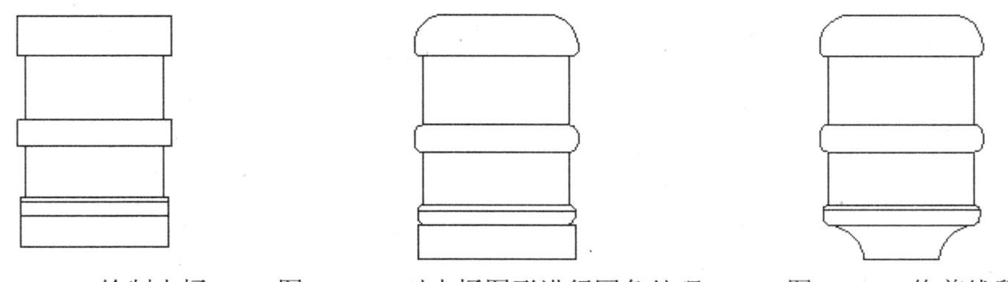

图 11-46　绘制水桶　图 11-47　对水桶图形进行圆角处理　图 11-48　修剪线段

（11）执行“移动”命令，选择绘制好的水桶图形，将其移至饮水机图形的合适位置处，然后执行“图案填充”命令，选择填充图案“AR-RROOF”，设置填充图案比例为 2，对水桶图形进行填充，如图 11-49 所示。

（12）依次执行“圆心，半径”和“圆心”命令，在饮水机图形中绘制温控指示灯和标志图案，饮水机绘制完毕。绘制好的饮水机如图 11-50 所示。

图 11-49　填充水桶图形　　　　图 11-50　绘制指示灯

11.6　绘制电脑显示器

电脑影响着人们的生活和工作方式，具有思维、记忆和网络通信等功能，常见的电脑有台式电脑和笔记本电脑。下面介绍绘制一款台式电脑显示器的过程。

制作思路：

1．执行“矩形”“圆角”命令，绘制电脑外轮廓和显示器，并对其进行圆角操作。

2．执行“直线”“偏移”命令，绘制电脑显示器。

3．执行“直线”和“矩形”命令，绘制电脑显示器底座。

主要命令及工具：“矩形”“偏移”和“圆角”等操作命令。

源文件及视频位置：光盘:\第 11 章\

绘制显示器的具体操作步骤如下。

（1）执行“矩形”命令，绘制一个长 500 mm、宽 320 mm 的矩形作为显示器轮廓，如图 11-51 所示。

（2）执行“分解”“删除”命令，分解矩形并删除矩形底部直线，然后执行“圆弧”命令，在矩形底部绘制圆弧作为显示器外轮廓，如图 11-52 所示。

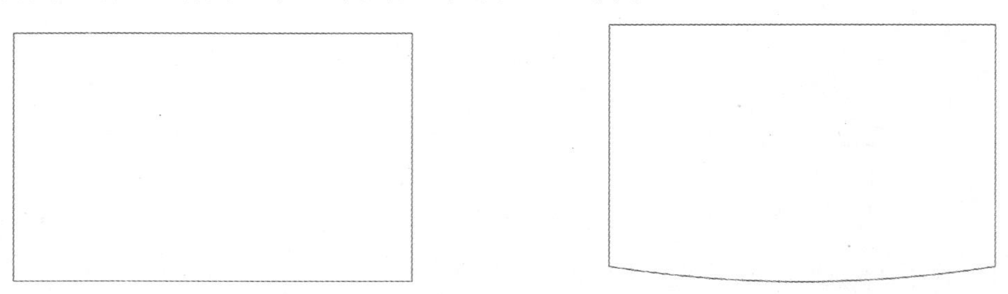

图 11-51　绘制显示器轮廓　　　　图 11-52　绘制显示器外轮廓

（3）执行“圆角”命令，设置圆角半径为 30 mm，对显示器图形上方进行圆角处理，如图 11-53 所示。

（4）执行“偏移”命令，将直线向内分别偏移 20mm，将顶面直线向下偏移 280mm，然后执行“圆角”命令，设置圆角半径为 0，对图形进行直角处理，如图 11-54 所示。

图 11-53　偏移矩形

图 11-54　绘制显示器

（5）执行“偏移”命令，将直线向内分别偏移 15mm，再执行“修剪”命令，修剪直线如图 11-55 所示。

（6）执行“矩形”命令，绘制一个长 15 mm、宽 5 mm 的矩形作为显示器按钮，再执行“复制”命令复制按钮，如图 11-56 所示。

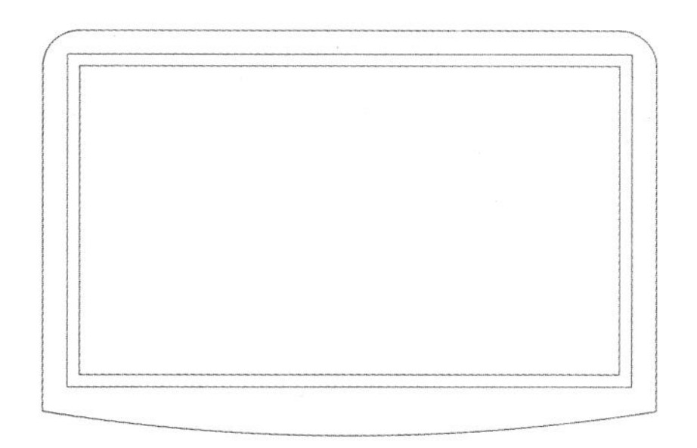

图 11-55　偏移图形

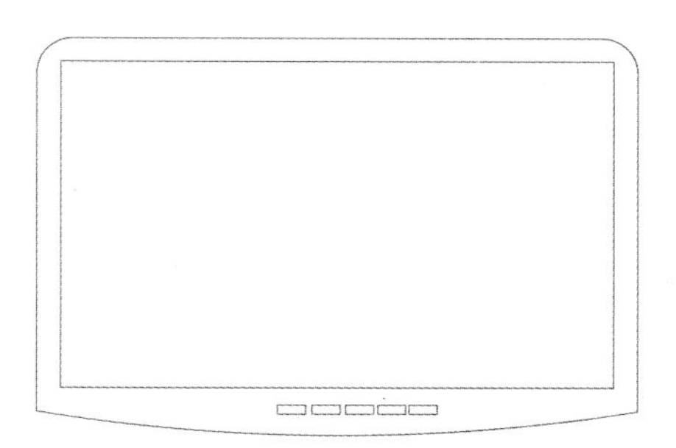

图 11-56　绘制按钮

（7）执行“直线”“矩形”命令，绘制显示器底座，并放在显示器底部居中的位置，如图 11-57 所示。

（8）执行“格式”|“文字样式”命令，打开“文字样式”对话框，设置文字高度为 10，按回车键，单击“关闭”按钮即可完成设置。执行“多行文字”命令，在显示屏合适的位置输入文字，完成绘制，结果如图 11-58 所示。

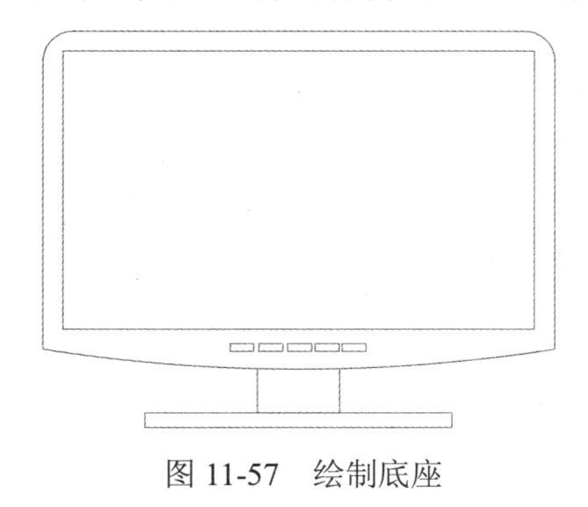

图 11-57　绘制底座

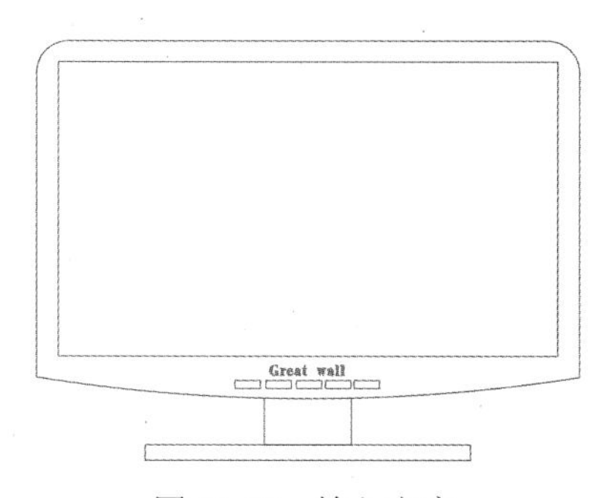

图 11-58　输入文字

11.7 绘制空调

空调的功能是通过对房间或封闭空间内空气的湿度、温度、洁净度和空气流速等参数进行调节，以满足人体舒适的要求。下面介绍绘制一款立式空调的过程。

制作思路：

1. 执行“矩形”“圆角”命令，绘制空调轮廓。
2. 执行“偏移”“分解”和“直线”命令，绘制空调出风口。
3. 执行“直线”命令，在图中绘制空调扇。
4. 执行“矩形”“图案填充”命令，在图中绘制按钮，选择合适的填充图案，并对其进行填充。

主要命令及工具：“圆角”“偏移”和“矩形”等操作命令。

源文件及视频位置：光盘:\第 11 章\

绘制空调的具体操作步骤如下。

（1）执行“矩形”命令，绘制一个长 500 mm、宽 1600 mm 的长方形作为空调轮廓，如图 11-59 所示。

（2）执行“分解”命令，将矩形分解，再执行“偏移”命令，设置偏移距离为 30 mm，将矩形的上下两边分别向内偏移，如图 11-60 所示。

（3）执行“圆角”命令，设置圆角半径为 30 mm，将矩形的四个角进行圆角处理，如图 11-61 所示。

（4）执行“矩形”命令，分别绘制长 420 mm、宽 250 mm 和长 420 mm、宽 820 mm 的两个矩形，并放置在柜体轮廓内作为空调的进风口和出风口，如图 11-62 所示。

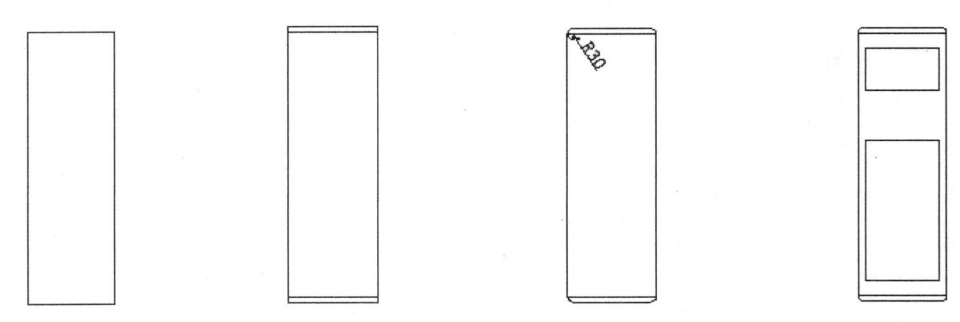

图 11-59　绘制空调轮廓　图 11-60　偏移线段　图 11-61　对矩形进行圆角处理　图 11-62　绘制进、出风口

（5）执行“圆角”命令，设置圆角半径为 30 mm，将绘制好的两个矩形进行圆角处理，如图 11-63 所示。

（6）执行“直线”命令，绘制空调出风口叶片，然后执行“偏移”命令，设置偏移距离为 10 mm，对该直线进行偏移，如图 11-64 所示。

（7）执行“复制”命令，将绘制好的叶片依次向下复制，作为出风口，用同样方法复制图形到进风口位置，并选择叶片向下拖曳箭头，结果如图 11-65 所示。

（8）执行“矩形”命令，绘制一个长 130 mm、宽 70 mm 的矩形作为空调控制板，再执行“圆心”和“矩形”命令，绘制控制面板上的操作按钮，空调绘制完毕。结果如图 11-66 所示。

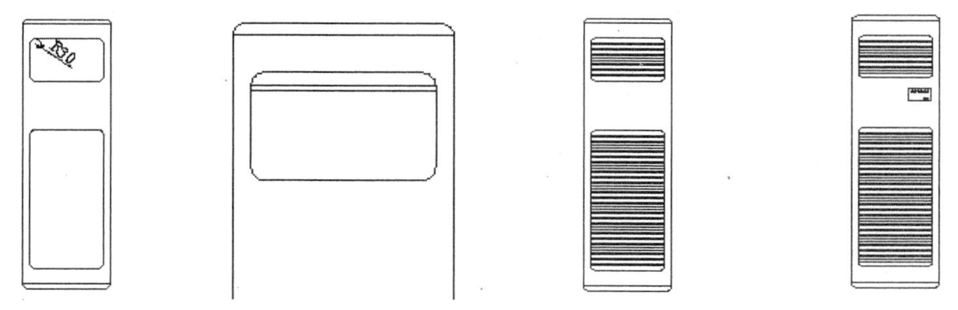

图 11-63 进行圆角处理　图 11-64 绘制叶片　图 11-65 复制风口叶片　图 11-66 绘制空调面板

11.8 绘制电饭煲

电饭煲现在已经成为日常必不可少的家用电器之一，可分为保温自动式、定时保温式及新型的微电脑控制式。下面介绍一款电饭煲的绘制过程。

制作思路：

1. 执行“矩形”“分解”和“偏移”命令，绘制电饭煲轮廓，并对轮廓进行圆角处理。
2. 执行“矩形”“偏移”和“圆角”命令，绘制功能区，并绘制开关按钮。
3. 执行“圆弧”“直线”命令，在顶部绘制电饭煲盖和装饰图形。
4. 执行“图案填充”“直线”命令，选择合适的填充图案，对装饰图形进行填充。

主要命令及工具：“圆角”“圆弧”和“图案填充”等操作命令。

源文件及视频位置：光盘:\第 11 章\

绘制电饭煲的具体操作步骤如下。

（1）执行“矩形”命令，绘制长 290 mm、宽 223 mm 的矩形作为电饭煲轮廓，如图 11-67 所示。

（2）执行“分解”命令，将矩形分解，再执行“偏移”命令，将矩形顶部线段向下依次偏移 5 mm、20 mm、20 mm、155 mm、5 mm、8 mm，如图 11-68 所示。

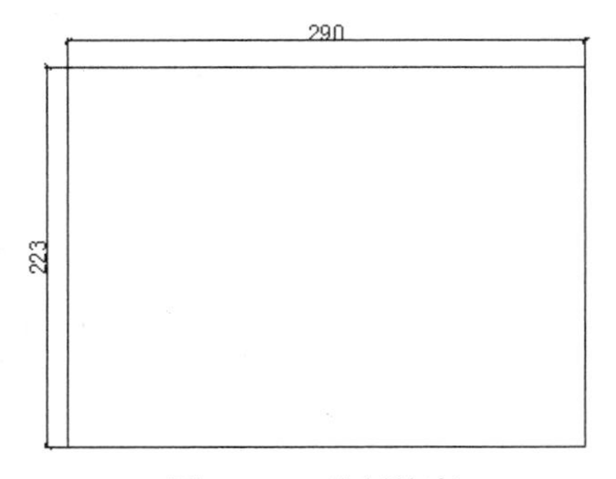

图 11-67 绘制轮廓

图 11-68 偏移线段

（3）执行“圆角”命令，设置圆角半径为 20 mm，对矩形的左右下角进行圆角处理，如图 11-69 所示。

（4）执行“矩形”命令，在图下方绘制长 105 mm、宽 40 mm 的矩形作为电饭煲开关区，如图 11-70 所示。

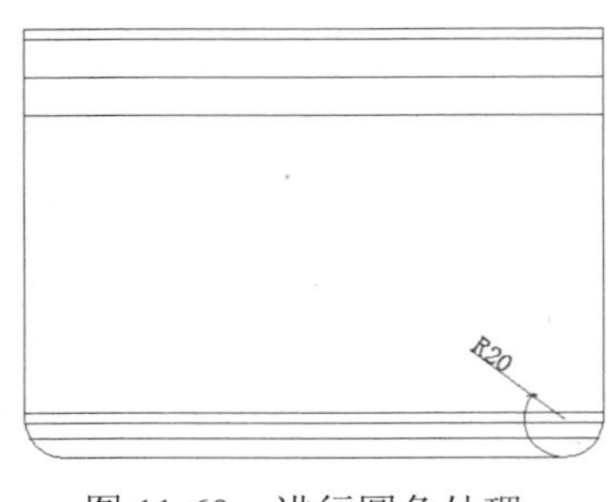

图 11-69　进行圆角处理

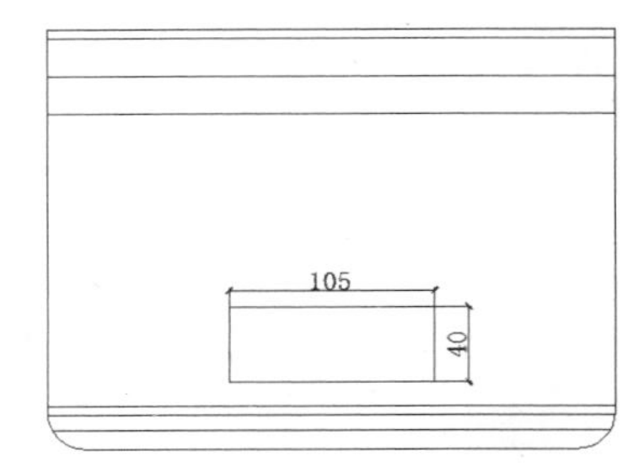

图 11-70　绘制矩形

（5）执行“圆角”命令，设置圆角半径为 5 mm，对矩形进行圆角处理，如图 11-71 所示。

（6）执行“偏移”命令，设置偏移距离为 3 mm，选择圆角处理过的矩形，将其向内进行偏移，如图 11-72 所示。

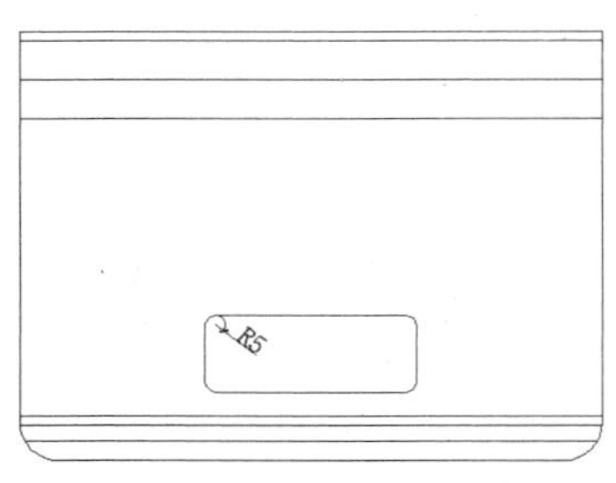

图 11-71　对矩形圆角

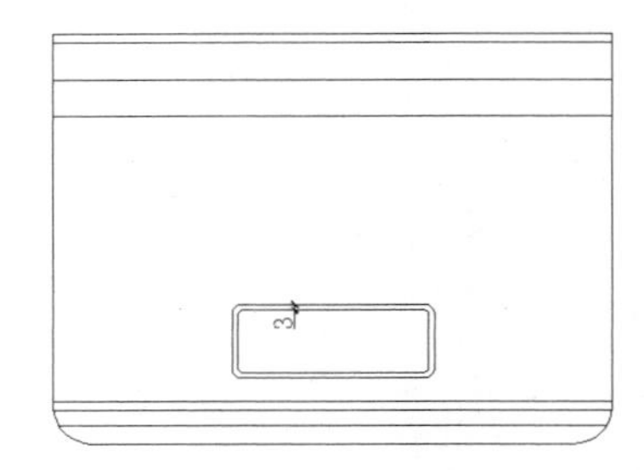

图 11-72　偏移矩形

（7）执行“矩形”命令，在图中合适的位置绘制开关按钮，如图 11-73 所示。

（8）执行“圆弧”命令，在电饭煲上方位置绘制电饭煲盖，如图 11-74 所示。

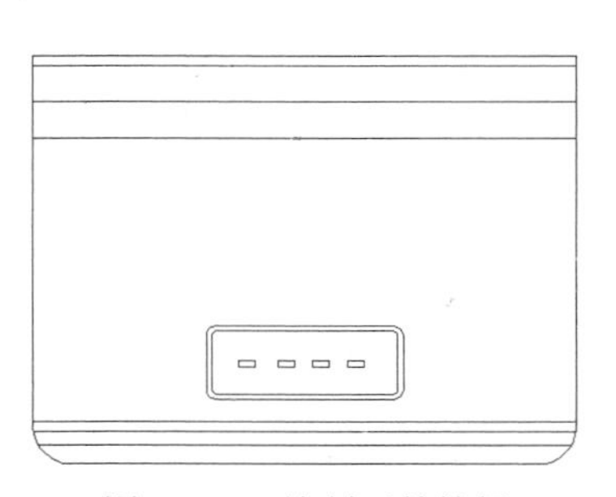

图 11-73　绘制开关按钮

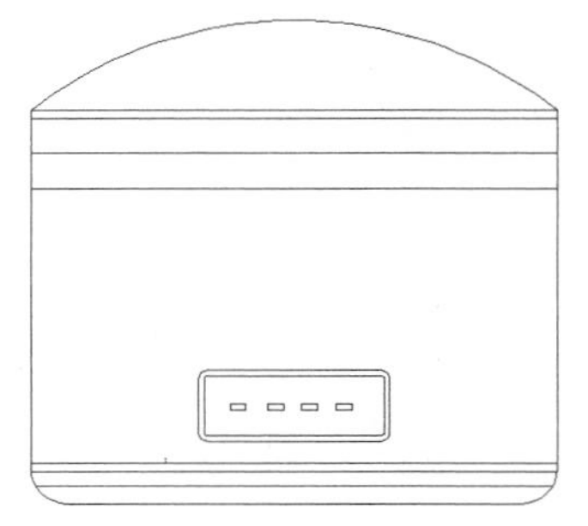

图 11-74　绘制电饭煲盖

（9）依次执行“直线”和“圆弧”命令，在电饭煲盖上绘制装饰图形，如图 11-75 所示。

（10）执行“图案填充”命令，选择填充图案“ANSI37”，设置填充图案比例为 2，对电饭煲盖上的图形进行填充，如图 11-76 所示。

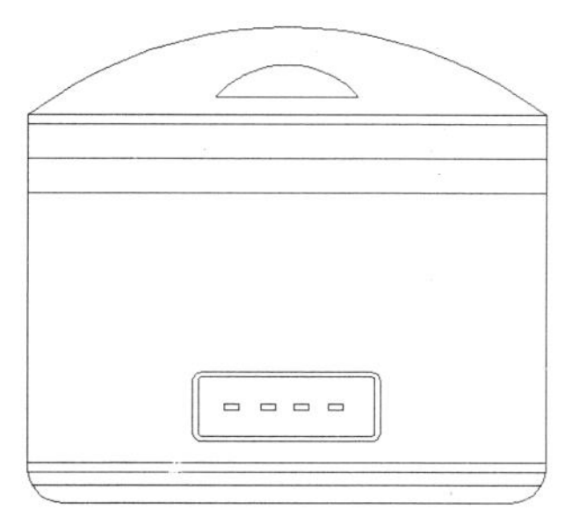

图 11-75　绘制图形

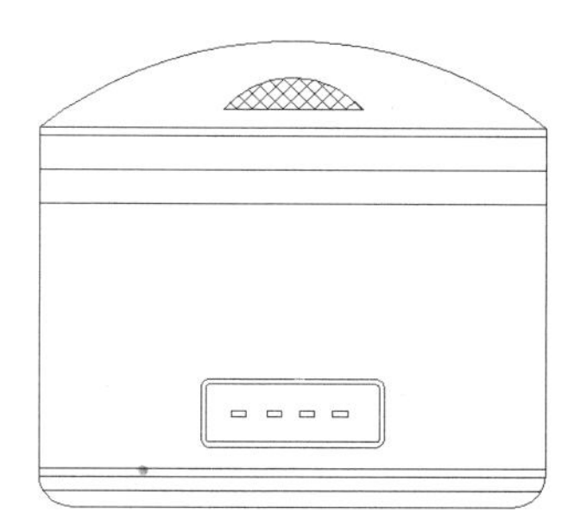

图 11-76　填充图案

（11）执行“直线”命令，在电饭煲上绘制花纹图案作为装饰，如图 11-77 所示。

（12）执行“直线”命令，在电饭煲底部合适的位置绘制支撑脚，如图 11-78 所示。电饭煲绘制完毕。

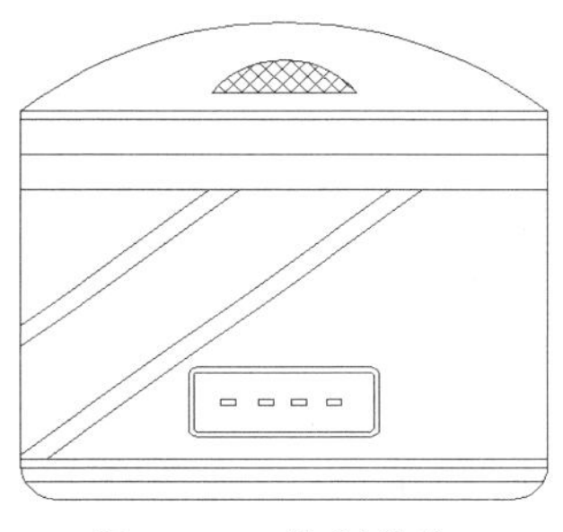

图 11-77　绘制花纹

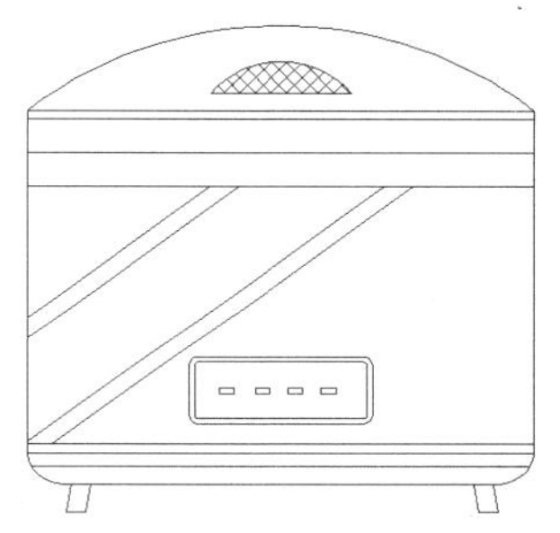

图 11-78　绘制支撑脚

11.9　绘制微波炉

微波炉是一种用微波加热食品的现代化烹调灶具，由电源、磁控管、控制电路和烹调腔等部分组成。下面介绍绘制一款微波炉的过程。

制作思路：

1. 执行“矩形”和“圆角”命令，绘制微波炉轮廓，并对其圆角处理。
2. 执行“圆弧”和“直线”命令，绘制视频窗外轮廓和内轮廓、把手，并对其进行圆角处理。
3. 执行“直线”“圆角”和“矩形”命令，在图中绘制功能区域和开关按钮。
4. 执行“图案填充”命令，选择合适的填充图案，对微波炉图形进行填充。

主要命令及工具：“矩形”“圆角”和“多行文字”等操作命令。

源文件及视频位置：光盘:\第 11 章\

绘制微波炉的具体操作步骤如下。

（1）执行“矩形”命令，绘制一个长 600 mm、宽 380 mm 的矩形作为微波炉外轮廓，如图 11-79 所示。

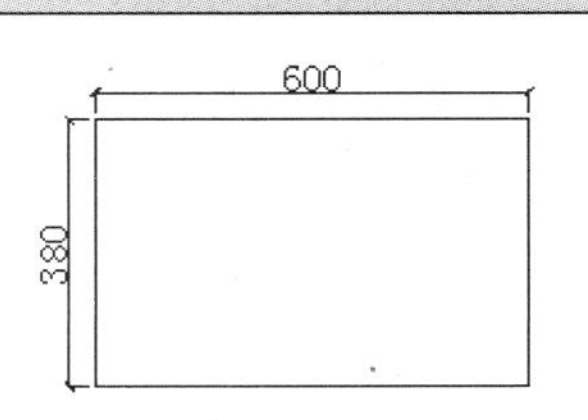

图 11-79　绘制微波炉外轮廓

（2）执行“矩形”命令，在距离外轮廓顶部 15 mm、左边 25 mm 的位置绘制长 510 mm、宽 310 mm 的矩形作为微波炉内轮廓，如图 11-80 所示。

（3）执行“圆角”命令，设置圆角半径为 20 mm，对内轮廓进行圆角处理，然后执行“偏移”命令，设置偏移距离为 5 mm，对内轮廓向内进行偏移，如图 11-81 所示。

（4）执行“矩形”命令，绘制一个长 20 mm、宽 5 mm 的矩形作为微波炉按钮开关，如图 11-82 所示。

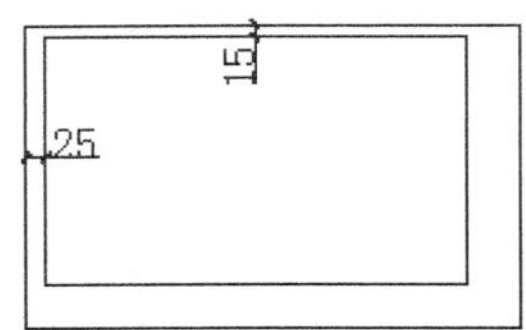

图 11-80　绘制内轮廓

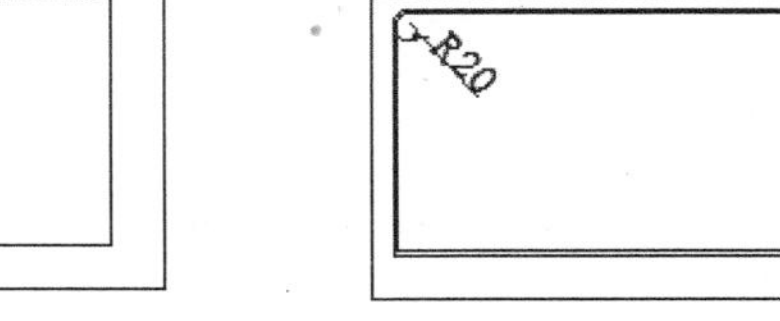

图 11-81　执行圆角、偏移操作

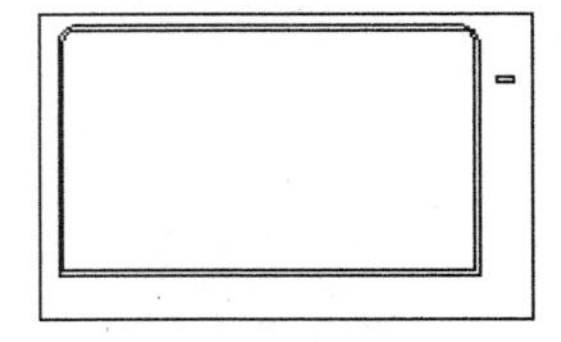

图 11-82　绘制按钮开关

（5）执行“复制”命令，选择绘制好的按钮开关，将其复制并放在合适的位置，如图 11-83 所示。

（6）依次执行“圆心，半径”和“矩形”命令，在图左下角绘制半径为 10 mm 的圆，以及长 30 mm、宽 5 mm 的矩形，将其组合为旋转开关，然后执行“复制”命令复制开关图形，如图 11-84 所示。

（7）执行“图案填充”命令，选择填充图案“AR-RROOF”，设置填充图案比例为 8，图案填充角度为 45°，对微波炉图形进行填充，微波炉绘制完毕。结果如图 11-85 所示。

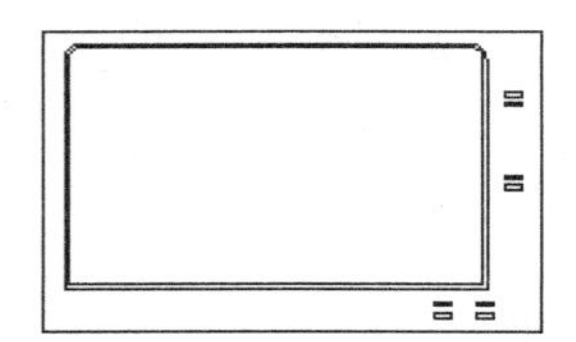

图 11-83　复制开关

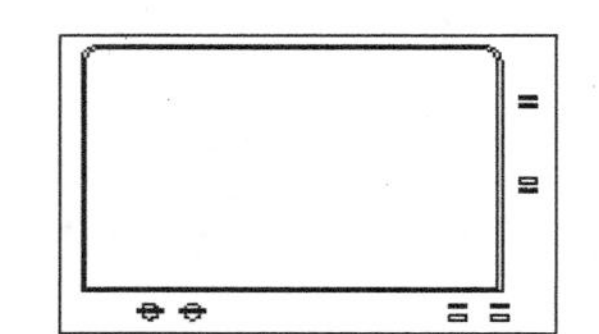

图 11-84　绘制旋转开关

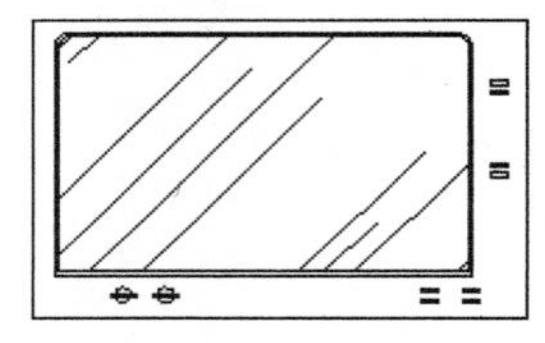

图 11-85　填充图案

11.10　绘制简约台灯

台灯是人们生活中用来照明的一种家用电器。它一般分为两种，一种是立柱式的，一种是有夹子的。它的工作原理主要是把灯光集中在一小块区域内，以便于工作和学习。下面介绍一款床头灯的绘制过程。

制作思路：

1．执行“直线”命令，绘制台灯的灯罩，并在灯罩上绘制装饰纹路。

2．执行“直线”“镜像”命令，绘制灯杆，并将其镜像。

3．执行“矩形”命令，在灯杆下方绘制床头灯底座。

主要命令及工具：“矩形”和“镜像”等操作命令。

源文件及视频位置：光盘:\第 11 章\

绘制床头灯的具体操作步骤如下。

（1）执行“直线”命令，绘制一条辅助线，在这基础上绘制上底长 184 mm、下底长 388 mm、高 210 mm 的等腰梯形，并用斜线连接上下底的端点作为台灯灯罩，如图 11-86 所示。

（2）删除辅助线，执行“偏移”命令，将上下底线段分别向内依次偏移 32 mm、12 mm 作为灯罩装饰线，使用夹点编辑线段，如图 11-87 所示。

（3）依次执行“直线”和“矩形”命令，在灯罩下方分别绘制长 16 mm、宽 40 mm 和长 70 mm、宽 10 mm 的两个矩形，将其放在一起并用直线连接起来作为灯杆，如图 11-88 所示。

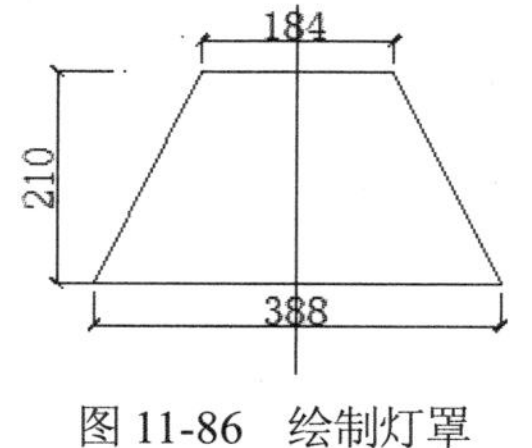

图 11-86　绘制灯罩

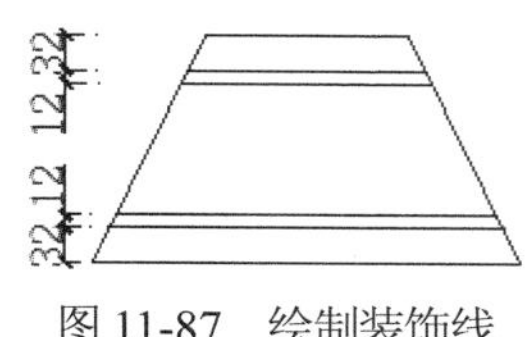

图 11-87　绘制装饰线

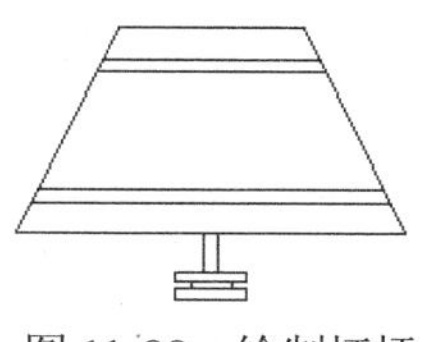
图 11-88　绘制灯杆

（4）执行“矩形”命令，绘制长 62 mm、宽 240 mm 的矩形，放在灯杆下方，再执行“分解”命令，将矩形分解，如图 11-89 所示。

（5）执行“偏移”命令，设置偏移距离为 11 mm，将矩形左右两边的线段分别向内偏移，如图 11-90 所示。

（6）依次执行“矩形”和“直线”命令，在距离灯杆下方 24 mm 处绘制长 210 mm、宽 23 mm 的矩形作为底座，并用斜线进行连接，简约台灯绘制完毕。结果如图 11-91 所示。

图 11-89　继续绘制灯杆

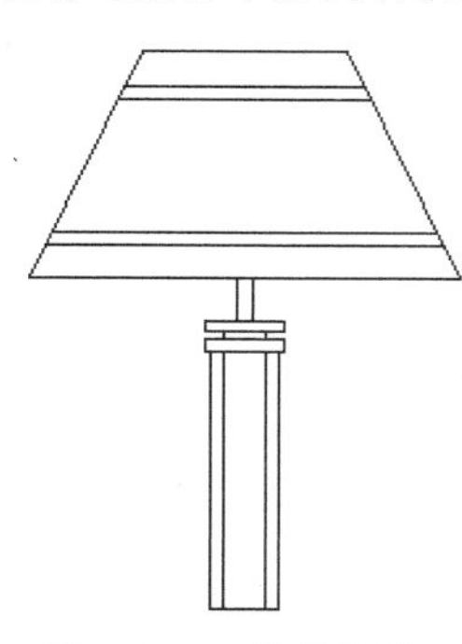
图 11-90　偏移线段

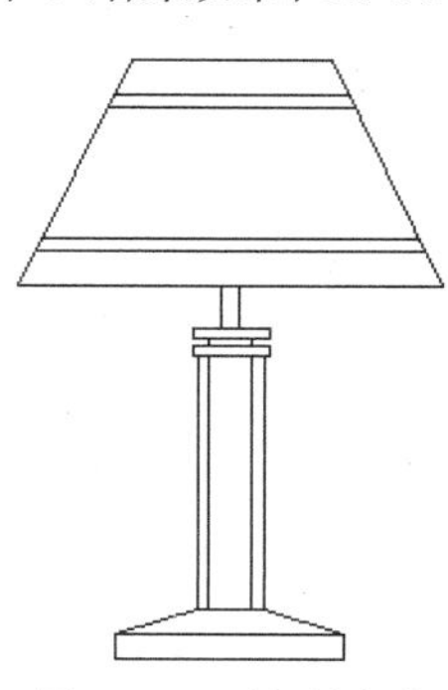
图 11-91　绘制底座

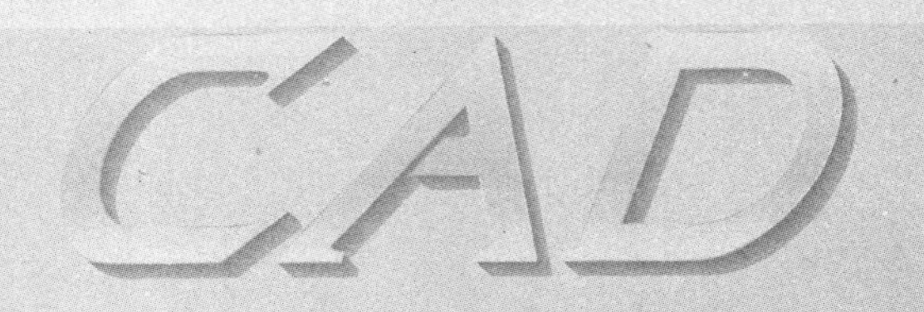

第 12 章　两居室室内设计方案

本章设计的是具有现代风格的两居室。现代风格主要采用现代家具搭配玻璃等现代材料，来体现一种时尚、现代和舒适的感觉。客厅地面采用米白色的大理石饰面，搭配整个白色的家具，可营造出一种温馨的氛围。本章主要绘制了两居室的原始户型图、拆墙建墙图、平面布置图、地面材质图、顶棚布置图、主卧立面图、餐厅立面图、客厅立面图、卫生间立面图，希望通过这些案例的绘制使读者对居室整体设计方案有一个初步的认识。

12.1　绘制两居室原始户型图

所谓的两居室就是有两间卧室，比如说两室一厅。如果是单元房，则应理解为：两室、一厅、一厨、一卫。

制作思路：

1．设置图层名称。

2．按照实际尺寸绘制墙体。

3．绘制窗、梁等图形。

4．对该户型图进行尺寸标注。

5．绘制图例说明，保存文件。

主要命令及工具：“多线”“直线”“分解”和“线性”等操作命令。

源文件及视频位置：光盘:\第 12 章\

绘制两居室原始户型图的具体操作步骤如下。

（1）执行“格式”|“图层”命令，打开“图层特性管理器”对话框，单击“新建图层”命令，创建一个名称为“墙线”的图层，并设置合适的颜色与线型，如图 12-1 所示。

（2）继续单击“新建图层”按钮，创建出“窗”“梁”“文字标注”和“尺寸标注”等图层，并设置相应颜色、线型和线宽，结果如图 12-2 所示。

（3）双击“墙线”图层，将其设置为当前工作图层，接着关闭“图层特性管理器”对话框返回至绘图区，然后执行“直线”命令，绘制墙体内框；执行“偏移”“修剪”命令绘制墙体，如图 12-3 所示。

（4）双击“窗”图层，将其设置为当前工作图层，然后单击绘图窗口下的“定数等分”命令将窗户厚度等分为 3 等份，最后执行“直线”命令，以等分点为基点绘制直线，如图

12-4 所示。

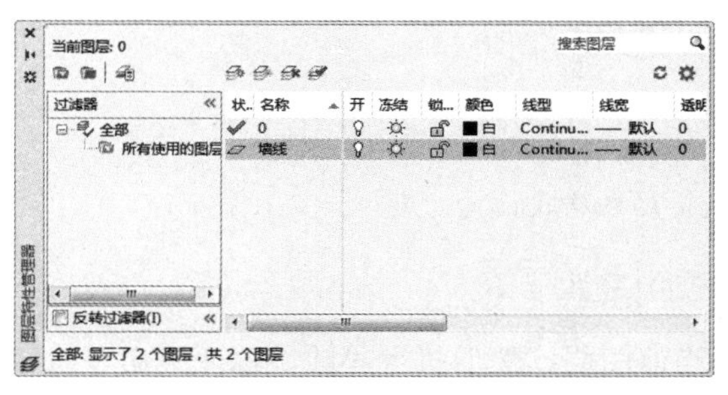

图 12-1　创建“墙线”图层

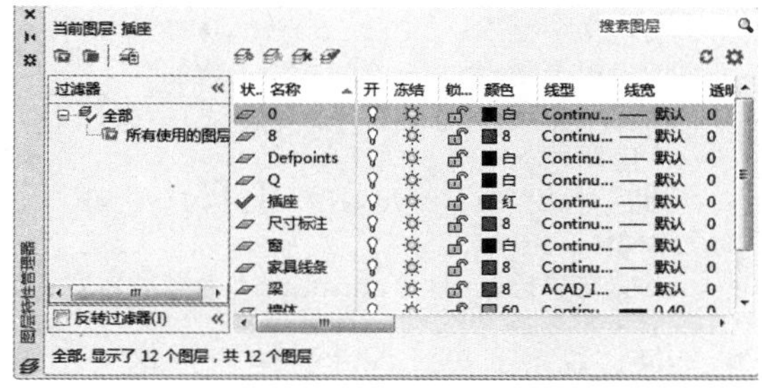

图 12-2　创建其他图层

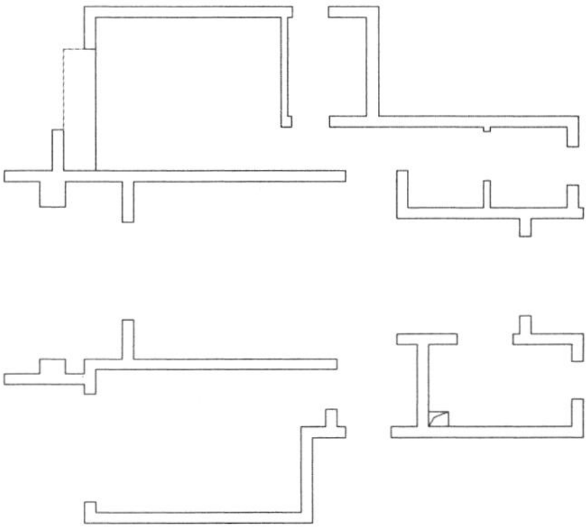

图 12-3　绘制墙体

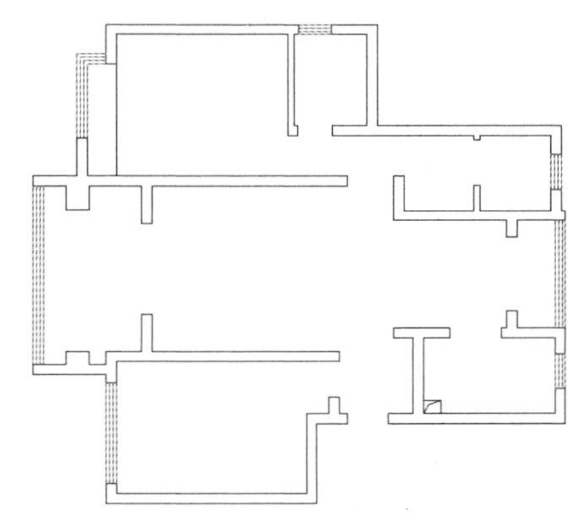

图 12-4 绘制窗户

（5）执行“直线”命令，绘制梁，执行“偏移”命令，偏移出梁的宽度，如图 12-5 所示。

（6）双击“梁”图层，将其设置为当前图层，选择“修改”|“特性”命令，打开“特性”面板，在“常规”卷展栏中设置“梁”的线型比例为 5，如图 12-6 所示。

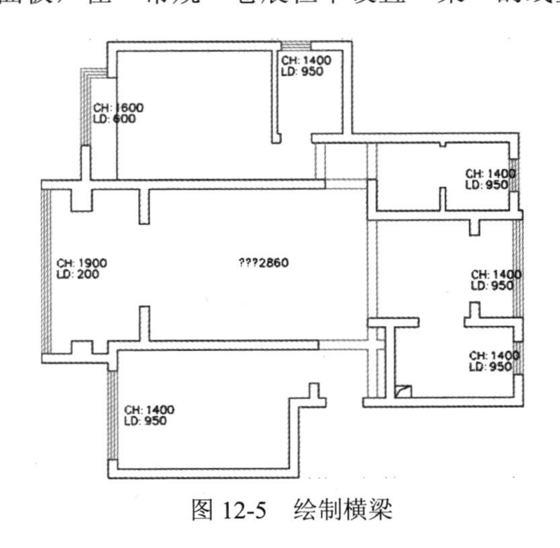

图 12-5　绘制横梁

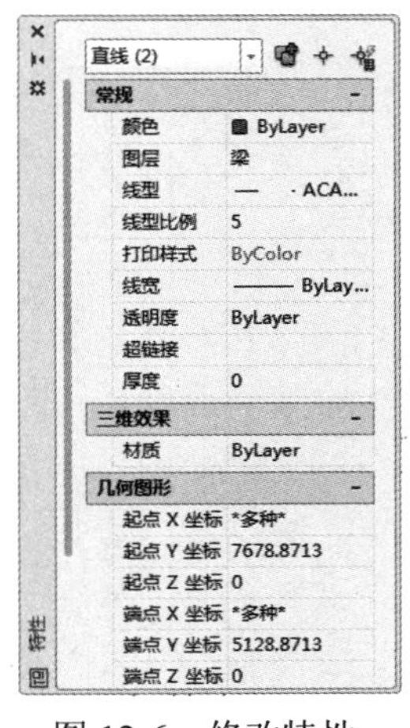

图 12-6　修改特性

（7）双击“文字标注”图层，将其设置为当前图层，然后选择“文字注释”命令，单击“多行文字”命令，最后设置文字属性并输入标注文字，如图 12-7 所示。

文字参数如下：

```
当前文字样式: "Standard"  文字高度: 2.5  注释性: 否
指定第一角点:
指定对角点或 [高度(H)/对正(J)/行距(L)/旋转(R)/样式(S)/宽度(W)/栏(C)]: H
指定高度 <2.5>: 200
指定对角点或 [高度(H)/对正(J)/行距(L)/旋转(R)/样式(S)/宽度(W)/栏(C)]:
命令: MTEXT
当前文字样式: "Standard"  文字高度: 200  注释性: 否
```

（8）双击“尺寸标注”图层，将其设置为当前图层，然后执行“线性标注”命令，标注墙体起点，最后执行“续标注”命令连续标注尺寸，如图 12-8 所示。

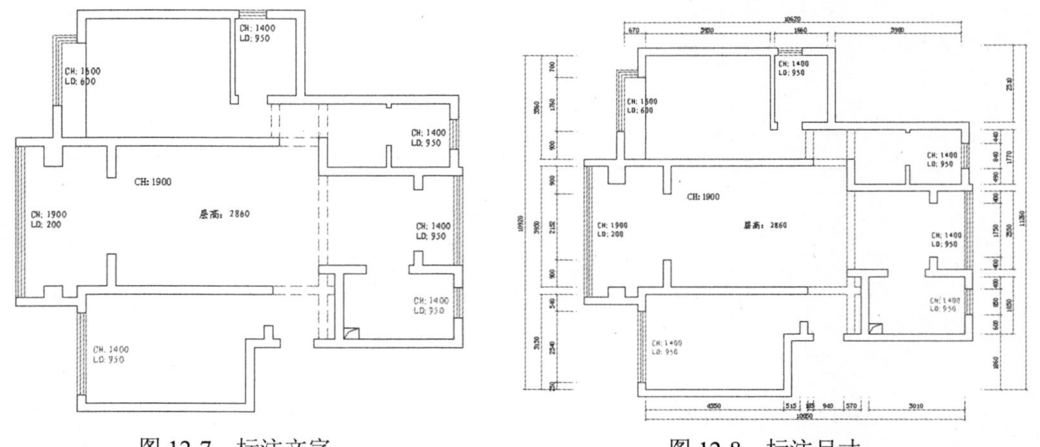

图 12-7　标注文字　　　　图 12-8　标注尺寸

（9）执行“直线”“偏移”命令绘制长 2000 mm 的直线，然后执行“偏移”命令将直线向下偏移 20 mm，最后使用“文字注释”命令标注文字。完成的设计图如图 12-9 所示。

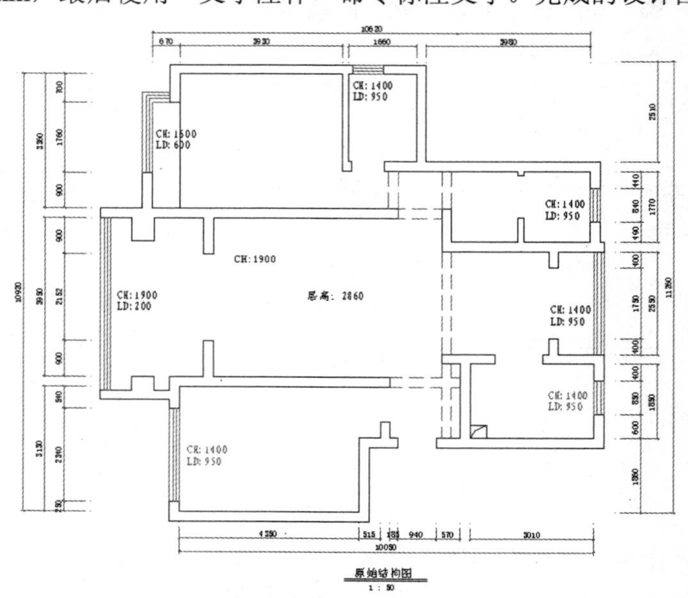

图 12-9　标注文字

12.2　绘制两居室平面布置图

现代风格追求的是时尚与潮流，本案例的两居室设计非常注重居室空间的布局与使用功能的完美结合。现代简约风格装修是以追求居室空间简洁、实用为特点的简约装修。简约不是简单，不仅要体现居室装修的实用性，而且要符合现代人的生活品位。

> 制作思路：
>
> 1．复制原始户型图，删除多余图块。
>
> 2．在图中各区域插入家具图块。
>
> 3．对该平面图进行尺寸标注。
>
> 4．注明平面图名称，保存文件。
>
> 主要命令及工具："块""椭圆弧""标注样式"等操作命令。
>
> 源文件及视频位置：光盘:\第 12 章\

绘制两居室平面布置图的具体操作步骤如下。

（1）执行文件"打开"命令，选择并打开"两居室拆墙建墙图"，然后删除要拆除的墙体，绘制平面结构图，如图 12-10 所示。执行"另存为"命令，另存为"两居室平面布置图"图形文件。

（2）执行"格式"|"图层"命令，打开"图层特性管理器"对话框。在该对话框中单击"新建图层"按钮，创建一个名称为"家具线条"的图层，并设置合适的颜色与线型，如图 12-11 所示。

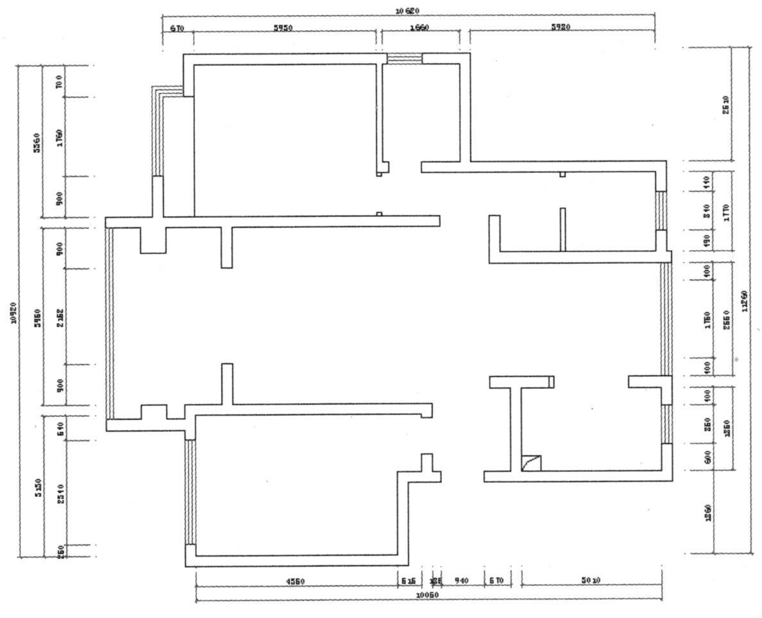

图 12-10　平面结构图

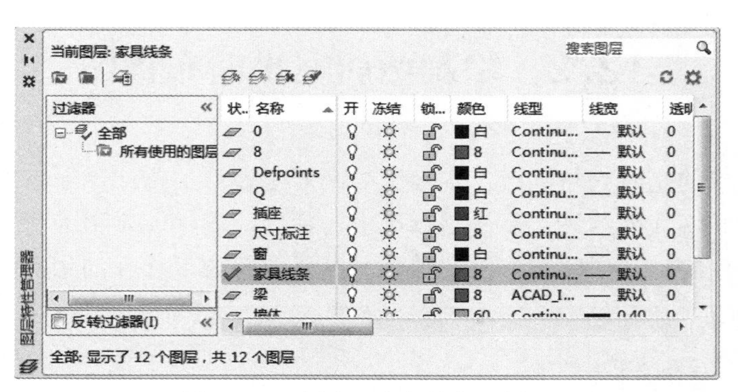

图 12-11 创建“家具线条”图层

（3）执行“偏移”命令，将墙体线段向左偏移 350 mm，然后执行“直线”命令，以直线中心为基点绘制直线，最后取消正交模式，以直线中心为基点绘制相交直线，绘制鞋柜，如图 12-12 所示。

（4）执行文件“打开”命令，打开图形文件“图库 1”，然后选择组合沙发模型，右击，从快捷菜单中选择“剪贴板”|“复制”命令，切换到平面布置图中进行“粘贴”操作，之后使用同样方法复制冰箱和电视柜，绘制客厅，如图 12-13 所示。

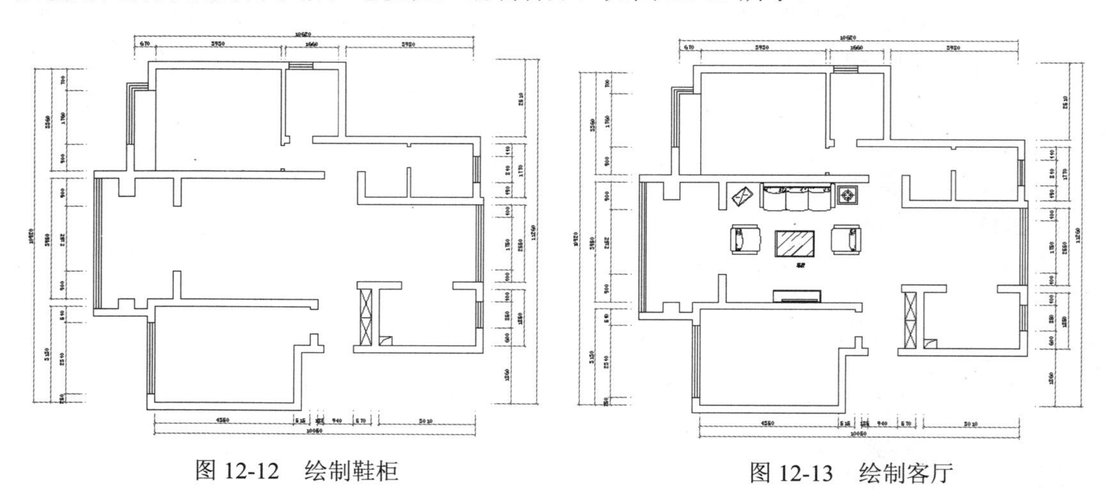

图 12-12 绘制鞋柜　　图 12-13 绘制客厅

（5）执行“直线”命令，绘制阳台柜子，然后执行“偏移”“矩形”命令绘制阳台移门，最后执行“复制”“粘贴”命令导入桌椅模型，以及洗衣机、植物等模型，绘制阳台，如图 12-14 所示。

（6）单击“直线”“偏移”命令，绘制餐边柜和酒柜，然后执行文件“打开”命令，打开图形文件“图库 1”，选择餐桌模型，右击，从快捷菜单中选择“剪贴板”|“复制”命令，接着切换到“平面布置图”进行“粘贴”操作，执行“移动”命令将其移动到合适位置，最后使用同样方法导入植物模型，绘制餐厅，如图 12-15 所示。

（7）执行“偏移”命令，从墙边依次向内偏移 600 mm，并使用“修剪”命令绘制橱柜台面，然后打开图形文件“图库 1”，选择“洗菜盆”模型，将其复制，接着切换到“平面布置图”进行“粘贴”操作，最后使用同样方法导入灶台和冰箱模型，绘制厨房，如图

12-16 所示。

（8）执行“偏移”命令，将墙线依次向左偏移 900 mm、60 mm 绘制淋浴房，然后使用“矩形”命令绘制长 885mm、宽 20mm 的矩形玻璃隔断，执行“移动”命令将其移动到合适位置，最后执行“复制”命令导入马桶和台盆模型，绘制卫生间，如图 12-17 所示。

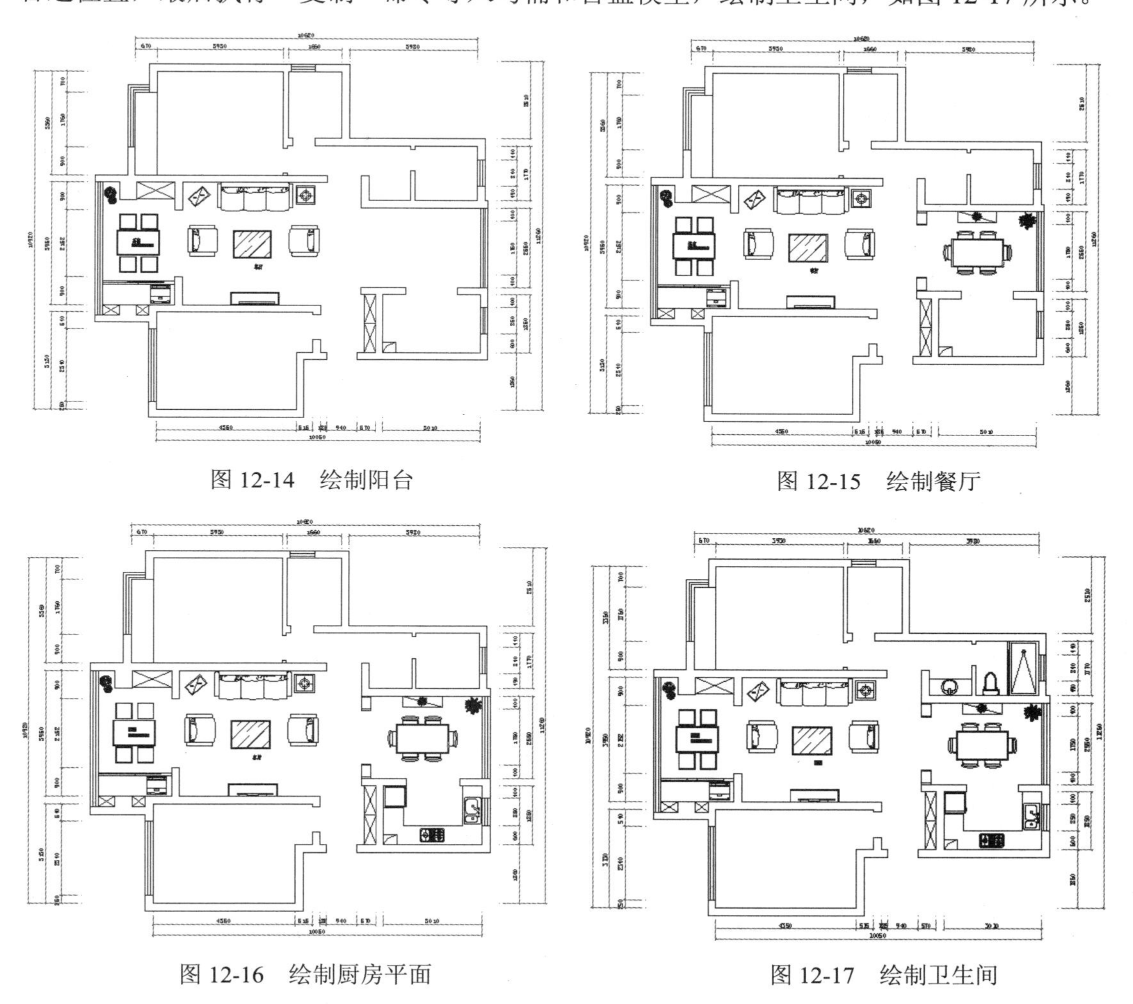

图 12-14　绘制阳台

图 12-15　绘制餐厅

图 12-16　绘制厨房平面

图 12-17　绘制卫生间

（9）分别执行“直线”“偏移”命令绘制衣柜外框，然后打开“图库 1”选择衣架模型，执行“复制”命令复制衣架，绘制主卧室衣柜。执行“样条曲线”命令绘制抱枕，如图 12-18 所示。

（10）执行“插入”|“块”命令，选择双人床模型，导入双人床模型，使用同样方法导入电视柜模型，绘制主卧。最后使用同样的操作方法绘制次卧，如图 12-19 所示。

（11）依次执行“偏移”“修剪”命令绘制储藏室外框，然后取消正交模式，执行“直线”命令绘制相交直线，完成储藏室的绘制，如图 12-20 所示。

（12）执行“矩形”命令，绘制长 800mm、宽 40 mm 的矩形作为房门，然后执行“圆”命令绘制半径为 800 mm 的圆，最后执行“修剪”命令，修剪造型，绘制房门，如图 12-21 所示。

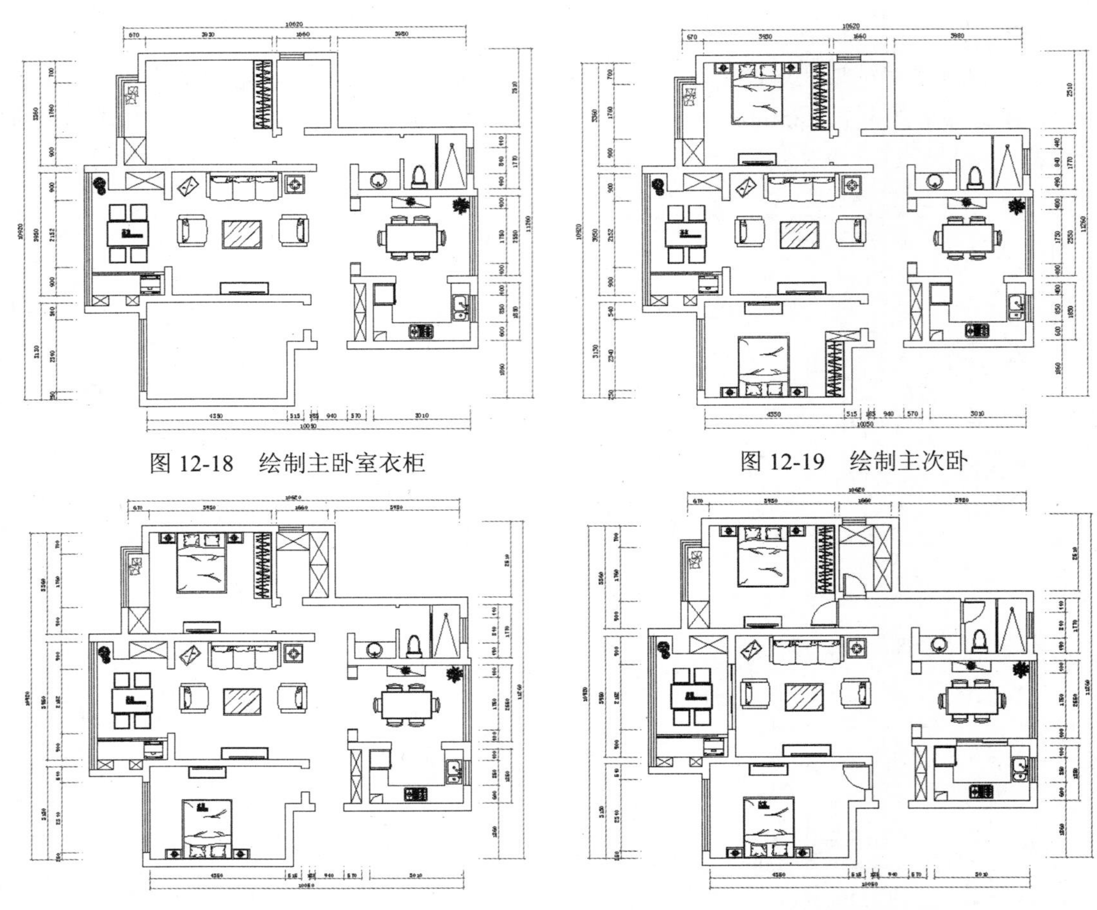

图 12-18　绘制主卧室衣柜

图 12-19　绘制主次卧

图 12-20　绘制储藏室

图 12-21　绘制房门

（13）执行“文字注释”命令并标注文字；执行“多行文字”命令，设置其属性并输入文字，最后执行“复制”命令，复制文字，再双击文字进行修改，如图 12-22 所示。

（14）执行“直线”命令，绘制长 2 000 mm 的直线，再执行“偏移”命令将其向下偏移 30mm，绘制图形标注。执行“文字注释”命令标注文字。完成后的结果如图 12-23 所示。

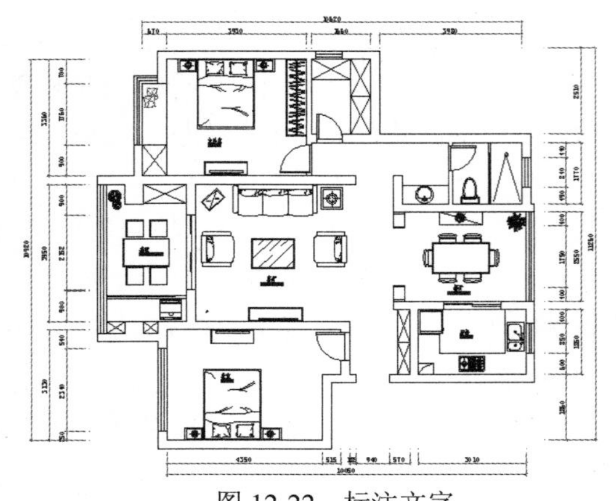

图 12-22　标注文字

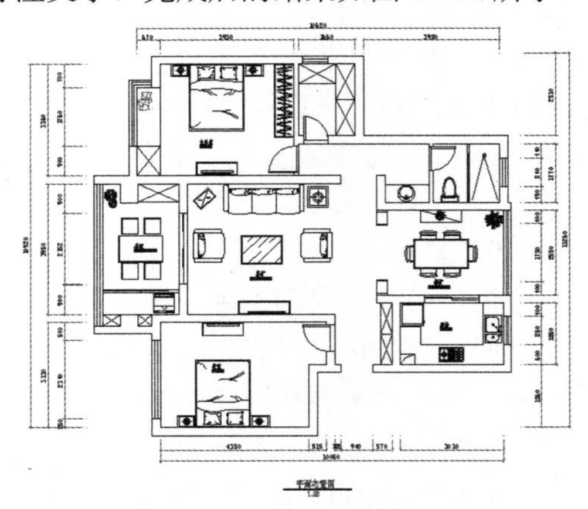

图 12-23　标注图形

12.3　绘制地面材质图

在地面材质中，客厅和餐厅常采用玻化砖，它是所有瓷砖中最硬的一种，在吸水率、边直度、弯曲强度、耐酸碱性等方面都优于普通釉面砖、抛光砖及一般的大理石；在厨房和卫生间区域则采用防滑砖，因为这两个区域往往容易产生湿滑，这样可以有效防止摔倒；卧室和阳台大都使用木质地板，不同的是阳台的地板是防腐蚀的。

> 制作思路：
> 1.利用“图层特性管理器”对话框，创建“地面填充”等图层。
> 2.执行“直线”“多段线”“偏移”等命令绘制图案填充区域。
> 3.执行“多行文字”“文字注释”命令，添加文字和尺寸标注。
> 主要命令及工具：“直线”“图案填充”和“多重引线”等操作命令。
> 源文件及视频位置：光盘:\第 12 章\

绘制地面材质图的具体操作步骤如下。

（1）执行文件“打开”命令，打开“两居室平面布置图”，然后删除内部家具，最后单击“另存为”命令，保存为“两居室地面材质图”图形文件，如图 12-24 所示。

（2）单击“格式”|“图层”命令，打开“图层特性管理器”对话框，单击“新建图层”命令，创建一个名称为“地面填充”的图层，并设置合适的颜色与线型，如图 12-25 所示。

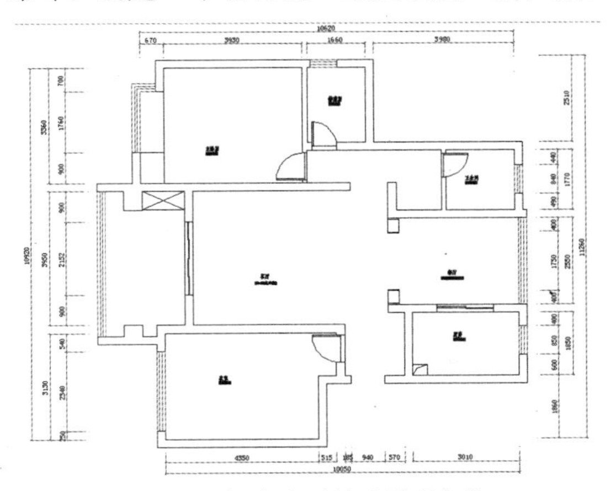

图 12-24　新建地面材质图形文件

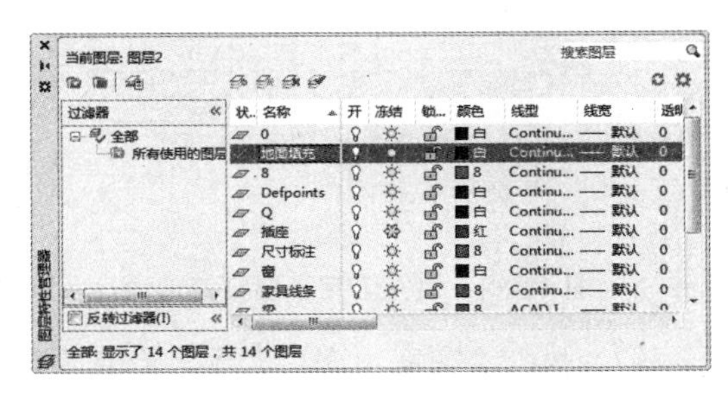

图 12-25　创建“地面填充”图层

（3）执行“直线”命令将填充空间封闭，执行“图案填充”命令，拾取墙体内部点，选择填充类型“用户定义”，填充特性为双向，最后将图案填充间距设置为 600，填充客厅、餐厅地面，如图 12-26 所示。

（4）执行“图案填充”命令，拾取厨房墙体内部点，选择填充类型为“用户定义”，填充特性为双向，最后将图案填充间距设置为 300 进行填充。使用同样方法填充卫生间地面，如图 12-27 所示。

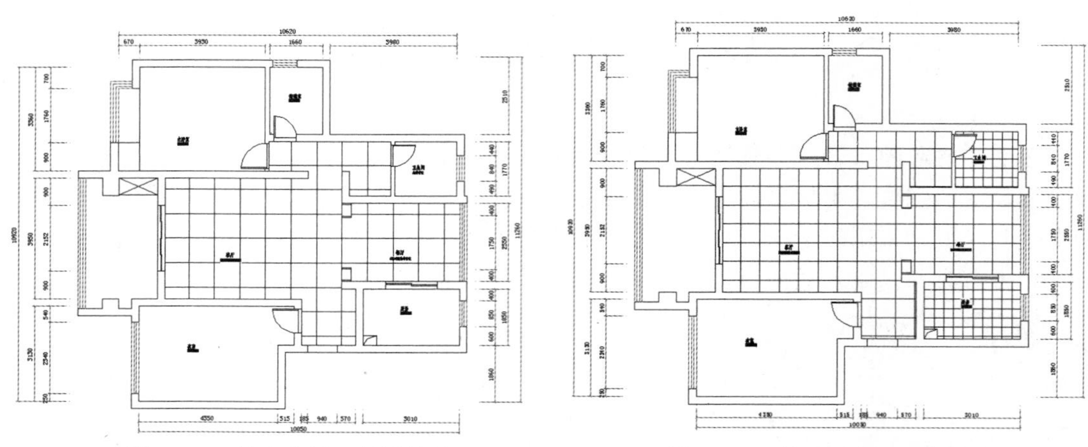

图 12-26 填充客厅、餐厅地面　　图 12-27 填充厨房及卫生间地面

（5）执行“图案填充”命令，拾取主卧室墙体内部点；选择填充类型为“图案”，将图案填充比例设置为 15，填充卧室地面。使用同样方法填充次卧室和储藏室地面，如图 12-28 所示。

（6）执行“直线”命令划分阳台区域；执行“多段线”命令沿着墙边绘制理石走边；执行“偏移”命令将走边向内偏移 120 mm；执行“图案填充”命令填充地面，如图 12-29 所示。

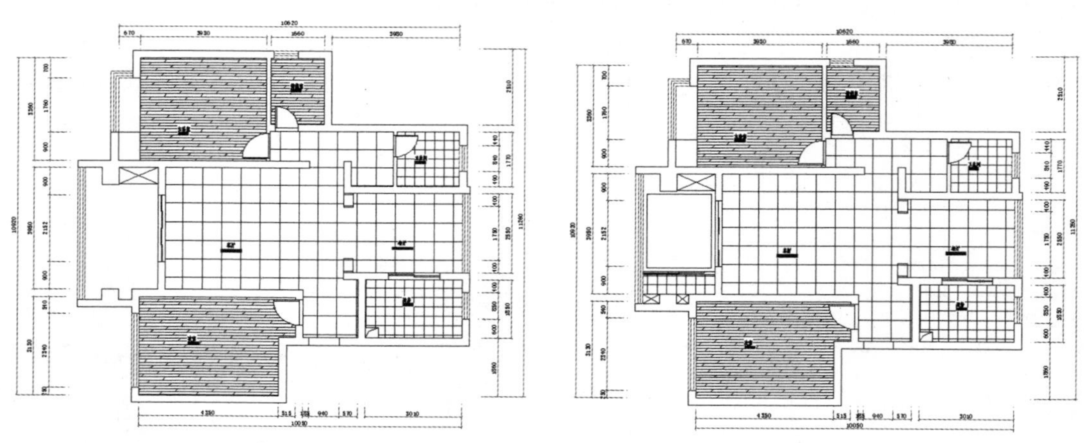

图 12-28 填充卧室及储藏室地面　　图 12-29 绘制阳台理石走边

（7）执行“图案填充”命令，拾取填充空间，选择填充图案“DOLMIT”，填充比例设置为 15，填充阳台理石走边，如图 12-30 所示。

（8）执行“图案填充”命令，拾取填充空间，然后选择填充图案类型为“用户定义”，填充特性为双向，填充间距设置为 600，填充角度为 45°，填充阳台地面，如图 12-31 所示。

（9）首先输入并执行引线快捷命令 LE，设置其属性，执行“多行文字”命令，设置其属性并输入标注文字；然后执行“复制”命令复制文字并双击后修改为需要的内容，如图 12-32 所示。

（10）执行“直线”命令绘制长 2 000 mm 的直线，再执行“偏移”命令将其向下偏移 30；执行“文字注释”命令进行文字标注，如 12-33 所示。

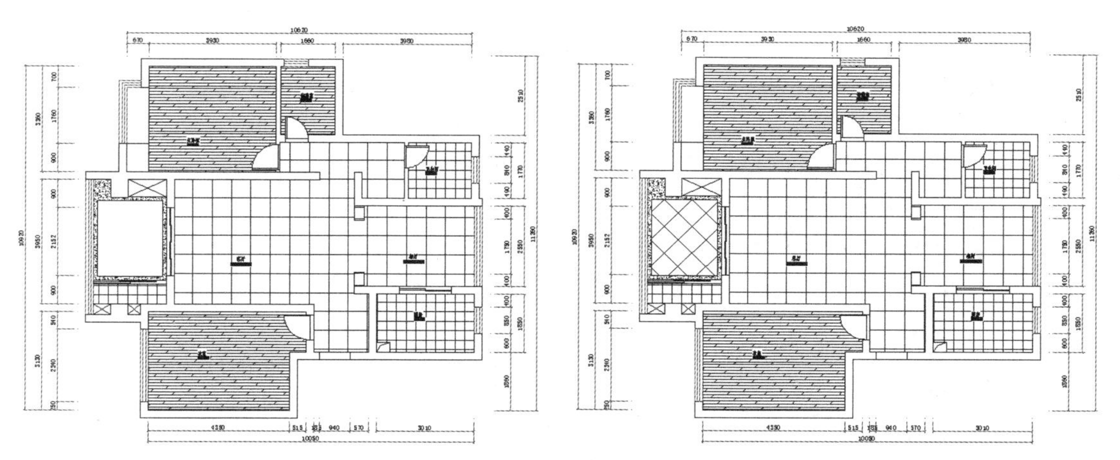

图 12-30　填充阳台理石走边　　　　图 12-31　填充阳台地面

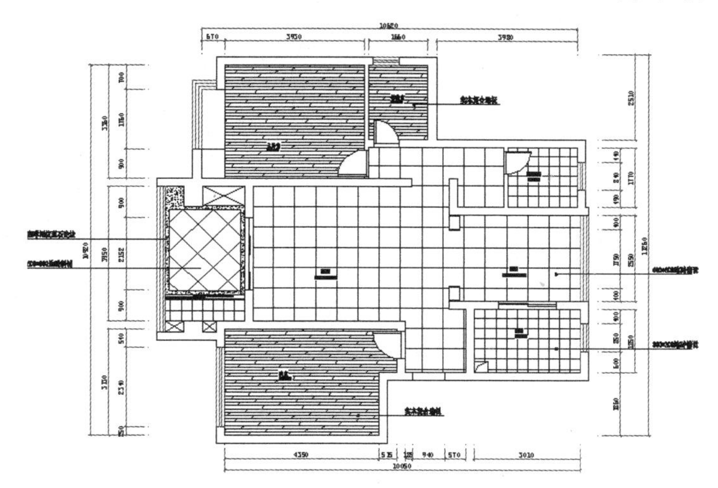

图 12-32　标注文字

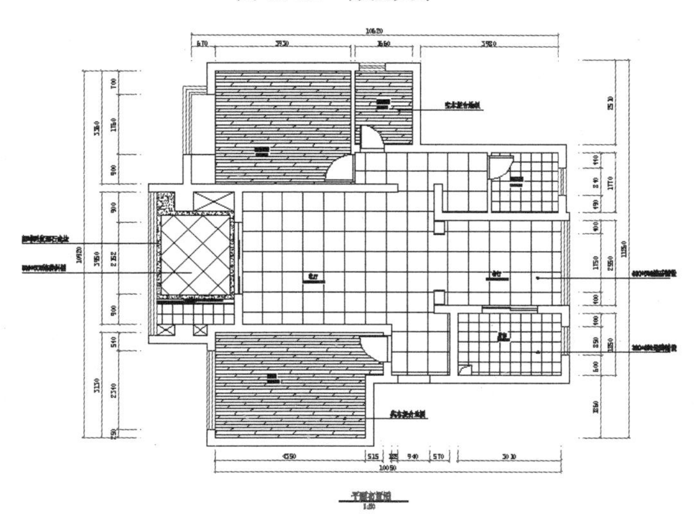

图 12-33　绘制图形标注

12.4 绘制顶棚布置图

顶棚布置图主要表现的是简单的造型和灯光布置。现代风格的顶棚比较简单，本案例卧室和客厅顶采用简单的直线造型，整个造型简单又大方；卫生间和厨房采用了成品铝扣板，铝扣板防潮和防火性能比较好，非常适用于卫生间和厨房等潮湿的地方。

制作思路：

1.利用“图层特性管理器”对话框，创建“吊顶”“灯具”等图层。

2.执行“直线”“偏移”“修剪”等命令绘制顶棚造型。

3.执行“圆”“直线”“复制”“粘贴”等命令，绘制灯具。

4.执行“多段线”“文字注释”命令绘制图层标高。

5.执行“多行文字”“标注”等命令，添加文字和尺寸标注。

主要命令及工具：“直线”“图案填充”和“多重引线”等操作命令。

源文件及视频位置：光盘:\第 12 章\

绘制顶棚布置图的具体操作步骤如下。

（1）打开 “两居室平面布置图”文件，删除其中的家具图形，然后另存为“两居室顶棚布置图”图形文件，如图 12-34 所示。

（2）执行“格式”|“图层”命令，打开“图层特性管理器”对话框，执行“新建图层”命令，创建一个名称为“吊顶”的图层，并设置合适的颜色与线型。使用同样方法创建并设置其他图层，如图 12-35 所示。

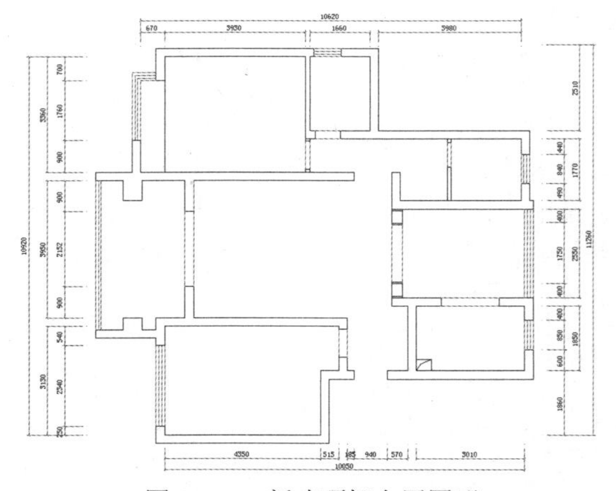

图 12-34　新建顶棚布置图形

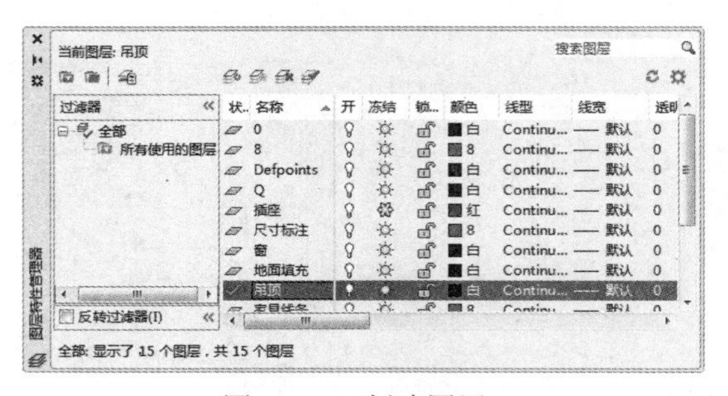

图 12-35　创建图层

（3）执行“偏移”命令，依次从墙边向内偏移 180 mm；执行“定数等分”命令将走道等分为 3 份；执行“矩形”命令，以等分点为基点绘制矩形；执行“偏移”命令，将线段依次向内偏移 15 mm、35 mm，绘制走道顶面，如图 12-36 所示。

（4）执行“偏移”命令，依次从墙边向内偏移 200 mm 绘制窗帘盒；执行“偏移”命令，依次从四面墙边向内偏移 170 mm、50 mm、15 mm、35 mm，执行“修剪”命令修剪直线造型，绘制客厅顶面。使用同样方法绘制餐厅顶面，如图 12-37 所示。

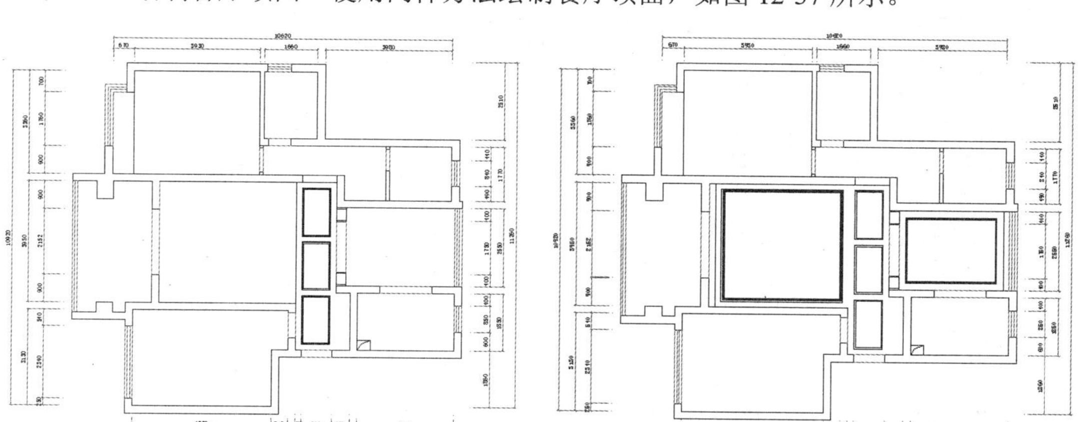

图 12-36　绘制走道顶面　　　　图 12-37　绘制客厅及餐厅顶面

（5）执行“偏移”命令依次从墙边向内偏移 200 mm，绘制窗帘盒；执行“偏移”命令依次从墙边向内偏移 200 mm、25 mm、25 mm；执行“图案填充”命令填充阳台顶面，先拾取墙体内部点，再选择填充类型为“用户定义”，将图案填充间距设置为 120 进行填充，如图 12-38 所示。

（6）执行“偏移”命令，依次从主卧室墙边分别向内偏移 180 mm、180 mm、180 mm、650 mm；执行“偏移”命令，依次从墙边向内偏移 35 mm、20 mm；执行“修剪”命令修剪直线造型，绘制主卧室顶面。使用同样方法绘制次卧室顶面，如图 12-39 所示。

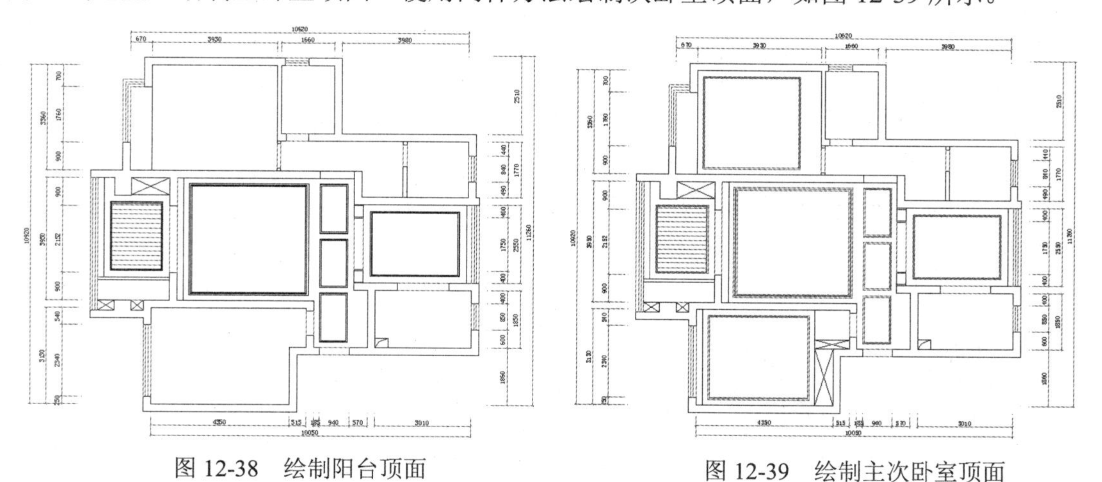

图 12-38　绘制阳台顶面　　　　图 12-39　绘制主次卧室顶面

（7）执行“图案填充”命令，拾取厨房填充空间，然后选择填充类型为“用户定义”，将图案填充间距设置为 300，特性设置为双向，绘制厨房顶面。使用同样方法填充卫生间顶面，如图 12-40 所示。

（8）执行“插入”|“块”命令，选择吊灯模型，导入模型，使用同样方法导入吸顶灯模型；执行“复制”命令，复制吊灯和吸顶灯并置于合适位置，如图 12-41 所示。

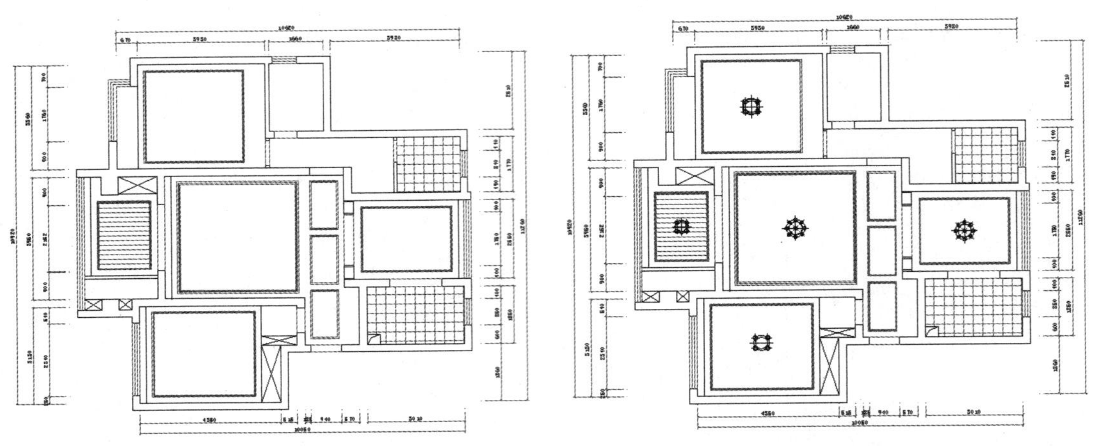

图 12-40　绘制厨房及卫生间顶面　　　　图 12-41　绘制吊灯和吸顶灯

（9）执行“圆”命令，绘制半径为 25mm 的圆；执行“偏移”命令，将圆向外偏移 10 mm；执行“直线”和“镜像”命令，绘制直线，绘制筒灯。执行“复制”命令绘制其他筒灯，如图 12-42 所示。

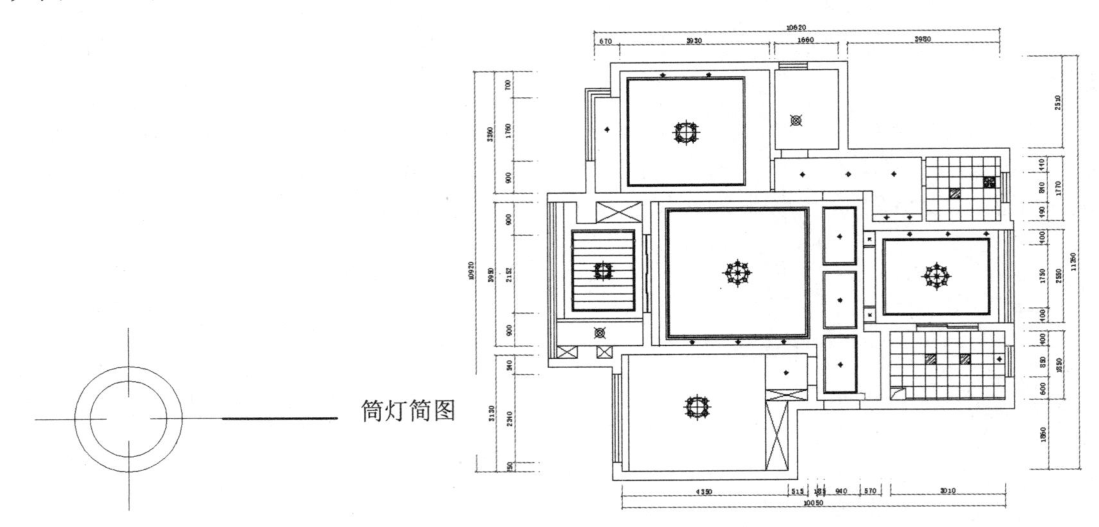

图 12-42　绘制筒灯

（10）执行“圆弧”命令绘制半径为 40 mm 的圆弧；执行“复制”和“旋转”命令绘制窗帘平面。执行“复制”命令复制出其余窗帘图形，如图 12-43 所示。

（11）执行“直线”命令，绘制标高箭头；执行“文字注释”和“多行文字”命令，设置其属性，输入标注文字。执行“复制”命令复制文字，双击文字将其修改为需要的内容，如图 12-44 所示。

（12）执行“直线”命令，绘制长 2 000 mm 的直线，再执行“偏移”命令将其向下偏移 30mm；执行“文字注释”命令标注文字，如图 12-45 所示。

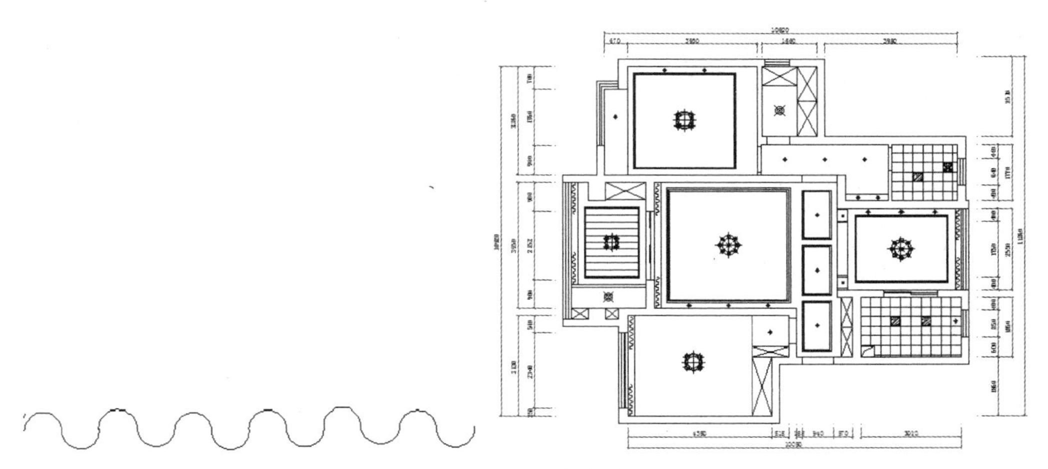

图 12-43　绘制窗帘

标高大图

0.120

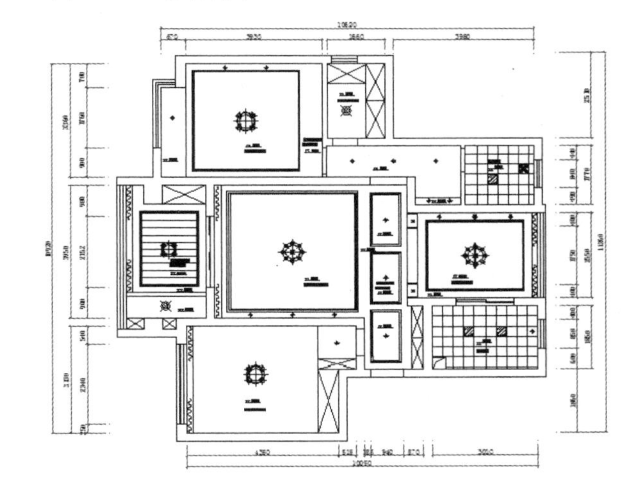

图 12-44　标注文字

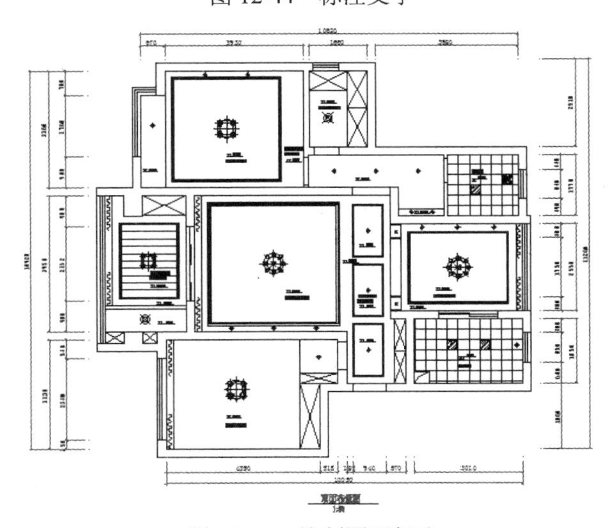

图 12-45　绘制图形标注

12.5 绘制部分立面图

根据两居室平面图来绘制其立面效果，其中包括厨房立面图、卫生间立面图等。

12.5.1 绘制主卧立面图

漂亮的床头装饰能够给卧室带来温馨、浪漫、优雅的情调。床头背景可采用米白色的软包，再搭配米黄色的墙面，使整个卧室看起来温馨而舒适。

制作思路：

1.执行文件“打开”命令，打开“两居室平面布置图”。

2.执行“直线”“偏移”命令，绘制床头背景造型。

3.执行“直线”“偏移”“图案填充”命令，绘制床头背景。

4.执行“复制”“粘贴”“移动”等命令，导入家具模型。

5.执行“标注”命令，标注立面造型尺寸。

6.执行“文字样式”命令，创建新的文字样式并设置好属性；执行“多行文字”命令，为图形添加文字标注。

主要命令及工具：“矩形”“分解”“修剪”和“图案填充”等操作命令。

源文件及视频位置：光盘:\第 12 章\

绘制主卧立面图的具体操作步骤如下。

（1）打开“两居室平面布置图”，执行“直线”命令，根据平面尺寸绘制墙体外框；执行“偏移”命令将顶部直线从上向下偏移 260 mm，绘制吊顶层，如图 12-46 所示。

（2）执行“偏移”命令，将左边直线分别向右偏移 160 mm、180 mm，将右边直线向左偏移 650 mm，执行“修剪”命令修剪直线；执行“图案填充”命令填充顶面，如图 12-47 所示。

图 12-46　绘制墙体外框

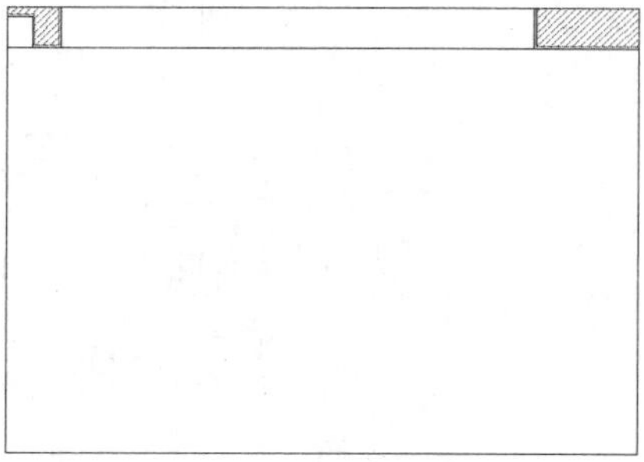

图 12-47　绘制顶面

（3）执行“偏移”和“修剪”命令，将右边直线向左偏移 580 mm；取消正交模式，执行“直线”命令，绘制斜线，最后执行“偏移”命令将地平线向上偏移 80 mm 绘制踢脚线，绘制衣柜侧面，如图 12-48 所示。

（4）执行“直线”命令以顶面中心为基点向下绘制直线；执行“偏移”命令，分别将直线向左右两边偏移 1 000 mm，从地面向上偏移 2 100 mm；执行“倒角”命令，修剪直角并继续向外依次偏移 15 mm、35 mm、50 mm，绘制背景线条，如图 12-49 所示。

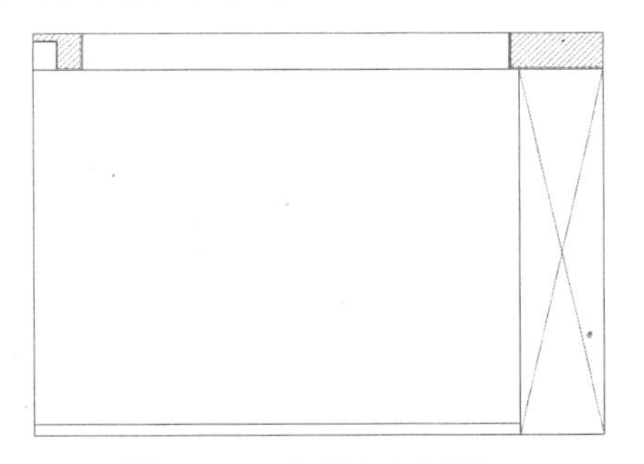

图 12-48　绘制衣柜侧面

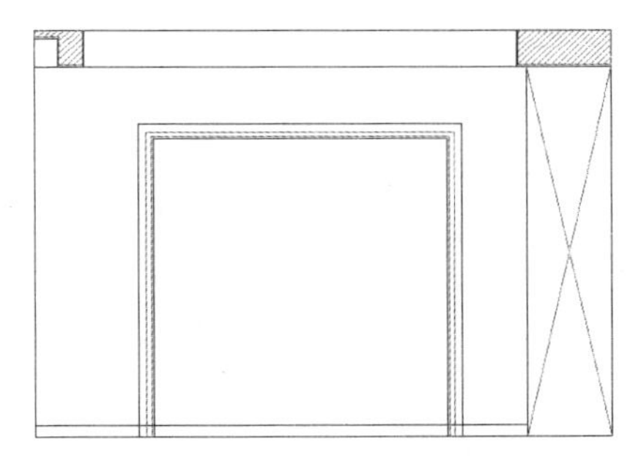

图 12-49　绘制背景线条

（5）执行“插入”|“块”命令，选择双人床模型，导入双人床立面造型，如图 12-50 所示。

（6）执行“图案填充”命令，拾取填充空间，选择填充类型为“用户定义”，填充特性设置为“双向”，最后将填充间距设置为 420，填充角度设置为 45°，绘制软包，如图 12-51 所示。

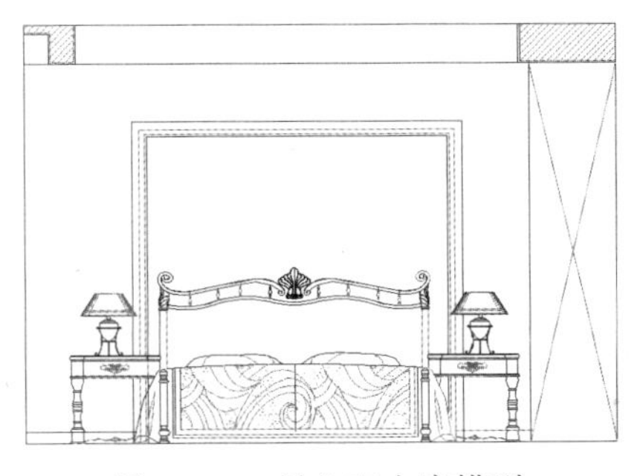

图 12-50　导入双人床模型

图 12-51　绘制软包

（7）执行“文字注释”命令标注文字；执行“多行文字”命令，设置其属性并输入标注文字；执行“复制”命令复制文字并双击将其修改为需要的内容，如图 12-52 所示。

（8）执行“标注”命令，选择“线性标注”，标注尺寸起点；执行“连续标注”命令标注其余尺寸，如图 12-53 所示。

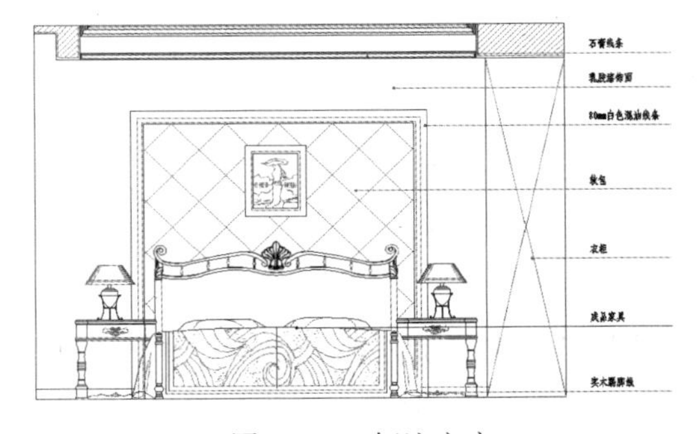

图 12-52　标注文字

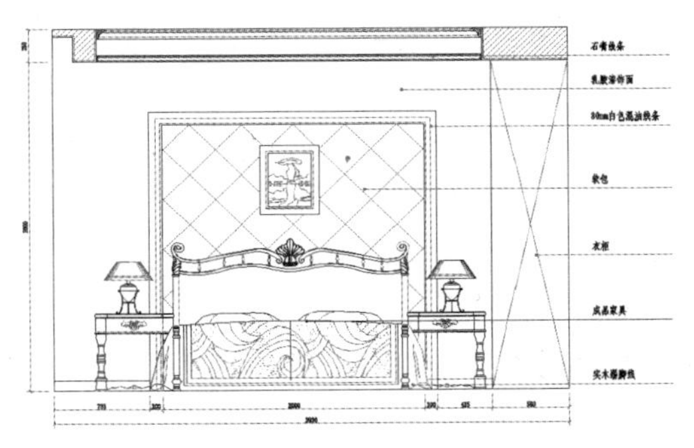

图 12-53　标注尺寸

（9）执行“直线”命令绘制长 2 000 mm 的直线，再执行“偏移”命令将其向下偏移 30mm；执行“文字注释”命令标注文字，如图 12-54 所示。

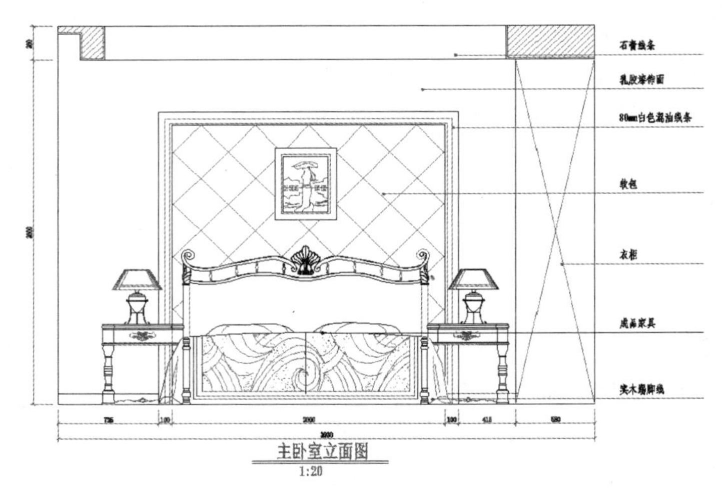

图 12-54　绘制图形标注

12.5.2　绘制餐厅立面图

本案例中，餐厅背景采用对称玻璃造型，既时尚又大方；暖色的墙纸饰面搭配漂亮的挂画，既温馨又舒适；漂亮的装饰柜既满足了实用性又增加了装饰性。

制作思路：

1.执行“直线”“偏移”命令绘制立面轮廓。

2.执行“直线”“偏移”“修剪”命令绘制饰面边框线条。

3.执行“复制”“粘贴”命令，导入家具模型。

4.执行“图案填充”命令填充墙面造型。

5.执行“文字注释”“标注”命令，添加文字和尺寸标注。

主要命令及工具：“分解”“矩形”“多重引线”和“线性”等操作命令。

源文件及视频位置：光盘:\第 12 章\

绘制餐厅立面图的具体操作步骤如下。

（1）执行“直线”命令，根据平面尺寸绘制立面轮廓；执行“偏移”命令将轮廓顶面直线向下偏移 260 mm，绘制吊顶层，如图 12-55 所示。

（2）执行“偏移”命令，将左边直线向右偏移 220 mm，右边直线向左偏移 200 mm、220 mm；执行“修剪”命令修剪出顶面造型；执行“图案填充”命令填充顶面，如图 12-56 所示。

（3）执行“偏移”命令，将左右两边直线分别向内偏移 600 mm、800 mm；执行“偏移”命令再依次向内偏移 30 mm、25 mm、25 mm；执行“倒角”命令修剪直角，绘制装饰线条，如图 12-57 所示。

（4）执行“插入”|“块”命令，选择餐边柜模型，导入餐边柜，再执行同样命令，导入装饰画模型，如图 12-58 所示。

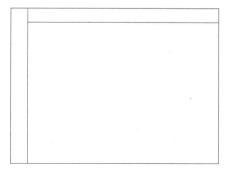

图 12-55　绘制立面外框

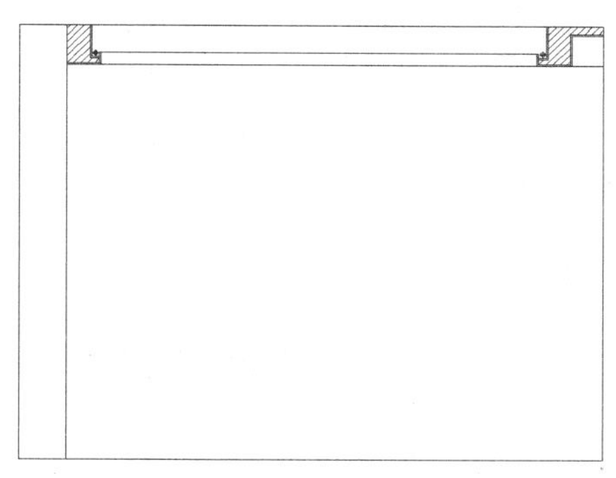

图 12-56　绘制吊顶层

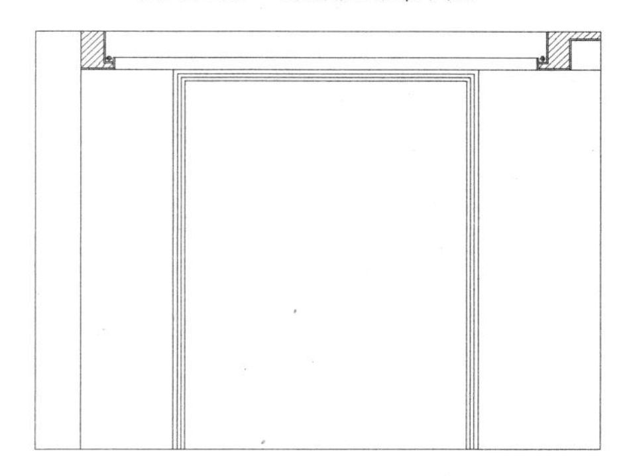

图 12-57　绘制线条

图 12-58　绘制餐边柜

（5）执行“图案填充”命令，然后拾取墙纸饰面内部点，选择填充图案“CROSS”，最后设置填充比例为 13，填充墙纸饰面。如图 12-59 所示。

（6）执行“多段线”命令绘制填充空间；执行“图案填充”命令，拾取墙面内部点，选择图案填充类型为“用户定义”，设置填充间距为 400，以左上角为基点填充图案。使用同样方法填充玻璃图案，如图 12-60 所示。

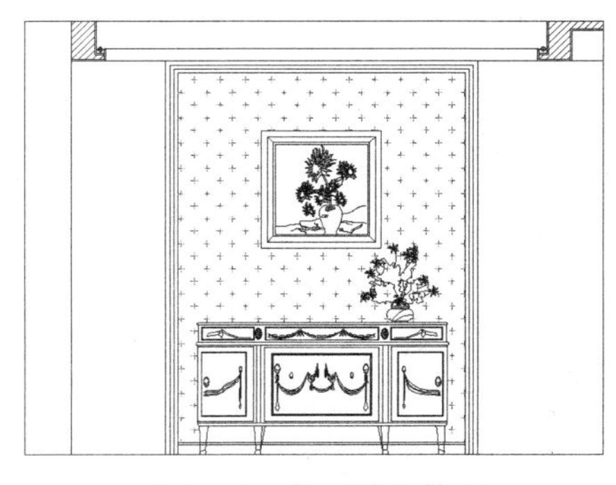

图 12-59　执行墙纸饰面

图 12-60　填充玻璃墙面

（7）首先输入并执行 LE 命令，设置其属性，绘制引线；执行“文字注释”命令选择多行文字，设置文字属性并输入文字；执行“移动”命令将文字移动到合适位置，标注材料名称，如图 12-61 所示。

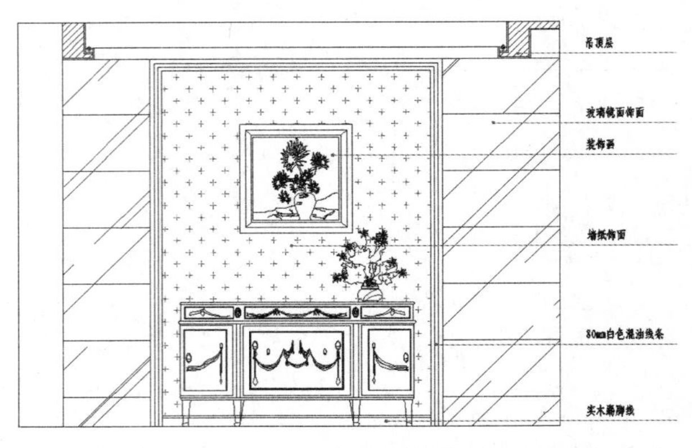

图 12-61　标注材料名称

（8）执行“标注”命令，选择“线性标注”，标注尺寸起点；执行“连续标注”命令标注尺寸，如图 12-62 所示。

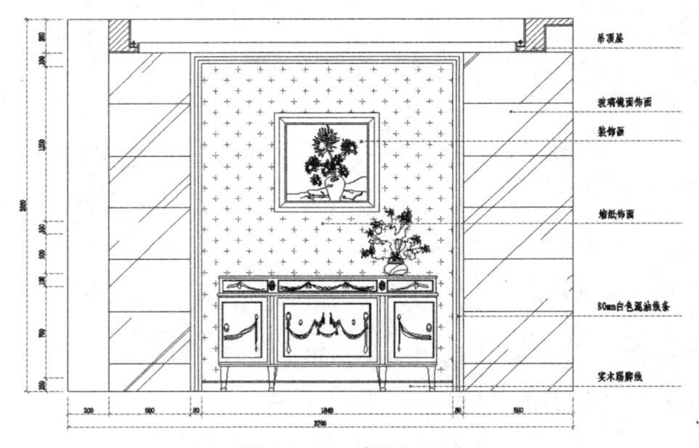

图 12-62　标注尺寸

（9）执行“直线”命令绘制长 1 000 mm 的直线，然后执行“偏移”命令将其向下偏移 20 mm；执行“文字注释”命令标注文字，如图 12-63 所示。

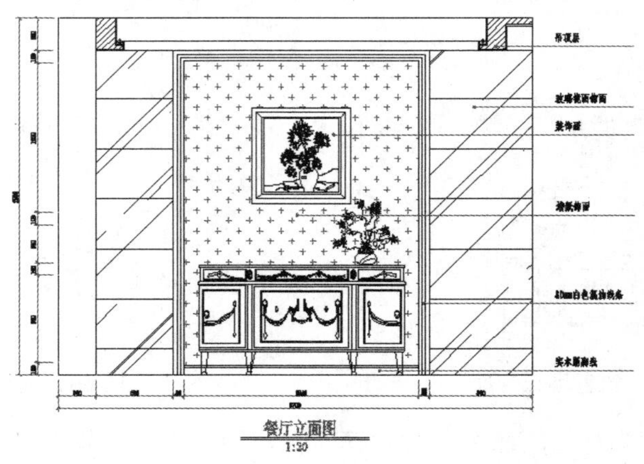

图 12-63　绘制图形标注

12.5.3　绘制客厅立面图

本案例设计的风格为现代简约风格，所以整体造型比较简单，背景墙采用浅色木纹以及浅色的壁纸搭配，使整体显得简捷大方；玻璃嵌条凸出其现代时尚的风格。

> 制作思路：
> 1.执行“直线”“偏移”命令绘制客厅立面轮廓。
> 2.执行“直线”“偏移”“修剪”命令绘制顶面造型。
> 3.执行“等分”“偏移”命令绘制电视背景墙造型。
> 4.执行“复制”“粘贴”命令，导入家具模型。
> 5.执行“图案填充”命令填充墙面造型。
> 6.执行“文字注释”“标注”等命令，添加文字和尺寸标注。
> 主要命令及工具：“矩形”“块”“多重引线”和“线性”等操作命令。
> 源文件及视频位置：光盘:\第 12 章\

绘制客厅立面图的具体操作步骤如下。

（1）执行“直线”命令，根据平面尺寸绘制立面轮廓；执行“偏移”命令将顶面直线向下偏移 260 mm，绘制吊顶层，如图 12-64 所示。

（2）执行“偏移”命令，将左侧直线向右偏移 220 mm，右侧直线向左偏移 200 mm、220 mm；执行“修剪”命令修剪顶面造型；执行“图案填充”命令填充顶面，绘制吊顶层，如图 12-65 所示。

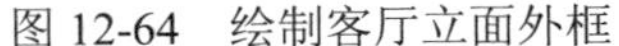

图 12-64　绘制客厅立面外框

图 12-65　绘制吊顶层

（3）执行“偏移”命令，将左边直线向右偏移 820 mm，右边直线向左偏移 1 020 mm，绘制背景造型轮廓；执行“偏移”命令，将地平线向上依次偏移 40 mm、20 mm，绘制踢脚线，如图 12-66 所示。

（4）执行“直线”命令，沿着背景造型边沿绘制直线，再执行“偏移”命令将其依次向下偏移 480 mm、40 mm，绘制背景造型，如图 12-67 所示。

（5）执行文件“插入”|“块”命令，选择电视柜模型，导入电视柜模型，然后执行“缩放”“移动”命令将电视柜移动到合适位置。使用同样方法导入电视机模型，如图 12-68 所示。

（6）执行“图案填充”命令，拾取木纹造型内部点，选择填充图案为“AR-RROOF”，设置比例为 15，填充墙面木纹造型。使用同样方法填充银镜饰面，如图 12-69 所示。

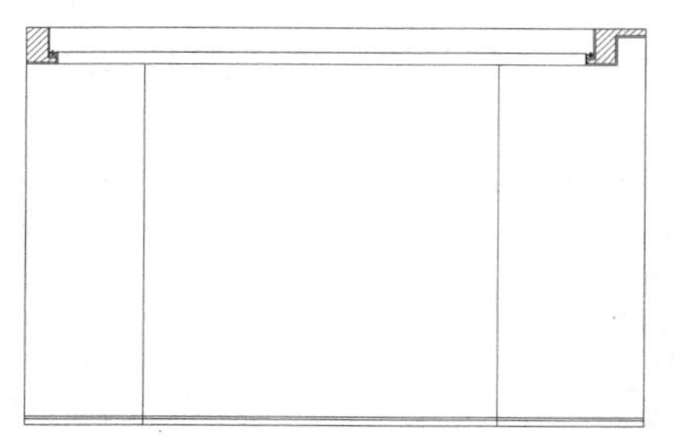

图 12-66 绘制背景造型轮廓和踢脚线

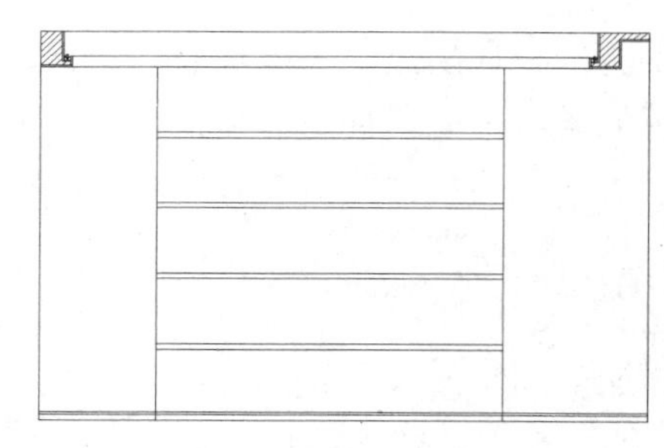

图 12-67 绘制背景造型

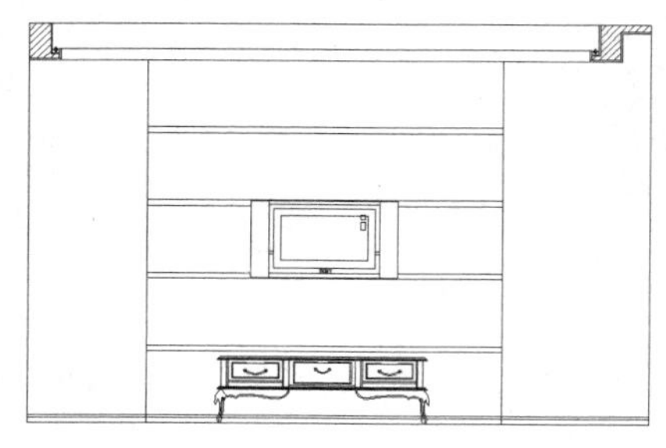

图 12-68 导入电视柜

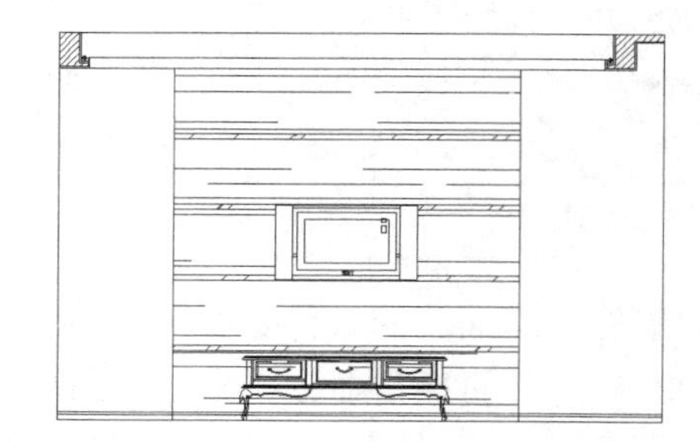

图 12-69 填充墙面木纹造型和银镜饰面

（7）执行“图案填充”命令，然后拾取墙面内部点，选择填充图案“CROSS”，设置填充比例为 15，绘制墙纸饰面；执行“复制”“粘贴”命令，导入窗帘模型，如图 12-70 所示。

（8）首先输入并执行 LE 命令，设置其属性，绘制引线；执行“文字注释”命令，选择“多行文字”，设置文字属性并输入标注文字；执行“移动”命令将文字移动到合适位置，如图 12-71 所示。

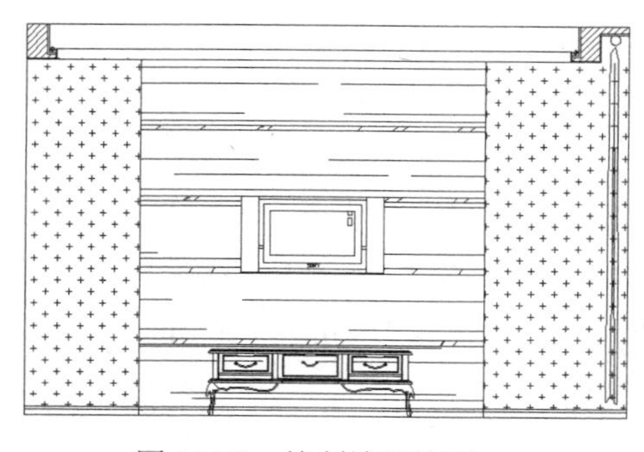

图 12-70 绘制墙纸饰面

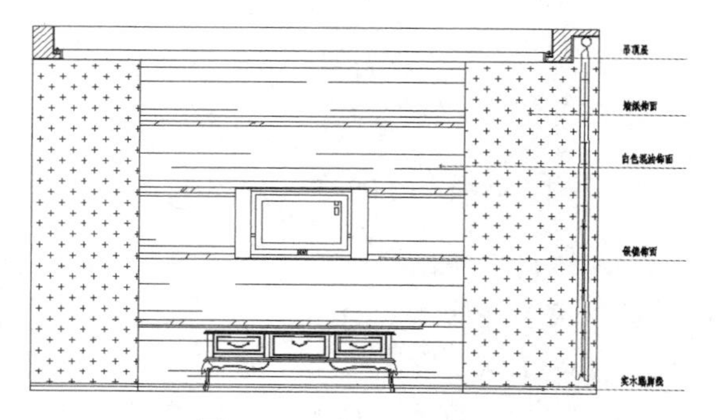

图 12-71 标注材料

（9）执行“标注”命令，选择“线性标注”，标注尺寸起点；执行“连续标注”命令标注尺寸，如图 12-72 所示。

（10）执行“直线”命令绘制长 1 000 mm 的直线，执行“偏移”命令向下将其偏移 20 mm；执行“文字注释”命令标注文字，如图 12-73 所示。

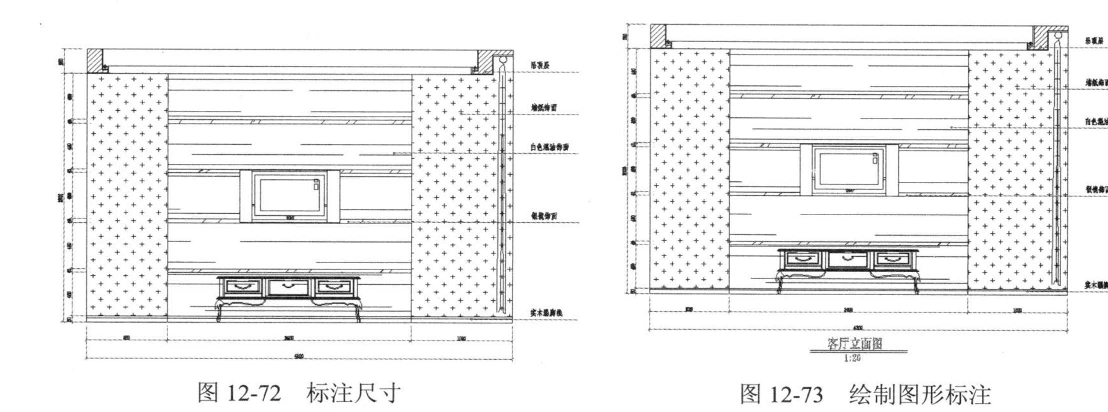

图 12-72　标注尺寸　　　　图 12-73　绘制图形标注

12.5.4　绘制卫生间立面图

制作思路：

1.执行“直线”“偏移”命令绘制卫生间立面轮廓。

2.执行“直线”“偏移”“修剪”命令绘制顶面造型。

3.执行“矩形”“直线”命令绘制淋浴隔断。

4.执行“直线”“偏移”“图案填充”命令绘制洗手台。

5.执行“复制”“粘贴”命令导入洁具模型。

6.执行“文字注释”“标注”等命令，添加文字和尺寸标注。

主要命令及工具：“矩形”“块”“多重引线”和“线性”等操作命令。

源文件及视频位置：光盘:\第 12 章\

绘制卫生间立面图的具体操作步骤如下。

（1）执行“直线”命令，根据平面尺寸绘制立面轮廓；执行“偏移”命令，将顶面直线向下偏移 200 mm 以绘制吊顶层，如图 12-74 所示。

（2）执行“图案填充”命令，拾取填充空间，选择填充图案“ANSI31”，设置填充比例为 8，填充墙体和顶面，如图 12-75 所示。

图 12-74　绘制卫生间立面外框

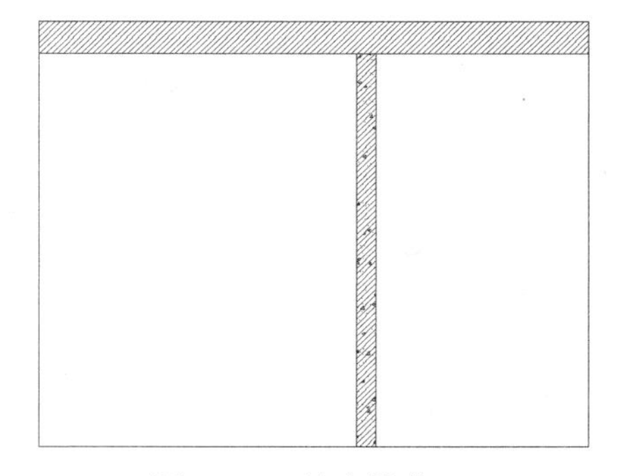

图 12-75　填充墙体

（3）执行“矩形”命令，绘制长和宽均为 80 mm 的矩形作为挡水条；执行“直线”命令，以矩形中心为基点向上绘制直线，再执行“偏移”命令将其分别向两边偏移 10 mm，绘制淋浴隔断，如图 12-76 所示。

（4）执行“偏移”命令，将地平线依次向上偏移 700 mm、100 mm；执行“修剪”命令修剪直线；执行“图案填充”命令填充洗手台台面，如图 12-77 所示。

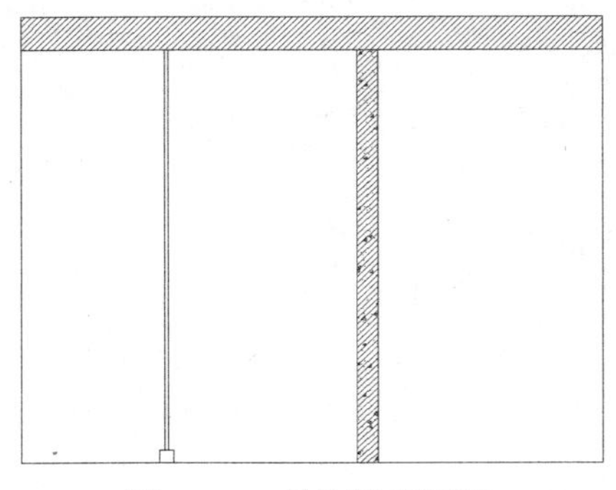
图 12-76　绘制淋浴隔断

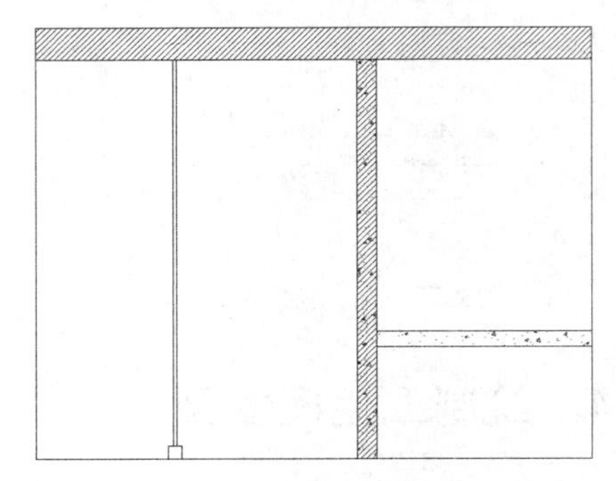
图 12-77　绘制洗手台台面

（5）执行“插入”|“块”命令，选择洗手盆模型，导入洗手盆，执行“移动”命令将洗手盆移动到合适位置。使用同样方法导入马桶和淋浴模型，如图 12-78 所示。

（6）执行“矩形”命令，绘制长 800 mm、宽 1000 mm 的矩形作为镜面轮廓；执行“偏移”命令，将矩形向内偏移 60 mm，然后执行“移动”命令将其移动到合适位置，如图 12-79 所示。

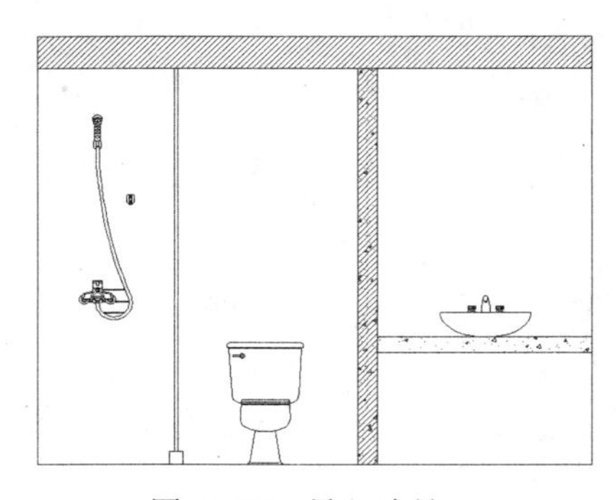
图 12-78　导入洁具

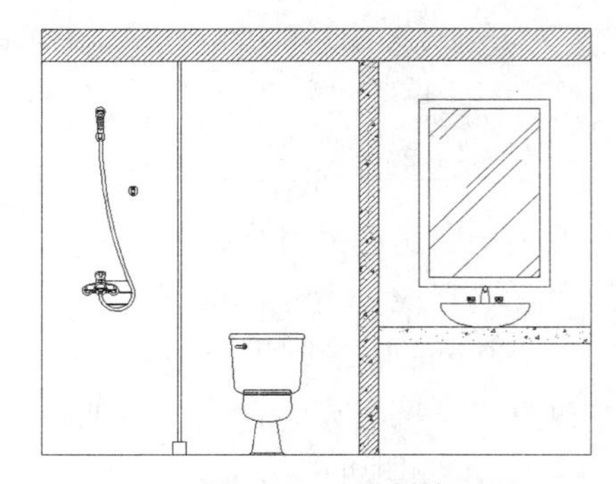
图 12-79　绘制镜子

（7）执行“多段线”命令，绘制闭合需填充的空间；执行“图案填充”命令，选择填充空间，选择图案填充类型为“用户定义”，设置填充间距为 300，以墙面左上角为基点填充图案，绘制墙砖（横向），如图 12-80 所示。

（8）执行“图案填充”命令，选择填充空间，选择图案填充类型为“用户定义”，设置填充角度为 90°，填充间距为 600，以墙面左上角为基点填充图案，最后删除多余段线，绘制墙砖（竖向），如图 12-81 所示。

（9）输入并执行 LE 命令，设置其属性，绘制引线；执行“文字注释”命令，选择多行文字，设置文字属性并输入材料标注文字；执行“移动”命令，将文字移动到合适位置，如图 12-82 所示。

（10）执行“标注”命令，选择“线性标注”，标注尺寸起点；执行“连续标注”命令，标注其余尺寸，如图 12-83 所示。

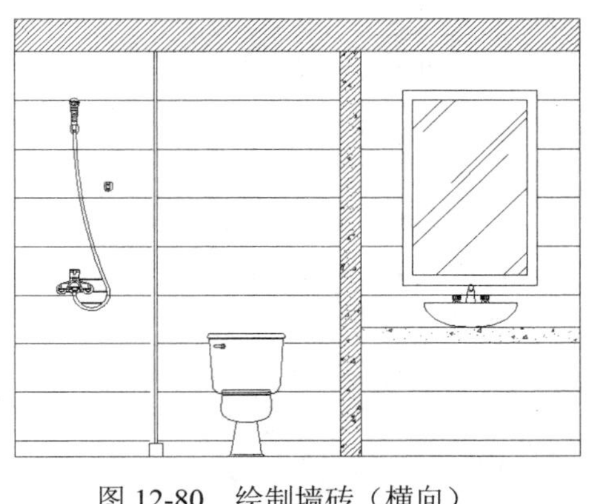

图 12-80　绘制墙砖（横向）

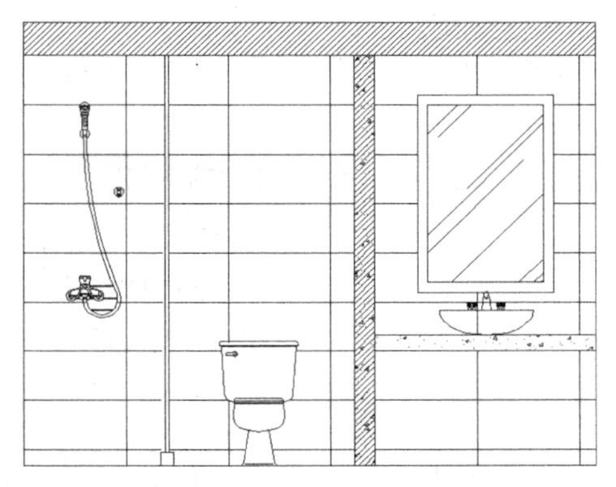

图 12-81　绘制墙砖（竖向）

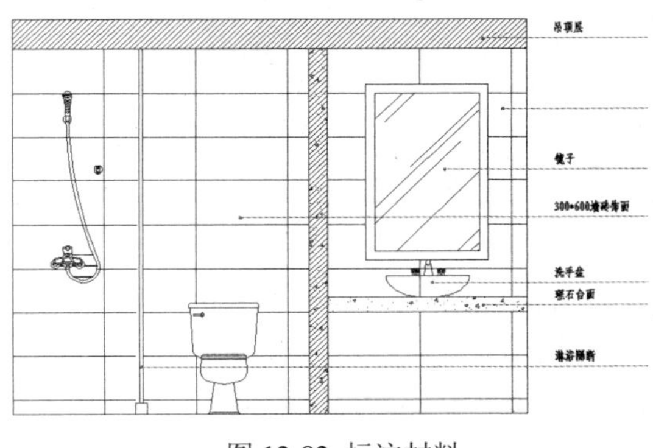

图 12-82 标注材料

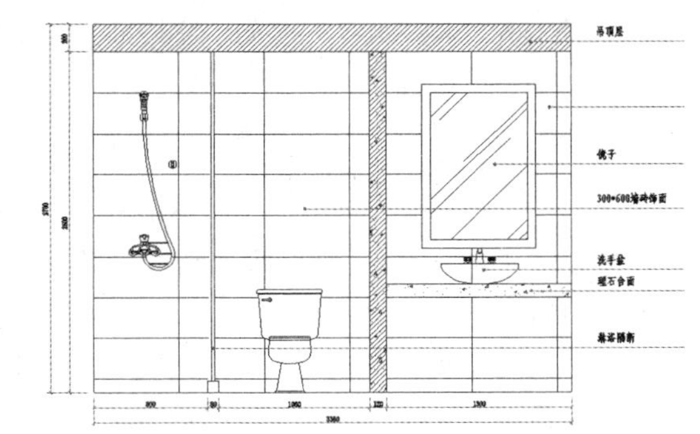

图 12-83　标注尺寸

（11）执行“直线”命令，绘制长 1 000 mm 的直线，再执行“偏移”命令，向下将其偏移 20 mm；执行“文字注释”命令，选择多行文字，设置文字属性并输入图形标注文字，如图 12-84 所示。

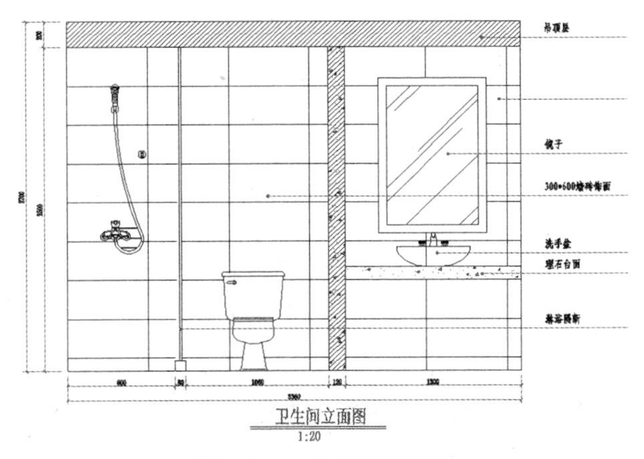

图 12-84　绘制图形标注

12.6 绘制部分剖面图

下面绘制小户型的主要剖面图，其中包括洗手盆台剖面图和衣柜 C 剖面图。

12.6.1 绘制洗手盆台剖面图

在绘制洗手盆台剖面图时，应注意构图结构的合理性。本案例选择了白胡桃木饰面、胡桃木板、防火板和实木面饰透明漆等装饰材料。

制作思路：

1. 绘制洗手盆台剖面轮廓。
2. 执行“偏移”“修剪”等命令完成基本造型的绘制。
3. 绘制内部结构，如钢管、下水管等图形。
4. 填充墙体并注明材料名称，保存文件。

主要命令及工具：“直线”“图案填充”“多重引线”和“线性”等操作命令。

源文件及视频位置：光盘:\第 12 章\

绘制洗手盆台剖面图的具体操作步骤如下。

（1）依次执行“直线”和“矩形”命令，绘制一条长 560 mm 的直线和长 54 mm、宽 1010 mm 的矩形，作为墙壁洗手盆台剖面轮廓，如图 12-85 所示。

（2）执行“分解”命令，将矩形分解，执行“偏移”命令，将底部线段依次向上偏移 330 mm、458 mm、12 mm，将左边第二条线段向右依次偏移 350 mm、150 mm，如图 12-86 所示。

（3）执行“修剪”命令，选择偏移好的线段，将多余部分修剪掉，如图 12-87 所示。

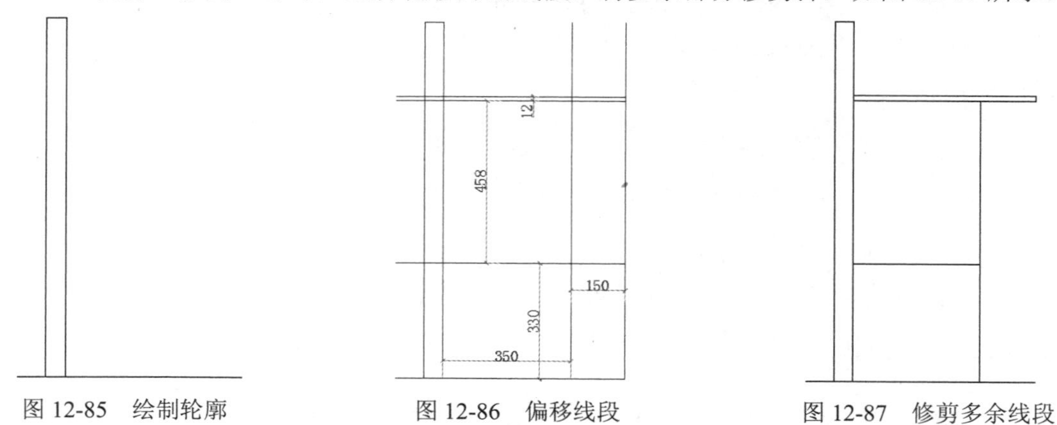

图 12-85 绘制轮廓　　图 12-86 偏移线段　　图 12-87 修剪多余线段

（4）执行“圆弧”命令，绘制圆弧图形作为洗手盆，并放在如图 12-88 所示的位置。

（5）依次执行“直线”和“圆弧”命令，绘制洗手盆台的下水管，如图 12-89 所示。

（6）执行“圆角”命令，将连接线水管的接口图形进行圆角处理，执行“修剪”命令，修剪掉多余的线段，如图 12-90 所示。

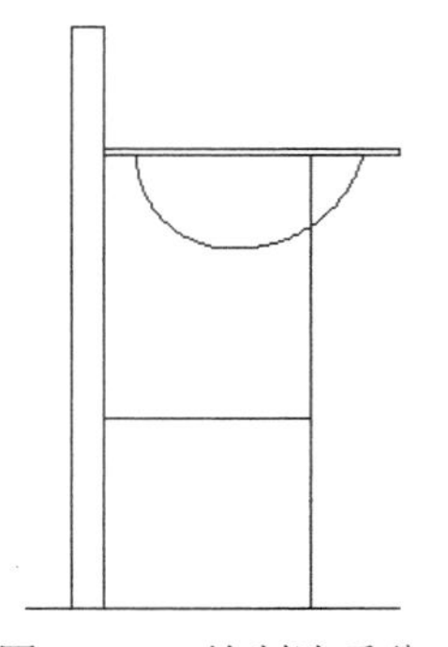

图 12-88 绘制洗手盆

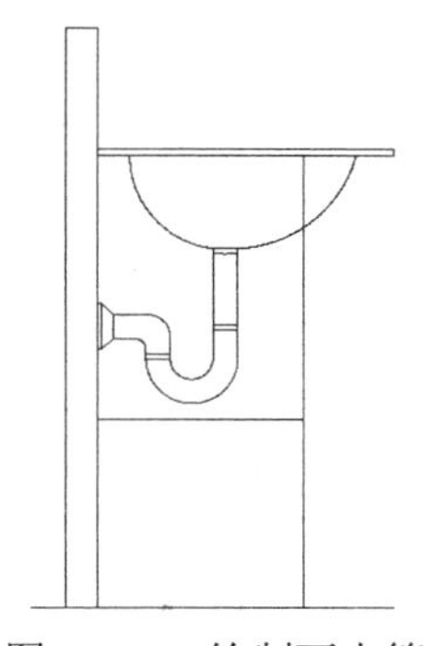

图 12-89 绘制下水管

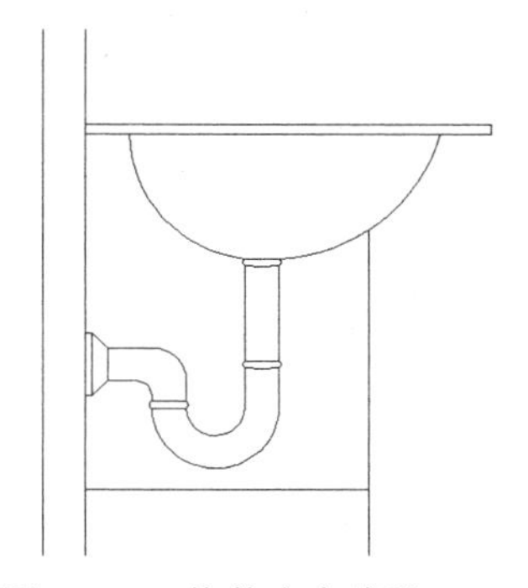

图 12-90 修剪多余线段

（7）依次执行“直线”和“圆弧”命令，在洗手盆位置绘制固定钢管，如图 12-91 所示。

（8）执行“修剪”命令，选择绘制好的钢管，修剪掉多余的线段，如图 12-92 所示。

（9）执行“插入”|“块”命令，在洗手盆左上方插入水龙头图块，如图 12-93 所示。

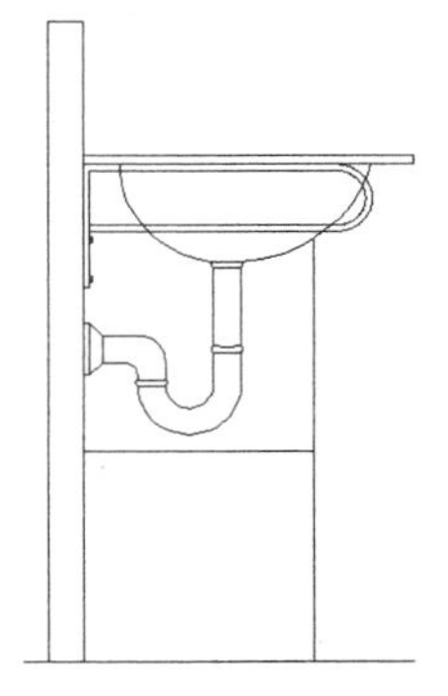

图 12-91 绘制钢管

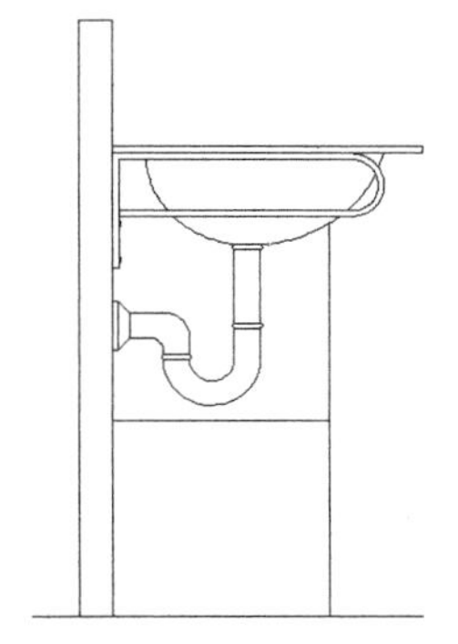

图 12-92 修剪多余线段

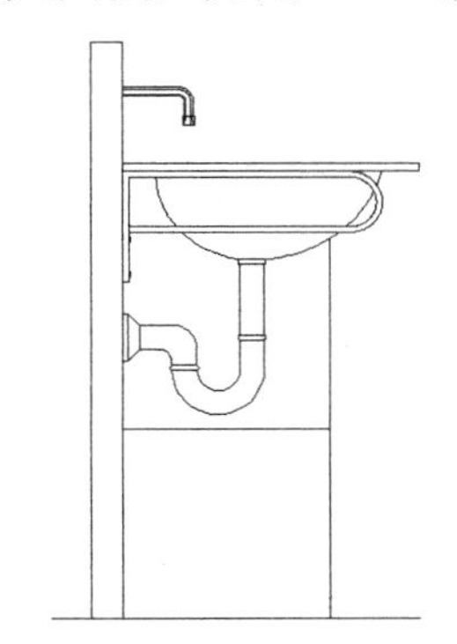

图 12-93 插入水龙头

（10）执行“直线”命令，在绘图中靠下的位置绘制洗手盆台的内部结构，如图 12-94 所示。

（11）执行“多段线”命令，在内部结构的合适位置绘制纹理，如图 12-95 所示。

（12）执行“图案填充”命令，选择填充图案为“JIS-RC-10”，对墙体图形进行填充，如图 12-96 所示。

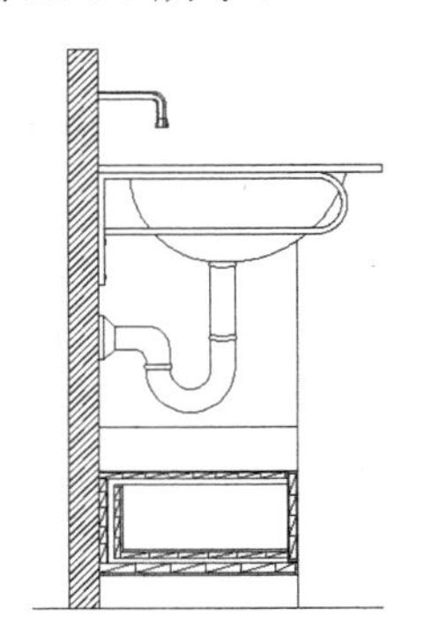

图 12-94 绘制内部结构

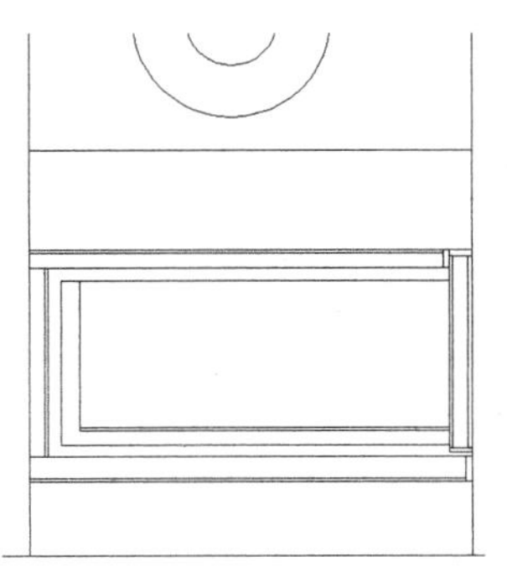

图 12-95 绘制多段线

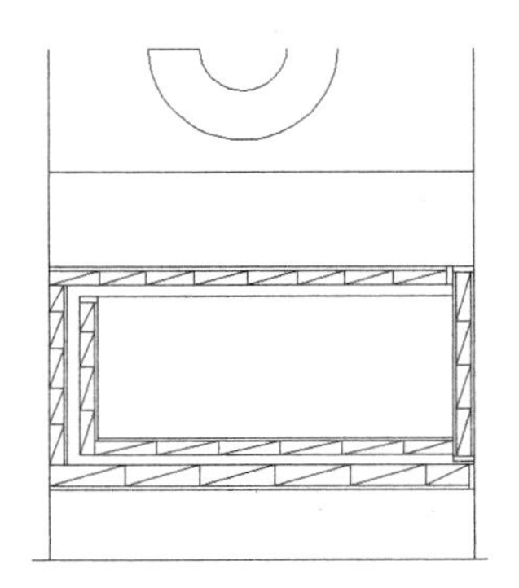

图 12-96 填充图案

（13）执行“多重引线”命令，对该剖面图进行材料注释，如图 12-97 所示。

（14）依次执行“线性”和“直径”标注命令，为该剖面进行尺寸标注，如图 12-98 所示。洗手盆台剖面图绘制完毕。

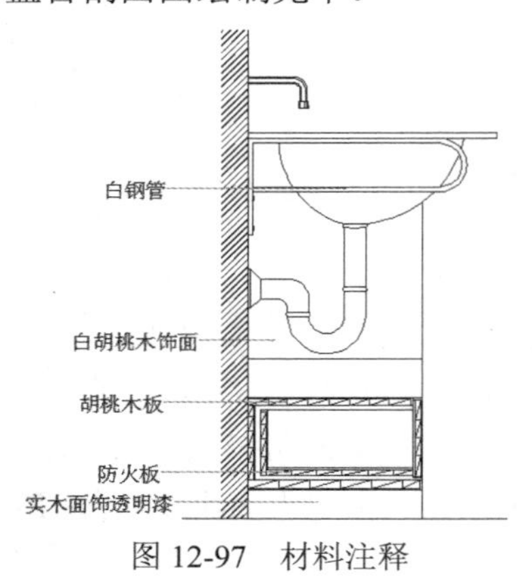

图 12-97　材料注释

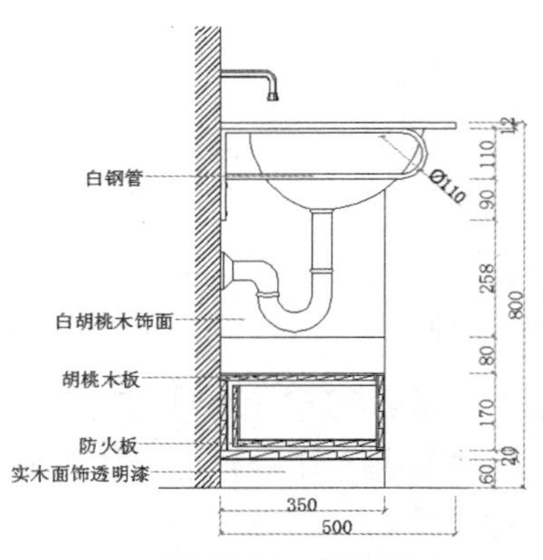

图 12-98　标注尺寸

12.6.2　绘制衣柜 C 剖面图

本案例绘制的是衣柜剖面图，从该剖面图中可以看出衣柜的功能和用途。衣柜的拉手采用不锈钢材质，整体用柚木夹板亚光清漆进行处理。

制作思路：

1．绘制衣柜 C 剖面轮廓。

2．执行“偏移”“修剪”等操作命令绘制准确轮廓。

3．绘制隔板图形，插入被子图块。

4．标注材料名称，保存文件。

主要命令及工具：“直线”“偏移”“多重引线”和“线性”等操作命令。

源文件及视频位置：光盘:\第 12 章\

绘制衣柜 C 剖面图的具体操作步骤如下。

（1）执行“直线”命令，绘制高度为 2700 mm 的衣柜剖面轮廓，如图 12-99 所示。

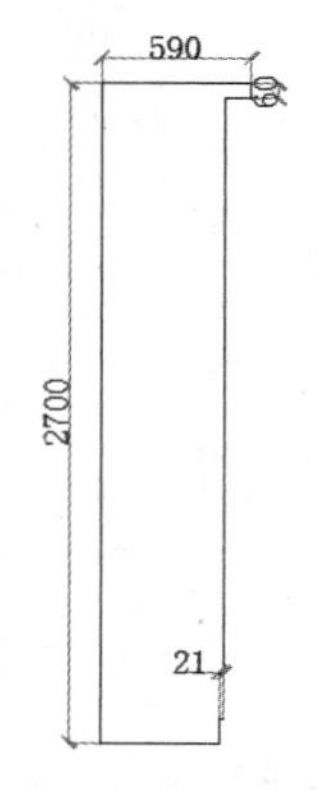

图 12-99　绘制轮廓

（2）执行“偏移”命令，将左右两边线段分别向内依次偏移 8 mm、3 mm，底部线段向上依次偏移 100 mm、18 mm、282 mm、20 mm，执行“修剪”命令，修剪掉多余的线段，如图 12-100 所示。

（3）执行“直线”命令，在衣柜的上部绘制两个隔板，并依次排列，如图 12-101 所示。

（4）执行“直线”命令，在衣柜顶部绘制内部结构线条，如图 12-102 所示。

（5）执行“插入”｜“块”命令，选择被子图块，将其放在隔板的中间位置，如图 12-103 所示。

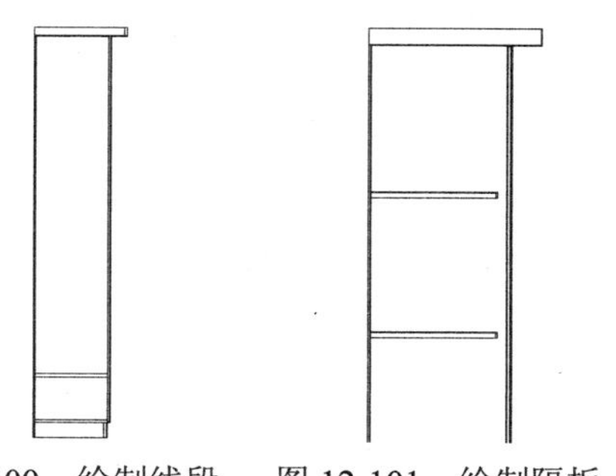

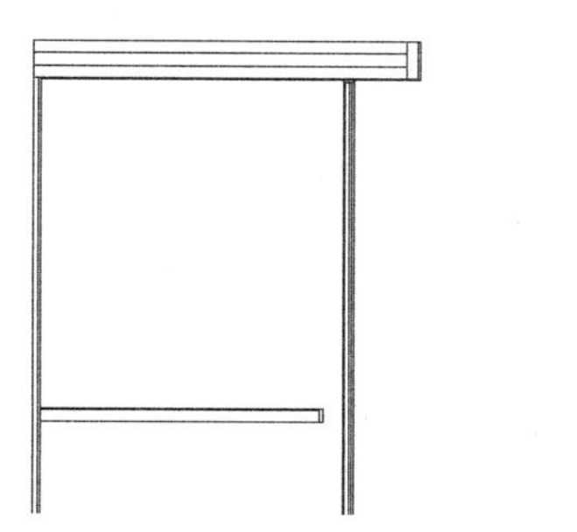

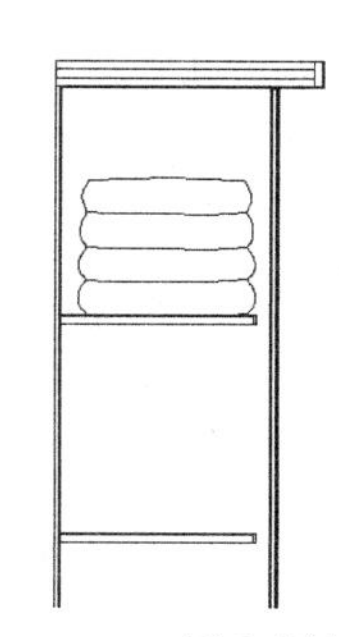

图 12-100　绘制线段　图 12-101　绘制隔板　图 12-102　绘制线条　图 12-103　插入图块

（6）依次执行“圆心，半径”和“多段线”命令，在图 12-104 所示的位置绘制衣柜拉手。

（7）执行“多重引线”命令，为该剖面进行材料注释，如图 12-105 所示。

（8）执行“线性”标注命令，为该剖面图进行尺寸标注，如图 12-106 所示。衣柜 C 剖面图绘制完毕。

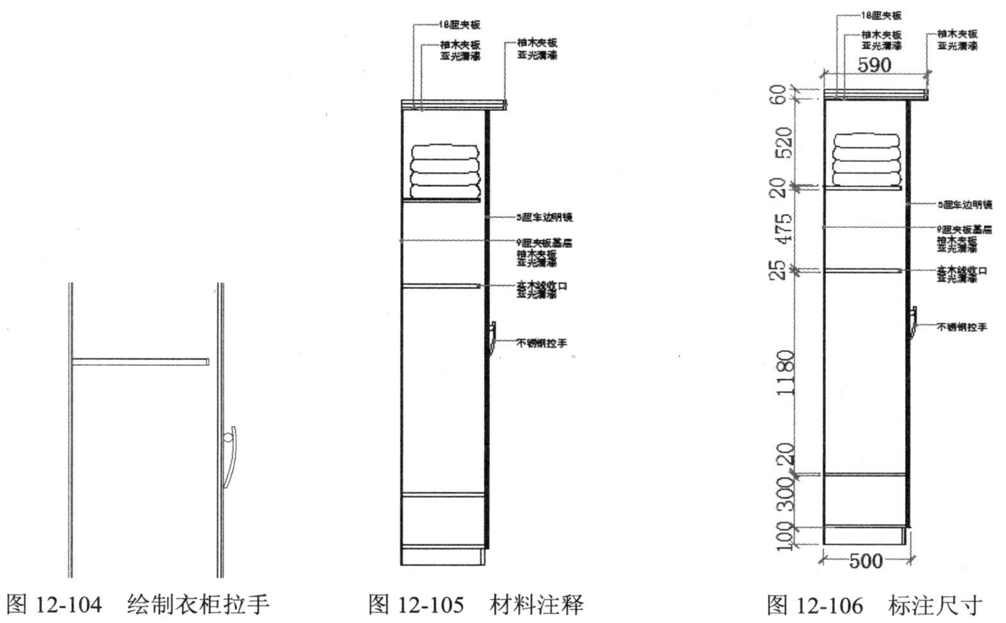

图 12-104　绘制衣柜拉手　图 12-105　材料注释　图 12-106　标注尺寸

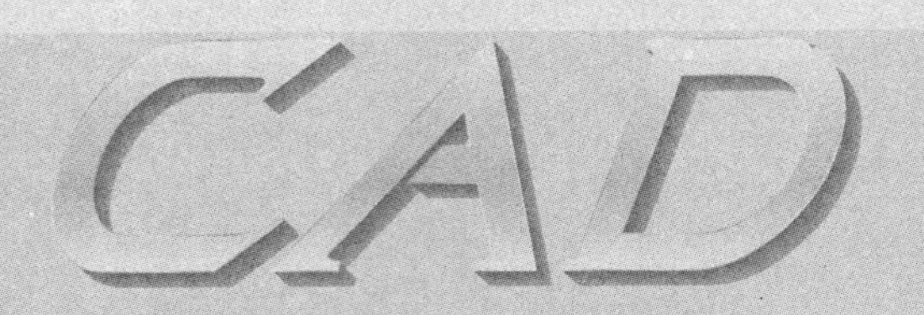

第 13 章 三居室室内设计方案

三居室的空间大，房间多，在设计时要强调整体的风格，注重每个装饰点的细节。一个统一的设计风格会让三居室看起来更加完美和谐。目前比较流行的三居室设计风格主要有现代简约、美式、田园、新中式及欧式风格，现代的简洁感性、美式的休闲浪漫、田园的清爽自然、新中式的沉稳理性、欧式的雍容华贵。

三居室在空间处理上要协调。在色彩上，可以利用不同的色调弥补空间布局上的不足；在结构上，通过对一些造型的改造，来对室内空间进行区分。设计时，要恰到好处地运用色彩、结构、家具及装饰品等协调空间处理的问题。

13.1 绘制三居室原始户型图

本节主要绘制三居室的原始户型图，户型为三室两厅一厨两卫，户型南北通透，空间布局合理。绘制时，主要采用多线方法捕捉轴线来绘制墙体。

> 制作思路：
> 1. 根据具体尺寸绘制轴线作为参照。
> 2. 设置多线样式和比例，绘制墙体。
> 3. 利用修改命令，修改墙体造型。
> 4. 对该户型图进行尺寸标注。
> 5. 注明图纸名称，保存文件。
>
> 主要命令及工具：“多线”“直线”“矩形”和“线性”等操作命令。
>
> 源文件及视频位置：光盘:\第 13 章\

绘制三居室原始户型图的具体操作步骤如下。

（1）新建空白文档，将其保存为“三居室原始户型图”文件，打开“图层特性管理器”窗口，新建“轴”图层，并设置其颜色为红色，如图 13-1 所示。

（2）双击“轴”图层，将其设置为当前图层。执行“直线”命令，根据实际尺寸绘制出原始户型图轴线，如图 13-2 所示。

（3）打开“图层特性管理器”窗口，新建“墙线”图层。双击“墙线”图层，将其设为当前图层，如图 13-3 所示。

（4）打开“多线样式”窗口，新建多线样式“墙体”，勾选直线起点、端点，其他参数使用默认值，并将该样式置为当前，如图 13-4 所示。

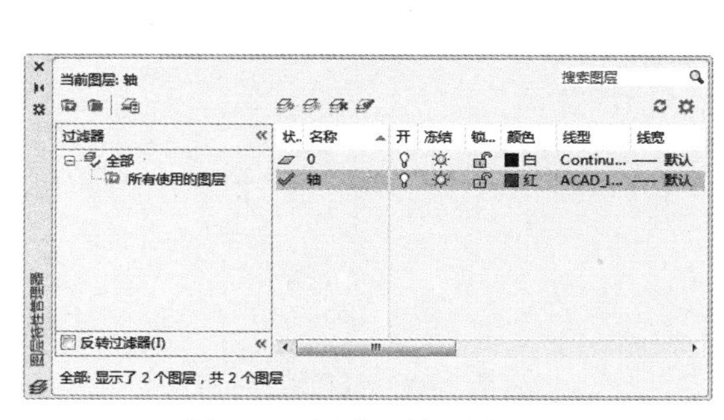

图 13-1　新建“轴”图层

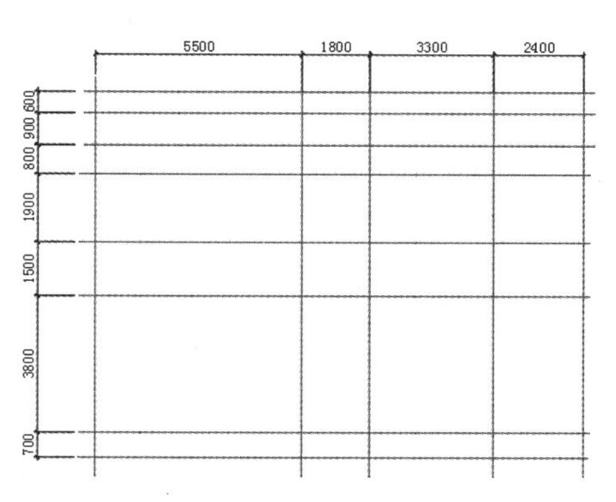

图 13-2　绘制轴线

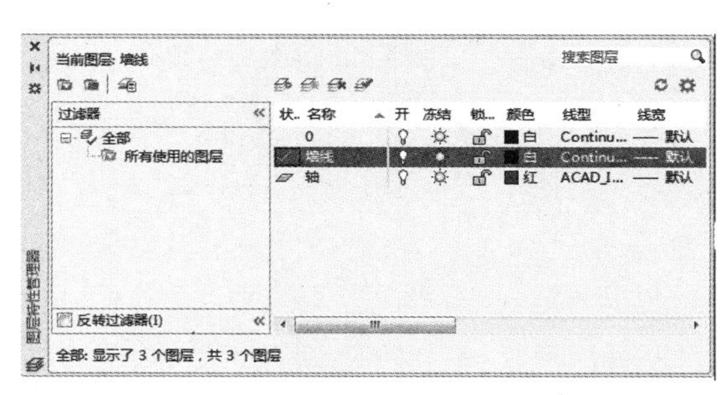

图 13-3　新建“墙线”图层

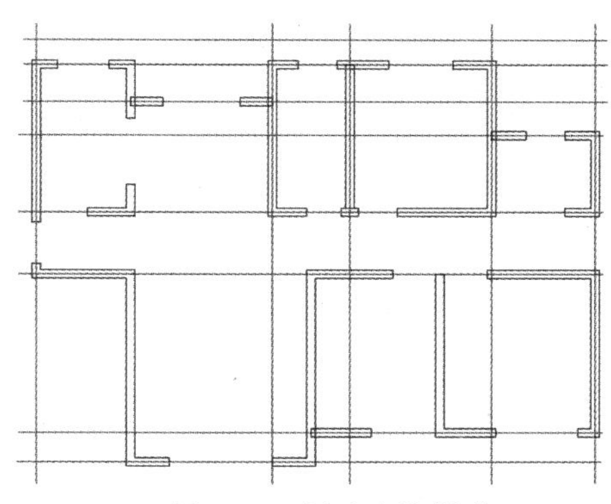

图 13-4　新建多线样式

（5）执行“多线”命令，设置多线比例为 280，对正类型为无，在轴线位置绘制出墙体，如图 13-5 所示。

（6）将轴线隐藏，选择多线，双击多线打开“多线编辑工具”窗口，选择 T 形打开命令，编辑多线，结果如图 13-6 所示。

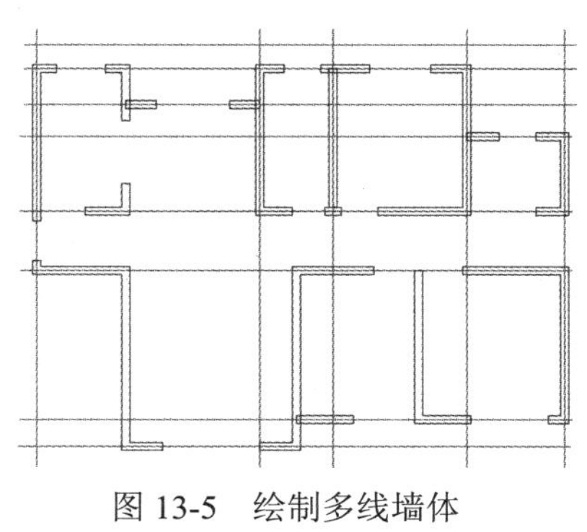

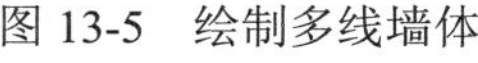
图 13-5　绘制多线墙体

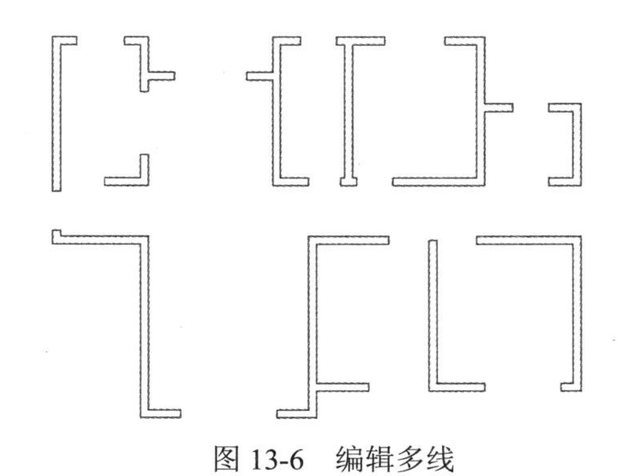

图 13-6　编辑多线

（7）执行“多线”命令，设置多线比例为 120，对正类型为无，绘制单墙，如图 13-7 所示。

（8）执行“分解”命令，将所有的多线分解。依次执行“修剪”和“直线”命令，对图中墙体进行修改，如图 13-8 所示。

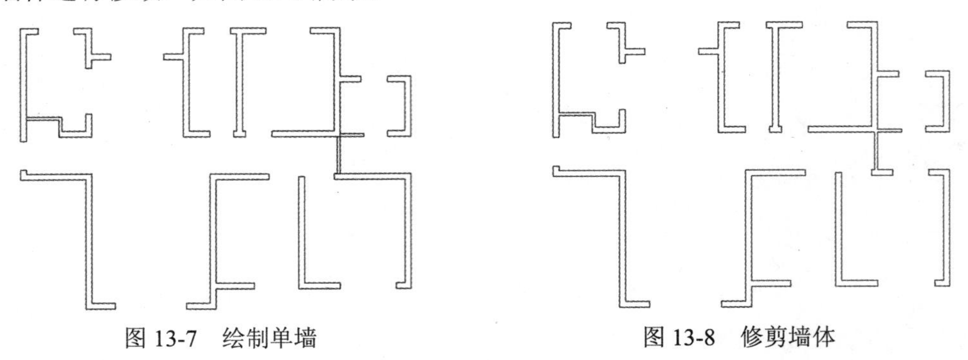

图 13-7　绘制单墙　　　　图 13-8　修剪墙体

（9） 执行“矩形”“复制”命令，绘制阳台角柱，如图 13-9 所示。

（10）执行“直线”“偏移”命令，绘制阳台窗户，执行“复制”“修剪”命令，绘制其他房间窗户，如图 13-10 所示。

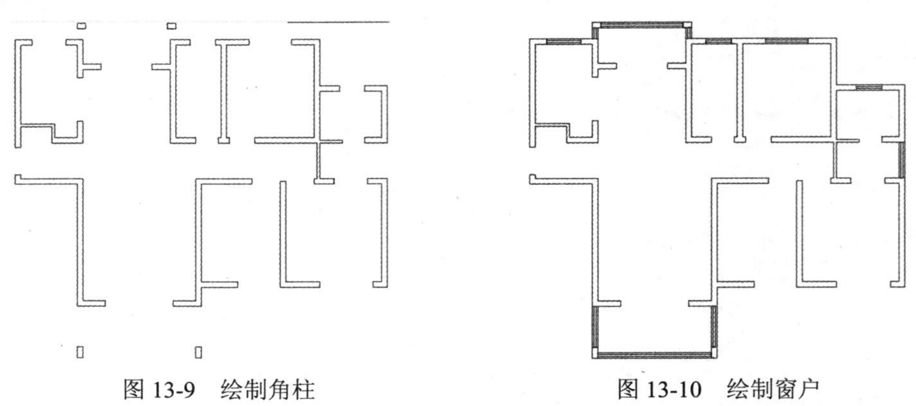

图 13-9　绘制角柱　　　　图 13-10　绘制窗户

（11）依次执行“直线”和“修剪”命令，绘制飘窗轮廓线，如图 13-11 所示。

（12）执行“直线”“偏移”命令，绘制飘窗窗户，如图 13-12 所示。

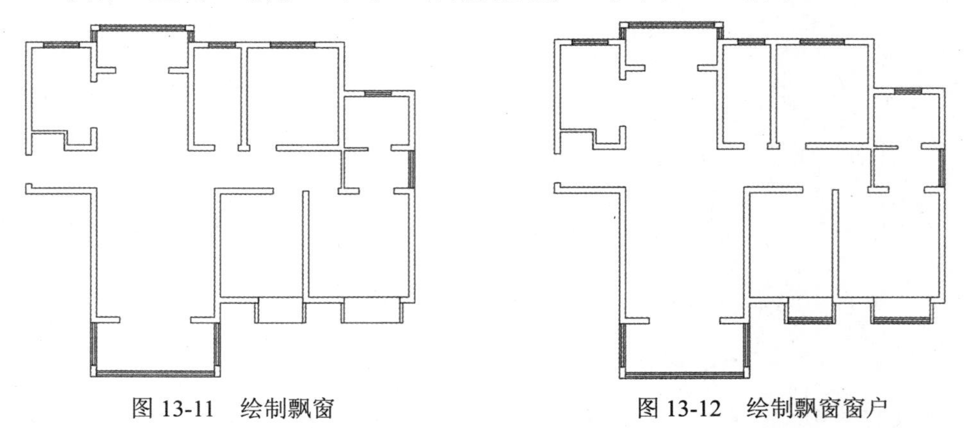

图 13-11　绘制飘窗　　　　图 13-12　绘制飘窗窗户

（13）打开“图层特性管理器”窗口，新建“梁”图层，设置颜色为红色。双击“梁”

图层，将其设为当前图层，如图 13-13 所示。

（14）执行“直线”命令，绘制梁，执行“偏移”命令，偏移直线表现出梁宽度，如图 13-14 所示。

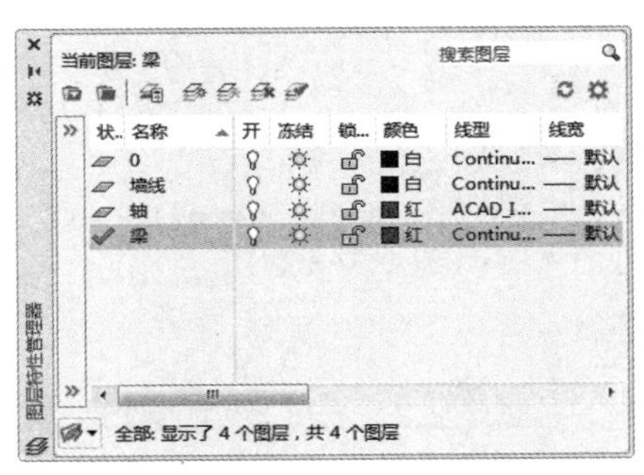

图 13-13　新建“梁”图层

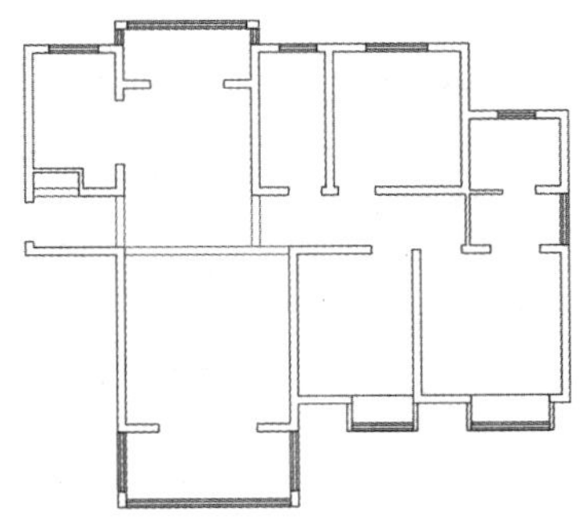

图 13-14　绘制梁

（15）依次执行“矩形”命令，绘制长 900 mm、宽 40mm 的矩形，执行“圆弧”命令，绘制弧形，成为入户门，如图 13-15 所示。

（16）执行“多行文字”命令，对梁参数进行注释，然后执行“复制”命令复制文字，双击文字并更改为需要的内容，如图 13-16 所示。

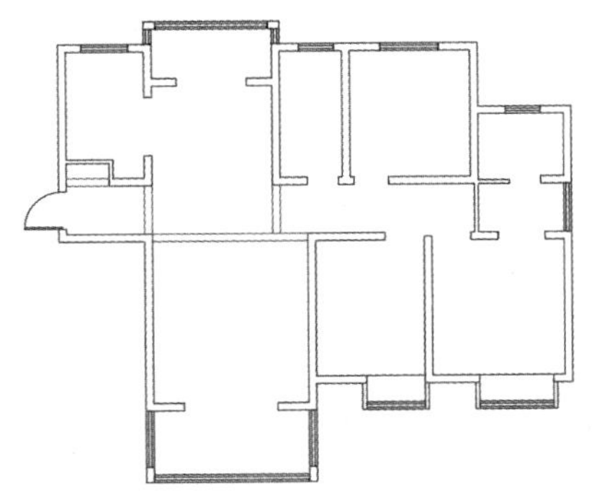

图 13-15　绘制入户门

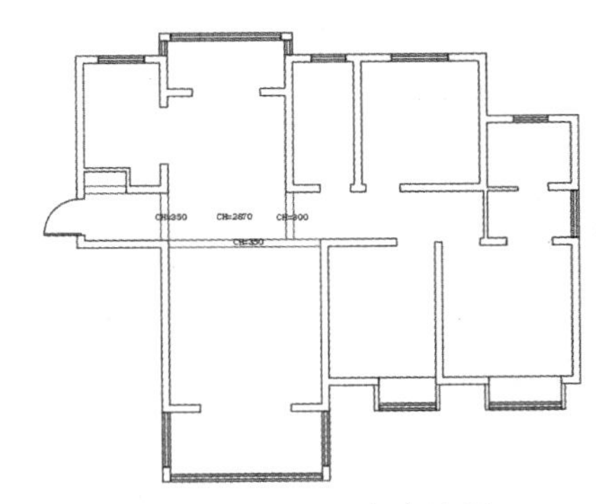

图 13-16　文字注释

（17）依次执行“圆”命令，分别绘制下水管和地漏，如图 13-17 所示。

（18）执行“直线”命令，绘制烟道，如图 13-18 所示。

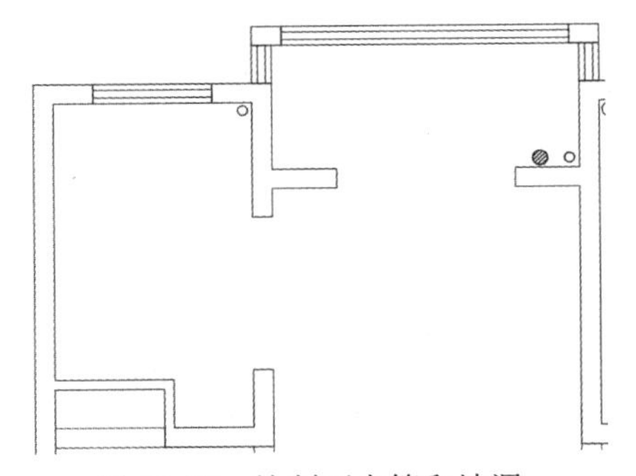

图 13-17　绘制下水管和地漏

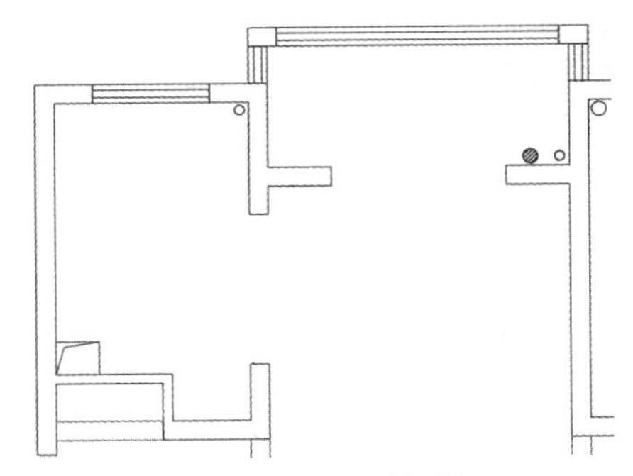

图 13-18　绘制烟道

（19）打开“标注样式管理器”对话框，新建标注样式“100”，如图 13-19 所示。

（20）选择“线”选项卡，设置尺寸界线，选择“固定长度的尺寸界线”复选框，设置长度值为 5，如图 13-20 所示。

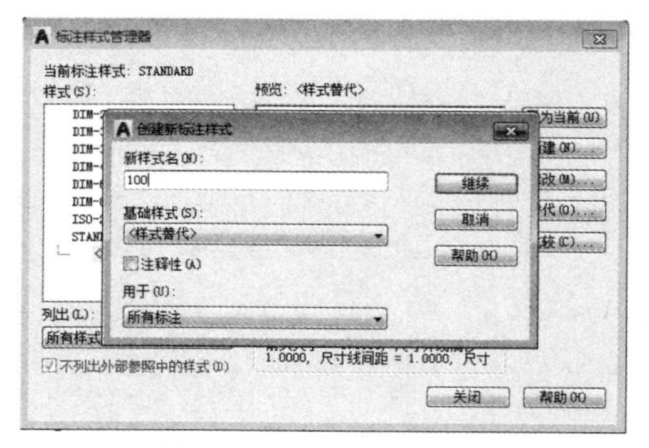

图 13-19　新建标注样式

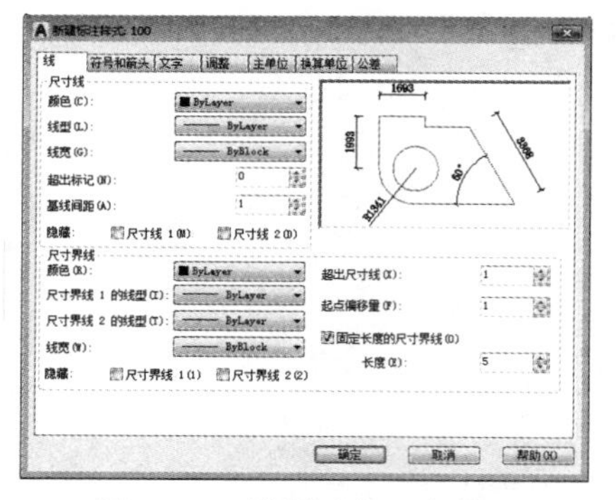

图 13-20　设置“线”参数

（21）选择“符号和箭头”选项卡，设置箭头为“建筑标记”，引线为“实心闭合”，箭头大小为“1”，其他参数为默认值，如图 13-21 所示。

（22）选择“文字”，设置文字高度值为 3，其他参数为默认值，如图 13-22 所示。

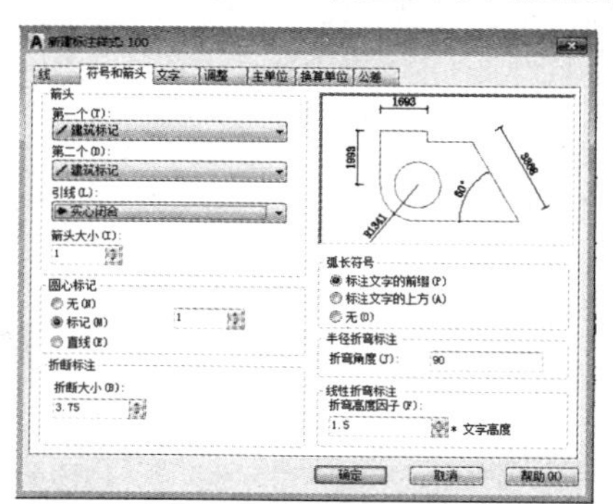

图 13-21　设置“符号和箭头”参数

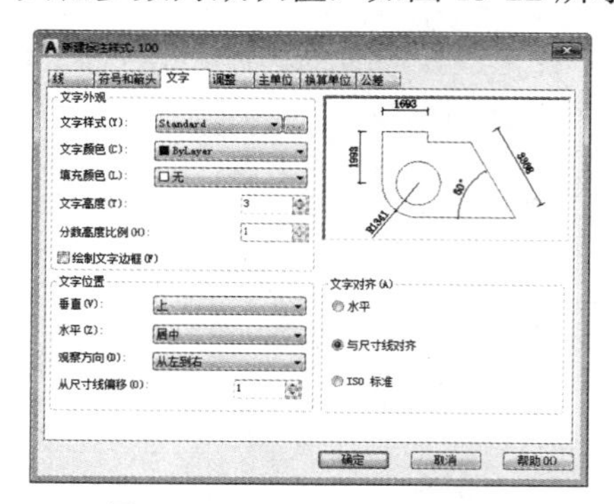

图 13-22　设置“文字”参数

（23）选择“调整”选项卡，设置使用全局比例值为 100，其他参数使用默认值，如图 13-23 所示。

（24）选择“主单位”选项卡，设置主单位精度值为 0，其他参数使用默认值，如图 13-24 所示。

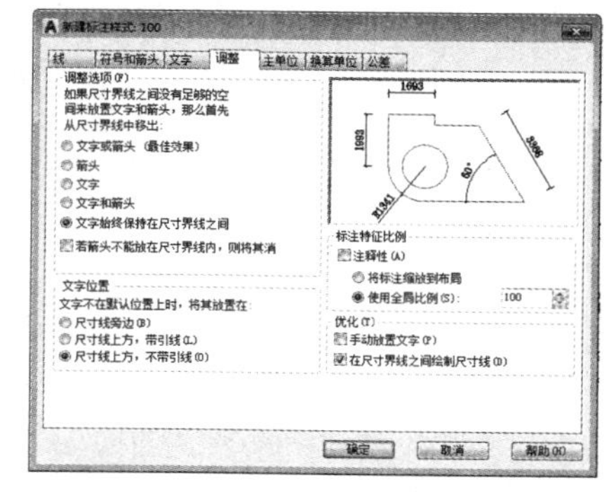

图 13-23　设置“调整”参数

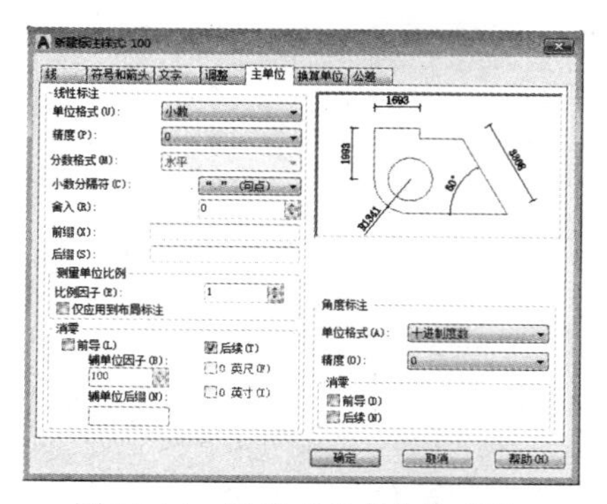

图 13-24　设置“主单位”参数

（25）执行“直线”和“偏移”命令，绘制标注辅助线，如图 13-25 所示。

（26）执行“线性标注”“连续标注”命令，标注尺寸，然后执行“删除”命令，删除辅助线，如图 13-26 所示。

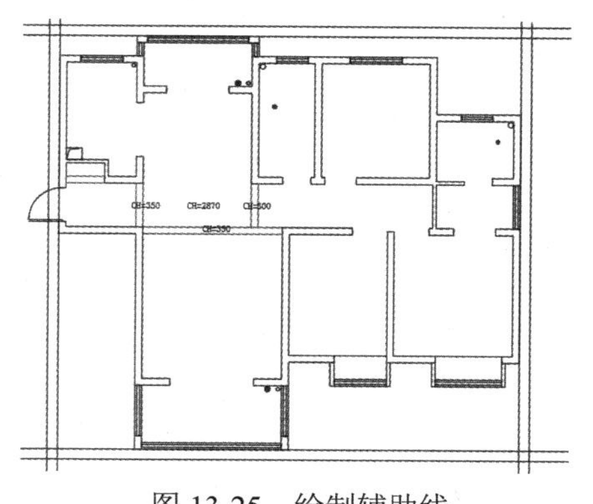

图 13-25　绘制辅助线

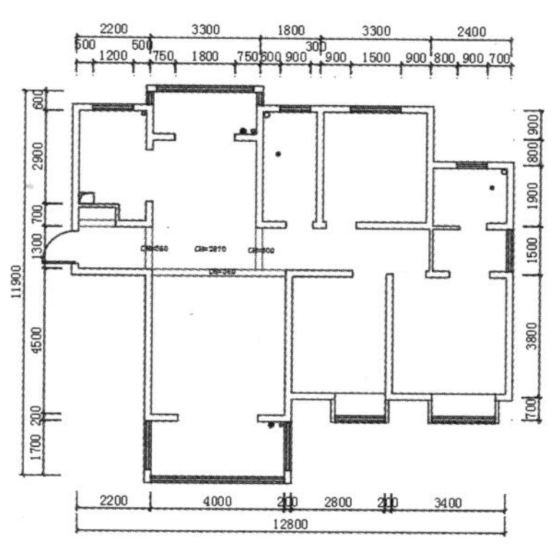

图 13-26　标注尺寸

（27）执行“多段线”命令，设置线宽为 30，绘制长 4000mm 的直线，再执行“直线”命令，绘制一条细线，如图 13-27 所示。

（28）执行“多行文字”命令，输入文字注释，然后执行“复制”命令复制文字，双击并将其更改为需要的内容及大小，如图 13-28 所示。

图 13-27　绘制图例说明线

原始结构图

SCALE　1:100

图 13-28　输入文字说明

（29）执行“移动”命令，移动文字到适当位置，最终效果如图 13-29 所示。

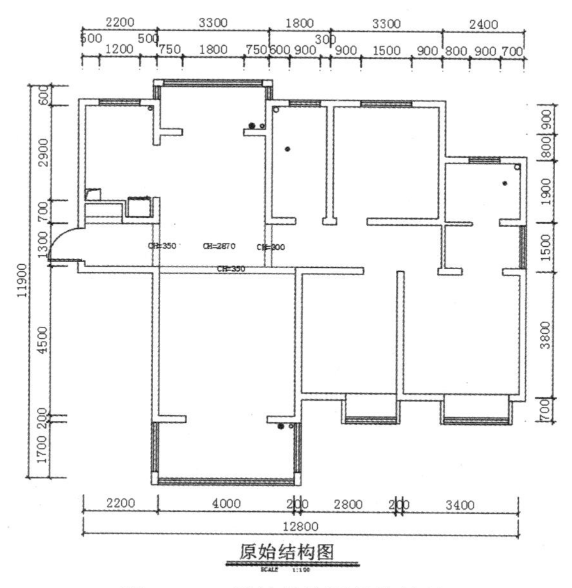

图 13-29　原始结构图最终效果

13.2 绘制三居室平面布置图

本节主要绘制平面布置图。平面布置图主要是对家居布局进行设计，布局要求满足客户生活需求的同时满足客户的精神需求，在客厅阳台区域设置小花园，这是设计的一大特色。小花园可兼作书房，餐厅区域设计卡座，将餐桌靠边放置，大大增加了餐厅的活动区域。

制作思路：

1. 复制原始户型图，删除多余部分。
2. 插入家具图块，放在合适位置。
3. 对该户型图房间名称进行标注。
4. 注明户型图名称，保存文件。

主要命令及工具：“矩形”“分解”“块”和“线性”等操作命令。

源文件及视频位置：光盘:\第 13 章\

绘制三居室平面布置图的具体操作步骤如下。

（1）执行“复制”命令，复制一份原始户型图并另存为平面布置图，如图 13-30 所示。

（2）执行“删除”命令，删除梁、文字注释等内容，如图 13-31 所示。

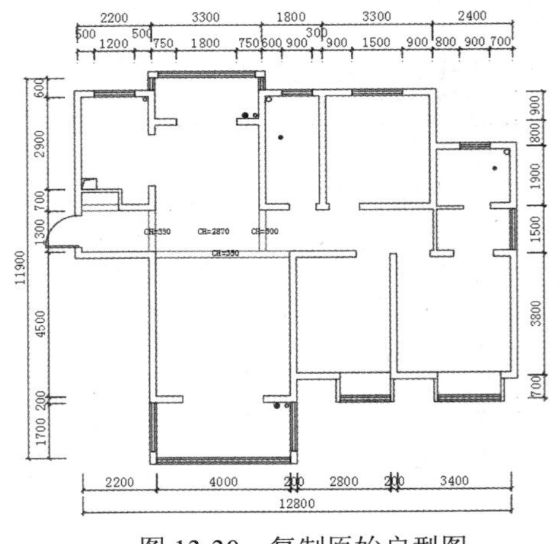

图 13-30 复制原始户型图

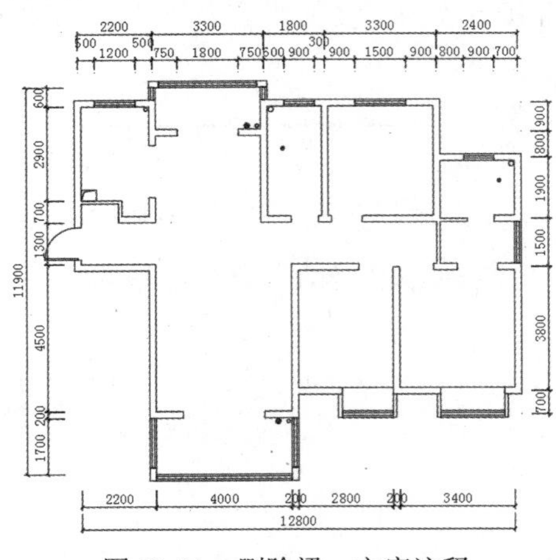

图 13-31 删除梁、文字注释

（3）打开“图层特性管理器”窗口，新建“家具”图层。双击“家具”图层，将其设为当前图层，如图 13-32 所示。

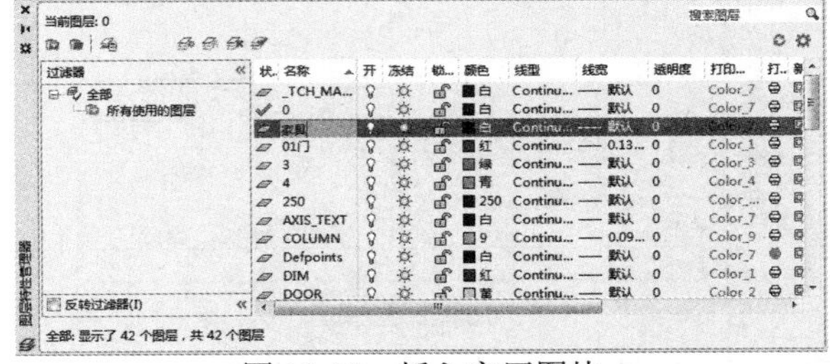

图 13-32 插入客厅图块

（4）执行“插入”|“块”命令，打开“平面图库”，选择沙发模型，导入沙发模型，然后执行“移动”“旋转”命令，将其放置在如图 13-33 所示的位置。

（5）执行“矩形”命令，绘制电视柜，继续执行“插入”|“块”命令，导入电视机平面模型，如图 13-34 所示。

（6）执行“偏移”命令，将阳台边线分别向内偏移 300mm、50mm，然后执行“圆角”命令，设置圆角半径为 0，将之修剪为直角，如图 13-35 所示。

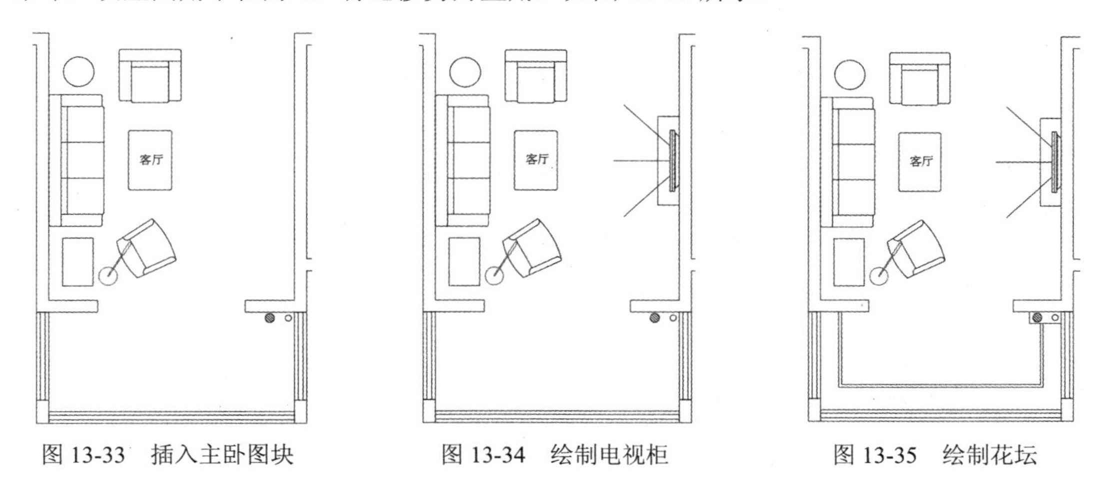

图 13-33　插入主卧图块　　图 13-34　绘制电视柜　　图 13-35　绘制花坛

（7）执行“插入”|“块”命令，在阳台位置插入花草图块，执行“复制”命令，依次复制花草，如图 13-36 所示。

（8）执行“矩形”命令，绘制书桌，执行“插入”|“块”命令，导入椅子模型，如图 13-37 所示。

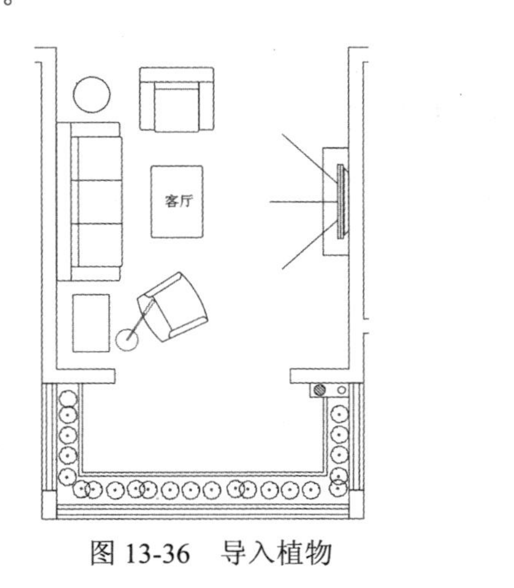

图 13-36　导入植物

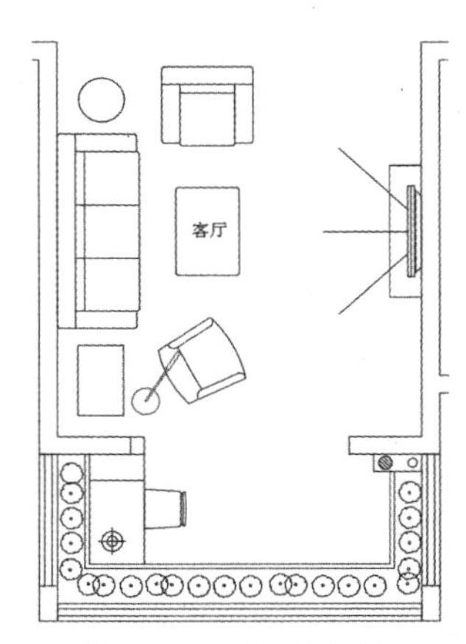

图 13-37　绘制书桌

（9）执行“直线”命令，绘制鞋柜平面图，如图 13-38 所示。

（10）执行“偏移”命令，将厨房内墙线依次向内偏移 600mm，执行“修剪”命令，修剪多余线段，如图 13-39 所示。

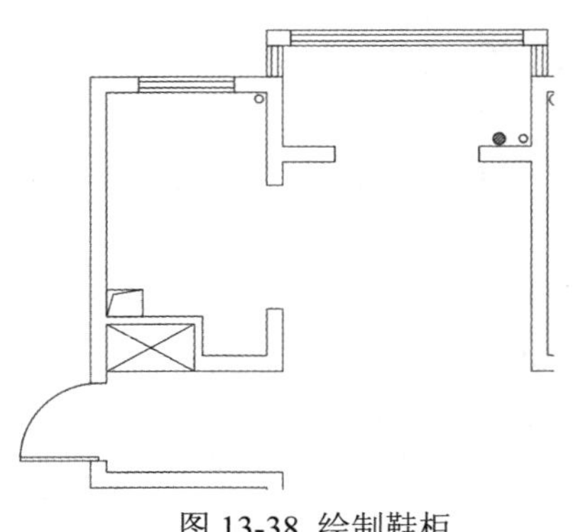
图 13-38 绘制鞋柜

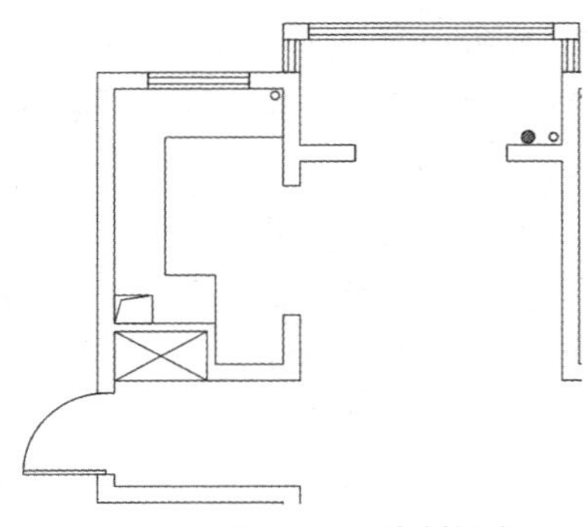
图 13-39 绘制灶台

（11）执行“插入”|“块”命令，导入灶台和洗菜盆模型，执行“移动”“旋转”命令，调整模型位置，如图 13-40 所示。

（12）执行“插入”|“块”命令，导入冰箱模型，执行“移动”“旋转”命令，调整冰箱位置，如图 13-41 所示。

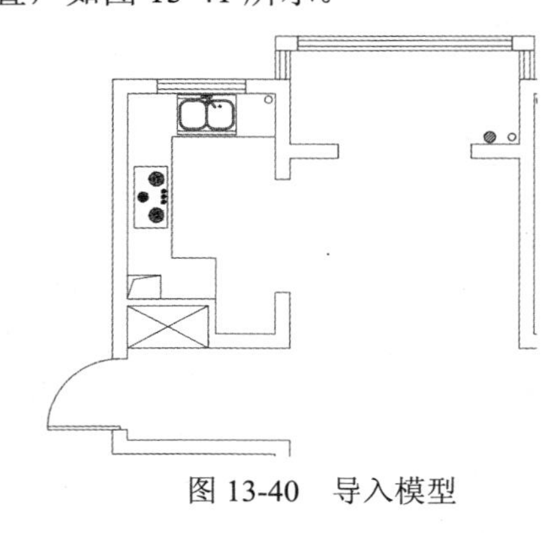
图 13-40 导入模型

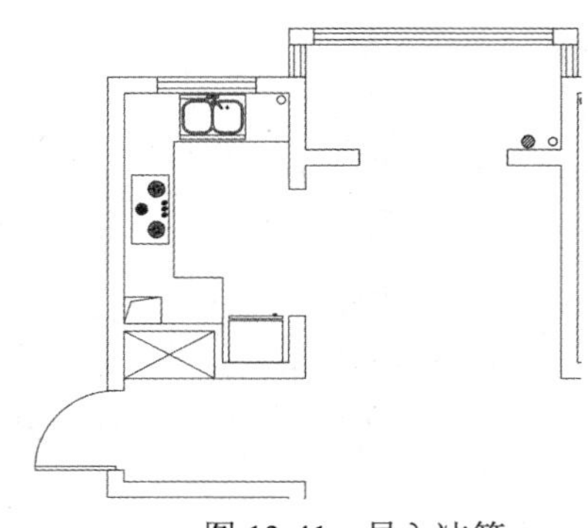
图 13-41 导入冰箱

（13）执行“矩形”命令，绘制推拉门，执行“复制”命令，复制推拉门，如图 13-42 所示。

（14）执行“直线”命令，绘制卡座，执行“偏移”“修剪”命令，修剪直线，如图 13-43 所示。

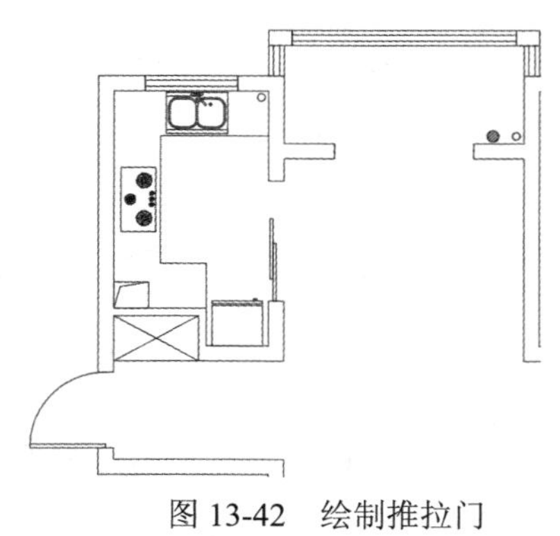
图 13-42 绘制推拉门

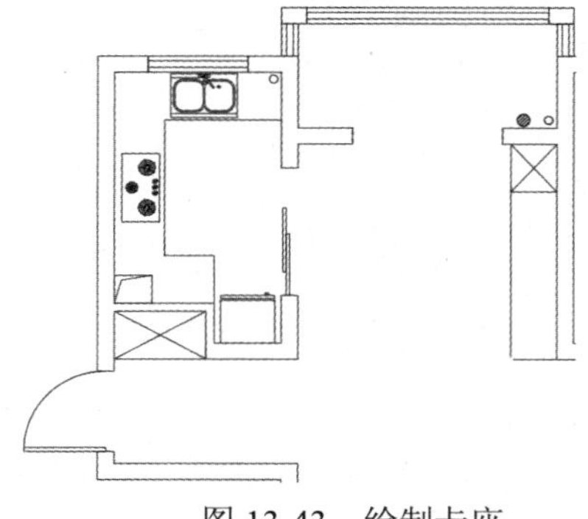
图 13-43 绘制卡座

（15）执行“圆弧”命令，关闭正交样式，绘制抱枕平面图，如图 13-44 所示。

（16）执行“插入”|“块”命令，导入餐桌模型，执行“分解”命令，分解餐桌模型，然后执行“删除”命令，删除椅子模型，如图 13-45 所示。

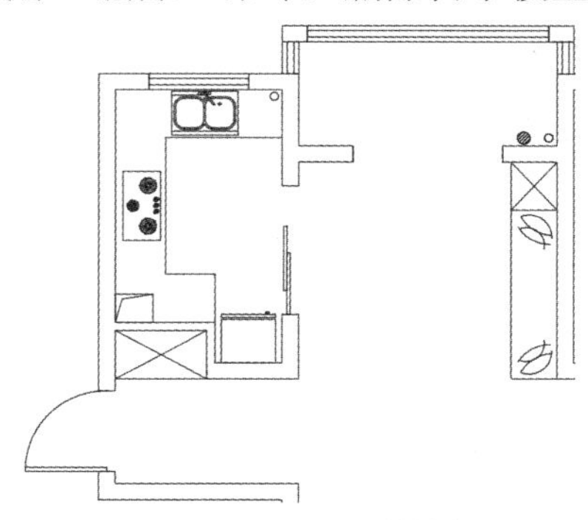

图 13-44　绘制抱枕

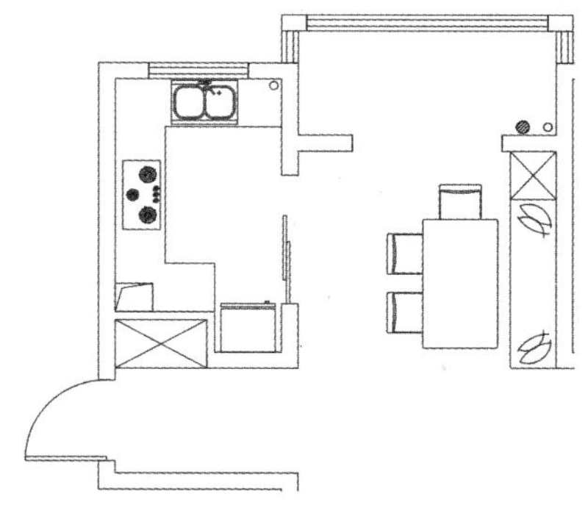

图 13-45　绘制餐桌

（17）执行“偏移”命令，偏移线条绘制洗衣台面，执行“延伸”命令，延伸直线，如图 13-46 所示。

（18）执行“插入”|“块”命令，导入洗衣机和台盆模型，执行“移动”“旋转”命令，调整洗衣机和台盆位置，如图 13-47 所示。

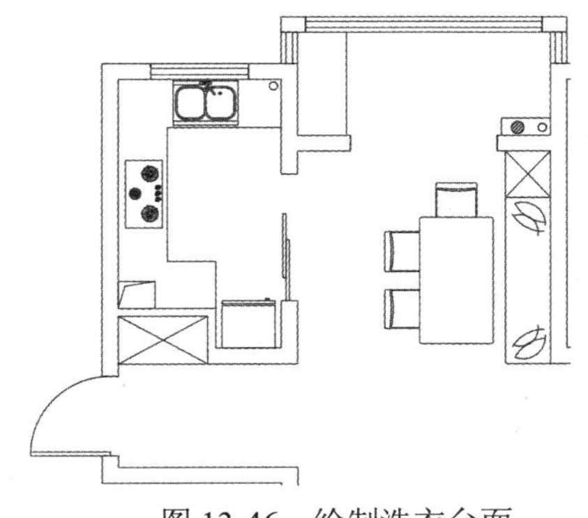

图 13-46　绘制洗衣台面

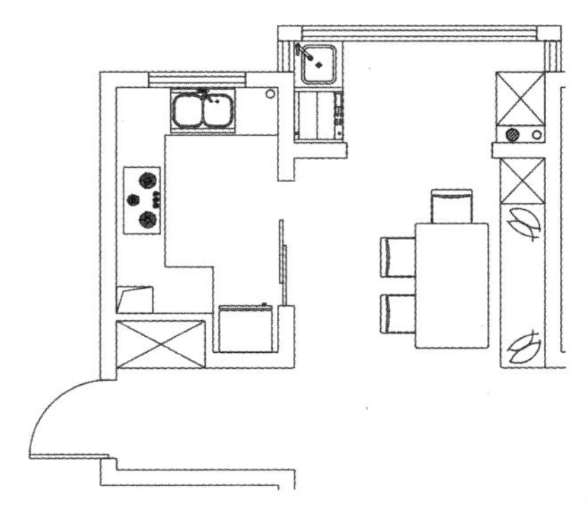

图 13-47　导入洗衣机及台盆

（19）执行“插入”|“块”命令，导入花草模型，执行“直线”命令，绘制储藏柜，如图 13-48 所示。

（20）执行“偏移”命令，绘制淋浴房隔断，执行“直线”命令，绘制包管道直线，如图 13-49 所示。

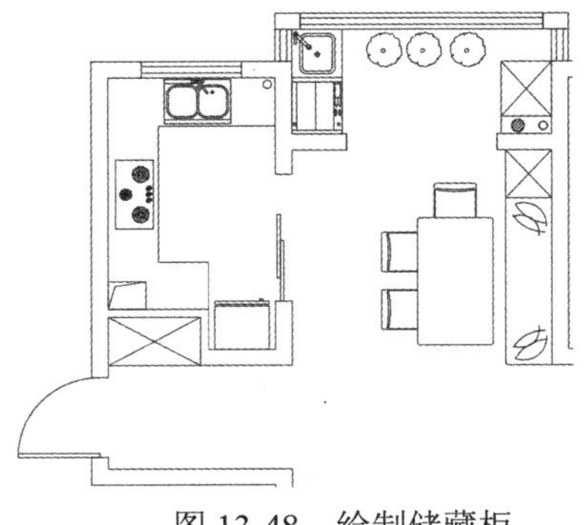

图 13-48　绘制储藏柜

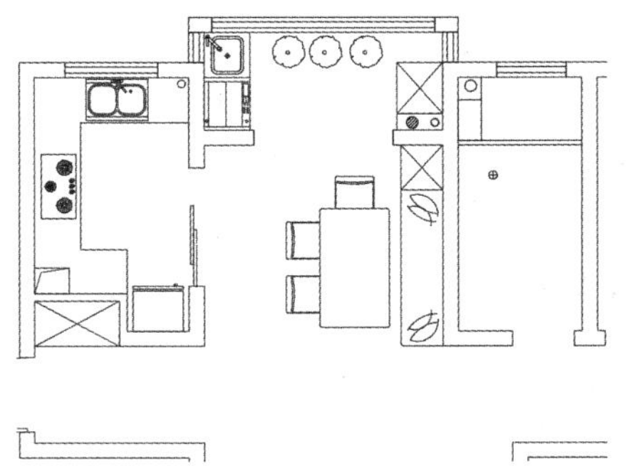

图 13-49　绘制淋浴房

（21）执行“偏移”命令，将直线依次向内偏移 100mm，执行“修剪”命令，修剪相交直线，如图 13-50 所示。

（22）执行“矩形”命令，绘制洗漱台面，执行“插入”|“块”命令，导入台盆和马桶模型，如图 13-51 所示。

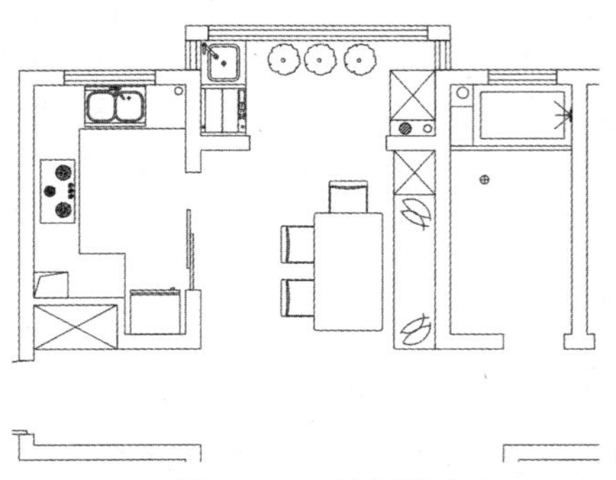

图 13-50　绘制淋浴房

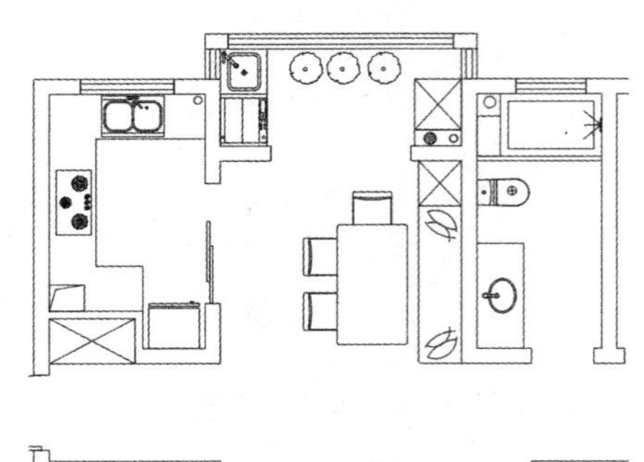

图 13-51　导入洁具

（23）执行“矩形”命令，绘制长 40mm、宽 800mm 的矩形作为卫生间门，执行“圆弧”命令，绘制门开启弧度，如图 13-52 所示。

（24）执行“删除”命令，删除原卧室墙体，执行“直线”“修剪”命令，绘制新的墙体，如图 13-53 所示。

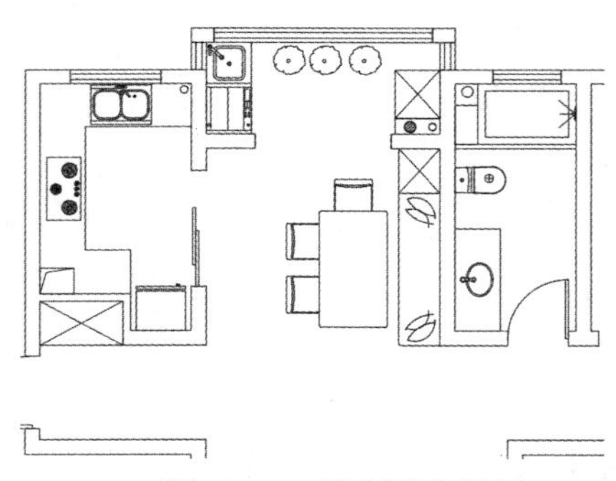

图 13-52　绘制卫生间门

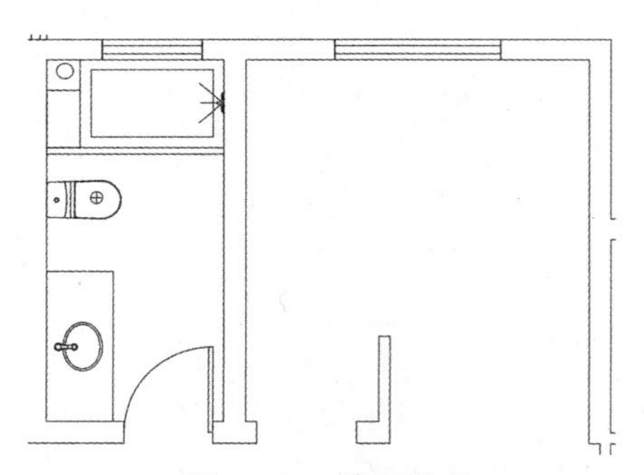

图 13-53　修改墙体

（25）执行“直线”“偏移”命令，绘制衣柜，如图 13-54 所示。

（26）执行“插入”|“块”命令，导入双人床和电视机模型，如图 13-55 所示。

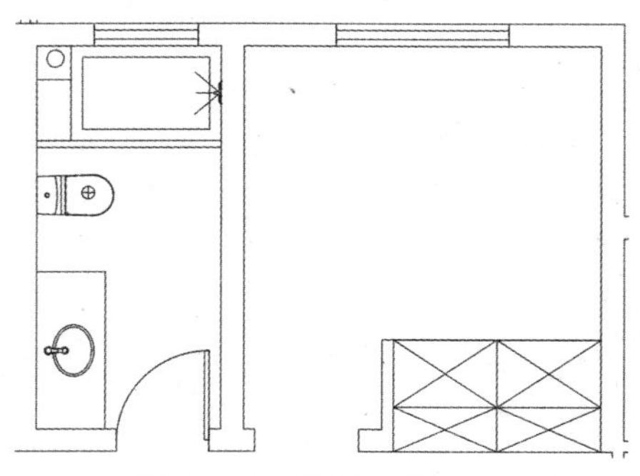

图 13-54　绘制衣柜

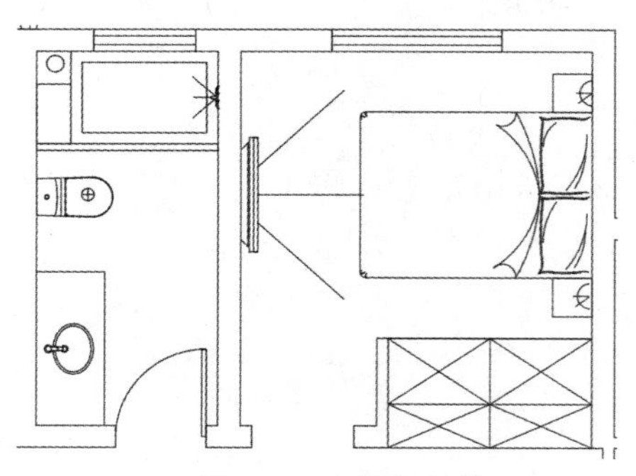

图 13-55　导入家具

（27）执行“镜像”命令，以门垛中心点为基点，镜像复制卧室门，如图 13-56 所示。

（28）执行“直线”“偏移”命令，绘制衣柜，如图 13-57 所示。

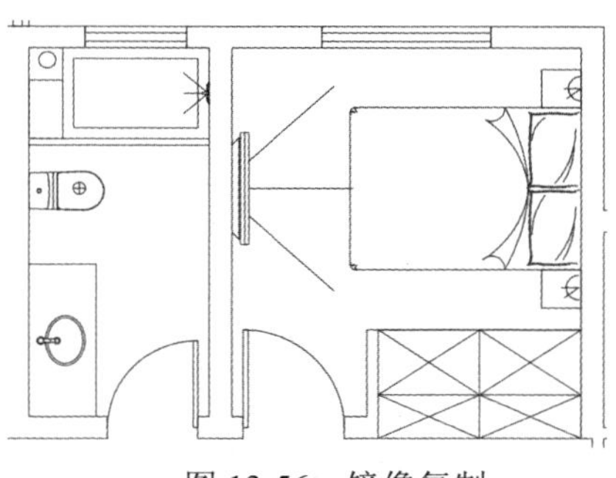

图 13-56　镜像复制

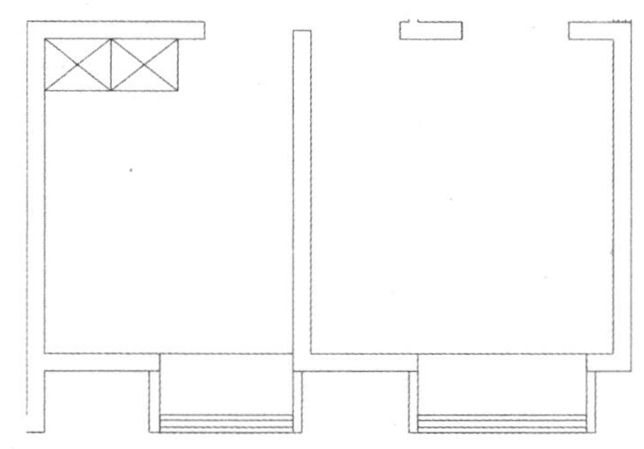

图 13-57　绘制衣柜

（29）执行“直线”“偏移”“修剪”命令，绘制门垛墙体，如图 13-58 所示。

（30）执行“复制”命令，复制卧室房门，再执行“旋转”“移动”命令，调整门位置，如图 13-59 所示。

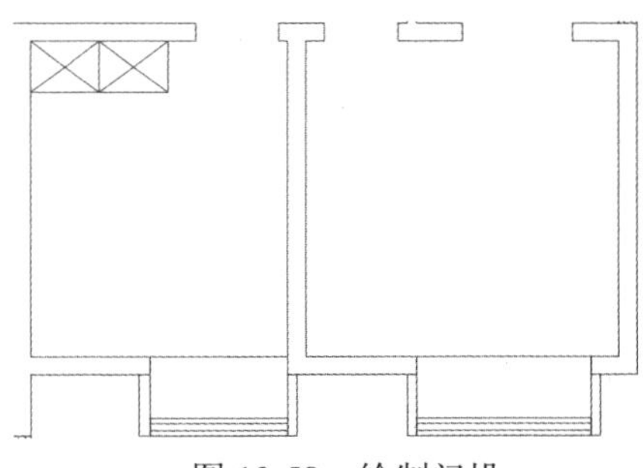

图 13-58　绘制门垛

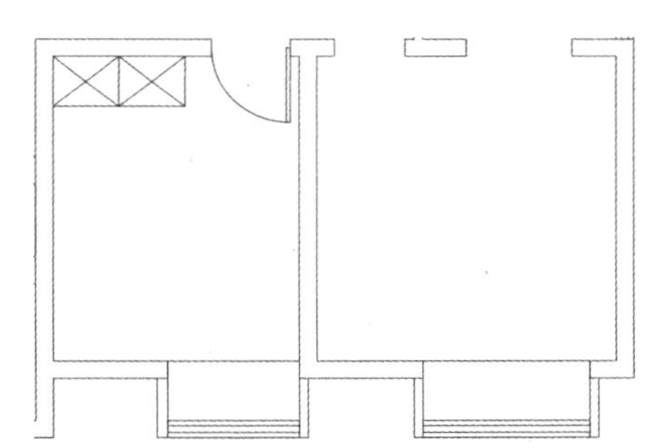

图 13-59　复制房门

（31）执行“插入”|“块”命令，导入单人床；执行“删除”命令，删除床头柜，执行“旋转”命令，旋转单人床，如图 13-60 所示。

（32）执行“插入”|“块”命令，导入椅子模型；执行“圆”“直线”命令，绘制台灯，如图 13-61 所示。

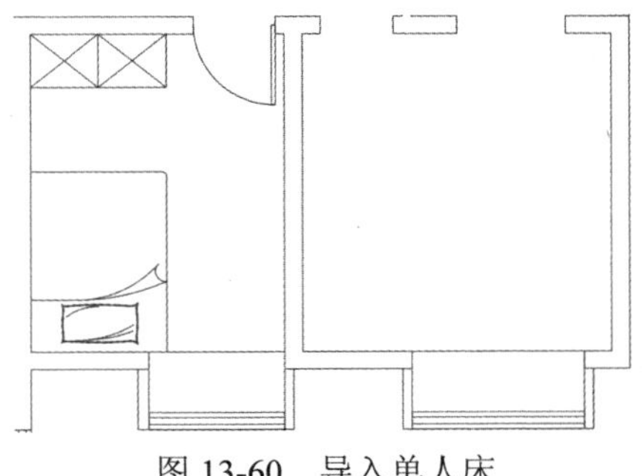

图 13-60　导入单人床

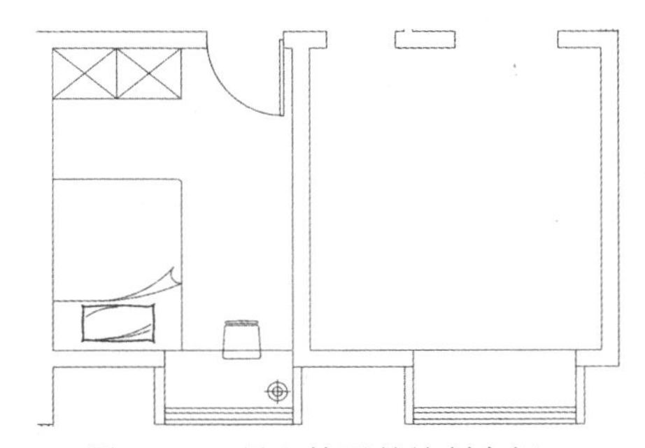

图 13-61　导入椅子并绘制台灯

（33）执行“插入”|“块”命令，导入双人床，执行“旋转”命令，旋转双人床，如图 13-62 所示。

（34）执行“矩形”命令，绘制梳妆台，执行“插入”|“块”命令，导入椅子模型，执行“修剪”命令，修剪椅子模型，如图 13-63 所示。

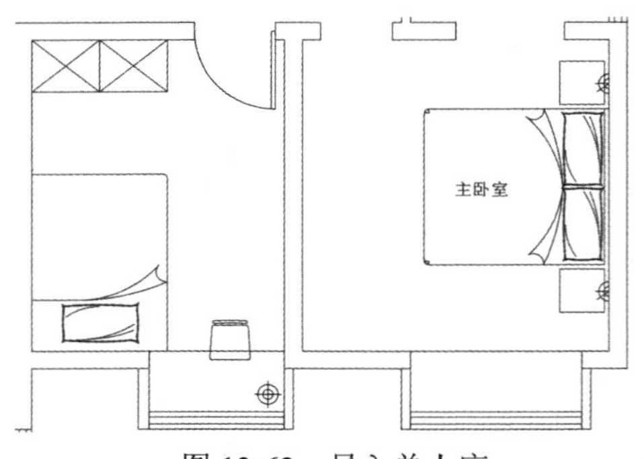

图 13-62　导入单人床

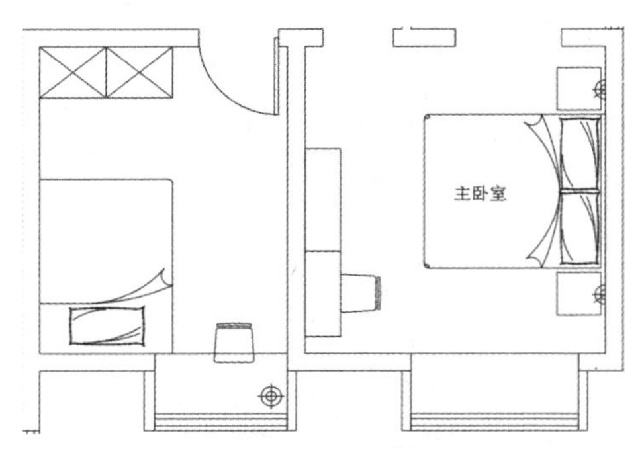

图 13-63　导入椅子

（35）执行“圆弧”命令，绘制阳台抱枕，如图 13-64 所示。

（36）执行“镜像”命令，以门垛中心点为基点，镜像复制卧室门，如图 13-65 所示。

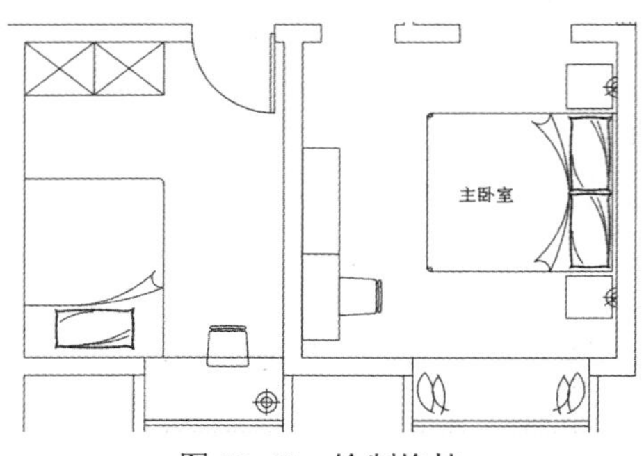

图 13-64　绘制抱枕

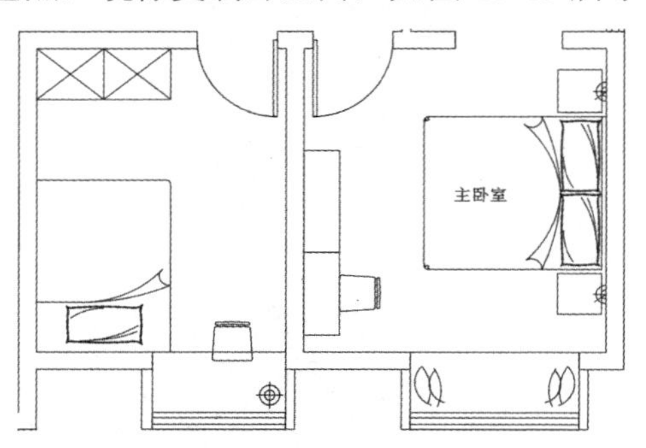

图 13-65　复制卧室门

（37）执行“直线”“偏移”命令，绘制衣柜，如图 13-66 所示。

（38）执行“偏移”命令，将卫生间墙体直线向下偏移 800mm，执行“延伸”命令，延伸直线，绘制出浴缸，如图 13-67 所示。

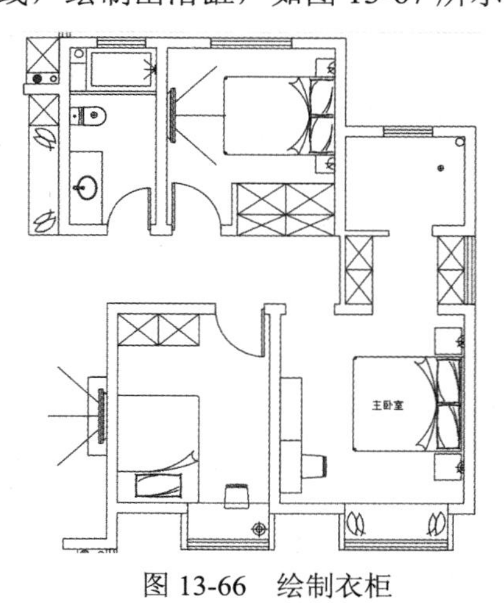

图 13-66　绘制衣柜

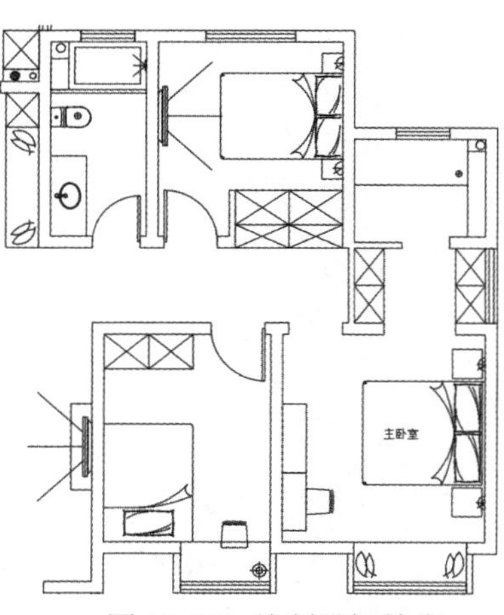

图 13-67　绘制浴缸轮廓

（39）执行“矩形”命令，绘制台盆，执行“插入”|“块”命令，导入浴缸和台盆模型，如图 13-68 所示。

（40）执行“插入”|“块”命令，导入马桶模型，执行“修剪”命令，修剪马桶图形，如图 13-69 所示。

（41）执行“矩形”命令，绘制长 40mm、宽 800mm 的矩形，作为卫生间门，执行“圆弧”命令，绘制门的开启弧度，执行“复制”命令，将之复制为房门，如图 17-70 所示。

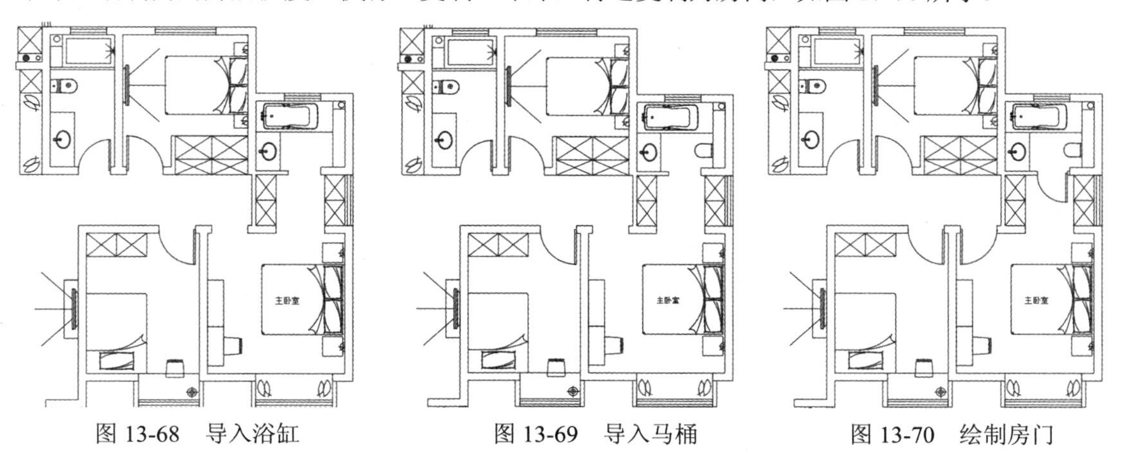

图 13-68　导入浴缸　　图 13-69　导入马桶　　图 13-70　绘制房门

（42）执行“多行文字”命令，标注房间名称。执行“复制”命令，复制文字，双击文字更改为需要的内容，标注其余房间名称，如图 17-71 所示。

（43）执行“复制”命令，复制原始结构图图例说明，双击文字后更改文字内容，如图 13-72 所示。三居室平面布置图绘制完毕。

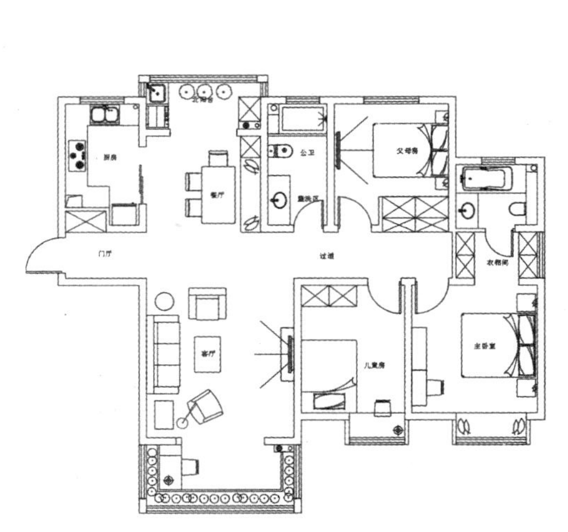

图 13-71　标注文字

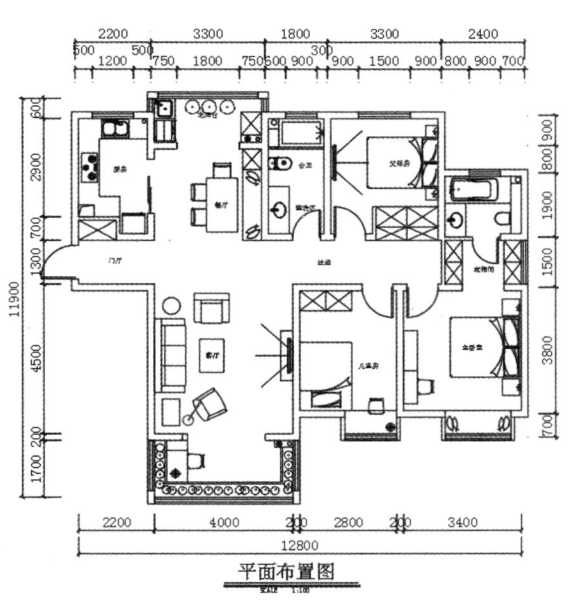

图 13-72　平面布置图最终效果

13.3 绘制三居室地面布置图

在地面设计与装修过程中，要注意地面的铺设，满足行走、防滑、易清理和舒适的要求。本案例在主卧室、次卧室和书房区域采用实木复合地板，舒适、美观；卫生间和厨房采用防滑地砖，简洁、大方；餐厅阳台与客厅区域均采用了仿古地砖。

> 制作思路：
> 1. 复制平面布置图，删除家具图块。
> 2. 对该户型图地面进行图案填充。
> 3. 对地面材料进行文字说明。
>
> 主要命令及工具：“多行文字”“图案填充”等操作命令。
>
> 源文件及视频位置：光盘:\第 13 章\

绘制三居室地面布置图的具体操作步骤如下。

（1）执行“复制”命令，复制一份平面布置图，另存为地面布置图，如图 13-73 所示。

（2）执行“删除”命令，删除平面图中的家具模型，如图 13-74 所示。

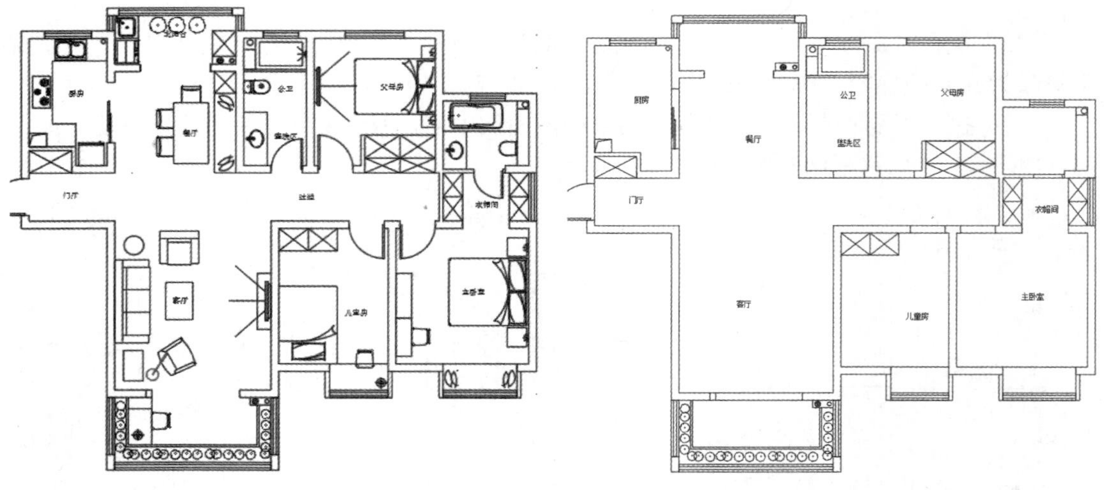

图 13-73　复制平面图　　　图 13-74　删除家具平面图

（3）执行“多段线”命令，捕捉走廊和客厅边缘绘制多段线，执行“偏移”命令，将多段线向内偏移 120mm，绘制理石走边，如图 13-75 所示。

（4）执行“图案填充”命令，选择填充类型为“用户定义”，填充间距为 800，选择双向进行填充，如图 13-76 所示。

（5）执行“多段线”命令，捕捉餐厅边缘绘制多段线，执行“偏移”命令，将多段线向内偏移 120mm，如图 13-77 所示。

（6）执行“图案填充”命令，选择填充类型为“用户定义”，填充间距为 300，选择双向，设置填充角度为 45° 进行填充，如图 13-78 所示。

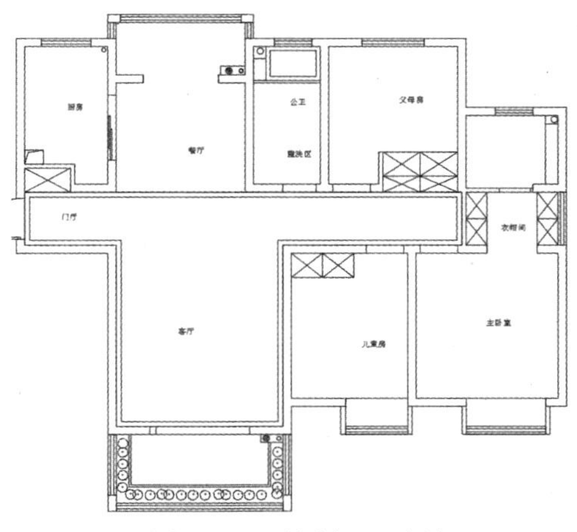

图 13-75　绘制理石走边

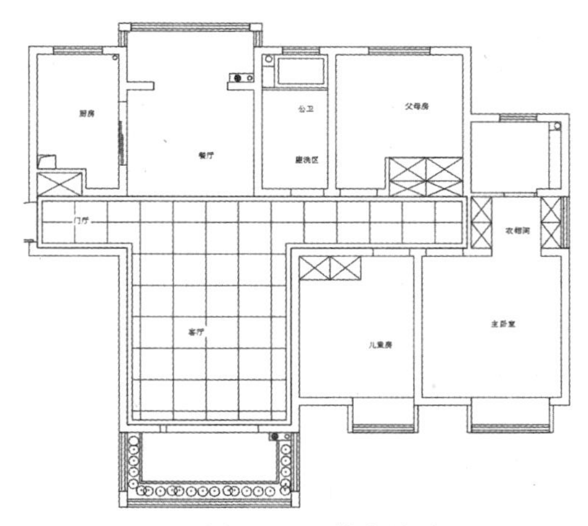

图 13-76　填充地砖

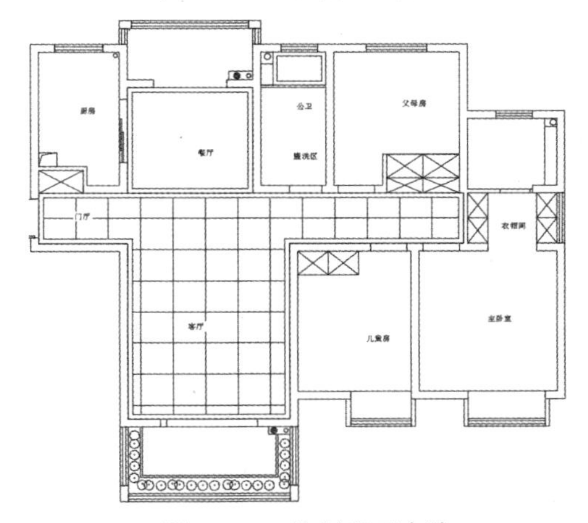

图 13-77　绘制理石走边

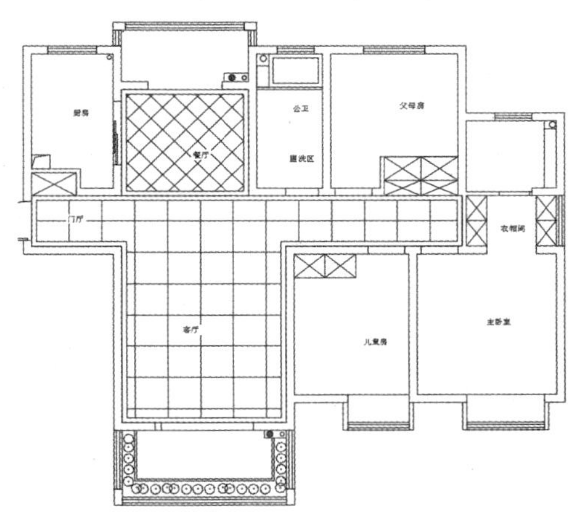

图 13-78　地砖斜铺

（7）执行“图案填充”命令，填充卫生间和阳台地面，选择填充类型为“用户定义”，填充间距为 300，选择双向进行填充，如图 13-79 所示。

（8）执行“图案填充”命令，填充卧室地面，选择填充图案“DOLMIT”，填充比例为 15 进行填充，如图 13-80 所示。

（9）执行“图案填充”命令，填充过门石，选择填充图案“AR-CONC”，填充比例为 1 进行填充，如图 13-81 所示。

（10）执行“引线”命令，绘制地面材料说明，如图 13-82 所示。

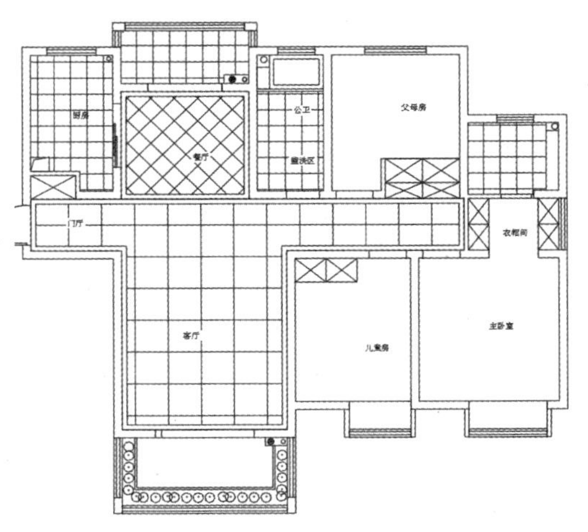

图 13-79　填充卫生间和阳台地面

（11）执行“复制”命令，复制平面布置图图例说明，双击文字更改文字内容，如图 17-83 所示。三居室地面布置图绘制完毕。

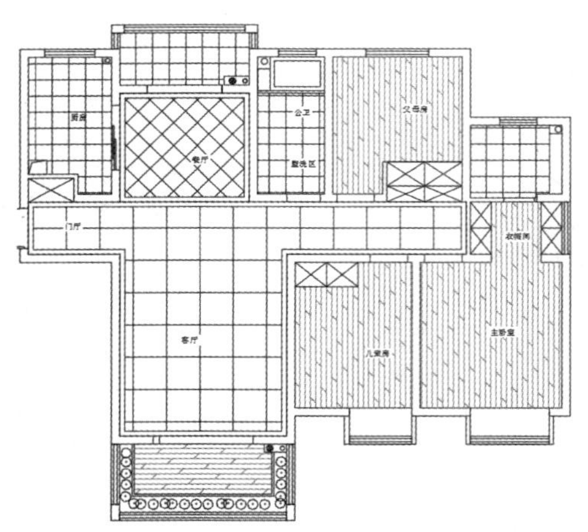

图 13-80　填充卧室地面

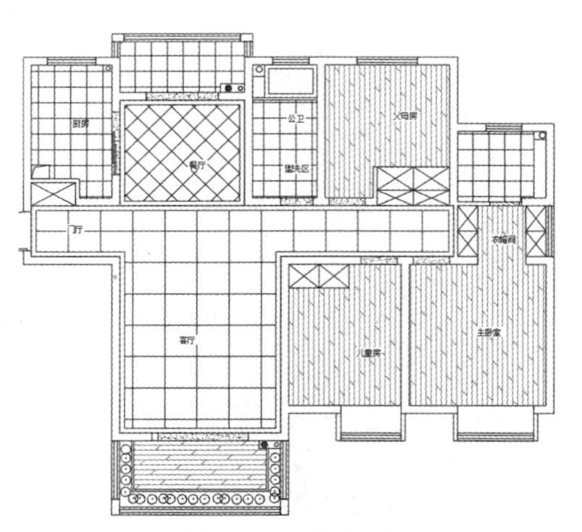

图 13-81　填充过门石

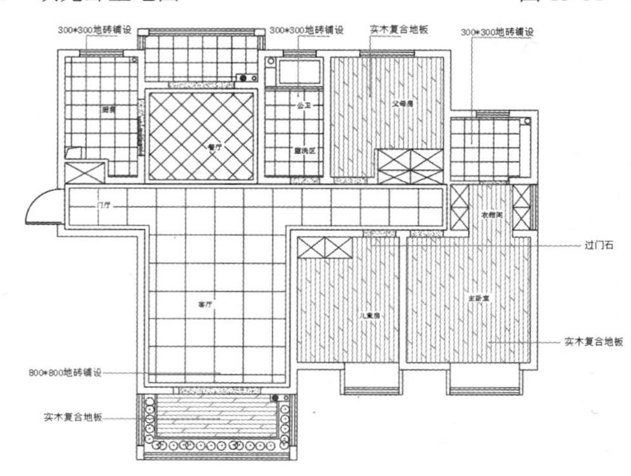

图 13-82　绘制材料说明

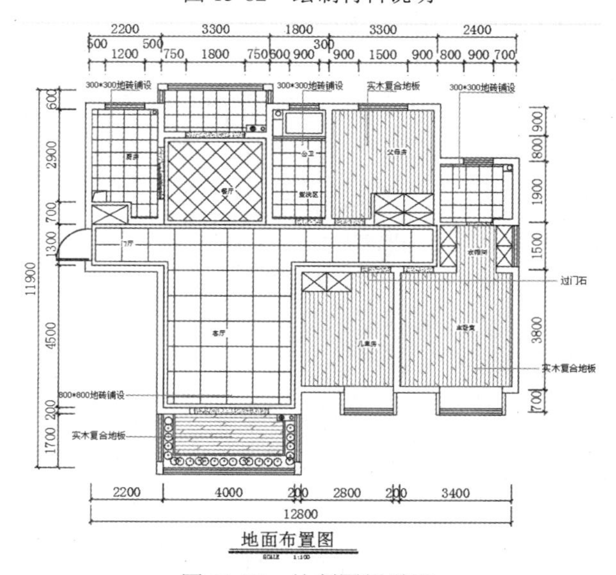

图 13-83　绘制图例说明

13.4　绘制三居室顶棚布置图

本案例绘制的顶棚布置图采用简单的线条造型设计，搭配灯带和筒灯，简洁、大方；卫生间采用集成吊顶，整齐、美观；阳台采用生态木吊顶，别有一番特色。

> 制作思路：
> 1. 复制地面布置图，删除多余的部分。
> 2. 绘制顶面造型。
> 3. 绘制顶面灯光设计布置。
> 4. 对该顶面材料注释说明。
> 5. 标注顶面造型高度。
>
> 主要命令及工具：“矩形”“直线”“偏移”“引线”和“多行文字”等操作命令。
>
> 源文件及视频位置：光盘:\第 13 章\

绘制顶棚布置图的具体操作步骤如下。

（1）执行“复制”命令，复制一份平面布置图，将其另存为顶棚布置图，如图 13-84 所示。

（2）执行“删除”命令，删除平面图中的家具模型，如图 13-85 所示。

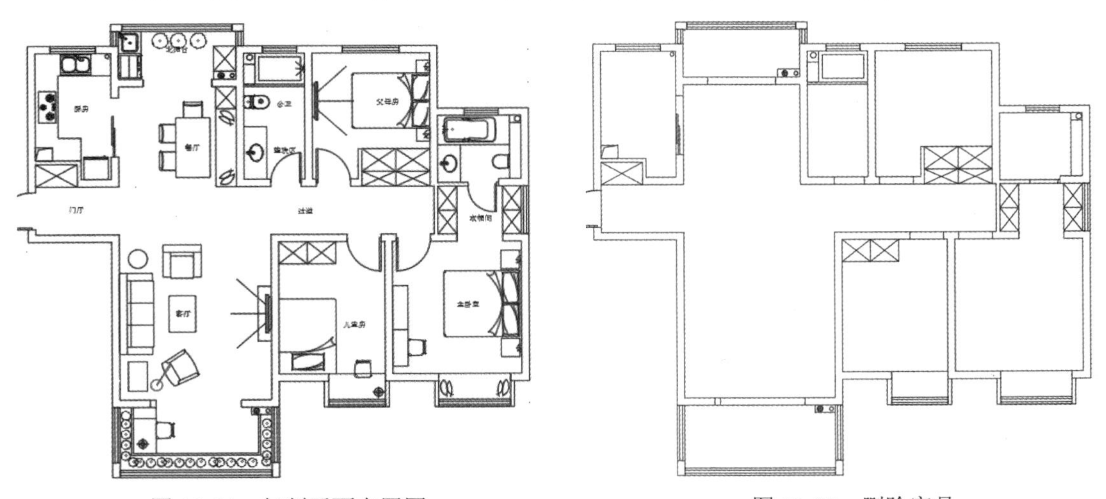

图 13-84　复制平面布置图　　　　图 13-85　删除家具

（3）执行“矩形”命令，在玄关处捕捉对角点绘制矩形，执行“偏移”命令，将直线依次向内偏移 20mm、50mm，绘制石膏线，如图 13-86 所示。

（4）执行“直线”命令，捕捉石膏线中心，绘制辅助线，执行“圆”命令，绘制半径为 400mm 的圆形造型，执行“删除”命令，删除辅助线，如图 13-87 所示。

（5）执行“插入”|“块”命令，将吊灯图块插入图形中，如图 13-88 所示。

（6）执行“插入”|“块”命令，导入筒灯模型，执行“复制”命令，复制筒灯模型到其他位置，如图 13-89 所示。

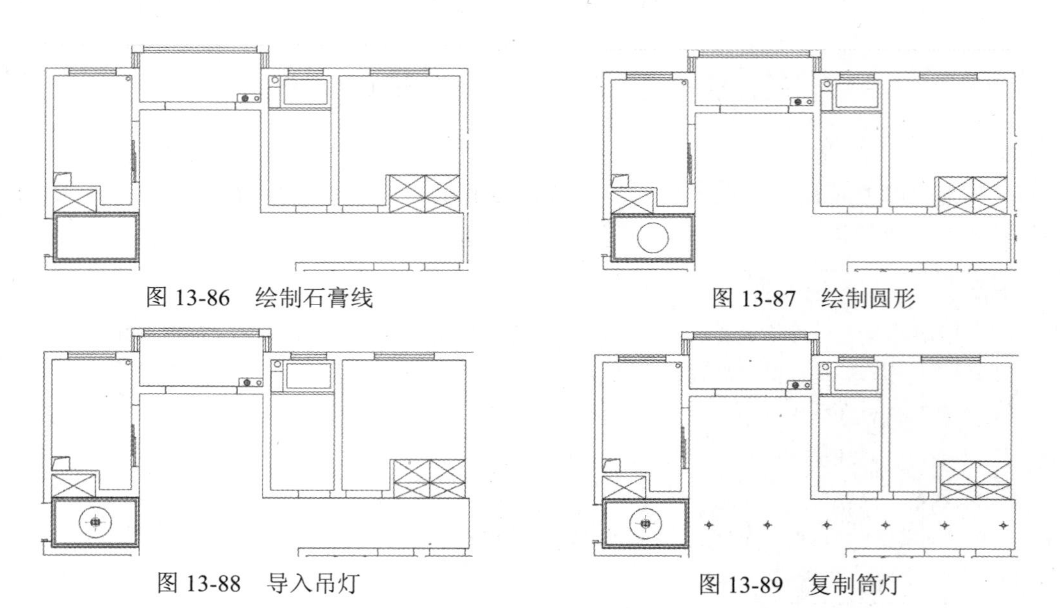

图 13-86　绘制石膏线

图 13-87　绘制圆形

图 13-88　导入吊灯

图 13-89　复制筒灯

（7）执行“矩形”命令，捕捉餐厅对角点，绘制矩形，执行“偏移”命令，将直线依次向内偏移 400mm，如图 13-90 所示。

（8）执行“偏移”命令，绘制石膏线条，将矩形依次向内偏移 20mm、50mm，如图 13-91 所示。

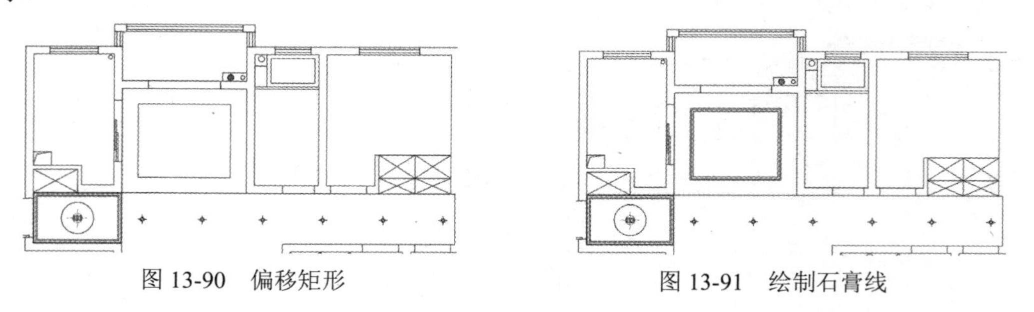

图 13-90　偏移矩形

图 13-91　绘制石膏线

（9）执行“偏移”命令，绘制灯带，将矩形造型向外偏移 50mm，并将其设置为虚线，选择“CD-IS003W100”虚线线型，颜色设置为红色，如图 13-92 所示。

（10）执行“插入”|“块”命令，导入吊灯模型，如图 13-93 所示。

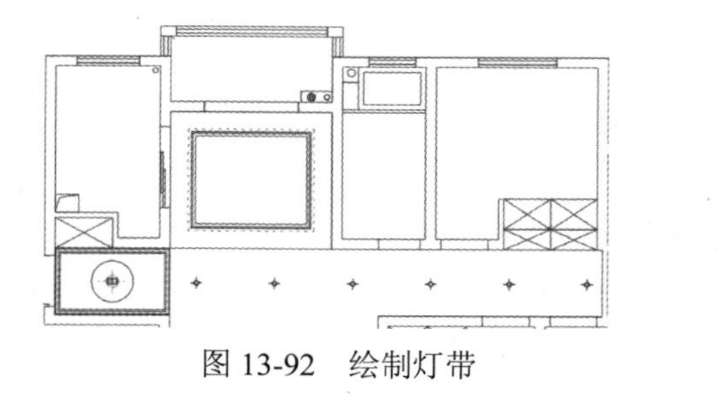

图 13-92　绘制灯带

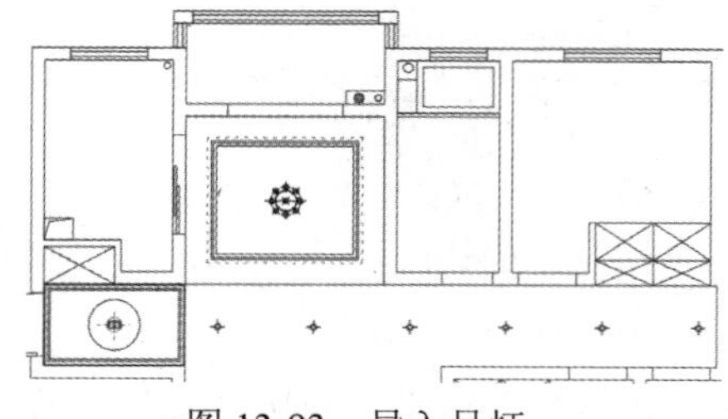

图 13-93　导入吊灯

（11）执行“图案填充”命令，绘制厨房顶面，选择填充类型为“用户定义”，填充间距为 300，选择双向进行填充，如图 13-94 所示。

（12）执行“插入”|“块”命令，导入吸顶灯模型，执行“复制”命令，复制吸顶灯，如图13-95所示。

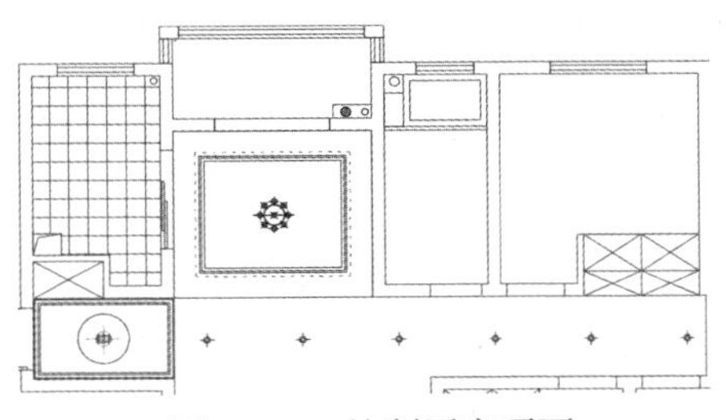
图13-94 绘制厨房顶面

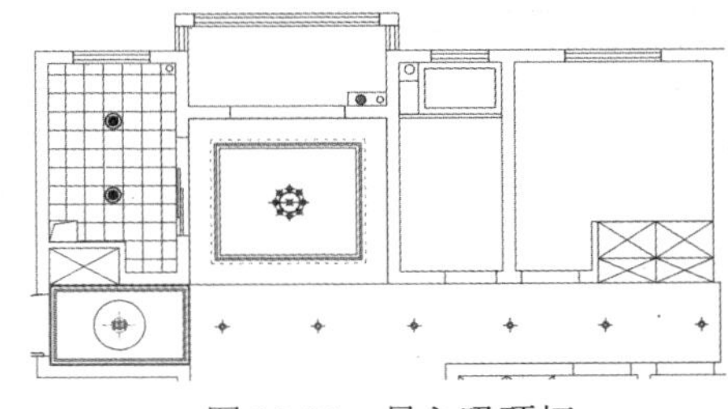
图13-95 导入吸顶灯

（13）执行“图案填充”命令，绘制阳台顶面，选择填充类型为“用户定义”，填充间距为100，设置填充角度为90°进行填充，然后执行“复制”命令，复制筒灯，如图13-96所示。

（14）执行“矩形”命令，捕捉卧室对角点，绘制矩形，执行“偏移”命令，将矩形各边依次向内偏移20mm、50mm，绘制石膏线，如图13-97所示。

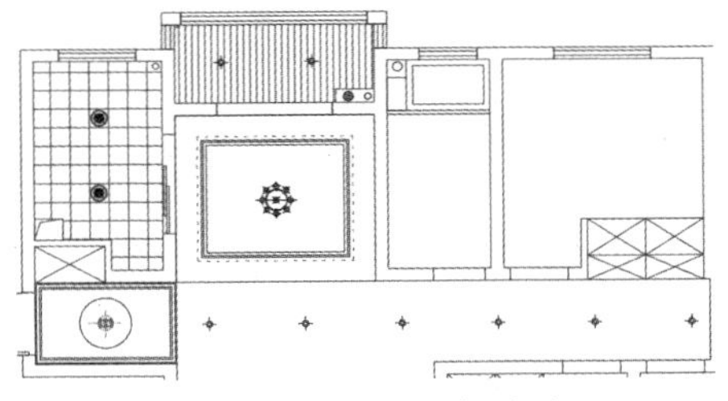
图13-96 绘制阳台顶面

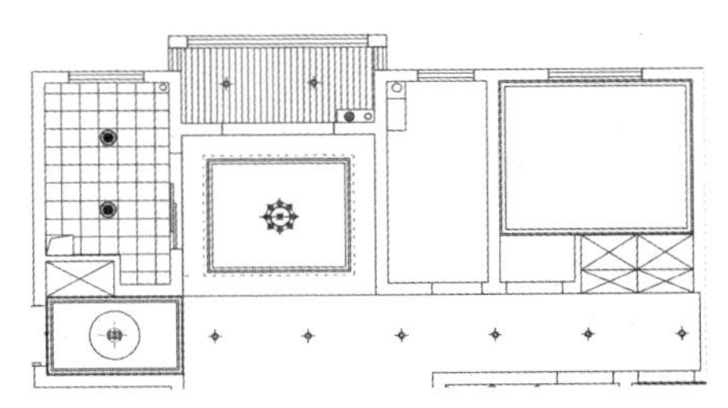
图13-97 绘制卧室石膏线

（15）执行“插入”|“块”命令，导入吸顶灯模型，如图13-98所示。

（16）执行“图案填充”命令，绘制卫生间顶面，选择填充类型为“用户定义”，选择双向，填充间距为300进行填充，如图13-99所示。

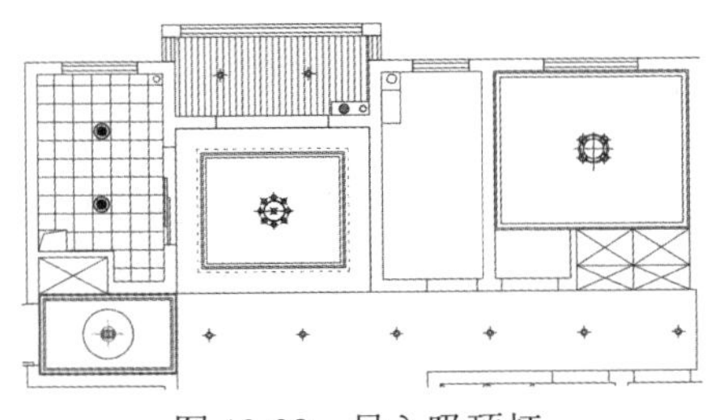
图13-98 导入吸顶灯

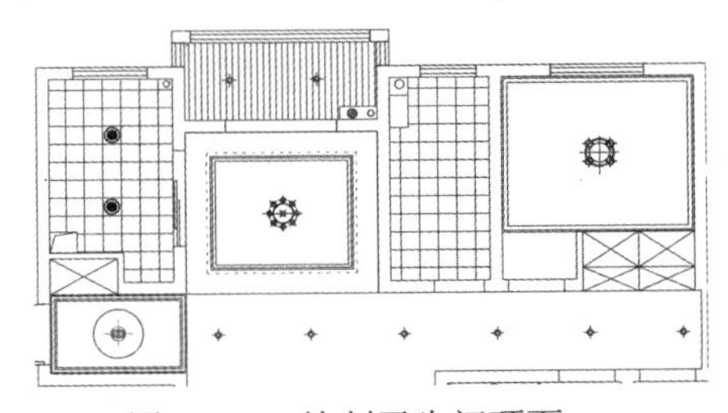
图13-99 绘制卫生间顶面

（17）执行“插入”|“块”命令，导入浴霸模型，执行“复制”命令，复制筒灯，如图13-100所示。

（18）执行“矩形”命令，捕捉客厅对角点，绘制矩形，然后执行“偏移”命令，将矩形各边依次向内偏移400mm，绘制顶面造型，如图13-101所示。

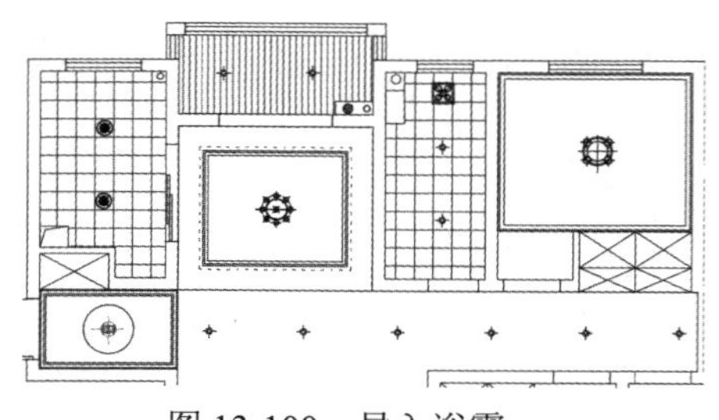

图 13-100　导入浴霸

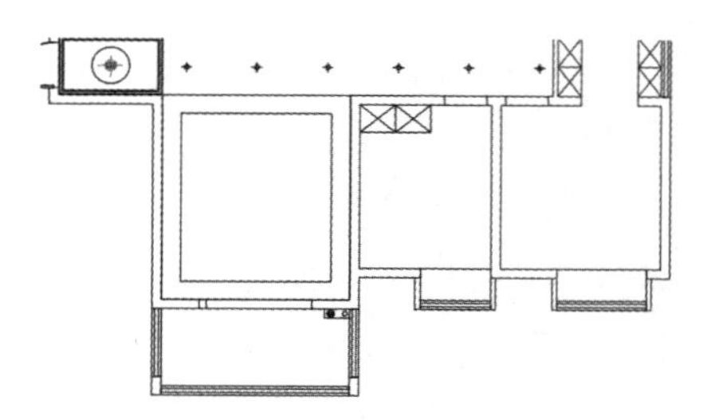

图 13-101　绘制客厅吊顶

（19）继续执行“偏移”命令，将顶面造型线依次向内偏移 20mm、70mm，绘制石膏线，如图 13-102 所示。

（20）执行“偏移”命令，将顶面造型线向外偏移 60mm，绘制灯带，执行“特性匹配”命令，修改颜色线型及颜色，如图 13-103 所示。

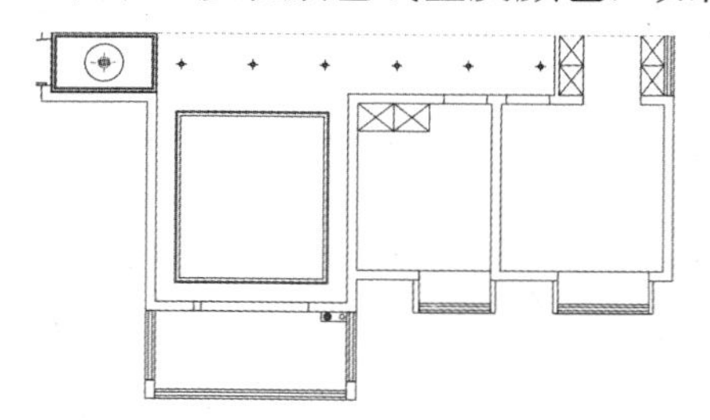

图 13-102　绘制石膏线

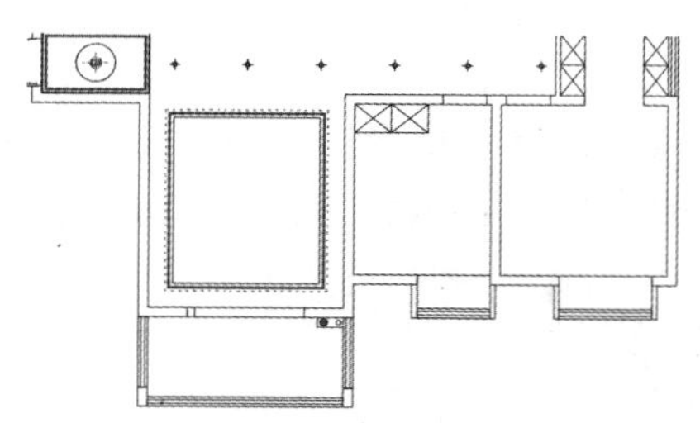

图 13-103　绘制灯带

（21）执行“复制”命令，复制左侧筒灯，执行“镜像”命令，镜像复制筒灯，如图 13-104 所示。

（22）执行“复制”命令，复制餐厅吊灯，如图 13-105 所示。

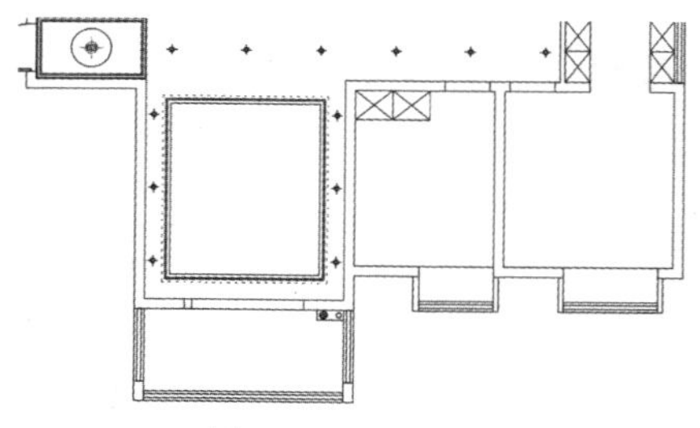

图 13-104　复制筒灯

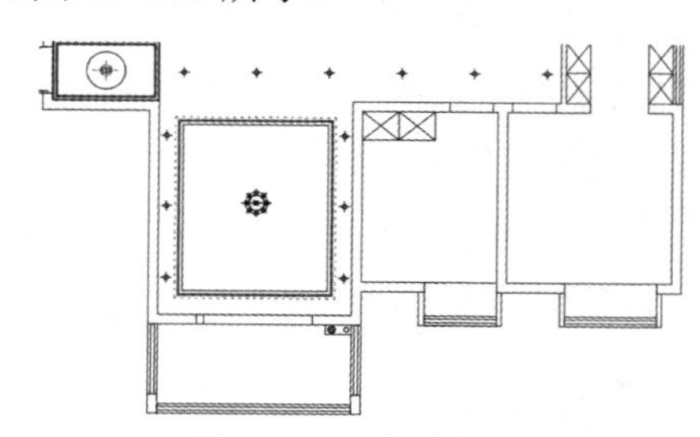

图 13-105　复制吊灯

（23）执行“图案填充”命令，绘制阳台顶面，选择填充类型为“用户定义”，填充间距为 100，设置填充角度为 90° 进行填充，执行“复制”命令，复制筒灯，如图 13-106 所示。

（24）执行“复制”命令，复制卧室吸顶灯，如图 13-107 所示。

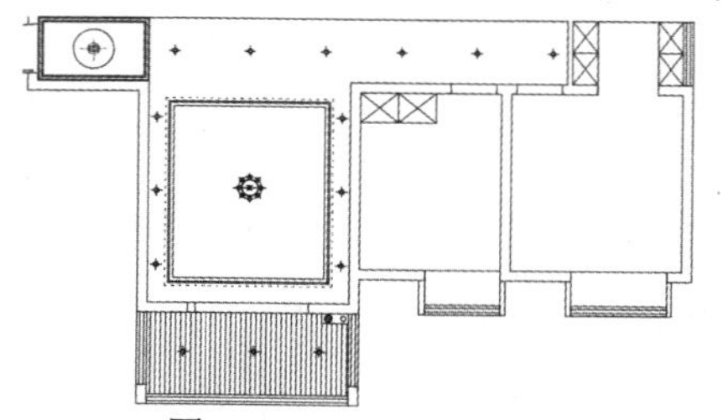

图 13-106　绘制阳台吊顶

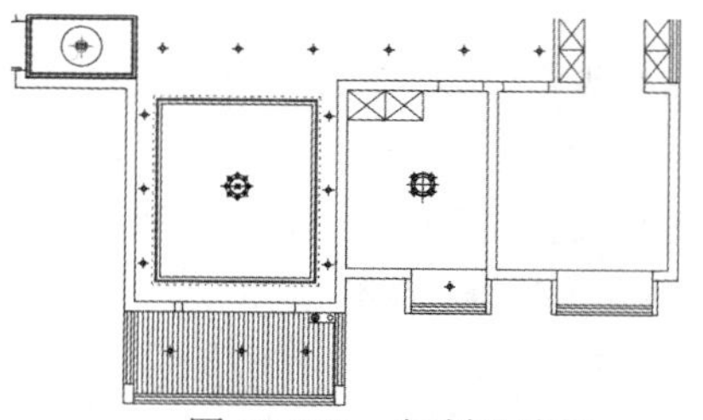

图 13-107　复制吸顶灯

（25）执行“矩形”命令，捕捉主卧室对角点，绘制矩形，再执行“偏移”命令，将直线依次向内偏移 400mm，绘制顶面造型，如图 13-108 所示。

（26）执行“圆角”命令，设置圆角半径为 300mm，修剪造型为圆角，如图 13-109 所示。

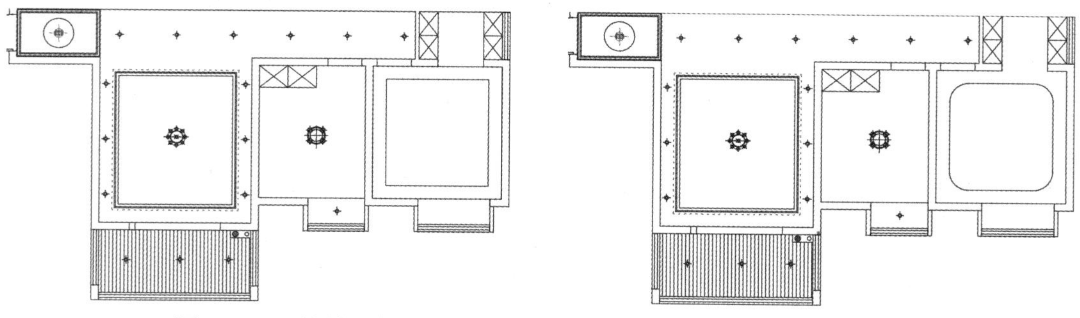

图 13-108　绘制卧室吊顶　　图 13-109　将造型修剪为圆角

（27）执行“偏移”命令，将顶面造型线向外偏移 60mm，绘制灯带，执行“特性匹配”命令，修改其线型及颜色，如图 13-110 所示。

（28）执行“复制”命令，复制卧室吸顶灯和筒灯，如图 13-111 所示。

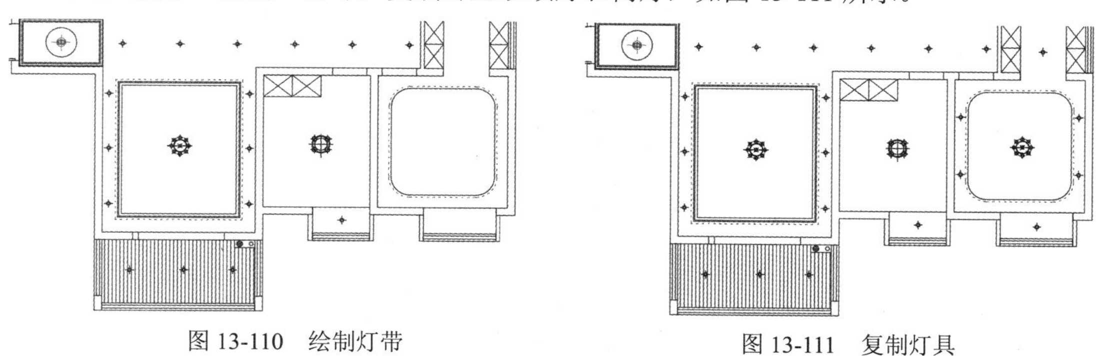

图 13-110　绘制灯带　　图 13-111　复制灯具

（29）执行“直线”命令，绘制标高符号，如图 13-112 所示。

（30）执行“多行文字”命令，绘制标高文字，如图 13-113 所示。

图 13-112　绘制标高符号　　图 13-113　标注标高文字

（31）执行“复制”命令，复制标高符号，双击标高文字更改文字内容，标注建筑其余部分如图 13-114 所示。

（32）执行“多行文字”命令，绘制顶面材料说明，执行“复制”命令，复制文字，双击标高文字更改为需要的内容，如图 13-115 所示。

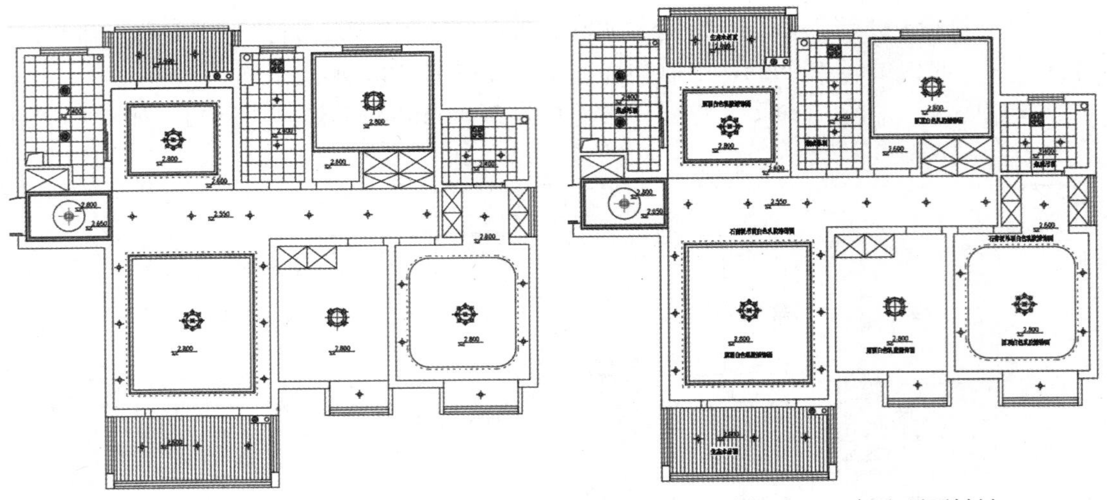

图 13-114　标注标高　　　　图 13-115　标注顶面材料

（33）执行“复制”命令，复制平面布置图图例说明，双击文字更改为需要的内容，如图 13-116 所示。三居室顶面布置图绘制完毕。

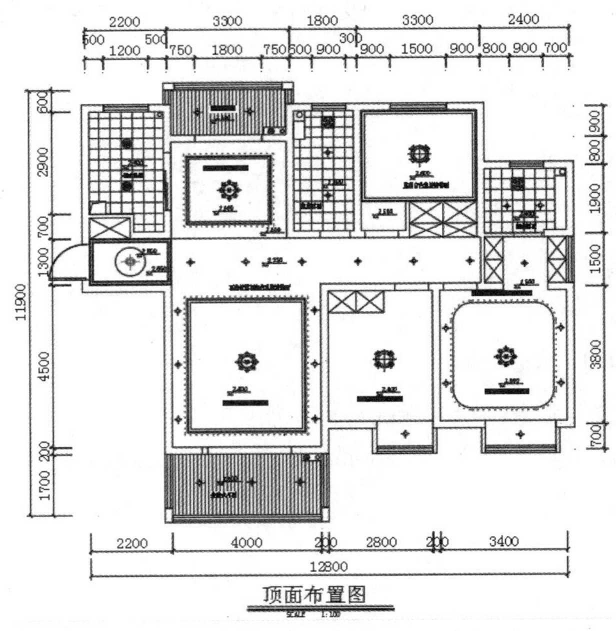

图 13-116　绘制图例说明

13.5　绘制三居室立面图

下面将根据三居室平面图来绘制其立面效果，其中包括三居室客厅立面图、厨房立面图、过道立面图等。

13.5.1　绘制客厅立面图

本案例绘制的是客厅一侧的背景墙，立面造型采用玻璃材质，并用石材作为饰面。在镜面中搭配简单的理石线条，使得整个客厅背景墙具有现代气息。

> 制作思路：
>
> 1．绘制客厅立面轮廓。
>
> 2．偏移出玻璃框，并绘制玻璃隔板。
>
> 3．插入电视机图块。
>
> 4．填充客厅和尺寸标注。
>
> 主要命令及工具：“直线”“偏移”“样条曲线”和“线性”等操作命令。
>
> 源文件及视频位置：光盘:\第 13 章\

绘制客厅立面图的具体操作步骤如下。

（1）执行“直线”命令，绘制长 4500 mm、宽 2800 mm 的矩形，作为客厅立面区域轮廓，如图 13-117 所示。

（2）执行“偏移”命令，将顶面直线向下偏移 300mm 作为吊顶层，地面直线向上偏移 50mm，作为地砖层，如图 13-118 所示。

图 13-117　绘制客厅立面区域　　图 13-118　绘制吊顶层和地砖层

（3）执行“图案填充”命令，选择填充图案为“ANSI31”，设置填充图案比例为 10，对吊顶层进行填充，如图 13-119 所示。

（4）执行“多段线”命令，绘制理石线条，捕捉墙边线绘制多段线，然后执行“偏移”命令，将多段线依次向内偏移 30 mm、20 mm、50 mm，如图 13-120 所示。

图 13-119　填充顶面

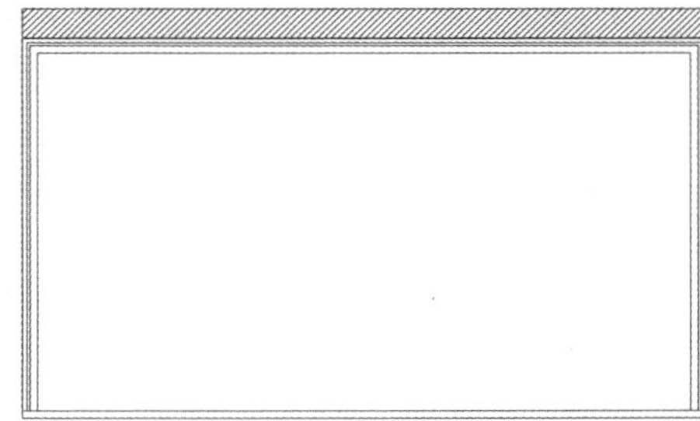

图 13-120　绘制线条

（5）执行“偏移”命令，将理石线条向内偏移400mm，如图13-121所示。

（6）执行“图案填充”命令，选择填充图案为“AR-RROOF”，设置填充图案比例为20，设置填充角度为45°，对镜面进行填充，如图13-122所示。

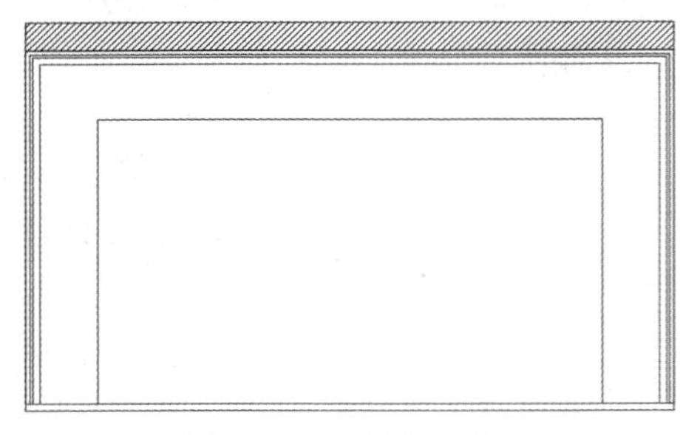

图13-121 偏移多段线

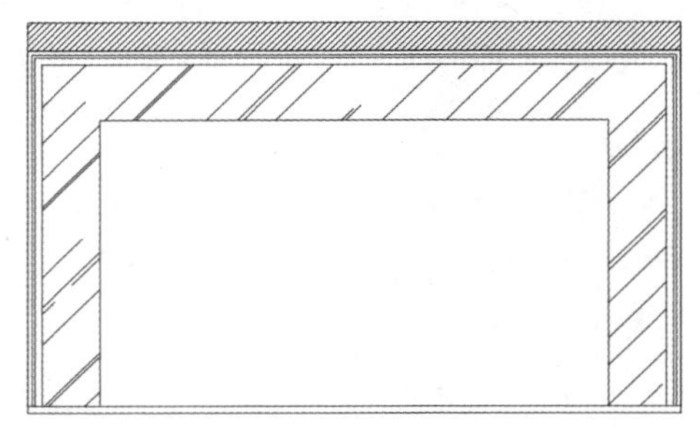

图13-122 填充镜面

（7）执行“偏移”命令，将线条向内偏移50mm，绘制理石线条，如图13-123所示。

（8）执行“偏移”命令，将地面直线依次向上偏移60mm、20mm，绘制踢脚线，如图13-124所示。

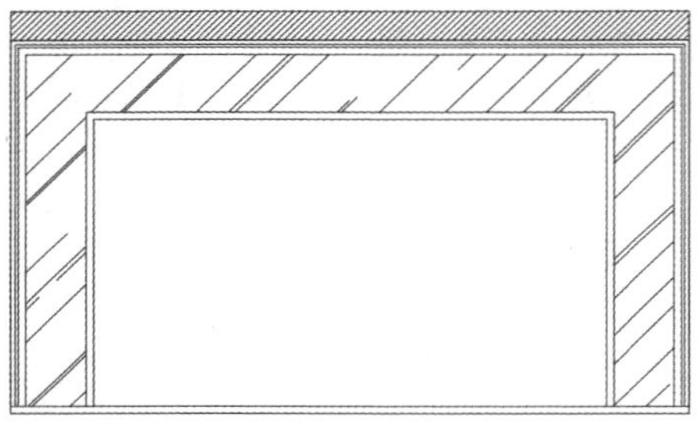

图13-123 绘制理石线条

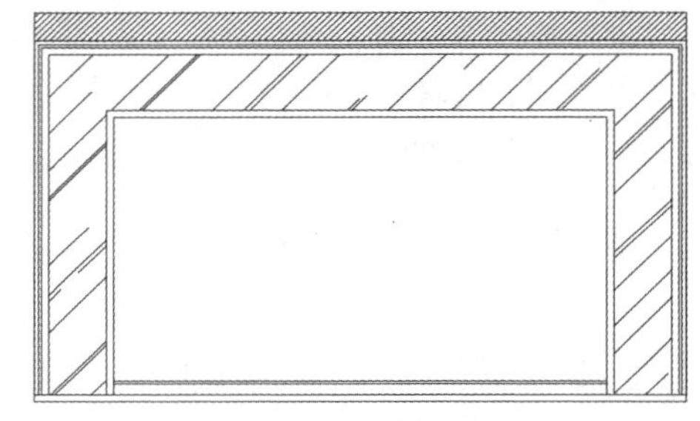

图13-124 绘制踢脚线

（9）执行“分解”命令，将最内侧多段线分解，执行“定数等分”命令，将直线等分成5份，然后执行“直线”命令，连接直线，如图13-125所示。

（10）执行“定数等分”命令，将内侧垂直直线等分成4份，执行“直线”命令，连接直线，如图13-126所示。

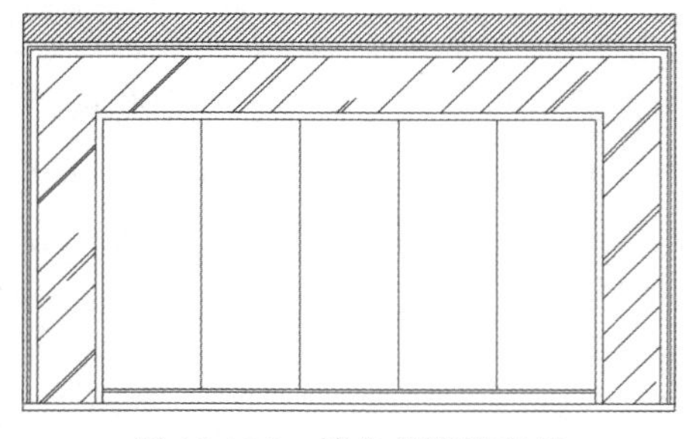

图13-125 等分并连接直线

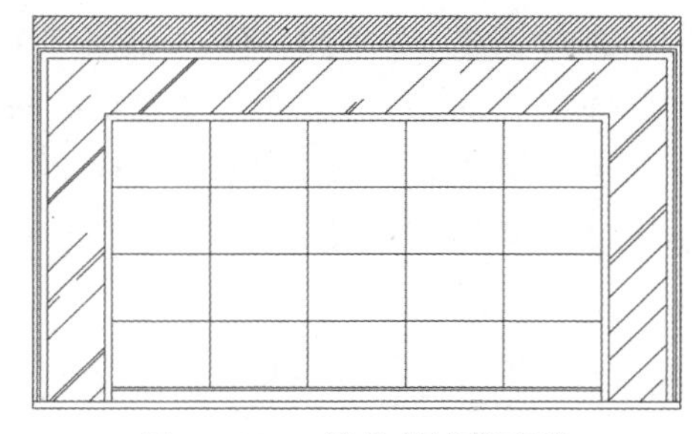

图13-126 等分并连接直线

（11）执行“插入”|“块”命令，导入电视柜模型，执行同样命令，导入其他装饰品，如图13-127所示。

（12）执行“插入”|“块”命令，导入电视机，执行“修剪”命令，修剪掉多余的直

线，如图 13-128 所示。

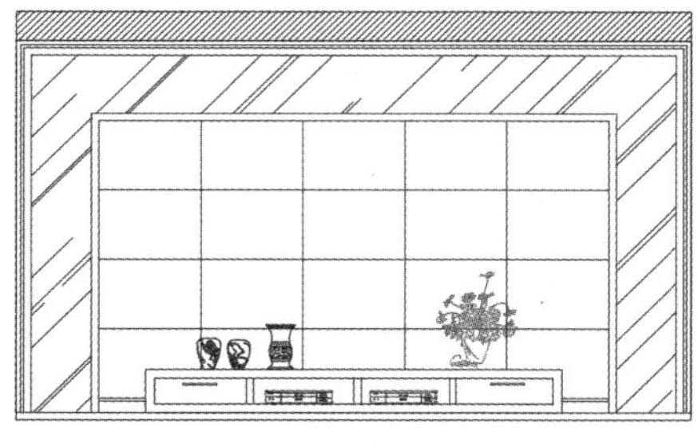

图 13-127　导入电视柜

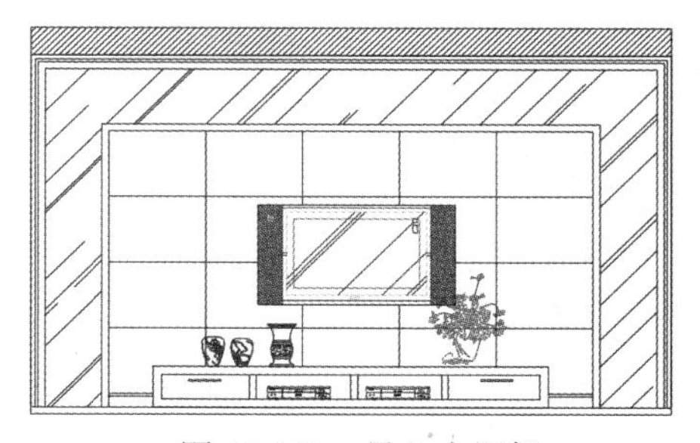

图 13-128　导入电视机

（13）执行“线性标注”“连续标注”命令，对该图进行尺寸标注，如图 13-129 所示。

（14）执行“多重引线”命令，对该立面图进行材料注释，如图 13-130 所示。

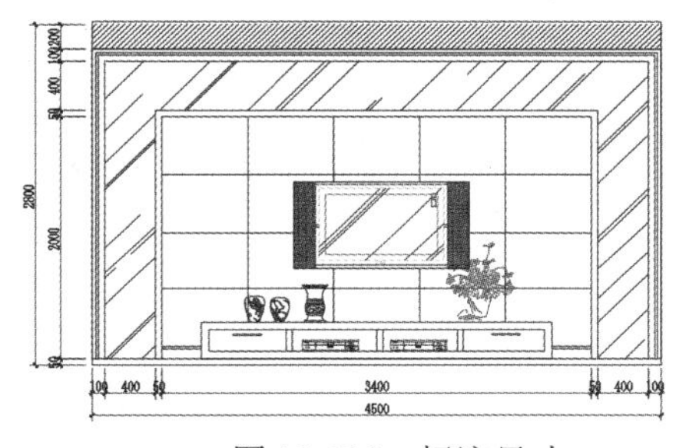

图 13-129　标注尺寸

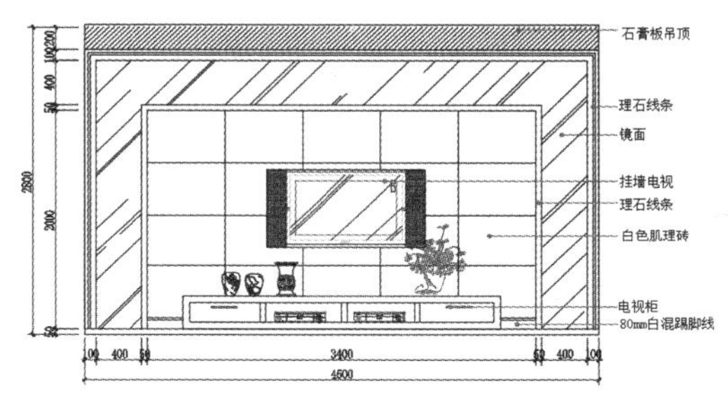

图 13-130　标注材料说明

（15）执行“复制”命令，复制平面图例说明，执行“缩放”命令，设置其缩放比例为 30/50，双击文字更改为需要的内容，如图 13-131 所示。三居室立面图绘制完毕。

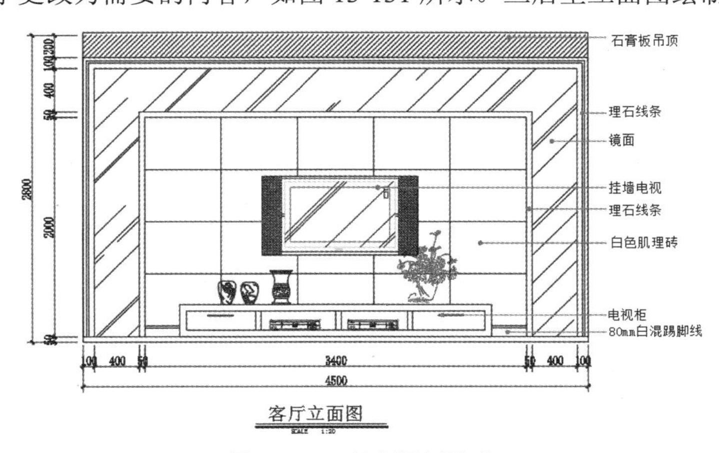

图 13-131　绘制图例说明

13.5.2　绘制卧室立面图

本案例将绘制卧室立面图，其中背景墙采用简单的线条的造型，用明镜材质和软包材质相结合，达到了简洁又美观的装饰效果；图中布置的双人床、床头柜、装饰等物品，起着协调视觉效果的作用。

制作思路：
1．绘制立面造型。
2．插入床、装饰画和图块。
3．图案填充主卧室。
4．进行材料注释和尺寸标注。
主要命令及工具："直线""偏移""插入块"和"图案填充"等操作命令。
源文件及视频位置：光盘:\第 13 章\

绘制卧室立面图的具体操作步骤如下。

（1）执行"直线"命令，绘制长 3600 mm、宽 2800 mm 的矩形区域作为主卧室立面轮廓，如图 13-132 所示。

（2）执行"偏移"命令，将顶面直线向下偏移 200mm 作为吊顶层，地面直线向上偏移 50mm 作为地砖层，如图 13-133 所示。

图 13-132　绘制立面轮廓　　图 13-133　绘制吊顶层和地砖层

（3）执行"图案填充"命令，选择填充图案"ANSI31"，设置填充图案比例为 10，对吊顶层进行填充，如图 13-134 所示。

（4）执行"偏移"命令，将顶面直线向下偏移 480mm，如图 13-135 所示。

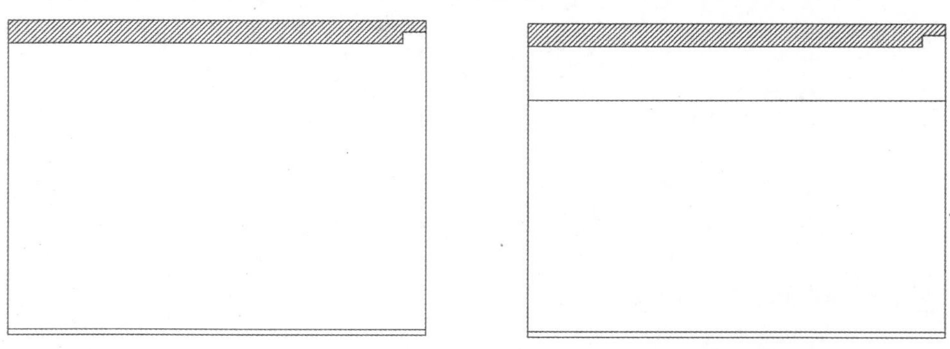

图 13-134　填充顶面　　图 13-135　偏移造型

（5）执行"偏移"命令，将直线依次向下偏移 300mm，偏移出造型，如图 13-136 所示。

（6）执行“偏移”命令，将偏移的直线分别向下偏移 100mm，细化造型，如图 13-137 所示。

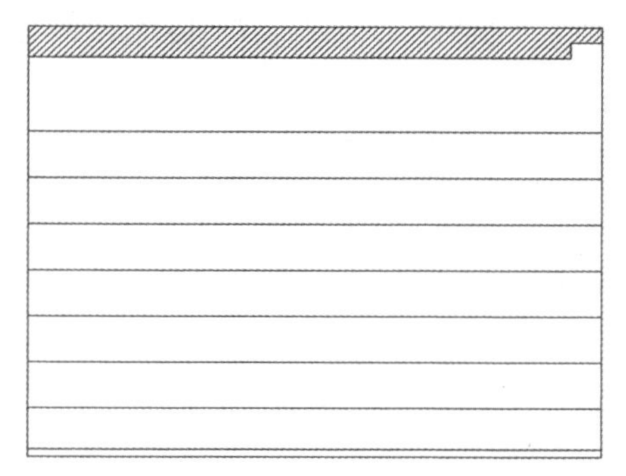

图 13-136　绘制造型

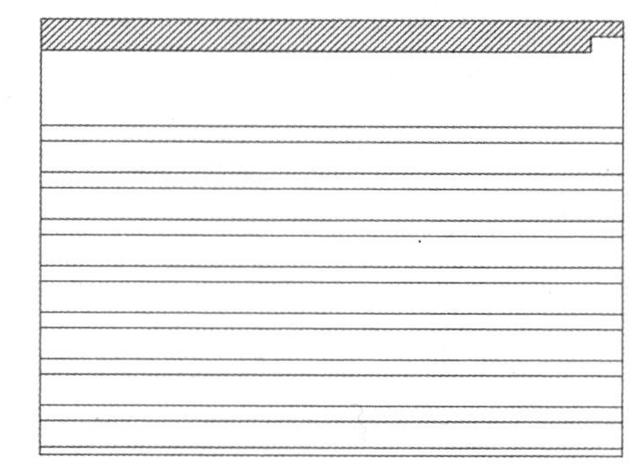

图 13-137　偏移造型

（7）执行“插入”|“块”命令，导入双人床立面模型，然后执行“修剪”命令，修剪掉多余直线，如图 13-138 所示。

（8）执行“矩形”命令，绘制矩形，再执行“移动”命令，将矩形移动到合适位置，然后执行“修剪”命令，修剪造型，如图 13-139 所示。

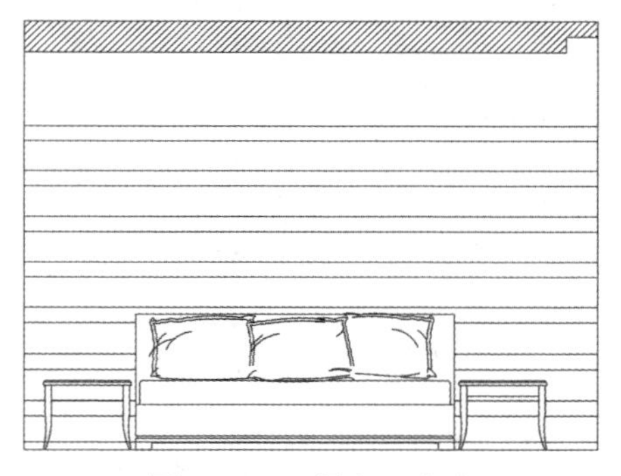

图 13-138　导入双人床

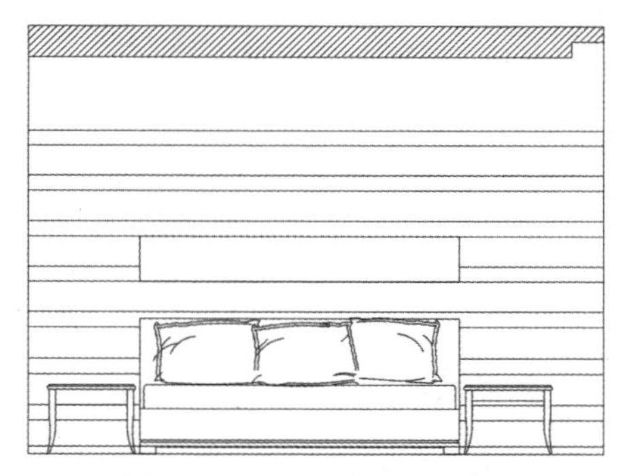

图 13-139　绘制矩形造型

（9）执行“偏移”命令，将矩形边线向内偏移 20mm，如图 13-140 所示。

（10）执行“插入”|“块”命令，导入装饰品模型，执行“复制”命令，复制装饰品，如图 13-141 所示。

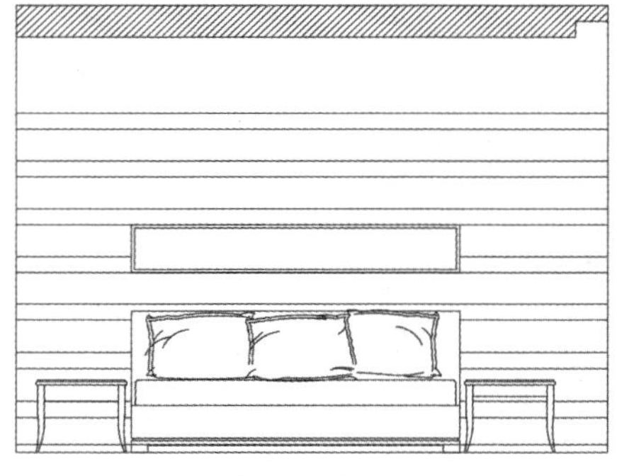

图 13-140　偏移矩形

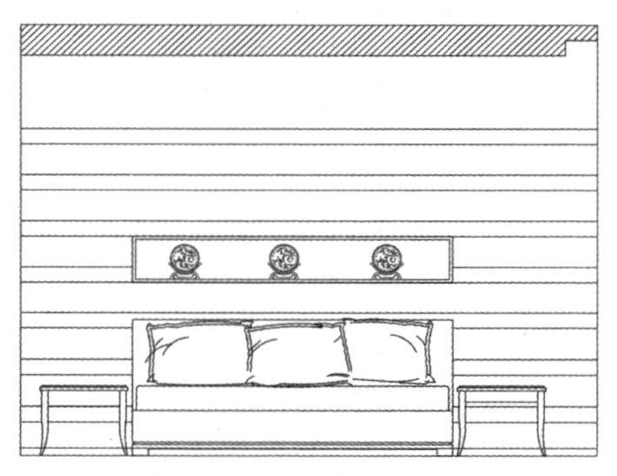

图 13-141　导入装饰品

（11）执行“图案填充”命令，选择填充图案为“AR-RROOF”，设置填充图案比例为10，设置填充角度为45°，填充明镜，如图13-142所示。

（12）执行“图案填充”命令，选择填充图案为“DOTS”，设置填充图案比例为10，填充硬包，如图13-143所示。

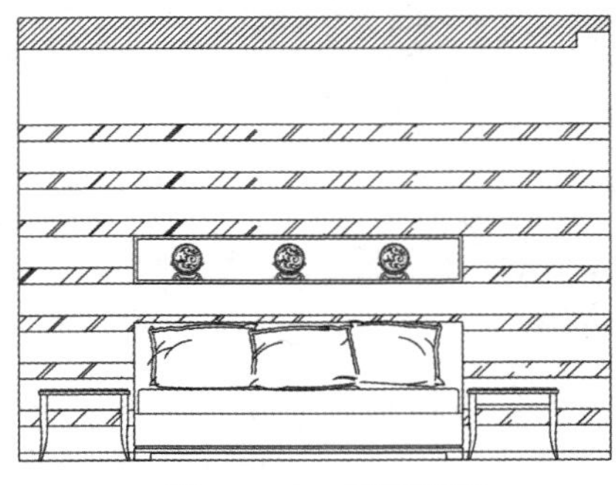

图13-142 填充明镜

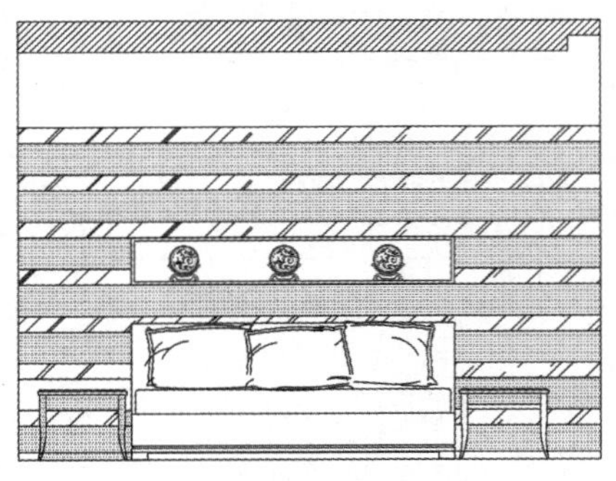

图13-143 填充硬包

（13）执行“图案填充”命令，选择填充图案为“CROSS”，设置填充图案比例为10，填充墙纸，如图13-144所示

（14）执行“线性标注”“连续标注”命令，对卧室立面进行尺寸标注，如图13-145所示。

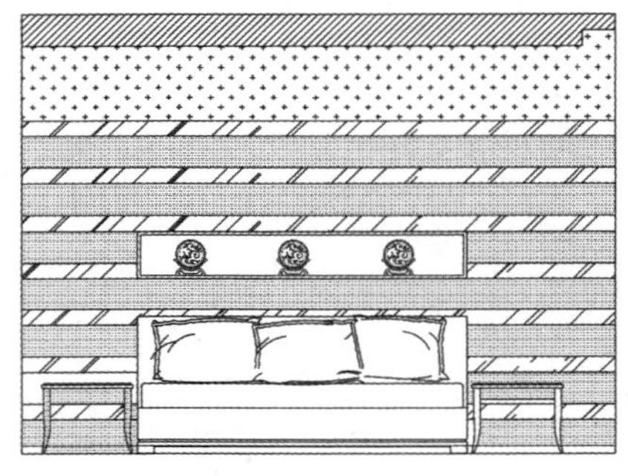

图13-144 填充墙纸

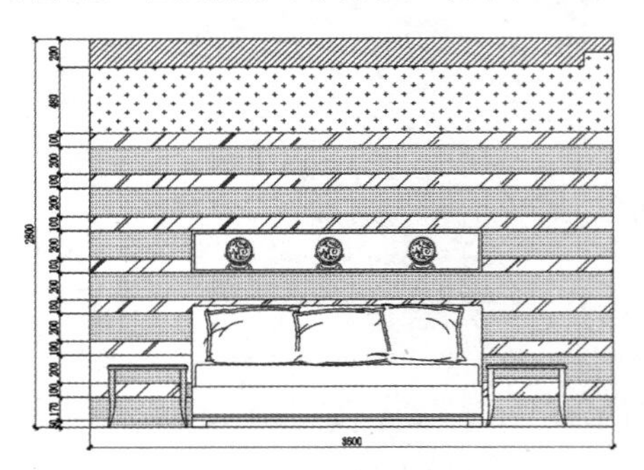

图13-145 标注尺寸

（15）执行“多重引线”命令，对该立面图进行材料注释，如图13-146所示。

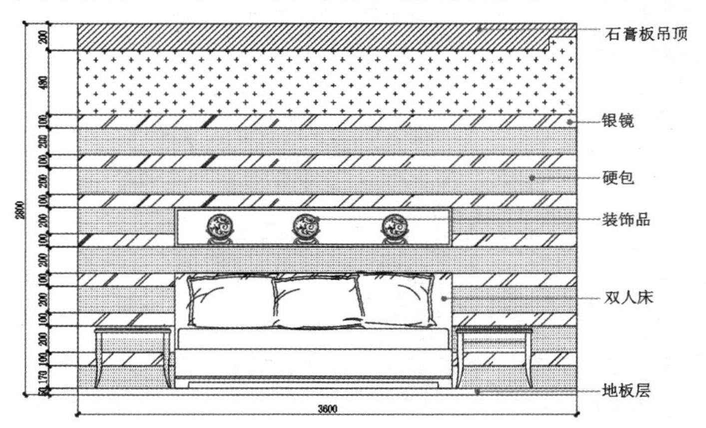

图13-146 材料注释

（16）执行“复制”命令，复制客厅图例说明，双击文字更改为需要的内容，如图 13-147 所示。卧室立面图绘制完毕。

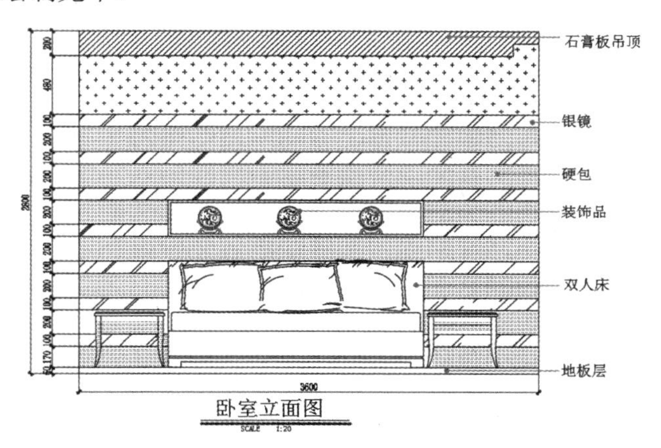

图 13-147　绘制图例说明

13.5.3　绘制厨房立面图

厨房是面积虽小，却功能齐全的空间。本案例中的立面图绘制的有厨房的灶台，净化空气的油烟机，烹饪美味食物的煤气灶、微波炉等；墙面采用拼花墙砖，结构清晰，让人一目了然。

制作思路：

1．绘制厨房立面轮廓。

2．绘制橱柜立面图形。

3．对墙砖进行图案填充操作。

4．进行材料注释。

5．对该图进行尺寸标注，保存文件。

主要命令及工具：“矩形”“分解”“图案填充”和“线性”等操作命令。

源文件及视频位置：光盘:\第 13 章\

绘制厨房立面图的具体操作步骤如下：

（1）执行“直线”命令，绘制长 2900 mm、宽 2800 mm 的矩形，作为厨房立面轮廓，如图 13-148 所示。

（2）执行“偏移”命令，将顶面直线向下偏移 350mm 作为吊顶层，地面直线向上偏移 50mm 作为地砖层，如图 13-149 所示。

（3）执行“图案填充”命令，选择填充图案为“ANSI31”，设置填充图案比例为 10，对吊顶层进行填充，如图 13-150 所示。

（4）执行“偏移”命令，将地面直线向上偏移 850mm，将左右两边直线分别向内偏移 600mm，绘制橱柜如图 13-151 所示。

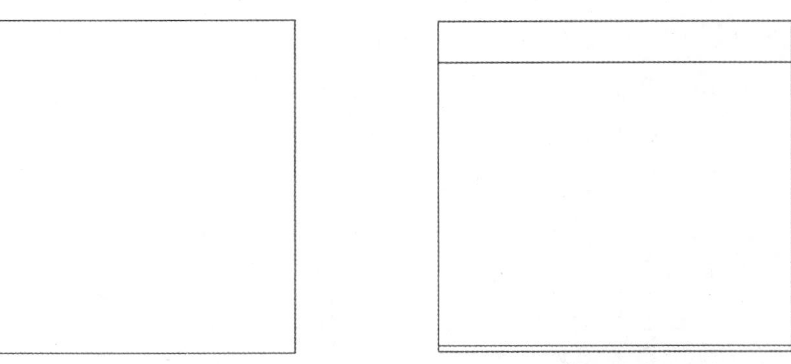

图 13-148 绘制矩形　　图 13-149 偏移直线

图 13-150 填充图案

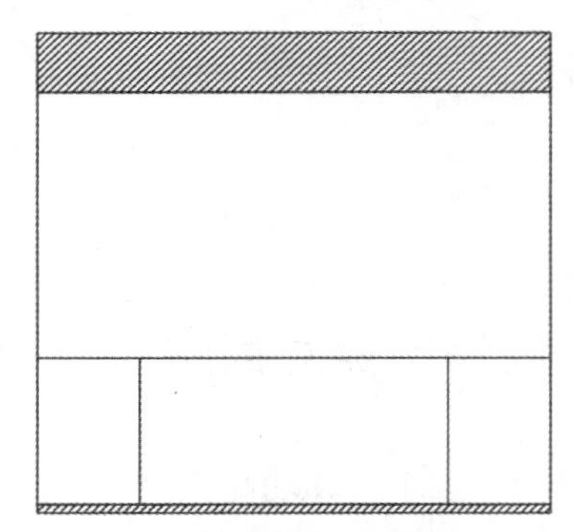

图 13-151 绘制橱柜

（5）执行“偏移”“修剪”命令，绘制橱柜侧面，如图 13-152 所示。

（6）执行“直线”命令，连接直线，绘制橱柜剖面，如图 13-153 所示。

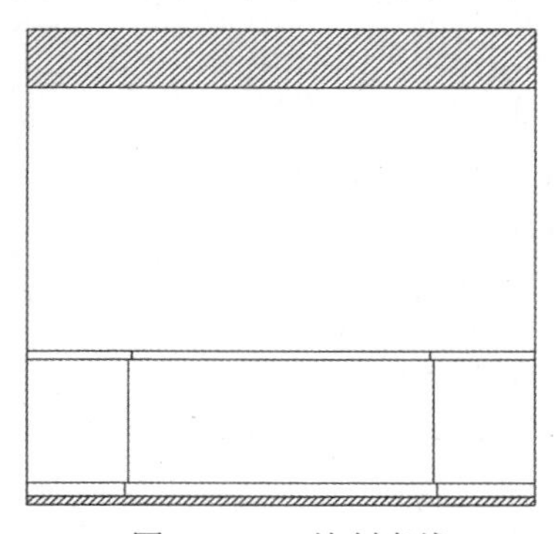

图 13-152 绘制直线

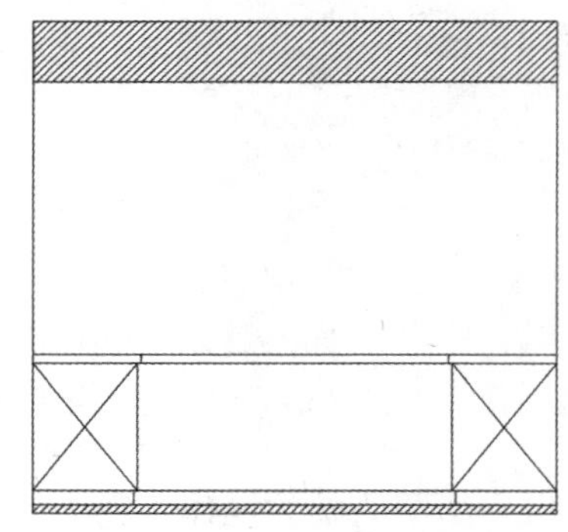

图 13-153 绘制矩形

（7）执行“图案填充”命令，选择填充图案为“ANSI31”，设置填充比例为 2，填充橱柜台面和踢脚，如图 13-154 所示。

（8）执行“偏移”命令，将两边直线分别向内偏移 40mm、45mm，绘制柜门，如图 13-155 所示。

（9）执行“矩形”命令，捕捉柜门对角点，绘制矩形，然后执行“偏移”命令，将矩形向内偏移 50mm，如图 13-156 所示。

（10）执行“直线”命令，连接直线，绘制柜门轴线，如图 13-157 所示。

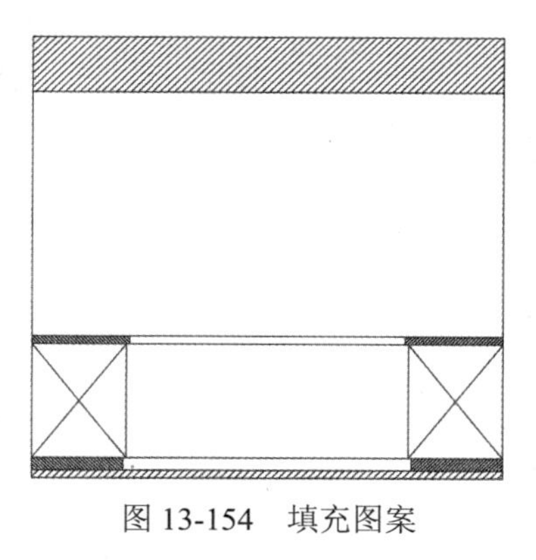

图 13-154　填充图案

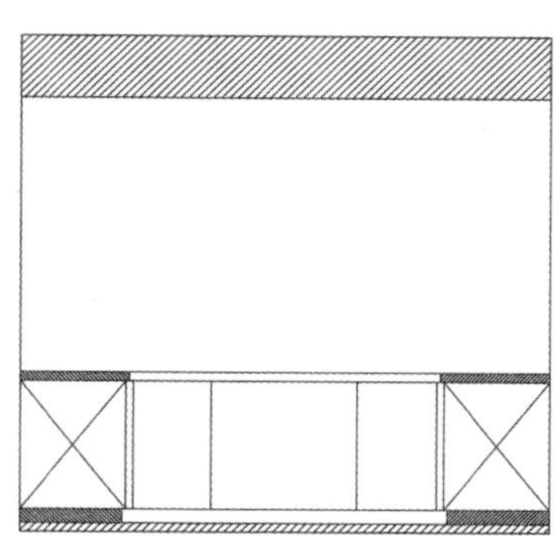

图 13-155　偏移柜门

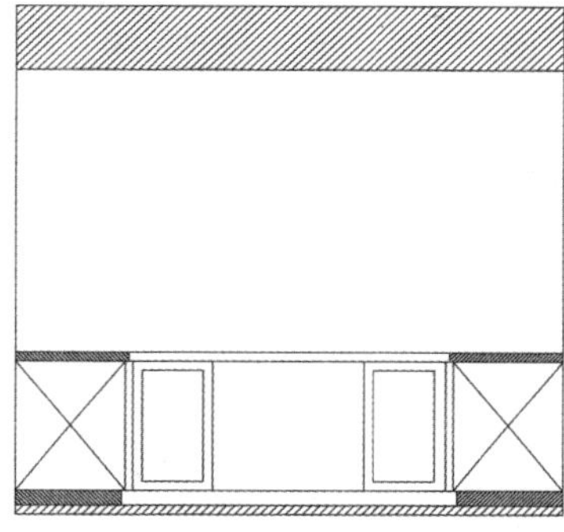

图 13-156　绘制矩形

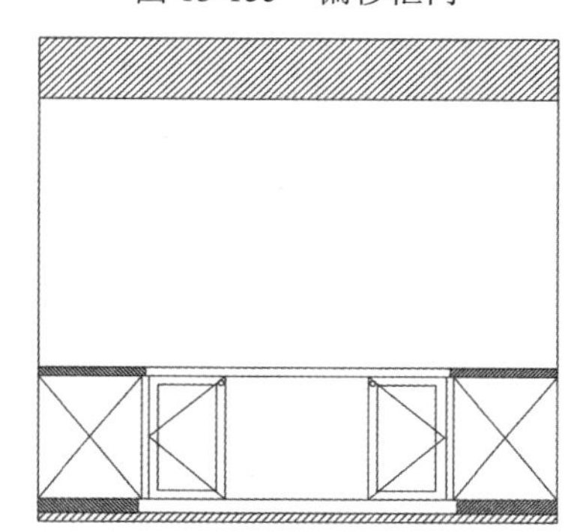

图 13-157　绘制柜门轴线

（11）执行“偏移”“修剪”命令，偏移抽屉轮廓，执行“矩形”命令，绘制抽屉，如图 13-158 所示。

（12）执行“偏移”命令，将台面向上偏移 50mm，绘制挡水条，如图 13-159 所示。

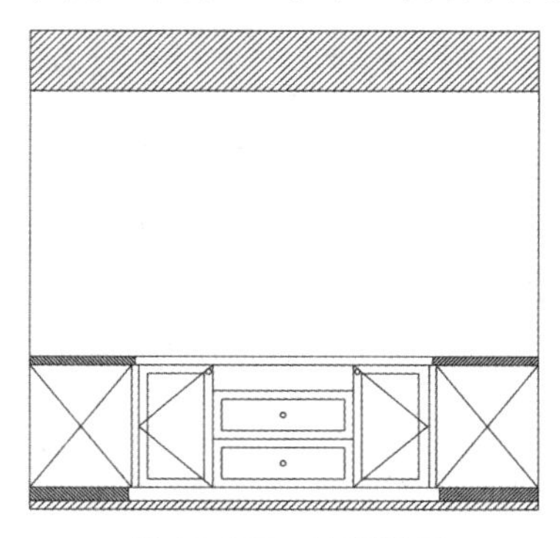

图 13-158　绘制抽屉

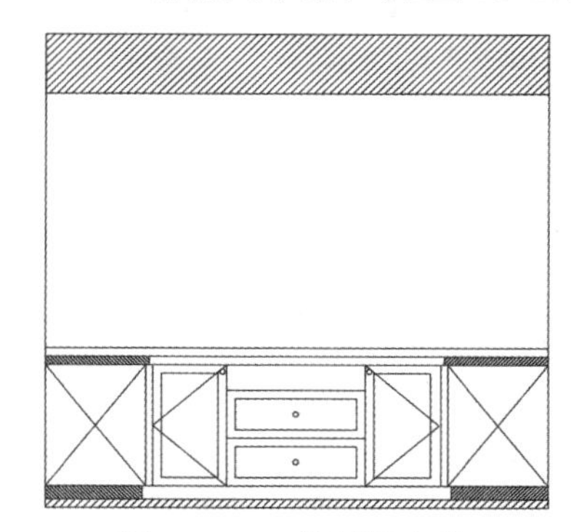

图 13-159　绘制挡水条

（13）执行“偏移”命令，将挡水条直线向上偏移 400mm、60mm，绘制腰线，如图 13-160 所示。

（14）执行“插入”|“块”命令，选择灶台立面图块，将其插入如图 13-161 所示位置。

（15）执行“图案填充”命令，选择填充类型为“用户定义”，填充间距为 100，选择双向，设置填充角度为 45°，填充墙面，如图 13-162 所示。

（16）依次执行“直线”和“矩形”命令，绘制吊柜，执行“镜像”命令，复制柜门，如图 13-163 所示。

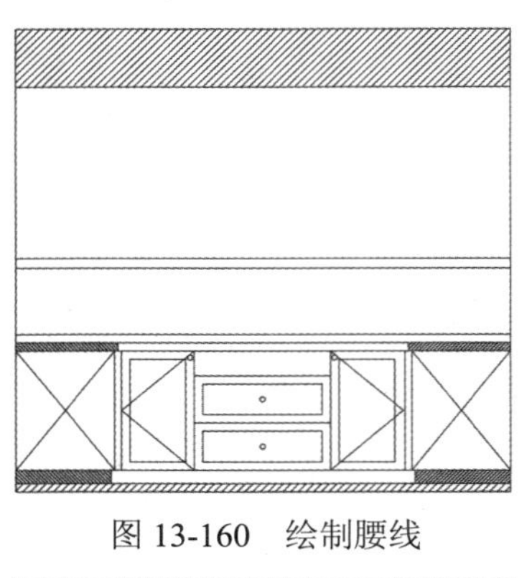
图 13-160 绘制腰线

图 13-161 插入灶台图块

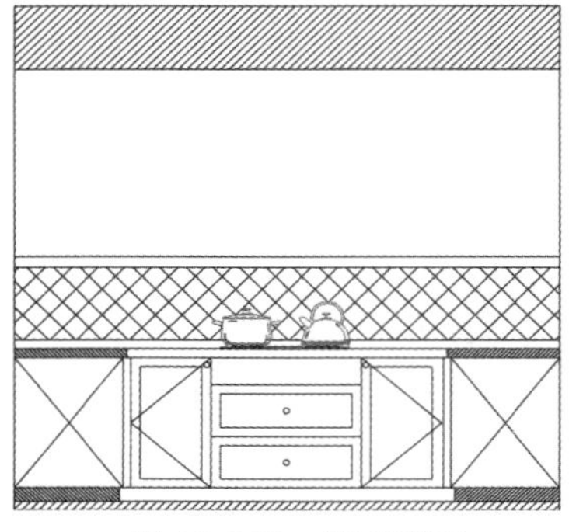
图 13-162 填充墙面

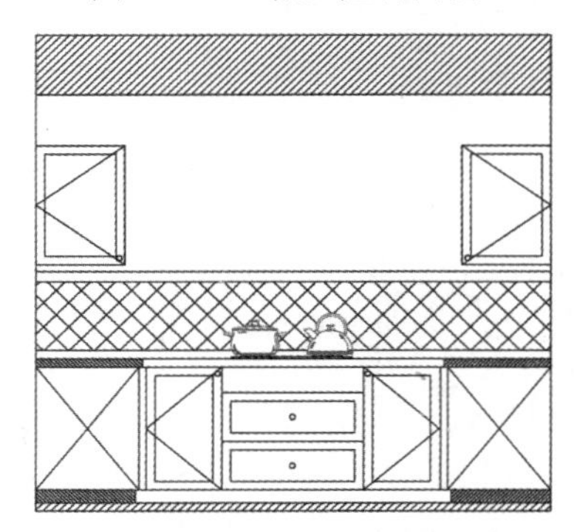
图 13-163 绘制吊柜

（17）执行“插入”|“块”命令，选择油烟机立面图块，将其导入如图 13-164 所示的位置。

（18）执行“图案填充”命令，选择填充类型为“用户定义”，填充间距为 300，选择双向，填充墙面，如图 13-165 所示。

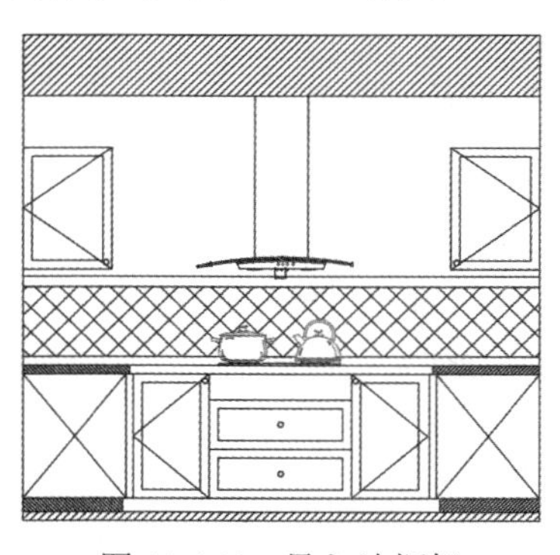
图 13-164 导入油烟机

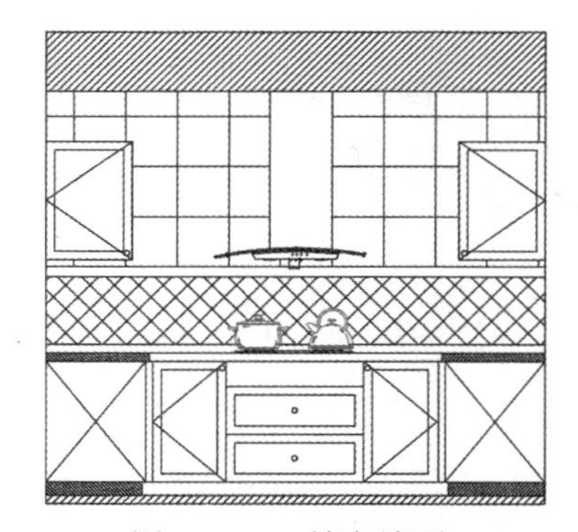
图 13-165 填充墙面

（19）执行“线性标注”“连续标注”命令，对厨房立面进行尺寸标注，如图 13-166 所示。

（20）执行“多重引线”标注命令，对该立面图进行材料注释，如图 13-167 所示。

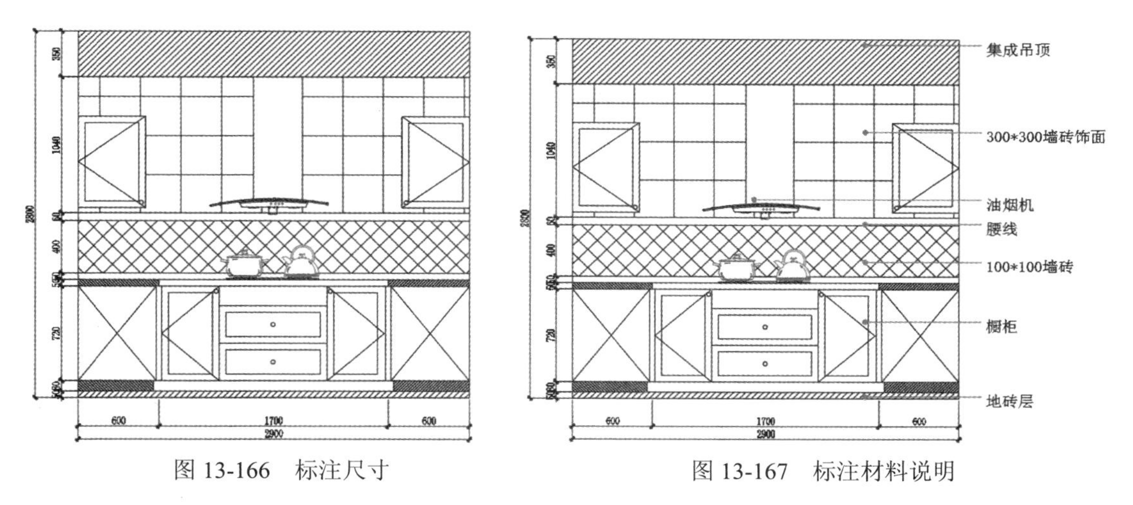

图 13-166　标注尺寸　　　　图 13-167　标注材料说明

（21）执行“复制”命令，复制图例说明，双击文字更改为需要的内容，如图 13-168 所示。

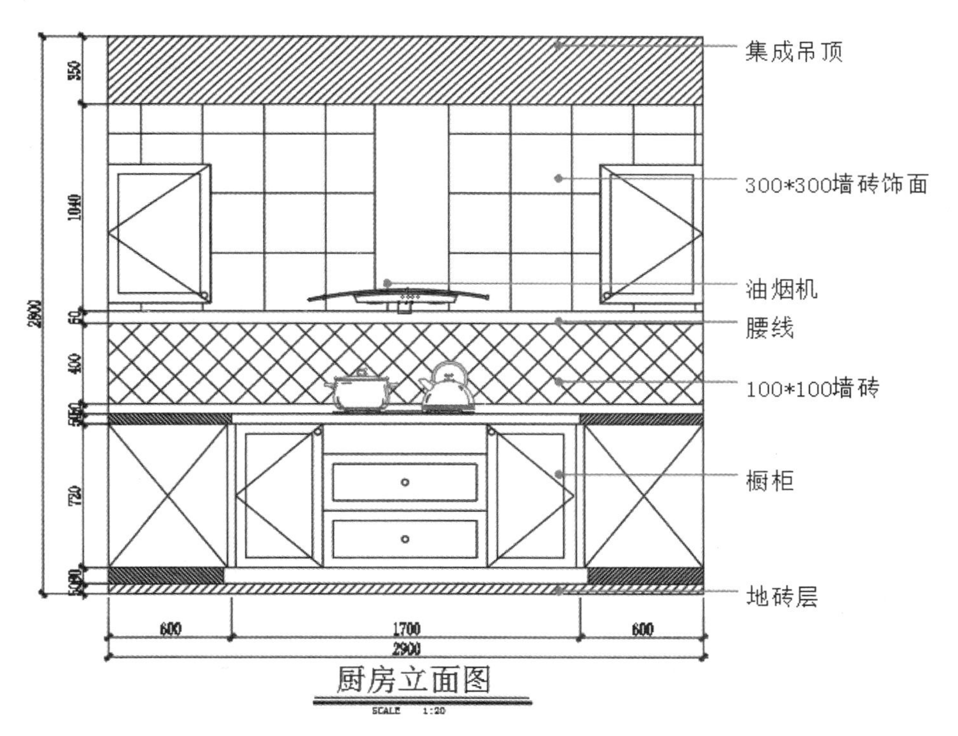

图 13-168　绘制图例说明

13.5.4　绘制主卫立面图

本案例中的主卫结构很简单同，洗手台造型和镜子造型简洁大方；卫生间墙面采用马赛克和墙砖相结合，简约而不简单。墙砖具有防水效果，在主卫这种阴湿的环境中，使用墙砖是最好的选择。

制作思路：

1．绘制主卫立面区域。

2．绘制洗漱台造型。

3．绘制墙面马赛克和墙砖等。

4．填充墙砖和马赛克等图形。

5．尺寸标注和注明材料名称，保存文件。

主要命令及工具："矩形""偏移""圆心""半径"和"线性"等操作命令。

源文件及视频位置：光盘:\第 13 章\

绘制主卫立面图的具体操作步骤如下。

（1）执行"直线"命令，绘制长 2900 mm、宽 2800 mm 的矩形，作为厨房立面轮廓，如图 13-169 所示。

（2）执行"偏移"命令，将顶面直线向下偏移 350mm 作为吊顶层，地面直线向上偏移 50mm 作为地砖层，如图 13-170 所示。

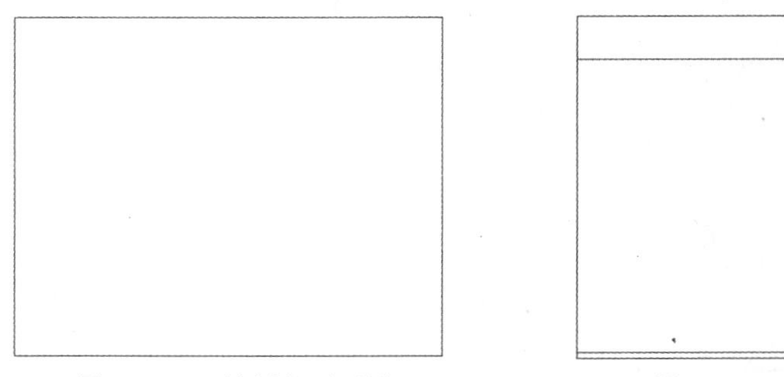

图 13-169　绘制立面区域　　图 13-170　偏移直线

（3）执行"图案填充"命令，选择填充图案为"ANSI31"，设置填充图案比例为 10，对吊顶层进行填充，如图 13-171 所示。

（4）执行"偏移"命令，将地面直线向上偏移 860mm、40mm，将左边直线分别向右偏移 40mm、1320mm、40mm，执行"修剪"命令，修剪为洗漱台造型，如图 13-172 所示。

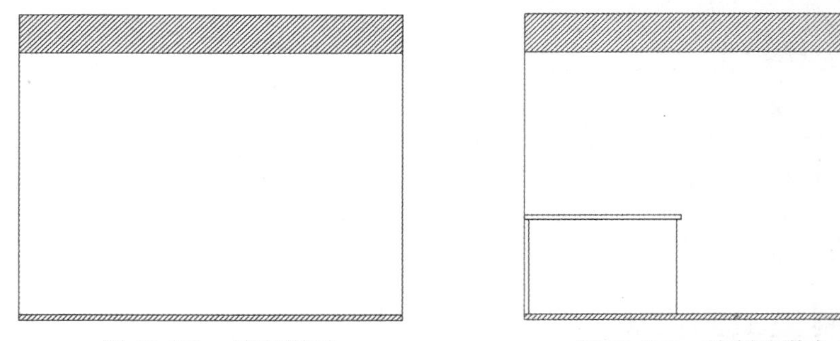

图 13-171　填充顶面　　图 13-172　绘制洗漱台

（5）执行"偏移"和"修剪"命令，继续修剪洗漱台造型，如图 13-173 所示。

（6）执行"偏移"命令，绘制抽屉，将直线分别向内偏移 40mm、10mm，执行"修剪"命令，修剪成抽屉造型，如图 13-174 所示。

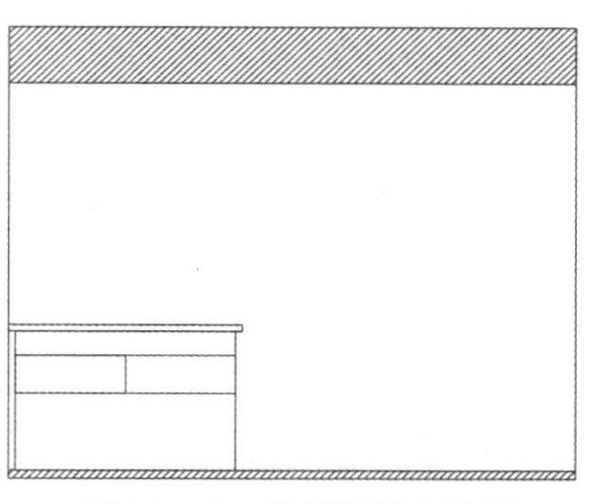

图 13-173 修剪洗漱台造型

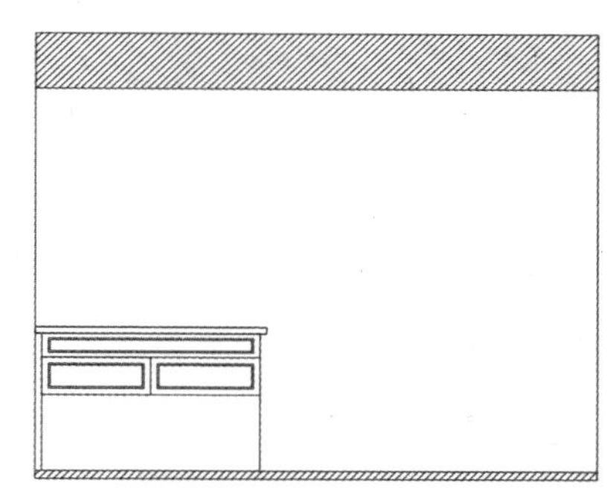

图 13-174 绘制抽屉及装饰面

（7）执行“圆”命令，绘制半径为15mm的圆形拉手，执行“复制”命令，复制拉手，如图13-175所示。

（8）执行“偏移”“修剪”命令，绘制层板，如图13-176所示。

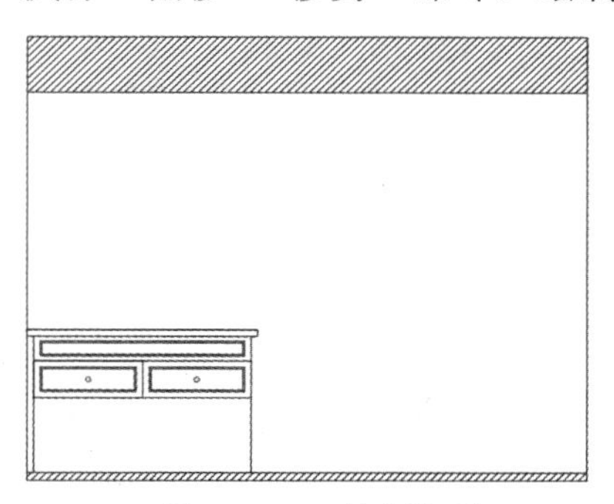

图 13-175 绘制拉手

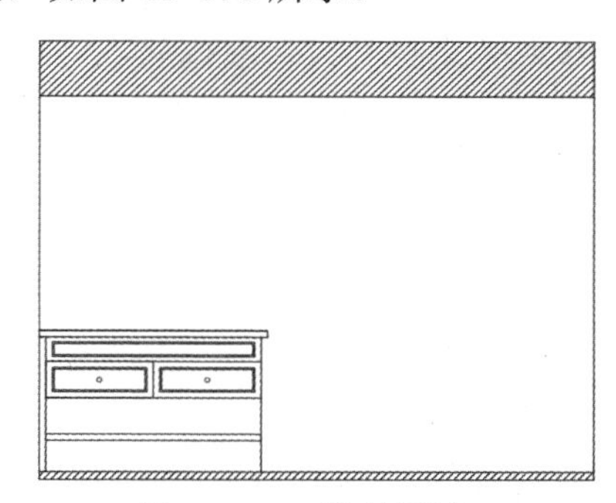

图 13-176 编制层板

（9）执行“直线”命令，关闭正交模式，绘制洞口斜线，如图13-177所示。

（10）执行“插入”|“块”命令，导入水龙头立面，执行“修剪”命令，修剪水龙头造型，如图13-178所示。

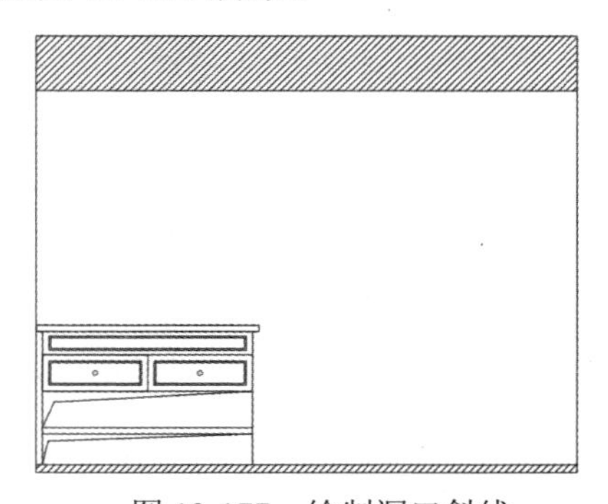

图 13-177 绘制洞口斜线

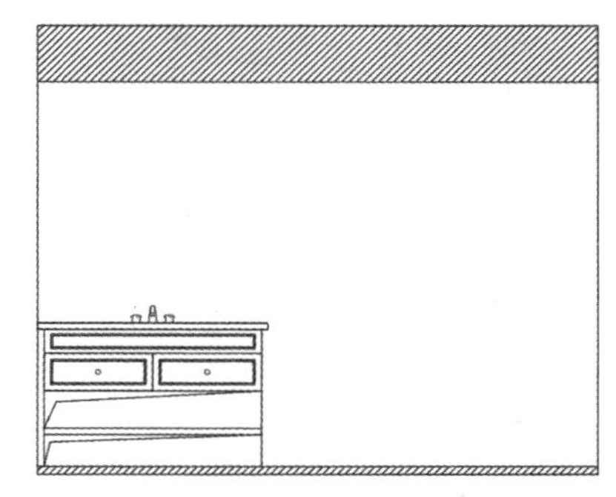

图 13-178 导入水龙头

（11）执行“偏移”命令，将台面直线向上偏移 200 mm、30mm，完成腰线的绘制，如图13-179所示。

（12）执行“图案填充”命令，选择填充类型为“用户定义”，填充间距为60，选择双向，在如图13-180所示的位置填充马赛克。

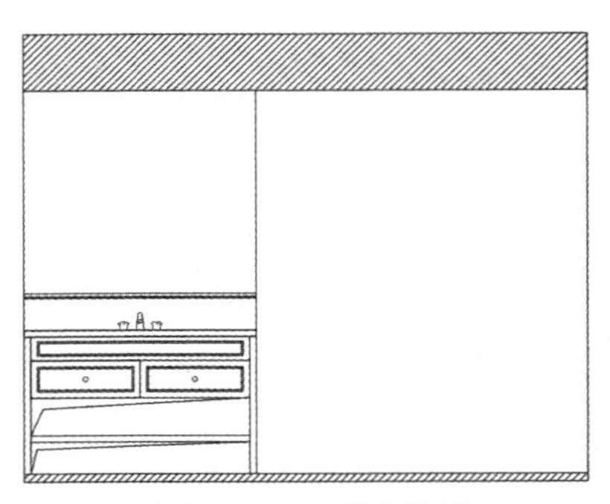

图 13-179 绘制腰线

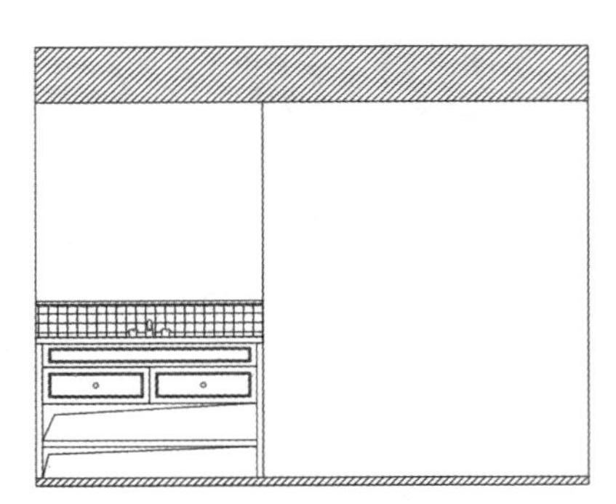

图 13-180 填充马赛克

（13）执行“多边形”命令，绘制边长为 400mm 的八边形镜子，然后执行“偏移”命令，将直线依次向内偏移 35mm、15mm，绘制镜框，如图 13-181 所示。

（14）执行“图案填充”命令，选择填充图案为“AR-RROOF”，设置填充图案比例为 20，设置填充角度为 45°，对镜面进行填充，如图 13-182 所示。

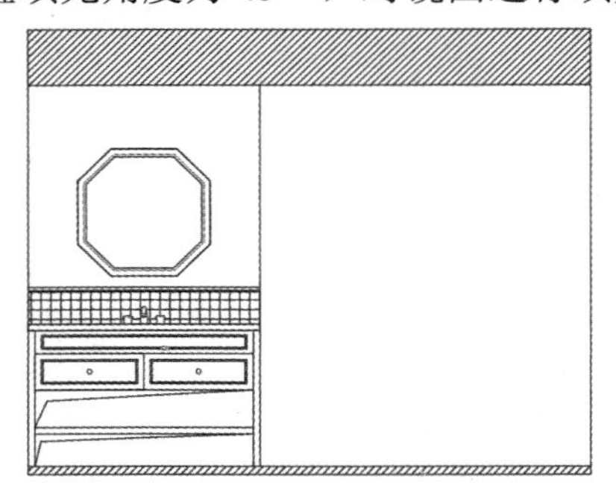

图 13-181 绘制镜框

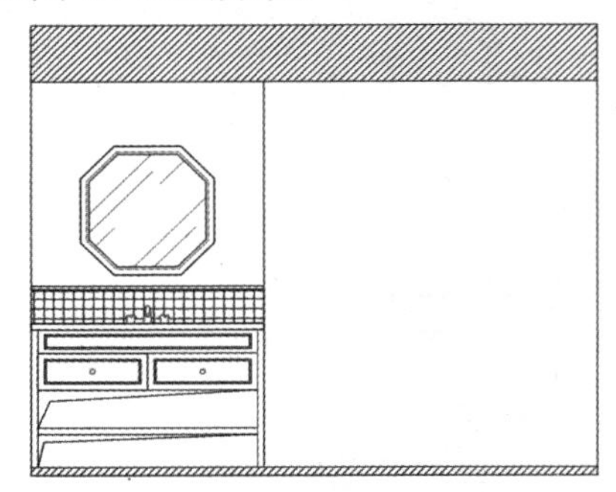

图 13-182 填充镜面

（15）执行“图案填充”命令，选择填充类型为“用户定义”，填充间距为 200，选择双向，设置填充角度为 45°，填充墙砖，如图 13-183 所示。

（16）执行“矩形”命令，绘制矩形立面造型，执行“偏移”命令，将矩形向内偏移 100mm，如图 13-184 所示。

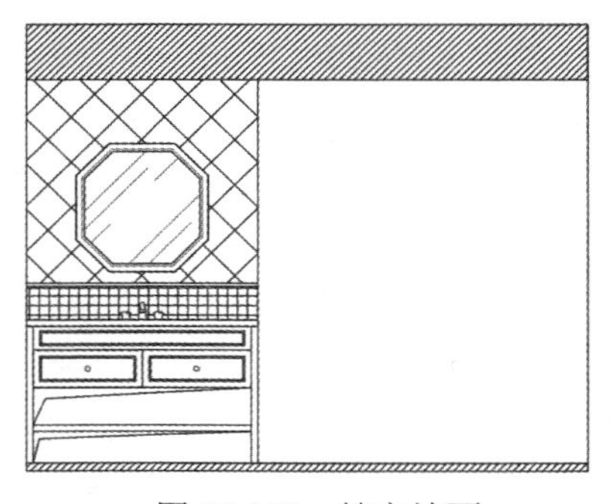

图 13-183 填充墙面

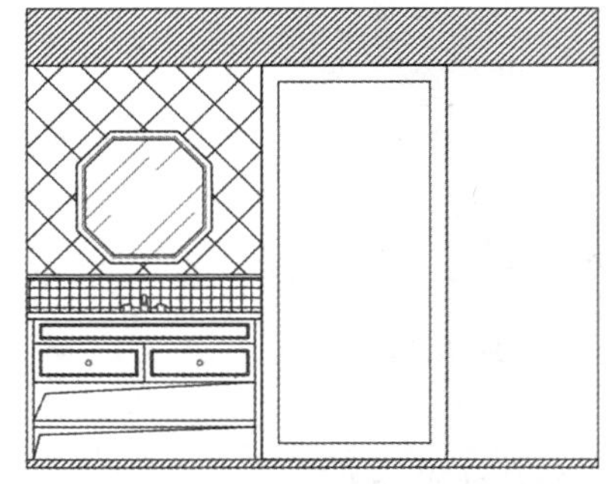

图 13-184 绘制矩形造型

（17）执行“插入”|“块”命令，导入马桶立面图，执行“修剪”命令，修剪掉多余直线，如图 13-185 所示。

（18）执行“图案填充”命令，选择填充类型为“用户定义”，填充间距为 60，选择双向，填充马赛克，如图 13-186 所示。

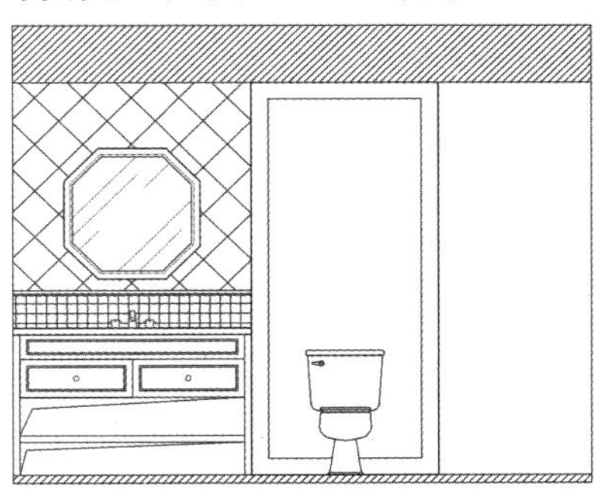

图 13-185　导入马桶

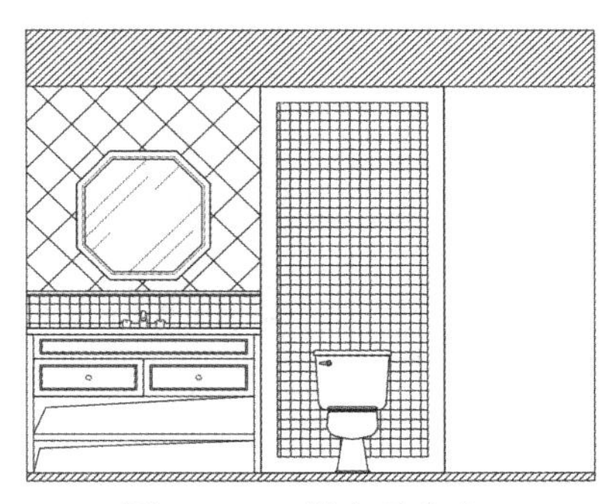

图 13-186　填充马赛克

（19）执行“插入”|“块”命令，导入浴缸立面图，执行“直线”命令，绘制浴缸台面，如图 13-187 所示。

（20）执行“图案填充”命令，选择填充类型为“用户定义”，填充间距为 300，执行“直线”命令，从浴缸向上绘制直线，作为墙砖，如图 13-188 所示。

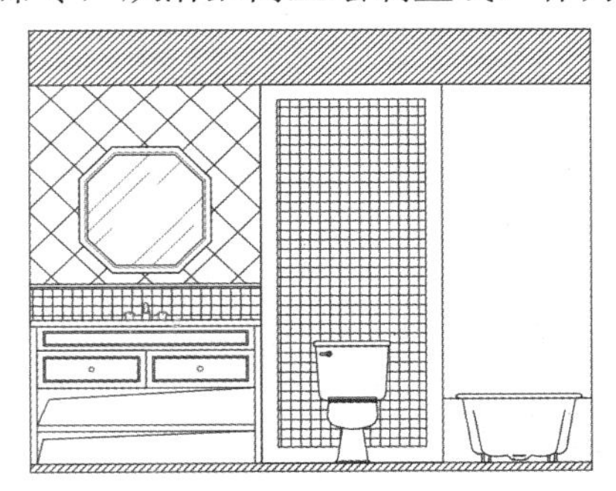

图 13-187　导入浴缸

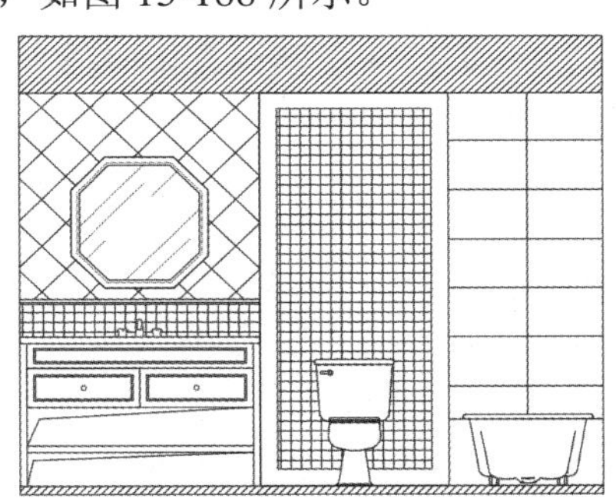

图 13-188　绘制墙砖

（21）执行“线性标注”“连续标注”命令，对卫生间立面进行尺寸标注，如图 13-189 所示。

（22）执行“多重引线”命令，对该立面图进行材料注释，如图 13-190 所示。

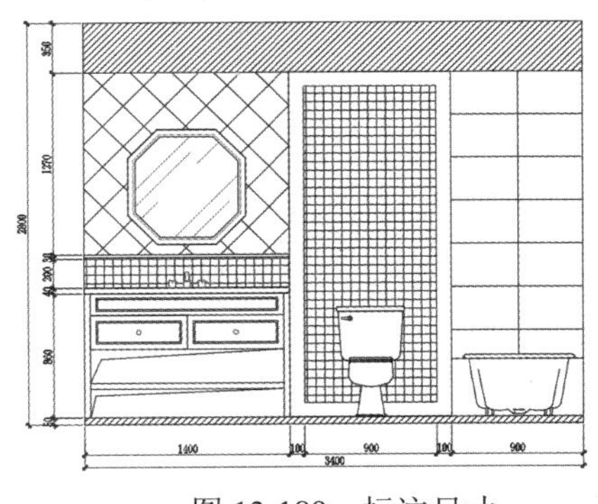

图 13-189　标注尺寸

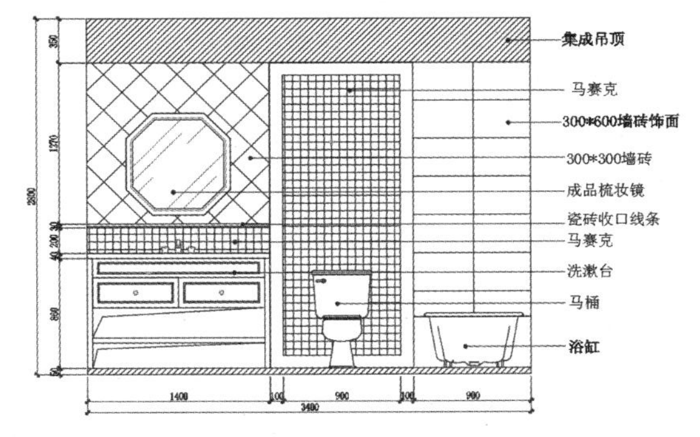

图 13-190　注释材料

（23）执行“复制”标注命令，复制图例说明，双击文字更改为需要的内容，如图 13-191 所示。卫生间立面图绘制完成。

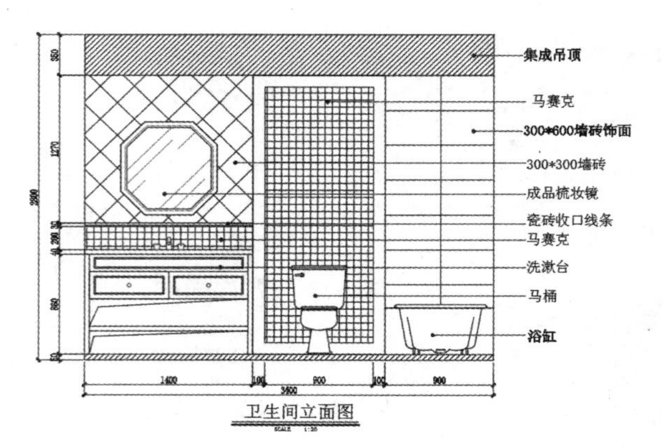

图 13-191　绘制图例说明

13.5.5　绘制衣橱立面图

本案例绘制的是次卧室衣橱，绘制时要注意衣橱与门的距离。从衣橱的结构上看，其一半采用了不锈钢挂杆，又设置了隔板，用于挂衣服；另一半放置了层板，可以放置折叠的衣物。整个衣橱风格统一，结构合理。

制作思路：

1．绘制衣橱立面轮廓。

2．绘制门图形和橱柜结构。

3．插入衣物等图块。

4．进行尺寸标注和材料注释，保存文件。

主要命令及工具："分解""偏移""修剪"和"块"等操作命令。

源文件及视频位置：光盘:\第 13 章\

绘制衣橱立面图的具体操作步骤如下。

（1）执行"矩形"命令，绘制长 3100 mm、宽 2800 mm 的矩形作为衣橱的立面轮廓，如图 13-192 所示。

（2）执行"分解"命令，将矩形分解，执行"偏移"命令，将矩形右侧直线向内依次偏移 150 mm、800mm，作为门洞，如图 13-193 所示。

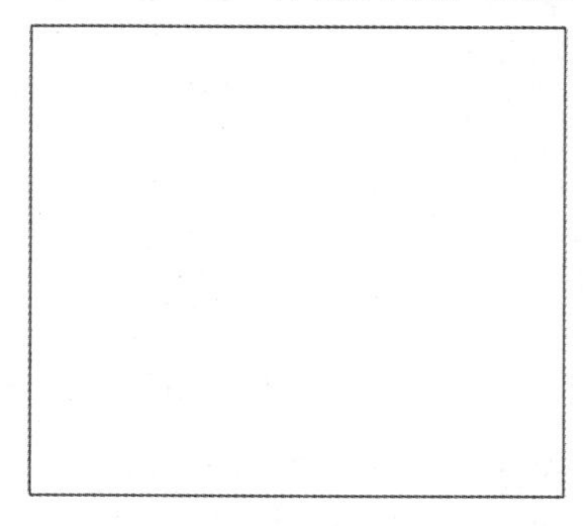

图 13-192　绘制衣橱立面轮廓

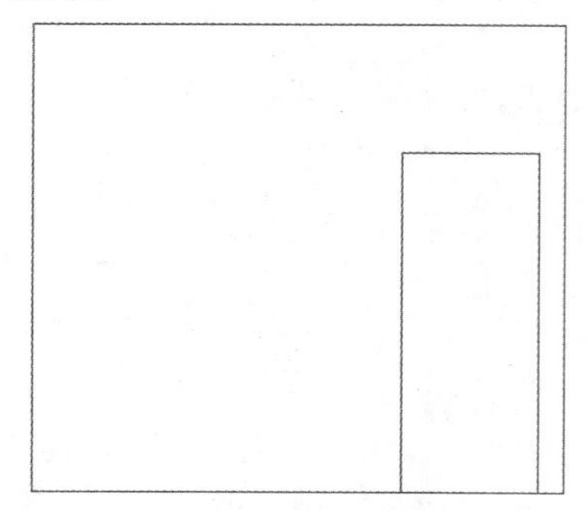

图 13-193　绘制门洞

（3）执行“偏移”命令，将顶面直线向下偏移 350mm 作为吊顶层，地面直线向上偏移 50mm 作为地砖层，如图 13-194 所示。

（4）执行“偏移”命令，将左边直线向右依次偏移 1800mm、100mm，绘制隔墙，如图 13-195 所示。

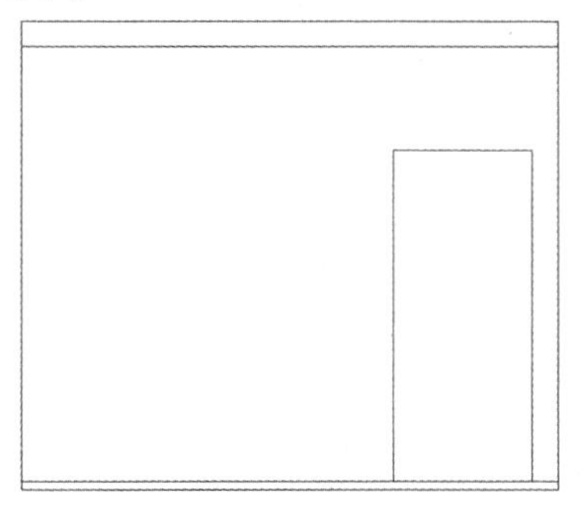
图 13-194　绘制吊顶层和地砖层

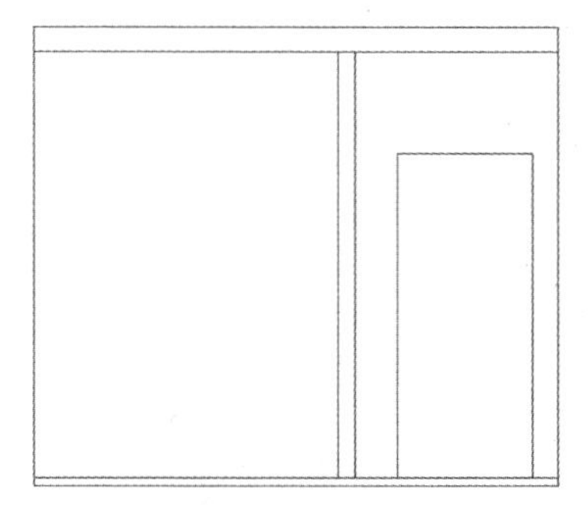
图 13-195　绘制隔墙

（5）执行“偏移”命令，将顶面直线向下偏移 200 mm，绘制柜子顶部，如图 13-196 所示。

（6）执行“偏移”命令，将直线分别向内偏移 20mm，执行“修剪”命令，修剪衣柜结构，如图 13-197 所示。

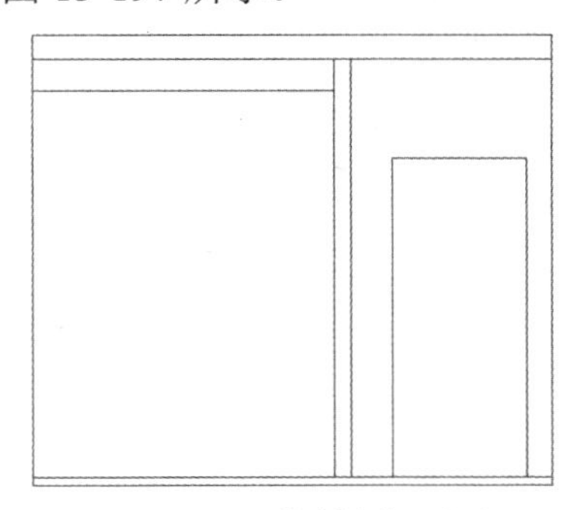
图 13-196　绘制衣柜顶面

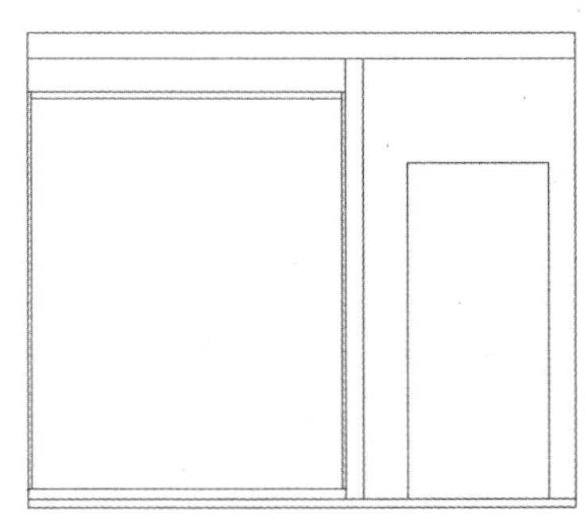
图 13-197　绘制衣柜

（7）执行“直线”命令，捕捉柜子中心点并向下绘制直线，然后执行“偏移”命令，偏移出侧板厚度，如图 13-198 所示。

（8）执行“直线”“偏移”命令，绘制衣柜层板，如图 13-199 所示。

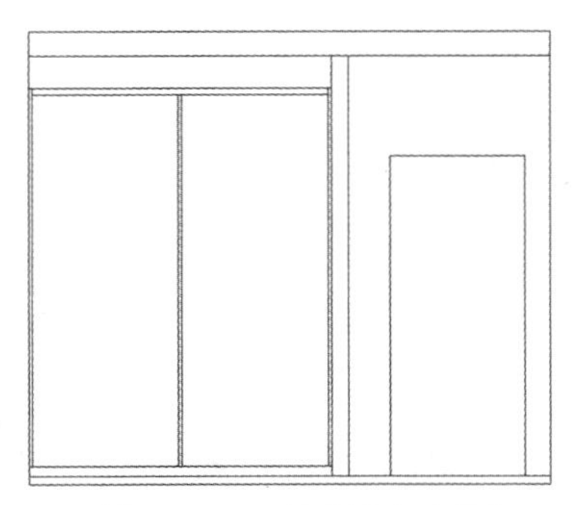
图 13-198　绘制衣柜侧板

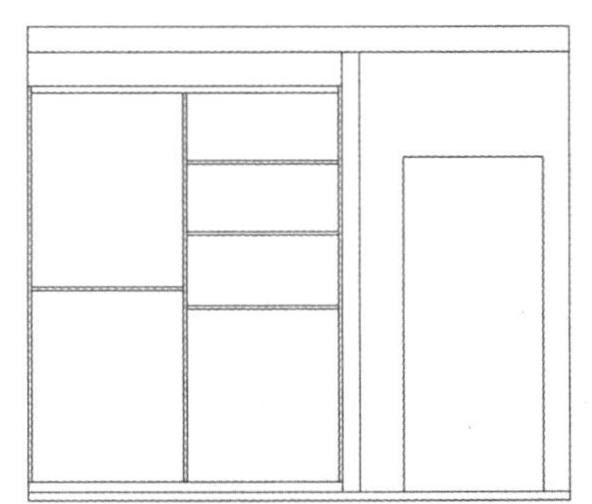
图 13-199　绘制衣柜层板

（9）执行“偏移”命令，绘制抽屉，执行“圆”命令，绘制抽屉拉手，如图 13-200 所示。

（10）执行“直线”“矩形”命令，绘制挂衣杆，执行“复制”命令，复制挂衣杆，如图 13-201 所示。

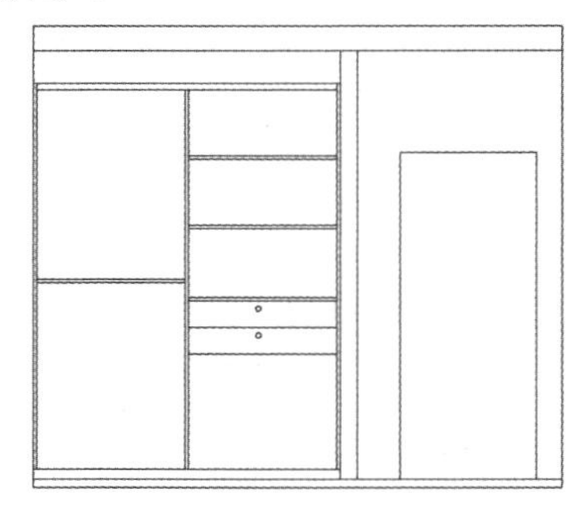

图 13-200　绘制抽屉

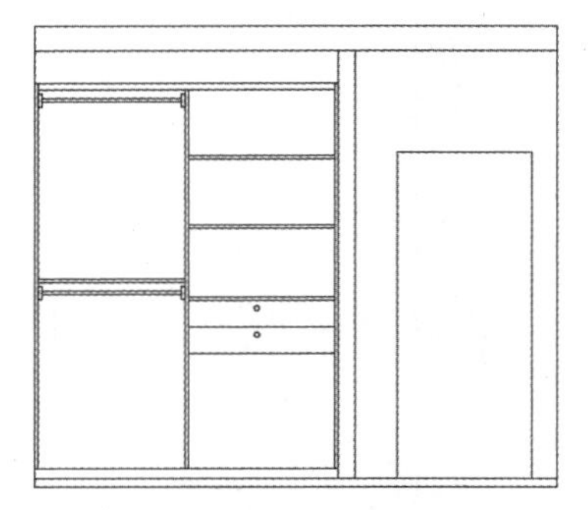

图 13-201　绘制挂衣杆

（11）执行“插入”|“块”命令，导入衣服立面模型和衣物模型，如图 13-202 所示。

（12）执行“偏移”命令，依次将门框向外偏移 20mm、40mm，绘制门套线，执行“圆角”命令，将其修剪为直角，如图 13-203 所示。

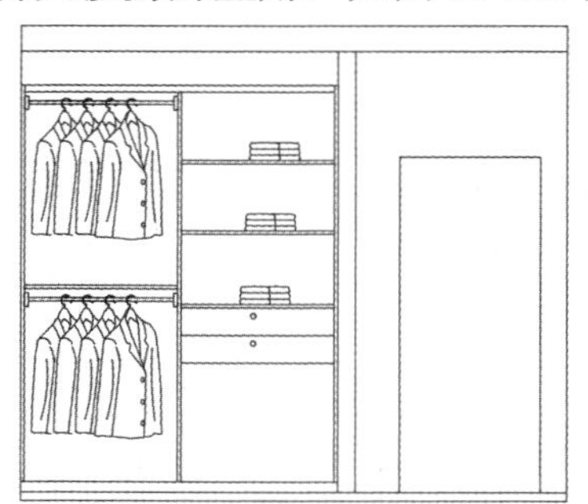

图 13-202 导入模型

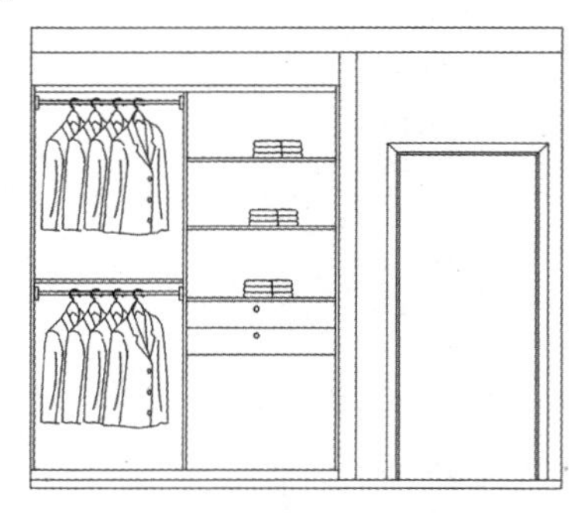

图 13-203　绘制门套线

（13）执行“矩形”命令，绘制房门矩形凹凸造型，如图 13-204 所示。

（14）执行 “偏移”命令，依次将矩形向外偏移 20mm、40mm，绘制实木线条，执行“圆角”命令，将其修剪为直角，如图 13-205 所示。

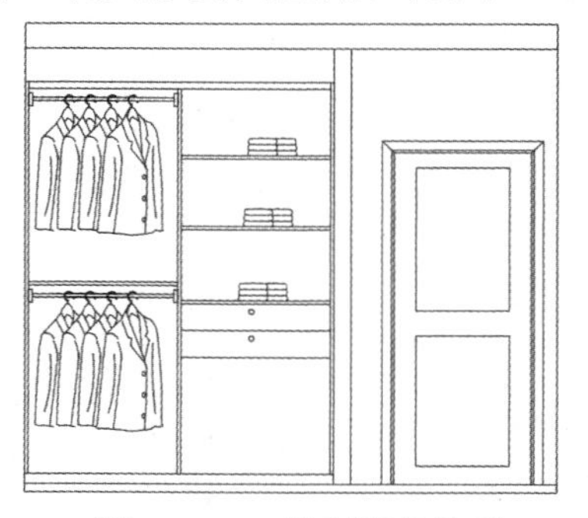

图 13-204　绘制凹凸造型

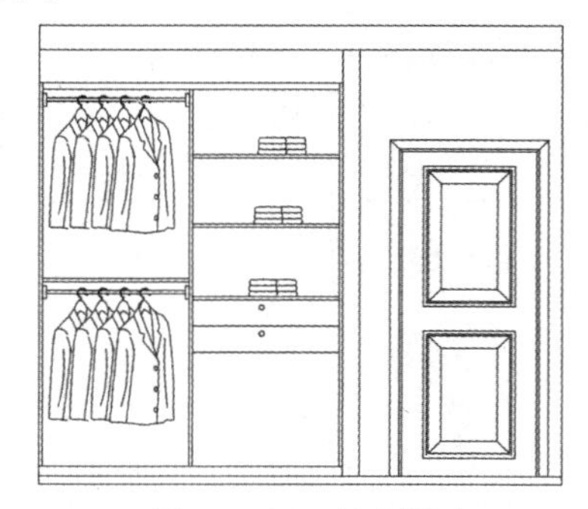

图 13-205　绘制线条

（15）执行“圆”“样条曲线”命令，绘制门把手，如图 13-206 所示。

（16）执行“偏移”“修剪”命令，绘制踢脚线，如图 13-207 所示。

图 13-206　绘制门把手

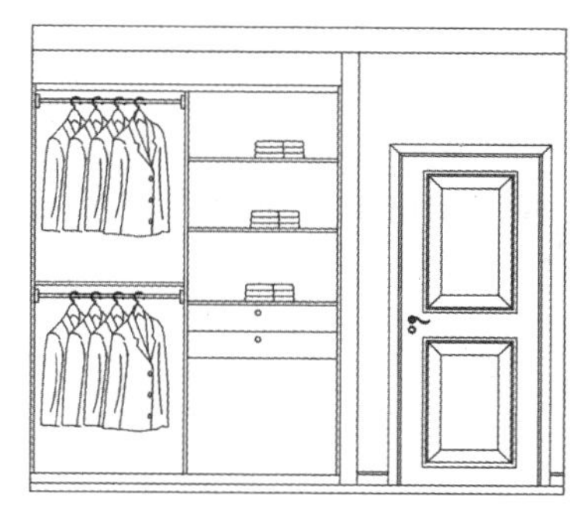

图 13-207　绘制踢脚线

（17）执行“线性标注”“连续标注”命令，对衣柜立面进行尺寸标注，如图 13-208 所示。

（18）执行“多重引线”命令，对该立面图进行材料注释，如图 13-209 所示。

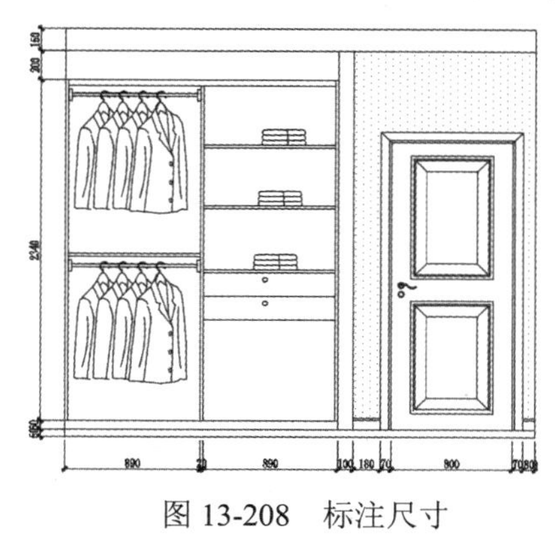

图 13-208　标注尺寸

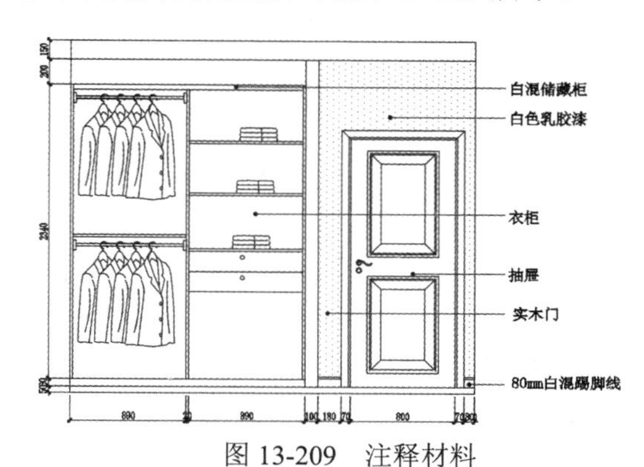

图 13-209　注释材料

（19）执行“复制”标注命令，复制图例说明，双击文字更改为需要的内容，如图 13-210 所示。

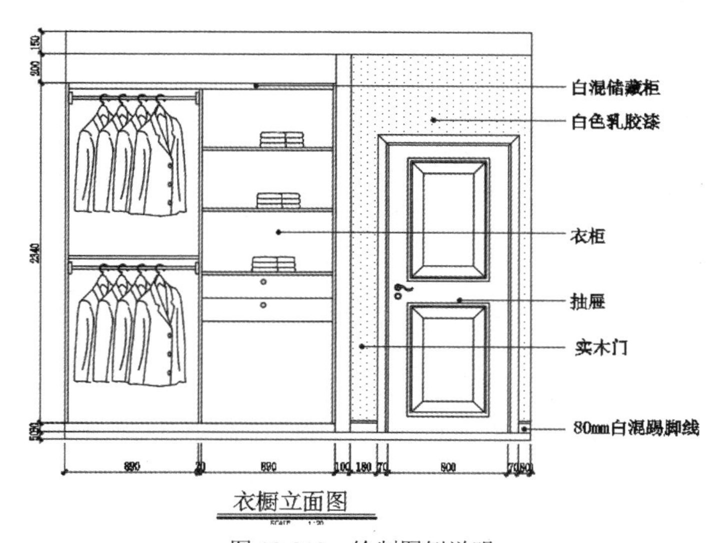

图 13-210　绘制图例说明

第 14 章　复式楼室内设计方案

室内外环境会影响室内空间的设计。复式楼的室内面积大，房间较多，在设计时要根据居住者对房间的使用方式进行规划。在平面功能设置中，要保证卧室等私人空间，同时要适当留下公共、娱乐和会客空间，如一层的客厅、会客室，二层的卧室、娱乐室等。

另外，别墅的层数较多，应考虑空间的垂直交通，发挥空间特性；楼梯应考虑本身的形式、材质、形式美感和功能的协调；最重要的是在设计中，要注意动静区域的相对独立，互不干扰。本章将介绍一套复式楼设计方案的绘制过程。

14.1　绘制复式楼原始户型图

复式楼，实际为两层楼，而非一层分成两层，每层都有自己独立的标准层高，只是两层间有一个一楼直通二楼顶的共同的互通空间（一般是客厅，客厅顶直通二楼顶，层高达5m 以上），从楼下能看到楼上的走廊和栏杆。复式楼的原始户型图需要绘制的内容有房屋平面形状、大小、墙的位置和尺寸、楼梯、门窗的类型和位置及下水道的位置等。

14.1.1　绘制一层原始户型图

首先绘制的是一层原始户型图，图中规划有客厅、门厅、厨房、父母房和客卫等区域，整体设计符合居住者的需求。

制作思路：
1. 绘制轴线作为参照，在轴线的基础上绘制墙体。
2. 根据实际情况绘制门窗和楼梯。
3. 在图中每个区域中输入名称。
4. 进行尺寸标注，保存文件即可。
主要命令及工具：“分解”“单行文字”和“块”等操作命令。
源文件及视频位置：光盘:\第 14 章\

绘制一层原始户型图的具体操作步骤如下。

（1）新建空白文档，将其另存为“复式楼一层原始户型图”。执行“图层”命令，新建“轴线”图层，设置颜色为红色，并将其设为当前层，如图 14-1 所示。

（2）执行“直线”命令，根据测量的尺寸，绘制出别墅一层墙体轴线图，如图 14-2 所示。

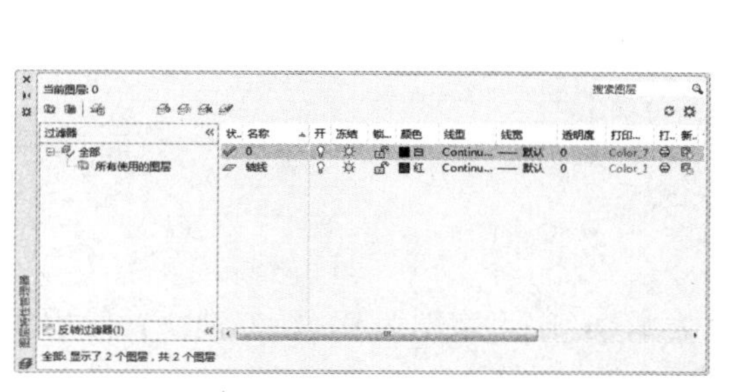

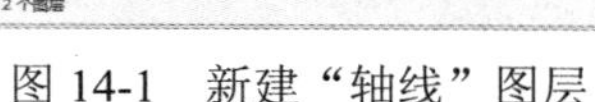

图 14-1　新建“轴线”图层

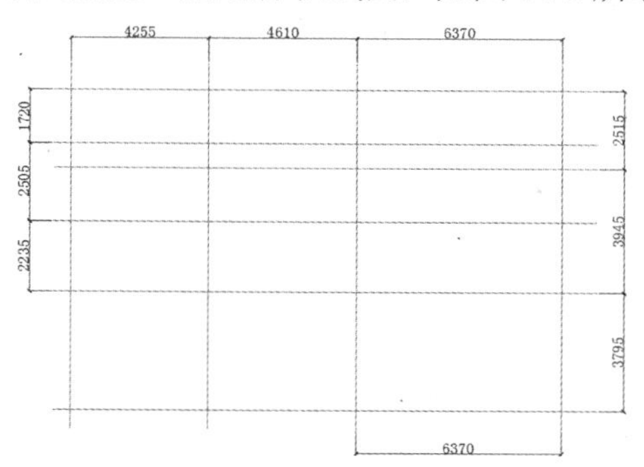

图 14-2　绘制墙体轴线

（3）新建“墙体”图层，双击该图层，将其设为当前层，如图 14-3 所示。

（4）执行“多线”命令，设置多线比例为 240，将正类型设置为无，捕捉轴线端点，沿着轴线绘制外墙体，如图 14-4 所示。

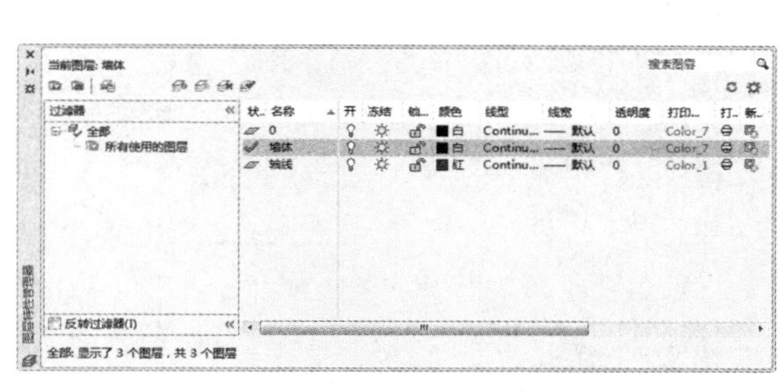

图 14-3　新建“墙体”图层

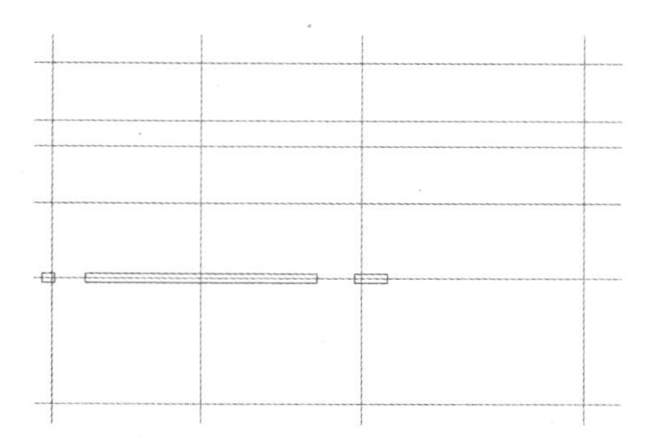

图 14-4　绘制多线

（5）采用同样的方法，分别绘制比例为 120、100 的多线，完成墙体绘制，如图 14-5 所示。

（6）执行“分解”命令，将所有的多线分解，依次执行“修剪”和“直线”命令，将墙体绘制完成，如图 14-6 所示。

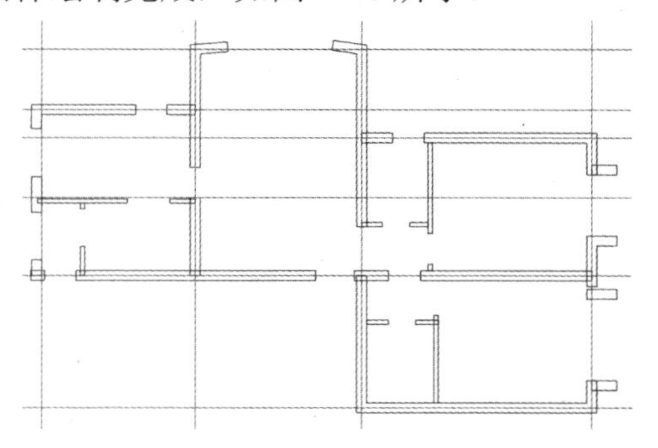

图 14-5　绘制多线墙体

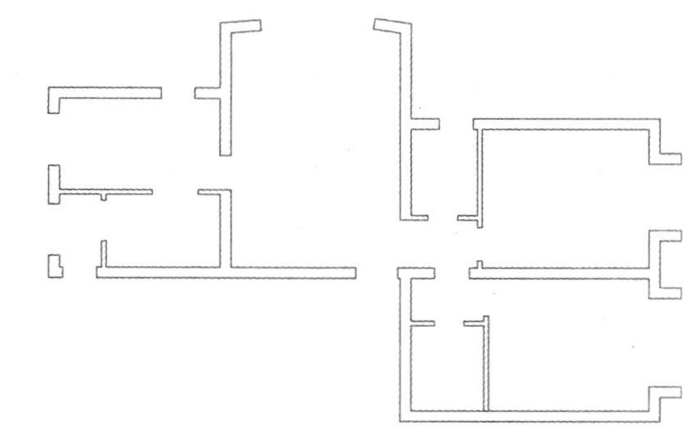

图 14-6　修改墙体

（7）新建“门窗”图层，设颜色为红色，并设置为当前层。执行“直线”“偏移”命令，绘制窗户线，如图 14-7 所示。

（8）新建“内墙线”图层，并设为当前层，执行“直线”“偏移”命令，绘制楼梯图形，如图 14-8 所示。

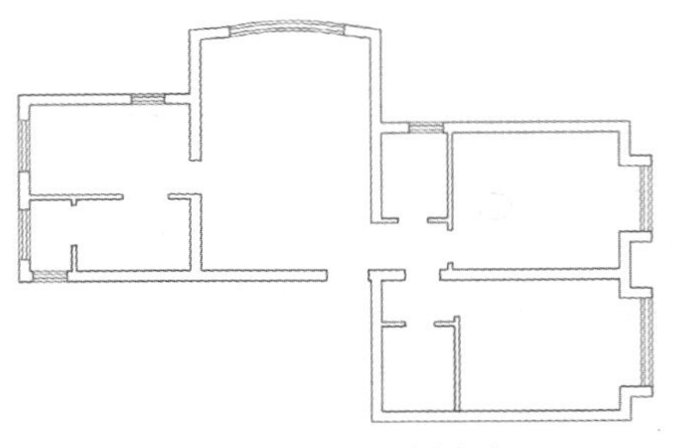

图 14-7 绘制窗户

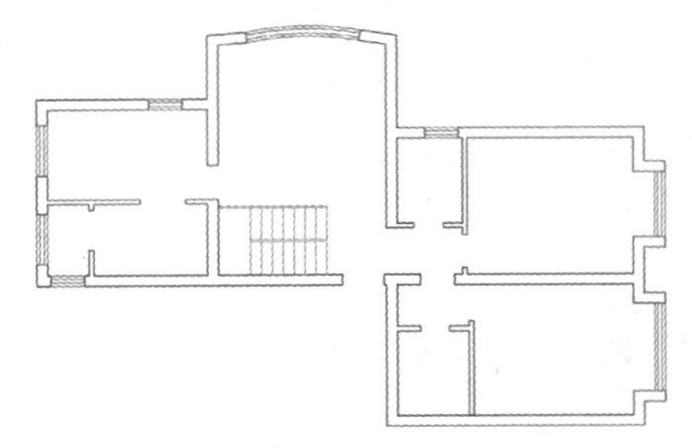

图 14-8 绘制楼梯

（9）执行“多段线”命令，设置起点宽度为 100，端点宽度为 0，绘制箭头，然后执行“直线”命令，用直线连接箭头，如图 14-9 所示。

（10）执行“多行文字”命令，设置文字高度为 200，在箭头位置输入楼梯上下标注文字，如图 14-10 所示。

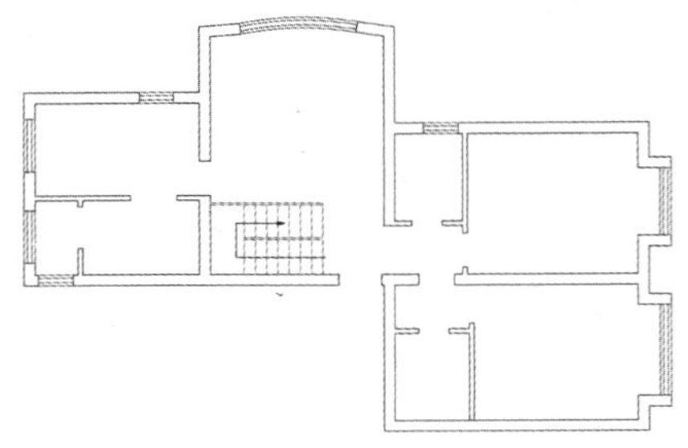

图 14-9 绘制箭头

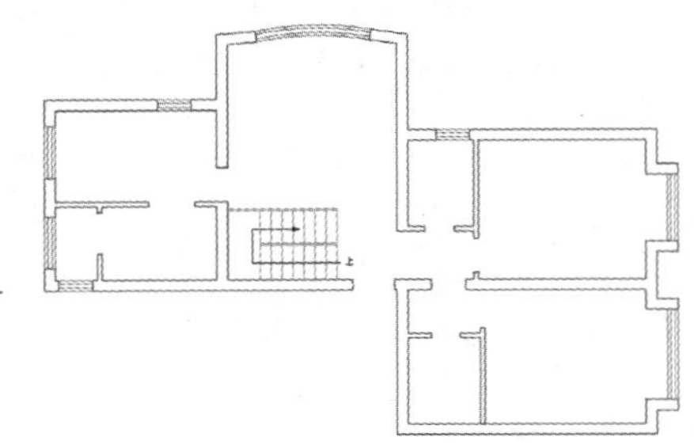

图 14-10 输入文字

（11）打开“图层特性管理器”对话框，新建“梁”图层，设置颜色为红色，线形为“ACADIS003W100”，如图 14-11 所示。

（12）执行“直线”命令，根据实际情况，绘制梁，如图 14-12 所示。

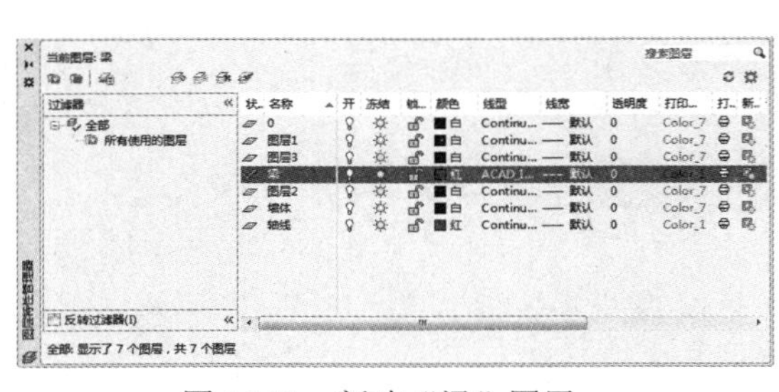

图 14-11 新建“梁”图层

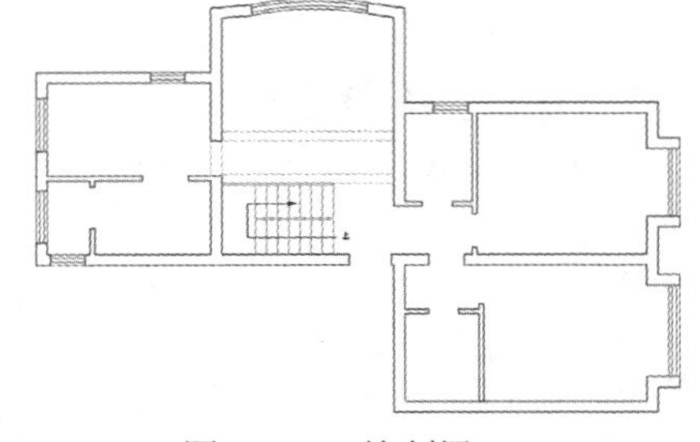

图 14-12 绘制梁

（13）执行“直线”“图案填充”命令，绘制标高符号，如图 14-13 所示。

（14）执行“多行文字”命令，输入标高内容，如图 14-14 所示。

图 14-13 绘制标高符号

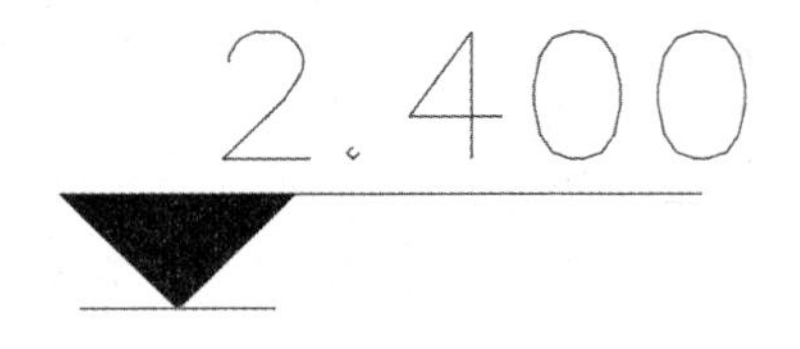

图 14-14 输入标高文字

（15）执行“复制”命令，复制标高符号，双击文字更改为需要的内容，如图 14-15 所示。

（16）执行“矩形”“圆弧”命令，绘制房门，执行“复制”“旋转”命令，绘制其他房门，如图 14-16 所示。

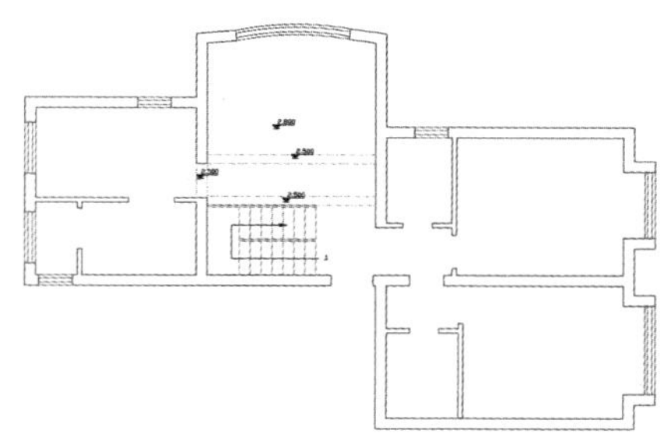

图 14-15　绘制标高

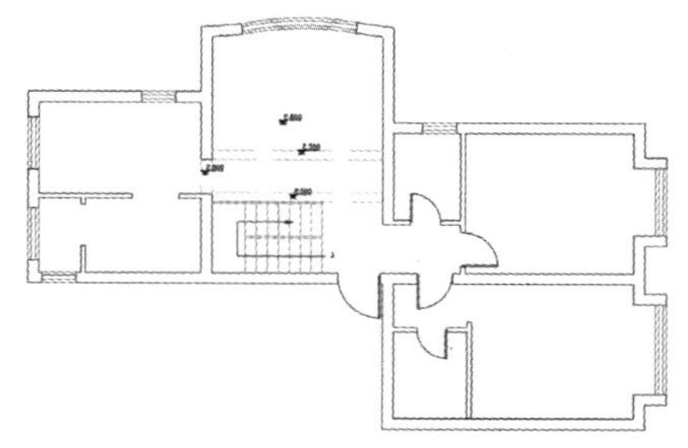

图 14-16　绘制房门

（17）打开“标注样式管理器”对话框，新建标注样式“100”，如图 14-17 所示。

（18）选择“线”选项卡，设置尺寸界线，选择“固定长度的尺寸界线”复选框，设置长度为 5，如图 14-18 所示。

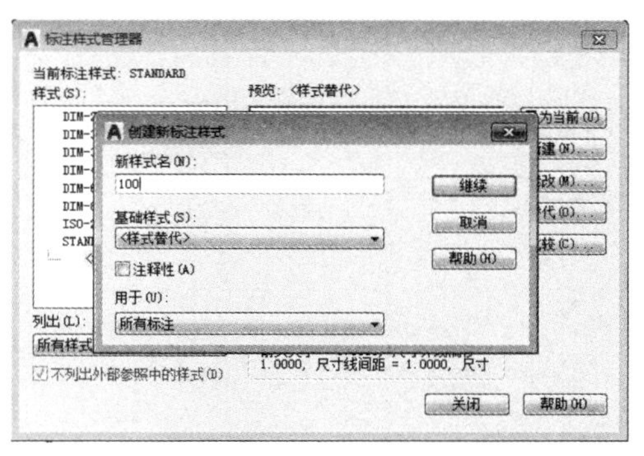

图 14-17 新建标注样式

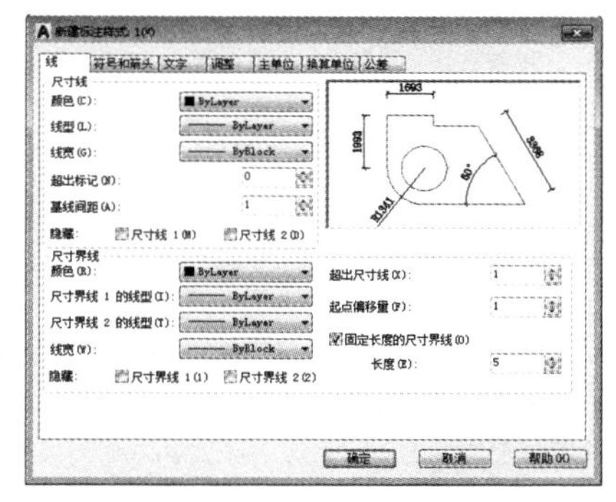

图 14-18　设置线参数

（19）选择“符号和箭头”选项卡，设置箭头为“建筑标记”，引线为“实心闭合”，箭头大小为 1，其他参数为默认值，如图 14-19 所示。

（20）选择“文字”选项卡，设置文字高度为 3， 其他参数为默认值，如图 14-20 所示。

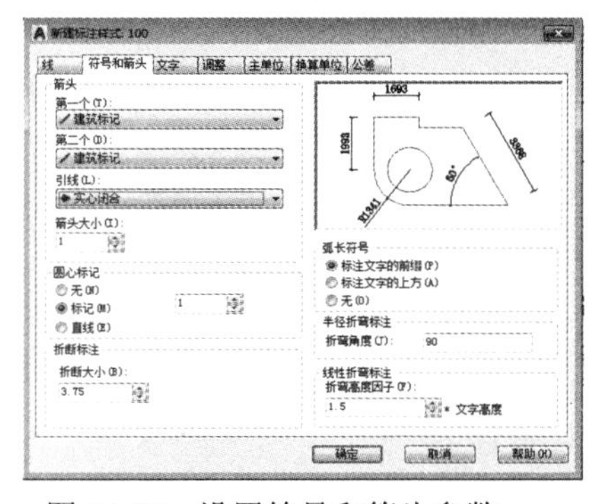

图 14-19　设置符号和箭头参数

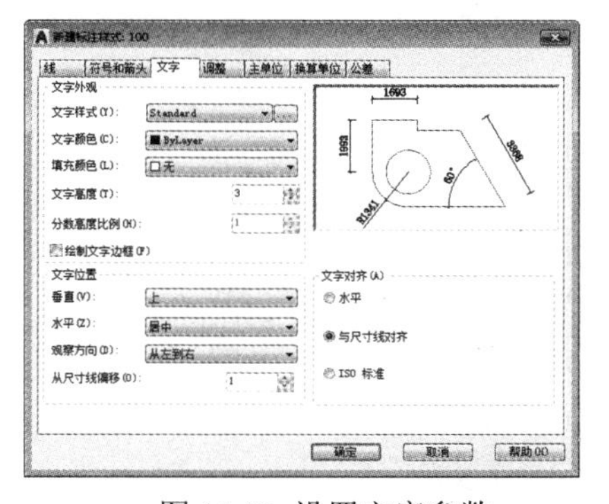

图 14-20 设置文字参数

（21）选择“调整”选项卡，设置使用全局比例为 100，其他参数为默认值，如图 14-21 所示。

（22）选择“主单位”选项卡，设置主单位精度为0，其他参数为默认值，如图14-22所示。

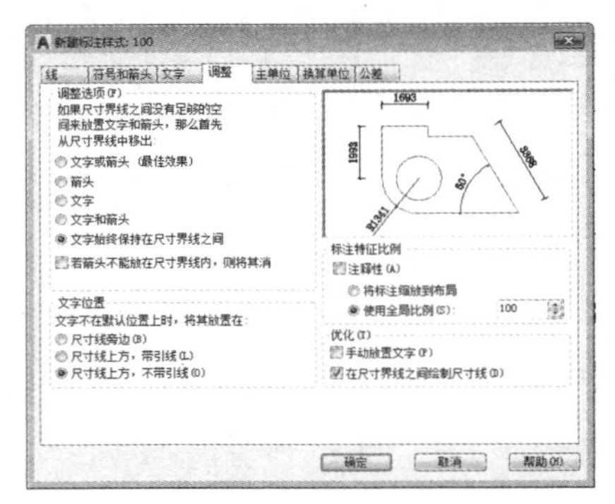

图14-21 调整全局比例

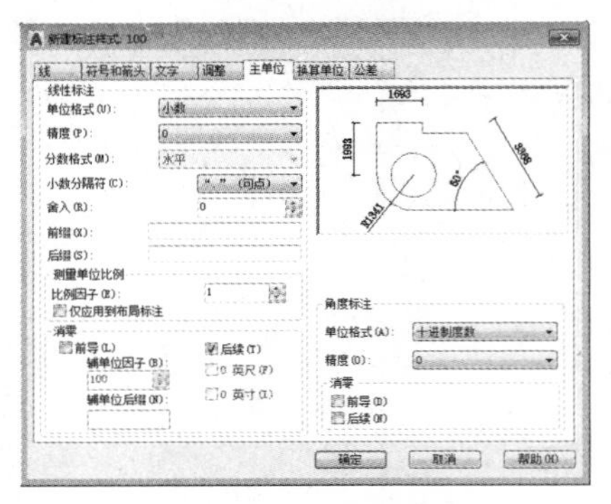

图14-22 设置主单位

（23）执行“线性”标注命令，对该户型图进行尺寸标注，如图14-23所示。

（24）依次执行“多段线”和“多行文字”命令，绘制图例说明，如图14-24所示。一层原始户型图绘制完毕。

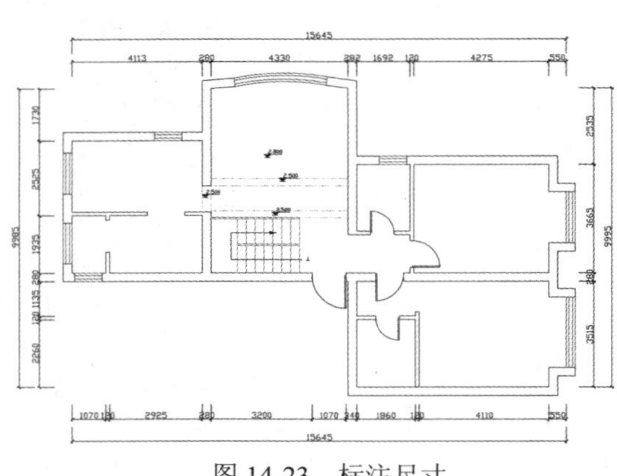

图14-23 标注尺寸

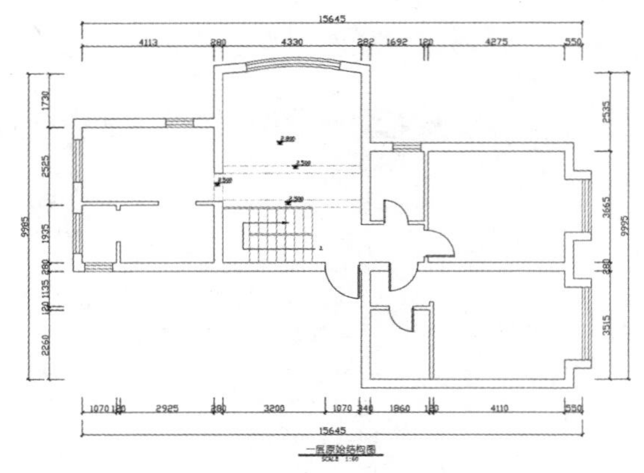

图14-24 绘制图例说明

14.1.2 绘制二层原始户型图

从二层原始户型图中可以看出，第二层主要是供家人使用的区域，是相对安静的楼层，用于儿童房、主卧室、次卧室和书房等。

制作思路：

1. 复制粘贴一层原始户型图，删除多余部分。
2. 修改并新建二层墙体。
3. 绘制楼梯图形。
4. 输入区域名称和尺寸标注。

主要命令及工具：“直线”“多行文字”“多段线”和“线性”等操作命令。

源文件及视频位置：光盘:\第14章\

绘制二层原始户型图的具体操作步骤如下。

（1）打开文件“一层原始户型图”，删除文字注释、楼梯图块及多余部分，将其另存为“二层原始户型图”，如图 14-25 所示。

（2）执行“删除”命令，删除隔墙，然后执行“直线”“修剪”命令，绘制新建墙体，如图 14-26 所示。

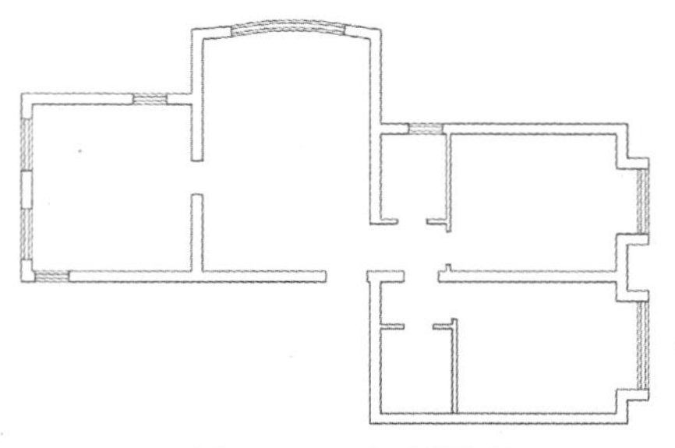

图 14-25　复制图形

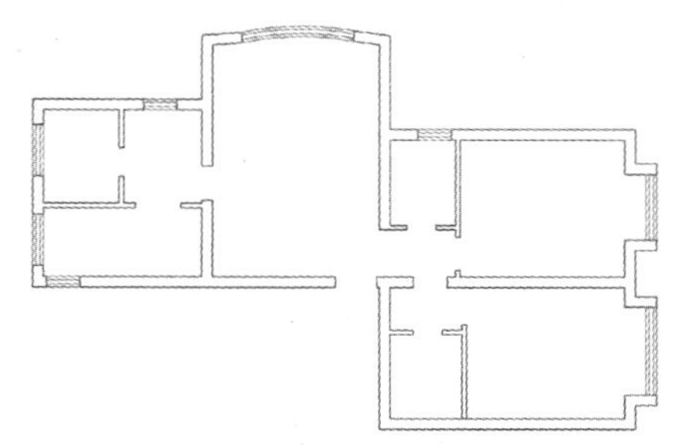

图 14-26　修改墙体

（3）将“内墙线”图层设为当前层，执行“直线”“偏移”命令，绘制楼梯踏步剖面，如图 14-27 所示。

（4）执行“多段线”命令，绘制楼梯箭头，设置起点宽度为 100，端点宽度为 0，绘制箭头，然后执行“直线”命令，用直线连接箭头，如图 14-28 所示。

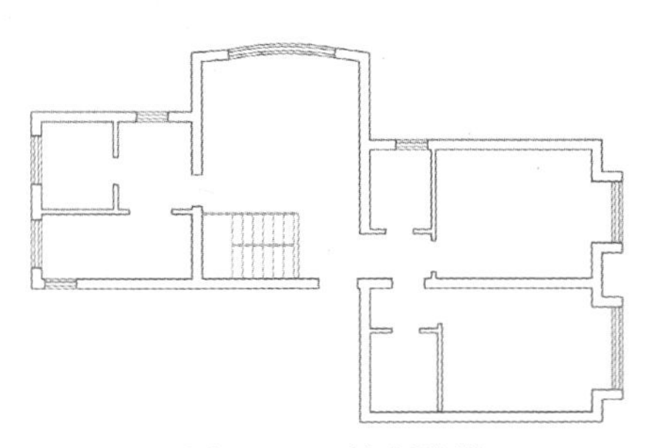

图 14-27　绘制楼梯

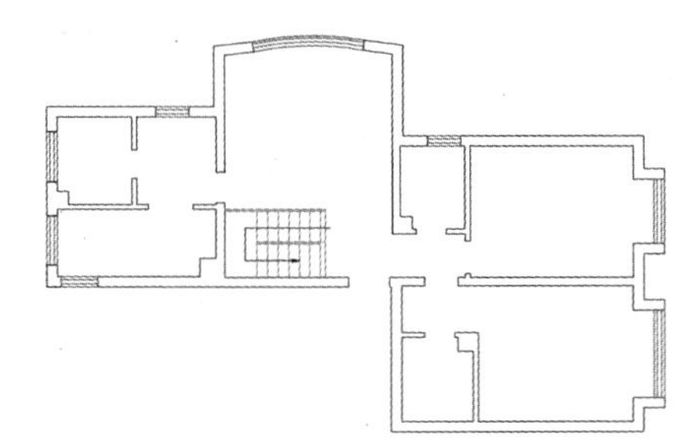

图 14-28　绘制箭头

（5）执行“多行文字”命令，输入楼梯上下示意文字，如图 14-29 所示。

（6）执行“复制”命令，复制一楼标高符号，双击标高文字，更改为需要的内容，如图 14-30 所示。

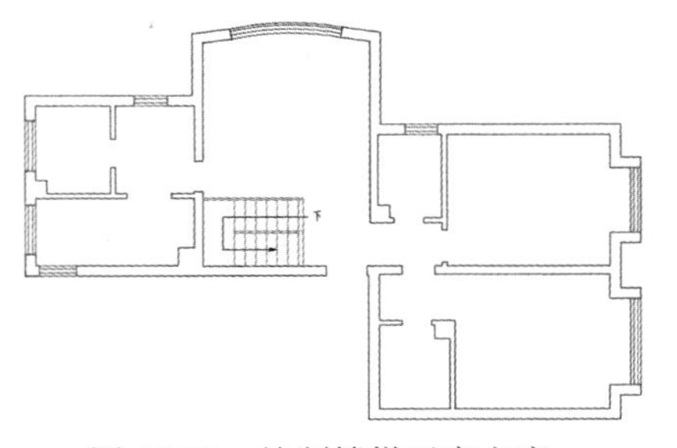

图 14-29　绘制楼梯示意文字

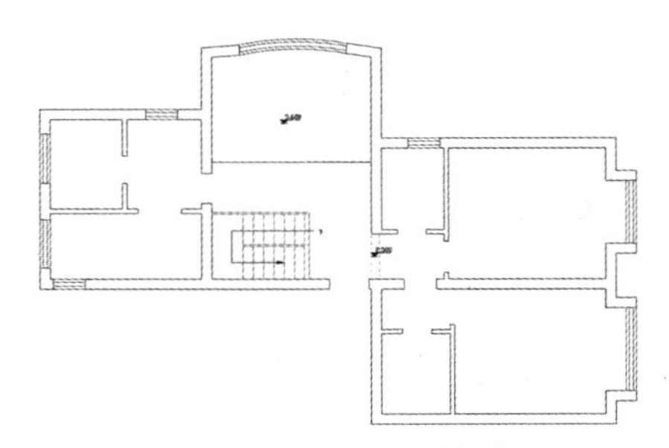

图 14-30　绘制标高

（7）执行“矩形”“圆弧”命令，绘制房门，然后执行“复制”“旋转”命令，绘制其他房门，如图 14-31 所示。

（8）执行“线性标注”“连续标注”命令，对该户型图进行尺寸标注，如图 14-32 所示。

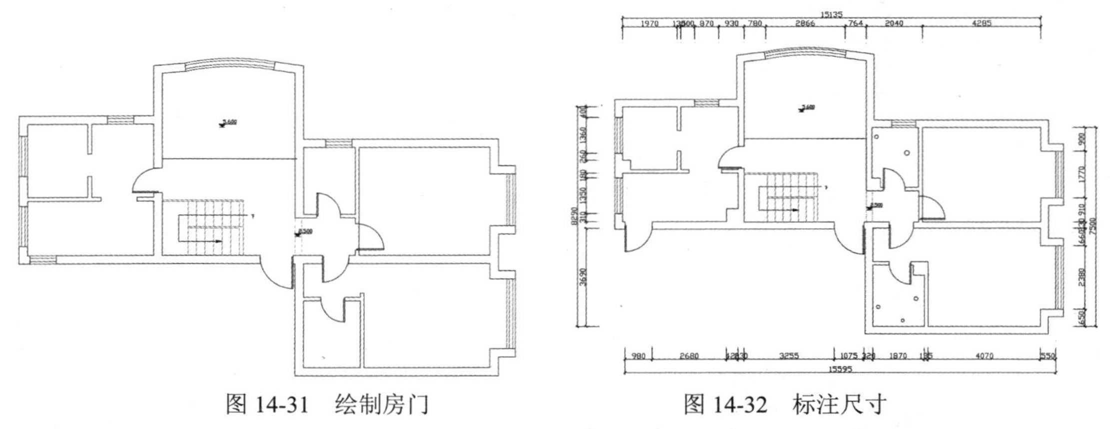

图 14-31 绘制房门　　　　图 14-32 标注尺寸

（9）执行“复制”命令，复制一楼图例说明，双击文字更改为需要的内容，如图 14-33 所示。一层原始户型图绘制完毕。

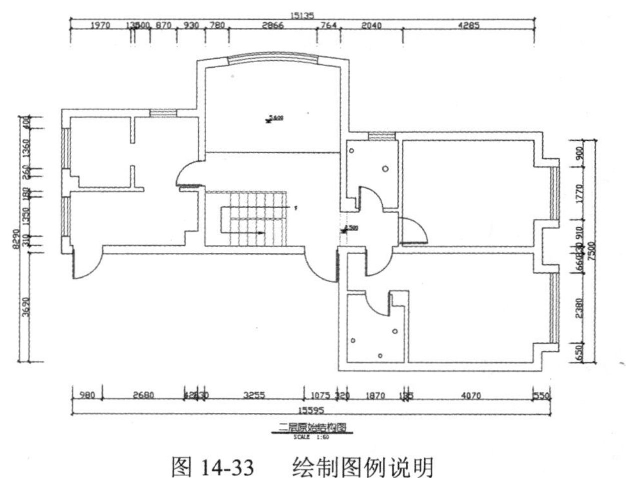

图 14-33 绘制图例说明

14.2 绘制复式楼平面布置图

下面绘制复式楼平面布置图，其中包含一层和二层的平面布置图。

14.2.1 绘制一层平面布置图

本案例用到的主要命令是“插入”｜“块”和“矩形”。将双人床、沙发、餐桌椅等图块调至厨房、客卫、洗衣房区域中的合适位置。

制作思路：

1．复制并粘贴原始户型图，删除多余的部分。

2．插入各个区域的图块。

3．绘制柜子图形。

4．对该图空间进行文字说明。

主要命令及工具：“块”“直线”“矩形”和“多行文字”等操作命令。

源文件及视频位置：光盘:\第 14 章\

绘制一层平面布置图的具体操作步骤如下。

（1）执行“复制”命令，复制并粘贴一层原始户型图，如图 14-34 所示。

（2）执行“删除”命令，删除楼梯和标高符号，如图 14-35 所示。

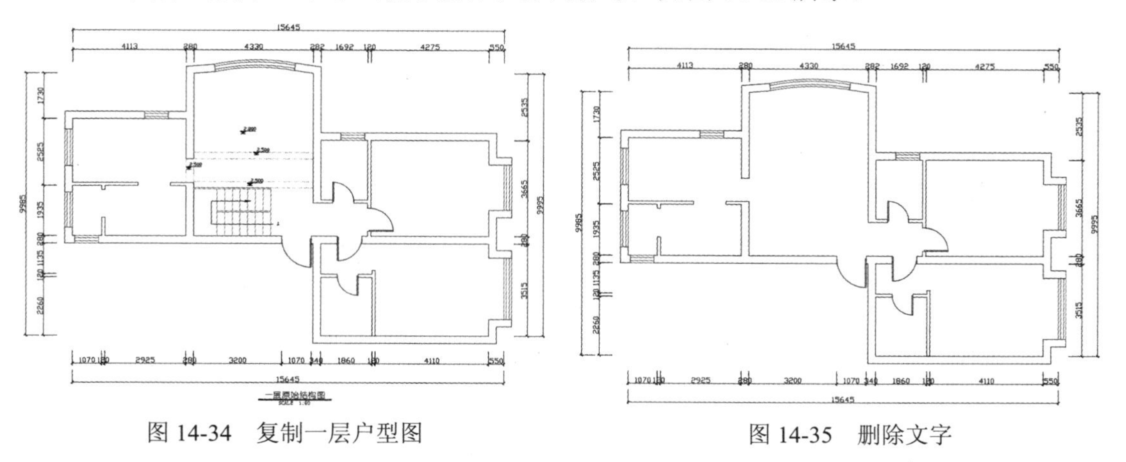

图 14-34　复制一层户型图　　图 14-35　删除文字

（3）执行“插入”|“块”命令，选择平面图库，选择组合沙发，导入沙发模型，如图 14-36 所示。

（4）执行“矩形”命令，绘制电视柜；执行“插入”|“块”命令，选择电视机模型，导入电视机，然后执行“旋转”命令，旋转电视机，如图 14-37 所示。

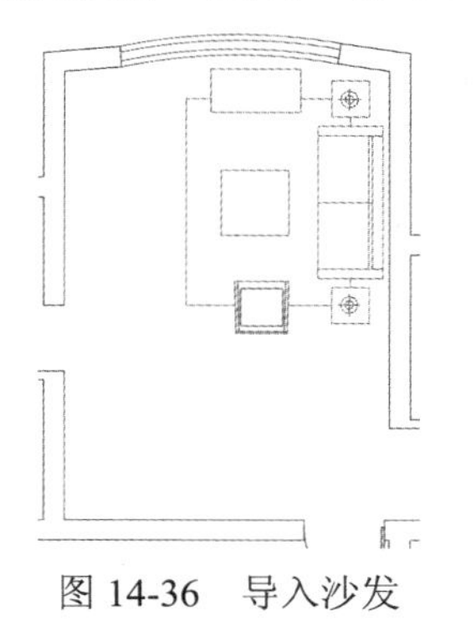

图 14-36　导入沙发

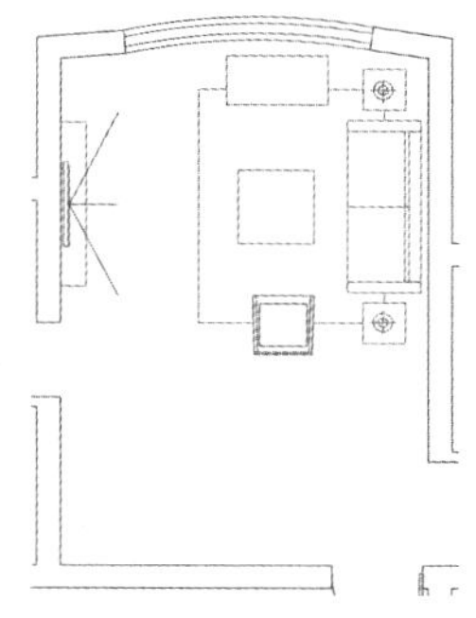

图 14-37　绘制电视柜

（5）依次执行“直线”和“偏移”命令，绘制楼梯和扶手，如图 14-38 所示。

（6）执行“多段线”命令，绘制箭头，执行“多行文字”命令，输入楼梯标注文字，如图 14-39 所示。

（7）执行“矩形”“直线”命令，绘制装饰柜，如图 14-40 所示。

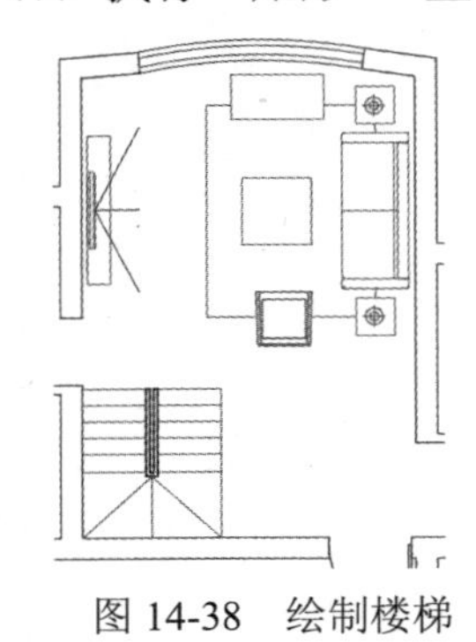
图 14-38　绘制楼梯

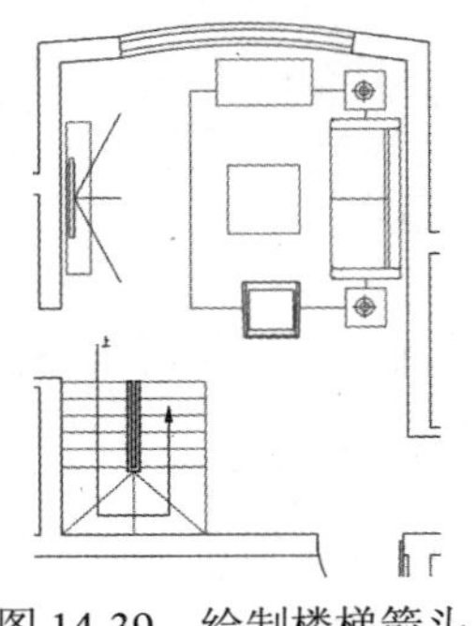
图 14-39　绘制楼梯箭头

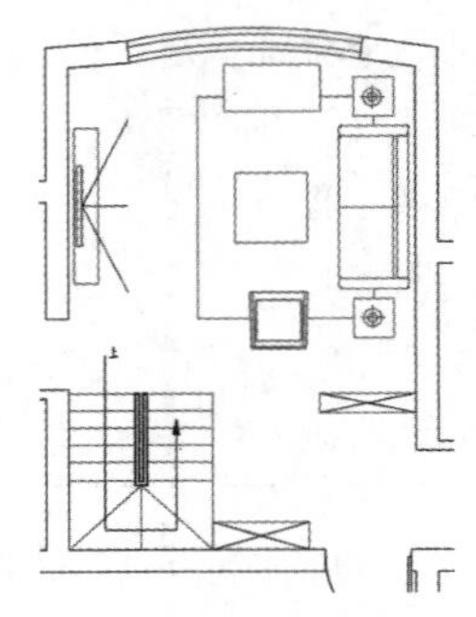
图 14-40　绘制装饰柜

（8）执行“偏移”命令，将厨房墙体依次向内偏移 600mm，然后执行“修剪”命令，修剪橱柜造型，如图 14-41 所示。

（9）执行“插入”｜“块”命令，导入灶台、冰箱等模型，如图 14-42 所示。

（10）执行“插入”｜“块”命令，导入餐桌模型，然后执行“旋转”命令，旋转餐桌，如图 14-43 所示。

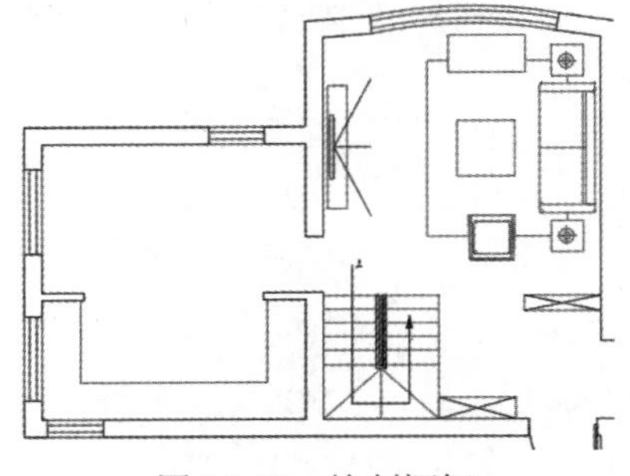
图 14-41　绘制橱柜

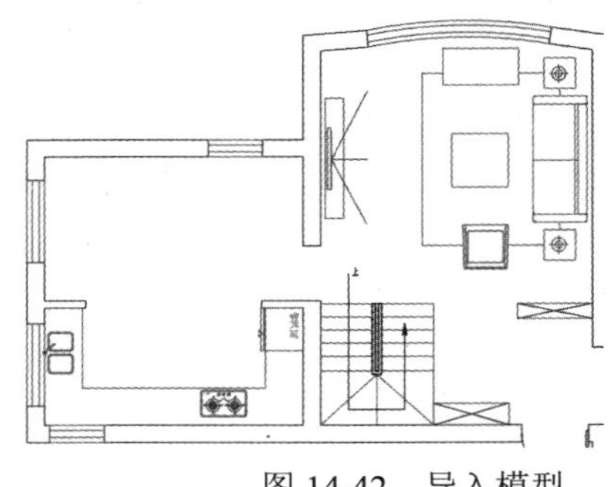
图 14-42　导入模型

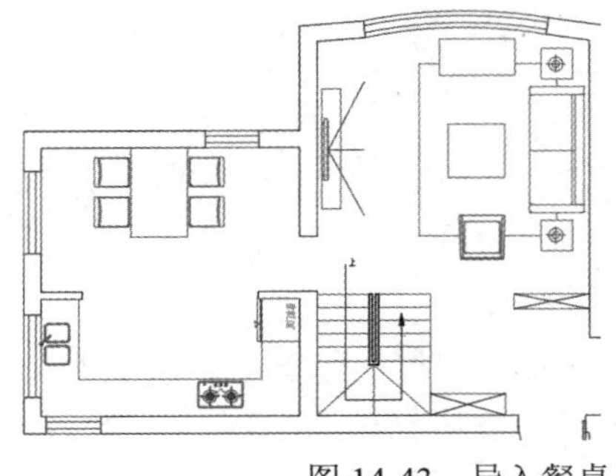
图 14-43　导入餐桌

（11）执行“插入”｜“块”命令，导入卫生间马桶等洁具模型，执行“移动”“旋转”命令，调整洁具位置，如图 14-44 所示。

（12）执行“直线”“矩形”命令，绘制衣柜，执行“复制”“旋转”命令，绘制衣架，如图 14-45 所示。

（13）执行“插入”｜“块”命令，选择双人床模型，导入双人床模型，如图 14-46 所示。

（14）执行“插入”｜“块”命令，导入主卫马桶等洁具模型，执行“移动”“旋转”命令，调整洁具位置，如图 14-47 所示。

（15）执行“复制”命令，复制双人床和衣柜模型，执行“旋转”“移动”命令，调整双人床位置，如图 14-48 所示。

（16）执行“矩形”命令，绘制卧室电视柜，执行“复制”“旋转”命令，复制电视柜，如图 14-49 所示。

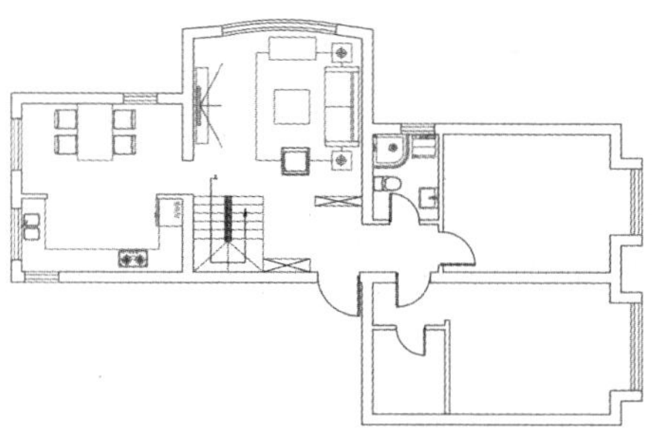

图 14-44　导入卫生间用具模型

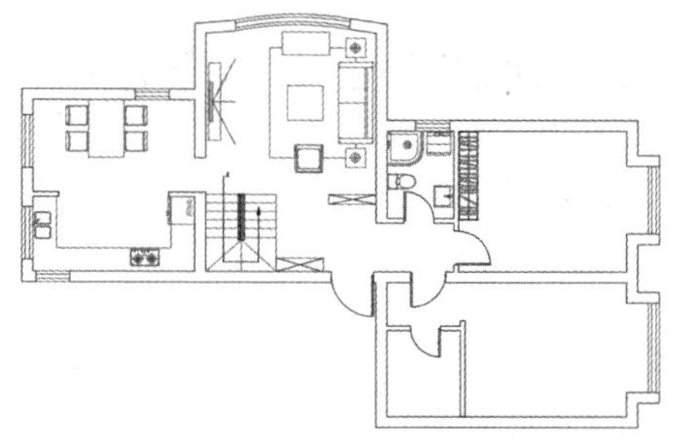

图 14-45　绘制衣柜

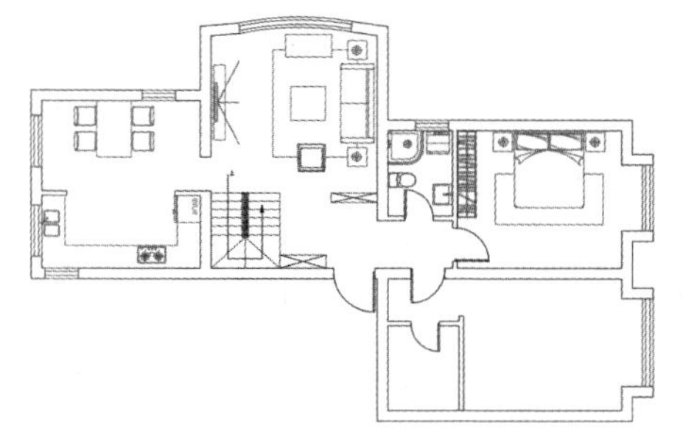

图 14-46　导入双人床

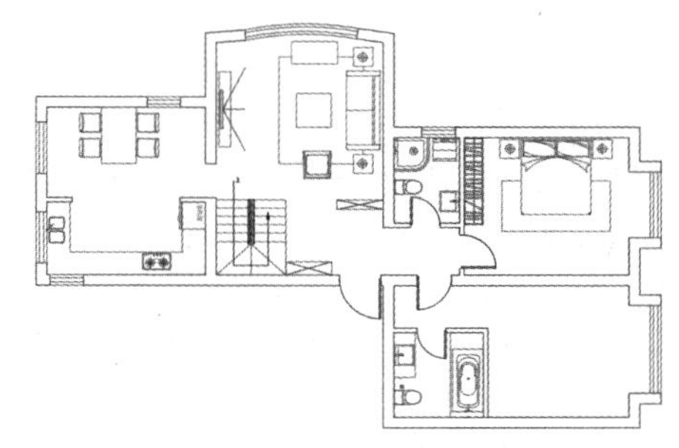

图 14-47　导入洁具

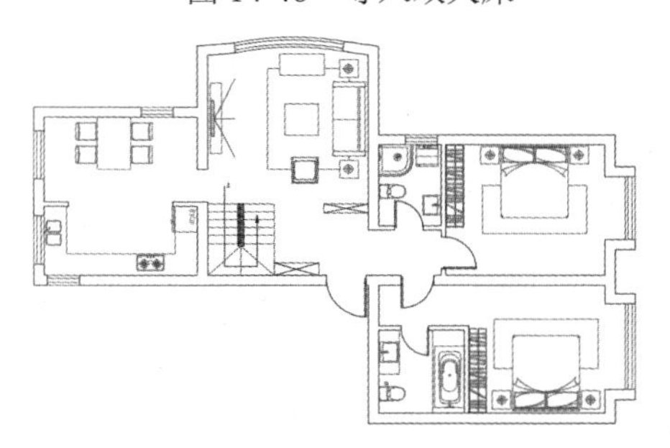

图 14-48　导入双人床

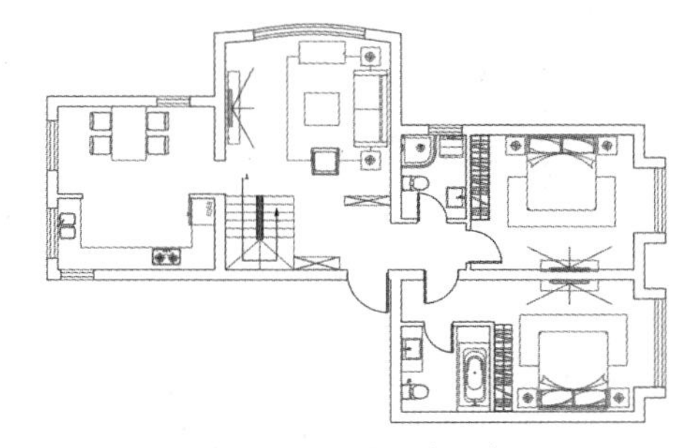

图 14-49　导入电视柜

（17）执行“多行文字”命令，标注房间名称，如图 14-50 所示。

（18）执行“复制”命令，复制一楼图例说明，双击文字更改为需要的内容，如图 14-51 所示。一层原始户型图绘制完毕。

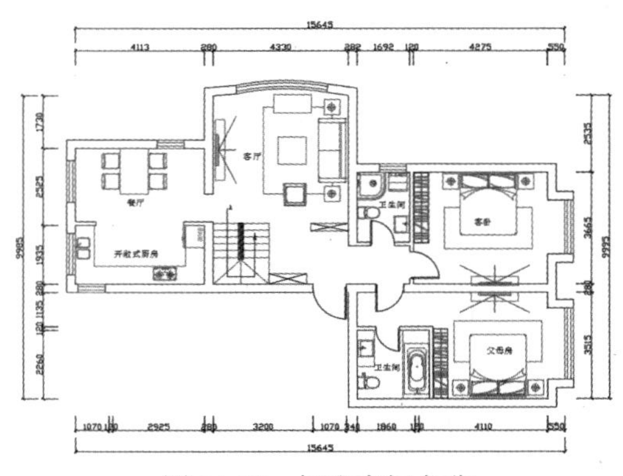

图 14-50　标注房间名称

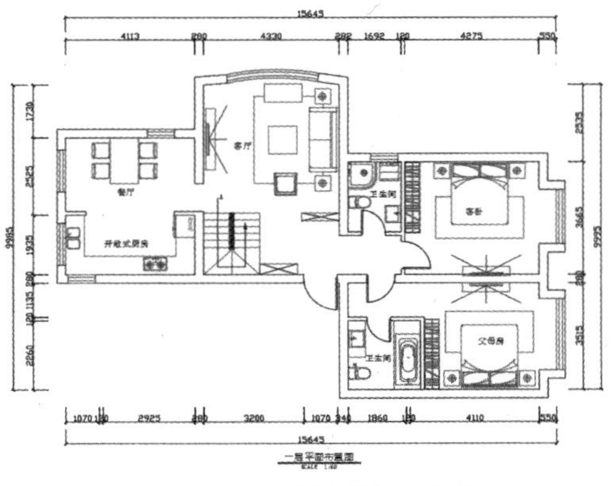

图 14-51　绘制图例说明

14.2.2 绘制二层平面布置图

本案例中，复式楼的二层是供主人生活的场所，要将床、休闲座椅、书桌等插入图中相应的区域，要注意主卧室的设计，整体感觉要相对稳重。

> 制作思路：
>
> 1．复制并粘贴二层户型图，删除多余部分。
>
> 2．插入双人床、卫生间洁具等图块。
>
> 3．绘制衣柜、储物柜。
>
> 4．注释房间名称。
>
> 主要命令及工具：“块”“直线”“多行文字”和“引线”等操作命令。
>
> 源文件及视频位置：光盘:\第 14 章\

绘制二层平面布置图的具体操作步骤如下。

（1）执行“复制”命令，复制并粘贴一层原始户型图，如图 14-52 所示。

（2）执行“删除”命令，删除楼梯和标高符号，如图 14-53 所示。

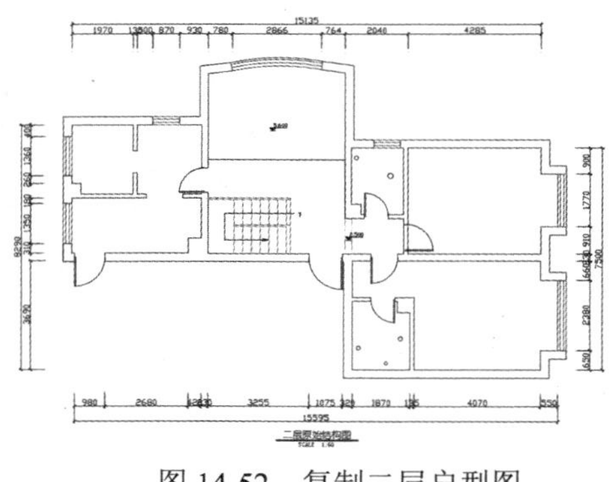

图 14-52　复制二层户型图

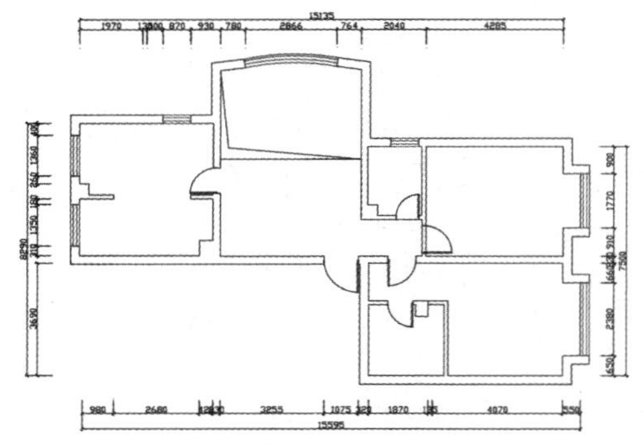

图 14-53　删除楼梯和无关符号

（3）执行“直线”“偏移”命令，绘制楼梯及扶手，执行“多段线”命令，绘制箭头符号，如图 14-54 所示。

（4）执行“矩形”命令，绘制装饰矮柜，然后执行“插入”｜“块”命令，导入休闲桌椅，如如图 14-55 所示。

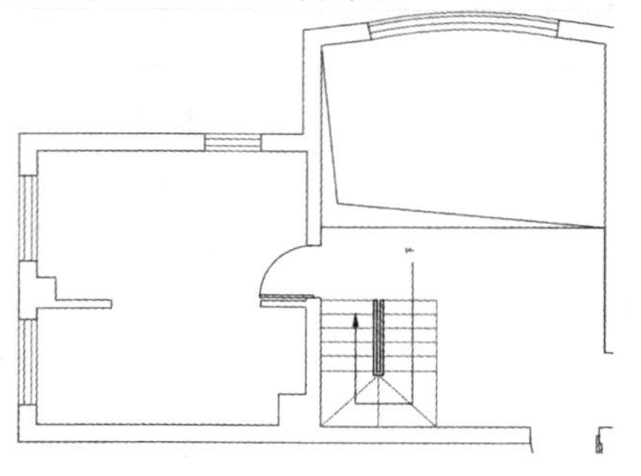

图 14-54　绘制楼梯

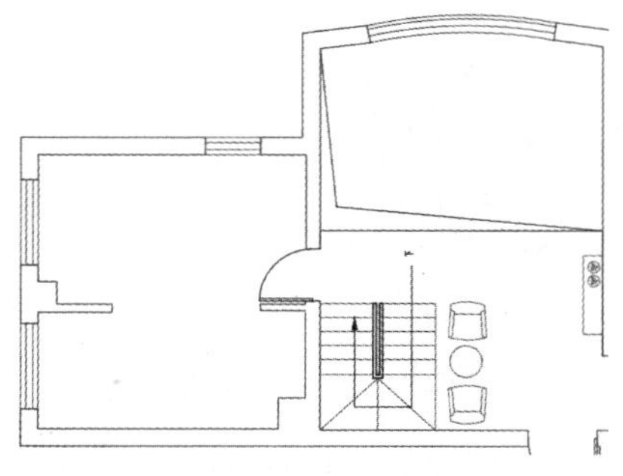

图 14-55　插入休闲桌椅

（5）执行“矩形”“偏移”命令，绘制书柜，执行“直线”命令，绘制书柜剖面，如图 14-56 所示。

（6）执行“矩形”命令，绘制书桌；执行“插入”｜“块”命令，导入椅子和植物等模型，如图 14-57 所示。

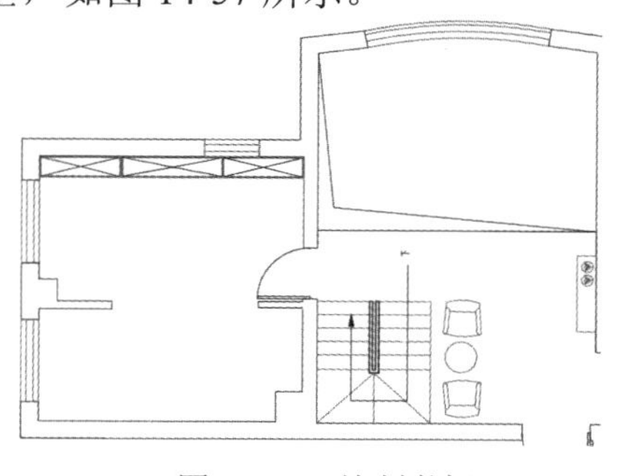

图 14-56　绘制书柜

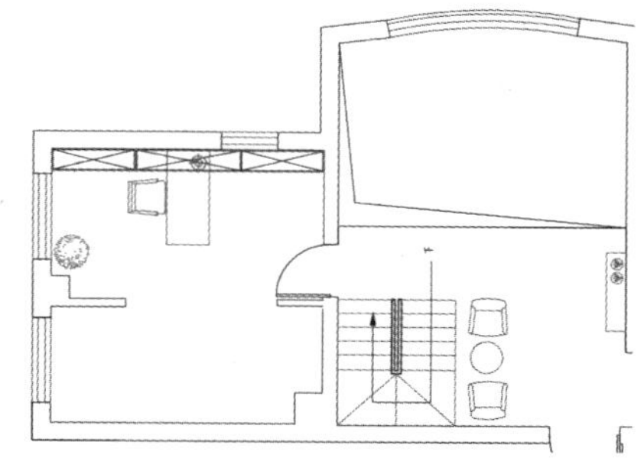

图 14-57　绘制书桌并导入椅子和植物

（7）执行“矩形”命令，在储物间区域绘制推拉门，执行“复制”命令，复制推拉门，如图 14-58 所示。

（8）执行“直线”“偏移“命令，绘制衣柜；执行“矩形”“复制”“旋转”命令，绘制挂衣杆，如图 14-59 所示。

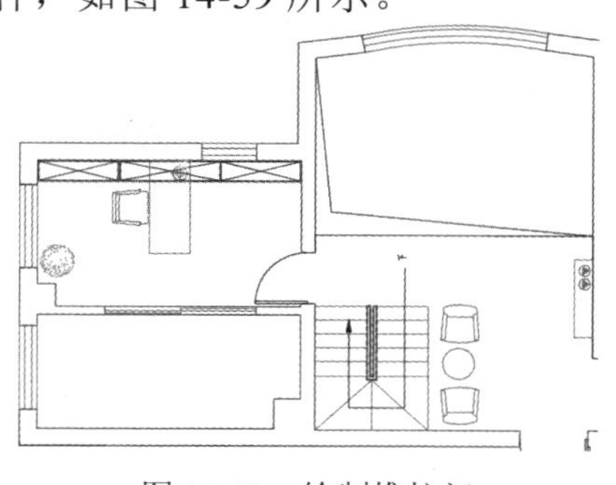

图 14-58　绘制推拉门

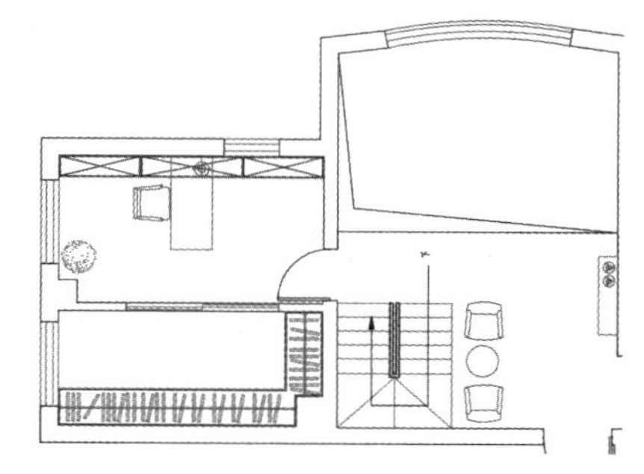

图 14-59　绘制衣柜

（9）执行“插入”｜“块”命令，导入卫生间马桶等洁具模型；执行“移动”“旋转”命令，调整洁具位置，如图 14-60 所示。

（10）执行“直线”“矩形”命令，绘制衣柜；执行“复制”“旋转”命令，绘制衣架，如图 14-61 所示。

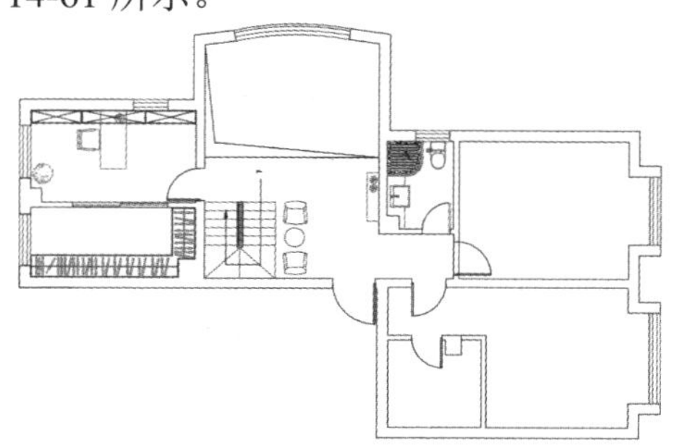

图 14-60　导入卫生间洁具

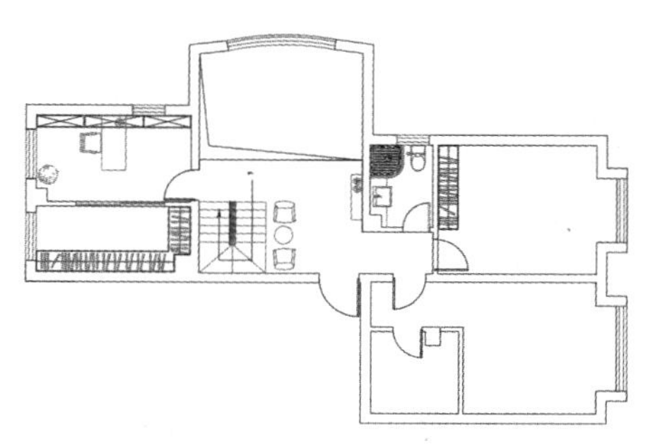

图 14-61　绘制衣柜

（11）执行“插入”|“块”命令，选择双人床模型，导入双人床模型，如图 14-62 所示。

（12）执行“直线”“矩形”命令，绘制书柜及书桌；执行“圆”命令，绘制台灯；执行“插入”|“块”命令，导入椅子，如图 14-63 所示。

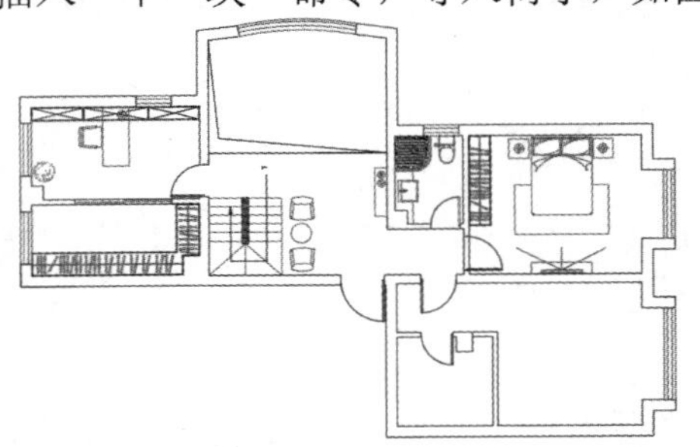

图 14-62　导入双人床

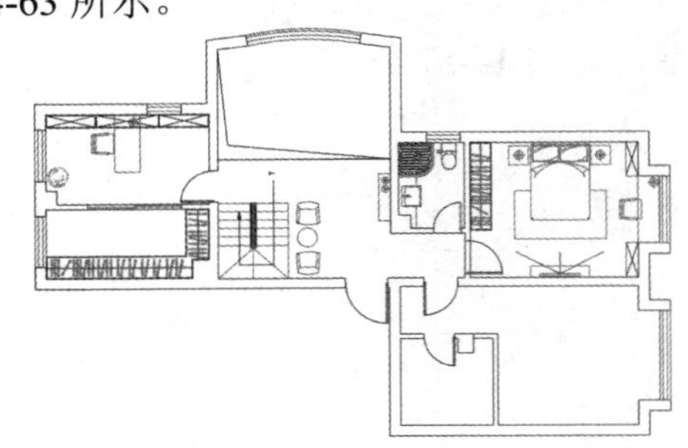

图 14-63　绘制书桌等

（13）执行“插入”|“块”命令，导入卫生间马桶等洁具模型，执行“移动”“旋转”命令，调整洁具位置，如图 14-64 所示。

（14）执行“直线”“矩形”命令，绘制衣柜，执行“复制”“旋转”命令，绘制衣架，如图 14-65 所示。

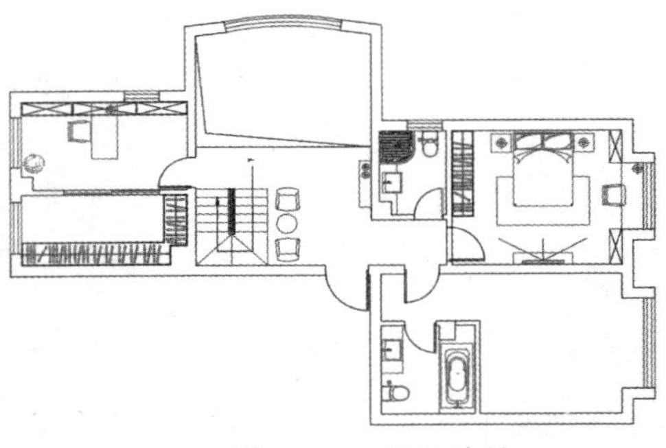

图 14-64　导入洁具

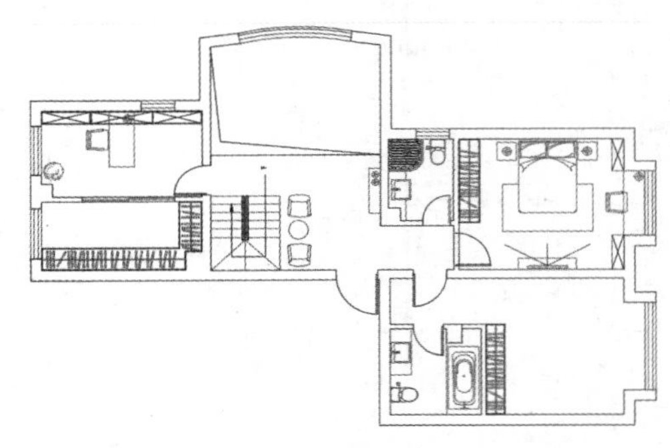

图 14-65　绘制衣柜

（15）执行“插入”|“块”命令，选择双人床模型，导入双人床模型，如图 14-66 所示。

（16）执行“多行文字”命令，标注房间名称，如图 14-67 所示。

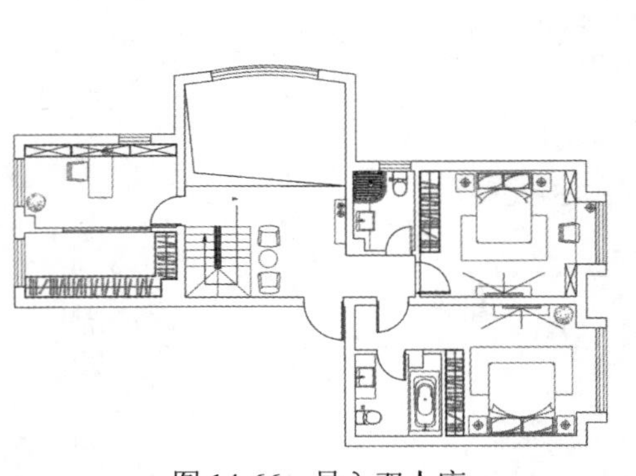

图 14-66　导入双人床

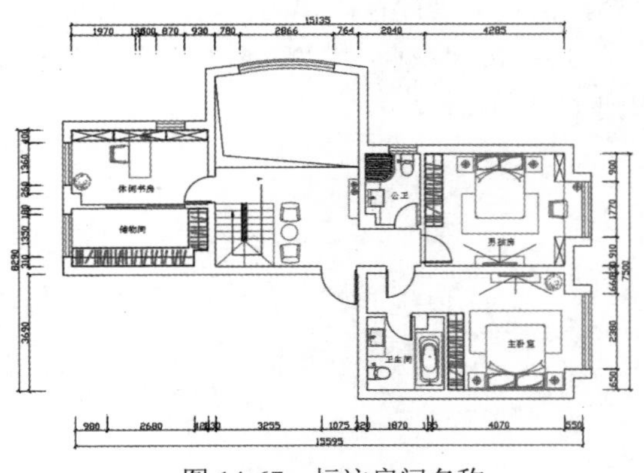

图 14-67　标注房间名称

（17）执行“复制”命令，复制一楼图例说明，双击文字更改为需要的内容，如图 14-68 所示。二层平面布置图绘制完毕。

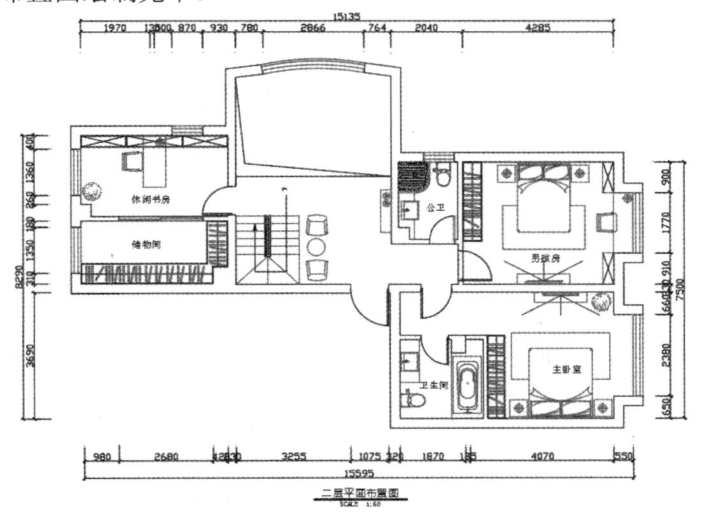

图 14-68　二层平面布置图的最终效果

14.3　绘制复式楼顶棚布置图

下面绘制顶棚布置图，包括一层、二层的顶棚布置图。

14.3.1　绘制一层顶棚布置图

本案例绘制的是一层顶棚图。顶棚布置主要表现顶面造型设计，顶面灯光的布置，高度标注等。客厅、厨房、卧室和走廊等区域主要采用石膏板造型吊顶，卫生间和厨房采用集成吊顶。

> 制作思路：
>
> 1．复制一层户型图，删除多余部分。
>
> 2．绘制顶棚造型。
>
> 3．绘制各个区域的灯具。
>
> 4．标注材料说明。
>
> 主要命令及工具：“直线”“矩形”“偏移”“修剪”和“图案填充”等操作命令。
>
> 源文件及视频位置：光盘:\第 14 章\

绘制一层顶棚布置图的具体操作步骤如下。

（1）执行“复制”命令，复制一层平面布置图，如图 14-69 所示。

（2）执行“删除”命令，删除家具、楼梯平面图及其标注文字，如图 14-70 所示。

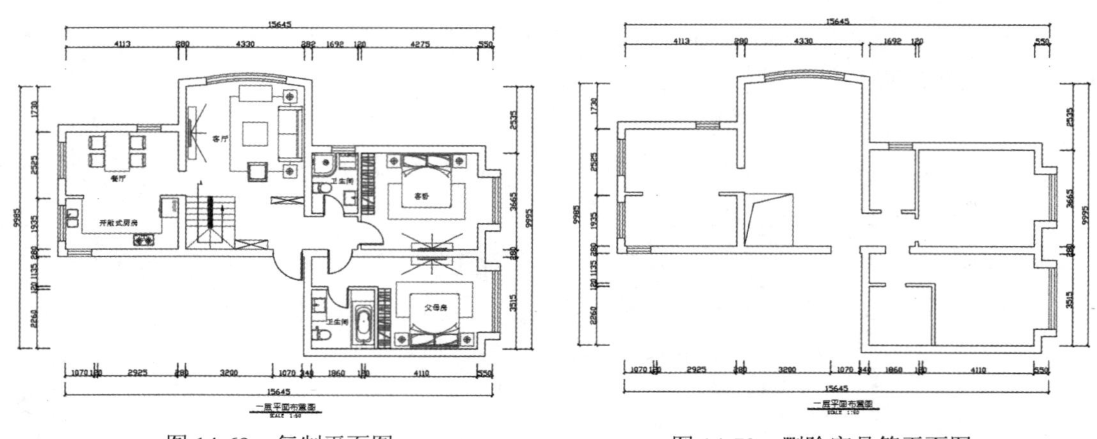

图 14-69　复制平面图　　　　图 14-70　删除家具等平面图

（3）执行“矩形”命令，绘制门厅顶面造型，执行“偏移”命令，将矩形依次向内偏移 10mm、40mm、10mm，绘制石膏线条，如图 14-71 所示。

（4）执行“偏移”命令，将矩形造型向外偏移 60mm，绘制灯带，然后设置其线型颜色为红色，线型为“ACAD-ISO03W100”，如图 14-72 所示。

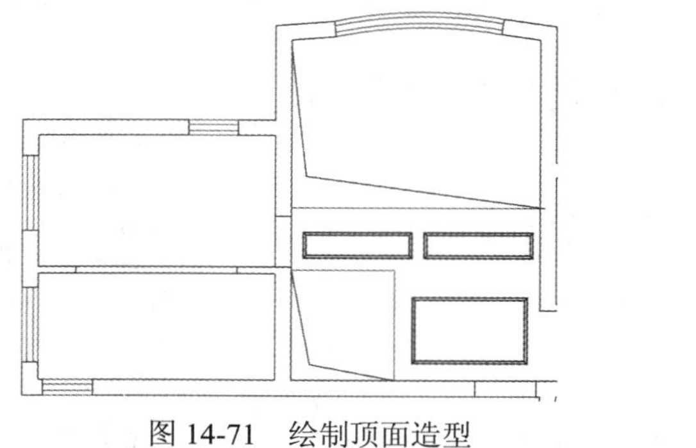

图 14-71　绘制顶面造型

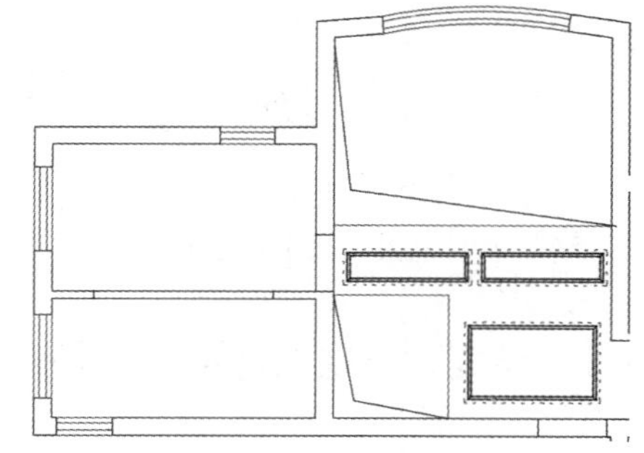

图 14-72　绘制灯带

（5）选择“图层特性管理器”对话框将灯具图层置为当前图层，执行“圆”和“偏移”命令，绘制灯具，执行“直线”命令，绘制直线，如图 14-73 所示。

（6）执行“图案填充”命令，选择填充图案“SOLID”，填充灯具，如图 14-74 所示。

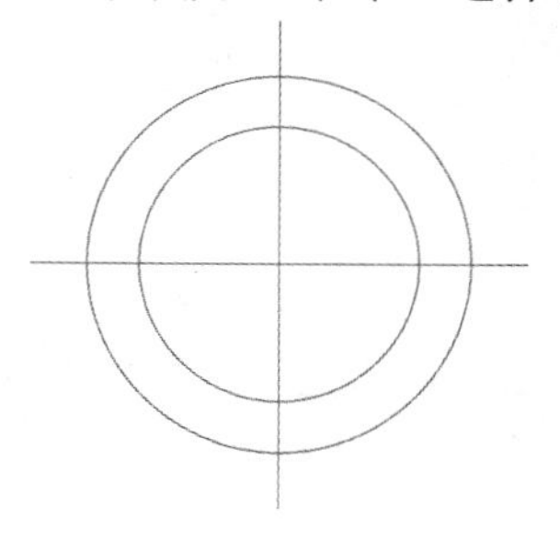

图 14-73　绘制灯槽

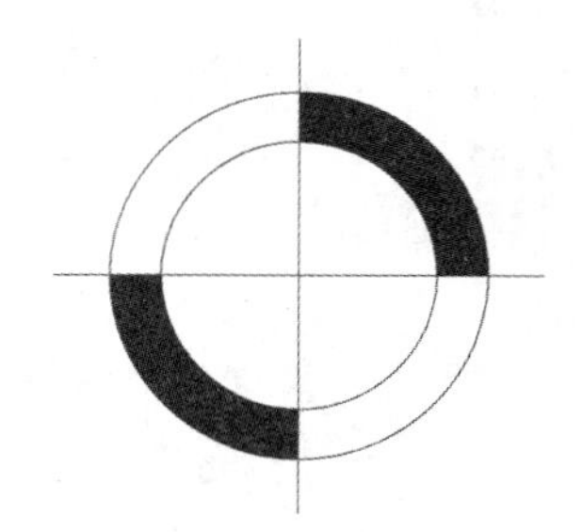

图 14-74　偏移操作

（7）执行“复制”命令，复制已绘制好的灯具，执行“缩放”命令，设置缩放比例为 0.5，绘制灯具其他部件，如图 14-75 所示。

（8）执行“复制”命令，复制吊灯部件，吊灯最终效果如图 14-76 所示。

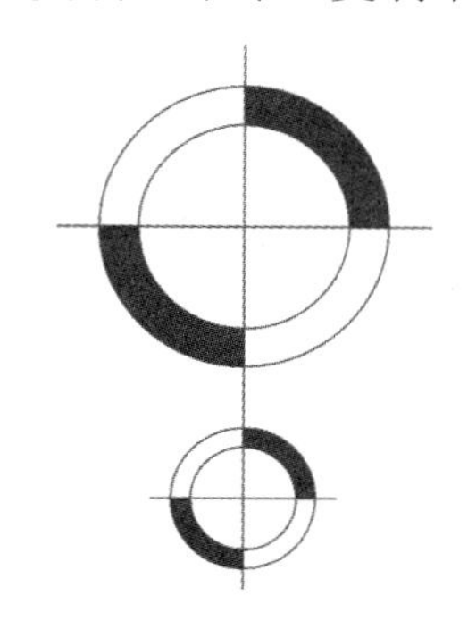
图 14-75　绘制吊灯

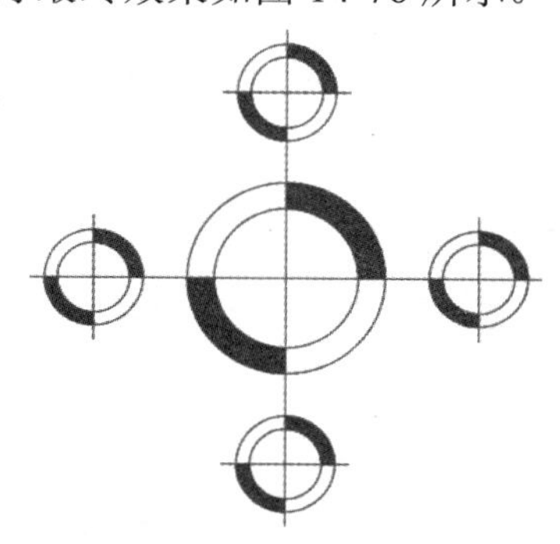
图 14-76　复制吊灯部件

（9）执行“移动”命令，将吊灯移动到如图 14-77 所示的位置。

（10）执行“圆”“直线”命令，绘制筒灯，执行“复制”命令，复制筒灯，如图 14-78 所示。

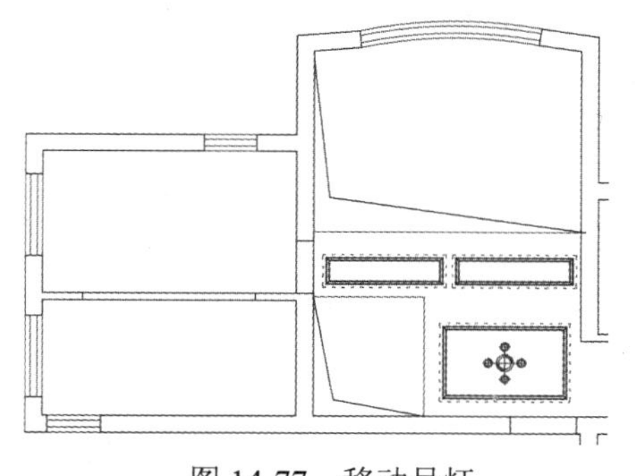
图 14-77　移动吊灯

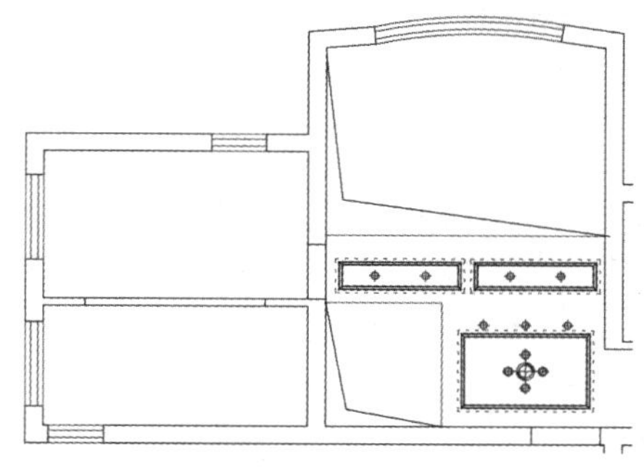
图 14-78　复制筒灯

（11）执行“直线”命令，绘制窗帘盒；执行“矩形”命令，绘制书房顶面造型；执行“偏移”命令，绘制石膏线条，如图 14-79 所示。

（12）执行“复制”命令，绘制书房筒灯和吊灯，如图 14-80 所示。

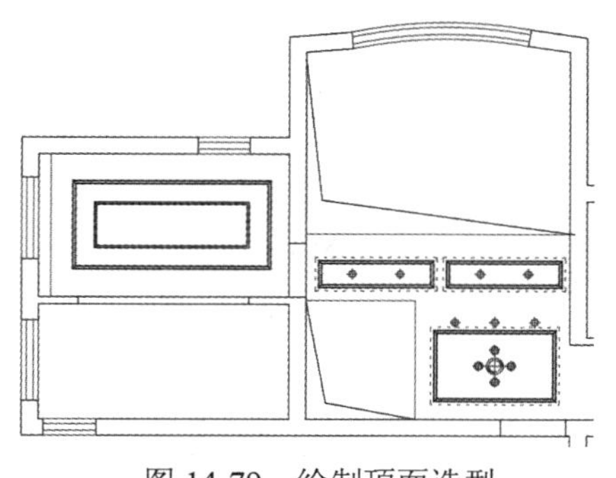
图 14-79　绘制顶面造型

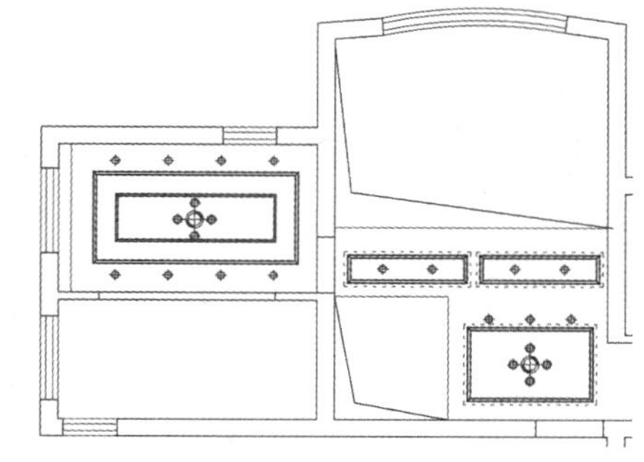
图 14-80　复制灯具

（13）执行“图案填充”命令，选择填充类型为“用户定义”，选择双向，设置填充间距为 300，绘制厨房顶面，如图 14-81 所示。

（14）执行“矩形”命令，绘制吸顶灯轮廓，执行“复制”命令，复制吊灯部件，如图

14-82 所示。

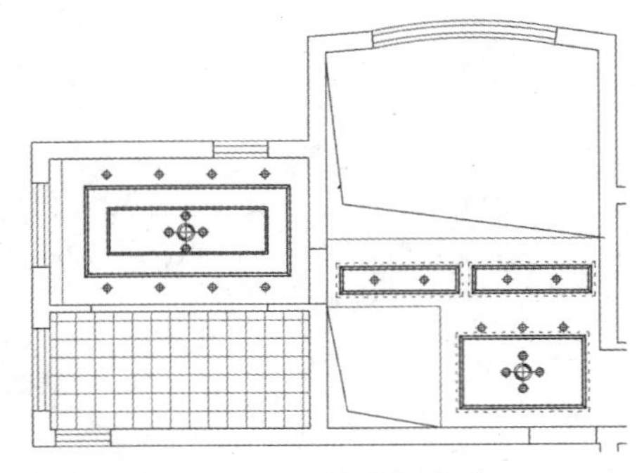

图 14-81 绘制厨房吊顶

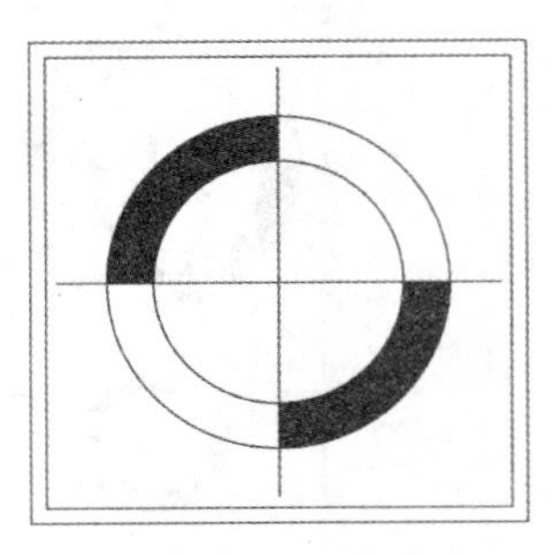

图 14-82 绘制吸顶灯

（15）执行“图案填充”命令，选择填充类型为“用户定义”，选择双向，设置填充间距为 300，绘制卫生间顶面，如图 14-83 所示。

（16）执行“复制”命令，复制吸顶灯和筒灯；执行“插入”|“块”命令，导入浴霸模型，如图 14-84 所示。

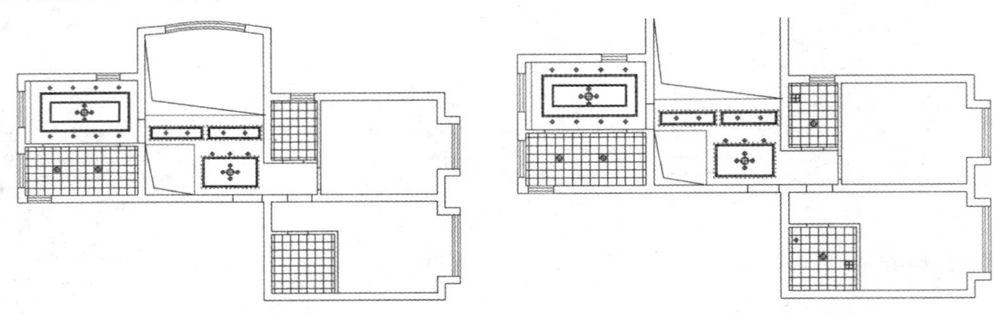

图 14-83 绘制卫生间顶面　　图 14-84 绘制灯具

（17）执行“多段线”命令，沿着主卧墙边绘制直线，执行“偏移”命令，绘制石膏线条，如图 14-85 所示。

（18）执行“复制”命令，复制吊灯和筒灯，如图 14-86 所示。

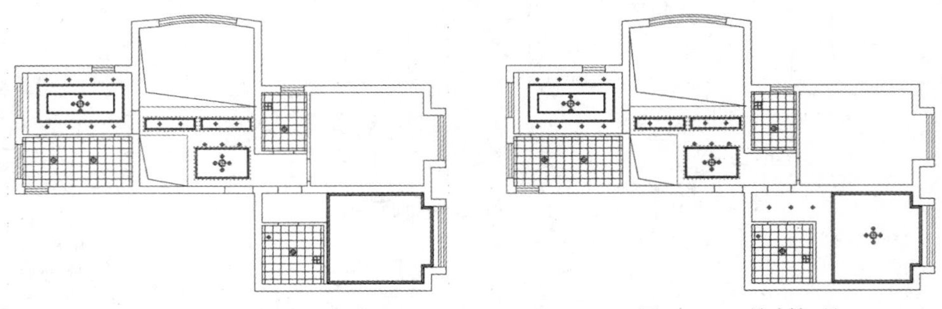

图 14-85 绘制主卧石膏线　　图 14-86 绘制灯具

（19）执行“矩形”命令，绘制顶面造型，执行“偏移”命令，将矩形向内偏移，绘制石膏线条，如图 14-87 所示。

（20）执行“复制”命令，绘制卧室吊灯和筒灯，如图 14-88 所示。

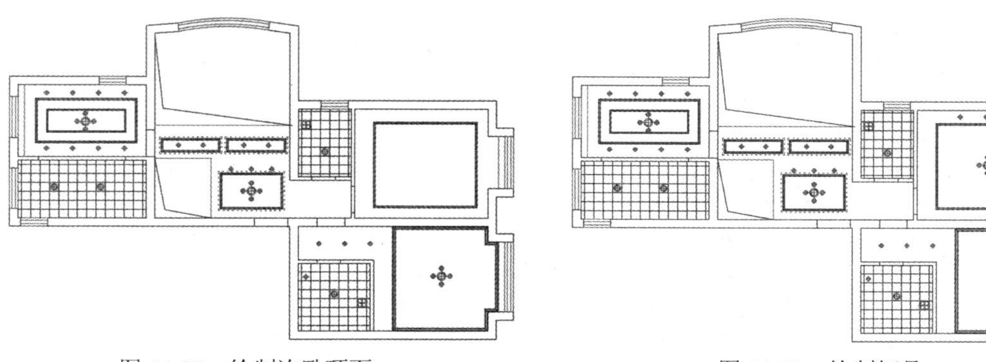

图 14-87　绘制次卧顶面　　　　图 14-88　绘制灯具

（21）执行“直线”命令，绘制标高符号，执行“图案填充”命令，填充标高符号，如图 14-89 所示。

（22）执行“多行文字”命令，输入顶面标高文字，如图 14-90 所示。

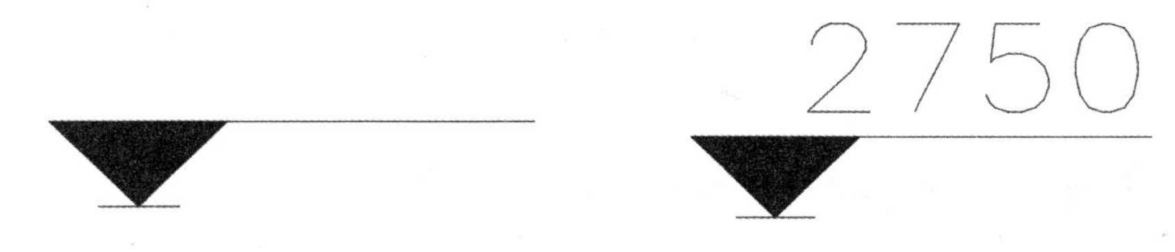

图 14-89　绘制标高符号　　　　图 14-90　输入标高文字

（23）执行“复制”命令，复制标高符号，双击文字更改为需要的内容，如图 14-91 所示。

（24）执行“多重引线”命令，绘制顶面材料说明；执行“复制”命令，复制引线，双击文字更改为需要的内容，如图 14-92 所示。

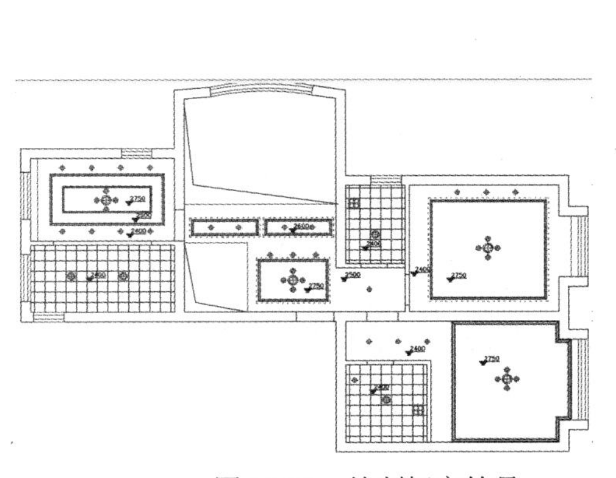

图 14-91　绘制标高符号

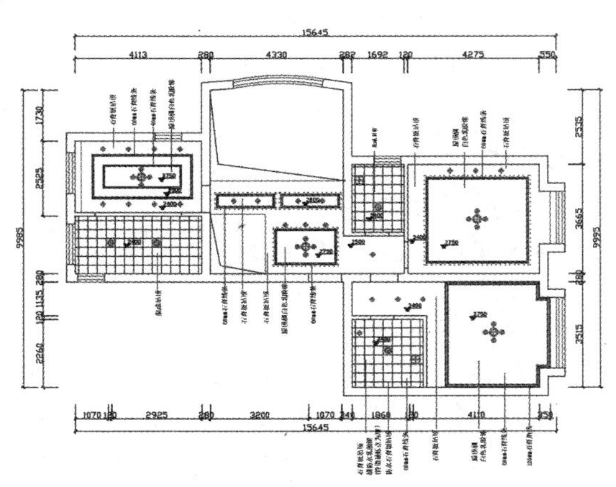

图 14-92　输入注释文字

（25）执行“复制”命令，复制一楼平面布置图图例说明，双击文字更改为需要的内容，如图 14-93 所示。

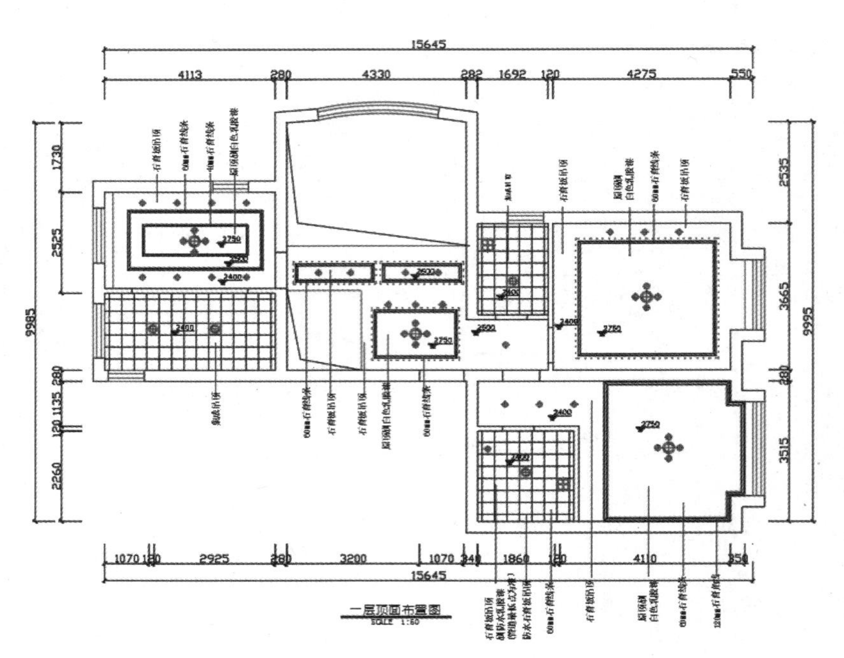

图 14-93　绘制图例说明

14.3.2　绘制二层顶棚布置图

在二层顶棚布置图中，卫生间区域同样采用 300 mm×300 mm 的铝扣板，主卧室区域的吊顶进行了造型设计，并采用石膏线条装饰；在过厅吊顶处绘制灯槽并进行造型设计；其他区域调入筒灯、吊灯和金卤灯。

> 制作思路：
>
> 1．复制二层户型图，删除多余部分。
>
> 2．绘制顶棚图结构。
>
> 3．绘制灯槽并插入灯图块。
>
> 4．材料注释和尺寸标注。
>
> 主要命令及工具："直线""偏移""块"和"多重引线"等操作命令。
>
> 源文件及视频位置：光盘:\第 14 章\

绘制二层顶棚布置图的具体操作步骤如下。

（1）执行"复制"命令，复制二层平面布置图，如图 14-94 所示。

（2）执行"删除"命令，删除家具、楼梯平面图及文字，如图 14-95 所示。

（3）执行"矩形"命令，绘制客厅顶面造型；执行"偏移"命令，将矩形依次向内偏移，绘制石膏线条，如图 14-96 所示。

（4）执行"偏移"命令，将矩形造型向外偏移 60mm，绘制灯带，设置线型颜色为红色，线型为"ACAD-ISO03W100"，如图 14-97 所示。

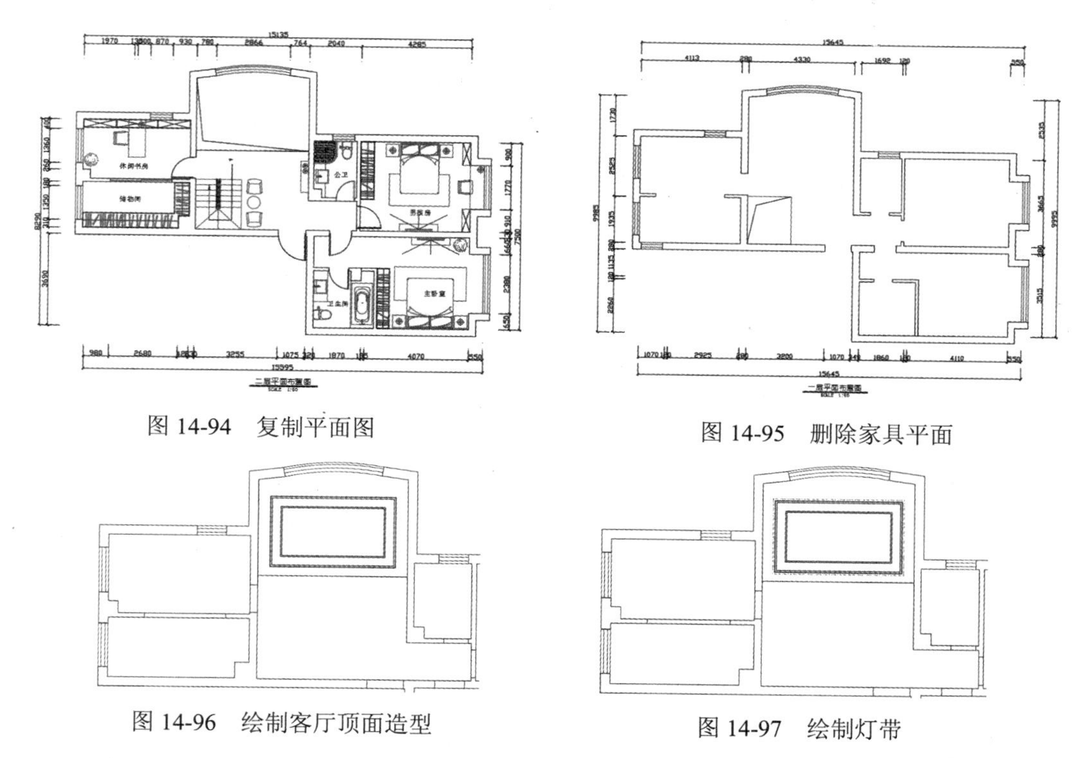

图 14-94　复制平面图

图 14-95　删除家具平面

图 14-96　绘制客厅顶面造型

图 14-97　绘制灯带

（5）执行“复制”命令，复制前面章节所绘制的筒灯和吊灯，如图 14-98 所示。

（6）执行“矩形”命令，绘制顶面造型；执行“偏移”命令，将矩形依次向内偏移，绘制石膏线条，如图 14-99 所示。

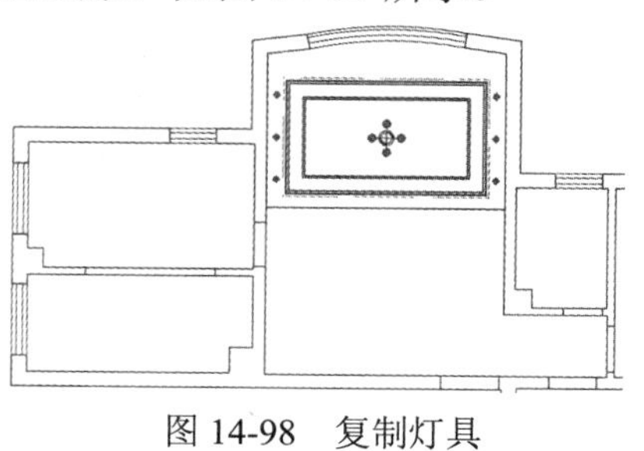

图 14-98　复制灯具

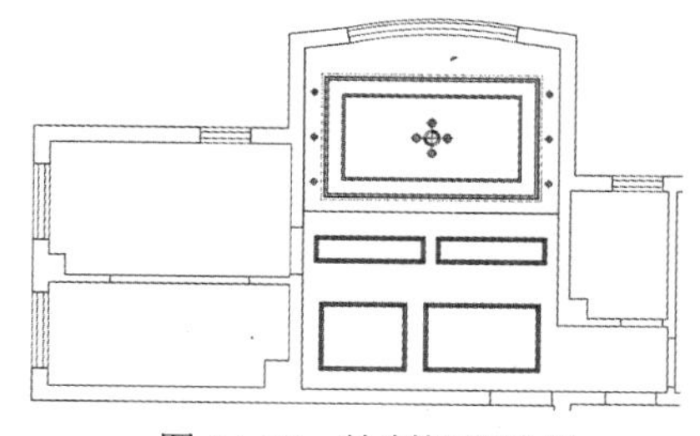

图 14-99　绘制矩形造型

（7）执行“复制”命令，复制筒灯和吊灯，如图 14-100 所示。

（8）执行“矩形”命令，绘制书房顶面造型；执行“偏移”命令，将矩形依次向内偏移，绘制石膏线条，如图 14-101 所示。

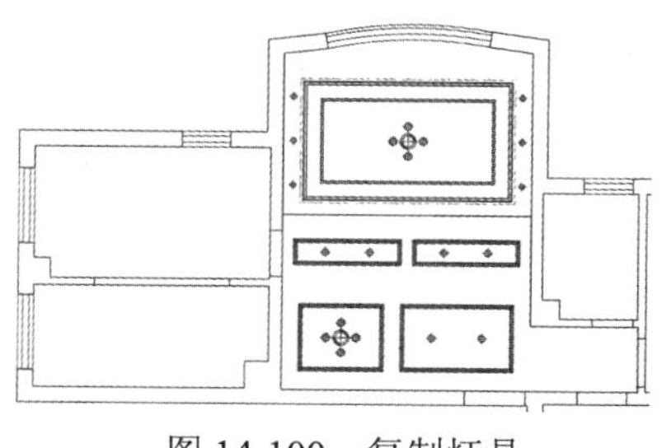

图 14-100　复制灯具

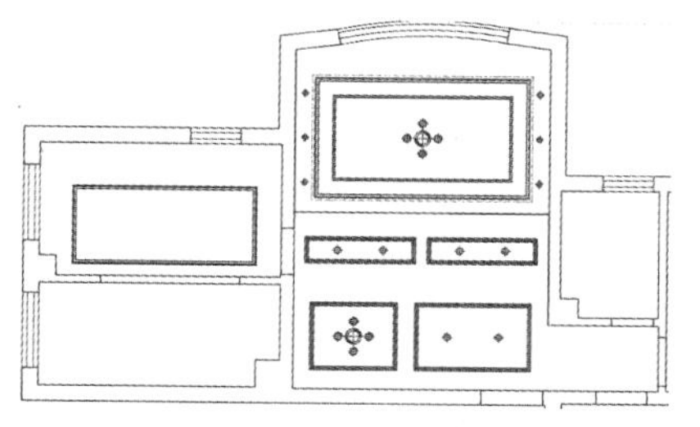

图 14-101　绘制书房吊顶

（9）执行“复制”命令，绘制书房吊顶和储藏室筒灯，如图 14-102 所示。

（10）执行“复制”命令，复制标高符号，双击文字更改为需要的内容，如图 14-103 所示。

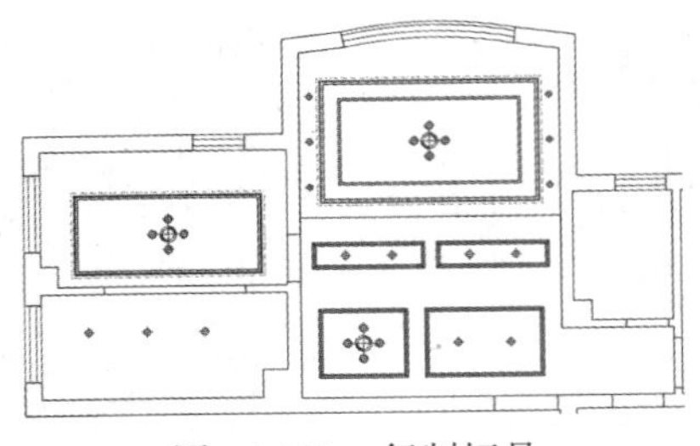

图 14-102　复制灯具

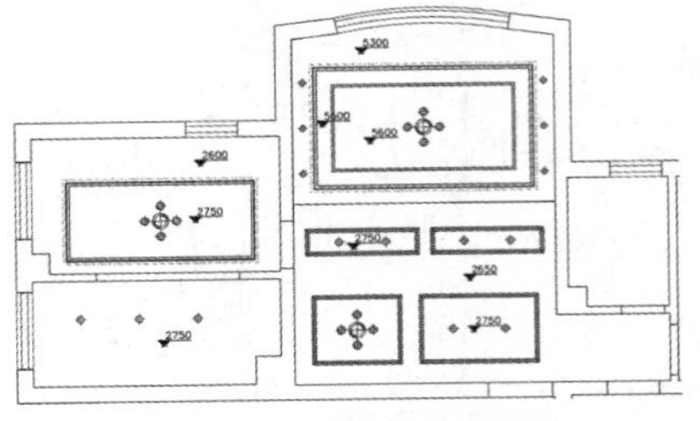

图 14-103　绘制标高符号

（11）执行“多段线”命令，沿着男孩房墙边绘制直线；执行“偏移”命令，绘制石膏线条，如图 14-104 所示。

（12）执行“矩形”命令，绘制矩形造型；执行“偏移”命令，绘制石膏线，如图 14-105 所示。

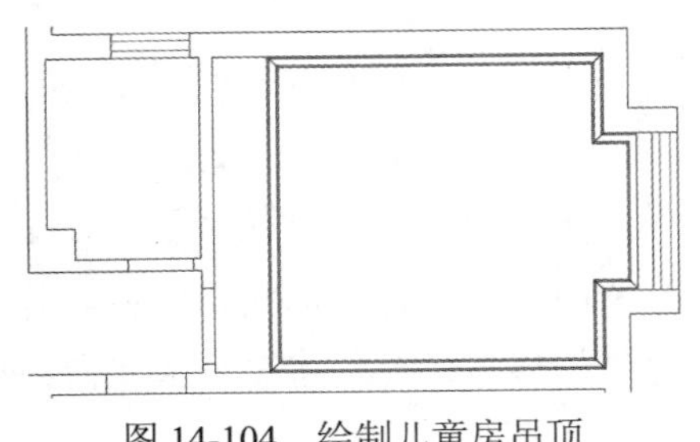

图 14-104　绘制儿童房吊顶

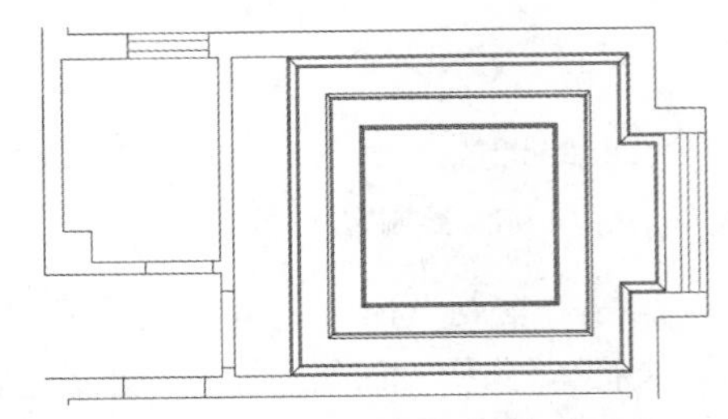

图 14-105　绘制矩形造型

（13）执行“复制”命令，复制吊灯和筒灯，如图 14-106 所示。

（14）执行“图案填充”命令，选择填充类型为“用户定义”，选择双向，设置填充间距为 300，绘制卫生间顶面，如图 14-107 所示。

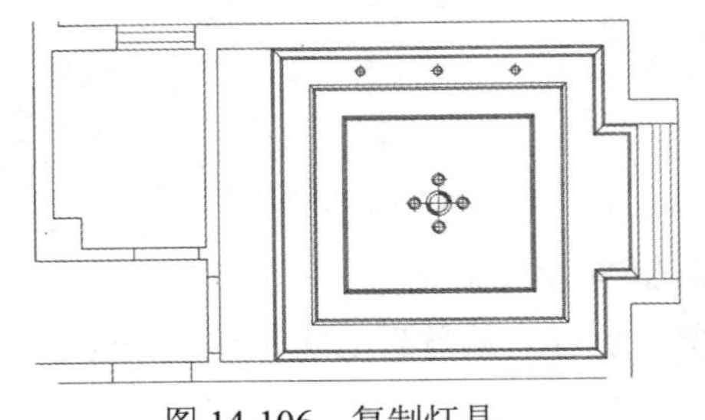

图 14-106　复制灯具

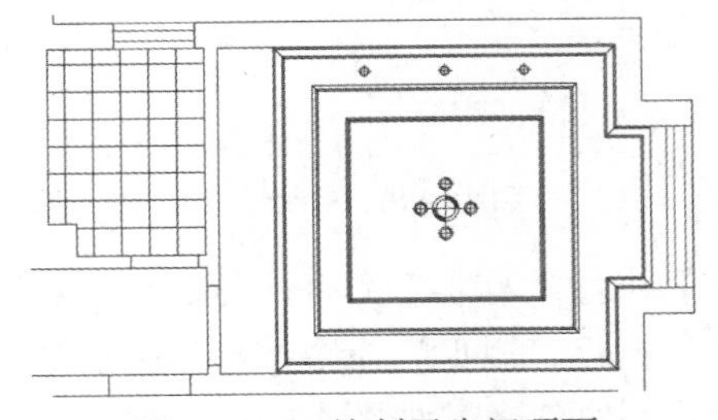

图 14-107　绘制卫生间顶面

（15）执行“复制”命令，复制前面章节所绘制的吸顶灯和浴霸，如图 14-108 所示。

（16）执行“复制”命令，复制标高符号，双击文字更改为需要的内容，如图 14-109 所示。

（17）执行“矩形”命令，绘制主卧室顶面矩形造型；执行“偏移”命令，绘制石膏线；执行“复制”命令，复制吊顶和筒灯，如图 14-110 所示。

（18）执行“图案填充”命令，绘制卫生间顶面；执行“复制”命令，复制吸顶灯和浴霸，如图 14-111 所示。

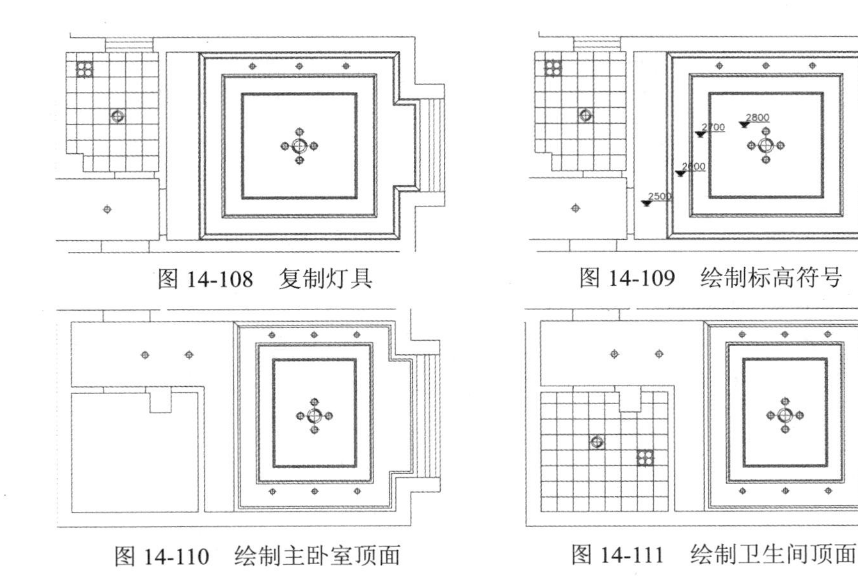

图 14-108　复制灯具　　图 14-109　绘制标高符号

图 14-110　绘制主卧室顶面　　图 14-111　绘制卫生间顶面

（19）执行“复制”命令，复制标高符号，双击文字更改为需要的内容，如图 14-112 所示。

（20）执行“多重引线”命令，为该顶棚图添加材料注释，如图 14-113 所示。

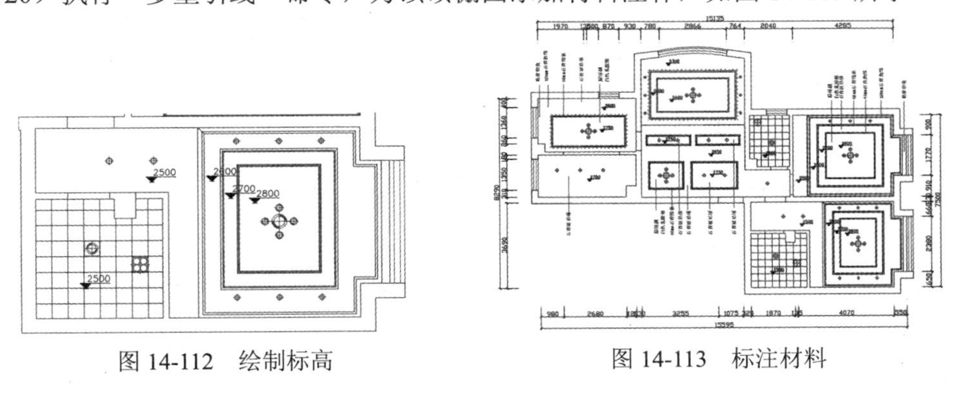

图 14-112　绘制标高　　图 14-113　标注材料

（21）执行“直线”“偏移”命令，绘制表格，如图 14-114 所示。

（22）执行“多行文字”命令，绘制文字说明；执行“复制”命令，复制文字，双击文字更改为需要的内容，如图 14-115 所示。

（23）执行“复制”命令，复制顶面图灯具，执行“移动”命令，移动到到表格中，如图 14-116 所示。

（24）执行“复制”命令，复制文字，双击文字更改为需要的内容，如图 14-117 所示。

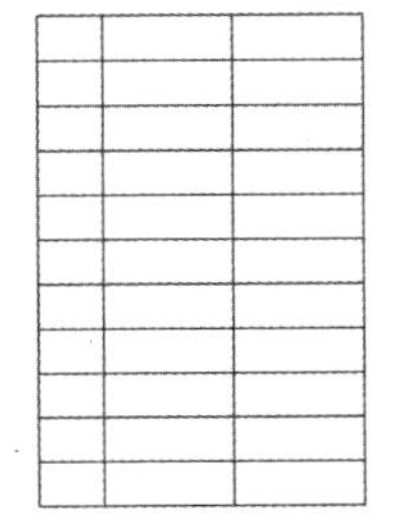

图 14-114　绘制表格

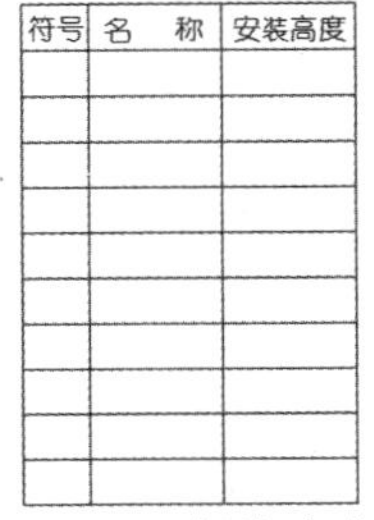

符号	名　称	安装高度

图 14-115　标注文字

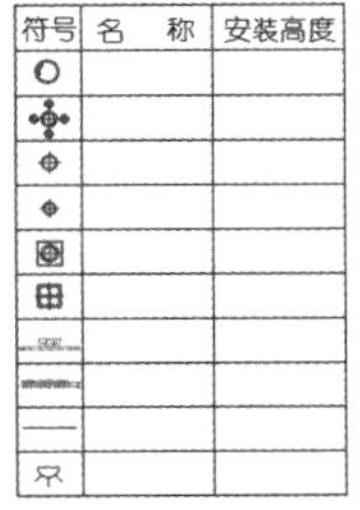

符号	名　称	安装高度

图 14-116　复制灯具

符号	名　称	安装高度
	吸顶灯	
	吊灯	
	筒灯	
	射灯	
	防雾筒灯	
	浴霸	
	镜前灯	
	窗帘	
	暗藏灯管	
	壁灯	

图 14-117　标注文字

（25）执行“移动”命令，将表格移动至如图 14-118 所示的位置。

（26）执行“复制”命令，复制一楼顶面布置图图例说明，双击文字更改为需要的内容，如图 14-119 所示。

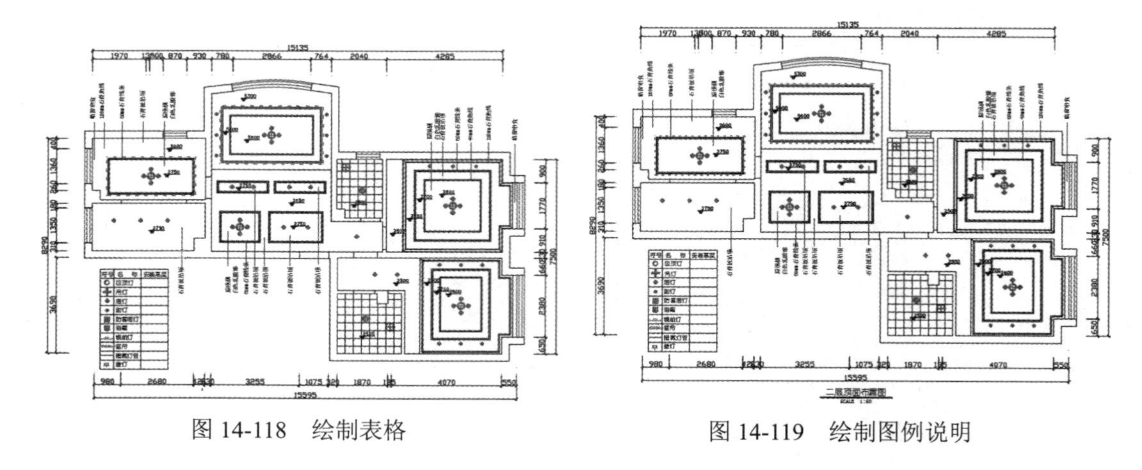

图 14-118　绘制表格　　图 14-119　绘制图例说明

14.4　绘制复式楼部分立面图

下面绘制复式楼各立面造型图。

14.4.1　绘制客厅沙发背景墙立面图

本案例绘制的是客厅立面图，图中护墙板和玻璃造型是设计在一起的，采用凹凸木饰面和线条作装饰，视觉效果流畅；中间采用玻璃造型，使整个室内空间更加明亮。

制作思路：

1．绘制客厅轮廓。

2．通过偏移、修剪操作将轮廓绘制完整。

3．插入电视等图块。

4．对该图进行材料注释和尺寸标注。

主要命令及工具：“直线”“矩形”“块”和“多行文字”等操作命令。

源文件及视频位置：光盘:\第 14 章\

绘制客厅沙发背景墙立面图的具体操作步骤如下。

（1）执行“矩形”命令，绘制一个长 6110 mm、宽 5650 mm 的矩形，作为客厅立面轮廓，如图 14-120 所示。

（2）执行“分解”命令，将矩形分解；执行“偏移”命令，偏移直线表现出墙体厚度；执行“修剪”命令，修剪墙体，如图 14-121 所示。

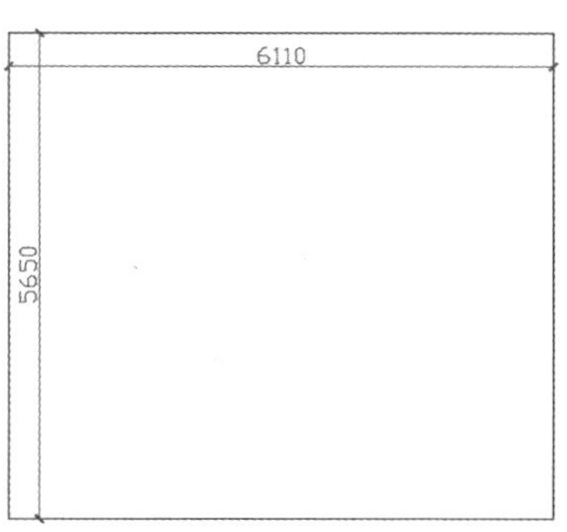

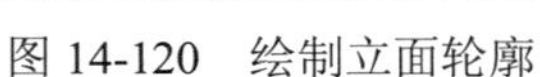

图 14-120　绘制立面轮廓

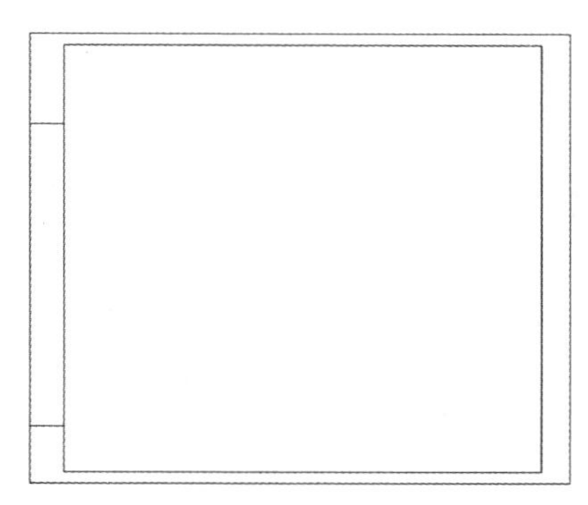

图 14-121　分解、偏移矩形

（3）执行“图案填充”命令，选择填充图案为“ANSI31”，设置填充比例为 15，填充墙体，如图 14-122 所示。

（4）执行“直线”“偏移”命令，绘制窗户剖面，如图 14-123 所示。

图 14-122　填充墙体

图 14-123　绘制窗框

（5）执行“偏移”“修剪”命令，绘制楼板，执行“图案填充”命令，填充楼板，如图 14-124 所示。

（6）执行“直线”“偏移”命令，绘制吊顶层，如图 14-125 所示。

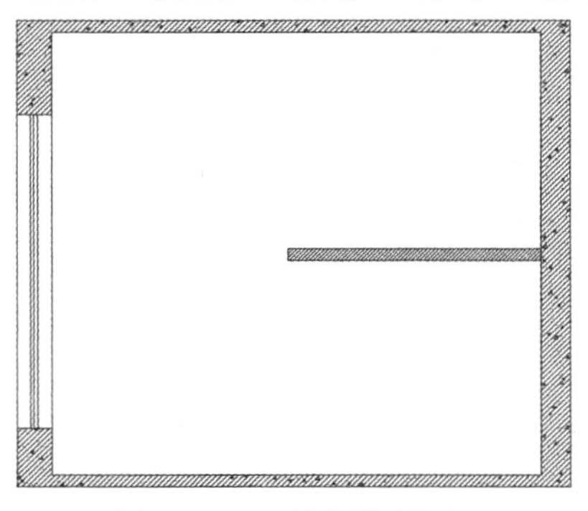

图 14-124　绘制楼板层

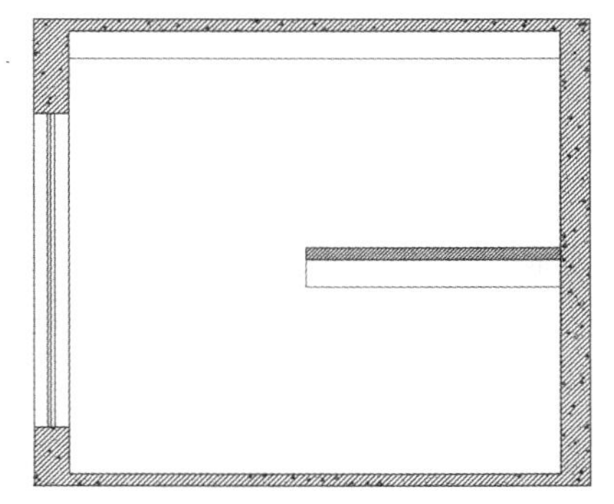

图 14-125　绘制吊顶层

（7）执行“图案填充”命令，选择填充图案为“ANSI31”，设置填充比例为 15，填充顶面，如图 14-126 所示。

（8）执行“偏移”命令，将地面直线依次向上偏移 70mm、20 mm、20 mm，绘制踢脚线，如图 14-127 所示。

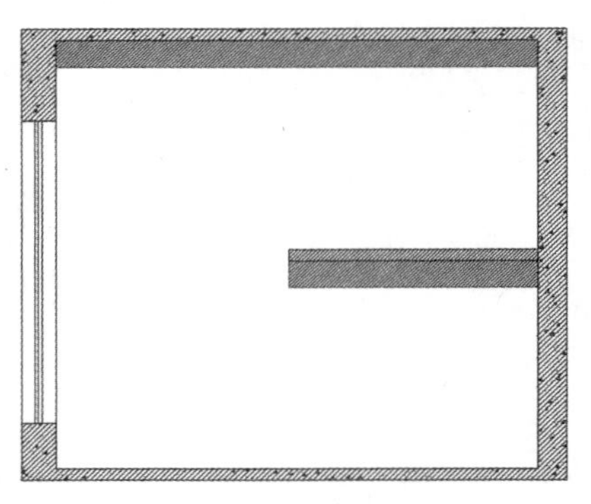

图 14-126　填充顶面

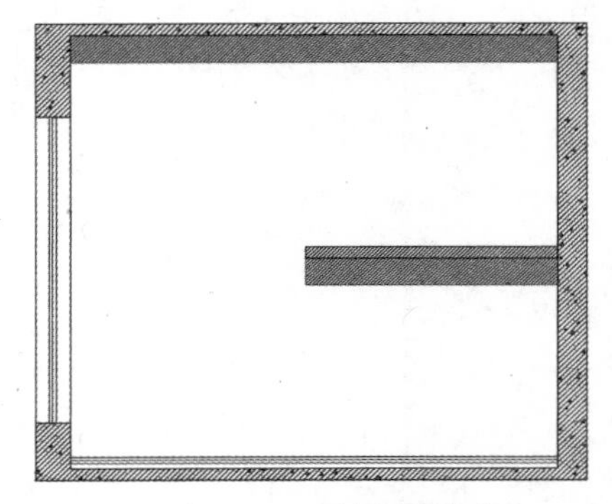

图 14-127　绘制踢脚线

（9）执行“直线”命令，绘制门洞；执行“修剪”命令，修剪出踢脚线，如图 14-128 所示。

（10）执行“直线”命令，绘制柜子侧立面，如图 14-129 所示。

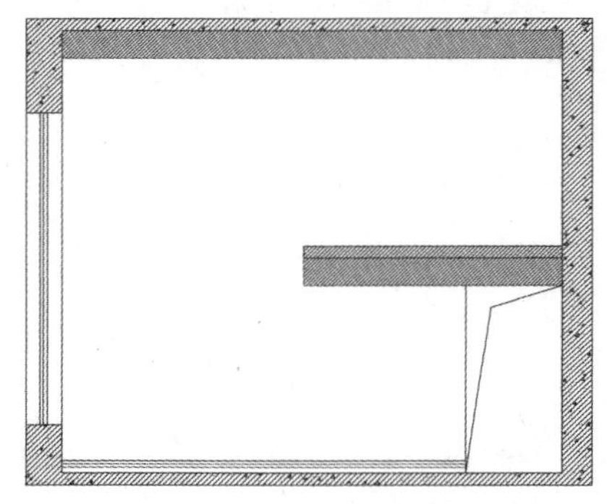

图 14-128　绘制门洞

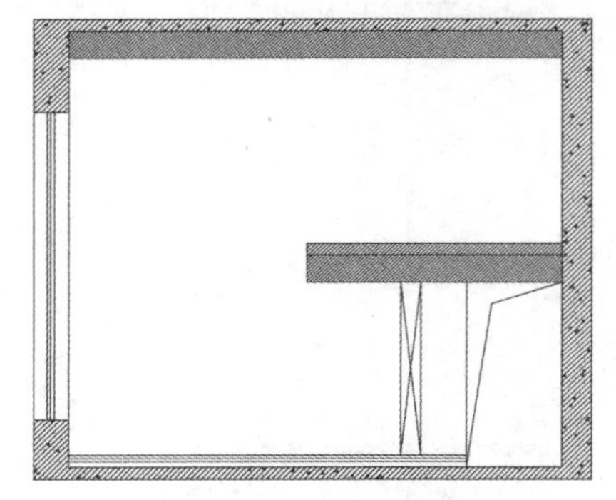

图 14-129　绘制柜子侧面

（11）执行“矩形”命令，绘制矩形造型，执行“复制”命令，复制矩形，执行“拉伸”命令，调整立面造型，如图 14-130 所示。

（12）继续执行“矩形”命令，绘制矩形立面造型，如图 14-131 所示。

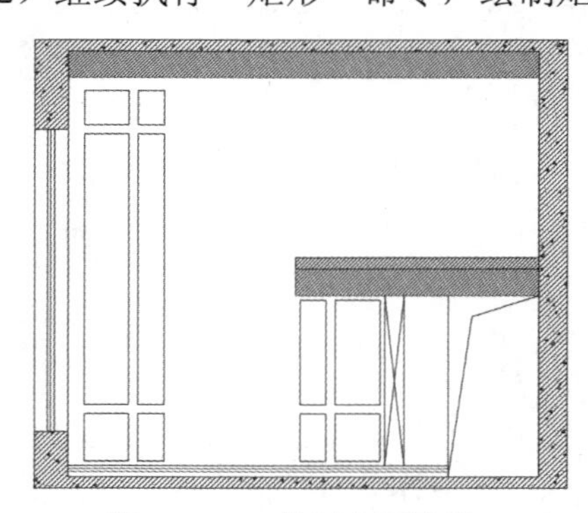

图 14-130　绘制立面造型

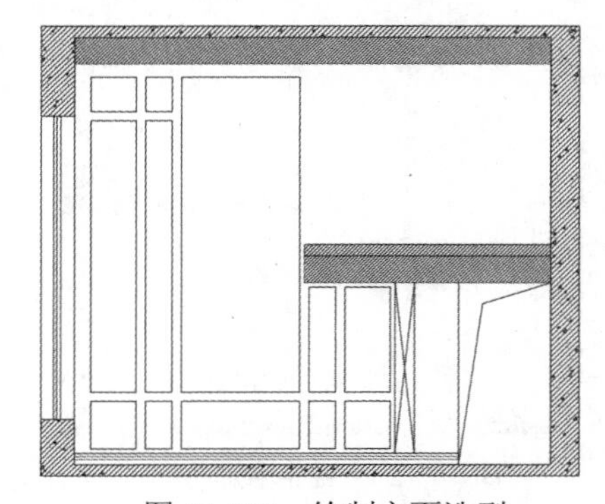

图 14-131　绘制立面造型

（13）执行“偏移”命令，将矩形依次向内偏移 20mm、30 mm，绘制实木线条，如图 14-132 所示。

（14）执行“偏移”命令，将中间矩形依次向内偏移 280mm、40 mm，绘制立面造型，如图 14-133 所示。

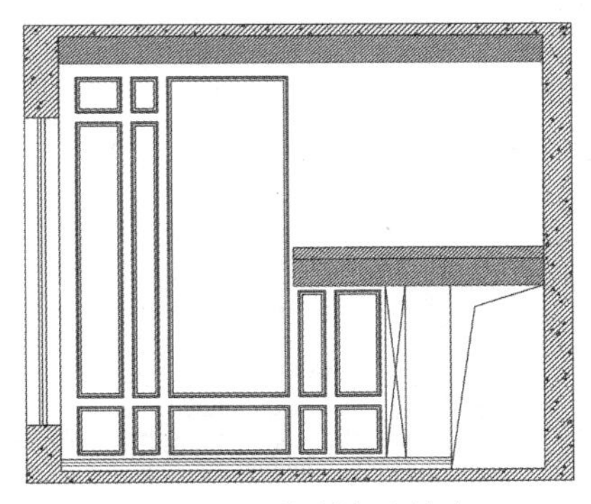

图 14-132　绘制实木线条

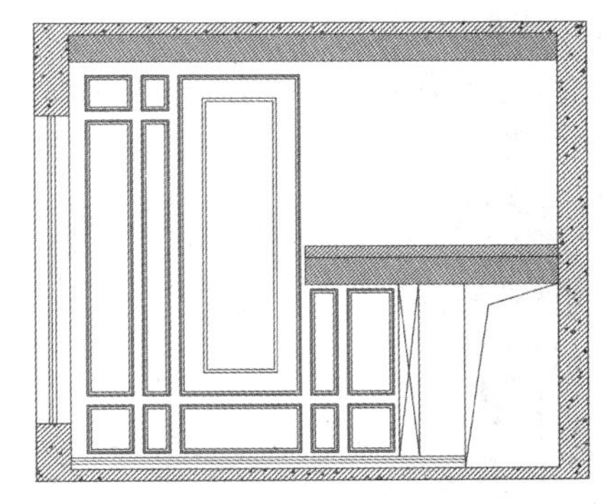

图 14-133　绘制立面造型

（15）执行“图案填充”命令，选择填充图案为“AR-RROOF”，设置填充角度为 45°，设置填充比例为 20，填充造型，如图 14-134 所示。

（16）执行“插入”|“块”命令，导入装饰画模型，执行“缩放”命令，调整装饰画大小，如图 14-135 所示。

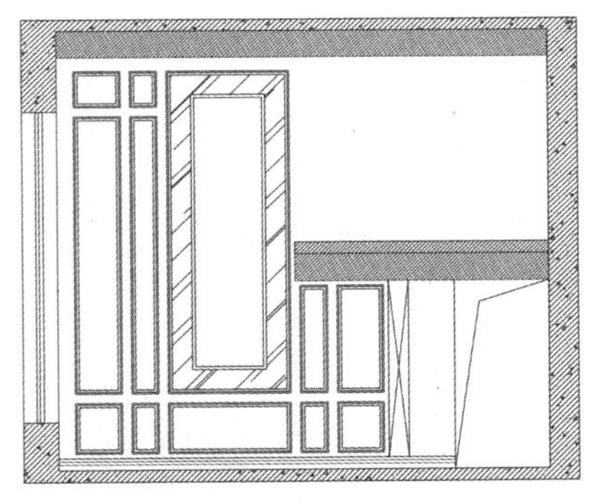

图 14-134　填充立面造型

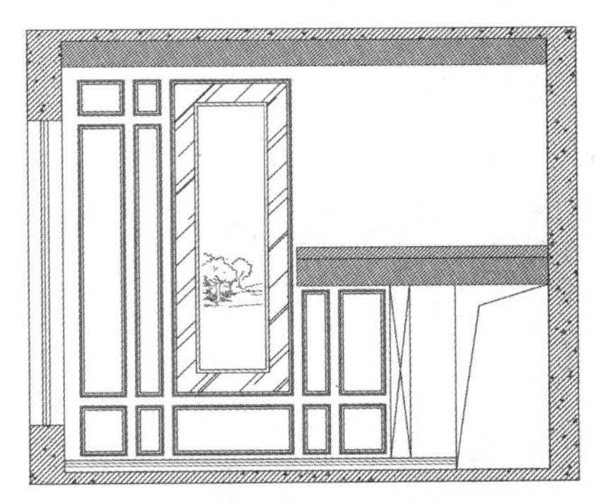

图 14-135　导入装饰画

（17）执行“偏移”命令，将楼板地面依次向上偏移 70mm、20 mm、20 mm，绘制踢脚线，如图 14-136 所示。

（18）执行“直线”命令，绘制门洞，执行“修剪”命令，修剪踢脚线，如图 14-137 所示。

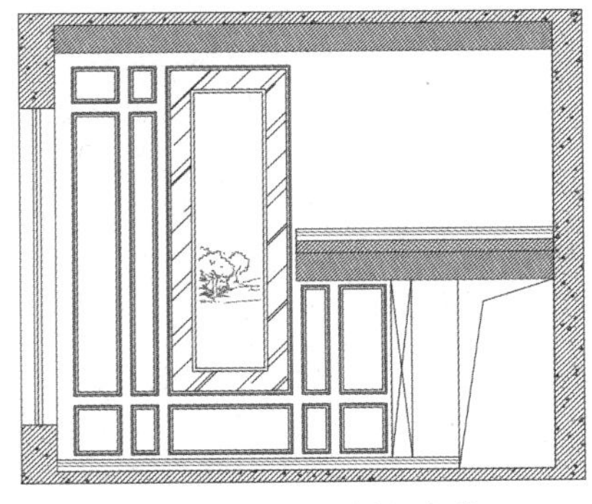

图 14-136　绘制踢脚线

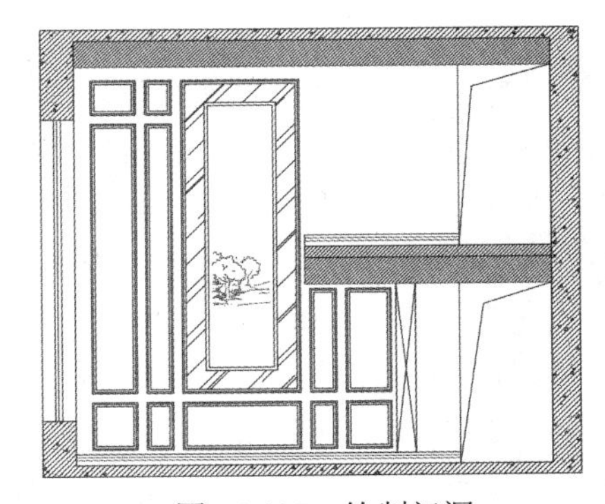

图 14-137　绘制门洞

（19）执行“矩形”命令，绘制凹凸矩形造型，执行“复制”命令，复制矩形，执行“拉伸”命令，调整立面造型，如图 14-138 所示。

（20）执行“偏移”命令，将中间矩形依次向内偏移 20mm、30mm，绘制实木线条，如图 14-139 所示。

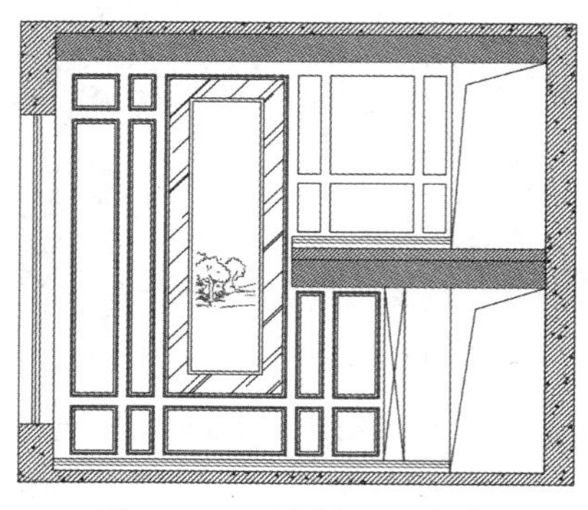

图 14-138　绘制凹凸造型

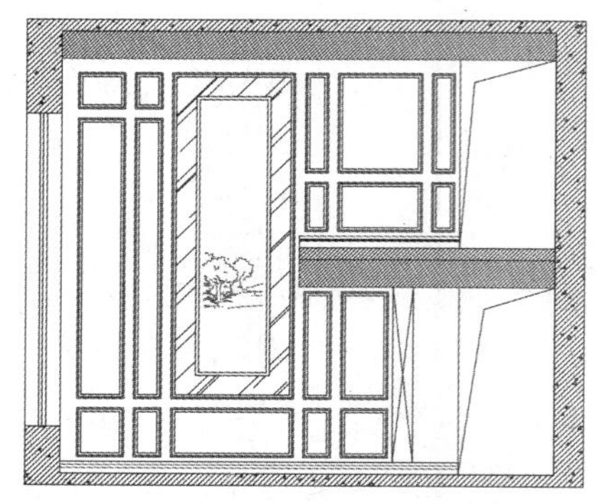

图 14-139　绘制实木线条

（21）执行“直线”“偏移”命令，绘制顶面石膏线，执行“圆弧”命令，绘制线条侧面，图 14-140 所示。

（22）执行“插入”|“块”命令，导入沙发模型，执行“移动”命令，将其移动到如图 14-141 所示的位置。

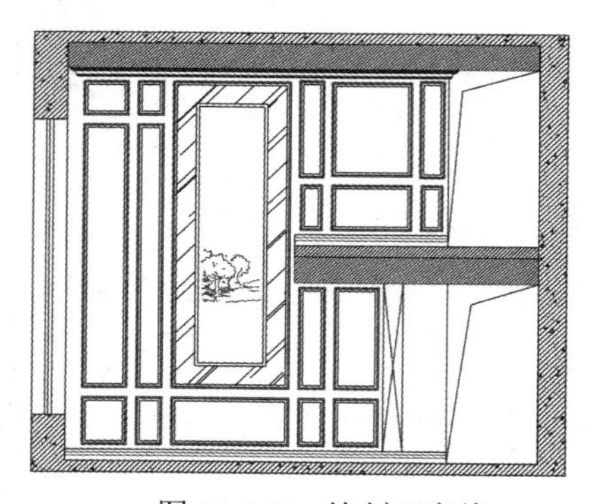

图 14-140　绘制石膏线

图 14-141　导入沙发

（23）执行“修剪”命令，修剪立面造型，如图 14-142 所示。

（24）执行“线性标注”“连续标注”命令，对客厅立面进行尺寸标注，如图 14-143 所示。

（25）执行“LE”引线命令，绘制顶面材料说明，执行“复制”命令，复制引线，双击文字更改为需要的内容，如图 14-144 所示。

（26）执行“多段线”命令，设置线宽，绘制图例说明直线，如图 14-145 所示。

（27）执行“多行文字”命令，标注图例说明文

图 14-142　修剪造型

字，如图 14-146 所示。

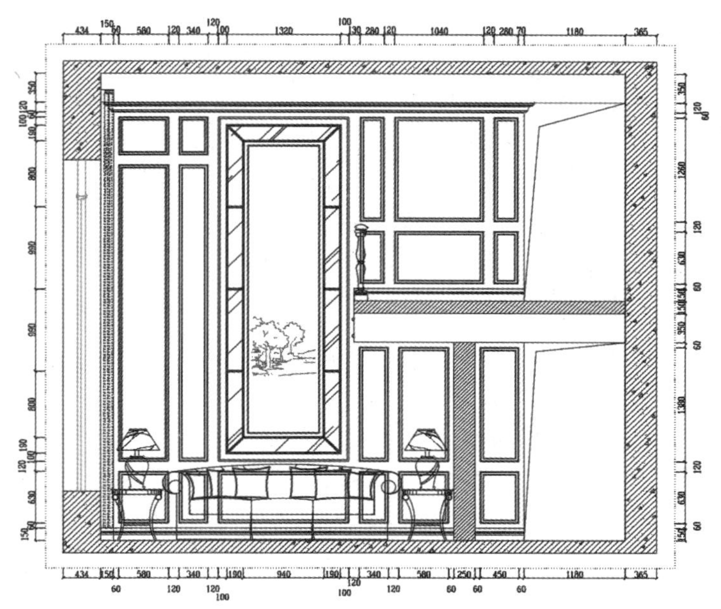

图 14-143　标注尺寸

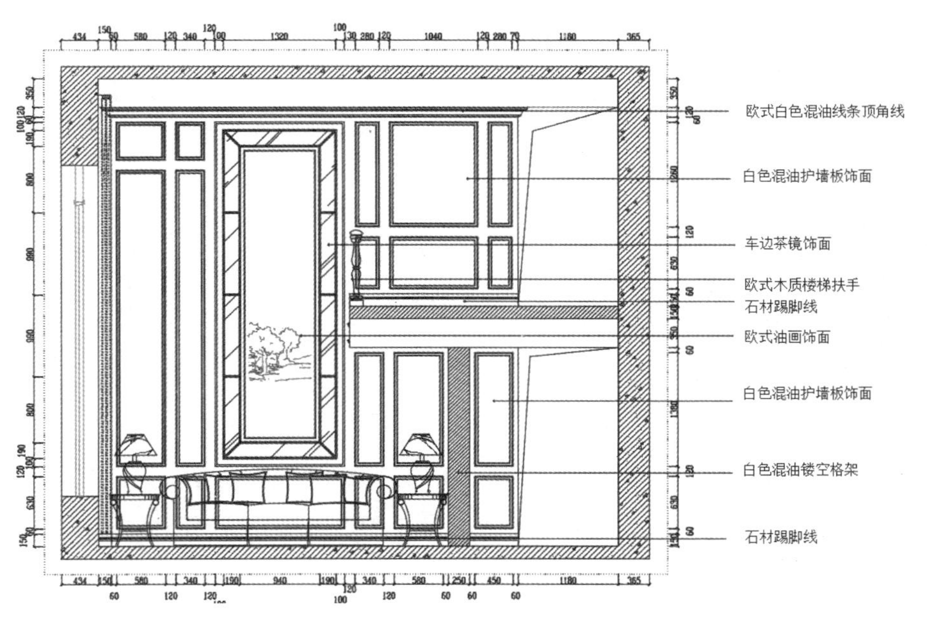

图 14-144　输入文字标注

一层客厅沙发背景墙立面图

注:具体应以施工现场放线尺寸为准

图 14-145　绘制图例说明　　图 14-146　绘制标注文字

（28）执行“移动”命令，移动图例说明到如图 14-147 所示的位置。

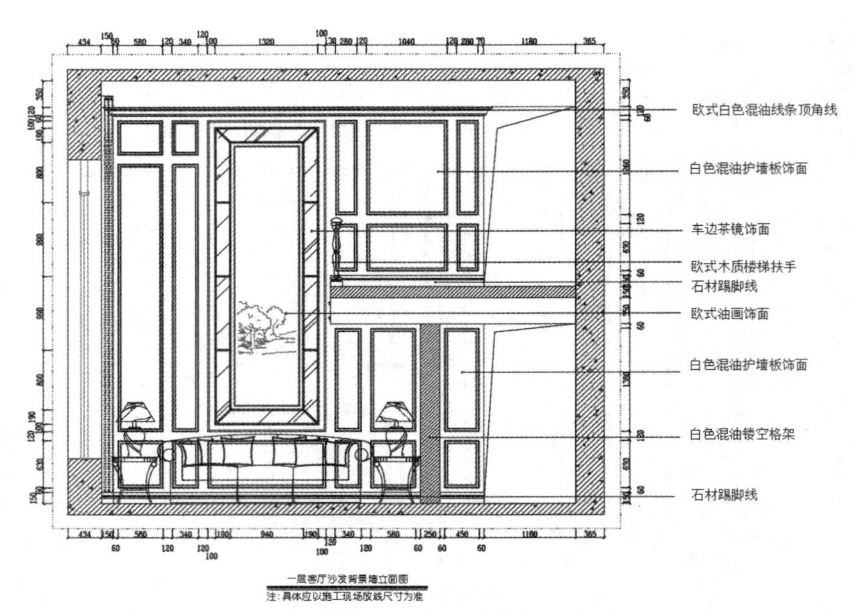

图 14-147 绘制图例说明

14.4.2 绘制卫生间立面图

本案例绘制的是卫生间立面图，图中绘制了洗手台盆；墙面上绘制了镜子（要采用防水镜）；墙面采用腰线和墙砖装饰，使卫生间空间显得更宽敞和流畅。卫生间的墙面应选用防水性较好、清洁、坚固耐用的材料，这里采用了石材饰面。

制作思路：

1. 绘制卫生间立面轮廓。
2. 通过利用偏移、修剪命令，绘制立面墙砖造型。
3. 插入洗脸池和洗手盆。
4. 填充立面墙砖。
5. 标注尺寸，标注材料说明。

主要命令及工具："直线""修剪""图案填充""偏移"和"块"等操作命令。

源文件及视频位置：光盘:\第 14 章\

绘制卫生间立面图的具体操作步骤如下。

（1）执行"直线"命令，绘制长 2260 mm、宽 2750 mm 的轮廓，作为卫生间立面区域，如图 14-148 所示。

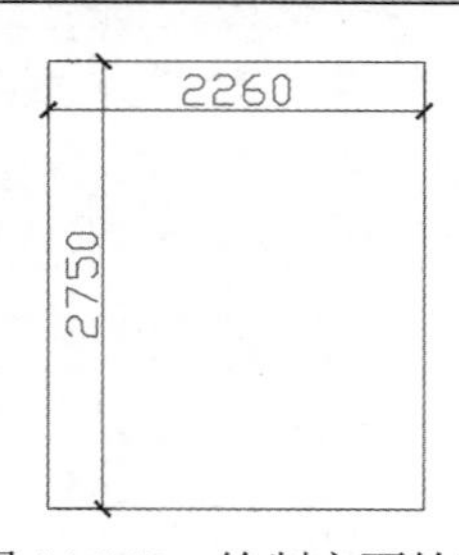

图 14-148 绘制立面轮廓

（2）执行"分解"命令，将矩形分解；执行"偏移"命令，偏移出墙体厚度；执行"圆角"命令，设置圆角半径为 0，修剪墙体，如图 14-149 所示。

（3）执行"图案填充"命令，选择填充图案为"ANSI31"

和“AR-CONC”，分别设置其比例，填充墙体，如图 14-150 所示。

（4）执行“偏移”命令，将地面直线依次向上偏移 900mm、1500mm，绘制立面造型，如图 14-151 所示。

图 14-149　偏移墙体

图 14-150　填充图案

图 14-151　绘制立面造型

（5）执行“偏移”命令，将直线依次向上偏移 10mm、40mm，绘制腰线，如图 14-152 所示。

（6）执行“偏移”命令，将顶面直线依次向下偏移 300mm，绘制墙砖，如图 14-153 所示。

（7）执行“偏移”命令，将左边直线依次向右偏移 600mm，绘制墙砖，如图 14-154 所示。

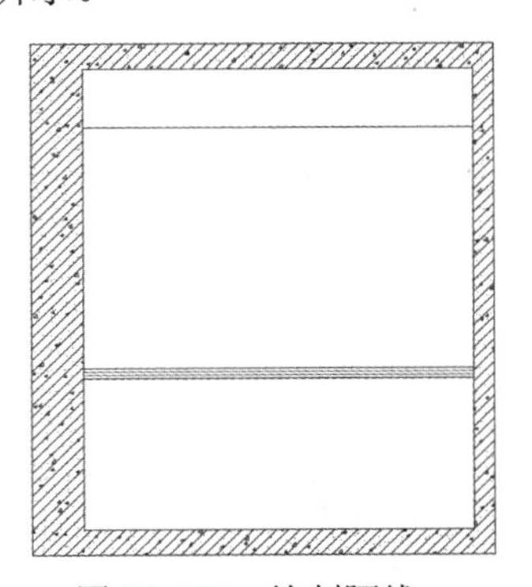

图 14-152　绘制腰线

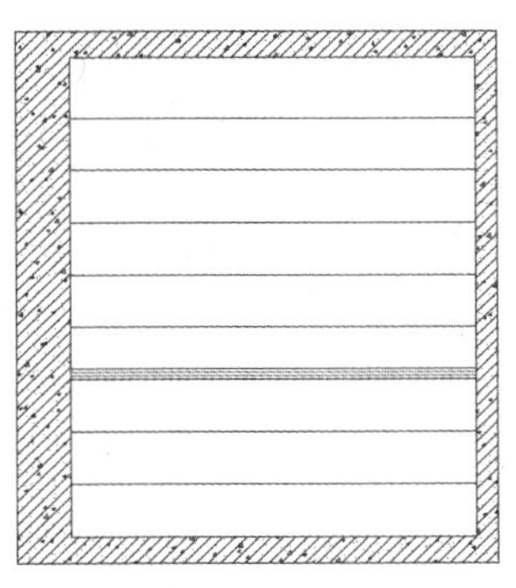

图 14-153　绘制墙砖

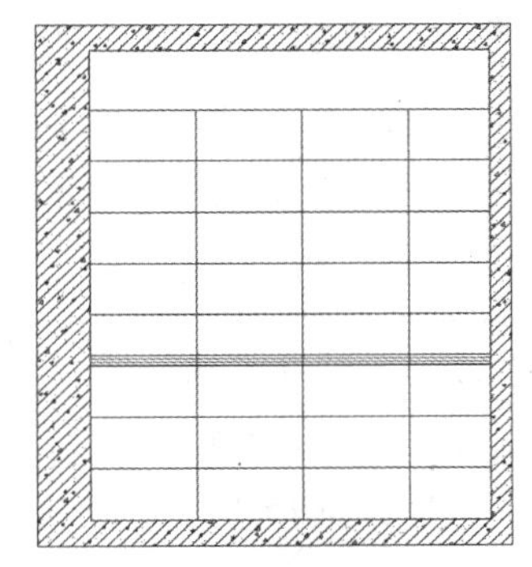

图 14-154　绘制墙砖

（8）执行“插入”|“块”命令，导入马桶模型，执行“修剪”命令，修剪直线，如图 14-155 所示。

（9）执行“插入”|“块”命令，导入洗漱台模型，执行“修剪”命令，修剪掉多余直线，如图 14-156 所示。

（10）执行“矩形”命令，绘制镜子；执行“修剪”命令，修剪墙线，如图 14-157 所示。

（11）执行“偏移”命令，将矩形向内偏移 40mm、10mm，绘制实木线框，如图 14-158 所示。

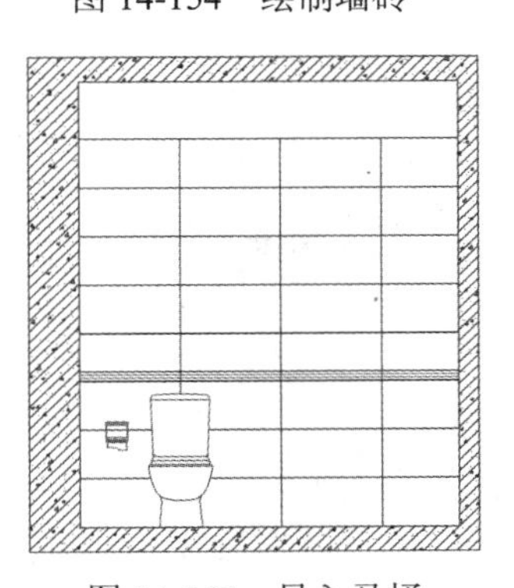

图 14-155　导入马桶

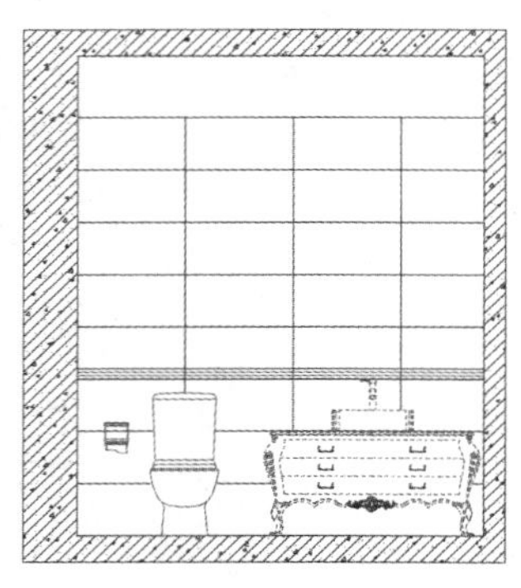

图 14-156　导入洗漱台模型

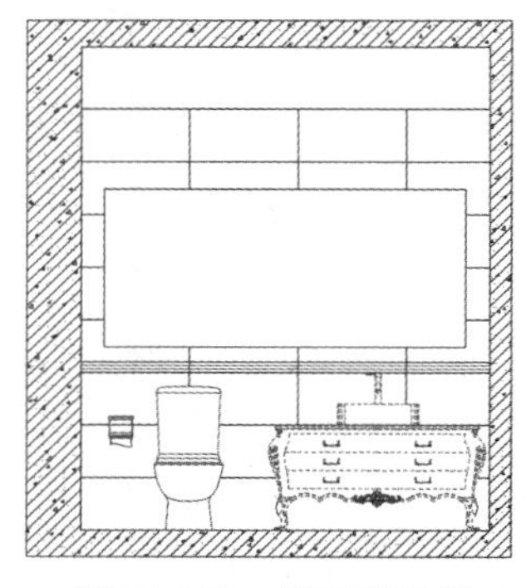

图 14-157　填充背景墙

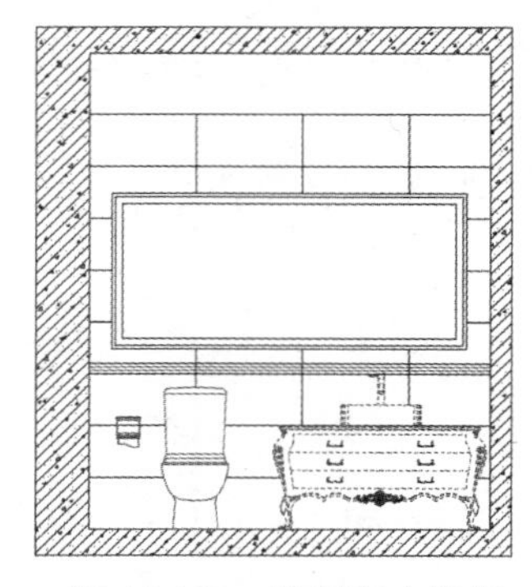

图 14-158　绘制实木线框

（12）执行“图案填充”命令，选择填充图案为“AR-RROOF”,设置填充角度为 45°，设置填充比例为 20，填充墙面，如图 14-159 所示。

（13）执行“图案填充”命令，选择填充图案为“AR-CONC”，设置填充比例为 1，填充墙砖，如图 14-160 所示。

（14）执行“图案填充”命令，选择填充类型“用户定义”，选择双向，设置填充间距为 50，在墙砖与顶面间填充马赛克，如图 14-161 所示。

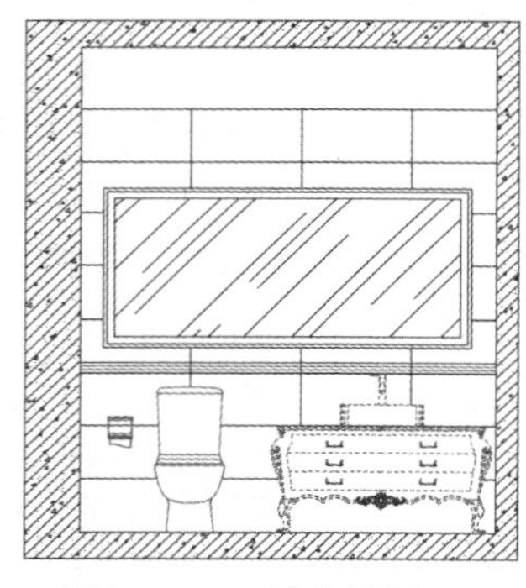

图 14-159　填充镜面

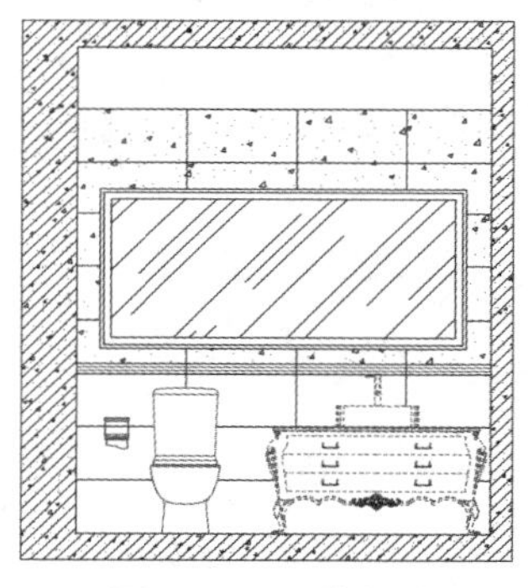

图 14-160　填充墙砖

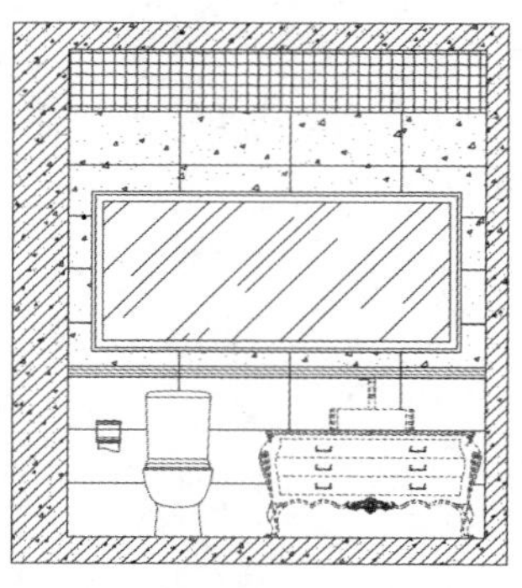

图 14-161　填充马赛克

（15）打开“标注样式管理器”对话框，新建标注样式“立面标注”，如图 14-162 所示。

（16）选择“线”选项卡，设置尺寸线和尺寸界线参数，如图 14-163 所示。

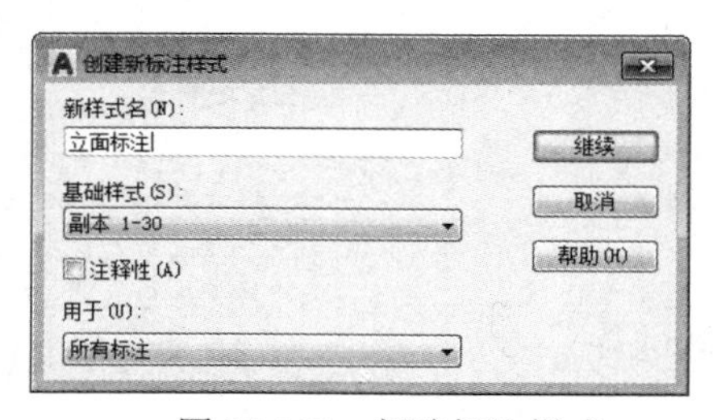

图 14-162　新建标注样式

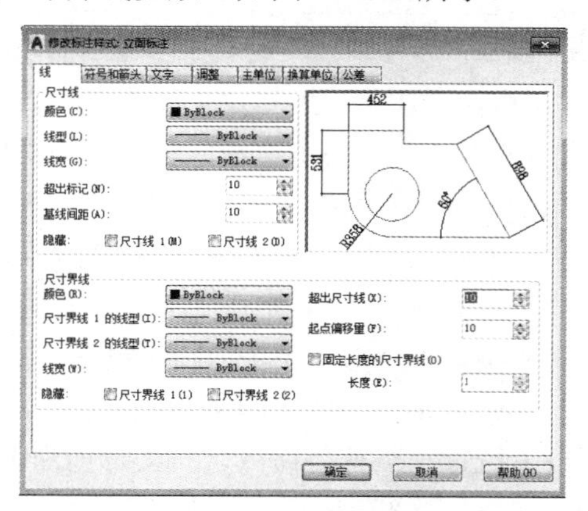

图 14-163　设置线参数

（17）选择“符号和箭头”选项卡，设置箭头为“建筑标记”，引线为“实心闭合”，箭头大小为“30”，其他参数为默认值，如图 14-164 所示。

（18）选择“文字”选项卡，设置文字高度为 80，其他参数为默认值，如图 14-165 所示。

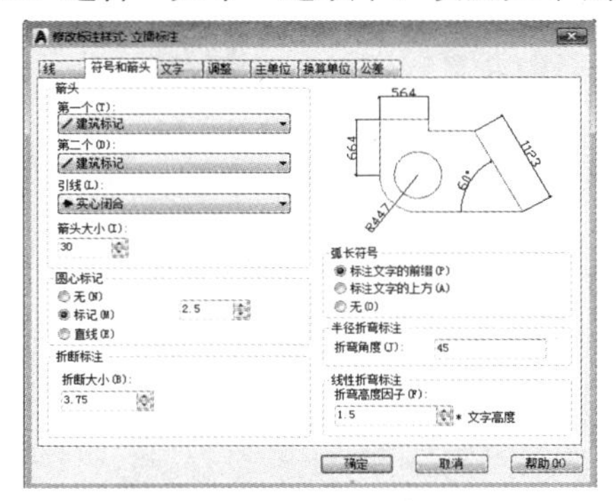

图 14-164　设置符号和箭头

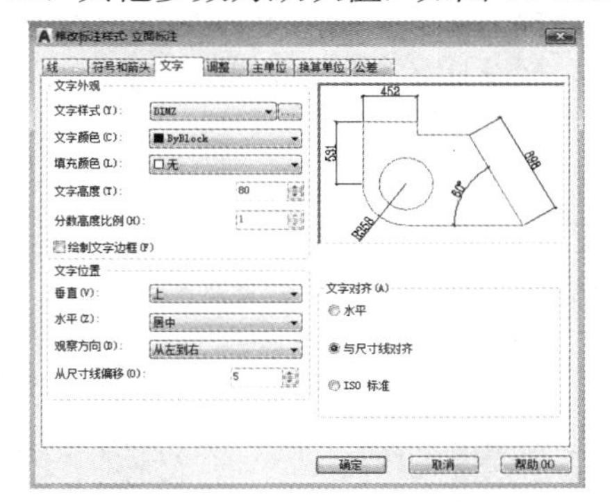

图 14-165　设置文字参数

（19）执行“线性标注”“连续标注”命令，对卫生间立面进行尺寸标注，如图 14-166 所示。

（20）执行“LE”引线命令，绘制顶面材料说明，如图 14-167 所示。

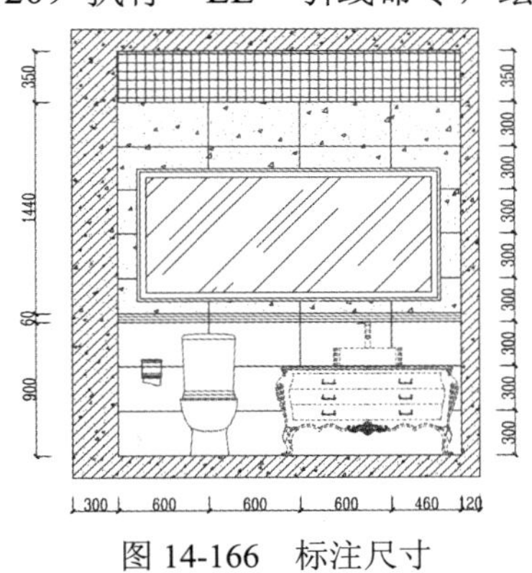

图 14-166　标注尺寸

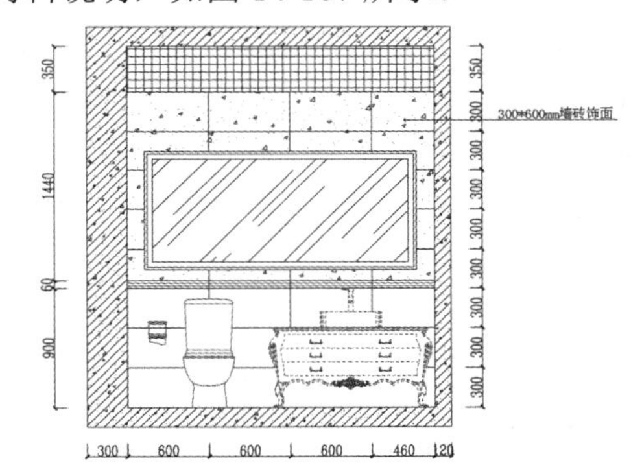

图 14-167　绘制材料说明

（21）执行“复制”命令，复制引线，双击文字更改为需要的内容，如图 14-168 所示。

（22）执行“复制”命令，复制客厅立面图图例说明，双击文字更改为需要的内容，如图 14-169 所示。

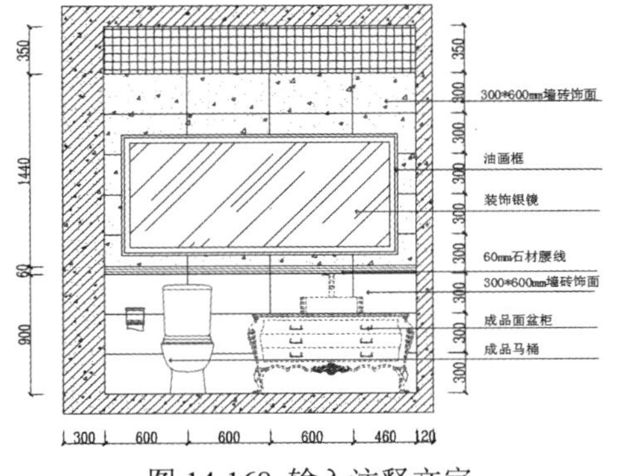

图 14-168 输入注释文字

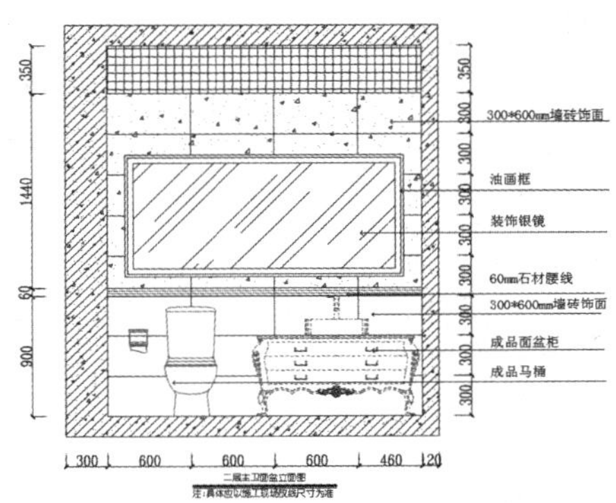

图 14-169　绘制图例说明

14.4.3 绘制主卧室立面图

本案例绘制的是主卧室立面图，卧室的背景墙选用混油木饰面和硬包相结合；在卧室背景墙位置设计了装饰画，设计时要注意选择合适的背景图案，以实现与卧室家具风格的统一。

> 制作思路：
> 1. 绘制主卧室立面轮廓。
> 2. 绘制床头背景造型。
> 3. 插入床、装饰画和灯图块。
> 4. 进行材料注释和尺寸标注。
>
> 主要命令及工具："直线""修剪""图案填充""块"和"引线"等操作命令。
>
> 源文件及视频位置：光盘:\第 14 章\

绘制主卧室立面图的具体操作步骤如下。

（1）执行"直线"命令，绘制长 4135 mm、宽 2750 mm 的轮廓，作为卧室立面轮廓，如图 14-170 所示。

（2）执行"分解"命令，将矩形分解，执行"偏移"命令，偏移出墙体厚度；执行"圆角"命令，设置圆角半径为 0，修剪墙体，如图 14-171 所示。

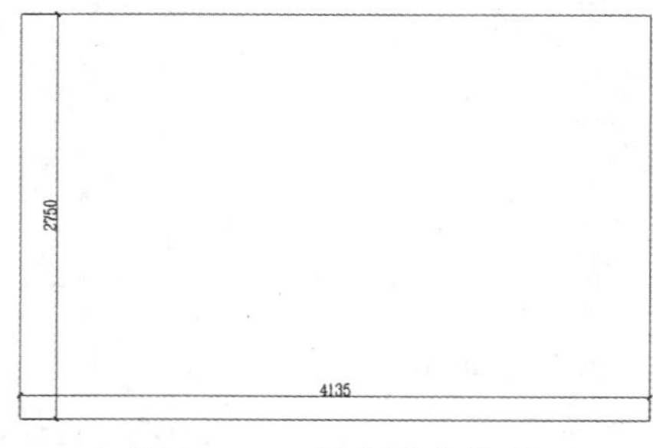

图 14-170　绘制卧室轮廓

图 14-171　偏移墙体厚度

（3）执行"图案填充"命令，选择填充图案为"ANSI31"和"AR-CONC"，分别设置其比例，填充墙体，如图 14-172 所示。

（4）执行"直线""偏移"命令，绘制窗户剖面，如图 14-173 所示。

图 14-172　填充墙体

图 14-173　绘制窗户

（5）执行“直线”“偏移”命令，绘制顶面造型，如图 14-174 所示。

（6）执行“图案填充”命令，选择填充图案为“ANSI31”，设置填充比例为 15，填充顶面，如图 14-175 所示。

图 14-174　绘制顶面造型

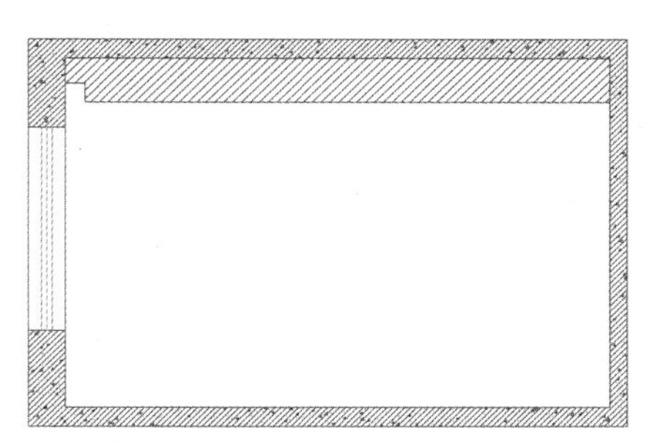
图 14-175　填充顶面

（7）执行“直线”命令，绘制衣柜立面，如图 14-176 所示。

（8）执行“直线”和“偏移”命令，绘制石膏线，执行“圆弧”“修剪”命令，修剪石膏线，如图 14-177 所示。

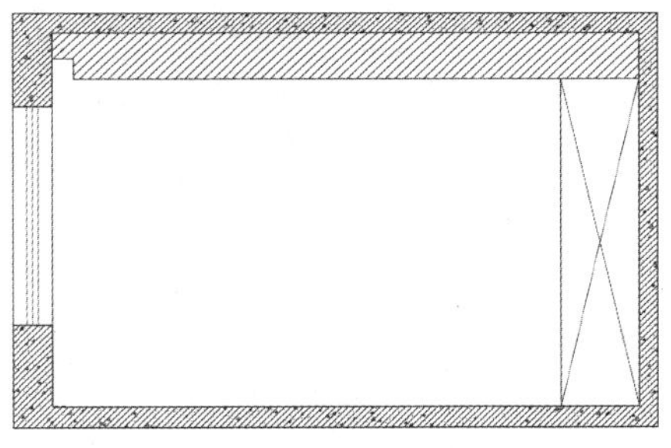
图 14-176　绘制衣柜

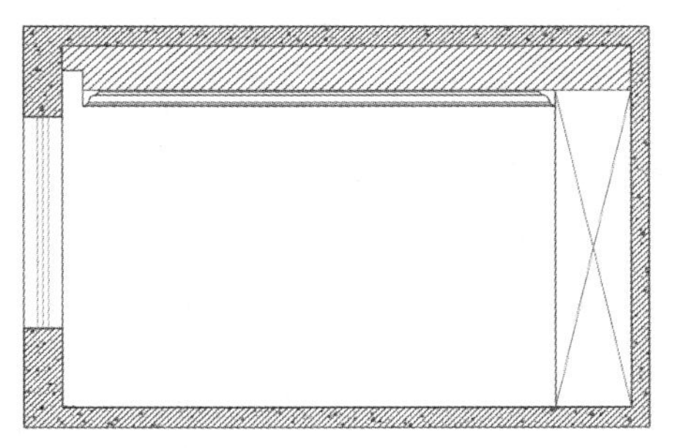
图 14-177　绘制石膏线

（9）执行“偏移”命令，将地面直线依次向上偏移 110mm、20mm、20mm，绘制踢脚线，如图 14-178 所示。

（10）执行“偏移”命令，将左右两边直线分别向内偏移，绘制立面造型，如图 14-179 所示。

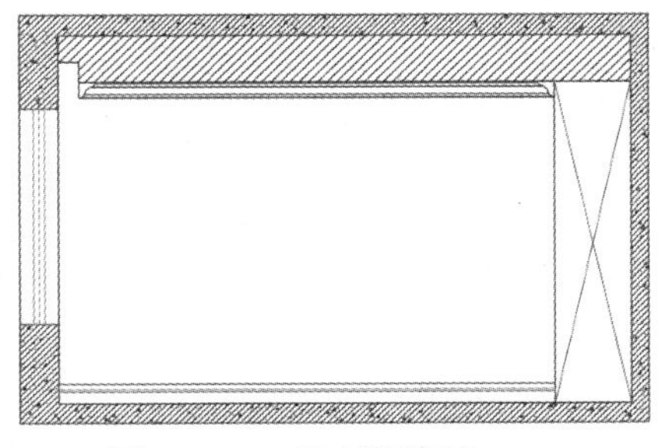
图 14-178　绘制踢脚线

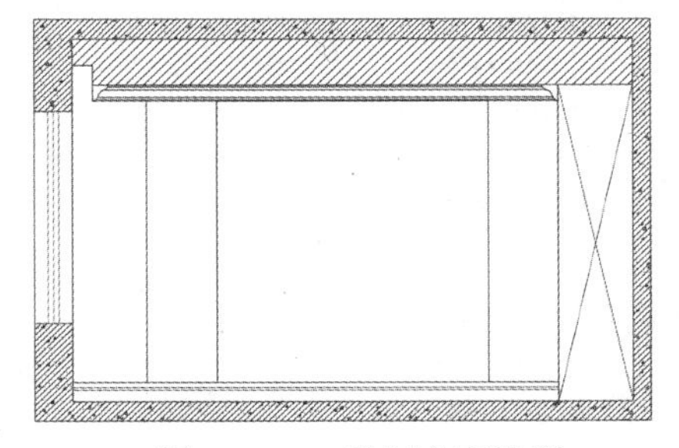
图 14-179　绘制立面造型

（11）执行“直线”“偏移”命令，绘制凹凸造型，执行“修剪”命令，修剪立面造型，如图 14-180 所示。

（12）执行“偏移”命令，将直线依次向内偏移，执行“修剪”命令，修剪线条，如图14-181 所示。

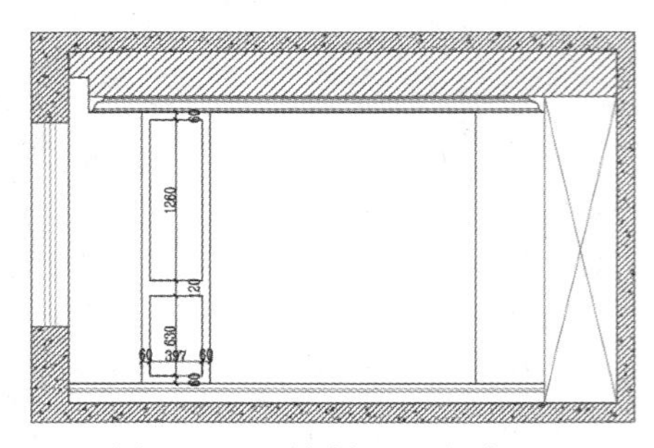

图 14-180　绘制凹凸造型

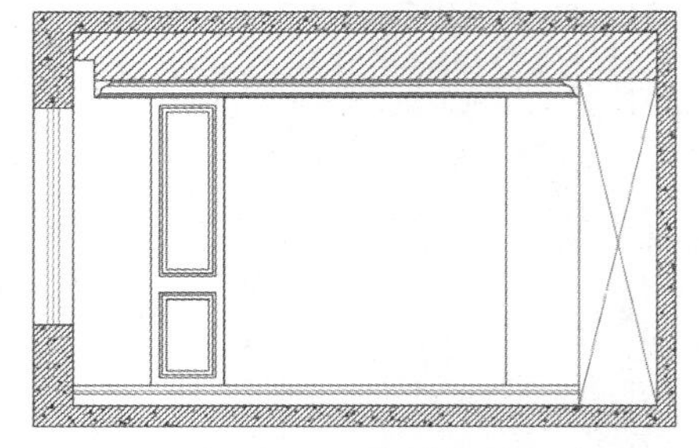

图 14-181　绘制立面造型

（13）执行“镜像”命令，以造型中心点为镜像轴，复制立面造型，如图 14-182 所示。

（14）执行“多段线”命令，绘制多段线，执行“偏移”命令，绘制实木线条，如图14-183 所示。

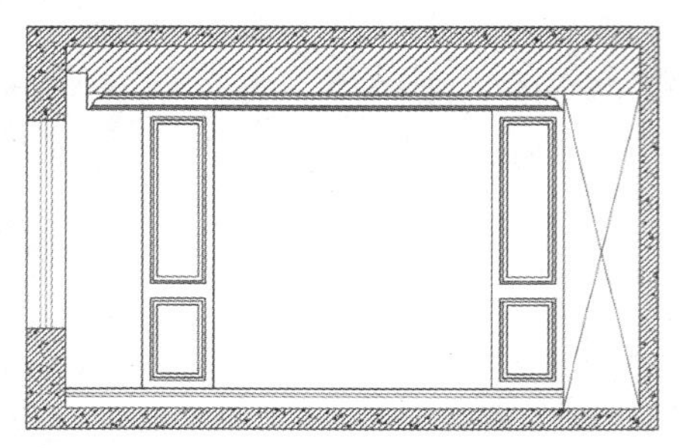

图 14-182　镜像复制立面造型

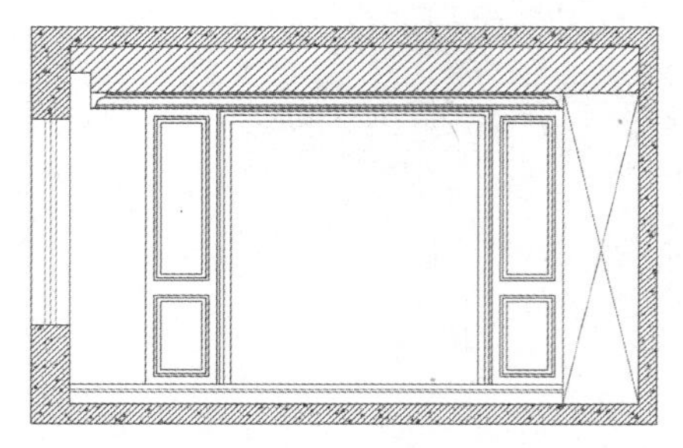

图 14-183　绘制实木线条

（15）执行“插入”|“块”命令，导入壁灯模型，执行“偏移”命令，绘制灯带，如图 14-184 所示。

（16）执行“插入”|“块”命令，导入双人床立面模型，执行“移动”命令，将双人床移动至立面造型中心处，如图 14-185 所示。

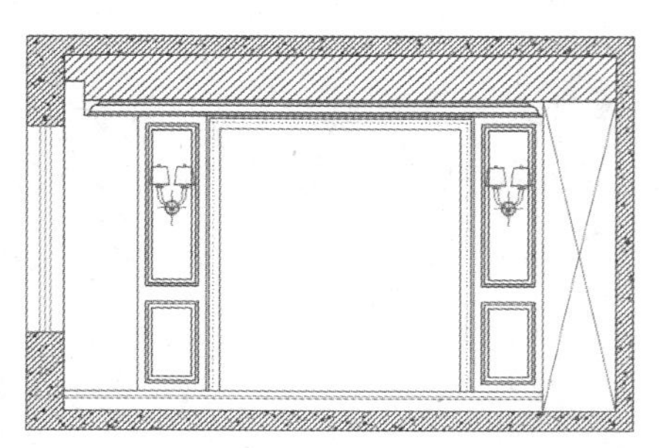

图 14-184　导入壁灯

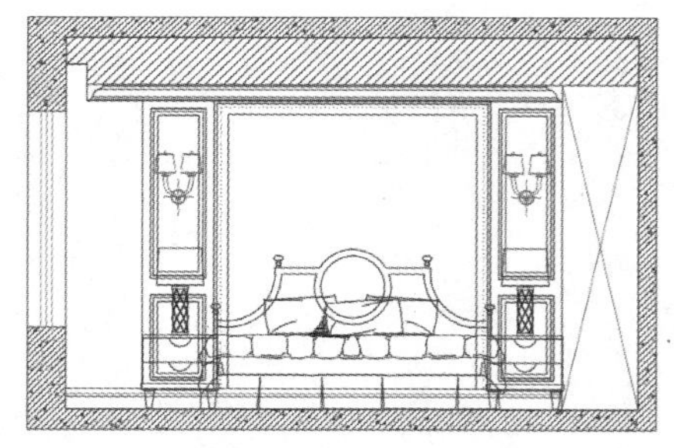

图 14-185　导入双人床

（17）执行“修剪”命令，修剪立面造型与双人床相交直线，如图 14-186 所示。

（18）执行“偏移”命令，偏移软包造型，执行“修剪”命令，修剪软包造型，如图14-187 所示。

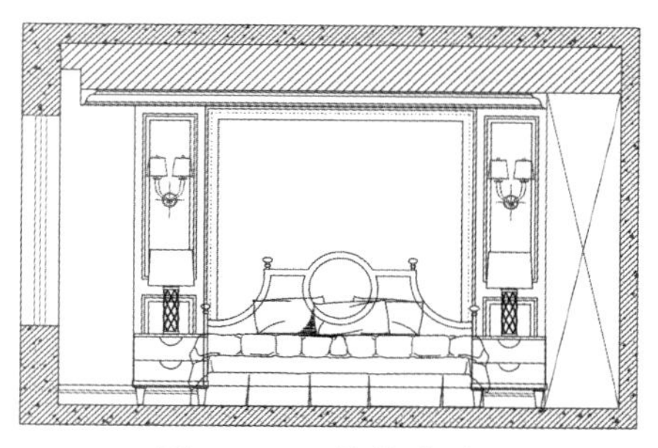

图 14-186　修剪造型

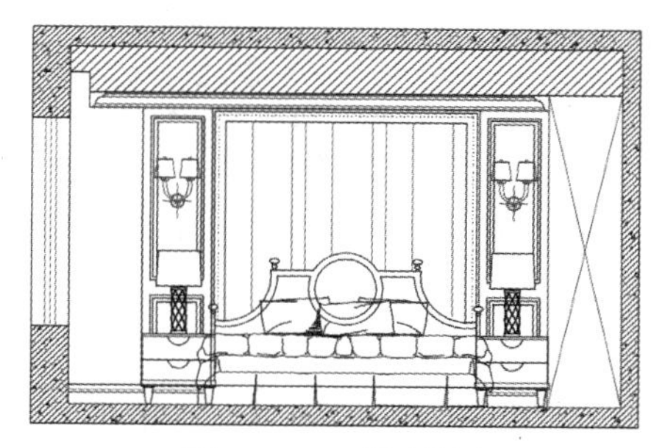

图 14-187　绘制软包

（19）执行“插入”|“块”命令，导入装饰画；执行“修剪”命令，修剪软包直线，如图 14-188 所示。

（20）执行“线性标注”“连续标注”命令，标注卧室立面尺寸，如图 14-189 所示。

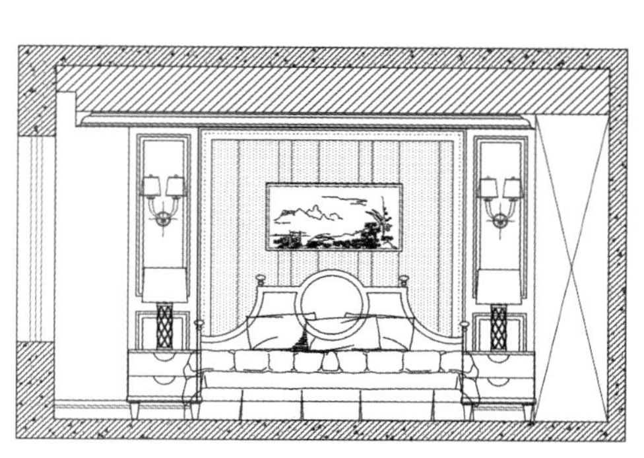

图 14-188　导入装饰画

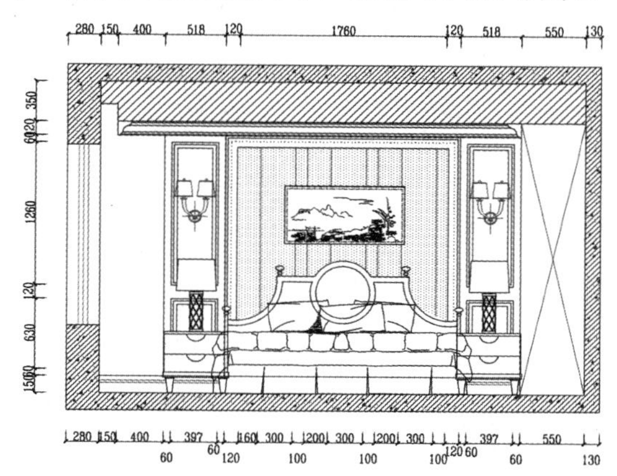

图 14-189　标注尺寸

（21）执行“LE”引线命令，绘制顶面材料说明，执行“复制”命令，复制引线说明，双击文字更改为需要的内容，如图 14-190 所示。

（22）执行“复制”命令，复制客厅立面图图例说明，双击文字更改为需要的内容，如图 14-191 所示。

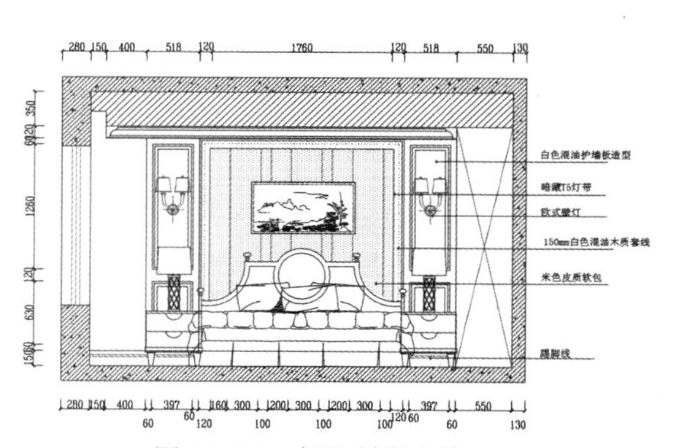

图 14-190　标注材料名称

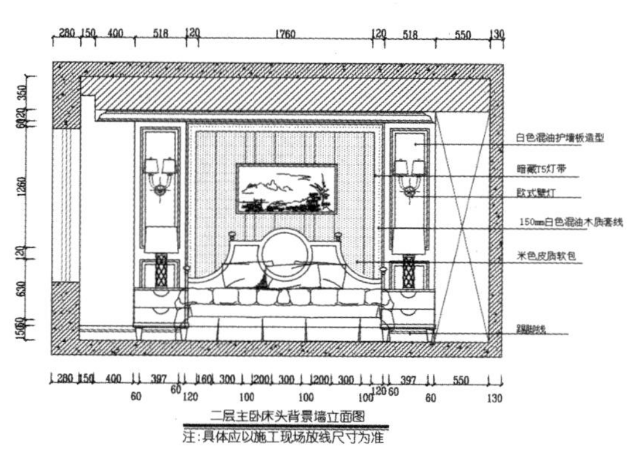

图 14-191　绘制图例说明

14.5 绘制部分剖面图

在制图过程中，绘制某立面图时，也可以绘制相应的剖面图进行更细致的说明。如果立面图较为复杂，还可单独绘制剖面图。

14.5.1 绘制卧室背景墙剖面图

本案例绘制的是卧室背景墙剖面图，饰面板采用白色混油饰面，且在中间绘制凹凸造型，装饰线条采用实木线平贴，整体装饰和谐统一。

制作思路：

1. 绘制门轮廓。
2. 进一步绘制其内部结构。
3. 选择图案对门进行填充。
4. 对该图进行材料注释和尺寸标注。

主要命令及工具：“直线”“偏移”“修剪”和“线性”等操作命令。

源文件及视频位置：光盘:\第 14 章\

绘制卧室背景墙剖面图的具体操作步骤如下。

（1）执行“圆”命令，绘制半径为 100mm 的圆形，执行“直线”命令，绘制剖切线，如图 14-192 所示。

（2）执行“多行文字”命令，绘制剖面图号，如图 14-193 所示。

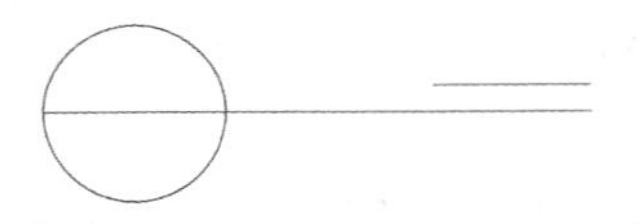

图 14-192　绘制剖切符号

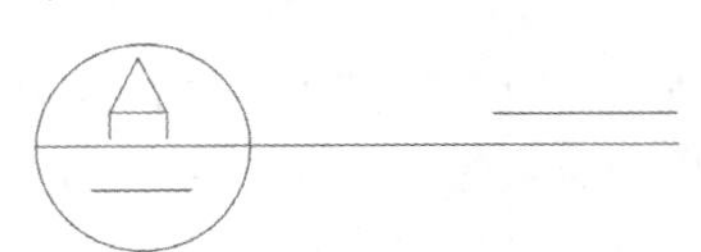

图 14-193　绘制剖面图号

（3）执行“移动”命令，将剖切符号移动至如图 14-194 所示位置。

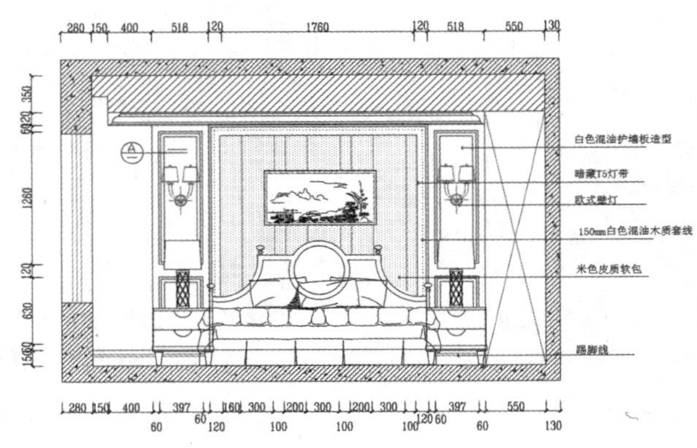

图 14-194　绘制剖面图号

（4）执行“直线”“偏移”命令，绘制墙体剖面，如图 14-195 所示。

（5）执行“矩形”命令，设置圆角为 50mm，绘制圆角矩形；执行“特性”命令，更改矩形线型及颜色，如图 14-196 所示。

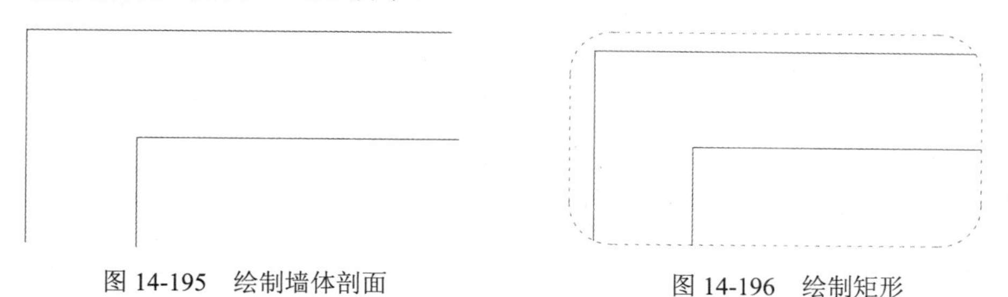

图 14-195　绘制墙体剖面　　图 14-196　绘制矩形

（6）执行“图案填充”命令，选择填充图案为“ANSI31”，设置填充比例为 15，填充墙体，如图 14-197 所示。

（7）执行“图案填充”命令，选择填充图案“AR-CONC”，设置填充比例为 1，填充墙体，如图 14-198 所示。

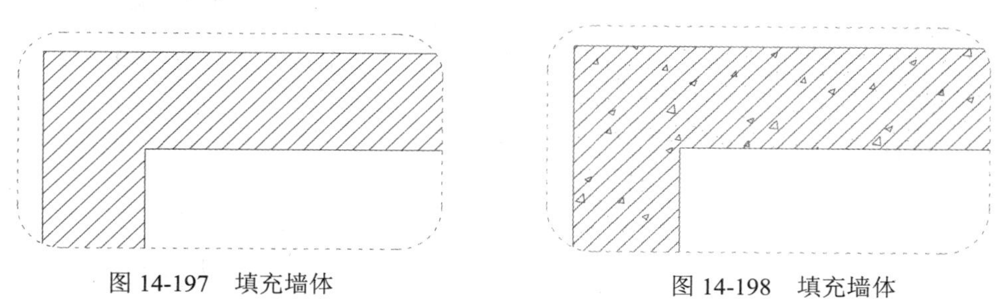

图 14-197　填充墙体　　图 14-198　填充墙体

（8）执行“矩形”命令，绘制宽 20mm、长 30mm 的木龙骨，执行“直线”命令，绘制龙骨截面，如图 14-199 所示。

（9）执行“复制”命令，依次复制龙骨，绘制龙骨框架，如图 14-200 所示。

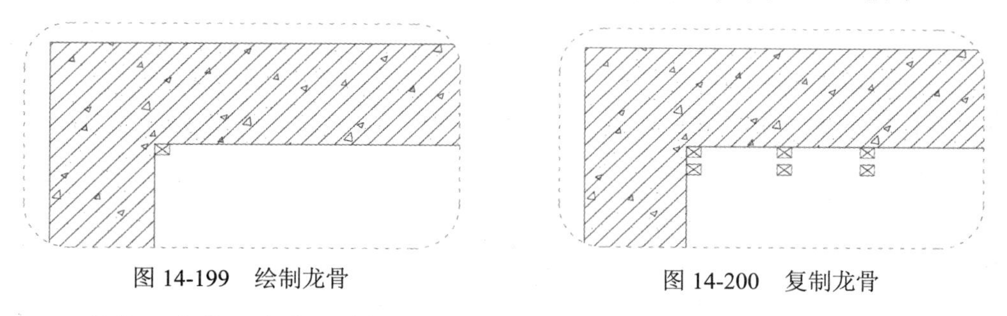

图 14-199　绘制龙骨　　图 14-200　复制龙骨

（10）执行“直线”命令，连接龙骨，绘制龙骨框架，如图 14-201 所示。

（11）执行“偏移”命令，将龙骨直线向外偏移 18mm，绘制木工板，执行“修剪”命令，修剪木工板，如图 14-202 所示。

（12）执行“直线”命令，绘制木工板剖面，执行“复制”命令，复制剖面直线，如图 14-203 所示。

（13）执行“偏移”命令，绘制出木工板的厚度；执行“图案填充”命令，填充木工板，如图 14-204 所示。

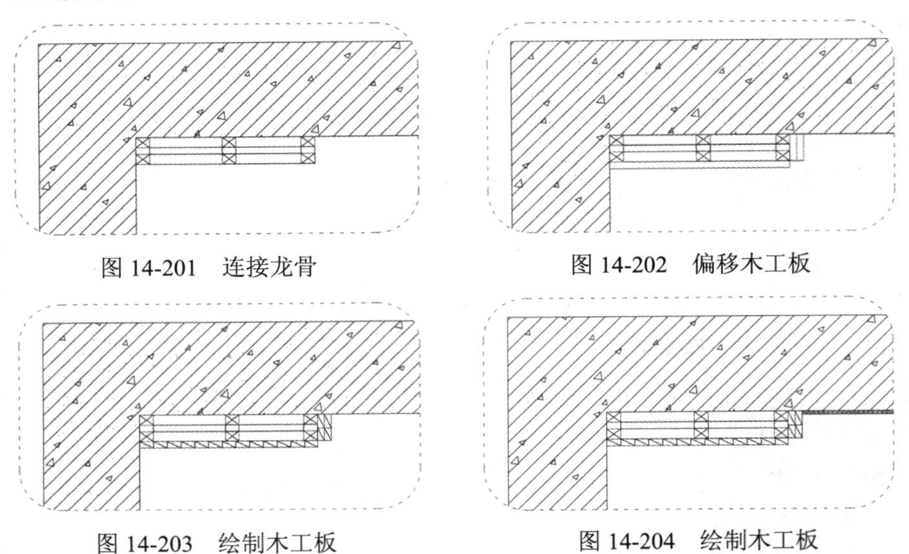

图 14-201　连接龙骨

图 14-202　偏移木工板

图 14-203　绘制木工板

图 14-204　绘制木工板

（14）执行“偏移”命令，绘制硬包厚度，执行“图案填充”命令，填充硬包，如图 14-205 所示。

（15）执行“直线”“修剪”命令，绘制木饰面凹凸造型，如图 14-206 所示。

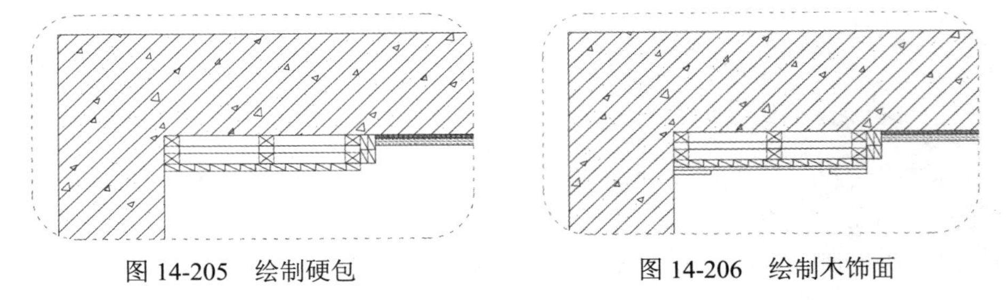

图 14-205　绘制硬包

图 14-206　绘制木饰面

（16）执行“图案填充”命令，选择填充图案为“CORK”，设置填充比例为 1，填充木工板，如图 14-207 所示。

（17）执行“图案填充”命令，选择填充图案为“ANSI31”，设置填充比例为 1，填充饰面板，如图 14-208 所示。

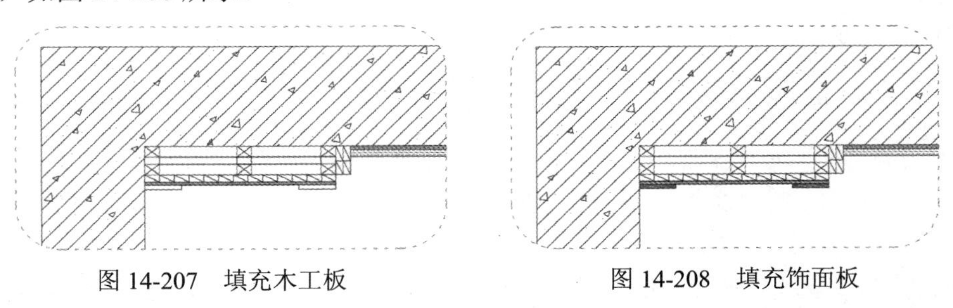

图 14-207　填充木工板

图 14-208　填充饰面板

（18）执行“直线”“修剪”命令，绘制实木线条剖面，执行“圆弧”命令，绘制弧形造型，如图 14-209 所示。

（19）执行“图案填充”命令，选择填充图案为“ANSI31”，设置填充比例为 1，填充线条剖面，如图 14-210 所示。

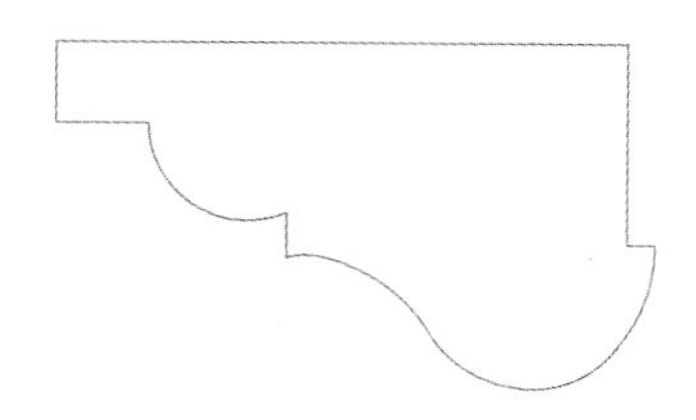

图 14-209　绘制实木线条

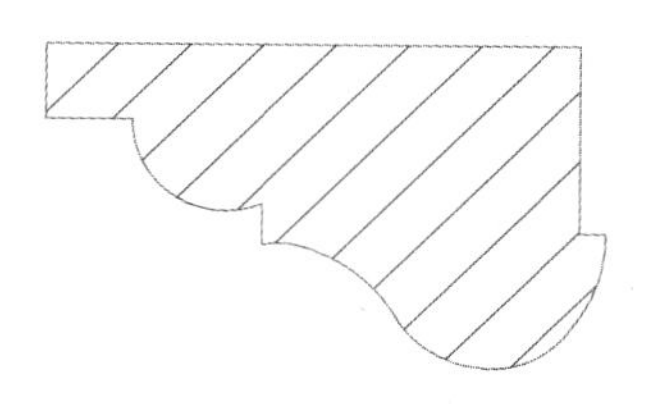

图 14-210　填充线条剖面

（20）执行“镜像”命令，复制实木线条剖面，执行“直线”命令，连接剖面，如图 14-211 所示。

（21）执行“直线”“圆弧”命令，绘制实木线条剖面，执行“图案填充”命令，填充线条剖面，如图 14-212 所示。

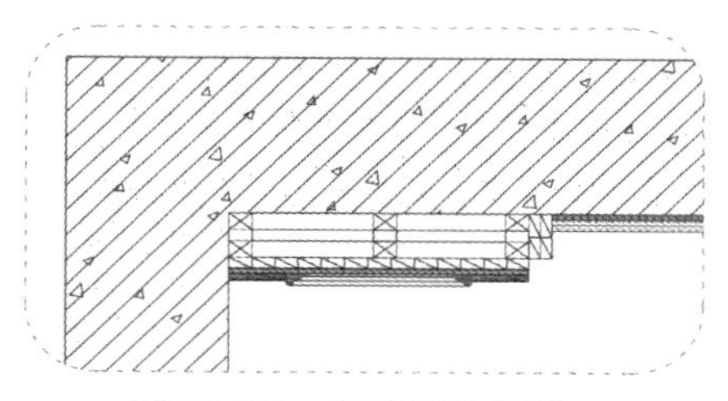

图 14-211　连接线条剖面

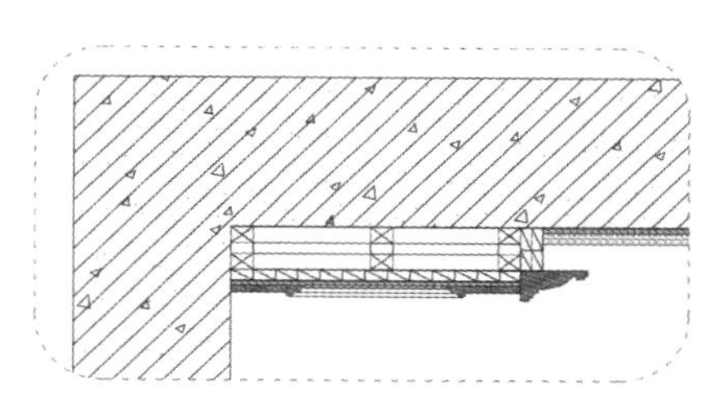

图 14-212　绘制线条剖面

（22）执行“矩形”命令，绘制长 15mm、宽 40mm 的矩形作为灯带底座，执行“直线”“圆弧”命令，绘制灯，如图 14-213 所示。

（23）执行“圆”命令，绘制半径为 10mm 的圆，执行“直线”命令，绘制灯带剖面，如图 14-214 所示。

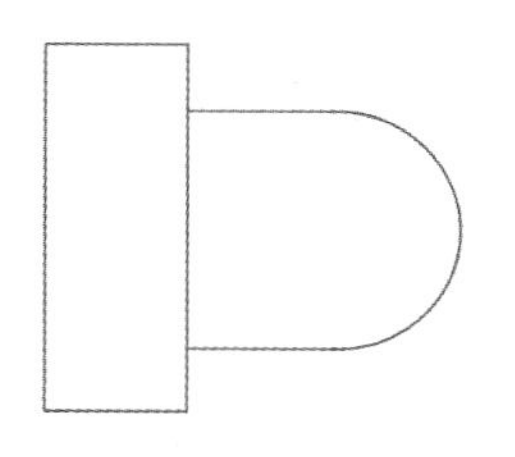

图 14-213　绘制灯带底座

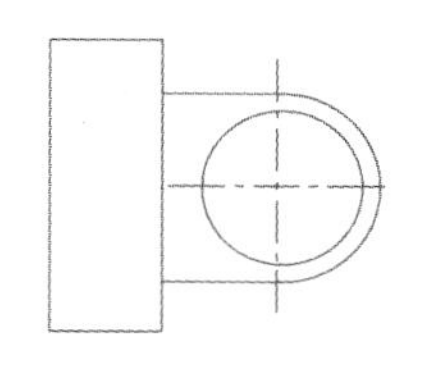

图 14-214　绘制灯带剖面

（24）执行“移动”命令，将灯带移动到如图 14-215 所示位置。

（25）执行“多重引线”命令，对该剖面进行材料注释，如图 14-216 所示。

（26）执行“复制”命令，复制引线，双击文字更改为需要的内容，如图 14-217 所示。

（27）执行“线性标注”命令，对该卧室背景墙剖面图进行尺寸标注，如图 14-218 所示。

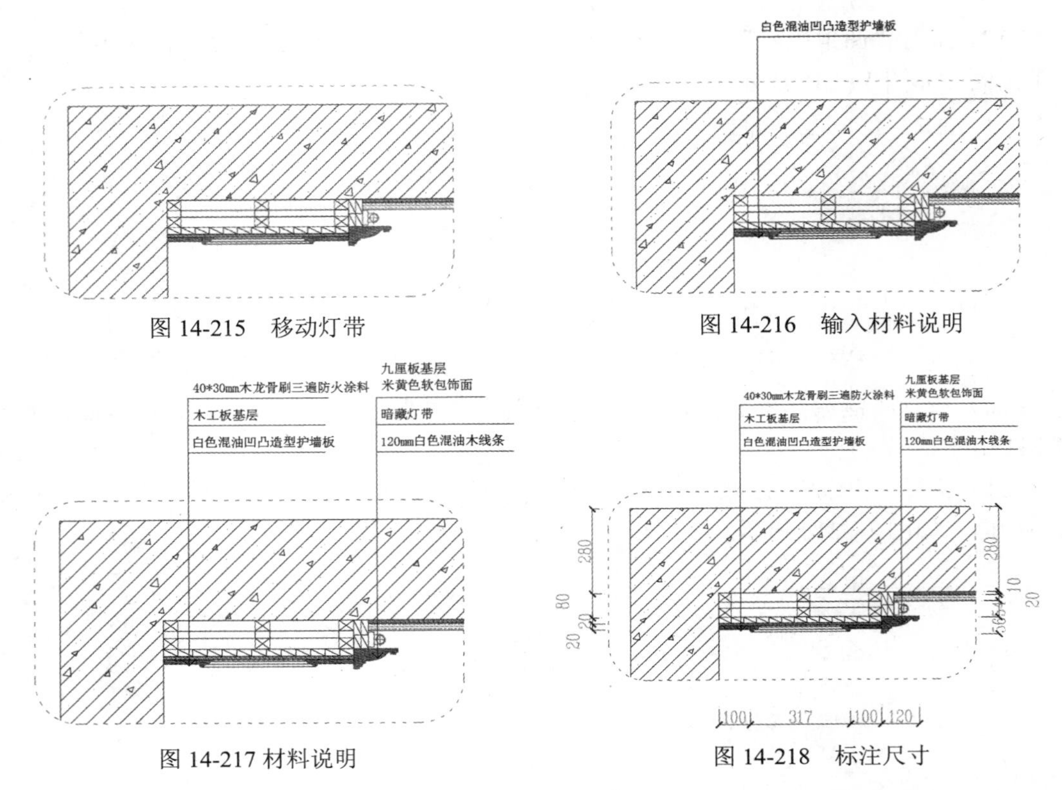

图 14-215　移动灯带

图 14-216　输入材料说明

图 14-217 材料说明

图 14-218　标注尺寸

（28）执行“复制”命令，复制客厅立面图图例说明，执行“缩放”命令，调整图例说明大小，双击文字更改为需要的内容，如图 14-219 所示。

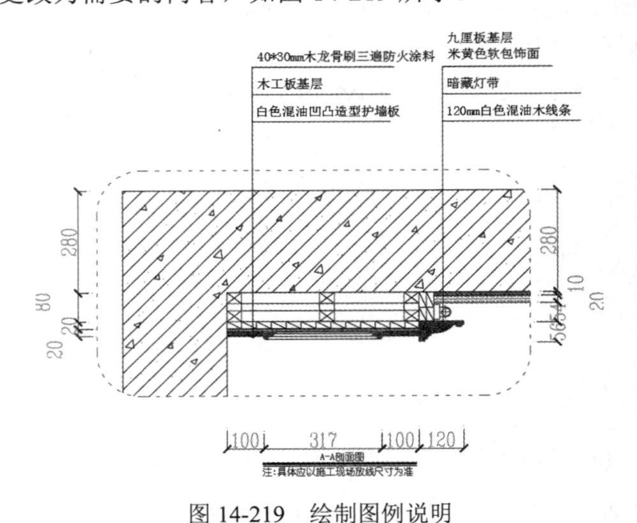

图 14-219　绘制图例说明

14.5.2　绘制橱柜剖面图

本案例绘制的是橱柜剖面图，橱柜采用数个方格形状，方格与方格间用木龙骨固定。

制作思路：

1．绘制橱柜剖面轮廓。

2．绘制橱柜剖面内部结构。

3．绘制柜门和把手。

4．填充理石台面图案。

5．材料注释和尺寸标注。

主要命令及工具：“偏移”“拉伸”“修剪”和“块”等操作命令。

源文件及视频位置：光盘:\第 14 章\

绘制橱柜剖面图的具体操作步骤如下。

（1）执行“直线”“偏移”命令，绘制橱柜剖面，执行“修剪”命令，修剪橱柜剖面，如图 14-220 所示。

（2）执行“偏移”命令，绘制柜体踢脚，执行“修剪”命令，修剪柜体，如图 14-221 所示。

（3）执行“偏移”命令，设置偏移尺寸为 20mm，绘制出橱柜的厚度，如图 14-222 所示。

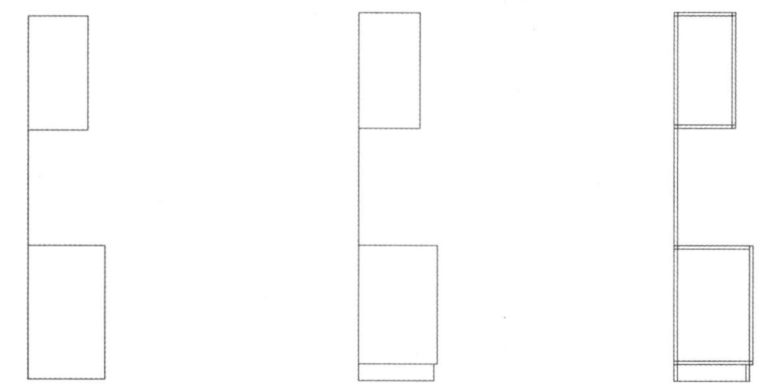

图 14-220　绘制剖面轮廓　　图 14-221　绘制踢脚　　图 14-222　绘制出橱柜厚度

（4）执行“修剪”命令，修剪橱柜直线，如图 14-223 所示。

（5）执行“直线”“偏移”命令，绘制橱柜层板，如图 14-224 所示。

（6）执行“偏移”“修剪”命令，绘制橱柜挡水板及台面，如图 14-225 所示。

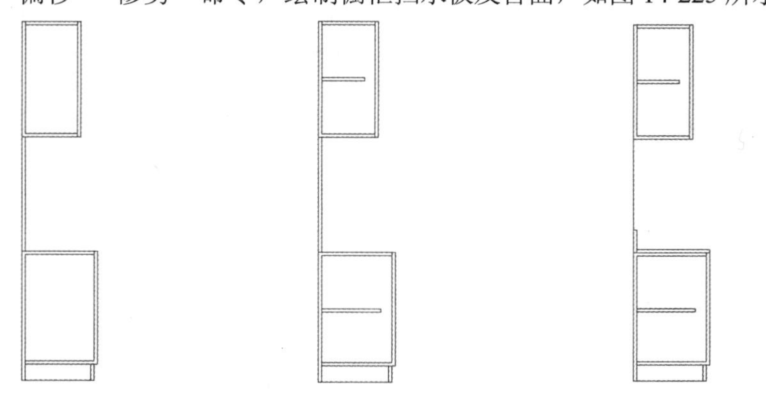

图 14-223　修剪剖面轮廓　　图 14-224　绘制层板　　图 14-225　绘制台面

（7）执行“圆角”命令，设置圆角半径为 5mm，对橱柜台面进行修剪，如图 14-226 所示。

（8）执行“图案填充”命令，选择填充图案为“AR-CONC”，设置填充比例为 1，填充台面，如图 14-227 所示。

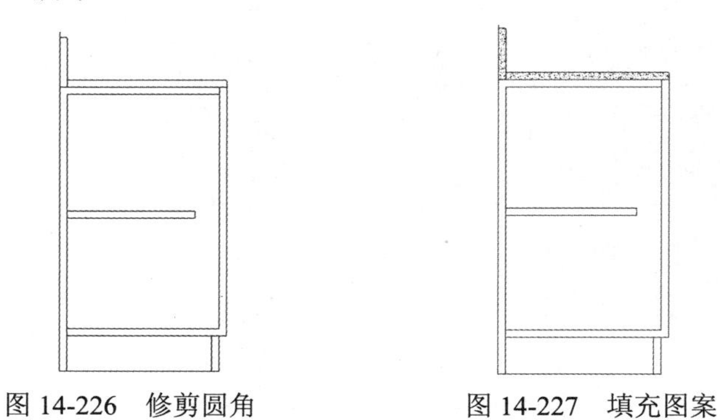

图 14-226　修剪圆角　　　图 14-227　填充图案

（9）执行“多重引线”命令，绘制材料说明，如图 14-228 所示。

（10）执行“线性标注”“连续标注”命令，对橱柜剖面进行尺寸标注，如图 14-229 所示。

（11）执行“复制”命令，复制卧室剖面图图例说明，双击文字更改文字内容，如图 14-230 所示。

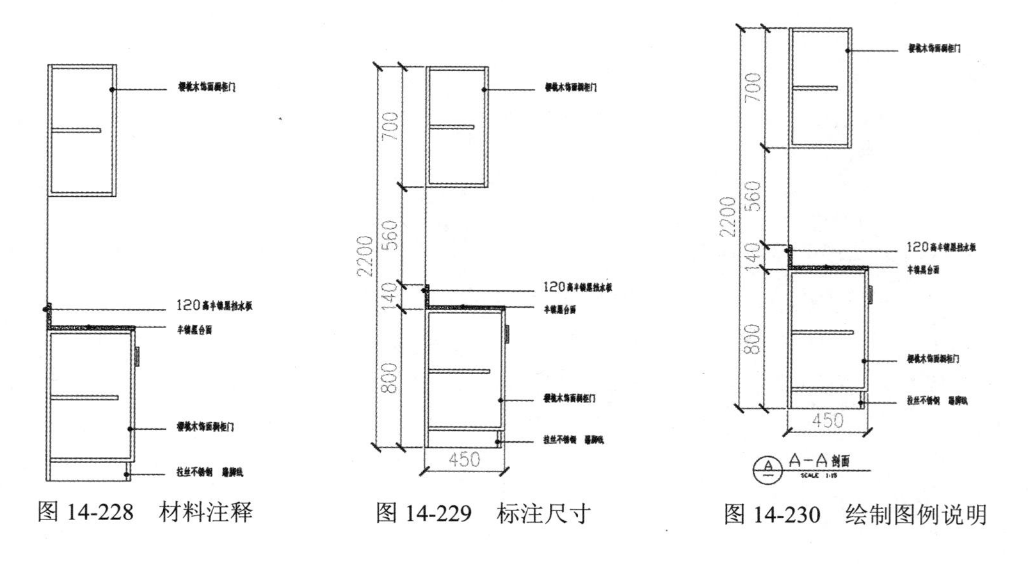

图 14-228　材料注释　　　图 14-229　标注尺寸　　　图 14-230　绘制图例说明

第 15 章 办公空间设计方案

本章主要介绍办公室空间设计的绘制。办公空间的使用性质和管理形制决定其室内设计的基本功能，要满足办公人员和办公行为与活动的要求。一般重点设计办公室前台、走道、接待室、总经理室；装修要求简约、经济，以满足办公最基本功能为目的，不追求个性化审美。本章从平面绘制到立面以及节点，系统地讲解了办公空间的绘制步骤。

15.1 绘制办公空间一楼原始户型图

本案例中的办公室墙体结构比较合理，前台大厅的整个空间比较宽敞，进门后的宽敞地区可以作为公共办公区，根据房间大小和功能需求可以用来设计办公室。

> 制作思路：
>
> 1. 绘制轴线作为参照。
> 2. 在轴线的基础上绘制墙体。
> 3. 在图中各个区域中标注名称。
> 4. 进行尺寸标注，保存文件。
>
> 主要命令及工具：“直线”“多线”“块”和“多行文字”等操作命令。
>
> 源文件及视频位置：光盘:\第 15 章\

绘制办公空间一楼原始户型图的具体操作步骤如下。

（1）执行“格式”|“图层”命令，打开“图层特性管理器”对话框，执行“新建图层”命令，创建一个名称为“墙线”的图层，并设置合适的颜色与线型。使用同样的方法新建“窗”“尺寸标注”等图层，如图 15-1 所示。

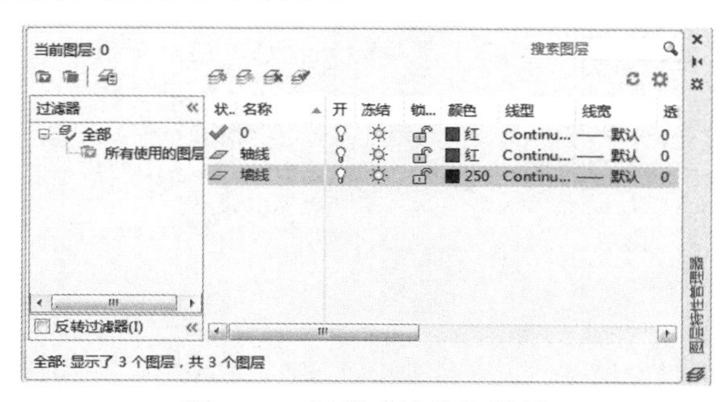

图 15-1 创建“墙线”图层

（2）双击“墙线”图层，将其设置为当前工作图层，关闭“图层特性管理器”对话框，返回至绘图区。执行“直线”命令，绘制墙体内框；执行“偏移”“修剪”命令，绘制墙体，如图 15-2 所示。

（3）双击“窗”图层，将其设置为当前工作图层，执行绘图窗口下的“定数等分”命令，将窗户厚度等分为 3 份；执行“直线”命令，以等分点为基点绘制直线，如图 15-3 所示。

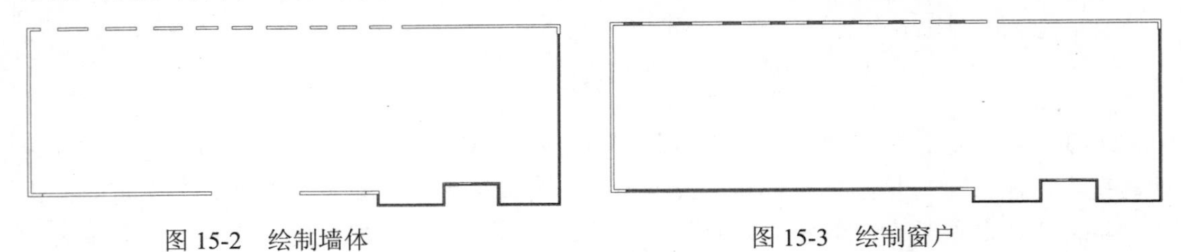

图 15-2　绘制墙体　　　　图 15-3　绘制窗户

（4）执行“直线”命令，根据平面尺寸绘制内部墙体；执行“偏移”“修剪”命令修剪内墙直线，如图 15-4 所示。

（5）执行“矩形”命令，绘制长 300 mm、宽 400 mm 的矩形作为烟道轮廓，执行“偏移”命令，将其向内偏移 30 mm，最后取消正交模式，执行“直线”命令，绘制斜线，完成烟道的绘制如图 15-5 所示。

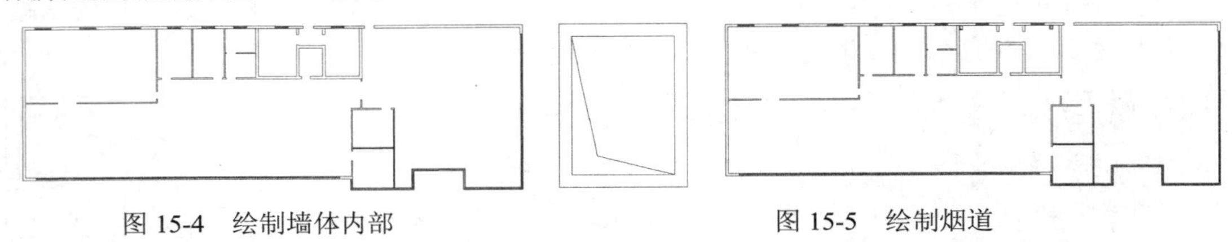

图 15-4　绘制墙体内部　　　　图 15-5　绘制烟道

（6）执行“直线”命令，绘制长 1800 mm 的直线，执行“偏移”命令，将其向上偏移 300 mm 绘制踏步。使用同样方法绘制楼梯把手。执行“多段线”命令，绘制折断线。使用同样方法绘制其他楼梯，如图 15-6 所示。

（7）执行“多段线”命令，绘制直线起点，然后设置箭头属性，绘制楼梯指向箭头，如图 15-7 所示。

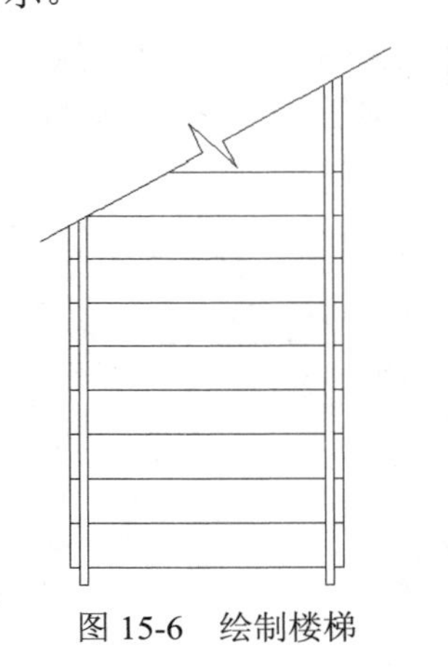

图 15-6　绘制楼梯

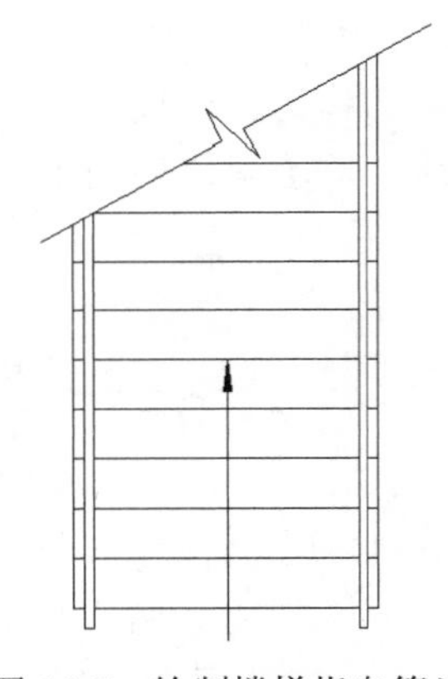

图 15-7　绘制楼梯指向箭头

绘图参数如下。

```
命令: _pline
指定起点:
当前线宽为 0.000 0
指定下一个点或 [圆弧(A)/半宽(H)/长度(L)/放弃(U)/宽度(W)]: w
指定起点宽度 <0.000 0>:
指定端点宽度 <0.000 0>: 50
指定下一个点或 [圆弧(A)/半宽(H)/长度(L)/放弃(U)/宽度(W)]: 200
指定下一点或 [圆弧(A)/闭合(C)/半宽(H)/长度(L)/放弃(U)/宽度(W)]: w
指定起点宽度 <50.000 0>: 0
指定端点宽度 <0.000 0>:
指定下一点或 [圆弧(A)/闭合(C)/半宽(H)/长度(L)/放弃(U)/宽度(W)]: 1 500
指定下一点或 [圆弧(A)/闭合(C)/半宽(H)/长度(L)/放弃(U)/宽度(W)]:
```

（8）将“尺寸标注”图层设置为当前图层，执行“线性标注”命令，标注墙体起点；执行“连续标注”命令标注尺寸，如图 15-8 所示。

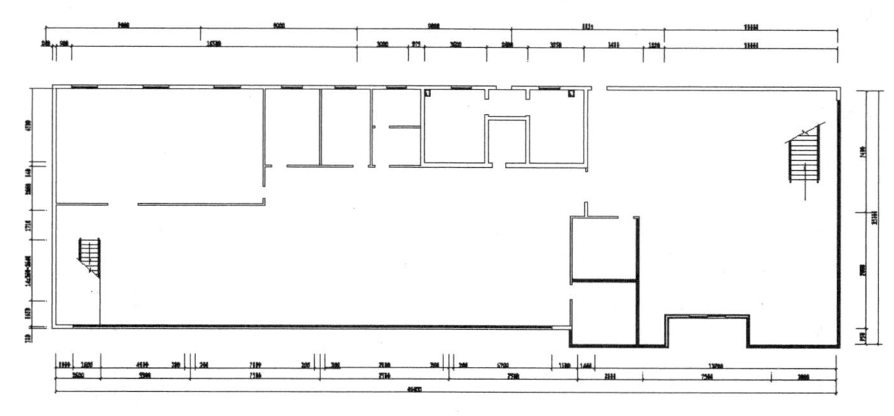

图 15-8 标注尺寸

（9）执行“多段线”命令，绘制长 2000 mm 的粗线；执行“直线”命令，绘制长 2000 mm 的细线；执行“文字注释”命令，标注文字，如图 15-9 所示。

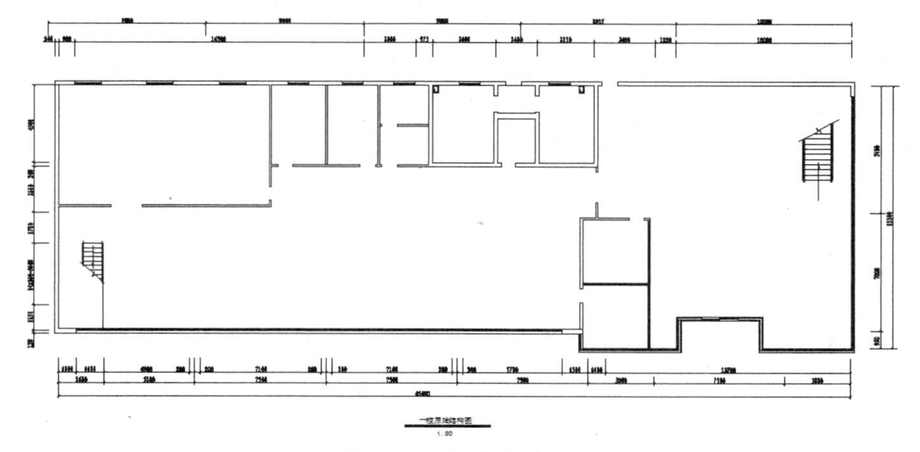

图 15-9 绘制图形标注

15.2 绘制办公空间一楼平面布置图

本案例绘制办公室一楼平面图。办公室设计的好坏，影响着工作人员的精神状态和工作效率。设计风格体现企业的特点和文化，一楼前台的设计须宽敞大方，公共办公区的设计须宽敞、整齐。整个办公场所要合理、舒适。

> 制作思路：
> 1. 复制并粘贴原始户型图，删除多余部分。
> 2. 绘制背景墙和窗户等图形。
> 3. 填充图案。
> 4. 进行尺寸标注，保存文件。
>
> 主要命令及工具："矩形""图案填充"和"线性"等操作命令。
>
> 源文件及视频位置：光盘:\第 15 章\

绘制办公空间一楼平面布置图的具体操作步骤如下。

（1）打开办公室原始结构图，另存为"办公室一楼平面布置图"图形文件，如图 15-10 所示。

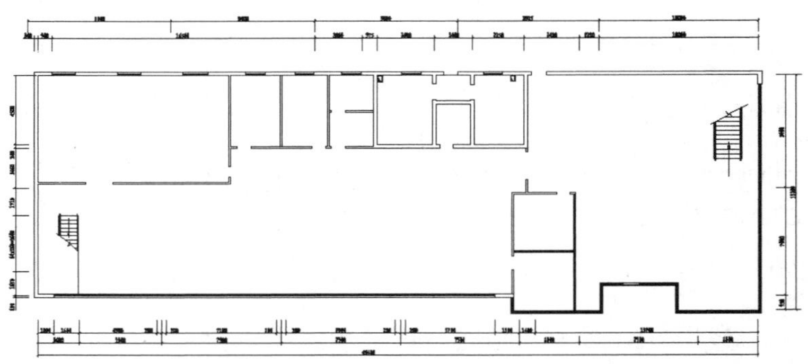

图 15-10 新建平面布置文件

（2）双击"家具"图层，将其设置为当前图层；执行"圆弧"命令，绘制前台背景；执行"复制""粘贴"命令，导入前台模型；执行"移动"命令，将其移动到相应位置；使用同样方法导入植物和沙发模型，完成前台接待台的绘制，如图 15-11 所示。

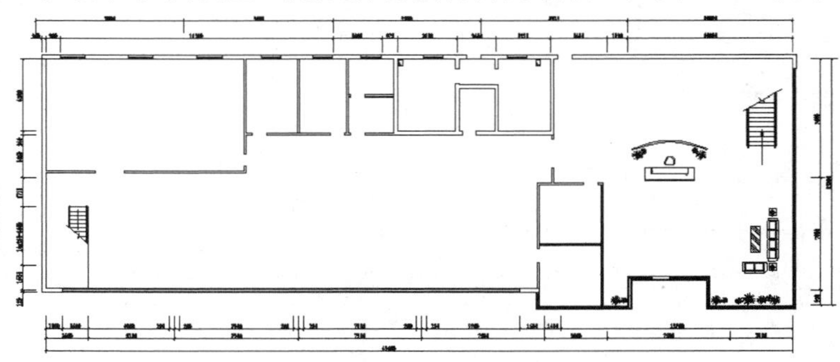

图 15-11 绘制前台接待台

（3）打开“图库 2”文件，选择组合沙发模型，将其进行“复制”，接着切换到平面布置图，在合适位置进行“粘贴”；执行“复制”“旋转”命令布置模型，完成休息室的绘制，如图 15-12 所示。

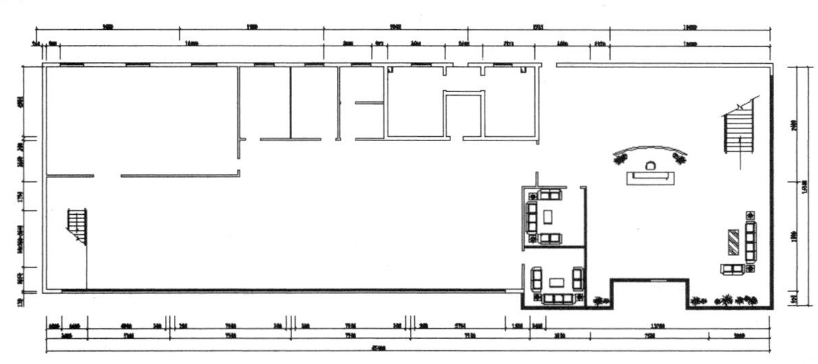

图 15-12　绘制经理室和休息室

（4）执行“偏移”命令，将直线从墙边向内偏移 500 mm，执行“直线”“偏移”命令，将直线依次向右偏移 1200 mm，最后取消正交模式，绘制斜线，完成文件柜的绘制，如图 15-13 所示。

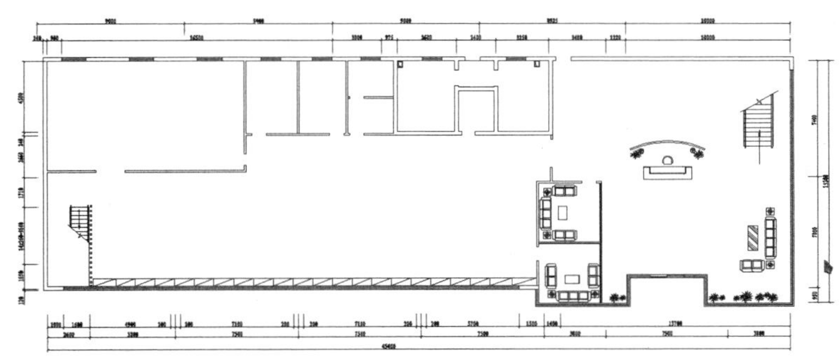

图 15-13　绘制文件柜

（5）执行“文件”｜“打开”命令，打开“图库 2”。选择 L 形办公桌，执行“复制”“粘贴”命令，导入办公桌；执行“镜像”命令，对办公桌进行镜像；执行“复制”“移动”命令依次排列办公桌，完成公共办公区的绘制，如图 15-14 所示。

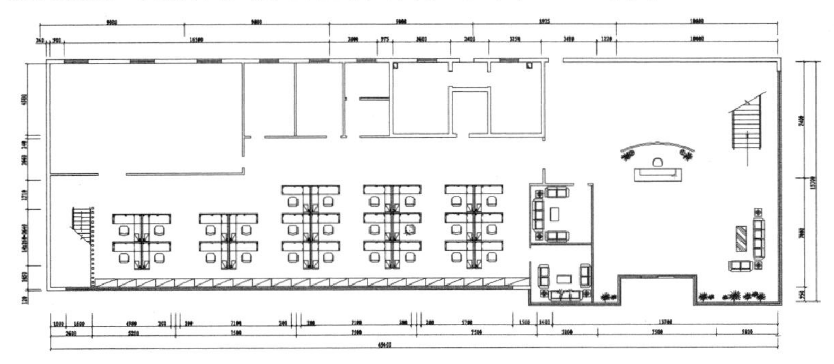

图 15-14　绘制公共办公区

（6）执行“矩形”命令，绘制长 4800 mm、宽 450 mm 的矩形作为会议桌；打开“图库 2”，选择组合办公椅模型，将其进行“复制”，接着切换到平面布置图进行“粘贴”；执行“复制”命令绘制其他椅子，使用同样方法绘制讲桌，完成会议室的绘制，如图 15-15 所示。

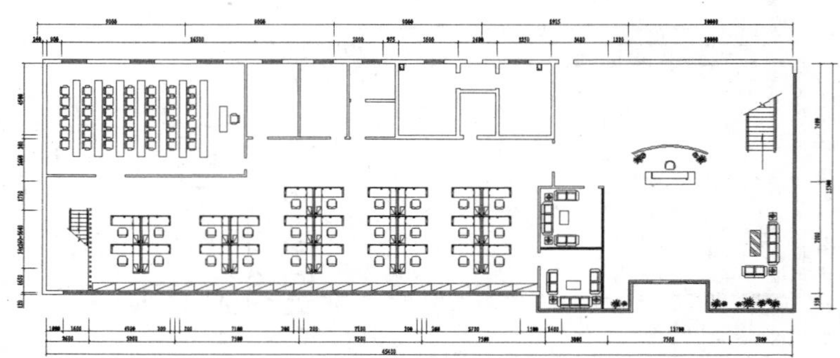

图 15-15　绘制会议室

（7）执行“偏移”命令，从窗边向下偏移 500 mm 的直线处绘制办公柜；执行“矩形”命令绘制长 1800 mm、宽 800 mm 的矩形作为主管室轮廓，接着导入办公椅模型和双人沙发模型，执行“移动”命令，排列家具，绘制主管室。使用同样方法绘制主管室 2，如图 15-16 所示。

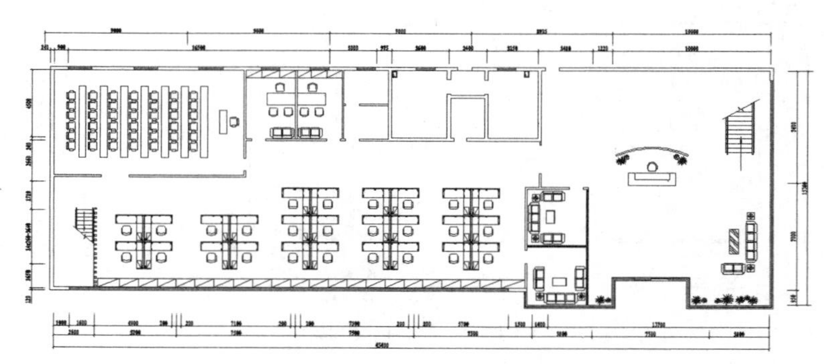

图 15-16　绘制主管室

（8）执行“直线”“修剪”命令，绘制卫生间隔板；执行“圆弧”命令，绘制门扇；执行“矩形”命令，绘制拖把池，完成男卫生间的绘制。使用同样方法绘制女卫生间，如图 15-17 所示。

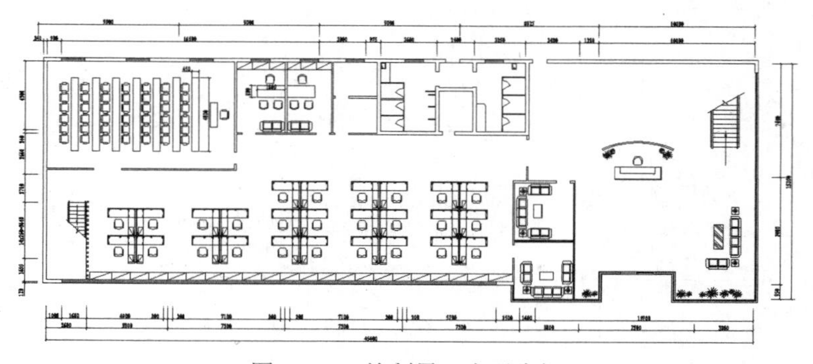

图 15-17　绘制男、女卫生间

（9）打开图形文件“图库 1”，选择马桶模型，将其进行“复制”，接着切换到平面布置图进行“粘贴”，执行“复制”和“移动”命令，将马桶模型移动到相应位置；使用同样方法导入小便器、洗手盆模型，完成卫生间卫具的绘制，如图 15-18 所示。

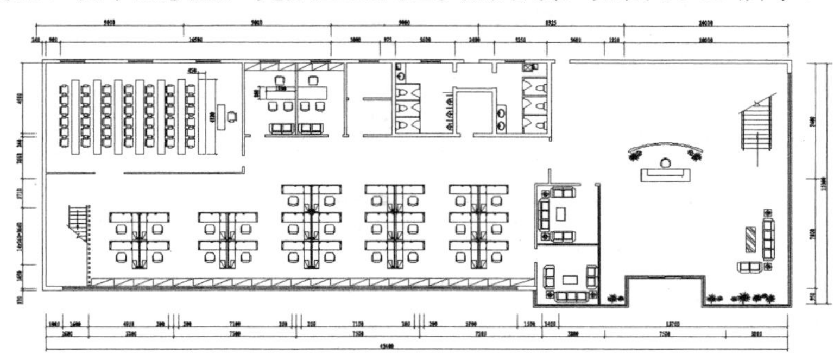

图 15-18　绘制卫生间卫具

（10）执行“矩形”命令，绘制长 880 mm、宽 40 mm 的矩形作为办公室门轮廓；执行“圆”命令，绘制半径为 880 mm 的圆，执行“修剪”命令，修剪圆形门扇，绘制办公室门。使用同样方法绘制其他房门，如图 15-19 所示。

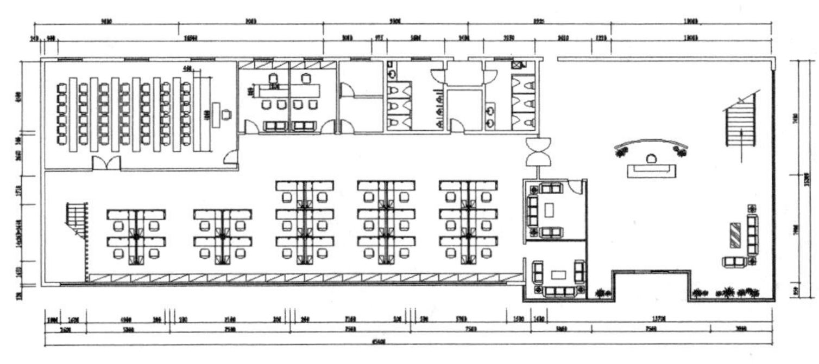

图 15-19　绘制办公室门

（11）标注空间名称。执行“文字注释”命令，标注文字；执行“多行文字”命令，设置其属性并输入文字；执行“复制”命令，复制文字，双击文字修改为需要的内容，如图 15-20 所示。

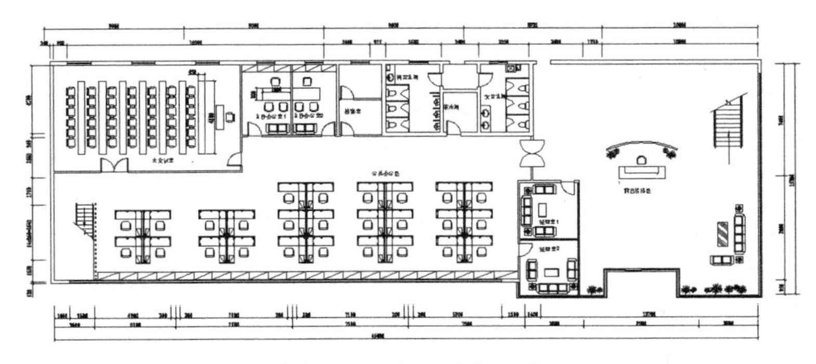

图 15-20　标注空间名称

（12）执行“复制”命令，选择一层原始图层的标注图层，然后双击“一楼原始结构图”将标注文字修改为“一楼平面布置图”，绘制图形标注，如图 15-21 所示。

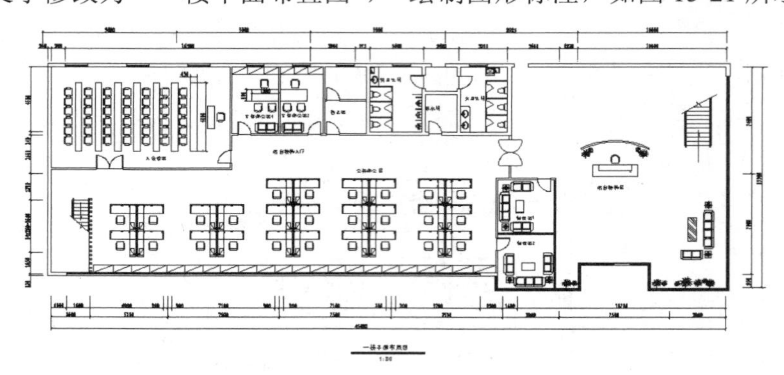

图 15-21 绘制图形标注

15.3 绘制办公空间一楼地面布置图

本案例绘制的是一楼地面材质图。由于办公空间人员流量大，所以对地面耐磨性、防滑性的要求较高，故采用地砖铺设。地砖的优点是质地坚实、便于清理、耐磨性比较好，而且花色较多。

制作思路：

1. 复制结构改动图，删除多余部分。
2. 用直线封闭墙体。
3. 选择合适的图案，对地面进行填充。
4. 进行尺寸标注。

主要命令及工具：“直线”“图案填充”“线性”和“多段线”等操作命令。

源文件及视频位置：光盘:\第 15 章\

绘制办公空间一楼地面布置图的具体操作步骤如下。

（1）打开“办公室一楼平面布置图”，删除内部家具，然后另存为“办公室一楼地面材质图”图形文件，如图 15-22 所示。

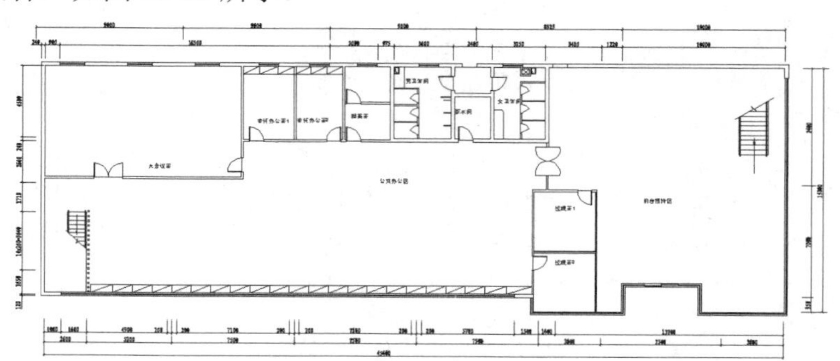

图 15-22 新建地面材质图形文件

（2）执行“格式”|“图层”命令，打开“图层特性管理器”对话框，执行“新建图层”命令，创建一个名称为“填充”的图层，并设置合适的颜色与线型，如图 15-23 所示。

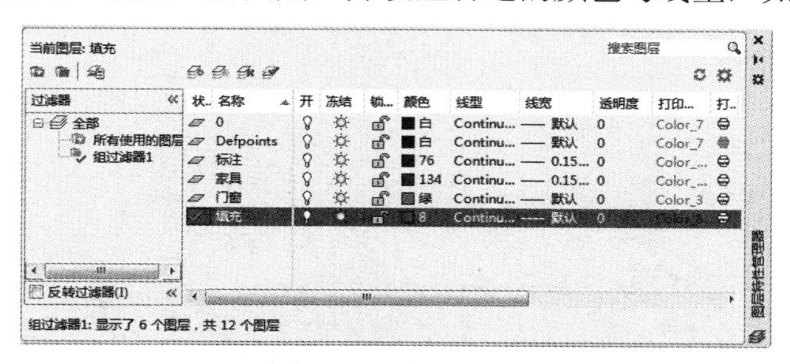

图 15-23　创建“填充”图层

（3）执行“圆”命令，绘制半径为 1000 mm 的圆形，执行“偏移”命令，将圆向内偏移 150 mm；执行“图案填充”命令，填充圆环，如图 15-24 所示，绘制前台接待区地面拼花。

（4）执行“直线”命令，以圆形中心为基点绘制直线；执行“圆弧”命令，以直线端点为基点绘制圆弧造型；执行“环形阵列”命令，排列圆弧造型；执行“图案填充”命令，填充圆弧造型，完成前台接待区地面拼花的绘制，如图 15-25 所示。

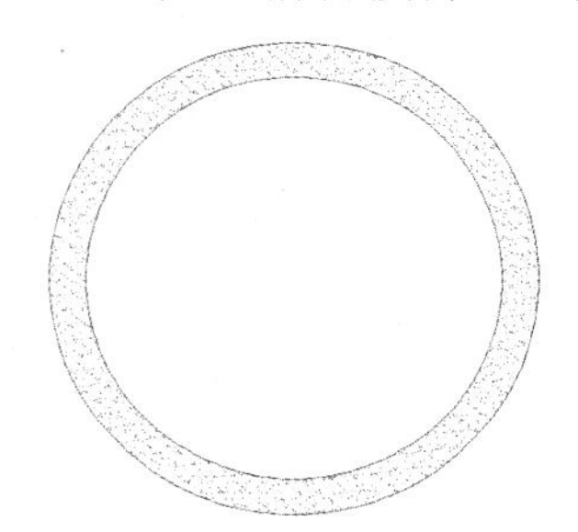

图 15-24　绘制前台接待区地面拼花

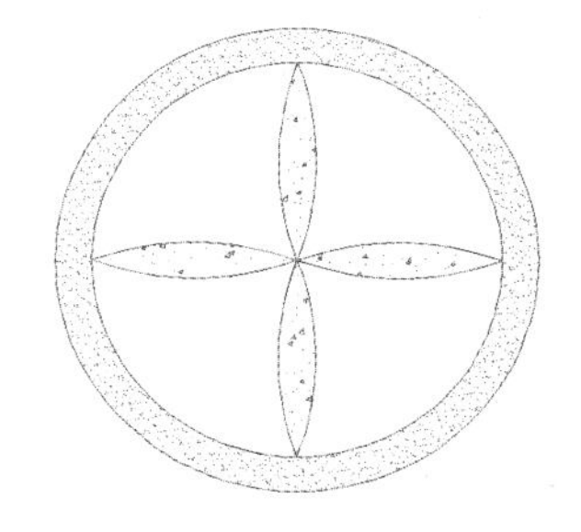

图 15-25　完成的前台接待区地面拼花

（5）执行“多段线”命令，沿着接待大厅墙边绘制直线，执行“偏移”命令，将直线向内偏移 200 mm；执行“图案填充”命令，填充理石边，完成前台接待区理石走边的绘制，如图 15-26 所示。

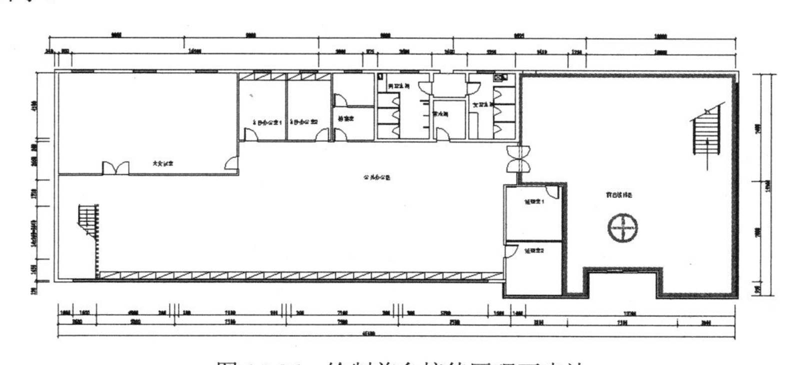

图 15-26　绘制前台接待区理石走边

（6）执行“图案填充”命令，拾取填充空间，然后选择填充图案类型为“用户定义”，设置填充间距为 800，填充特性设为“双向”，最后以入户门中心为基点填充大厅地面，绘制接待区大厅地面，如图 15-27 所示。

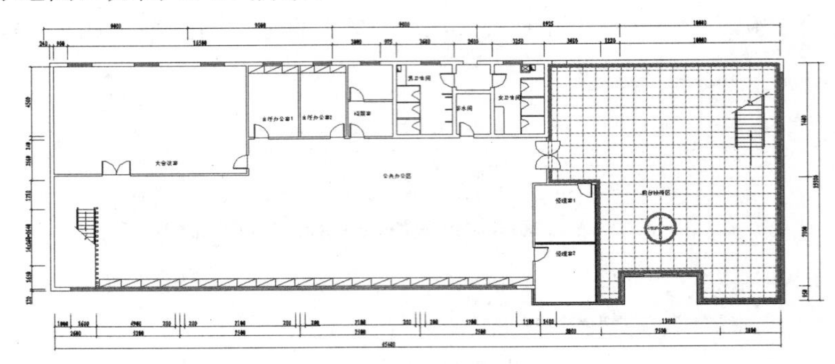

图 15-27 绘制接待区大厅地面

（7）单击“图案填充”命令，拾取填充空间内部点，然后选择填充类型为“用户定义”，设置填充特性为“双向”，设置填充间距为 800，绘制公共办公区地面。使用同样的方法绘制大会议室地面，如图 15-28 所示。

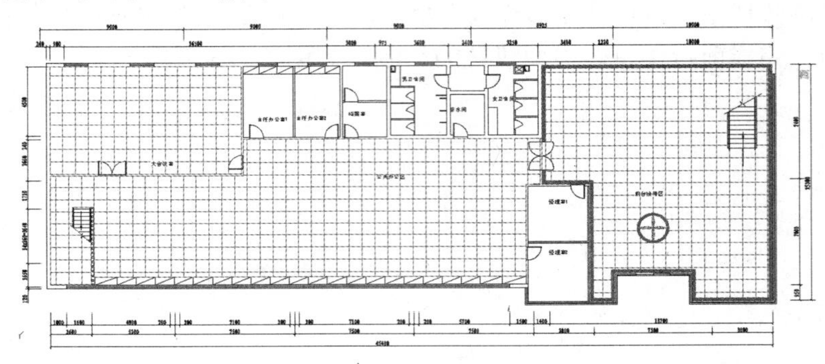

图 15-28 绘制公共办公区地面

（8）执行“图案填充”命令，拾取填充空间，然后选择图案为“DOLMIT”，设置填充角度为 90°，填充比例设置为 15，绘制经理室地面。使用同样方法绘制主任室地面，如图 15-29 所示。

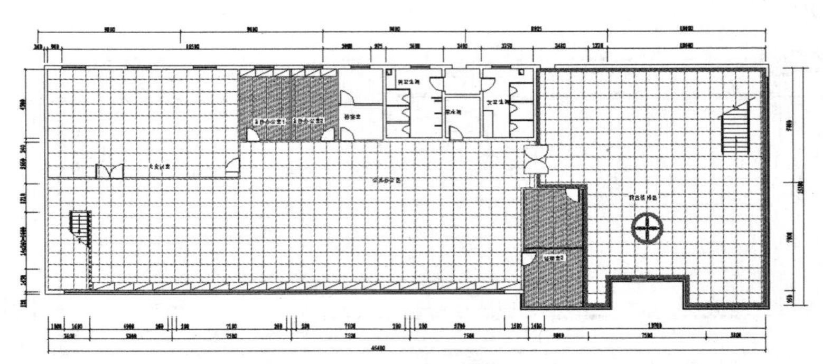

图 15-29 绘制经理室地面

（9）执行“图案填充”命令，拾取墙体内部点，选择填充类型为“用户定义”，设置填充特性为“双向”，设置填充间距为 300，绘制卫生间地面，如图 15-30 所示。

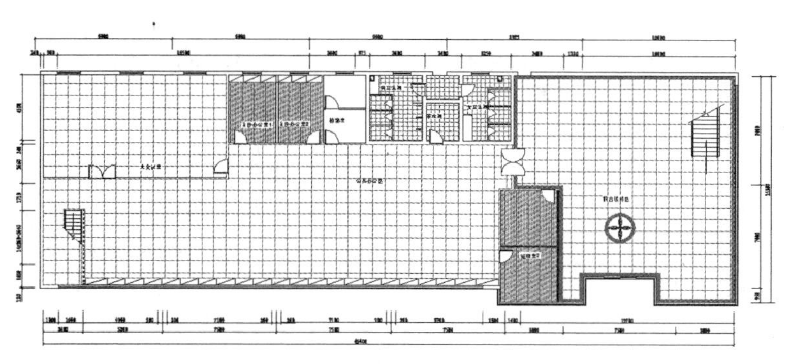

图 15-30　绘制卫生间地面

（10）执行“LE”引线命令并设置其属性，参数属性设置如图 15-31（a）所示。执行“文字注释”命令，选择“多行文字”并设置其属性，输入文字；执行“复制”命令复制文字，双击文字后修改为需要的内容，如图 15-31（b）所示。

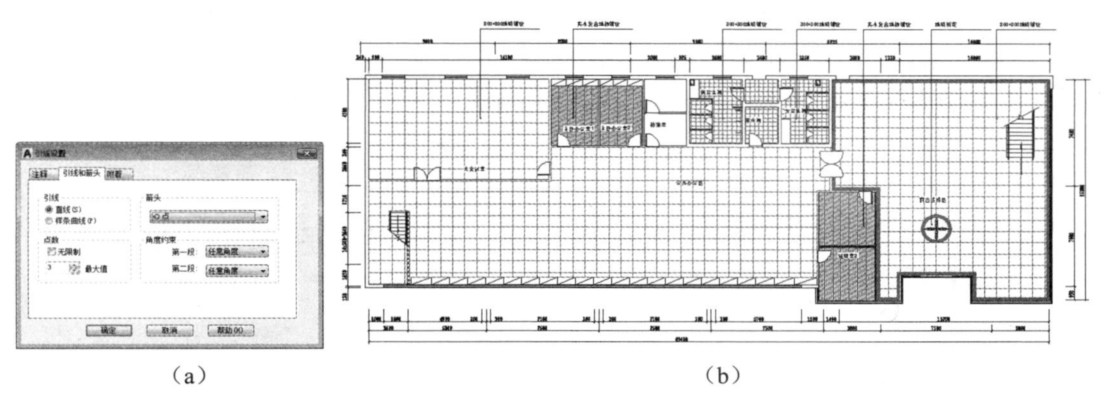

（a）　　　　　　　　　　（b）

图 15-31　标注文字

（11）绘制图形标注。执行“复制”命令，选择一层原始图层的标注图层，然后双击标注文字将其修改为“一楼地面材质图”，如图 15-32 所示。

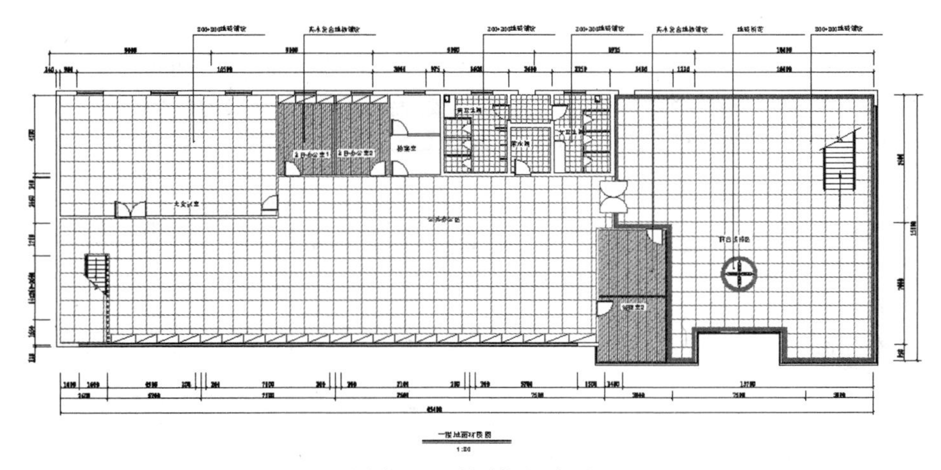

图 15-32　绘制图形标注

15.4 绘制办公室二楼平面布置图

本例绘制的是二楼平面布置图。在办公室设计方面需要最大限度地做好空间规划和设计。二楼办公区主要以领导办公为主，因此保留了较大的会议室来接待客人。

> 制作思路：
>
> 1. 复制并粘贴原始户型图，删除多余图形。
> 2. 导入家具模型。
> 3. 复制、粘贴模型。
> 4. 进行尺寸标注，保存文件。
>
> 主要命令及工具："直线""图案填充""线性"和"多段线"等操作命令。
>
> 源文件及视频位置：光盘:\第 15 章\

绘制办公室二楼平面布置图的具体操作步骤如下。

（1）打开"办公室二楼原始结构图"，然后另存为"办公室二楼平面布置图"图形文件，如图 15-33 所示。

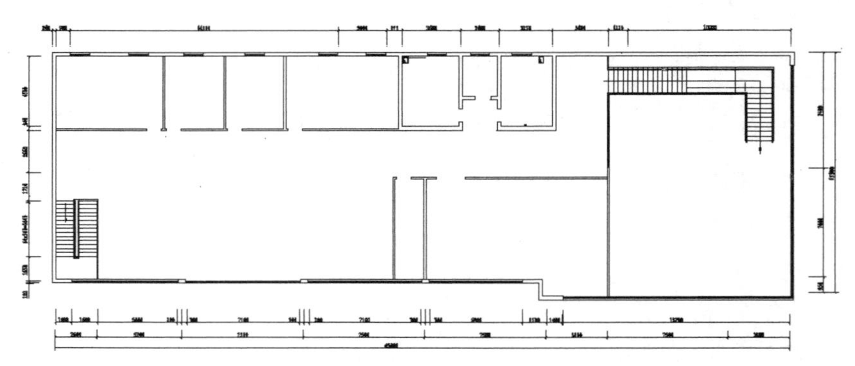

图 15-33　新建平面布置图文件

（2）打开图形文件"图库 2"，选择会议桌模型，将其复制到"平面布置图"中，然后执行"移动"命令，将其移至合适位置，作为前台接待台，如图 15-34 所示。

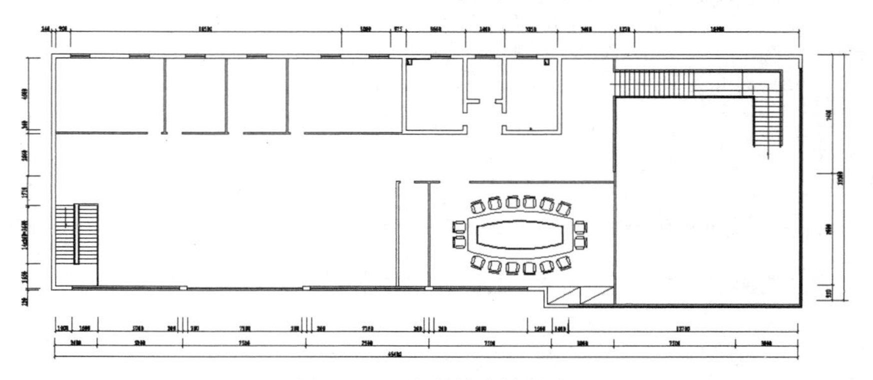

图 15-34　绘制前台接待台

（3）执行“偏移”命令，将直线向外偏移 500 mm；执行“等分”命令，将直线等分为 6 等份；执行“直线”命令，以等分点为基点绘制直线，作为办公柜。使用同样的方法绘制公共办公区办公柜，如图 15-35 所示。

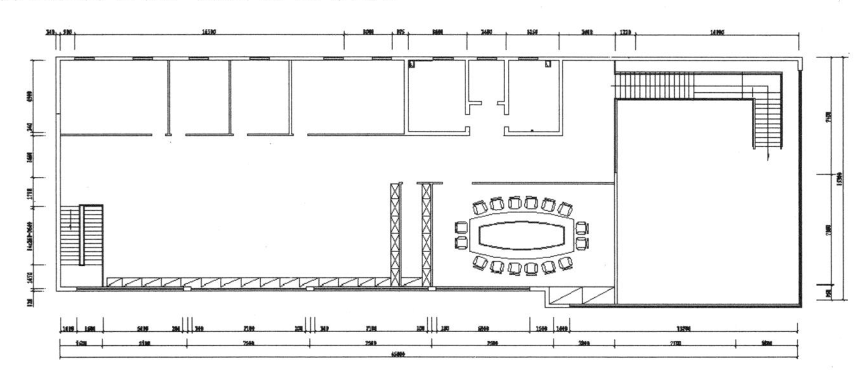

图 15-35　绘制办公柜

（4）执行“文件”｜“打开”命令，打开“图库 2”，导入 L 形办公桌；执行“复制”“镜像”命令，复制办公桌；执行“移动”命令，排列办公桌，完成公共办公区的绘制，如图 15-36 所示。

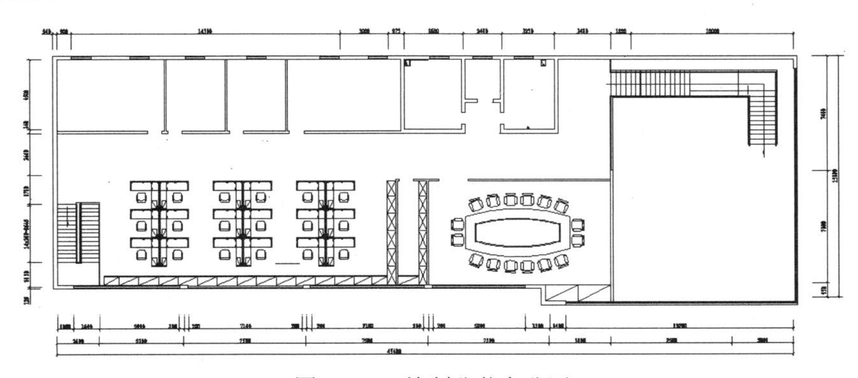

图 15-36　绘制公共办公区

（5）执行“直线”“偏移”命令，绘制办公柜；打开“图库 2”，选择办公桌，将其复制到平面图的总经理室区域。使用同样方法导入沙发、植物模型，如图 15-37 所示。

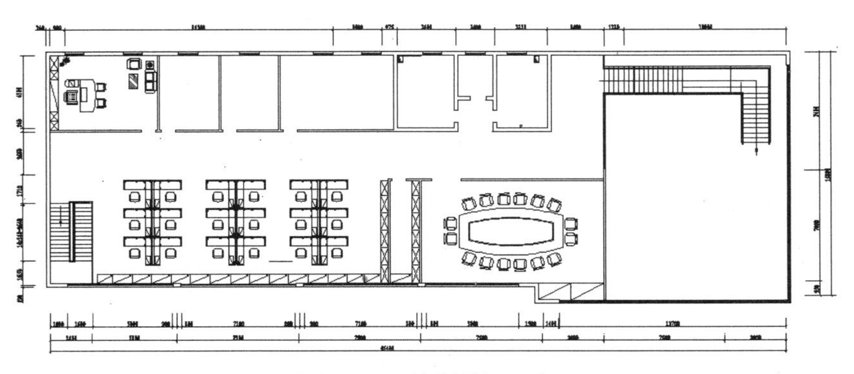

图 15-37　绘制总经理室

（6）绘制副经理室。复制“图库 2”中的组合办公椅模型，执行“偏移”命令，绘制办公柜，完成副经理室的绘制。使用同样的方法绘制副经理室 2，如图 15-38 所示。

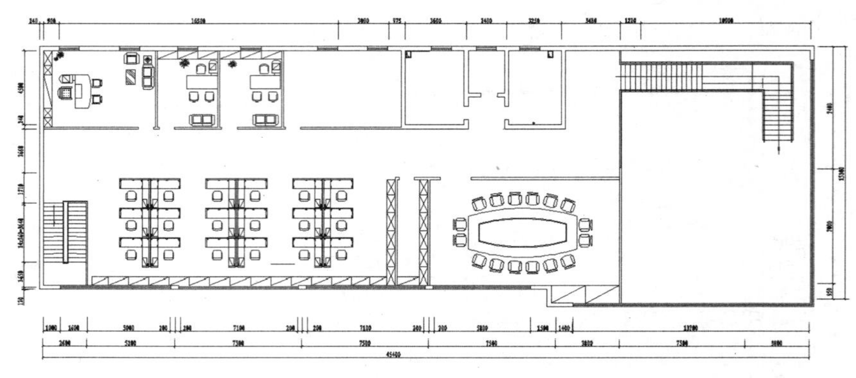

图 15-38 绘制副经理室

（7）执行“直线”“圆弧”命令，绘制会议桌；复制“图库 2”中的办公椅模型；执行“复制”“移动”命令排列办公椅；然后导入植物模型，完成小会议室的绘制，如图 15-39 所示。

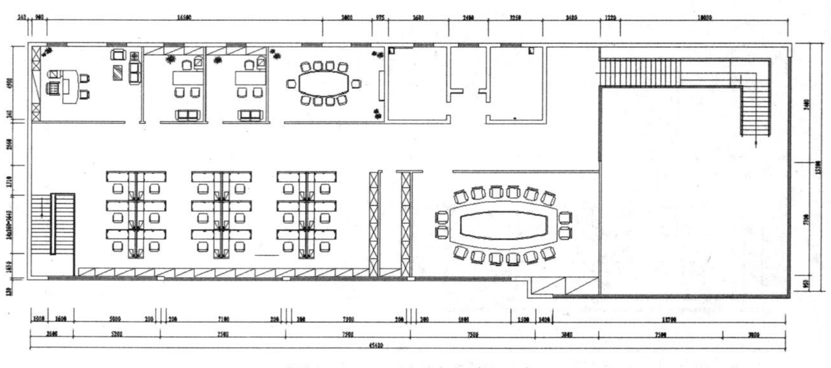

图 15-39 绘制小会议室

（8）执行“直线”“修剪”命令，绘制卫生间隔板；执行“复制”“粘贴”命令导入卫具模型；执行“矩形”命令，绘制拖把池，完成男、女卫生间的绘制。如图 15-40 所示。

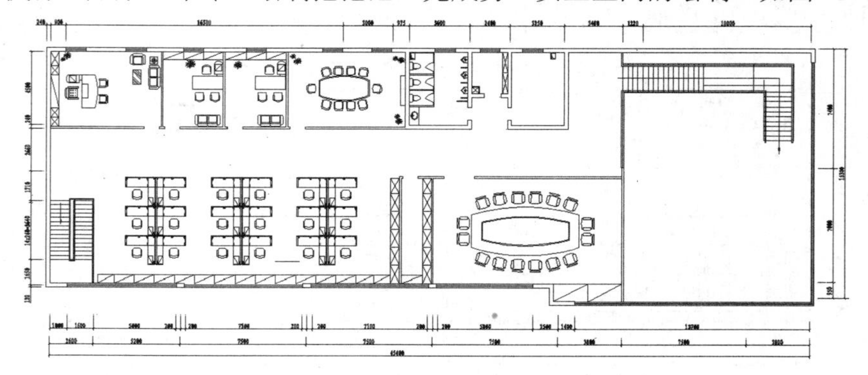

图 15-40 绘制男、女卫生间

（9）打开“图库 1”，选择并复制马桶模型；执行“复制”“移动”命令，将其移动到相应位置。使用同样方法导入小便器、洗手盆模型，如图 15-41 所示。

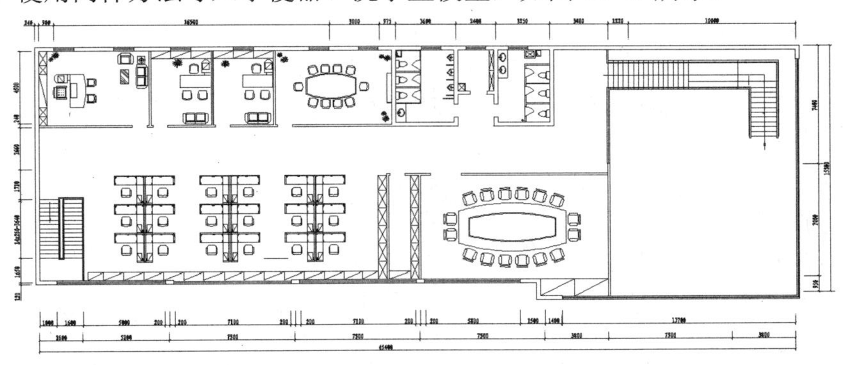

图 15-41 绘制卫生间卫具

（10）执行“矩形”命令，绘制长 880 mm、宽 40 mm 的矩形作为办公室门轮廓；执行“圆”命令，绘制半径为 880 mm 的圆，执行“修剪”命令，将其修剪为圆形门扇，作为办公室门。使用同样的方法绘制其他房门，如图 15-42 所示。

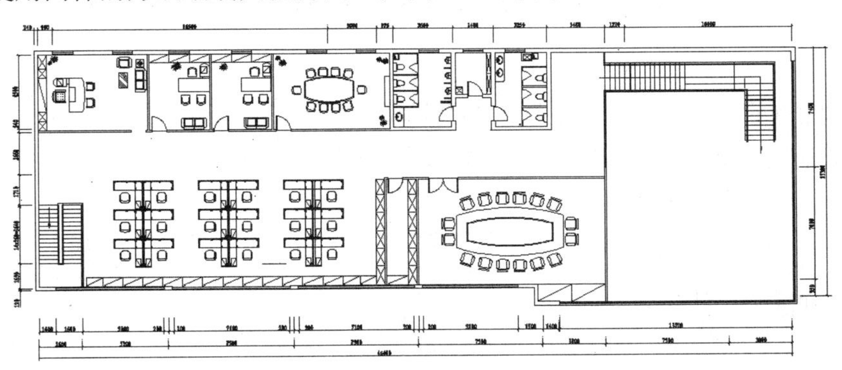

图 15-42 绘制办公室门

（11）执行“文字注释”命令，标注文字；执行“多行文字”命令，设置其属性并输入文字；执行“复制”命令，复制文字，双击文字修改为需要的内容，如图 15-43 所示，标注各空间名称。

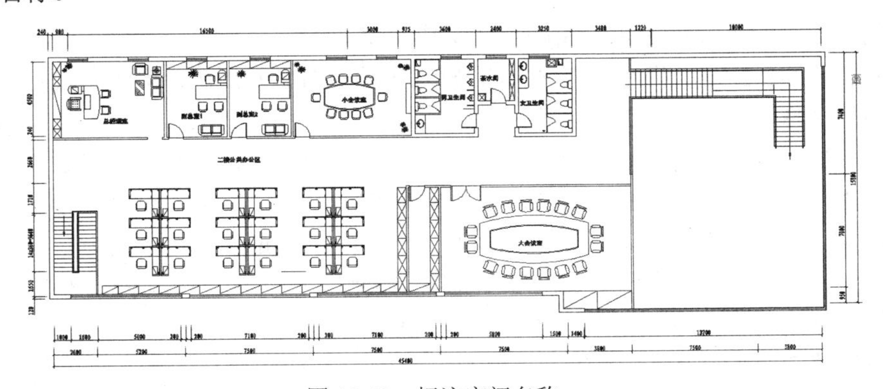

图 15-43 标注空间名称

（12）执行“复制”命令，选择一层原始图层的标注图层进行复制，然后双击文字“一楼原始结构图”，将其修改为“二楼平面布置图”，如图 15-44 所示。

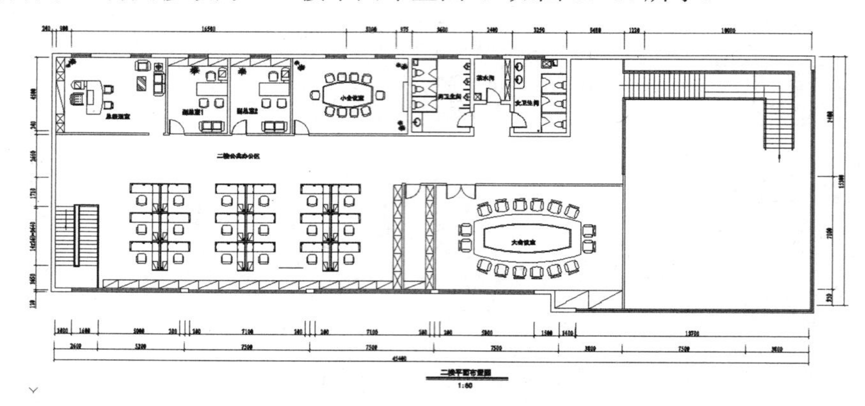

图 15-44 绘制图层标注

15.5 绘制办公空间二楼顶棚布置图

本案例绘制的是二楼顶棚布置图。办公场所顶面设计须简单大气，二楼楼梯走道用了简单的矩形造型；办公区顶面用了矩形吸顶灯；办公室和会议室主要是接待客户和洽谈商务的地方，可设计为简单的造型吊顶。

制作思路：

1. 复制平面布置图，删除多余部分。
2. 在各个区域绘制灯槽。
3. 插入射灯、出风口和日光灯等图块。
4. 进行材料注释和尺寸标注。

主要命令及工具：“直线”“偏移”“矩形”和“多重引线”等操作命令。

源文件及视频位置：光盘:\第 15 章\

绘制办公空间二楼顶棚布置图的具体操作步骤如下。

（1）打开“办公室二楼平面布置图”，删除平面家具，然后另存为“办公室二楼顶面布置图”图形文件，如图 15-45 所示。

（2）执行“格式”|“图层”命令，打开“图层特性管理器”对话框，执行“新建图层”命令，创建一个名称为“顶面”的图层，并为其设置合适的颜色与线型，如图 15-46 所示。

（3）执行“矩形”命令，绘制长 10000 mm、宽 1200 mm 的矩形作为吊顶外轮廓；执行“复制”“移动”命令，依次向下排列矩形，绘制楼梯间吊顶，如图 15-47 所示。

（4）执行“圆”命令，绘制半径为 50 mm 的圆作为筒灯外轮廓；执行“偏移”命令，将圆向内偏移 20 mm；执行“复制”“移动”命令，排列筒灯，如图 15-48 所示。

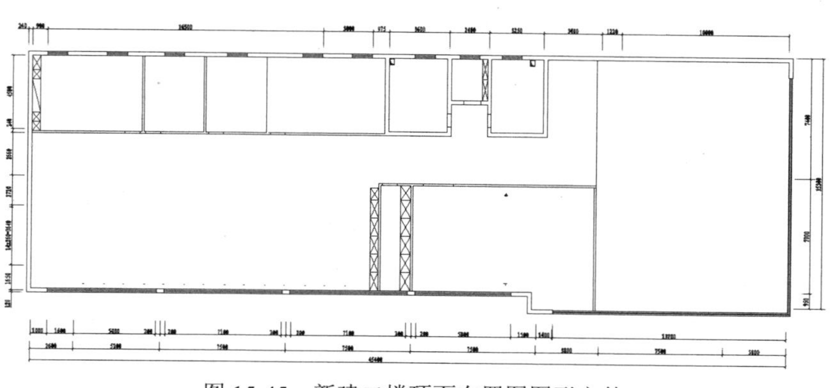

图 15-45　新建二楼顶面布置图图形文件

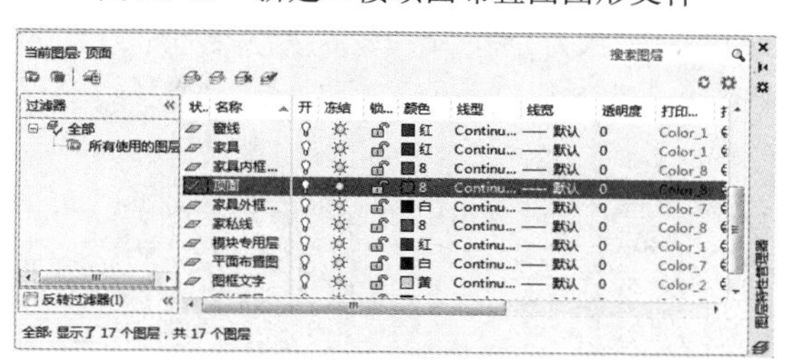

图 15-46　创建“顶面”图层

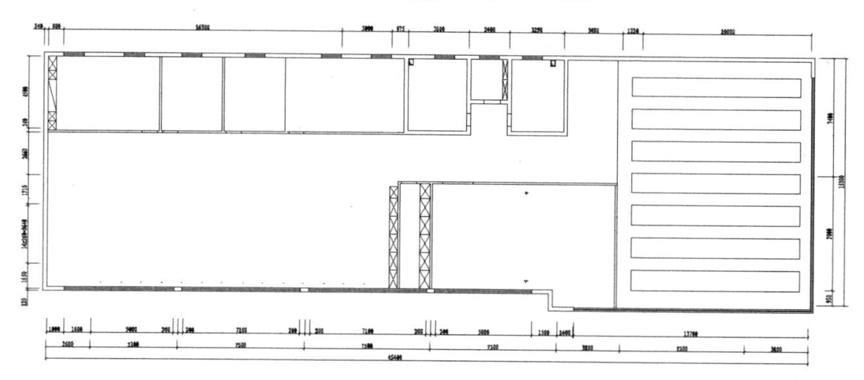

图 15-47　绘制楼梯间吊顶

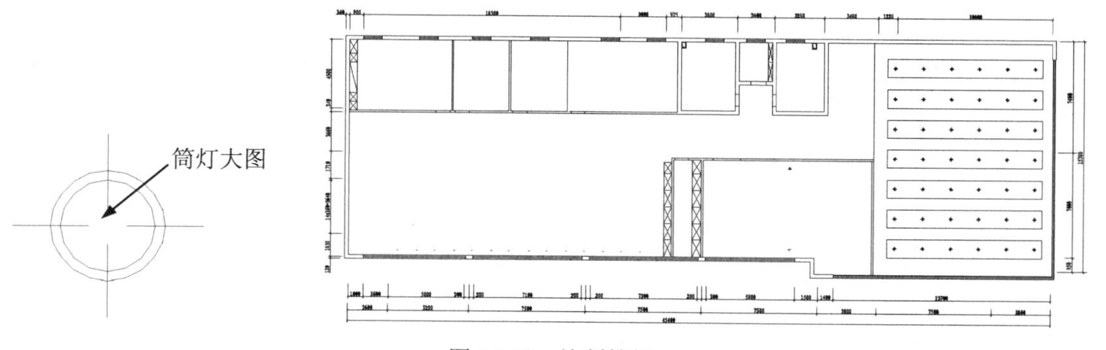

图 15-48　绘制筒灯

（5）执行“直线”“偏移”命令绘制顶面造型；执行“圆弧”命令，绘制弧形吊顶；执行“修剪”命令，修剪弧形边和直线，完成会议室顶面绘制，如图 15-49 所示。

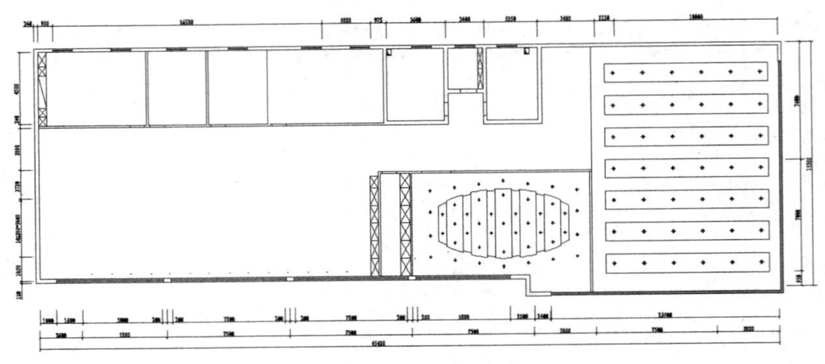

图 15-49　绘制会议室顶面

（6）执行“矩形”命令，绘制长方形拉杆，然后继续绘制长 1200 mm、宽 300 mm 的矩形，作为吸引灯；执行“复制”“移动”命令，排列吸顶灯，完成公共办公区顶面的绘制，如图 15-50 所示。

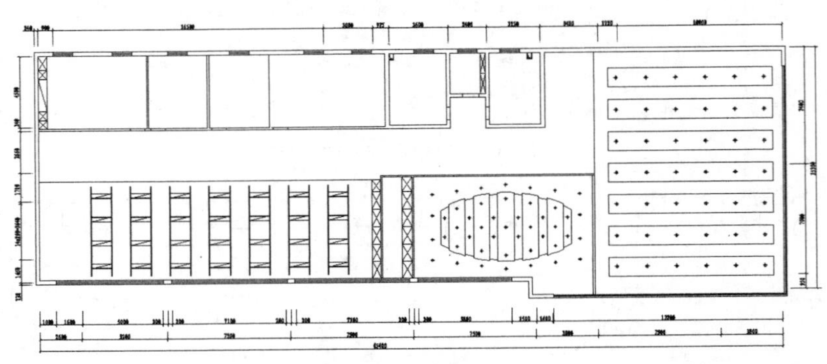

图 15-50　绘制公共办公区顶面

（7）执行“图案填充”命令，拾取填充空间，选择填充图案类型为“用户定义”，填充间距设置为 300，填充阅览室顶面；执行“复制”“移动”命令，排列矩形吸顶灯，如图 15-51 所示。

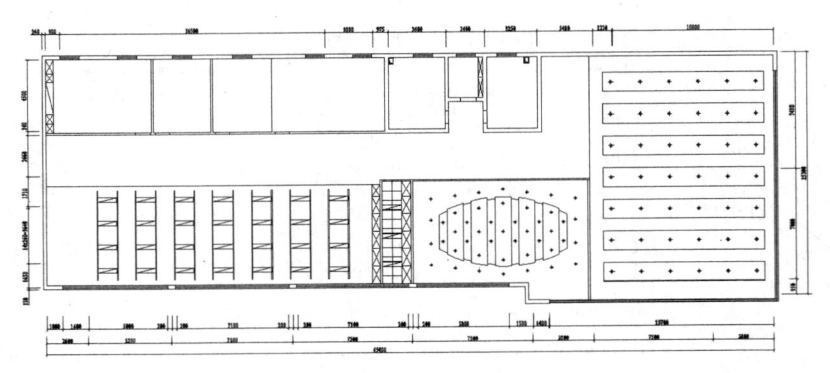

图 15-51　绘制阅览室顶面

（8）执行“圆”命令，绘制半径为 500 mm 的圆形；执行“复制”命令，以筒灯中心和圆形中心为基点复制筒灯，完成走道区顶面绘制，如图 15-52 所示。

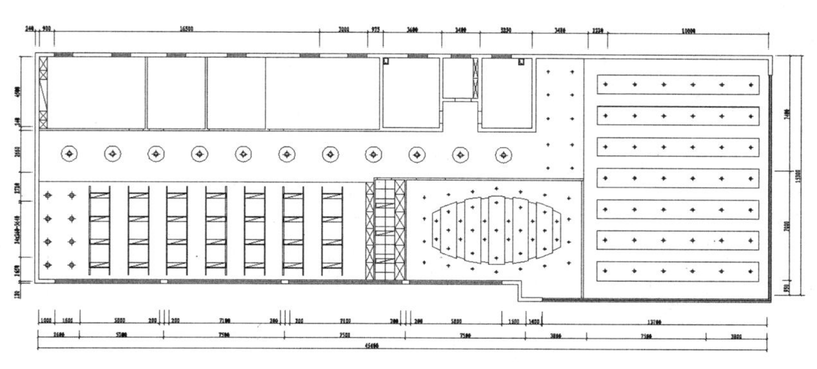

图 15-52　绘制走道区顶面

（9）执行“矩形”命令，沿着经理室墙边绘制矩形，执行“偏移”命令，将矩形依次向内偏移 650 mm、150 mm；执行“复制”命令，绘制筒灯，完成总经理室顶面绘制，如图 15-53 所示。

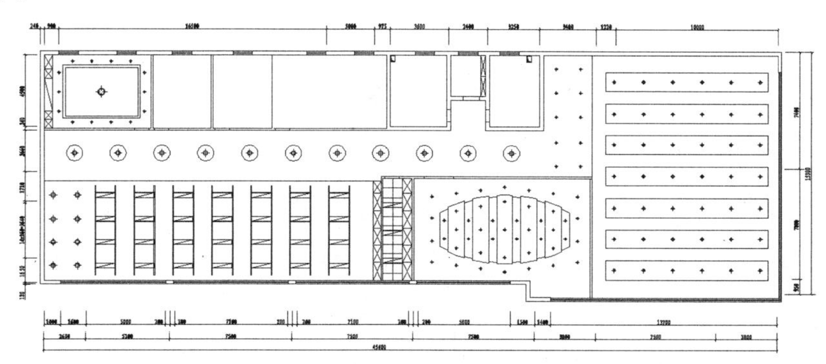

图 15-53　绘制总经理室顶面

（10）执行“图案填充”命令，拾取填充空间，选择填充类型为“用户定义”，设置填充间距为 300，填充特性为“双向”；执行“矩形”命令，绘制长和宽均为 300 mm 的吸顶灯，完成副经理顶面绘制，如图 15-54 所示。

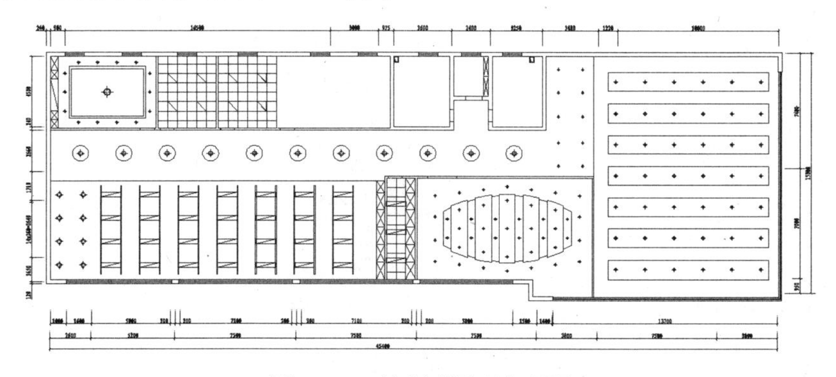

图 15-54　绘制副经理室顶面

（11）执行“图案填充”命令，拾取填充空间，选择填充类型为“用户定义”，设置填充间距为 300，填充特性为“双向”；执行“复制”命令，复制筒灯，完成卫生间顶面绘制，如图 15-55 所示。

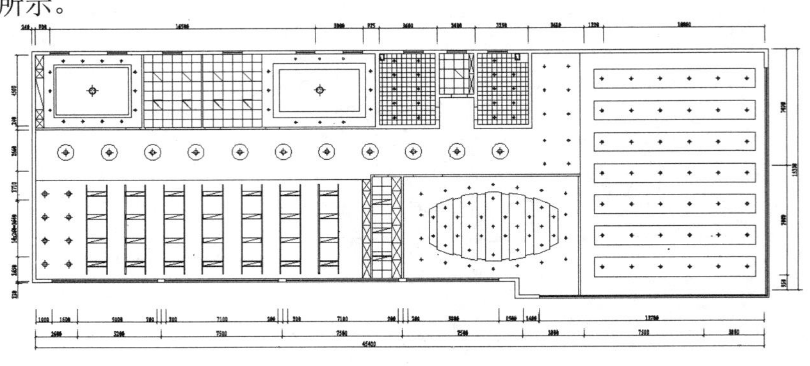

图 15-55 绘制卫生间顶面

（12）执行“多段线”命令，绘制标高箭头；执行“文字注释”命令，选择“多行文字”标注文字；执行“复制”命令，复制标高图形，双击文字修改为需要的内容，绘制吊顶标高，如图 15-56 所示。

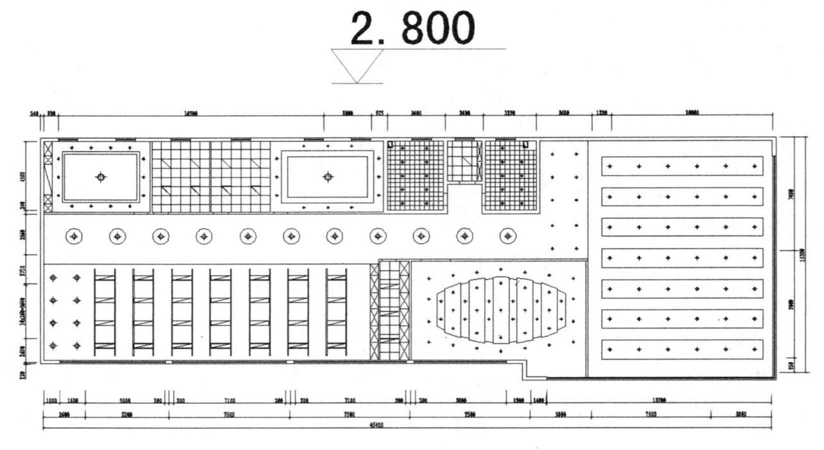

图 16-56 绘制吊顶标高

（13）执行“直线”命令，绘制长 2000 mm 的直线，执行“偏移”命令将其向下偏移 30mm；执行“文字注释”命令，标注文字，完成图形标注，如图 16-57 所示。

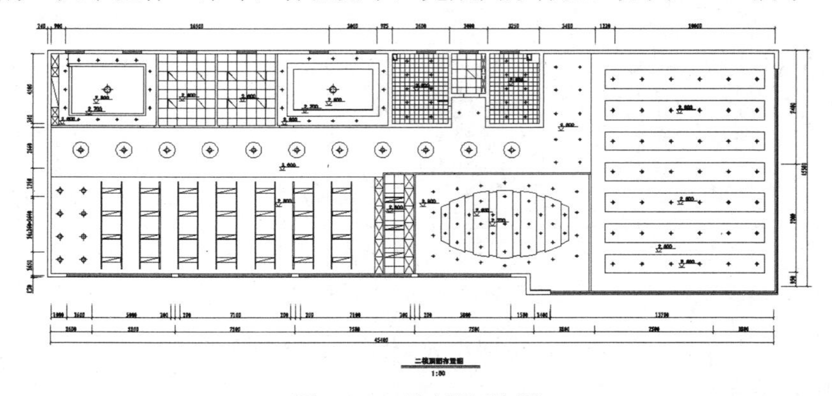

图 16-57 绘制图形标注

15.6　绘制办公空间部分立面图

立面图是图纸中不可缺少的一部分。下面介绍绘制办公室前台立面图、总经理办公室立面图和门厅形象墙立面图等的过程。

15.6.1　绘制办公室前台立面图

本案例绘制的是办公室前台立面图。图中绘制的是带有窗户的部分，窗户材质采用磨砂玻璃；在窗户左侧放置装饰画，且在石膏板吊顶内藏有射灯。

制作思路：

1. 绘制办公室前台立面轮廓。
2. 使用偏移、修剪操作绘制内部结构。
3. 对立面造型进行填充。
4. 进行材料注释和尺寸标注。

主要命令及工具："直线""矩形""分解"和"图案填充"等操作命令。

源文件及视频位置：光盘:\第 15 章\

绘制办公室空间部分立面图的具体操作步骤如下：

（1）执行"文件"|"打开"命令，打开"办公室一楼平面布置图"；执行"直线"命令，根据平面尺寸，绘制墙体外框；执行"偏移"命令，将顶部直线向下偏移 200 mm，绘制吊顶线，如图 15-58 所示。

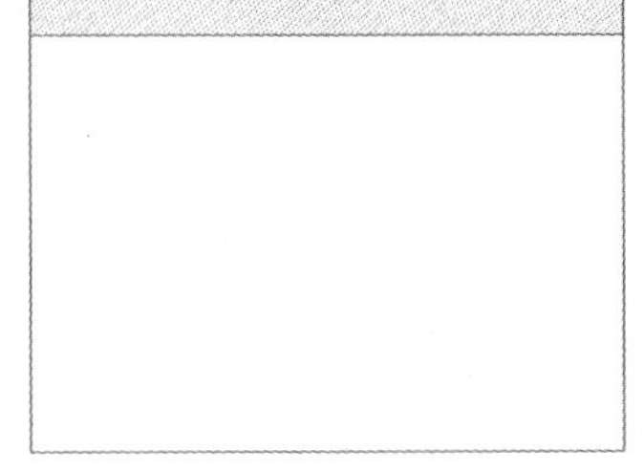

图 15-58　绘制墙体外框

（2）执行"偏移"命令，将吊顶线分别依次向下偏移 500 mm、200 mm、500 mm、200 mm、500 mm、200 mm、500 mm、200 mm，绘制墙面造型，如图 15-59 所示。

（3）执行"图案填充"命令，拾取填充空间内部点，选择填充图案为"AR-CONC"，设置填充比例为 3，对理石墙面进行填充，如图 15-60 所示。

（4）执行"图案填充"命令，拾取内部点，选择填充图案为"AR-RROOF"，设置填充比例为 5，对不锈钢线条饰面进行填充，如图 15-61 所示。

图 15-59　绘制墙面造型

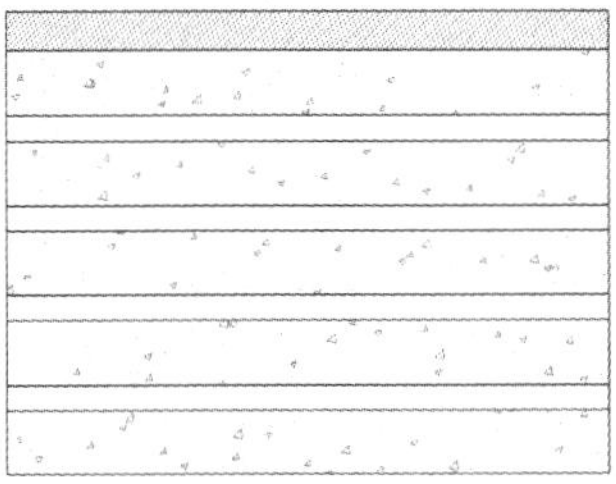

图 15-60　绘制理石墙面

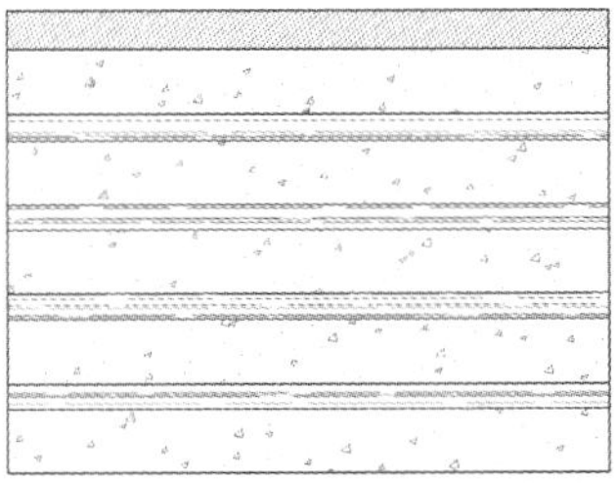

图 15-61　绘制不锈钢线条饰面

（5）执行“直线”命令，绘制长 2980 mm、宽 1100 的矩形作为前台接待台的外框轮廓；执行“偏移”命令，将直线向下偏移 200 mm；左右两直线分别向内偏移 50 mm；执行“修剪”命令，修剪掉多余直线，完成前台接待台外框的绘制，如图 15-62 所示。

（6）执行“定数等分”命令，将下方直线等分为 4 份；执行“直线”命令，以等分点为基点向上绘制直线。使用同样方法等分立面，完成接待台造型的绘制，如图 15-63 所示。

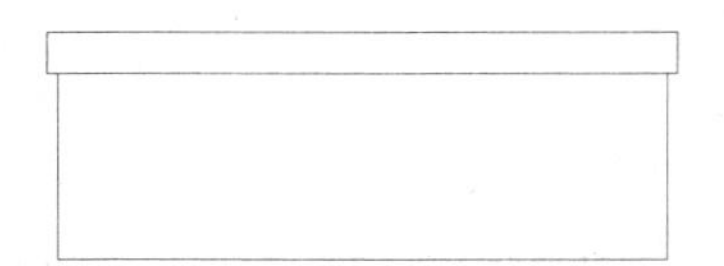

图 15-62　绘制前台接待台外框

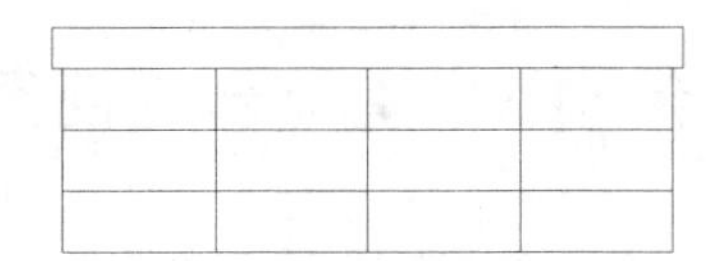

图 15-63　绘制接待台造型

（7）执行“图案填充”命令，拾取内部点，选择填充图案为“AR-RROOF”，设置填充角度为 135°，设置填充比例为 5；执行“镜像”命令，对花纹进行镜像，完成木纹拼花的绘制，如图 15-64 所示。

（8）执行“图案填充”命令，拾取内部点；选择填充图案为“AR-CONC”，设置填充比例为 1，对理石台面进行填充，如图 15-65 所示。

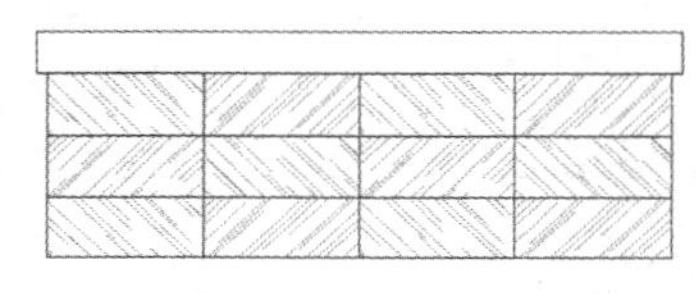

图 15-64　绘制木纹拼花

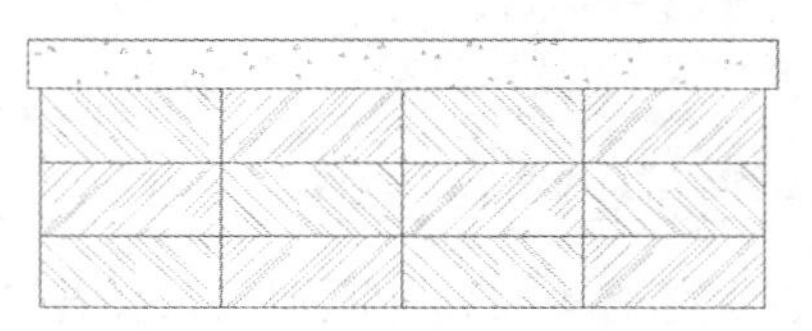

图 15-65　填充理石台面

（9）双击前台直线，执行“线型特性”命令，选择线型为“DASHED”，执行“特性匹配”命令，修改前台线型；执行“移动”命令，将前台移动至前台造型中心处，如图 15-66 所示。

（10）打开“图库 2”，复制其中的“植物模型”；执行“复制”“移动”命令，排列植物，如图 15-67 所示。

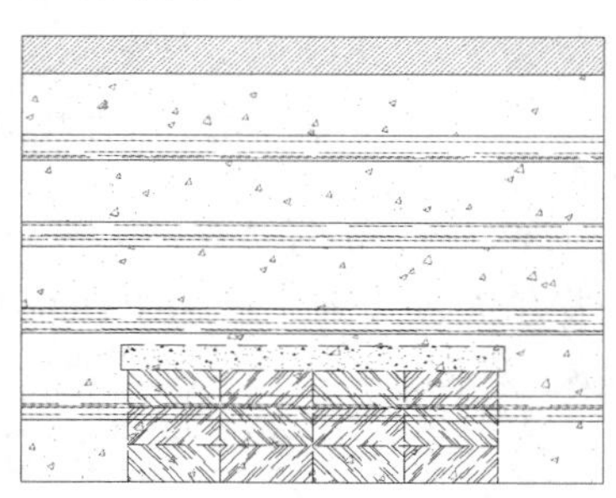

图 15-66　修改前台线型

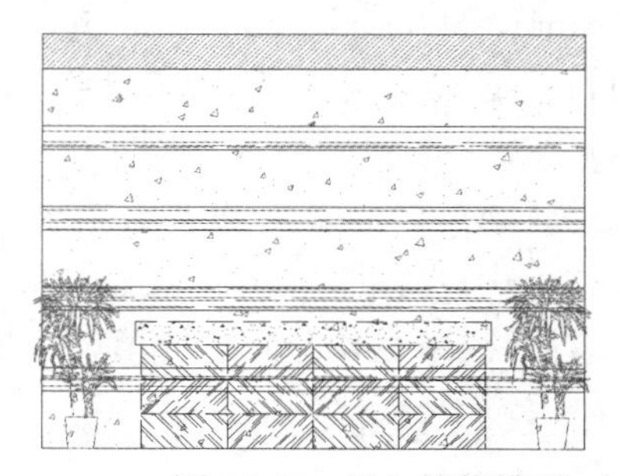

图 15-67　导入植物模型

（11）双击“尺寸标注”图层将其置为当前图层，执行“线性标注”命令，从左下角向上标注尺寸；执行“连续标注”命令，依次向上标注尺寸，如图 15-68 所示。

（12）标注文字。执行“引线”命令，绘制标注引线；执行“文字注释”命令，选择“多行文字”，并设置其属性，输入文字；执行“复制”命令，复制文字，双击文字修改为需要的内容，如图 15-69 所示。

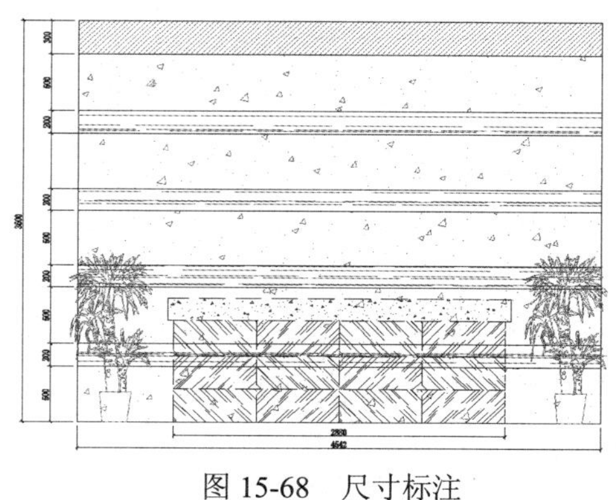

图 15-68　尺寸标注

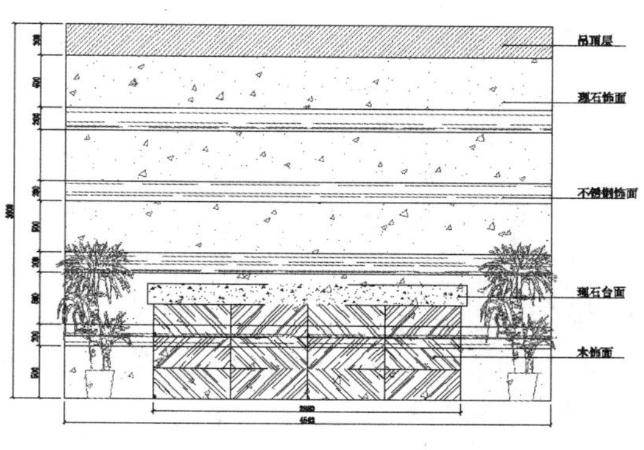

图 15-69　标注文字

（13）绘制图形标注。执行“多段线”命令，绘制长 1200 mm 的直线；执行“直线”命令，绘制长 1200 mm 的直线；执行“文字注释”命令，标注文字，如图 15-70 所示。

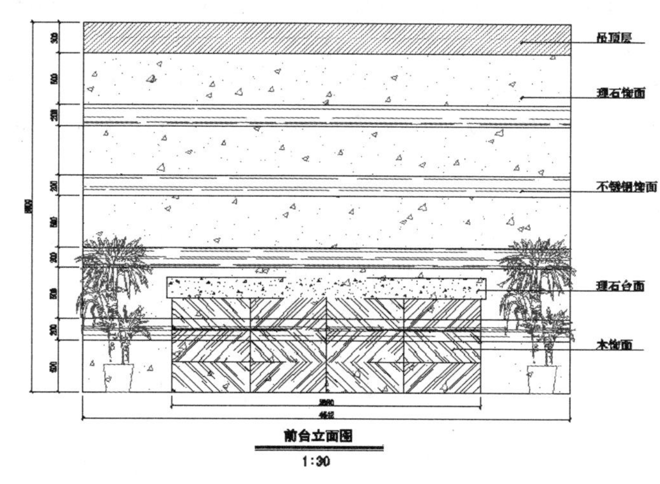

图 15-70　绘制图形标注

多段线参数如下：

```
PLINE
指定起点:
当前线宽为 0.000 0
指定下一个点或 [圆弧(A)/半宽(H)/长度(L)/放弃(U)/宽度(W)]: w
指定起点宽度 <10.000 0>: 20
指定端点宽度 <20.000 0>: 20
指定下一个点或 [圆弧(A)/半宽(H)/长度(L)/放弃(U)/宽度(W)]: 120 0
指定下一点或 [圆弧(A)/闭合(C)/半宽(H)/长度(L)/放弃(U)/宽度(W)]:
命令: *取消*
```

15.6.2　绘制总经理办公室立面图

本案例绘制的是经理办公室立面图。经理办公室主要接待来访的重要客户，所以经理室的设计要能给人一种庄重的感觉，因此背景墙做了一排展示柜，墙面搭配欧式墙纸和线条，看上去高贵又温馨。

制作思路：

1．绘制总经理办公室 B 立面轮廓。

2．通过偏移、矩形命令操作绘制出总经理办公室内部结构。

3．图案填充背景墙。

4．材料注释和尺寸标注。

主要命令及工具："直线""偏移""修剪"和"镜像"等操作命令。

源文件及视频位置：光盘:\第 15 章\

绘制总经理办公室立面图的具体操作步骤如下。

（1）绘制立面外框。执行"文件"｜"打开"命令，打开"两居室平面布置图"。执行"直线"命令，根据平面尺寸绘制立面外框；执行"偏移"命令，将顶部直线向下偏移 200mm 绘制吊顶线，如图 15-71 所示。

（2）执行"偏移"命令，将左右两边直线分别向内偏移 650mm、350mm，将顶部直线向下偏移 100mm；执行"修剪"命令，修剪直线；执行"图案填充"命令，填充顶面，如图 15-72 所示。

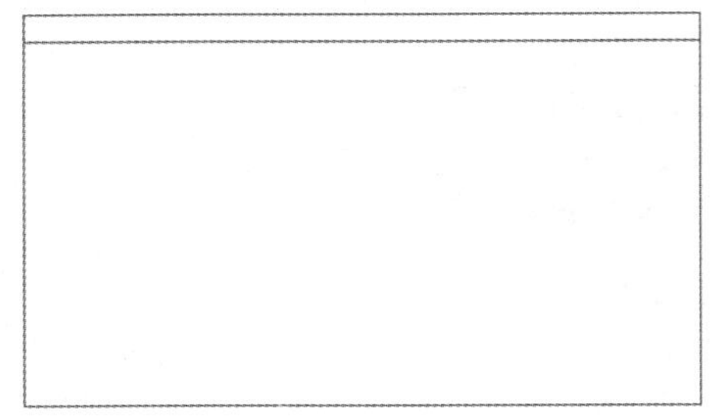

图 15-71　绘制立面外框

图 15-72　绘制吊顶面

（3）执行"偏移"命令，将左右两边墙线分别向内偏移 500mm、500 mm，将底部直线向上偏移 80 mm、600 mm，绘制柜子框架，如图 15-73 所示。

（4）执行"矩形"命令，沿着柜边绘制矩形；执行"偏移"命令，将矩形向内偏移 60 mm；执行"复制"命令，复制矩形边框，如图 15-74 所示。

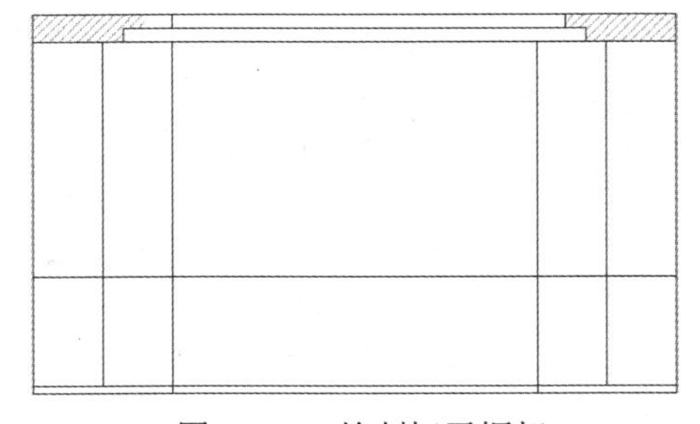

图 15-73　绘制柜子框架

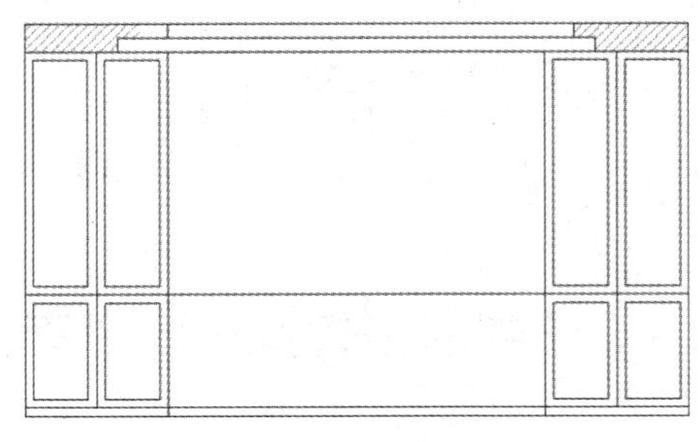

图 15-74　绘制矩形边框

（5）执行"图案填充"命令，拾取矩形填充空间，选择填充图案为"AR-RROOF"，设置填充角度为 45°，填充比例为 25，填充玻璃饰面，如图 15-75 所示。

（6）执行“定数等分”命令，将柜子中间直线等分为 6 等份；执行“直线”命令，以等分点为基点向下绘制直线，绘制出柜门，如图 15-76 所示。

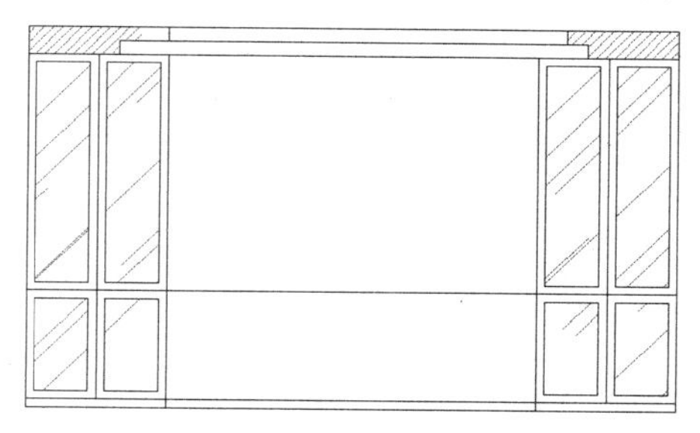

图 15-75　填充玻璃饰面

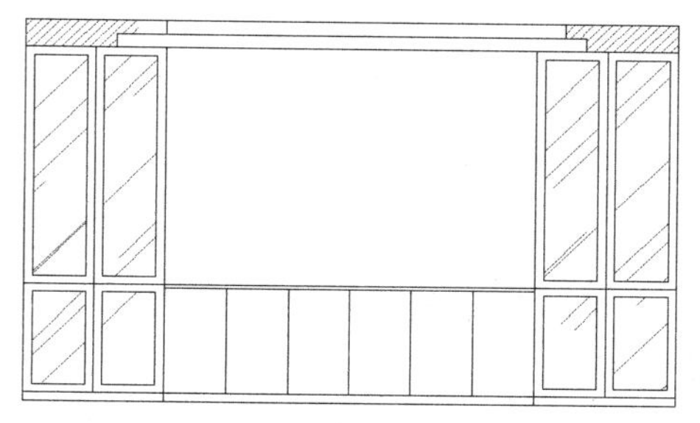

图 15-76　绘制柜门

（7）执行“矩形”命令，以柜子边为基点绘制矩形；执行“偏移”命令，依次向内偏移 30 mm、20 mm、30 mm，绘制矩形线框，如图 15-77 所示。

（8）打开“图库 2”，复制装饰画模型；执行“图案填充”命令，填充墙面，如图 15-78 所示。

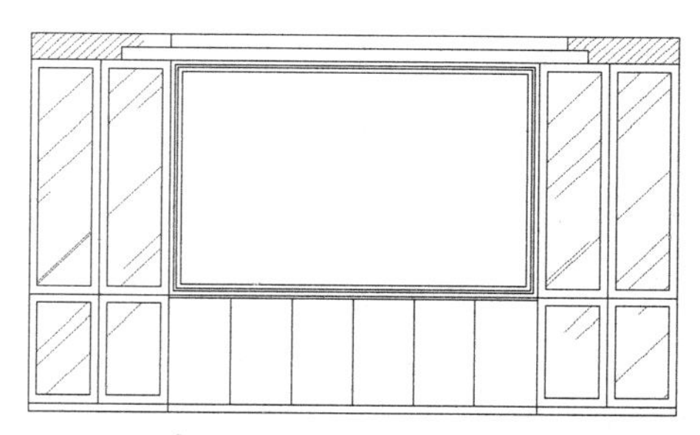

图 15-77　绘制矩形线框

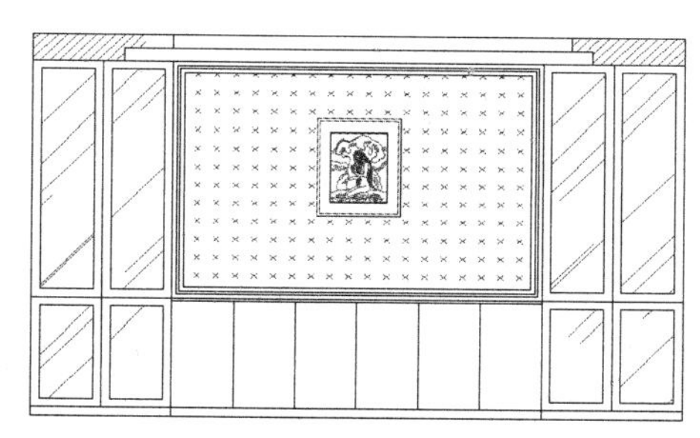

图 15-78　绘制装饰画和墙纸

（9）执行“矩形”命令，绘制长 20 mm、宽 160 mm 的矩形；执行“复制”“镜像”命令，复制柜门把手，如图 15-79 所示。

（10）执行“标注”命令，选择“线性标注”，设置其属性，以立面左下角为基点向右标注尺寸；执行“连续标注”命令，向上标注尺寸，如图 15-80 所示。

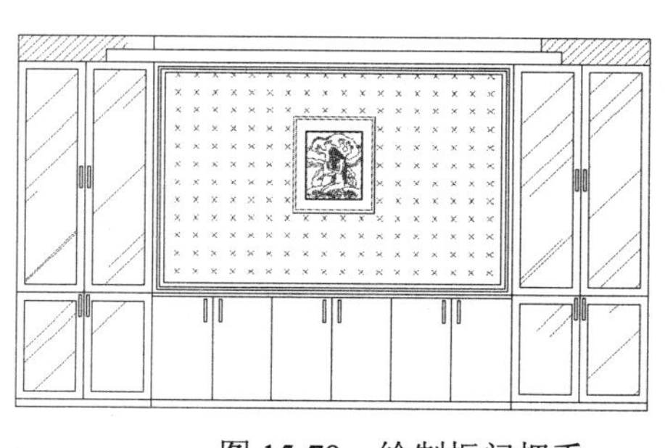

图 15-79　绘制柜门把手

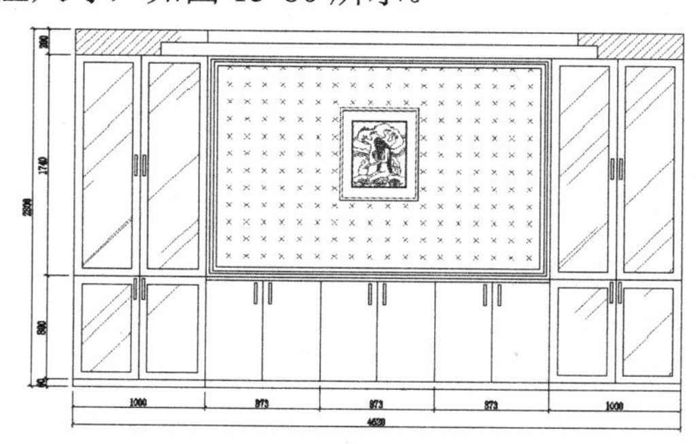

图 15-80　标注尺寸

（11）执行“文字注释”命令，标注文字；执行“多行文字”命令并设置其属性，输入文字；执行“复制”命令，复制文字，双击文字修改为需要的内容，如图 15-81 所示。

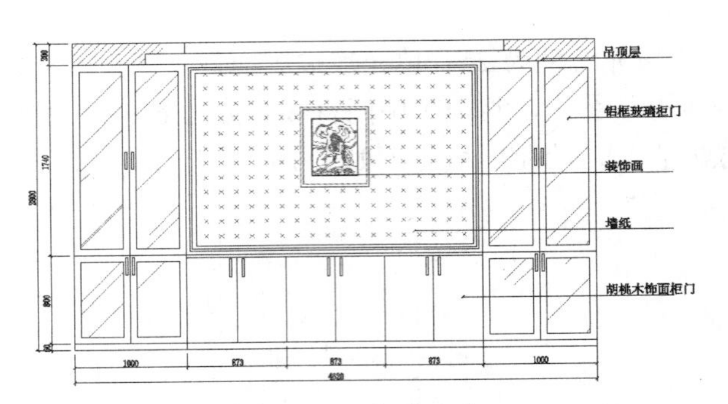

图 15-81　标注文字

（12）执行“多段线”命令，绘制长 1200mm 的直线；执行“直线”命令，绘制长 1200mm 的直线；执行“文字注释”命令，标注文字，如图 15-82 所示。

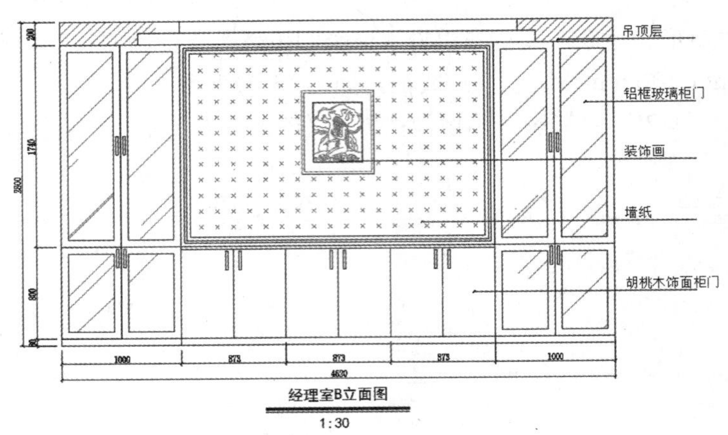

图 15-82　绘制图形标注

15.6.3　绘制门厅形象墙立面图

本案例绘制的是门厅形象墙立面图。形象墙是一个公司的门面，在上面能看到公司的名称并感受到其文化内涵。为了增加门厅后方房间的采光量，门厅立面采用了钢化磨砂玻璃和木饰面相结合的方式，大面积的磨砂玻璃既增加了房间的采光量，又起到了很好的装饰效果。

制作思路：

1．绘制门厅形象墙立面区域。

2．绘制立面窗户。

3．对窗户进行填充。

4．进行材料注释和尺寸标注。

主要命令及工具：“直线”“修剪”“圆心”“半径”等操作命令。

源文件及视频位置：光盘:\第 15 章\

绘制门厅形象墙立面图的具体操作步骤如下。

（1）执行“文件”|“打开”命令，打开“办公室一楼平面布置图”，执行“直线”命令，根据平面尺寸绘制立面外框；执行“偏移”命令，将顶部直线向下偏移 200 mm 绘制吊顶线；执行“图案填充”命令，填充顶面，如图 15-83 所示。

（2）执行“偏移”命令，将底部直线向上偏移 600 mm，将顶部直线向下偏移 300 mm；执行“定数等分”命令，等分直线；执行“直线”命令，以等分点为基点绘制直线，如图 15-84 所示。

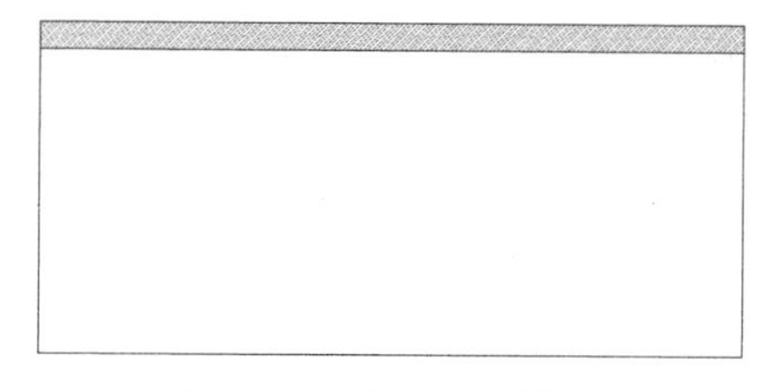

图 15-83　绘制立面外框

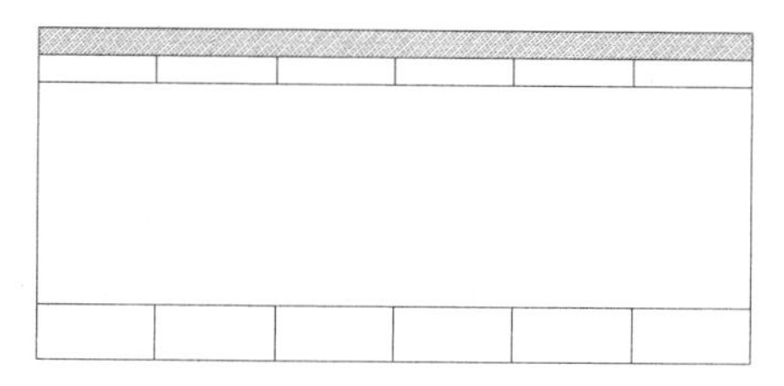

图 15-84　绘制立面造型

（3）执行“图案填充”命令，拾取内部点，选择填充图案为“AR-RROOF”，设置填充比例为 5，绘制木纹饰面，如图 15-85 所示。

（4）执行“直线”命令，以等分点为基点向下绘制直线，执行“图案填充”命令，填充玻璃纹理，绘制玻璃隔墙，如图 15-86 所示。

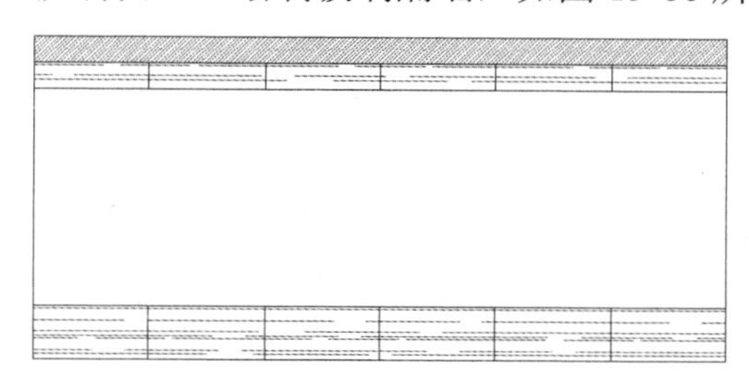

图 15-85　绘制木纹饰面

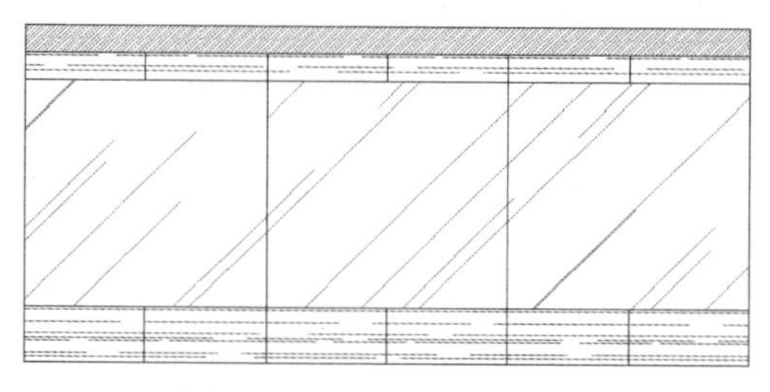

图 15-86　绘制玻璃隔墙

（5）打开“图库 2”，复制其中的“植物模型”，然后执行“复制”“移动”命令，排列植物，如图 15-87 所示。

（6）双击“尺寸标注”图层将其置为当前图层；执行“线性标注”命令，标注基准标注；执行“连续标注”命令，选择基准标注依次向上标注尺寸，如图 15-88 所示。

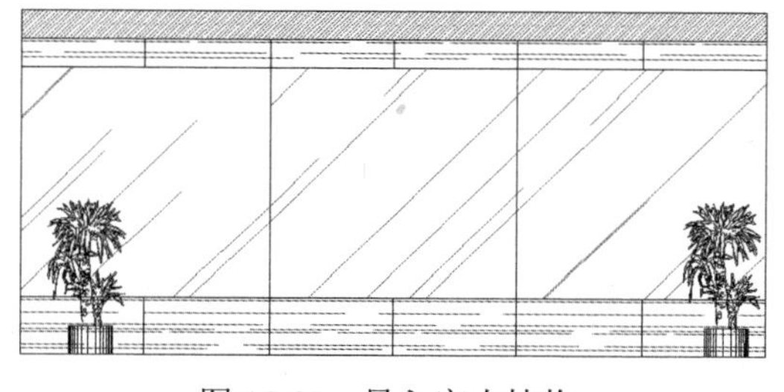

图 15-87　导入室内植物

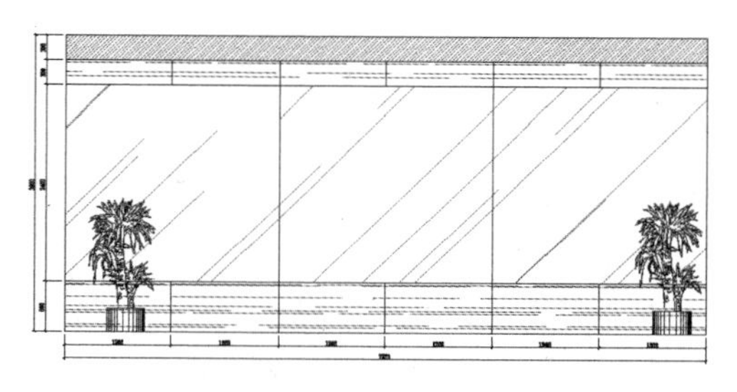

图 15-88　标注尺寸

（7）执行“引线”命令，绘制标注引线；执行“文字注释”命令，选择“多行文字”

并设置其属性，输入文字；执行“复制”命令，复制文字，双击文字修改为需要的内容，如图 15-89 所示。

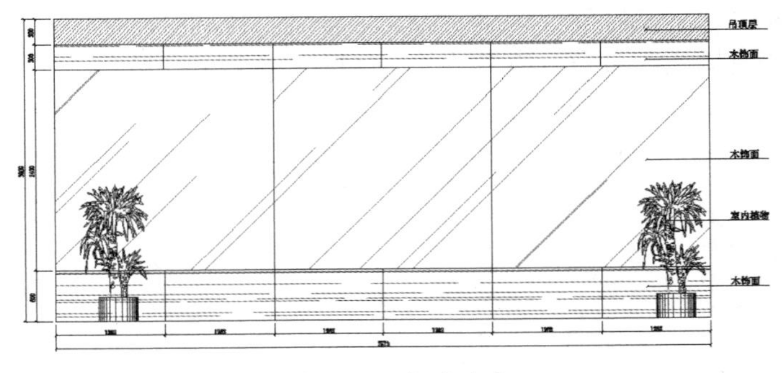

图 15-89　标注文字

（8）执行“多段线”命令，绘制长 1200 mm 的直线；执行“直线”命令绘制长 1200 mm 的直线；执行“文字注释”命令，标注文字，如图 15-90 所示。

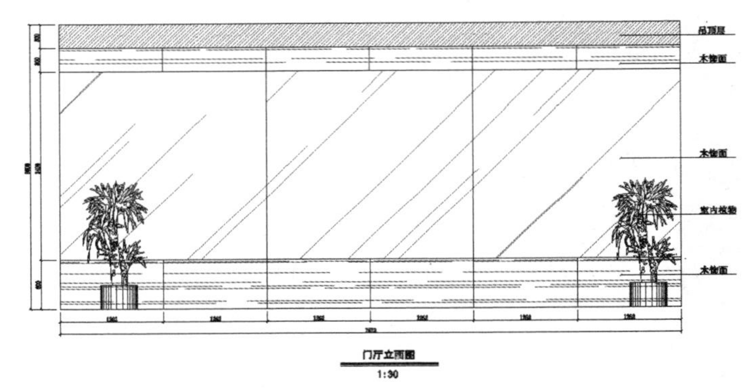

图 15-90　绘制图形标注

15.6.4　绘制会议室立面图

本案例绘制的是会议室立面图。会议室是展示一个公司形象的重要地方，根据公司以后的发展趋势和领导视察安排的需求，设计了 10 座的会议桌，背景墙采用木饰面和墙纸搭配的设计。

> 制作思路：
>
> 1．绘制会议室立面区域。
>
> 2．绘制立面造型。
>
> 3．对立面墙体进行填充。
>
> 4．进行材料注释和尺寸标注。
>
> 主要命令及工具：“直线”“修剪”“圆心”“半径”等操作命令。
>
> 源文件及视频位置：光盘:\第 15 章\

绘制会议室立面图的具体操作步骤如下。

（1）执行“文件”｜“打开”命令，打开“办公室二楼平面布置图”，执行“直线”命令，根据平面尺寸绘制立面外框；执行“偏移”命令，将顶部直线向下偏移 200 mm 绘制吊顶线，将左右两边直线分别向内偏移 2 173 mm；执行“图案填充”命令，填充吊顶面，如图 15-91 所示。

（2）执行“偏移”命令，分别将两边直线向内偏移 800 mm；执行“定数等分”命令，将墙面等分为 6 份；执行“直线”命令，以等分点为基点绘制直线，此为墙面造型，如图 15-92 所示。

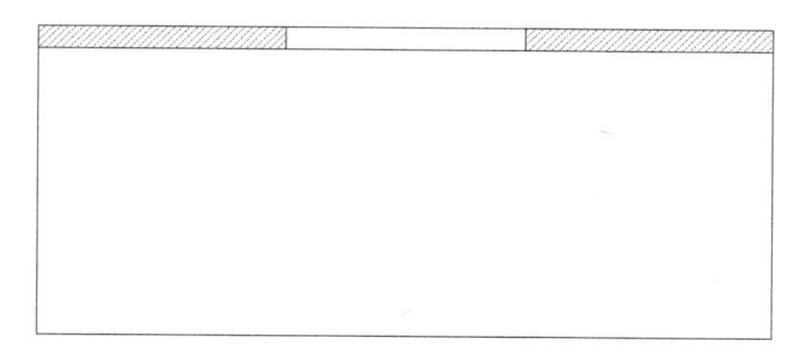

图 15-91　绘制墙体外框

图 15-92　绘制墙面造型

（3）绘制墙面造型。执行“矩形”命令，绘制长 300 mm、宽 800 mm 的矩形；执行“偏移”命令，将矩形向内偏移 20 mm；执行“移动”命令，将矩形移动到墙面造型中心处，如图 15-93 所示。

（4）打开“图库 2”，复制其中的“花瓶”模型，然后再复制一个，如图 15-94 所示。

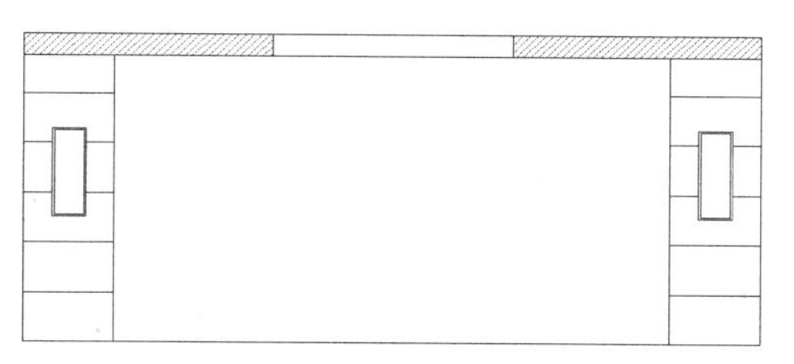

图 15-93　绘制衣柜造型

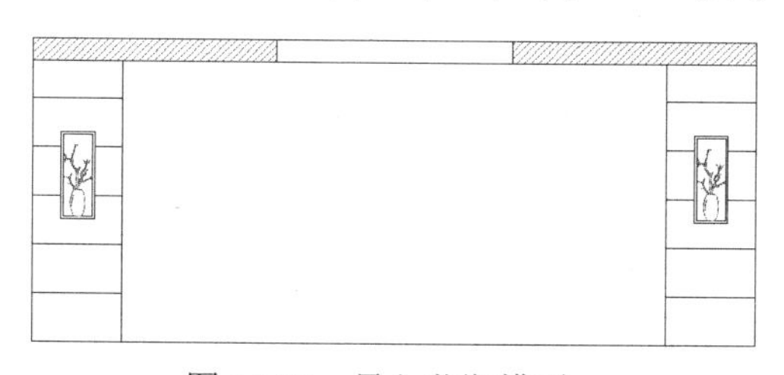

图 15-94　导入花瓶模型

（5）执行“矩形”命令，绘制长 2600 mm、宽 1260 mm 的矩形；执行“分解”命令，将矩形分解；执行“偏移”命令，将矩形下方直线向上偏移 60 mm，绘制投影幕，如图 15-95 所示。

（6）执行“图案填充”命令，拾取填充空间，选择填充图案为“CROSS”，设置填充比例为 15，绘制墙纸饰面，如图 15-96 所示。

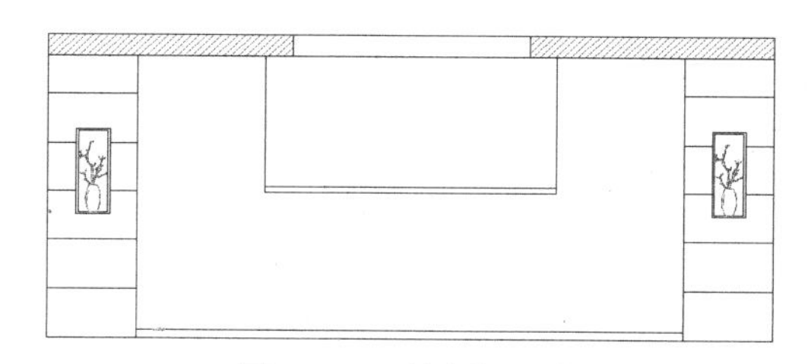

图 15-95　绘制投影幕

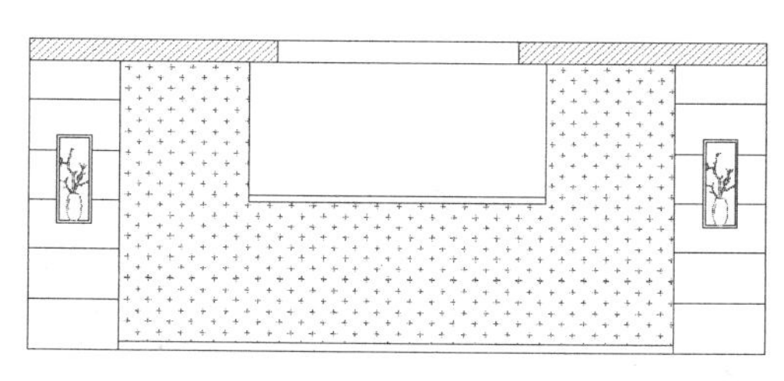

图 15-96　绘制墙纸饰面

（7）执行“图案填充”命令，拾取填充空间，选择填充图案为“AR-RROOF”，设置填充比例为 25，绘制墙面木纹，如图 15-97 所示。

（8）执行“线性标注”命令，以左下角为基点向上标注尺寸；执行“连续标注”命令，依次向上标注尺寸，如图 15-98 所示。

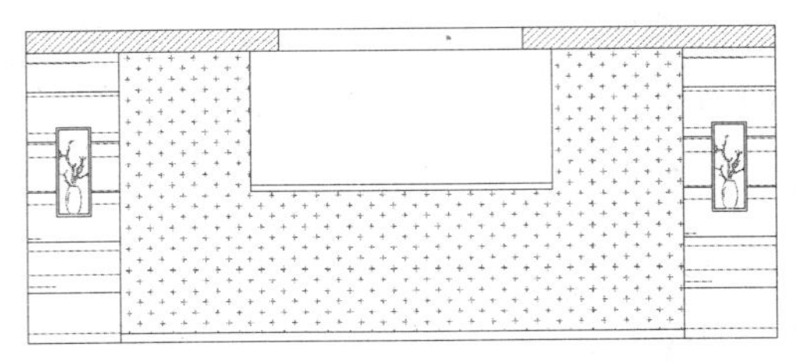
图 15-97　绘制墙面木纹

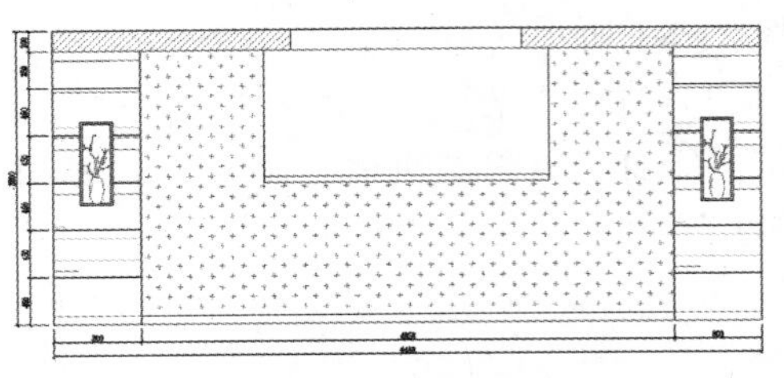
图 15-98　标注尺寸

（9）标注文字。执行“引线”命令，绘制引线；执行“文字注释”命令，选择“多行文字”并设置其属性，输入文字；执行“复制”命令，复制文字，双击文字修改为需要的内容，如图 15-99 所示。

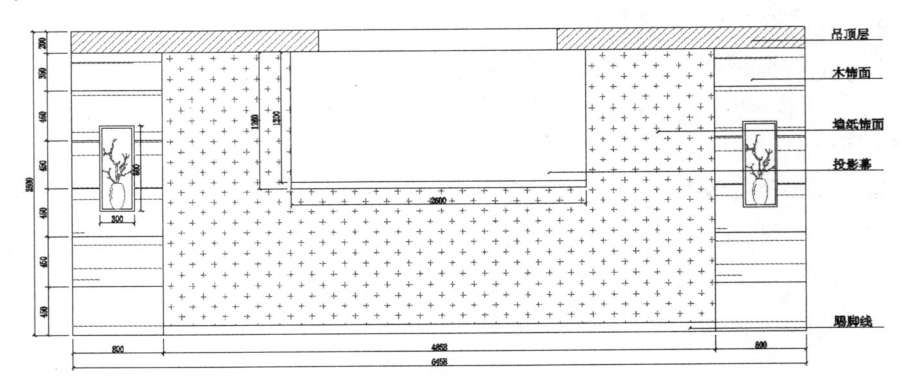

图 15-99　标注文字

（10）执行“多段线”命令，绘制长 1200 mm，宽 20 的直线；执行“直线”命令，绘制长 1200 mm 的直线；执行“文字注释”命令，标注文字，绘制图例说明，如图 15-100 所示。

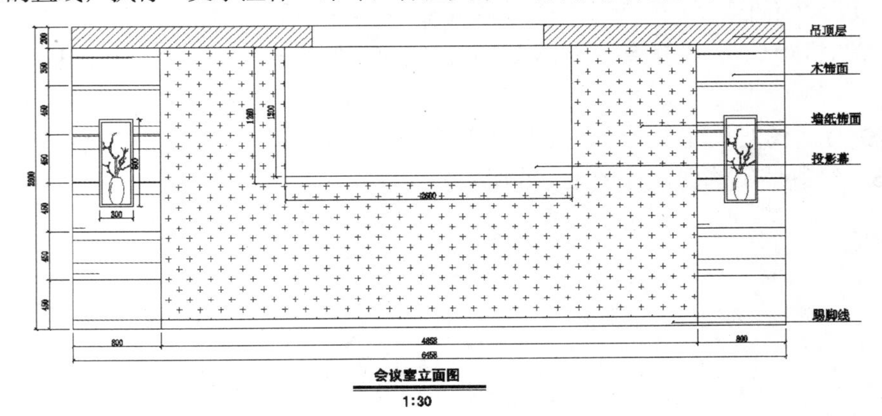

图 15-100　绘制图例说明

15.6.5　绘制洗手间立面图

本案例绘制的是洗手间立面图。卫生间使用隔板分为 3 个单间，由于卫生间不够宽敞，所以墙面采用 300mm×600mm 的墙砖来增加空间感。

> 制作思路：
>
> 1．绘制洗手间立面区域。
>
> 2．绘制卫生间隔断立面。
>
> 3．填充墙砖。
>
> 4．进行材料注释和尺寸标注。
>
> 主要命令及工具："直线""修剪""圆心""半径"等操作命令。
>
> 源文件及视频位置：光盘:\第 15 章\

（1）执行"文件"|"打开"命令，打开"办公室一楼平面布置图"，根据平面尺寸绘制卫生间立面外框；执行"偏移"命令，绘制吊顶线和墙体，如图 15-101 所示。

（2）执行"图案填充"命令，拾取填充空间，选择填充图案为"ANSI31"，设置填充比例为 15，填充顶面使用同样方法填充墙体，如图 15-102 所示。

图 15-101　绘制卫生间立面外框

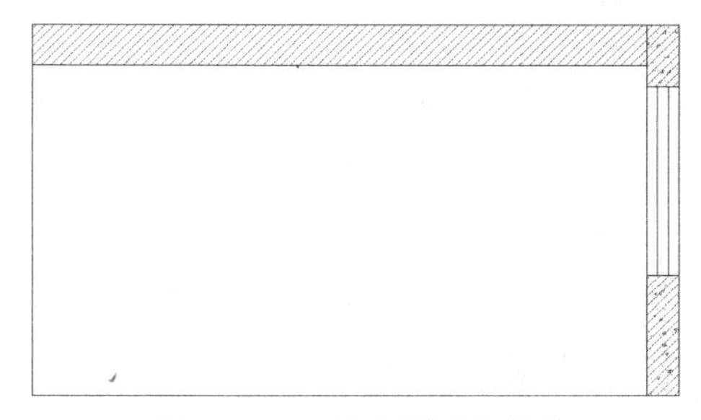

图 15-102　填充顶面和墙体

（3）执行"偏移"命令，将左边直线依次向右偏移 1000 mm、60 mm，将吊顶线向下偏移 300 mm；执行"修剪"命令，修剪直线，绘制隔板，如图 15-103 所示。

（4）执行"偏移"命令，将地平线向上偏移 120mm，执行"修剪"命令，修剪直线；执行"圆"命令，绘制半径为 30 mm 的圆作为把手，执行"复制"命令，复制圆形把手，如图 15-104 所示。

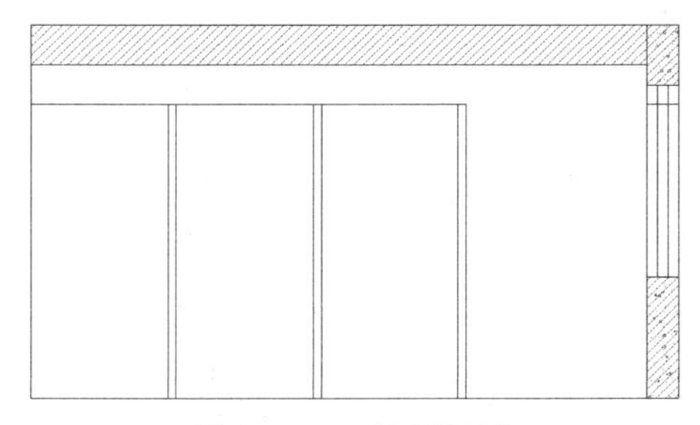

图 15-103　绘制隔板

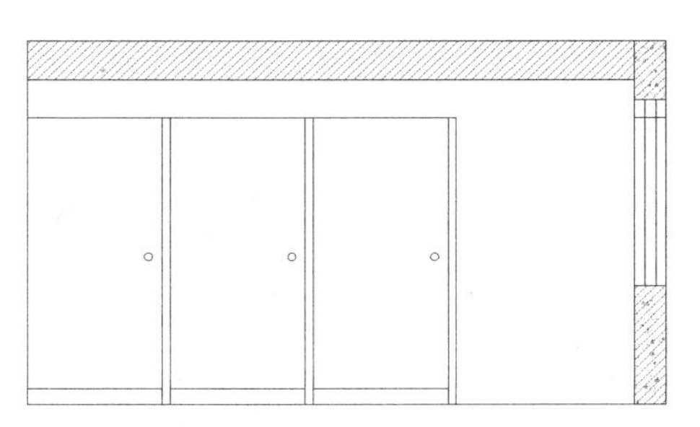

图 15-104　绘制卫生间门

（5）执行“图案填充”命令，拾取填充空间，选择填充图案为“AR-CONC”，设置填充比例为 1，填充石台，如图 15-105 所示。

（6）执行“偏移”命令，将地平线向上偏移 620 mm、180 mm，执行“修剪”命令，修剪直线，绘制洗手台；执行“图案填充”命令，填充理石台面，如图 15-106 所示。

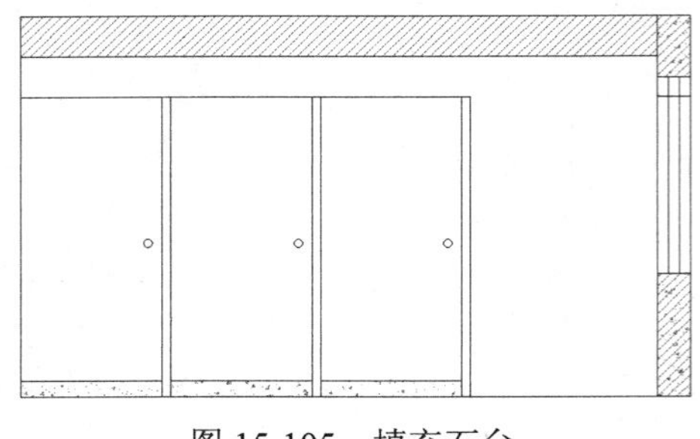
图 15-105　填充石台

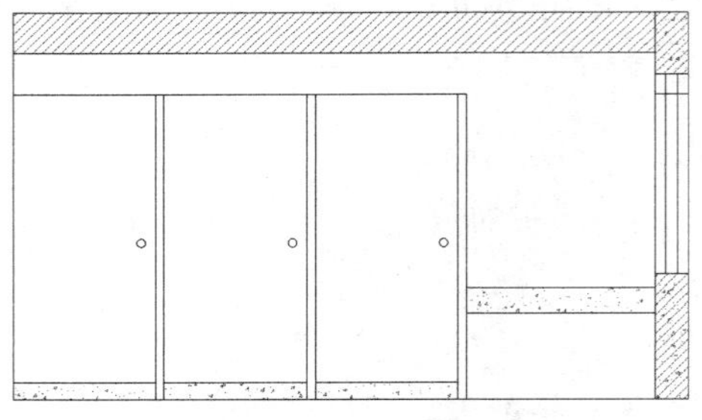
图 15-106　绘制洗手台

（7）执行“偏移”命令，将右边墙线向左偏移 426 mm；打开“图库 2”，复制“台盆”模型；执行“修剪”命令，修剪台盆，如图 15-107 所示。

（8）执行“图案填充”命令，拾取填充空间，选择填充类型为“用户定义”，设置填充间距为 300，绘制墙砖；拾取同样的填充空间，设置填充角度为 90°，填充间距为 600，再次填充，如图 15-108 所示。

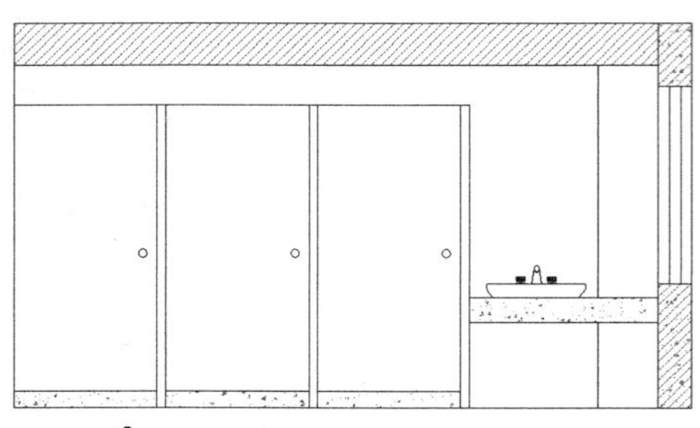
图 15-107　绘制洗手盆

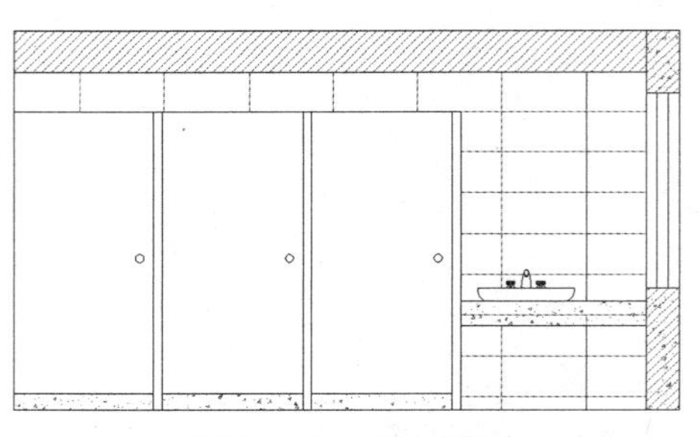
图 15-108　绘制墙砖

（9）执行“线性标注”命令，以左下角为基点向上标注尺寸；执行“连续标注”命令，依次向上标注尺寸，如图 15-109 所示。

（10）执行“文字注释”命令，标注文字；执行“多行文字”命令并设置其属性，输入文字；执行“复制”命令，复制文字，双击文字修改为需要的内容，如图 15-110 所示。

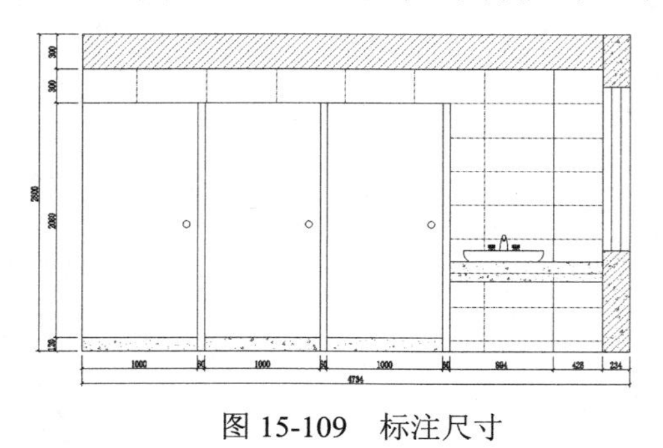

图 15-109　标注尺寸

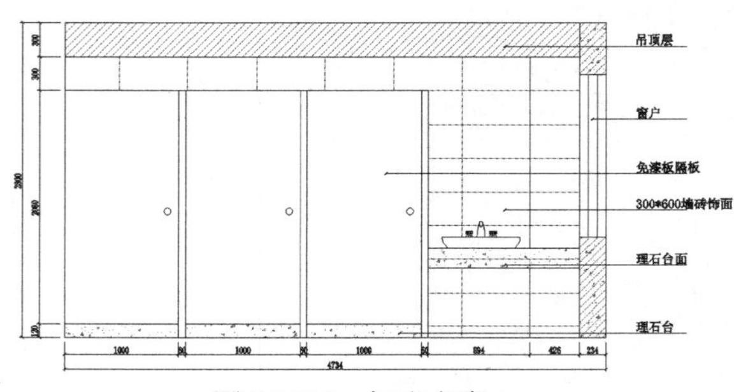

图 15-110　标注文字

（11）执行“直线”命令，绘制长 2000 mm 的直线，执行“偏移”命令，将其向下偏移 30 mm；执行“文字注释”命令，标注文字，如图 15-111 所示。

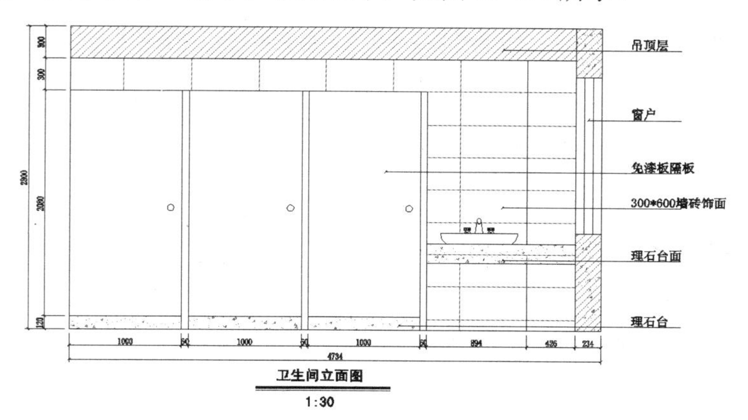

图 15-111　绘制图形标注

15.7　绘制办公空间部分剖面图

为了便于分析一些区域的内部结构，需要用剖面图进行表示。下面绘制办公空间中的部分剖面图，包括办公室顶面剖面图和女卫洗手台盆剖面图。

15.7.1　绘制办公室顶面剖面图

本案例绘制的是办公室顶面剖面图。顶面剖面图主要表现吊顶内部，方便工人施工。图纸越详细，施工过程就越方便，因此有的工程对剖面详图的要求很高。

制作思路：

1．绘制吊顶剖面轮廓。

2．利用偏移、修剪操作绘制剖面结构。

3．在合适的位置绘制卷轴。

4．进行材料注释和尺寸标注。

主要命令及工具：“直线”“矩形”“图案填充”和“线性”等操作命令。

源文件及视频位置：光盘:\第 15 章\

绘制办公室顶面剖面图的具体操作步骤如下。

（1）执行“文件”｜“打开”命令，打开“二楼顶棚布置图”，执行“直线”命令，根据平面尺寸绘制长 4000 mm、宽 1000 mm 的矩形作为顶面外框；执行“偏移”命令，将顶面直线向下偏移 320 mm、18 mm，绘制吊顶线；执行“图案填充”命令，填充顶面，如图

15-112 所示。

（2）执行“偏移”命令，将吊顶线向下依次偏移 100 mm、100 mm，将左边直线依次向右偏移 1611 mm、500 mm、1 000 mm、500 mm；执行“倒直角”命令，绘制顶面造型，如图 15-113 所示。

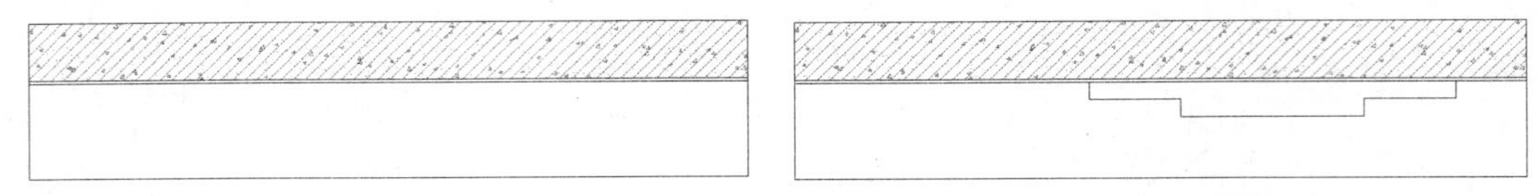

图 15-112　绘制顶面外框　　　　图 15-113　绘制顶面造型

（3）执行“矩形”命令，绘制长 20 mm、宽 30 mm 的矩形，执行“复制”命令，复制木龙骨；执行“直线”命令，连接龙骨，如图 15-114 所示。

（4）执行“直线”命令，以造型中心为基点绘制直线；执行“偏移”命令，将直线向两边分别偏移 20 mm，最后删除中线，绘制轻钢龙骨，如图 15-115 所示。

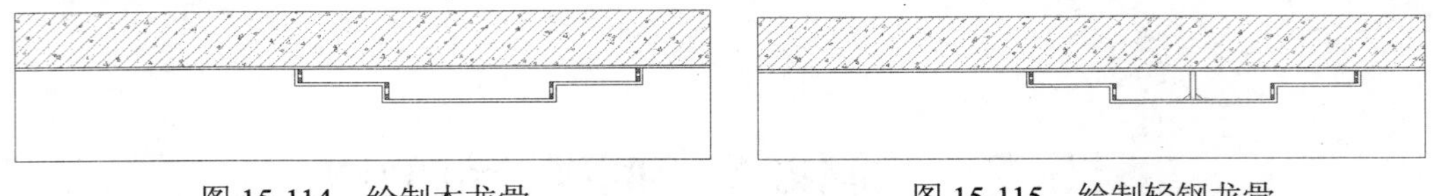

图 15-114　绘制木龙骨　　　　图 15-115　绘制轻钢龙骨

（5）执行“标注”命令，选择“线性标注”，设置其属性，以立面左下角为基点向右标注尺寸；执行“连续标注”命令，依次向上标注尺寸，如图 15-116 所示。

（6）执行“引线”命令，绘制引线；执行“文字注释”命令，选择“多行文字”并设置其属性，输入文字；执行“复制”命令，复制文字，双击文字修改为需要的内容，如图 15-117 所示。

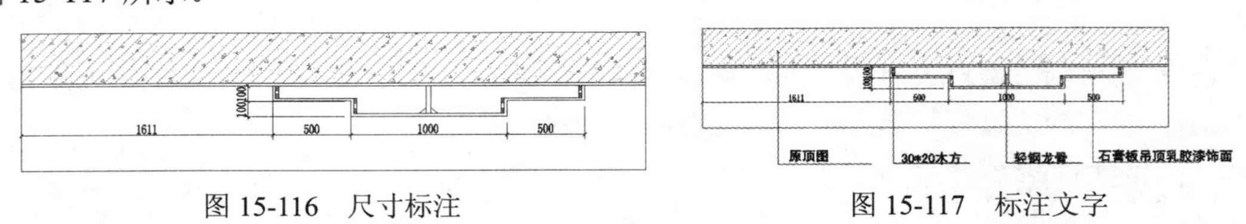

图 15-116　尺寸标注　　　　图 15-117　标注文字

（7）执行“直线”命令，绘制长 2000 mm 的直线，执行“偏移”命令，将其向下偏移 30 mm；执行“文字注释”命令，标注文字，如图 15-118 所示。

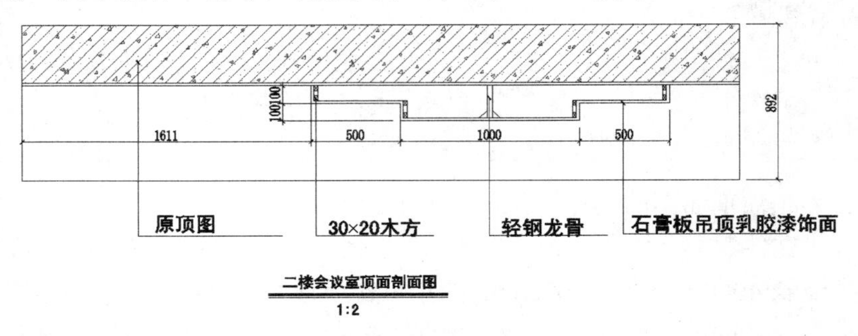

图 15-118　绘制图形标注

15.7.2　绘制女卫洗手台盆剖面图

接下来绘制女卫洗手台盆的剖面图。洗手盆台面采用大理石饰面，边缘用胡桃木饰面，内置 3 厘米白色防火板，并用木龙骨固定边缘。

> 制作思路：
> 1. 绘制洗手台盆剖面轮廓。
> 2. 绘制洗手盆和下水管等图形。
> 3. 填充台面和其他区域。
> 4. 进行材料注释和尺寸标注。
>
> 主要命令及工具："圆角""偏移""多段线"和"块"等操作命令。
>
> 源文件及视频位置：光盘:\第 15 章\

绘制女卫洗手台盆剖面图的具体操作步骤如下。

（1）执行"矩形"命令，绘制长 500 mm、宽 734 mm 的轮廓，作为洗手台盆剖面，如图 15-119 所示。

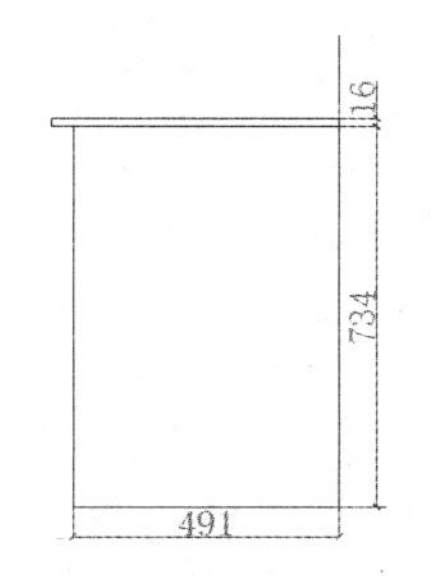

图 15-119　绘制轮廓

（2）执行"圆角"命令，选择矩形轮廓，根据提示，选择第一个对象，如图 15-120 所示。

根据命令行提示，输入半径值 8，再根据提示选择第二个对象，即左边的直线，如图 15-121 所示。

（3）按照同样的方法，对矩形左下角进行圆角处理，如图 15-122 所示。

（4）执行"偏移"命令，将轮廓左边直线向右依次偏移 3 mm、9 mm，将右边直线向左依次偏移 30 mm、9 mm、3 mm、11 mm，如图 15-123 所示。

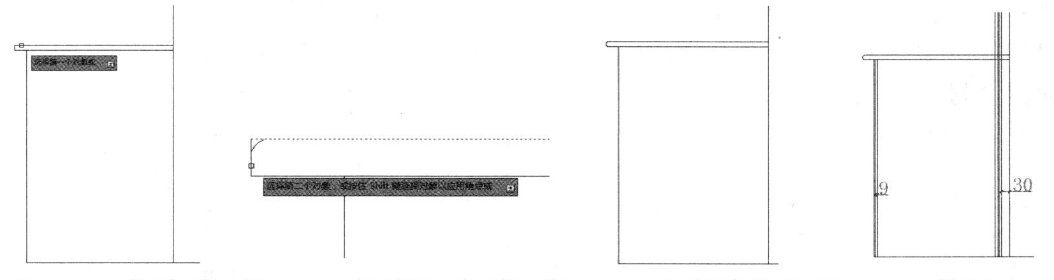

图 15-120　选择对象　图 15-121　选择第二个对象　图 15-122　完成圆角处理　图 15-123　偏移左右两边直线

（5）执行"偏移"命令，将底部直线向上依次偏移 222 mm、12 mm，如图 15-124 所示。

（6）执行"修剪"命令，对偏移后的直线进行修剪，如图 15-125 所示。

（7）执行"多段线"命令，绘制洗手盆剖面轮廓，如图 15-126 所示。

（8）依次执行"直线""多段线"和"修剪"命令，在图中绘制洗手台盆下水管及其他内部结构，如图 15-127 所示。

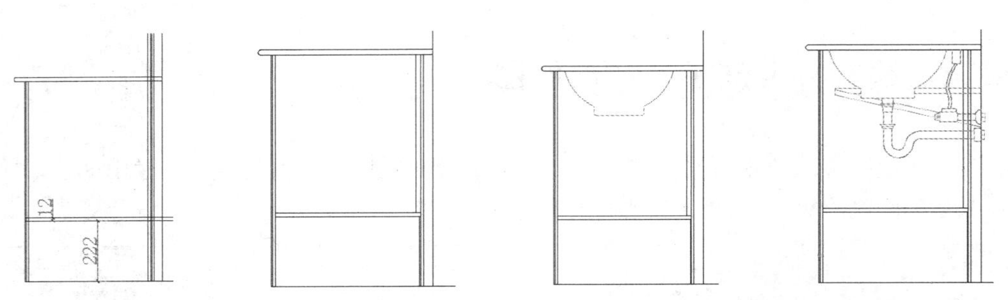

图 15-124　偏移底部直线　图 15-125　修剪直线　图 15-126　绘制洗手盆　图 15-127　绘制内部结构

（9）执行“修剪”命令，修剪掉多余的线段，如图 15-128 所示。

（10）执行“插入”｜“块”命令，将水龙头图块插入图中合适位置，如图 15-129 所示。

（11）依次执行“矩形”和“直线”命令，在水龙头的位置绘制支架木龙骨，执行“复制”命令进行复制，如图 15-130 所示。

（12）执行“图案填充”命令，选择填充图案为“AR-CONC”，对台面进行填充，如图 15-131 所示。

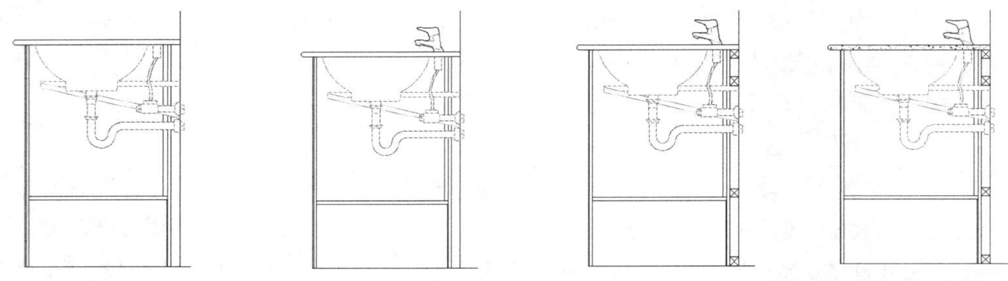

图 15-128　修剪多余部分　图 15-129　插入水龙头　图 15-130　绘制支架　图 15-131　填充台面

（13）执行“图案填充”命令，选择填充图案为“ANSI31”，对其他区域进行填充，如图 15-132 所示。

（14）执行“多重引线”命令，为该剖面图进行材料注释，如图 15-133 所示。

（15）执行“线性”标注命令，对该图进行尺寸标注，如图 15-134 所示。女卫洗手台盆剖面图绘制完毕。

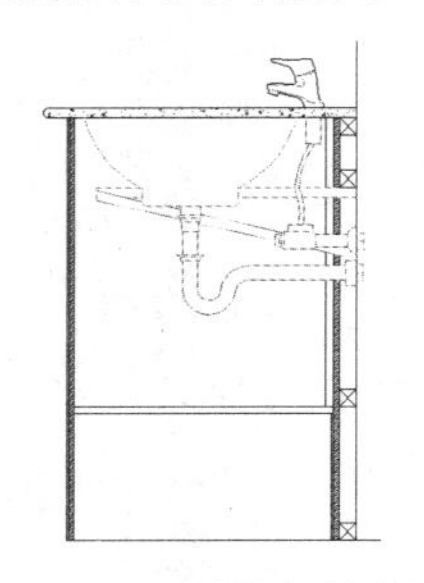

图 15-132　填充其他部分

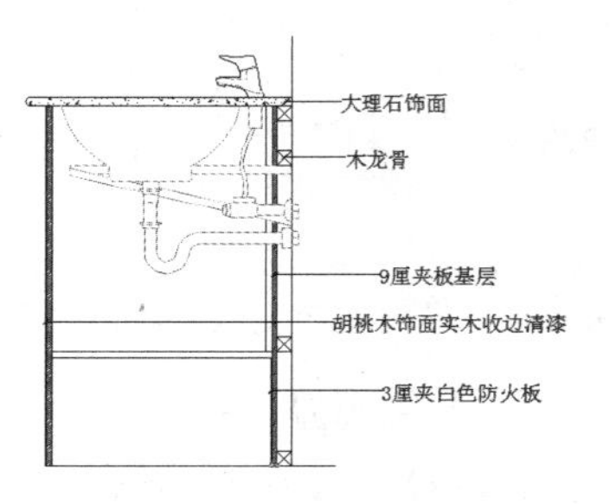

图 15-133　材料注释

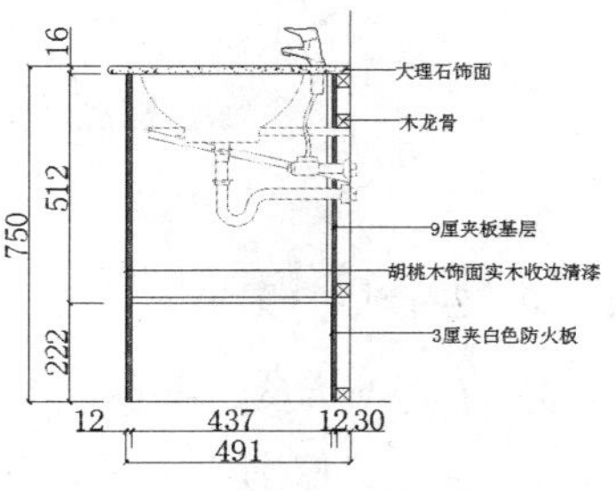

图 15-134　尺寸标注

第 16 章　餐厅空间设计方案

本案例是对餐厅整体空间的设计。这个设计采用大量的木材和石材来表现其风格，同时运用一些中式风格雕花来装饰顶面和墙面，整体风格以中式乡村风格为主，大小不同包厢可以满足不同人的需求。本章主要绘制了餐厅原始结构图、平面布置图、地面布置图、顶棚布置图、服务台立面图、座位区立面图、洗手间立面图、包厢立面图、散座区隔断剖面图和服务台剖面图。

16.1　绘制餐厅平面图

餐厅平面图包括原始结构图、平面布置图、顶棚布置图、地面布置图。

16.1.1　绘制餐厅原始结构图

本案例的餐厅整体建筑结构比较合理，前台大厅整个空间比较宽敞，穿过走廊大大小小的房间可以分为大小不等的包厢，后厨在建筑中间偏左方向留空方便传菜。

> 制作思路：
>
> 1. 绘制餐厅包厢立面轮廓。
> 2. 绘制包厢立面造型。
> 3. 填充包厢立面造型。
> 4. 进行材料注释和尺寸标注。
>
> 主要命令及工具：“多线”“直线”“偏移”“矩形”“图案填充”和“多段线”等操作命令。
>
> 源文件及视频位置：光盘:\第 16 章\

绘制餐厅原始结构图的具体操作步骤如下。

（1）执行“格式”|“图层”命令，打开“图层特性管理器”对话框，执行“新建图层”命令，创建一个名称为“墙线”的图层，并为其设置合适的颜色与线型，如图 16-1 所示。使用同样方法新建“窗”“尺寸标注”等图层。

（2）双击“墙线”图层，将其设置为当前工作图层；执行“直线”命令，根据实际尺寸绘制墙体内框，执行“偏移”“修剪”命令，修剪墙体，如图 16-2 所示。

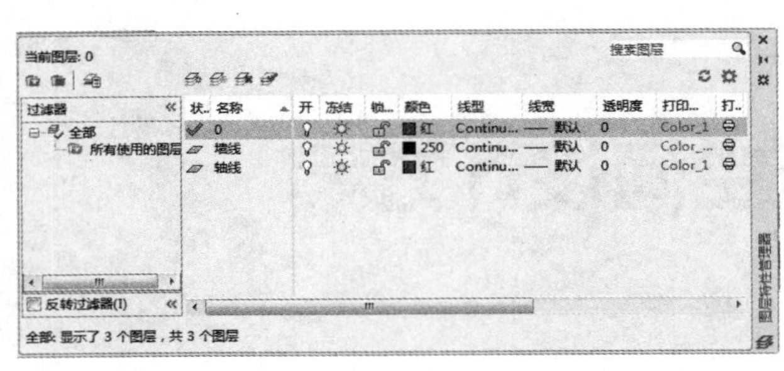

图 16-1 创建“墙线”图层

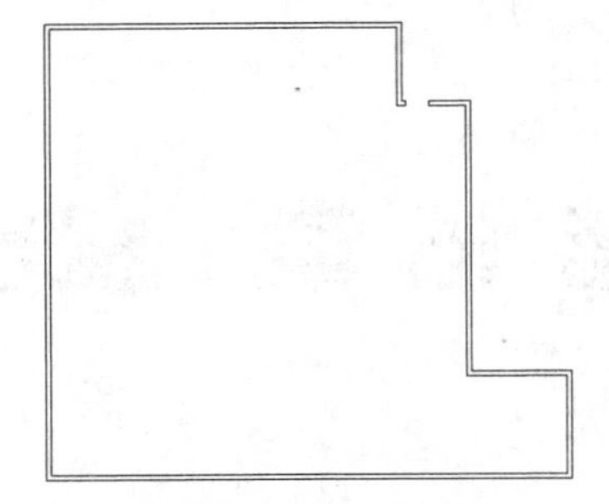

图 16-2 绘制墙体

（3）双击“窗”图层，将其设置为当前工作图层；执行“定数等分”命令，将墙体厚度等分为 3 份，执行“直线”命令，以等分点为基点绘制直线，完成窗户的绘制，如图 16-3 所示。

（4）执行“直线”“偏移”命令，根据实际尺寸绘制内部墙体，执行“修剪”“倒直角”命令，绘制门洞，完成内部墙体的绘制，如图 16-4 所示。

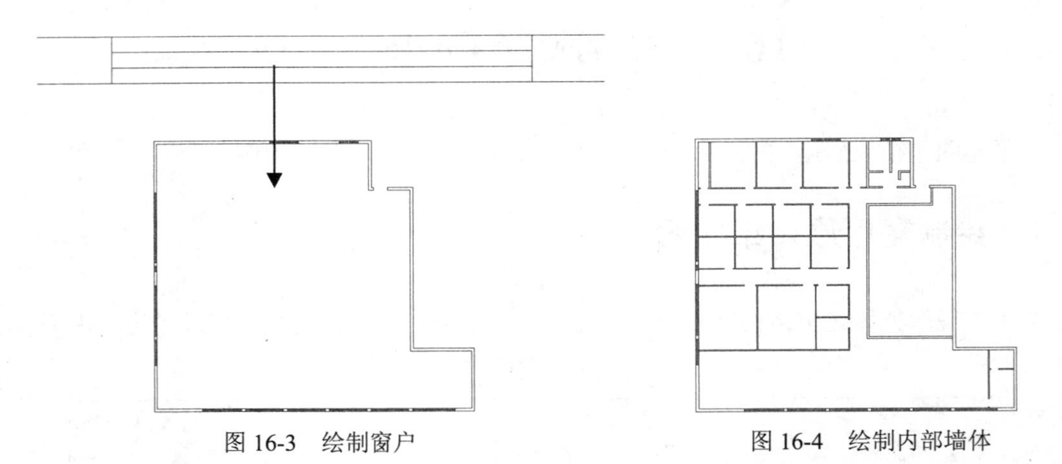

图 16-3 绘制窗户　　图 16-4 绘制内部墙体

（5）执行“矩形”命令，绘制长 400mm、宽 480mm 的矩形；执行“偏移”命令，将矩形向内偏移 40mm；最后取消正交模式，绘制斜线，并将所绘制的烟道图形移动到相应位置，如图 16-5 所示。

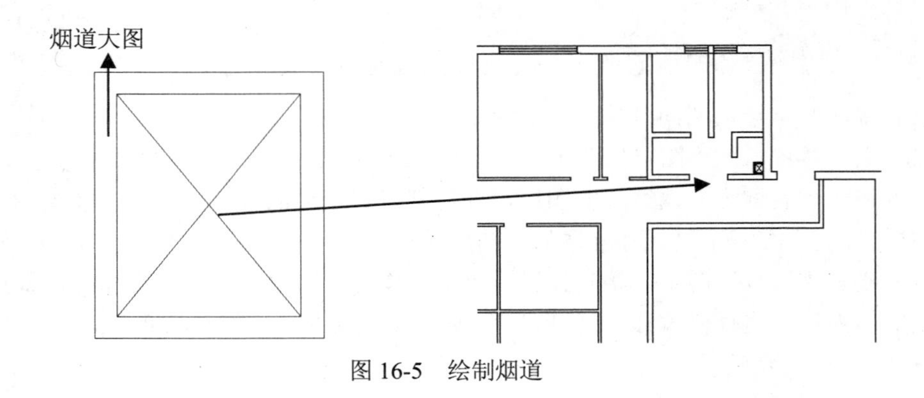

图 16-5 绘制烟道

（6）双击“尺寸标注”图层，将其置为当前图层，设置其属性；执行“线性标注”命令，以左下角为基点标注墙体；执行“连续标注”命令，依次标注尺寸，如图 16-6 所示。

（7）执行“多段线”命令，绘制长 2000mm、线宽 20mm 的直线；执行“文字注释”命令，选择“多行文字”并设置其属性，最后输入文字，绘制图形标注，如图 16-7 所示。

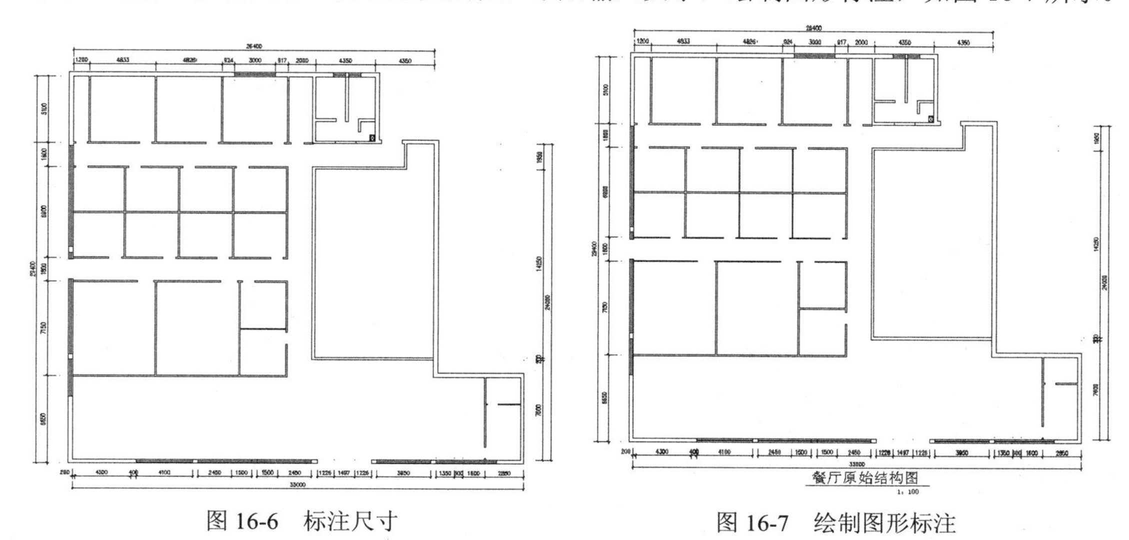

图 16-6　标注尺寸　　图 16-7　绘制图形标注

16.1.2　绘制餐厅平面布置图

本案例中，餐厅前台的植物造型墙突出了餐厅绿色健康的主题；根据顾客不同的需求设计了几个不同的包厢；餐厅设计以中式风格为主，中式家具搭配中式线条凸显出餐厅的宁静、舒心主题。

制作思路：

1．复制并粘贴原始户型图，删除多余的部分。

2．插入各个区域的图块和绘制图形。

3．图案填充地面。

4．进行尺寸标注。

主要命令及工具：“复制”“块”“镜像”和“环形阵列”等操作命令。

源文件及视频位置：光盘:\第 16 章\

绘制餐厅平面布置图的具体操作步骤如下。

（1）执行“文件”|“打开”命令，打开“餐厅原始结构图”，将文件另存为“餐厅平面布置图”图形文件，如图 16-8 所示。

（2）双击“家具”图层将其置为当前图层，执行“直线”“偏移”命令，绘制端景台造型；执行“复制”“粘贴”命令，导入植物模型；执行“图案填充”命令，填充造型，如图 16-9 所示。

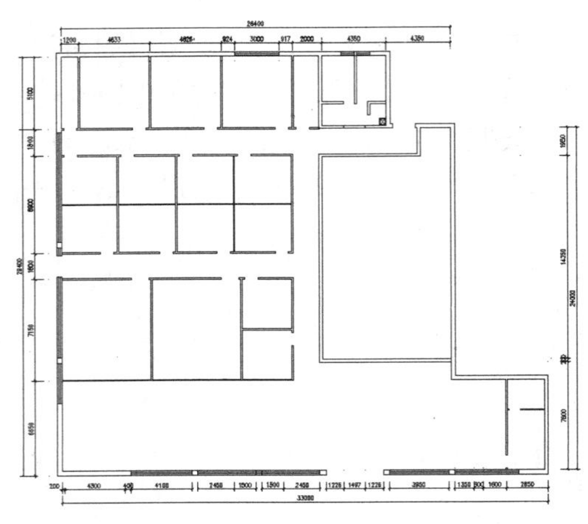

图 16-8 新建平面布置文件图

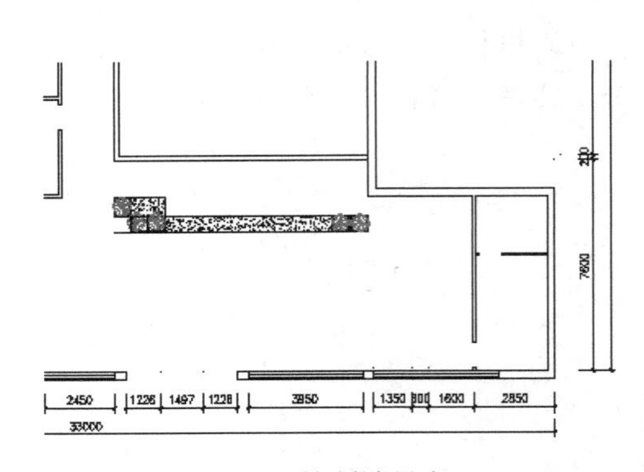

图 16-9 绘制端景台

（3）打开图形文件“图库 3”，复制组合沙发模型；执行“直线”“偏移”命令，绘制前台和储藏柜，如图 16-10 所示。

（4）执行“直线”“偏移”命令，绘制门厅隔断；执行“圆弧”命令，绘制双开门；执行“复制”“粘贴”命令，导入植物模型，完成门厅的绘制，如图 16-11 所示。

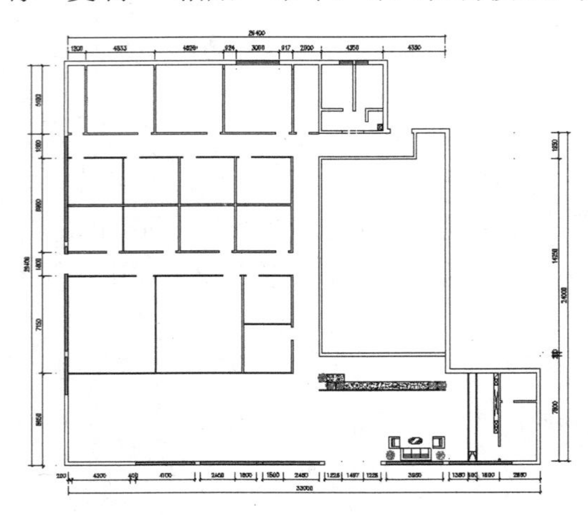

图 16-10 绘制前台和沙发

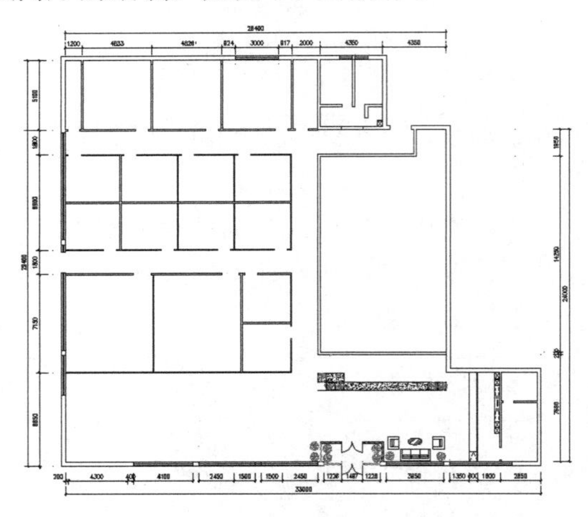

图 16-11 绘制门厅

（5）打开“图库 3”，选择四人餐桌进行复制，然后依次复制出其余餐桌。使用同样方法复制圆形餐桌，完成公共用餐区的绘制，如图 16-12 所示

（6）执行“矩形”命令，绘制长 2200mm、宽 250mm 的矩形，执行“偏移”命令，将矩形向内偏移 50mm，绘制用餐区隔断；执行“复制”命令复制植物，如图 16-13 所示。

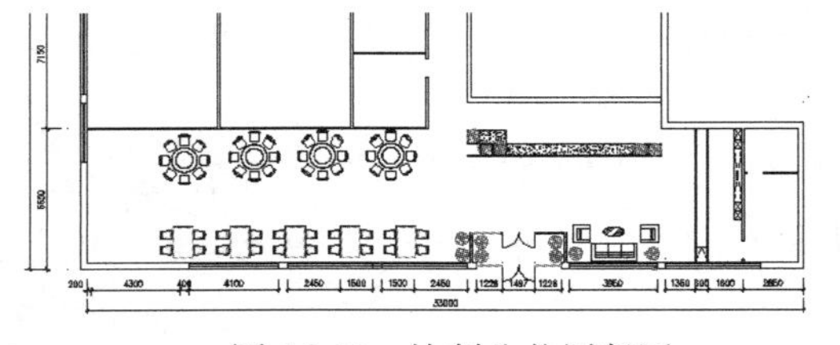

图 16-12 绘制公共用餐区

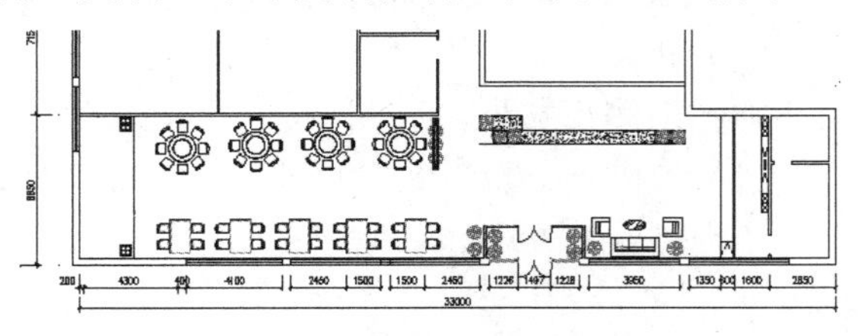

图 16-13 绘制用餐区隔断

（7）执行“直线”“偏移”命令，绘制长 1200mm、宽 700mm 的矩形作为办公桌轮廓。然后打开“图库 3”，复制其中的组合办公椅模型；使用同样方法绘制沙发，完成前堂经理室的绘制，如图 16-14 所示。

（8）打开“图库 3”，复制组合沙发模型；使用同样方法导入餐桌和电视柜；然后执行“圆”命令，绘制圆形操作台同，完成大包厢的绘制。使用同样的方法绘制大包厢 2，如图 16-15 所示。

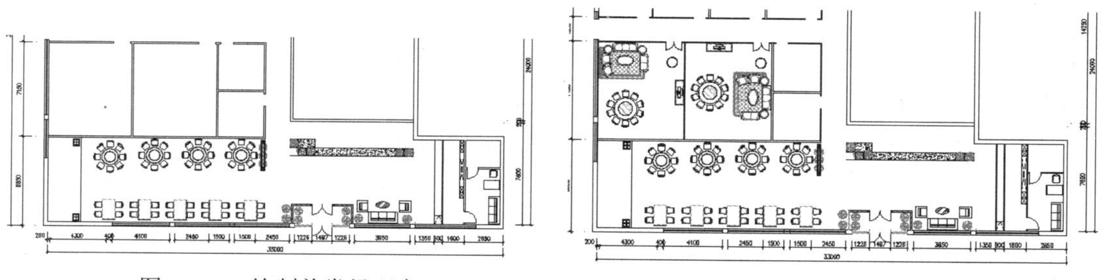

图 16-14　绘制前堂经理室　　图 16-15　绘制大包厢

（9）执行“直线”命令，绘制长 2200mm、宽 750mm 的矩形作为餐桌轮廓；执行“倒圆角”命令，绘制桌子圆角；执行“复制”“粘贴”命令，导入餐椅，完成中包厢的绘制。使用同样方法绘制中包厢 2，如图 16-16 所示。

（10）打开图形文件“图库 3”，复制圆形餐桌；执行“圆”命令，绘制圆形备餐台，完成小包厢的绘制。使用同样方法绘制其他小包厢，如图 16-17 所示。

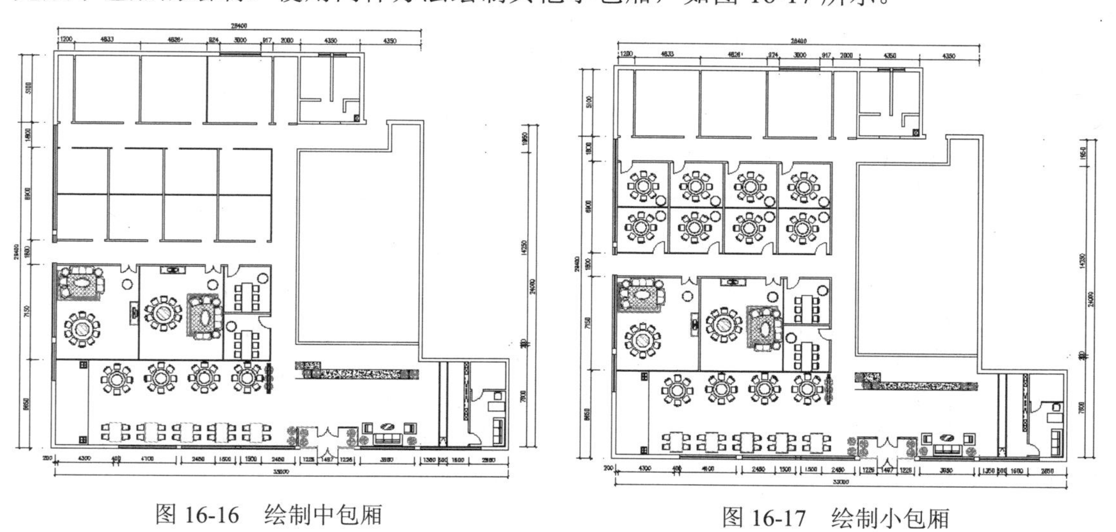

图 16-16　绘制中包厢　　图 16-17　绘制小包厢

（11）打开图形文件“图库 3”，复制其中的 10 人圆形餐桌；使用同样的方法复制电视柜；执行“圆”“偏移”命令，绘制圆形备餐台，完成豪华包间的绘制。使用同样的方法绘制其他包厢，如图 16-18 所示。

（12）执行“直线”“偏移”命令，绘制卫生间隔断；执行“圆弧”命令，绘制门；执行“复制”“粘贴”命令，导入洁具模型，绘制卫生间，如图 16-19 所示。

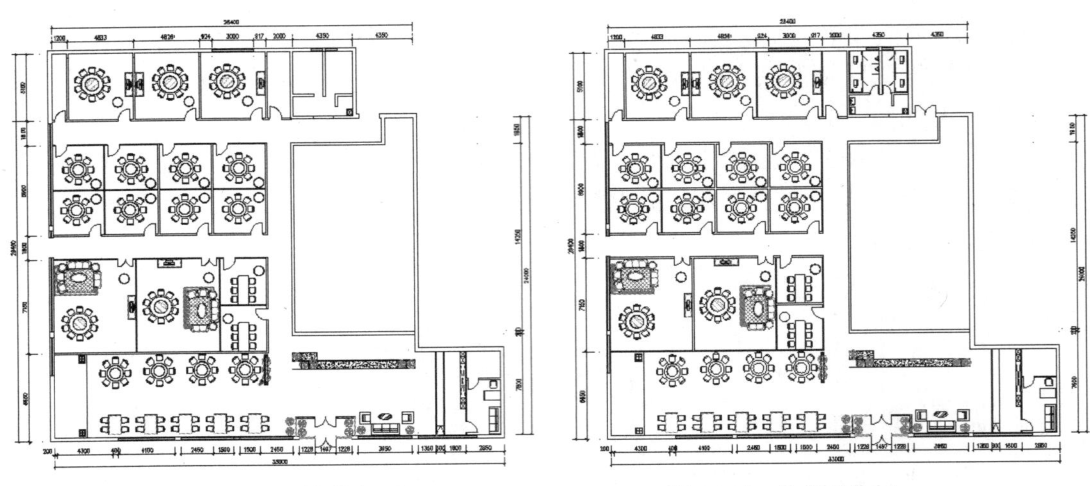

图 16-18　绘制豪华包厢　　　　图 16-19　绘制卫生间

（13）执行“文字注释”命令，标注文字；执行“多行文字”命令并设置其属性，输入文字；执行“复制”命令，复制文字，双击文字修改为需要的内容，如图 16-20 所示。

文字参数如下。

```
命令: T
MTEXT
当前文字样式: "Standard"  文字高度:  2.5000  注释性:  否
指定第一角点:
指定对角点或 [高度(H)/对正(J)/行距(L)/旋转(R)/样式(S)/宽度(W)/栏(C)]: h
指定高度 <2.5000>: 80
指定对角点或 [高度(H)/对正(J)/行距(L)/旋转(R)/样式(S)/宽度(W)/栏(C)]:
```

（14）执行“多段线”命令，绘制长 2000mm、宽 20mm 的直线；执行“文字注释”命令，选择“多行文字”并设置其属性，最后输入图形标注文字，如图 16-21 所示。

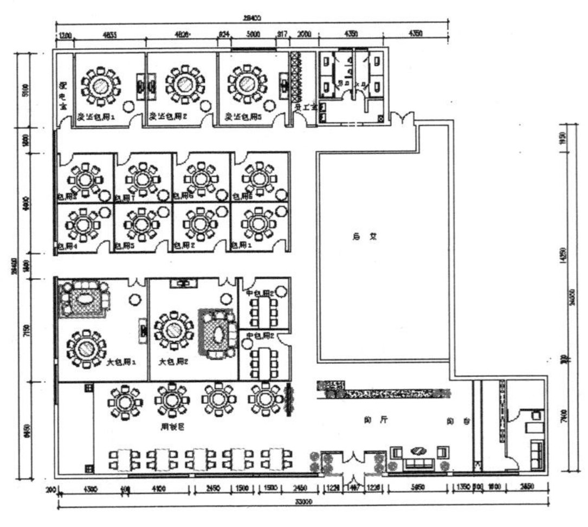

图 16-20　标注文字

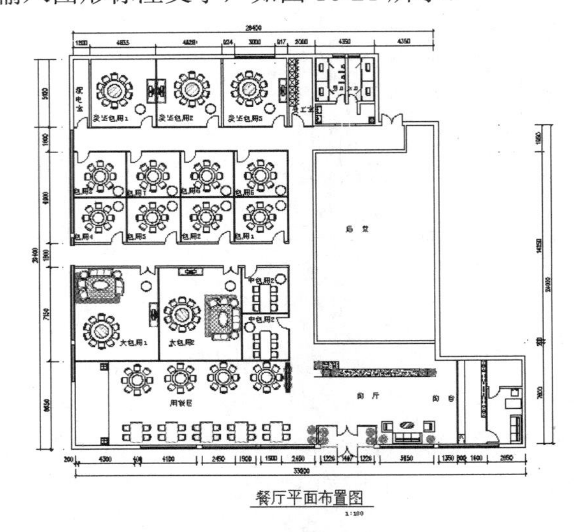

图 16-21　绘制图形标注

16.1.3　绘制餐厅地面布置图

餐厅是人员流量较大的场所，地面要求有较高的耐磨性和防滑性，所以走道、后厨选用地砖，公共用餐区采用实木复合地板，大包厢里采用竹地板（环保且健康），小包厢采用古铜色地砖，豪华包厢采用地毯来提高其档次。

> 制作思路：
>
> 1. 复制并粘贴平面布置图，删除家具图形。
> 2. 封闭墙体，绘制地面填充图案。
> 3. 绘制各区域地面材料。
> 4. 材料注释和尺寸标注。
>
> 主要命令及工具："直线""偏移""图案填充"和"多重引线"等操作命令。
>
> 源文件及视频位置：光盘:\第 16 章\

绘制餐厅地面布置图的具体操作步骤如下。

（1）执行"文件"|"打开"命令，打开"餐厅平面布置图"，删除内部家具，另存为"餐厅地面布置图"图形文件，如图 16-22 所示。

（2）执行"格式"|"图层"命令，打开"图层特性管理器"对话框，执行"新建图层"命令，创建一个名称为"填充"的图层，并为其设置合适的颜色与线型，如图 16-23 所示。

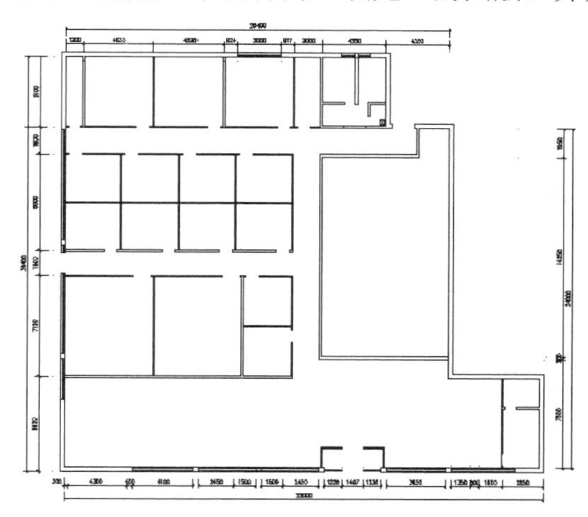

图 16-22　新建地面材质图形文件

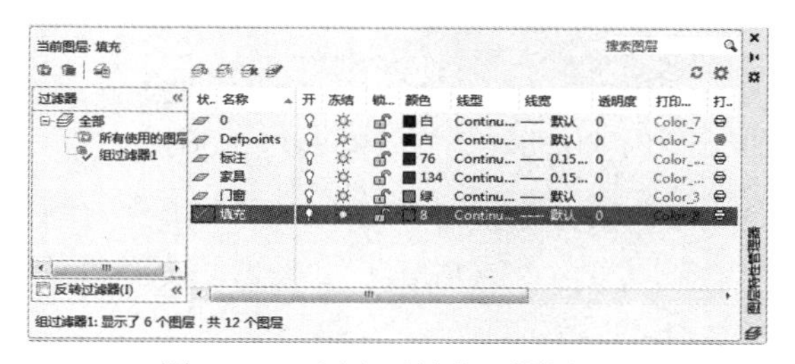

图 16-23　创建"填充"图层

（3）执行"多段线"命令，沿着门厅墙边绘制直线；执行"偏移"命令，将直线向内偏移 200mm；执行"图案填充"命令，选择填充图案"AR-CONC"填充边线，选择 45°角的 300mm×300mm 的矩形填充地面，完成前台接待区地面的绘制。使用同样的方法绘制大厅服务台地面，如图 16-24 所示。

（4）执行"多段线""偏移"命令，绘制理石走边；执行"图案填充"命令，拾取填充空间，选择填充类型为"用户定义"，设置填充特性为"双向"，设置填充角度为 45°，填充间距为 450，绘制走道地面如图 16-25 所示。

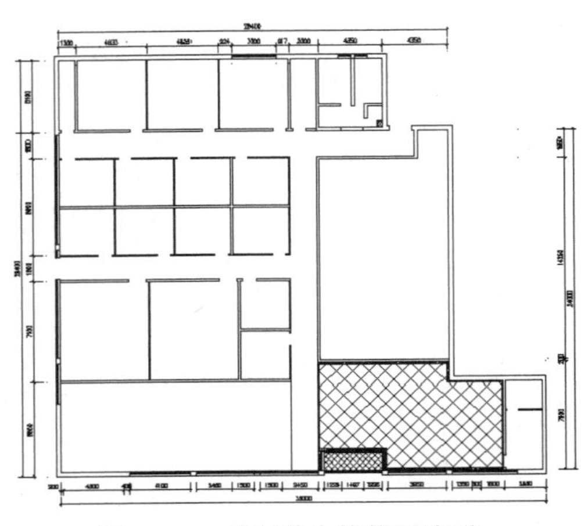

图 16-24　绘制前台接待区地面

图 16-25　绘制走道地面

（5）执行“直线”命令，闭合填充空间；执行“图案填充”命令，拾取填充空间，选择填充图案为“DOLMIT”，设置填充比例为 15，绘制公共用餐区地面，如图 16-26 所示。

（6）执行“图案填充”命令，拾取填充空间，选择填充图案为“EARTH”，设置填充比例为 80，绘制大包厢地面，使用同样方法绘制大包厢 2，如图 16-27 所示。

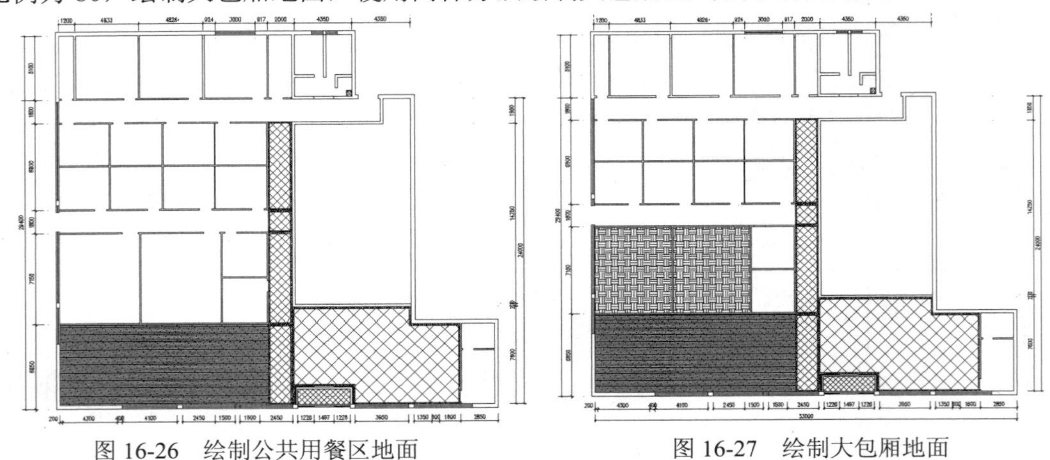

图 16-26　绘制公共用餐区地面

图 16-27　绘制大包厢地面

（7）执行“直线”命令，闭合填充空间；执行“图案填充”命令，拾取填充空间，选择填充图案为“DOLMIT”，设置填充角度为 90°，设置填充比例为 15，绘制中包厢地面，如图 16-28 所示。

（8）执行“图案填充”命令，拾取墙体内部点，选择填充类型为“用户定义”，设置填充特性为“双向”，设置填充角度为 45°，设置填充间距为 600，绘制小包厢地面，如图 16-29 所示。

（9）执行“图案填充”命令，拾取墙体内部点，选择填充图案为“CROSS”，设置填充比例为 15，绘制豪华包厢地面，如图 16-30 所示。

（10）执行“图案填充”命令，拾取墙体内部点，选择填充类型为“用户定义”，设置填充特性为“双向”，设置填充间距为 450，绘制卫生间地面。使用同样的方法绘制后堂地面，如图 16-31 所示。

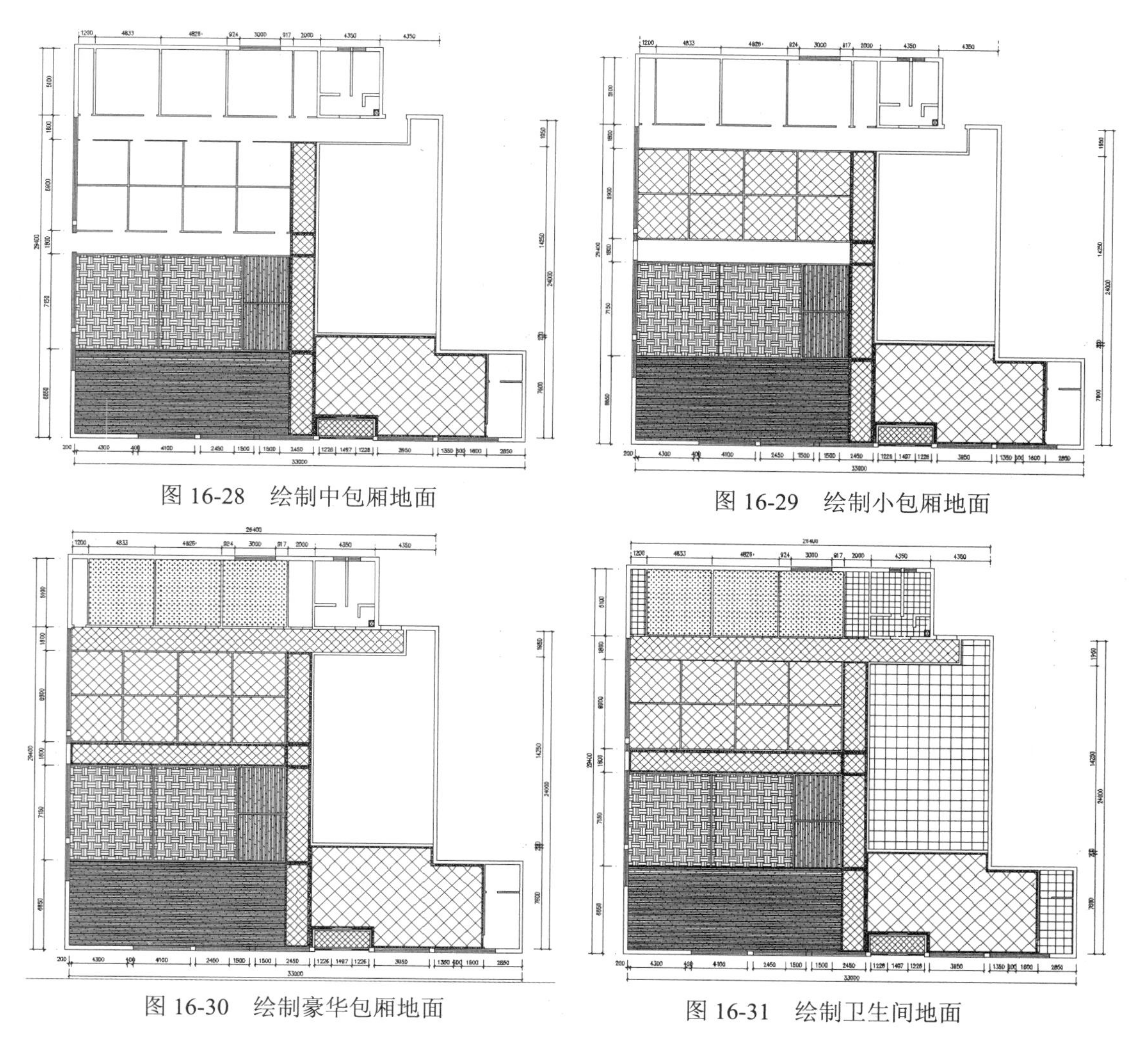

图 16-28　绘制中包厢地面

图 16-29　绘制小包厢地面

图 16-30　绘制豪华包厢地面

图 16-31　绘制卫生间地面

（11）执行“LE”引线命令并设置其属性，绘制引线；执行“多行文字”命令并设置其属性，输入文字；执行“复制”命令，复制文字，双击文字修改为需要的内容，如图 16-32 所示。

文字参数如下。

```
命令: t
MTEXT
当前文字样式: "Standard"  文字高度:  80.0000  注释性:  否
指定第一角点:
指定对角点或 [高度(H)/对正(J)/行距(L)/旋转(R)/样式(S)/宽度(W)/栏(C)]: h
指定高度 <80.0000>: 400
指定对角点或 [高度(H)/对正(J)/行距(L)/旋转(R)/样式(S)/宽度(W)/栏(C)]:
```

（12）执行“复制”命令，选择餐厅平面图的标注图层；复制“餐厅平面布置图”标注文字，将其修改为“餐厅地面布置图”，完成图形标注，如图 16-33 所示。

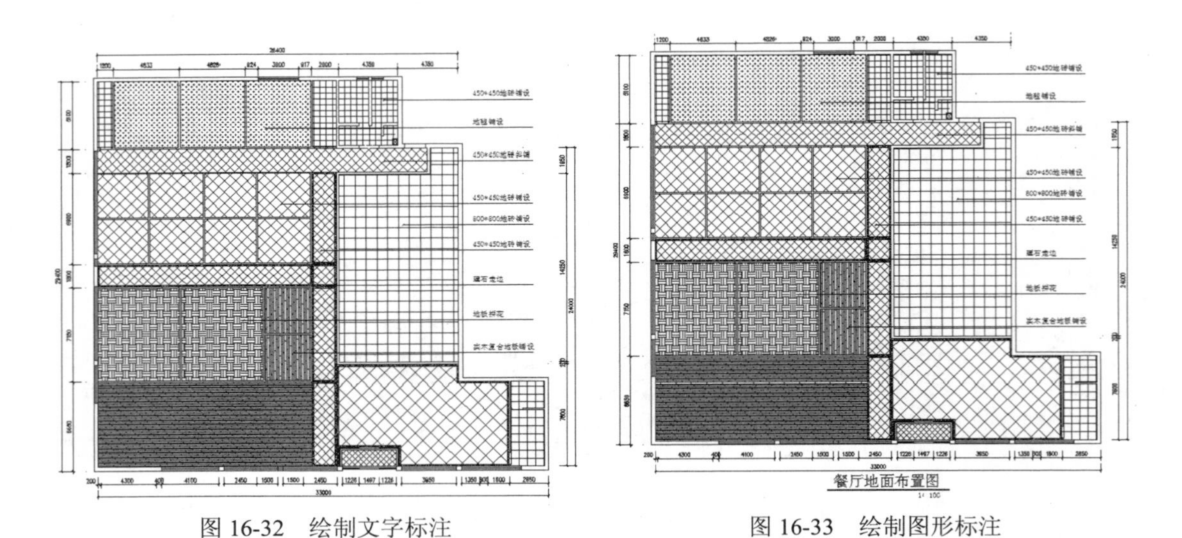

图 16-32　绘制文字标注　　　　图 16-33　绘制图形标注

16.1.4　绘制餐厅顶棚布置图

本案例设计的顶棚部分采用大量的木饰面来表现中式风格特点，大量布置筒灯可以提供充足的照明；门厅采用木方吊顶和中式餐厅风格相呼应，公共用餐区的拱形吊顶使其顶面更加开阔，包厢吊顶采用与餐厅相呼应的风格。

> 制作思路：
>
> 1. 复制并粘贴原始户型图，删除多余部分。
> 2. 封闭墙体，绘制顶棚造型。
> 3. 绘制各区域灯槽并插入灯具。
> 4. 材料注释和尺寸标注。
>
> 主要命令及工具："直线""偏移""矩形"和"多重引线"等操作命令。
>
> 源文件及视频位置：光盘:\第 16 章\

绘制餐厅顶棚布置图的具体操作步骤如下。

（1）执行"文件"｜"打开"命令，打开"餐厅平面布置图"，然后删除家具，将文件另存为"餐厅顶棚布置图"图形文件，如图 16-34 所示。

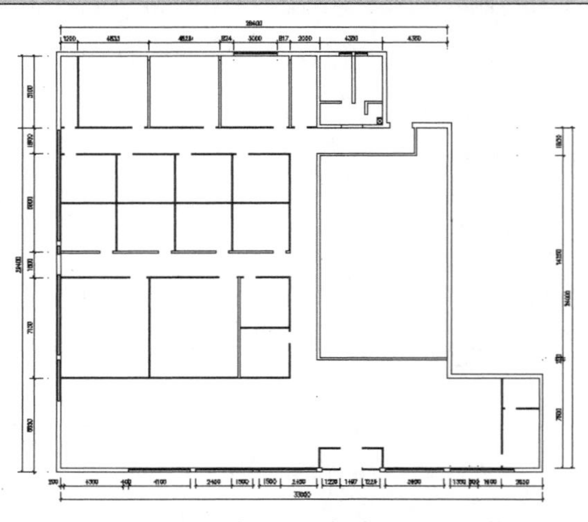

图 16-34　新建餐厅顶棚布置图形文件

（2）执行"格式"|"图层"命令，打开"图层特性管理器"对话框；执行"新建图层"命令，创建一个名称为"吊顶"的图层，并为其设置合适的颜色与线型，如图 16-35 所示。

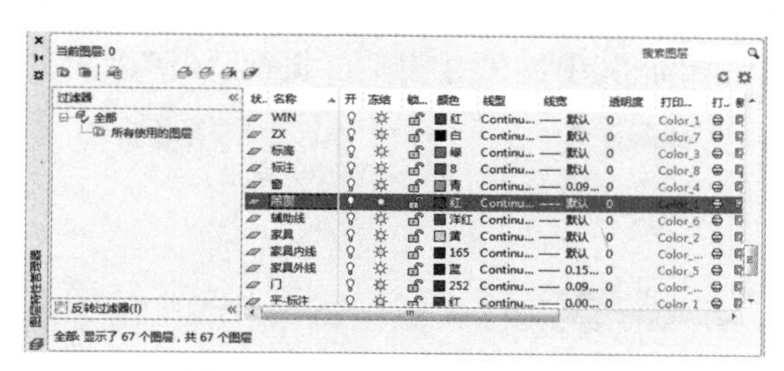

图 16-35　创建“吊顶”图层

（3）执行“矩形”命令，分别绘制长 7200mm、宽 1460mm 的矩形和长 1760mm、宽 100mm 的矩形；执行“复制”命令，依次复制矩形线条，按照如图 16-36 所示的形式排列，完成前台吊顶的绘制。

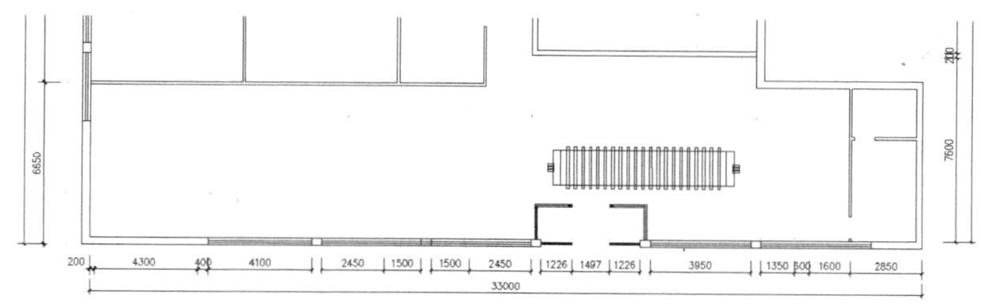

图 16-36　绘制前台吊顶

（4）执行“偏移”命令，将服务台背景墙依次向左偏移 1550mm、1200mm；执行“偏移”命令偏移直线；执行“直线”命令，绘制弧形投影线，完成服务台吊顶的绘制，如图 16-37 所示。

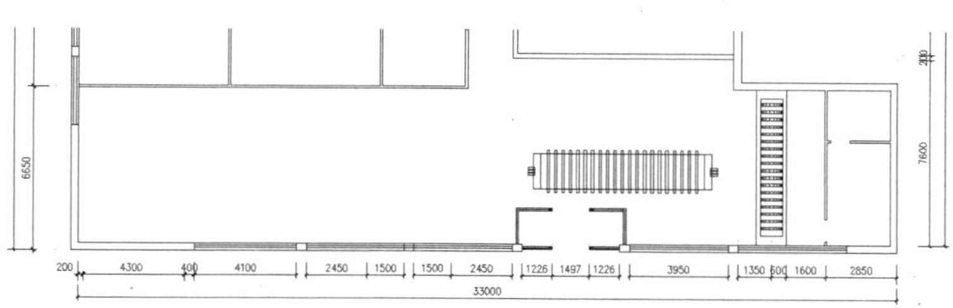

图 16-37　绘制服务台吊顶

（5）执行“矩形”命令，绘制长 14490mm、宽 4300mm 的矩形，执行“偏移”命令，将其依次向内偏移 100mm、100mm；执行“直线”“偏移”命令，在矩形内部绘制直线，完成用餐区吊顶的绘制，如图 16-38 所示。

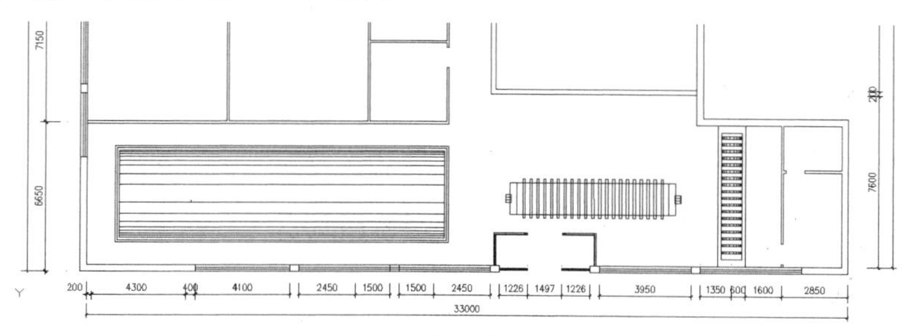

图 16-38　绘制用餐区吊顶

（6）打开“图库 3”，复制其中的吊灯模型；执行“圆”“图案填充”命令，绘制圆形音响，如图 16-39 所示。

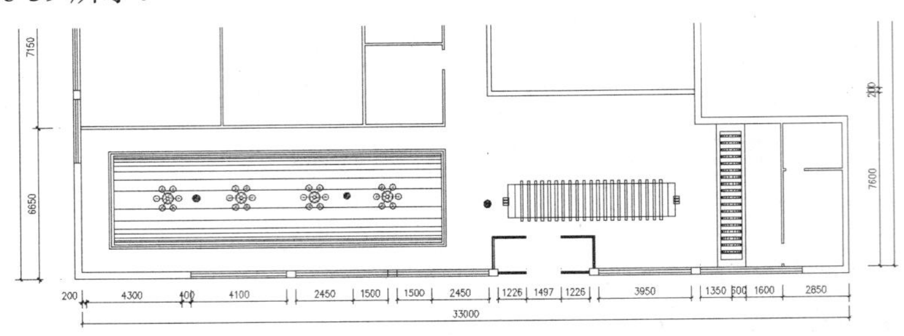

图 16-39　绘制吊灯

（7）执行“圆”“直线”命令，绘制半径为 80mm 的筒灯；执行“复制”“移动”命令，排列走道筒灯，如图 16-40 所示。

（8）以包厢顶面中心为基点绘制半径为 1500mm 的圆形，执行“偏移”命令，将圆形向外偏移 60mm；执行“复制”“粘贴”命令，绘制大包厢吊顶灯具，如图 16-41 所示。

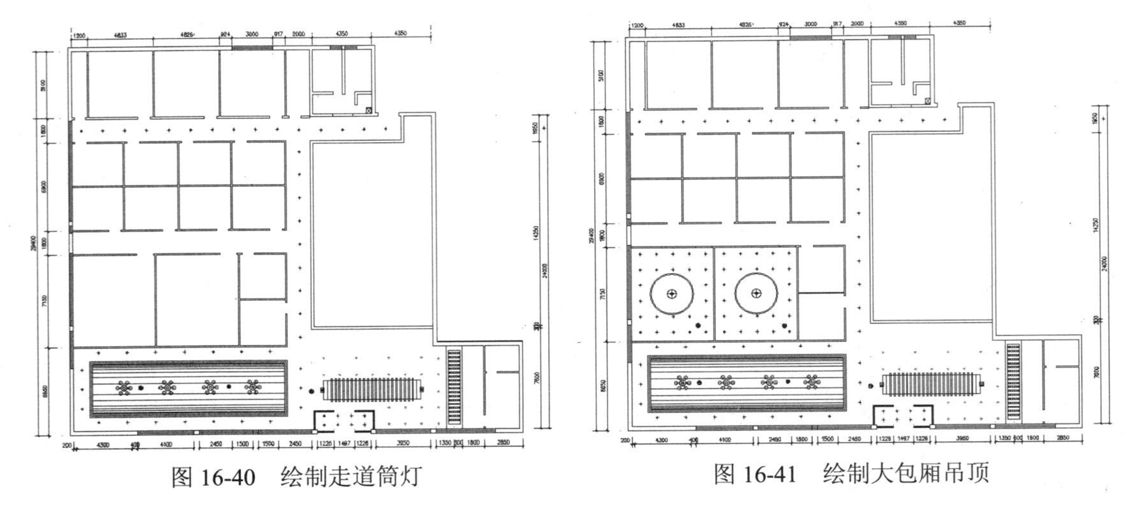

图 16-40　绘制走道筒灯　　　图 16-41　绘制大包厢吊顶

（9）执行“矩形”命令，沿着中包厢墙边绘制矩形；执行“偏移”命令，将矩形依次向内偏移 500mm、50mm、20mm；最后导入筒灯和吊灯模型，完成中包厢吊顶绘制，如图 16-42 所示。

（10）执行“矩形”命令，沿着小包厢墙边绘制矩形；执行“偏移”命令，将矩形依次向内偏移 300mm、50mm、650mm；执行“直线”“修剪”命令修剪顶面造型，如图 16-43 所示。

（11）执行“矩形”命令，绘制长 180mm、宽 60mm 的矩形；执行“复制”命令，复制矩形线条；执行“复制”命令，绘制筒灯，如图 16-44 所示。

（12）执行“图案填充”命令，拾取填充空间，选择填充图案为“CROSS”，设置填充角度为 45°，设置填充比例为 15，填充顶面；执行“复制”“粘贴”命令，导入吊灯模型，如图 16-45 所示。完成小包厢吊顶的绘制。

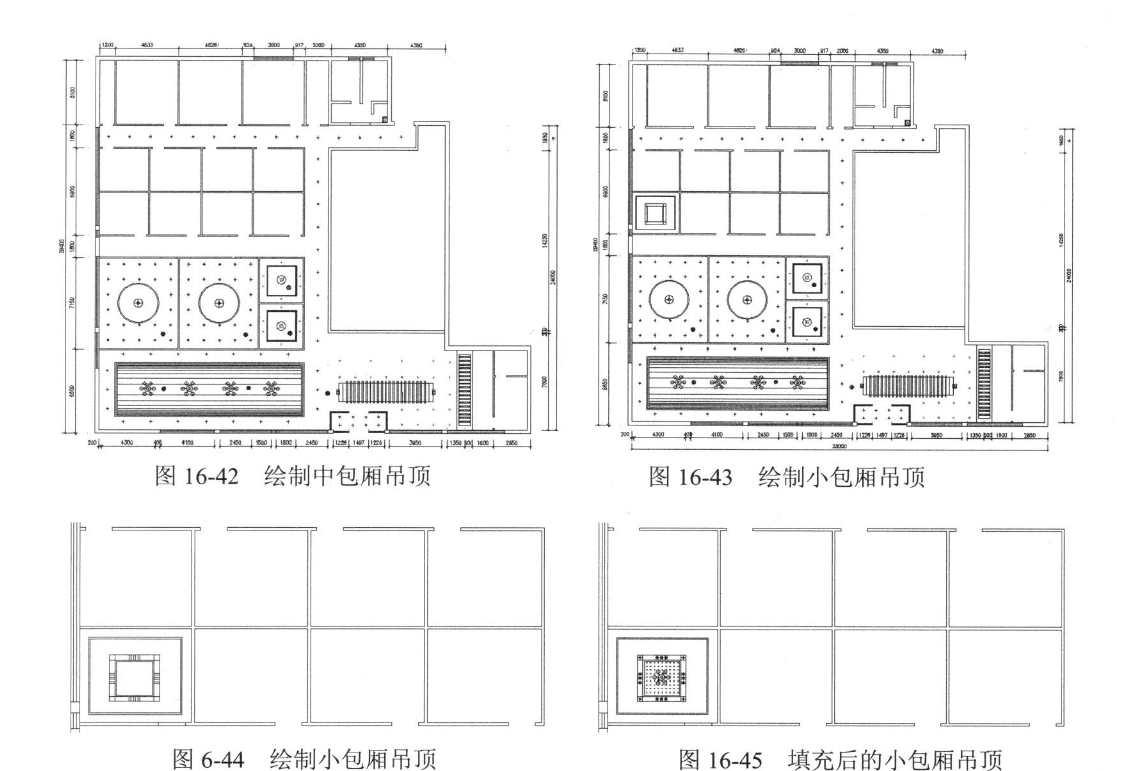

图 16-42　绘制中包厢吊顶　　图 16-43　绘制小包厢吊顶

图 6-44　绘制小包厢吊顶　　图 16-45　填充后的小包厢吊顶

（13）执行“圆”命令，绘制半径为 150mm 的圆；执行“图案填充”命令，填充圆形，作为音响喇叭。至此，完成小包厢吊顶的绘制。执行“复制”“粘贴”命令，以小包厢左下角为基点向其他小包厢复制顶面造型，如图 16-46 所示。

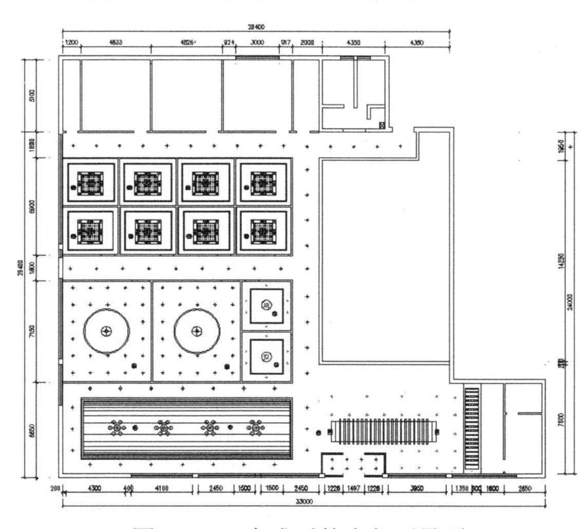

图 16-46　完成后的小包厢吊顶

（14）执行“矩形”命令，沿着豪华包厢墙边绘制矩形，执行“偏移”命令，将矩形依次向内偏移 350mm、50mm、20mm；执行“复制”“粘贴”命令，绘制筒灯，完成豪华包厢吊顶的绘制，如图 16-47 所示。

（15）执行“圆”命令，绘制半径为150mm的圆，执行“偏移”命令，将其向内偏移120mm；执行“直线”命令，以圆心为交点绘制直线和矩形；执行“复制”“粘贴”命令复制灯具，完成豪华包厢主灯的绘制，如图16-48所示。

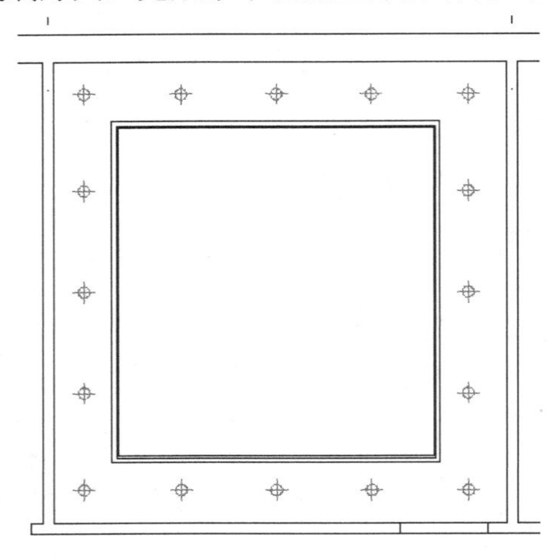

图 16-47　绘制豪华包厢吊顶

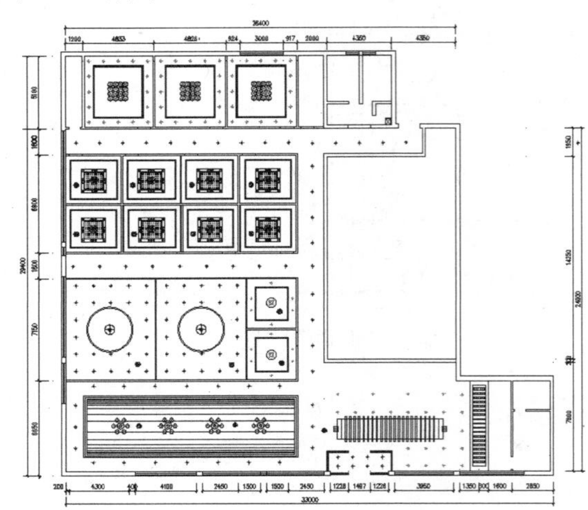

图 16-48　绘制豪华包厢主灯

（16）使用“矩形”命令绘制长600mm、宽600mm的矩形，执行“偏移”命令，将其向内偏移20mm、50mm、200mm，绘制排风扇；执行“复制”“粘贴”命令，复制灯具，完成卫生间吊顶的绘制，如图16-49所示。

（17）执行“图案填充”命令，拾取填充空间，选择填充类型为“用户定义”，选择填充特性为“双向”，填充间距设置为600，填充后堂顶面；执行“复制”命令绘制筒灯，完成后堂吊顶的绘制，如图16-50所示。

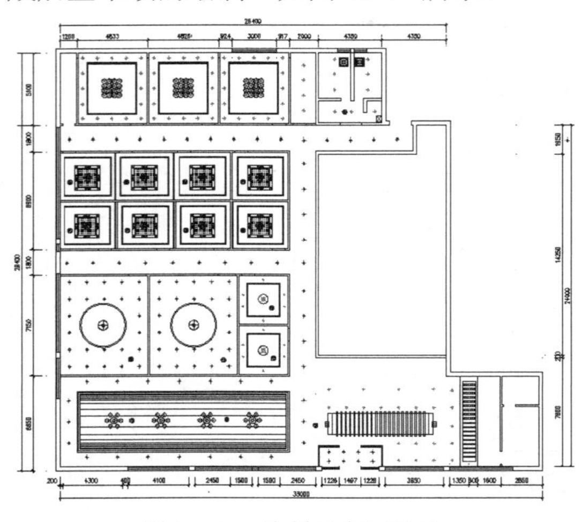

图 16-49　绘制卫生间吊顶

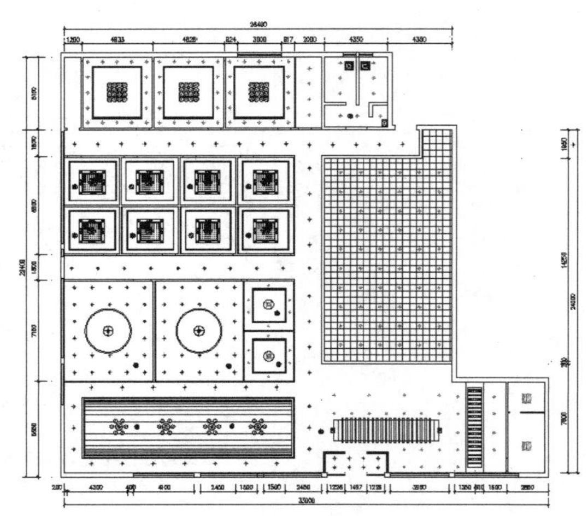

图 16-50　绘制后堂吊顶

（18）执行“直线”命令，绘制标高箭头；执行“文字注释”命令，选择“多行文字”并设置其属性，输入文字；执行“复制”命令，绘制其他标高，如图16-51所示。

（19）执行“复制”命令，选择餐厅平面布置图中的标注图层，复制图形标注“餐厅平面布置图”，将其修改为“餐厅顶棚布置图”，如图16-52所示。

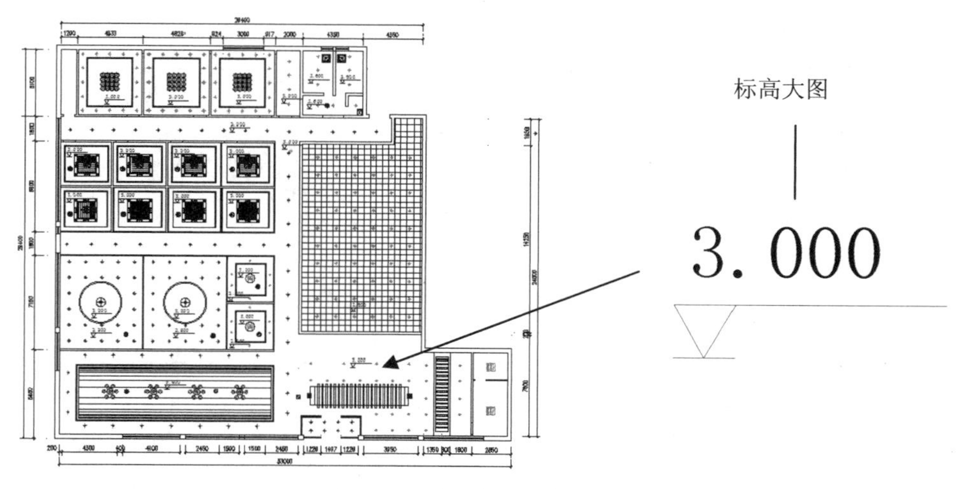

图 16-51　绘制文字标高

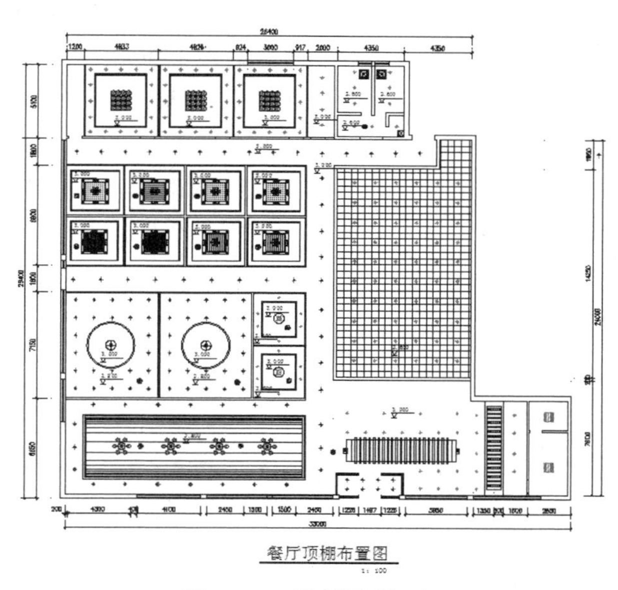

图 16-52　绘制图形标注

16.3　绘制餐厅部分立面图

立面图最能直接表现部分图形的特点及结构。下面就来介绍绘制餐厅部分立面图的步骤，包括服务台立面图、公共就餐区立面图和普通包厢立面图等。

16.3.1　绘制餐厅服务台立面图

顾客进入餐厅首先看到的是服务台，所以服务台要体现出餐厅的特点，储藏柜可以摆放饮料、酒等物品，以增加实用性；墙面采用文化石饰面，突出其中式风格特点。

制作思路：

1：绘制餐厅前台立面轮廓。

2．绘制吧台造型。

3．绘制背景墙结构并填充。

4．插入图块和材料注释。

主要命令及工具："直线""圆弧""图案填充"和"多重引线"等操作命令。

源文件及视频位置：光盘:\第 16 章\

绘制餐厅服务台立面图的具体操作步骤如下。

（1）执行"文件" | "打开"命令，打开"餐厅平面布置图"，执行"直线"命令，根据平面尺寸绘制立面外框；执行"偏移"命令，将顶部直线向下偏移 500mm 绘制吊顶线，将右边直线分别向左偏移 120mm、900mm，绘制门洞，如图 16-53 所示。

（2）执行"偏移"命令，分别将两边直线向内偏移 350mm，将吊顶线向上偏移 50mm；执行"修剪"命令，修剪直线，执行"圆弧"命令，绘制弧线；执行"图案填充"命令，选择填充图案为"ANSI31"，填充顶面，如图 16-54 所示。

图 16-53　绘制墙体外框

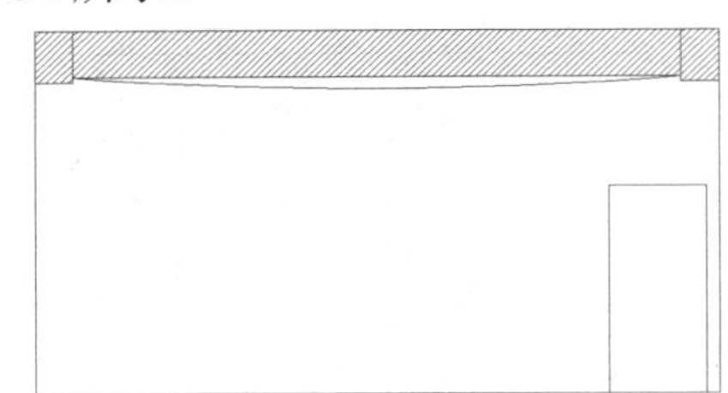

图 16-54　绘制顶面造型

（3）执行"偏移"命令将地平线依次向上偏移 100mm、823mm、150mm、9mm、18mm，将右边直线向左偏移 980mm；执行"修剪"命令，修剪直线；执行"直线"命令，绘制斜线，如图 16-55 所示。

（4）执行"偏移"命令，将左边直线依次向右偏移 200mm、30mm、200mm、1200mm、200mm、30mm、200mm、1200mm、200mm、30mm、200mm、1200mm、200mm、30mm，然后使用"修剪"命令修剪直线，如图 16-56 所示。至此，完成服务台立面结构绘制。

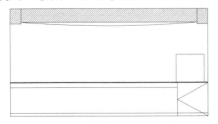

图 16-55　绘制服务台立面

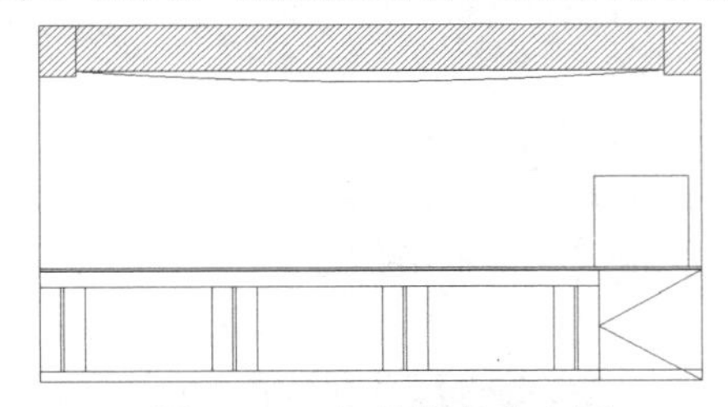

图 16-56　细化服务台立面

（5）执行"图案填充"命令，拾取填充空间，选择填充图案为"AR-RROOF"，设置填充角度为 45°，设置填充比例为 15，绘制服务台立面玻璃饰面，如图 16-57 所示。

（6）执行“圆”命令，绘制半径为 15mm 的圆，作为广告钉；使用“复制”命令，依次复制圆形广告钉，如图 16-58 所示。

图 16-57　绘制服务台立面玻璃饰面

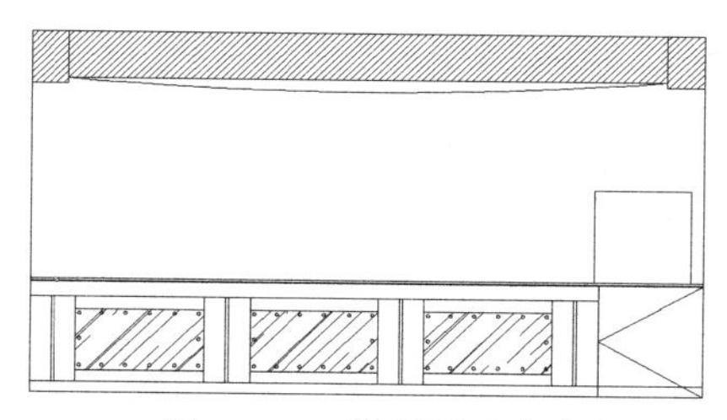

图 16-58　绘制圆形广告钉

（7）执行“直线”“偏移”命令，依次将服务台台面向上偏移 460mm、20mm、460mm、20mm、460mm、20mm，将左边直线向右偏移 3840mm、20mm；执行“修剪”命令，修剪直线，绘制服务台储藏柜，如图 16-59 所示。

（8）执行“直线”命令，以储藏柜中心为基点绘制直线；“偏移”命令，将直线分别向两边依次偏移 230mm、20mm、460mm、20mm、460mm、20mm；执行“修剪”命令，修剪直线，绘制服务台储藏柜隔板，如图 16-60 所示。

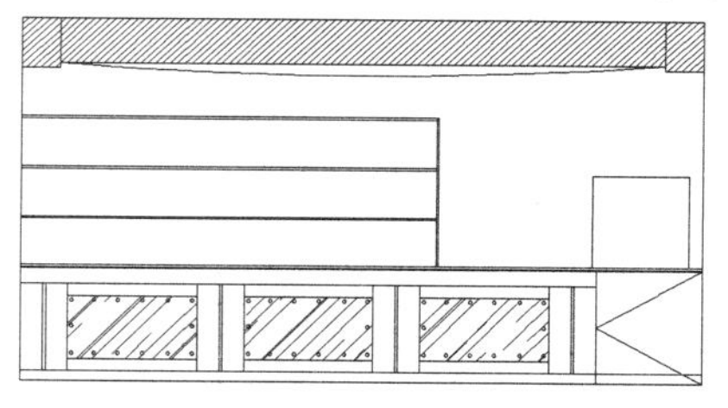

图 16-59　绘制服务台储藏柜

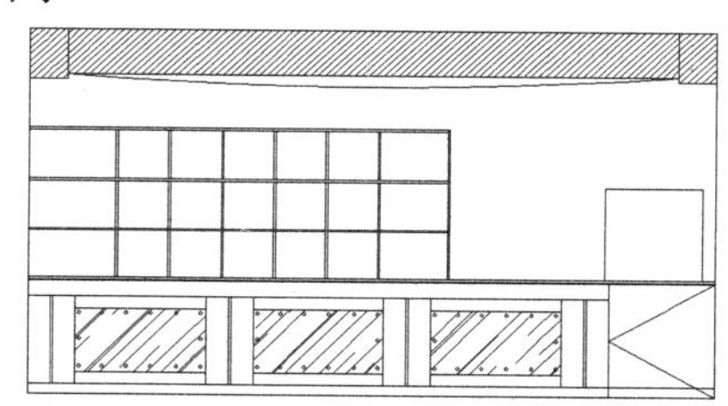

图 16-60　绘制服务台储藏柜隔板

（9）执行“图案填充”命令，拾取填充空间，选择填充图案为“BRSTONE”，设置填充比例为 15，绘制文化石墙面，如图 16-61 所示。

（10）执行“引线”命令，绘制引线；执行“文字注释”命令，选择“多行文字”并设置其属性，输入文字；执行“复制”命令，复制文字，双击文字修改为需要的内容，如图 16-62 所示。

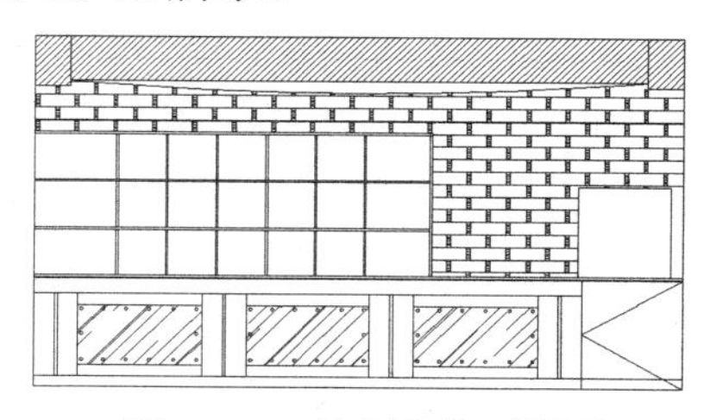

图 16-61　绘制文化石墙面

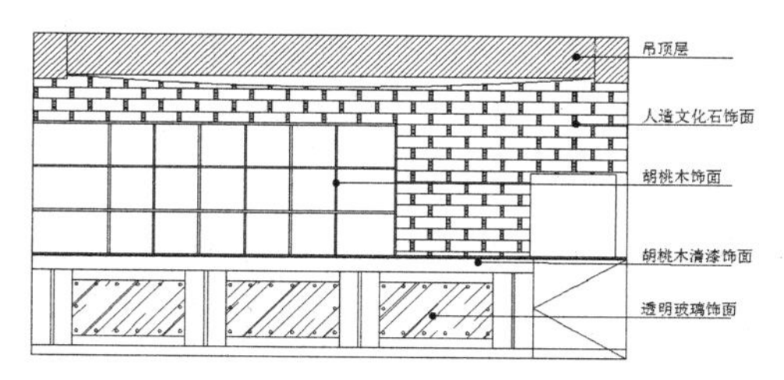

图 16-62　标注文字

（11）执行“线性标注”命令，以左下角为基点向上标注尺寸；执行“连续标注”命令，依次向上标注尺寸，如图 16-63 所示。

（12）执行“多段线”命令，绘制长 1200mm、线宽 20 的直线；执行“直线”命令，绘制 1200mm 的直线；执行“文字注释”命令，标注文字，如图 16-64 所示。

多段线参数如下：

```
命令: pl
PLINE
指定起点:
当前线宽为 0.0000
指定下一个点或 [圆弧(A)/半宽(H)/长度(L)/放弃(U)/宽度(W)]: w
指定起点宽度 <0.0000>: 10
指定端点宽度 <10.0000>: 10
指定下一个点或 [圆弧(A)/半宽(H)/长度(L)/放弃(U)/宽度(W)]: 1000
```

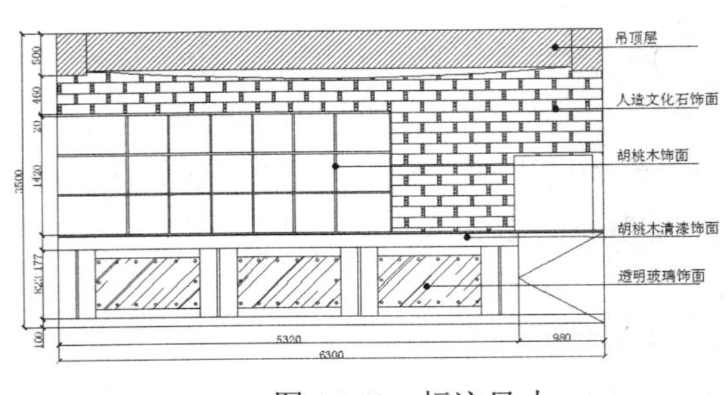

图 16-63 标注尺寸

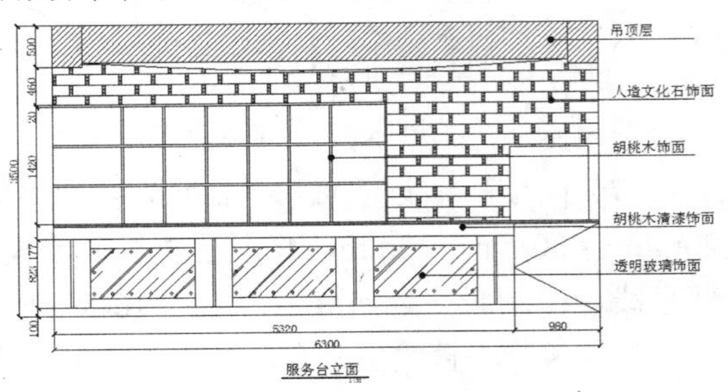

图 16-64 绘制图形标注

16.3.2 绘制餐厅就餐区立面图

本案例绘制的餐厅立面区采用了花格顶角线，显得既美观又大方；墙面采用中式花格和圆形造型，体现了中式风格的特点；顶面采用拱形吊顶，给人感觉宽敞又舒适。

制作思路：

1. 绘制就餐区立面轮廓。
2. 绘制装饰花格。
3. 插入装饰画图块并填充背景。
4. 进行材料注释和尺寸标注。

主要命令及工具："直线""偏移""图案填充""多段线"和"线性"等操作命令。

源文件及视频位置：光盘:\第 16 章\

绘制餐厅座位区立面图的具体操作步骤如下。

（1）执行"文件" | "打开"命令，打开"餐厅平面布置图"，执行"直线"命令，根据平面尺寸绘制立面外框；执行"偏移"命令，将顶部直线向下偏移 700mm、50mm、50mm，绘制吊顶线，将左边直线依次向内偏移 1200mm、60mm、60mm，将右边直线依次向内偏移 60mm、60mm；执行"直线""修剪"命令，修剪顶面造型，如图 16-65 所示。

（2）执行"图案填充"命令，拾取填充空间，选择填充图案为"ANSI31"，设置填充比例为 15，绘制顶面造型；执行"偏移""修剪"命令，绘制直线，如图 16-66 所示。

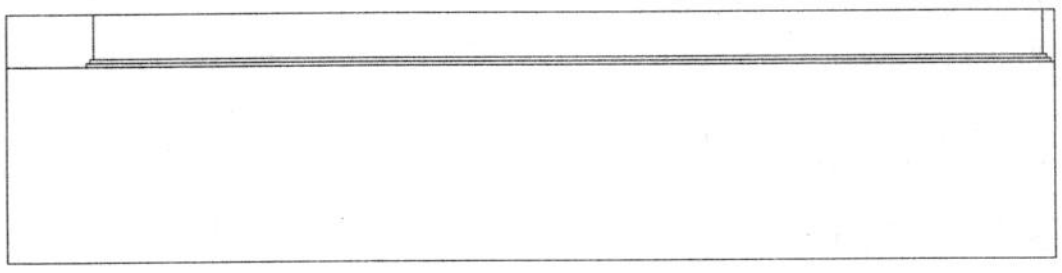

图 16-65 绘制立面外框

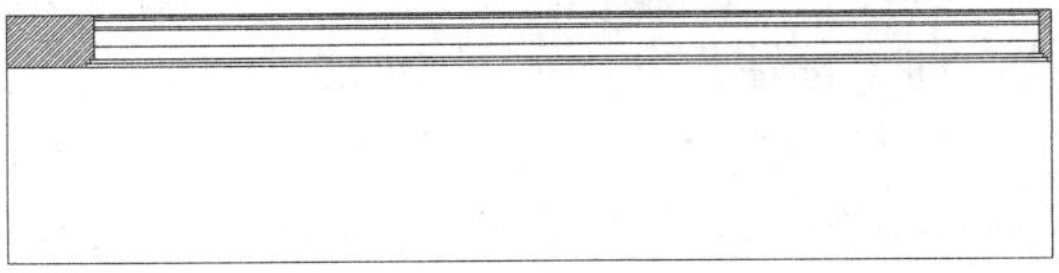

图 16-66 绘制顶面造型

（3）执行“偏移”命令，分别将地面直线向上偏移 110mm、10mm、2380mm、80mm、20mm、300mm、20mm，绘制造型外框，如图 16-67 所示。

（4）执行“偏移”命令，将左右两边直线分别向内偏移 780mm；执行“定数等分”命令，将直线等分为 24 份；执行“直线”“偏移”命令分别向等分线两边绘制直线，如图 16-68 所示。

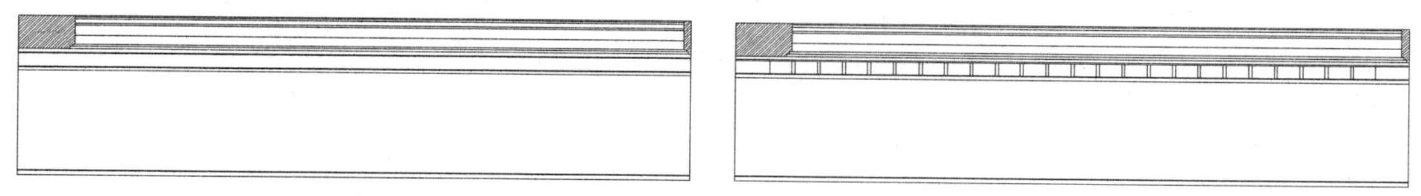

图 16-67　绘制造型外框

图 16-68　绘制花格线条

（5）执行“直线”命令绘制长 520mm、宽 300mm 的矩形；执行“偏移”命令，将矩形上下直线向内偏移 67mm，将左右两边直线分别向内偏移 63mm、109mm；执行“修剪”命令，修剪直线；执行“复制”命令，依次复制花格，如图 16-69 所示。

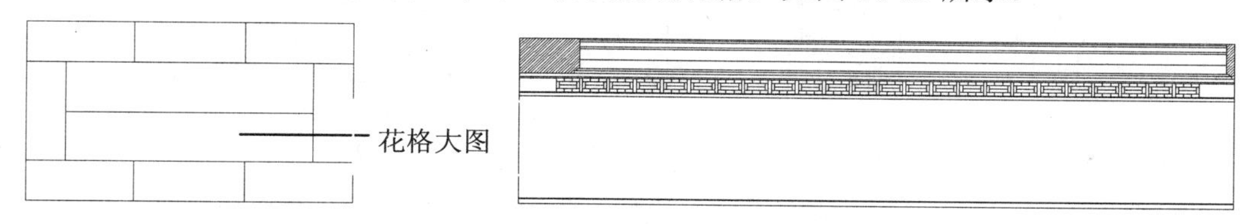

图 16-69　绘制花格

（6）执行“偏移”命令，分别将左右两边直线依次向内偏移 1625mm、20mm、1600mm、20mm、1960mm、20mm、1600mm、20mm，然后使用“修剪”命令修剪直线，绘制竖向隔板，如图 16-70 所示。

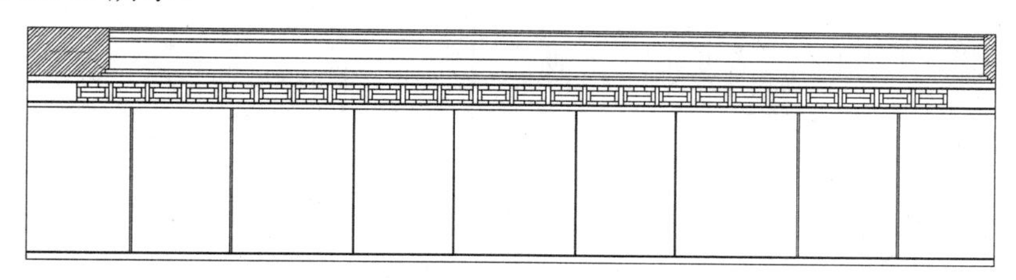

图 16-70　绘制竖向隔板

（7）打开“图库 3”，复制其中的花格造型；执行“缩放”“修剪”命令，调整花格大小；执行“移动”命令，移动图形到相应位置，如图 16-71 所示。

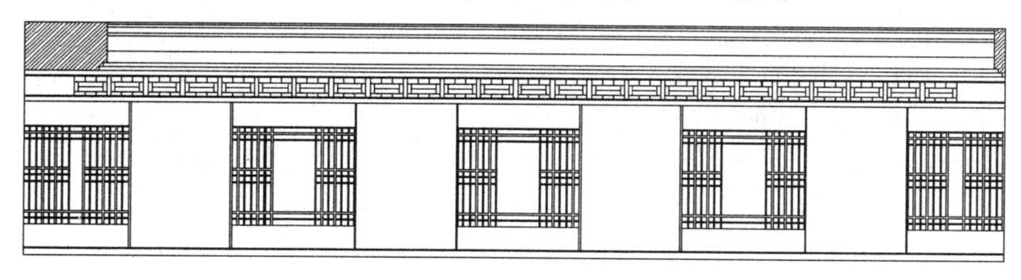

图 16-71　绘制立面花格造型

（8）执行“直线”命令，以造型中心为基点绘制直线；执行“圆”命令，绘制半径为 550mm 的圆；执行“移动”命令，将图形移动到造型中心；执行“修剪”命令，修剪直线造型，如图 16-72 所示。

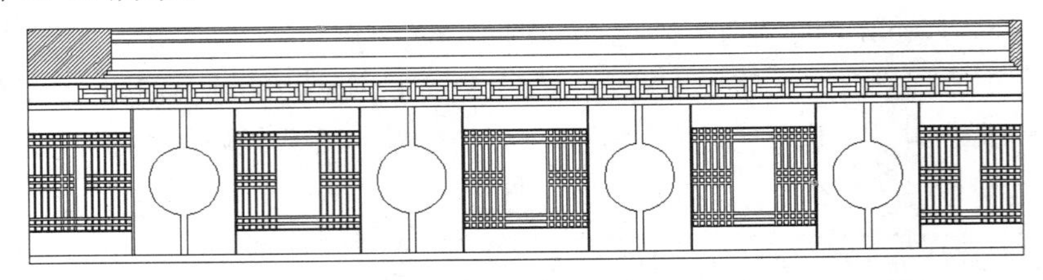

图 16-72　绘制圆形造型

（9）执行“直线”命令，在圆形下方绘制长 690mm、宽 50mm 的矩形；执行“图案填充”命令，拾取填充空间，选择填充图案为“AR-RROOF”，设置填充角度为 45°，最后设置填充比例为 20，绘制圆形造型玻璃饰面，如图 16-73 所示。

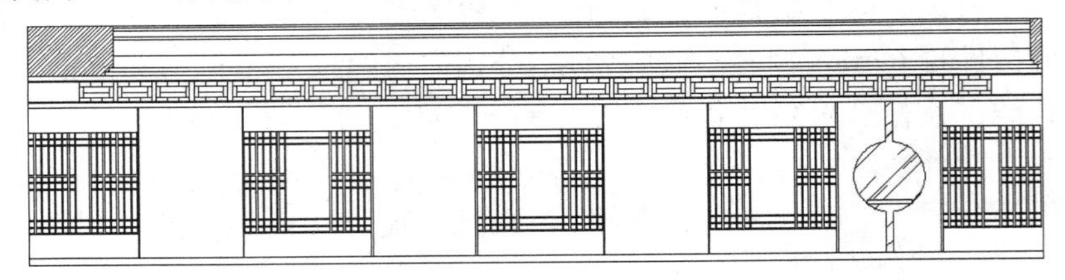

图 16-73　绘制圆形造型玻璃饰面

（10）复制“图库 3”中的植物模型；执行“复制”命令，复制出其余植物。使用同样的方法绘制装饰画，如图 16-74 所示。

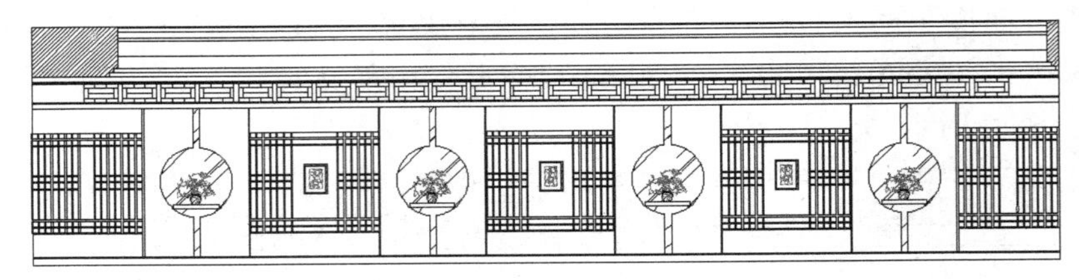

图 16-74　绘制植物模型和装饰画

（11）执行“引线”命令，绘制引线；执行“文字注释”命令，选择“多行文字”并设置其属性，输入文字；执行“复制”命令，复制文字，双击文字修改为需要的内容，如图 16-75 所示。

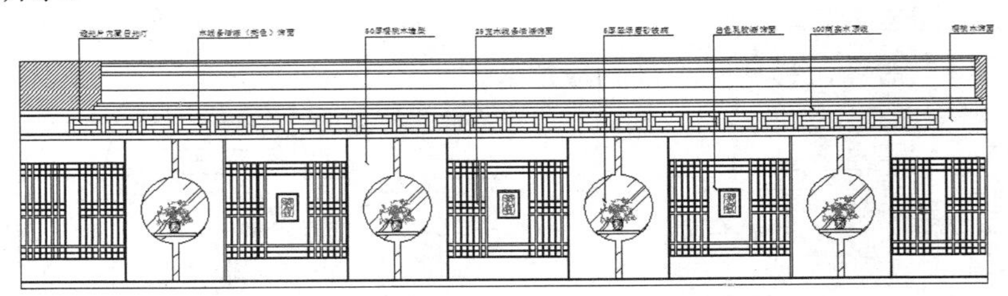

图 16-75　标注文字

（12）执行“线性标注”命令，以左下角为基点向上标注尺寸；执行“连续标注”命令依次向右标注尺寸，如图 16-76 所示。

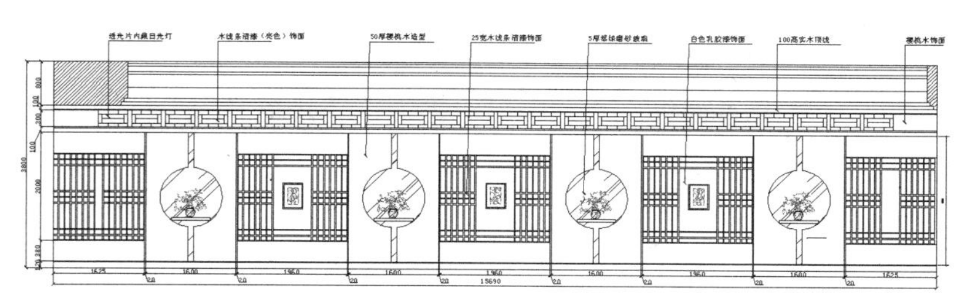

图 16-76　标注尺寸

（13）执行“多段线”命令，绘制长 1000mm，线宽 10 的直线；执行“文字注释”命令，选择“多行文字”并标注文字，如图 16-77 所示。

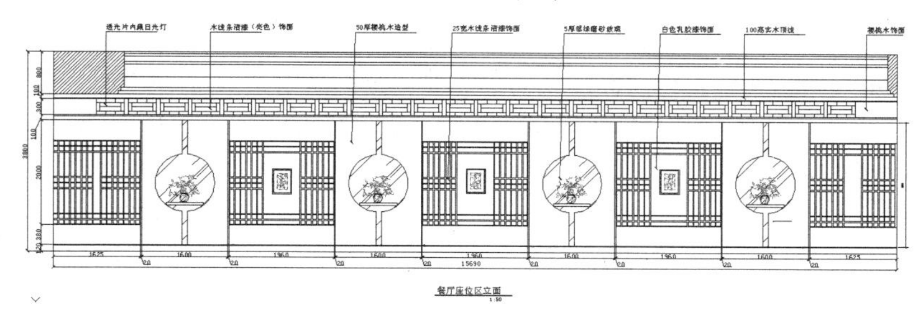

图 16-77　绘制图形标注

16.3.3　绘制餐厅卫生间立面图

本案例绘制的洗手台区，背景采用玻璃马赛克饰面搭配圆形镜面，复古又时尚；卫生间地面台阶采用理石饰面；卫生间内采用木质隔板；墙面采用 300mm×600mm 的白色墙砖饰面，看上去宽敞又整洁。

制作思路：

1. 绘制卫生间立面轮廓。
2. 绘制卫生间墙砖造型。
3. 填充墙面造型。
4. 进行材料注释和尺寸标注。

主要命令及工具：“直线”“修剪”“图案填充”和“多重引线”等操作命令。

源文件及视频位置：光盘:\第 16 章\

绘制餐厅洗手间立面图的具体操作步骤如下。

（1）执行“文件”|“打开”命令，打开“餐厅平面布置图”，执行“直线”命令，根据平面尺寸绘制立面外框；执行“偏移”命令，将顶部直线向下分别偏移 200mm、400mm，绘制吊顶线，将左边直线依次向右偏移 1500mm、200mm；执行“修剪”命令，修剪直线，绘制立面外框，如图 16-78 所示。

（2）执行“图案填充”命令，拾取填充空间，选择填充图案为“ANSI31”，设置填充比例为 15，填充顶面。使用同样的方法填充墙体，如图 16-79 所示。

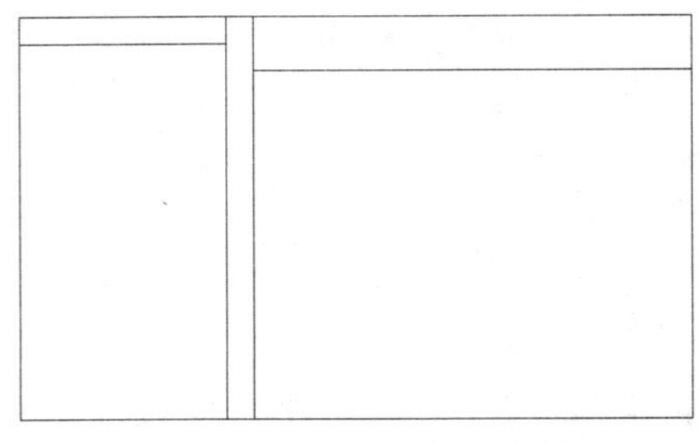

图 16-78　绘制立面外框

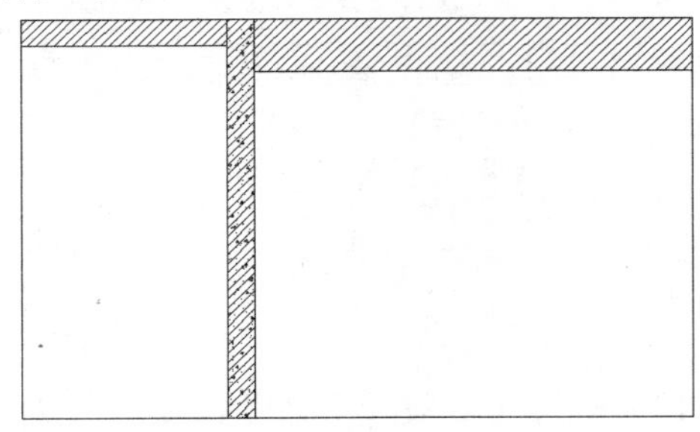

图 16-79　填充顶面

（3）执行“偏移”命令，将地面直线依次向上偏移 150mm、2000mm，将左右两边直线向内依次偏移 100mm、700mm；执行“修剪”命令，修剪直线，绘制卫生间隔断，如图 16-80 所示。

（4）打开“图库 3”，复制其中的台盆模型；执行“直线”“圆”命令，绘制门把手和轴线，如图 16-81 所示。

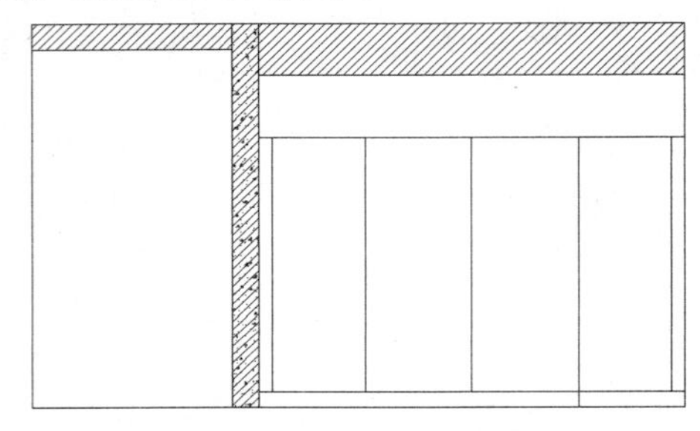

图 16-80　绘制卫生间隔断

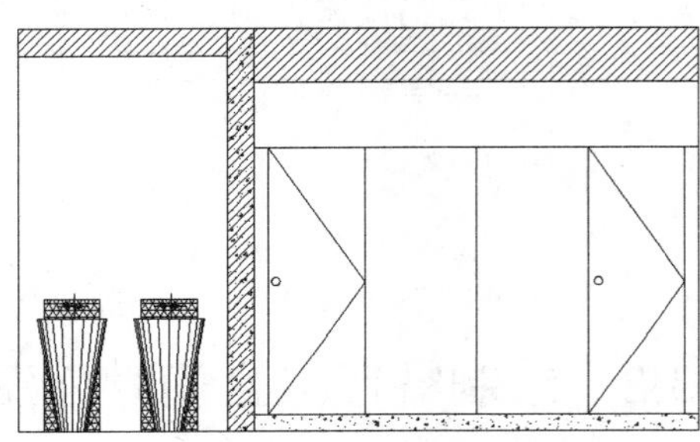

图 16-81　导入台盆

（5）执行“直线”命令，绘制直线；执行“椭圆”命令，绘制椭圆；执行“修剪”命令，修剪直线；执行“图案填充”命令，填充镜面和马赛克背景，如图 16-82 所示。

（6）执行“图案填充”命令，拾取填充空间，选择填充类型为“用户定义”，设置填充间距为 300，以左上角为基点填充墙面。使用同样方法绘制卫生间内部墙面，如图 16-83 所示。

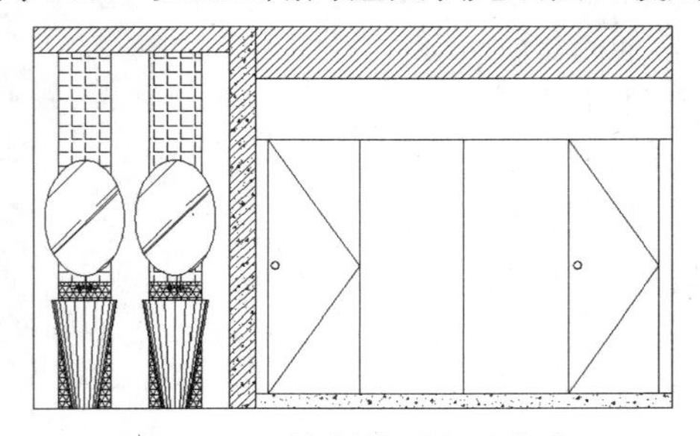

图 16-82　绘制镜面和马赛克

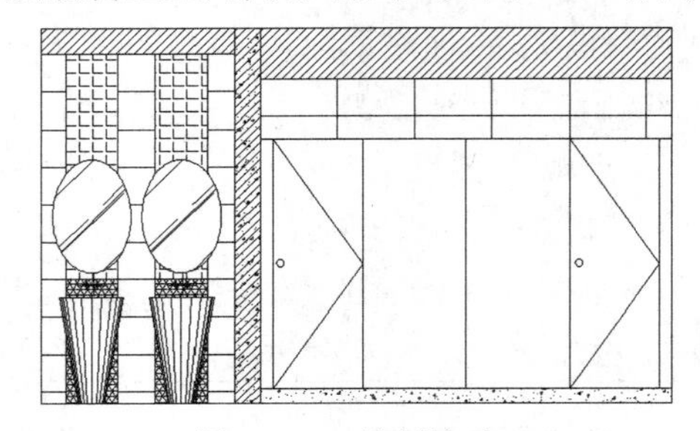

图 16-83　绘制墙砖

（7）执行“引线”命令，绘制引线；执行“文字注释”命令，选择“多行文字”并设置其属性，输入文字；执行“复制”命令，复制文字并双击文字修改为需要的内容，如图 16-84 所示。

（8）执行“线性标注”命令，以左下角为基点向上标注尺寸；执行“连续标注”命令，依次向上标注尺寸，如图 16-85 所示。

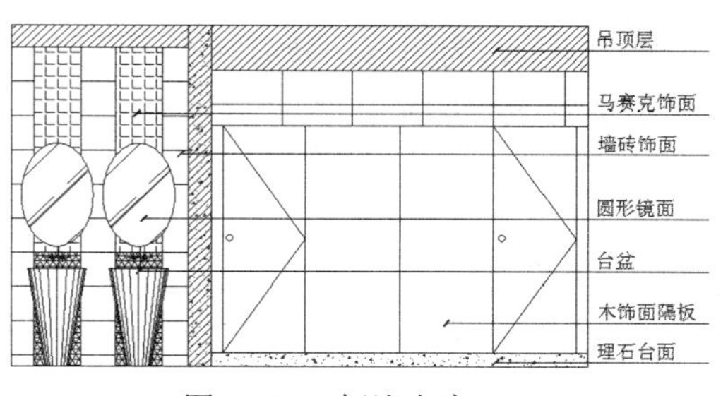

图 16-84　标注文字

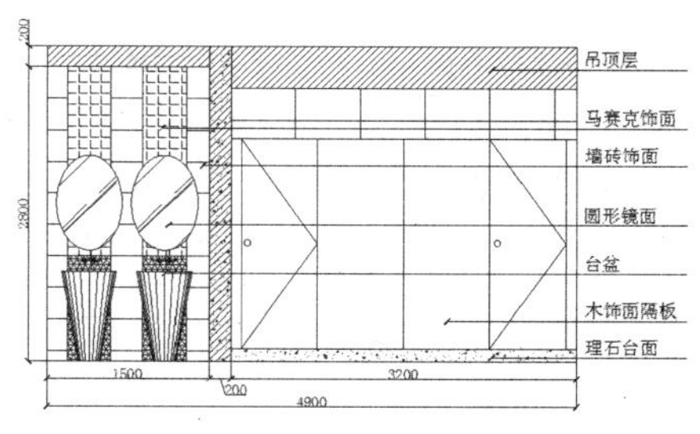

图 16-85　标注尺寸

（9）执行“多段线”命令，绘制长 1000mm，线宽 10 的直线；执行“文字注释”命令，选择“多行文字”，标注文字，如图 16-86 所示。

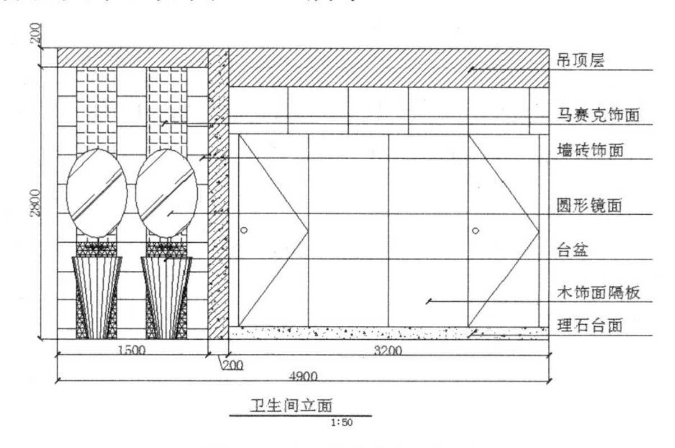

图 16-86　绘制图形标注

16.3.4　绘制餐厅包厢立面图

本案例绘制的餐厅包厢的背景采用实木线条刷金色油漆，显得高贵又大气；圆形的沙比利饰面造型，显得个性又大方；黑金砂石材搭配沙比利面板突出餐厅的自然特色。

> 制作思路：
>
> 1．绘制餐厅包厢立面轮廓。
>
> 2．绘制包厢立面造型。
>
> 3．填充包厢立面造型。
>
> 4．进行材料注释和尺寸标注。
>
> 主要命令及工具：“弧线”“修剪”“图案填充”和“多重引线”等操作命令。
>
> 源文件及视频位置：光盘:\第 16 章\

绘制餐厅包厢立面图的具体操作步骤如下。

（1）执行“文件”|“打开”命令，执行“直线”命令，根据平面尺寸绘制立面外框；执行“偏移”命令，将顶直线向下偏移 400mm、300mm、50mm、50mm 绘制吊顶线，将左右两边直线分别向内偏移 350mm、50mm、50mm；执行“修剪”命令，修剪直线；执行“图案填充”命令，选择填充图案为“ANSI31”，填充顶面，如图 16-87 所示。

（2）执行“直线”命令，绘制长 300mm、宽 400mm 的矩形；执行“圆弧”命令，绘制圆弧；执行“图案填充”命令，选择填充图案为“AR-RROOF”，设置填充比例为 10，填充造型，绘制吊顶，如图 16-88 所示。

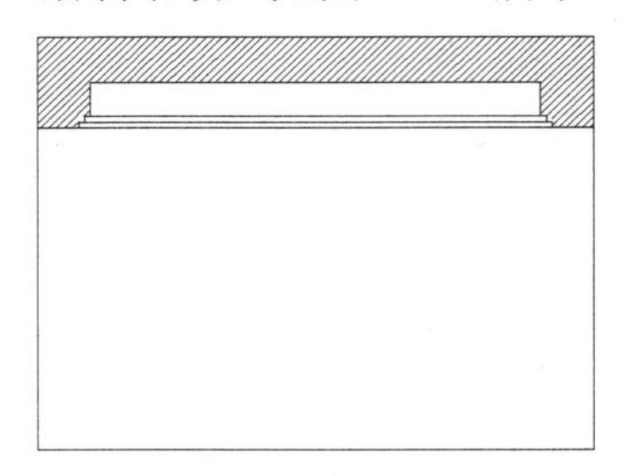

图 16-87　绘制立面外框

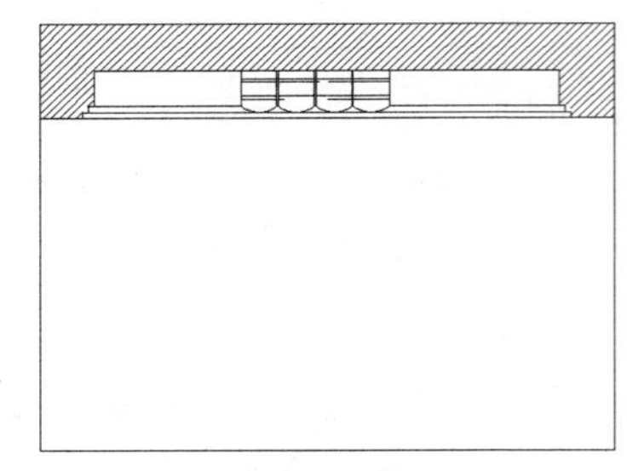

图 16-88　绘制吊灯

（3）执行“偏移”命令，将两边直线依次向内偏移 500mm，然后将吊顶线向下依次偏移 320mm、20mm，将地平线向上偏移 400mm、20mm；执行“修剪”命令，修剪直线，绘制造型边框，如图 16-89 所示。

（4）执行“偏移”命令，将造型的左右边直线分别向内偏移 200mm、300mm、200mm，将上下直线向内偏移 400mm、50mm；执行“修剪”命令，修剪直线，绘制立面造型，如图 16-90 所示。

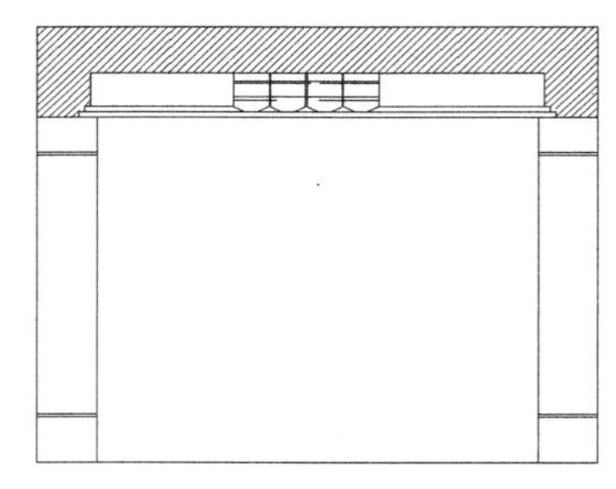

图 16-89　绘制造型边框

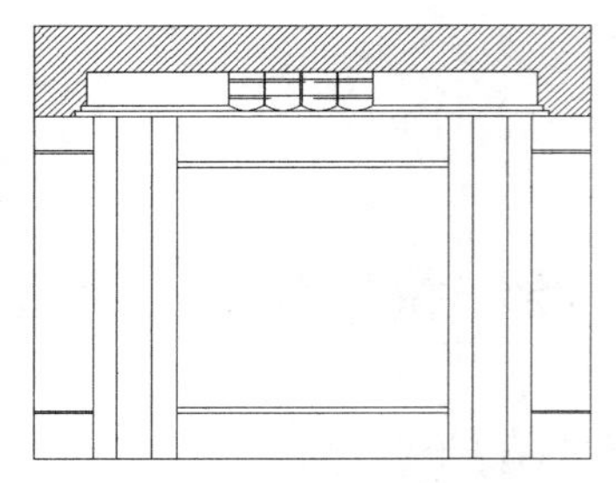

图 16-90　绘制立面造型

（5）执行“矩形”命令，绘制长 700mm、宽 100mm 的矩形；执行“复制”命令，复制木线条；执行“修剪”命令，修剪相交直线，如图 16-91 所示。

（6）执行“直线”命令，以造型中心为基点向下绘制直线；执行“偏移”命令，向两边偏移 150mm，向内偏移直线；执行“修剪”命令，修剪相交直线；执行“直线”命令，绘制相交直线，完成中心造型的绘制，如图 16-92 所示。

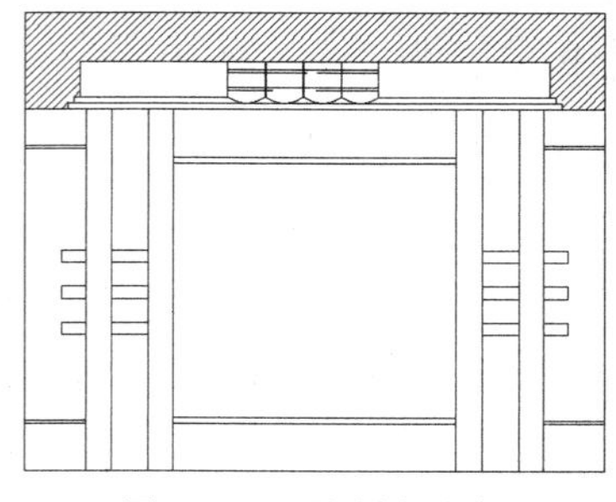

图 16-91　绘制木线条

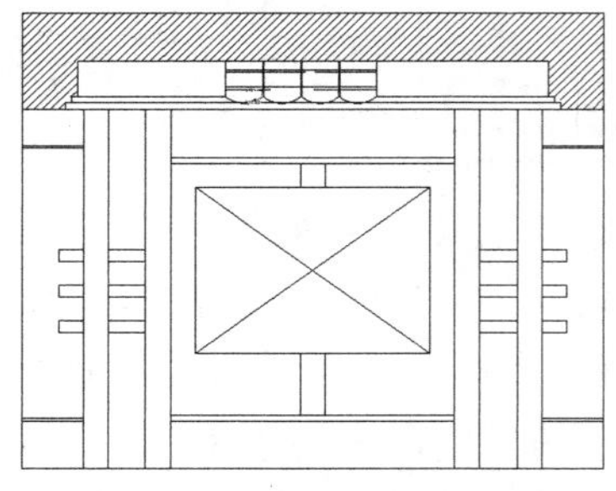

图 16-92　绘制中心造型

（7）执行“圆”命令，以造型中心为基点绘制半径为 600mm 的圆形；执行“偏移”命令，将圆形依次向外偏移 30mm、40mm，最后导入花格模型；执行“缩放”“修剪”命令，修剪出花格，如图 16-93 所示。

（8）执行“图案填充”命令，拾取填充空间，选择填充图案为“NET3”，设置填充比例为 25，绘制黑金沙石材饰面，如图 16-94 所示。

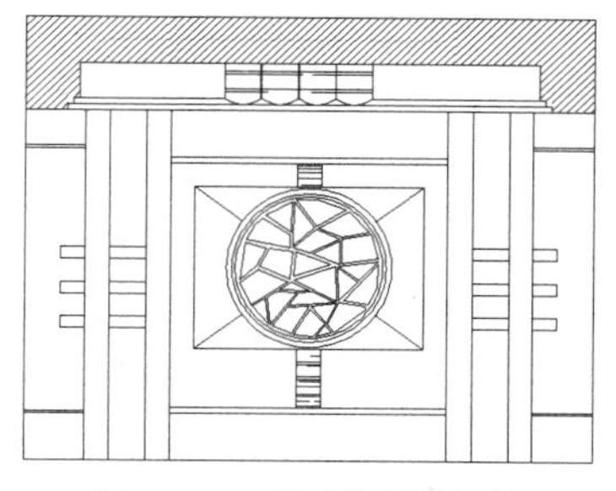

图 16-93　绘制圆形造型

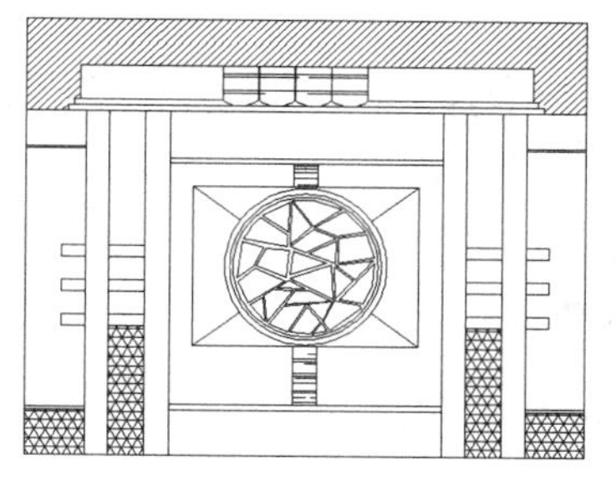

图 16-94　填充石材

（9）执行“引线”命令，绘制引线；执行“文字注释”命令，选择“多行文字”并设置其属性，输入文字；执行“复制”命令，复制文字，双击文字修改为需要的内容，如图 16-95 所示。

（10）执行“线性标注”命令，以左下角为基点向上标注尺寸；执行“连续标注”命令，依次向右标注尺寸，如图 16-96 所示。

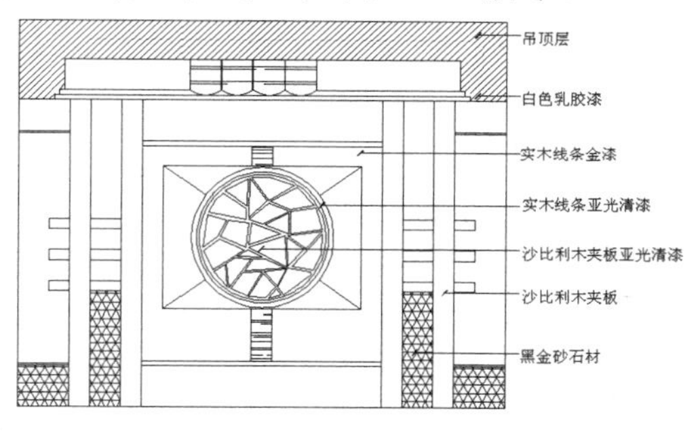

图 16-95　标注文字

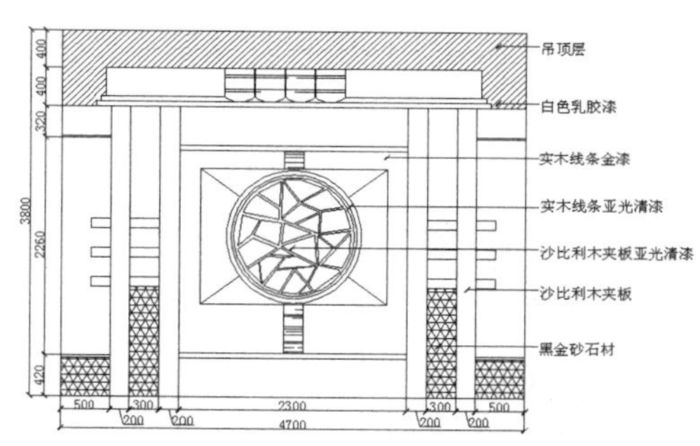

图 16-96　标注尺寸

（11）执行“多段线”命令，绘制长 1000mm，线宽 10 的直线；执行“文字注释”命令，选择“多行文字”，标注文字，如图 16-97 所示。

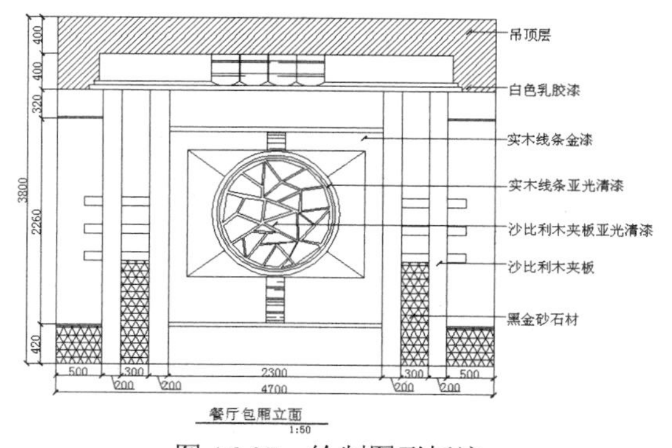

图 16-97　绘制图形标注

16.4 绘制餐厅部分剖面图

本节介绍绘制餐厅部分剖面图的步骤，其中包括服务台剖面图和餐厅散座区隔断剖面图。

16.4.1 绘制餐厅服务台剖面图

本案例绘制的服务台分为上下两层，上层台面供顾客使用，下层台面可供营业员使用；服务台内部设计了抽屉，外面采用透光板内暗藏日光灯。

制作思路：

1. 绘制服务台剖面轮廓。
2. 利用“直线”等命令绘制服务台内部结构。
3. 插入日光灯管等图形。
4. 进行材料注释和尺寸标注。

主要命令及工具：“块”“圆角”“直线”和“多重引线”等操作命令。

源文件及视频位置：光盘:\第 16 章\

绘制餐厅部分剖面图形具体操作步骤如下。

（1）执行“直线”命令，根据立面尺寸绘制剖面外框；执行“偏移”命令，偏移直线；执行“修剪”命令，修剪直线，完成立面外框的绘制，如图 16-98 所示。

（2）执行“偏移”命令，分别将两边直线向内偏移 25mm；执行“图案填充”命令，选择填充图案为“ANSI31”，填充立面；执行“矩形”命令，绘制木龙骨剖面，如图 16-99 所示。

（3）执行“偏移”命令，将柜子顶部直线依次向下偏移 20mm、150mm、20mm、250mm、20mm，将左边直线向右偏移 20mm；执行“修剪”命令，修剪直线，绘制柜子剖面，如图 16-100 所示。

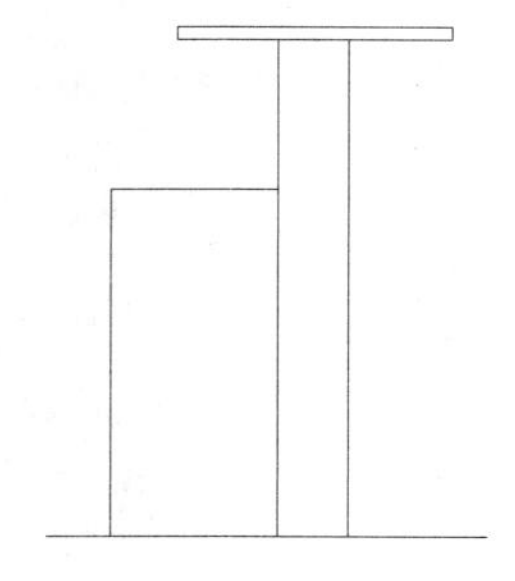
图 16-98 绘制立面外框

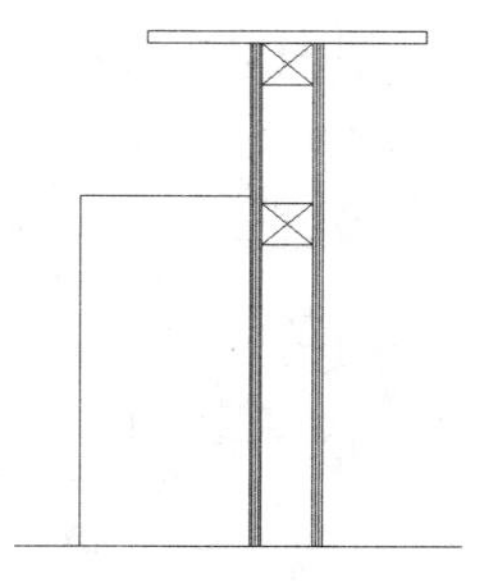
图 16-99 绘制龙骨剖面

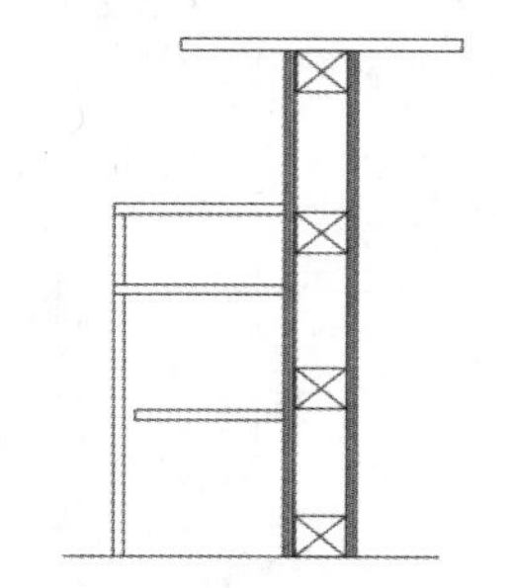
图 16-100 绘制柜子剖面

（4）执行“倒角”命令，分别选择台面上、下两条横线；执行“图案填充”命令，选择填充图案为“ANSI31”，填充台面，绘制台面剖面，如图 16-101 所示。

（5）执行“偏移”命令，将右边直线向右偏移 200mm，将台面向下偏移 150mm，将地平线向上偏移 120mm；执行“修剪”命令，修剪直线，绘制服务台剖面，如图 16-102 所示。

（6）执行“直线”“偏移”“修剪”命令，绘制玻璃造型剖面；执行“圆”“矩形”命令，绘制灯带；执行“复制”命令，复制灯具，完成玻璃造型剖面的绘制，如图 16-103 所示。

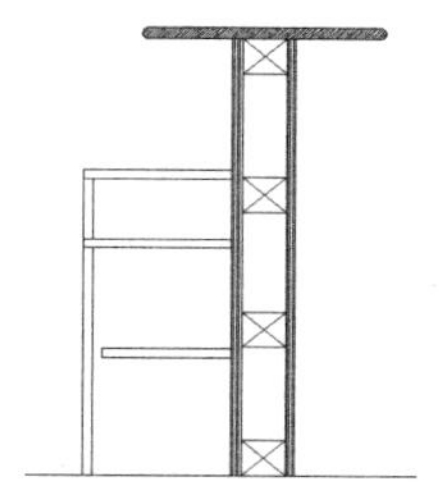

图 16-101　绘制台面剖面

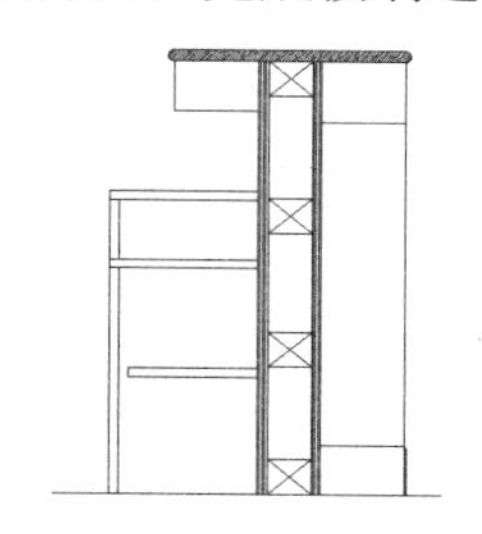

图 16-102　绘制服务台剖面

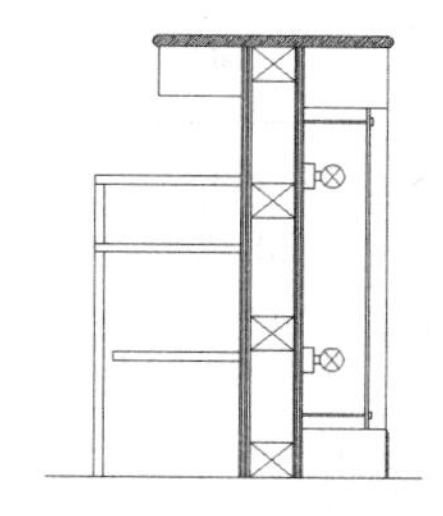

图 16-103　绘制玻璃造型剖面

（7）执行“线性标注”命令，以左下角为基点向上标注尺寸；执行“连续标注”命令，依次向右标注尺寸，如图 16-104 所示。

（8）标注文字。执行“引线”命令，绘制引线；执行“文字注释”命令，选择“多行文字”并设置其属性，输入文字；执行“复制”命令，复制文字，双击文字修改为需要的内容，如图 16-105 所示。

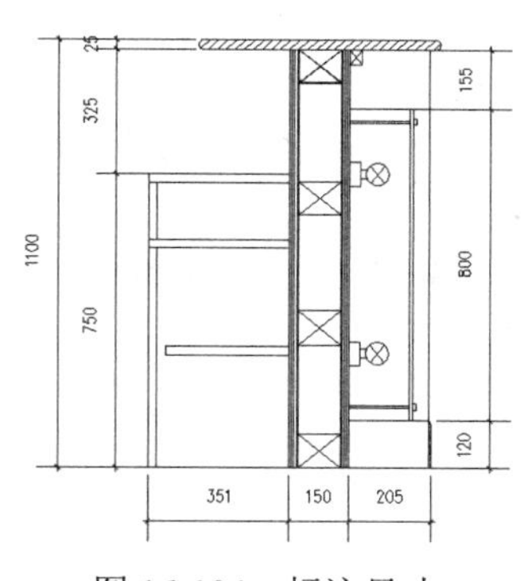

图 16-104　标注尺寸

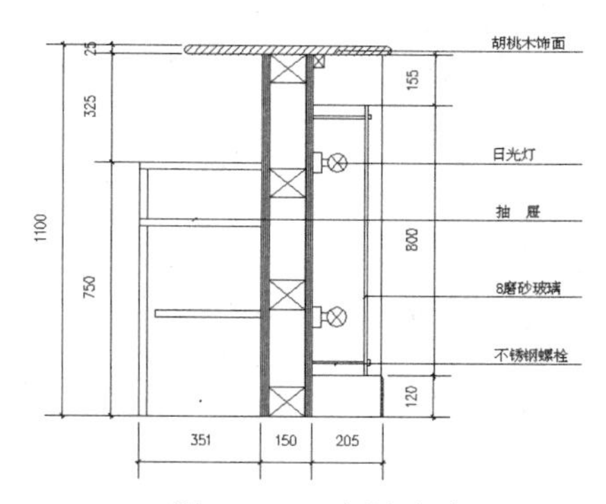

图 16-105　标注文字

（9）绘制图形标注。执行“圆”命令绘制半径为 80mm 的圆形；执行“直线”命令，以圆边线为基点绘制长 1000mm 的直线；执行“文字注释”命令，标注文字，如图 16-106 所示。

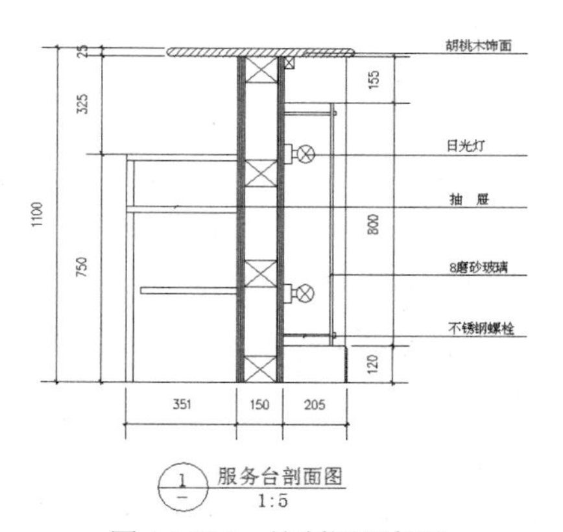

图 16-106　绘制图形标注

16.4.2 绘制餐厅散座区隔断剖面图

本案例绘制的隔断上方主要采用 20mm×30mm 的木方做骨架，采用 12mm 厚的木工板打底，表面采用 3cm 厚的饰面板；造型内部暗藏灯带，灯带上方采用透光板作饰面；隔断中间采用理石饰面。

制作思路：

1. 绘制隔断剖面轮廓。
2. 绘制木工板等厚度。
3. 插入灯带图块。
4. 进行材料注释和尺寸标注。

主要命令及工具："直线""块"和"多段线"等操作命令。

源文件及视频位置：光盘:\第 16 章\

绘制餐厅散座区隔断剖面图的具体操作步骤如下。

（1）执行"文件"|"打开"命令，打开"餐厅平面布置图"，执行 "直线"命令，根据平面尺寸绘制剖面外框；执行"偏移"命令，将顶部直线向下偏移 400mm；执行"多段线"命令，绘制折断线，执行"修剪"命令，修剪直线，绘制墙体外框，如图 16-107 所示。

（2）执行"偏移"命令，分别将两边直线依次向内偏移 15mm、60mm、15mm，然后将直线向上偏移 15mm、25mm；执行"修剪"命令，修剪直线，绘制剖面，如图 16-108 所示。

（3）执行"图案填充"命令，拾取填充空间，选择填充图案为"ANSI31"，设置填充比例为 5，填充剖面，如图 16-109 所示。

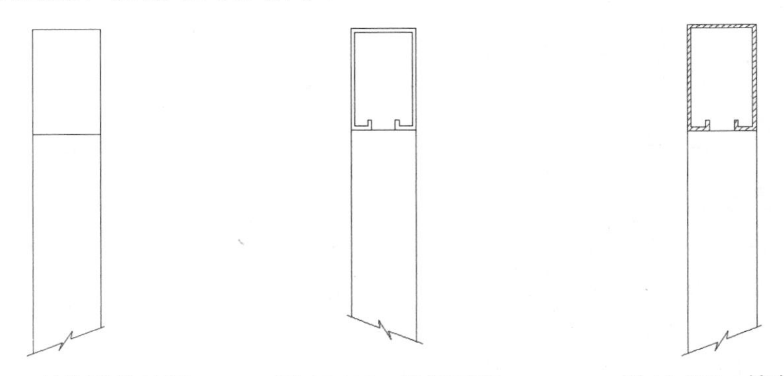

图 16-107 绘制墙体外框　　图 16-108 绘制剖面　　图 16-109 填充剖面

（4）执行"圆"命令，绘制半径为 10mm 的圆；执行"直线"命令，以圆形中心为基点绘制直线；执行"直线"命令绘制矩形，完成灯带的绘制，如图 16-110 所示。

（5）执行"偏移"命令，将左右两边直线分别向内偏移 60mm，将上方直线向下偏移 60mm；执行"倒直角"命令，绘制直角，如图 16-111 所示。

（6）执行"图案填充"命令，拾取填充空间，选择填充图案为"AR-CONC"，设置填充比例为 1，填充剖面造型。使用同样的方法绘制玻璃饰面，如图 16-112 所示。

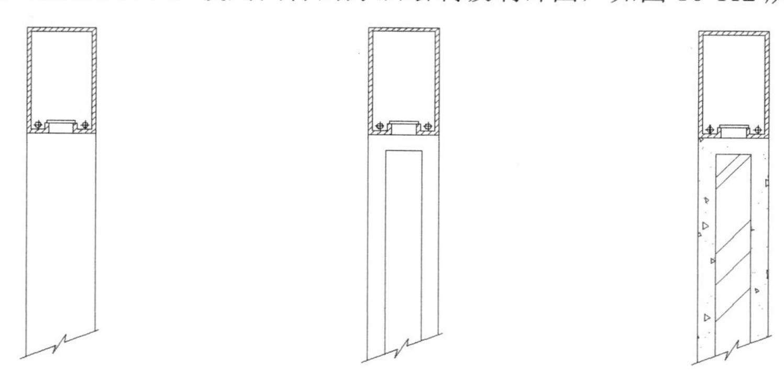

图 16-110　绘制灯带　　图 16-111　绘制剖面造型　　图 16-112　填充剖面造型

（7）执行“引线”命令，绘制引线；执行“文字注释”命令，选择“多行文字”并设置其属性，输入文字；执行“复制”命令，复制文字，双击文字修改为需要的内容，如图 16-113 所示。

（8）执行“线性标注”命令，以左下角为基点向上标注尺寸；执行“连续标注”命令，依次向右标注尺寸，如图 16-114 所示。

（9）执行“圆”命令，绘制半径为 80mm 的圆形；执行“直线”命令，以圆边线为基点绘制长 1000mm 的直线；执行“文字注释”命令标注文字，如图 16-115 所示。

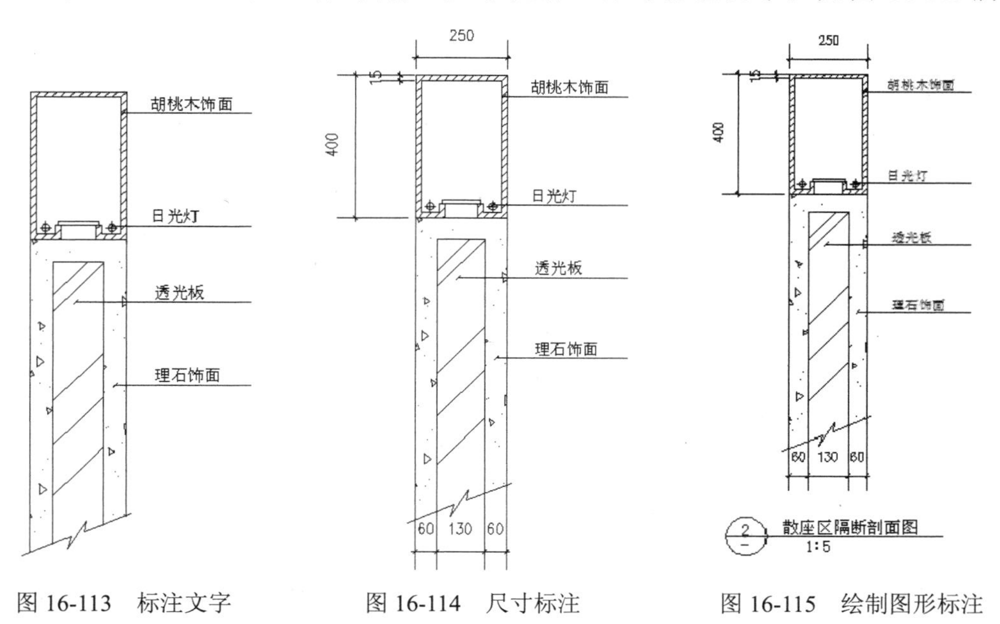

图 16-113　标注文字　　图 16-114　尺寸标注　　图 16-115　绘制图形标注